유형
더블
중등수학
1-2

지은이

NE능률 수학교육연구소

NE능률 수학교육연구소는 혁신적이며 효율적인 수학 교재를 개발하고
수학 학습의 질을 한 단계 높이고자 노력하는 NE능률의 연구 조직입니다.

검토진

강영주 [월드오브에듀케이션]
구평완 [구평완수학전문학원]
김경남 [유앤아이학원]
김문경 [구주이배학원]
김여란 [상위권수학]
김현석 [엔솔학원]
류재권 [GMS학원]
박언호 [하이스트학원]
변경주 [수학의아침학원]
성은수 [브레인수학학원]
양지은 [진수학전문학원]
위한결 [거산학원 목동본원]
윤인영 [브레인수학학원]
이승훈 [탑씨크리트학원]
이재영 [YEC원당학원]
이혜진 [엔솔학원]
장재혁 [거산학원 목동본원]
정양수 [와이즈만수학학원]
천경목 [하이스트학원]
하수진 [정상수학학원]

강유미 [대성 엔 학원]
권순재 [리더스학원]
김경진 [경진수학학원]
김방래 [비전매쓰학원]
김영태 [박찬민수학학원]
김환철 [수학의 모토 김환철 수학학원]
류현주 [최강수학학원]
박영근 [성재학원]
서용준 [화정와이즈만영재교육]
송은지 [상위권수학 이촌점]
양철웅 [거산학원 목동본원]
유민정 [파란수학학원]
이동훈 [일등급학원]
이유미 [엔솔학원]
이정환 [거산학원 목동본원]
이흥식 [흥샘학원]
정귀영 [거산학원 목동본원]
정재도 [네오올림수학학원]
최광섭 [성북엔콕학원]
하원우 [엔솔학원]

곽민수 [청라 현수학 학원]
권승미 [대성N학원(새롬)]
김국철 [필즈영수전문학원]
김서린 [dys학원]
김진미 [개념폴리아학원]
남해주 [엔솔학원]
박경아 [뿌리깊은 봉선 수학학원]
박지현 [상위권수학 이촌점]
서원준 [시그마수학학원]
안소연 [거산학원 목동본원]
오광재 [미퍼스트학원]
유진희 [엔솔학원]
이만재 [매쓰로드학원]
이윤주 [yj수학]
이지영 [선재수학학원]
장경미 [휘경수학학원]
정미진 [맞춤수학학원]
정진아 [정선생수학]
최수정 [정준 영어 수학학원]
한정수 [페르마수학]

곽병무 [하이스트학원]
권혁동 [청탑학원]
김남진 [산본파스칼수학학원]
김세정 [엔솔학원]
김하영 [포항 이룸 초중등 종합학원]
노관호 [지필드 영재교육]
박병휘 [다원교육]
백은아 [함께하는수학학원]
설주홍 [공신수학학원]
양구근 [매쓰피아 수학학원]
오수환 [삼삼공학원]
유혜주 [엔솔학원]
이송이 [인재와고수학원]
이은희 [한솔학원]
이충안 [분당수이학원]
장미선 [형설학원]
정수인 [분당 수학에 미치다]
정혜림 [일비충천]
최현진 [세종학원]
황미경 [황쌤수학]

❻ 원과 부채꼴

유형	문제	유형북	더블북	셀프 코칭
01	01	☐	☐	
	02	☐	☐	
	03	☐	☐	
02	04	☐	☐	
	05	☐	☐	
	06	☐	☐	
	07	☐	☐	
03	08	☐	☐	
	09	☐	☐	
	10	☐	☐	
	11	☐	☐	
04	12	☐	☐	
	13	☐	☐	
	14	☐	☐	
05	15	☐	☐	
	16	☐	☐	
	17	☐	☐	
06	18	☐	☐	
	19	☐	☐	
	20	☐	☐	
	21	☐	☐	
07	22	☐	☐	
	23	☐	☐	
	24	☐	☐	
08	25	☐	☐	
	26	☐	☐	
	27	☐	☐	
09	28	☐	☐	
	29	☐	☐	
	30	☐	☐	
	31	☐	☐	
10	32	☐	☐	
	33	☐	☐	
	34	☐	☐	
	35	☐	☐	
11	36	☐	☐	
	37	☐	☐	
	38	☐	☐	
	39	☐	☐	
12	40	☐	☐	
	41	☐	☐	
	42	☐	☐	
13	43	☐	☐	
	44	☐	☐	
	45	☐	☐	
14	46	☐	☐	
	47	☐	☐	
	48	☐	☐	
	49	☐	☐	
15	50	☐	☐	
	51	☐	☐	
	52	☐	☐	
16	53	☐	☐	
	54	☐	☐	
	55	☐	☐	

Ⅲ. 입체도형

❼ 다면체와 회전체

유형	문제	유형북	더블북	셀프 코칭
01	01	☐	☐	
	02	☐	☐	
02	03	☐	☐	
	04	☐	☐	
03	05	☐	☐	
	06	☐	☐	
	07	☐	☐	
	08	☐	☐	
	09	☐	☐	
04	10	☐	☐	
	11	☐	☐	
	12	☐	☐	
05	13	☐	☐	
	14	☐	☐	
	15	☐	☐	
06	16	☐	☐	
	17	☐	☐	
	18	☐	☐	
07	19	☐	☐	
	20	☐	☐	
	21	☐	☐	
	22	☐	☐	
08	23	☐	☐	
	24	☐	☐	
	25	☐	☐	
09	26	☐	☐	
	27	☐	☐	
	28	☐	☐	
10	29	☐	☐	
	30	☐	☐	
	31	☐	☐	
11	32	☐	☐	
	33	☐	☐	
	34	☐	☐	
12	35	☐	☐	
	36	☐	☐	
13	37	☐	☐	
	38	☐	☐	
	39	☐	☐	
14	40	☐	☐	
	41	☐	☐	
	42	☐	☐	
15	43	☐	☐	
	44	☐	☐	
	45	☐	☐	
16	46	☐	☐	
	47	☐	☐	
	48	☐	☐	
17	49	☐	☐	
	50	☐	☐	

❽ 입체도형의 겉넓이와 부피

유형	문제	유형북	더블북	셀프 코칭
01	01	☐	☐	
	02	☐	☐	
	03	☐	☐	
02	04	☐	☐	
	05	☐	☐	
	06	☐	☐	
03	07	☐	☐	
	08	☐	☐	
	09	☐	☐	
	10	☐	☐	
04	11	☐	☐	
	12	☐	☐	
	13	☐	☐	
	14	☐	☐	
05	15	☐	☐	
	16	☐	☐	
	17	☐	☐	
	18	☐	☐	
06	19	☐	☐	
	20	☐	☐	
	21	☐	☐	
	22	☐	☐	
07	23	☐	☐	
	24	☐	☐	
	25	☐	☐	
	26	☐	☐	
08	27	☐	☐	
	28	☐	☐	
	29	☐	☐	
	30	☐	☐	
09	31	☐	☐	
	32	☐	☐	
	33	☐	☐	
	34	☐	☐	
10	35	☐	☐	
	36	☐	☐	
	37	☐	☐	
11	38	☐	☐	
	39	☐	☐	
	40	☐	☐	
	41	☐	☐	
12	42	☐	☐	
	43	☐	☐	
	44	☐	☐	
13	45	☐	☐	
	46	☐	☐	
	47	☐	☐	
14	48	☐	☐	
	49	☐	☐	
	50	☐	☐	
	51	☐	☐	
15	52	☐	☐	
	53	☐	☐	
	54	☐	☐	
16	55	☐	☐	
	56	☐	☐	
	57	☐	☐	
	58	☐	☐	
17	59	☐	☐	
	60	☐	☐	
	61	☐	☐	
	62	☐	☐	
18	63	☐	☐	
	64	☐	☐	
	65	☐	☐	
	66	☐	☐	
19	67	☐	☐	
	68	☐	☐	
	69	☐	☐	
20	70	☐	☐	
	71	☐	☐	
	72	☐	☐	

Ⅳ. 통계

❾ 자료의 정리와 해석

유형	문제	유형북	더블북	셀프 코칭
01	01	☐	☐	
	02	☐	☐	
02	03	☐	☐	
	04	☐	☐	
03	05	☐	☐	
	06	☐	☐	
	07	☐	☐	
04	08	☐	☐	
	09	☐	☐	
	10	☐	☐	
05	11	☐	☐	
	12	☐	☐	
	13	☐	☐	
06	14	☐	☐	
	15	☐	☐	
	16	☐	☐	
07	17	☐	☐	
	18	☐	☐	
	19	☐	☐	
08	20	☐	☐	
	21	☐	☐	
	22	☐	☐	
09	23	☐	☐	
	24	☐	☐	
	25	☐	☐	
10	26	☐	☐	
	27	☐	☐	
11	28	☐	☐	
	29	☐	☐	
	30	☐	☐	
12	31	☐	☐	
	32	☐	☐	
	33	☐	☐	
	34	☐	☐	
13	35	☐	☐	
	36	☐	☐	
	37	☐	☐	
14	38	☐	☐	
	39	☐	☐	
	40	☐	☐	
15	41	☐	☐	
	42	☐	☐	
	43	☐	☐	
16	44	☐	☐	
	45	☐	☐	
	46	☐	☐	
17	47	☐	☐	
	48	☐	☐	
	49	☐	☐	
18	50	☐	☐	
	51	☐	☐	
19	52	☐	☐	
	53	☐	☐	
	54	☐	☐	
	55	☐	☐	
20	56	☐	☐	
	57	☐	☐	

유형을 꽉 잡는

유형 더블 체크 유형북 더블북

유형 더블

❶ '답'의 채점이 아닌 '풀이'의 채점을 한다.
- ◯ 정확하게 알고 답을 맞혔다.
- △ 답은 맞혔지만 뭔가 찜찜함이 남아 있다.
- ✓ 틀렸다.
- ⊗ 틀렸지만 단순 계산 실수이다.

❷ 유형북과 더블북의 채점 결과를 확인한 후 셀프 코칭을 한다.
- 예 다시 보기, 시험 기간에 다시 보기, 질문하기, 완성! 등

I. 기본 도형

01 기본 도형

유형	문제	유형북	더블북	셀프 코칭
01	01			
	02			
	03			
02	04			
	05			
	06			
	07			
	08			
	09			
03	10			
	11			
	12			
04	13			
	14			
	15			
05	16			
	17			
	18			
06	19			
	20			
	21			
07	22			
	23			
	24			
08	25			
	26			
	27			
	28			
09	29			
	30			
	31			
	32			
10	33			
	34			
	35			
11	36			
	37			
	38			
12	39			
	40			
	41			
13	42			
	43			
	44			
	45			
14	46			
	47			
	48			
15	49			
	50			
	51			

02 위치 관계

유형	문제	유형북	더블북	셀프 코칭
01	01			
	02			
	03			
02	04			
	05			
	06			
03	07			
	08			
	09			
04	10			
	11			
	12			
	13			
	14			
	15			
05	16			
	17			
	18			
06	19			
	20			
	21			
07	22			
	23			
	24			
08	25			
	26			
	27			
09	28			
	29			
	30			
10	31			
	32			
	33			
11	34			
	35			
	36			

03 평행선의 성질

유형	문제	유형북	더블북	셀프 코칭
01	01			
	02			
	03			
02	04			
	05			
	06			
	07			
03	08			
	09			
	10			
04	11			
	12			
	13			
	14			
05	15			
	16			
	17			
	18			
06	19			
	20			
	21			
	22			
07	23			
	24			
	25			
08	26			
	27			
	28			
	29			

04 작도와 합동

유형	문제	유형북	더블북	셀프 코칭
01	01			
	02			
02	03			
	04			
	05			
03	06			
	07			
04	08			
	09			
	10			
05	11			
	12			
06	13			
	14			
	15			
	16			
07	17			
	18			
	19			
08	20			
	21			
	22			
09	23			
	24			
	25			
10	26			
	27			
11	28			
	29			
	30			
12	31			
	32			
	33			
13	34			
	35			
	36			
14	37			
	38			
	39			
15	40			
	41			
	42			
16	43			
	44			
	45			

II. 평면도형

05 다각형

유형	문제	유형북	더블북	셀프 코칭
01	01			
	02			
	03			
	04			
02	05			
	06			
	07			
03	08			
	09			
	10			
	11			
04	12			
	13			
	14			
05	15			
	16			
	17			
06	18			
	19			
	20			
	21			
07	22			
	23			
	24			
08	25			
	26			
	27			
	28			
09	29			
	30			
	31			
	32			
10	33			
	34			
	35			
	36			
11	37			
	38			
	39			
	40			
12	41			
	42			
	43			
13	44			
	45			
	46			
	47			
14	48			
	49			
	50			
	51			
15	52			
	53			
	54			
	55			
16	56			
	57			
	58			

유형 더블

중등수학 1-2

구성과 특징

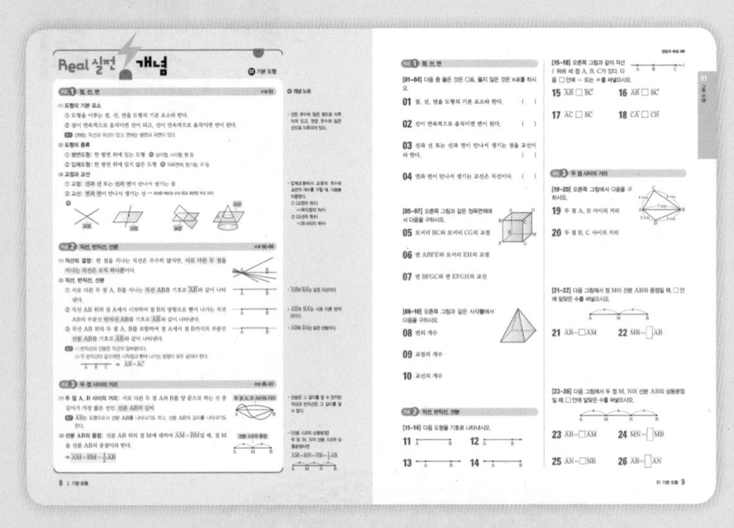

개념

실전에 꼭 필요한 개념을 단원별로 모아 정리하고 기본 문제로 확인할 수 있습니다.

예, 참고, 주의, ⊕ 개념 노트를 통하여 탄탄한 개념 학습을 할 수 있으며, 개념과 관련된 유형의 번호를 바로 확인할 수 있습니다.

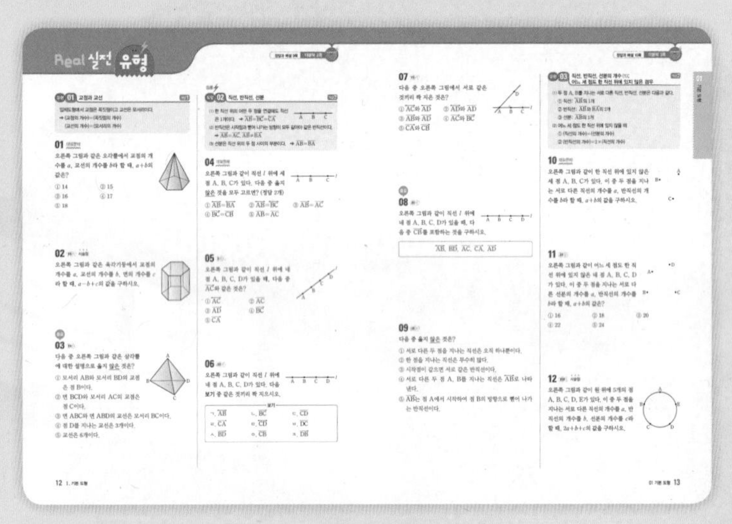

유형

전국 학교 시험에 출제된 모든 문제를 분석하여 엄선된 유형과 최적화된 문제 배열로 구성하였습니다.

내신 출제 비율 70 % 이상인 유형의 경우 집중 유형으로 표시하였고, 꼭 풀어 봐야 하는 문제는 중요 표시를 하여 효율적인 학습을 하도록 하였습니다.

모든 문제를 더블북의 문제와 1 : 1 매칭시켜서 반복 학습을 통한 확실한 복습과 실력 향상을 기대할 수 있습니다.

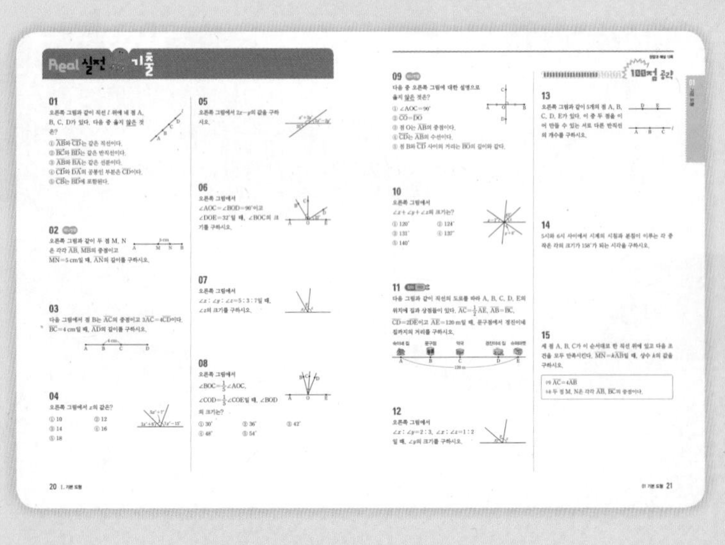

기출

단원별로 학교 시험 형태로 연습하고 창의 역량, 최다빈출, 서술형 문제를 풀어 봄으로써 실전 감각을 최대로 끌어올릴 수 있습니다.

또한 100점 공략 문제를 해결함으로써 학교 시험 고난도 문제까지 정복할 수 있습니다.

실전에 필요한 모든 유형을 두번 푸니까 실력이 더블!

유형북 Real 실전 유형의 모든 문제를 복습할 수 있습니다.

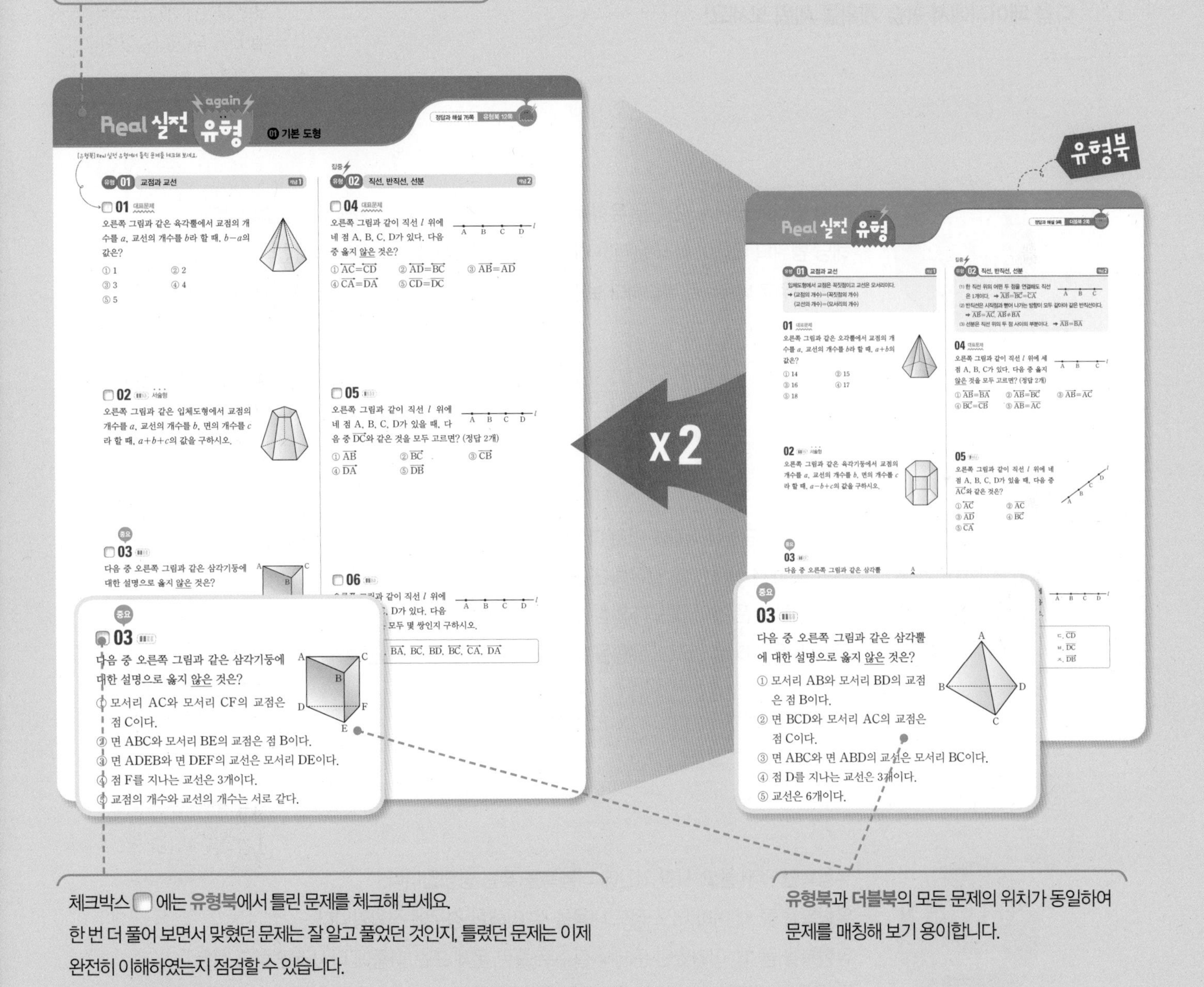

체크박스 ☐ 에는 유형북에서 틀린 문제를 체크해 보세요.
한 번 더 풀어 보면서 맞혔던 문제는 잘 알고 풀었던 것인지, 틀렸던 문제는 이제 완전히 이해하였는지 점검할 수 있습니다.

유형북과 더블북의 모든 문제의 위치가 동일하여 문제를 매칭해 보기 용이합니다.

아는 문제도 다시 풀면 다르다!

유형 더블은 수학 문제를 온전히 자기 것으로 만드는 방법으로 '반복'을 제시합니다.
가장 효율적인 반복 학습을 위해 자신에게 맞는 더블북 활용 방법을 찾아보고
다음 페이지에서 학습 계획을 세워 보세요!

유형별 복습형

- 유형 단위로 끊어서 오늘 푼 유형북 범위를 더블북으로 바로 복습하는 방법입니다.
- 해당 범위의 내용이 아직 온전히 내 것으로 느껴지지 않는 경우에 적합합니다.
- 유형 단위로 바로바로 복습하다 보면 조금 더 빠르게 유형을 내 것으로 만들 수 있습니다.

단원별 복습형

- 유형북에서 단원 1~3개를 먼저 다 푼 뒤, 해당 범위의 더블북을 푸는 방법입니다.
- 분명 풀 때는 이해한 것 같은데 조금만 시간이 지나면 내용이 잘 생각이 나지 않거나 잘 이해하고 푼 것이 맞는지 의심이 되는 경우에 적합합니다.
- 좀 더 넓은 시야를 가지고 유형을 파악하게 되어 문제해결력을 높일 수 있습니다.

시험기간 복습형

- 유형북만 먼저 풀고 시험 기간에 더블북을 푸는 방법입니다.
- 유형북을 풀 때 이미 어느 정도 내용을 잘 이해한 경우에 적합합니다.
- 유형북을 풀 때, 어려웠던 문제나 실수로 틀린 문제 또는 나중에 다시 복습하고 싶은 문제 등을 더블북에 미리 표시해 두면 좀 더 효율적으로 복습할 수 있습니다.

학습 계획표

대단원	중단원	분량	유형북 학습일	더블북 학습일
Ⅰ. 기본 도형	01 기본 도형	개념 4쪽		
		유형 8쪽		
		기출 3쪽		
	02 위치 관계	개념 4쪽		
		유형 6쪽		
		기출 3쪽		
	03 평행선의 성질	개념 2쪽		
		유형 4쪽		
		기출 3쪽		
	04 작도와 합동	개념 4쪽		
		유형 8쪽		
		기출 3쪽		
Ⅱ. 평면도형	05 다각형	개념 4쪽		
		유형 8쪽		
		기출 3쪽		
	06 원과 부채꼴	개념 2쪽		
		유형 8쪽		
		기출 3쪽		
Ⅲ. 입체도형	07 다면체와 회전체	개념 4쪽		
		유형 8쪽		
		기출 3쪽		
	08 입체도형의 겉넓이와 부피	개념 4쪽		
		유형 10쪽		
		기출 3쪽		
Ⅳ. 통계	09 자료의 정리와 해석	개념 4쪽		
		유형 10쪽		
		기출 3쪽		

유형북의 차례

Ⅰ 기본 도형

Ⅱ 평면도형

Ⅲ 입체도형

Ⅳ 통계

01

I. 기본 도형

기본 도형

유형북 7~22쪽
더블북 2~9쪽

Real 실전 개념

01 기본 도형

개념 1 점, 선, 면 유형 01

(1) 도형의 기본 요소

① 도형을 이루는 점, 선, 면을 도형의 기본 요소라 한다.

② 점이 연속적으로 움직이면 선이 되고, 선이 연속적으로 움직이면 면이 된다.

참고 선에는 직선과 곡선이 있고, 면에는 평면과 곡면이 있다.

(2) 도형의 종류

① **평면도형**: 한 평면 위에 있는 도형 예 삼각형, 사각형, 원 등

② **입체도형**: 한 평면 위에 있지 않은 도형 예 직육면체, 원기둥, 구 등

(3) 교점과 교선

① **교점**: 선과 선 또는 선과 면이 만나서 생기는 점

② **교선**: 면과 면이 만나서 생기는 선 → 교선은 직선일 수도 있고 곡선일 수도 있다.

예

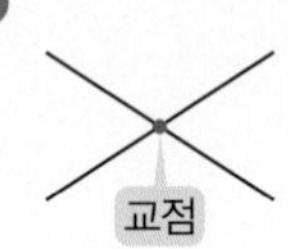

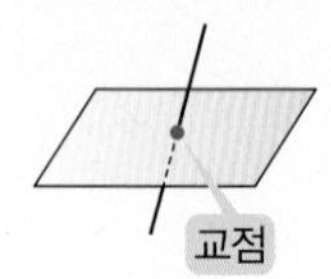

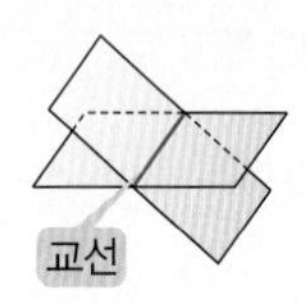

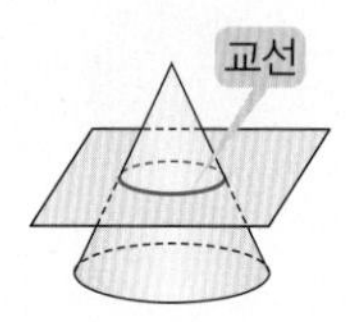

개념 2 직선, 반직선, 선분 유형 02~04

(1) 직선의 결정: 한 점을 지나는 직선은 무수히 많지만, 서로 다른 두 점을 지나는 직선은 오직 하나뿐이다.

(2) 직선, 반직선, 선분

① 서로 다른 두 점 A, B를 지나는 직선 AB를 기호로 $\overleftrightarrow{AB}$와 같이 나타낸다.

② 직선 AB 위의 점 A에서 시작하여 점 B의 방향으로 뻗어 나가는 직선 AB의 부분인 반직선 AB를 기호로 $\overrightarrow{AB}$와 같이 나타낸다.

③ 직선 AB 위의 두 점 A, B를 포함하여 점 A에서 점 B까지의 부분인 선분 AB를 기호로 $\overline{AB}$와 같이 나타낸다.

참고 (1) 반직선과 선분은 직선의 일부분이다.
(2) 두 반직선이 같으려면 시작점과 뻗어 나가는 방향이 모두 같아야 한다.
A B C ➔ $\overrightarrow{AB}=\overrightarrow{AC}$

개념 3 두 점 사이의 거리 유형 05~07

(1) 두 점 A, B 사이의 거리: 서로 다른 두 점 A와 B를 양 끝으로 하는 선 중 길이가 가장 짧은 선인 선분 AB의 길이

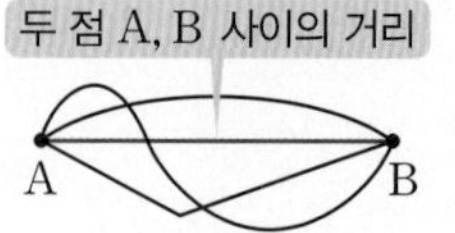

참고 $\overline{AB}$는 도형으로서 선분 AB를 나타내기도 하고, 선분 AB의 길이를 나타내기도 한다.

(2) 선분 AB의 중점: 선분 AB 위의 점 M에 대하여 $\overline{AM}=\overline{BM}$일 때, 점 M을 선분 AB의 중점이라 한다.

➔ $\overline{AM}=\overline{BM}=\frac{1}{2}\overline{AB}$

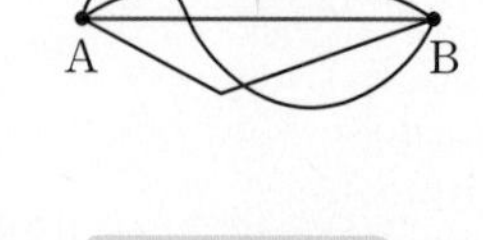

개념 노트

- 선은 무수히 많은 점으로 이루어져 있고, 면은 무수히 많은 선으로 이루어져 있다.
- 입체도형에서 교점의 개수와 교선의 개수를 구할 때, 다음을 이용한다.
  ① (교점의 개수) =(꼭짓점의 개수)
  ② (교선의 개수) =(모서리의 개수)
- $\overleftrightarrow{AB}$와 $\overleftrightarrow{BA}$는 같은 직선이다.
- $\overrightarrow{AB}$와 $\overrightarrow{BA}$는 서로 다른 반직선이다.
- $\overline{AB}$와 $\overline{BA}$는 같은 선분이다.
- 선분은 그 길이를 알 수 있지만 직선과 반직선은 그 길이를 알 수 없다.
- [선분 AB의 삼등분점] 두 점 M, N이 선분 AB의 삼등분점이면 $\overline{AM}=\overline{MN}=\overline{NB}=\frac{1}{3}\overline{AB}$

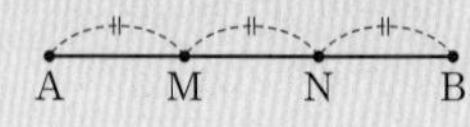

개념 1 점, 선, 면

[01~04] 다음 중 옳은 것은 ○표, 옳지 않은 것은 ×표를 하시오.

01 점, 선, 면을 도형의 기본 요소라 한다. ( )

02 선이 연속적으로 움직이면 면이 된다. ( )

03 선과 선 또는 선과 면이 만나서 생기는 점을 교선이라 한다. ( )

04 면과 면이 만나서 생기는 교선은 직선이다. ( )

[05~07] 오른쪽 그림과 같은 정육면체에서 다음을 구하시오.

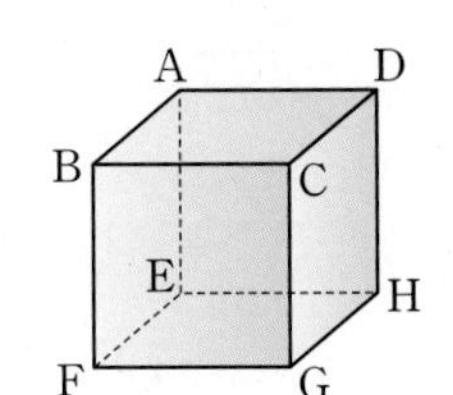

05 모서리 BC와 모서리 CG의 교점

06 면 ABFE와 모서리 EH의 교점

07 면 BFGC와 면 EFGH의 교선

[08~10] 오른쪽 그림과 같은 사각뿔에서 다음을 구하시오.

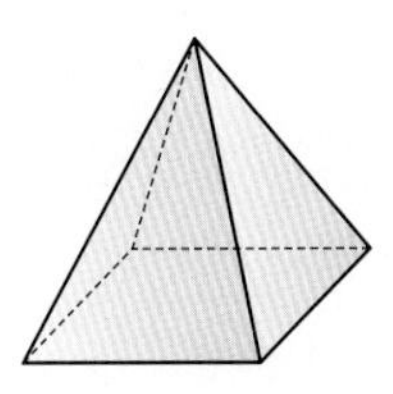

08 면의 개수

09 교점의 개수

10 교선의 개수

개념 2 직선, 반직선, 선분

[11~14] 다음 도형을 기호로 나타내시오.

11 A B

12 A B

13 A B

14 A B

[15~18] 오른쪽 그림과 같이 직선 l 위에 세 점 A, B, C가 있다. 다음 □ 안에 $=$ 또는 $\neq$를 써넣으시오.

A B C l

15 $\overleftrightarrow{AB}$ □ $\overleftrightarrow{BC}$

16 $\overrightarrow{AB}$ □ $\overrightarrow{BC}$

17 $\overline{AC}$ □ $\overline{BC}$

18 $\overrightarrow{CA}$ □ $\overrightarrow{CB}$

개념 3 두 점 사이의 거리

[19~20] 오른쪽 그림에서 다음을 구하시오.

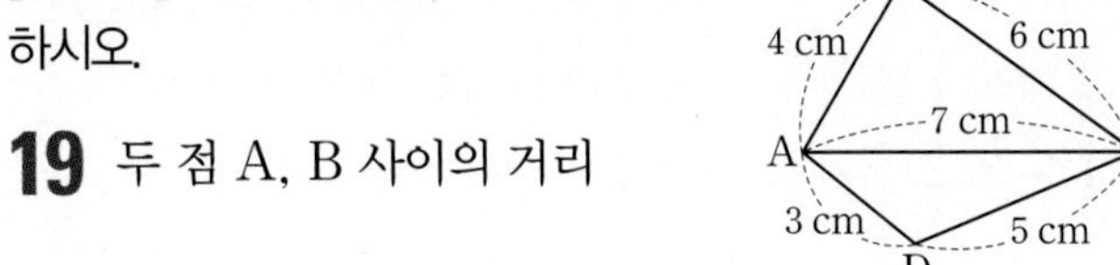

19 두 점 A, B 사이의 거리

20 두 점 B, C 사이의 거리

[21~22] 다음 그림에서 점 M이 선분 AB의 중점일 때, □ 안에 알맞은 수를 써넣으시오.

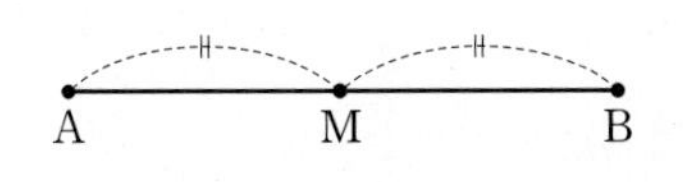

21 $\overline{AB}=$□$\overline{AM}$

22 $\overline{MB}=$□$\overline{AB}$

[23~26] 다음 그림에서 두 점 M, N이 선분 AB의 삼등분점일 때, □ 안에 알맞은 수를 써넣으시오.

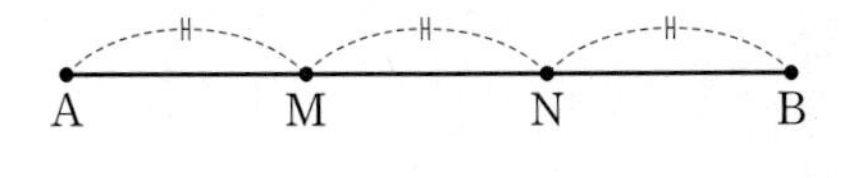

23 $\overline{AB}=$□$\overline{AM}$

24 $\overline{MN}=$□$\overline{MB}$

25 $\overline{AN}=$□$\overline{NB}$

26 $\overline{AB}=$□$\overline{AN}$

Real 실전 개념

개념 4 각 (유형 08~12)

(1) 각 AOB

한 점 O에서 시작하는 두 반직선 OA, OB로 이루어진 도형을 각 AOB라 하고, 기호로 $\angle AOB$와 같이 나타낸다.
→ 각의 꼭짓점을 항상 가운데에 나타낸다.

참고 오른쪽 그림에서 $\angle AOB$는 $\angle BOA$, $\angle O$, $\angle a$로 나타내기도 한다.

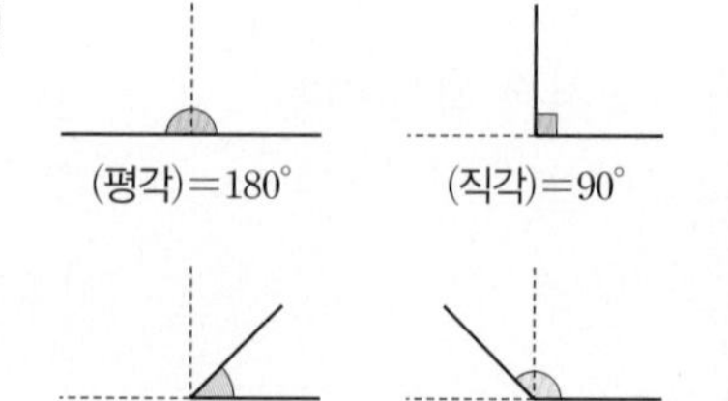

(2) 각 AOB의 크기

$\angle AOB$에서 각의 꼭짓점 O를 중심으로 변 OA가 변 OB까지 회전한 양

(3) 각의 분류

① 평각: 각의 두 변이 꼭짓점을 중심으로 반대쪽에 있고 한 직선을 이룰 때의 각, 즉 크기가 $180°$인 각

② 직각: 평각의 크기의 $\frac{1}{2}$인 각, 즉 크기가 $90°$인 각

③ 예각: 크기가 $0°$보다 크고 $90°$보다 작은 각

④ 둔각: 크기가 $90°$보다 크고 $180°$보다 작은 각

(평각)$=180°$　(직각)$=90°$

$0°<$(예각)$<90°$　$90°<$(둔각)$<180°$

개념 노트

- $\angle AOB$는 도형으로서 각 AOB를 나타내기도 하고, 각 AOB의 크기를 나타내기도 한다.
- 다음 그림에서 $\angle AOB$의 크기는 $50°$ 또는 $310°$로 생각할 수 있다. 그러나 $\angle AOB$는 보통 크기가 작은 쪽의 각을 말한다.

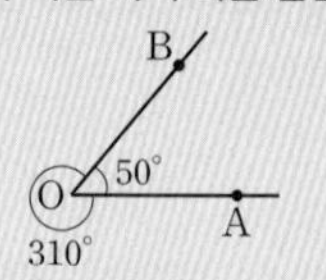

개념 5 맞꼭지각 (유형 13, 14)

(1) 교각: 서로 다른 두 직선이 한 점에서 만날 때 생기는 네 개의 각
→ $\angle a$, $\angle b$, $\angle c$, $\angle d$

(2) 맞꼭지각: 서로 다른 두 직선이 한 점에서 만날 때 생기는 교각 중에서 서로 마주 보는 두 각
→ $\angle a$와 $\angle c$, $\angle b$와 $\angle d$

(3) 맞꼭지각의 성질: 맞꼭지각의 크기는 서로 같다.
→ $\angle a=\angle c$, $\angle b=\angle d$

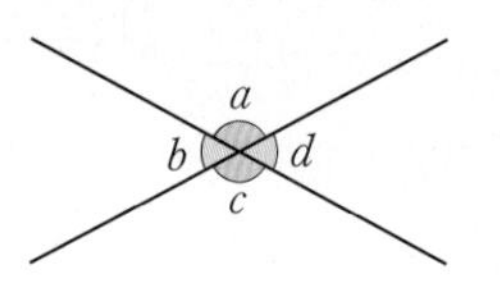

- 평각은 서로 다른 두 직선이 한 점에서 만나서 이루어지는 각이 아니므로 맞꼭지각이 아니다.

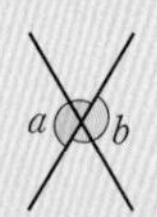

→ $\angle a$와 $\angle b$는 맞꼭지각이 아니다.

개념 6 수직과 수선 (유형 15)

(1) 직교

두 직선 AB와 CD의 교각이 직각일 때, 두 직선은 서로 직교한다고 하고 기호로 $\overleftrightarrow{AB}\perp\overleftrightarrow{CD}$와 같이 나타낸다.

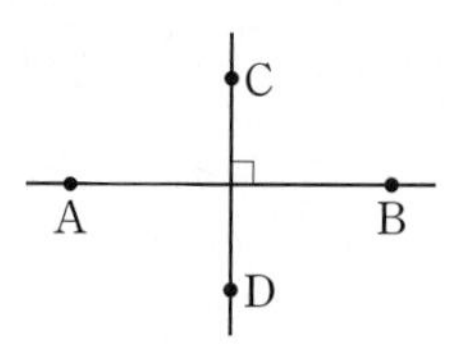

(2) 수직과 수선

직교하는 두 직선을 서로 수직이라 하고, 한 직선을 다른 직선의 수선이라 한다.

(3) 수직이등분선

선분 AB의 중점 M을 지나고 선분 AB에 수직인 직선 l을 선분 AB의 수직이등분선이라 한다. → $l\perp\overline{AB}$, $\overline{AM}=\overline{BM}$

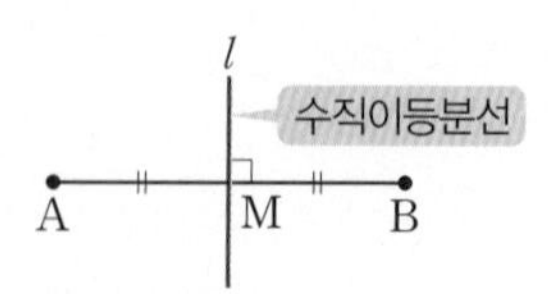

(4) 수선의 발

직선 l 위에 있지 않은 점 P에서 직선 l에 수선을 그어 생기는 교점 H를 점 P에서 직선 l에 내린 수선의 발이라 한다.

(5) 점과 직선 사이의 거리

직선 l 위에 있지 않은 점 P에서 직선 l에 내린 수선의 발 H까지의 거리
→ 선분 PH의 길이

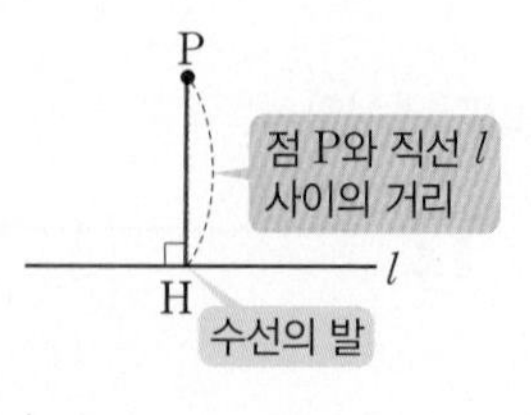

- 두 직선 l, m의 교각이 직각임을 의미하는 여러 가지 표현
  ① $l\perp m$
  ② 두 직선 l, m은 서로 직교한다.
  ③ 두 직선 l, m은 서로 수직이다.
  ④ 직선 m은 직선 l의 수선이고 직선 l은 직선 m의 수선이다.

개념 4 각

[27~32] 다음 각을 예각, 직각, 둔각, 평각으로 구분하시오.

27 28°

28 145°

29 180°

30 90°

31 79°

32 100°

[33~34] 다음 그림에서 $\angle x$의 크기를 구하시오.

33

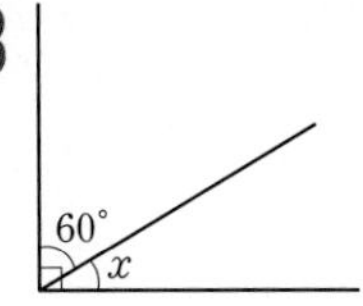

34

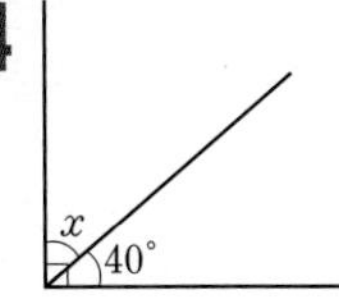

[35~36] 다음 그림에서 $\angle x$의 크기를 구하시오.

35

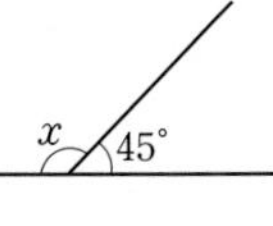

36

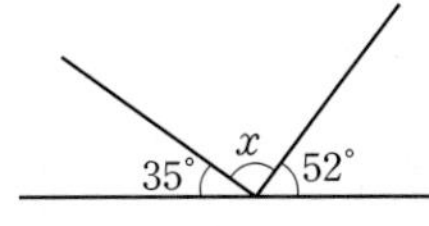

개념 5 맞꼭지각

[37~42] 오른쪽 그림과 같이 세 직선이 한 점에서 만날 때, 다음 각의 맞꼭지각을 구하시오.

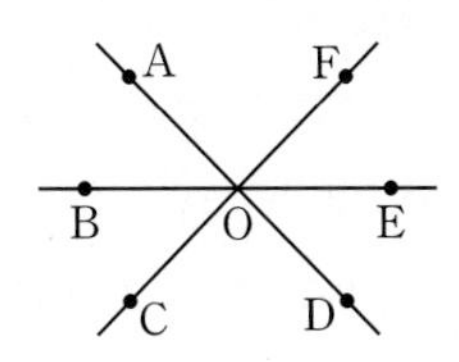

37 $\angle$BOA

38 $\angle$AOF

39 $\angle$FOE

40 $\angle$BOF

41 $\angle$AOE

42 $\angle$FOD

[43~46] 다음 그림에서 $\angle x$, $\angle y$의 크기를 구하시오.

43

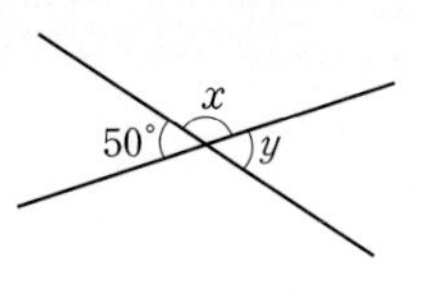

44

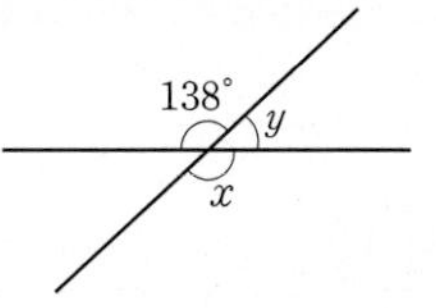

45

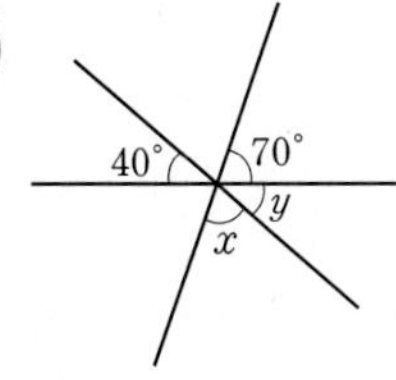

46

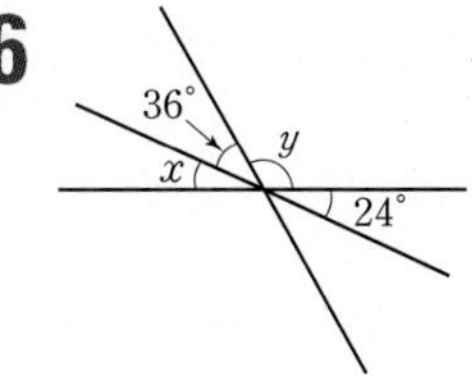

개념 6 수직과 수선

[47~49] 오른쪽 그림에 대하여 다음 물음에 답하시오.

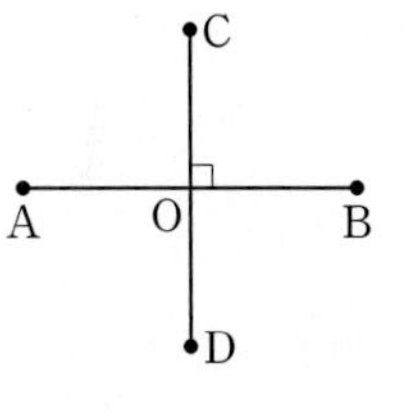

47 $\overline{AB}$와 $\overline{CD}$의 관계를 기호로 나타내시오.

48 점 A에서 $\overline{CD}$에 내린 수선의 발을 구하시오.

49 점 C와 $\overline{AB}$ 사이의 거리를 나타내는 선분을 구하시오.

[50~53] 오른쪽 그림과 같은 사다리꼴 ABCD에서 다음을 구하시오.

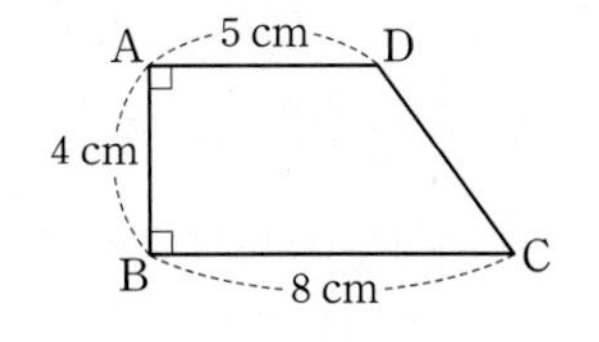

50 $\overline{AD}$와 수직인 변

51 점 A에서 $\overline{BC}$에 내린 수선의 발

52 점 A와 $\overline{BC}$ 사이의 거리

53 점 D와 $\overline{AB}$ 사이의 거리

유형 01 교점과 교선 (개념1)

입체도형에서 교점은 꼭짓점이고 교선은 모서리이다.
➡ (교점의 개수)=(꼭짓점의 개수)
(교선의 개수)=(모서리의 개수)

01 대표문제

오른쪽 그림과 같은 오각뿔에서 교점의 개수를 a, 교선의 개수를 b라 할 때, $a+b$의 값은?

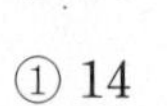

① 14 ② 15
③ 16 ④ 17
⑤ 18

02 서술형

오른쪽 그림과 같은 육각기둥에서 교점의 개수를 a, 교선의 개수를 b, 면의 개수를 c라 할 때, $a-b+c$의 값을 구하시오.

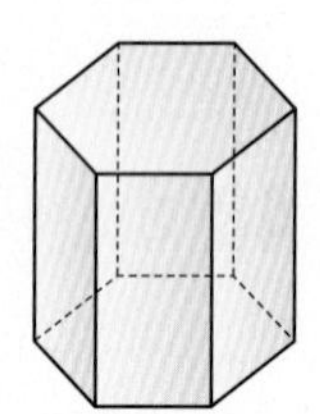

중요

03

다음 중 오른쪽 그림과 같은 삼각뿔에 대한 설명으로 옳지 않은 것은?

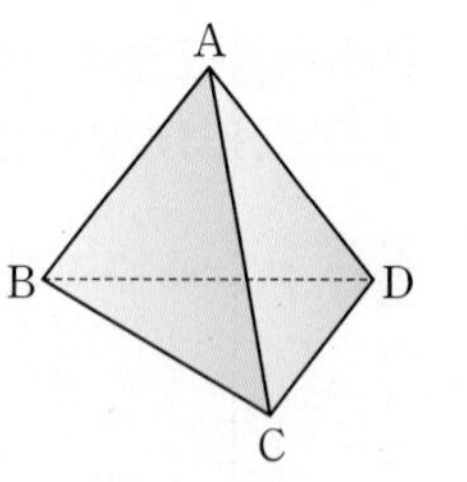

① 모서리 AB와 모서리 BD의 교점은 점 B이다.

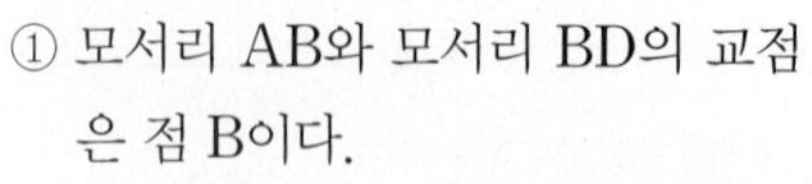

② 면 BCD와 모서리 AC의 교점은 점 C이다.

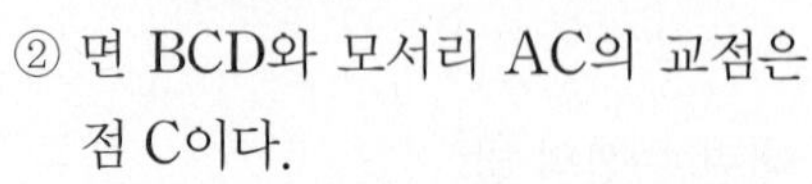

③ 면 ABC와 면 ABD의 교선은 모서리 BC이다.
④ 점 D를 지나는 교선은 3개이다.
⑤ 교선은 6개이다.

집중

유형 02 직선, 반직선, 선분 (개념2)

(1) 한 직선 위의 어떤 두 점을 연결해도 직선은 1개이다. ➡ $\overleftrightarrow{AB}=\overleftrightarrow{BC}=\overleftrightarrow{CA}$
(2) 반직선은 시작점과 뻗어 나가는 방향이 모두 같아야 같은 반직선이다.
➡ $\overrightarrow{AB}=\overrightarrow{AC}$, $\overrightarrow{AB}\neq\overrightarrow{BA}$
(3) 선분은 직선 위의 두 점 사이의 부분이다. ➡ $\overline{AB}=\overline{BA}$

04 대표문제

오른쪽 그림과 같이 직선 l 위에 세 점 A, B, C가 있다. 다음 중 옳지 않은 것을 모두 고르면? (정답 2개)

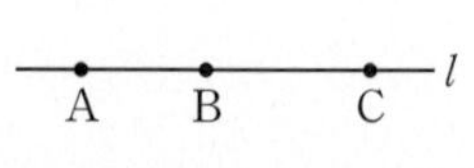

① $\overleftrightarrow{AB}=\overleftrightarrow{BA}$ ② $\overleftrightarrow{AB}=\overleftrightarrow{BC}$ ③ $\overrightarrow{AB}=\overrightarrow{AC}$
④ $\overrightarrow{BC}=\overrightarrow{CB}$ ⑤ $\overline{AB}=\overline{AC}$

05

오른쪽 그림과 같이 직선 l 위에 네 점 A, B, C, D가 있을 때, 다음 중 $\overrightarrow{AC}$와 같은 것은?

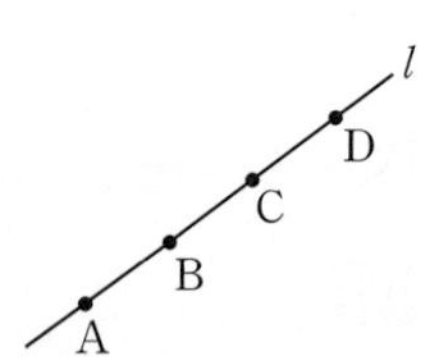

① $\overleftrightarrow{AC}$ ② $\overline{AC}$
③ $\overrightarrow{AD}$ ④ $\overrightarrow{BC}$
⑤ $\overrightarrow{CA}$

06

오른쪽 그림과 같이 직선 l 위에 네 점 A, B, C, D가 있다. 다음 **보기** 중 같은 것끼리 짝 지으시오.

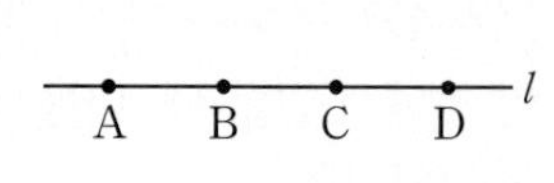

보기

ㄱ. $\overleftrightarrow{AB}$ ㄴ. $\overrightarrow{BC}$ ㄷ. $\overline{CD}$
ㄹ. $\overrightarrow{CA}$ ㅁ. $\overleftrightarrow{CD}$ ㅂ. $\overline{DC}$
ㅅ. $\overrightarrow{BD}$ ㅇ. $\overline{CB}$ ㅈ. $\overrightarrow{DB}$

07

다음 중 오른쪽 그림에서 서로 같은 것끼리 짝 지은 것은?

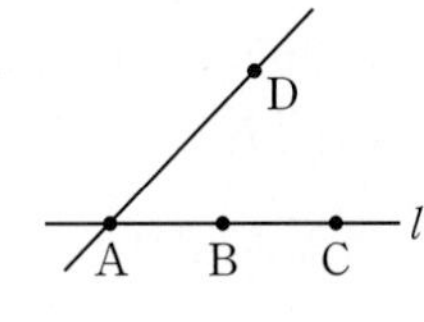

① $\overleftrightarrow{AC}$와 $\overleftrightarrow{AD}$ ② $\overleftrightarrow{AD}$와 $\overline{AD}$
③ $\overrightarrow{AB}$와 $\overrightarrow{AD}$ ④ $\overrightarrow{AC}$와 $\overrightarrow{BC}$
⑤ $\overrightarrow{CA}$와 $\overrightarrow{CB}$

중요

08

오른쪽 그림과 같이 직선 l 위에 네 점 A, B, C, D가 있을 때, 다음 중 $\overrightarrow{CB}$를 포함하는 것을 구하시오.

$\overleftrightarrow{AB}$, $\overrightarrow{BD}$, $\overline{AC}$, $\overrightarrow{CA}$, $\overrightarrow{AD}$

09

다음 중 옳지 않은 것은?

① 서로 다른 두 점을 지나는 직선은 오직 하나뿐이다.
② 한 점을 지나는 직선은 무수히 많다.
③ 시작점이 같으면 서로 같은 반직선이다.
④ 서로 다른 두 점 A, B를 지나는 직선은 $\overleftrightarrow{AB}$로 나타낸다.
⑤ $\overrightarrow{AB}$는 점 A에서 시작하여 점 B의 방향으로 뻗어 나가는 반직선이다.

유형 03 직선, 반직선, 선분의 개수 (1); 어느 세 점도 한 직선 위에 있지 않은 경우

개념 2

(1) 두 점 A, B를 지나는 서로 다른 직선, 반직선, 선분은 다음과 같다.
① 직선: $\overleftrightarrow{AB}$의 1개
② 반직선: $\overrightarrow{AB}$와 $\overrightarrow{BA}$의 2개
③ 선분: $\overline{AB}$의 1개
(2) 어느 세 점도 한 직선 위에 있지 않을 때
① (직선의 개수)=(선분의 개수)
② (반직선의 개수)$=2\times$(직선의 개수)

10 대표문제

오른쪽 그림과 같이 한 직선 위에 있지 않은 세 점 A, B, C가 있다. 이 중 두 점을 지나는 서로 다른 직선의 개수를 a, 반직선의 개수를 b라 할 때, $a+b$의 값을 구하시오.

11

오른쪽 그림과 같이 어느 세 점도 한 직선 위에 있지 않은 네 점 A, B, C, D가 있다. 이 중 두 점을 지나는 서로 다른 선분의 개수를 a, 반직선의 개수를 b라 할 때, $a+b$의 값은?

① 16 ② 18 ③ 20
④ 22 ⑤ 24

12 서술형

오른쪽 그림과 같이 원 위에 5개의 점 A, B, C, D, E가 있다. 이 중 두 점을 지나는 서로 다른 직선의 개수를 a, 반직선의 개수를 b, 선분의 개수를 c라 할 때, $2a+b+c$의 값을 구하시오.

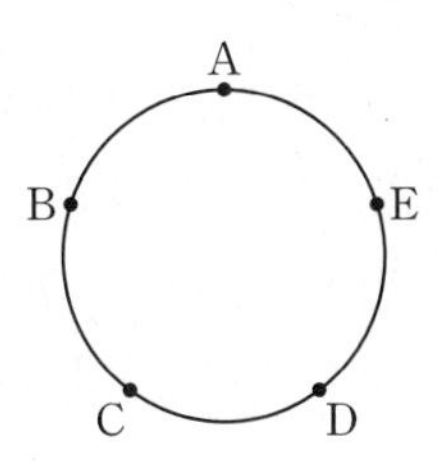

유형 04 직선, 반직선, 선분의 개수 (2); 한 직선 위에 세 점 이상이 있는 경우 개념 2

한 직선 위의 세 점 A, B, C 중 두 점을 이어 만들 수 있는 서로 다른 직선, 반직선, 선분은 다음과 같다.

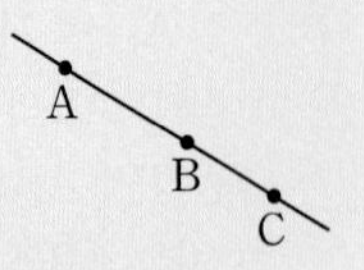

(1) 직선: $\overleftrightarrow{AB}$의 1개

(2) 반직선: $\overrightarrow{AB}$, $\overrightarrow{BA}$, $\overrightarrow{BC}$, $\overrightarrow{CB}$의 4개

(3) 선분: $\overline{AB}$, $\overline{BC}$, $\overline{AC}$의 3개

주의 세 점 이상이 한 직선 위에 있으면 (직선의 개수)=(선분의 개수)와 (반직선의 개수)$=2\times$(직선의 개수)가 성립하지 않는다.

13 대표문제

오른쪽 그림과 같이 직선 l 위에 네 점 A, B, C, D가 있다. 이 중 두 점을 이어 만들 수 있는 서로 다른 직선의 개수를 a, 반직선의 개수를 b, 선분의 개수를 c라 할 때, $a+b+c$의 값은?

A B C D l

① 4　② 7　③ 10
④ 13　⑤ 16

14

오른쪽 그림과 같이 반원 위에 5개의 점 A, B, C, D, E가 있다. 이 중 두 점을 이어 만들 수 있는 서로 다른 직선의 개수를 구하시오.

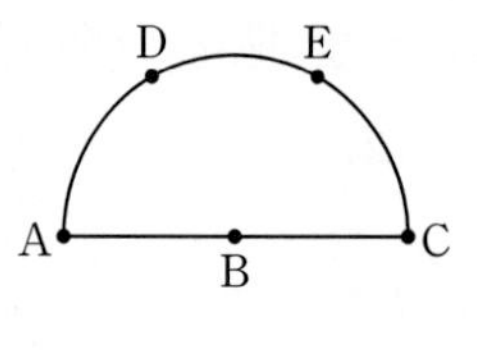

15 서술형

오른쪽 그림과 같이 직선 l 위에 세 점 A, B, C가 있고 직선 l 밖에 한 점 D가 있다. 이 중 두 점을 이어 만들 수 있는 서로 다른 직선의 개수를 a, 반직선의 개수를 b라 할 때, $a+b$의 값을 구하시오.

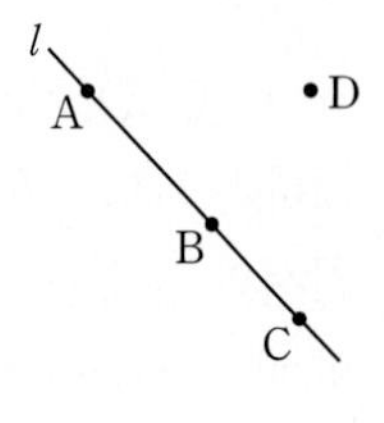

집중

유형 05 선분의 중점 개념 3

점 M이 $\overline{AB}$의 중점이고 점 N이 $\overline{AM}$의 중점일 때

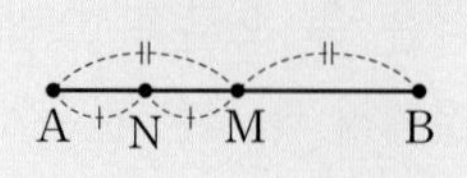

(1) $\overline{AM}=\overline{BM}=\frac{1}{2}\overline{AB}$

(2) $\overline{AN}=\overline{NM}=\frac{1}{2}\overline{AM}=\frac{1}{4}\overline{AB}$

(3) $\overline{AB}=2\overline{AM}=2\overline{BM}=4\overline{AN}=4\overline{NM}$

16 대표문제

오른쪽 그림에서 점 M은 $\overline{AB}$의 중점이고 점 N은 $\overline{BM}$의 중점이다. 다음 중 옳지 않은 것은?

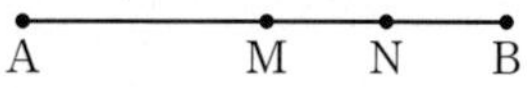

A M N B

① $\overline{AB}=2\overline{AM}$　② $\overline{NB}=\frac{1}{2}\overline{BM}$
③ $\overline{MN}=\frac{1}{4}\overline{AB}$　④ $\overline{AM}=2\overline{MN}$
⑤ $\overline{AN}=4\overline{MN}$

중요

17

오른쪽 그림에서 $\overline{AB}=\overline{BC}=\overline{CD}$일 때, 다음 중 옳지 않은 것은?

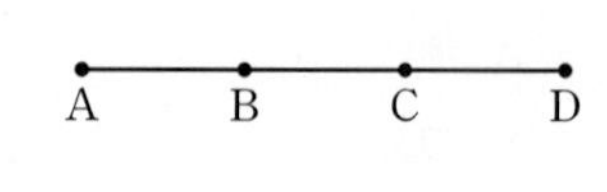

① $\overline{AC}=\overline{BD}$　② $\overline{BC}=\frac{1}{2}\overline{BD}$
③ $\overline{BD}=2\overline{AB}$　④ $\overline{AD}=\frac{2}{3}\overline{AC}$
⑤ $\overline{CD}=\frac{1}{3}\overline{AD}$

18

오른쪽 그림에서 점 M은 $\overline{AB}$의 중점이고 점 N은 $\overline{BC}$의 중점이다. 다음 중 옳지 않은 것을 모두 고르면? (정답 2개)

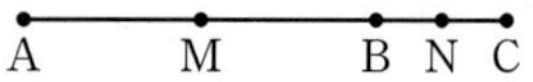

A M B N C

① $\overline{AM}=\overline{MB}$　② $\overline{AB}=2\overline{MB}$
③ $\overline{NC}=\frac{1}{2}\overline{BC}$　④ $\overline{MB}=\overline{BC}$
⑤ $\overline{MN}=\frac{1}{3}\overline{AC}$

집중

유형 06 두 점 사이의 거리 (1)

개념 3

두 점 M, N이 각각 $\overline{AB}$, $\overline{BC}$의 중점일 때

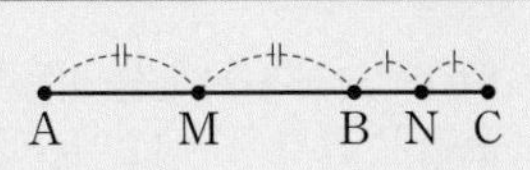

(1) $\overline{AM}=\overline{BM}=\frac{1}{2}\overline{AB}$, $\overline{BN}=\overline{CN}=\frac{1}{2}\overline{BC}$

(2) $\overline{MN}=\overline{MB}+\overline{BN}=\frac{1}{2}(\overline{AB}+\overline{BC})=\frac{1}{2}\overline{AC}$

19 대표문제

다음 그림에서 두 점 M, N은 각각 $\overline{AB}$, $\overline{BC}$의 중점이다. $\overline{AC}=20$ cm일 때, $\overline{MN}$의 길이는?

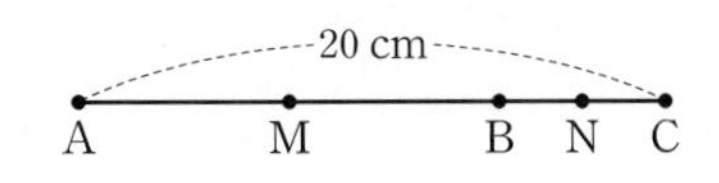

① 9 cm ② 10 cm ③ 11 cm
④ 12 cm ⑤ 13 cm

20

다음 그림에서 두 점 M, N은 각각 $\overline{AB}$, $\overline{BC}$의 중점이다. $\overline{MN}=8$ cm일 때, $\overline{AC}$의 길이를 구하시오.

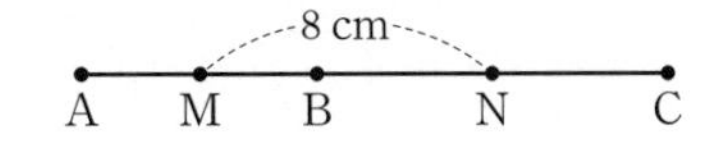

21

다음 그림에서 $\overline{AB}$의 중점이 M, $\overline{AM}$의 중점이 N이고 $\overline{NB}=24$ cm일 때, $\overline{AM}$의 길이를 구하시오.

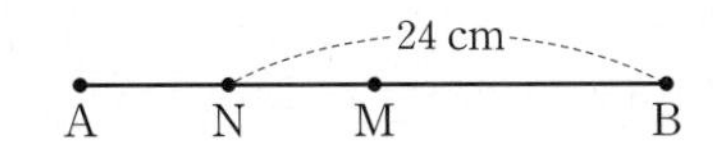

집중

유형 07 두 점 사이의 거리 (2)

개념 3

한 직선 위에 있는 세 점 A, B, C에 대하여 $\overline{AB}:\overline{BC}=m:n$이면

→ $\overline{AB}=\frac{m}{n}\overline{BC}$

22 대표문제

다음 그림에서 두 점 M, N은 각각 $\overline{AB}$, $\overline{BC}$의 중점이고 $\overline{AB}:\overline{BC}=3:2$이다. $\overline{AM}=6$ cm일 때, $\overline{MN}$의 길이를 구하시오.

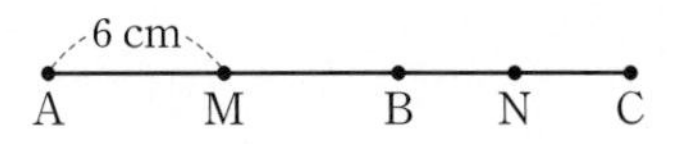

23

다음 그림에서 점 M은 $\overline{AB}$의 중점이고 $2\overline{AM}=3\overline{NB}$이다. $\overline{AB}=24$ cm일 때, $\overline{MN}$의 길이는?

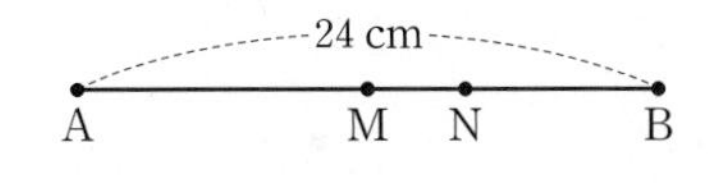

① 2 cm ② 3 cm ③ 4 cm
④ 5 cm ⑤ 6 cm

24 서술형

다음 그림에서 $\overline{AB}=2\overline{BC}$, $\overline{DE}=2\overline{CD}$이고 $\overline{AE}=27$ cm일 때, $\overline{BD}$의 길이를 구하시오.

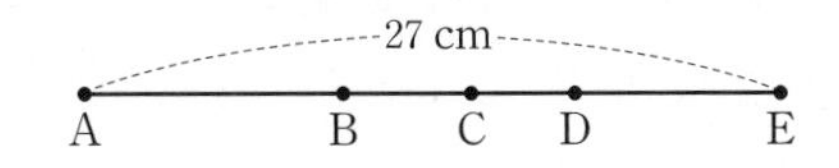

집중

유형 08 평각을 이용하여 각의 크기 구하기 개념4

평각의 크기가 180°임을 이용한다.

예 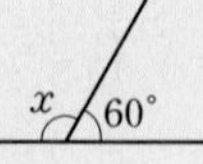

➡ $\angle x+60°=180°$

$\therefore \angle x=120°$

25 대표문제

오른쪽 그림에서 x의 값은?

① 40 ② 42
③ 44 ④ 46
⑤ 48

26

오른쪽 그림에서 x의 값은?

① 60 ② 65
③ 70 ④ 75
⑤ 80

중요

27

오른쪽 그림에서 x의 값은?

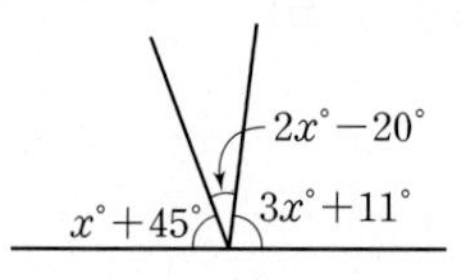

① 20 ② 22
③ 24 ④ 26
⑤ 28

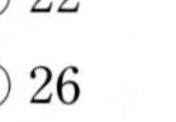

28

오른쪽 그림에서 $x+y+z$의 값을 구하시오.

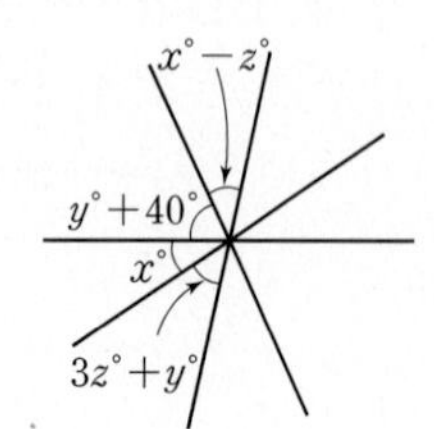

집중

유형 09 직각을 이용하여 각의 크기 구하기 개념4

직각의 크기가 90°임을 이용한다.

예 ➡ $20°+\angle x=90°$

$\therefore \angle x=70°$

29 대표문제

오른쪽 그림에서 x의 값은?

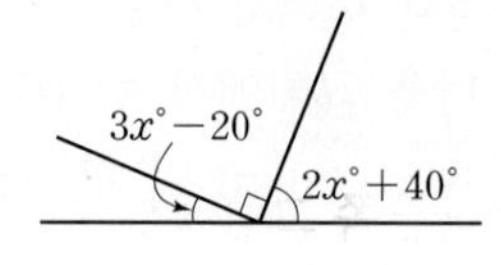

① 12 ② 14
③ 16 ④ 18
⑤ 20

30

오른쪽 그림에서 x의 값은?

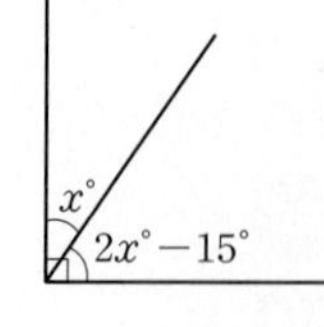

① 20 ② 25
③ 30 ④ 35
⑤ 40

31 서술형

오른쪽 그림에서 $\angle y-\angle x$의 크기를 구하시오.

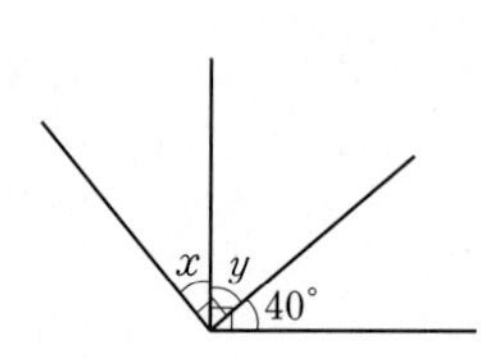

32

오른쪽 그림에서
$\angle AOC=\angle BOD=90°$이고
$\angle AOB+\angle COD=30°$일 때,
$\angle BOC$의 크기를 구하시오.

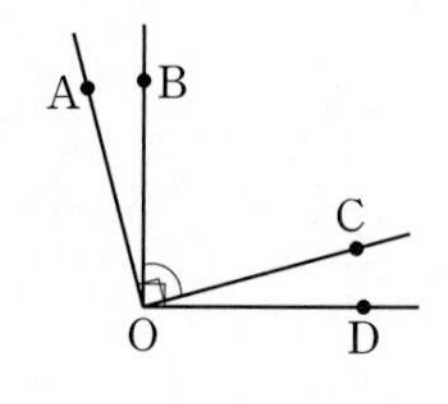

유형 10 각의 크기의 비가 주어진 경우 개념 4

오른쪽 그림에서 $\angle x : \angle y : \angle z = a : b : c$ 일 때

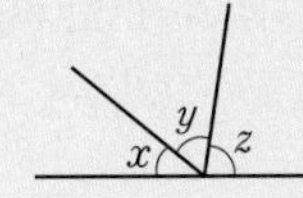

$\angle x = 180^\circ \times \dfrac{a}{a+b+c}$

$\angle y = 180^\circ \times \dfrac{b}{a+b+c}$

$\angle z = 180^\circ \times \dfrac{c}{a+b+c}$

33 대표문제

오른쪽 그림에서
$\angle x : \angle y : \angle z = 2 : 1 : 3$일 때,
$\angle x$의 크기는?

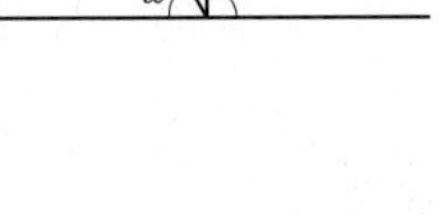

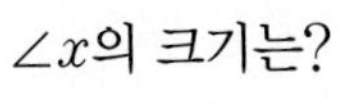

① 55° ② 60°
③ 65° ④ 70°
⑤ 75°

34

오른쪽 그림에서 $\angle AOB = 90^\circ$이고
$\angle BOC : \angle COD = 1 : 5$일 때,
$\angle COD$의 크기는?

① 65° ② 70°
③ 75° ④ 80°
⑤ 85°

35 서술형

오른쪽 그림에서 $\angle BOC = 50^\circ$이고
$\angle AOB : \angle COD = 3 : 2$일 때,
$\angle AOB$의 크기를 구하시오.

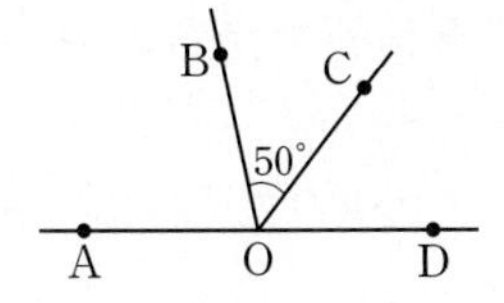

집중

유형 11 각의 크기 사이의 관계가 주어진 경우 개념 4

오른쪽 그림에서 $\angle AOB = 2\angle BOC$이면
➡ $\angle BOC = \angle a$, $\angle AOB = 2\angle a$로 놓고 푼다.

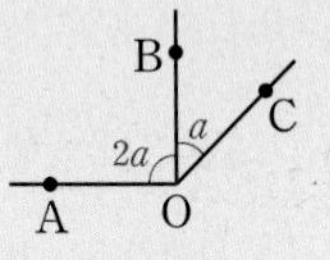

36 대표문제

오른쪽 그림에서
$\angle AOB = 3\angle BOC$,
$\angle DOE = 3\angle COD$일 때,
$\angle BOD$의 크기를 구하시오.

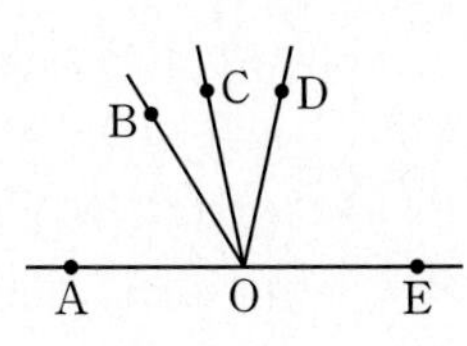

37

오른쪽 그림에서
$\angle AOB = \dfrac{3}{2}\angle BOC$,
$\angle DOE = \dfrac{3}{2}\angle COD$일 때,
$\angle BOD$의 크기는?

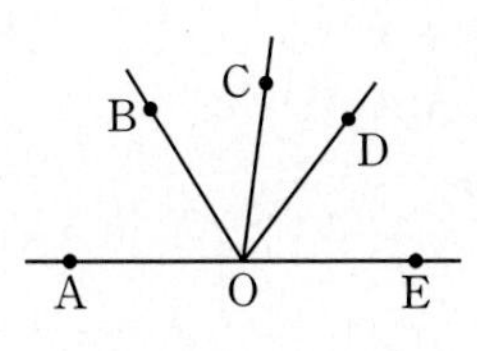

① 70° ② 72° ③ 74°
④ 76° ⑤ 78°

중요

38

오른쪽 그림에서 $\angle AOB = 90^\circ$이고
$\angle AOC = 6\angle BOC$,
$\angle DOE = 2\angle COD$일 때, $\angle BOD$의 크기를 구하시오.

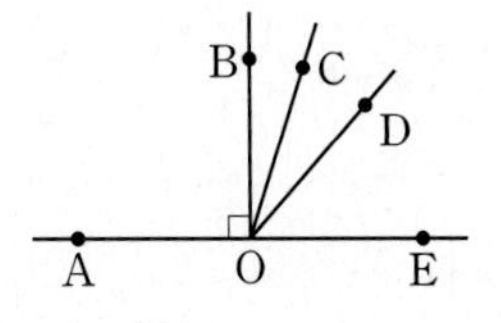

유형 12 시침과 분침이 이루는 각의 크기 개념4

(1) 시침: 1시간에 $30°$만큼 움직이므로 1분에 $0.5°$씩 움직인다.
↳ $360° \div 12$시간$=30°$ ↳ $30° \div 60$분$=0.5°$

(2) 분침: 1시간에 $360°$만큼 움직이므로 1분에 $6°$씩 움직인다.
↳ $360° \div 60$분$=6°$

예 시계가 5시 40분을 가리킬 때

❶ 시침이 12를 가리킬 때부터 움직인 각도
➡ $30° \times 5 + 0.5° \times 40 = 170°$

❷ 분침이 12를 가리킬 때부터 움직인 각도
➡ $6° \times 40 = 240°$

❸ 따라서 시침과 분침이 이루는 각 중 작은 각의 크기는
$240° - 170° = 70°$

39 

오른쪽 그림과 같이 시계가 7시 45분을 가리킬 때, 시침과 분침이 이루는 각 중 작은 각의 크기는?
(단, 시침과 분침의 두께는 무시한다.)

① $30°$ ② $32.5°$
③ $35°$ ④ $37.5°$
⑤ $40°$

40 서술형

오른쪽 그림과 같이 시계가 3시 5분을 가리킬 때, 시침과 분침이 이루는 각 중 작은 각의 크기를 구하시오.
(단, 시침과 분침의 두께는 무시한다.)

41

오른쪽 그림과 같이 시계가 2시 50분을 가리킬 때, 시침과 분침이 이루는 각 중 작은 각의 크기를 구하시오.
(단, 시침과 분침의 두께는 무시한다.)

집중

유형 13 맞꼭지각의 성질 개념5

맞꼭지각의 크기는 서로 같다.
➡ 오른쪽 그림에서 $\angle a + \angle b = \angle c$

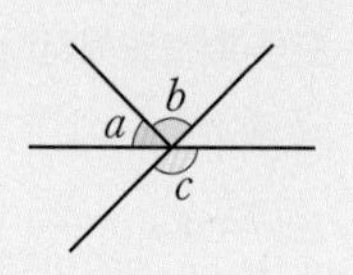

42 대표문제

오른쪽 그림에서 x의 값은?

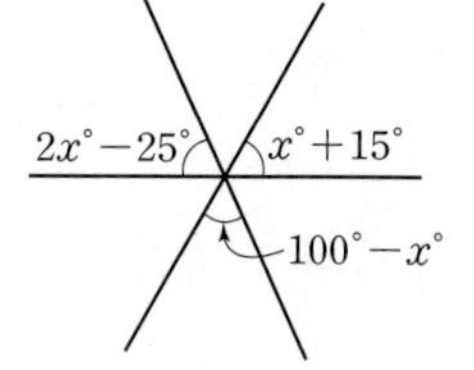

① 40 ② 45
③ 50 ④ 55
⑤ 60

43

오른쪽 그림에서 y의 값은?

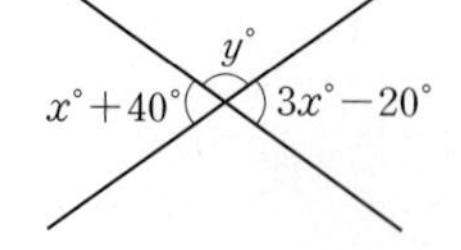

① 100 ② 105
③ 110 ④ 115
⑤ 120

중요

44

오른쪽 그림에서 $x-y$의 값을 구하시오.

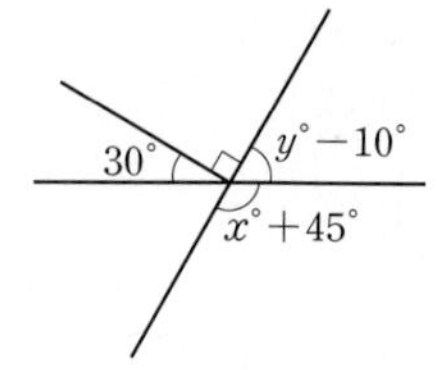

45 서술형

오른쪽 그림에서 $x+y$의 값을 구하시오.

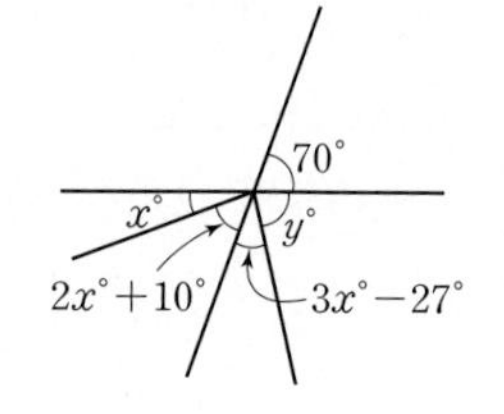

유형 14 맞꼭지각의 쌍의 개수 개념5

(1) 두 직선이 한 점에서 만날 때 생기는 맞꼭지각
➡ 2쌍 ← $\angle a$와 $\angle c$, $\angle b$와 $\angle d$

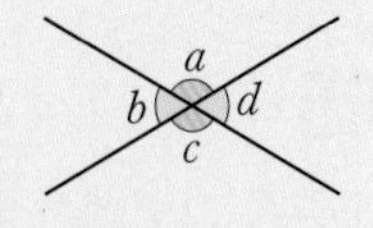

(2) 서로 다른 n개의 직선이 한 점에서 만날 때 생기는 맞꼭지각 ➡ (직선 2개를 고르는 방법의 수)×2(쌍)

46 대표문제

오른쪽 그림과 같이 세 직선 l, m, n이 한 점에서 만날 때 생기는 맞꼭지각은 모두 몇 쌍인가?

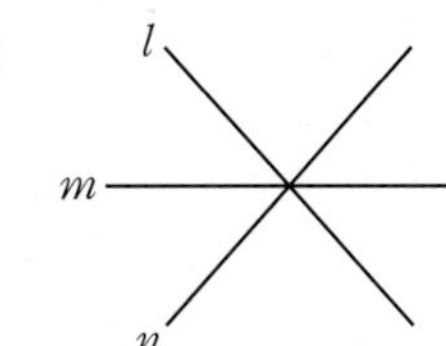

① 3쌍 ② 4쌍
③ 5쌍 ④ 6쌍
⑤ 7쌍

47

오른쪽 그림과 같이 5개의 직선이 한 점에서 만날 때 생기는 맞꼭지각은 모두 몇 쌍인가?

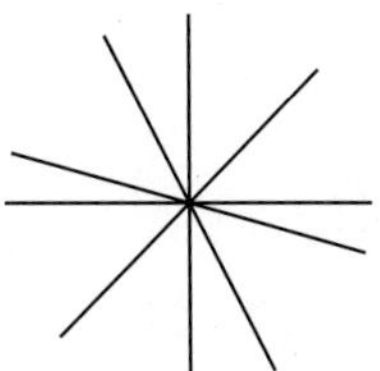

① 16쌍 ② 18쌍
③ 20쌍 ④ 22쌍
⑤ 24쌍

48

오른쪽 그림에서 두 직선 l, m과 두 직선 p, q는 각각 서로 평행하다. 이때 생기는 맞꼭지각은 모두 몇 쌍인가?

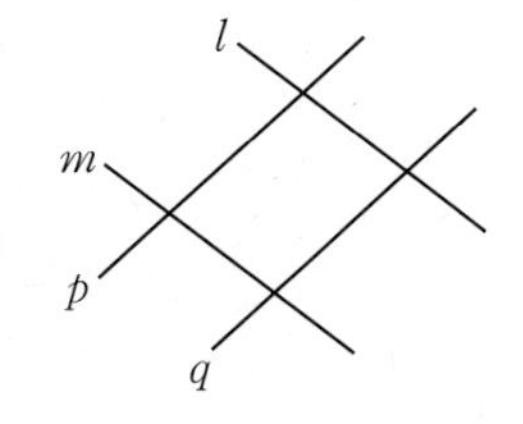

① 4쌍 ② 5쌍
③ 6쌍 ④ 7쌍
⑤ 8쌍

집중

유형 15 수직과 수선 개념6

오른쪽 그림과 같이 점 A에서 직선 l에 내린 수선의 발을 H라 하면

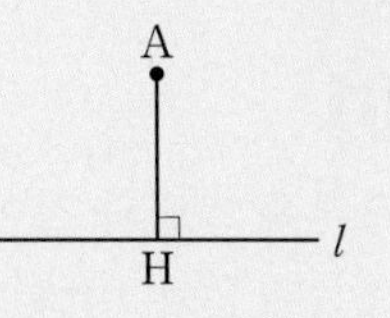

(1) $\overline{AH}\perp l$
(2) 점 A와 직선 l 사이의 거리
➡ $\overline{AH}$의 길이

49 대표문제

다음 중 오른쪽 그림에 대한 설명으로 옳지 않은 것을 모두 고르면? (정답 2개)

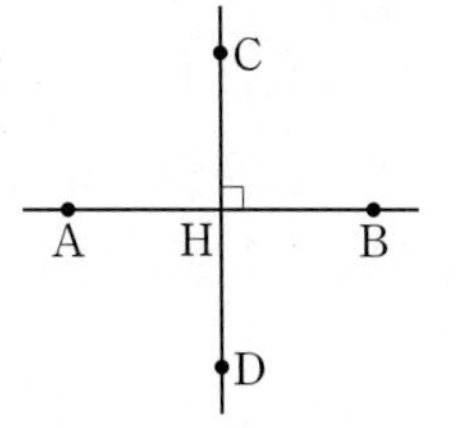

① $\angle AHC=90°$
② $\overline{AH}=\overline{BH}$
③ $\overline{AB}\perp\overline{CD}$
④ $\overline{CD}$는 $\overline{AB}$를 수직이등분한다.
⑤ 점 C에서 $\overline{AB}$에 내린 수선의 발은 점 H이다.

중요

50

다음 **보기** 중 오른쪽 그림과 같은 직사각형 ABCD에 대한 설명으로 옳은 것을 모두 고르시오.

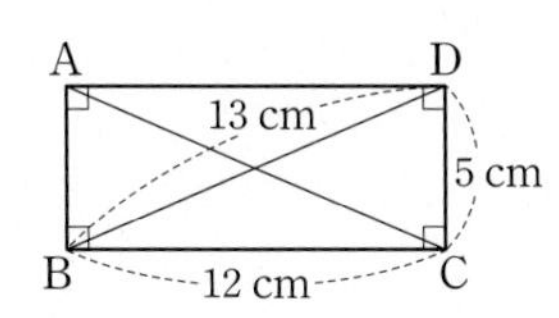

보기

ㄱ. $\overline{AD}\perp\overline{DC}$
ㄴ. 점 C에서 $\overline{AB}$에 내린 수선의 발은 점 A이다.
ㄷ. $\overline{BC}$의 수선은 $\overline{AB}$와 $\overline{DC}$이다.
ㄹ. 점 A와 $\overline{DC}$ 사이의 거리는 13 cm이다.

51 서술형

오른쪽 그림과 같은 사다리꼴 ABCD에서 점 C와 $\overline{AB}$ 사이의 거리를 x cm, 점 D와 $\overline{BC}$ 사이의 거리를 y cm라 할 때, $x+y$의 값을 구하시오.

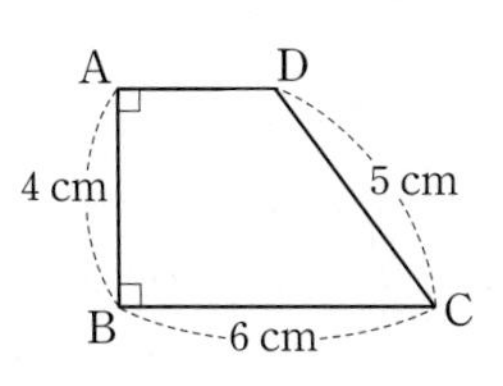

Real 실전 기출

01

오른쪽 그림과 같이 직선 l 위에 네 점 A, B, C, D가 있다. 다음 중 옳지 않은 것은?

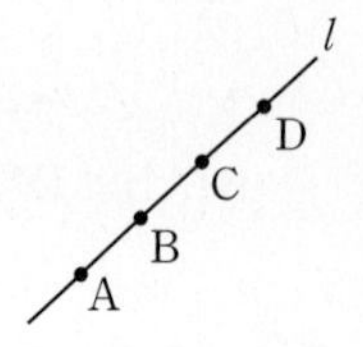

① $\overleftrightarrow{AB}$와 $\overleftrightarrow{CD}$는 같은 직선이다.
② $\overrightarrow{BC}$와 $\overrightarrow{BD}$는 같은 반직선이다.
③ $\overline{AB}$와 $\overline{BA}$는 같은 선분이다.
④ $\overrightarrow{CD}$와 $\overrightarrow{DA}$의 공통인 부분은 $\overline{CD}$이다.
⑤ $\overrightarrow{CB}$는 $\overrightarrow{BD}$에 포함된다.

02 최다빈출

오른쪽 그림과 같이 두 점 M, N은 각각 $\overline{AB}$, $\overline{MB}$의 중점이고 $\overline{MN}=5\text{ cm}$일 때, $\overline{AN}$의 길이를 구하시오.

03

다음 그림에서 점 B는 $\overline{AC}$의 중점이고 $3\overline{AC}=4\overline{CD}$이다. $\overline{BC}=4\text{ cm}$일 때, $\overline{AD}$의 길이를 구하시오.

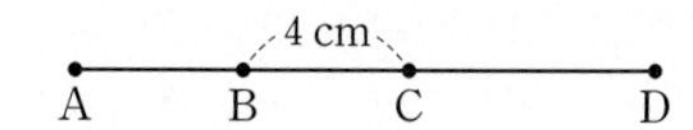

04

오른쪽 그림에서 x의 값은?

① 10 ② 12
③ 14 ④ 16
⑤ 18

05

오른쪽 그림에서 $2x-y$의 값을 구하시오.

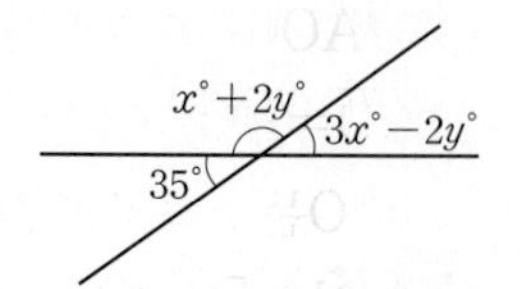

06

오른쪽 그림에서
$\angle AOC=\angle BOD=90^\circ$이고
$\angle DOE=32^\circ$일 때, $\angle BOC$의 크기를 구하시오.

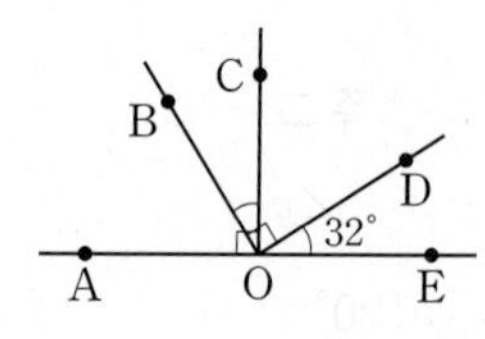

07

오른쪽 그림에서
$\angle x : \angle y : \angle z=5 : 3 : 7$일 때,
$\angle z$의 크기를 구하시오.

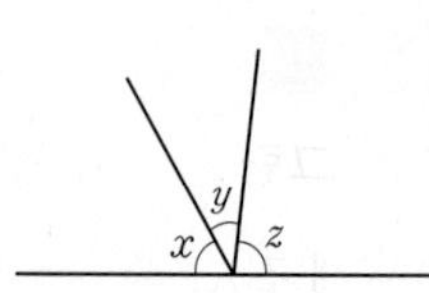

08

오른쪽 그림에서
$\angle BOC=\frac{1}{5}\angle AOC$,
$\angle COD=\frac{1}{5}\angle COE$일 때, $\angle BOD$의 크기는?

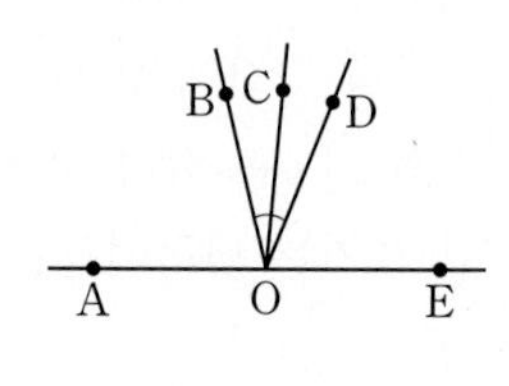

① 30° ② 36° ③ 42°
④ 48° ⑤ 54°

09 최다빈출

다음 중 오른쪽 그림에 대한 설명으로 옳지 않은 것은?

① $\angle AOC=90°$
② $\overline{CO}=\overline{DO}$
③ 점 O는 $\overline{AB}$의 중점이다.
④ $\overleftrightarrow{CD}$는 $\overline{AB}$의 수선이다.
⑤ 점 B와 $\overleftrightarrow{CD}$ 사이의 거리는 $\overline{BO}$의 길이와 같다.

10

오른쪽 그림에서 $\angle x+\angle y+\angle z$의 크기는?

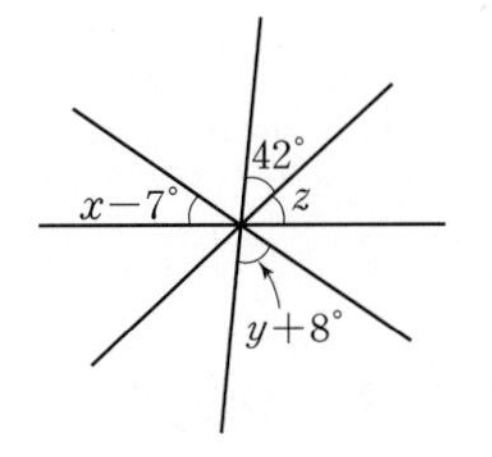

① 120°　② 124°
③ 131°　④ 137°
⑤ 140°

11 창의 역량

다음 그림과 같이 직선의 도로를 따라 A, B, C, D, E의 위치에 집과 상점들이 있다. $\overline{AC}=\frac{1}{2}\overline{AE}$, $\overline{AB}=\overline{BC}$, $\overline{CD}=2\overline{DE}$이고 $\overline{AE}=120$ m일 때, 문구점에서 경진이네 집까지의 거리를 구하시오.

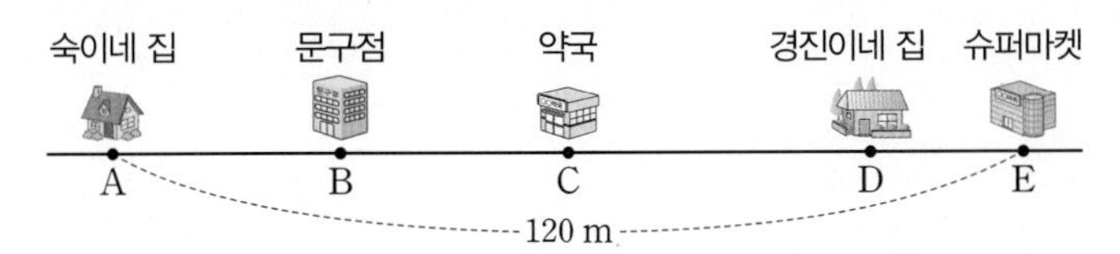

12

오른쪽 그림에서 $\angle x : \angle y=2 : 3$, $\angle x : \angle z=1 : 2$일 때, $\angle y$의 크기를 구하시오.

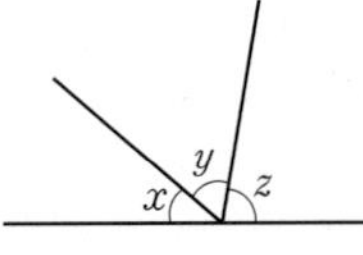

100점 공략

13

오른쪽 그림과 같이 5개의 점 A, B, C, D, E가 있다. 이 중 두 점을 이어 만들 수 있는 서로 다른 반직선의 개수를 구하시오.

14

5시와 6시 사이에서 시계의 시침과 분침이 이루는 각 중 작은 각의 크기가 158°가 되는 시각을 구하시오.

15

세 점 A, B, C가 이 순서대로 한 직선 위에 있고 다음 조건을 모두 만족시킨다. $\overline{MN}=k\overline{AB}$일 때, 상수 k의 값을 구하시오.

> (가) $\overline{AC}=4\overline{AB}$
> (나) 두 점 M, N은 각각 $\overline{AB}$, $\overline{BC}$의 중점이다.

정답과 해설 14쪽

서술형

16

오른쪽 그림과 같은 입체도형에서 교점의 개수를 a, 교선의 개수를 b라 할 때, $2a-b$의 값을 구하시오.

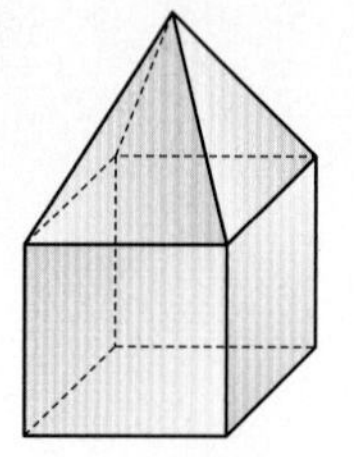

풀이

답 ____________

17

다음 그림에서 $\overline{AB}$의 중점이 M, $\overline{MB}$의 중점이 N이고 $\overline{AN}=18$ cm일 때, $\overline{MB}$의 길이를 구하시오.

18 cm
A M N B

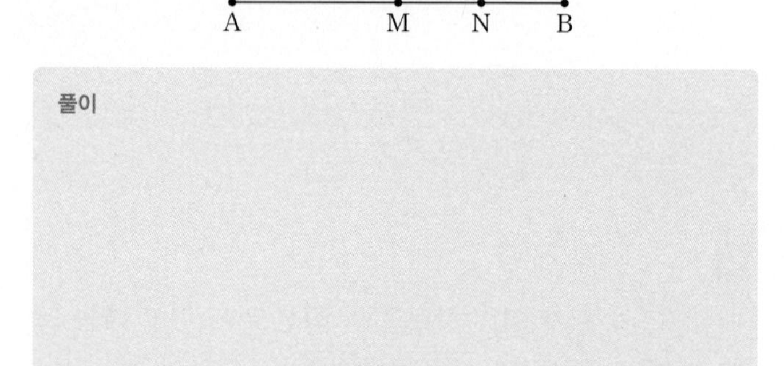

18

오른쪽 그림에서 $\angle x+\angle y=80°$일 때, $\angle z$의 크기를 구하시오.

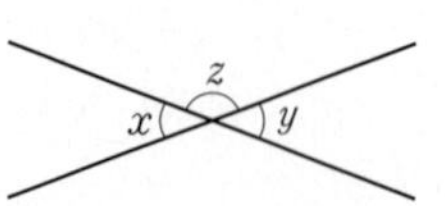

19

오른쪽 그림에서 $\angle BOC=\angle COD$, $\angle DOE=\angle EOF$이고 $\angle AOB=50°$일 때, $\angle COE$의 크기를 구하시오.

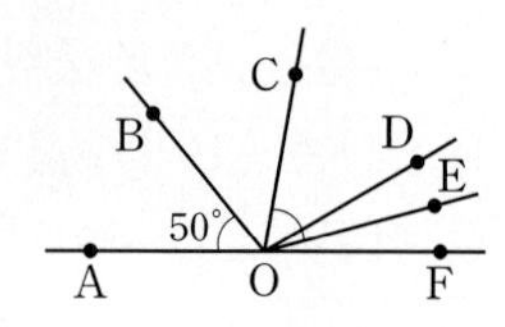

20 100점

다음 그림에서 $4\overline{AB}=3\overline{AC}$, $2\overline{AB}=3\overline{PB}$이고 점 Q는 $\overline{BC}$의 중점이다. $\overline{AC}=24$ cm일 때, $\overline{PQ}$의 길이를 구하시오.

24 cm
A P B Q C

21 100점

오른쪽 그림에서 $\angle AOB=\frac{1}{4}\angle BOC$, $\angle DOE=\frac{1}{4}\angle COD$일 때, $\angle FOG$의 크기를 구하시오.

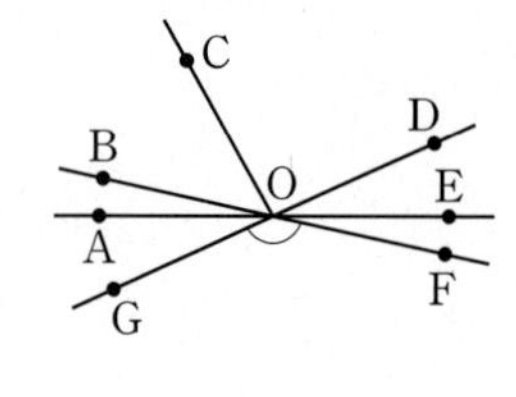

풀이

답 ____________

I. 기본 도형

02 위치 관계

23 ~ 36쪽

10 ~ 15쪽

개념 1 점과 직선, 점과 평면의 위치 관계 유형 01

(1) 점과 직선의 위치 관계

① 점 A는 직선 l 위에 있다. ← 직선 l이 점 A를 지난다.

② 점 B는 직선 l 위에 있지 않다. ← 직선 l이 점 B를 지나지 않는다. (또는 점 B는 직선 l 밖에 있다.)

(2) 점과 평면의 위치 관계

① 점 A는 평면 P 위에 있다. ← 평면 P가 점 A를 포함한다.

② 점 B는 평면 P 위에 있지 않다. ← 평면 P가 점 B를 포함하지 않는다. (또는 점 B는 평면 P 밖에 있다.)

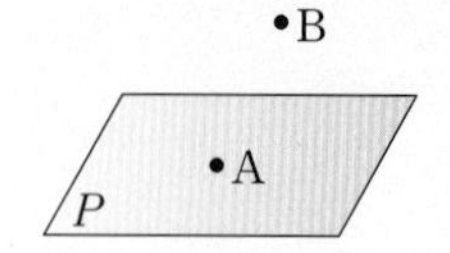

개념 노트

- 일반적으로 평면은 대문자 P, Q, R, …로 나타내고 다음 그림과 같이 평행사변형으로 그린다.

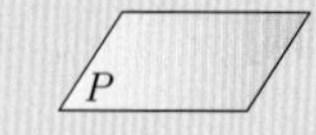

개념 2 평면에서 두 직선의 위치 관계 유형 02, 03

(1) 두 직선의 평행

한 평면 위의 두 직선 l, m이 서로 만나지 않을 때, 두 직선 l, m은 서로 평행하다고 하고 기호로 $l /\!/ m$과 같이 나타낸다.

(2) 한 평면에서 두 직선의 위치 관계

한 점에서 만난다.	일치한다.	평행하다. ($l /\!/ m$)
(그림)	(그림)	(그림)
만난다.	만난다.	만나지 않는다.

참고 다음과 같은 경우에 평면은 하나로 정해진다.

① 한 직선 위에 있지 않은 서로 다른 세 점이 주어질 때

② 한 직선과 그 직선 밖의 한 점이 주어질 때

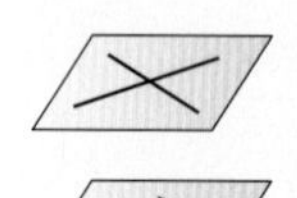

③ 한 점에서 만나는 두 직선이 주어질 때

④ 평행한 두 직선이 주어질 때

- 한 평면 위의 서로 다른 두 직선은 만나지 않으면 평행하고 평행하지 않으면 만난다.
- 두 직선 l, m이 한 점에서 만날 때, 그 점은 두 직선 l, m의 교점이다.
- 두 점을 지나는 평면은 무수히 많다. 또, 두 점은 한 직선을 정하므로 한 직선을 지나는 평면도 무수히 많다.

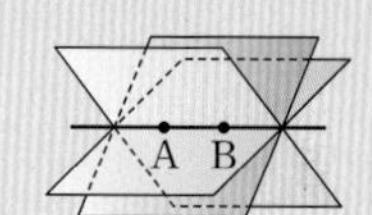

개념 3 공간에서 두 직선의 위치 관계 유형 04, 05, 09~11

(1) 꼬인 위치: 공간에서 두 직선이 만나지도 않고 평행하지도 않을 때, 두 직선은 꼬인 위치에 있다고 한다.

(2) 공간에서 두 직선의 위치 관계

한 점에서 만난다.	일치한다.	평행하다. ($l /\!/ m$)	꼬인 위치에 있다.
(그림)	(그림)	(그림)	(그림)
만난다.	만난다.	만나지 않는다.	만나지 않는다.

- 꼬인 위치는 공간에서 두 직선의 위치 관계에서만 존재한다.
- 꼬인 위치에 있는 두 직선은 한 평면 위에 있지 않다.

개념 1 점과 직선, 점과 평면의 위치 관계

[01~02] 오른쪽 그림에서 다음을 구하시오.

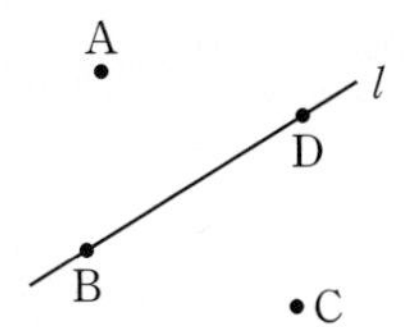

01 직선 l 위에 있는 점

02 직선 l 위에 있지 않은 점

[03~04] 오른쪽 그림에서 다음을 구하시오.

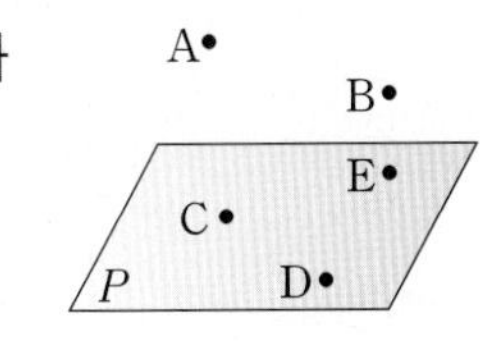

03 평면 P 위에 있는 점

04 평면 P 위에 있지 않은 점

[05~07] 오른쪽 그림과 같은 삼각뿔에서 다음을 구하시오.

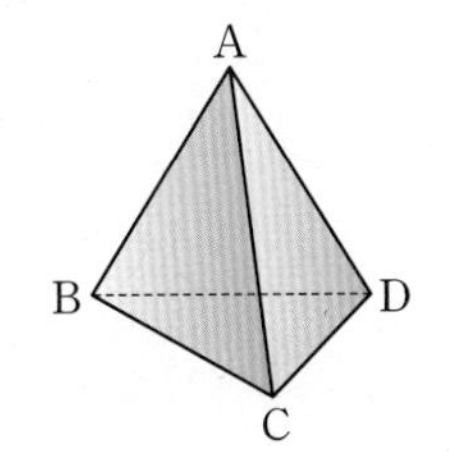

05 점 A를 포함하는 면

06 점 B와 점 C를 모두 포함하는 면

07 면 BCD 위에 있지 않은 꼭짓점

개념 2 평면에서 두 직선의 위치 관계

[08~10] 오른쪽 그림과 같은 직사각형 ABCD에서 다음을 구하시오.

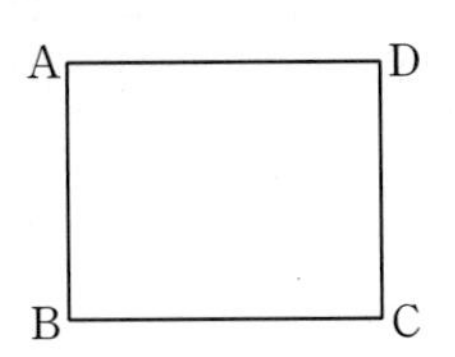

08 변 AB와 평행한 변

09 변 BC와 한 점에서 만나는 변

10 교점이 점 D인 두 변

[11~13] 오른쪽 그림과 같은 사다리꼴 ABCD에 대하여 다음 □ 안에 알맞은 기호를 써넣으시오.

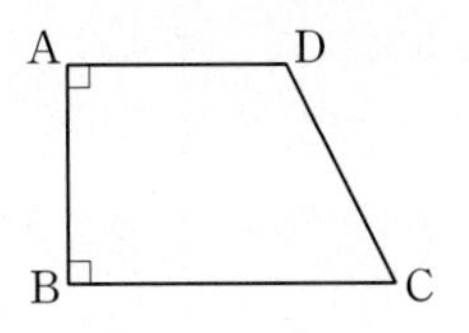

11 $\overline{AB}$ □ $\overline{BC}$

12 $\overline{AD}$ □ $\overline{BC}$

13 $\overline{AB}$ □ $\overline{AD}$

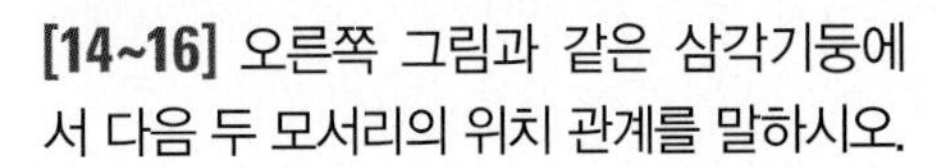

개념 3 공간에서 두 직선의 위치 관계

[14~16] 오른쪽 그림과 같은 삼각기둥에서 다음 두 모서리의 위치 관계를 말하시오.

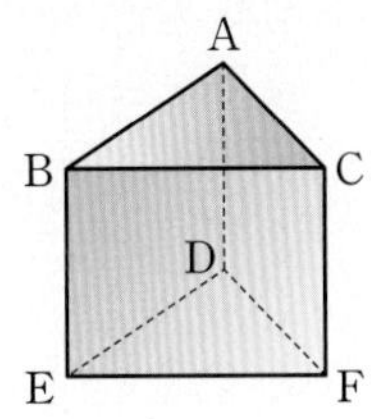

14 모서리 BC와 모서리 AC

15 모서리 AB와 모서리 DE

16 모서리 AD와 모서리 EF

[17~19] 오른쪽 그림과 같은 직육면체에서 다음을 구하시오.

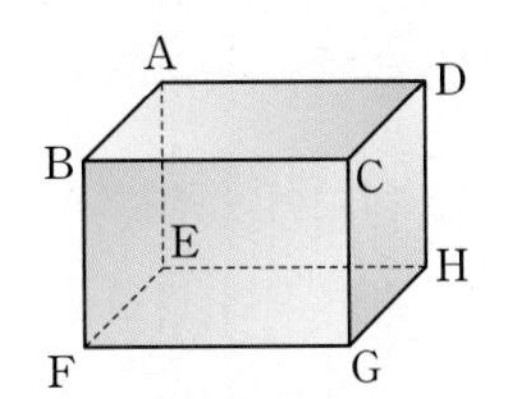

17 모서리 CD와 한 점에서 만나는 모서리

18 모서리 BF와 평행한 모서리

19 모서리 AE와 꼬인 위치에 있는 모서리

개념 4 공간에서 직선과 평면의 위치 관계

유형 06, 07, 09~11

➕ 개념 노트

(1) 직선과 평면의 평행

공간에서 직선 l과 평면 P가 만나지 않을 때, 직선 l과 평면 P는 서로 평행하다고 하고 기호로 $l /\!/ P$와 같이 나타낸다.

(2) 공간에서 직선과 평면의 위치 관계

한 점에서 만난다.	직선이 평면에 포함된다.	평행하다. $(l /\!/ P)$
l, P	l, P 직선 l이 평면 P 위에 있다.	l, P
만난다.	만난다.	만나지 않는다.

- 직선과 평면의 위치 관계에는 꼬인 위치가 없다.

(3) 직선과 평면의 수직

직선 l이 평면 P와 한 점 H에서 만나고 점 H를 지나는 평면 P 위의 모든 직선과 수직일 때, 직선 l과 평면 P는 서로 수직이다 또는 직교한다고 하고 기호로 $l \perp P$와 같이 나타낸다.

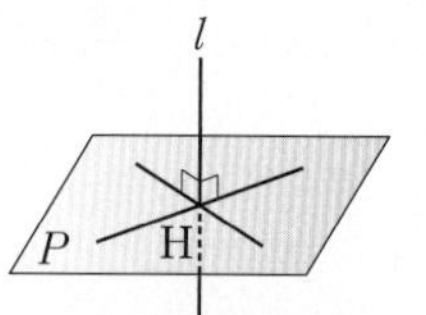

- 일반적으로 직선 l이 점 H를 지나는 평면 P 위의 서로 다른 두 직선과 수직이면 직선 l과 평면 P는 수직이다.

(4) 점과 평면 사이의 거리: 평면 P 위에 있지 않은 점 A에서 평면 P에 내린 수선의 발 H까지의 거리 ➜ 선분 AH의 길이

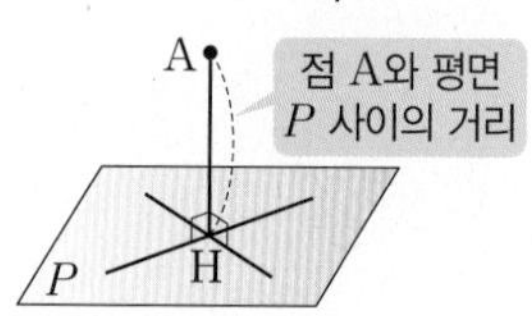

- 점 A와 평면 P 사이의 거리는 점 A와 평면 P 위의 점을 이은 선분의 길이 중 가장 짧은 것이다.

개념 5 공간에서 두 평면의 위치 관계

유형 08~11

(1) 두 평면의 평행

공간에서 두 평면 P, Q가 만나지 않을 때, 두 평면 P, Q는 서로 평행하다고 하고 기호로 $P /\!/ Q$와 같이 나타낸다.

(2) 공간에서 두 평면의 위치 관계

한 직선에서 만난다.	일치한다.	평행하다. $(P /\!/ Q)$
P, Q	P, Q	P, Q
만난다.	만난다.	만나지 않는다.

- 두 평면 P, Q가 한 직선에서 만날 때, 그 직선은 두 평면 P, Q의 교선이다.
- [두 평면 사이의 거리]
  평면 P 위의 점 A에서 평면 Q에 내린 수선의 발 H까지의 거리 ➜ 선분 AH의 길이

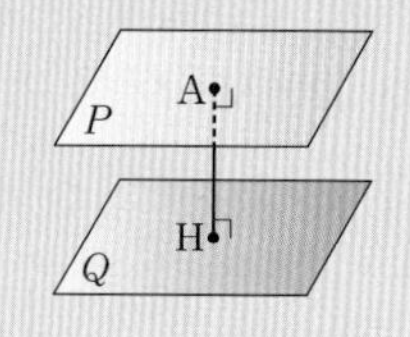

(3) 두 평면의 수직

평면 P가 평면 Q에 수직인 직선 l을 포함할 때, 평면 P와 평면 Q는 서로 수직이다 또는 직교한다고 하고 기호로 $P \perp Q$와 같이 나타낸다.

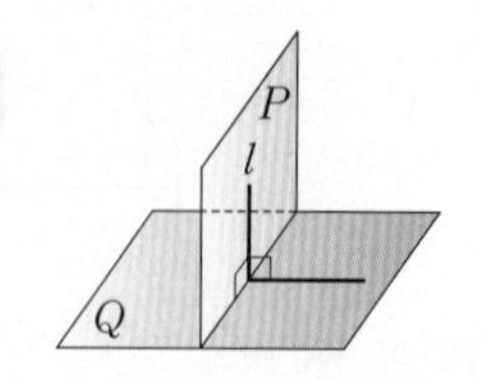

개념 4 공간에서 직선과 평면의 위치 관계

20 다음 **보기** 중 공간에서 직선과 평면의 위치 관계가 될 수 있는 것을 모두 고르시오.

보기

ㄱ. 평행하다.
ㄴ. 꼬인 위치에 있다.
ㄷ. 한 점에서 만난다.
ㄹ. 직선이 평면에 포함된다.

[21~23] 오른쪽 그림과 같은 직육면체에서 다음을 구하시오.

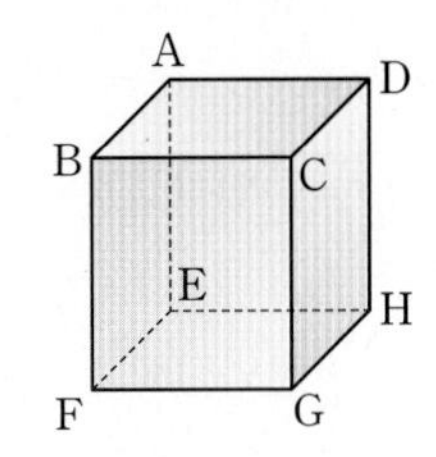

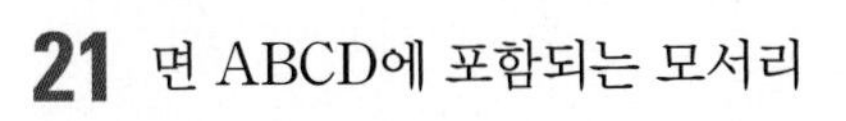

21 면 ABCD에 포함되는 모서리

22 면 ABFE와 평행한 모서리

23 면 BFGC와 수직인 모서리

[24~26] 오른쪽 그림과 같은 삼각기둥에서 다음을 구하시오.

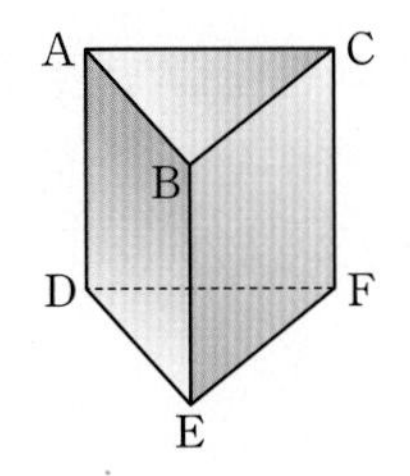

24 모서리 AB와 한 점에서 만나는 면

25 모서리 CF와 평행한 면

26 모서리 BE와 수직인 면

[27~29] 오른쪽 그림과 같은 직육면체에서 다음을 구하시오.

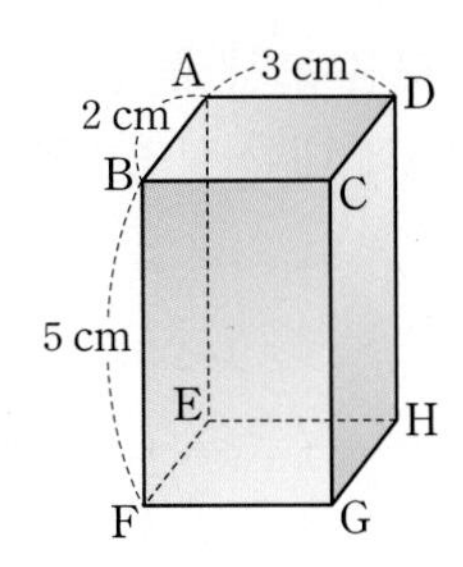

27 점 A에서 면 EFGH에 내린 수선의 발

28 점 B와 면 CGHD 사이의 거리

29 점 D와 면 BFGC 사이의 거리

개념 5 공간에서 두 평면의 위치 관계

30 다음 **보기** 중 공간에서 두 평면의 위치 관계가 될 수 있는 것을 모두 고르시오.

보기

ㄱ. 한 점에서 만난다.　　ㄴ. 일치한다.
ㄷ. 한 직선에서 만난다.　　ㄹ. 꼬인 위치에 있다.
ㅁ. 평행하다.

[31~34] 오른쪽 그림과 같은 직육면체에서 다음을 구하시오.

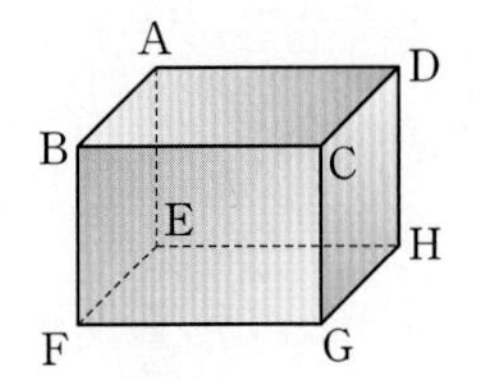

31 면 BFGC와 만나는 면

32 면 ABFE와 평행한 면

33 면 EFGH와 수직인 면

34 면 ABCD와 면 CGHD의 교선

[35~39] 오른쪽 그림과 같은 삼각기둥에서 다음을 구하시오.

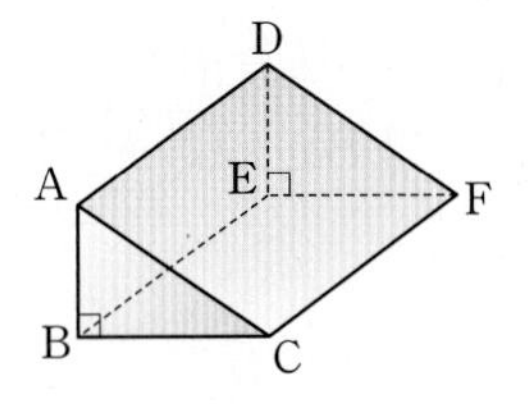

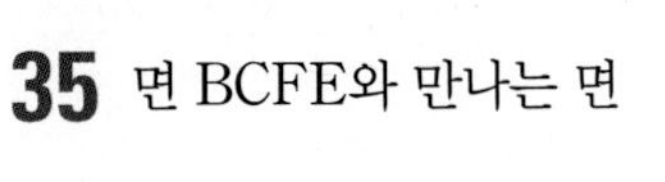

35 면 BCFE와 만나는 면

36 면 ABED와 수직인 면

37 면 DEF와 평행한 면

38 면 ABC와 면 ACFD의 교선

39 모서리 AD를 교선으로 하는 두 면

유형 01 점과 직선, 점과 평면의 위치 관계 개념1

(1) 점과 직선의 위치 관계
① 점 A는 직선 l 위에 있다.
② 점 B는 직선 l 위에 있지 않다.

(2) 점과 평면의 위치 관계
① 점 A는 평면 P 위에 있다.
② 점 B는 평면 P 위에 있지 않다.

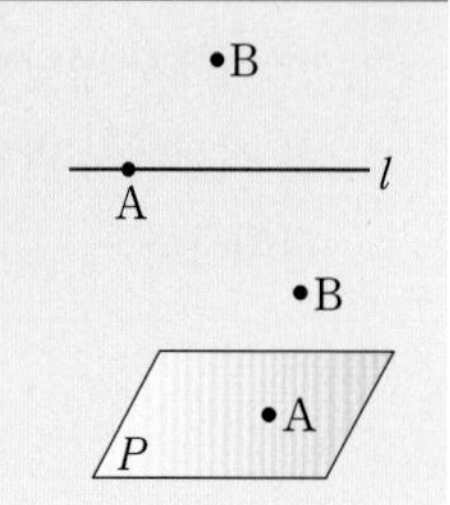

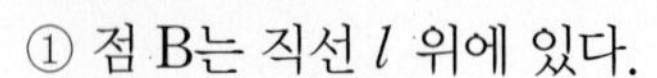

01 대표문제

다음 중 오른쪽 그림에 대한 설명으로 옳지 않은 것은?

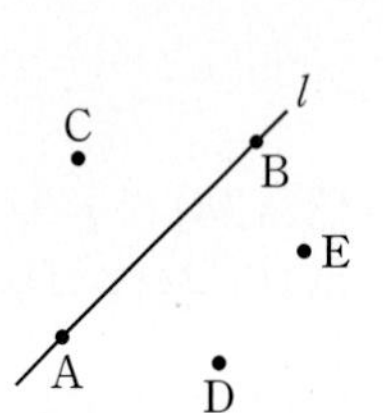

① 점 B는 직선 l 위에 있다.
② 점 D는 직선 l 위에 있지 않다.
③ 직선 l은 점 C를 지난다.
④ 직선 l은 점 E를 지나지 않는다.
⑤ 직선 l 위에 있는 점은 2개이다.

02

오른쪽 그림과 같이 직선 l이 평면 P 위에 있을 때, 다음 중 옳은 것을 모두 고르면? (정답 2개)

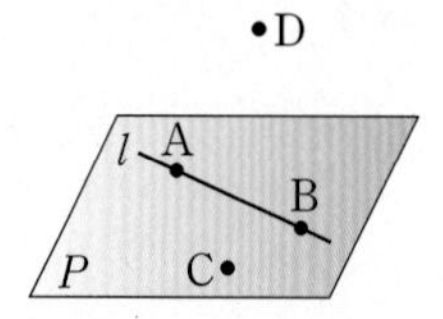

① 점 A는 직선 l 위에 있지 않다.
② 점 D는 평면 P 밖에 있다.
③ 직선 l 위에 있지 않은 점은 1개이다.
④ 직선 l은 점 C를 지난다.
⑤ 점 B는 평면 P 위에 있다.

03 서술형

오른쪽 그림과 같은 사각뿔에서 모서리 AE 위에 있지 않은 꼭짓점의 개수를 a, 면 BCDE 위에 있는 꼭짓점의 개수를 b라 할 때, $a+b$의 값을 구하시오.

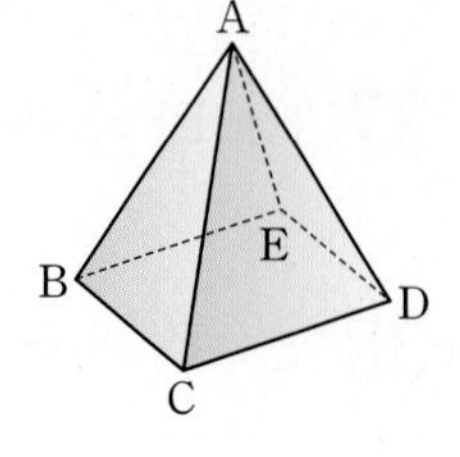

집중

유형 02 평면에서 두 직선의 위치 관계 개념2

(1) 한 점에서 만난다. (2) 일치한다. (3) 평행하다.

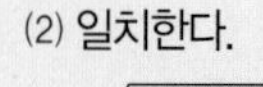

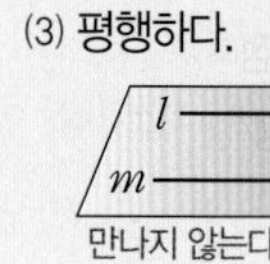

04 대표문제

다음 중 오른쪽 그림에 대한 설명으로 옳지 않은 것을 모두 고르면? (정답 2개)

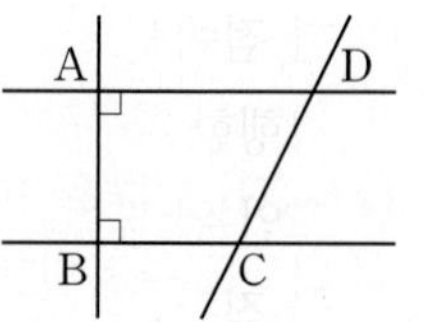

① $\overleftrightarrow{AD}$와 $\overleftrightarrow{CD}$는 한 점에서 만난다.
② $\overleftrightarrow{AB}$와 $\overleftrightarrow{CD}$는 평행하다.
③ $\overleftrightarrow{AB}$와 $\overleftrightarrow{BC}$는 수직으로 만난다.
④ $\overleftrightarrow{AB}$와 $\overleftrightarrow{BA}$는 일치한다.
⑤ $\overleftrightarrow{BC}$와 $\overleftrightarrow{CD}$는 수직으로 만난다.

중요

05

오른쪽 그림과 같은 정육각형에서 각 변을 연장한 직선 중 $\overleftrightarrow{AB}$와 한 점에서 만나는 직선의 개수는?

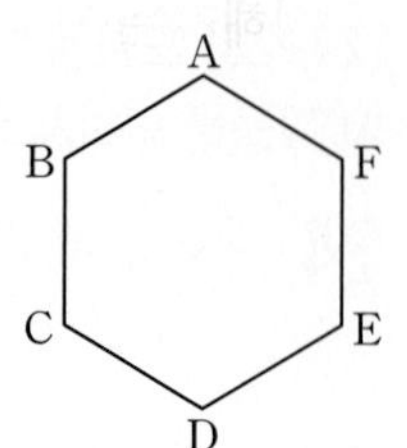

① 1 ② 2
③ 3 ④ 4
⑤ 5

06

다음 **보기** 중 한 평면 위에 있는 서로 다른 세 직선 l, m, n에 대한 설명으로 옳은 것을 모두 고르시오.

보기
ㄱ. $l /\!/ m$, $m /\!/ n$이면 $l /\!/ n$이다.
ㄴ. $l /\!/ m$, $l \perp n$이면 $m \perp n$이다.
ㄷ. $l \perp m$, $l \perp n$이면 $m \perp n$이다.

유형 03 평면이 하나로 정해질 조건 개념 2

다음이 주어지면 평면이 하나로 정해진다.
(1) 한 직선 위에 있지 않은 서로 다른 세 점
(2) 한 직선과 그 직선 밖의 한 점
(3) 한 점에서 만나는 두 직선
(4) 평행한 두 직선

07 대표문제

다음 중 평면이 하나로 정해질 조건이 아닌 것은?

① 한 점에서 만나는 두 직선
② 평행한 두 직선
③ 꼬인 위치에 있는 두 직선
④ 한 직선과 그 직선 밖의 한 점
⑤ 한 직선 위에 있지 않은 서로 다른 세 점

08

오른쪽 그림과 같이 직선 l 위의 세 점 A, B, C와 직선 l 밖의 한 점 D로 정해지는 서로 다른 평면의 개수는?

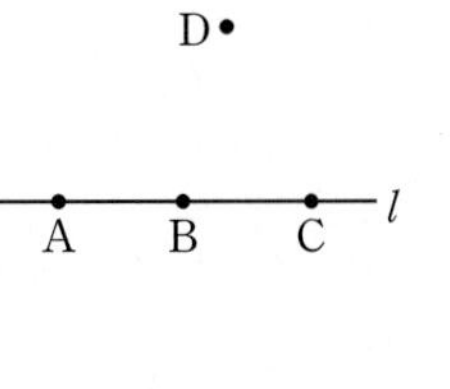

① 1 ② 2 ③ 3
④ 4 ⑤ 5

09

오른쪽 그림과 같이 평면 P 위에 세 점 A, B, C가 있고 평면 P 밖에 한 점 D가 있다. 이들 네 개의 점 중 세 개의 점으로 정해지는 서로 다른 평면의 개수는? (단, 어느 세 점도 한 직선 위에 있지 않다.)

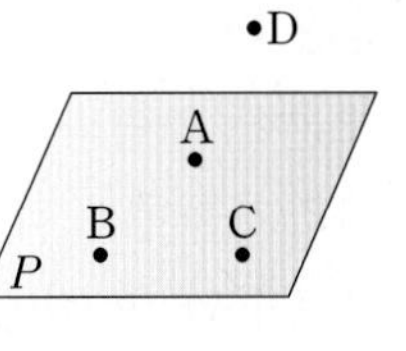

① 2 ② 3 ③ 4
④ 5 ⑤ 6

집중

유형 04 공간에서 두 직선의 위치 관계 개념 3

(1) 한 점에서 만난다. (2) 일치한다. (3) 평행하다. (4) 꼬인 위치에 있다.

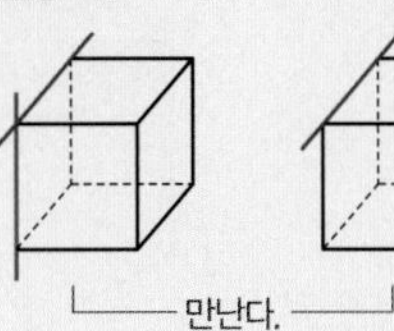
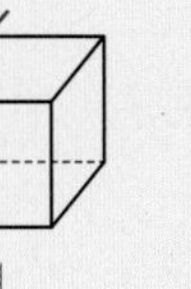
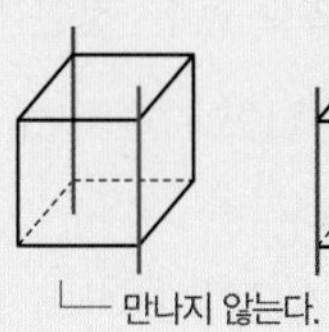
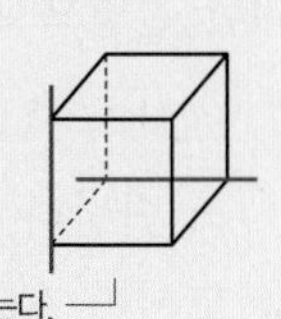

만난다. 만나지 않는다.

10 대표문제

다음 중 오른쪽 그림과 같은 직육면체에 대한 설명으로 옳지 않은 것은?

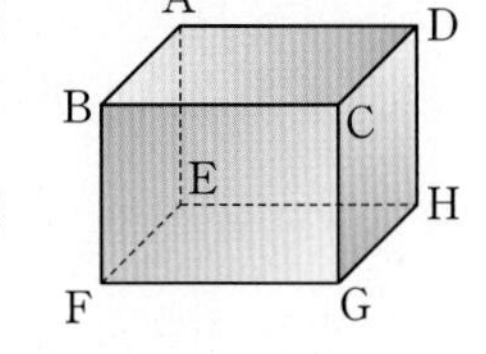

① 모서리 AB와 모서리 AE는 한 점에서 만난다.
② 모서리 BF와 모서리 DH는 평행하다.
③ 모서리 BC와 모서리 EH는 꼬인 위치에 있다.
④ 모서리 CG와 모서리 FG는 수직으로 만난다.
⑤ 모서리 EF와 모서리 DH는 만나지 않는다.

중요

11

다음 중 오른쪽 그림과 같은 삼각기둥에서 모서리 CF와의 위치 관계가 나머지 넷과 다른 하나는?

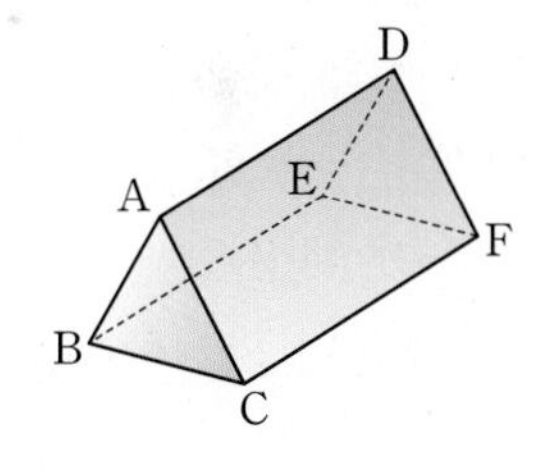

① $\overline{AC}$ ② $\overline{BC}$
③ $\overline{DE}$ ④ $\overline{DF}$
⑤ $\overline{EF}$

12 서술형

오른쪽 그림과 같은 직육면체에서 $\overline{AG}$, $\overline{DH}$와 동시에 만나는 모서리의 개수를 구하시오.

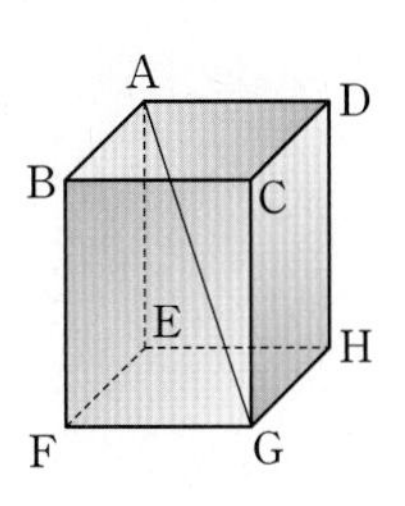

13

다음 중 오른쪽 그림과 같은 삼각기둥에 대한 설명으로 옳은 것은?

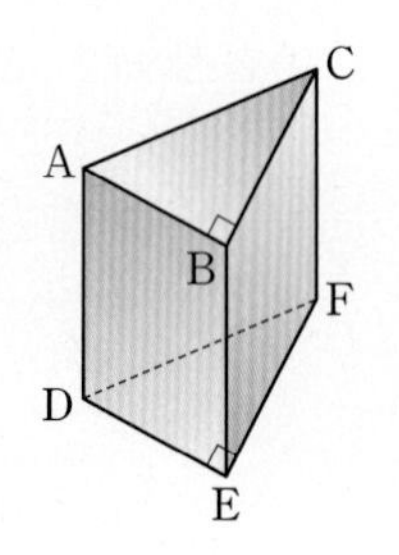

① 모서리 AD와 모서리 EF는 한 점에서 만난다.
② 모서리 AC와 모서리 BC는 수직으로 만난다.
③ 모서리 AB와 모서리 DE는 평행하다.
④ 모서리 BE와 모서리 CF는 꼬인 위치에 있다.
⑤ 모서리 AC와 평행한 모서리는 2개이다.

14 서술형

오른쪽 그림과 같이 밑면이 정오각형인 오각기둥에서 모서리 AB와 수직으로 만나는 모서리의 개수를 a, 모서리 DI와 평행한 모서리의 개수를 b라 할 때, $3a-b$의 값을 구하시오.

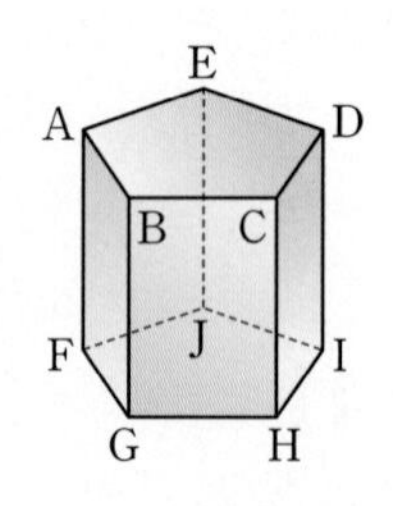

15

다음 **보기** 중 공간에서 두 직선의 위치 관계에 대한 설명으로 옳은 것을 모두 고르시오.

보기
ㄱ. 평행한 두 직선은 한 평면 위에 있다.
ㄴ. 한 점에서 만나는 두 직선은 한 평면 위에 있다.
ㄷ. 꼬인 위치에 있는 두 직선은 한 평면 위에 있다.
ㄹ. 만나지 않는 두 직선은 항상 평행하다.

집중

유형 05 꼬인 위치 개념 3

입체도형에서 꼬인 위치에 있는 모서리를 찾을 때는
(꼬인 위치 → 만나지도 않고 평행하지도 않는다.)
❶ 한 점에서 만나는 모서리와 평행한 모서리를 제외한다.
❷ 남은 모서리가 꼬인 위치에 있는 모서리이다.

16 대표문제

다음 중 오른쪽 그림과 같은 사각뿔에서 모서리 CD와 꼬인 위치에 있는 모서리를 모두 고르면? (정답 2개)

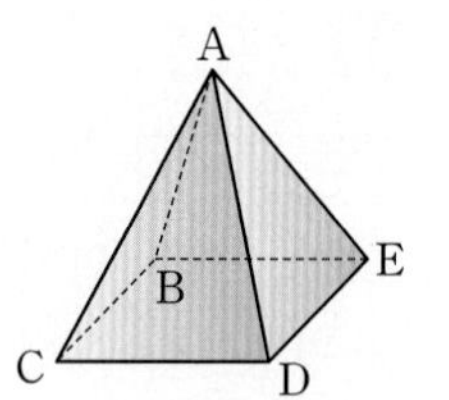

① $\overline{AB}$ ② $\overline{AE}$
③ $\overline{BC}$ ④ $\overline{BE}$
⑤ $\overline{DE}$

중요

17

오른쪽 그림과 같은 직육면체에서 $\overline{AC}$와 만나지도 않고 평행하지도 않은 모서리의 개수는?

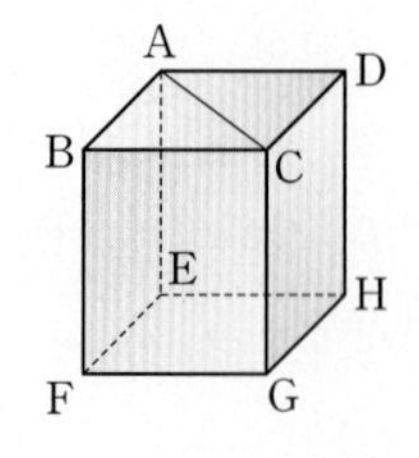

① 3 ② 4
③ 5 ④ 6
⑤ 7

18

오른쪽 그림과 같이 밑면이 정육각형인 육각기둥에서 각 모서리를 연장한 직선 중 $\overleftrightarrow{DE}$와 한 점에서 만나는 직선의 개수를 a, 꼬인 위치에 있는 직선의 개수를 b라 할 때, $a+b$의 값을 구하시오.

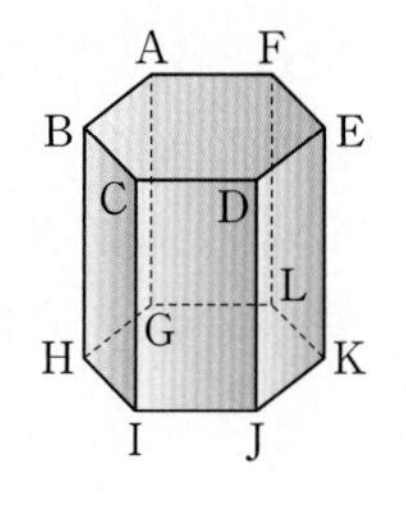

집중

유형 06 공간에서 직선과 평면의 위치 관계

개념 4

(1) 직선이 평면에 포함된다.

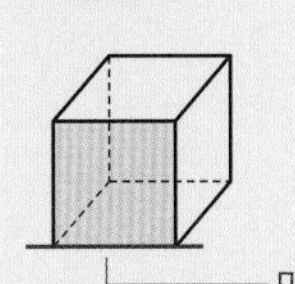

(2) 한 점에서 만난다.

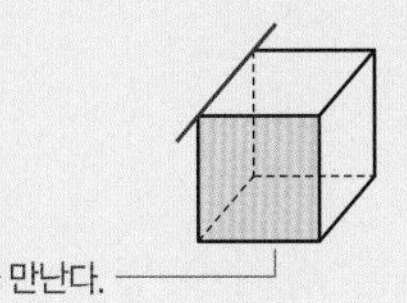

(3) 평행하다.

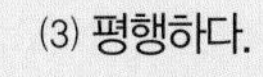

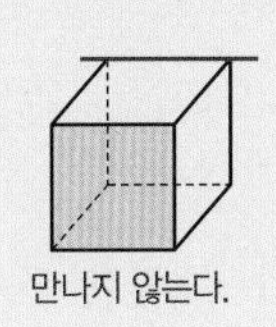

만난다. 만나지 않는다.

19 대표문제

다음 중 오른쪽 그림과 같이 밑면이 정오각형인 오각기둥에 대한 설명으로 옳은 것을 모두 고르면? (정답 2개)

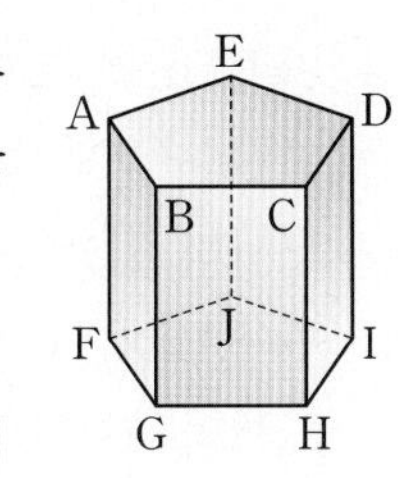

① 모서리 AB와 면 AFJE 평행하다.
② 모서리 CD와 면 BGHC는 한 점에서 만난다.
③ 모서리 IJ와 면 ABCDE는 꼬인 위치에 있다.
④ 모서리 AF와 평행한 면은 1개이다.
⑤ 모서리 DI와 수직인 면은 2개이다.

중요

20 서술형

오른쪽 그림과 같은 삼각기둥에서 모서리 DE와 평행한 면의 개수를 a, 모서리 BE와 수직인 면의 개수를 b, 모서리 EF를 포함하는 면의 개수를 c라 할 때, $a+b+c$의 값을 구하시오.

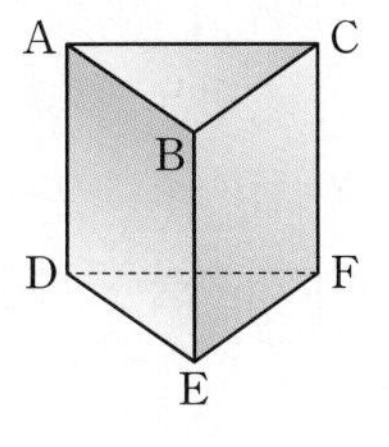

21

다음 **보기** 중 오른쪽 그림과 같은 직육면체에 대한 설명으로 옳은 것을 모두 고르시오.

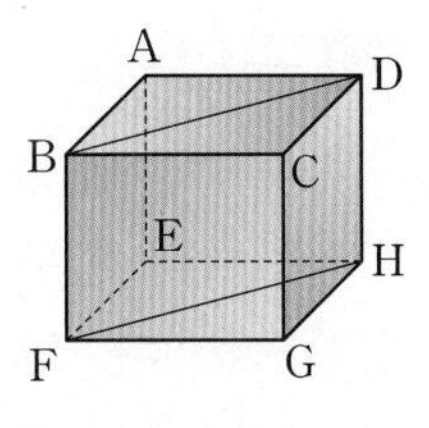

보기

ㄱ. 평면 ABCD와 수직인 모서리는 4개이다.
ㄴ. 평면 BFHD와 한 점에서 만나는 모서리는 8개이다.
ㄷ. 모서리 AD와 평행한 평면은 2개이다.

유형 07 점과 평면 사이의 거리

개념 4

오른쪽 그림과 같은 직육면체에서
(점 A와 면 BFGC 사이의 거리)$=\overline{AB}=3$
(점 A와 면 CGHD 사이의 거리)$=\overline{AD}=4$
(점 A와 면 EFGH 사이의 거리)$=\overline{AE}=5$

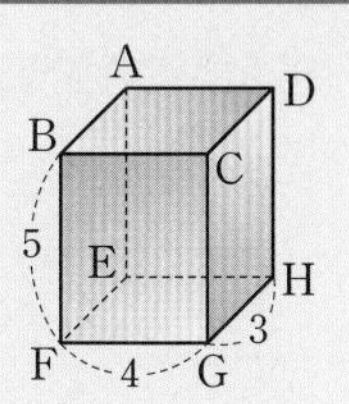

22 대표문제

오른쪽 그림과 같은 직육면체에서 점 A와 면 EFGH 사이의 거리를 a, 점 E와 면 CGHD 사이의 거리를 b라 할 때, $2a+b$의 값을 구하시오.

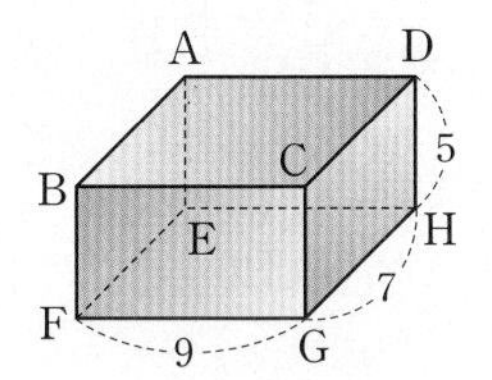

23

다음 중 오른쪽 그림과 같은 삼각기둥에서 점 C와 면 ABED 사이의 거리와 길이가 같은 모서리를 모두 고르면? (정답 2개)

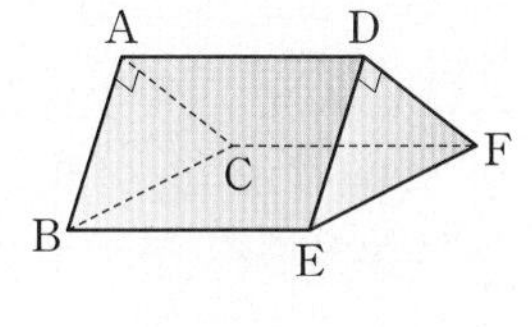

① $\overline{AC}$ ② $\overline{BC}$ ③ $\overline{CF}$
④ $\overline{DF}$ ⑤ $\overline{EF}$

24

오른쪽 그림에서 $l \perp P$이고 점 H는 점 A에서 평면 P에 내린 수선의 발이다. 점 A와 평면 P 사이의 거리가 9 cm일 때, 다음 중 옳지 않은 것은?

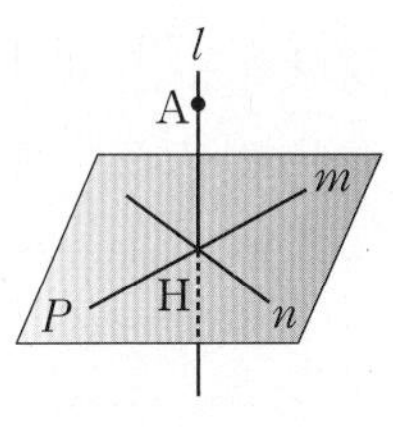

① $l \perp m$ ② $l \perp n$
③ $\overline{AH}=9$ cm ④ $m \perp n$
⑤ $\overline{AH} \perp m$

유형 08 공간에서 두 평면의 위치 관계 개념5

(1) 한 직선에서 만난다. (2) 일치한다. (3) 평행하다.

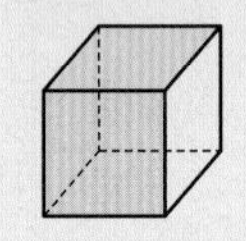
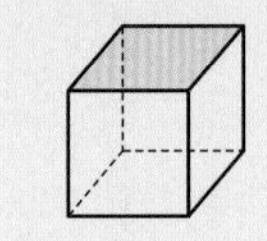
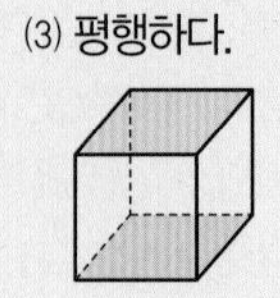

25 대표문제

다음 중 오른쪽 그림과 같은 정육면체에서 평면 AEGC와 수직인 면을 모두 고르면? (정답 2개)

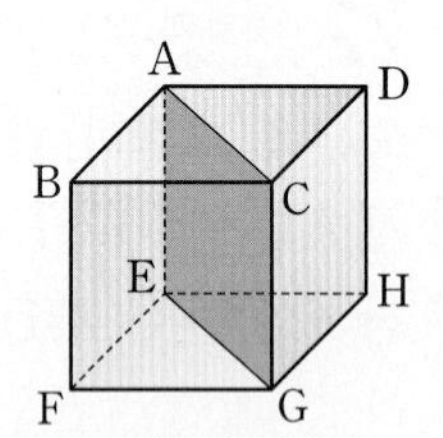

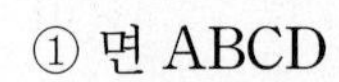
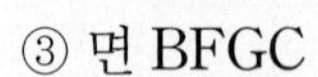

① 면 ABCD ② 면 AEHD
③ 면 BFGC ④ 면 EFGH
⑤ 면 CGHD

26

다음 중 오른쪽 그림과 같이 밑면이 $\overline{AD} /\!/ \overline{BC}$인 사다리꼴인 사각기둥에서 면 AEHD와의 위치 관계가 나머지 넷과 다른 하나는?

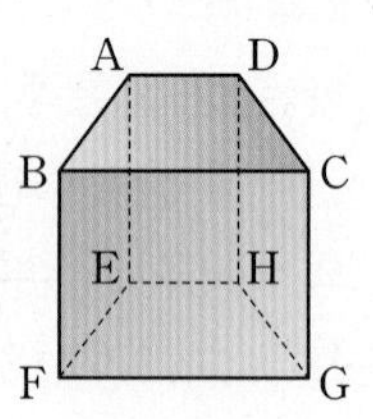

① 면 ABCD ② 면 ABFE
③ 면 EFGH ④ 면 BFGC
⑤ 면 CDHG

27

다음 **보기** 중 오른쪽 그림과 같이 밑면이 정육각형인 육각기둥에 대한 설명으로 옳은 것을 모두 고르시오.

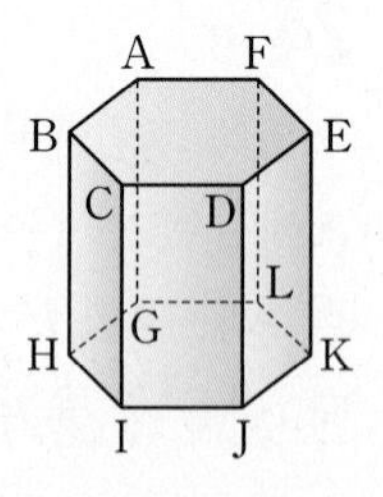

보기
ㄱ. 면 CIJD와 면 DJKE의 교선은 모서리 DJ이다.
ㄴ. 면 ABCDEF와 수직인 면은 6개이다.
ㄷ. 서로 평행한 두 면은 3쌍이다.

집중

유형 09 일부를 잘라 낸 입체도형에서의 위치 관계 개념3~5

잘라 내기 전의 입체도형에서의 위치 관계를 이용하여 잘라 낸 후의 입체도형에서의 위치 관계를 파악한다.

28 대표문제

오른쪽 그림은 직육면체를 잘라서 만든 삼각기둥이다. 다음 중 옳지 않은 것은?

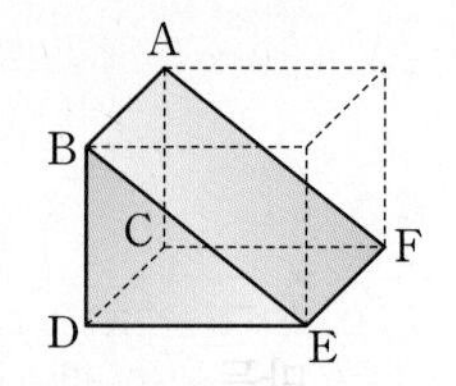

① 면 BDE와 모서리 AF는 평행하다.
② 면 ABEF와 한 직선에서 만나는 면은 2개이다.
③ 모서리 BD와 모서리 AF는 꼬인 위치에 있다.
④ 면 ABDC와 면 CDEF는 수직이다.
⑤ 모서리 AB와 모서리 EF는 평행하다.

29

오른쪽 그림은 직육면체를 세 꼭짓점 B, F, C를 지나는 평면으로 잘라서 만든 입체도형이다. 이때 모서리 BF와 꼬인 위치에 있는 모서리의 개수를 구하시오.

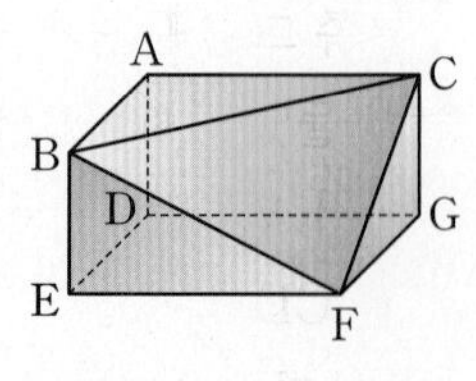

30 서술형

오른쪽 그림은 $\overline{AB}=\overline{CD}$가 되도록 직육면체의 일부분을 잘라서 만든 입체도형이다. 면 ABCD와 수직인 면의 개수를 a, $\overleftrightarrow{EH}$와 평행한 면의 개수를 b라 할 때, $a-b$의 값을 구하시오.

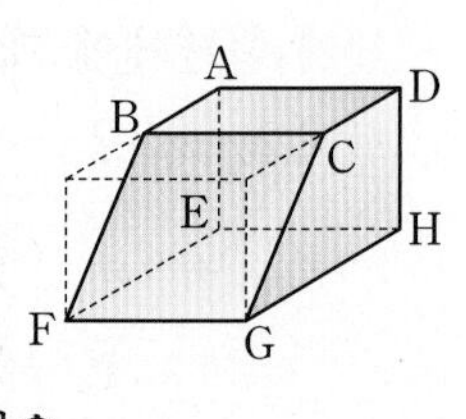

유형 10 전개도가 주어졌을 때의 위치 관계 개념 3~5

전개도로 만들어지는 입체도형을 그린 후 위치 관계를 파악한다.

예

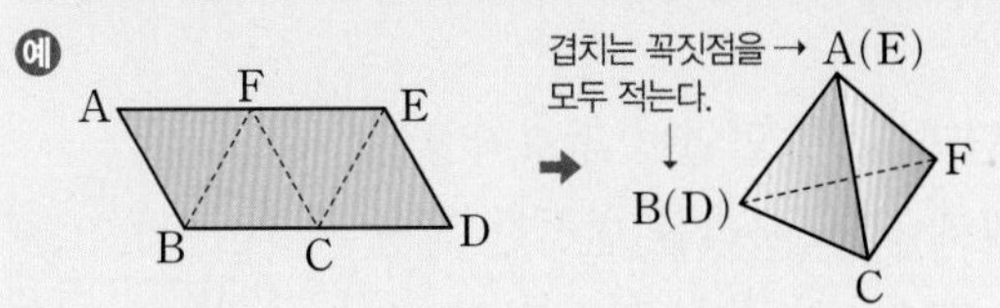

31 대표문제

오른쪽 그림의 전개도로 정육면체를 만들었을 때, 다음 중 모서리 ML과 꼬인 위치에 있는 모서리는?

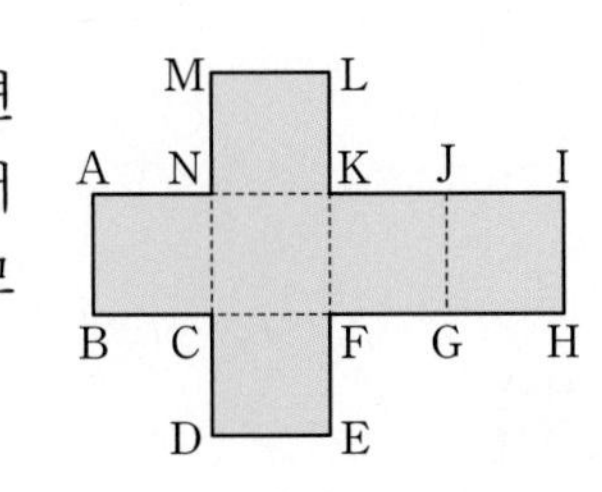

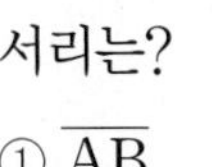

① $\overline{AB}$ ② $\overline{CF}$
③ $\overline{EF}$ ④ $\overline{HG}$
⑤ $\overline{JK}$

32 서술형

오른쪽 그림의 전개도로 삼각기둥을 만들었을 때, 모서리 CD와 한 점에서 만나는 모서리의 개수를 a, 면 CDE와 평행한 모서리의 개수를 b라 하자. 이때 $a+b$의 값을 구하시오.

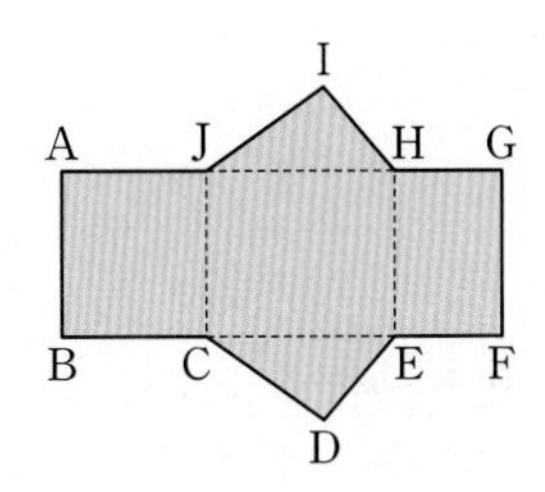

33

다음 중 오른쪽 그림의 전개도로 만든 직육면체에 대한 설명으로 옳지 않은 것은?

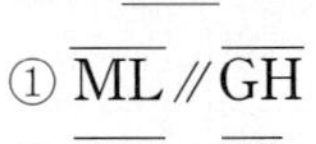

① $\overline{ML}$ // $\overline{GH}$
② $\overline{AN} \perp \overline{HI}$
③ $\overline{CE}$와 $\overline{NF}$는 한 점에서 만난다.
④ 면 CDEF와 평행한 모서리는 4개이다.
⑤ 면 ABCN과 수직인 면은 4개이다.

집중

유형 11 여러 가지 위치 관계 개념 3~5

공간에서 여러 가지 위치 관계를 조사할 때는 직육면체를 그려서 모서리를 직선으로, 면을 평면으로 생각하여 위치 관계를 파악한다.

예 $l \perp P$, $m \perp P$일 때, 서로 다른 두 직선 l, m의 위치 관계 → l // m

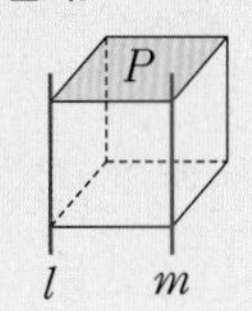

34 대표문제

다음 중 공간에서 서로 다른 두 직선 l, m과 서로 다른 두 평면 P, Q에 대한 설명으로 옳지 않은 것을 모두 고르면? (정답 2개)

① $l \perp P$, l // m이면 $m \perp P$이다.
② $l \perp P$, $l \perp Q$이면 P // Q이다.
③ $l \perp P$, P // Q이면 $l \perp Q$이다.
④ l // P, m // P이면 l // m이다.
⑤ l // P, $P \perp Q$이면 $l \perp Q$이다.

35 중요

다음 중 공간에서 서로 다른 세 직선 l, m, n에 대한 설명으로 옳은 것은?

① l // m, l // n이면 $m \perp n$이다.
② l // m, $l \perp n$이면 m // n이다.
③ l // m, m // n이면 l // n이다.
④ $l \perp m$, $l \perp n$이면 $m \perp n$이다.
⑤ $l \perp m$, $m \perp n$이면 l // n이다.

36

다음 중 공간에서 서로 다른 세 평면 P, Q, R에 대한 설명으로 옳은 것을 모두 고르면? (정답 2개)

① P // Q, P // R이면 Q // R이다.
② P // Q, Q // R이면 $P \perp R$이다.
③ P // Q, $P \perp R$이면 $Q \perp R$이다.
④ $P \perp Q$, Q // R이면 P // R이다.
⑤ $P \perp Q$, $P \perp R$이면 $Q \perp R$이다.

Real 실전 기출

01

다음 중 오른쪽 그림에 대한 설명으로 옳지 않은 것은?

① 점 A는 직선 l 위에 있다.
② 직선 m은 점 B를 지난다.
③ 점 C는 두 직선 l, m 위에 있지 않다.
④ 점 D는 직선 l 밖에 있으면서 직선 m 위에 있다.
⑤ 두 점 A, D는 같은 직선 위에 있다.

02

오른쪽 그림과 같은 정육각형 ABCDEF에서 $\overline{AD}$, $\overline{BE}$, $\overline{CF}$의 교점을 O라 할 때, 다음 중 두 직선의 위치 관계가 나머지 넷과 다른 하나는?

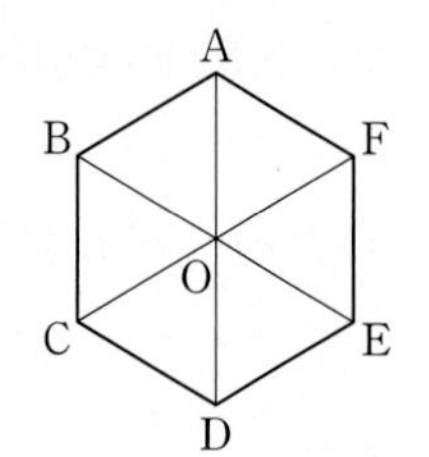

① $\overleftrightarrow{AB}$와 $\overleftrightarrow{CO}$　② $\overleftrightarrow{AF}$와 $\overleftrightarrow{CD}$
③ $\overleftrightarrow{BC}$와 $\overleftrightarrow{OD}$　④ $\overleftrightarrow{CD}$와 $\overleftrightarrow{EF}$
⑤ $\overleftrightarrow{OF}$와 $\overleftrightarrow{DE}$

03 최다빈출

오른쪽 그림과 같은 직육면체에서 모서리 AB와 평행하면서 모서리 AD와 꼬인 위치에 있는 모서리의 개수를 구하시오.

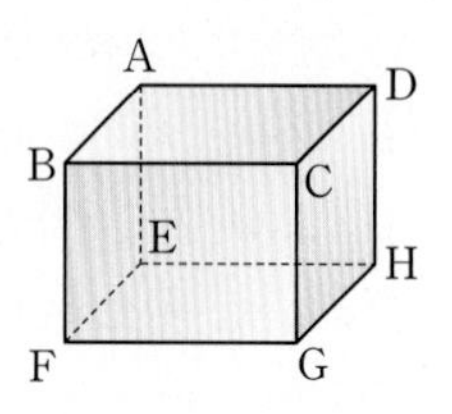

04

오른쪽 그림과 같이 밑면이 정육각형인 육각기둥에서 각 모서리를 연장한 직선을 그을 때, 다음 중 옳지 않은 것은?

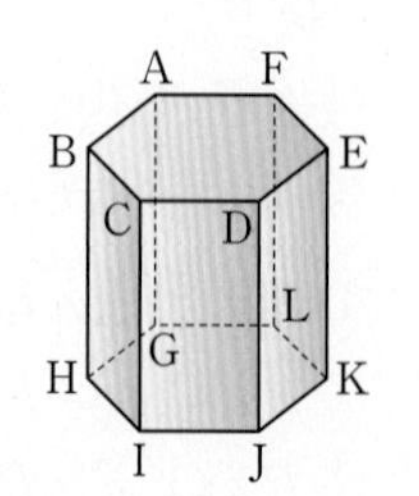

① 직선 AG와 면 ABCDEF는 수직이다.
② 직선 CD와 면 AGLF는 평행하다.
③ 직선 DE와 직선 AF는 한 점에서 만난다.
④ 직선 EF와 직선 HI는 꼬인 위치에 있다.
⑤ 면 DJKE와 면 GHIJKL은 수직이다.

05

오른쪽 그림과 같이 밑면이 정오각형인 오각기둥에서 각 모서리를 연장한 직선 중 $\overleftrightarrow{AB}$와 꼬인 위치에 있으면서 면 CHID와 평행한 직선을 구하시오.

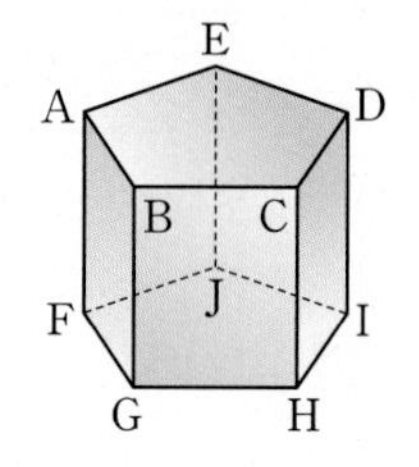

06

오른쪽 그림과 같은 삼각기둥에서 점 B와 면 ADFC 사이의 거리를 a cm, 점 C와 면 DEF 사이의 거리를 b cm라 할 때, $b-a$의 값은?

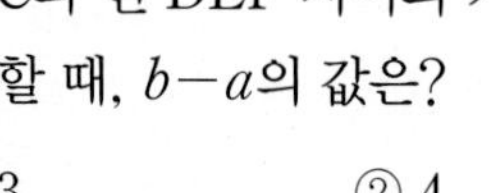

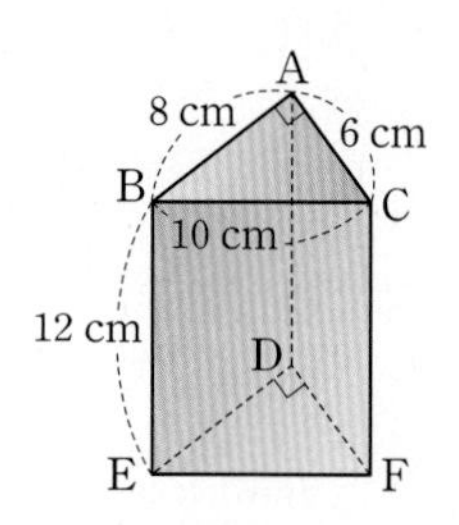

① 3　② 4
③ 5　④ 6
⑤ 7

07 최다빈출

오른쪽 그림과 같은 전개도로 삼각뿔을 만들었을 때, 모서리 CD와 꼬인 위치에 있는 모서리를 구하시오.

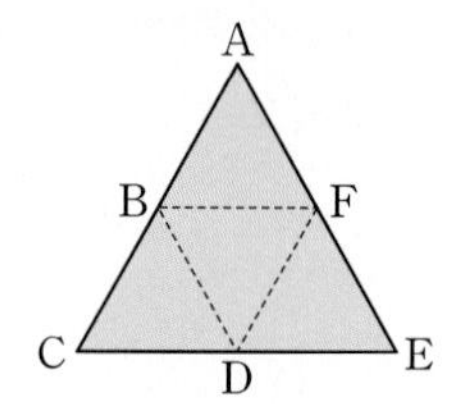

08 창의 역량

오른쪽 그림과 같은 전개도로 만든 주사위에서 평행한 두 면에 있는 눈의 수의 합이 7이다. 이 주사위의 세 면 A, B, C에 적힌 눈의 수를 각각 a, b, c라 할 때, $a+b-c$의 값을 구하시오.

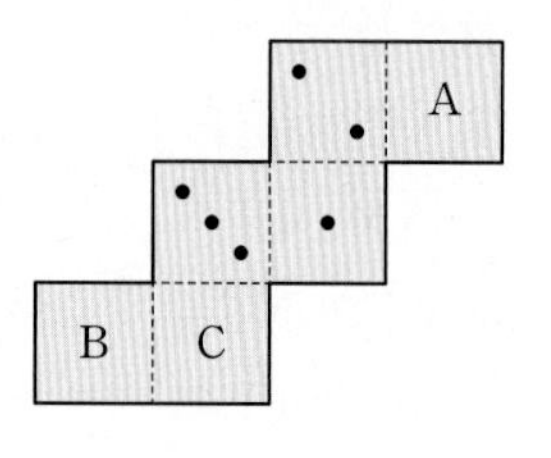

09

다음 중 공간에서 항상 평행한 것을 모두 고르면? (정답 2개)

① 한 직선과 수직인 서로 다른 두 평면
② 한 직선과 수직인 서로 다른 두 직선
③ 한 평면과 수직인 서로 다른 두 직선
④ 한 평면과 평행한 서로 다른 두 직선
⑤ 한 직선과 평행한 서로 다른 두 평면

10

오른쪽 그림은 평면 P 위에 직사각형 모양의 종이를 반으로 접어서 올려놓은 것이다. 다음 중 평면 P와 $\overline{AB}$가 수직임을 설명하는 데 필요한 것을 모두 고르면? (정답 2개)

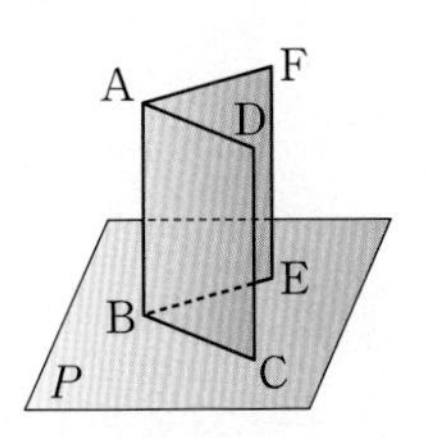

① $\overline{AB}\perp\overline{BC}$ ② $\overline{AB}\perp\overline{BE}$ ③ $\overline{AD}/\!/\overline{BC}$
④ $\overline{AF}\perp\overline{AD}$ ⑤ $\overline{BC}\perp\overline{BE}$

11

오른쪽 그림은 정육면체의 한 면과 옆면이 모두 정삼각형인 사각뿔의 밑면이 서로 완전히 포개지도록 붙여 놓은 입체도형이다. 면 ABCD와 한 직선에서 만나는 면의 개수를 x, 입체도형의 각 모서리를 연장한 직선 중 직선 OC와 꼬인 위치에 있는 직선의 개수를 y라 할 때, $x+y$의 값을 구하시오.

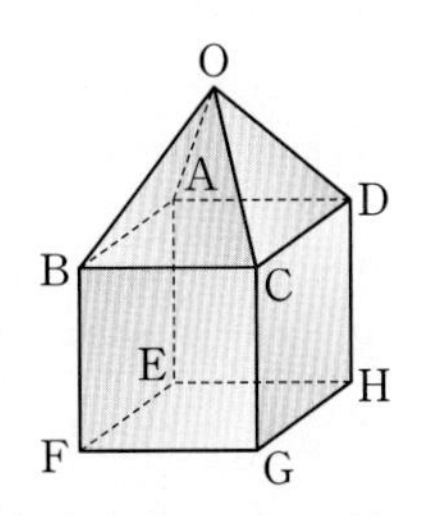

100점 공략

12

오른쪽 그림과 같이 평면 P 위에 세 점 A, B, C가 있고 평면 P 밖에 두 점 D, E가 있다. 이들 5개의 점 중 3개의 점으로 정해지는 서로 다른 평면의 개수를 구하시오. (단, 어느 세 점도 한 직선 위에 있지 않고 어느 네 점도 한 평면 위에 있지 않다.)

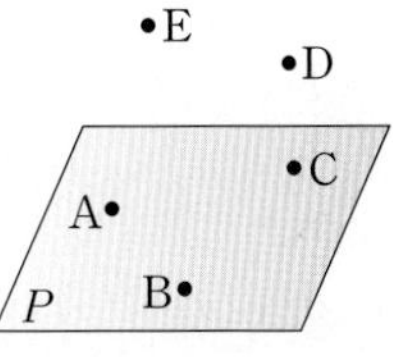

13

오른쪽 그림과 같이 직육면체의 세 모서리의 중점을 지나는 평면으로 잘라서 만든 입체도형이다. 이 입체도형의 각 모서리를 연장한 직선 중 직선 AD와 꼬인 위치에 있는 직선의 개수를 a, 면 DEFG와 평행한 직선의 개수를 b라 할 때, $a+b$의 값을 구하시오.

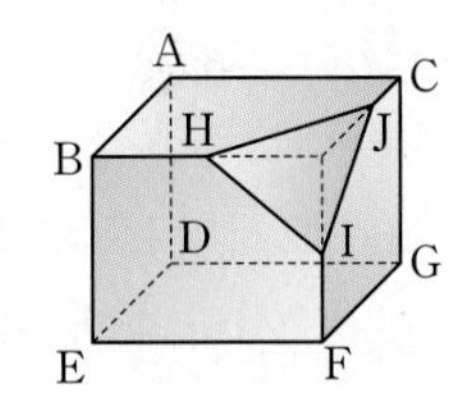

14

오른쪽 그림은 큰 직육면체에서 작은 직육면체를 잘라서 만든 입체도형이다. 이 입체도형의 각 모서리를 연장한 직선 중 면 CLKD와 평행한 직선의 개수를 구하시오.

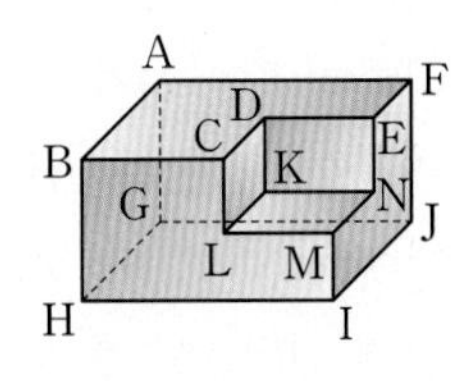

정답과 해설 21쪽

서술형

15

오른쪽 그림과 같은 정팔각형에서 각 변을 연장한 직선 중 $\overleftrightarrow{BC}$와 한 점에서 만나는 직선의 개수를 a, $\overleftrightarrow{EF}$와 평행한 직선의 개수를 b라 할 때, $a+3b$의 값을 구하시오.

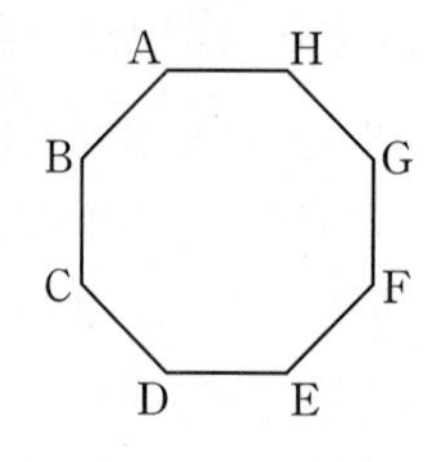

16

오른쪽 그림과 같은 정육면체에서 대각선 AG, 모서리 BC와 동시에 꼬인 위치에 있는 모서리의 개수를 구하시오.

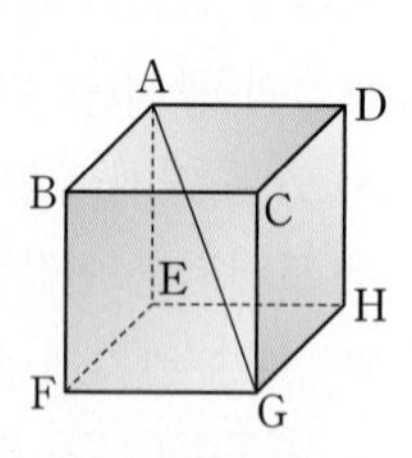

풀이

답

17

오른쪽 그림과 같이 밑면이 $\overline{AD}/\!/\overline{BC}$인 사다리꼴인 사각기둥에서 각 모서리를 연장한 직선 중 $\overleftrightarrow{AB}$와 꼬인 위치에 있는 직선의 개수를 a, 면 EFGH와 평행한 직선의 개수를 b라 할 때, $a+b$의 값을 구하시오.

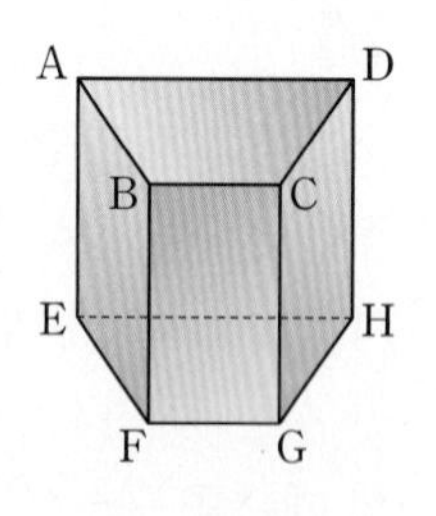

18

오른쪽 그림의 전개도로 만든 삼각기둥에 대하여 다음을 구하시오.

(1) 모서리 AH와 수직으로 만나는 모서리

(2) $\overline{BJ}$와 꼬인 위치에 있는 모서리

(3) 면 JCBA와 수직인 면

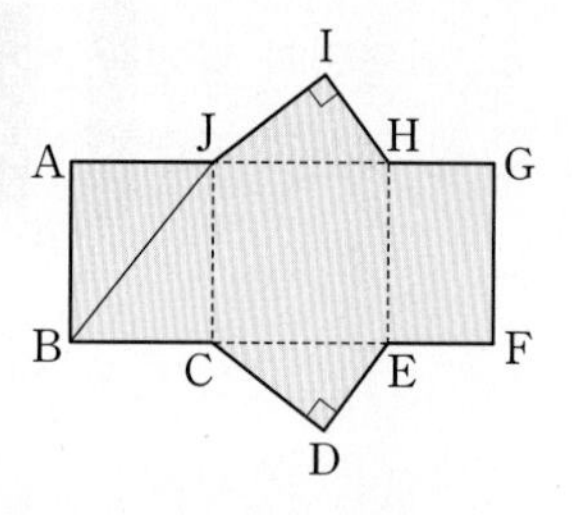

19 100점

오른쪽 그림은 $\overline{BF}=\overline{CG}$가 되도록 직육면체의 일부분을 잘라서 만든 입체도형이다. 이 입체도형의 각 모서리를 연장한 직선을 그을 때, $\overleftrightarrow{AB}$와 평행한 직선의 개수를 a, 면 CGHD와 수직인 면의 개수를 b라 하자. $b-a$의 값을 구하시오.

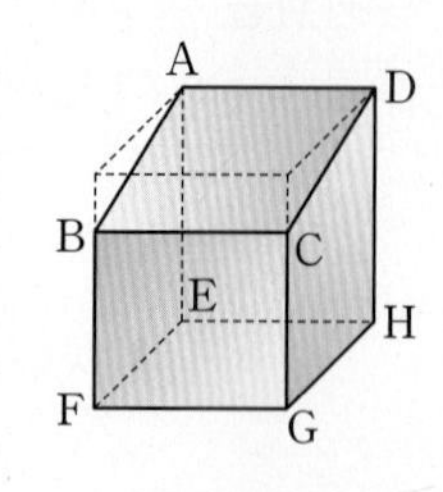

풀이

답

20 100점

오른쪽 그림은 직육면체에서 삼각기둥을 잘라서 만든 입체도형이다. 이 입체도형의 각 모서리를 연장한 직선 중 $\overleftrightarrow{IK}$와 꼬인 위치에 있는 직선의 개수를 a, $\overleftrightarrow{AB}$와 평행한 직선의 개수를 b라 할 때, $a+b$의 값을 구하시오.

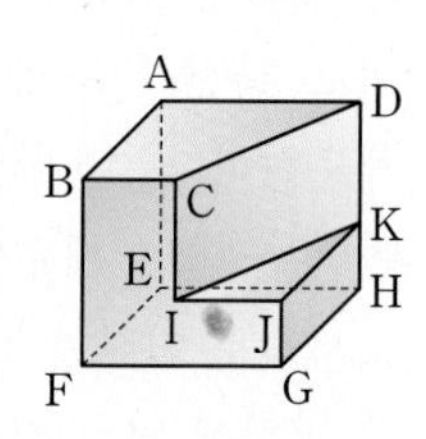

풀이

답

03

I. 기본 도형

평행선의 성질

유형북 37 ~ 46쪽
더블북 16 ~ 19쪽

개념 1 동위각과 엇각

유형 01

한 평면 위에서 서로 다른 두 직선 l, m이 다른 한 직선 n과 만나서 생기는 8개의 각 중에서

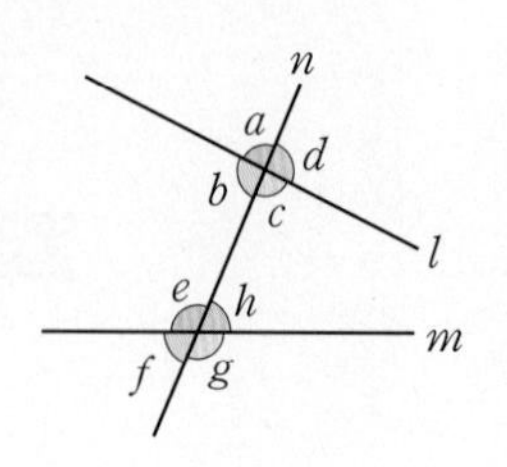

(1) 동위각: 서로 같은 위치에 있는 두 각

➡ $\angle a$와 $\angle e$, $\angle b$와 $\angle f$, $\angle c$와 $\angle g$, $\angle d$와 $\angle h$

(2) 엇각: 서로 엇갈린 위치에 있는 두 각

➡ $\angle b$와 $\angle h$, $\angle c$와 $\angle e$

참고 서로 다른 두 직선이 다른 한 직선과 만날 때, 4쌍의 동위각과 2쌍의 엇각이 생긴다.

개념 2 평행선의 성질

유형 02, 04~08

평행한 두 직선이 다른 한 직선과 만날 때

(1) 동위각의 크기는 서로 같다.

➡ $l \,/\!/\, m$이면 $\angle a = \angle b$

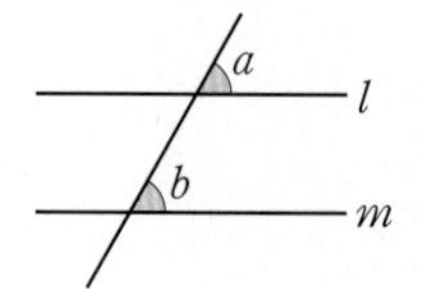

(2) 엇각의 크기는 서로 같다.

➡ $l \,/\!/\, m$이면 $\angle c = \angle d$

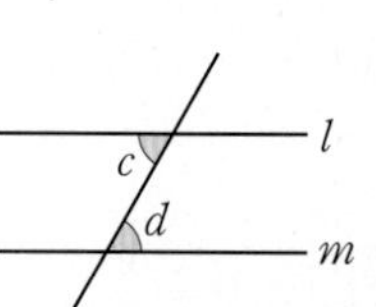

예 오른쪽 그림에서 $l \,/\!/\, m$이면

(1) 동위각의 크기는 서로 같으므로 $\angle a = 60°$

(2) 엇각의 크기는 서로 같으므로 $\angle b = 100°$

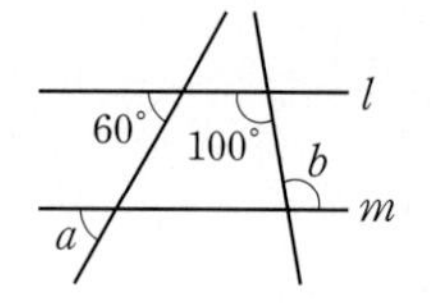

개념 3 두 직선이 평행할 조건

유형 03

서로 다른 두 직선이 다른 한 직선과 만날 때

(1) 동위각의 크기가 같으면 두 직선은 평행하다.

➡ $\angle a = \angle b$이면 $l \,/\!/\, m$

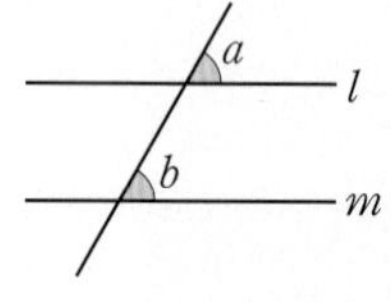

(2) 엇각의 크기가 같으면 두 직선은 평행하다.

➡ $\angle c = \angle d$이면 $l \,/\!/\, m$

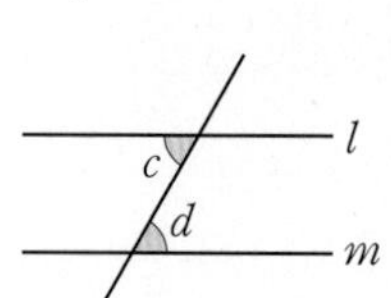

⊕ 개념 노트

• 서로 다른 두 직선이 다른 한 직선과 만날 때 생기는 각 중에서 같은 쪽에 있는 안쪽의 두 각을 동측내각이라 한다.

➡ $\angle b$와 $\angle e$, $\angle c$와 $\angle h$

• 맞꼭지각의 크기는 항상 같지만 동위각과 엇각의 크기는 두 직선이 평행할 때만 같다.

• 평행한 두 직선이 다른 한 직선과 만날 때, 동측내각의 크기의 합은 180°이다.

➡ $l \,/\!/\, m$이면 $\angle a + \angle b = 180°$

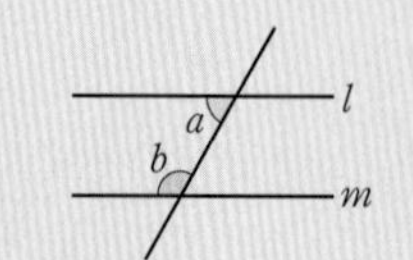

• 서로 다른 두 직선이 다른 한 직선과 만날 때, 동측내각의 크기의 합이 180°이면 두 직선은 평행하다.

➡ $\angle a + \angle b = 180°$이면 $l \,/\!/\, m$

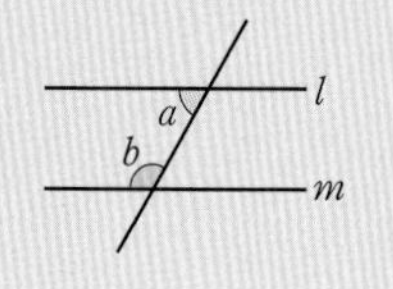

개념 1 동위각과 엇각

[01~04] 오른쪽 그림과 같이 세 직선이 만날 때, 다음을 구하시오.

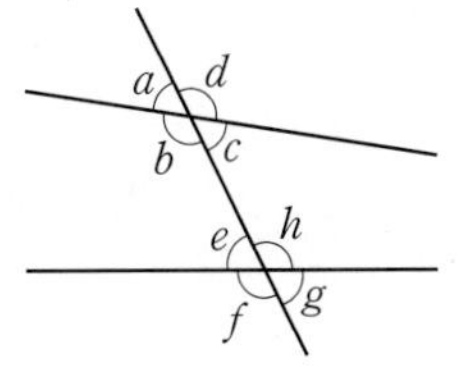

01 $\angle a$의 동위각

02 $\angle g$의 동위각

03 $\angle b$의 엇각

04 $\angle e$의 엇각

[05~08] 오른쪽 그림과 같이 세 직선이 만날 때, 다음 각의 크기를 구하시오.

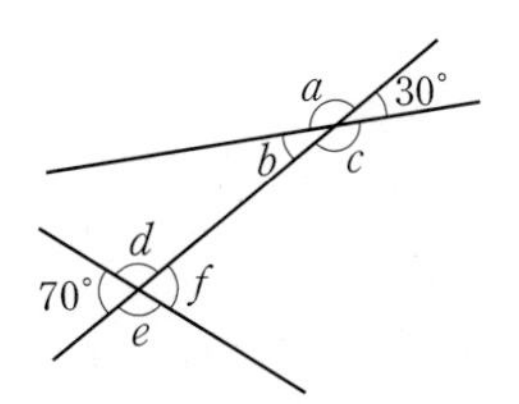

05 $\angle b$의 동위각

06 $\angle e$의 동위각

07 $\angle c$의 엇각

08 $\angle f$의 엇각

개념 2 평행선의 성질

[09~10] 다음 그림에서 $l \,/\!/\, m$일 때, $\angle x$의 크기를 구하시오.

09

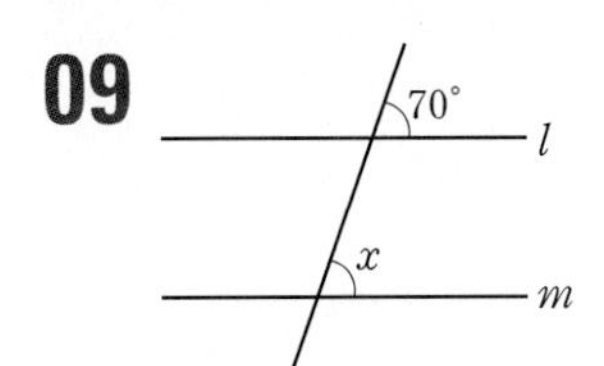

10

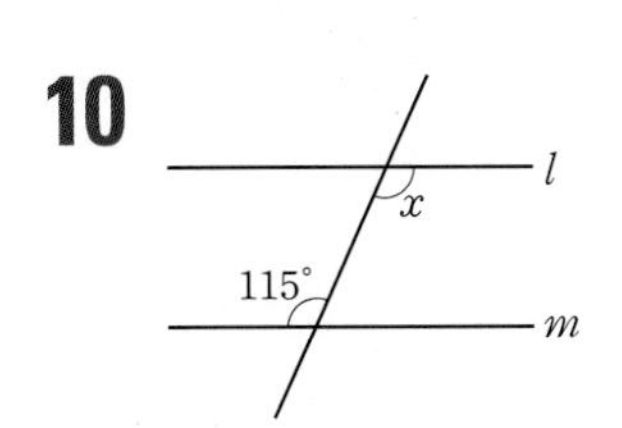

[11~12] 다음 그림에서 $l \,/\!/\, m$일 때, $\angle x$, $\angle y$의 크기를 구하시오.

11

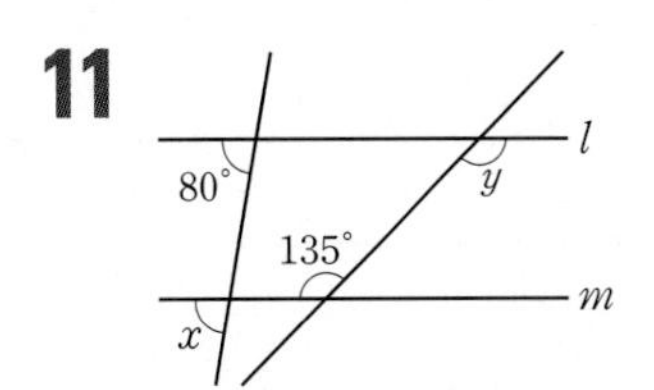

12

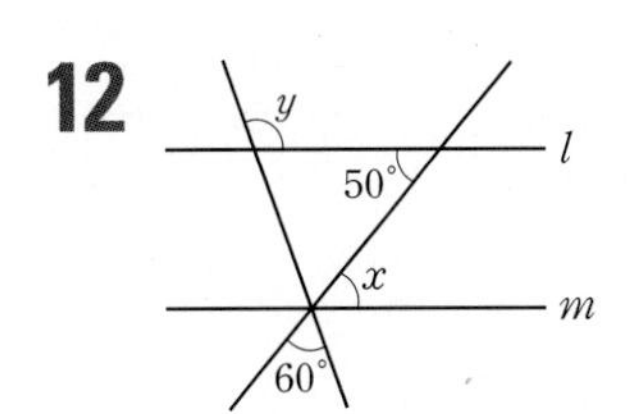

13 다음은 오른쪽 그림에서 $l \,/\!/\, m$일 때, $\angle x$의 크기를 구하는 과정이다. (가)~(라)에 알맞은 것을 써넣으시오.

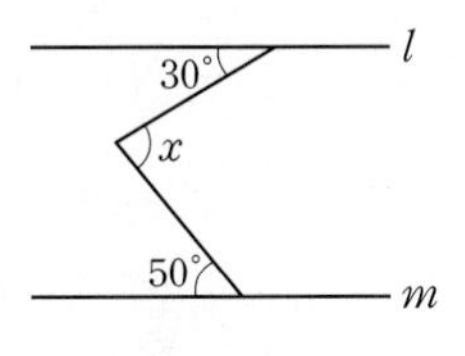

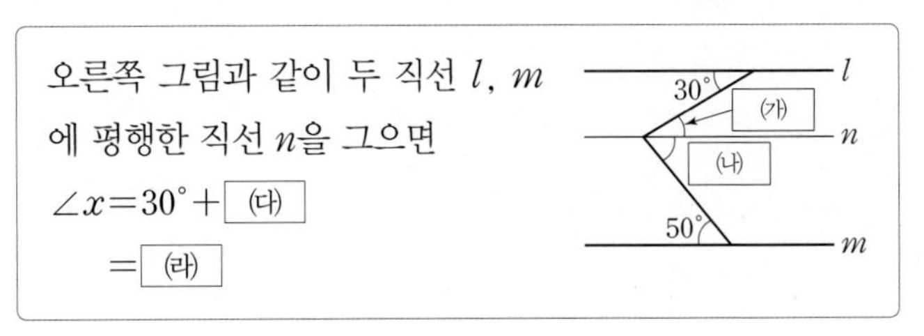

오른쪽 그림과 같이 두 직선 l, m에 평행한 직선 n을 그으면

$\angle x = 30° +$ (다)

$=$ (라)

개념 3 두 직선이 평행할 조건

[14~17] 다음 그림에서 두 직선 l, m이 평행한 것은 ○표, 평행하지 않은 것은 ×표를 하시오.

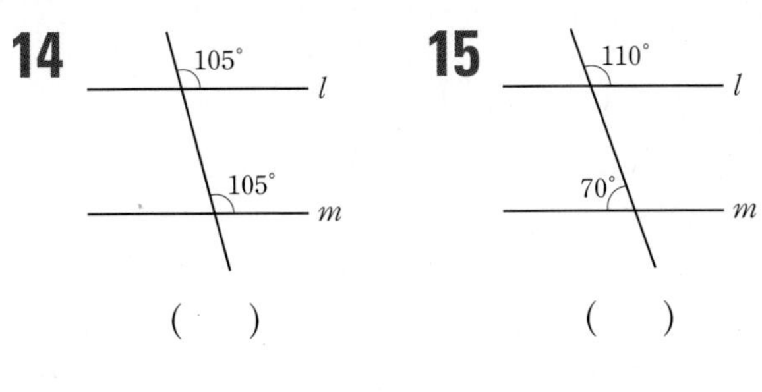

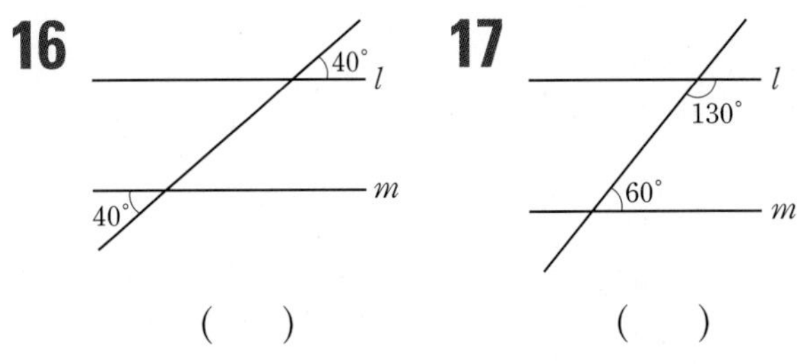

유형 01 동위각과 엇각 개념1

서로 다른 두 직선이 다른 한 직선과 만날 때 생기는 각 중에서

(1) 동위각: 서로 같은 위치에 있는 두 각

➜ $\angle a$와 $\angle e$, $\angle b$와 $\angle f$, $\angle c$와 $\angle g$, $\angle d$와 $\angle h$

(2) 엇각: 서로 엇갈린 위치에 있는 두 각

➜ $\angle b$와 $\angle h$, $\angle c$와 $\angle e$

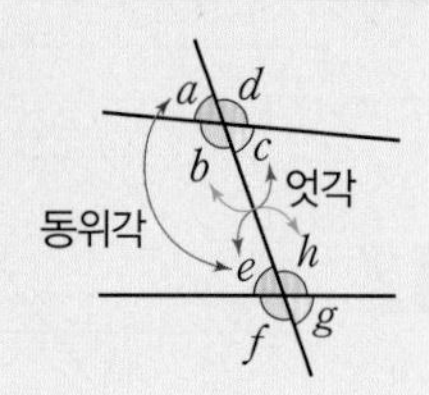

01 대표문제

오른쪽 그림과 같이 서로 다른 두 직선 l, m이 다른 한 직선 n과 만날 때, 다음 중 옳은 것은?

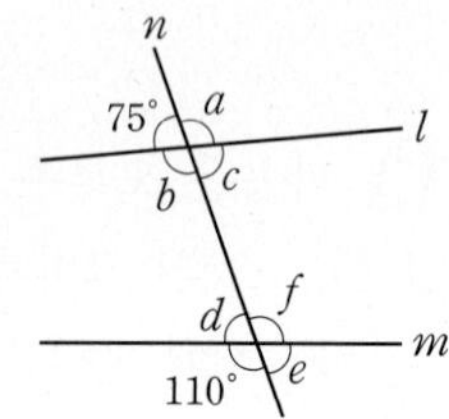

① $\angle a$의 동위각은 $\angle d$이다.
② $\angle b$의 동위각의 크기는 $105°$이다.
③ $\angle c$의 엇각의 크기는 $75°$이다.
④ $\angle e$의 동위각의 크기는 $70°$이다.
⑤ $\angle f$의 엇각의 크기는 $105°$이다.

02 서술형

오른쪽 그림에서 $\angle a$의 동위각과 $\angle b$의 엇각의 크기의 차를 구하시오.

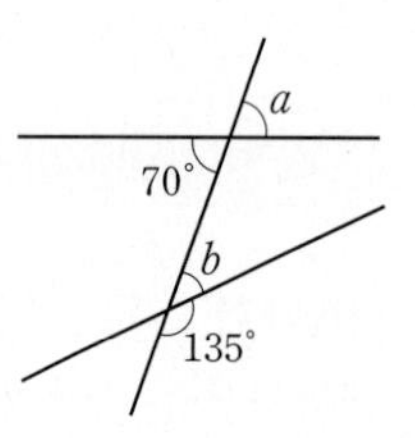

03

오른쪽 그림과 같이 세 직선이 만날 때, 다음을 구하시오.

(1) $\angle b$의 동위각
(2) $\angle c$의 엇각

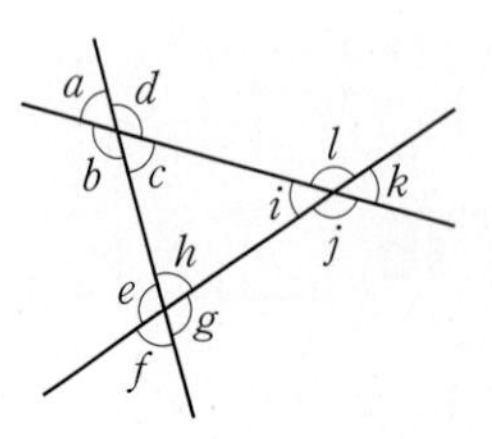

집중

유형 02 평행선의 성질 개념2

(1) $l /\!/ m$이면 $\angle a = \angle b$ (동위각)

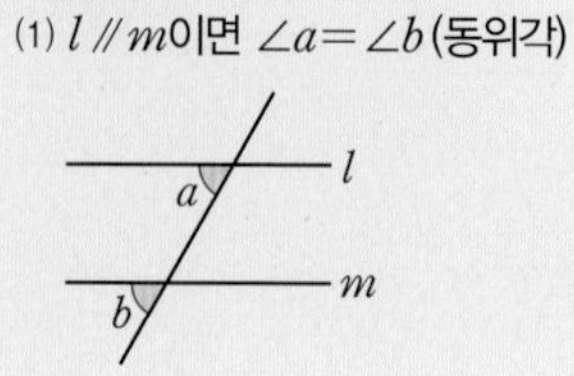

(2) $l /\!/ m$이면 $\angle c = \angle d$ (엇각)

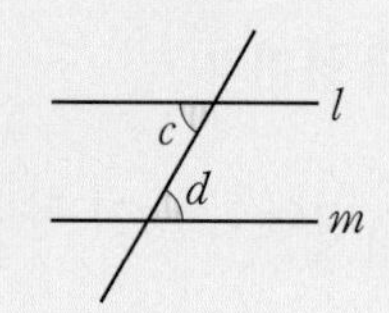

04 대표문제

오른쪽 그림에서 $l /\!/ m$일 때, $\angle b - \angle a$의 크기를 구하시오.

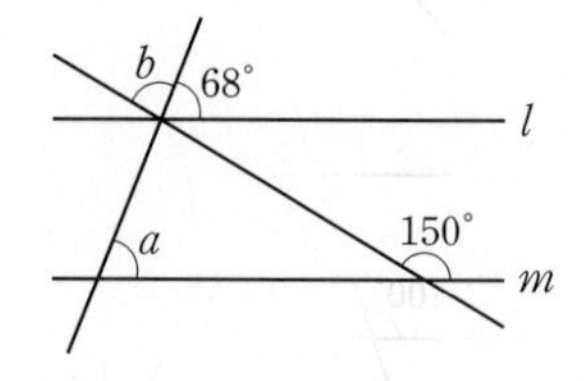

05

오른쪽 그림에서 $l /\!/ m$일 때, $\angle x - \angle y$의 크기는?

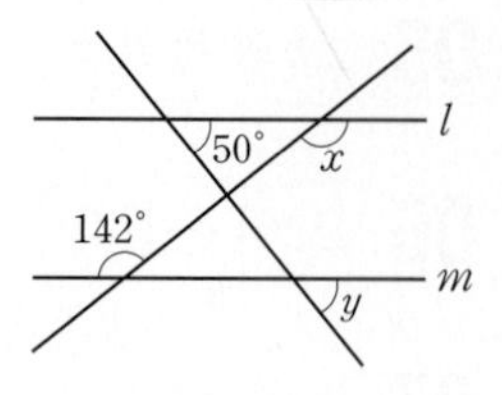

① $84°$ ② $86°$
③ $88°$ ④ $90°$
⑤ $92°$

06

오른쪽 그림에서 $l /\!/ m$일 때, $\angle x + \angle y$의 크기를 구하시오.

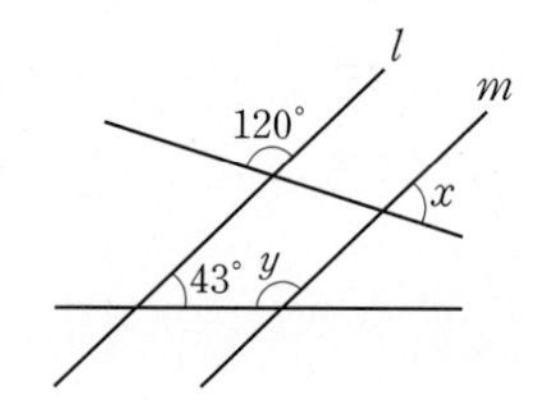

07

오른쪽 그림에서 $l /\!/ m$, $p /\!/ q$일 때, y의 값은?

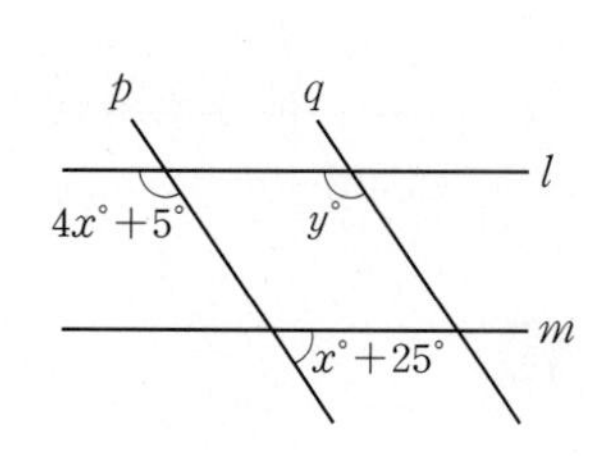

① 110 ② 115
③ 120 ④ 125
⑤ 130

유형 03 두 직선이 평행할 조건 개념3

서로 다른 두 직선 l, m이 다른 한 직선과 만날 때, $l /\!/ m$이려면
(1) 동위각의 크기가 같아야 한다.
(2) 엇각의 크기가 같아야 한다.

08 대표문제

다음 중 두 직선 l, m이 평행하지 않은 것은?

①
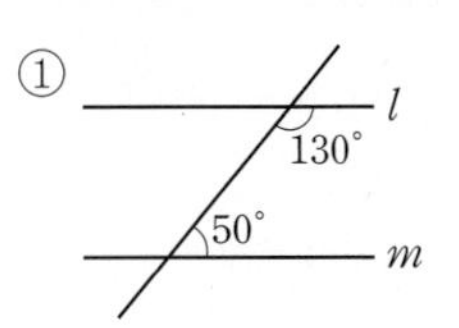

②
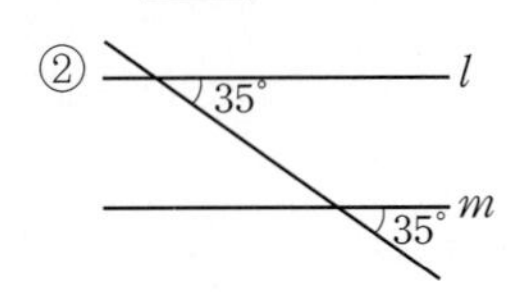

③
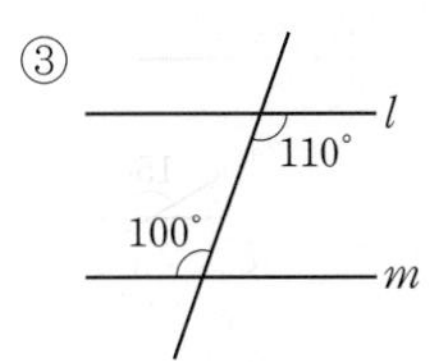

④
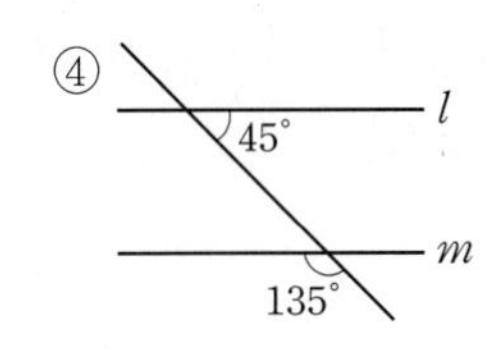

⑤
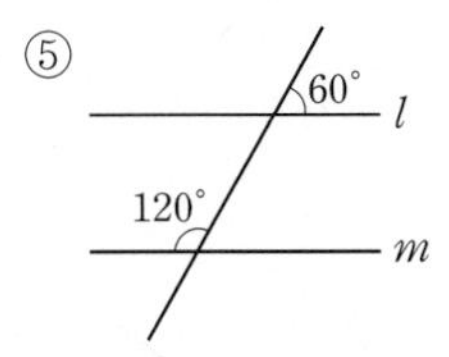

09

다음 중 오른쪽 그림에서 두 직선 l, m이 서로 평행할 조건이 아닌 것은?

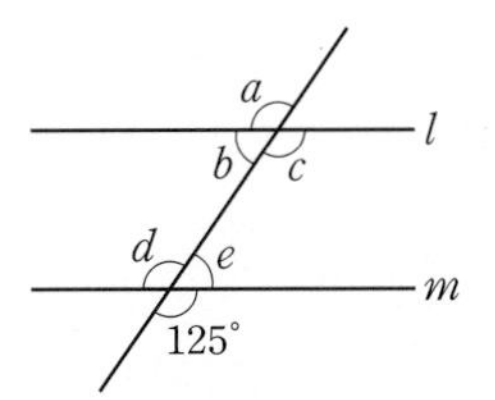

① $\angle a=125°$　② $\angle b=55°$
③ $\angle c=125°$　④ $\angle d=125°$
⑤ $\angle c+\angle e=180°$

10

오른쪽 그림에서 평행한 두 직선을 모두 찾아 기호로 나타내시오.

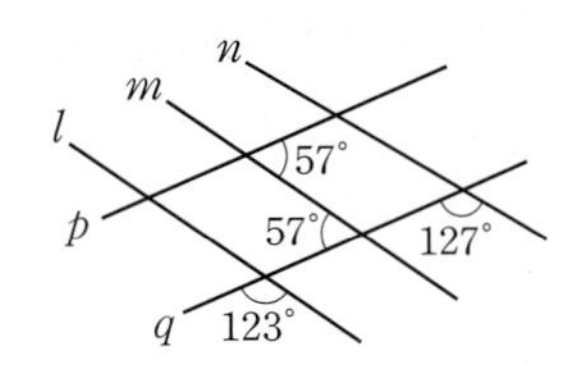

집중

유형 04 평행선과 삼각형 개념2

평행선과 삼각형 모양이 주어지면 다음을 이용한다.
(1) 평행선에서 동위각과 엇각의 크기는 각각 같다.
(2) 삼각형의 세 각의 크기의 합은 180°이다.

예
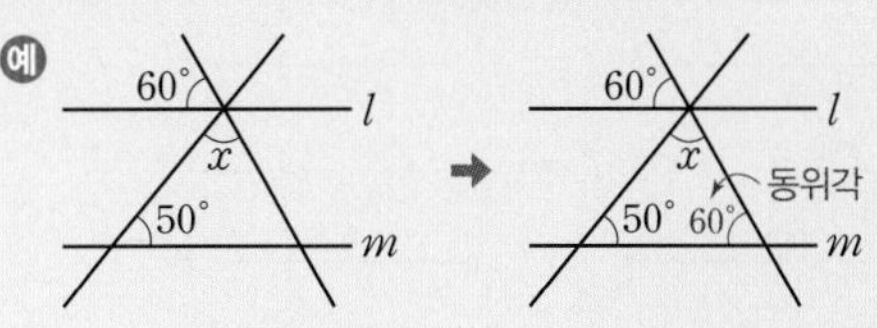

$l /\!/ m$이고 삼각형의 세 각의 크기의 합이 180°이므로
$\angle x+50°+60°=180°$　$\therefore \angle x=70°$

11 대표문제

오른쪽 그림에서 $l /\!/ m$일 때, $\angle x$의 크기는?

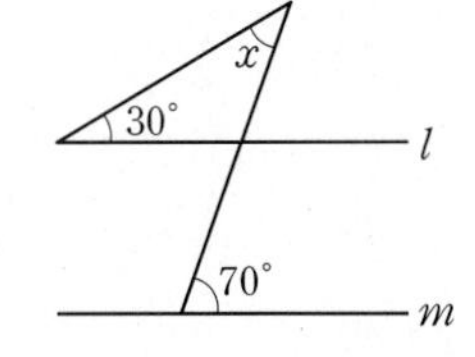

① 25°　② 30°
③ 35°　④ 40°
⑤ 45°

12

오른쪽 그림에서 $l /\!/ m$일 때, $\angle x$의 크기를 구하시오.

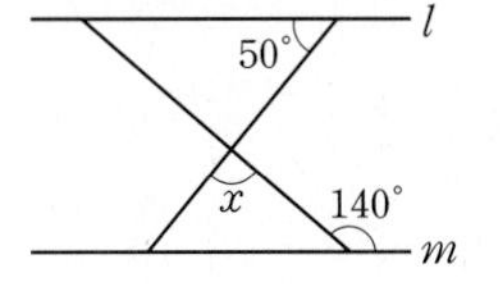

13 서술형

오른쪽 그림에서 $l /\!/ m$일 때, $\angle x+\angle y$의 크기를 구하시오.

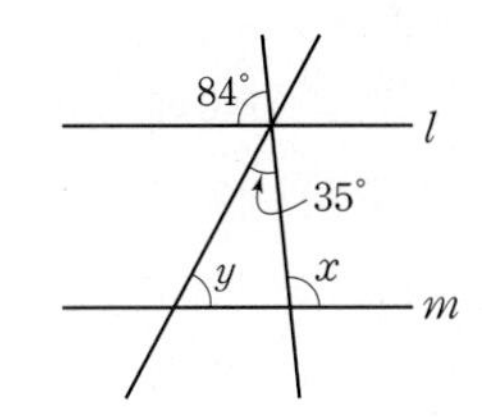

14

오른쪽 그림에서 $l /\!/ m$일 때, x의 값은?

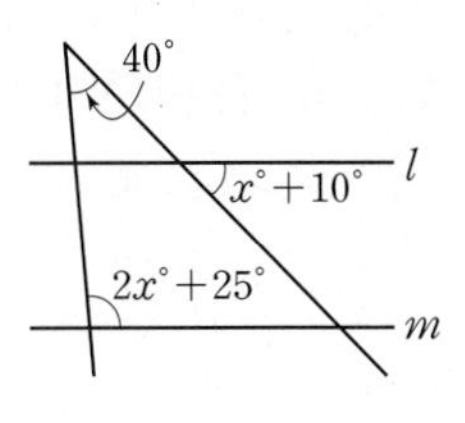

① 31　② 33
③ 35　④ 37
⑤ 39

집중

유형 05 평행선 사이에 꺾인 직선이 주어진 경우(1) 개념 2

평행선 사이에 꺾인 선이 있으면
❶ 꺾인 점을 지나면서 주어진 평행선에 평행한 보조선을 긋는다.
❷ 동위각과 엇각의 크기가 각각 같음을 이용한다.

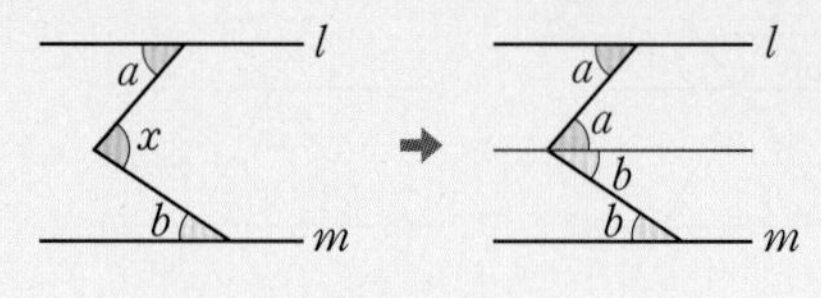

➜ $l /\!/ m$이면 $\angle x = \angle a + \angle b$

15 대표문제

오른쪽 그림에서 $l /\!/ m$일 때, $\angle x$의 크기는?

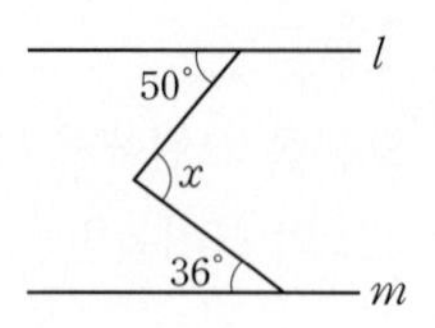

① 78° ② 80°
③ 82° ④ 84°
⑤ 86°

16 

오른쪽 그림에서 $l /\!/ m$일 때, $\angle x$의 크기를 구하시오.

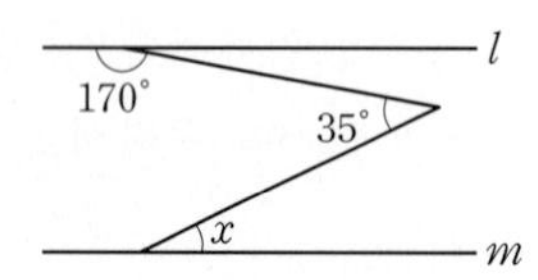

중요
17 

오른쪽 그림에서 $l /\!/ m$일 때, x의 값을 구하시오.

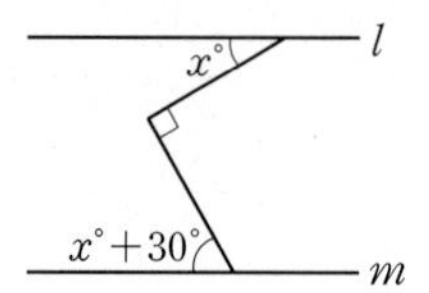

18  서술형

오른쪽 그림에서 $l /\!/ m$이고 $\angle ABC = 3\angle CBD$일 때, $\angle CBD$의 크기를 구하시오.

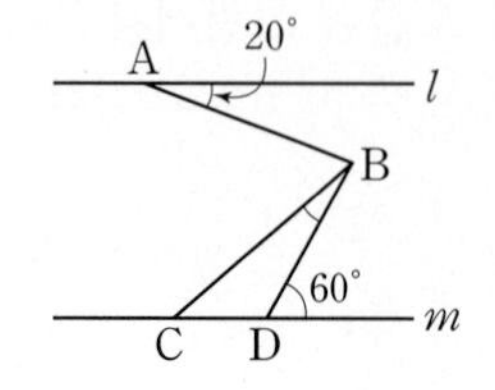

집중

유형 06 평행선 사이에 꺾인 직선이 주어진 경우(2) 개념 2

평행선 사이에 꺾인 선이 있으면
❶ 꺾인 두 점을 각각 지나면서 주어진 평행선에 평행한 보조선을 긋는다.
❷ 동위각과 엇각의 크기가 각각 같음을 이용한다.

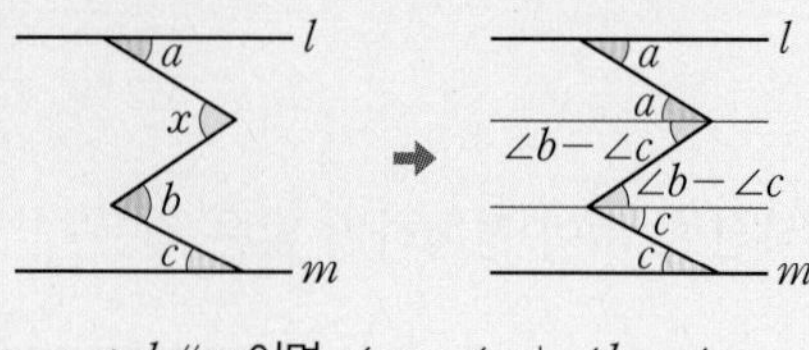

➜ $l /\!/ m$이면 $\angle x = \angle a + \angle b - \angle c$

19 대표문제

오른쪽 그림에서 $l /\!/ m$일 때, $\angle x$의 크기를 구하시오.

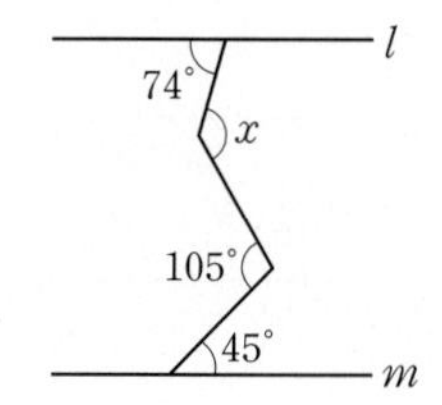

중요
20 

오른쪽 그림에서 $l /\!/ m$일 때, $\angle x$의 크기를 구하시오.

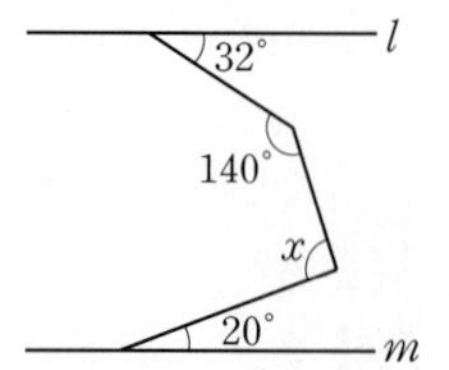

21

오른쪽 그림에서 $l /\!/ m$일 때, $\angle y - \angle x$의 크기를 구하시오.

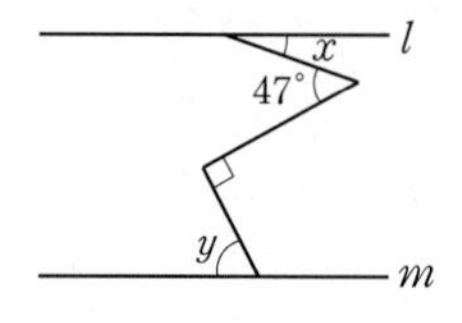

22

오른쪽 그림에서 $l /\!/ m$일 때, x의 값은?

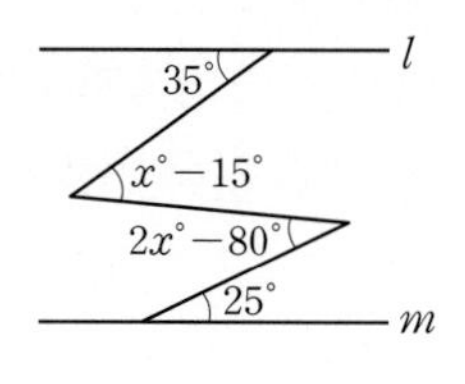

① 45 ② 50
③ 55 ④ 60
⑤ 65

유형 07 평행선에서의 활용 개념 2

(1)

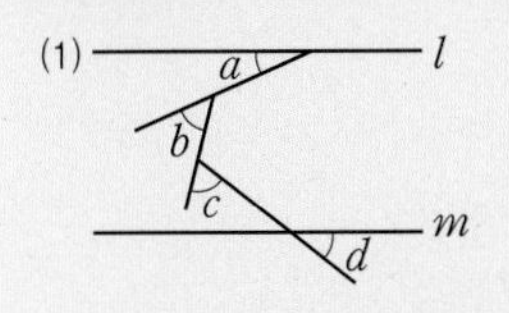

➡

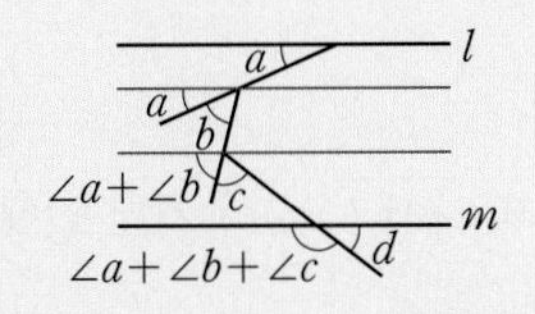

➡ $l /\!/ m$이면 $\angle a+\angle b+\angle c+\angle d=180^\circ$

(2) $l /\!/ m$일 때, 삼각형 ACB에서

$\bullet+(\bullet+\times)+\times=180^\circ$

$\therefore \bullet+\times=90^\circ$

$\angle C=\bullet+\times=90^\circ$

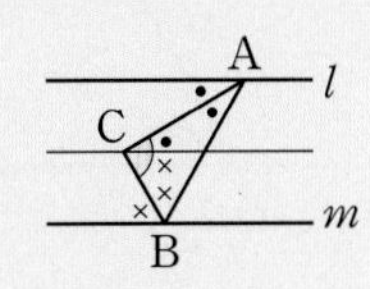

유형 08 직사각형 모양의 종이를 접은 경우 개념 2

직사각형 모양의 종이를 접은 경우에는 다음을 이용한다.

① 평행선에서 엇각의 크기가 같다.

② 접은 각의 크기가 같다.

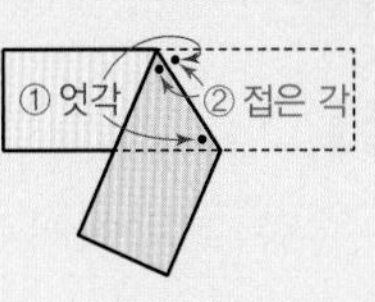

23 대표문제

오른쪽 그림에서 $l /\!/ m$일 때, $\angle x$의 크기는?

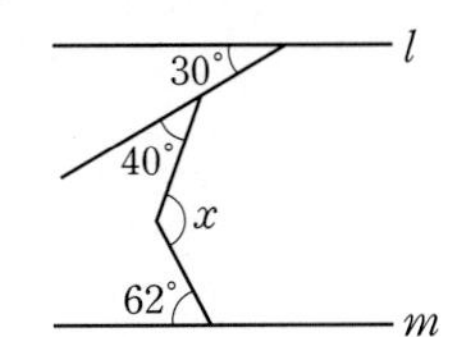

① 130° ② 132° ③ 134° ④ 136° ⑤ 138°

24

오른쪽 그림에서 $l /\!/ m$일 때, $\angle a+\angle b+\angle c+\angle d$의 크기는?

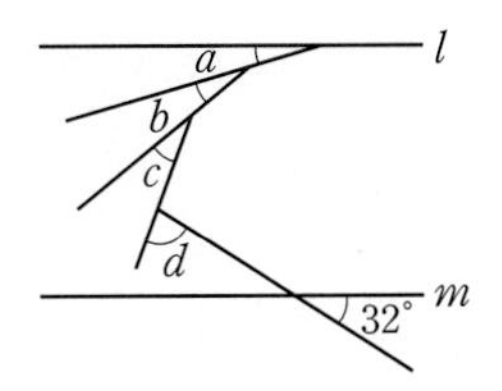

① 139° ② 142° ③ 145° ④ 148° ⑤ 151°

25

오른쪽 그림에서 $l /\!/ m$이고 $\angle CAB=\angle DAC$, $\angle ABC=\angle CBE$일 때, $\angle DCE$의 크기를 구하시오.

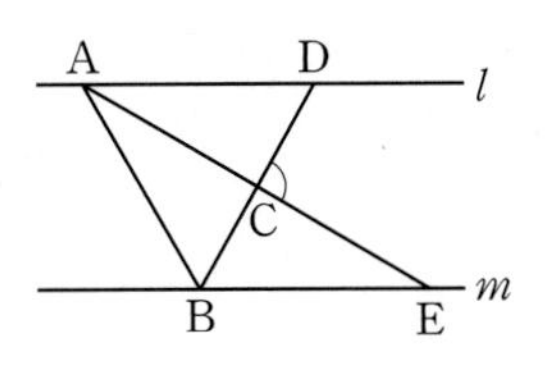

26 대표문제

오른쪽 그림은 직사각형 모양의 종이를 접은 것이다. $\angle DGF=140^\circ$일 때, $\angle x$의 크기를 구하시오.

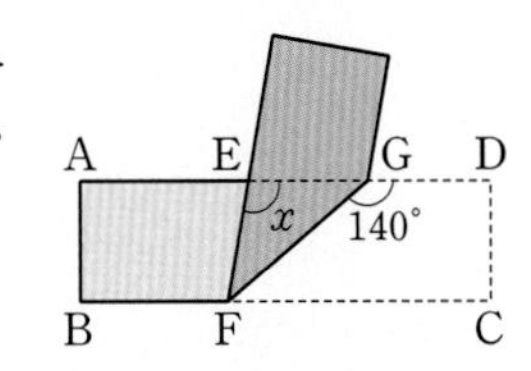

27

오른쪽 그림은 직사각형 모양의 종이를 접은 것이다. $\angle BFE=60^\circ$일 때, $\angle x$의 크기를 구하시오.

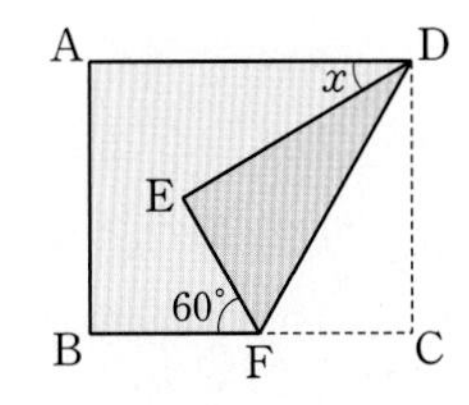

중요

28 서술형

오른쪽 그림은 직사각형 모양의 종이를 접은 것이다. $\angle EFG=56^\circ$일 때, $\angle x$의 크기를 구하시오.

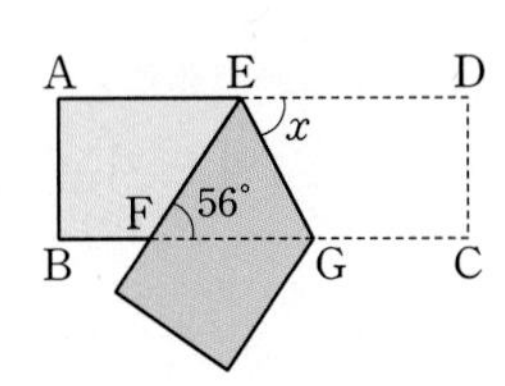

29

오른쪽 그림은 직사각형 모양의 종이를 접은 것이다. $\angle BSP=42^\circ$, $\angle QSR=50^\circ$일 때, $\angle x$의 크기를 구하시오.

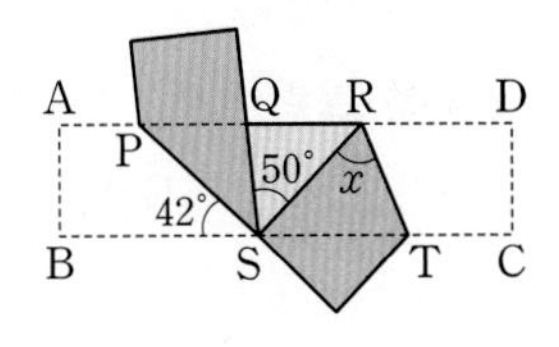

Real 실전 기출

01

오른쪽 그림에서 $\angle d$의 동위각의 개수는?

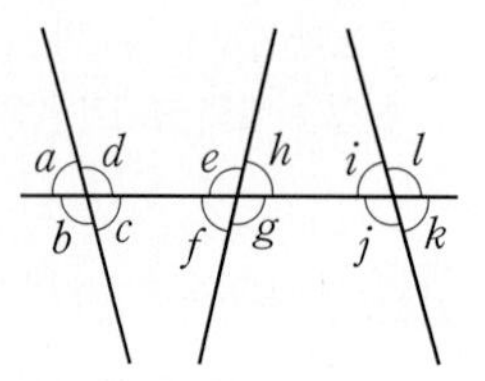

① 1 ② 2
③ 3 ④ 4
⑤ 5

02

오른쪽 그림과 같이 세 직선이 만나고 $\angle g=40^\circ$일 때, 다음 중 옳은 것은?

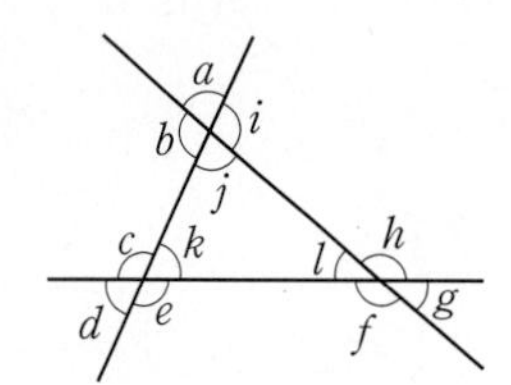

① $\angle a$의 동위각은 $\angle c$, $\angle i$이다.
② $\angle e$의 동위각의 크기는 140°이다.
③ $\angle k$의 엇각은 $\angle b$, $\angle f$이다.
④ $\angle j$의 엇각의 크기는 140°이다.
⑤ $\angle b+\angle c=180^\circ$이다.

03

오른쪽 그림에서 $l /\!/ m$, $k /\!/ n$일 때, $\angle x-\angle y$의 크기는?

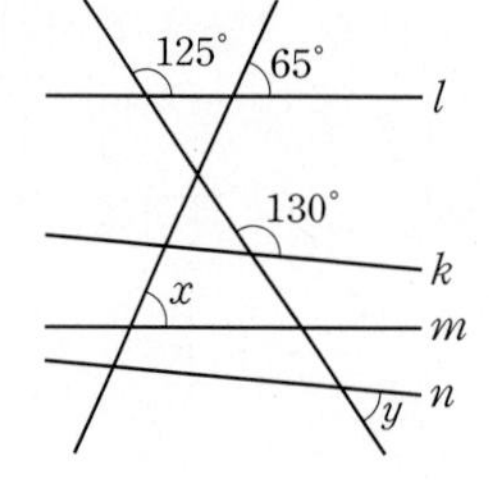

① 10° ② 15°
③ 20° ④ 25°
⑤ 30°

04 최다빈출

오른쪽 그림에서 $l /\!/ m$일 때, $\angle x+\angle y$의 크기를 구하시오.

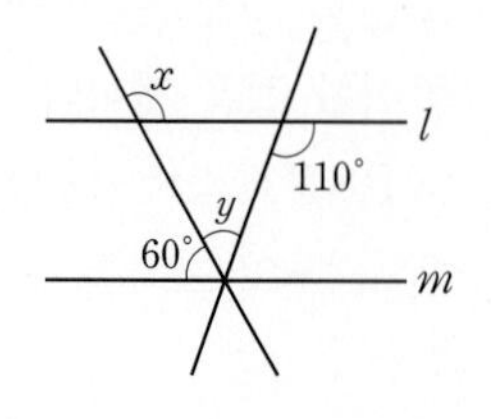

05

다음 중 두 직선 l, m이 서로 평행한 것은?

①
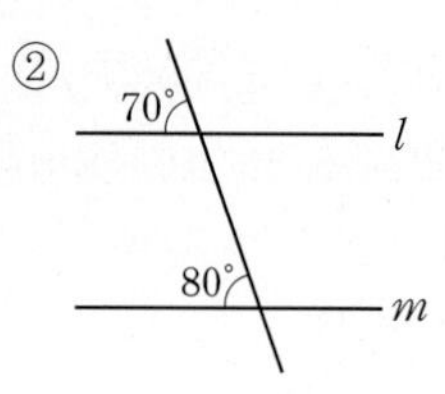

②

③

④
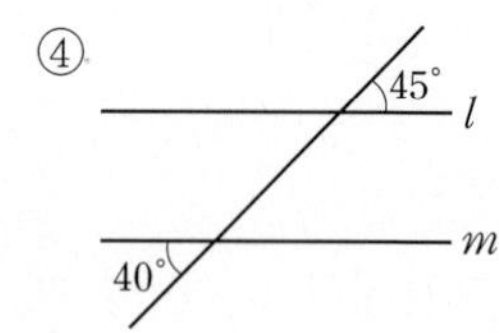

⑤

06

오른쪽 그림에서 $\overline{AC} /\!/ \overline{DE}$이고 $\angle C=35^\circ$, $\angle ABD=83^\circ$일 때, $\angle x$의 크기를 구하시오.

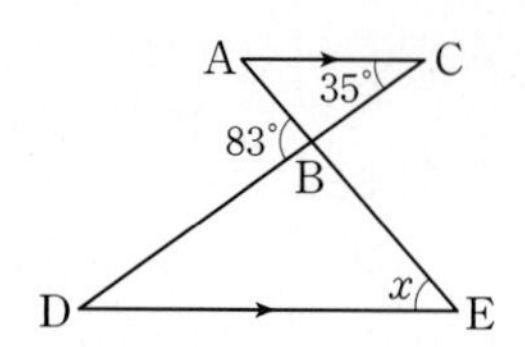

07

오른쪽 그림에서 $l /\!/ m$일 때, $\angle x$의 크기는?

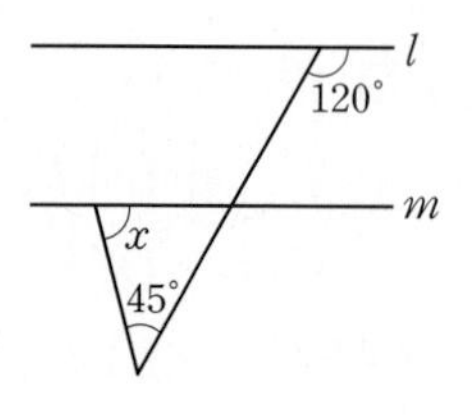

① 60° ② 65°
③ 70° ④ 75°
⑤ 80°

08 창의 역량

공원에서 자전거를 타던 학생이 오른쪽 그림과 같이 A지점을 출발하여 B지점에서 왼쪽으로 45°만큼 회전, C지점에서 왼쪽으로 $x°$만큼 회전, D지점에서 왼쪽으로 55°만큼 회전하였더니 E지점에 도착하였다. $\overleftrightarrow{AB} /\!/ \overleftrightarrow{DE}$일 때, x의 값을 구하시오.

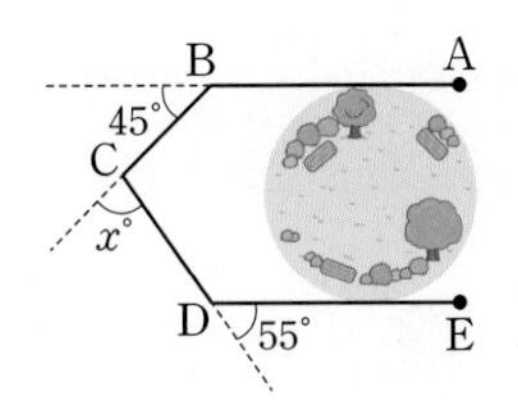

09 최다빈출

오른쪽 그림에서 $l /\!/ m$일 때, x의 값은?

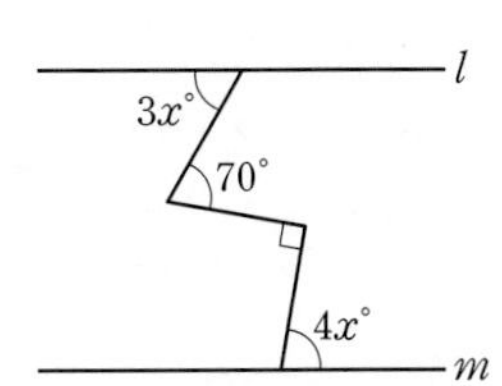

① 16 ② 18
③ 20 ④ 22
⑤ 24

10

오른쪽 그림에서 $l /\!/ m$일 때, $\angle x$의 크기는?

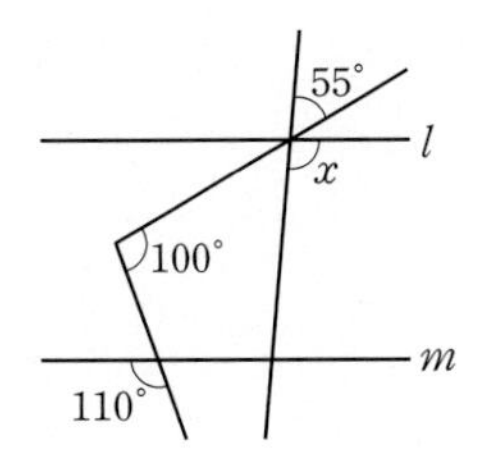

① 90° ② 95°
③ 100° ④ 105°
⑤ 110°

11

오른쪽 그림에서 $l /\!/ m$일 때, $\angle a+\angle b+\angle c+\angle d$의 크기는?

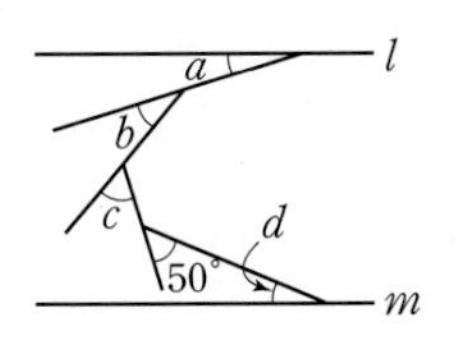

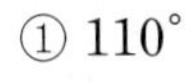

① 110° ② 120°
③ 130° ④ 140°
⑤ 150°

12

오른쪽 그림에서 $l /\!/ m$이고
$\angle DAB=3\angle DAC$,
$\angle ABE=3\angle CBE$일 때,
$\angle ACB$의 크기를 구하시오.

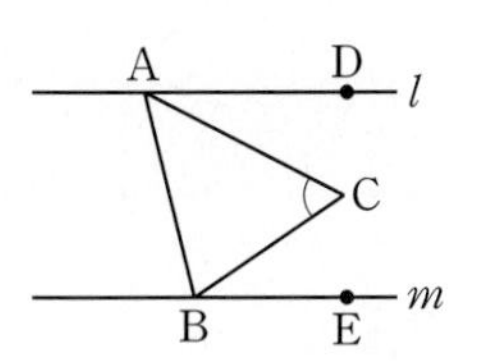

100점 공략

13

오른쪽 그림에서 $l /\!/ m$이고 삼각형 ABC가 정삼각형일 때, $\angle x-\angle y$의 크기를 구하시오.

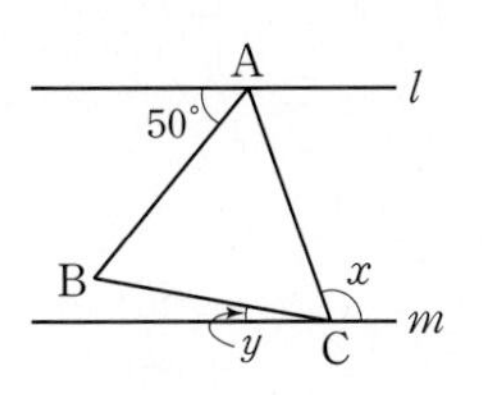

14

다음 그림에서 $\overline{AB} /\!/ \overline{EF}$일 때, $\angle x$의 크기를 구하시오.

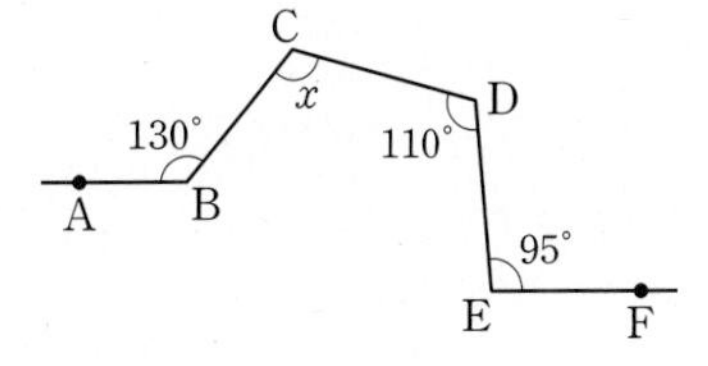

15

오른쪽 그림에서 $l /\!/ m$일 때, $\angle x$의 크기를 구하시오.

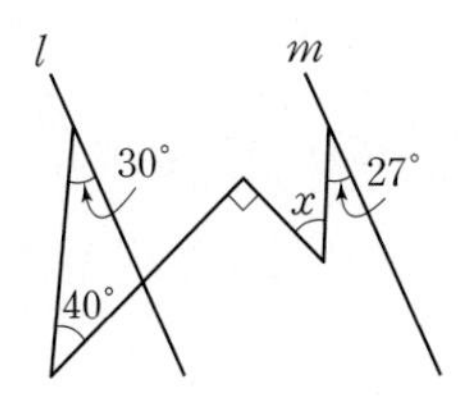

03 평행선의 성질

정답과 해설 26쪽

서술형

16

오른쪽 그림에서 $l \,/\!/\, m$일 때, $\angle x + \angle y - \angle z$의 크기를 구하시오.

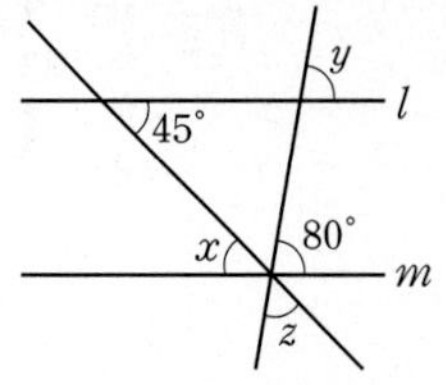

17

오른쪽 그림에서 $l \,/\!/\, m$일 때, x의 값을 구하시오.

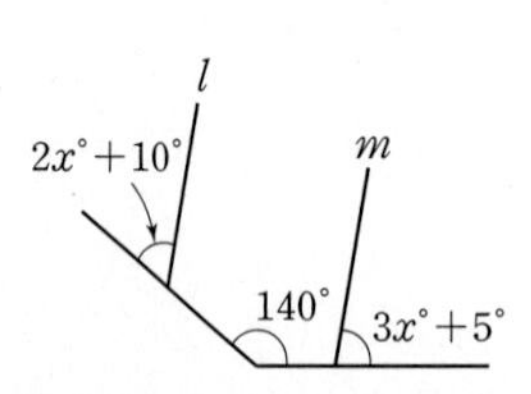

풀이

답

18

오른쪽 그림에서 $l \,/\!/\, m$일 때, $\angle x$의 크기를 구하시오.

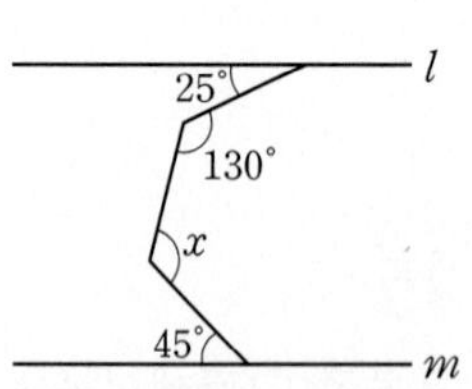

19

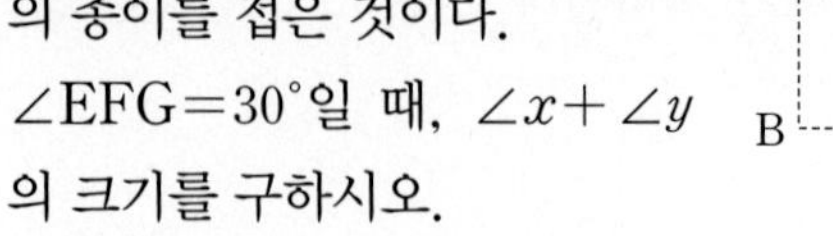

오른쪽 그림은 직사각형 모양의 종이를 접은 것이다. $\angle EFG = 30°$일 때, $\angle x + \angle y$의 크기를 구하시오.

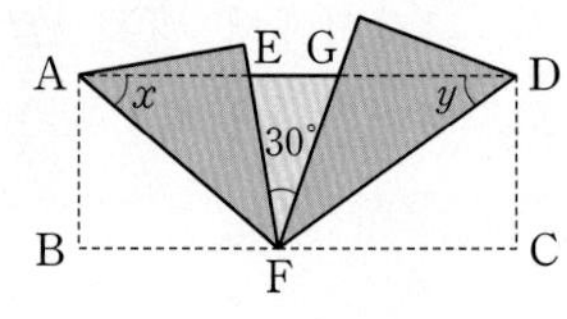

20 100점

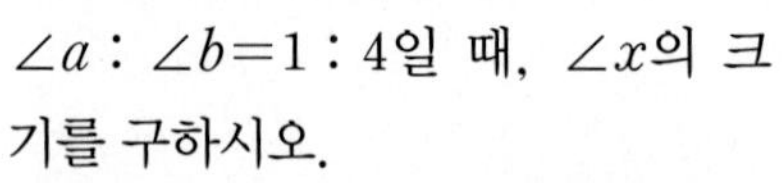

오른쪽 그림에서 $l \,/\!/\, m$이고 사각형 ABCD는 정사각형이다. $\angle a : \angle b = 1 : 4$일 때, $\angle x$의 크기를 구하시오.

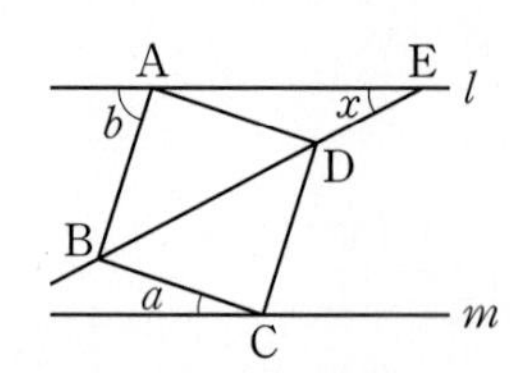

21 100점

오른쪽 그림에서 $l \,/\!/\, m$이고

$\angle FAE = \frac{2}{3}\angle BAE$,

$\angle FCE = \frac{2}{3}\angle DCE$일 때,

$\angle AFC$의 크기를 구하시오.

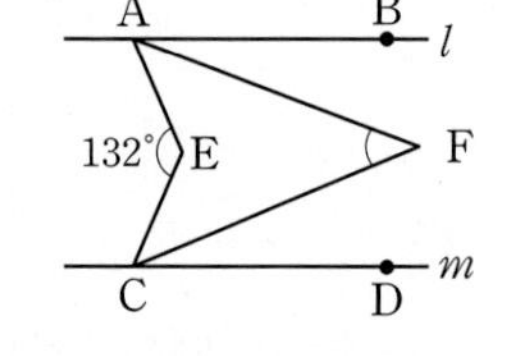

풀이

답

I. 기본 도형

04 작도와 합동

유형북 47 ~ 62쪽
더블북 20 ~ 27쪽

Real 실전 개념

개념 1 길이가 같은 선분의 작도 유형 01, 02

(1) **작도**: 눈금 없는 자와 컴퍼스만을 사용하여 도형을 그리는 것
① **눈금 없는 자**: 두 점을 연결하는 선분을 그리거나 선분을 연장할 때 사용
② **컴퍼스**: 원을 그리거나 주어진 선분의 길이를 다른 직선 위로 옮길 때 사용

(2) **길이가 같은 선분의 작도**

[선분 AB와 길이가 같은 선분의 작도]

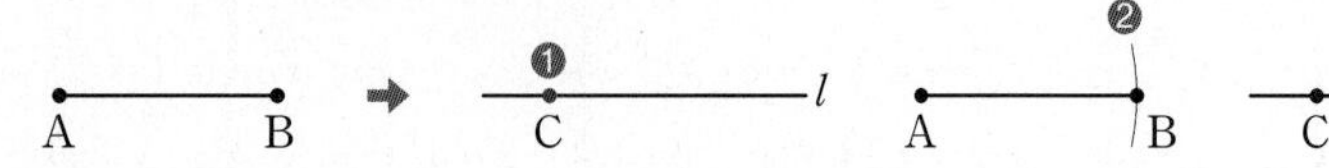

❶ 자를 사용하여 직선 l을 긋고 그 위에 점 C를 잡는다.
❷ 컴퍼스를 사용하여 $\overline{AB}$의 길이를 잰다.
❸ 점 C를 중심으로 반지름의 길이가 $\overline{AB}$인 원을 그려 직선 l과의 교점을 D라 한다. ➜ $\overline{AB}=\overline{CD}$

개념 2 크기가 같은 각의 작도 유형 03

[$\angle XOY$와 크기가 같고 $\overrightarrow{PQ}$를 한 변으로 하는 각의 작도]

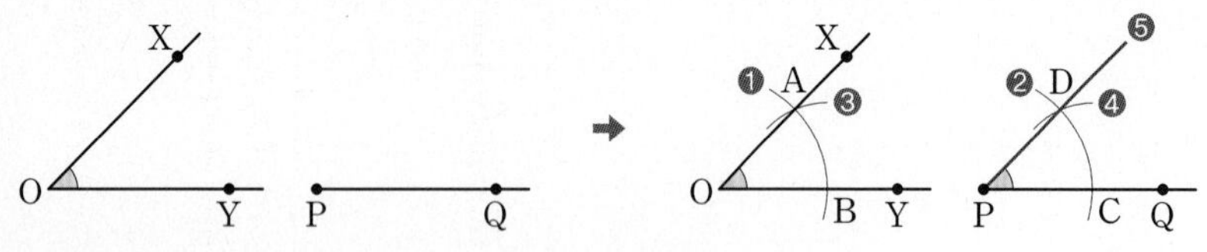

❶ 점 O를 중심으로 원을 그려 $\overrightarrow{OX}$, $\overrightarrow{OY}$와의 교점을 각각 A, B라 한다.
❷ 점 P를 중심으로 반지름의 길이가 $\overline{OA}$인 원을 그려 $\overrightarrow{PQ}$와의 교점을 C라 한다.
❸ $\overline{AB}$의 길이를 잰다.
❹ 점 C를 중심으로 반지름의 길이가 $\overline{AB}$인 원을 그려 ❷에서 그린 원과의 교점을 D라 한다.
❺ 두 점 P, D를 잇는 반직선 PD를 긋는다. ➜ $\angle XOY=\angle DPC$

개념 3 평행선의 작도 유형 04, 05

[직선 l 밖의 한 점 P를 지나고 직선 l에 평행한 직선의 작도]

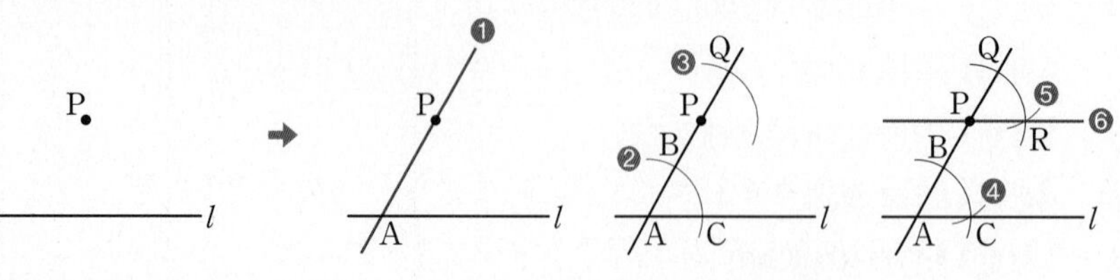

❶ 점 P를 지나는 직선을 그어 직선 l과의 교점을 A라 한다.
❷ 점 A를 중심으로 원을 그려 $\overleftrightarrow{PA}$, 직선 l과의 교점을 각각 B, C라 한다.
❸ 점 P를 중심으로 반지름의 길이가 $\overline{AB}$인 원을 그려 $\overleftrightarrow{PA}$와의 교점을 Q라 한다.
❹ $\overline{BC}$의 길이를 잰다.
❺ 점 Q를 중심으로 반지름의 길이가 $\overline{BC}$인 원을 그려 ❸에서 그린 원과의 교점을 R라 한다.
❻ 두 점 P, R를 잇는 직선을 긋는다. ➜ $\overleftrightarrow{PR} /\!/ l$
↳ $\angle BAC=\angle QPR$ (동위각)이므로 $\overleftrightarrow{PR} /\!/ l$

개념 노트

- 작도할 때 사용하는 자는 눈금 없는 자이므로 길이를 잴 때는 컴퍼스를 사용한다.
- 과정 ❶~❹는 컴퍼스, 과정 ❺는 눈금 없는 자를 사용한다.
- $\overline{OA}=\overline{OB}=\overline{PC}=\overline{PD}$, $\overline{AB}=\overline{CD}$
- 서로 다른 두 직선이 다른 한 직선과 만날 때, 동위각 또는 엇각의 크기가 같으면 두 직선은 평행하므로 크기가 같은 각의 작도를 이용하여 평행선을 작도할 수 있다.
- $\overline{AB}=\overline{AC}=\overline{PQ}=\overline{PR}$, $\overline{BC}=\overline{QR}$

개념 1 길이가 같은 선분의 작도

01 다음 **보기** 중 작도할 때 사용하는 도구를 모두 고르시오.

보기

ㄱ. 각도기　　ㄴ. 컴퍼스
ㄷ. 삼각자　　ㄹ. 눈금 없는 자

[02~05] 다음 중 옳은 것은 ○표, 옳지 않은 것은 ×표를 하시오.

02 선분의 길이를 잴 때, 눈금 없는 자를 사용한다. (　)

03 선분의 길이를 옮길 때, 눈금 없는 자를 사용한다. (　)

04 선분을 연장할 때, 컴퍼스를 사용한다. (　)

05 원을 그릴 때, 컴퍼스를 사용한다. (　)

06 다음은 $\overline{AB}$와 길이가 같은 선분을 작도하는 과정이다. □ 안에 알맞은 것을 써넣으시오.

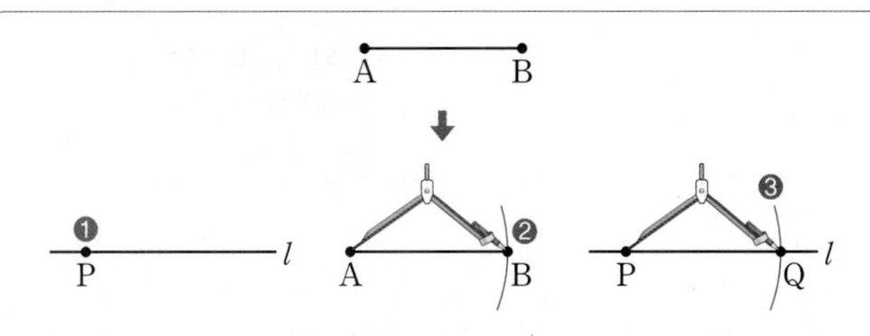

❶ 눈금 없는 자를 사용하여 직선 l을 긋고 그 위에 점 P를 잡는다.
❷ □를 사용하여 $\overline{AB}$의 길이를 잰다.
❸ 점 P를 중심으로 반지름의 길이가 □인 원을 그려 직선 l과의 교점을 Q라 한다.

개념 2 크기가 같은 각의 작도

[07~10] 아래 그림은 ∠XOY와 크기가 같고 $\overrightarrow{PQ}$를 한 변으로 하는 각을 작도한 것이다. 다음 □ 안에 알맞은 것을 써넣으시오.

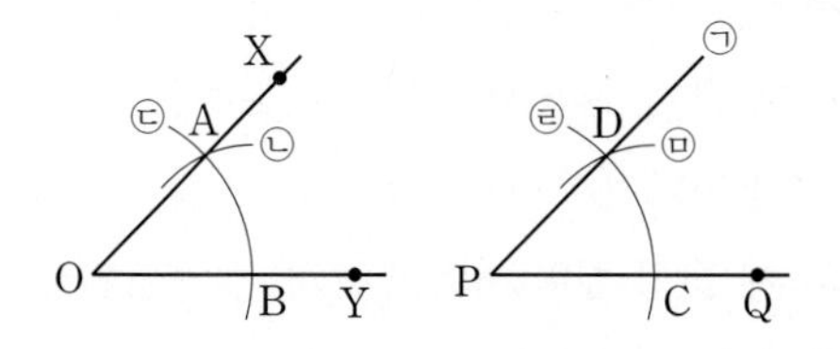

07 작도 순서는 ㉢ → □ → □ → □ → ㉠이다.

08 $\overline{OA}$=□=□=□

09 □=$\overline{CD}$

10 ∠AOB=□

개념 3 평행선의 작도

[11~15] 오른쪽 그림은 직선 l 밖의 한 점 P를 지나고 직선 l에 평행한 직선을 작도한 것이다. 다음 □ 안에 알맞은 것을 써넣으시오.

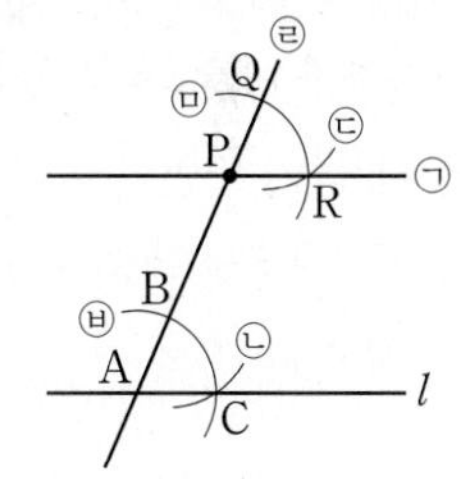

11 작도 순서는 ㉣ → □ → □ → □ → □ → ㉠이다.

12 $\overline{AB}$=□=□=□

13 $\overline{BC}$=□

14 ∠BAC=□

15 이 작도 과정은 '서로 다른 두 직선이 다른 한 직선과 만날 때, □의 크기가 같으면 두 직선은 평행하다.'는 성질을 이용한 것이다.

04 작도와 합동

개념 4 삼각형의 작도 유형 06~08

(1) **삼각형** ABC: 세 점 A, B, C를 꼭짓점으로 하는 삼각형을 삼각형 ABC라 하고 기호로 △ABC와 같이 나타낸다.

① **대변**: 한 각과 마주 보는 변

② **대각**: 한 변과 마주 보는 각

A $\overline{BC}$의 대각
∠A의 대변

(2) **삼각형의 세 변의 길이 사이의 관계**: 삼각형에서 한 변의 길이는 나머지 두 변의 길이의 합보다 작다. ➜ $a<b+c$, $b<c+a$, $c<a+b$

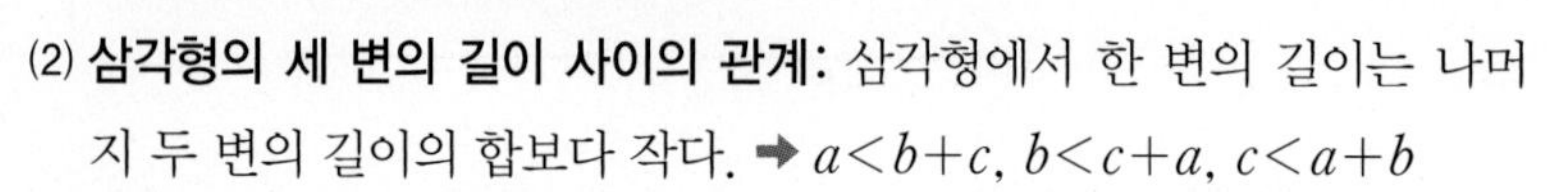

참고 세 변의 길이가 주어졌을 때, 삼각형이 될 수 있는 조건 ➜ (가장 긴 변의 길이)<(나머지 두 변의 길이의 합)

(3) **삼각형의 작도**: 다음의 각 경우에 삼각형을 하나로 작도할 수 있다.

① 세 변의 길이가 주어질 때

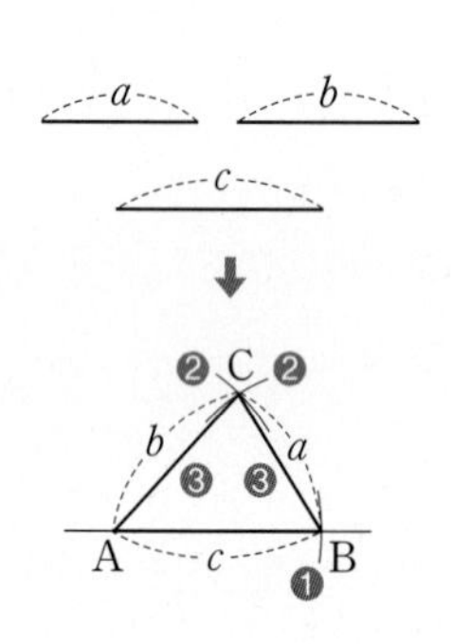

② 두 변의 길이와 그 끼인각의 크기가 주어질 때

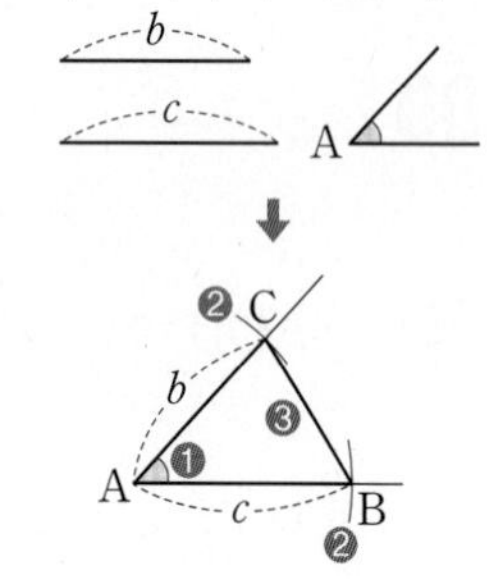

③ 한 변의 길이와 그 양 끝 각의 크기가 주어질 때

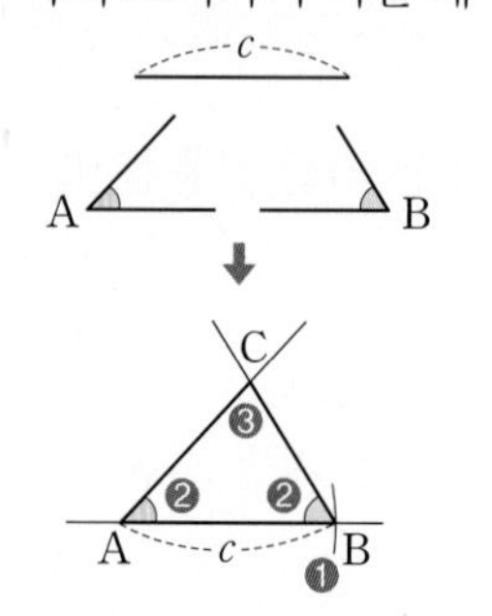

개념 노트

- 삼각형을 작도할 때는 길이가 같은 선분의 작도와 크기가 같은 각의 작도를 이용한다.
- 삼각형이 하나로 정해질 조건
  ① 세 변의 길이가 주어질 때
  ② 두 변의 길이와 그 끼인각의 크기가 주어질 때
  ③ 한 변의 길이와 그 양 끝 각의 크기가 주어질 때
- $\overline{AB}$의 길이와 ∠B, ∠C의 크기가 주어진 경우에도 ∠A=180°−(∠B+∠C)이므로 삼각형을 하나로 작도할 수 있다.

개념 5 도형의 합동 유형 09

(1) **합동**: 한 도형을 모양과 크기를 바꾸지 않고 다른 한 도형에 완전히 포갤 수 있을 때, 두 도형을 서로 합동이라 하고 기호 ≡를 사용하여 나타낸다.

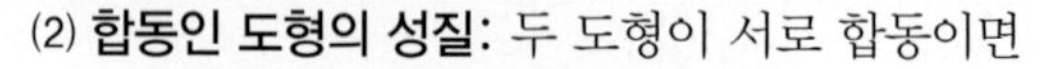

(2) **합동인 도형의 성질**: 두 도형이 서로 합동이면

① 대응변의 길이는 서로 같다.

② 대응각의 크기는 서로 같다.

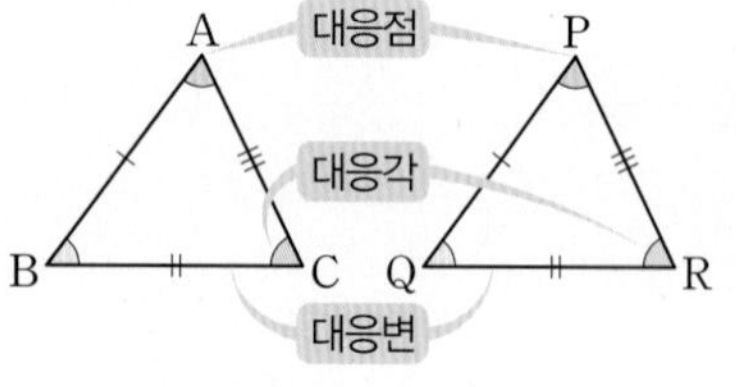

△ABC≡△PQR

- 합동인 두 도형을 완전히 포개었을 때, 겹쳐지는 점을 대응점, 겹쳐지는 변을 대응변, 겹쳐지는 각을 대응각이라 한다.
- 합동을 기호로 나타낼 때는 두 도형의 대응점의 순서를 맞추어 쓴다.

개념 6 삼각형의 합동 조건 유형 10~16

두 삼각형은 다음의 각 경우에 서로 합동이다.

(1) 대응하는 세 변의 길이가 각각 같을 때 (SSS 합동)
➜ $\overline{AB}=\overline{PQ}$, $\overline{BC}=\overline{QR}$, $\overline{AC}=\overline{PR}$

(2) 대응하는 두 변의 길이가 각각 같고 그 끼인각의 크기가 같을 때 (SAS 합동)
➜ $\overline{AB}=\overline{PQ}$, $\overline{BC}=\overline{QR}$, ∠B=∠Q

(3) 대응하는 한 변의 길이가 같고 그 양 끝 각의 크기가 각각 같을 때 (ASA 합동)
➜ $\overline{BC}=\overline{QR}$, ∠B=∠Q, ∠C=∠R

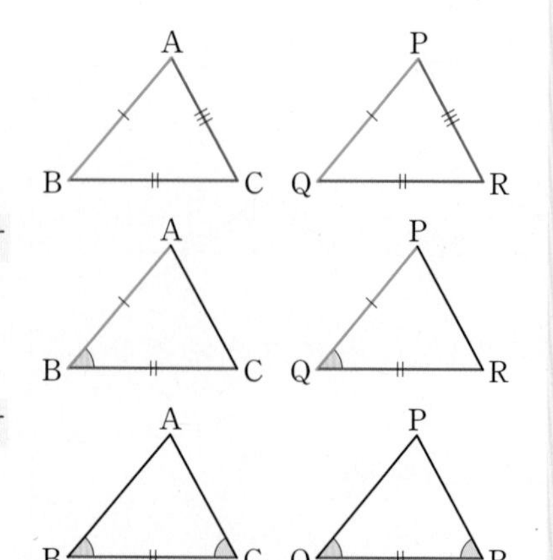

- 세 변: S S S
  두 변: S A S (A: 끼인각)
  한 변: A S A (A, A: 양 끝 각)

개념 4 삼각형의 작도

[16~18] 세 선분의 길이가 다음과 같을 때, 삼각형을 만들 수 있는 것은 ○표, 만들 수 없는 것은 ×표를 하시오.

16 2 cm, 6 cm, 8 cm ( )

17 3 cm, 4 cm, 5 cm ( )

18 5 cm, 6 cm, 12 cm ( )

[19~21] 다음은 삼각형 ABC를 작도한 것이다. □ 안에 알맞은 것을 써넣어 작도 순서를 완성하시오.

19

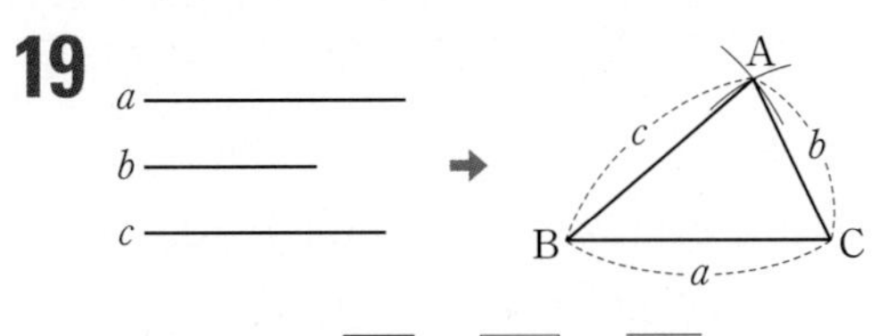

작도 순서: $\overline{BC}$ → □ → $\overline{AB}$

20

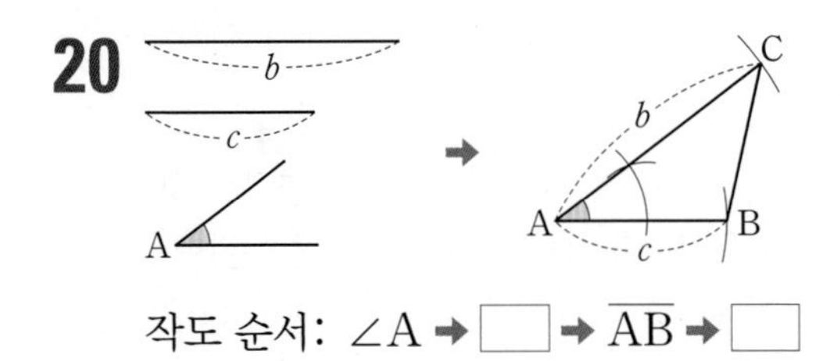

작도 순서: ∠A → □ → $\overline{AB}$ → □

21

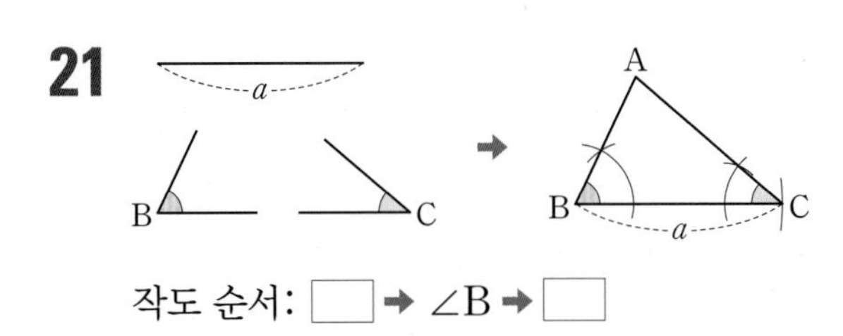

작도 순서: □ → ∠B → □

[22~24] 다음 중 △ABC가 하나로 정해지는 것은 ○표, 하나로 정해지지 않는 것은 ×표를 하시오.

22 $\overline{AB}=6$ cm, $\overline{BC}=11$ cm, $\overline{CA}=9$ cm ( )

23 $\overline{BC}=8$ cm, $\angle B=100°$, $\angle C=60°$ ( )

24 $\overline{AB}=7$ cm, $\overline{BC}=6$ cm, $\angle A=50°$ ( )

개념 5 도형의 합동

[25~30] 아래 그림에서 △ABC≡△DEF일 때, 다음을 구하시오.

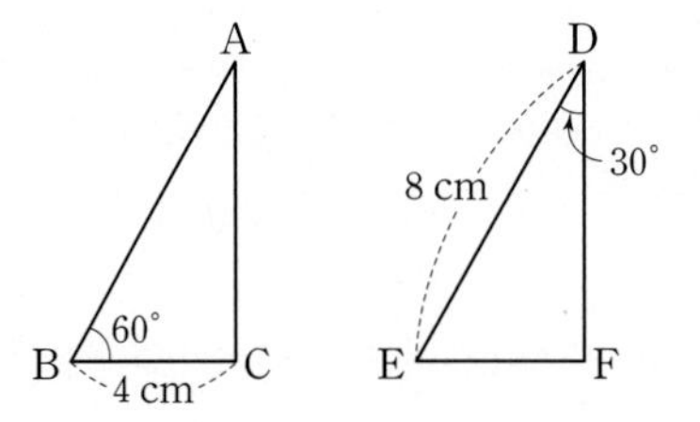

25 점 C의 대응점

26 $\overline{AB}$의 대응변

27 ∠A의 대응각

28 $\overline{EF}$의 길이

29 ∠A의 크기

30 ∠F의 크기

개념 6 삼각형의 합동 조건

[31~34] 다음 중 △ABC와 △DEF가 합동인 것은 ○표, 합동이라고 할 수 없는 것은 ×표를 하시오.

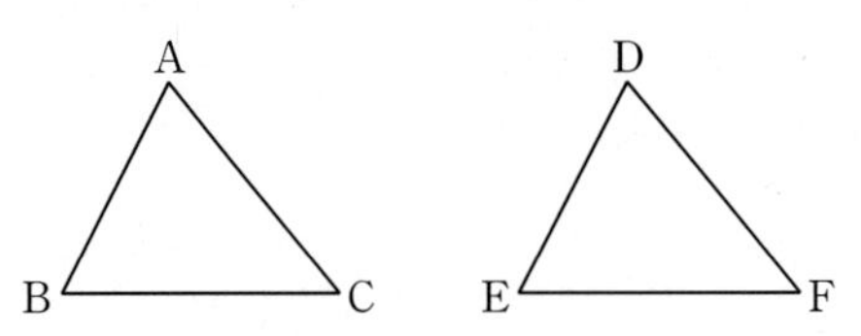

31 $\overline{AB}=\overline{DE}$, $\overline{BC}=\overline{EF}$, $\overline{CA}=\overline{FD}$ ( )

32 $\angle B=\angle E$, $\overline{BC}=\overline{EF}$, $\overline{CA}=\overline{FD}$ ( )

33 $\overline{AC}=\overline{DF}$, $\angle A=\angle D$, $\angle C=\angle F$ ( )

34 $\angle A=\angle D$, $\angle B=\angle E$, $\angle C=\angle F$ ( )

35 다음 그림의 두 삼각형이 서로 합동일 때, 기호 ≡를 사용하여 나타내고 합동 조건을 말하시오.

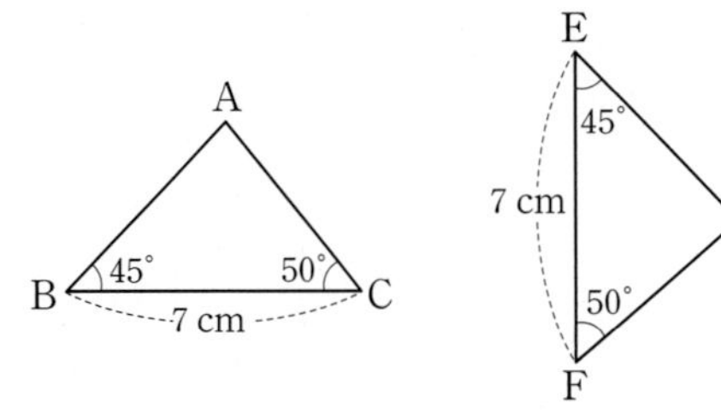

유형 01 작도 개념1

(1) 작도: 눈금 없는 자와 컴퍼스만을 사용하여 도형을 그리는 것
(2) 눈금 없는 자: 두 점을 연결하는 선분을 그리거나 선분을 연장할 때 사용
(3) 컴퍼스: 원을 그리거나 주어진 선분의 길이를 다른 직선 위로 옮길 때 사용

01 대표문제

다음 중 작도에 대한 설명으로 옳지 않은 것을 모두 고르면? (정답 2개)

① 선분을 연장할 때는 눈금 없는 자를 사용한다.
② 두 선분의 길이를 비교할 때는 컴퍼스를 사용한다.
③ 눈금 없는 자와 각도기만을 사용하여 도형을 그리는 것을 작도라 한다.
④ 선분의 길이를 옮길 때는 컴퍼스를 사용한다.
⑤ 주어진 각과 크기가 같은 각을 작도할 때는 각도기를 사용한다.

02

다음 **보기** 중 눈금 없는 자와 컴퍼스를 사용하는 경우를 바르게 짝 지은 것은?

보기
ㄱ. 원을 그린다.
ㄴ. 두 점을 연결하는 선분을 그린다.
ㄷ. 주어진 선분을 연장한다.
ㄹ. 선분의 길이를 옮긴다.

	눈금 없는 자	컴퍼스
①	ㄱ, ㄴ	ㄷ, ㄹ
②	ㄱ, ㄷ	ㄴ, ㄹ
③	ㄱ, ㄹ	ㄴ, ㄷ
④	ㄴ, ㄷ	ㄱ, ㄹ
⑤	ㄴ, ㄹ	ㄱ, ㄷ

유형 02 길이가 같은 선분의 작도 개념1

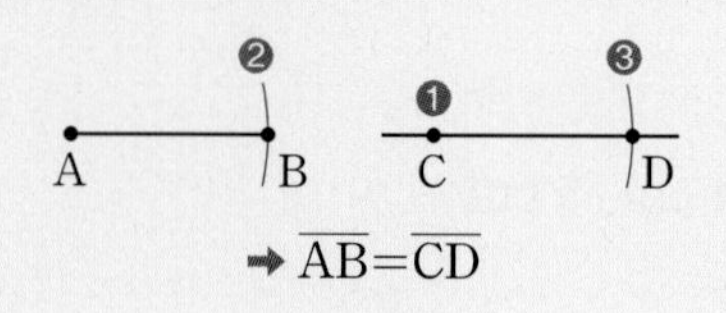

03 대표문제

다음은 선분 AB를 점 B의 방향으로 연장하여 $\overline{AC}=2\overline{AB}$인 선분 AC를 작도하는 과정이다. 작도 순서를 나열하시오.

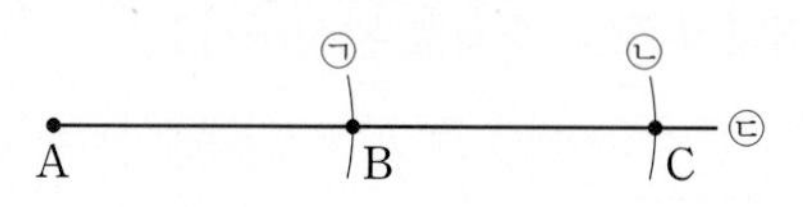

㉠ $\overline{AB}$의 길이를 잰다.
㉡ 점 B를 중심으로 반지름의 길이가 $\overline{AB}$인 원을 그려 반직선과의 교점을 C라 한다.
㉢ 점 B의 방향으로 $\overline{AB}$의 연장선을 그린다.

04

다음 그림과 같이 두 점 A, B를 지나는 직선 l 위에 $3\overline{AB}=\overline{BC}$가 되도록 점 C를 작도할 때, 사용되는 작도 도구는?

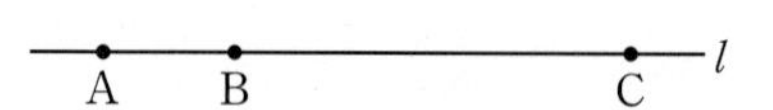

① 각도기 ② 컴퍼스 ③ 삼각자
④ 눈금 없는 자 ⑤ 눈금 있는 자

05

다음은 $\overline{AB}$를 한 변으로 하는 정삼각형을 작도하는 과정이다. (가), (나)에 알맞은 것을 구하시오.

❶ 두 점 A, B를 각각 중심으로 반지름의 길이가 (가) 인 원을 그린 후 두 원의 교점을 C라 한다.
❷ $\overline{AC}$, $\overline{BC}$를 그으면 삼각형 ABC는 (나) 이다.

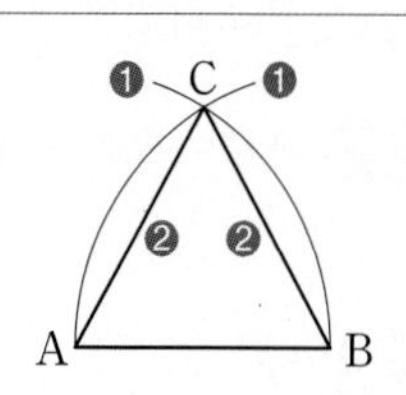

유형 03 크기가 같은 각의 작도 개념2

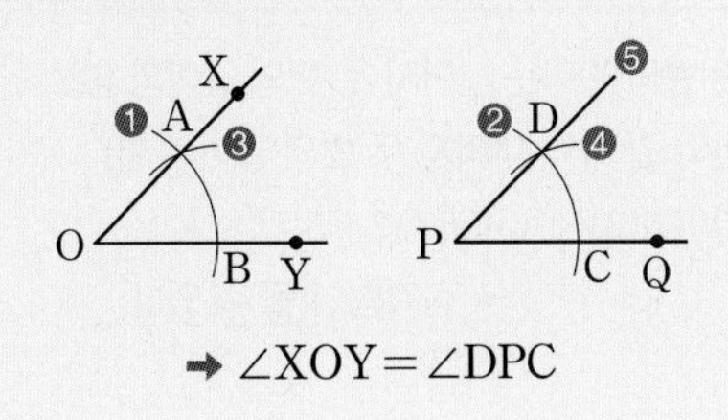

→ $\angle XOY = \angle DPC$

06 대표문제

아래 그림은 $\angle XOY$와 크기가 같고 $\overrightarrow{PQ}$를 한 변으로 하는 각을 작도한 것이다. 다음 **보기** 중 옳지 않은 것을 모두 고른 것은?

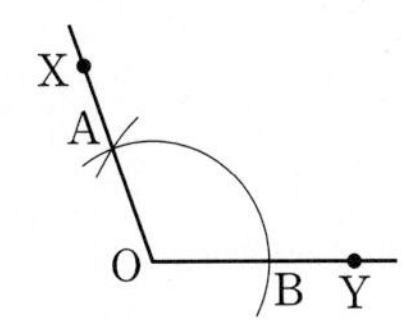

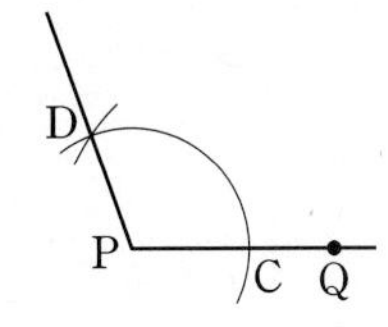

보기

ㄱ. $\overline{OA}=\overline{OB}$ ㄴ. $\overline{AB}=\overline{PD}$
ㄷ. $\overline{AB}=\overline{CD}$ ㄹ. $\overline{OB}=\overline{PC}$
ㅁ. $\angle XOY=\angle DPC$ ㅂ. $\angle AOB=2\angle PCD$

① ㄱ, ㅁ ② ㄴ, ㅂ ③ ㄷ, ㄹ
④ ㄱ, ㄹ, ㅁ ⑤ ㄴ, ㄷ, ㅂ

07

다음 그림은 $\angle XOY$와 크기가 같고 $\overrightarrow{PQ}$를 한 변으로 하는 각을 작도한 것이다. 작도 순서로 옳은 것은?

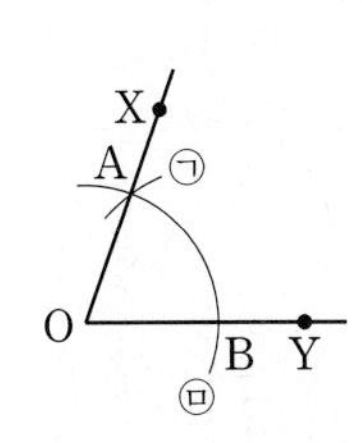

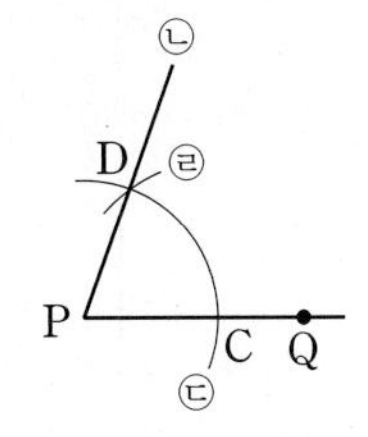

① ㉠ → ㉣ → ㉤ → ㉢ → ㉡
② ㉠ → ㉤ → ㉣ → ㉢ → ㉡
③ ㉣ → ㉠ → ㉢ → ㉤ → ㉡
④ ㉤ → ㉠ → ㉢ → ㉣ → ㉡
⑤ ㉤ → ㉢ → ㉠ → ㉣ → ㉡

집중

유형 04 평행선의 작도; 동위각 이용 개념3

서로 다른 두 직선이 다른 한 직선과 만날 때, 동위각의 크기가 같으면 두 직선은 평행하므로 크기가 같은 각의 작도를 이용하여 평행선을 작도할 수 있다.

→ $l \parallel \overleftrightarrow{PR}$

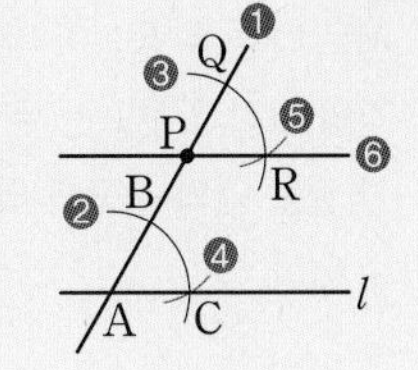

08 대표문제

오른쪽 그림은 직선 l 밖의 한 점 P를 지나고 직선 l에 평행한 직선을 작도한 것이다. 다음 중 옳지 않은 것은?

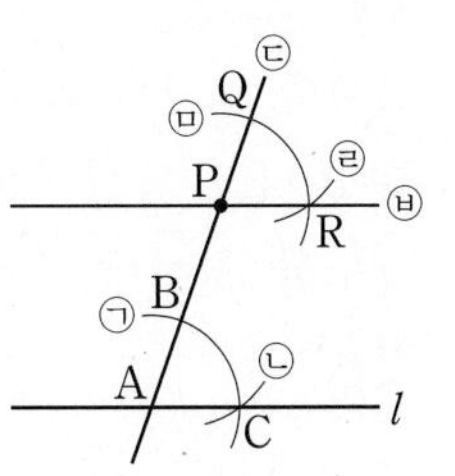

① $\overline{AC}=\overline{PR}$ ② $\overline{BC}=\overline{QR}$
③ $\overline{BP}=\overline{PQ}$ ④ $\angle BAC=\angle QPR$
⑤ 작도 순서는 ㉢ → ㉠ → ㉤ → ㉡ → ㉣ → ㉥이다.

중요

09

오른쪽 그림은 직선 l 밖의 한 점 P를 지나고 직선 l에 평행한 직선을 작도한 것이다. 다음 중 길이가 나머지 넷과 다른 하나는?

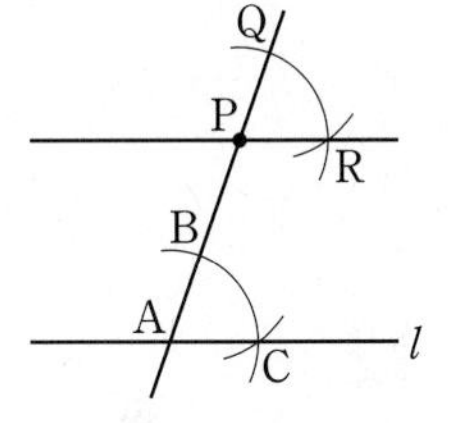

① $\overline{AB}$ ② $\overline{AC}$
③ $\overline{PQ}$ ④ $\overline{PR}$
⑤ $\overline{QR}$

10

오른쪽 그림은 직선 l 밖의 한 점 P를 지나고 직선 l에 평행한 직선을 작도한 것이다. 이 작도에서 이용된 성질은?

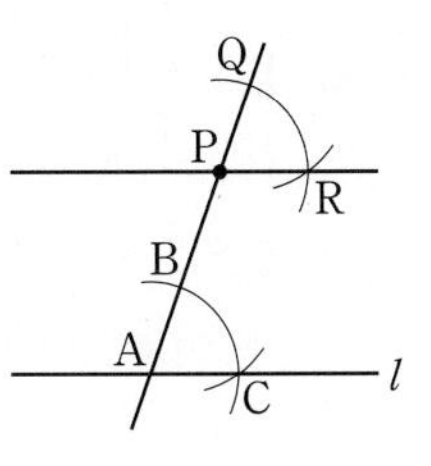

① 맞꼭지각의 크기는 서로 같다.
② 두 직선이 평행하면 엇각의 크기는 같다.
③ 두 직선이 평행하면 동위각의 크기는 같다.
④ 엇각의 크기가 같으면 두 직선은 평행하다.
⑤ 동위각의 크기가 같으면 두 직선은 평행하다.

유형 05 평행선의 작도; 엇각 이용 개념 3

서로 다른 두 직선이 다른 한 직선과 만날 때, 엇각의 크기가 같으면 두 직선은 평행하므로 크기가 같은 각의 작도를 이용하여 평행선을 작도할 수 있다.

➡ $l \,/\!/\, \overleftrightarrow{PR}$

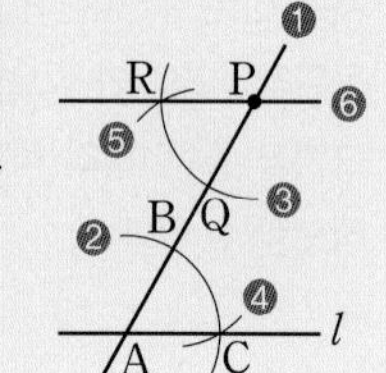

11 대표문제

오른쪽 그림은 직선 l 밖의 한 점 P를 지나고 직선 l에 평행한 직선을 작도한 것이다. 작도 순서로 옳은 것은?

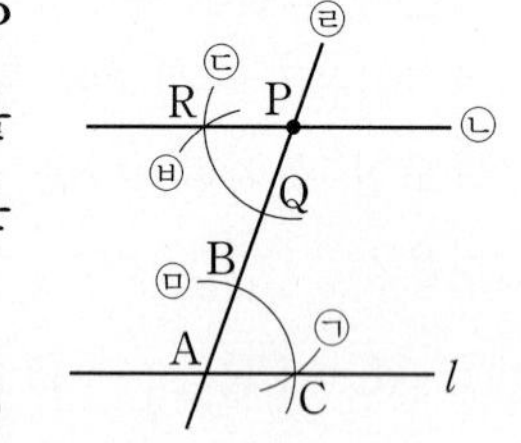

① ㉠ → ㉡ → ㉢ → ㉣ → ㉤ → ㉥
② ㉡ → ㉢ → ㉠ → ㉣ → ㉤ → ㉥
③ ㉢ → ㉣ → ㉥ → ㉠ → ㉡ → ㉤
④ ㉣ → ㉤ → ㉢ → ㉠ → ㉥ → ㉡
⑤ ㉤ → ㉠ → ㉢ → ㉡ → ㉥ → ㉣

12

오른쪽 그림은 직선 l 밖의 한 점 P를 지나고 직선 l에 평행한 직선을 작도한 것이다. 다음 **보기** 중 옳은 것을 모두 고른 것은?

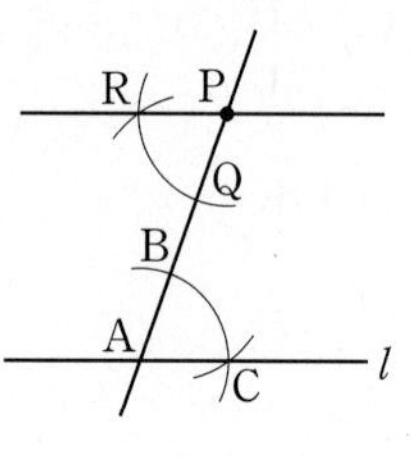

보기

ㄱ. $\overline{AB}=\overline{PQ}$
ㄴ. $\overline{BC}=\overline{QR}$
ㄷ. $\overline{BQ}=\overline{PQ}$
ㄹ. 동위각의 크기가 같으면 두 직선은 평행하다는 성질이 이용된다.

① ㄱ, ㄴ ② ㄱ, ㄷ ③ ㄴ, ㄷ
④ ㄴ, ㄹ ⑤ ㄷ, ㄹ

집중

유형 06 삼각형의 세 변의 길이 사이의 관계 개념 4

삼각형에서 한 변의 길이는 나머지 두 변의 길이의 합보다 작다.

➡ (가장 긴 변의 길이)<(나머지 두 변의 길이의 합)

예 세 변의 길이가 2, 5, 6 ➡ $6<2+5$

➡ 삼각형이 될 수 있다.

13 대표문제

삼각형의 세 변의 길이가 4 cm, 7 cm, x cm일 때, 다음 중 x의 값이 될 수 있는 것을 모두 고르면? (정답 2개)

① 2 ② 3 ③ 5
④ 8 ⑤ 13

중요

14

다음 중 삼각형의 세 변의 길이가 될 수 없는 것을 모두 고르면? (정답 2개)

① 2 cm, 3 cm, 4 cm
② 3 cm, 5 cm, 6 cm
③ 4 cm, 11 cm, 17 cm
④ 6 cm, 6 cm, 6 cm
⑤ 7 cm, 9 cm, 16 cm

15 서술형

삼각형의 세 변의 길이가 3 cm, 8 cm, x cm일 때, x의 값이 될 수 있는 자연수의 개수를 구하시오.

16

길이가 3 cm, 4 cm, 5 cm, 7 cm인 네 개의 막대기 중 세 개의 막대기를 골라 만들 수 있는 삼각형의 개수를 구하시오.

유형 07 삼각형의 작도 개념 4

다음의 각 경우에 삼각형을 하나로 작도할 수 있다.
(1) 세 변의 길이가 주어질 때
(2) 두 변의 길이와 그 끼인각의 크기가 주어질 때
(3) 한 변의 길이와 그 양 끝 각의 크기가 주어질 때

17 대표문제

오른쪽 그림과 같이 $\overline{AB}$, $\overline{AC}$의 길이와 $\angle A$의 크기가 주어졌을 때, 다음 중 $\triangle ABC$를 작도하는 순서로 옳지 않은 것을 모두 고르면? (정답 2개)

① $\overline{AB} \to \angle A \to \overline{AC} \to \overline{BC}$
② $\overline{AC} \to \overline{BC} \to \angle A \to \overline{AB}$
③ $\angle A \to \overline{AB} \to \overline{AC} \to \overline{BC}$
④ $\angle A \to \overline{AC} \to \overline{AB} \to \overline{BC}$
⑤ $\angle A \to \overline{BC} \to \overline{AB} \to \overline{AC}$

18

다음 그림은 세 변의 길이 a, b, c가 주어졌을 때, 길이가 c인 변이 직선 l 위에 있도록 $\triangle ABC$를 작도한 것이다. 작도 순서를 나열하시오.

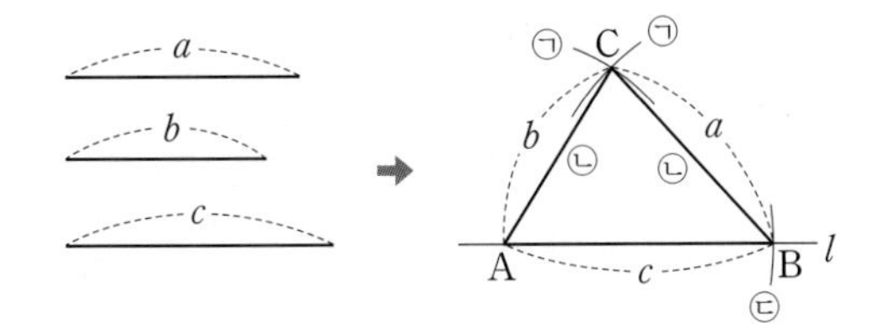

19

오른쪽 그림과 같이 $\overline{BC}$의 길이와 $\angle B$, $\angle C$의 크기가 주어졌을 때, 다음 **보기** 중 $\triangle ABC$를 작도하는 순서로 옳은 것을 모두 고르시오.

보기
ㄱ. $\angle B \to \angle C \to \overline{BC}$　　ㄴ. $\angle C \to \overline{BC} \to \angle B$
ㄷ. $\overline{BC} \to \angle B \to \angle C$　　ㄹ. $\overline{BC} \to \angle C \to \angle B$

집중

유형 08 삼각형이 하나로 정해질 조건 개념 4

다음의 각 경우에 삼각형이 하나로 정해진다.
(1) 세 변의 길이가 주어질 때
(2) 두 변의 길이와 그 끼인각의 크기가 주어질 때
(3) 한 변의 길이와 그 양 끝 각의 크기가 주어질 때

20 대표문제

다음 중 $\triangle ABC$가 하나로 정해지는 것을 모두 고르면? (정답 2개)

① $\overline{AB}=9$ cm, $\overline{BC}=11$ cm, $\overline{AC}=24$ cm
② $\overline{AB}=7$ cm, $\overline{AC}=5$ cm, $\angle A=45°$
③ $\overline{BC}=10$ cm, $\angle A=80°$, $\angle B=50°$
④ $\overline{BC}=12$ cm, $\angle B=110°$, $\angle C=70°$
⑤ $\angle A=70°$, $\angle B=75°$, $\angle C=35°$

21

$\overline{AB}$의 길이와 $\angle B$의 크기가 주어졌을 때, 다음 **보기** 중 $\triangle ABC$가 하나로 정해지기 위하여 더 필요한 조건을 모두 고르시오.

보기
ㄱ. $\overline{AC}$의 길이　　ㄴ. $\overline{BC}$의 길이
ㄷ. $\angle A$의 크기　　ㄹ. $\angle C$의 크기

22

$\overline{BC}=9$ cm일 때, 다음 중 $\triangle ABC$가 하나로 정해지기 위하여 더 필요한 조건이 아닌 것을 모두 고르면? (정답 2개)

① $\overline{AB}=8$ cm, $\overline{AC}=4$ cm
② $\overline{AB}=2$ cm, $\overline{AC}=13$ cm
③ $\overline{AC}=6$ cm, $\angle B=35°$
④ $\angle B=65°$, $\angle C=87°$
⑤ $\overline{AC}=14$ cm, $\angle C=80°$

집중

유형 09 도형의 합동 개념5

$\triangle ABC \equiv \triangle DEF$이면

(1) 대응변의 길이는 서로 같다.

➜ $\overline{AB}=\overline{DE}$, $\overline{BC}=\overline{EF}$, $\overline{AC}=\overline{DF}$

(2) 대응각의 크기는 서로 같다.

➜ $\angle A=\angle D$, $\angle B=\angle E$, $\angle C=\angle F$

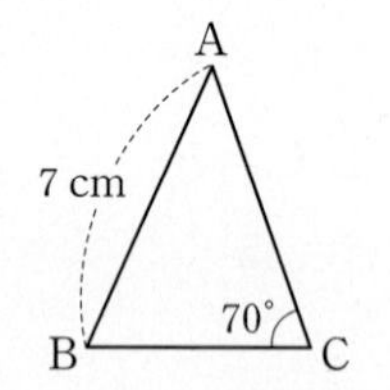

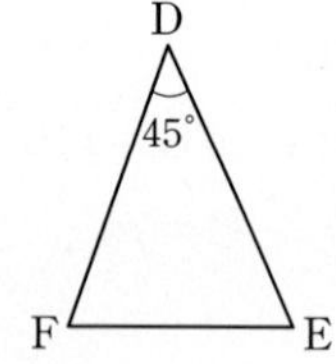

23 대표문제

아래 그림에서 $\triangle ABC \equiv \triangle DEF$일 때, 다음 중 옳지 않은 것을 모두 고르면? (정답 2개)

① $\overline{DE}=7$ cm ② $\overline{EF}=6$ cm ③ $\angle A=45°$
④ $\angle E=60°$ ⑤ $\angle F=70°$

24

다음 중 두 도형이 항상 합동이라고 할 수 없는 것을 모두 고르면? (정답 2개)

① 한 변의 길이가 같은 두 정사각형
② 둘레의 길이가 같은 두 원
③ 반지름의 길이가 같은 두 부채꼴
④ 넓이가 같은 두 원
⑤ 넓이가 같은 두 삼각형

25 서술형

다음 그림에서 두 사각형 ABCD, PQRS가 서로 합동일 때, $x+y$의 값을 구하시오.

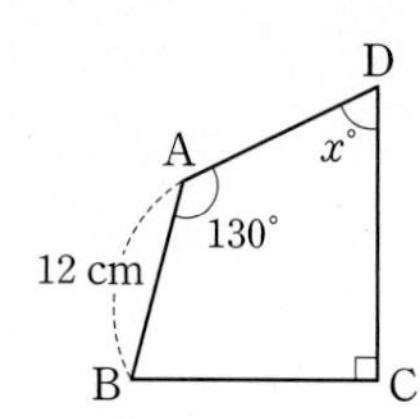

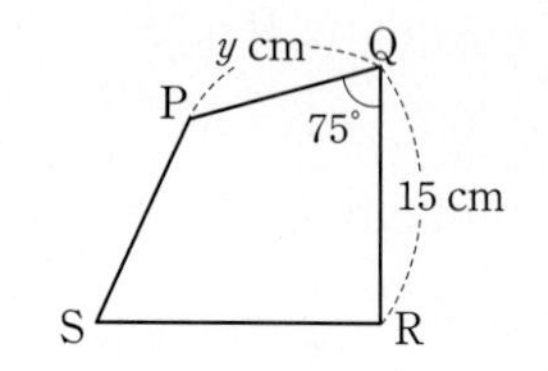

유형 10 합동인 삼각형 찾기 개념6

두 삼각형은 다음의 각 경우에 서로 합동이다.

(1) 대응하는 세 변의 길이가 각각 같을 때 (SSS 합동)

(2) 대응하는 두 변의 길이가 각각 같고 그 끼인각의 크기가 같을 때 (SAS 합동)

(3) 대응하는 한 변의 길이가 같고 그 양 끝 각의 크기가 각각 같을 때 (ASA 합동)

26 대표문제

다음 중 오른쪽 그림의 삼각형과 합동인 삼각형은?

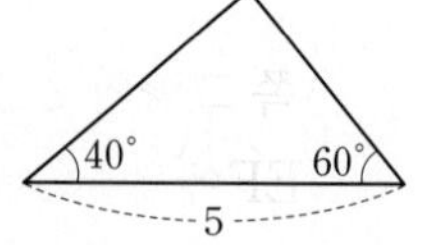

①
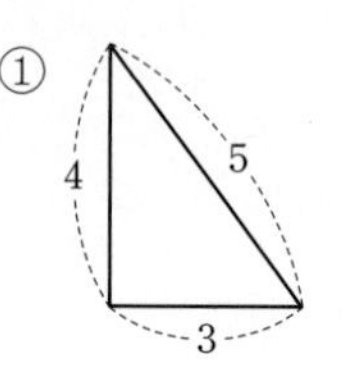

②
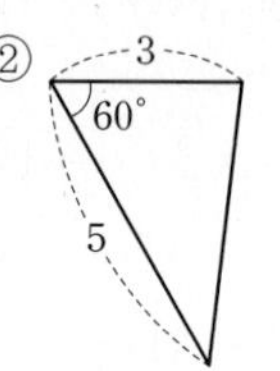

③
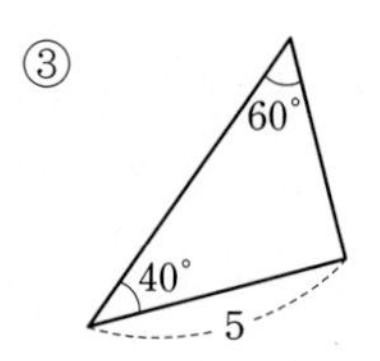

④
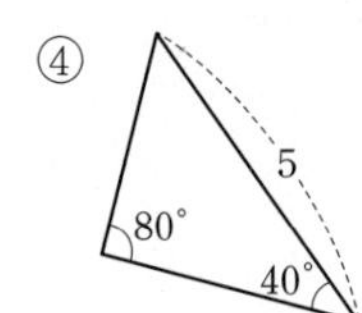

⑤
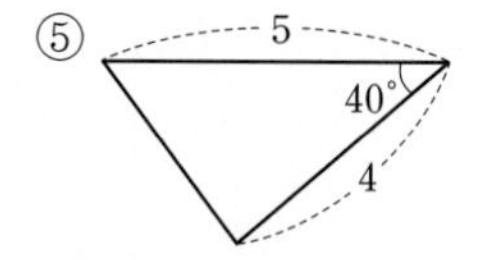

27

다음 **보기** 중 서로 합동인 삼각형끼리 짝 지은 것은?

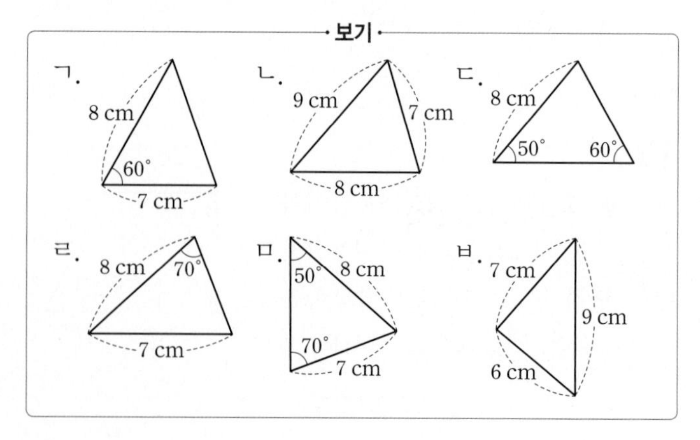

① ㄱ, ㄴ ② ㄱ, ㅁ ③ ㄴ, ㄹ
④ ㄷ, ㅁ ⑤ ㄷ, ㅂ

집중

유형 11 두 삼각형이 합동이 되기 위한 조건 개념6

(1) 두 변의 길이가 각각 같을 때
→ 나머지 한 변의 길이 또는 그 끼인각의 크기가 같아야 한다.
(2) 한 변의 길이와 그 양 끝 각 중 한 각의 크기가 같을 때
→ 그 각을 끼고 있는 변의 길이 또는 다른 한 각의 크기가 같아야 한다.
(3) 두 각의 크기가 각각 같을 때
→ 한 변의 길이가 같아야 한다.

28 대표문제

오른쪽 그림의 $\triangle ABC$와 $\triangle DEF$에서 $\overline{BC}=\overline{EF}$, $\angle C=\angle F$일 때, 다음 **보기** 중 $\triangle ABC \equiv \triangle DEF$가 되기 위하여 더 필요한 조건을 모두 고르시오.

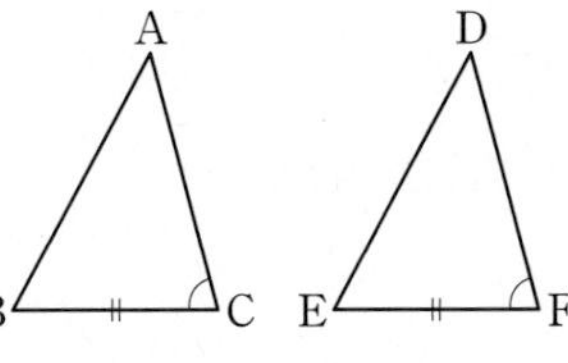

보기
ㄱ. $\overline{AB}=\overline{DE}$ ㄴ. $\angle A=\angle D$
ㄷ. $\overline{AC}=\overline{DF}$ ㄹ. $\angle B=\angle E$

29

오른쪽 그림의 $\triangle ABC$와 $\triangle DEF$에서 $\angle B=\angle E$, $\angle C=\angle F$일 때, 다음 중 $\triangle ABC \equiv \triangle DEF$가 되기 위하여 더 필요한 조건이 아닌 것을 모두 고르면? (정답 2개)

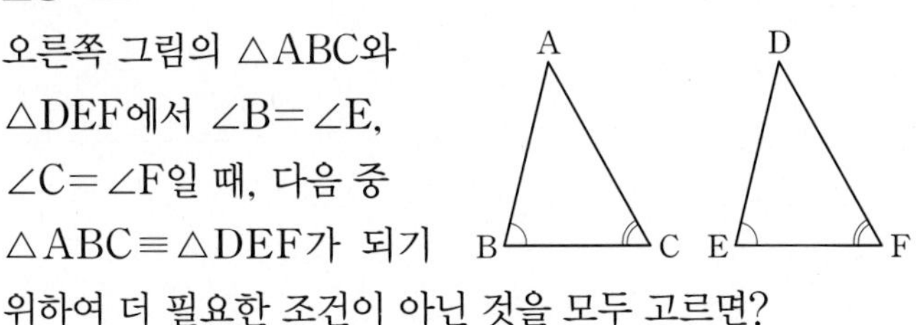

① $\overline{AB}=\overline{DE}$ ② $\overline{AC}=\overline{DF}$ ③ $\overline{BC}=\overline{EF}$
④ $\angle A=\angle D$ ⑤ $\angle B=\angle F$

30

오른쪽 그림의 $\triangle ABC$와 $\triangle DEF$에서 $\overline{AC}=\overline{DF}$, $\overline{BC}=\overline{EF}$일 때, 다음 중 $\triangle ABC \equiv \triangle DEF$가 되기 위하여 더 필요한 조건과 그때의 합동 조건은?

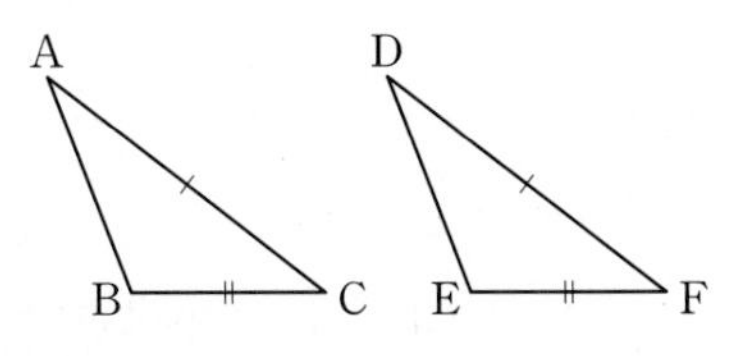

① $\angle A=\angle D$, ASA 합동 ② $\angle B=\angle E$, SAS 합동
③ $\angle C=\angle F$, ASA 합동 ④ $\overline{AB}=\overline{DE}$, SSS 합동
⑤ $\overline{AC}=\overline{EF}$, SAS 합동

유형 12 삼각형의 합동 조건; SSS 합동 개념6

대응하는 세 변의 길이가 각각 같을 때
→ $\overline{AB}=\overline{PQ}$, $\overline{BC}=\overline{QR}$, $\overline{AC}=\overline{PR}$이므로
$\triangle ABC \equiv \triangle PQR$
(SSS 합동)

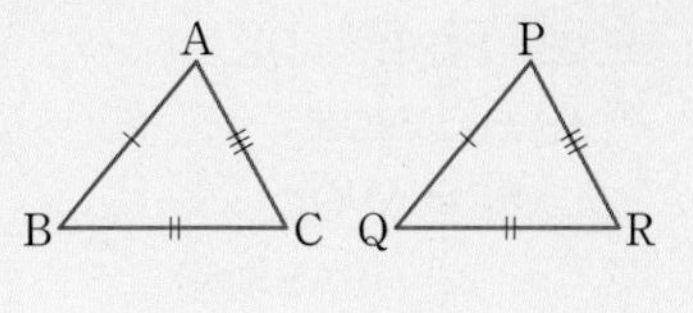

31 대표문제

오른쪽 그림과 같은 사각형 ABCD에 대하여 다음 **보기** 중 옳은 것을 모두 고르시오.

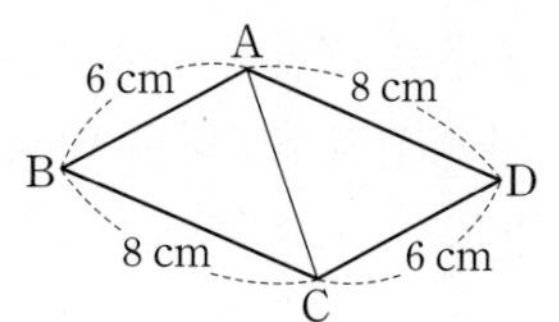

보기
ㄱ. $\overline{AC}=\overline{BC}$ ㄴ. $\angle ABC=\angle DCA$
ㄷ. $\angle ACB=\angle CAD$ ㄹ. $\angle ABC=\angle CDA$

32

다음은 오른쪽 그림과 같이 $\angle XOY$와 크기가 같고 $\overrightarrow{PQ}$를 한 변으로 하는 각을 작도하였을 때, $\triangle AOB \equiv \triangle CPD$임을 보이는 과정이다. (가)~(다)에 알맞은 것을 구하시오.

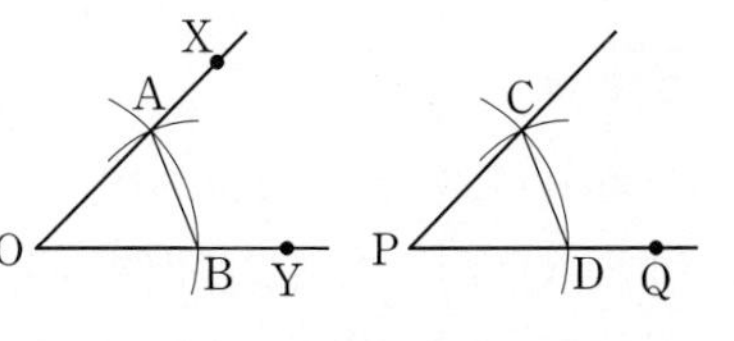

$\triangle AOB$와 $\triangle CPD$에서
$\overline{AO}=\overline{CP}$, $\overline{OB}=$ (가), $\overline{AB}=$ (나)
$\therefore$ $\triangle AOB \equiv \triangle CPD$ ((다) 합동)

33 서술형

오른쪽 그림과 같은 사각형 ABCD에서 $\overline{AB}=\overline{AD}$, $\overline{BC}=\overline{DC}$이고 $\angle B=110°$일 때, $\angle D$의 크기를 구하시오.

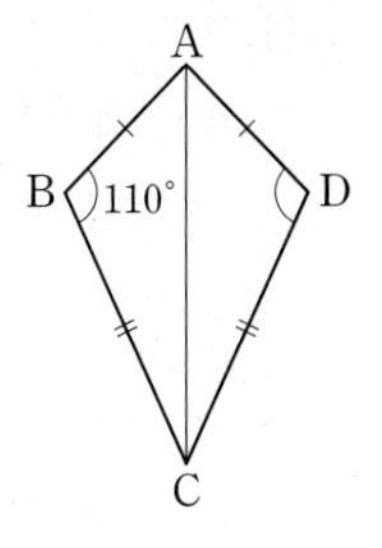

04 작도와 합동

집중

유형 13 삼각형의 합동 조건; SAS 합동 개념 6

대응하는 두 변의 길이가 각각 같고 그 끼인각의 크기가 같을 때
→ $\overline{AB}=\overline{PQ}$, $\overline{BC}=\overline{QR}$, $\angle B=\angle Q$이므로
$\triangle ABC \equiv \triangle PQR$
(SAS 합동)

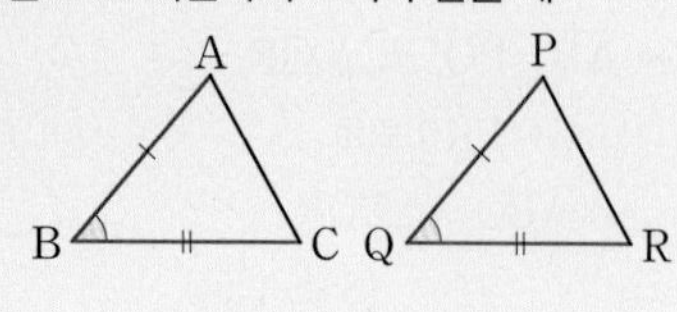

34 대표문제

오른쪽 그림에서 점 P가 $\overline{AB}$, $\overline{CD}$의 중점일 때, 다음 중 옳지 않은 것은?

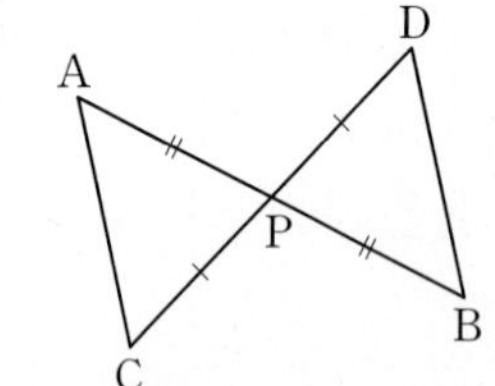

① $\overline{AC}=\overline{BD}$
② $\overline{AP}=\overline{DP}$
③ $\angle ACP=\angle BDP$
④ $\angle CAP=\angle DBP$
⑤ $\triangle APC \equiv \triangle BPD$

35

다음은 오른쪽 그림과 같이 직선 l이 선분 AB의 수직이등분선일 때, $\triangle PAM \equiv \triangle PBM$임을 보이는 과정이다. (가)~(라)에 알맞은 것을 구하시오.

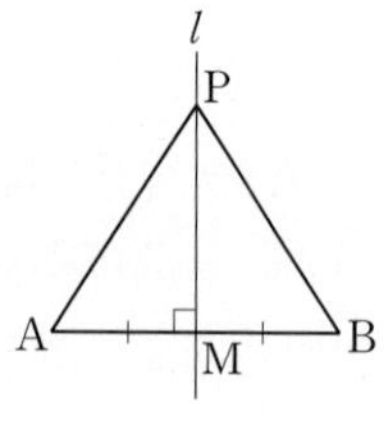

$\triangle PAM$과 $\triangle PBM$에서
$\overline{AM}=$ (가), $\angle PMA=$ (나), (다)은 공통이므로
$\triangle PAM \equiv \triangle PBM$ ((라) 합동)

36

오른쪽 그림에서 $\overline{OA}=\overline{OB}$, $\overline{AC}=\overline{BD}$일 때, $\angle OAD$의 크기를 구하시오.

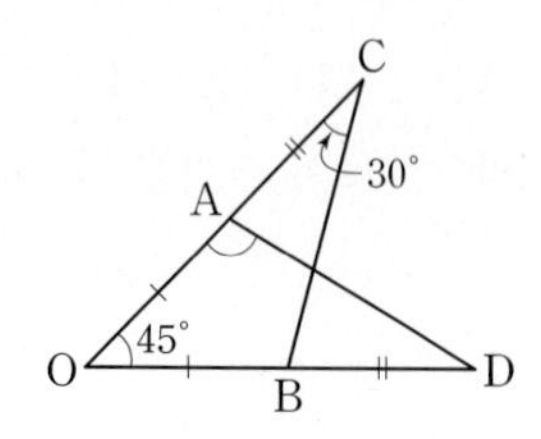

집중

유형 14 삼각형의 합동 조건; ASA 합동 개념 6

대응하는 한 변의 길이가 같고 그 양 끝 각의 크기가 각각 같을 때
→ $\overline{BC}=\overline{QR}$, $\angle B=\angle Q$, $\angle C=\angle R$이므로
$\triangle ABC \equiv \triangle PQR$
(ASA 합동)

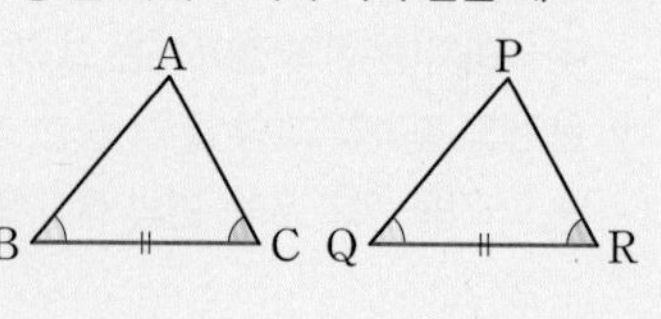

37 대표문제

오른쪽 그림에서 $\overline{AB} /\!/ \overline{DC}$, $\overline{AD} /\!/ \overline{BC}$일 때, 다음 중 옳은 것을 모두 고르면? (정답 2개)

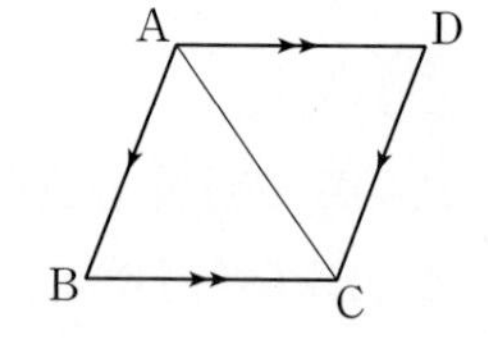

① $\overline{AB}=\overline{AD}$
② $\overline{BC}=\overline{CD}$
③ $\angle ABC=\angle CDA$
④ $\angle BAC=\angle CAD$
⑤ $\triangle ABC \equiv \triangle CDA$

38

다음은 오른쪽 그림에서 $\overrightarrow{OP}$는 $\angle XOY$의 이등분선이고, 점 P에서 $\overrightarrow{OX}$, $\overrightarrow{OY}$에 내린 수선의 발을 각각 A, B라 할 때, $\triangle PAO \equiv \triangle PBO$임을 보이는 과정이다. (가)~(다)에 알맞은 것을 구하시오.

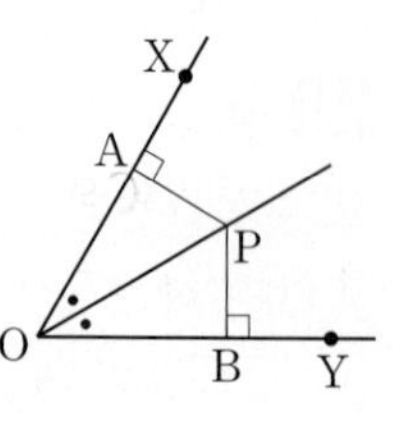

$\triangle PAO$와 $\triangle PBO$에서
$\angle AOP=$ (가),
$\angle APO=90^\circ-\angle AOP=90^\circ-\angle BOP=$ (나),
$\overline{OP}$는 공통이므로
$\triangle PAO \equiv \triangle PBO$ ((다) 합동)

39 서술형

오른쪽 그림과 같은 평행사변형 ABCD에서 점 E는 $\overline{AD}$의 중점이고 점 F는 $\overline{AB}$와 $\overline{CE}$의 연장선의 교점이다. $\overline{CE}=5\,\text{cm}$일 때, $\overline{EF}$의 길이를 구하시오.

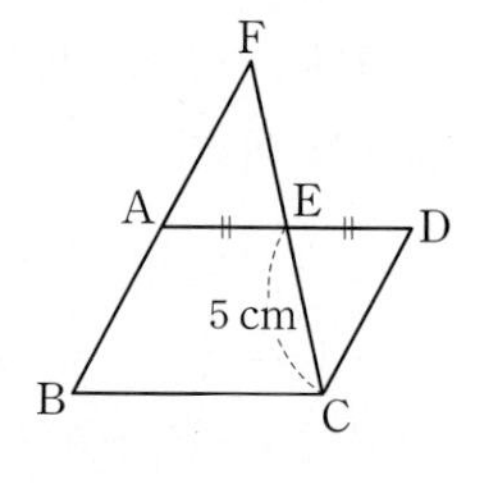

집중

유형 15 삼각형의 합동의 활용; 정삼각형 개념6

정삼각형 ABC가 주어진 경우에는
$\angle A=\angle B=\angle C=60°$, $\overline{AB}=\overline{BC}=\overline{CA}$임을 이용한다.

40 대표문제

오른쪽 그림과 같은 정삼각형 ABC에서 $\overline{AD}=\overline{BE}=\overline{CF}$일 때, 다음 중 옳지 않은 것은?

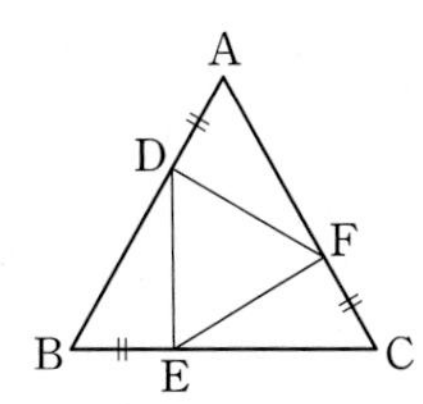

① $\overline{DE}=\overline{EF}$
② $\overline{DF}=\overline{EF}$
③ $\angle ADF=\angle DEF$
④ $\angle DEF=\angle EFD$
⑤ $\angle EFD=\angle FDE$

41 서술형

오른쪽 그림과 같은 정삼각형 ABC에서 변 BC의 연장선 위에 점 D를 잡고 $\overline{AD}$를 한 변으로 하는 정삼각형 ADE를 그렸다. $\overline{BC}=7$ cm, $\overline{CD}=9$ cm일 때, $\overline{CE}$의 길이를 구하시오.

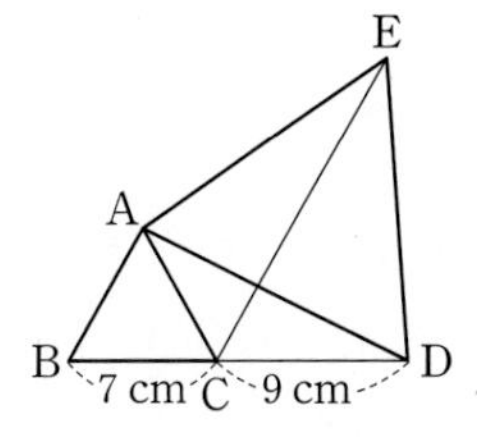

42

오른쪽 그림과 같이 $\overline{AB}$ 위에 한 점 C를 잡아 $\overline{AC}$, $\overline{CB}$를 각각 한 변으로 하는 두 정삼각형 DAC, ECB를 그렸을 때, $\angle AFB$의 크기를 구하시오.

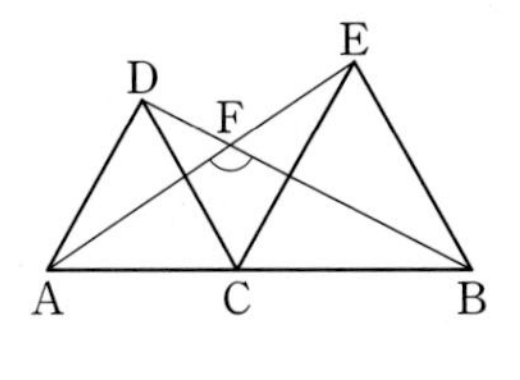

유형 16 삼각형의 합동의 활용; 정사각형 개념6

정사각형 ABCD가 주어진 경우에는
$\angle A=\angle B=\angle C=\angle D=90°$, $\overline{AB}=\overline{BC}=\overline{CD}=\overline{DA}$임을 이용한다.

43 대표문제

오른쪽 그림과 같은 두 정사각형 ABCD, ECGF에서 $\overline{BE}=4$ cm일 때, $\overline{DG}$의 길이는?

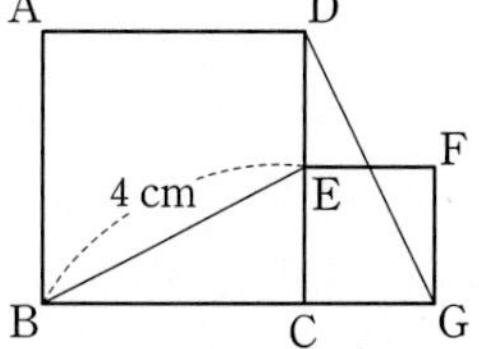

① 3 cm ② $\frac{7}{2}$ cm ③ 4 cm ④ $\frac{9}{2}$ cm ⑤ 5 cm

중요

44

오른쪽 그림과 같은 정사각형 ABCD에서 $\overline{BE}=\overline{CF}$일 때, 다음 중 옳지 않은 것은?

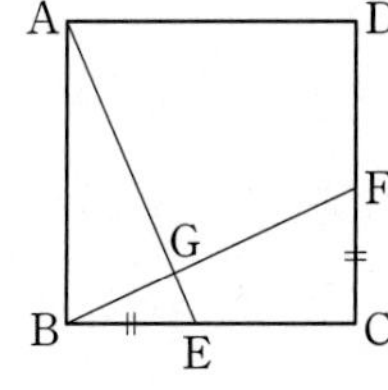
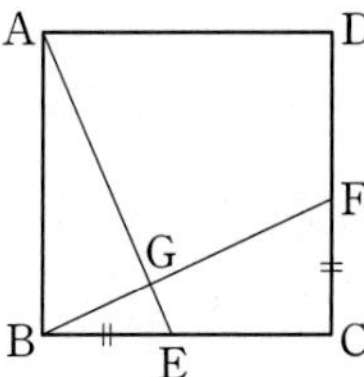

① $\overline{AB}=\overline{BC}$
② $\overline{AE}=\overline{BF}$
③ $\angle AEB=\angle BFC$
④ $\angle AEC=\angle AGF$
⑤ $\angle BAE=\angle CBF$

45

오른쪽 그림에서 점 E는 정사각형 ABCD의 대각선 AC 위의 점이고 $\angle AED=60°$일 때, $\angle EBC$의 크기를 구하시오.

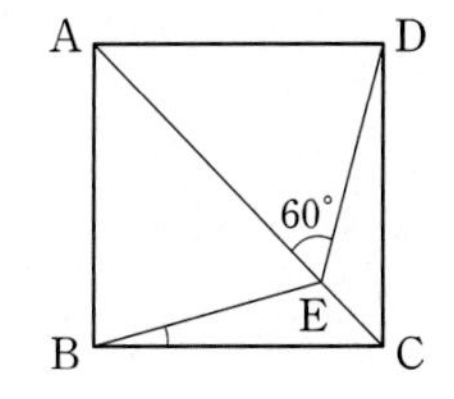

04 작도와 합동

Real 실전 기출

01

다음 **보기** 중 작도에 대한 설명으로 옳은 것을 모두 고르시오.

보기

ㄱ. 두 선분의 길이를 비교할 때는 눈금 없는 자를 사용한다.
ㄴ. 작도할 때는 눈금 없는 자와 컴퍼스만을 사용한다.
ㄷ. 선분의 길이를 옮길 때는 눈금 없는 자를 사용한다.

02

아래 그림은 어떤 도형을 작도한 것이다. 다음 중 옳은 것을 모두 고르면? (정답 2개)

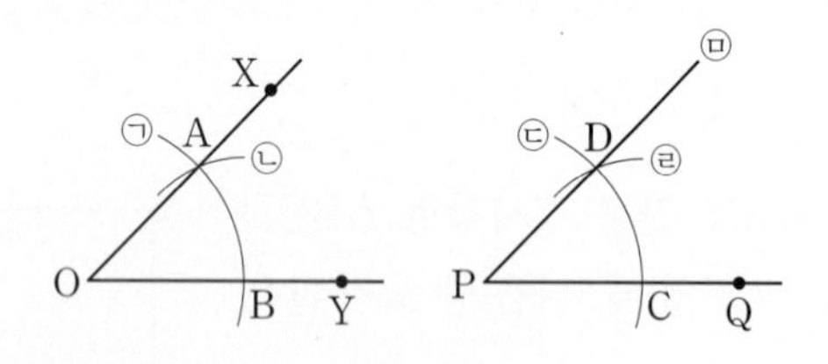

① 각의 이등분선을 작도한 것이다.
② 작도 순서는 ㉠ → ㉡ → ㉢ → ㉣ → ㉤이다.
③ $\overline{OA}=\overline{OB}$
④ $\overline{CD}=\overline{PC}$
⑤ $\angle AOB=\angle DPC$

03

오른쪽 그림은 직선 l 밖의 한 점 P를 지나고 직선 l에 평행한 직선을 작도한 것이다. 다음 중 옳지 않은 것은?

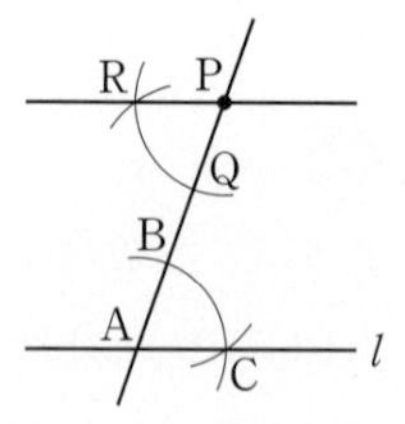

① $\overline{AB}=\overline{PQ}$
② $\overline{BC}=\overline{QR}$
③ $\overline{PQ}=\overline{PR}$
④ $\angle ABC=\angle QPR$
⑤ $\angle BAC=\angle QPR$

04 최다빈출

삼각형의 세 변의 길이가 $x-7$, $x+5$, $x+8$일 때, 다음 중 x의 값이 될 수 없는 것은?

① 10 ② 11 ③ 12
④ 13 ⑤ 14

05

오른쪽 그림과 같이 두 변의 길이와 그 끼인각의 크기가 주어질 때, △ABC를 작도하려고 한다. 맨 마지막에 작도하는 과정은?

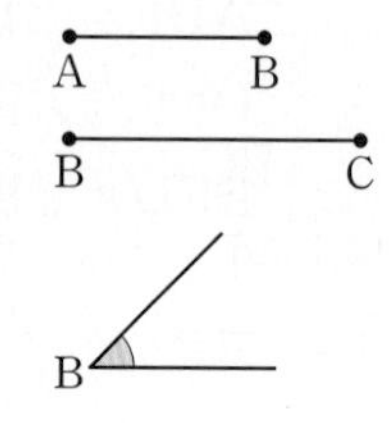

① $\overline{AB}$를 긋는다. ② $\overline{BC}$를 긋는다.
③ $\overline{AC}$를 긋는다. ④ ∠A를 작도한다.
⑤ ∠B를 작도한다.

06

∠B의 크기가 주어졌을 때, 다음 중 △ABC가 하나로 정해지기 위하여 더 필요한 조건이 아닌 것은?

① $\overline{AB}$, $\overline{BC}$의 길이 ② $\overline{AB}$, $\overline{AC}$의 길이
③ $\overline{AB}$의 길이, ∠A의 크기 ④ $\overline{BC}$의 길이, ∠C의 크기
⑤ $\overline{AC}$의 길이, ∠A의 크기

07 최다빈출

아래 그림에서 두 사각형 ABCD, EFGH가 서로 합동일 때, 다음 중 옳지 않은 것은?

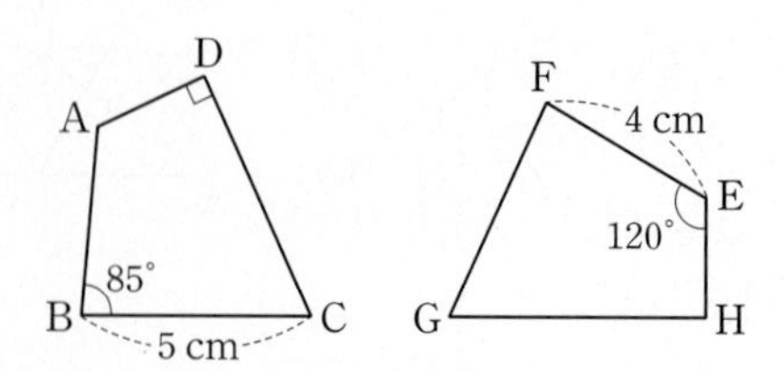

① $\overline{AB}=4$ cm ② $\overline{FG}=5$ cm ③ $\angle A=120°$
④ $\angle G=60°$ ⑤ $\angle H=90°$

08

오른쪽 그림과 같은 평행사변형 ABCD의 두 대각선의 교점을 P라 할 때, 합동인 삼각형은 모두 몇 쌍인지 구하시오.

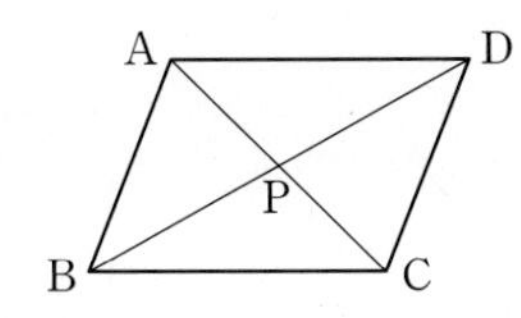

09

오른쪽 그림의 $\triangle ABC$와 $\triangle DEF$에서 $\overline{AB}=\overline{DE}$, $\angle B=\angle E$일 때, 다음 중 $\triangle ABC \equiv \triangle DEF$가 되기 위하여 더 필요한 조건을 모두 고르면? (정답 2개)

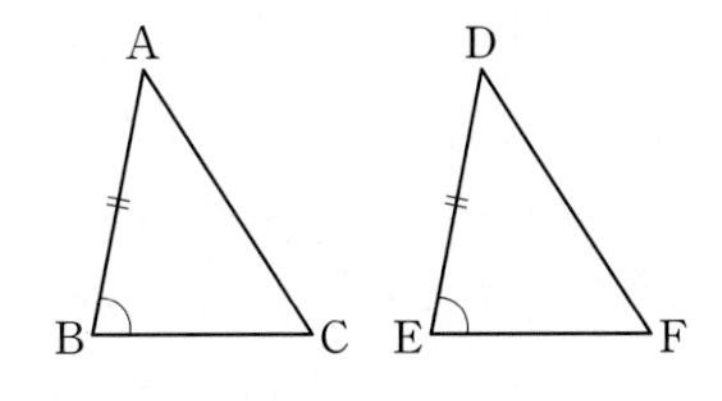

① $\overline{AC}=\overline{DF}$　② $\overline{AC}=\overline{EF}$　③ $\overline{BC}=\overline{EF}$
④ $\angle A=\angle D$　⑤ $\angle B=\angle F$

10 창의 역량

오른쪽 그림은 해안선 B지점에서 섬 A까지의 거리를 구하기 위하여 측정한 것이다. $\angle ABC=\angle DBC$, $\angle ACB=\angle DCB$일 때, 두 지점 A, B 사이의 거리를 구하시오.

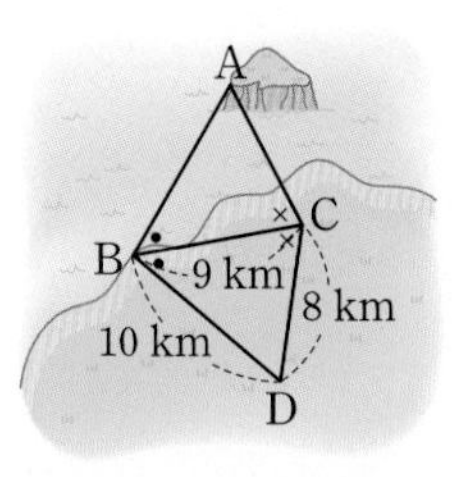

11

오른쪽 그림은 $\triangle ABC$의 두 변 AB, AC를 각각 한 변으로 하는 정삼각형 ADB와 ACE를 그린 것이다. 다음 중 $\triangle ADC$와 합동인 삼각형은?

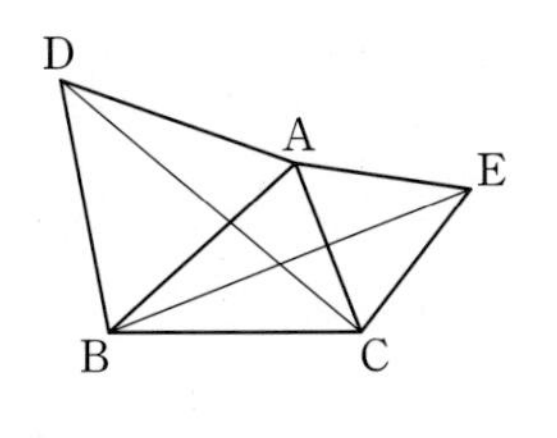

① $\triangle BCD$　② $\triangle ABE$　③ $\triangle CBE$
④ $\triangle ABC$　⑤ $\triangle ACE$

12

오른쪽 그림과 같은 정사각형 ABCD에서 $\overline{AE}=\overline{CF}$, $\angle BEF=68°$일 때, $\angle EBF$의 크기를 구하시오.

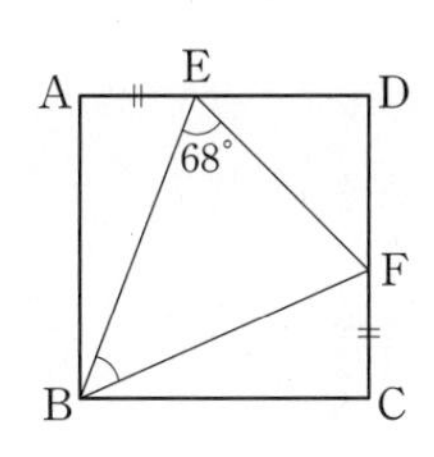

100점 공략

13

오른쪽 그림은 직사각형 모양의 종이를 $\overline{AC}$를 접는 선으로 하여 접은 것이다. $\overline{EC}=10$ cm, $\overline{EF}=6$ cm, $\overline{CF}=8$ cm일 때, $\triangle ABC$의 넓이를 구하시오.

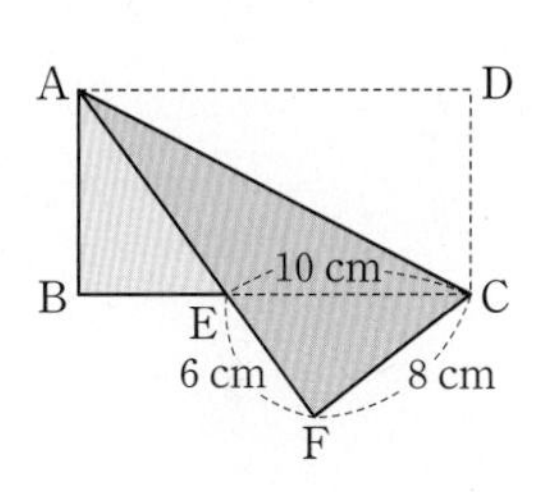

14

오른쪽 그림과 같이 $\angle A=90°$이고 $\overline{AB}=\overline{AC}$인 삼각형 ABC의 꼭짓점 B, C에서 꼭짓점 A를 지나는 직선 l 위에 내린 수선의 발을 각각 D, E라 하자. $\overline{CE}=3$ cm, $\overline{DE}=10$ cm일 때, $\overline{BD}$의 길이를 구하시오.

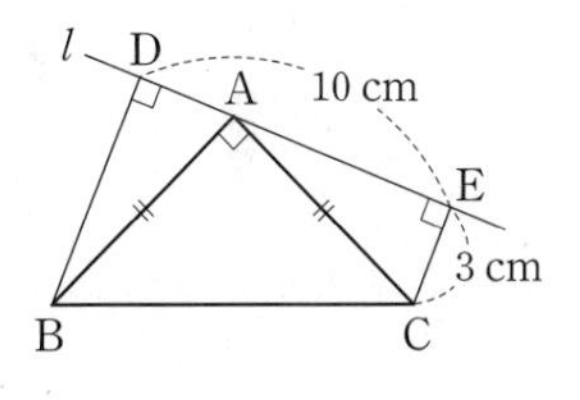

15

오른쪽 그림에서 사각형 ABCD는 정사각형이고 $\triangle EAD$는 $\overline{AE}=\overline{DE}$인 이등변삼각형이다. $\angle BEC=30°$일 때, $\angle ABE$의 크기를 구하시오.

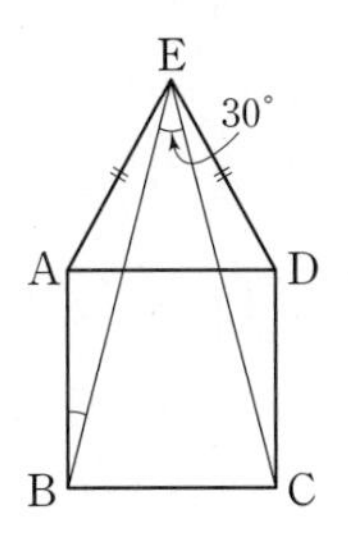

정답과 해설 32쪽

서술형

16

오른쪽 그림은 직선 l 밖의 한 점 P를 지나고 직선 l에 평행한 직선을 작도한 것이다. 다음 물음에 답하시오.

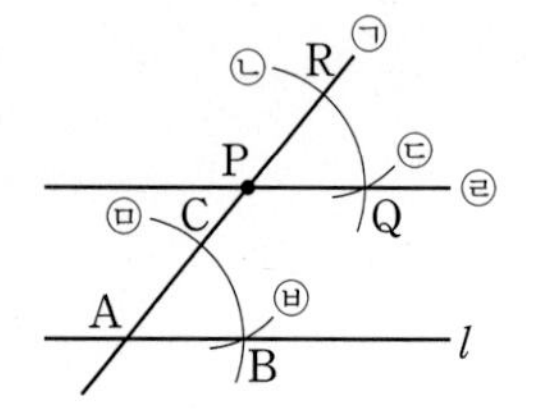

(1) $\overline{AB}$와 길이가 같은 선분을 모두 구하시오.

(2) 작도하는 데 이용되는 평행선의 성질을 구하시오.

(3) 작도 순서를 나열하시오.

17

길이가 3 cm, 4 cm, 6 cm, 7 cm, 8 cm인 5개의 선분 중 세 개의 선분을 골라 만들 수 있는 삼각형의 개수를 구하시오.

18

다음 각 경우에 그려지는 삼각형의 개수를 구하시오.

(1) 세 변의 길이가 3 cm, 3 cm, 3 cm일 때

(2) 한 변의 길이가 5 cm이고 두 각의 크기가 30°, 70°일 때

(3) 세 각의 크기가 40°, 60°, 80°일 때

19

오른쪽 그림과 같은 △ABC에서 점 E는 $\overline{AC}$의 중점이다. $\overline{AB} /\!/ \overline{EF}$, $\overline{BC} /\!/ \overline{DE}$이고 $\overline{EF}=6$ cm일 때, 다음 물음에 답하시오.

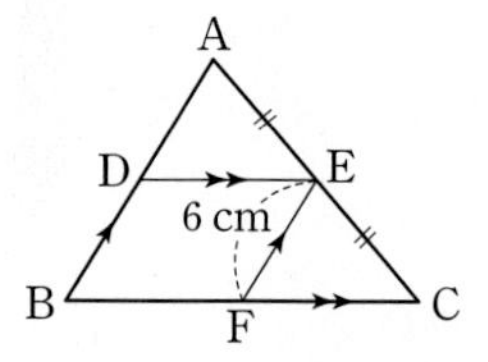

(1) △ADE와 합동인 삼각형을 찾고 합동 조건을 구하시오.

(2) $\overline{AB}$의 길이를 구하시오.

20 100점

오른쪽 그림에서 △ABC와 △CDE는 정삼각형이다. $\overline{AC}=12$ cm, $\overline{AD}=8$ cm일 때, $y-x$의 값을 구하시오.

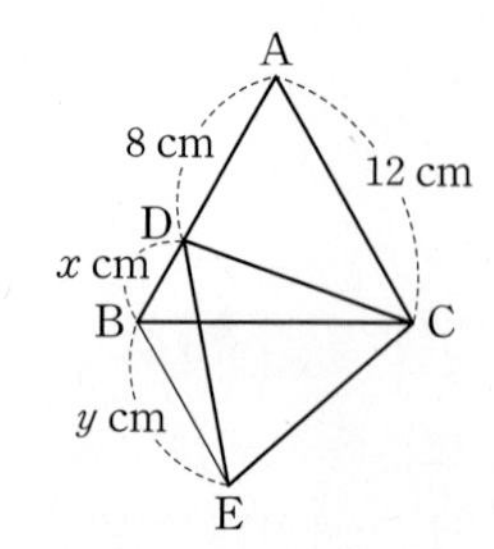

풀이

답

21 100점

오른쪽 그림과 같이 한 변의 길이가 4 cm인 두 정사각형 ABCD, OEFG가 있다. 점 O가 $\overline{AC}$, $\overline{BD}$의 교점일 때, 사각형 OHCI의 넓이를 구하시오.

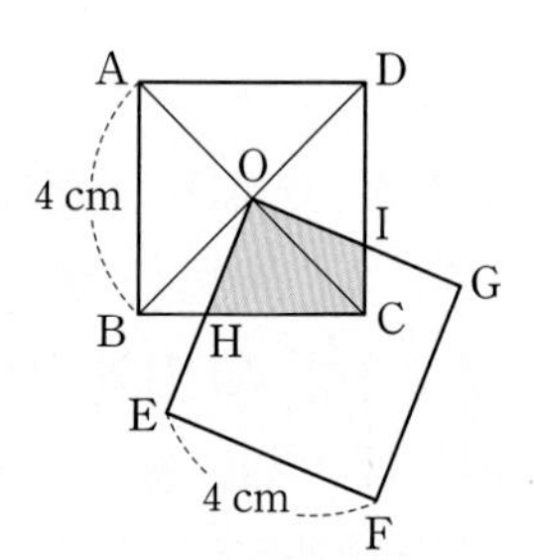

풀이

답

05

Ⅱ. 평면도형

다각형

유형북 63 ~ 78쪽
더블북 28 ~ 35쪽

Real 실전 개념

05 다각형

개념 1 다각형 유형 01

(1) **다각형**: 여러 개의 선분으로 둘러싸인 평면도형
→ 3개 이상

① **변**: 다각형을 이루는 선분

② **꼭짓점**: 다각형의 변과 변이 만나는 점

③ **내각**: 다각형에서 이웃하는 두 변으로 이루어진 내부의 각

④ **외각**: 다각형의 각 꼭짓점에서 한 변과 그 변에 이웃한 변의 연장선으로 이루어진 각

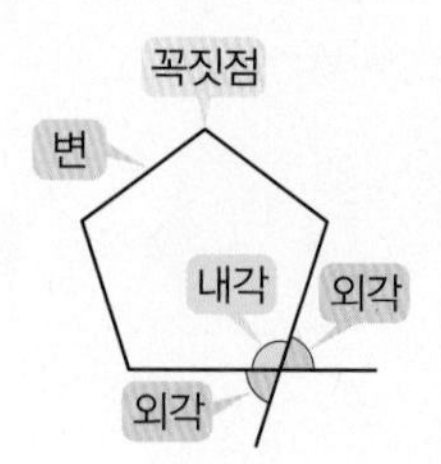

참고 다각형의 한 꼭짓점에서 (내각의 크기)+(외각의 크기)=180°이다.

(2) **정다각형**: 모든 변의 길이가 같고 모든 내각의 크기가 같은 다각형

예  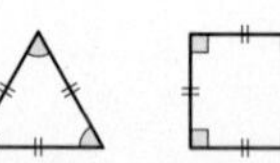 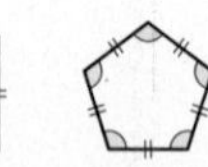 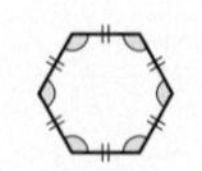 …

정삼각형 정사각형 정오각형 정육각형

주의 ① 모든 변의 길이가 같아도 내각의 크기가 다르면 정다각형이 아니다. 예 마름모
② 모든 내각의 크기가 같아도 변의 길이가 다르면 정다각형이 아니다. 예 직사각형

개념 2 삼각형의 내각과 외각 유형 02~07

(1) **삼각형의 내각의 크기의 합**

삼각형의 세 내각의 크기의 합은 180°이다.

➡ $\angle A+\angle B+\angle C=180^\circ$

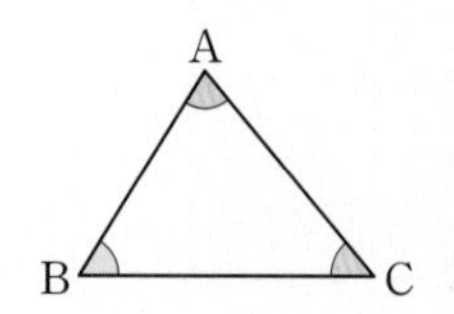

(2) **삼각형의 내각과 외각 사이의 관계**

삼각형의 한 외각의 크기는 그와 이웃하지 않는 두 내각의 크기의 합과 같다.

➡ $\angle ACD=\angle A+\angle B$

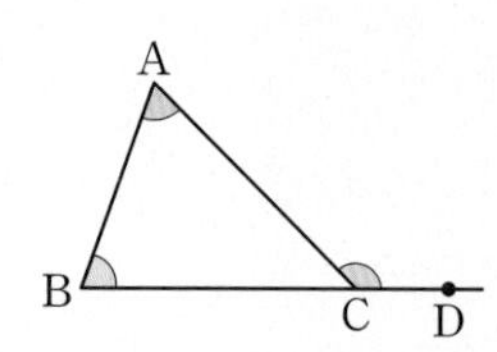

참고 오른쪽 그림과 같이 $\triangle ABC$에서 $\overline{BC}$의 연장선을 긋고 $\overline{AB} /\!/ \overline{CE}$가 되도록 $\overline{CE}$를 그으면
$\angle A=\angle ACE$ (엇각), $\angle B=\angle ECD$ (동위각)
$\therefore \angle ACD=\angle ACE+\angle ECD=\angle A+\angle B$

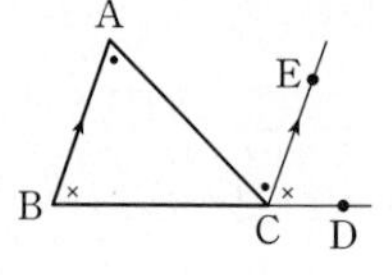

개념 3 다각형의 대각선의 개수 유형 08, 09

(1) **대각선**: 다각형에서 서로 이웃하지 않는 두 꼭짓점을 이은 선분

(2) **대각선의 개수**

① n각형의 한 꼭짓점에서 그을 수 있는 대각선의 개수는

$n-3$

② n각형의 대각선의 개수는

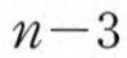

꼭짓점의 개수 → 한 꼭짓점에서 그을 수 있는 대각선의 개수

$$\frac{n(n-3)}{2}$$

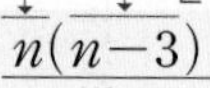
└ 한 대각선을 중복하여 센 횟수

개념 노트

- 변이 각각 3개, 4개, 5개, …, n개인 다각형을 각각 삼각형, 사각형, 오각형, …, n각형이라 한다.
- 다각형에서 한 내각에 대한 외각은 2개이지만 서로 맞꼭지각으로 그 크기가 같으므로 둘 중 하나만 생각한다.
- 삼각형에서 두 내각의 크기를 알면 나머지 한 내각의 크기를 알 수 있다.
$\angle A=180^\circ-(\angle B+\angle C)$
- 평행한 두 직선이 다른 한 직선과 만나서 생기는 동위각과 엇각의 크기는 각각 같다.
- n각형의 한 꼭짓점에서 자기 자신과 이웃하는 2개의 꼭짓점으로는 대각선을 그을 수 없다.

개념 1 다각형

01 다음 **보기** 중 다각형이 아닌 것을 모두 고르시오.

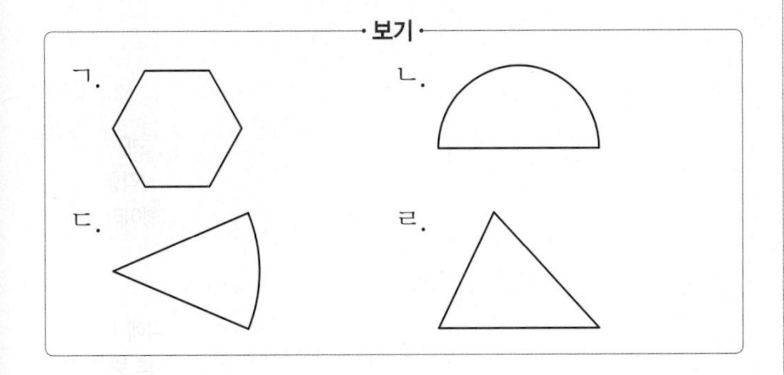

[02~03] 다음 □ 안에 알맞은 수를 써넣으시오.

02 육각형의 변의 개수는 □이다.

03 구각형의 꼭짓점의 개수는 □이다.

[04~06] 다음 중 옳은 것은 ○표, 옳지 않은 것은 ×표를 하시오.

04 다각형에서 이웃하는 두 변으로 이루어진 내부의 각은 내각이다. (　　)

05 다각형의 한 내각에 대한 외각은 2개이다. (　　)

06 다각형의 한 꼭짓점에서 내각과 외각의 크기의 합은 360°이다. (　　)

[07~08] 다음 다각형에서 ∠A의 외각의 크기를 구하시오.

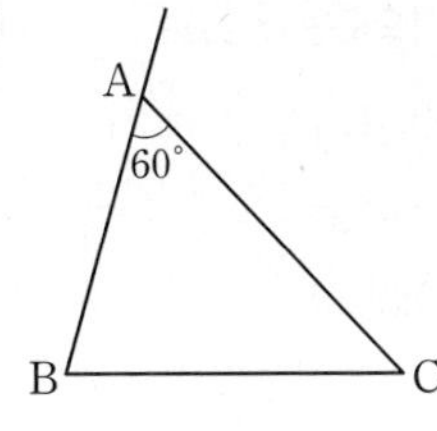

08

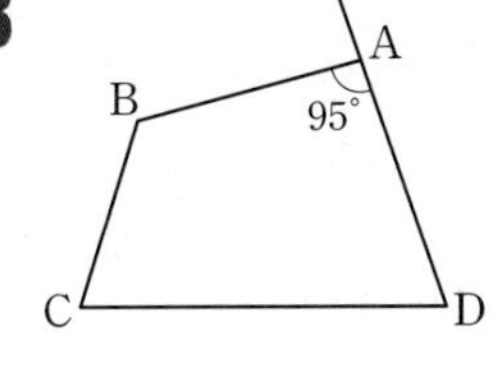

[09~12] 다음 중 옳은 것은 ○표, 옳지 않은 것은 ×표를 하시오.

09 세 내각의 크기가 같은 삼각형은 정삼각형이다. (　　)

10 네 변의 길이가 같은 사각형은 정사각형이다. (　　)

11 모든 내각의 크기가 같은 다각형은 정다각형이다. (　　)

12 정다각형은 모든 변의 길이가 같다. (　　)

개념 2 삼각형의 내각과 외각

[13~16] 다음 그림에서 $\angle x$의 크기를 구하시오.

13

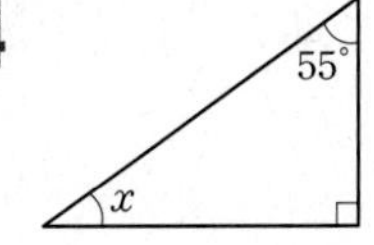

15

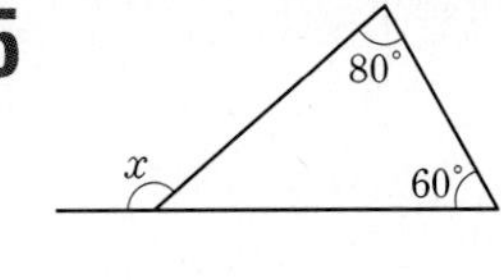

16

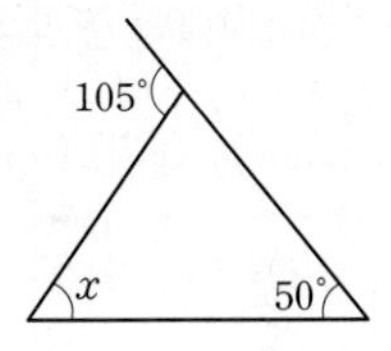

개념 3 다각형의 대각선의 개수

[17~18] 다음 다각형의 한 꼭짓점에서 그을 수 있는 대각선의 개수를 구하시오.

17

18

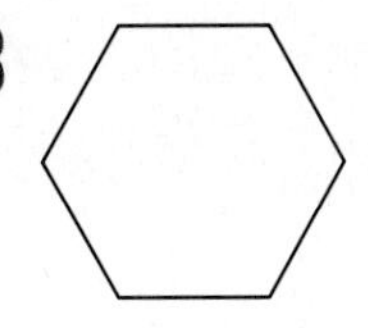

[19~20] 다음 다각형의 대각선의 개수를 구하시오.

19 팔각형

20 십일각형

개념 4 다각형의 내각과 외각의 크기의 합 (유형 10~13)

(1) 다각형의 내각의 크기의 합

① n각형의 한 꼭짓점에서 대각선을 모두 그었을 때 생기는 삼각형의 개수는 $n-2$이다.

② n각형의 내각의 크기의 합은 $180° \times (n-2)$이다.

(삼각형의 내각의 크기의 합 ← 180°, $(n-2)$ → 삼각형의 개수)

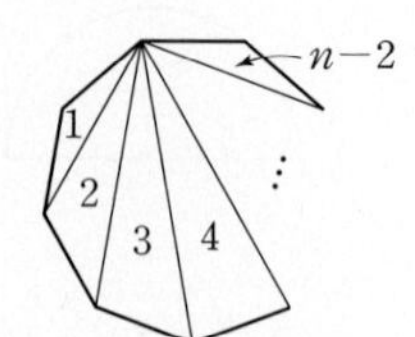

참고

다각형	사각형	오각형	육각형	…	n각형
한 꼭짓점에서 대각선을 모두 그었을 때 생기는 삼각형의 개수	$4-2=2$	$5-2=3$	$6-2=4$	…	$n-2$
내각의 크기의 합	$180° \times 2=360°$	$180° \times 3=540°$	$180° \times 4=720°$	…	$180° \times (n-2)$

(2) 다각형의 외각의 크기의 합

다각형의 외각의 크기의 합은 항상 360°이다.

참고 n각형에서 (내각의 크기의 합)+(외각의 크기의 합)$=180° \times (n-2)+360°=180° \times n$

개념 5 정다각형의 한 내각과 한 외각의 크기 (유형 14~16)

(1) 정다각형의 한 내각의 크기

정n각형의 한 내각의 크기는 $\dfrac{180° \times (n-2)}{n}$이다.

(분자: 내각의 크기의 합, 분모: 꼭짓점의 개수)

(2) 정다각형의 한 외각의 크기

정n각형의 한 외각의 크기는 $\dfrac{360°}{n}$이다.

(분자: 외각의 크기의 합, 분모: 꼭짓점의 개수)

참고 정다각형의 한 내각과 한 외각의 크기

정다각형	정삼각형	정사각형	정오각형	정육각형
한 내각의 크기	$\dfrac{180° \times (3-2)}{3}=60°$	$\dfrac{180° \times (4-2)}{4}=90°$	$\dfrac{180° \times (5-2)}{5}=108°$	$\dfrac{180° \times (6-2)}{6}=120°$
한 외각의 크기	$\dfrac{360°}{3}=120°$	$\dfrac{360°}{4}=90°$	$\dfrac{360°}{5}=72°$	$\dfrac{360°}{6}=60°$

개념 노트

- n각형의 내부의 한 점에서 각 꼭짓점에 선분을 그었을 때 생기는 삼각형의 개수는 n이다.

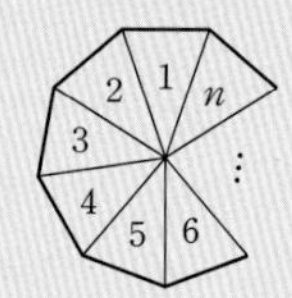

- 다각형의 외각의 크기의 합은 꼭짓점의 개수에 관계없이 항상 360°이다.
- 정다각형은 내각의 크기가 모두 같으므로 외각의 크기도 모두 같다. 따라서 정다각형의 한 외각의 크기는 외각의 크기의 합을 꼭짓점의 개수로 나눈 것과 같다.

개념 4 다각형의 내각과 외각의 크기의 합

[21~24] 다음 다각형의 내각의 크기의 합을 구하시오.

21 오각형

22 팔각형

23 구각형

24 십이각형

[25~28] 내각의 크기의 합이 다음과 같은 다각형을 구하시오.

25 $900°$

26 $1440°$

27 $1620°$

28 $2700°$

[29~31] 다음 그림에서 $\angle x$의 크기를 구하시오.

29

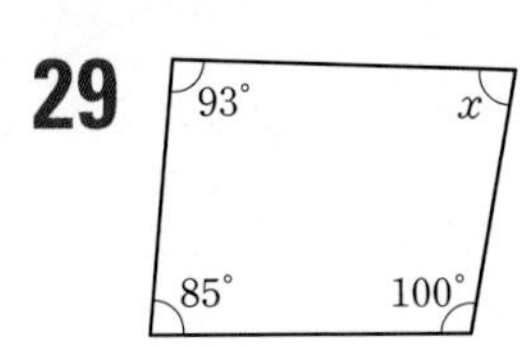

30

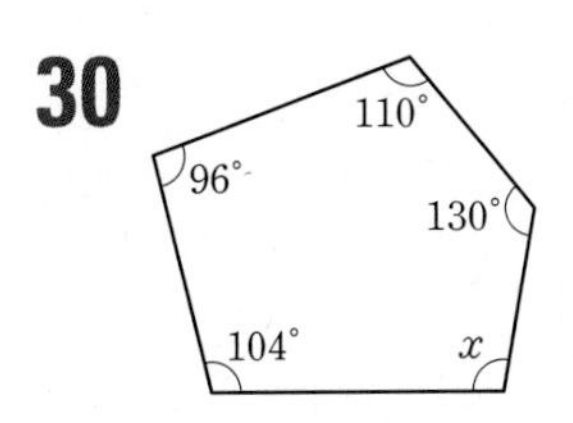

31

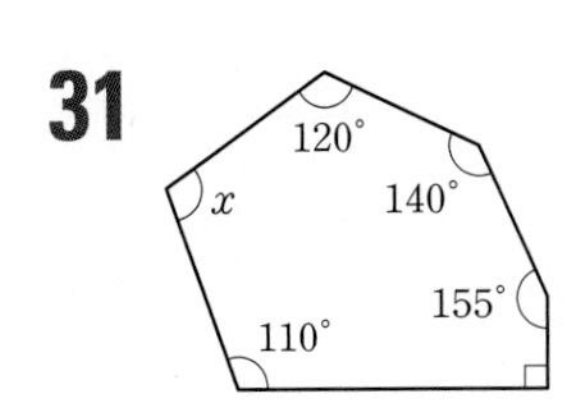

[32~33] 다음 다각형의 외각의 크기의 합을 구하시오.

32 육각형

33 십각형

[34~35] 다음 그림에서 $\angle x$의 크기를 구하시오.

34

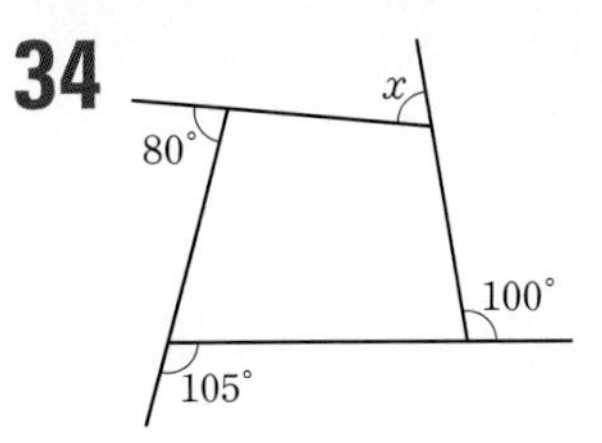

35

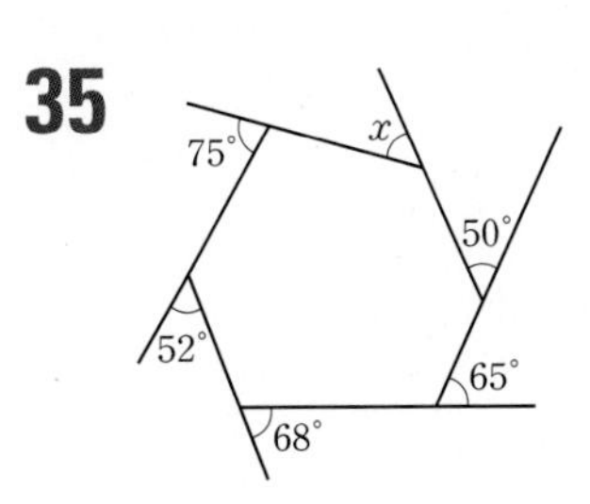

개념 5 정다각형의 한 내각과 한 외각의 크기

[36~37] 다음 정다각형의 한 내각의 크기와 한 외각의 크기를 구하시오.

36 정팔각형

37 정십오각형

[38~41] 한 내각의 크기가 다음과 같은 정다각형을 구하시오.

38 $108°$

39 $140°$

40 $144°$

41 $150°$

[42~45] 한 외각의 크기가 다음과 같은 정다각형을 구하시오.

42 $120°$

43 $36°$

44 $20°$

45 $18°$

유형 01 다각형 개념1

(1) 다각형: 3개 이상의 선분으로 둘러싸인 평면도형
(2) 다각형의 한 꼭짓점에서
(내각의 크기)+(외각의 크기)=$180°$

01 대표문제

다음 **보기** 중 다각형이 아닌 것을 모두 고르시오.

보기

ㄱ. 직각삼각형 ㄴ. 원 ㄷ. 육각형
ㄹ. 정육면체 ㅁ. 사각뿔 ㅂ. 평행사변형

02

다음 중 정다각형에 대한 설명으로 옳은 것은?

① 정다각형은 모든 대각선의 길이가 같다.
② 모든 변의 길이가 같은 다각형은 정다각형이다.
③ 정다각형은 모든 외각의 크기가 같다.
④ 정다각형은 한 내각의 크기와 한 외각의 크기가 같다.
⑤ 정다각형은 모든 내각의 크기가 같다.

03

오른쪽 그림과 같은 사각형 ABCD에서 $\angle A$의 외각과 $\angle B$의 외각의 크기의 합을 구하시오.

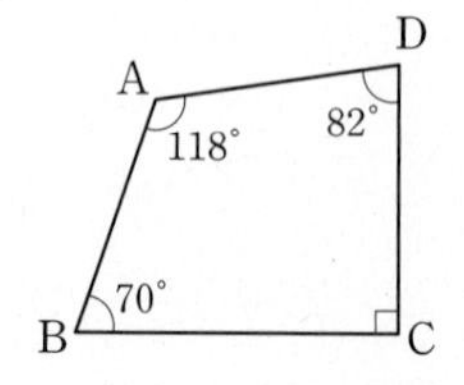

04

다음 조건을 모두 만족시키는 다각형을 구하시오.

(가) 모든 변의 길이가 같다.
(나) 모든 내각의 크기가 같다.
(다) 7개의 선분으로 둘러싸여 있다.

유형 02 삼각형의 내각의 크기의 합 개념2

삼각형의 세 내각의 크기의 합은 $180°$이다.
➡ $\triangle ABC$에서 $\angle A+\angle B+\angle C=180°$

05 대표문제

오른쪽 그림과 같이 $\overline{AE}$와 $\overline{BD}$의 교점을 C라 할 때, $\angle x$의 크기를 구하시오.

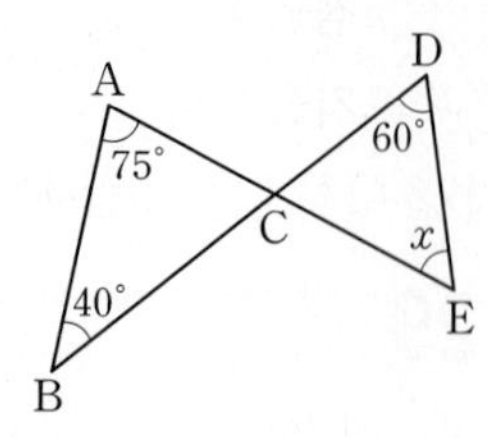

06 서술형

오른쪽 그림과 같은 $\triangle ABC$에서 $\angle A$의 크기를 구하시오.

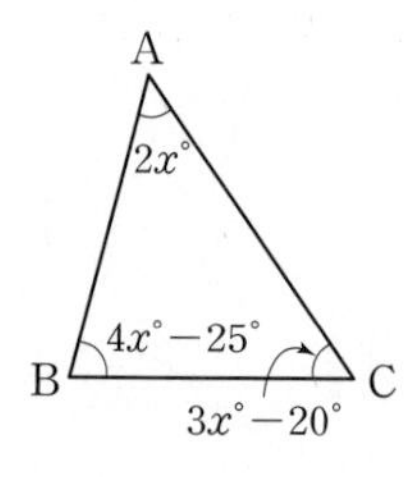

중요

07

삼각형의 세 내각의 크기의 비가 $3:4:5$일 때, 크기가 가장 작은 각의 크기를 구하시오.

집중

유형 03 삼각형의 외각의 크기 개념2

삼각형의 한 외각의 크기는 그와 이웃하지 않는 두 내각의 크기의 합과 같다.

예 $\angle x+50^\circ=85^\circ$

$\therefore \angle x=35^\circ$

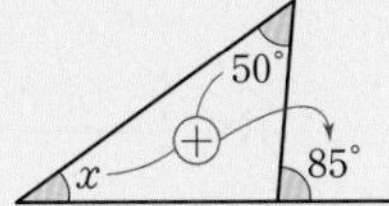

08 대표문제

오른쪽 그림에서 x의 값을 구하시오.

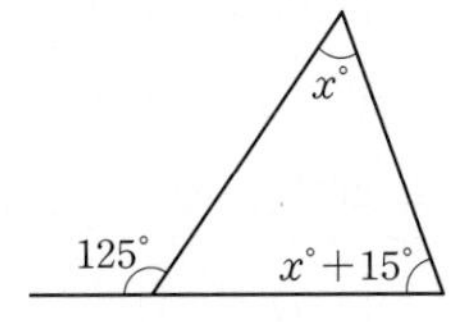

09

오른쪽 그림과 같이 $\overline{AD}$와 $\overline{BC}$의 교점을 P라 할 때, $\angle x$, $\angle y$의 크기를 구하시오.

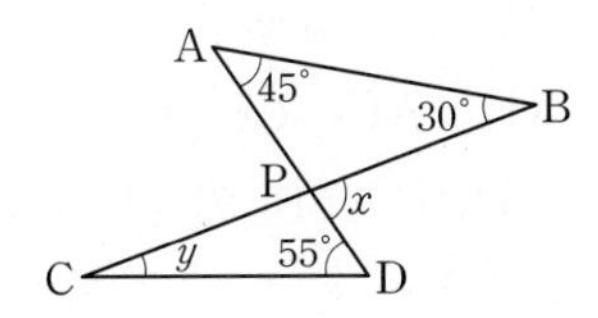

10

오른쪽 그림에서 $\angle x$의 크기는?

① 70° ② 75°
③ 80° ④ 85°
⑤ 90°

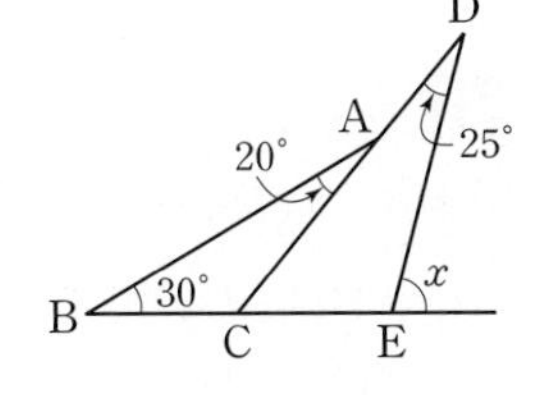

11 서술형

오른쪽 그림과 같은 △ABC에서 ∠BAD=∠CAD일 때, $\angle x$의 크기를 구하시오.

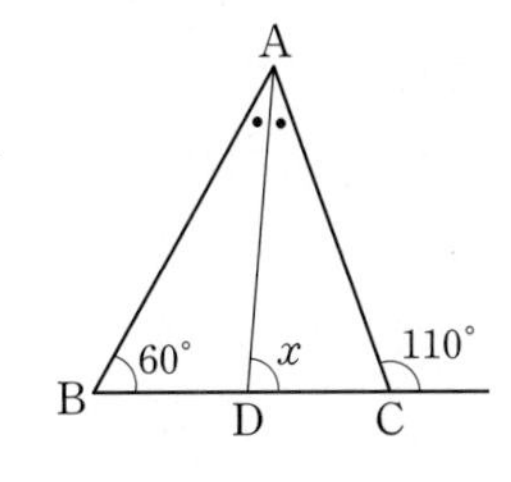

집중

유형 04 △ 모양의 도형에서 각의 크기 구하기 개념2

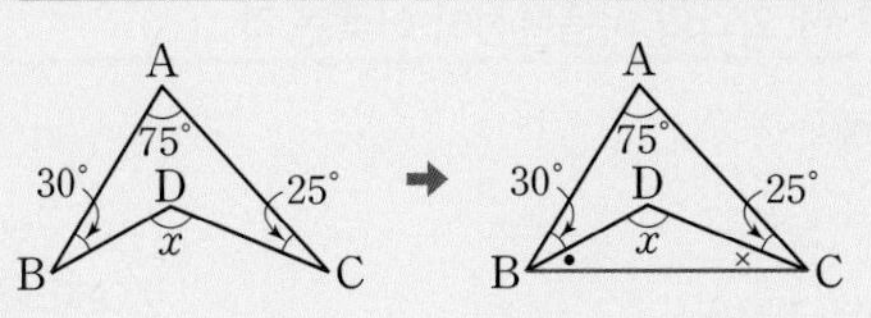

△ABC에서

$\bullet+\times=180^\circ-(30^\circ+75^\circ+25^\circ)=50^\circ$

△DBC에서

$\angle x=180^\circ-(\bullet+\times)=180^\circ-50^\circ=130^\circ$

12 대표문제

오른쪽 그림에서 $\angle x$의 크기는?

① 115° ② 120°
③ 125° ④ 130°
⑤ 135°

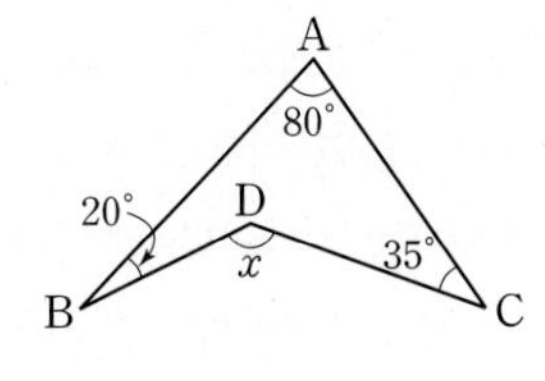

중요

13

오른쪽 그림에서 $\angle x$의 크기는?

① 59° ② 61°
③ 63° ④ 65°
⑤ 67°

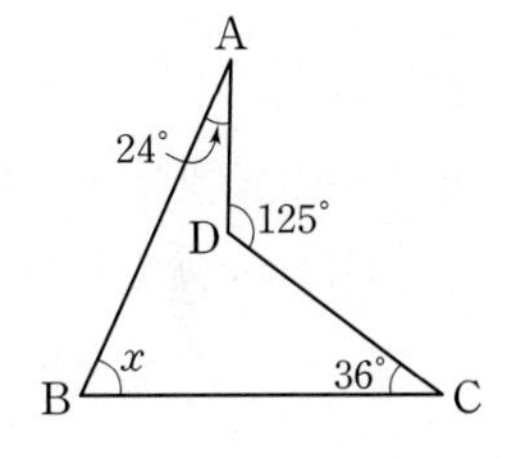

14

오른쪽 그림과 같은 △ABC에서 점 D는 ∠B의 이등분선과 ∠C의 이등분선의 교점이다. ∠A=50°일 때, $\angle x$의 크기를 구하시오.

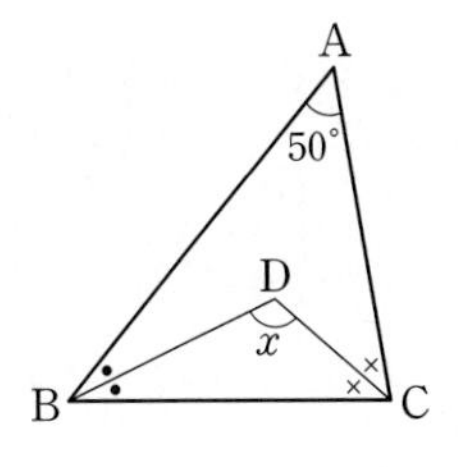

정답과 해설 36쪽 더블북 30쪽

집중

유형 05 삼각형의 한 내각의 이등분선과 한 외각의 이등분선이 이루는 각 개념2

△ABC에서

$2\times=2\bullet+\angle A$

$\therefore \times=\bullet+\frac{1}{2}\angle A$ …… ㉠

△DBC에서

$\times=\bullet+\angle x$ …… ㉡

㉠, ㉡에서 $\angle x=\frac{1}{2}\angle A$

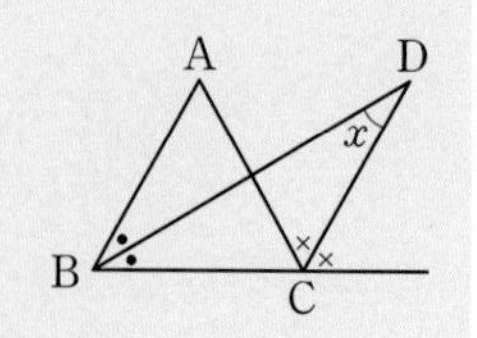

15 대표문제

오른쪽 그림의 △ABC에서 점 D는 ∠B의 이등분선과 ∠C의 외각의 이등분선의 교점이다.

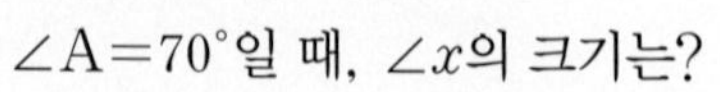

∠A=70°일 때, ∠x의 크기는?

① 20° ② 25° ③ 30° ④ 35° ⑤ 40°

16

오른쪽 그림에서 ∠ABD=∠DBC, ∠ACD=∠DCE이고 ∠A=60°, ∠ACB=50°일 때, ∠x의 크기를 구하시오.

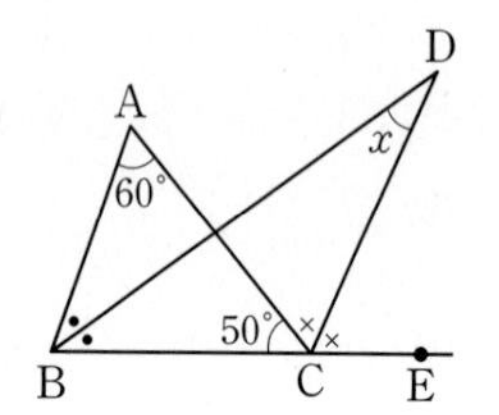

17

오른쪽 그림의 △ABC에서 점 D는 ∠C의 이등분선과 ∠B의 외각의 이등분선의 교점이다. ∠D=32°일 때, ∠x의 크기를 구하시오.

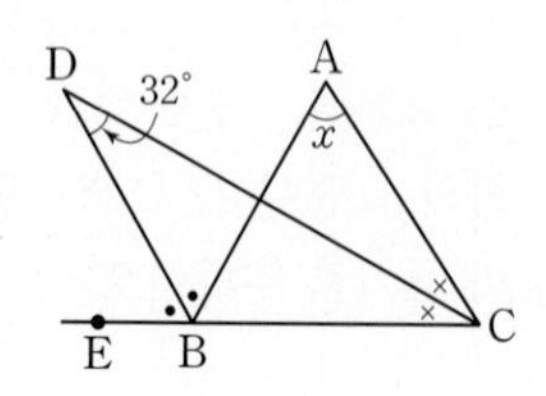

집중

유형 06 이등변삼각형의 성질을 이용하여 각의 크기 구하기 개념2

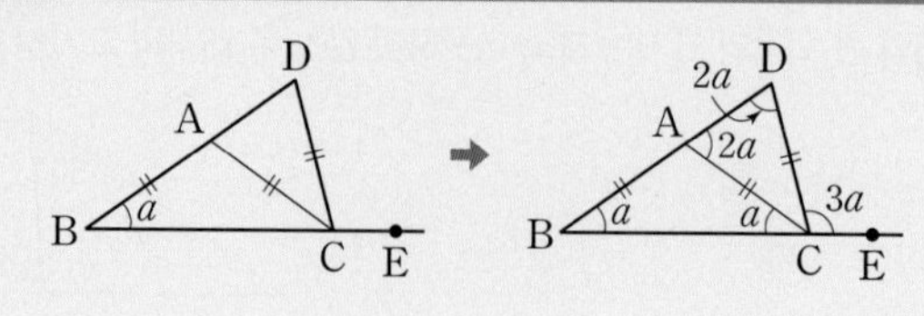

18 대표문제

오른쪽 그림에서 $\overline{AB}=\overline{AC}=\overline{CD}$이고 ∠B=40°일 때, ∠$x$의 크기를 구하시오.

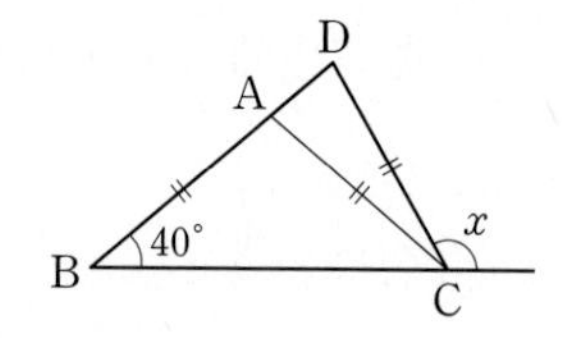

중요

19

오른쪽 그림에서 $\overline{AB}=\overline{AC}=\overline{CD}$이고 ∠DCE=114°일 때, ∠$x$의 크기는?

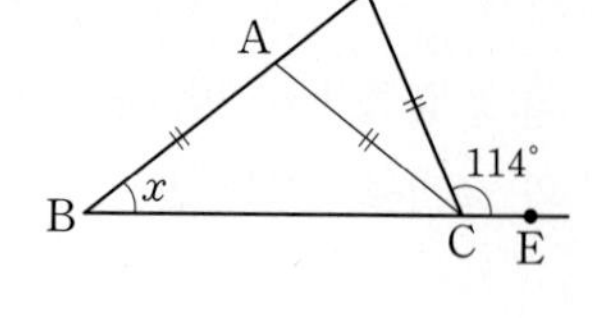

① 34° ② 36° ③ 38° ④ 40° ⑤ 42°

20

오른쪽 그림에서 $\overline{AD}=\overline{BD}=\overline{CD}$이고 ∠ACE=140°일 때, ∠$x$의 크기를 구하시오.

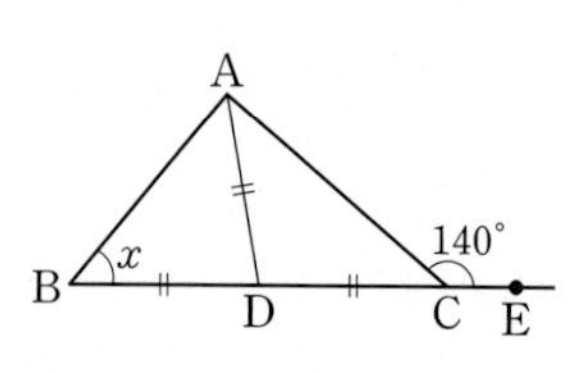

21 서술형

오른쪽 그림에서 $\overline{AB}=\overline{AC}=\overline{CD}=\overline{DE}$이고 ∠B=23°일 때, ∠$x$의 크기를 구하시오.

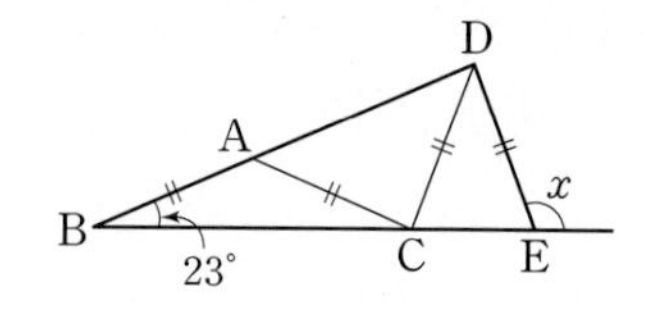

유형 07 별 모양의 도형에서 각의 크기 구하기 개념 2

별 모양의 도형에서 삼각형을 찾아 내각과 외각 사이의 관계를 이용한다.

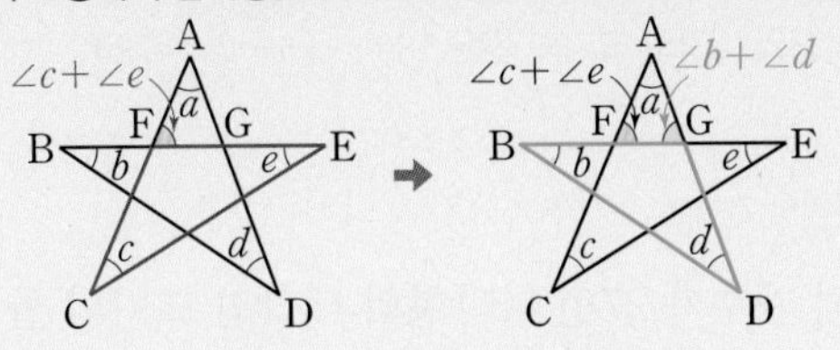

△AFG에서 $\angle a+\angle b+\angle c+\angle d+\angle e=180°$

22 대표문제

오른쪽 그림에서 $\angle x$의 크기는?

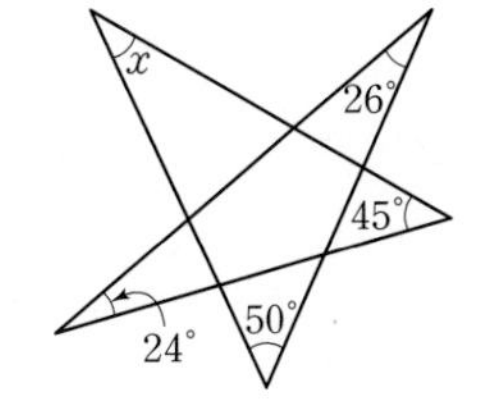

① 27° ② 29° ③ 31° ④ 33° ⑤ 35°

중요

23

오른쪽 그림에서 $\angle x$의 크기는?

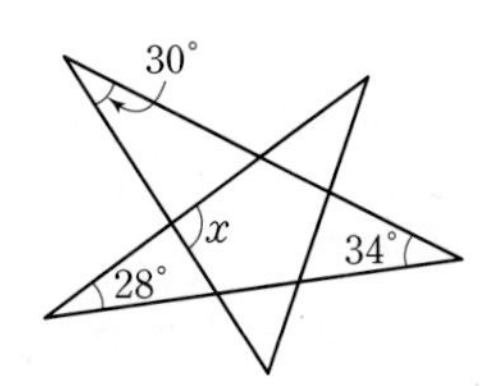

① 86° ② 89° ③ 92° ④ 95° ⑤ 98°

24 서술형

오른쪽 그림에서 $\angle x-\angle y$의 크기를 구하시오.

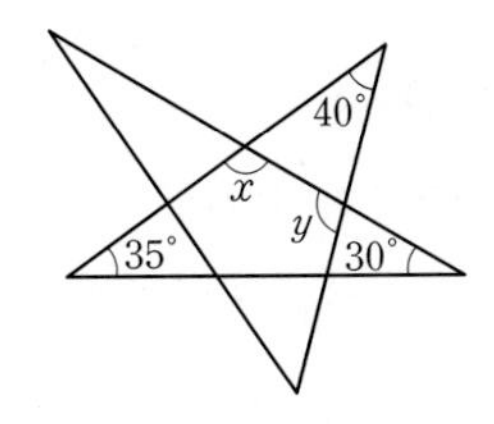

유형 08 다각형의 한 꼭짓점에서 그을 수 있는 대각선의 개수 개념 3

(1) n각형의 한 꼭짓점에서 그을 수 있는 대각선의 개수: $n-3$

(2) n각형의 한 꼭짓점에서 대각선을 모두 그었을 때 생기는 삼각형의 개수: $n-2$

(3) n각형의 내부의 한 점에서 각 꼭짓점에 선분을 그었을 때 생기는 삼각형의 개수: n

25 대표문제

팔각형의 한 꼭짓점에서 그을 수 있는 대각선의 개수를 a, 이때 생기는 삼각형의 개수를 b라 할 때, $a+b$의 값을 구하시오.

26

한 꼭짓점에서 그을 수 있는 대각선의 개수가 7인 다각형은?

① 육각형 ② 칠각형 ③ 팔각형 ④ 구각형 ⑤ 십각형

27

어떤 다각형의 내부의 한 점에서 각 꼭짓점에 선분을 그었을 때 생기는 삼각형의 개수는 12이다. 이 다각형의 한 꼭짓점에서 그을 수 있는 대각선의 개수는?

① 7 ② 8 ③ 9 ④ 10 ⑤ 11

28

다음 조건을 모두 만족시키는 다각형을 구하시오.

> (가) 모든 변의 길이가 같고 모든 내각의 크기가 같다.
> (나) 한 꼭짓점에서 그을 수 있는 대각선의 개수는 6이다.

집중

유형 09 다각형의 대각선의 개수 개념3

n각형의 대각선의 개수는 $\frac{n(n-3)}{2}$

예 육각형의 대각선의 개수는 $\frac{6\times(6-3)}{2}=9$

29 대표문제

한 꼭짓점에서 그을 수 있는 대각선의 개수가 10인 다각형의 대각선의 개수는?

① 35 ② 44 ③ 54
④ 65 ⑤ 77

30

어떤 다각형의 내부의 한 점에서 각 꼭짓점에 선분을 그었을 때 생기는 삼각형의 개수는 8이다. 이 다각형의 대각선의 개수는?

① 2 ② 5 ③ 9
④ 14 ⑤ 20

31

대각선의 개수가 77인 다각형의 변의 개수는?

① 11 ② 12 ③ 13
④ 14 ⑤ 15

32

대각선의 개수가 14인 다각형의 한 꼭짓점에서 그을 수 있는 대각선의 개수는?

① 4 ② 5 ③ 6
④ 7 ⑤ 8

집중

유형 10 다각형의 내각의 크기의 합 (1) 개념4

n각형의 내각의 크기의 합은 $180°\times(n-2)$

예 육각형의 내각의 크기의 합은 $180°\times(6-2)=720°$

33 대표문제

대각선의 개수가 27인 다각형의 내각의 크기의 합은?

① 540° ② 720° ③ 900°
④ 1080° ⑤ 1260°

34

한 꼭짓점에서 그을 수 있는 대각선의 개수가 5인 다각형의 내각의 크기의 합을 구하시오.

35

내각의 크기의 합이 1980°인 다각형은?

① 십일각형 ② 십이각형 ③ 십삼각형
④ 십사각형 ⑤ 십오각형

36 서술형

내각의 크기의 합이 1700°보다 크고 1900°보다 작은 다각형의 한 꼭짓점에서 그을 수 있는 대각선의 개수를 구하시오.

집중

유형 11 다각형의 내각의 크기의 합 (2)

개념 4

① 주어진 도형이 어떤 다각형인지 확인한다.
② n각형의 내각의 크기의 합을 구한다. ➡ $180^\circ \times (n-2)$
③ ②를 이용하여 크기가 주어지지 않은 각의 크기를 구한다.

37 대표문제

오른쪽 그림에서 $\angle x$의 크기는?

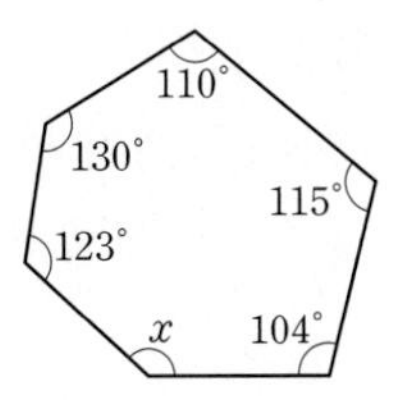

① 126° ② 130° ③ 134° ④ 138° ⑤ 142°

38

오른쪽 그림에서 $\angle x$의 크기는?

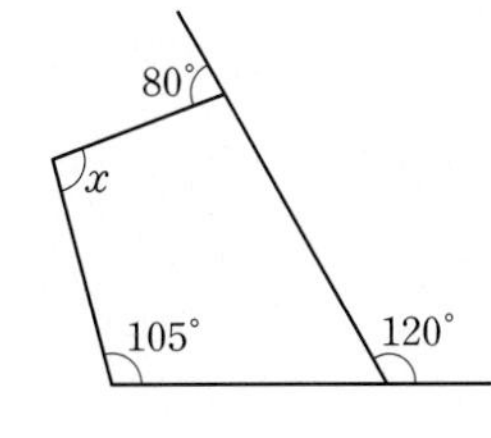

① 86° ② 89° ③ 92° ④ 95° ⑤ 98°

중요

39

오른쪽 그림과 같은 사각형 ABCD에서 점 P는 $\angle B$와 $\angle C$의 이등분선의 교점이다. $\angle A=120^\circ$, $\angle D=116^\circ$일 때, $\angle x$의 크기를 구하시오.

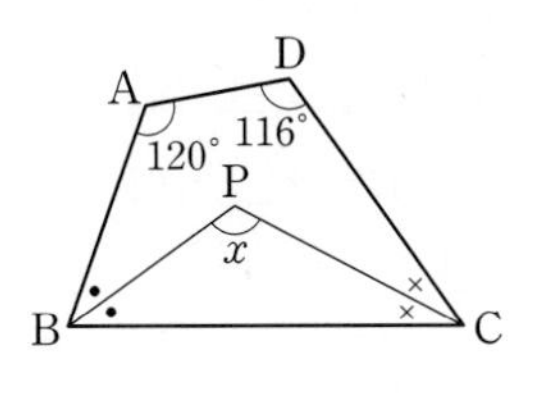

40 서술형

오른쪽 그림에서 $\angle x$의 크기를 구하시오.

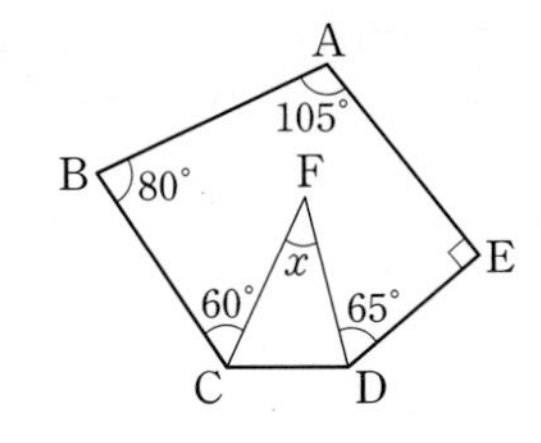

유형 12 다각형의 외각의 크기의 합

개념 4

(1) 다각형의 한 꼭짓점에서
(내각의 크기)+(외각의 크기)$=180^\circ$
(2) 다각형의 외각의 크기의 합은 항상 360°이다.

41 대표문제

오른쪽 그림에서 $\angle x$의 크기는?

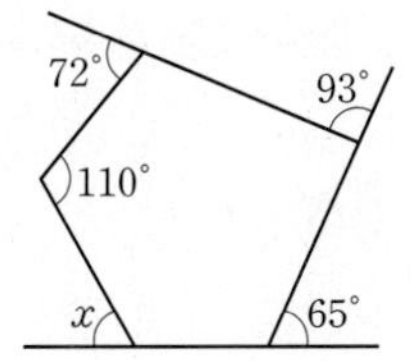

① 54° ② 56° ③ 58° ④ 60° ⑤ 62°

42

오른쪽 그림에서 $\angle x$의 크기는?

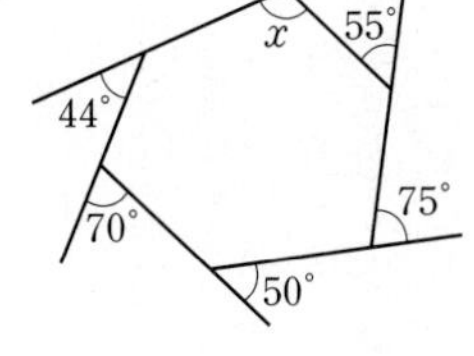

① 92° ② 96° ③ 110° ④ 114° ⑤ 118°

43

오른쪽 그림에서 x의 값은?

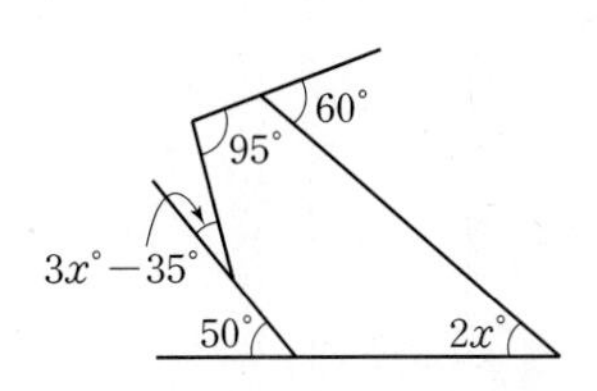

① 16 ② 18 ③ 20 ④ 22 ⑤ 24

유형 13 다각형의 내각의 크기의 합과 외각의 크기의 합의 활용

개념 4

복잡한 모양의 도형은 삼각형, 사각형 등 기준이 되는 다각형을 찾은 후 다음과 같은 성질을 이용한다. (필요한 경우 보조선을 그어 다각형을 만든다.)

(1) 삼각형의 한 외각의 크기는 그와 이웃하지 않는 두 내각의 크기의 합과 같다.

(2) n각형의 내각의 크기의 합: $180^\circ \times (n-2)$

(3) n각형의 외각의 크기의 합: 360°

44 대표문제

오른쪽 그림에서 $\angle x + \angle y$의 크기를 구하시오.

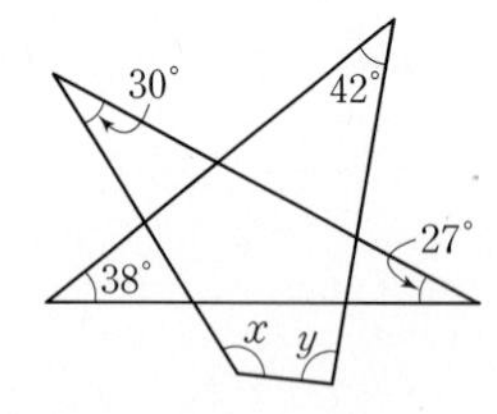

45

오른쪽 그림에서
$\angle a + \angle b + \angle c + \angle d + \angle e + \angle f + \angle g$
의 크기는?

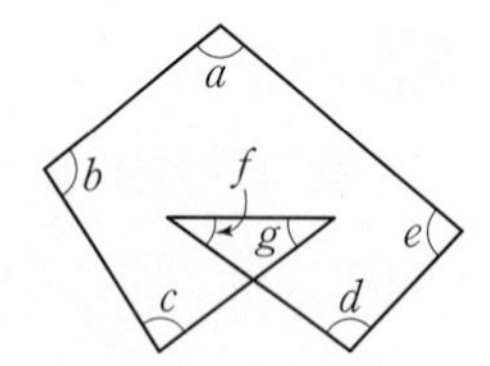

① 270° ② 360° ③ 450°
④ 540° ⑤ 630°

46

오른쪽 그림에서
$\angle a + \angle b + \angle c + \angle d + \angle e + \angle f + \angle g$
의 크기를 구하시오.

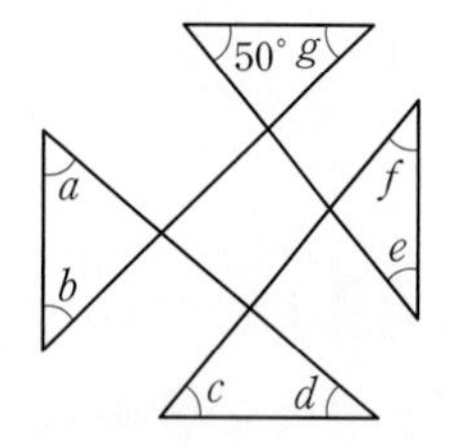

47

오른쪽 그림에서
$\angle a + \angle b + \angle c + \angle d + \angle e + \angle f + \angle g$
의 크기를 구하시오.

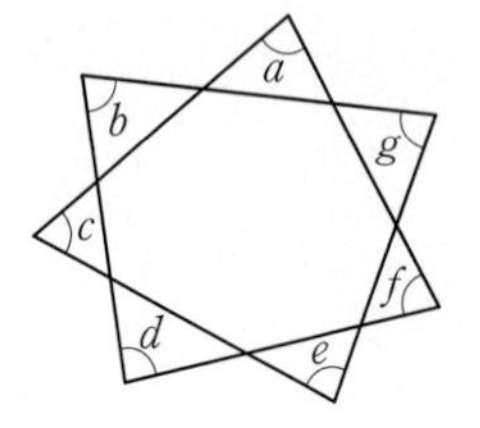

집중

유형 14 정다각형의 한 내각과 한 외각의 크기

개념 5

정n각형에서

(1) 한 내각의 크기: $\dfrac{180^\circ \times (n-2)}{n}$

(2) 한 외각의 크기: $\dfrac{360^\circ}{n}$

48 대표문제

정십이각형의 한 내각의 크기를 a°, 정팔각형의 한 외각의 크기를 b°라 할 때, $a+b$의 값을 구하시오.

중요

49

한 외각의 크기가 36°인 정다각형의 대각선의 개수는?

① 20 ② 27 ③ 35
④ 44 ⑤ 54

50

한 내각의 크기와 한 외각의 크기의 비가 7 : 2인 정다각형의 내각의 크기의 합을 구하시오.

51

내각과 외각의 크기의 총합이 1080°인 정다각형의 한 내각의 크기는?

① 90° ② 108° ③ 120°
④ 135° ⑤ 140°

유형 15 정다각형의 한 내각의 크기의 활용 개념 5

정다각형에서 각의 크기를 구할 때 다음을 이용한다.

(1) 모든 변의 길이가 같다.

(2) 정다각형의 두 변과 한 대각선으로 이루어진 삼각형은 이등변삼각형이다. ← 이등변삼각형의 두 각의 크기는 같다.

(3) 정n각형의 한 내각의 크기: $\dfrac{180^\circ \times (n-2)}{n}$

52 대표문제

오른쪽 그림과 같은 정오각형에서 $\angle x$의 크기를 구하시오.

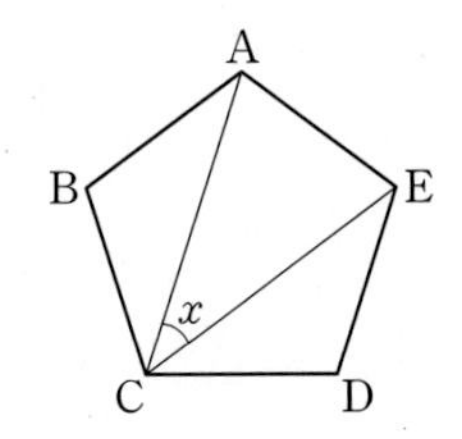

53

오른쪽 그림과 같이 한 변의 길이가 같은 정사각형, 정오각형, 정육각형이 점 P에서 만날 때, $\angle x$의 크기를 구하시오.

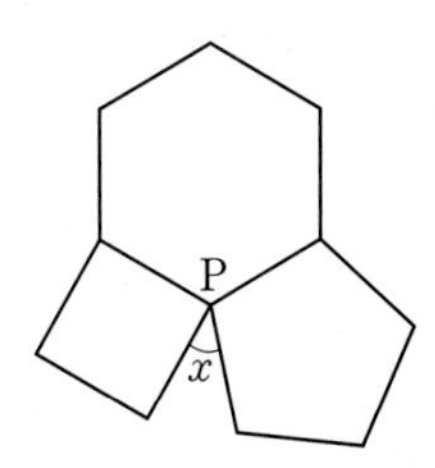

54 서술형

오른쪽 그림과 같은 정육각형에서 $\overline{AC}$와 $\overline{BD}$의 교점을 P라 할 때, $\angle x$의 크기를 구하시오.

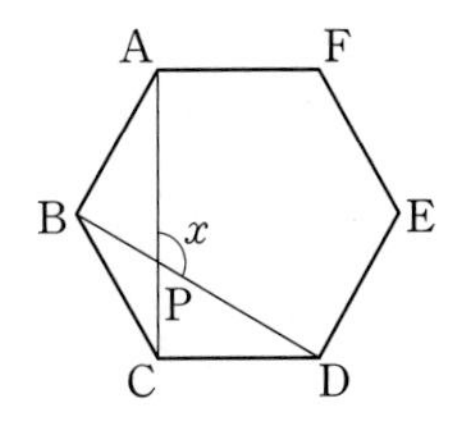

55

오른쪽 그림과 같은 정사각형 ABCD와 정삼각형 PBC에서 $\angle x$의 크기는?

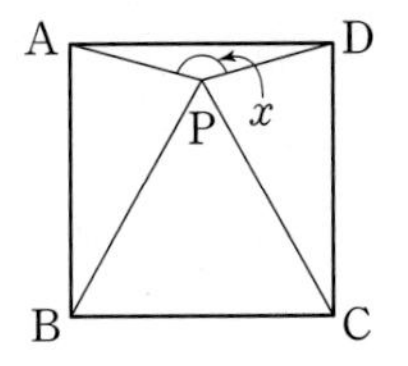

① 130° ② 135° ③ 140° ④ 145° ⑤ 150°

유형 16 정다각형의 한 외각의 크기의 활용 개념 5

정다각형에서 각의 크기를 구할 때 다음을 이용한다.

(1) 정n각형의 한 외각의 크기: $\dfrac{360^\circ}{n}$

(2) 한 꼭짓점에서
(내각의 크기)+(외각의 크기)$=180^\circ$

56 대표문제

오른쪽 그림과 같은 정오각형에서 $\overline{AE}$와 $\overline{CD}$의 연장선의 교점을 F라 할 때, $\angle x$의 크기를 구하시오.

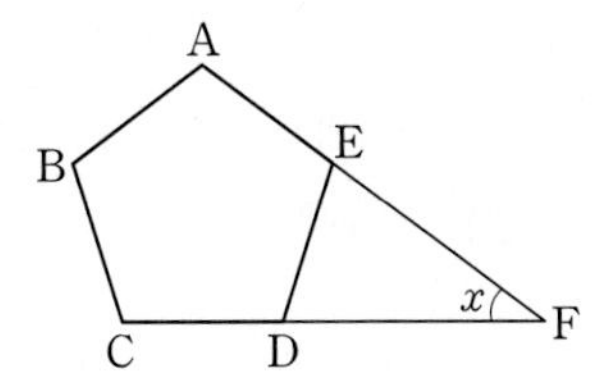

중요

57

오른쪽 그림은 정육각형과 정팔각형의 한 변을 붙여 놓은 것이다. 이때 $\angle x$의 크기는?

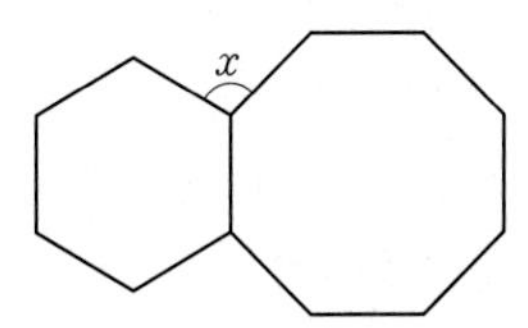

① 100° ② 105° ③ 110° ④ 115° ⑤ 120°

58

오른쪽 그림은 정오각형과 정육각형의 한 변을 붙여 놓은 것이다. $\overline{AE}$와 $\overline{HI}$의 연장선의 교점을 P라 할 때, $\angle x$의 크기는?

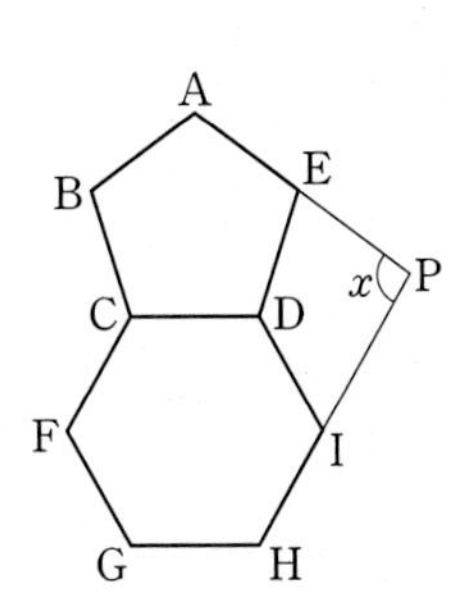

① 96° ② 98° ③ 100° ④ 102° ⑤ 104°

Real 실전 기출

01

다음 중 다각형에 대한 설명으로 옳은 것은?

① 5개의 선분으로 이루어진 다각형은 육각형이다.
② 꼭짓점이 8개인 다각형은 팔각형이다.
③ 다각형에서 한 내각에 대한 외각은 한 개이다.
④ 변의 길이가 모두 같은 다각형은 정다각형이다.
⑤ 다각형에서 크기가 72°인 내각에 대한 외각의 크기는 118°이다.

02

오른쪽 그림에서 $l /\!/ m$일 때, $\angle x$의 크기는?

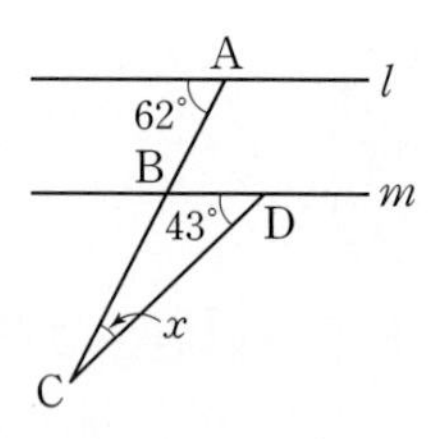

① 19° ② 21°
③ 23° ④ 25°
⑤ 27°

03

오른쪽 그림과 같은 △ABC에서 점 I는 ∠B의 이등분선과 ∠C의 이등분선의 교점이다. ∠BIC=110°일 때, $\angle x$의 크기를 구하시오.

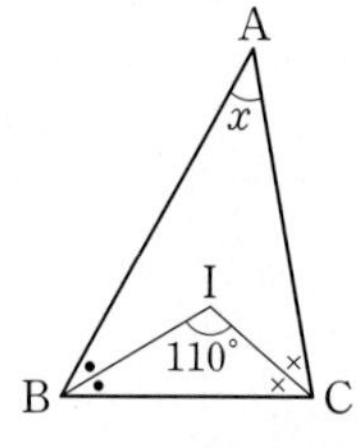

04

오른쪽 그림에서 $\angle x+\angle y+\angle z$의 크기는?

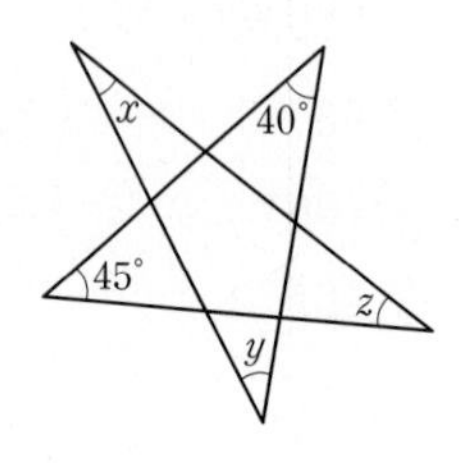

① 75° ② 80°
③ 85° ④ 90°
⑤ 95°

05

한 꼭짓점에서 그을 수 있는 대각선의 개수가 오각형의 대각선의 개수와 같은 다각형은?

① 팔각형 ② 구각형 ③ 십각형
④ 십일각형 ⑤ 십이각형

06 창의 역량

10명의 학생회 대표가 원탁에 둘러앉아 있다. 자신의 양옆에 앉은 두 학생을 제외한 모든 학생들과 서로 한 번씩 악수를 할 때, 악수를 모두 몇 번 하게 되는지 구하시오.

07 최다빈출

오른쪽 그림에서 $a+b$의 값은?

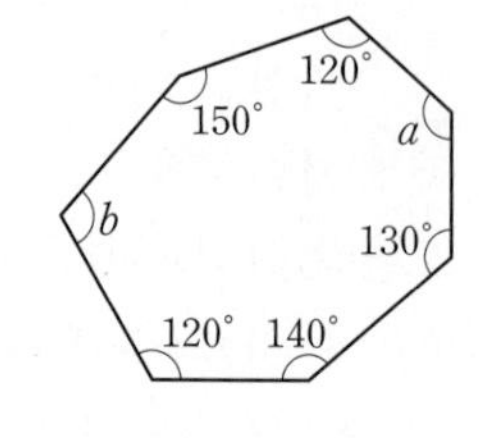

① 210 ② 220
③ 230 ④ 240
⑤ 250

08

오른쪽 그림에서 x의 값은?

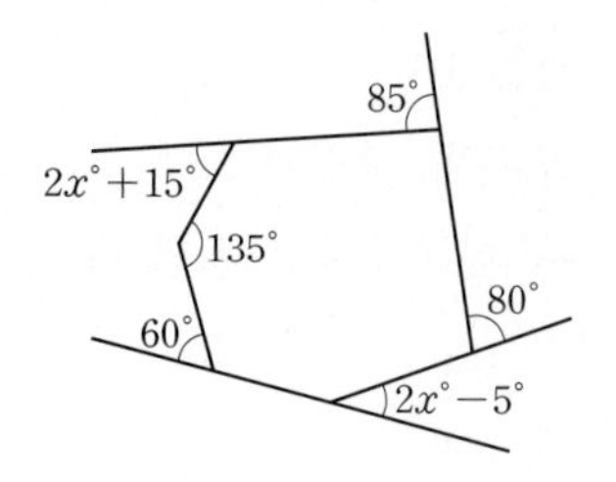

① 15 ② 17.5
③ 20 ④ 22.5
⑤ 25

09

한 내각의 크기가 135°인 정다각형의 대각선의 개수를 구하시오.

10

오른쪽 그림과 같은 $\triangle ABC$에서 $\angle C$의 크기는 $\angle B$의 크기의 2배이고 $\angle A$의 크기는 $\angle B$의 크기의 2배보다 20°만큼 크다. 이때 $\angle B$의 크기를 구하시오.

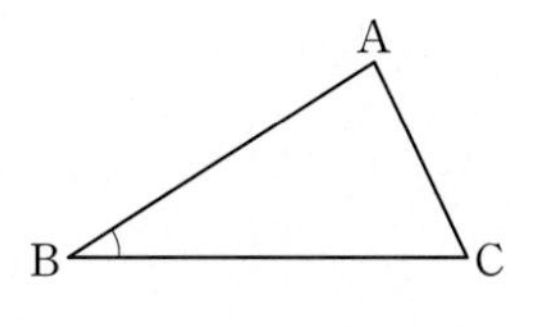

11

다음 중 한 내각의 크기와 한 외각의 크기의 비가 3 : 2인 정다각형에 대한 설명으로 옳은 것을 모두 고르면?

(정답 2개)

① 정오각형이다.
② 한 꼭짓점에서 그을 수 있는 대각선의 개수는 3이다.
③ 대각선의 개수는 8이다.
④ 내각의 크기의 합은 540°이다.
⑤ 외각의 크기의 합은 270°이다.

12 최다빈출

오른쪽 그림에서
$\angle DBC = 2\angle ABD$,
$\angle DCE = 2\angle ACD$이고 $\angle A = 72°$일 때, $\angle x$의 크기를 구하시오.

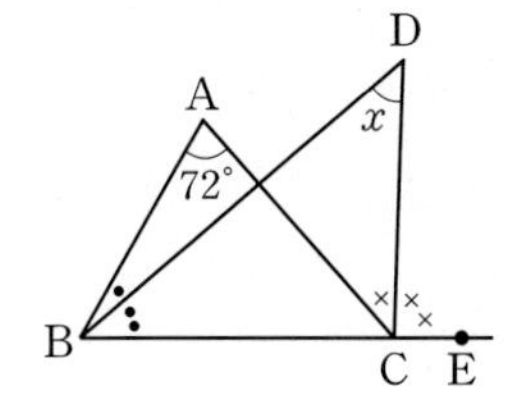

13

오른쪽 그림과 같은 정팔각형에서 $\overline{BD}$와 $\overline{CE}$의 교점을 I라 할 때, $\angle x$의 크기를 구하시오.

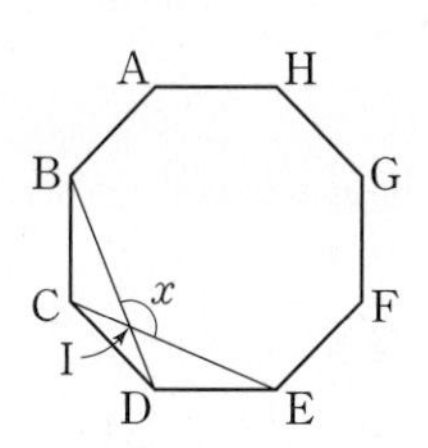

100점 공략

14

오른쪽 그림에서
$\angle a + \angle b + \angle c + \angle d + \angle e + \angle f$
의 크기를 구하시오.

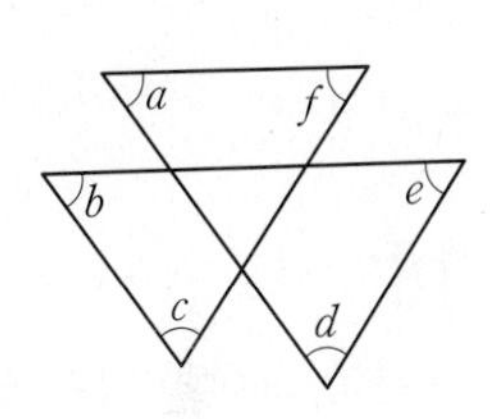

15

오른쪽 그림에서 $l \,/\!/\, m$이고 정오각형 ABCDE의 두 꼭짓점 A, D가 각각 직선 l, m 위에 있을 때, x의 값을 구하시오.

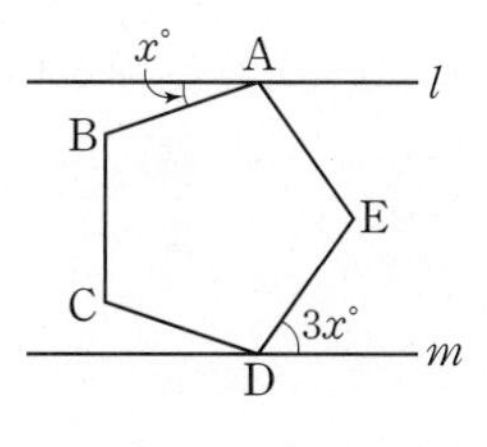

16

오른쪽 그림의 $\triangle ABC$에서 $\overline{AD}$와 $\overline{DE}$는 각각 $\angle BAC$와 $\angle ADB$의 이등분선이고 점 F는 $\overline{AC}$와 $\overline{DE}$의 연장선의 교점이다. $\angle B = 60°$, $\angle F = 12°$일 때, $\angle ADE$의 크기를 구하시오.

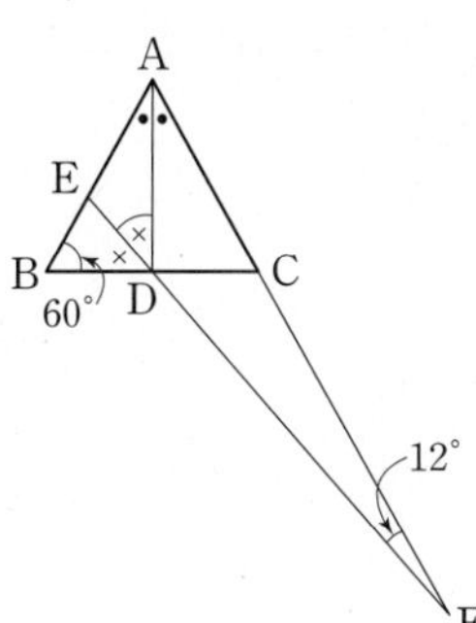

정답과 해설 42쪽

서술형

17

오른쪽 그림에서 $\overline{AB}=\overline{BC}=\overline{CD}=\overline{DE}$이고 $\angle A=25°$일 때, $\angle x$의 크기를 구하시오.

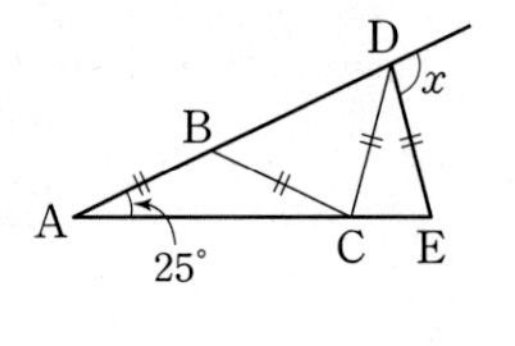

풀이

답

18

오른쪽 그림과 같이 한 원 위에 6개의 기둥을 세운 후 이웃하는 기둥끼리는 빨간 끈으로, 이웃하지 않는 기둥끼리는 파란 끈으로 모두 연결하려고 한다. 필요한 빨간 끈의 개수를 a, 파란 끈의 개수를 b라 할 때, ab의 값을 구하시오.

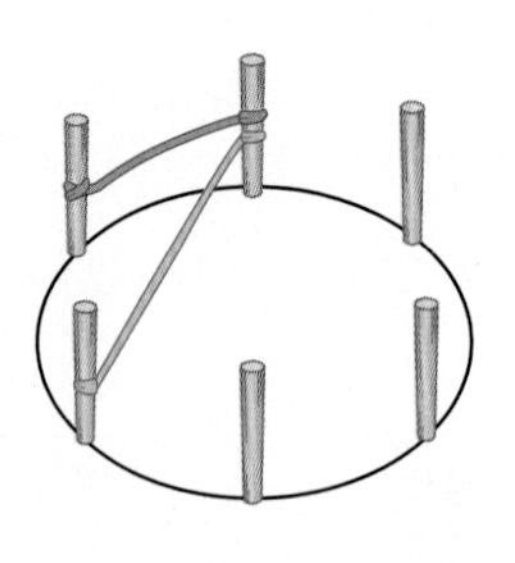

풀이

답

19

오른쪽 그림에서 $\angle x$의 크기를 구하시오.

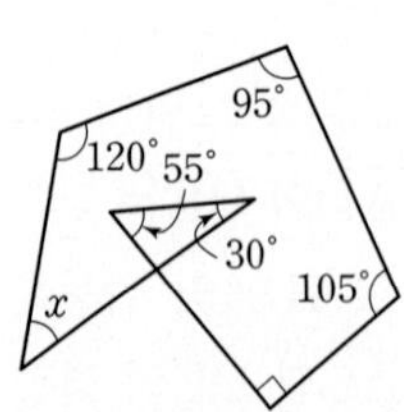

풀이

답

20

한 내각의 크기가 한 외각의 크기보다 108°만큼 큰 정다각형의 꼭짓점의 개수를 구하시오.

풀이

답

21 100점

오른쪽 그림과 같은 △ABC에서 점 P는 $\angle B$의 외각과 $\angle C$의 외각의 이등분선의 교점이다. $\angle A=70°$일 때, $\angle x$의 크기를 구하시오.

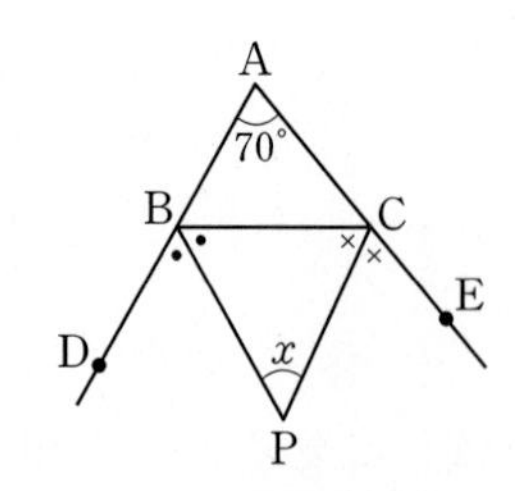

풀이

답

22 100점

오른쪽 그림과 같이 정오각형의 내부에 정삼각형과 정사각형을 그렸을 때, $\angle x$의 크기를 구하시오.

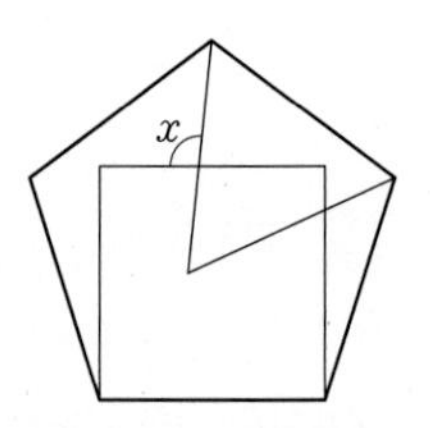

풀이

답

Ⅱ. 평면도형

06 원과 부채꼴

79 ~ 92쪽

36 ~ 43쪽

Real 실전 개념

06 원과 부채꼴

개념 1 원과 부채꼴 유형 01~08

(1) 원

① 원: 평면 위의 한 점으로부터 일정한 거리에 있는 모든 점으로 이루어진 도형
(한 점 → 원의 중심, 일정한 거리 → 반지름의 길이)

② 호 AB: 원 위의 두 점 A, B를 양 끝 점으로 하는 원의 일부분을 호 AB라 하고 기호로 $\widehat{AB}$와 같이 나타낸다.

③ 현 AB: 원 위의 두 점 A, B를 이은 선분 → 한 원에서 길이가 가장 긴 현은 원의 지름이다.

④ 할선: 원 위의 두 점을 지나는 직선

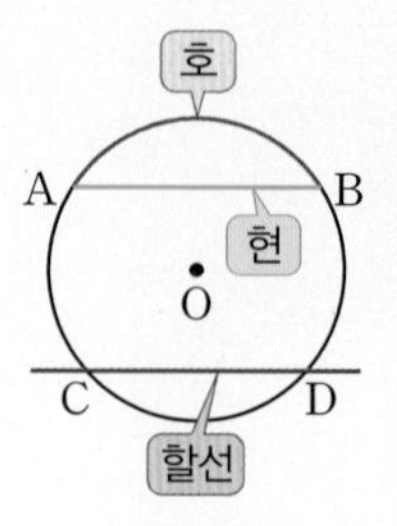

(2) 부채꼴과 활꼴

① 부채꼴 AOB: 원 O에서 두 반지름 OA, OB와 호 AB로 이루어진 도형

② 중심각: 부채꼴 AOB에서 ∠AOB를 부채꼴 AOB의 중심각 또는 호 AB에 대한 중심각이라 한다.

③ 활꼴: 원에서 현과 호로 이루어진 도형

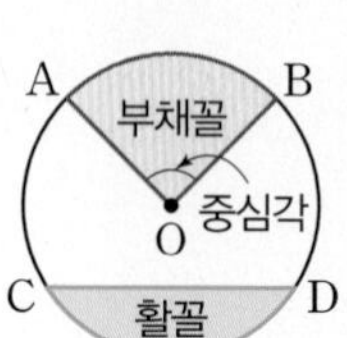
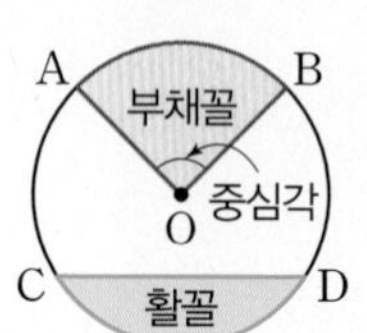

(3) 부채꼴의 성질

한 원 또는 합동인 두 원에서

① 중심각의 크기가 같은 두 부채꼴의 호의 길이, 넓이, 현의 길이는 각각 같다.

② 부채꼴의 호의 길이와 넓이는 각각 중심각의 크기에 정비례한다. → 중심각의 크기가 2배, 3배, …가 되면 부채꼴의 호의 길이와 넓이도 각각 2배, 3배, …가 된다.

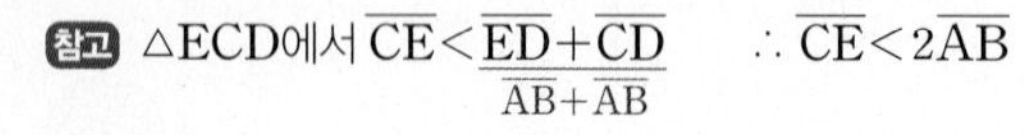

③ 현의 길이는 중심각의 크기에 정비례하지 않는다.

참고 △ECD에서 $\overline{CE} < \overline{ED} + \overline{CD}$ ($= \overline{AB} + \overline{AB}$) ∴ $\overline{CE} < 2\overline{AB}$

개념 노트

- 일반적으로 $\widehat{AB}$는 길이가 길지 않은 쪽의 호를 나타낸다. 길이가 긴 쪽의 호를 나타낼 때는 그 호 위의 한 점 C를 잡아 $\widehat{ACB}$와 같이 나타낸다.
- 호 AB를 ∠AOB에 대한 호라 한다.
- 반원은 활꼴인 동시에 중심각의 크기가 180°인 부채꼴이다.
- ∠AOB=∠COD이면
  ① $\widehat{AB}=\widehat{CD}$
  ② $\overline{AB}=\overline{CD}$
  ③ (부채꼴 AOB의 넓이) =(부채꼴 COD의 넓이)
- ∠COE=2∠AOB이면
  ① $\widehat{CE}=2\widehat{AB}$
  ② $\overline{CE}<2\overline{AB}$

개념 2 부채꼴의 호의 길이와 넓이 유형 09~16

(1) 원주율: 원의 지름의 길이에 대한 둘레의 길이의 비의 값을 원주율이라 하고 기호로 π와 같이 나타낸다. ('파이'라 읽는다.)

(2) 원의 둘레의 길이와 넓이

반지름의 길이가 r인 원의 둘레의 길이를 l, 넓이를 S라 하면

① $l=2\pi r$ ② $S=\pi r^2$

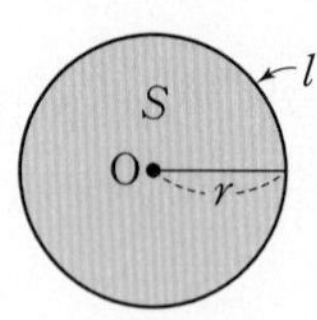

(3) 부채꼴의 호의 길이와 넓이

반지름의 길이가 r, 중심각의 크기가 $x°$인 부채꼴의 호의 길이를 l, 넓이를 S라 하면

① $l=2\pi r\times\frac{x}{360}$ ② $S=\pi r^2\times\frac{x}{360}$

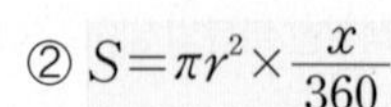
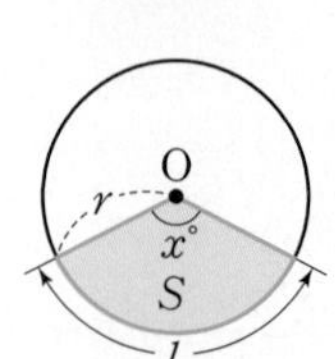

(4) 부채꼴의 호의 길이와 넓이 사이의 관계

반지름의 길이가 r, 호의 길이가 l인 부채꼴의 넓이를 S라 하면

$S=\frac{1}{2}rl$ → 중심각의 크기가 $x°$일 때, $S=\pi r^2\times\frac{x}{360}=\frac{1}{2}r\times\left(2\pi r\times\frac{x}{360}\right)=\frac{1}{2}rl$

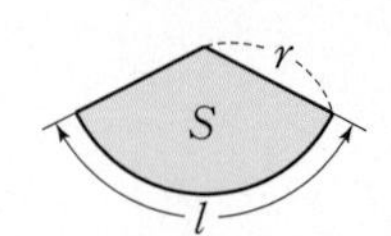

- (원주율)=$\frac{(\text{원의 둘레의 길이})}{(\text{원의 지름의 길이})}$
  ➡ 원주율은 항상 일정하다.
- 중심각의 크기가 주어지지 않은 경우 $S=\frac{1}{2}rl$을 이용하여 부채꼴의 넓이를 구한다.

개념 1 원과 부채꼴

01 다음 그림의 원 O에서 □ 안에 알맞은 것을 써넣으시오.

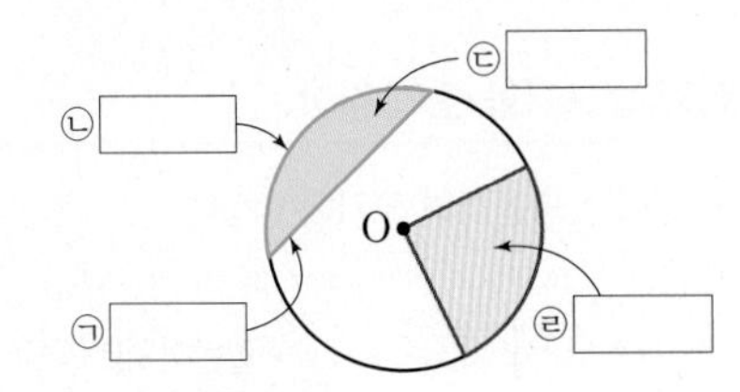

[02~05] 다음 중 옳은 것은 ○표, 옳지 않은 것은 ×표를 하시오.

02 원에서 길이가 가장 긴 현은 원의 지름이다. ( )

03 활꼴은 원 위의 두 점을 양 끝 점으로 하는 원의 일부분이다. ( )

04 한 원에서 중심각의 크기가 같은 두 부채꼴의 호의 길이는 같다. ( )

05 한 원에서 현의 길이는 중심각의 크기에 정비례한다. ( )

[06~09] 다음 그림의 원 O에서 x의 값을 구하시오.

06

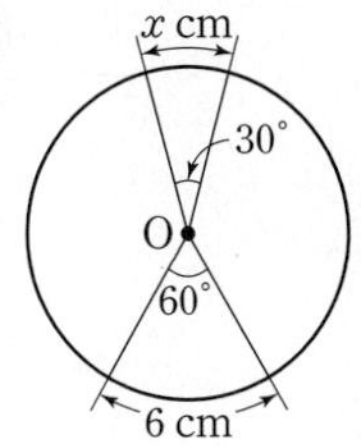

07

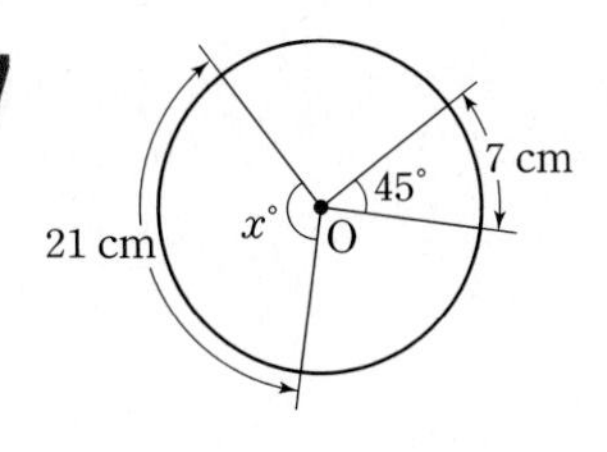

08

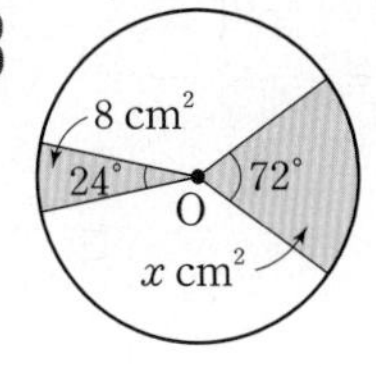

09

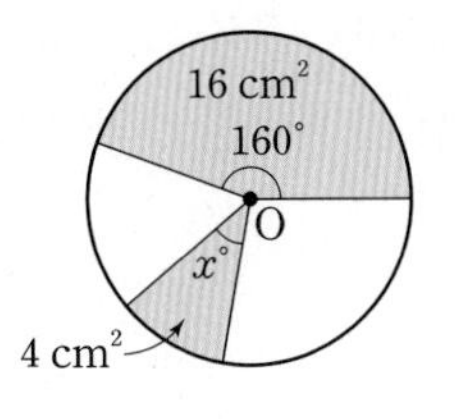

[10~11] 다음 그림의 원 O에서 x의 값을 구하시오.

10

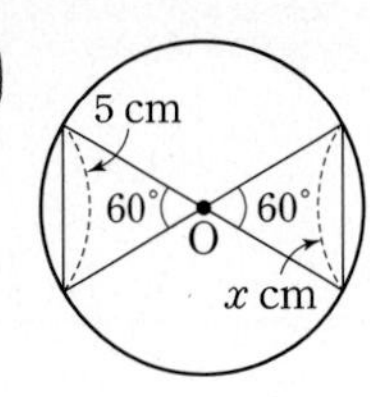

11

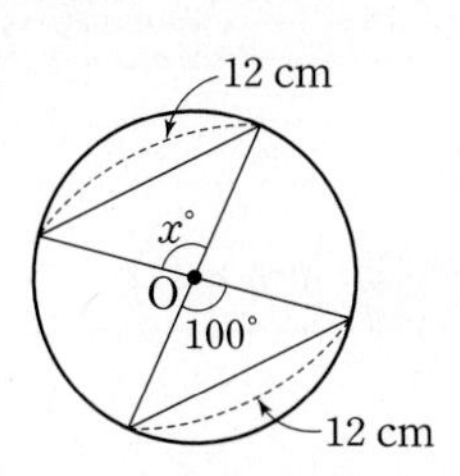

개념 2 부채꼴의 호의 길이와 넓이

[12~13] 다음 그림과 같은 원 O의 둘레의 길이와 넓이를 차례대로 구하시오.

12

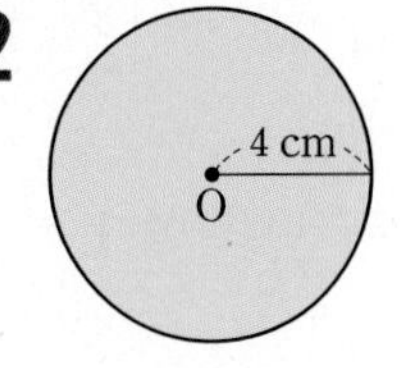

13

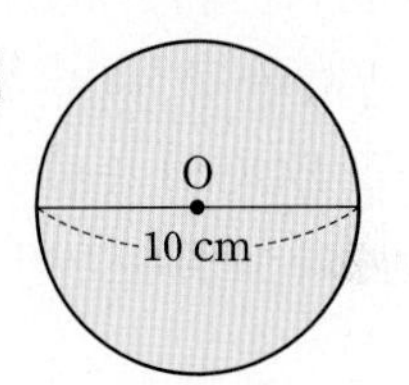

[14~15] 다음 그림과 같은 부채꼴의 호의 길이와 넓이를 차례대로 구하시오.

14

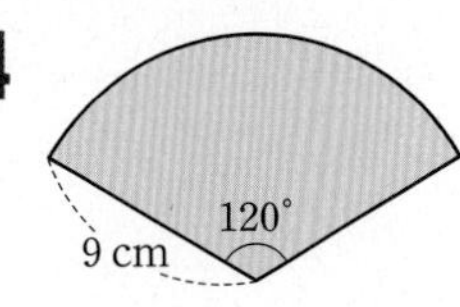

15

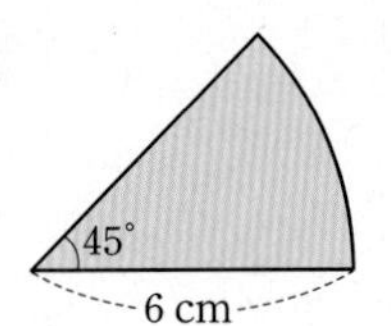

[16~17] 다음 그림과 같은 부채꼴의 넓이를 구하시오.

16

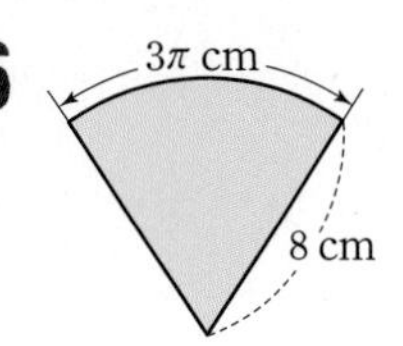

17

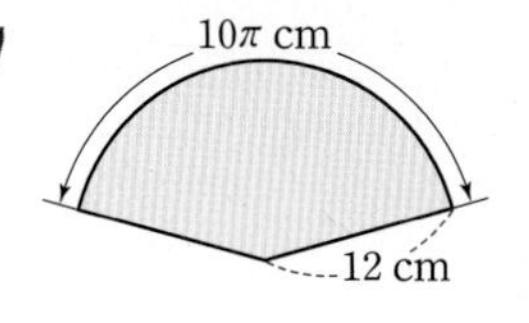

유형 01 원과 부채꼴

개념 1

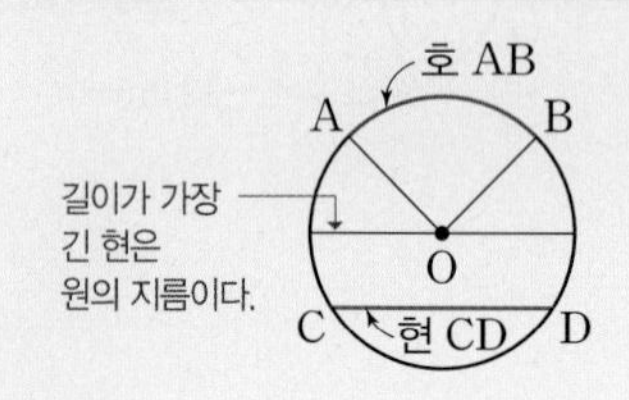

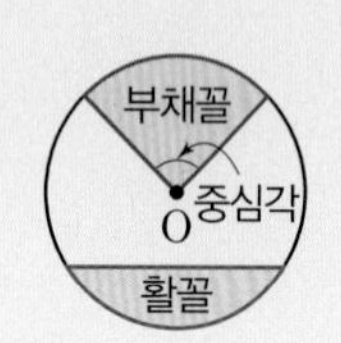

01 대표문제

다음 중 오른쪽 그림과 같은 원 O에 대한 설명으로 옳지 않은 것은? (단, 세 점 A, O, D는 한 직선 위에 있다.)

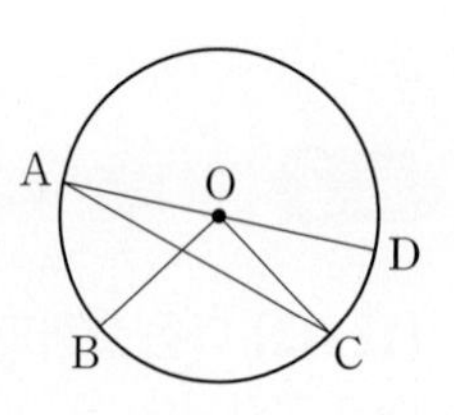

① 길이가 가장 긴 현은 현 AD이다.

② $\angle$AOB에 대한 호는 $\widehat{AB}$이다.

③ $\widehat{AC}$에 대한 중심각은 $\angle$AOC이다.

④ 부채꼴 BOC의 중심각은 $\angle$BOC이다.

⑤ 현 AC와 호 AC로 이루어진 도형은 부채꼴이다.

02

반지름의 길이가 14 cm인 원에서 가장 긴 현의 길이는?

① 20 cm ② 22 cm ③ 24 cm ④ 26 cm ⑤ 28 cm

03 서술형

한 원에서 부채꼴과 활꼴이 같아질 때, 부채꼴의 중심각의 크기를 구하시오.

집중

유형 02 중심각의 크기와 호의 길이

개념 1

한 원에서 호의 길이는 중심각의 크기에 정비례하므로

$\angle AOB : \angle COD = \widehat{AB} : \widehat{CD}$

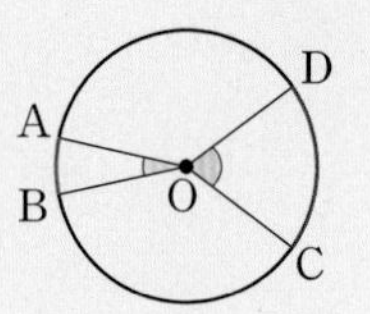

04 대표문제

오른쪽 그림의 원 O에서 $x+y$의 값을 구하시오.

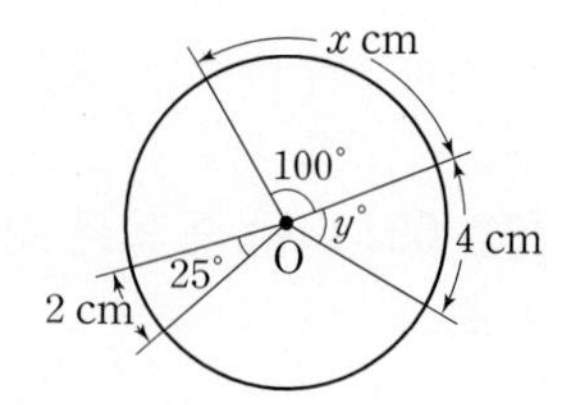

05

오른쪽 그림의 원 O에서 x의 값은?

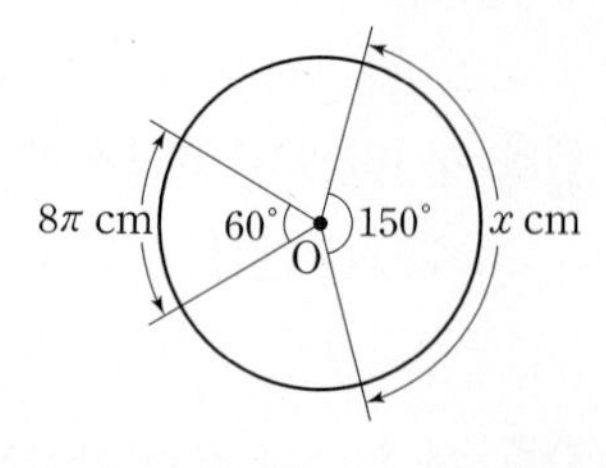

① 12π ② 14π ③ 16π ④ 18π ⑤ 20π

중요

06

오른쪽 그림의 원 O에서 x의 값은?

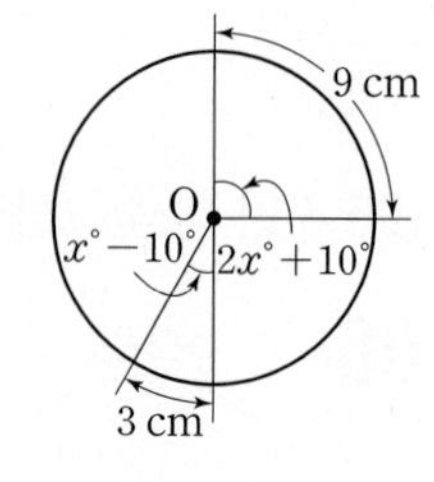

① 38 ② 40 ③ 42 ④ 44 ⑤ 46

07

원 O에서 중심각의 크기가 40°인 부채꼴의 호의 길이가 10 cm일 때, 원 O의 둘레의 길이를 구하시오.

유형 03 호의 길이의 비가 주어질 때, 중심각의 크기 구하기 개념1

$\widehat{AB} : \widehat{BC} : \widehat{CA} = 3:4:5$이면

$\angle AOB : \angle BOC : \angle COA = 3:4:5$

$\therefore \angle AOB = 360° \times \frac{3}{3+4+5} = 90°$

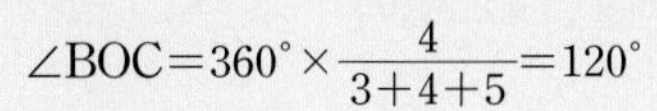

$\angle BOC = 360° \times \frac{4}{3+4+5} = 120°$

$\angle COA = 360° \times \frac{5}{3+4+5} = 150°$

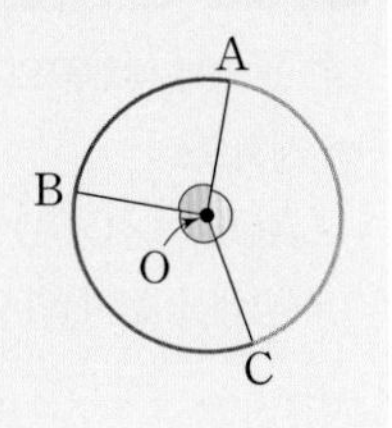

08 대표문제

오른쪽 그림의 원 O에서 $\widehat{AB} : \widehat{BC} : \widehat{CA} = 2:3:4$일 때, $\angle AOB$의 크기를 구하시오.

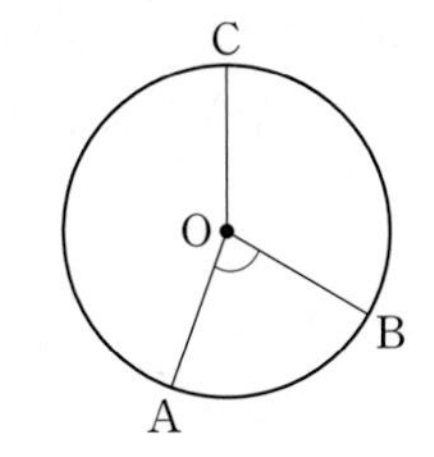

09

오른쪽 그림의 반원 O에서 $\widehat{AC}$의 길이가 $\widehat{BC}$의 길이의 5배일 때, $\angle BOC$의 크기를 구하시오.

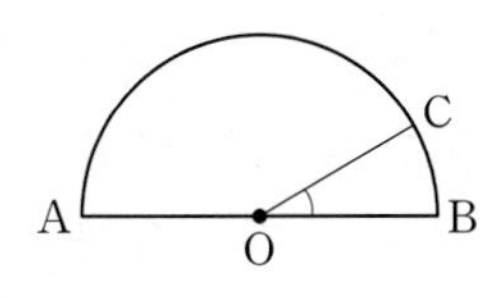

10

오른쪽 그림의 원 O에서 $\angle AOB = 150°$, $\widehat{AC} : \widehat{BC} = 7:3$일 때, $\angle BOC$의 크기는?

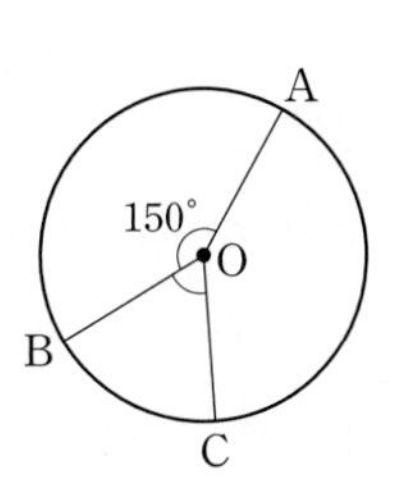

① 60°　② 63°　③ 66°　④ 69°　⑤ 72°

11 서술형

오른쪽 그림의 원 O에서 $\overline{AB}$는 지름이고 $\widehat{AC} : \widehat{BC} = 4:5$일 때, $\angle OCB$의 크기를 구하시오.

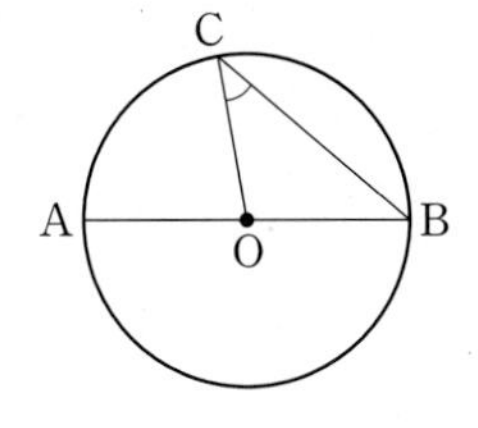

집중

유형 04 호의 길이 구하기 (1) 개념1

평행선과 이등변삼각형의 성질을 이용하여 호에 대한 중심각의 크기를 구한다.

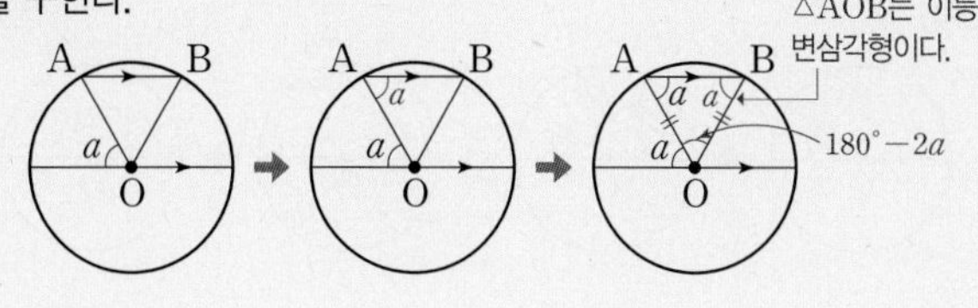

12 대표문제

오른쪽 그림의 원 O에서 $\overline{AB} /\!/ \overline{CD}$이고 $\angle AOB = 140°$, $\widehat{AB} = 21$ cm일 때, $\widehat{AC}$의 길이는?

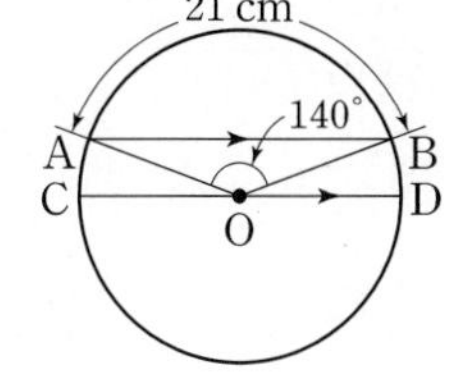

① 2 cm　② 3 cm　③ 4 cm　④ 5 cm　⑤ 6 cm

중요

13 서술형

오른쪽 그림의 원 O에서 $\overline{AO} /\!/ \overline{BC}$이고 $\angle AOB = 30°$, $\widehat{AB} = 3$ cm일 때, $\widehat{BC}$의 길이를 구하시오.

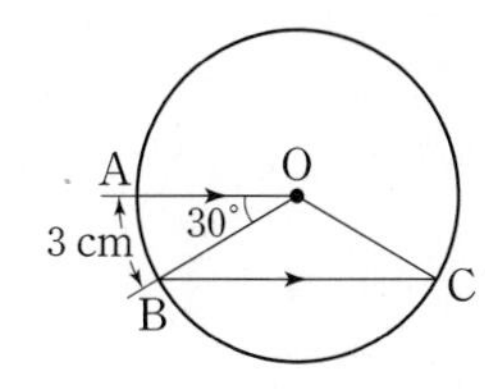

14

오른쪽 그림의 원 O에서 $\overline{OC} /\!/ \overline{AB}$이고 $\widehat{AB} = 4\widehat{BC}$일 때, $\angle x$의 크기를 구하시오.

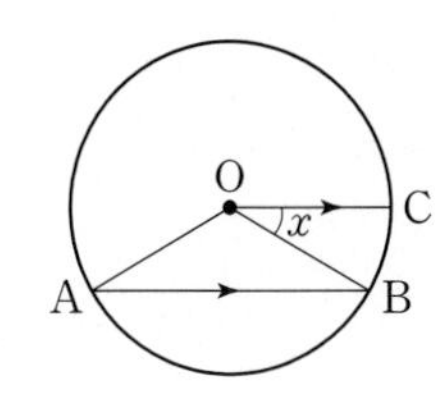

집중

유형 05 호의 길이 구하기(2)

개념 1

원의 중심과 현의 한 끝 점을 잇는 선분을 그어 이등변삼각형을 만든다.

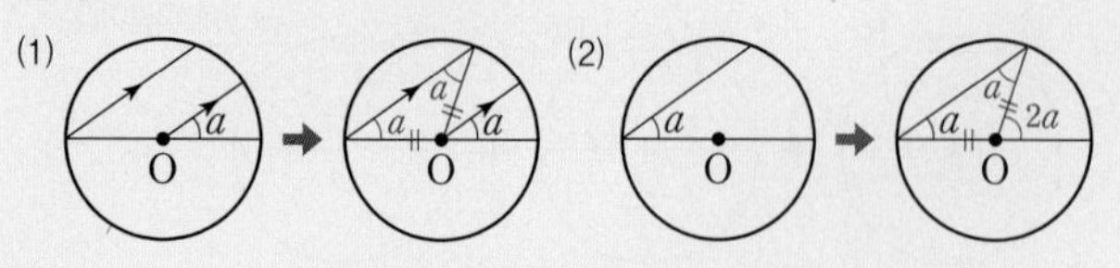

15 대표문제

오른쪽 그림의 반원 O에서 $\overline{AD} /\!/ \overline{OC}$이고 $\angle BOC=40°$, $\widehat{BC}=6\text{ cm}$일 때, $\widehat{AD}$의 길이는?

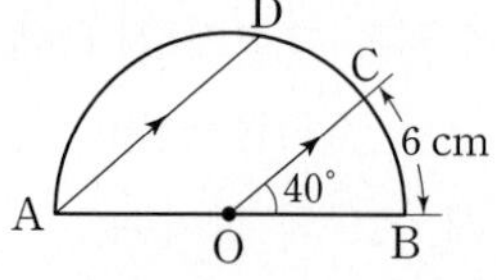

① 12 cm ② 13 cm ③ 14 cm
④ 15 cm ⑤ 16 cm

16

오른쪽 그림과 같이 $\overline{AB}$가 지름인 원 O에서 $\overline{OC} /\!/ \overline{BD}$이고 $\angle AOC=50°$, $\widehat{BD}=16\text{ cm}$일 때, $\widehat{AC}$의 길이는?

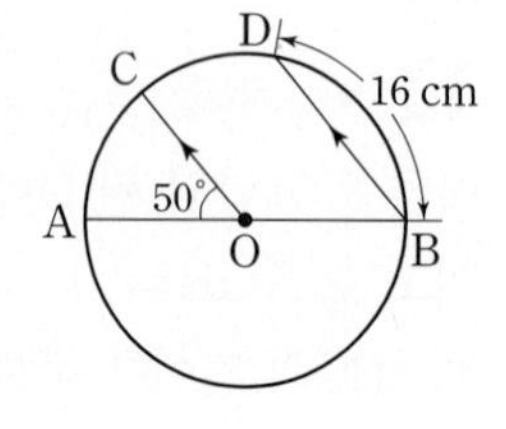

① 10 cm ② 11 cm
③ 12 cm ④ 13 cm
⑤ 14 cm

17 서술형

오른쪽 그림과 같이 $\overline{AB}$가 지름인 원 O에서 $\angle ABC=15°$, $\widehat{AC}=5\text{ cm}$일 때, $\widehat{BC}$의 길이를 구하시오.

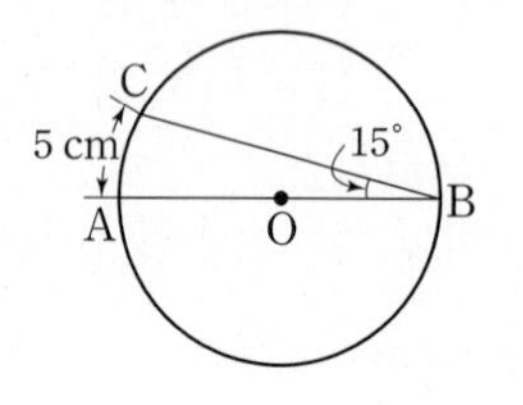

집중

유형 06 중심각의 크기와 부채꼴의 넓이

개념 1

한 원에서 부채꼴의 넓이는 중심각의 크기에 정비례하므로

$\angle AOB : \angle COD$
=(부채꼴 AOB의 넓이) : (부채꼴 COD의 넓이)

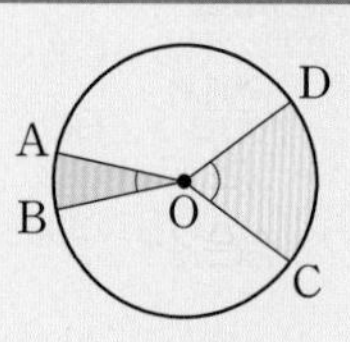

18 대표문제

오른쪽 그림의 원 O에서 $\angle AOB=120°$, $\angle COD=90°$이고 부채꼴 COD의 넓이가 15 cm^2일 때, 부채꼴 AOB의 넓이는?

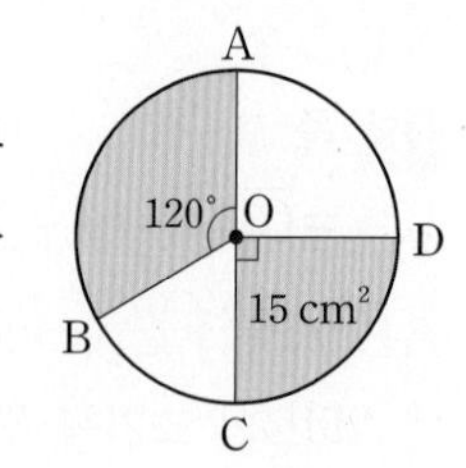

① 18 cm^2 ② 19 cm^2
③ 20 cm^2 ④ 21 cm^2
⑤ 22 cm^2

중요

19

오른쪽 그림의 원 O에서 $\angle COD=80°$이고 부채꼴 COD의 넓이가 24 cm^2이다. 부채꼴 AOB의 넓이가 6 cm^2일 때, $\angle AOB$의 크기를 구하시오.

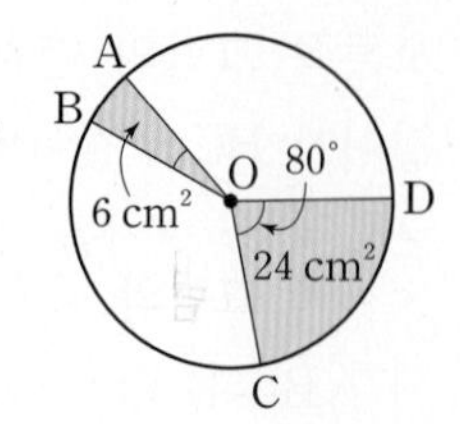

20

오른쪽 그림의 원 O에서 $\angle AOB=60°$이고 부채꼴 AOB의 넓이가 8 cm^2일 때, 원 O의 넓이를 구하시오.

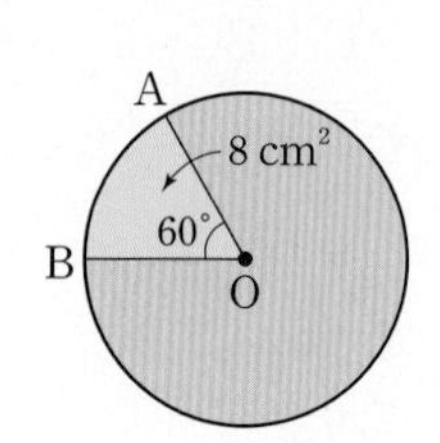

21

오른쪽 그림의 원 O에서 $\widehat{AB} : \widehat{BC} : \widehat{CA}=4 : 5 : 6$이고 원 O의 넓이가 100 cm^2일 때, 부채꼴 AOC의 넓이를 구하시오.

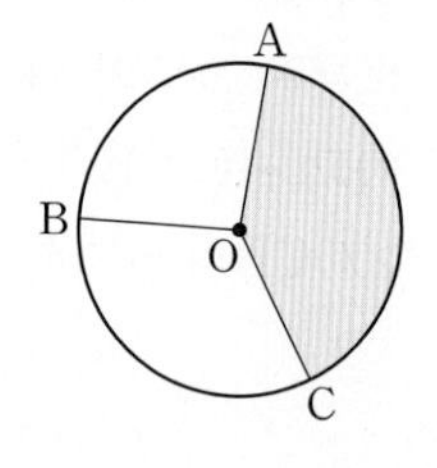

유형 07 중심각의 크기와 현의 길이 개념 1

한 원에서

(1) 같은 크기의 중심각에 대한 현의 길이는 같다.

(2) 같은 길이의 현에 대한 중심각의 크기는 같다.

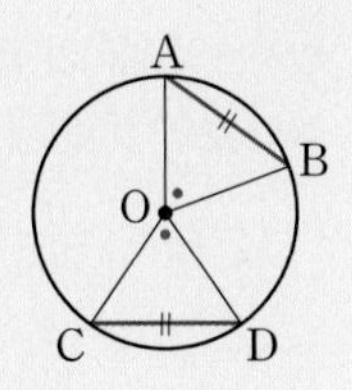

22 대표문제

오른쪽 그림의 원 O에서 $\overline{AB}=\overline{CD}=\overline{DE}$이고 $\angle AOB=40°$일 때, $\angle COE$의 크기는?

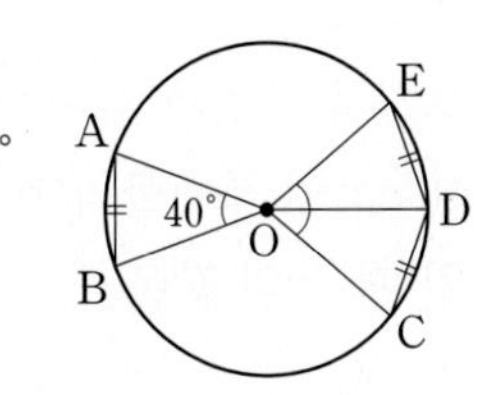

① 65° ② 70°

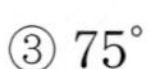
③ 75° ④ 80°

⑤ 85°

23 서술형

오른쪽 그림의 원 O에서 $\widehat{AB}=\widehat{AC}$이고 $\overline{AB}=12$ cm, $\overline{OB}=7$ cm일 때, 색칠한 부분의 둘레의 길이를 구하시오.

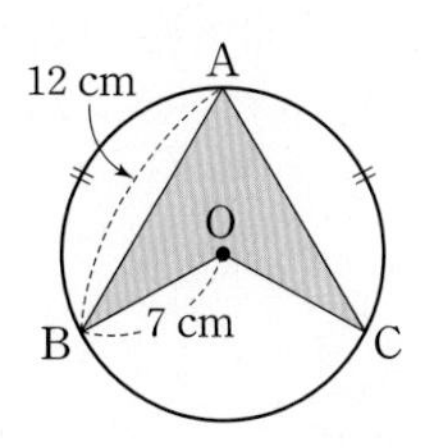

24

오른쪽 그림의 원 O에서 $\overline{AB}=\overline{BC}$이고 $\angle OAB=55°$일 때, $\angle AOC$의 크기는?

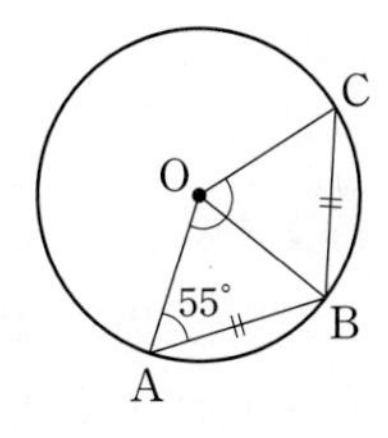

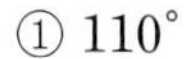
① 110° ② 120°

③ 130° ④ 140°

⑤ 150°

유형 08 중심각의 크기에 정비례하는 것 개념 1

(1) 중심각의 크기에 정비례하는 것

➡ 호의 길이, 부채꼴의 넓이

(2) 중심각의 크기에 정비례하지 않는 것

➡ 현의 길이, 현과 두 반지름으로 이루어진 삼각형의 넓이, 활꼴의 넓이

25 대표문제

오른쪽 그림의 원 O에서 $\angle COD=2\angle AOB$일 때, 다음 **보기** 중 옳은 것을 모두 고르시오.

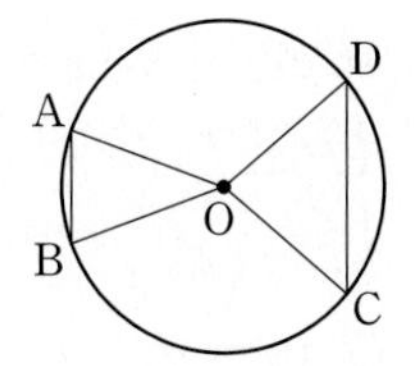

보기

ㄱ. $\widehat{CD}=2\widehat{AB}$ ㄴ. $\overline{CD}=2\overline{AB}$

ㄷ. $\triangle COD=2\triangle AOB$

ㄹ. (부채꼴 COD의 넓이)$=2\times$(부채꼴 AOB의 넓이)

중요

26

오른쪽 그림의 원 O에서 $\overline{AB}=\overline{BC}=\overline{CD}=\overline{EF}$일 때, 다음 중 옳지 않은 것은?

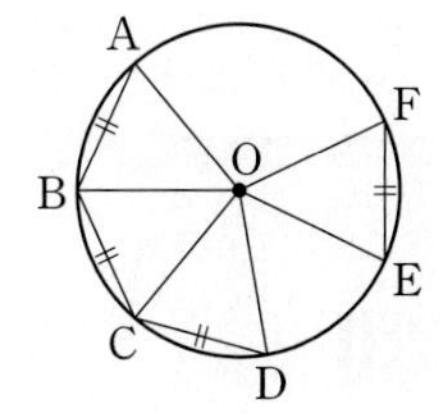

① $\overline{AC}=\overline{BD}$

② $\overline{AD}=3\overline{EF}$

③ $\widehat{AC}=\frac{2}{3}\widehat{AD}$

④ $\angle BOC=\angle EOF$

⑤ $\angle AOD=3\angle EOF$

27

오른쪽 그림에서 $\overline{AC}$는 원 O의 지름이고 $\overline{AC}\perp\overline{OB}$, $\angle COD=30°$일 때, 다음 중 옳지 않은 것은?

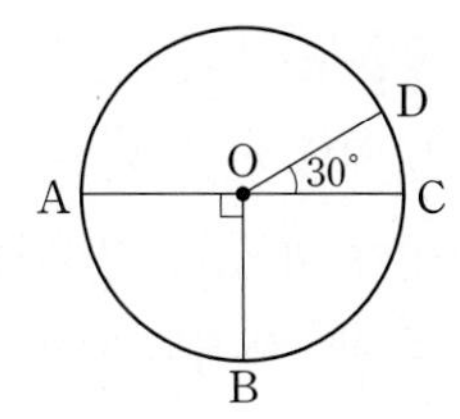

① $\overline{AB}=\overline{BC}$ ② $\widehat{AB}=3\widehat{CD}$

③ $\overline{AD}=\overline{BD}$ ④ $5\widehat{BC}=3\widehat{AD}$

⑤ $\widehat{BD}=\frac{4}{5}\widehat{AD}$

유형 09 원의 둘레의 길이와 넓이 개념 2

반지름의 길이가 r인 원의 둘레의 길이를 l, 넓이를 S라 하면

(1) $l=2\pi r$

(2) $S=\pi r^2$

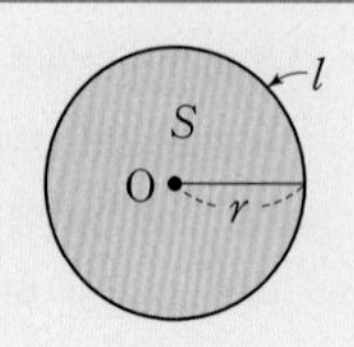

28 대표문제

오른쪽 그림과 같이 지름의 길이가 16 cm인 원에서 색칠한 부분의 둘레의 길이는?

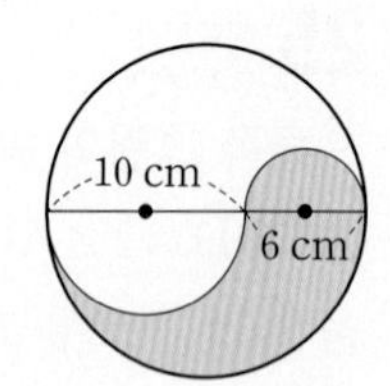

① 8π cm ② 12π cm
③ 16π cm ④ 20π cm
⑤ 24π cm

29

넓이가 81π cm^2인 원의 둘레의 길이를 구하시오.

30

오른쪽 그림에서 점 O는 가장 큰 원과 가장 작은 원의 중심일 때, 색칠한 부분의 넓이를 구하시오.

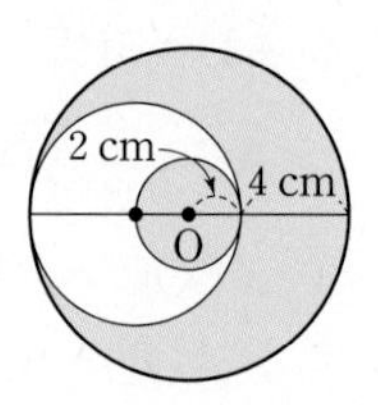

31

오른쪽 그림과 같이 지름 AD의 길이가 36 cm인 원에서 $\overline{AB}=\overline{BC}=\overline{CD}$일 때, 색칠한 부분의 넓이를 구하시오.

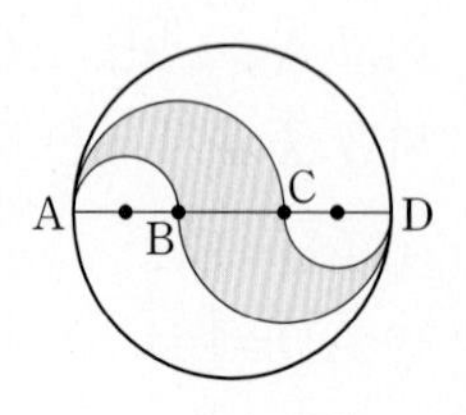

집중

유형 10 부채꼴의 호의 길이와 넓이 개념 2

반지름의 길이가 r, 중심각의 크기가 $x°$인 부채꼴의 호의 길이를 l, 넓이를 S라 하면

(1) $l=2\pi r\times\frac{x}{360}$

(2) $S=\pi r^2\times\frac{x}{360}$, $S=\frac{1}{2}rl$

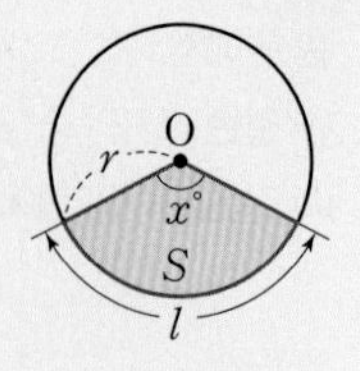

32 대표문제

오른쪽 그림과 같이 반지름의 길이가 18 cm인 부채꼴의 호의 길이가 27π cm일 때, x의 값은?

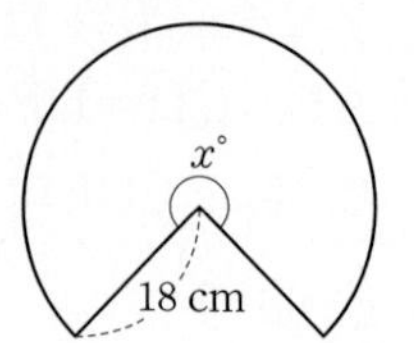

① 230 ② 240
③ 250 ④ 260
⑤ 270

33

반지름의 길이가 6 cm이고 넓이가 15π cm^2인 부채꼴의 호의 길이를 구하시오.

34 서술형

오른쪽 그림과 같이 한 변의 길이가 10 cm인 정오각형에서 색칠한 부채꼴의 넓이를 구하시오.

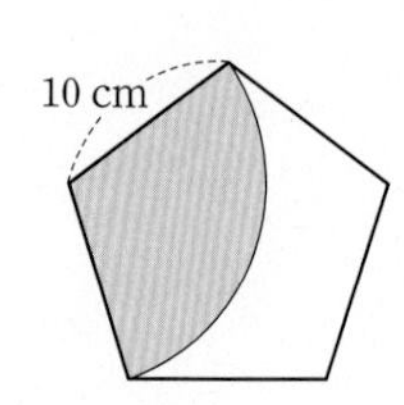

35

오른쪽 그림과 같이 반지름의 길이가 12 cm인 원에서 색칠한 부채꼴의 넓이의 합을 구하시오.

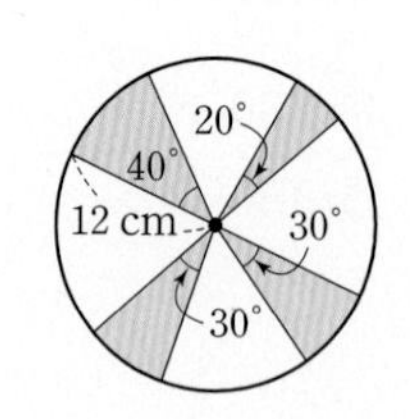

집중

유형 11 색칠한 부분의 둘레의 길이 구하기 개념 2

색칠한 부분의 둘레의 길이는 다음을 이용하여 구한다.
(1) 곡선: 원의 둘레의 길이나 부채꼴의 호의 길이를 이용
(2) 선분: 원의 지름의 길이나 반지름의 길이를 이용

36 대표문제

오른쪽 그림과 같은 부채꼴에서 색칠한 부분의 둘레의 길이를 구하시오.

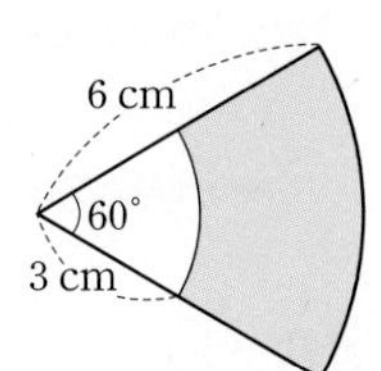

중요

37

오른쪽 그림에서 색칠한 부분의 둘레의 길이는?

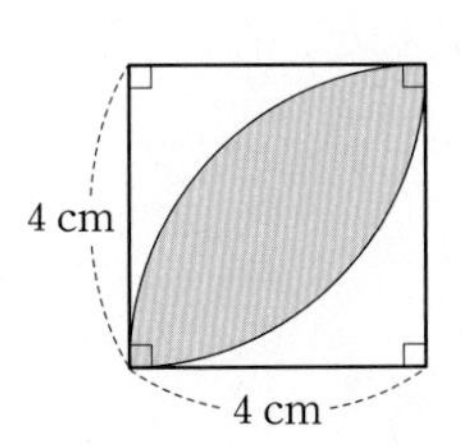

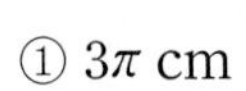

① 3π cm ② $\frac{7}{2}\pi$ cm
③ 4π cm ④ $\frac{9}{2}\pi$ cm
⑤ 5π cm

38

오른쪽 그림에서 색칠한 부분의 둘레의 길이는?

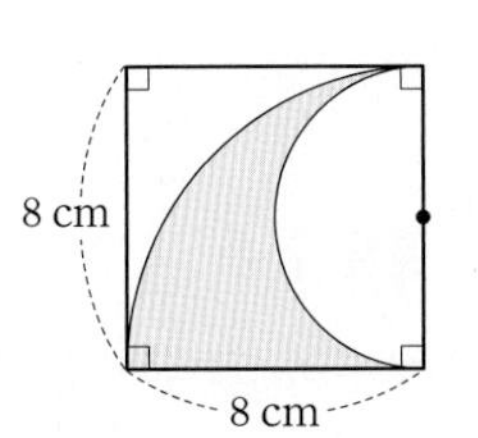

① $(8\pi+8)$ cm ② $(10\pi+8)$ cm
③ $(12\pi+8)$ cm ④ $(14\pi+8)$ cm
⑤ $(16\pi+8)$ cm

39

오른쪽 그림에서 색칠한 부분의 둘레의 길이는?

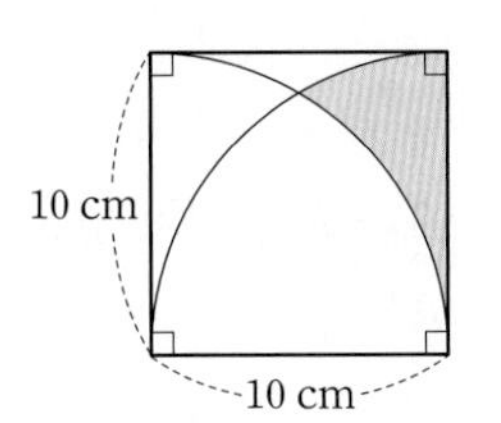

① $(5\pi+10)$ cm
② $(5\pi+20)$ cm
③ $(7\pi+10)$ cm
④ $(7\pi+20)$ cm
⑤ $(10\pi+10)$ cm

집중

유형 12 색칠한 부분의 넓이 구하기 (1) 개념 2

(1) (색칠한 부분의 넓이)=(전체의 넓이)−(색칠하지 않은 부분의 넓이)

예

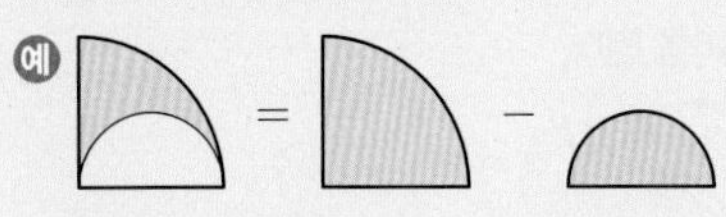

(2) 같은 부분이 있으면
(색칠한 부분의 넓이)=(한 부분의 넓이)×(같은 부분의 개수)

40 대표문제

오른쪽 그림에서 색칠한 부분의 넓이는?

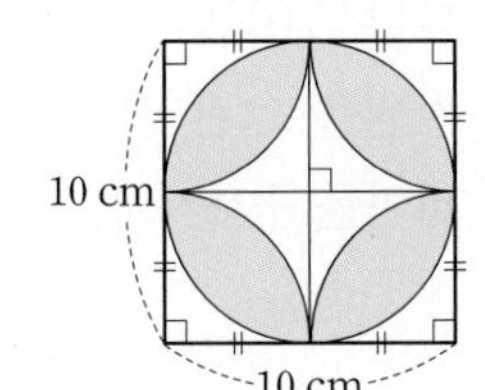

① $(50\pi-50)\ \text{cm}^2$
② $(50\pi-100)\ \text{cm}^2$
③ $(100\pi-50)\ \text{cm}^2$
④ $(100\pi-100)\ \text{cm}^2$
⑤ $(100\pi-150)\ \text{cm}^2$

41

오른쪽 그림에서 색칠한 부분의 넓이를 구하시오.

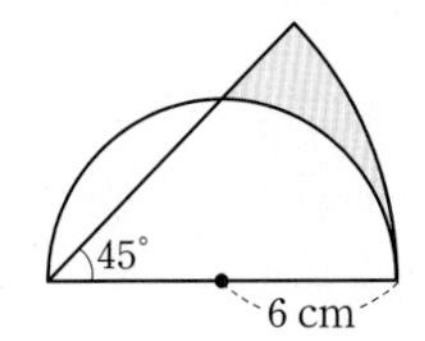

42 서술형

오른쪽 그림과 같이 한 변의 길이가 9 cm인 정사각형 ABCD에서 색칠한 부분의 넓이를 구하시오.

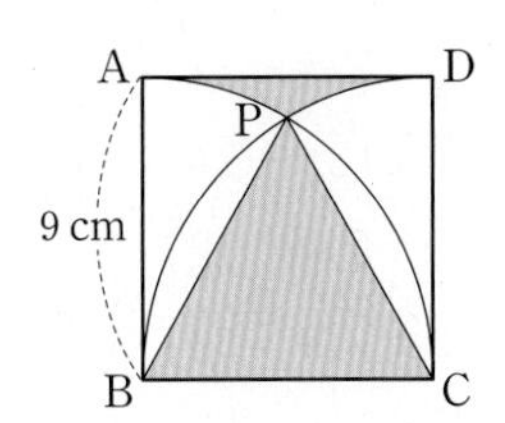

유형 13 색칠한 부분의 넓이 구하기 (2) 개념2

전체 도형을 간단한 몇 개의 도형으로 나누어 전체의 넓이를 구한 후 색칠하지 않은 부분의 넓이를 뺀다.

예 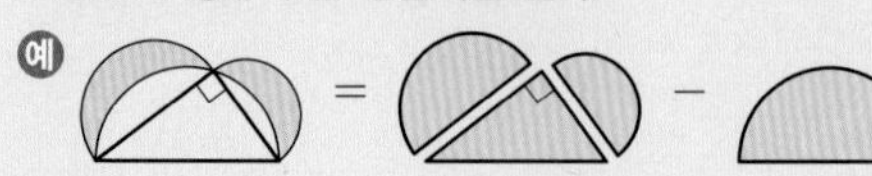

43 대표문제

오른쪽 그림은 $\angle A=90^{\circ}$인 직각삼각형 ABC의 각 변을 지름으로 하는 반원을 그린 것이다. 색칠한 부분의 넓이를 구하시오.

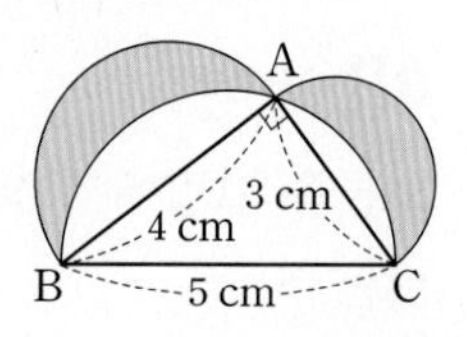

중요

44

오른쪽 그림은 지름의 길이가 6 cm인 반원을 점 A를 중심으로 45°만큼 회전한 것이다. 색칠한 부분의 넓이는?

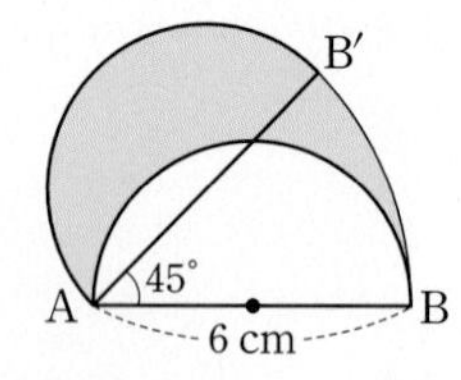

① $3\pi\ \text{cm}^2$ ② $\frac{7}{2}\pi\ \text{cm}^2$ ③ $4\pi\ \text{cm}^2$
④ $\frac{9}{2}\pi\ \text{cm}^2$ ⑤ $5\pi\ \text{cm}^2$

45

오른쪽 그림에서 색칠한 부분의 넓이는?

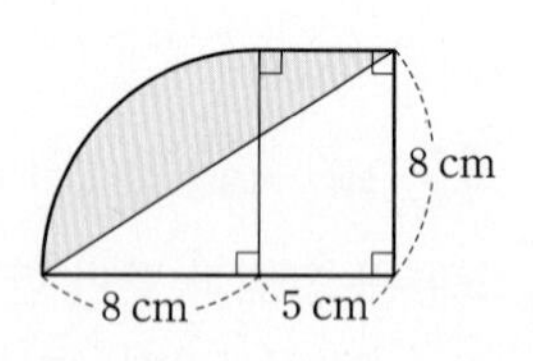

① $(12\pi-12)\ \text{cm}^2$
② $(12\pi-24)\ \text{cm}^2$
③ $(16\pi-12)\ \text{cm}^2$
④ $(16\pi-24)\ \text{cm}^2$
⑤ $(24\pi-12)\ \text{cm}^2$

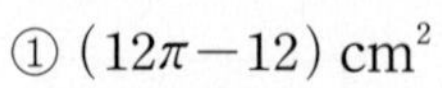

유형 14 색칠한 부분의 넓이 구하기 (3) 개념2

(1) 도형의 일부분을 넓이가 같은 부분으로 이동시켜 간단한 모양이 되도록 한다.

예 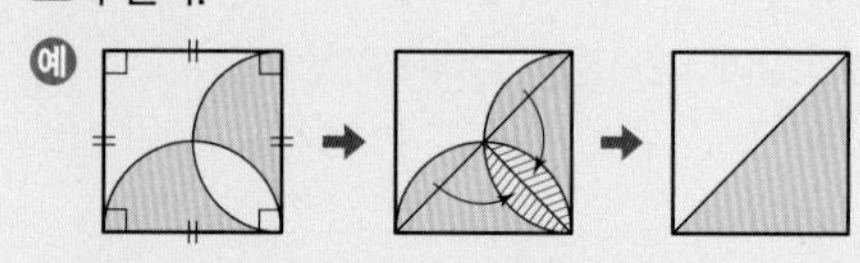

(2) 오른쪽 그림에서 색칠한 두 부분의 넓이가 같으면
①+②=②+③ (①=③)
➡ (직사각형의 넓이)=(반원의 넓이)

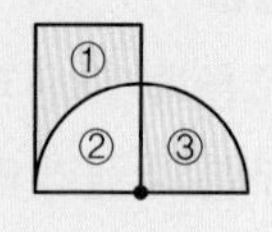

46 대표문제

오른쪽 그림에서 색칠한 부분의 넓이를 구하시오.

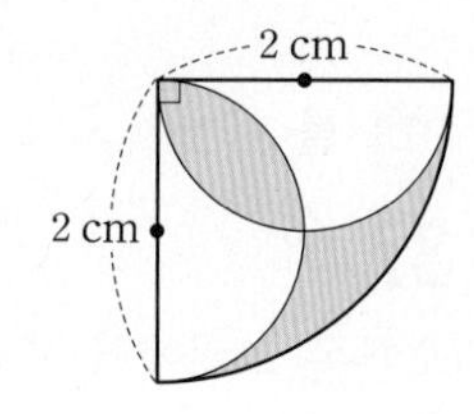

47

오른쪽 그림과 같이 한 변의 길이가 8 cm인 정사각형에서 색칠한 부분의 넓이를 구하시오.

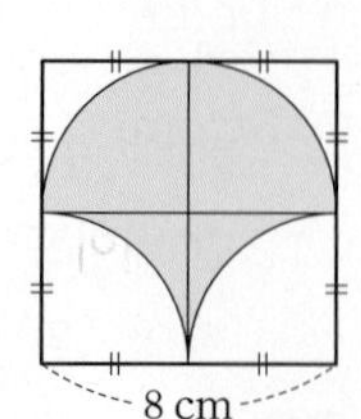

48

오른쪽 그림과 같이 반지름의 길이가 7 cm인 두 원이 서로의 중심을 지날 때, 색칠한 부분의 넓이를 구하시오.

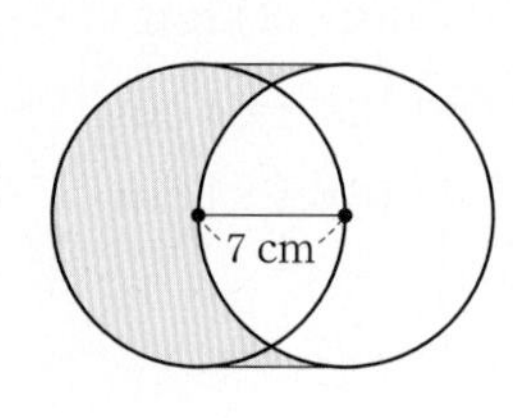

49 서술형

오른쪽 그림과 같은 직사각형 ABCD와 부채꼴 ABE에서 색칠한 두 부분의 넓이가 같을 때, x의 값을 구하시오.

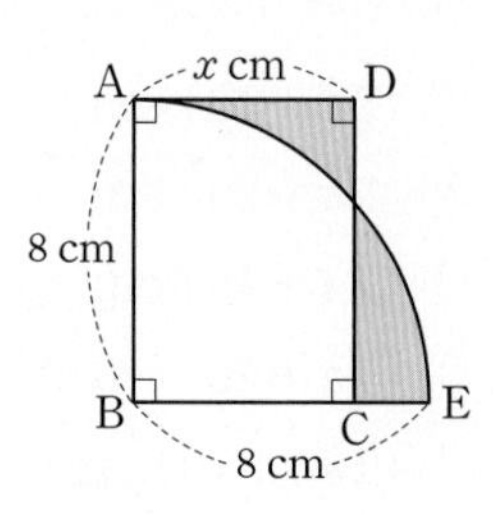

유형 15 끈의 최소 길이 개념 2

오른쪽 그림과 같이 세 원을 묶은 끈의 최소 길이는

①+②+③+④+⑤+⑥ (①+②+③: 곡선 부분, ④+⑤+⑥: 직선 부분)

=(부채꼴의 호의 길이)×3+④×3 (→ 원의 둘레의 길이)

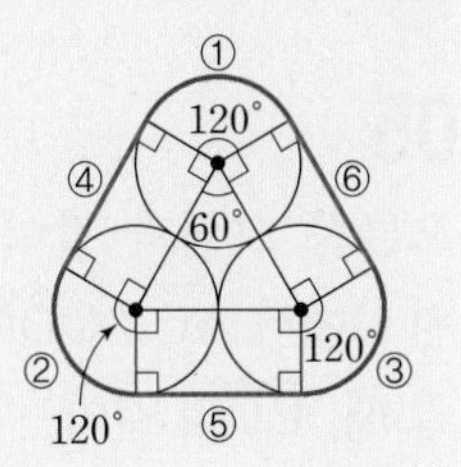

50 대표문제

오른쪽 그림과 같이 밑면의 반지름의 길이가 5 cm인 원기둥 3개를 끈으로 묶으려고 한다. 이때 필요한 끈의 최소 길이를 구하시오. (단, 끈의 매듭의 길이는 생각하지 않는다.)

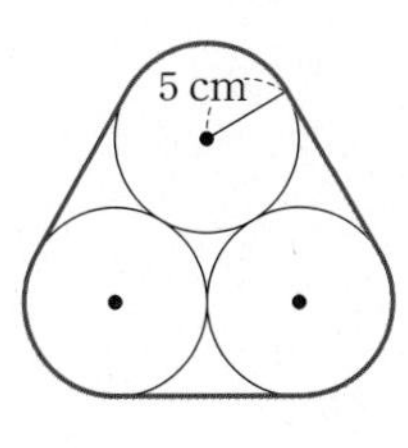

51

오른쪽 그림과 같이 밑면의 반지름의 길이가 6 cm인 원기둥 모양의 통조림 4개를 테이프로 묶으려고 한다. 이때 필요한 테이프의 최소 길이는?
(단, 테이프의 겹치는 부분의 길이는 생각하지 않는다.)

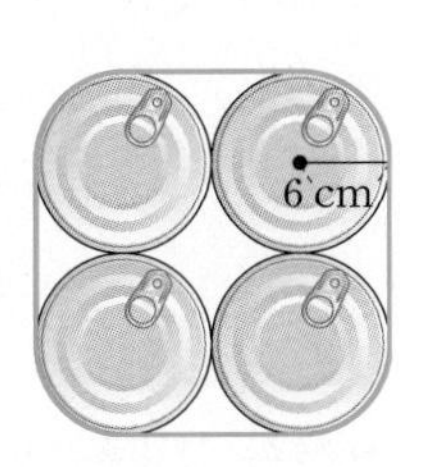

① $(8\pi+36)$ cm ② $(8\pi+48)$ cm
③ $(12\pi+36)$ cm ④ $(12\pi+48)$ cm
⑤ $(16\pi+36)$ cm

52 서술형

밑면의 반지름의 길이가 4 cm인 원기둥 3개를 다음 그림과 같이 두 방법 A와 B로 묶으려고 한다. 끈의 길이가 최소가 되도록 묶을 때, 필요한 끈의 길이의 차를 구하시오.
(단, 끈의 매듭의 길이는 생각하지 않는다.)

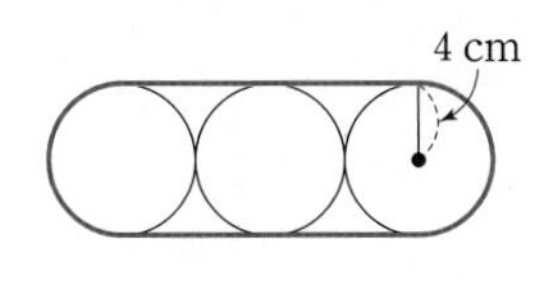

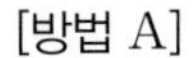

[방법 A]

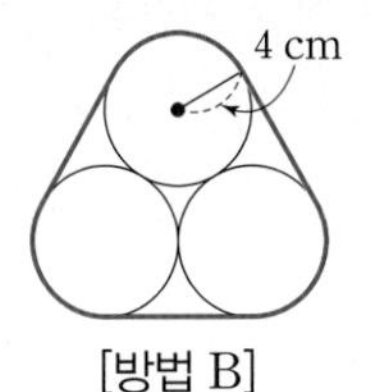

[방법 B]

유형 16 도형을 회전시킬 때, 점이 움직인 거리 개념 2

점이 움직인 거리(호)에 대한 중심각의 크기를 찾는다.

예 오른쪽 그림과 같이 한 변의 길이가 x인 정삼각형 ABC를 점 A가 점 A′에 오도록 회전시킬 때, 점 A가 움직인 거리는

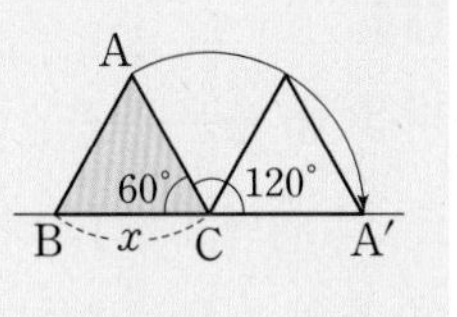

$$\widehat{AA'}=2\pi\times x\times\frac{120}{360}=\frac{2}{3}\pi x$$

53 대표문제

오른쪽 그림과 같이 직각삼각형 ABC를 직선 l 위에서 점 B를 중심으로 점 C가 점 C′에 오도록 회전시킬 때, 점 C가 움직인 거리를 구하시오.

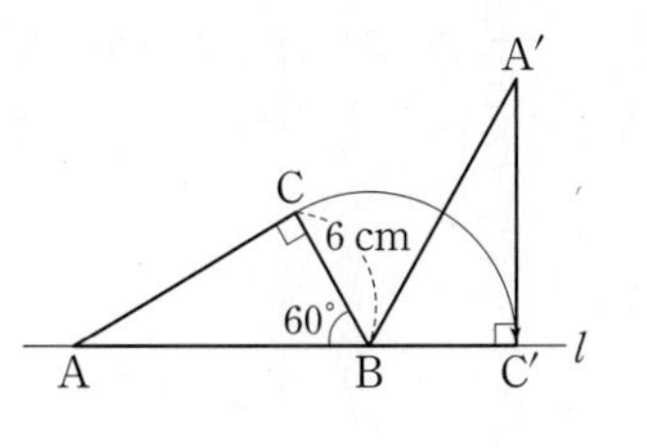

54 중요

오른쪽 그림과 같이 한 변의 길이가 9 cm인 정삼각형 ABC를 직선 l 위에서 점 A가 점 A′에 오도록 회전시킬 때, 점 A가 움직인 거리는?

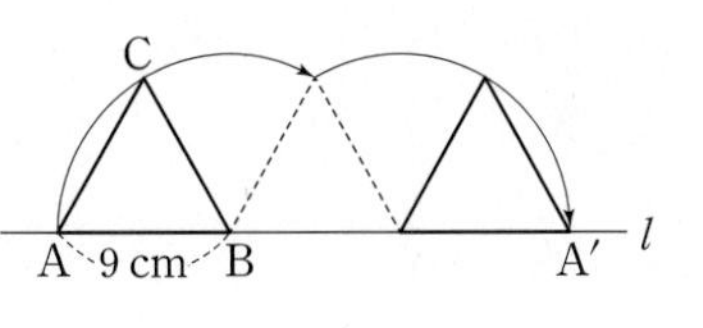

① 12π cm ② 13π cm ③ 14π cm
④ 15π cm ⑤ 16π cm

55

다음 그림과 같이 직사각형 ABCD를 직선 l 위에서 점 B가 점 B′에 오도록 회전시켰다. $\overline{AB}=3$ cm, $\overline{BC}=4$ cm, $\overline{BD}=5$ cm일 때, 점 B가 움직인 거리를 구하시오.

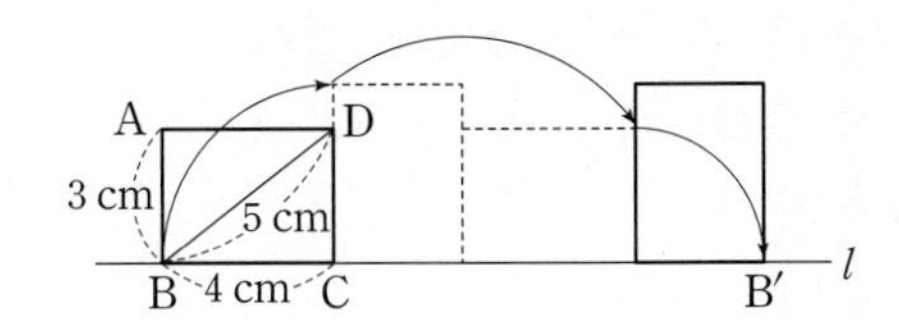

Real 실전 기출

01

다음 중 옳은 것은?

① 원 위의 두 점을 연결한 선분을 호라 한다.
② 호와 현으로 이루어진 도형을 부채꼴이라 한다.
③ 한 원에서 부채꼴의 크기가 최대일 때의 중심각의 크기는 $180°$이다.
④ 두 원에서 같은 크기의 중심각에 대한 호의 길이는 같다.
⑤ 한 원에서 현의 길이는 중심각의 크기에 정비례하지 않는다.

02

원 O에서 부채꼴 AOB의 반지름의 길이와 현 AB의 길이가 같을 때, 부채꼴 AOB의 중심각의 크기는?

① $30°$ ② $40°$ ③ $50°$
④ $60°$ ⑤ $70°$

03 최다빈출

오른쪽 그림의 원 O에서 x의 값은?

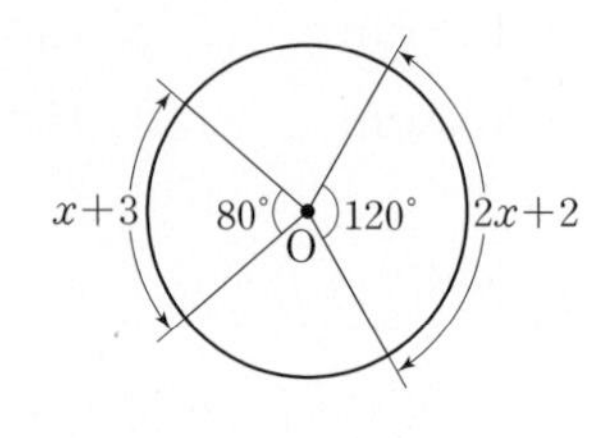

① 3 ② 4
③ 5 ④ 6
⑤ 7

04

오른쪽 그림의 원 O에서 $\overset{\frown}{BC}$의 길이가 $\overset{\frown}{AB}$의 길이의 3배일 때, $\angle x$의 크기를 구하시오.

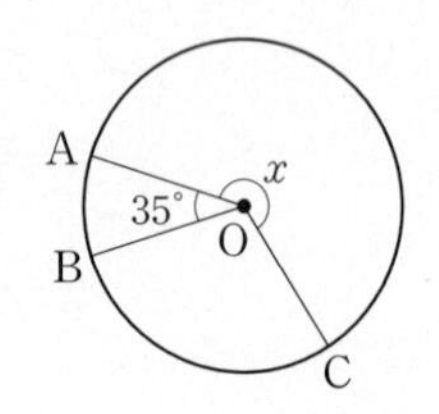

05

오른쪽 그림과 같이 지름이 $\overline{AB}$인 원 O에서 $\overline{AC} /\!/ \overline{OD}$이고 $\overline{CD}=8\text{ cm}$일 때, $\overline{BD}$의 길이는?

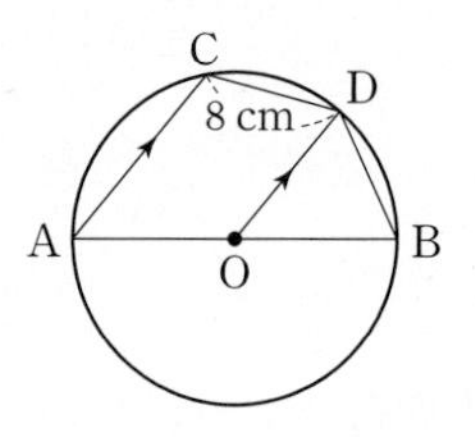

① 5 cm ② 6 cm
③ 7 cm ④ 8 cm
⑤ 9 cm

06

지름의 길이가 1 m인 굴렁쇠를 오른쪽 그림과 같은 트랙을 따라 굴려서 한 바퀴 돌 때, 굴렁쇠는 몇 바퀴 회전하는지 구하시오.

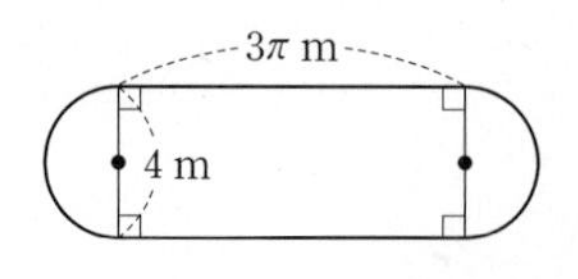

07 창의 역량

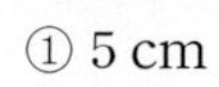

오른쪽 그림은 반지름의 길이가 12 cm, 16 cm인 원 모양의 피자 A, B를 각각 4등분, 8등분 한 것이다. 두 피자 중 한 조각을 선택할 때, 어느 것을 선택하면 더 많은 양을 먹을 수 있는지 구하시오. (단, 피자의 두께는 생각하지 않는다.)

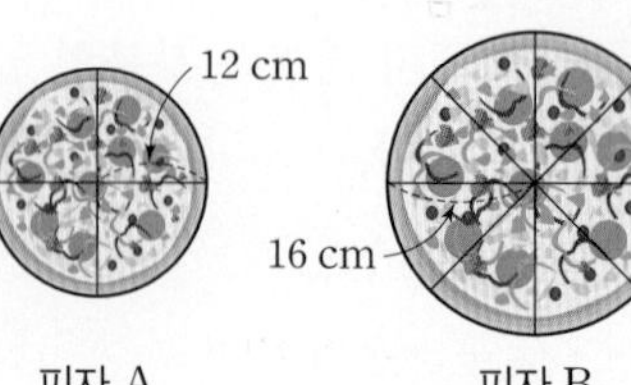

08

오른쪽 그림과 같이 반지름의 길이가 $2a$인 부채꼴 ABC에서 $\overset{\frown}{AC}$와 $\overset{\frown}{BC}$의 길이의 비는?

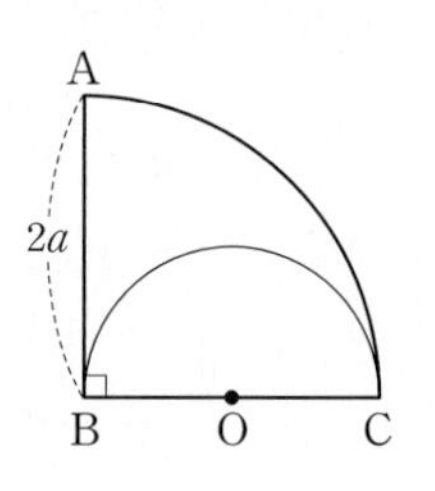

① 1 : 1 ② 1 : 2
③ 2 : 1 ④ 2 : 3
⑤ 3 : 2

09

오른쪽 그림과 같이 한 변의 길이가 20 cm인 정사각형에서 색칠한 부분의 넓이를 구하시오.

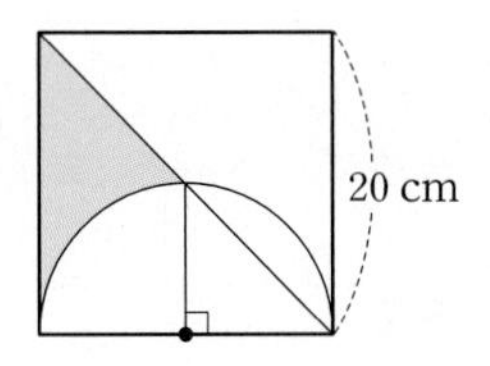

10 최다빈출

오른쪽 그림의 원에서 색칠한 부분의 넓이는?

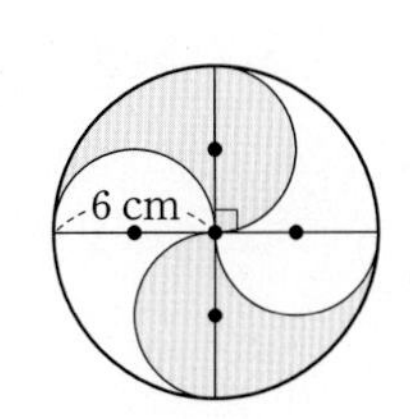

① 10π cm^2　② 12π cm^2　③ 14π cm^2　④ 16π cm^2　⑤ 18π cm^2

11

오른쪽 그림과 같이 밑면의 반지름의 길이가 5 cm인 원기둥 모양의 캔 6개를 끈으로 묶으려고 한다. 이때 필요한 끈의 최소 길이는?

(단, 끈의 매듭의 길이는 생각하지 않는다.)

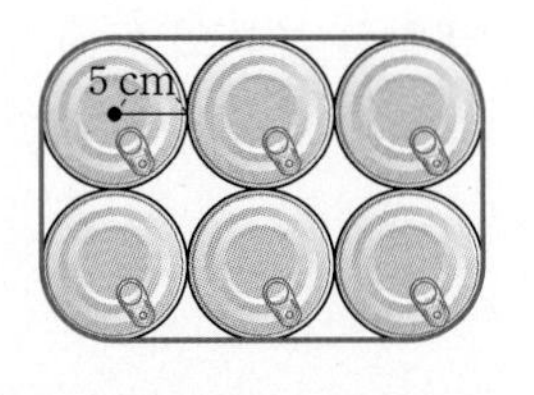

① $(10\pi+50)$ cm　② $(10\pi+60)$ cm　③ $(20\pi+40)$ cm　④ $(20\pi+60)$ cm　⑤ $(30\pi+60)$ cm

12

오른쪽 그림과 같이 반지름의 길이가 9 cm인 두 원 O, O′이 서로의 중심을 지날 때, 색칠한 부분의 둘레의 길이를 구하시오.

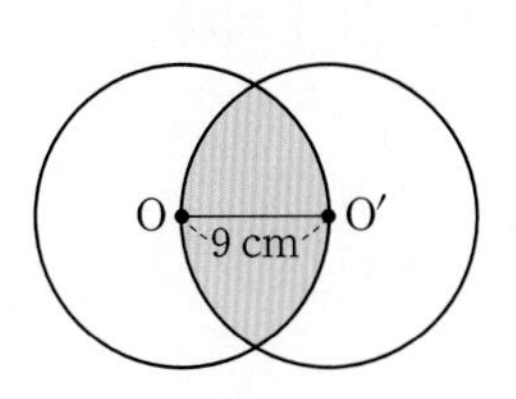

100점 공략

13

오른쪽 그림은 한 변의 길이가 8 cm인 정삼각형의 각 변을 지름으로 하는 세 개의 반원을 그린 것이다. 이때 색칠한 부분의 넓이를 구하시오.

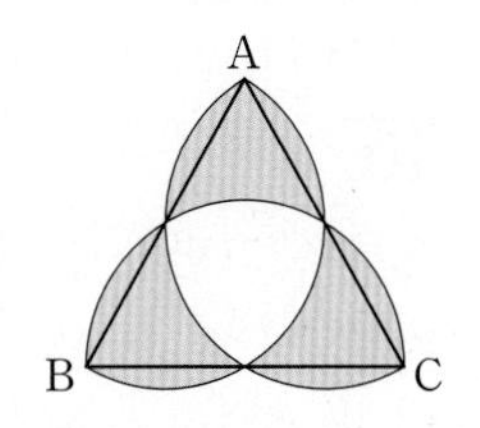

14

오른쪽 그림은 한 변의 길이가 10 cm인 정사각형 ABCD에 반지름의 길이가 8 cm인 두 사분원을 그린 것이다. 색칠한 세 부분의 넓이를 각각 S_1 cm^2, S_2 cm^2, S_3 cm^{2}라 할 때, $S_2-(S_1+S_3)$의 값을 구하시오.

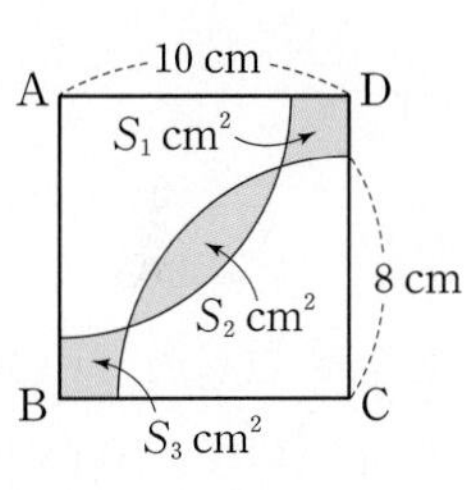

15

오른쪽 그림과 같이 한 변의 길이가 6 m인 정육각형 모양의 울타리가 있다. 이 울타리의 한 변의 중점에 길이가 9 m인 끈으로 염소를 묶어 놓았다. 이때 염소가 움직일 수 있는 영역의 최대 넓이를 구하시오.

(단, 염소의 크기와 끈의 매듭의 길이는 생각하지 않는다.)

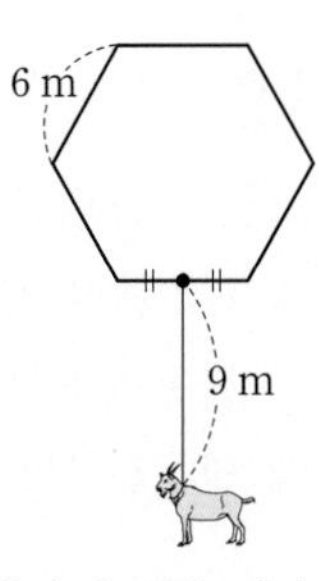

06 원과 부채꼴

정답과 해설 49쪽

서술형

16

오른쪽 그림과 같이 원 O의 지름 AB의 연장선과 현 CD의 연장선의 교점을 P라 하자. $\overline{CO}=\overline{CP}$일 때, $\overset{\frown}{CD}$의 길이를 구하시오.

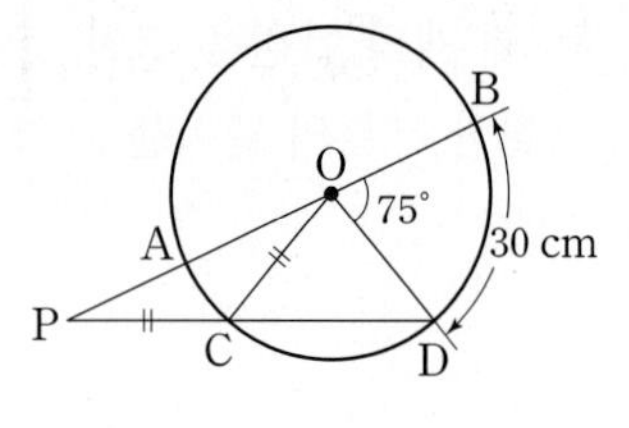

풀이

답 ____________________

17

오른쪽 그림의 원 O에서 $\overline{AB}\,/\!/\,\overline{OC}$이고 $\angle AOB=100°$이다. 부채꼴 AOB의 넓이가 $50\pi\ \text{cm}^2$일 때, 부채꼴 BOC의 넓이를 구하시오.

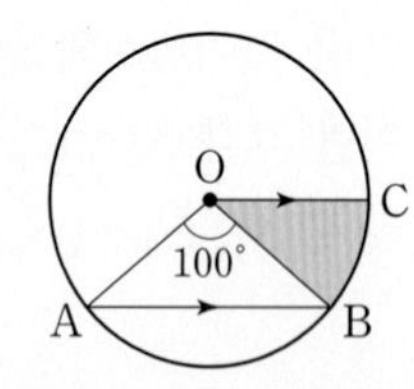

풀이

답 ____________________

18

오른쪽 그림은 한 변의 길이가 4 cm인 정육각형의 각 꼭짓점을 중심으로 하고 합동인 6개의 원을 그린 것이다. 이때 색칠한 부분의 넓이를 구하시오.

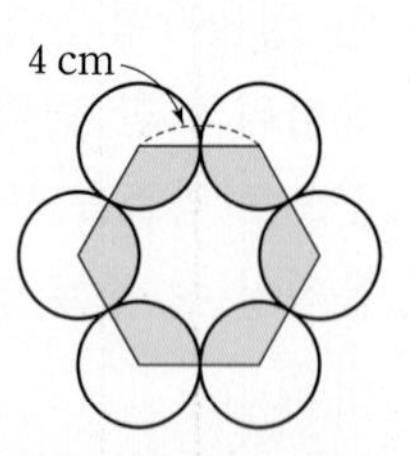

풀이

답 ____________________

19

오른쪽 그림에서 부채꼴 AOB의 중심각의 크기와 부채꼴 DOE의 중심각의 크기는 같고 $\overline{OA}=2\text{ cm}$, $\overline{BE}=2\text{ cm}$이다. 색칠한 두 부분의 넓이를 각각 $S_1\ \text{cm}^2$, $S_2\ \text{cm}^2$라 할 때, $S_1 : S_2$를 가장 간단한 자연수의 비로 나타내시오.

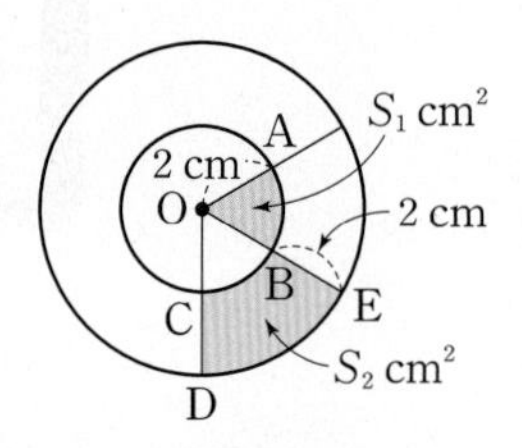

풀이

답 ____________________

20 100점

오른쪽 그림과 같이 한 변의 길이가 12 cm인 정사각형 ABCD에서 색칠한 부분의 둘레의 길이를 구하시오.

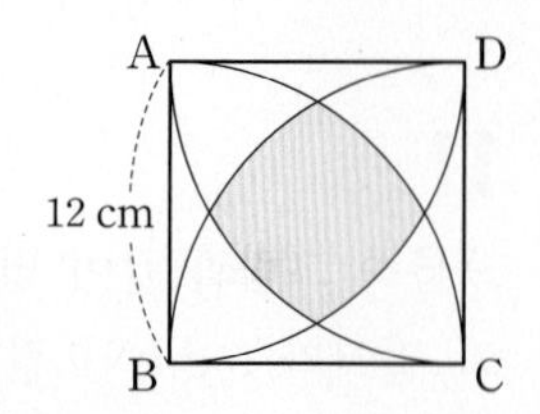

풀이

답 ____________________

21 100점

오른쪽 그림과 같이 반지름의 길이가 1 cm인 원이 직각삼각형의 둘레를 따라 한 바퀴 돌아서 제자리로 왔을 때, 원이 지나간 자리의 넓이를 구하시오.

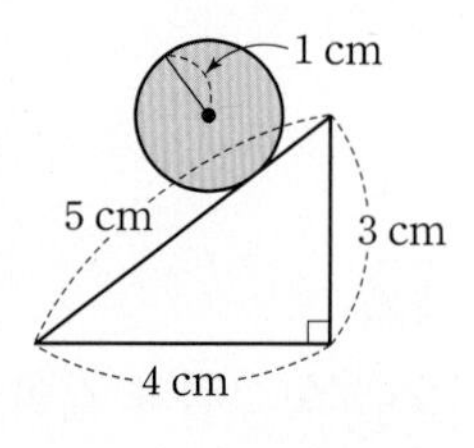

풀이

답 ____________________

07

Ⅲ. 입체도형

다면체와 회전체

93 ~ 108쪽

44 ~ 51쪽

Real 실전 개념

개념 1 다면체 유형 01, 05

(1) **다면체:** 다각형인 면으로만 둘러싸인 입체도형

① **면:** 다면체를 둘러싸고 있는 다각형

② **모서리:** 다면체를 둘러싸고 있는 다각형의 변

③ **꼭짓점:** 다면체를 둘러싸고 있는 다각형의 꼭짓점

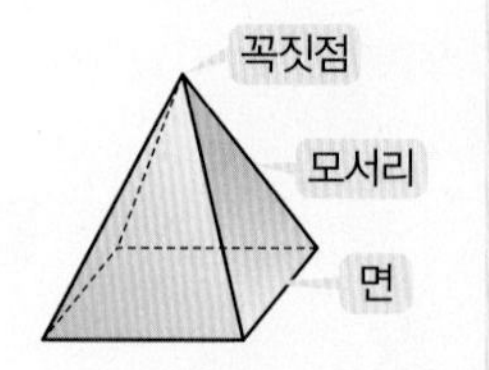

(2) 다면체는 면의 개수에 따라 사면체, 오면체, 육면체, …라 한다.

→ 다면체의 면의 개수는 4 이상이다.

개념 2 각뿔대 유형 01~05

(1) **각뿔대:** 각뿔을 밑면에 평행한 평면으로 자를 때 생기는 두 입체도형 중 각뿔이 아닌 쪽의 입체도형

① **밑면:** 각뿔대에서 평행한 두 면 ← 각뿔대의 두 밑면은 모양이 같지만 크기가 다르다.

② **옆면:** 각뿔대에서 밑면이 아닌 면

③ **높이:** 각뿔대의 두 밑면 사이의 거리

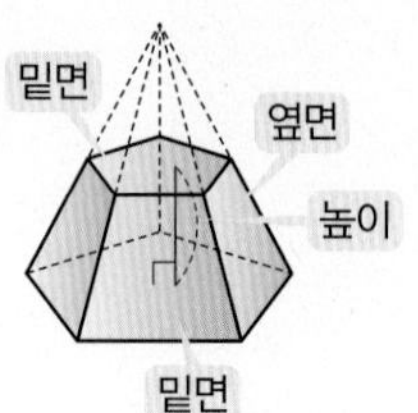

(2) 각뿔대의 밑면의 모양은 다각형이고 옆면의 모양은 모두 사다리꼴이다.

(3) 각뿔대는 밑면의 모양에 따라 삼각뿔대, 사각뿔대, 오각뿔대, …라 한다.

참고

다면체	n각기둥	n각뿔	n각뿔대
옆면의 모양	직사각형	삼각형	사다리꼴
면의 개수	$n+2$	$n+1$	$n+2$
모서리의 개수	$3n$	$2n$	$3n$
꼭짓점의 개수	$2n$	$n+1$	$2n$

n각기둥과 n각뿔대의 면, 모서리, 꼭짓점의 개수는 같다.

개념 3 정다면체 유형 06~10

(1) **정다면체:** 각 면이 모두 합동인 정다각형이고 각 꼭짓점에 모인 면의 개수가 같은 다면체

(2) **정다면체의 종류:** 정사면체, 정육면체, 정팔면체, 정십이면체, 정이십면체의 5가지뿐이다.

정다면체	정사면체	정육면체	정팔면체	정십이면체	정이십면체
면의 모양	정삼각형	정사각형	정삼각형	정오각형	정삼각형
한 꼭짓점에 모인 면의 개수	3	3	4	3	5
면의 개수	4	6	8	12	20
모서리의 개수	6	12	12	30	30
꼭짓점의 개수	4	8	6	20	12
전개도					

⊕ 개념 노트

- 원기둥, 원뿔과 같이 다각형 이외의 면이 있는 입체도형은 다면체가 아니다.
- 사면체, 오면체, 육면체, …는 다면체를 면의 개수에 따라 분류한 것이고 각기둥, 각뿔, 각뿔대는 다면체를 모양에 따라 분류한 것이다.
- (다면체의 면의 개수) =(옆면의 개수)+(밑면의 개수)
- 다면체에서 꼭짓점의 개수를 v, 모서리의 개수를 e, 면의 개수를 f라 할 때 ➡ $v-e+f=2$
- [정다면체가 5가지뿐인 이유] 정다면체는 입체도형이므로
  ① 한 꼭짓점에서 3개 이상의 면이 만나야 한다.
  ② 한 꼭짓점에 모인 각의 크기의 합이 360°보다 작아야 한다.

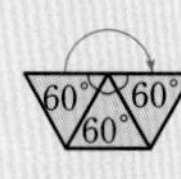

정사면체

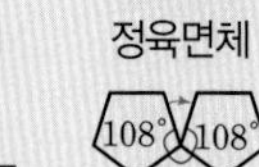

정육면체

정팔면체

정십이면체

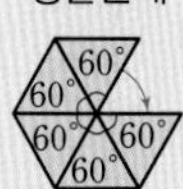

정이십면체

개념 1 다면체

01 다음 **보기** 중 다면체인 것을 모두 고르시오.

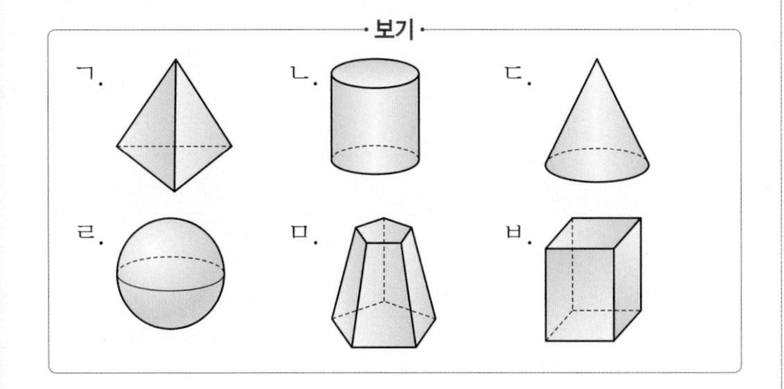

[02~03] 다음 다면체는 몇 면체인지 구하시오.

02 오각기둥

03 사각뿔

개념 2 각뿔대

[04~06] 오른쪽 그림의 삼각뿔대에 대하여 다음을 구하시오.

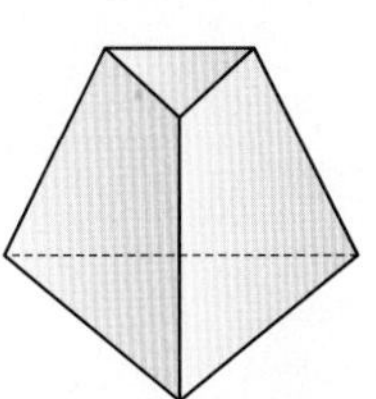

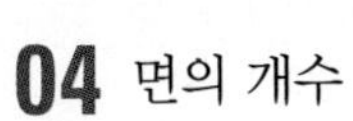

04 면의 개수

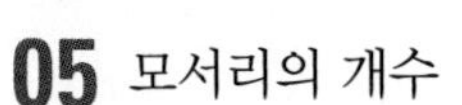

05 모서리의 개수

06 꼭짓점의 개수

07 다음 다면체를 보고 표를 완성하시오.

다면체	오각기둥	오각뿔	오각뿔대
옆면의 모양			
면의 개수			
모서리의 개수			
꼭짓점의 개수			

개념 3 정다면체

[08~11] 다음 중 정다면체에 대한 설명으로 옳은 것은 ○표, 옳지 않은 것은 ×표를 하시오.

08 각 면이 모두 합동인 정다각형으로 이루어져 있다. ( )

09 정다면체의 종류는 무수히 많다. ( )

10 한 정다면체에서 각 꼭짓점에 모인 면의 개수는 같다. ( )

11 한 꼭짓점에 모인 각의 크기의 합이 360°보다 크다. ( )

[12~13] 다음을 만족시키는 정다면체를 **보기**에서 모두 고르시오.

보기

ㄱ. 정사면체　ㄴ. 정육면체　ㄷ. 정팔면체
ㄹ. 정십이면체　ㅁ. 정이십면체

12 면의 모양이 정삼각형인 정다면체

13 한 꼭짓점에 모인 면의 개수가 4인 정다면체

[14~16] 오른쪽 그림의 전개도로 만든 정다면체에 대하여 다음을 구하시오.

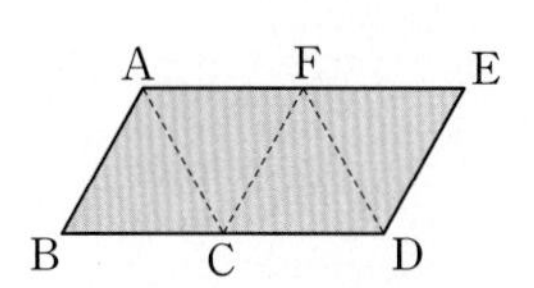

14 정다면체의 이름

15 점 A와 겹치는 꼭짓점

16 모서리 BC와 겹치는 모서리

개념 4 회전체

유형 11~13, 17

(1) **회전체:** 평면도형을 한 직선을 축으로 하여 1회전 시킬 때 생기는 입체도형

① **회전축:** 회전시킬 때 축으로 사용한 직선

② **모선:** 회전할 때 옆면을 만드는 선분

(2) **원뿔대:** 원뿔을 밑면에 평행한 평면으로 자를 때 생기는 두 입체도형 중 원뿔이 아닌 쪽의 입체도형

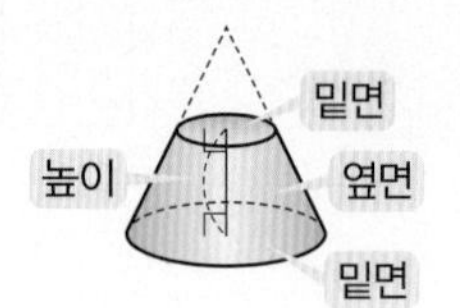

(3) **회전체의 종류:** 원기둥, 원뿔, 원뿔대, 구 등이 있다.

개념 노트

- 구는 반원의 지름을 축으로 하여 1회전 시킨 것인데 반원은 선분이 아니므로 구에서는 모선을 생각할 수 없다.
- 원뿔대는 사다리꼴의 양 끝 각이 모두 직각인 변 DC를 축으로 하여 1회전 시킬 때 생기는 회전체이다.

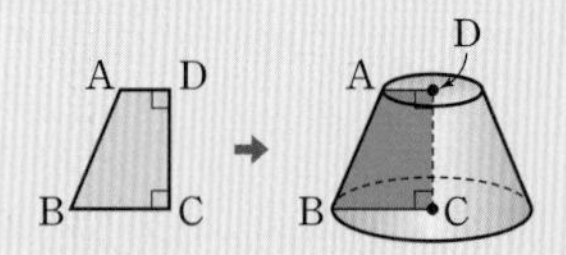

개념 5 회전체의 성질

유형 14, 15, 17

(1) 회전체를 회전축에 수직인 평면으로 자를 때 생기는 단면의 모양은 항상 원이다.

회전체	원기둥	원뿔	원뿔대	구
회전축에 수직인 평면으로 자른 단면의 모양	원	원	원	원

- 구는 어느 평면으로 잘라도 그 단면의 모양은 항상 원이고 단면의 넓이가 가장 큰 경우는 구의 중심을 지나도록 자를 때이다.

(2) 회전체를 회전축을 포함하는 평면으로 자를 때 생기는 단면은 모두 합동이고 회전축을 대칭축으로 하는 선대칭도형이다.

회전체	원기둥	원뿔	원뿔대	구
회전축을 포함하는 평면으로 자른 단면의 모양	직사각형	이등변삼각형	사다리꼴	원

- 한 직선을 따라 접었을 때 완전히 겹쳐지는 도형을 선대칭도형이라 하고 그 직선을 대칭축이라 한다.

개념 6 회전체의 전개도

유형 16, 17

	원기둥	원뿔	원뿔대
회전체	모선	모선	모선
전개도	밑면, 모선, 옆면, 밑면	모선, 옆면, 밑면	밑면, 모선, 옆면, 밑면

- 구의 전개도는 그릴 수 없다.
- 원뿔대의 전개도에서 옆면의 모양은 부채꼴의 일부이다.

참고 (1) 원기둥의 전개도에서 (직사각형의 가로의 길이)=(원의 둘레의 길이)

(2) 원뿔의 전개도에서 (부채꼴의 호의 길이)=(원의 둘레의 길이)

개념 4 회전체

17 다음 **보기** 중 회전체인 것을 모두 고르시오.

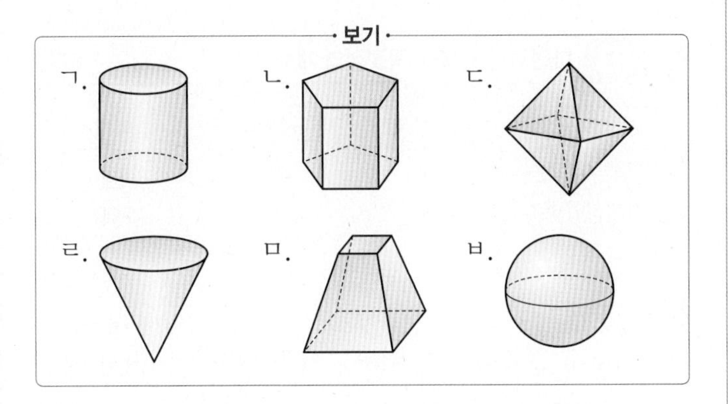

[18~20] 다음 □ 안에 알맞은 것을 써넣으시오.

18 평면도형을 한 직선을 축으로 하여 1회전 시킬 때 생기는 입체도형을 □라 한다.

19 회전체에서 옆면을 만드는 선분을 □이라 한다.

20 원뿔을 밑면에 평행한 평면으로 자를 때 생기는 두 입체도형 중 원뿔이 아닌 쪽의 입체도형을 □라 한다.

[21~24] 다음 그림과 같은 평면도형을 직선 l을 회전축으로 하여 1회전 시킬 때 생기는 회전체를 그리고, 회전체의 이름을 말하시오.

21

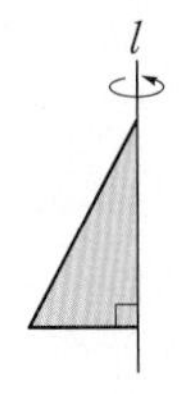

22

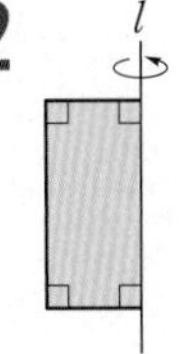

23

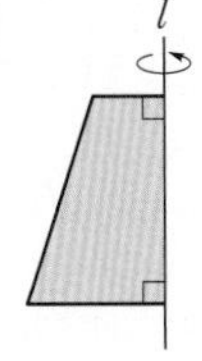

24

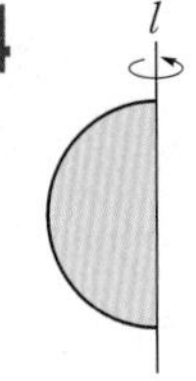

개념 5 회전체의 성질

25 다음 표를 완성하시오.

회전체	회전축에 수직인 평면으로 자른 단면의 모양	회전축을 포함하는 평면으로 자른 단면의 모양
원기둥		
원뿔		
원뿔대		
구		

[26~28] 다음 중 회전체에 대한 설명으로 옳은 것은 ○표, 옳지 않은 것은 ×표를 하시오.

26 회전체를 회전축을 포함하는 평면으로 자를 때 생기는 단면의 모양은 항상 원이다. ( )

27 회전체를 회전축에 수직인 평면으로 자를 때 생기는 단면은 모두 합동이다. ( )

28 회전체를 회전축을 포함하는 평면으로 자를 때 생기는 단면은 회전축을 대칭축으로 하는 선대칭도형이다. ( )

개념 6 회전체의 전개도

[29~30] 다음 그림과 같은 전개도로 만든 입체도형을 그리시오.

29

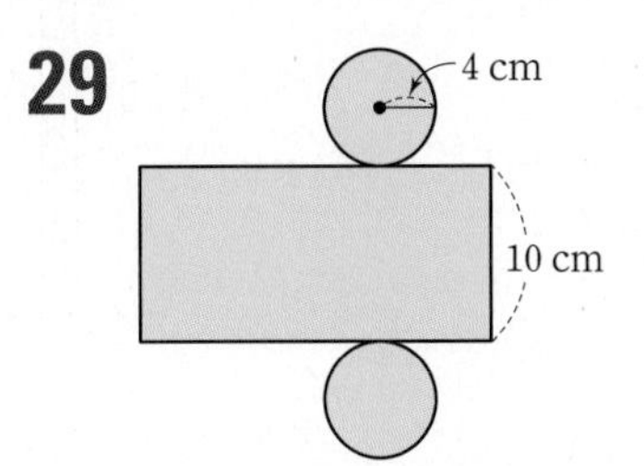

30

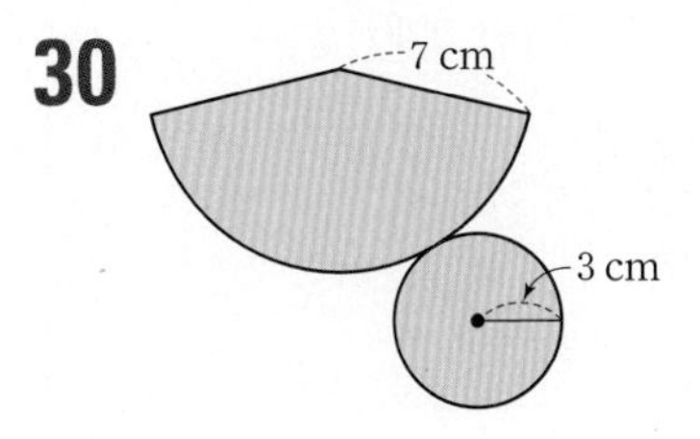

유형 01 다면체 개념 1, 2

(1) 다면체: 다각형인 면으로만 둘러싸인 입체도형
(2) 다면체는 면의 개수에 따라 사면체, 오면체, 육면체, …라 한다.
(3) 다면체의 종류: 각기둥, 각뿔, 각뿔대 등

01 대표문제

다음 중 다면체가 아닌 것은?

① 사면체 ② 삼각뿔대 ③ 사각기둥
④ 육각뿔 ⑤ 원뿔대

02

다음 **보기** 중 다면체를 모두 고르시오.

보기
ㄱ. 칠면체 ㄴ. 삼각기둥 ㄷ. 사각형 ㄹ. 구
ㅁ. 오각뿔 ㅂ. 원기둥 ㅅ. 육각뿔대 ㅇ. 원뿔

유형 02 다면체의 면의 개수 개념 2

다면체	n각기둥	n각뿔	n각뿔대
면의 개수	$n+2$	$n+1$	$n+2$

→ (면의 개수)=(옆면의 개수)+(밑면의 개수)
↳ 한 밑면의 변의 개수

03 대표문제

다음 중 면의 개수가 가장 많은 다면체는?

① 정육각뿔 ② 팔면체 ③ 정육면체
④ 오각기둥 ⑤ 칠각뿔대

04

다음 중 십면체를 모두 고르면? (정답 2개)

① 팔각뿔 ② 팔각뿔대 ③ 구각기둥
④ 구각뿔 ⑤ 십각뿔

집중

유형 03 다면체의 모서리, 꼭짓점의 개수 개념 2

다면체	n각기둥	n각뿔	n각뿔대
모서리의 개수	$3n$	$2n$	$3n$
꼭짓점의 개수	$2n$	$n+1$	$2n$

05 대표문제

사각기둥의 모서리의 개수를 a, 오각뿔의 모서리의 개수를 b, 삼각뿔대의 꼭짓점의 개수를 c라 할 때, $a+b+c$의 값은?

① 16 ② 20 ③ 24
④ 28 ⑤ 32

06

다음 다면체 중 꼭짓점의 개수가 나머지 넷과 다른 하나는?

① 사각뿔대 ② 사각기둥 ③ 오각뿔
④ 정육면체 ⑤ 칠각뿔

07

다음 중 모서리의 개수와 꼭짓점의 개수의 합이 가장 큰 다면체는?

① 오각뿔 ② 육각뿔대 ③ 오각기둥
④ 육각뿔 ⑤ 오각뿔대

08 서술형

모서리의 개수가 24인 각뿔대의 면의 개수를 a, 꼭짓점의 개수를 b라 할 때, $a+b$의 값을 구하시오.

09

모서리의 개수와 면의 개수의 합이 30인 각기둥의 꼭짓점의 개수를 구하시오.

유형 04 다면체의 옆면의 모양 개념2

다면체	각기둥	각뿔	각뿔대
옆면의 모양	직사각형	삼각형	사다리꼴

사각형

10 대표문제

다음 중 다면체와 그 옆면의 모양을 짝 지은 것으로 옳지 않은 것은?

① 삼각기둥 – 직사각형
② 삼각뿔 – 삼각형
③ 오각뿔대 – 사다리꼴
④ 오각뿔 – 사다리꼴
⑤ 직육면체 – 직사각형

11

다음 **보기** 중 옆면의 모양이 직사각형인 다면체를 모두 고르시오.

보기

ㄱ. 육각기둥 ㄴ. 칠각뿔 ㄷ. 삼각뿔대
ㄹ. 팔각뿔대 ㅁ. 정육면체 ㅂ. 십각뿔

12

다음 중 옆면의 모양이 사각형이 아닌 다면체를 모두 고르면? (정답 2개)

① 삼각뿔대 ② 사각뿔 ③ 정육면체
④ 육각뿔 ⑤ 십각기둥

집중

유형 05 다면체의 이해 개념1, 2

(1) 각기둥: 두 밑면은 서로 평행하면서 합동인 다각형이고 옆면의 모양은 모두 직사각형인 다면체
(2) 각뿔: 밑면이 다각형이고 옆면의 모양은 모두 삼각형인 다면체
(3) 각뿔대: 각뿔을 밑면에 평행한 평면으로 자를 때 생기는 두 입체도형 중 각뿔이 아닌 쪽의 입체도형

13 대표문제

다음 중 각뿔대에 대한 설명으로 옳지 않은 것을 모두 고르면? (정답 2개)

① 다면체이다.
② 두 밑면은 서로 합동이다.
③ 두 밑면은 서로 평행하다.
④ 옆면의 모양은 평행사변형이다.
⑤ n각뿔대의 면의 개수는 $n+2$이다.

14

다음 중 다면체에 대한 설명으로 옳지 않은 것은?

① 각기둥의 두 밑면은 서로 평행하고 합동인 다각형이다.
② 각기둥의 옆면의 모양은 직사각형이고 각뿔의 옆면의 모양은 삼각형이다.
③ 삼각기둥과 오각뿔의 꼭짓점의 개수는 같다.
④ 각뿔의 면의 개수와 꼭짓점의 개수는 같다.
⑤ 각뿔대의 모서리의 개수는 밑면인 다각형의 꼭짓점의 개수의 2배이다.

중요

15 서술형

다음 조건을 모두 만족시키는 입체도형을 구하시오.

(가) 십면체이다.
(나) 옆면의 모양은 직사각형이다.
(다) 두 밑면은 서로 평행하고 합동인 다각형이다.

집중

유형 06 정다면체의 이해

개념 3

정다면체	정사면체	정육면체	정팔면체	정십이면체	정이십면체
면의 모양	정삼각형	정사각형	정삼각형	정오각형	정삼각형
한 꼭짓점에 모인 면의 개수	3	3	4	3	5

16 대표문제

다음 중 정다면체에 대한 설명으로 옳지 않은 것은?

① 정다면체는 5가지뿐이다.
② 면의 모양이 정삼각형인 정다면체는 3가지이다.
③ 면의 모양이 정사각형인 정다면체는 정육면체이다.
④ 면의 모양이 정오각형인 정다면체의 한 꼭짓점에 모인 면의 개수는 3이다.
⑤ 한 꼭짓점에 모인 면의 개수가 가장 많은 정다면체는 정십이면체이다.

17

다음 조건을 모두 만족시키는 정다면체를 구하시오.

(가) 각 면은 모두 합동인 정삼각형이다.
(나) 한 꼭짓점에 모인 면의 개수는 3이다.

18

다음 중 정다면체와 그 면의 모양, 한 꼭짓점에 모인 면의 개수를 짝 지은 것으로 옳은 것은?

① 정사면체 – 정사각형 – 3
② 정육면체 – 정삼각형 – 3
③ 정팔면체 – 정삼각형 – 3
④ 정십이면체 – 정오각형 – 4
⑤ 정이십면체 – 정삼각형 – 5

집중

유형 07 정다면체의 면, 모서리, 꼭짓점의 개수

개념 3

정다면체	정사면체	정육면체	정팔면체	정십이면체	정이십면체
면의 개수	4	6	8	12	20
모서리의 개수	6	12	12	30	30
꼭짓점의 개수	4	8	6	20	12

19 대표문제

면의 개수가 가장 적은 정다면체의 모서리의 개수를 a, 면의 개수가 가장 많은 정다면체의 모서리의 개수를 b라 할 때, $a+b$의 값을 구하시오.

20

정육면체의 꼭짓점의 개수를 x, 정팔면체의 모서리의 개수를 y라 할 때, $y-x$의 값은?

① 1 ② 2 ③ 3
④ 4 ⑤ 5

21 서술형

면의 모양이 정삼각형이고 모서리의 개수가 30인 정다면체의 꼭짓점의 개수를 구하시오.

22

다음 **보기** 중 정다면체에 대한 설명으로 옳은 것을 모두 고르시오.

보기

ㄱ. 정사면체의 면의 개수와 꼭짓점의 개수는 같다.
ㄴ. 정육면체와 정팔면체의 모서리의 개수는 같다.
ㄷ. 정팔면체의 꼭짓점의 개수와 정이십면체의 모서리의 개수는 같다.
ㄹ. 정십이면체의 꼭짓점의 개수와 정이십면체의 면의 개수는 같다.

유형 08 정다면체의 전개도 개념3

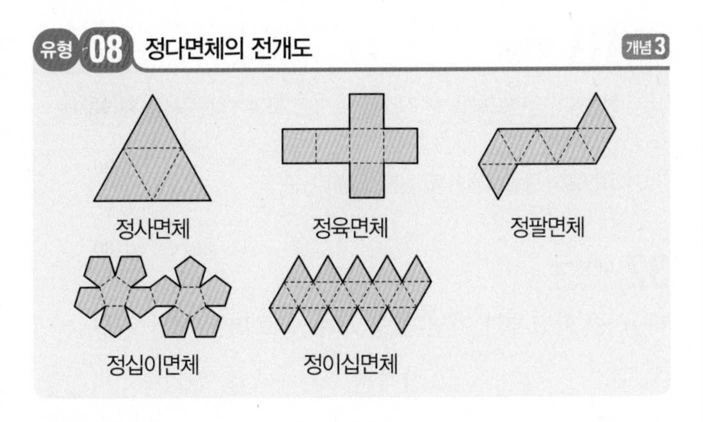

23 대표문제

다음 중 오른쪽 그림과 같은 전개도로 만든 정다면체에 대한 설명으로 옳지 않은 것은?

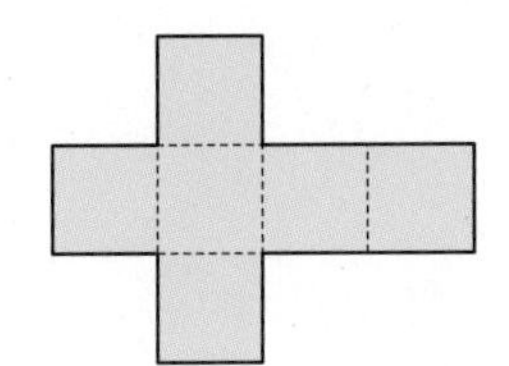

① 각 면이 모두 합동이다.
② 세 쌍의 면이 서로 평행하다.
③ 꼭짓점의 개수는 8이다.
④ 모서리의 개수는 12이다.
⑤ 한 꼭짓점에 모인 면의 개수는 4이다.

24 서술형

오른쪽 그림과 같은 전개도로 만든 정다면체의 꼭짓점의 개수를 a, 모서리의 개수를 b, 한 꼭짓점에 모인 면의 개수를 c라 할 때, $a+b-c$의 값을 구하시오.

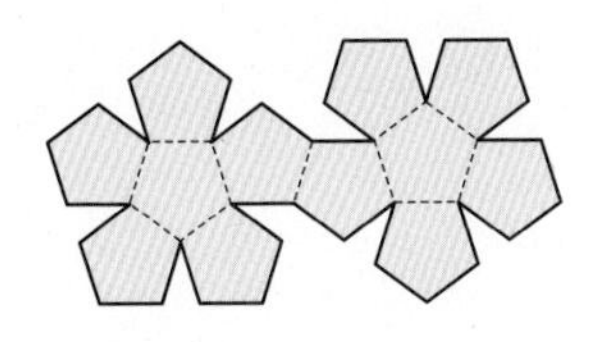

25

다음 중 오른쪽 그림과 같은 전개도로 만든 정다면체에 대한 설명으로 옳지 않은 것은?

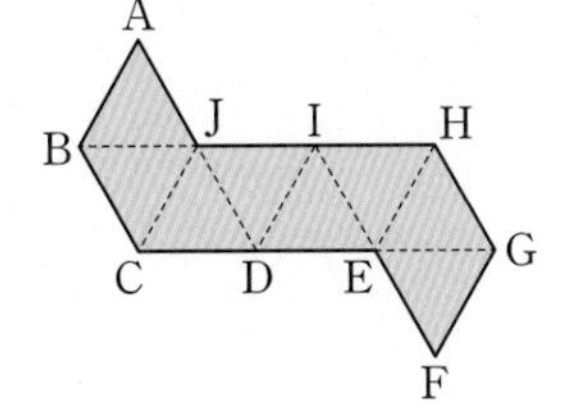

① 정팔면체이다.
② 모서리의 개수는 12이다.
③ 꼭짓점의 개수는 6이다.
④ $\overline{AB}$와 겹치는 모서리는 $\overline{IH}$이다.
⑤ $\overline{BC}$와 $\overline{IE}$는 평행하다.

유형 09 정다면체의 각 면의 한가운데 점을 연결하여 만든 입체도형 개념3

정다면체의 각 면의 한가운데 점을 연결하여 만든 입체도형도 정다면체이다.

➡ (바깥쪽 정다면체의 면의 개수)=(안쪽 정다면체의 꼭짓점의 개수)

예

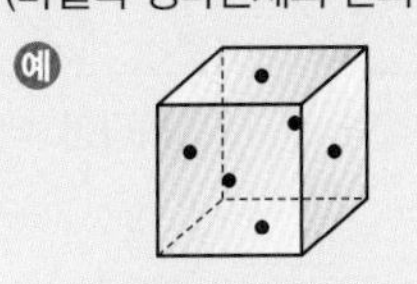 ➡ 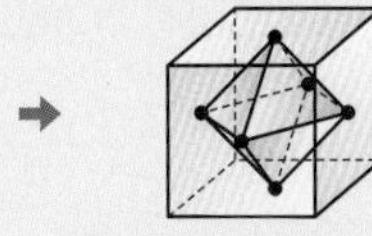

(정육면체의 면의 개수)=(정팔면체의 꼭짓점의 개수)
6 6

26 대표문제

다음 중 정다면체와 그 정다면체의 각 면의 한가운데 점을 연결하여 만든 입체도형을 짝 지은 것으로 옳지 않은 것은?

① 정사면체 – 정사면체
② 정육면체 – 정팔면체
③ 정팔면체 – 정육면체
④ 정십이면체 – 정이십면체
⑤ 정이십면체 – 정이십면체

27

정육면체의 각 면의 한가운데 점을 연결하여 만든 입체도형의 모서리의 개수를 구하시오.

28

다음 중 정십이면체의 각 면의 한가운데 점을 연결하여 만든 입체도형에 대한 설명으로 옳은 것을 모두 고르면? (정답 2개)

① 면의 모양은 오각형이다.
② 면의 개수는 8이다.
③ 꼭짓점의 개수는 12이다.
④ 모서리의 개수는 30이다.
⑤ 한 꼭짓점에 모인 면의 개수는 4이다.

유형 10 정다면체의 단면 개념3

정육면체를 한 평면으로 자를 때 생기는 단면의 모양은 다음과 같다.

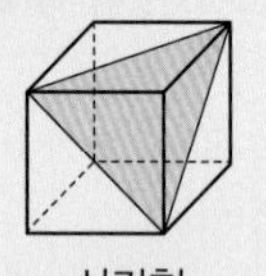
삼각형

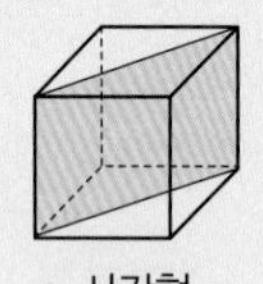
사각형

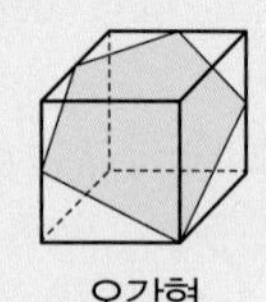
오각형

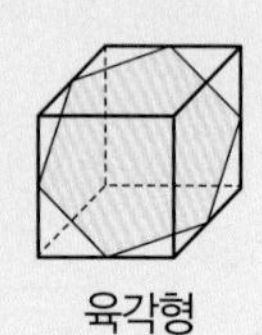
육각형

29 대표문제

오른쪽 그림과 같은 정육면체를 세 꼭짓점 A, B, G를 지나는 평면으로 자를 때 생기는 단면의 모양은?

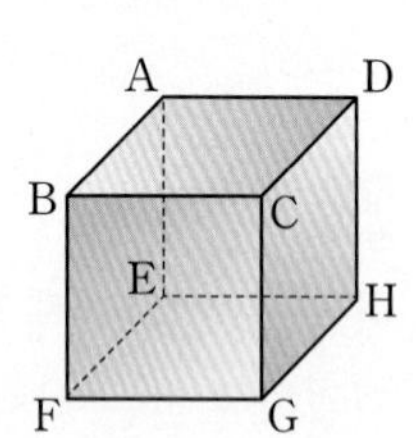

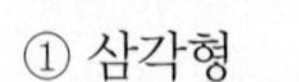
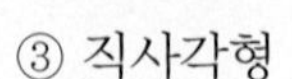

① 삼각형 ② 직각삼각형
③ 직사각형 ④ 마름모
⑤ 오각형

30 서술형

오른쪽 그림과 같은 정육면체를 세 꼭짓점 A, F, H를 지나는 평면으로 자를 때 생기는 단면에서 ∠AFH의 크기를 구하시오.

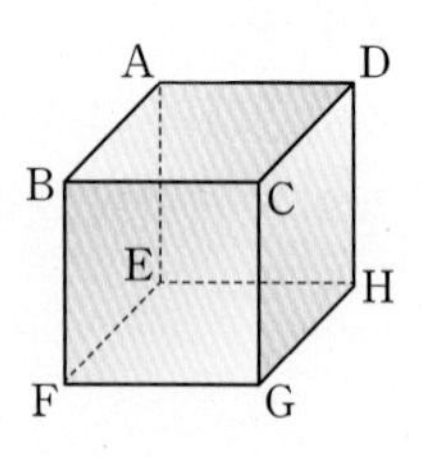

31

다음 중 정사면체를 한 평면으로 자를 때 생기는 단면의 모양이 될 수 없는 것은?

① 직각삼각형 ② 이등변삼각형 ③ 정삼각형
④ 직사각형 ⑤ 사다리꼴

유형 11 회전체 개념4

(1) 회전체: 평면도형을 한 직선을 축으로 하여 1회전 시킬 때 생기는 입체도형
(2) 회전체의 종류: 원기둥, 원뿔, 원뿔대, 구 등

32 대표문제

다음 중 회전체가 아닌 것을 모두 고르면? (정답 2개)

① 구 ② 삼각뿔 ③ 원기둥
④ 원뿔대 ⑤ 직육면체

중요

33

다음 중 회전축을 갖는 입체도형이 아닌 것은?

① 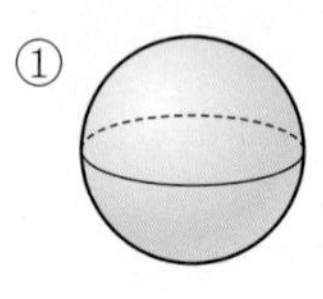
② 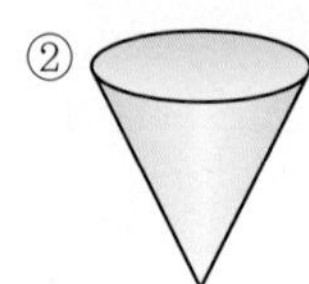
③  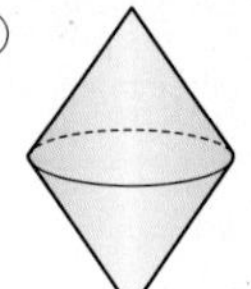
④ 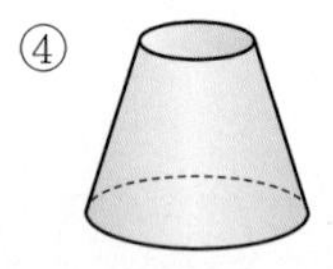
⑤ 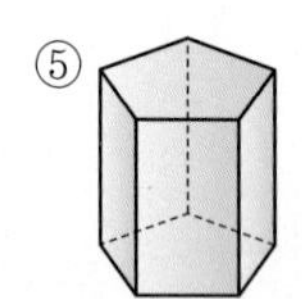

34

다음 **보기** 중 회전체의 개수는?

보기

ㄱ. 사각뿔대	ㄴ. 구	ㄷ. 원뿔
ㄹ. 사각뿔	ㅁ. 정팔면체	ㅂ. 원뿔대
ㅅ. 사각기둥	ㅇ. 원기둥	ㅈ. 반구

① 2 ② 3 ③ 4
④ 5 ⑤ 6

집중

유형 12 평면도형과 회전체

개념 4

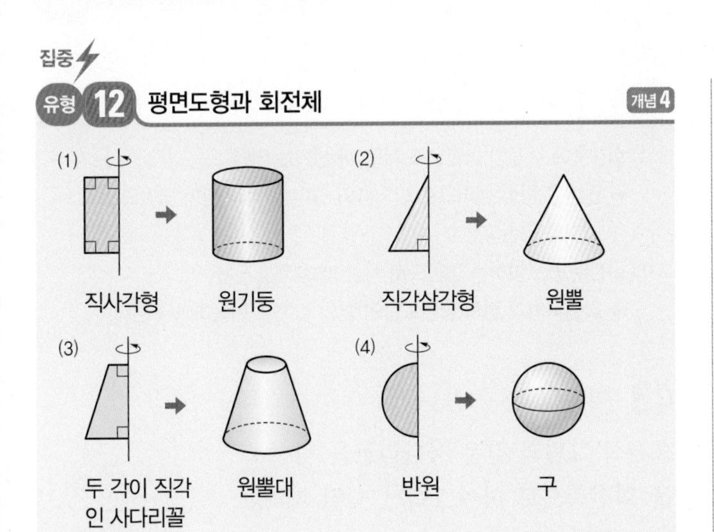

35 대표문제

오른쪽 그림과 같은 입체도형은 다음 중 어느 도형을 회전시킨 것인가?

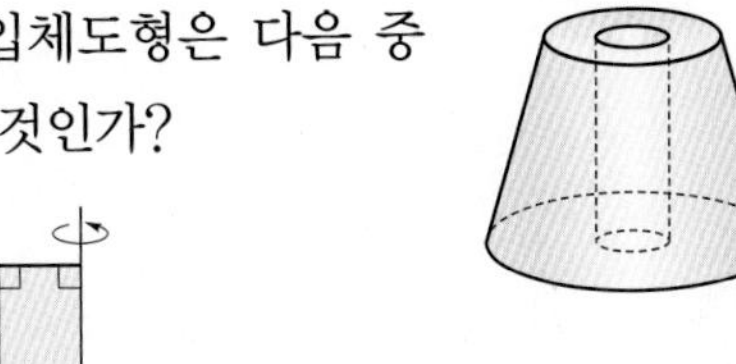

① 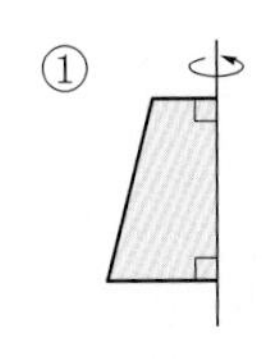
② 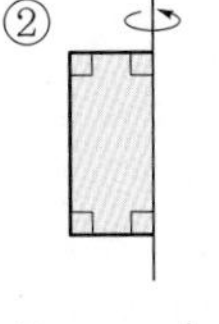
③ 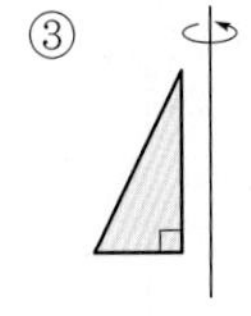
④ 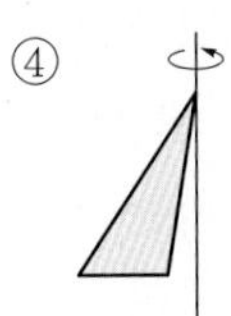
⑤ 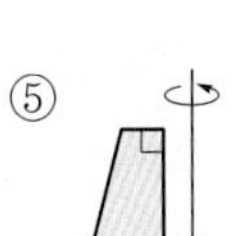 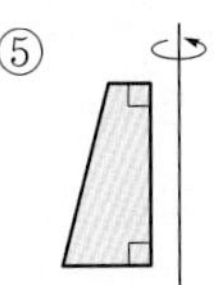

중요

36

다음 중 평면도형을 1회전 시킬 때 생기는 입체도형으로 옳지 않은 것은?

① 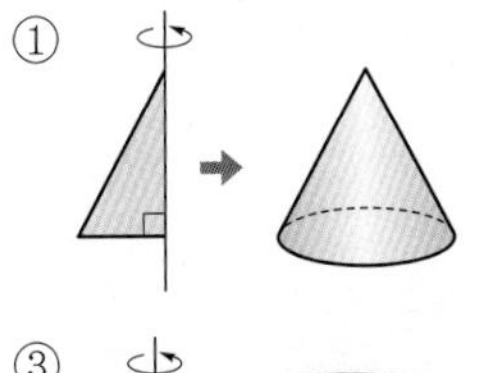
② 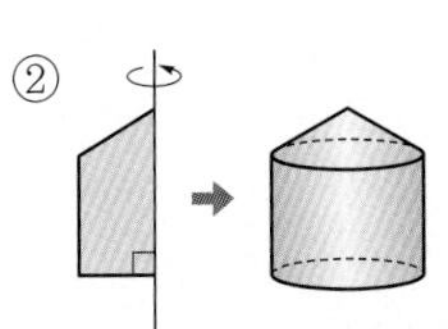
③ 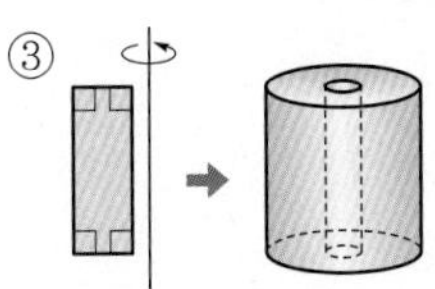
④ 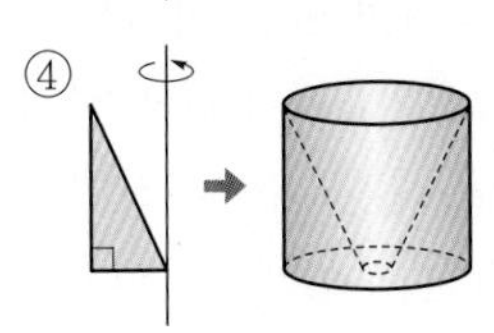
⑤ 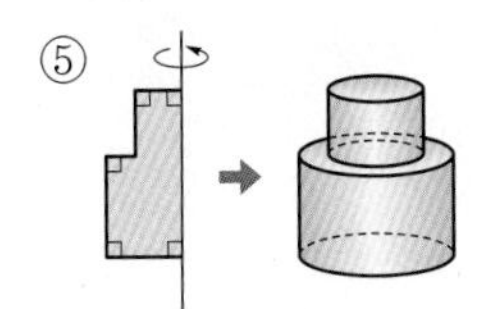

유형 13 회전축

개념 4

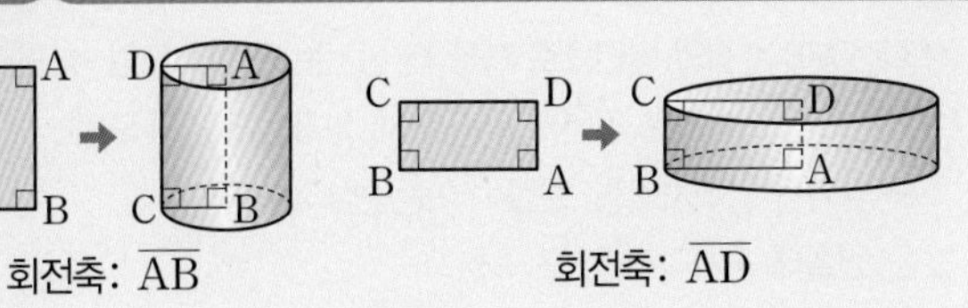

37 대표문제

오른쪽 그림과 같은 사각형 ABCD를 1회전 시켜서 원뿔대를 만들 때, 다음 중 회전축이 될 수 있는 것은?

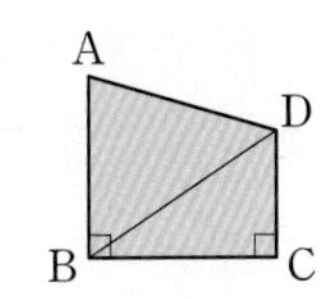

① $\overline{AB}$ ② $\overline{BC}$ ③ $\overline{CD}$
④ $\overline{DA}$ ⑤ $\overline{BD}$

38

다음 중 오른쪽 그림과 같은 △ABC를 삼각형의 어느 한 변을 회전축으로 하여 1회전 시킬 때 생기는 입체도형인 것을 모두 고르면? (정답 2개)

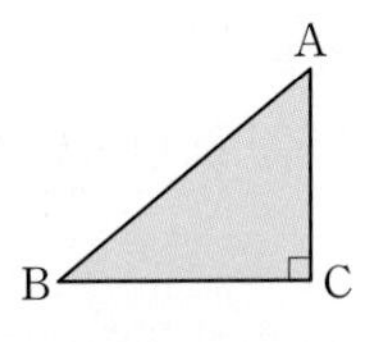

① 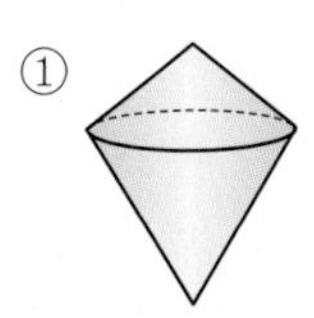
② 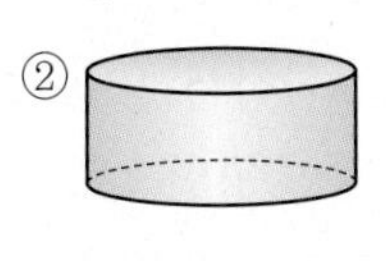
③ 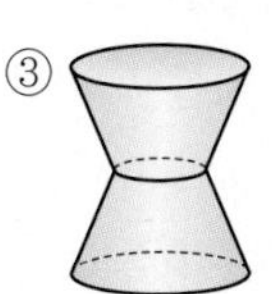
④ 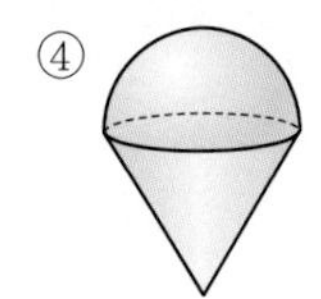
⑤ 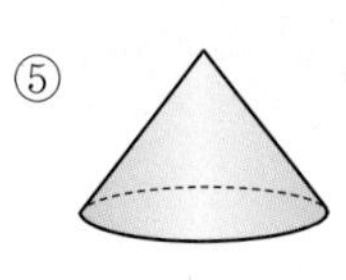

39

다음 중 오른쪽 그림과 같은 평행사변형 ABCD를 $\overline{BD}$를 회전축으로 하여 1회전 시킬 때 생기는 입체도형은?

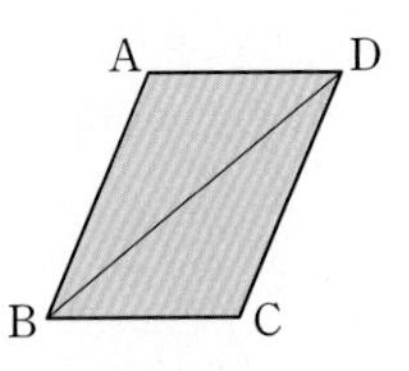

① 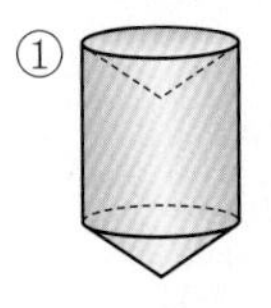
② 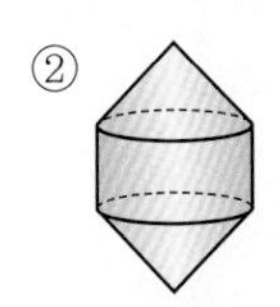
③ 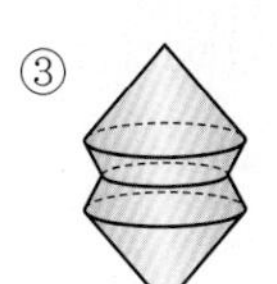
④ 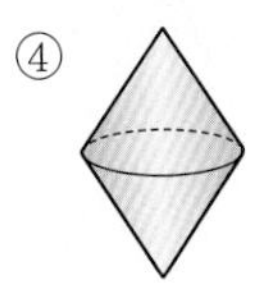
⑤  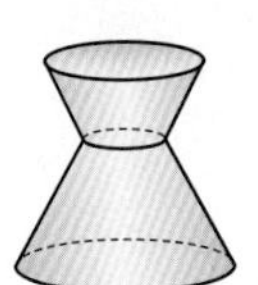

정답과 해설 54쪽 | 더블북 50쪽

집중

유형 14 회전체의 단면의 모양 개념 5

(1) 회전축에 수직인 평면으로 자를 때 생기는 단면의 모양 ➔ 원
(2) 회전축을 포함하는 평면으로 자를 때 생기는 단면의 모양
➔ 원기둥 – 직사각형, 원뿔 – 이등변삼각형,
원뿔대 – 사다리꼴, 구 – 원

40 대표문제

다음 중 회전체와 그 회전축을 포함하는 평면으로 자를 때 생기는 단면의 모양을 짝 지은 것으로 옳지 않은 것은?

① 구 – 원　② 반구 – 반원
③ 원뿔 – 부채꼴　④ 원기둥 – 직사각형
⑤ 원뿔대 – 사다리꼴

41

다음 중 단면의 모양이 원이 아닌 것을 모두 고르면? (정답 2개)

① 원기둥을 회전축에 수직인 평면으로 자를 때
② 원뿔대를 회전축을 포함하는 평면으로 자를 때
③ 원뿔을 회전축에 수직인 평면으로 자를 때
④ 반구를 회전축을 포함하는 평면으로 자를 때
⑤ 구를 회전축에 비스듬한 평면으로 자를 때

42

다음 중 오른쪽 그림의 원뿔을 평면 ①, ②, ③, ④, ⑤로 자를 때 생기는 단면의 모양으로 옳지 않은 것을 모두 고르면? (정답 2개)

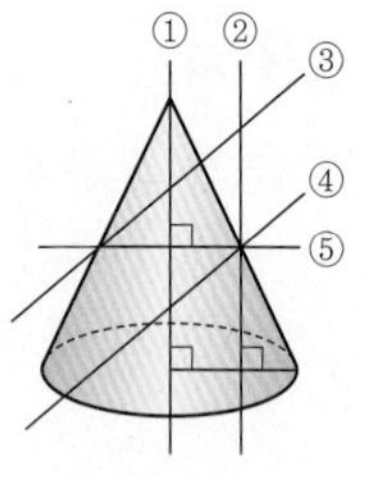

①
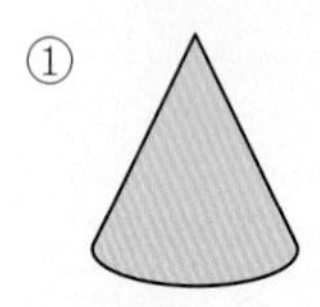

②
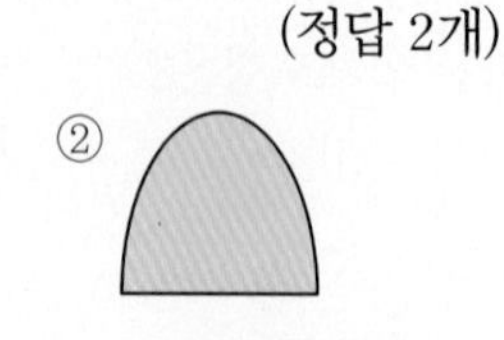

③
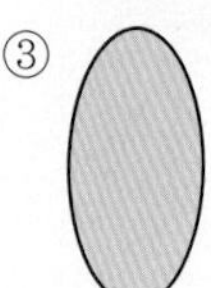

④
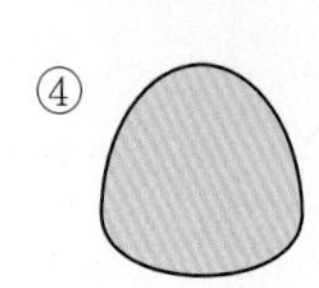

⑤
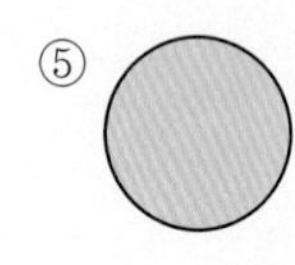

집중

유형 15 회전체의 단면의 넓이와 둘레의 길이 개념 5

(1) 회전축에 수직인 평면으로 자를 때 생기는 단면
➔ 단면은 항상 원이므로 반지름의 길이를 찾아 원의 넓이와 둘레의 길이를 구한다.
(2) 회전축을 포함하는 평면으로 자를 때 생기는 단면
➔ 회전시키기 전의 평면도형의 변의 길이를 이용하여 구한다.

43 대표문제

오른쪽 그림과 같은 사다리꼴을 직선 l을 회전축으로 하여 1회전 시킬 때 생기는 회전체를 회전축을 포함하는 평면으로 잘랐다. 이때 생기는 단면의 넓이를 구하시오.

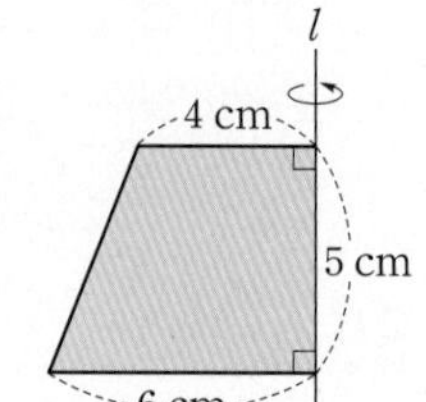
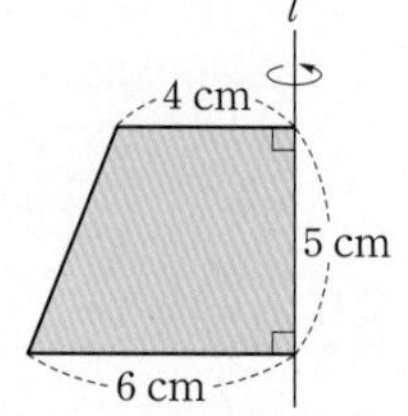

중요

44

오른쪽 그림과 같은 평면도형을 직선 l을 회전축으로 하여 1회전 시킬 때 생기는 회전체를 회전축을 포함하는 평면으로 잘랐다. 이때 생기는 단면의 둘레의 길이는?

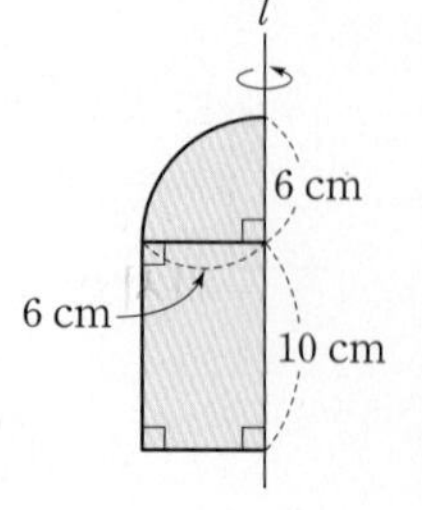

① $(5\pi+32)$ cm　② $(5\pi+44)$ cm
③ $(6\pi+32)$ cm　④ $(6\pi+44)$ cm
⑤ $(8\pi+44)$ cm

45 서술형

오른쪽 그림과 같은 평면도형을 직선 l을 회전축으로 하여 1회전 시킬 때 생기는 회전체를 회전축에 수직인 평면으로 자르려고 한다. 이때 생기는 단면 중 넓이가 가장 작은 단면의 넓이를 구하시오.

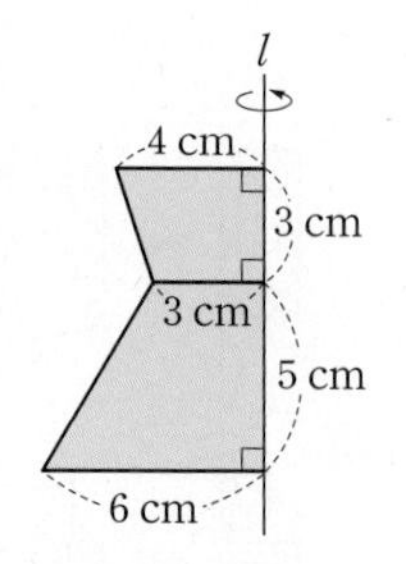

집중

유형 16 회전체의 전개도 개념 6

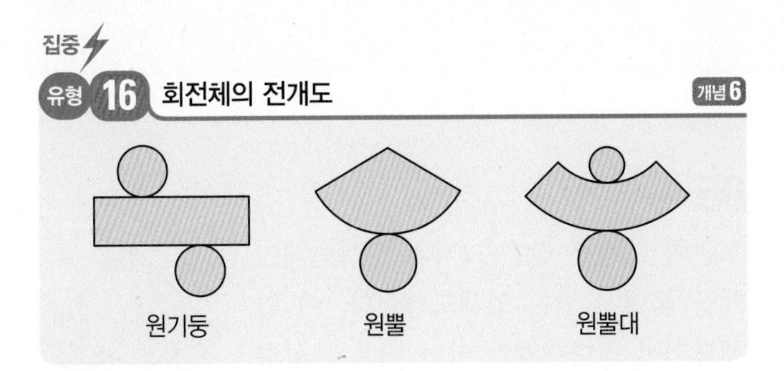

46 대표문제

다음 그림과 같은 원뿔대와 그 전개도에서 $a+b+c$의 값을 구하시오.

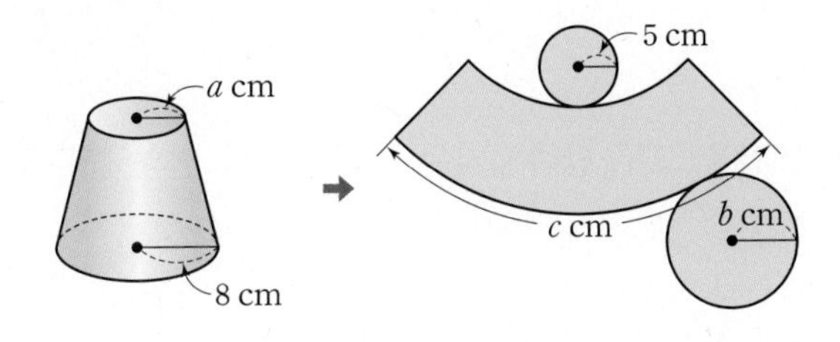

47 서술형

오른쪽 그림과 같은 원뿔이 있다. 이 원뿔의 전개도에서 부채꼴의 중심각의 크기를 구하시오.

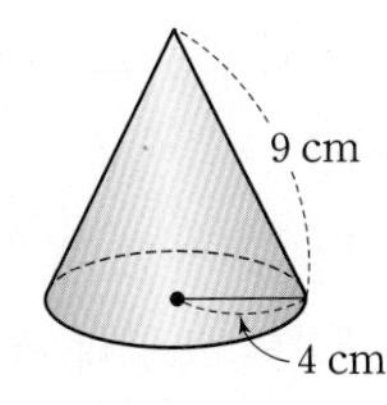

48

오른쪽 그림과 같이 원기둥 위의 점 A에서 점 B까지 실로 원기둥을 한 바퀴 감으려고 한다. 실의 길이가 가장 짧게 되는 경로를 전개도 위에 나타낸 것으로 옳은 것은?

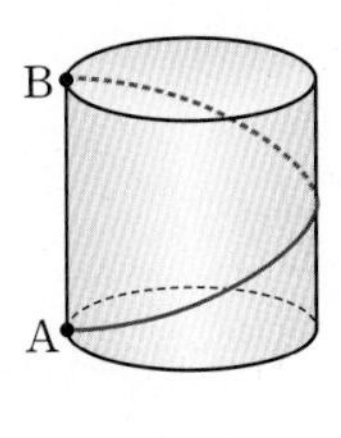

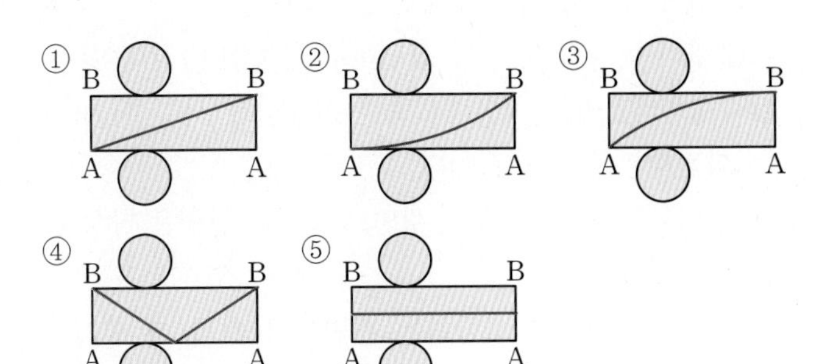

유형 17 회전체의 이해 개념 4~6

(1) 회전체: 평면도형을 한 직선을 축으로 하여 1회전 시킬 때 생기는 입체도형
(2) 회전체를 평면으로 자를 때 생기는 단면의 모양
　① 회전축에 수직인 평면으로 자를 때 ➜ 원
　② 회전축을 포함하는 평면으로 자를 때
　　➜ 회전축을 대칭축으로 하는 선대칭도형
　③ 구는 어느 평면으로 잘라도 그 단면의 모양은 항상 원이다.

49 대표문제

다음 중 회전체에 대한 설명으로 옳은 것을 모두 고르면? (정답 2개)

① 원기둥, 원뿔, 원뿔대, 각뿔대는 모두 회전체이다.
② 회전체를 회전축에 수직인 평면으로 자를 때 생기는 단면은 모두 합동인 원이다.
③ 회전체를 회전축을 포함하는 평면으로 자를 때 생기는 단면은 모두 합동이다.
④ 원기둥을 회전축을 포함하는 평면으로 자를 때 생기는 단면의 모양은 항상 정사각형이다.
⑤ 원뿔대를 회전축을 포함하는 평면으로 자를 때 생기는 단면의 모양은 사다리꼴이다.

50

다음 중 구에 대한 설명으로 옳지 않은 것은?

① 회전체이다.
② 회전축은 무수히 많다.
③ 전개도를 그릴 수 없다.
④ 어느 평면으로 잘라도 단면은 항상 합동이다.
⑤ 단면의 넓이가 가장 큰 경우는 구의 중심을 지나는 평면으로 자를 때이다.

Real 실전 기출

01

다음 중 면의 개수가 사각뿔의 꼭짓점의 개수와 같은 다면체는?

① 삼각뿔 ② 삼각기둥 ③ 사면체
④ 사각기둥 ⑤ 사각뿔대

02

대각선의 개수가 20인 다각형을 밑면으로 하는 각뿔의 꼭짓점의 개수를 v, 모서리의 개수를 e, 면의 개수를 f라 할 때, $v-e+f$의 값을 구하시오.

03 최다빈출

다음 조건을 모두 만족시키는 입체도형의 꼭짓점의 개수를 a, 모서리의 개수를 b, 면의 개수를 c라 할 때, $a+b+c$의 값을 구하시오.

(가) 두 밑면은 서로 평행하다.
(나) 옆면의 모양은 사다리꼴이다.
(다) 밑면의 모양은 육각형이다.

04

다음 중 정삼각형만으로 둘러싸인 다면체가 아닌 것을 모두 고르면? (정답 2개)

① 정사면체 ② 정육면체 ③ 정팔면체
④ 정십이면체 ⑤ 정이십면체

05

오른쪽 그림은 같은 크기의 정사면체 2개를 붙여서 만든 입체도형이다. 이 입체도형이 정다면체가 아닌 이유를 설명하시오.

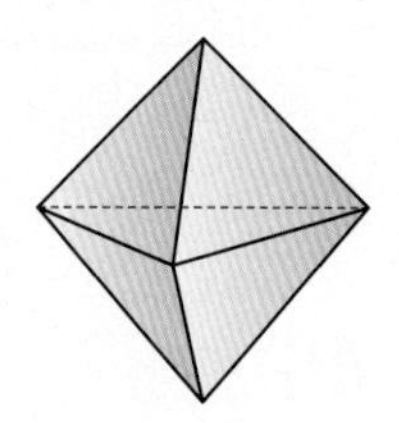

06

다음 조건을 모두 만족시키는 정다면체의 면의 개수를 구하시오.

(가) 한 꼭짓점에 모인 면의 개수는 3이다.
(나) 모서리의 개수는 30이다.

07

다음 회전체 중 회전축에 수직인 평면으로 자를 때 생기는 단면의 모양과 회전축을 포함하는 평면으로 자를 때 생기는 단면의 모양이 같은 것은?

① 원뿔 ② 원기둥 ③ 원뿔대
④ 반구 ⑤ 구

08

다음 중 옳은 것을 모두 고르면? (정답 2개)

① 각뿔의 면의 개수와 꼭짓점의 개수는 같다.
② 각뿔대의 두 밑면은 서로 평행하고 합동인 다각형이다.
③ 삼각형의 한 변을 회전축으로 하여 1회전 시킬 때 생기는 회전체는 항상 원뿔이다.
④ 원기둥을 회전축에 수직인 평면으로 자른 단면은 항상 합동인 원이다.
⑤ 원뿔대를 회전축을 포함하는 평면으로 자를 때 생기는 단면의 모양은 이등변삼각형이다.

09

오른쪽 그림과 같은 원뿔대의 전개도에서 옆면의 둘레의 길이를 구하시오.

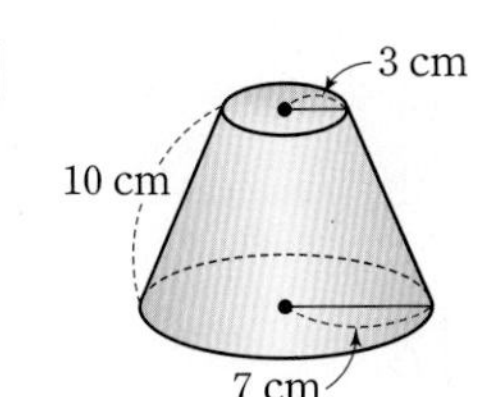

10

오른쪽 그림과 같은 평면도형을 직선 l을 회전축으로 하여 1회전 시킬 때 생기는 입체도형은?

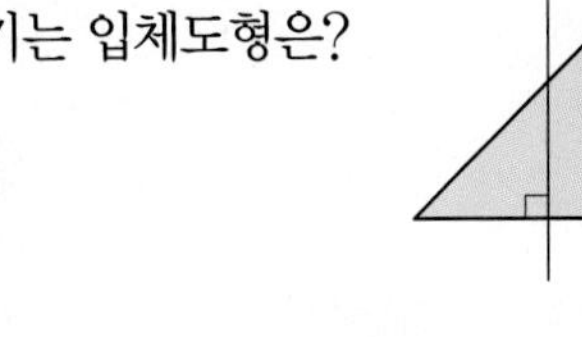

① 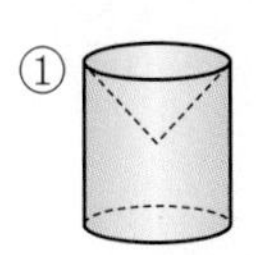 ② 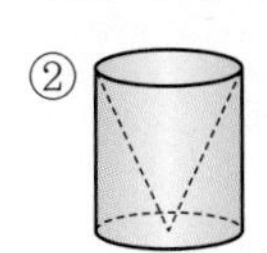

③ 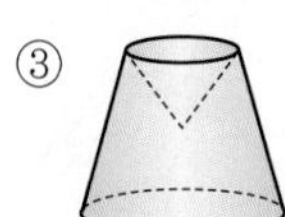 ④ 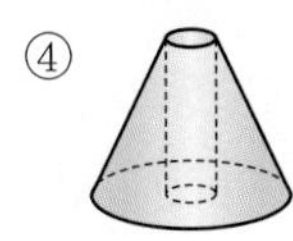 ⑤ 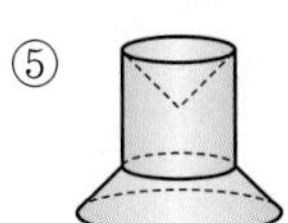

11 최다빈출

다음 중 오른쪽 그림과 같은 사다리꼴을 직선 l을 회전축으로 하여 1회전 시킬 때 생기는 회전체를 한 평면으로 자를 때 생기는 단면의 모양이 될 수 <u>없는</u> 것은?

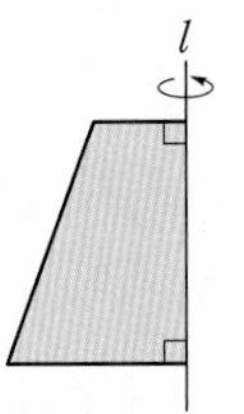

① 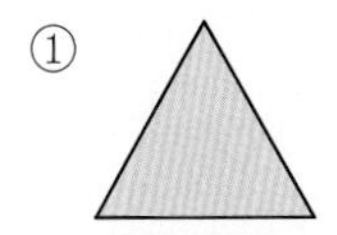 ② 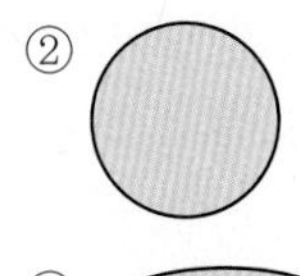 ③ 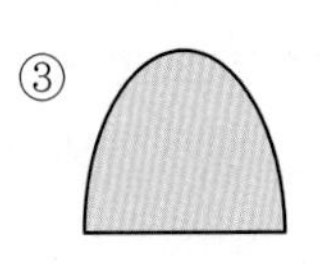

④ 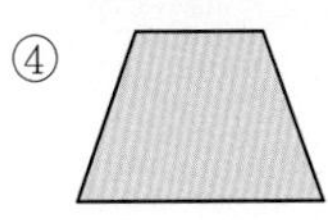 ⑤ 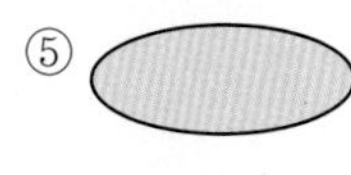

12 창의 역량

다음 그림과 같은 전개도로 만든 정육면체의 각 면에 빨간색, 노란색, 초록색, 파란색, 흰색, 검은색을 칠할 때, 검은색 면과 평행한 면에 칠해져 있는 색을 구하시오.

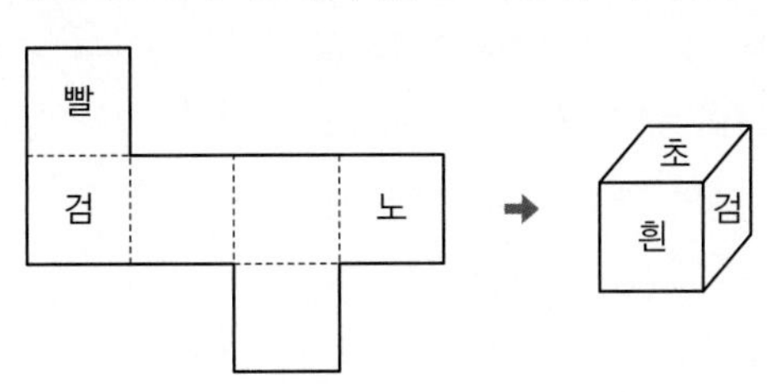

13

오른쪽 그림과 같은 정육면체에서 $\overline{AB}$, $\overline{AD}$의 중점을 각각 M, N이라 하자. 이 정육면체를 세 점 M, N, F를 지나는 평면으로 자를 때 생기는 두 입체도형의 면의 개수의 합을 구하시오.

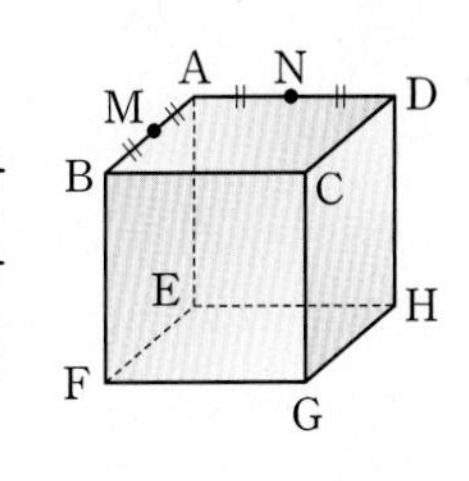

14

오른쪽 그림과 같이 반지름의 길이가 2 cm인 원 O를 직선 l로부터 3 cm 떨어진 위치에서 직선 l을 회전축으로 하여 1회전 시켰다. 이때 생기는 회전체를 원의 중심 O를 지나면서 회전축에 수직인 평면으로 자를 때 생기는 단면의 넓이를 구하시오.

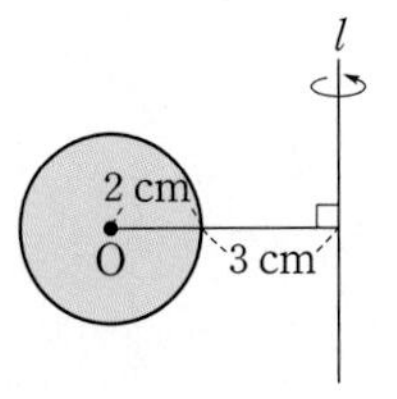

정답과 해설 56쪽

서술형

15

오른쪽 그림과 같은 전개도로 만든 정다면체의 꼭짓점의 개수를 a, 모서리의 개수를 b, 한 꼭짓점에 모인 면의 개수를 c라 할 때, $a+b-c$의 값을 구하시오.

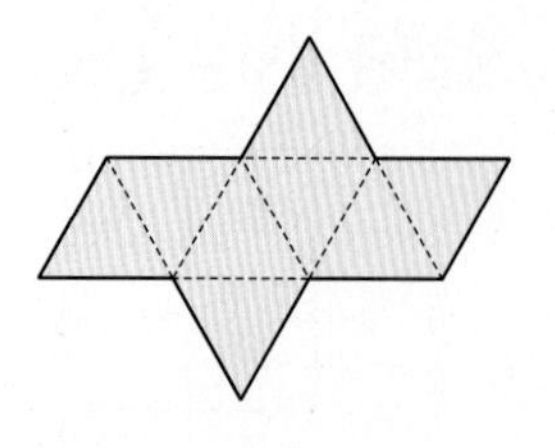

풀이

답 ______________

16

어떤 정다면체의 각 면의 한가운데 점을 연결하여 만든 정다면체가 처음 정다면체와 같은 종류일 때, 이 정다면체의 모서리의 개수를 구하시오.

풀이

답 ______________

17

오른쪽 그림과 같은 평면도형을 직선 l을 회전축으로 하여 1회전 시킬 때 생기는 회전체를 회전축을 포함하는 평면으로 잘랐다. 이때 생기는 단면의 넓이를 구하시오.

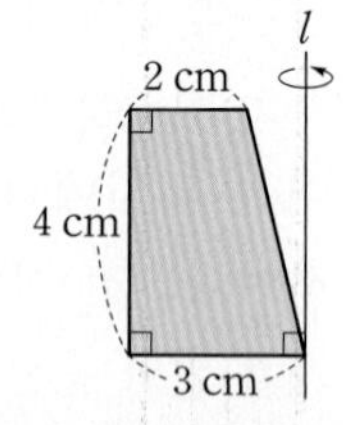

풀이

답 ______________

18

오른쪽 그림과 같은 전개도로 만든 입체도형의 밑면의 넓이를 구하시오.

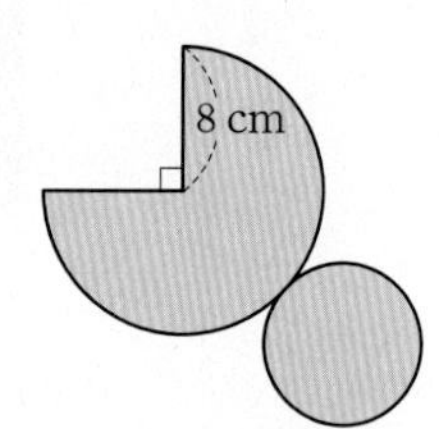

풀이

답 ______________

19 100점

오른쪽 그림과 같은 축구공은 정오각형 12개와 정육각형 20개로 이루어진 다면체이다. 축구공의 모서리의 개수를 a, 꼭짓점의 개수를 b라 할 때, $a+b$의 값을 구하시오.

풀이

답 ______________

20 100점

오른쪽 그림과 같은 원뿔의 밑면 위의 점 A에서 실로 원뿔을 한 바퀴 감아 다시 점 A에 오도록 하였다. 실의 길이가 가장 짧을 때, 원뿔의 전개도에서 색칠한 부분의 넓이를 구하시오.

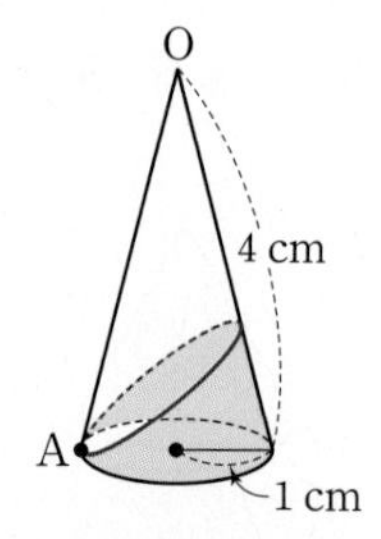

풀이

답 ______________

Ⅲ. 입체도형

08 입체도형의 겉넓이와 부피

유형북	109 ~ 126쪽
더블북	52 ~ 61쪽

개념 1 기둥의 겉넓이 유형 01, 02, 05~07

(1) 각기둥의 겉넓이

(각기둥의 겉넓이)=(밑넓이)×2+(옆넓이)
→ (밑면의 둘레의 길이)×(높이)

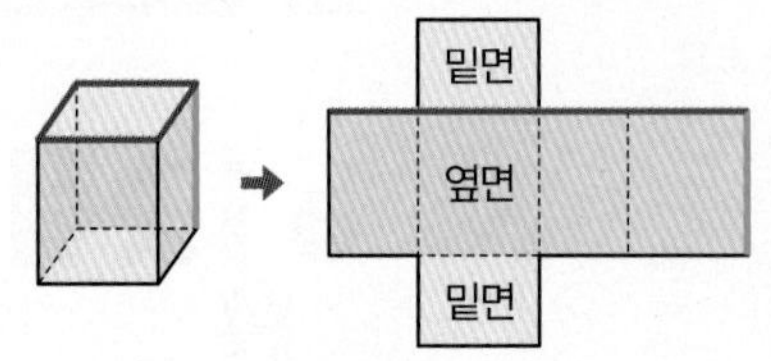

예 밑면의 가로, 세로의 길이가 각각 3 cm, 4 cm이고 높이가 5 cm인 직육면체의 겉넓이를 S라 하면

$S=(3\times4)\times2+(3+4+3+4)\times5=94(\text{cm}^2)$

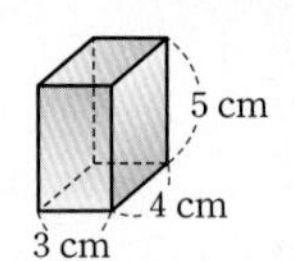

(2) 원기둥의 겉넓이

밑면인 원의 반지름의 길이가 r, 높이가 h인 원기둥의 겉넓이를 S라 하면

$S=(\text{밑넓이})\times2+(\text{옆넓이})$
→ (원의 둘레의 길이)×(높이)

$=2\pi r^2+2\pi rh$

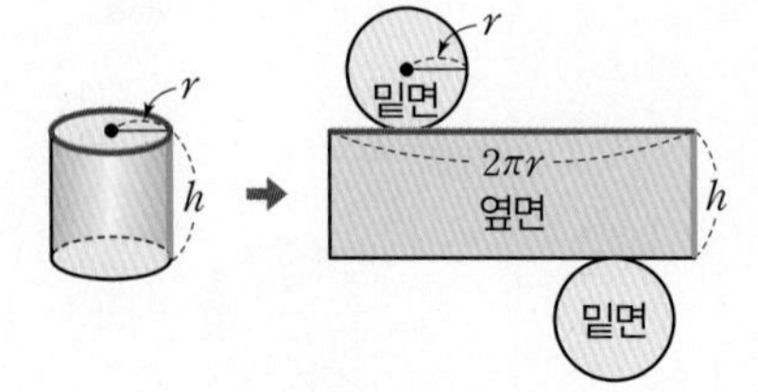

예 밑면인 원의 반지름의 길이가 4 cm, 높이가 3 cm인 원기둥의 겉넓이를 S라 하면

$S=(\pi\times4^2)\times2+(2\pi\times4)\times3=56\pi(\text{cm}^2)$

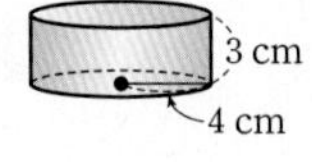

참고 기둥의 전개도는 서로 합동인 2개의 밑면과 직사각형 모양의 옆면으로 이루어져 있으므로
→ 넓이가 같다.

(기둥의 겉넓이)=(전개도의 넓이)=(밑넓이)×2+(옆넓이)

개념 2 기둥의 부피 유형 03~07, 13, 19, 20

(1) 각기둥의 부피

밑넓이가 S, 높이가 h인 각기둥의 부피를 V라 하면

$V=(\text{밑넓이})\times(\text{높이})=Sh$

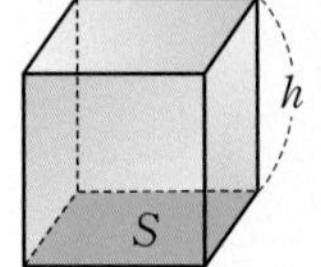

예 밑면의 가로, 세로의 길이가 각각 2 cm, 3 cm이고 높이가 4 cm인 직육면체의 부피를 V라 하면

$V=(2\times3)\times4=24(\text{cm}^3)$

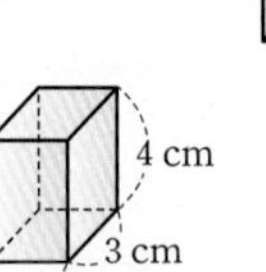

(2) 원기둥의 부피

밑면인 원의 반지름의 길이가 r, 높이가 h인 원기둥의 부피를 V라 하면

$V=(\text{밑넓이})\times(\text{높이})=\pi r^2h$

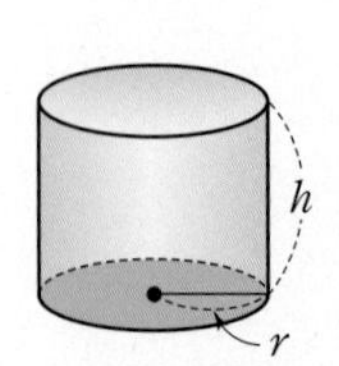

예 밑면인 원의 반지름의 길이가 2 cm, 높이가 3 cm인 원기둥의 부피를 V라 하면

$V=(\pi\times2^2)\times3=12\pi(\text{cm}^3)$

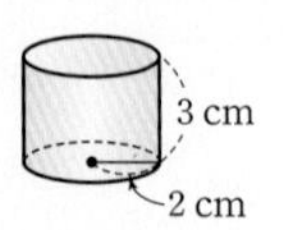

개념 노트

- 입체도형에서 한 밑면의 넓이를 밑넓이, 옆면 전체의 넓이를 옆넓이라 한다.
- 기둥의 겉넓이는 두 밑넓이와 옆넓이의 합이다.
- 원기둥의 전개도에서 옆면의 모양은 직사각형이다.
  (1) (직사각형의 가로의 길이) =(밑면인 원의 둘레의 길이)
  (2) (직사각형의 세로의 길이) =(원기둥의 높이)
- 원기둥에 꼭 맞게 들어 있는 밑면이 정다각형인 각기둥의 부피는 밑면의 변의 개수가 많아질수록 원기둥의 부피에 가까워진다.
  → (기둥의 부피)=(밑넓이)×(높이)
  (기둥: 각기둥, 원기둥)

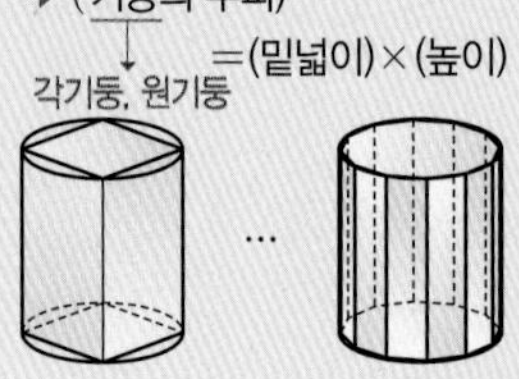

개념 1 기둥의 겉넓이

[01~04] 아래 그림과 같은 삼각기둥과 그 전개도에 대하여 다음을 구하시오.

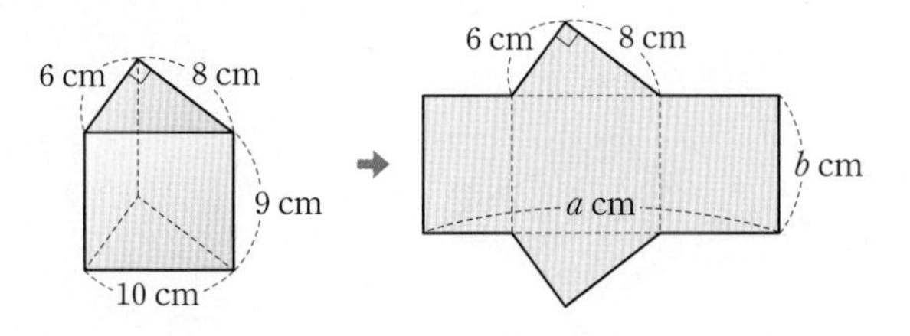

01 a, b의 값

02 밑넓이

03 옆넓이

04 겉넓이

[05~06] 다음 그림과 같은 각기둥의 겉넓이를 구하시오.

05

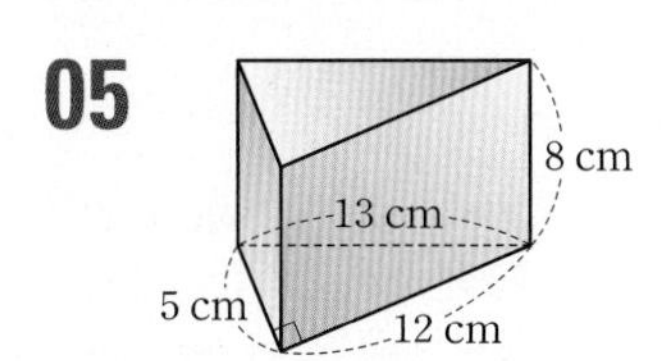

06

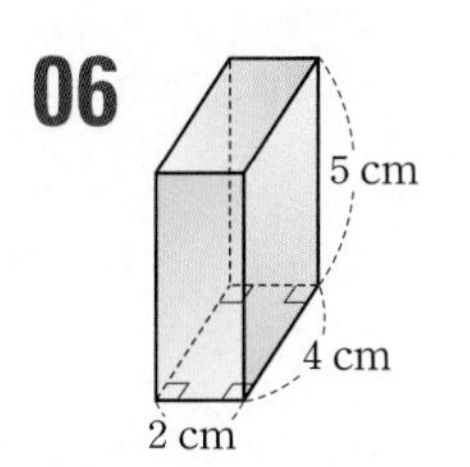

[07~10] 아래 그림과 같은 원기둥과 그 전개도에 대하여 다음을 구하시오.

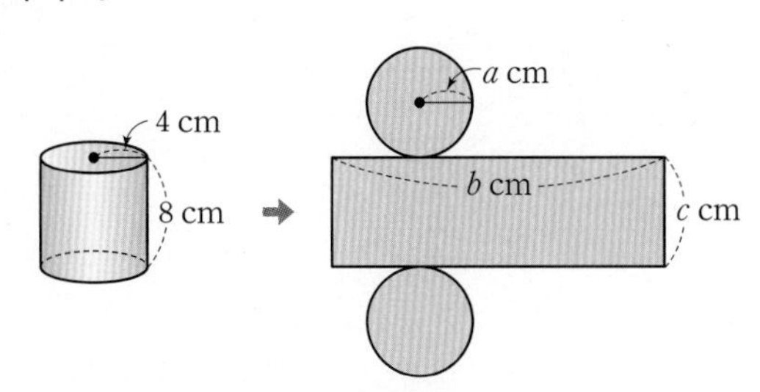

07 a, b, c의 값

08 밑넓이

09 옆넓이

10 겉넓이

[11~12] 다음 그림과 같은 원기둥의 겉넓이를 구하시오.

11

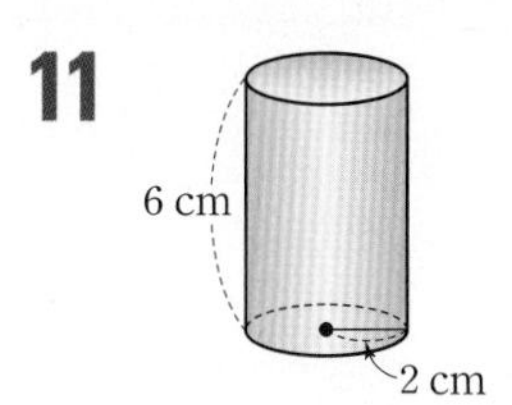

12

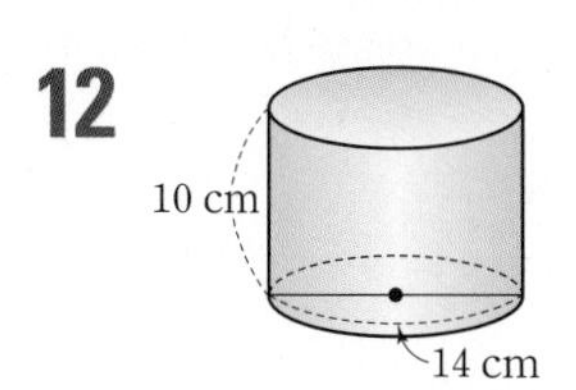

개념 2 기둥의 부피

[13~14] 다음 그림과 같은 각기둥의 부피를 구하시오.

13

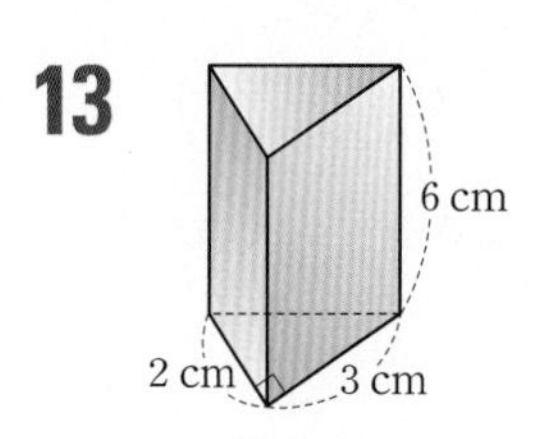

14

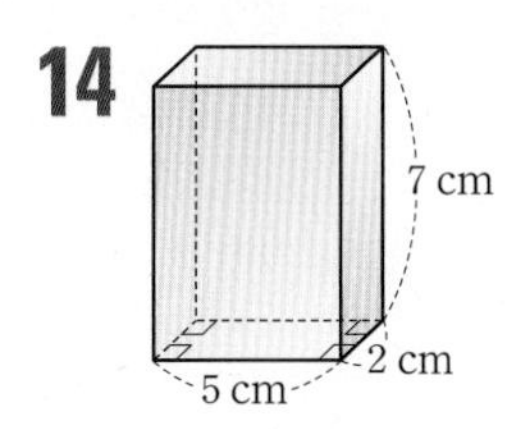

[15~16] 다음 그림과 같은 원기둥의 부피를 구하시오.

15

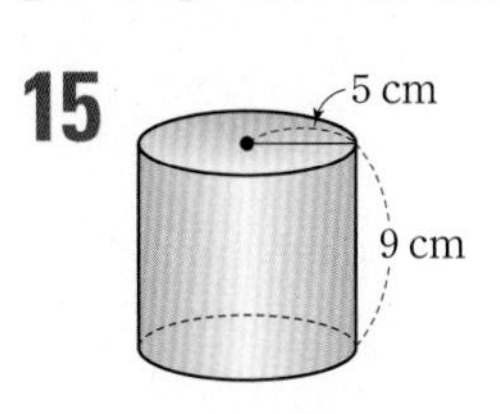

16

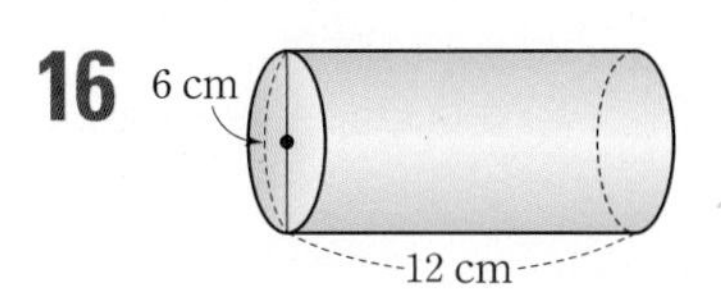

개념 3 뿔의 겉넓이 유형 08~10, 15

(1) 각뿔의 겉넓이

(각뿔의 겉넓이)=(밑넓이)+(옆넓이)

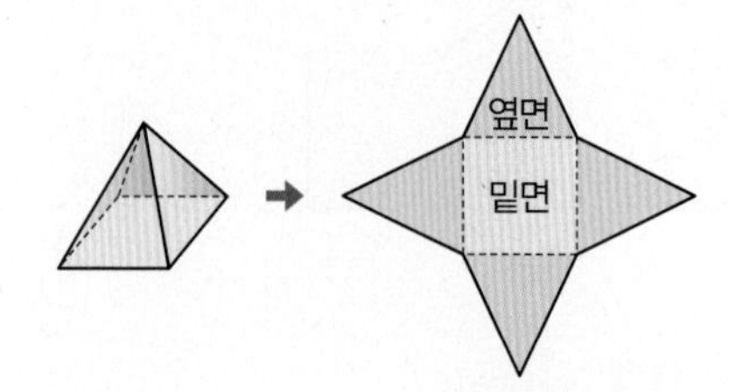

(2) 원뿔의 겉넓이

밑면인 원의 반지름의 길이가 r, 모선의 길이가 l인 원뿔의 겉넓이를 S라 하면

$S=$(밑넓이)+(옆넓이)

$=\pi r^2+\underline{\pi rl}$ → (부채꼴의 넓이)$=\frac{1}{2}\times l\times 2\pi r$

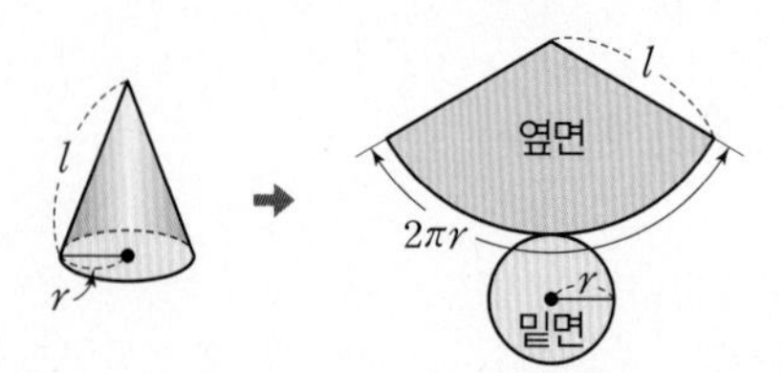

참고 (뿔대의 겉넓이)=(두 밑넓이의 합)+(옆넓이)

개념 4 뿔의 부피 유형 11~15, 19, 20

(1) 각뿔의 부피

밑넓이가 S, 높이가 h인 각뿔의 부피를 V라 하면

$V=\frac{1}{3}\times\underbrace{(\text{밑넓이})\times(\text{높이})}_{\text{각기둥의 부피}}=\frac{1}{3}Sh$

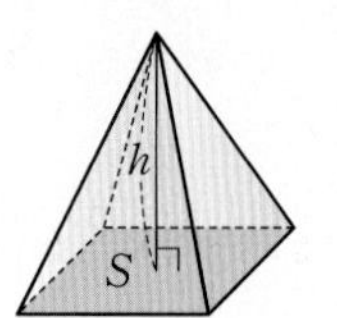

(2) 원뿔의 부피

밑면인 원의 반지름의 길이가 r, 높이가 h인 원뿔의 부피를 V라 하면

$V=\frac{1}{3}\times\underbrace{(\text{밑넓이})\times(\text{높이})}_{\text{원기둥의 부피}}=\frac{1}{3}\pi r^2h$

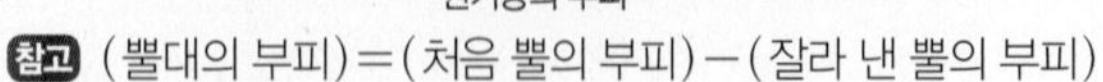

참고 (뿔대의 부피)=(처음 뿔의 부피)−(잘라 낸 뿔의 부피)

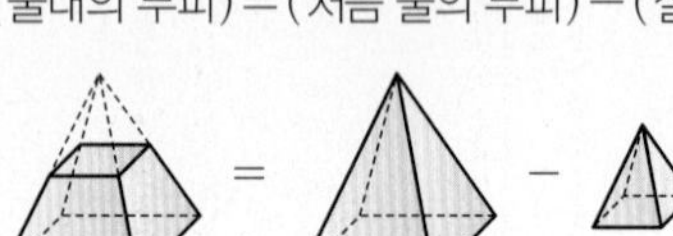
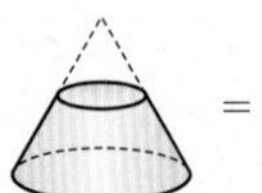
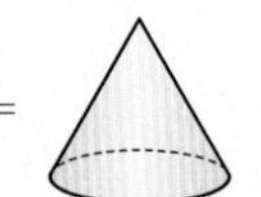

개념 5 구의 겉넓이와 부피 유형 16~20

(1) 구의 겉넓이

반지름의 길이가 r인 구의 겉넓이를 S라 하면

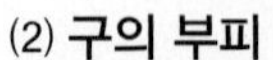

$S=4\pi r^2$

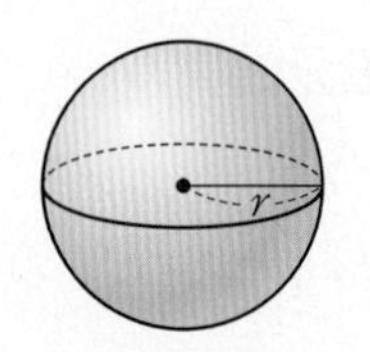

(2) 구의 부피

반지름의 길이가 r인 구의 부피를 V라 하면

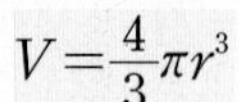

$V=\frac{4}{3}\pi r^3$

참고 원기둥 안에 꼭 맞게 들어 있는 구와 원뿔에 대하여
(원뿔의 부피) : (구의 부피) : (원기둥의 부피)$=1:2:3$

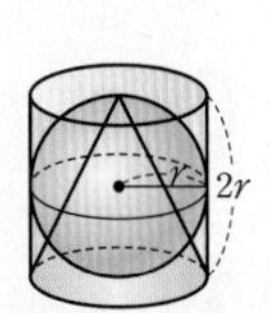

개념 노트

- 각뿔은 밑면이 1개뿐이다.
- 원뿔의 전개도에서
  (1) (부채꼴의 호의 길이)
  =(밑면인 원의 둘레의 길이)
  (2) (부채꼴의 반지름의 길이)
  =(원뿔의 모선의 길이)
- 뿔대의 밑면은 2개이지만 서로 합동이 아니므로 겉넓이를 구할 때, 밑넓이의 2배로 하지 않도록 주의한다.
- 밑면이 합동이고 높이가 같은 기둥과 뿔에서
  (뿔의 부피)$=\frac{1}{3}\times$(기둥의 부피)
- 뿔의 높이는 뿔의 꼭짓점에서 밑면에 수직으로 그은 선분의 길이이다.
- 원뿔, 구, 원기둥의 부피의 비가 $1:2:3$이므로
  (구의 부피)
  $=\frac{2}{3}\times$(원기둥의 부피)
  $=2\times$(원뿔의 부피)

개념 3 뿔의 겉넓이

[17~20] 아래 그림과 같은 사각뿔과 그 전개도에 대하여 다음을 구하시오.

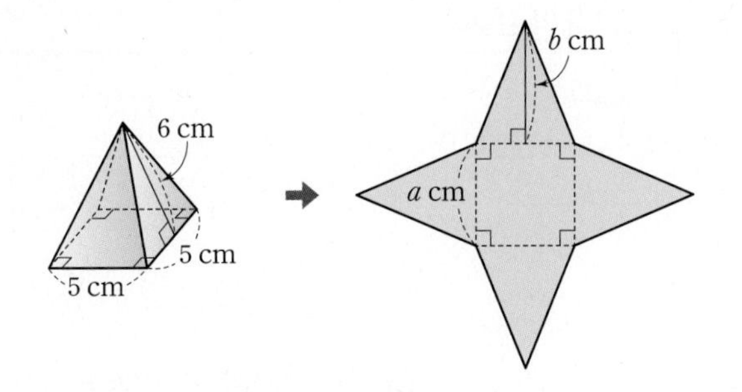

17 a, b의 값

18 밑넓이

19 옆넓이

20 겉넓이

[21~24] 아래 그림과 같은 원뿔과 그 전개도에 대하여 다음을 구하시오.

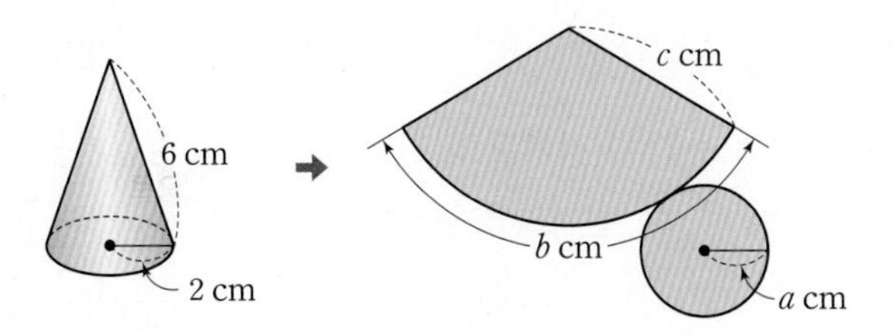

21 a, b, c의 값

22 밑넓이

23 옆넓이

24 겉넓이

[25~26] 다음 그림과 같은 뿔의 겉넓이를 구하시오.

25

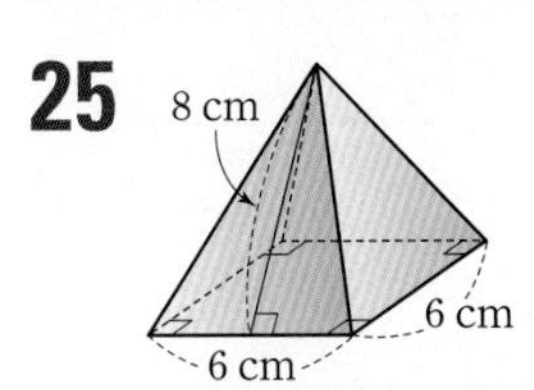

26

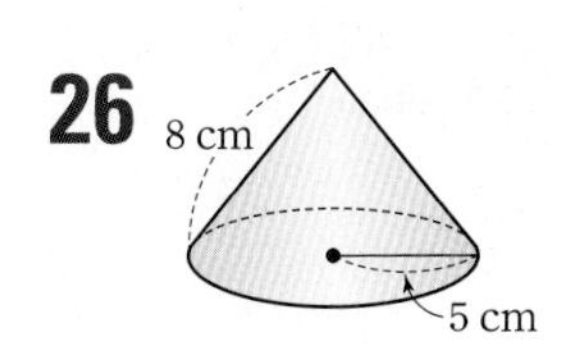

개념 4 뿔의 부피

[27~28] 다음 그림과 같은 각뿔의 부피를 구하시오.

27

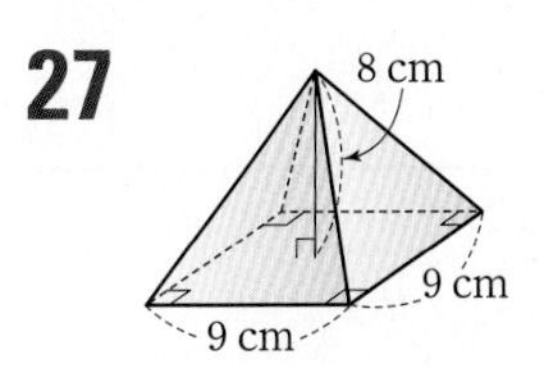

28

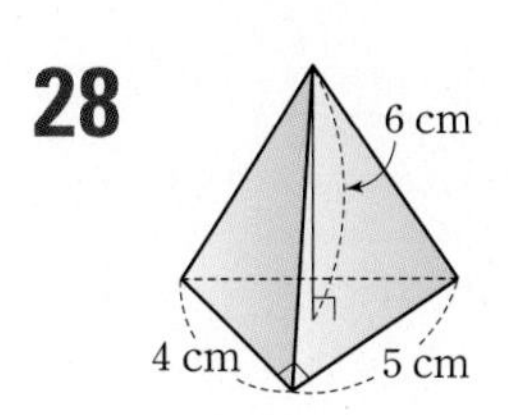

[29~30] 다음 그림과 같은 원뿔의 부피를 구하시오.

29

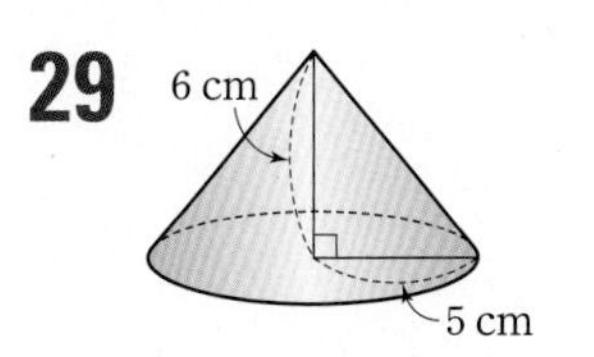

30

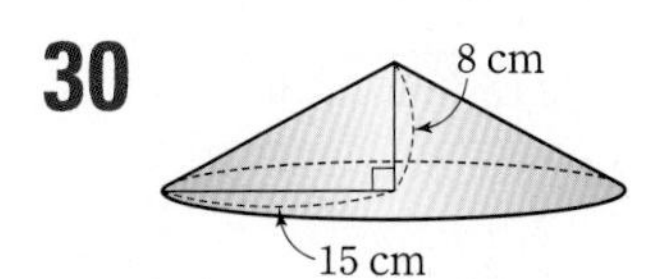

개념 5 구의 겉넓이와 부피

[31~32] 다음 그림과 같은 구의 겉넓이와 부피를 구하시오.

31

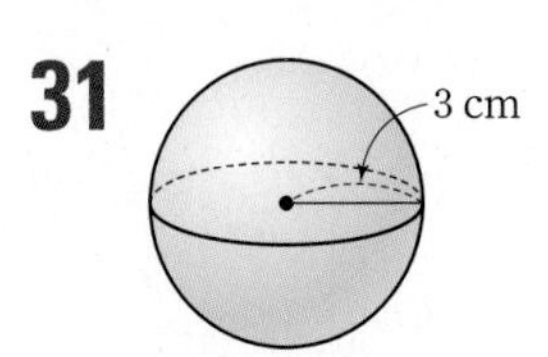

32

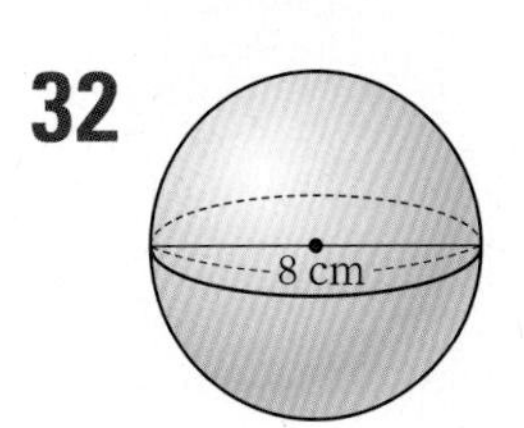

집중

유형 01 각기둥의 겉넓이

개념1

(각기둥의 겉넓이) = (밑넓이) × 2 + (옆넓이)

$= (2\times5)\times2+(2+5+2+5)\times4$

$= 76(\text{cm}^2)$

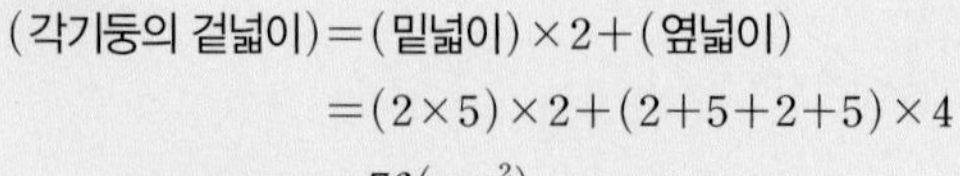

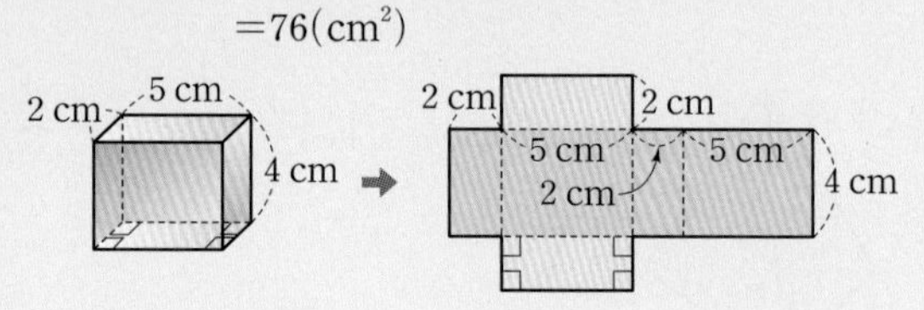

01 대표문제

오른쪽 그림과 같은 사각기둥의 겉넓이는?

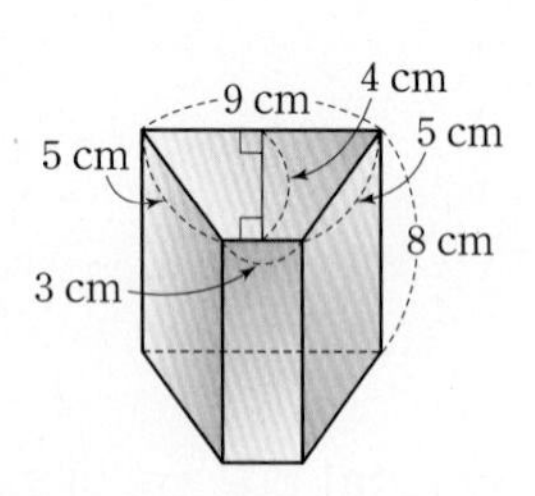

① 224 cm^2 ② 228 cm^2
③ 232 cm^2 ④ 236 cm^2
⑤ 240 cm^2

02

오른쪽 그림과 같은 전개도로 만든 사각기둥의 겉넓이는?

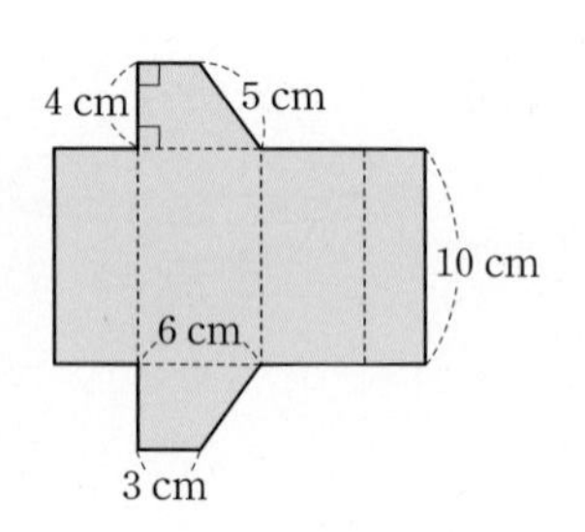

① 192 cm^2
② 200 cm^2
③ 208 cm^2
④ 216 cm^2
⑤ 224 cm^2

03 서술형

오른쪽 그림과 같은 삼각기둥의 겉넓이가 108 cm^2일 때, h의 값을 구하시오.

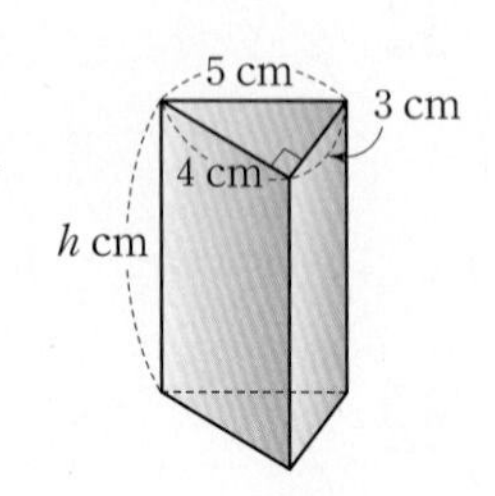

집중

유형 02 원기둥의 겉넓이

개념1

(원기둥의 겉넓이)

= (밑넓이) × 2 + (옆넓이)

$= 2\pi r^2 + 2\pi rh$

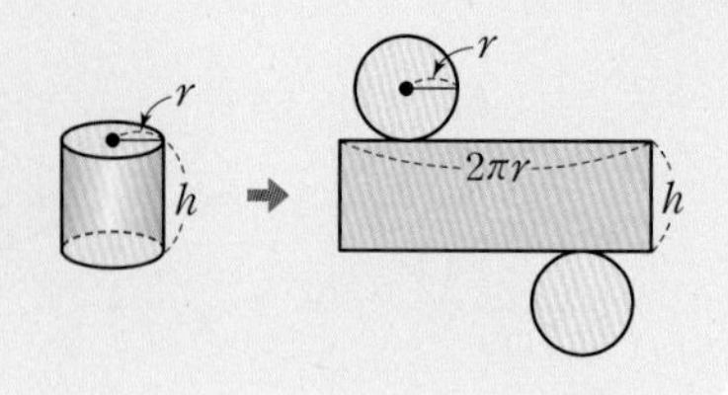

04 대표문제

오른쪽 그림과 같은 전개도로 만든 원기둥의 겉넓이를 구하시오.

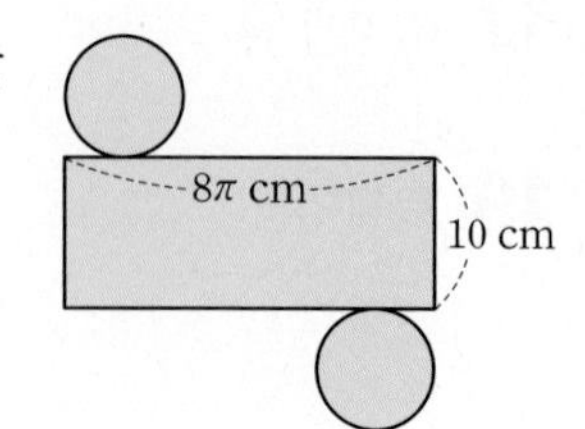

05

오른쪽 그림과 같은 원기둥의 겉넓이가 $72\pi\ \text{cm}^2$일 때, 이 원기둥의 높이는?

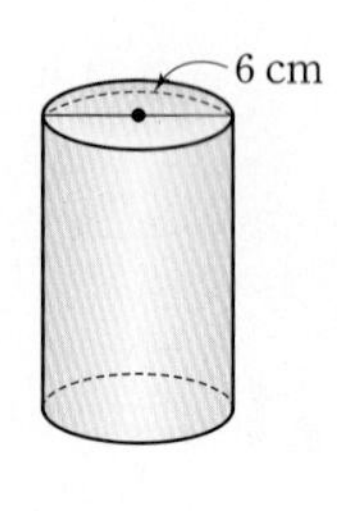

① 8 cm ② 9 cm
③ 10 cm ④ 11 cm
⑤ 12 cm

중요

06

오른쪽 그림과 같은 원기둥 모양의 롤러로 벽에 페인트를 칠하려고 한다. 롤러를 한 바퀴 굴렸을 때, 페인트가 칠해지는 부분의 넓이를 구하시오.

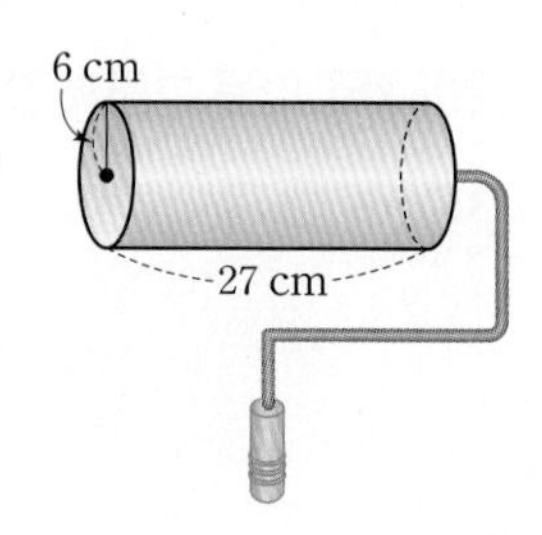

집중

유형 03 각기둥의 부피

개념 2

(각기둥의 부피) = (밑넓이) × (높이)
= (2×5)×4
= 40(cm³)

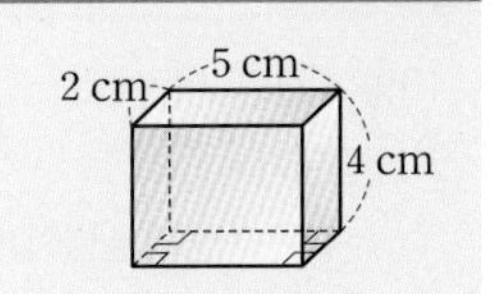

07 대표문제

오른쪽 그림과 같은 사각기둥의 부피는?

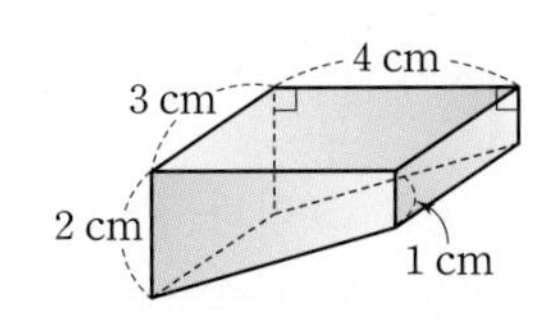

① 6 cm^3 ② 9 cm^3
③ 12 cm^3 ④ 15 cm^3
⑤ 18 cm^3

08

오른쪽 그림과 같은 전개도로 만든 삼각기둥의 부피를 구하시오.

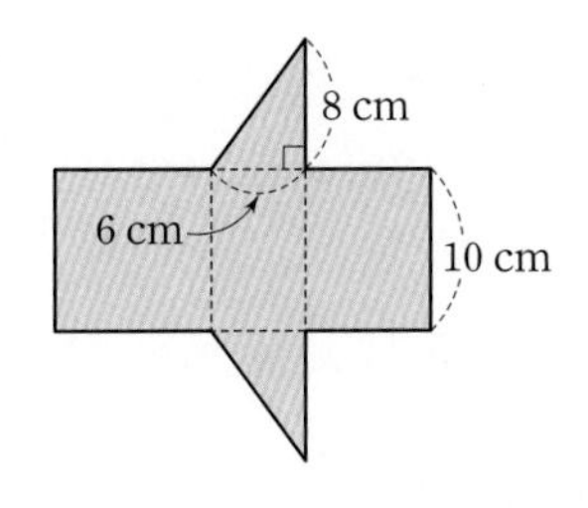

09

오른쪽 그림과 같이 밑면이 마름모인 사각기둥의 부피가 180 cm^3일 때, 이 사각기둥의 높이는?

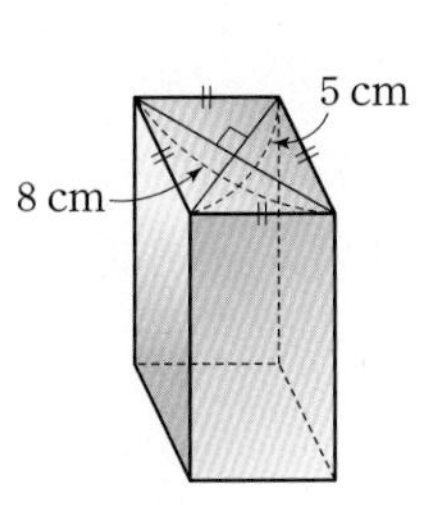

① 8 cm ② 9 cm
③ 10 cm ④ 11 cm
⑤ 12 cm

10

오른쪽 그림과 같은 사각형을 밑면으로 하는 사각기둥의 높이가 7 cm일 때, 이 사각기둥의 부피를 구하시오.

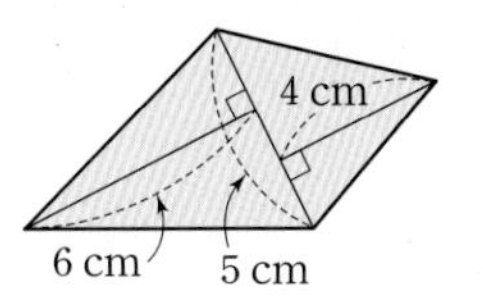

집중

유형 04 원기둥의 부피

개념 2

(원기둥의 부피) = (밑넓이) × (높이)
$= \pi r^2 h$

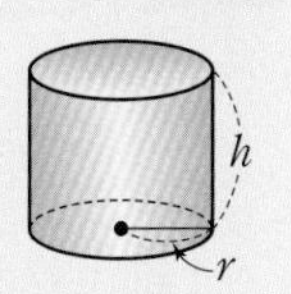

11 대표문제

높이가 7 cm인 원기둥의 부피가 175π cm^3일 때, 밑면인 원의 둘레의 길이를 구하시오.

중요

12

오른쪽 그림과 같은 직사각형을 직선 l을 회전축으로 하여 1회전 시킬 때 생기는 회전체의 부피를 구하시오.

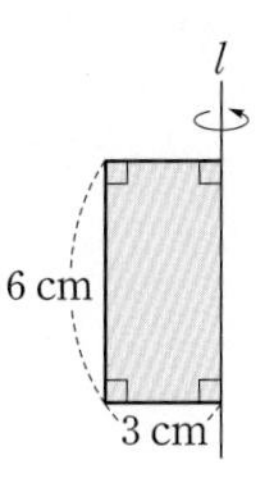

13

오른쪽 그림은 밑면인 원의 반지름의 길이가 서로 다르고 높이가 5 cm로 같은 원기둥 3개를 밑면의 중심이 일치하도록 쌓아서 만든 입체도형이다. 이 입체도형의 부피를 구하시오.

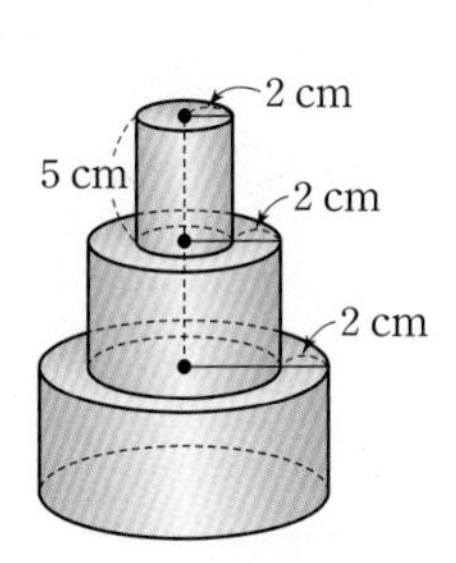

14 서술형

다음 그림과 같이 원기둥 모양의 두 그릇 A, B가 있다. 그릇 A에 물을 가득 담아 그릇 B에 3번 옮겨 담았더니 그릇 B에 물이 가득 채워졌다. 이때 x의 값을 구하시오.

(단, 그릇의 두께는 생각하지 않는다.)

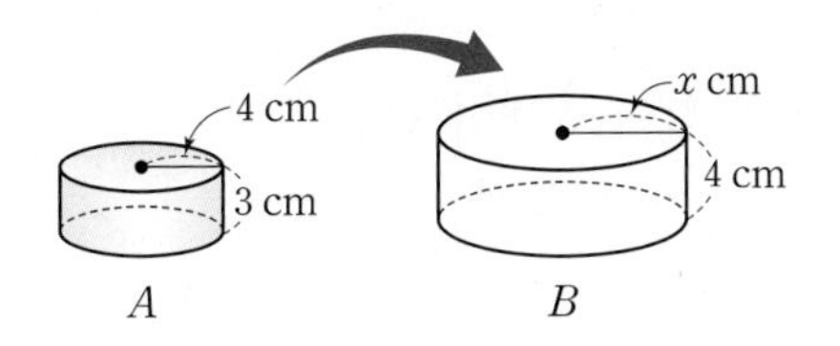

08 입체도형의 겉넓이와 부피

집중

유형 05 밑면이 부채꼴인 기둥의 겉넓이와 부피

개념 1, 2

(1) (겉넓이) = (밑넓이) × 2 + (옆넓이)

= (부채꼴의 넓이) × 2 + (부채꼴의 둘레의 길이) × (높이)

$l+2r$

(2) (부피) = (밑넓이) × (높이) = (부채꼴의 넓이) × (높이)

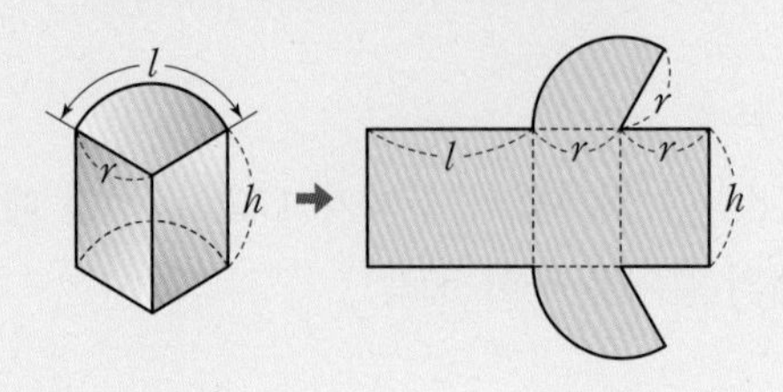

15 대표문제

오른쪽 그림과 같이 밑면이 부채꼴인 기둥의 겉넓이를 구하시오.

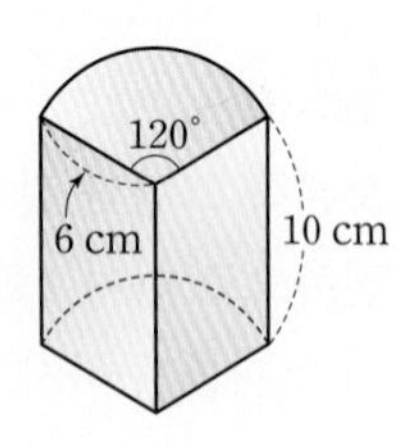

16

오른쪽 그림과 같이 밑면이 부채꼴인 기둥의 부피를 구하시오.

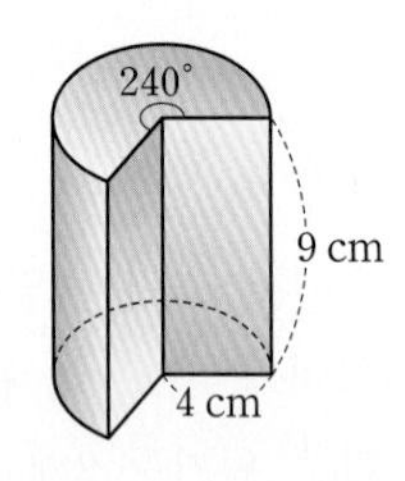

17

오른쪽 그림과 같이 원기둥을 잘라서 밑면이 부채꼴인 두 기둥으로 나누었을 때, 큰 기둥과 작은 기둥의 부피의 비를 가장 간단한 자연수의 비로 나타내시오.

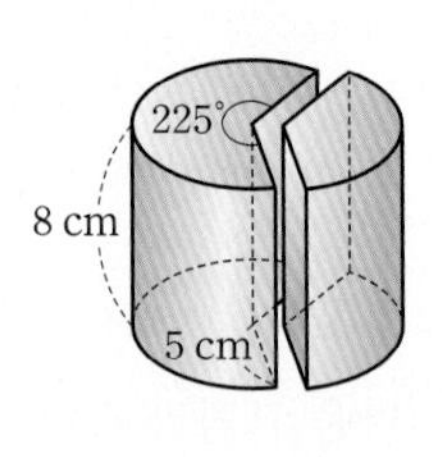

중요

18

오른쪽 그림과 같이 밑면이 반원인 기둥의 부피가 $27\pi\text{ cm}^3$일 때, 이 기둥의 겉넓이를 구하시오.

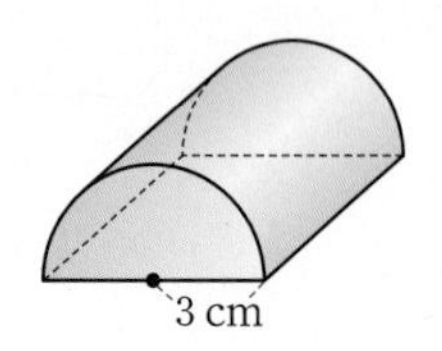

유형 06 구멍이 뚫린 기둥의 겉넓이와 부피

개념 1, 2

구멍이 뚫린 기둥에서

(1) (겉넓이)

= {(큰 기둥의 밑넓이) − (작은 기둥의 밑넓이)} × 2

+ (큰 기둥의 옆넓이) + (작은 기둥의 옆넓이)

(2) (부피) = (큰 기둥의 부피) − (작은 기둥의 부피)

19 대표문제

오른쪽 그림과 같이 구멍이 뚫린 입체도형의 부피를 구하시오.

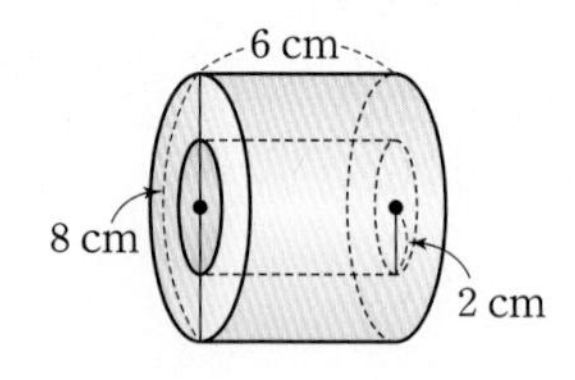

20

오른쪽 그림과 같이 구멍이 뚫린 입체도형의 겉넓이를 구하시오.

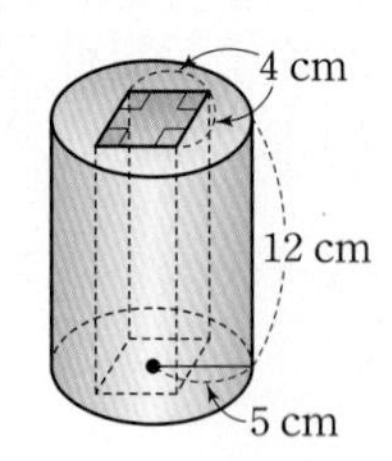

21

오른쪽 그림과 같은 직사각형을 직선 l을 회전축으로 하여 1회전 시킬 때 생기는 회전체의 겉넓이를 구하시오.

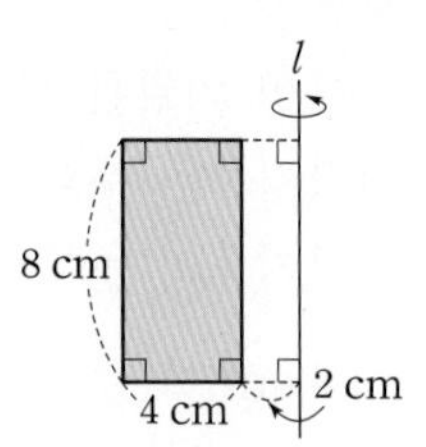

22 서술형

오른쪽 그림과 같이 구멍이 뚫린 입체도형의 겉넓이를 $a\text{ cm}^2$, 부피를 $b\text{ cm}^3$라 할 때, $a+b$의 값을 구하시오.

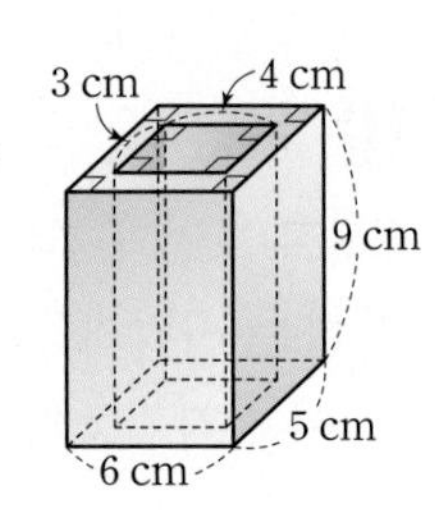

유형 07 잘라 낸 기둥의 겉넓이와 부피 개념 1, 2

(1) (겉넓이)=(두 밑넓이의 합)+(옆넓이)
→ 잘린 부분의 면의 이동을 생각한다.

(2) (부피)=(잘라 내기 전 기둥의 부피)−(잘라 낸 기둥의 부피)

23 대표문제

오른쪽 그림은 직육면체에서 작은 직육면체를 잘라 낸 입체도형이다. 이 입체도형의 겉넓이를 구하시오.

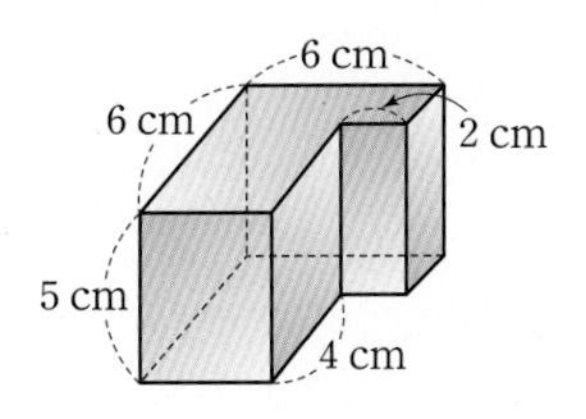

24

오른쪽 그림은 한 모서리의 길이가 10 cm인 정육면체에서 작은 직육면체를 잘라 낸 입체도형이다. 이 입체도형의 겉넓이를 구하시오.

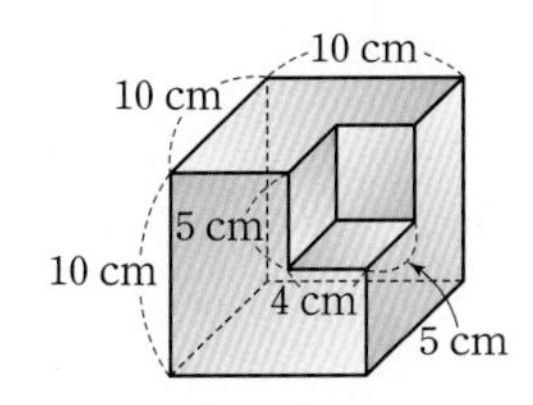

25 서술형

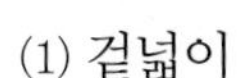

오른쪽 그림은 직육면체에서 밑면이 반원인 기둥을 잘라 낸 입체도형이다. 다음을 구하시오.

(1) 겉넓이

(2) 부피

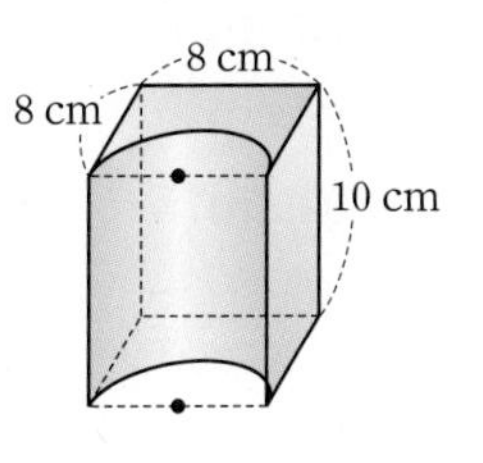

26

오른쪽 그림과 같이 밑면인 원의 반지름의 길이가 4 cm인 원기둥을 비스듬히 자른 입체도형의 부피를 구하시오.

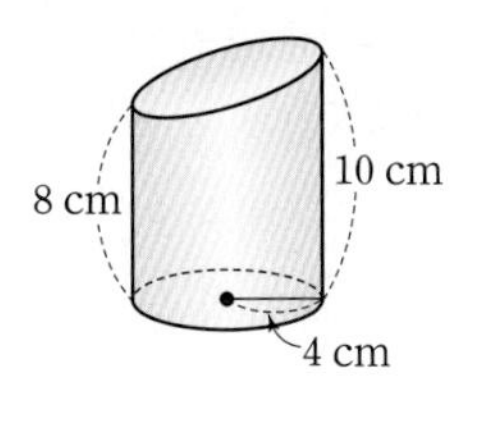

집중

유형 08 각뿔의 겉넓이 개념 3

(각뿔의 겉넓이)

=(밑넓이)+(옆넓이)

$=a^2+\frac{1}{2}ah\times4$

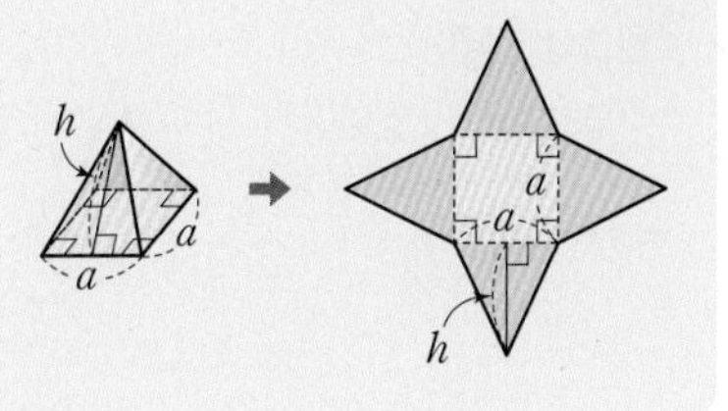

27 대표문제

오른쪽 그림과 같이 밑면이 정사각형이고 옆면이 모두 합동인 이등변삼각형인 사각뿔의 겉넓이를 구하시오.

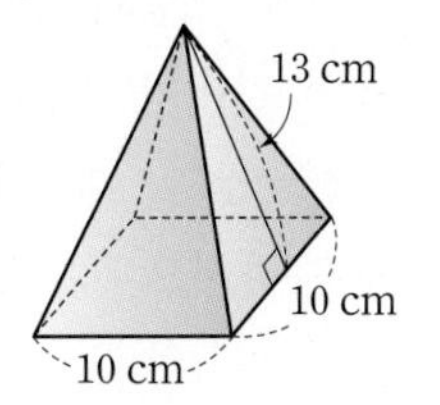

28

오른쪽 그림과 같은 전개도로 만든 사각뿔의 겉넓이는?

① 49 cm^2 ② 53 cm^2 ③ 57 cm^2 ④ 61 cm^2 ⑤ 65 cm^2

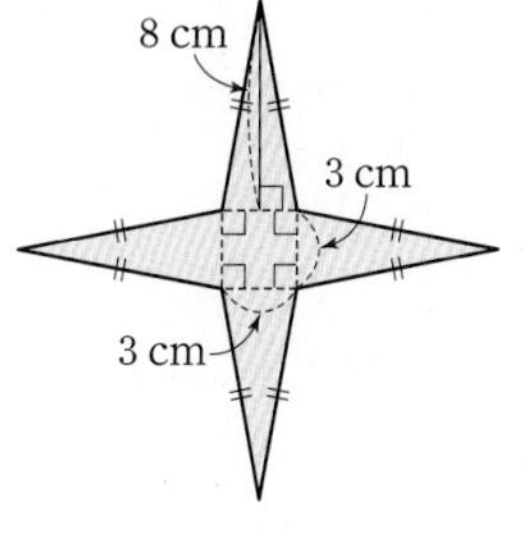

중요

29

오른쪽 그림과 같은 사각뿔의 겉넓이가 95 cm^2일 때, x의 값을 구하시오.

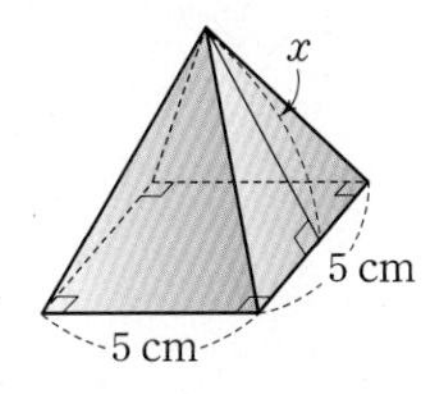

30

오른쪽 그림과 같은 입체도형의 겉넓이를 구하시오.

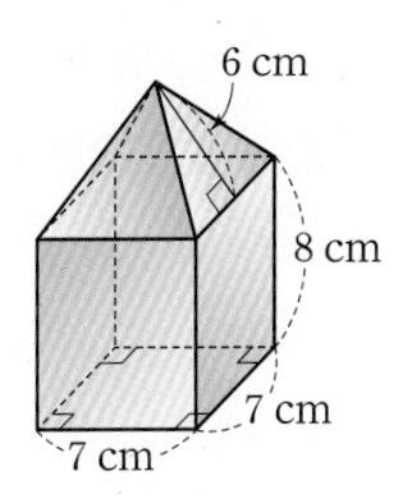

집중

유형 09 원뿔의 겉넓이

개념 3

(원뿔의 겉넓이)

$=$(밑넓이)$+$(옆넓이)
원의 넓이 부채꼴의 넓이

$=\pi r^2+\pi rl$ → $\frac{1}{2}\times l\times 2\pi r$

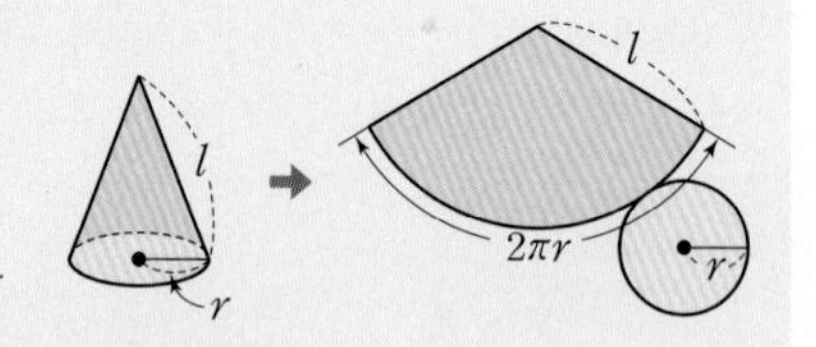

31 대표문제

오른쪽 그림과 같이 밑면인 원의 반지름의 길이가 8 cm인 원뿔의 겉넓이가 $184\pi\ \text{cm}^2$일 때, 이 원뿔의 모선의 길이를 구하시오.

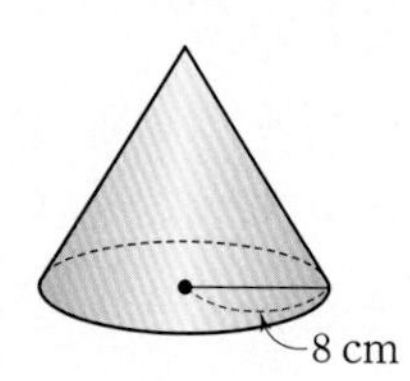

32

오른쪽 그림과 같은 원뿔의 겉넓이를 구하시오.

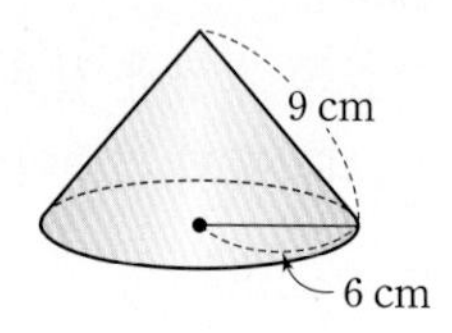

중요

33

오른쪽 그림과 같은 전개도로 만든 원뿔의 겉넓이를 구하시오.

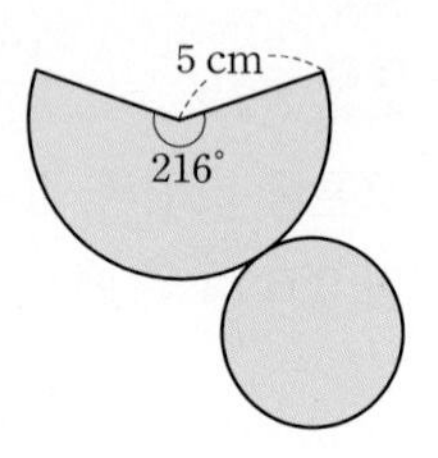

34 서술형

오른쪽 그림과 같은 전개도로 만든 원뿔의 겉넓이가 $6\pi\ \text{cm}^2$일 때, 부채꼴의 중심각의 크기를 구하시오.

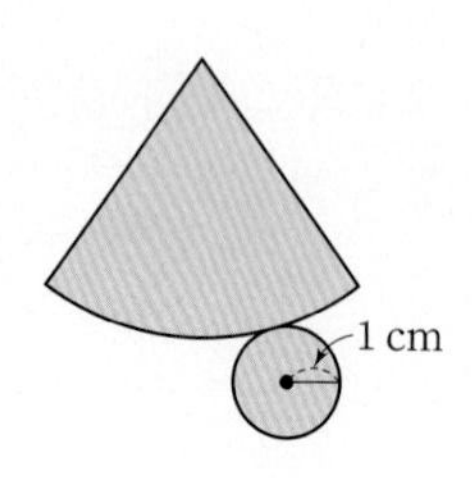

유형 10 뿔대의 겉넓이

개념 3

(1) (각뿔대의 겉넓이)

$=$(두 밑넓이의 합)$+$(옆면인 사다리꼴의 넓이의 합)
옆넓이

(2) (원뿔대의 겉넓이)

$=$(두 밑넓이의 합)$+$(큰 부채꼴의 넓이)$-$(작은 부채꼴의 넓이)
옆넓이

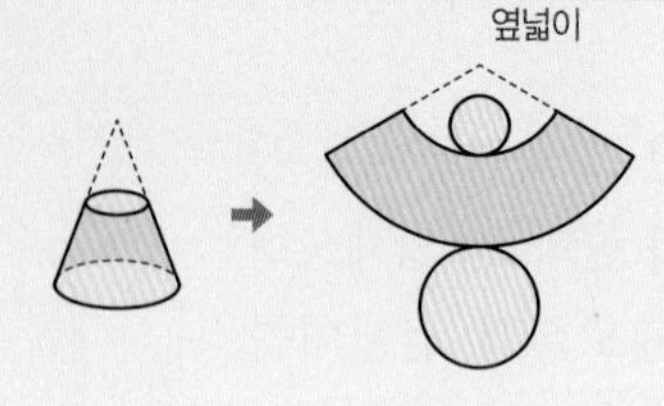

35 대표문제

오른쪽 그림과 같은 원뿔대의 겉넓이는?

① $24\pi\ \text{cm}^2$　② $28\pi\ \text{cm}^2$　③ $32\pi\ \text{cm}^2$　④ $36\pi\ \text{cm}^2$　⑤ $40\pi\ \text{cm}^2$

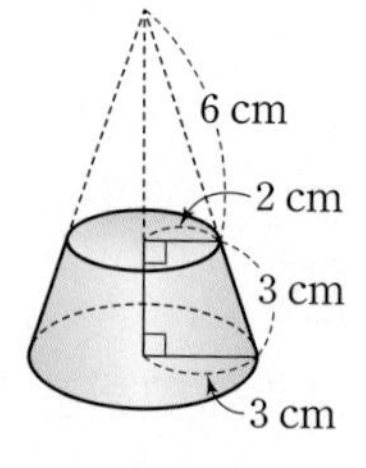

36

오른쪽 그림과 같은 사각뿔대의 겉넓이는?

① $179\ \text{cm}^2$　② $180\ \text{cm}^2$　③ $189\ \text{cm}^2$　④ $190\ \text{cm}^2$　⑤ $191\ \text{cm}^2$

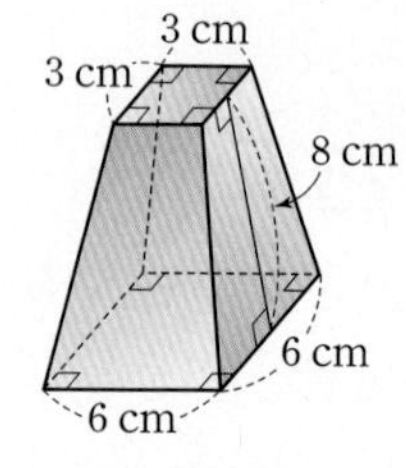

37

성훈이는 오른쪽 그림과 같이 원뿔대 모양의 통에 겹치는 부분이 없이 색지를 붙이려고 한다. 통의 바깥쪽에만 색지를 붙일 때, 필요한 색지의 넓이를 구하시오.
(단, 색지의 두께는 생각하지 않는다.)

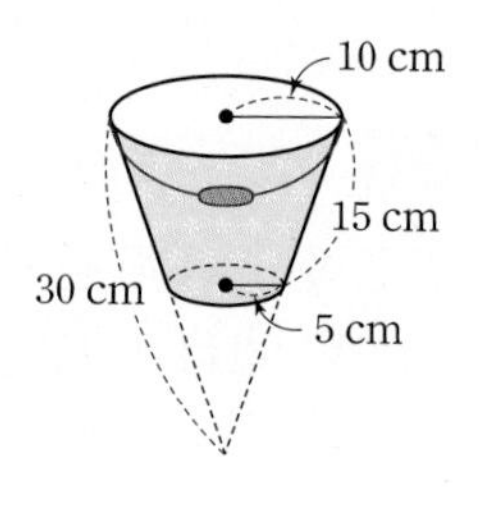

집중

유형 11 각뿔의 부피 (개념 4)

각뿔의 밑넓이를 S, 높이를 h라 하면

(각뿔의 부피)$=\frac{1}{3}\times$(밑넓이)$\times$(높이) → 각기둥의 부피

$=\frac{1}{3}Sh$

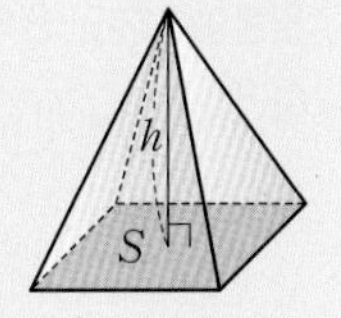

참고 (각뿔대의 부피)

=(처음 각뿔의 부피)−(잘라 낸 각뿔의 부피)

38 대표문제

오른쪽 그림과 같은 사각뿔의 부피가 128 cm^{3}일 때, 이 사각뿔의 높이는?

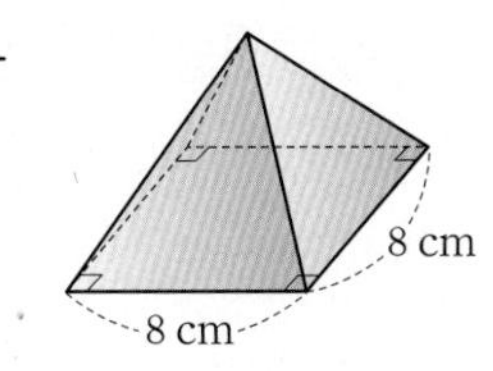

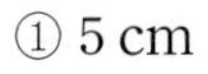

① 5 cm ② 6 cm ③ 7 cm ④ 8 cm ⑤ 9 cm

39

오른쪽 그림과 같은 사각뿔의 부피를 구하시오.

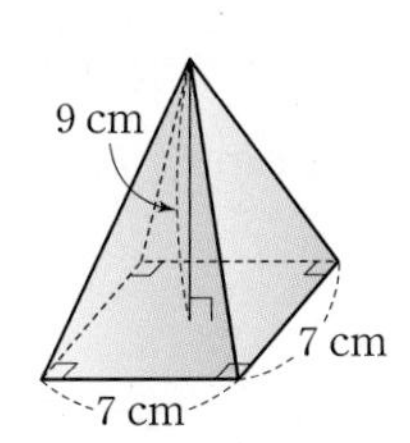

중요

40

오른쪽 그림과 같이 밑면이 정사각형인 사각뿔대의 부피를 구하시오.

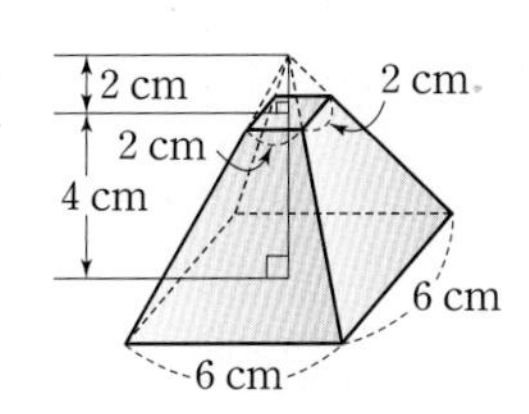

41

오른쪽 그림과 같은 삼각뿔대의 부피를 구하시오.

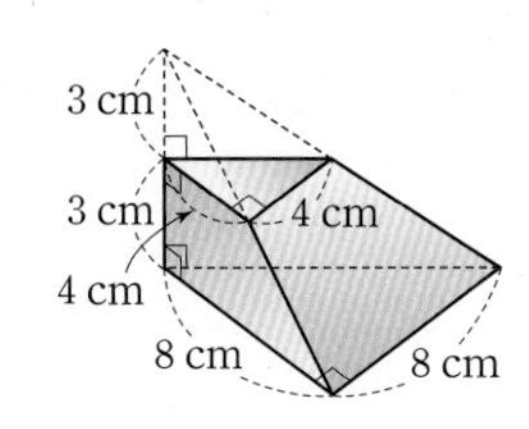

유형 12 각기둥에서 잘라 낸 각뿔의 부피 (개념 4)

직육면체를 세 꼭짓점 B, G, D를 지나는 평면으로 자를 때

(삼각뿔 C−BGD의 부피)

$=\frac{1}{3}\times\triangle BCD\times\overline{CG}$

$=\frac{1}{3}\times\triangle BCG\times\overline{CD}$

$=\frac{1}{3}\times\triangle DCG\times\overline{BC}$

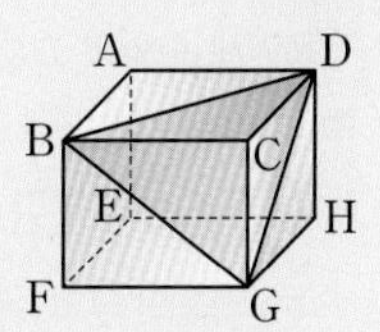

42 대표문제

오른쪽 그림과 같이 한 모서리의 길이가 3 cm인 정육면체를 세 꼭짓점 B, G, D를 지나는 평면으로 자를 때 생기는 삼각뿔 C−BGD의 부피를 구하시오.

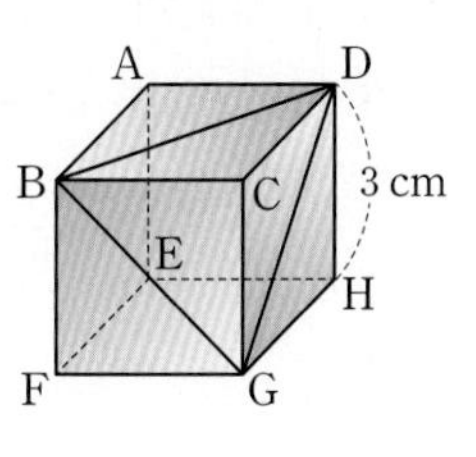

43

오른쪽 그림은 직육면체에서 삼각뿔을 잘라 낸 것이다. 이 입체도형의 부피는?

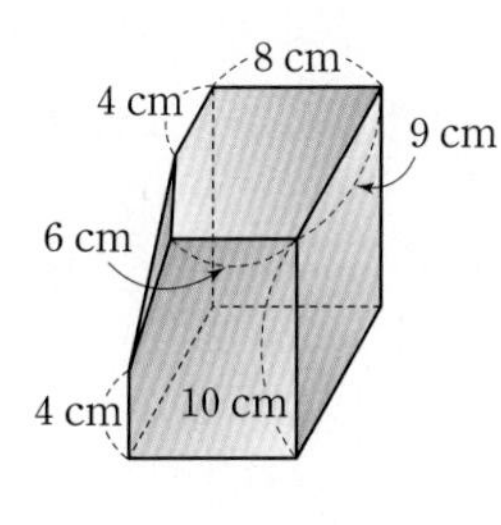

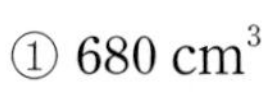

① 680 cm^3 ② 690 cm^3 ③ 700 cm^3 ④ 710 cm^3 ⑤ 720 cm^3

44 서술형

오른쪽 그림과 같이 정육면체를 세 꼭짓점 A, F, C를 지나는 평면으로 자를 때 생기는 삼각뿔 B−AFC의 부피가 36 cm^{3}일 때, 정육면체의 한 모서리의 길이를 구하시오.

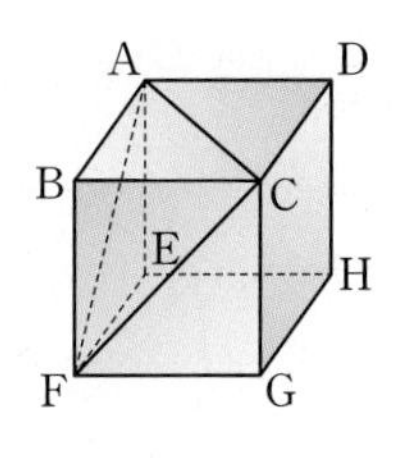

유형 13 그릇에 담긴 물의 부피 개념 2, 4

직육면체 모양의 그릇에 담긴 물의 모양이 어떤 입체도형인지 알아본 후 부피를 구한다.

(1) (삼각기둥의 부피) = (밑넓이) × (높이)

(2) (삼각뿔의 부피) = $\frac{1}{3}$ × (밑넓이) × (높이)

45 대표문제

오른쪽 그림과 같은 직육면체 모양의 그릇에 물을 가득 채운 후 비스듬히 기울여 물을 흘려보냈다. 이때 남아 있는 물의 부피를 구하시오. (단, 그릇의 두께는 생각하지 않는다.)

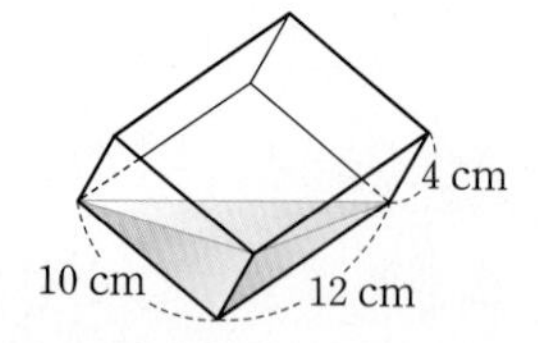

46

오른쪽 그림과 같은 직육면체 모양의 그릇에 물을 가득 채운 후 비스듬히 기울여 물을 흘려보냈다. 남아 있는 물의 부피가 60 cm^3일 때, x의 값은? (단, 그릇의 두께는 생각하지 않는다.)

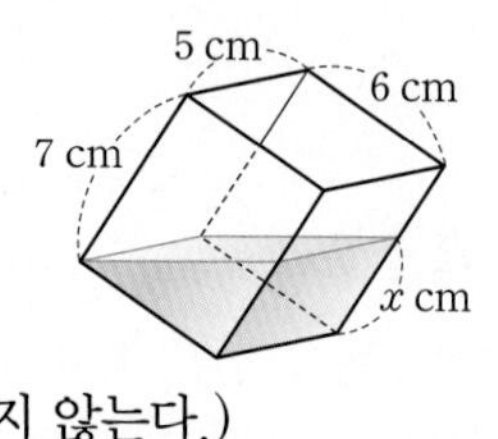

① 3 ② $\frac{7}{2}$ ③ 4
④ $\frac{9}{2}$ ⑤ 5

47 서술형

다음 그림과 같이 물을 가득 채운 직육면체 모양의 그릇을 기울여 물을 흘려보낸 다음 그릇을 다시 바로 세웠을 때, x의 값을 구하시오. (단, 그릇의 두께는 생각하지 않는다.)

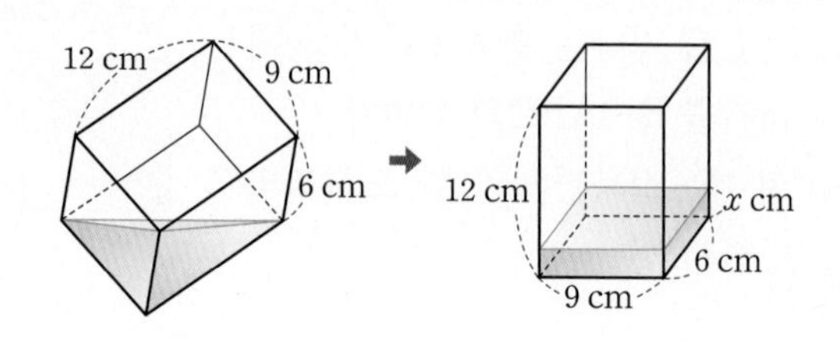

집중

유형 14 원뿔의 부피 개념 4

원뿔의 밑면인 원의 반지름의 길이를 r, 높이를 h라 하면

(원뿔의 부피) = $\frac{1}{3}$ × (밑넓이) × (높이)

$= \frac{1}{3}\pi r^2 h$

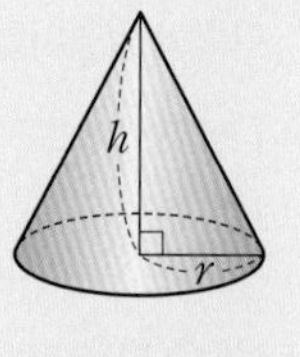

참고 (원뿔대의 부피) = (처음 원뿔의 부피) − (잘라 낸 원뿔의 부피)

48 대표문제

오른쪽 그림과 같은 원뿔의 부피는?

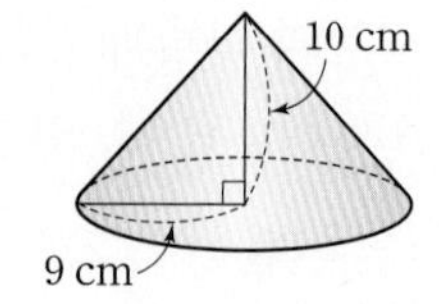

① 265π cm^3 ② 270π cm^3
③ 275π cm^3 ④ 280π cm^3
⑤ 285π cm^3

49

밑면인 원의 반지름의 길이가 3 cm인 원뿔의 부피가 48π cm^3일 때, 이 원뿔의 높이를 구하시오.

50

오른쪽 그림과 같이 원기둥 위에 원뿔을 붙여서 만든 입체도형의 부피를 구하시오.

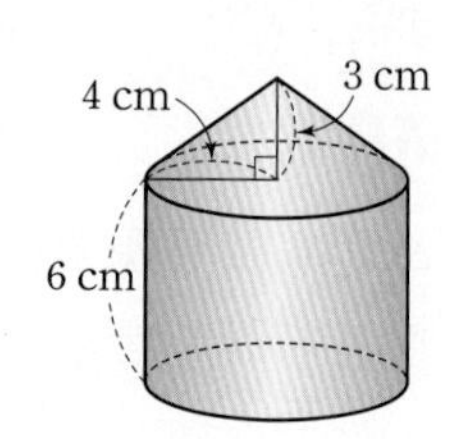

중요

51

오른쪽 그림과 같은 원뿔대의 부피를 구하시오.

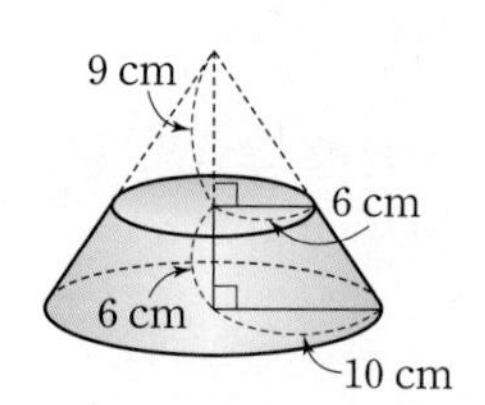

유형 15 회전체의 겉넓이와 부피; 원뿔, 원뿔대 개념 3, 4

밑변의 길이가 r, 높이가 h인 직각삼각형을 직선 n을 회전축으로 하여 1회전 시키면 밑면인 원의 반지름의 길이가 r, 높이가 h인 원뿔이 생긴다.

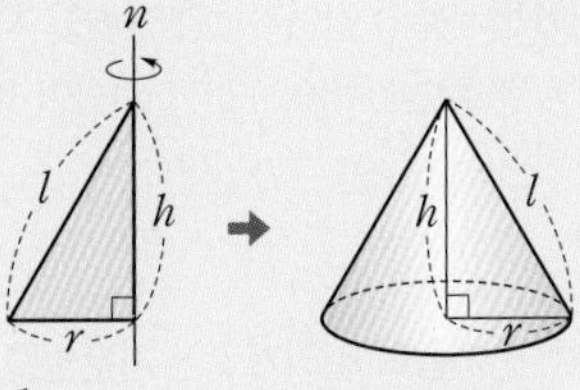

➡ (겉넓이)$=\pi r^2+\pi rl$, (부피)$=\frac{1}{3}\pi r^2 h$

52 대표문제

오른쪽 그림과 같은 직각삼각형 ABC를 $\overline{BC}$를 회전축으로 하여 1회전 시킬 때 생기는 회전체의 부피는?

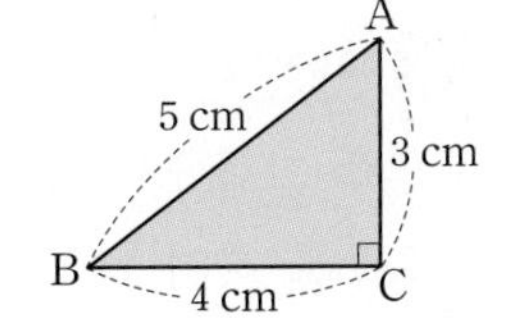

① 12π cm^3 ② 13π cm^3
③ 14π cm^3 ④ 15π cm^3
⑤ 16π cm^3

중요

53

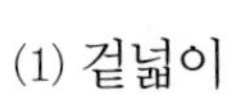

오른쪽 그림과 같은 사다리꼴을 직선 l을 회전축으로 하여 1회전 시킬 때 생기는 회전체에 대하여 다음을 구하시오.

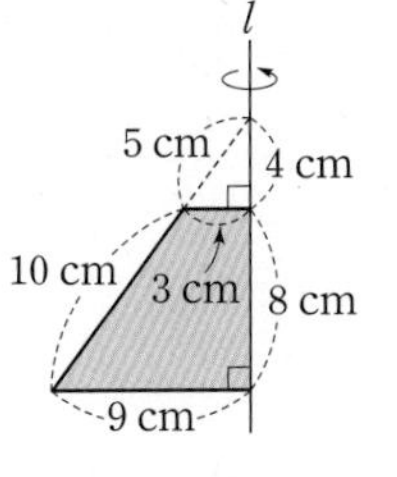

(1) 겉넓이
(2) 부피

54

오른쪽 그림과 같은 삼각형을 직선 l을 회전축으로 하여 1회전 시킬 때 생기는 회전체의 겉넓이는?

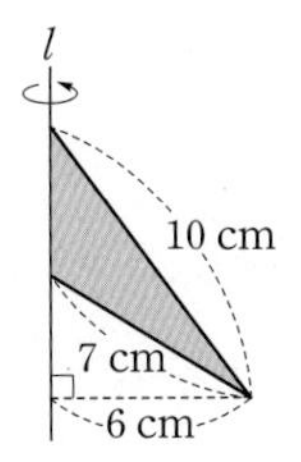

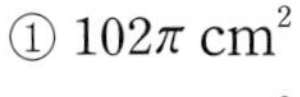

① 102π cm^2 ② 110π cm^2
③ 118π cm^2 ④ 126π cm^2
⑤ 134π cm^2

집중

유형 16 구의 겉넓이 개념 5

(1) 반지름의 길이가 r인 구의 겉넓이를 S라 하면
$S=4\pi r^2$

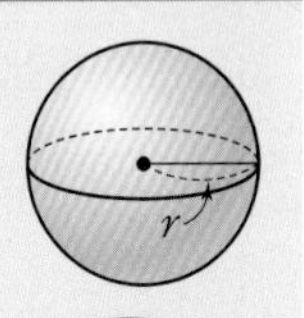

(2) 반지름의 길이가 r인 반구의 겉넓이를 S라 하면
$S=$(구의 겉넓이)$\times\frac{1}{2}+$(원의 넓이)
$=4\pi r^2\times\frac{1}{2}+\pi r^2=3\pi r^2$

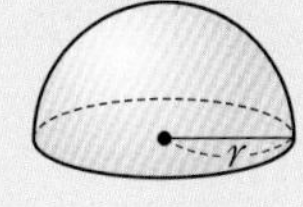

55 대표문제

오른쪽 그림은 반지름의 길이가 4 cm인 구의 $\frac{1}{4}$을 잘라 낸 것이다. 이 입체도형의 겉넓이를 구하시오.

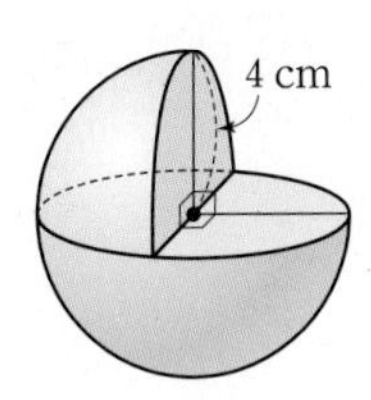

56

오른쪽 그림과 같이 반지름의 길이가 7 cm인 반구의 겉넓이를 구하시오.

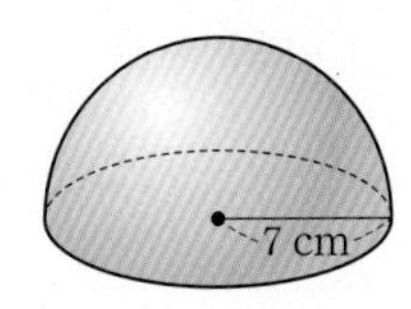

57

오른쪽 그림과 같은 입체도형의 겉넓이를 구하시오.

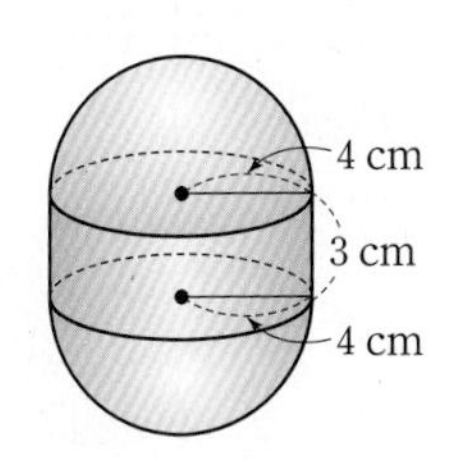

58 서술형

구를 한 평면으로 자를 때 생기는 단면 중 가장 큰 단면의 넓이가 64π cm^{2}일 때, 이 구의 겉넓이를 구하시오.

집중

유형 17 구의 부피 개념5

(1) 반지름의 길이가 r인 구의 부피를 V라 하면

$V=\frac{4}{3}\pi r^3$

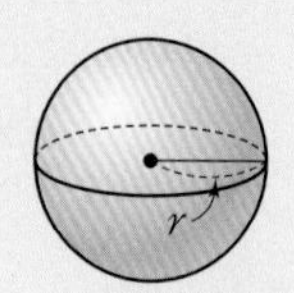

(2) 반지름의 길이가 r인 반구의 부피를 V라 하면

$V=(\text{구의 부피})\times\frac{1}{2}=\frac{4}{3}\pi r^3\times\frac{1}{2}=\frac{2}{3}\pi r^3$

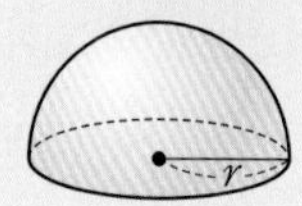

59 대표문제

오른쪽 그림과 같이 원뿔 위에 반구를 붙여서 만든 입체도형의 부피를 구하시오.

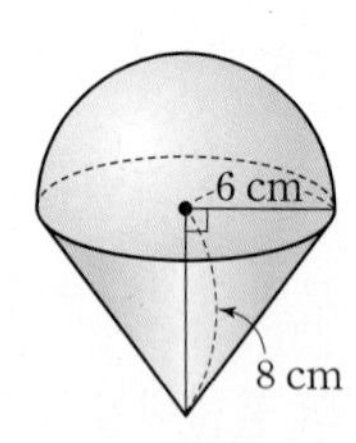

60

오른쪽 그림은 반지름의 길이가 3 cm인 구의 $\frac{1}{8}$을 잘라 낸 것이다. 이 입체도형의 부피를 구하시오.

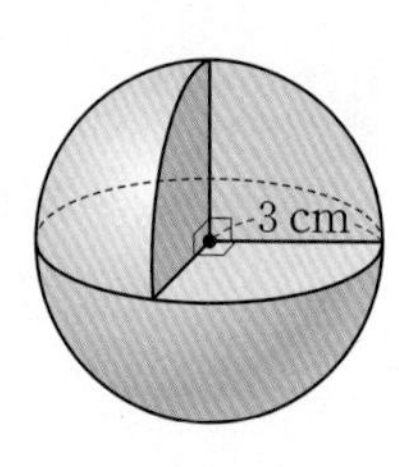

61 서술형

다음 그림과 같은 구와 원뿔의 부피가 같을 때, 원뿔의 높이를 구하시오.

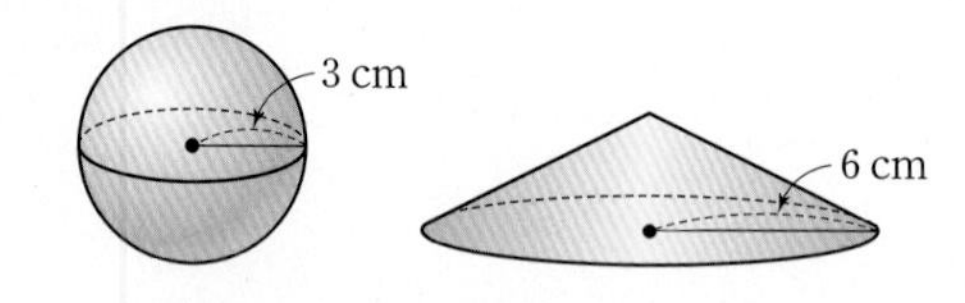

62

지름의 길이가 10 cm인 구 모양의 쇠공을 녹여서 지름의 길이가 2 cm인 구 모양의 쇠공을 만들려고 할 때, 최대 몇 개까지 만들 수 있는지 구하시오.

유형 18 회전체의 겉넓이와 부피; 구 개념5

(1) 반지름의 길이가 r인 반원을 지름을 회전축으로 하여 1회전 시키면 반지름의 길이가 r인 구가 생긴다.

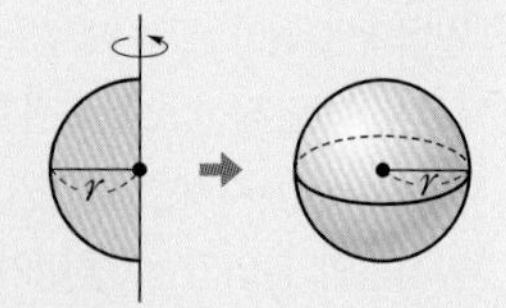

(2) 반지름의 길이가 r인 사분원을 반지름을 회전축으로 하여 1회전 시키면 반지름의 길이가 r인 반구가 생긴다.

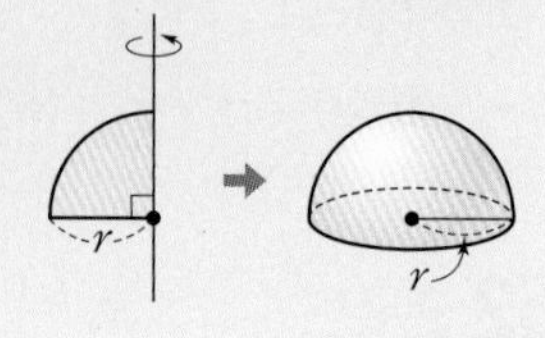

63 대표문제

오른쪽 그림에서 색칠한 부분을 직선 l을 회전축으로 하여 1회전 시킬 때 생기는 회전체의 부피를 구하시오.

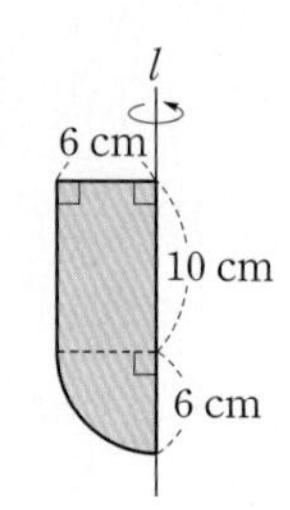

중요

64

오른쪽 그림과 같은 반원을 직선 l을 회전축으로 하여 1회전 시킬 때 생기는 회전체의 겉넓이를 구하시오.

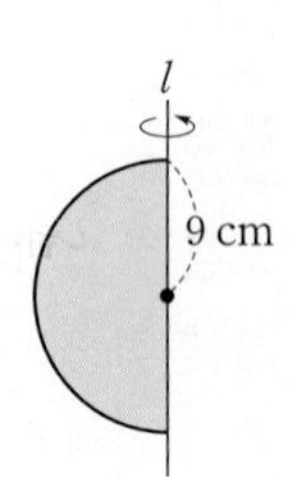

65

오른쪽 그림에서 색칠한 부분을 직선 l을 회전축으로 하여 1회전 시킬 때 생기는 회전체의 부피를 구하시오.

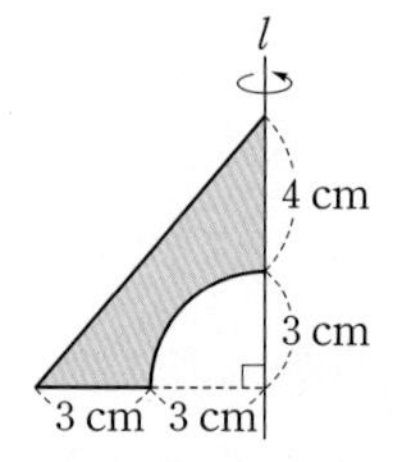

66

오른쪽 그림에서 색칠한 부분을 직선 l을 회전축으로 하여 1회전 시킬 때 생기는 회전체의 겉넓이를 구하시오.

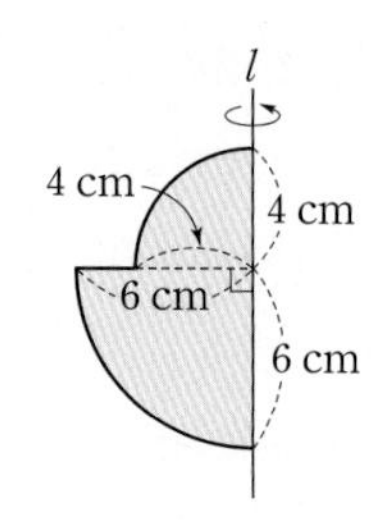

유형 19 원뿔, 구, 원기둥의 부피의 비 개념 2, 4, 5

오른쪽 그림과 같이 원기둥 안에 구, 원뿔이 꼭 맞게 들어 있을 때

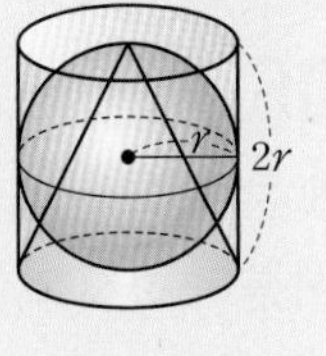

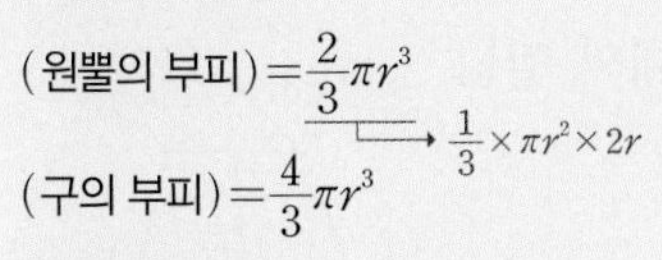

(원뿔의 부피)$=\frac{2}{3}\pi r^3$ ← $\frac{1}{3}\times\pi r^2\times 2r$

(구의 부피)$=\frac{4}{3}\pi r^3$

(원기둥의 부피)$=2\pi r^3$ ← $\pi r^2\times 2r$

➡ (원뿔의 부피) : (구의 부피) : (원기둥의 부피)$=1:2:3$

67 대표문제

오른쪽 그림과 같이 부피가 432π cm³인 원기둥 안에 구와 원뿔이 꼭 맞게 들어 있다. 원뿔의 부피가 $a\pi$ cm³, 구의 부피가 $b\pi$ cm³일 때, $a+b$의 값을 구하시오.

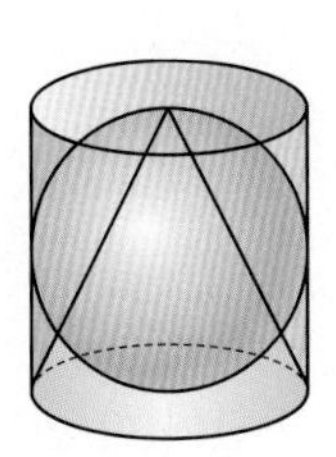

68

오른쪽 그림과 같이 원기둥 안에 구와 원뿔이 꼭 맞게 들어 있다. 구의 부피가 36π cm³일 때, 원뿔의 부피를 구하시오.

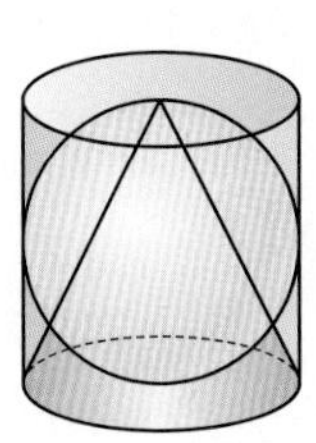

중요

69 서술형

반지름의 길이가 2 cm인 공 3개가 오른쪽 그림과 같이 원기둥 모양의 통 안에 꼭 맞게 들어 있다. 공 3개를 제외한 통의 빈 공간의 부피를 구하시오. (단, 통의 두께는 생각하지 않는다.)

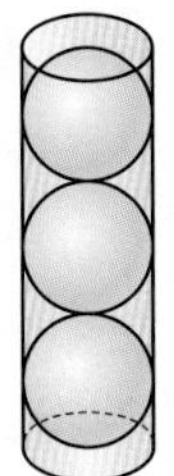

유형 20 입체도형에 꼭 맞게 들어 있는 입체도형 개념 2, 4, 5

반지름의 길이가 r인 구에 정팔면체가 꼭 맞게 들어 있을 때

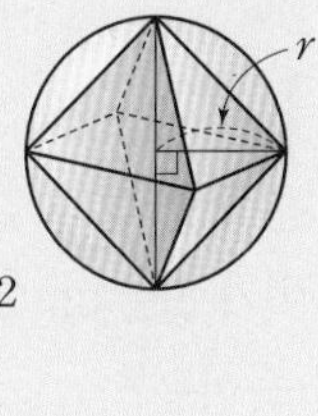

(정팔면체의 부피)$=$(사각뿔의 부피)$\times 2$

$=\left\{\frac{1}{3}\times\left(\frac{1}{2}\times 2r\times 2r\right)\times r\right\}\times 2$

$=\frac{4}{3}r^3$

70 대표문제

오른쪽 그림과 같이 반지름의 길이가 6 cm인 구 안에 정팔면체가 꼭 맞게 들어 있다. 이 정팔면체의 부피를 구하시오.

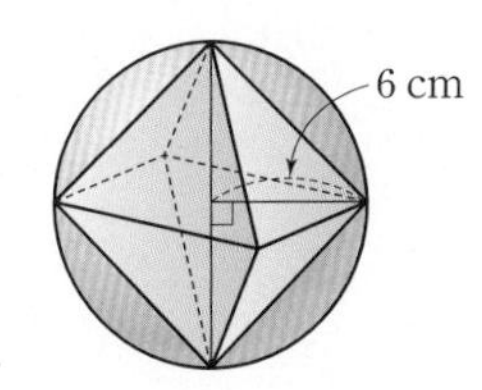

71

오른쪽 그림과 같이 한 모서리의 길이가 4 cm인 정육면체 안에 구와 사각뿔이 꼭 맞게 들어 있다. 이때 정육면체, 구, 사각뿔의 부피의 비는?

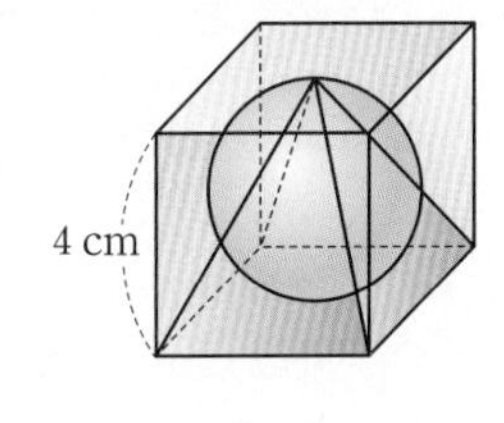

① $4:\pi:1$ ② $5:\pi:2$ ③ $6:\pi:2$
④ $2\pi:5:1$ ⑤ $2\pi:6:1$

72

오른쪽 그림과 같이 한 모서리의 길이가 6 cm인 정육면체의 각 면의 한가운데 점을 연결하여 만든 입체도형의 부피를 구하시오.

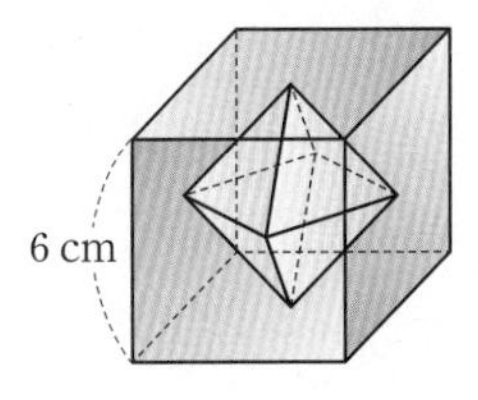

Real 실전 기출

01

오른쪽 그림과 같은 사각기둥의 겉넓이가 180 cm^2일 때, 이 사각기둥의 높이는?

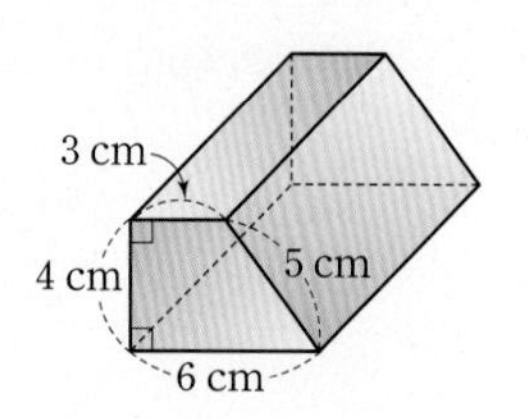

① 6 cm ② 7 cm
③ 8 cm ④ 9 cm
⑤ 10 cm

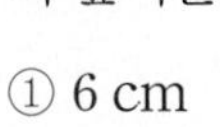
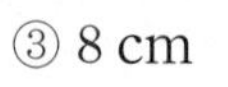

02

다음 그림과 같은 직사각형 모양의 포장지를 사용하여 원기둥 모양의 캔의 옆면을 포장하였더니 포장지가 남는 부분도 겹치는 부분도 없었다. 이때 캔의 부피를 구하시오.

(단, 포장지와 캔의 두께는 생각하지 않는다.)

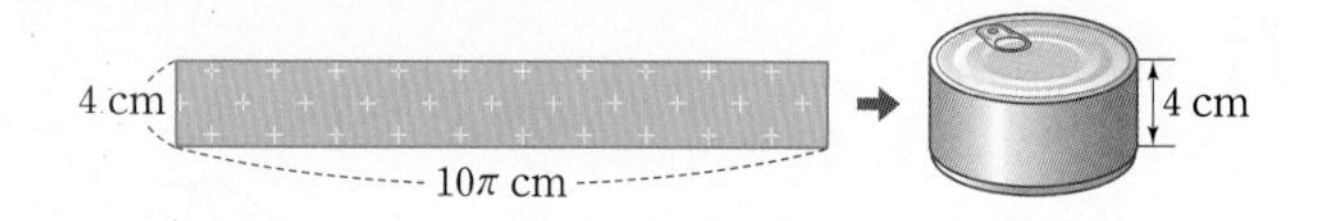

03 최다빈출

오른쪽 그림과 같이 밑면이 부채꼴인 기둥의 겉넓이를 구하시오.

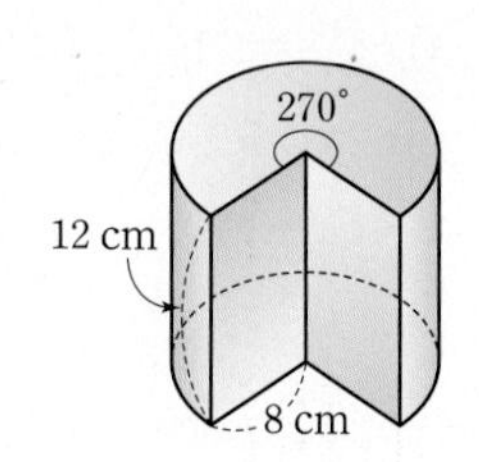

04

오른쪽 그림과 같은 입체도형의 부피는?

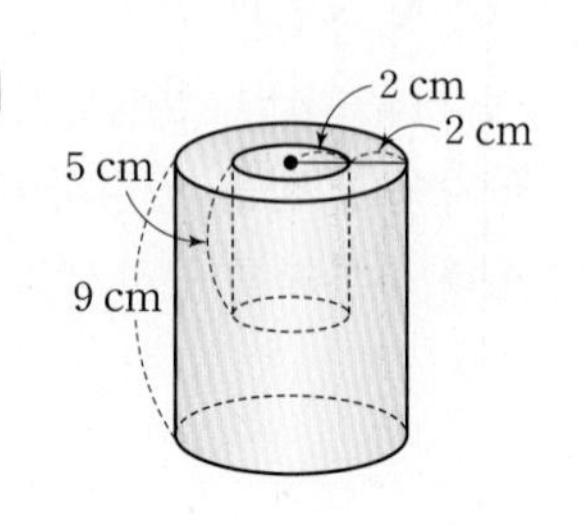

① 108π cm^3 ② 112π cm^3
③ 116π cm^3 ④ 120π cm^3
⑤ 124π cm^3

05

오른쪽 그림과 같은 각뿔대의 겉넓이를 구하시오.

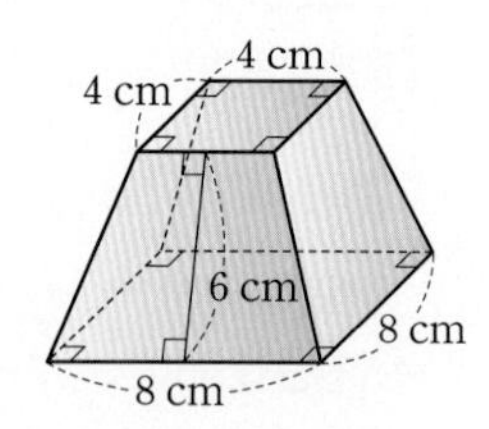

06

밑면이 한 변의 길이가 5 cm인 정사각형인 사각뿔의 부피가 225 cm^3일 때, 이 사각뿔의 높이는?

① 3 cm ② 9 cm ③ 15 cm
④ 21 cm ⑤ 27 cm

07

오른쪽 그림과 같은 원뿔대의 겉넓이가 $a\pi$ cm^2, 부피가 $b\pi$ cm^3일 때, $a-b$의 값을 구하시오.

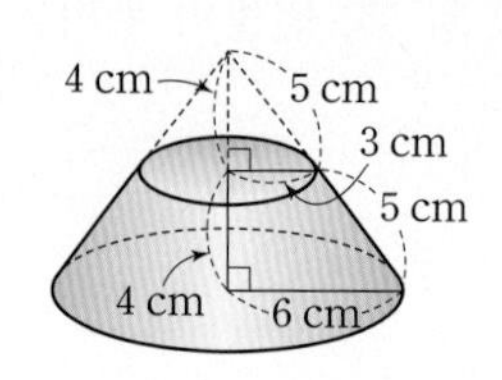

08 창의 역량

오른쪽 그림과 같이 지름의 길이가 6 cm인 야구공의 겉면을 이루는 두 조각의 가죽은 서로 합동이다. 이때 가죽 한 조각의 넓이를 구하시오.

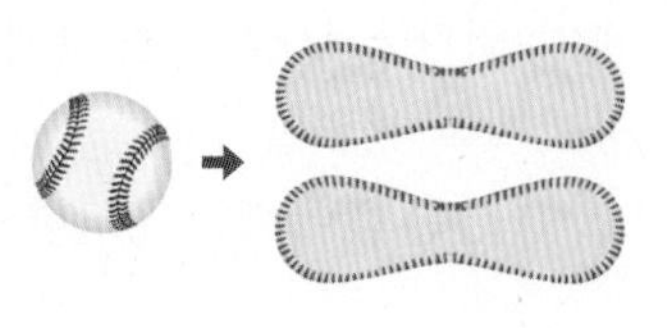

09 최다빈출

오른쪽 그림에서 색칠한 부분을 직선 l을 회전축으로 하여 1회전 시킬 때, 생기는 회전체의 부피를 구하시오.

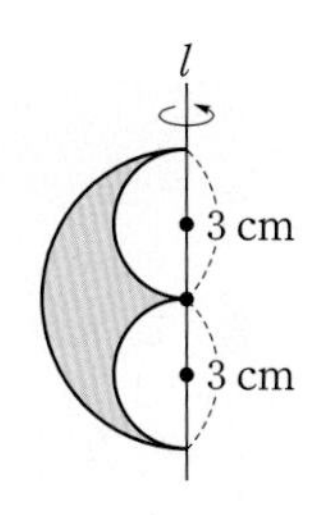

10

오른쪽 그림과 같이 밑면인 원의 반지름의 길이가 1 cm인 원기둥 안에 구와 원뿔이 꼭 맞게 들어 있다. 다음 **보기** 중 옳은 것을 모두 고르시오.

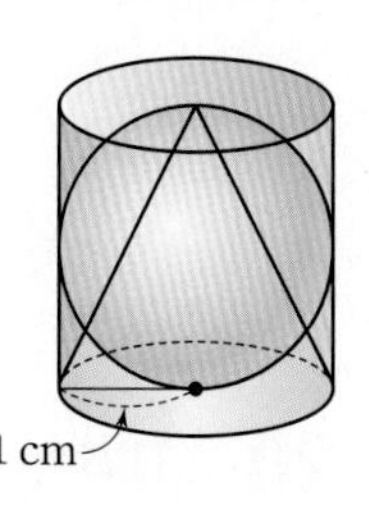

보기

ㄱ. 원뿔의 부피는 구의 부피의 $\frac{3}{4}$이다.

ㄴ. 원뿔의 부피는 원기둥의 부피의 $\frac{1}{2}$이다.

ㄷ. 구의 부피는 원기둥의 부피의 $\frac{2}{3}$이다.

ㄹ. 원기둥과 원뿔의 부피의 차는 $\frac{4}{3}\pi$ cm^3이다.

11

오른쪽 그림은 삼각기둥에서 사각뿔을 잘라 내고 남은 입체도형이다. 이 입체도형의 부피는?

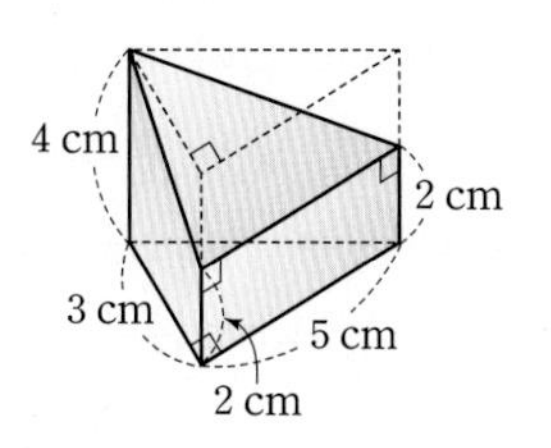

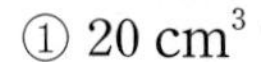

① 20 cm^3 ② 24 cm^3 ③ 28 cm^3 ④ 32 cm^3 ⑤ 36 cm^3

12

어떤 회전체를 회전축을 포함하는 평면으로 자른 단면이 오른쪽 그림과 같을 때, 이 회전체의 부피를 구하시오.

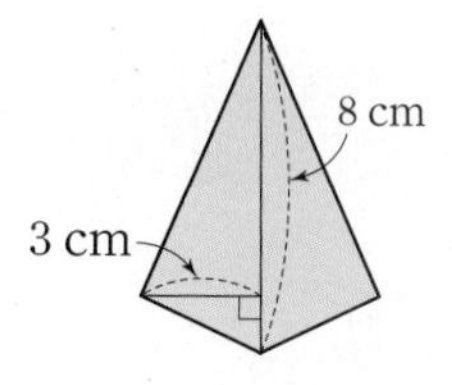

100점 공략

13

오른쪽 그림은 한 정육면체의 모든 면에 크기가 같은 정육면체를 1개씩 붙여서 만든 입체도형이다. 이 입체도형의 부피가 189 cm^3일 때, 겉넓이를 구하시오.

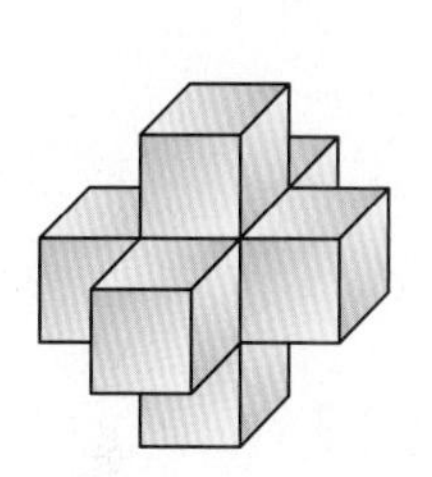

14

오른쪽 그림과 같이 한 변의 길이가 12 cm인 정사각형 ABCD에서 두 점 E, F는 각각 $\overline{AB}$, $\overline{BC}$의 중점이다. $\overline{ED}$, $\overline{EF}$, $\overline{DF}$를 접는 선으로 하여 접을 때 생기는 입체도형의 부피를 구하시오.

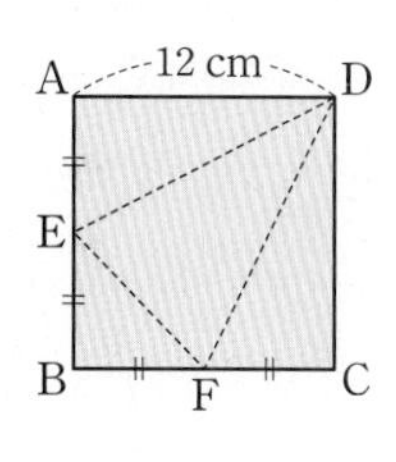

15

오른쪽 그림과 같이 밑면인 원의 반지름의 길이가 3 cm인 원뿔을 점 O를 중심으로 굴렸더니 3회전 하고 다시 처음 위치로 돌아왔다. 이때 원뿔의 옆넓이를 구하시오.

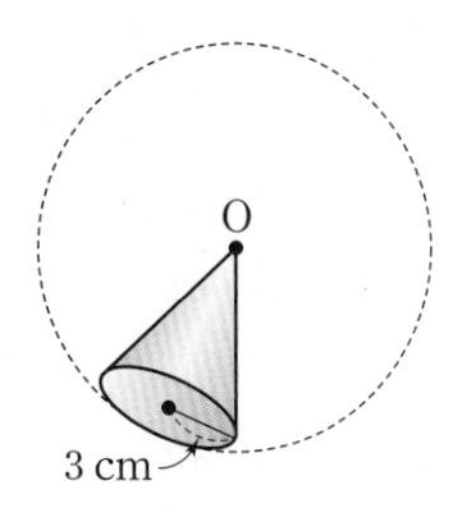

정답과 해설 65쪽

서술형

16

다음 그림은 어떤 입체도형을 위에서 본 모양과 옆에서 본 모양이다. 이 입체도형의 겉넓이를 구하시오.

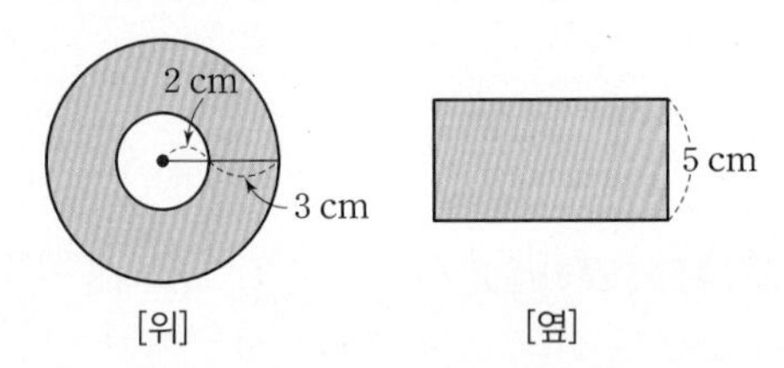

풀이

답

17

오른쪽 그림과 같은 정육면체에서 점 P는 $\overline{CD}$의 중점이다. 이 정육면체를 세 점 B, G, P를 지나는 평면으로 자를 때 생기는 두 입체도형 중 큰 입체도형의 부피는 작은 입체도형의 부피의 몇 배인지 구하시오.

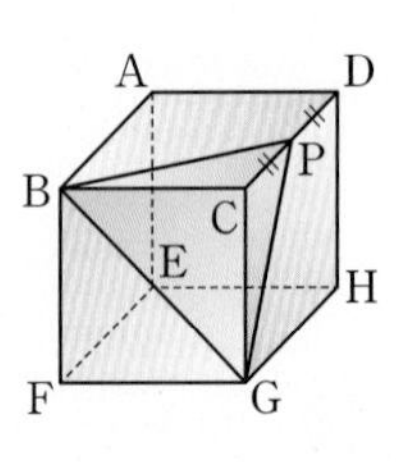

풀이

답

18

오른쪽 그림과 같이 밑면에 수직인 칸막이가 있는 직육면체 모양의 유리 상자에 물이 들어 있다. 칸막이를 뺄 때, 물의 높이를 구하시오.

(단, 유리 상자와 칸막이의 두께는 생각하지 않는다.)

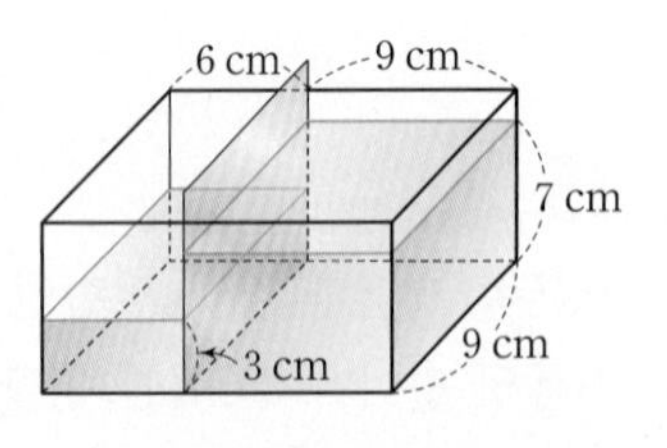

풀이

답

19

오른쪽 그림과 같이 원뿔 모양의 그릇에 물을 1분에 3π cm^{3}씩 넣을 때, 빈 그릇을 가득 채우는데 걸리는 시간을 구하시오.

(단, 그릇의 두께는 생각하지 않는다.)

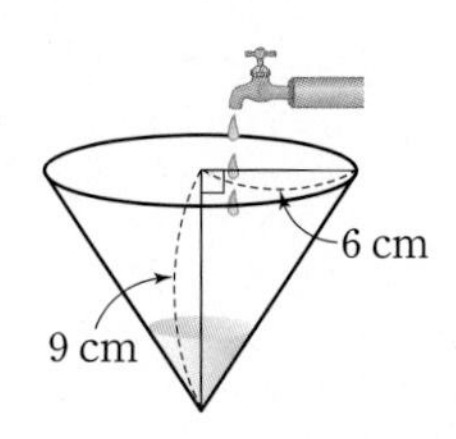

풀이

답

20 100점

오른쪽 그림과 같은 도형을 직선 l을 회전축으로 하여 1회전 시킬 때 생기는 회전체의 부피를 구하시오.

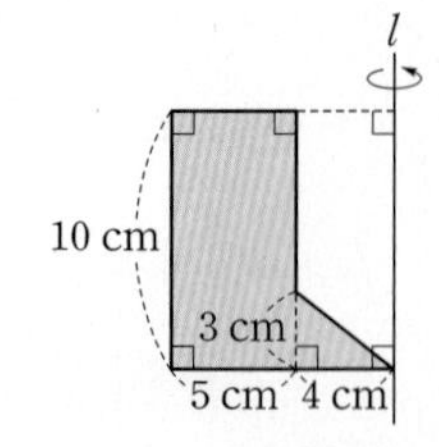

풀이

답

21 100점

오른쪽 그림과 같이 원기둥 모양의 물통에 반지름의 길이가 3 cm인 구 모양의 쇠구슬 3개를 넣은 후 물을 가득 채웠다. 쇠구슬을 모두 꺼내었을 때, 물통에 들어 있는 물의 높이는 처음보다 몇 cm 줄어드는지 구하시오. (단, 물통의 두께는 생각하지 않는다.)

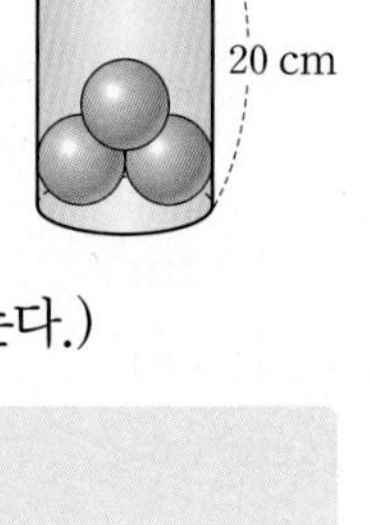

풀이

답

09

Ⅳ. 통계

자료의 정리와 해석

127 ~ 144쪽

62 ~ 71쪽

Real 실전 개념

개념 1 줄기와 잎 그림 유형 01

(1) **변량**: 나이, 성적, 키 등의 자료를 수량으로 나타낸 것

(2) **줄기와 잎 그림**: 줄기와 잎을 이용하여 자료를 나타낸 그림

(3) **줄기와 잎 그림을 그리는 순서**

❶ 변량을 줄기와 잎으로 구분한다.

❷ 세로선을 긋고 세로선의 왼쪽에 줄기를 작은 수부터 차례대로 세로로 쓴다.

❸ 세로선의 오른쪽에 각 줄기에 해당되는 잎을 가로로 쓴다.

❹ 그림 위에 줄기 a와 잎 b를 $a|b$로 나타내고 그 뜻을 설명한다.

[자료]

(단위: 점)

20	34	36	22	40
38	29	34	43	35

➡

[줄기와 잎 그림]

(2|0은 20점)

줄기	잎
2	0 2 9
3	4 4 5 6 8
4	0 3

줄기: 십의 자리의 숫자

세로선

잎: 일의 자리의 숫자

개념 2 도수분포표 유형 02~04

(1) **계급**: 변량을 일정한 간격으로 나눈 구간

① **계급의 크기**: 변량을 나눈 구간의 너비, 즉 계급의 양 끝 값의 차

② **계급값**: 각 계급을 대표하는 값으로 그 계급의 가운데 값

➡ $(\text{계급값})=\frac{(\text{계급의 양 끝 값의 합})}{2}$

(2) **도수**: 각 계급에 속하는 변량의 개수

(3) **도수분포표**: 전체 자료를 몇 개의 계급으로 나누고 각 계급의 도수를 나타낸 표

(4) **도수분포표를 만드는 순서**

❶ 자료에서 가장 작은 변량과 가장 큰 변량을 찾는다.

❷ ❶의 두 변량이 포함되는 구간을 일정한 간격으로 나누어 계급을 정한다.

❸ 각 계급에 속하는 변량의 개수를 세어 계급의 도수를 구한다.

[자료]

(단위: 점)

71	85	97	73	90
89	77	85	94	86
82	87	72	85	80

➡

[도수분포표]

성적(점)	도수(명)	
70이상 ~ 80미만	////	4
80 ~ 90	~~////~~ ///	8
90 ~ 100	///	3
합계		15

⊕ 개념 노트

- 줄기와 잎 그림에서 중복된 자료의 값의 줄기는 한 번만 쓰고, 잎은 중복된 횟수만큼 쓴다.
  ➡ 잎의 총 개수는 전체 변량의 개수와 같다.
- 잎은 일반적으로 크기가 작은 수부터 쓴다.

- a 이상 b 미만인 계급에서
  계급의 크기 ➡ $b-a$
  계급값 ➡ $\frac{a+b}{2}$
- 계급, 계급의 크기, 계급값은 단위를 포함하여 쓴다.
- 계급의 개수가 너무 많거나 적으면 자료의 분포 상태를 파악하기 어려우므로 계급의 개수는 자료의 양에 따라 보통 5~15 정도로 한다.

개념 1 줄기와 잎 그림

[01~03] 다음은 성훈이네 반 학생들의 수학 성적을 조사한 것이다. 물음에 답하시오.

(단위: 점)

66	78	80	79	62	75
73	72	78	82	65	74
76	60	66	79	85	75

01 다음 줄기와 잎 그림을 완성하시오.

(6|0은 60점)

줄기	잎
6	
7	
8	

02 잎이 가장 많은 줄기를 구하시오.

03 성적이 가장 높은 학생의 성적을 구하시오.

[04~06] 다음은 시연이네 반 학생들의 봉사 활동 시간을 조사한 것이다. 물음에 답하시오.

(단위: 시간)

6	12	10	30	26	7
12	11	8	25	10	4
2	34	14	23	26	15

04 다음 줄기와 잎 그림을 완성하시오.

(0|2는 2시간)

줄기	잎

05 봉사 활동 시간이 25시간 이상 30시간 미만인 학생 수를 구하시오.

06 봉사 활동 시간이 적은 쪽에서 3번째인 학생의 봉사 활동 시간을 구하시오.

개념 2 도수분포표

[07~11] 다음은 민경이네 반 학생들의 국어 성적을 조사한 것이다. 물음에 답하시오.

(단위: 점)

86	64	70	82
96	78	69	72
91	63	75	80
52	77	60	70
87	74	95	88

➜

성적(점)	도수(명)
50이상 ~ 60미만	
60 ~ 70	
70 ~ 80	
80 ~ 90	
90 ~ 100	
합계	

07 가장 작은 변량과 가장 큰 변량을 구하시오.

08 위의 도수분포표를 완성하시오.

09 계급의 개수를 구하시오.

10 계급의 크기를 구하시오.

11 도수가 가장 작은 계급을 구하시오.

[12~15] 오른쪽은 우진이네 반 학생들의 던지기 기록을 조사하여 나타낸 도수분포표이다. 물음에 답하시오.

기록(m)	도수(명)
12이상 ~ 16미만	2
16 ~ 20	10
20 ~ 24	A
24 ~ 28	8
28 ~ 32	5
합계	40

12 기록이 30 m인 학생이 속하는 계급을 구하시오.

13 A의 값을 구하시오.

14 도수가 가장 큰 계급을 구하시오.

15 기록이 20 m 미만인 학생 수를 구하시오.

Real 실전 개념

개념 3 히스토그램 유형 05~07

(1) **히스토그램:** 가로축에는 각 계급의 양 끝 값을, 세로축에는 도수를 표시하여 직사각형 모양으로 나타낸 그래프

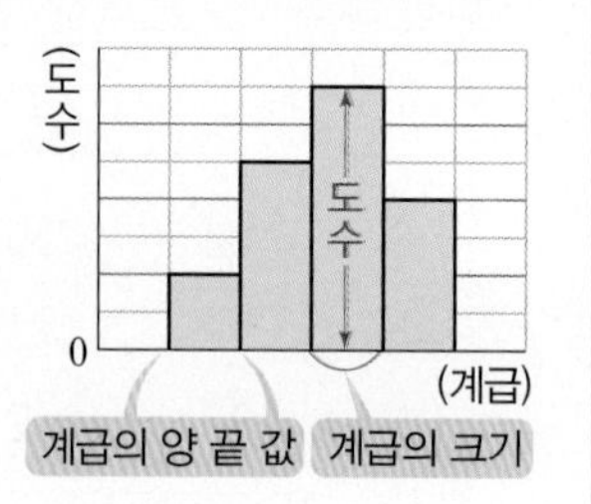

(2) **히스토그램의 특징**

① 자료의 전체적인 분포 상태를 한눈에 알아볼 수 있다.

② (직사각형의 넓이)=(계급의 크기)×(그 계급의 도수)

➡ 각 직사각형의 넓이는 각 계급의 도수에 정비례한다.

③ (직사각형의 넓이의 합)={(계급의 크기)×(그 계급의 도수)}의 총합

=(계급의 크기)×(도수의 총합)

개념 4 도수분포다각형 유형 08~10

(1) **도수분포다각형:** 히스토그램에서 각 직사각형의 윗변의 중앙에 찍은 점과 그래프의 양 끝에 도수가 0인 계급이 하나씩 더 있는 것으로 생각하여 그 중앙에 찍은 점을 차례대로 선분으로 연결하여 그린 다각형 모양의 그래프

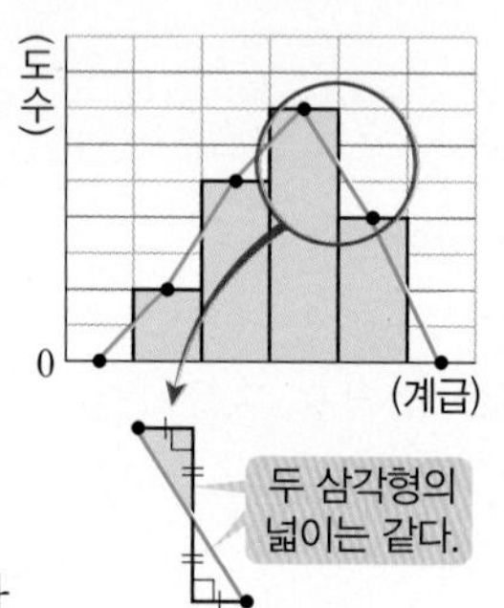

(2) **도수분포다각형의 특징**

① 자료의 전체적인 분포 상태를 연속적으로 알아볼 수 있다.

② 두 개 이상의 자료의 분포 상태를 동시에 나타내어 비교할 때 편리하다.

③ (도수분포다각형과 가로축으로 둘러싸인 부분의 넓이)

=(히스토그램의 직사각형의 넓이의 합)=(계급의 크기)×(도수의 총합)

개념 5 상대도수 유형 11~20

(1) **상대도수:** 도수의 총합에 대한 각 계급의 도수의 비율

➡ (어떤 계급의 상대도수)=$\dfrac{(\text{그 계급의 도수})}{(\text{도수의 총합})}$

(2) **상대도수의 특징**

① 상대도수의 총합은 항상 1이다.

② 각 계급의 상대도수는 그 계급의 도수에 정비례한다.

③ 도수의 총합이 다른 두 자료의 분포 상태를 비교할 때 편리하다.

(3) **상대도수의 분포표:** 각 계급의 상대도수를 나타낸 표

(4) **상대도수의 분포를 나타낸 그래프:** 상대도수의 분포표를 히스토그램이나 도수분포다각형 모양으로 나타낸 그래프

[상대도수의 분포표]

성적(점)	도수(명)	상대도수
60이상 ~ 70미만	4	0.2
70 ~ 80	8	0.4
80 ~ 90	6	0.3
90 ~ 100	2	0.1
합계	20	1

➡

[상대도수의 분포를 나타낸 그래프]

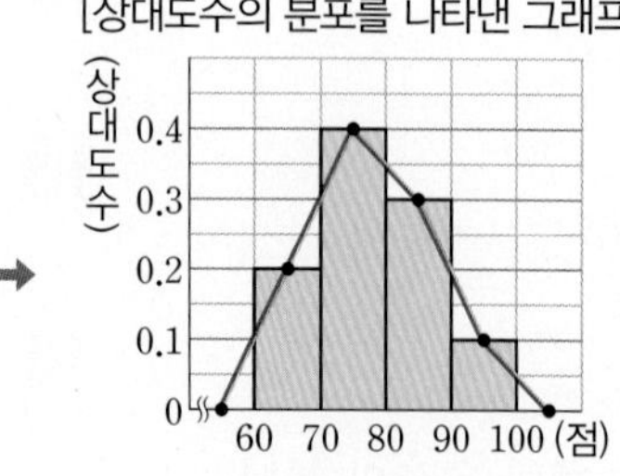

⊕ 개념 노트

- 히스토그램에서
  (직사각형의 개수)
  =(계급의 개수)
  (직사각형의 가로의 길이)
  =(계급의 크기)
  (직사각형의 세로의 길이)
  =(도수)

- 도수분포다각형에서 계급의 개수를 셀 때, 양 끝에 도수가 0인 계급은 세지 않는다.

- ① (어떤 계급의 도수)
  =(도수의 총합)
  ×(그 계급의 상대도수)
  ② (도수의 총합)
  $=\dfrac{(\text{그 계급의 도수})}{(\text{어떤 계급의 상대도수})}$

- 상대도수의 총합은 1이므로 상대도수의 분포를 나타낸 그래프와 가로축으로 둘러싸인 부분의 넓이는 계급의 크기와 같다.

개념 3 히스토그램

16 다음은 창민이네 반 학생들이 한 달 동안 읽은 책의 수를 조사하여 나타낸 도수분포표이다. 이 도수분포표를 히스토그램으로 나타내시오.

책의 수(권)	도수(명)
3이상 ~ 6미만	3
6 ~ 9	8
9 ~ 12	10
12 ~ 15	7
15 ~ 18	2
합계	30

➡

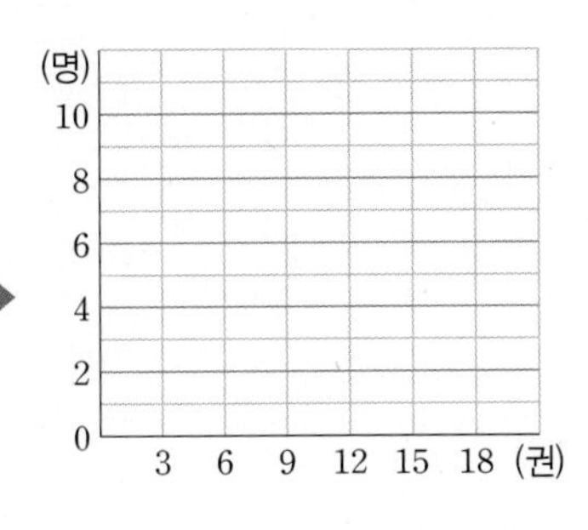

[17~20] 오른쪽 그림은 혜윤이네 반 학생들의 점심 식사 시간을 조사하여 나타낸 히스토그램이다. 다음을 구하시오.

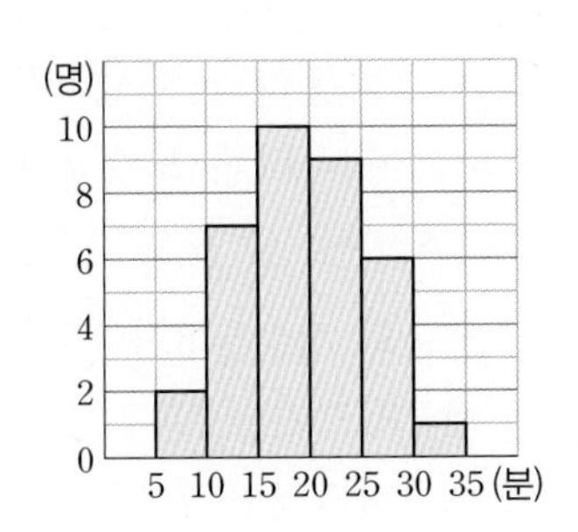

17 계급의 개수

18 계급의 크기

19 전체 학생 수

20 도수가 가장 큰 계급의 직사각형의 넓이

개념 4 도수분포다각형

21 오른쪽 그림은 나래네 반 학생들의 줄넘기 기록을 조사하여 나타낸 히스토그램이다. 이 히스토그램을 도수분포다각형으로 나타내시오.

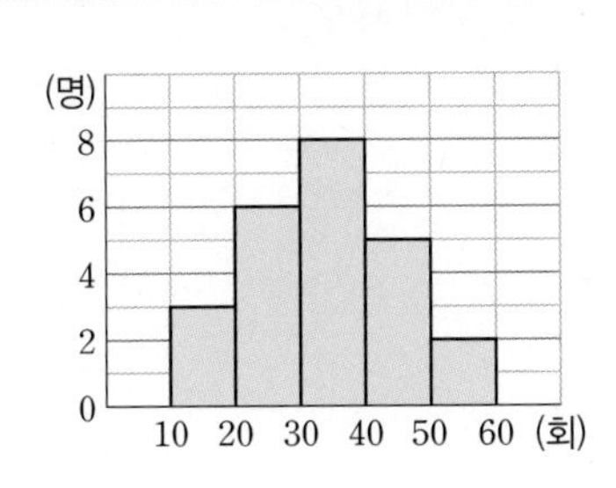

[22~26] 오른쪽 그림은 희진이네 반 학생들의 한 달 동안의 도서관 방문 횟수를 조사하여 나타낸 도수분포다각형이다. 다음을 구하시오.

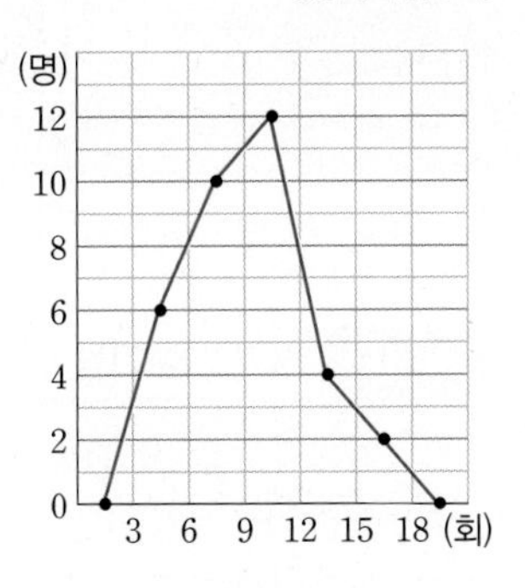

22 계급의 개수

23 계급의 크기

24 전체 학생 수

25 도수가 가장 작은 계급

26 도수분포다각형과 가로축으로 둘러싸인 부분의 넓이

개념 5 상대도수

[27~29] 다음은 명수네 반 학생들의 영어 성적을 조사하여 나타낸 상대도수의 분포표이다. 물음에 답하시오.

성적(점)	도수(명)	상대도수
50이상 ~ 60미만	2	
60 ~ 70	8	
70 ~ 80	14	
80 ~ 90	12	
90 ~ 100	4	
합계	40	

27 위의 상대도수의 분포표를 완성하시오.

28 상대도수가 가장 큰 계급을 구하시오.

29 위의 상대도수의 분포표를 도수분포다각형 모양의 그래프로 나타내시오.

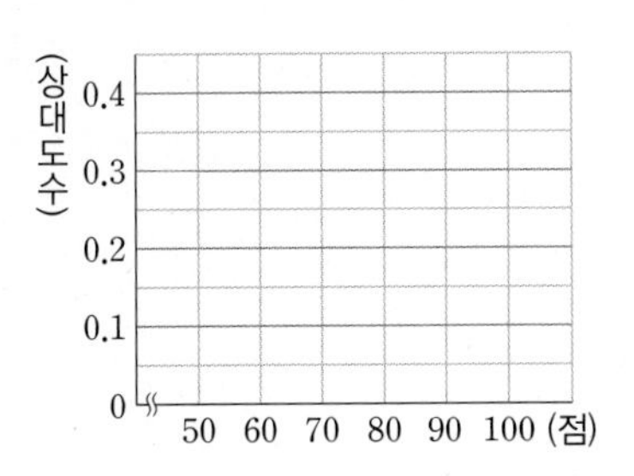

Real 실전 유형

정답과 해설 68쪽 더블북 62쪽

집중

유형 01 줄기와 잎 그림

개념1

(1) 줄기와 잎 그림에서 (전체 변량의 개수)=(잎의 총 개수)
(2) 변량 중 가장 큰(작은) 값
➜ 줄기 맨 아랫 줄(윗 줄)의 가장 큰(작은) 수

01 대표문제

아래는 현수네 반 학생들의 몸무게를 조사하여 나타낸 줄기와 잎 그림이다. 다음 중 옳은 것은?

(4|0은 40 kg)

줄기	잎
4	0 1 3 7 8
5	0 0 4 5 5 7 8
6	1 2 3 4 6 6
7	0 2

① 잎이 가장 많은 줄기는 6이다.
② 몸무게가 50 kg 미만인 학생은 7명이다.
③ 몸무게가 무거운 쪽에서 5번째인 학생의 몸무게는 64 kg이다.
④ 전체 학생 수는 25이다.
⑤ 몸무게가 70 kg 이상인 학생은 전체의 20 %이다.

02

아래는 동연이네 반 학생들의 통학 시간을 조사하여 나타낸 줄기와 잎 그림이다. 동연이는 남학생 중 통학 시간이 짧은 쪽에서 6번째일 때, 동연이보다 통학 시간이 더 짧은 여학생 수를 구하시오.

(0|6은 6분)

잎(남학생)	줄기	잎(여학생)
9 7 6	0	7 8
8 5 2 2	1	3 4 5 7 7
8 6 5 4 2 0	2	2 3 4 8
3 2	3	0 2 6 9

유형 02 도수분포표 (1)

개념2

	성적(점)	도수(명)
계급	60이상~ 70미만	4
	70 ~ 80	7
	80 ~ 90	6
	90 ~100	3
	합계	20

(1) 계급의 개수: 4
(2) 계급의 크기: $70-60=10$(점)
$=80-70=90-80=100-90$

03 대표문제

오른쪽은 재희네 반 학생들의 한 달 동안의 통신비를 조사하여 나타낸 도수분포표이다. 다음 중 옳은 것은?

통신비(만 원)	도수(명)
0이상~ 1미만	3
1 ~2	5
2 ~3	13
3 ~4	10
4 ~5	4
합계	35

① 계급의 개수는 6이다.
② 계급의 크기는 2만 원이다.
③ 통신비가 2만 원인 학생이 속하는 계급은 1만 원 이상 2만 원 미만이다.
④ 도수가 가장 큰 계급은 2만 원 이상 3만 원 미만이다.
⑤ 통신비가 가장 많은 학생의 통신비는 48000원이다.

04 서술형

오른쪽은 다영이네 반 학생들의 영어 듣기 평가 성적을 조사하여 나타낸 도수분포표이다. 성적이 7번째로 높은 학생이 속하는 계급의 도수를 구하시오.

성적(점)	도수(명)
0이상~ 4미만	3
4 ~ 8	5
8 ~12	10
12 ~16	7
16 ~20	3
20 ~24	2
합계	30

집중

유형 03 도수분포표 (2)

개념 2

한 계급의 도수가 주어지지 않은 경우

➡ (한 계급의 도수)=(도수의 총합)−(나머지 계급의 도수의 합)

05 대표문제

오른쪽은 혜진이네 반 학생들의 키를 조사하여 나타낸 도수분포표이다. 다음 중 옳지 않은 것은?

키 (cm)	도수 (명)
145이상 ~ 150미만	5
150 ~ 155	8
155 ~ 160	11
160 ~ 165	A
165 ~ 170	4
170 ~ 175	2
합계	38

① 계급의 개수는 6이다.
② 계급의 크기는 5 cm이다.
③ A의 값은 8이다.
④ 키가 155 cm 미만인 학생은 8명이다.
⑤ 도수가 가장 큰 계급은 155 cm 이상 160 cm 미만이다.

06

오른쪽은 경민이네 반 학생들의 1분 동안의 맥박 수를 조사하여 나타낸 도수분포표이다. 맥박 수가 10번째로 적은 학생이 속하는 계급을 구하시오.

맥박 수 (회)	도수 (명)
70이상 ~ 75미만	3
75 ~ 80	
80 ~ 85	9
85 ~ 90	5
90 ~ 95	2
합계	25

중요

07

오른쪽은 어느 마을에 사는 주민들의 나이를 조사하여 나타낸 도수분포표이다. A의 값이 B의 값의 2배이고 도수가 가장 큰 계급의 도수를 a명, 도수가 가장 작은 계급의 도수를 b명이라 할 때, $a+b$의 값을 구하시오.

나이 (세)	도수 (명)
0이상 ~ 20미만	A
20 ~ 40	29
40 ~ 60	34
60 ~ 80	B
80 ~ 100	4
합계	100

집중

유형 04 특정 계급의 백분율

개념 2

(1) (특정 계급의 백분율)$=\dfrac{(\text{해당 계급의 도수})}{(\text{도수의 총합})}\times 100(\%)$

(2) (특정 계급의 도수)$=\dfrac{(\text{해당 계급의 백분율})}{100}\times$(도수의 총합)

08 대표문제

오른쪽은 지우네 반 학생들의 수학 성적을 조사하여 나타낸 도수분포표이다. 성적이 60점 이상 70점 미만인 학생이 전체의 20 %일 때, 성적이 60점 미만인 학생 수를 구하시오.

성적 (점)	도수 (명)
50이상 ~ 60미만	
60 ~ 70	6
70 ~ 80	11
80 ~ 90	7
90 ~ 100	3
합계	

09 서술형

오른쪽은 재영이네 반 학생들의 100 m 달리기 기록을 조사하여 나타낸 도수분포표이다. 기록이 17초 미만인 학생이 전체의 40 %일 때, $B-A$의 값을 구하시오.

기록 (초)	도수 (명)
14이상 ~ 15미만	3
15 ~ 16	4
16 ~ 17	A
17 ~ 18	B
18 ~ 19	8
19 ~ 20	1
합계	30

10

오른쪽은 성호네 반 학생들의 일주일 동안의 공부 시간을 조사하여 나타낸 도수분포표이다. 공부 시간이 9시간 이상인 학생이 전체의 20 %일 때, 공부 시간이 3시간 이상 6시간 미만인 학생은 전체의 몇 %인지 구하시오.

시간 (시간)	도수 (명)
0이상 ~ 3미만	5
3 ~ 6	
6 ~ 9	8
9 ~ 12	
12 ~ 15	2
합계	25

집중

유형 05 히스토그램 개념3

히스토그램에서
(1) (계급의 개수)=(직사각형의 개수)
(2) (계급의 크기)=(직사각형의 가로의 길이)
(3) (계급의 도수)=(직사각형의 세로의 길이)

11 대표문제

오른쪽 그림은 귤 한 상자에 들어 있는 귤의 무게를 조사하여 나타낸 히스토그램이다. 다음 중 옳은 것은?

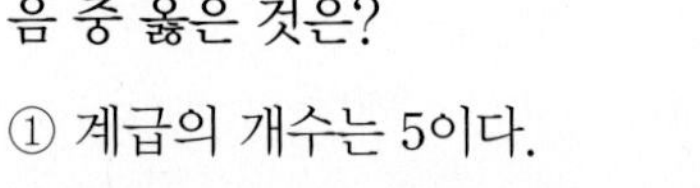

① 계급의 개수는 5이다.
② 계급의 크기는 6 g이다.
③ 전체 귤의 개수는 45이다.
④ 무게가 70 g 이상 75 g 미만인 귤은 전체의 15 %이다.
⑤ 무게가 무거운 쪽에서 12번째인 귤이 속하는 계급은 85 g 이상 90 g 미만이다.

12

오른쪽 그림은 누리네 반 학생들의 하루 동안의 손 씻는 횟수를 조사하여 나타낸 히스토그램이다. 손 씻는 횟수가 5회 이상 13회 미만인 학생은 전체의 몇 %인지 구하시오.

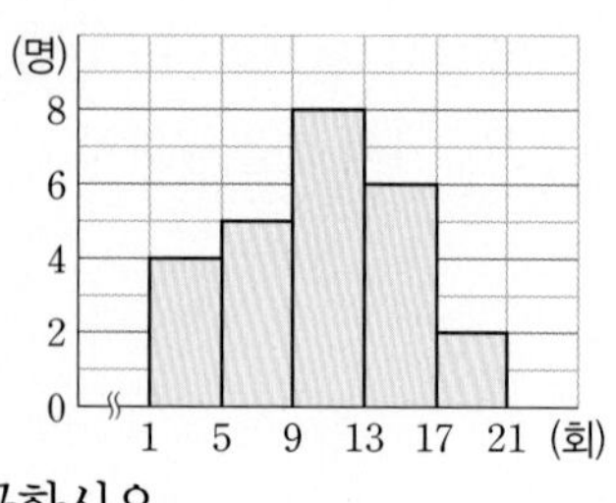

13 서술형

오른쪽 그림은 단비네 반 학생들의 과학 성적을 조사하여 나타낸 히스토그램이다. 성적이 상위 10 % 이내에 드는 학생에게 교내 경시대회 참가 자격을 줄 때, 이 대회에 참가하려면 적어도 몇 점을 받아야 하는지 구하시오.

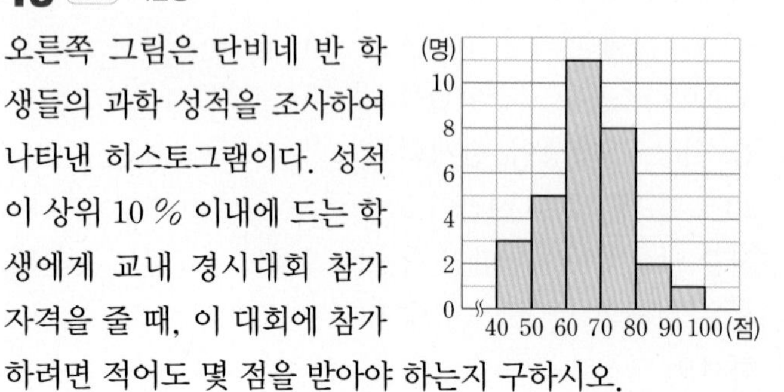

유형 06 히스토그램에서 직사각형의 넓이 개념3

히스토그램에서
(1) (직사각형의 넓이)=(계급의 크기)×(그 계급의 도수)
➜ 각 직사각형의 넓이는 각 계급의 도수에 정비례한다.
(2) (직사각형의 넓이의 합)
={(계급의 크기)×(그 계급의 도수)}의 총합
=(계급의 크기)×(도수의 총합)

14 대표문제

오른쪽 그림은 창규네 반 학생들의 하루 동안의 TV 시청 시간을 조사하여 나타낸 히스토그램이다. 도수가 가장 큰 계급의 직사각형의 넓이를 a, 도수가 가장 작은 계급의 직사각형의 넓이를 b라 할 때, $a-b$의 값을 구하시오.

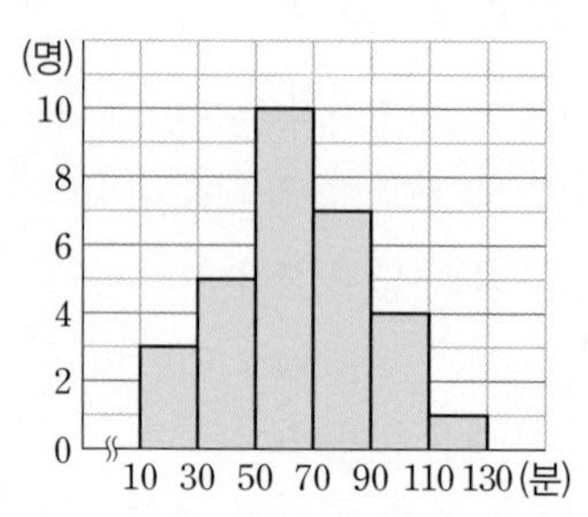

15

오른쪽 그림은 어느 마을의 하루 동안의 가구별 물 사용량을 조사하여 나타낸 히스토그램이다. 이 히스토그램에서 직사각형의 넓이의 합을 구하시오.

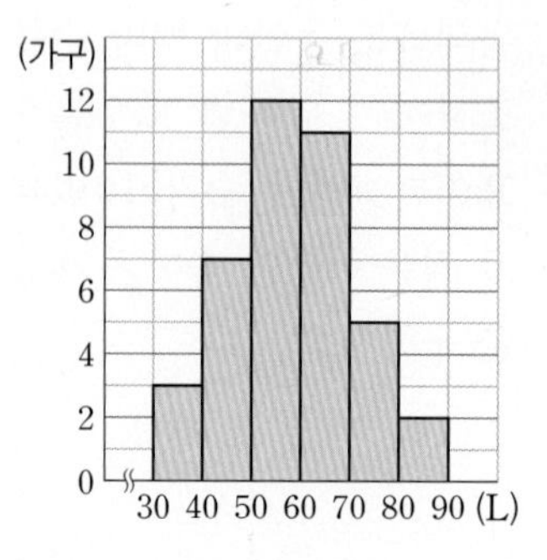

중요

16

오른쪽 그림은 영화 동호회 회원들의 1년 동안의 영화 관람 횟수를 조사하여 나타낸 히스토그램이다. 도수가 가장 큰 계급의 직사각형의 넓이는 5회 이상 10회 미만인 계급의 직사각형의 넓이의 몇 배인지 구하시오.

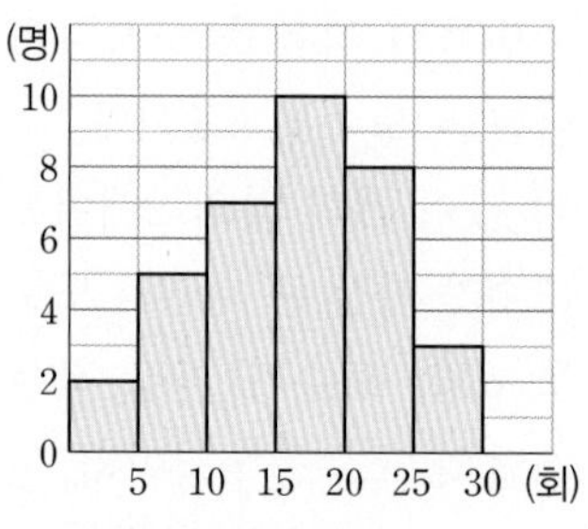

집중

유형 07 일부가 찢어진 히스토그램 개념3

(1) 도수의 총합이 주어진 경우
(보이지 않는 계급의 도수)=(도수의 총합)−(보이는 계급의 도수의 합)
(2) 도수의 총합이 주어지지 않은 경우
❶ 주어진 조건을 이용하여 도수의 총합을 구한다.
❷ 도수의 총합을 이용하여 보이지 않는 계급의 도수를 구한다.

17 대표문제

오른쪽 그림은 30개 도시의 소음도를 조사하여 나타낸 히스토그램인데 일부가 찢어져 보이지 않는다. 소음도가 65 dB 미만인 도시가 전체의 50 %일 때, 소음도가 70 dB 이상 75 dB 미만인 도시의 수를 구하시오.

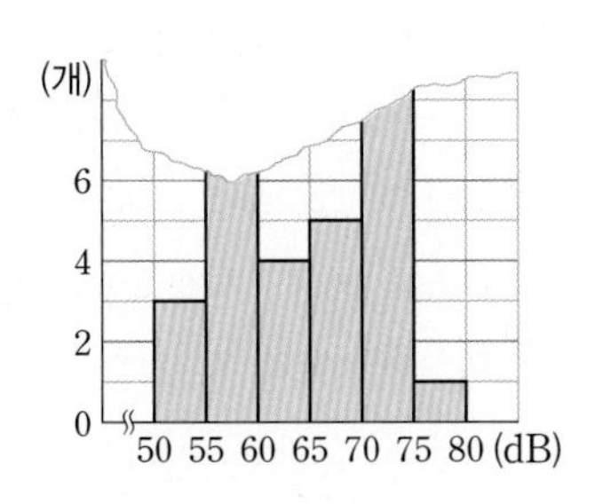

18

오른쪽 그림은 건우네 반 학생들의 한 달 동안의 패스트푸드점 이용 횟수를 조사하여 나타낸 히스토그램인데 일부가 찢어져 보이지 않는다. 이용 횟수가 8회 이상 10회 미만인 학생이 전체의 20 %일 때, 이용 횟수가 6회 이상 8회 미만인 학생 수를 구하시오.

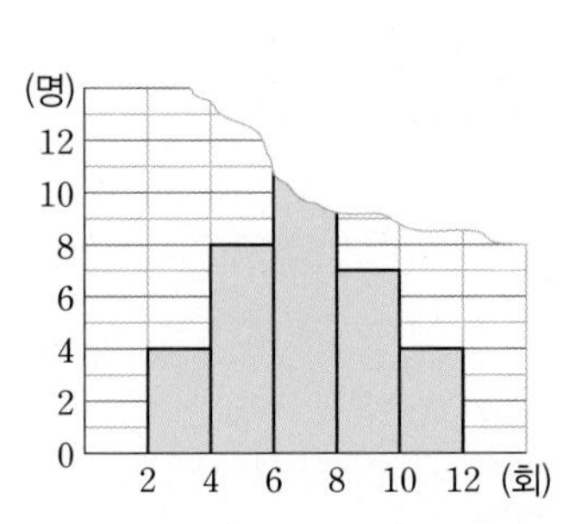

19

오른쪽 그림은 윤지네 반 학생 27명이 가지고 있는 필기구의 개수를 조사하여 나타낸 히스토그램인데 일부가 찢어져 보이지 않는다. 필기구가 12개 이상 15개 미만인 학생 수는 15개 이상 18개 미만인 학생 수의 2배일 때, 필기구가 12개 이상 15개 미만인 학생 수를 구하시오.

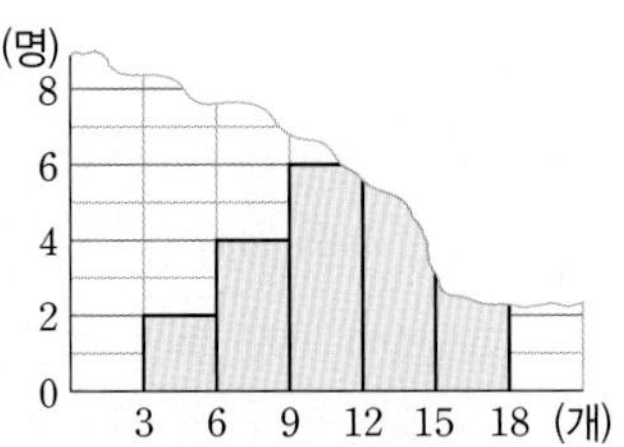

집중

유형 08 도수분포다각형 개념4

도수분포다각형에서
(1) (계급의 개수)=(계급의 중앙에 찍은 점의 개수)
➜ 양 끝에 도수가 0인 계급의 점은 세지 않는다.
(2) (도수분포다각형과 가로축으로 둘러싸인 부분의 넓이)
=(히스토그램의 직사각형의 넓이의 합)

20 대표문제

오른쪽 그림은 어느 중학교 학생들의 영어 성적을 조사하여 나타낸 도수분포다각형이다. 도수가 가장 큰 계급에 속하는 학생은 전체의 몇 %인지 구하시오.

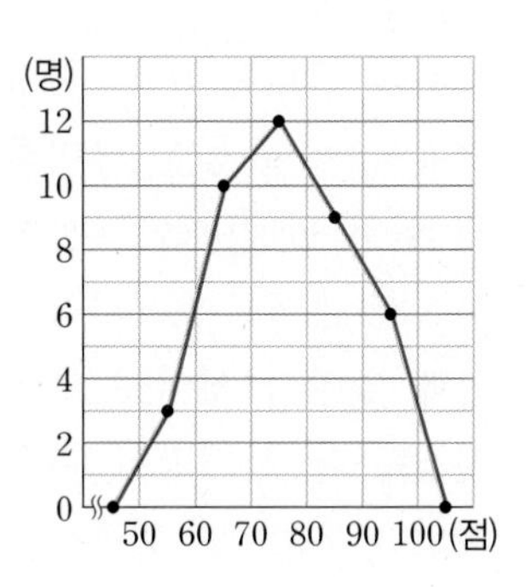

21 서술형

오른쪽 그림은 준형이네 반 학생들의 한 뼘의 길이를 조사하여 나타낸 도수분포다각형이다. 계급의 개수를 a, 계급의 크기를 b cm, 전체 학생 수를 c라 할 때, $a-b+c$의 값을 구하시오.

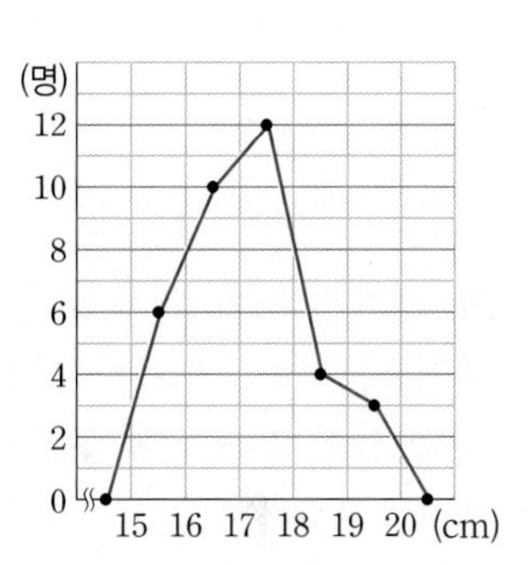

22

오른쪽 그림은 어느 병원 환자들의 대기 시간을 조사하여 나타낸 도수분포다각형이다. 다음 중 옳지 않은 것은?

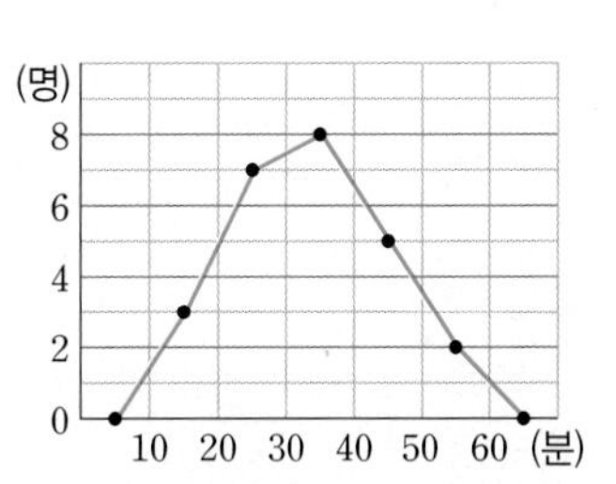

① 대기 시간이 20분 이상 30분 미만인 환자 수는 7이다.
② 도수가 가장 작은 계급은 50분 이상 60분 미만이다.
③ 도수가 가장 큰 계급에 속하는 환자는 전체의 30 %이다.
④ 대기 시간이 긴 쪽에서 5번째인 환자가 속하는 계급은 40분 이상 50분 미만이다.
⑤ 도수분포다각형과 가로축으로 둘러싸인 부분의 넓이는 250이다.

집중

유형 09 일부가 찢어진 도수분포다각형

개념 4

(1) 도수의 총합이 주어진 경우
(보이지 않는 계급의 도수)=(도수의 총합)−(보이는 계급의 도수의 합)
(2) 도수의 총합이 주어지지 않은 경우
❶ 주어진 조건을 이용하여 도수의 총합을 구한다.
❷ 도수의 총합을 이용하여 보이지 않는 계급의 도수를 구한다.

23 대표문제

오른쪽 그림은 어느 꽃가게에서 30일 동안 장미꽃의 일일 판매량을 조사하여 나타낸 도수분포다각형인데 일부가 찢어져 보이지 않는다. 판매량이 50송이 이상 60송이 미만인 날이 전체의 30 %일 때, 판매량이 60송이 이상 70송이 미만인 일수를 구하시오.

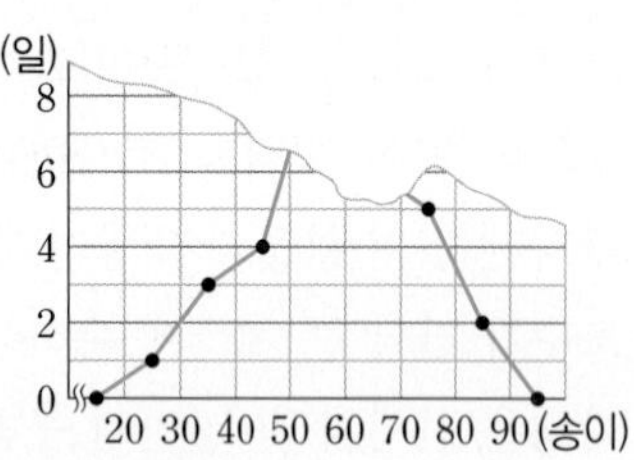

24 서술형

오른쪽 그림은 찬수네 반 학생 35명의 미술 성적을 조사하여 나타낸 도수분포다각형인데 일부가 찢어져 보이지 않는다. 성적이 70점 미만인 학생이 전체의 40 %이고, 성적이 60점 이상 70점 미만인 학생 수를 a, 70점 이상 80점 미만인 학생 수를 b라 할 때, $b-a$의 값을 구하시오.

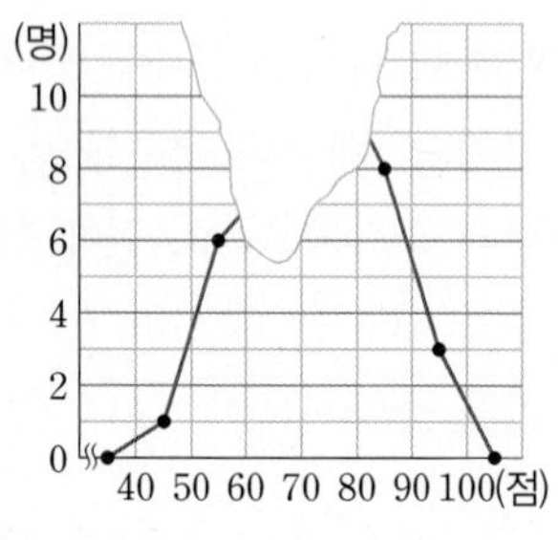

25

오른쪽 그림은 윤수네 반 학생들의 사회 성적을 조사하여 나타낸 도수분포다각형인데 일부가 찢어져 보이지 않는다. 성적이 60점 이상 70점 미만인 학생 수와 50점 이상 60점 미만인 학생 수의 비가 2 : 1일 때, 70점 이상인 학생은 전체의 몇 %인지 구하시오.

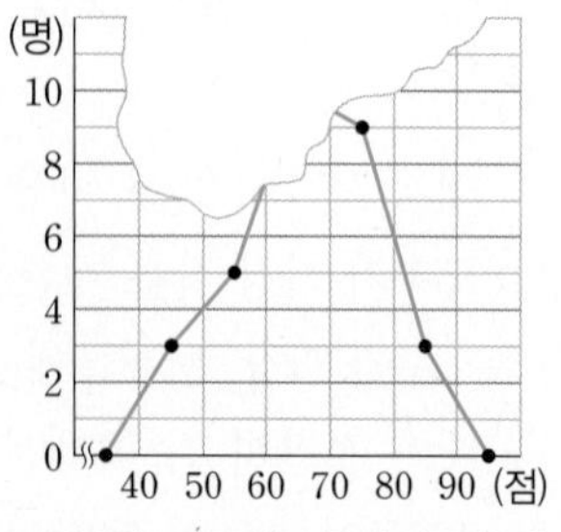

유형 10 두 도수분포다각형의 비교

개념 4

도수분포다각형은 도수의 총합이 같은 두 개 이상의 자료를 한눈에 볼 수 있어 성적 또는 기록을 비교할 때 편리하다.

26 대표문제

오른쪽 그림은 어느 중학교 1반과 2반 학생의 하루 동안의 휴대 전화 사용 횟수를 조사하여 나타낸 도수분포다각형이다. 다음 중 옳은 것은?

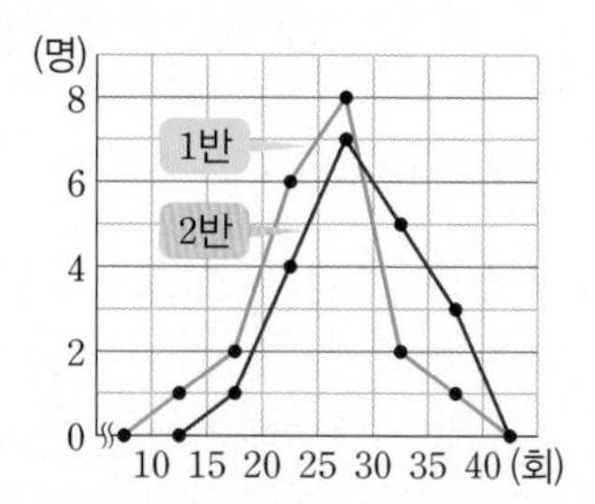

① 1반의 전체 학생 수가 2반의 전체 학생 수보다 많다.
② 각각의 그래프와 가로축으로 둘러싸인 부분의 넓이는 1반이 2반보다 더 크다.
③ 2반에서 사용 횟수가 많은 쪽에서 8번째인 학생이 속하는 계급은 30회 이상 35회 미만이다.
④ 1반에서 사용 횟수가 가장 많은 학생이 속하는 계급은 25회 이상 30회 미만이다.
⑤ 사용 횟수가 20회 이상 25회 미만인 학생은 1반보다 2반이 더 많다.

중요

27

오른쪽 그림은 어느 중학교 남학생과 여학생의 100 m 달리기 기록을 조사하여 나타낸 도수분포다각형이다. 다음 **보기** 중 옳은 것을 모두 고르시오.

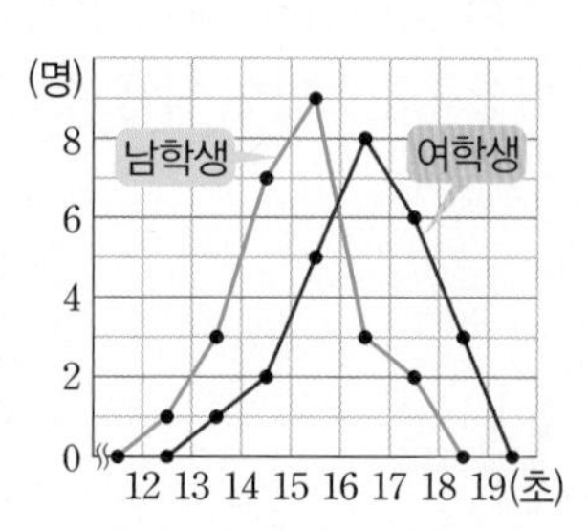

보기

ㄱ. 전체 남학생 수와 전체 여학생 수는 같다.
ㄴ. 여학생의 기록이 남학생의 기록보다 더 좋은 편이다.
ㄷ. 기록이 가장 좋은 학생은 남학생이다.
ㄹ. 여학생 중 도수가 가장 큰 계급에 속하는 여학생은 여학생 전체의 32 %이다.

유형 11 상대도수 개념 5

(1) 상대도수: 도수의 총합에 대한 각 계급의 도수의 비율

➜ (어떤 계급의 상대도수)$=\frac{(\text{그 계급의 도수})}{(\text{도수의 총합})}$

(2) 상대도수의 총합은 항상 1이다.

28 대표문제

오른쪽 그림은 경수네 반 학생들의 팔굽혀펴기 기록을 조사하여 나타낸 히스토그램이다. 기록이 8회인 학생이 속하는 계급의 상대도수는?

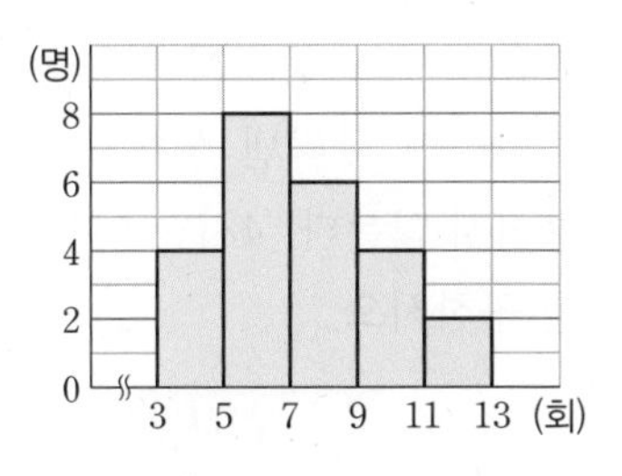

① 0.2 ② 0.25 ③ 0.3 ④ 0.35 ⑤ 0.4

29

오른쪽은 민지네 반 학생들이 1년 동안 읽은 책의 수를 조사하여 나타낸 도수분포표이다. 5권 이상 10권 미만인 계급의 상대도수를 구하시오.

책의 수(권)	도수(명)
0이상 ~ 5미만	3
5 ~ 10	
10 ~ 15	12
15 ~ 20	10
20 ~ 25	8
25 ~ 30	1
합계	40

30 서술형

오른쪽 그림은 포도 한 상자에 들어 있는 포도의 당도를 조사하여 나타낸 도수분포다각형이다. 도수가 가장 큰 계급의 상대도수를 구하시오.

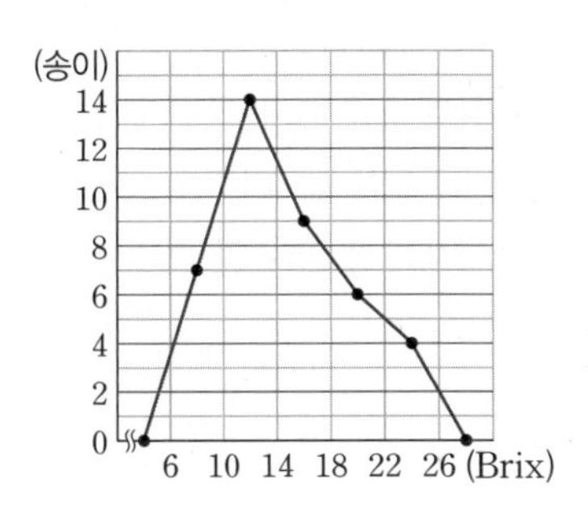

유형 12 상대도수, 도수, 도수의 총합 사이의 관계 개념 5

(1) (어떤 계급의 상대도수)

$=\frac{(\text{그 계급의 도수})}{(\text{도수의 총합})}$

(2) (어떤 계급의 도수)

$=$(도수의 총합)$\times$(그 계급의 상대도수)

(3) (도수의 총합)$=\frac{(\text{그 계급의 도수})}{(\text{어떤 계급의 상대도수})}$

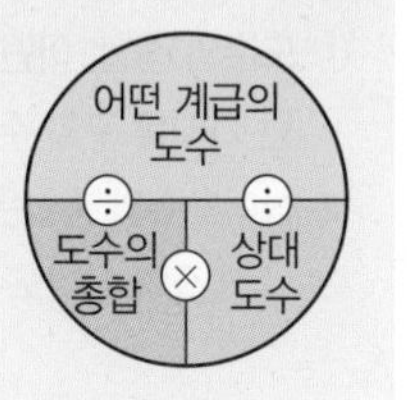

31 대표문제

재호네 반 학생들의 가슴둘레를 조사하였더니 상대도수가 0.2인 계급에 속하는 학생이 6명이었다. 이때 전체 학생 수는?

① 20 ② 25 ③ 30 ④ 35 ⑤ 40

32

어떤 계급의 상대도수가 0.16이고 전체 도수가 50일 때, 이 계급의 도수는?

① 7 ② 8 ③ 9 ④ 10 ⑤ 11

중요

33

어떤 도수분포표에서 도수가 12인 계급의 상대도수가 0.3일 때, 도수가 7인 계급의 상대도수를 구하시오.

34

어떤 도수분포표에서 도수가 9인 계급의 상대도수가 0.15일 때, 상대도수가 0.2인 계급의 도수를 a, 상대도수가 0.35인 계급의 도수를 b라 하자. 이때 $a+b$의 값을 구하시오.

집중

유형 13 상대도수의 분포표 개념5

(1) 도수의 총합, 어떤 계급의 도수, 상대도수 중 두 가지를 알면 나머지 한 가지를 구할 수 있다.
(2) 상대도수의 총합은 항상 1이다.
(3) 각 계급의 상대도수는 그 계급의 도수에 정비례한다.

35 대표문제

다음은 주원이네 반 학생들의 통학 시간을 조사하여 나타낸 상대도수의 분포표이다. 물음에 답하시오.

시간(분)	도수(명)	상대도수
0이상 ~ 10미만		0.08
10 ~ 20	13	A
20 ~ 30	B	0.38
30 ~ 40	9	0.18
40 ~ 50		
합계	50	C

(1) A, B, C의 값을 구하시오.
(2) 도수가 가장 큰 계급의 학생은 전체의 몇 %인지 구하시오.

36

오른쪽은 어느 농장에서 나온 달걀의 무게를 조사하여 나타낸 상대도수의 분포표이다. 무게가 60 g 이상 65 g 미만인 달걀이 6개일 때, 상대도수가 가장 큰 계급에 속하는 달걀의 개수를 구하시오.

무게(g)	상대도수
40이상 ~ 45미만	0.1
45 ~ 50	0.2
50 ~ 55	
55 ~ 60	0.3
60 ~ 65	0.15
합계	1

중요

37

오른쪽은 빵 100개의 열량을 조사하여 나타낸 상대도수의 분포표이다. 열량이 350 kcal 이상 400 kcal 미만인 빵의 개수가 열량이 250 kcal 이상 300 kcal 미만인 빵의 개수의 2배일 때, 열량이 350 kcal 이상 400 kcal 미만인 빵의 개수를 구하시오.

열량(kcal)	상대도수
250이상 ~ 300미만	
300 ~ 350	0.24
350 ~ 400	
400 ~ 450	0.17
450 ~ 500	0.05
합계	1

유형 14 일부가 찢어진 상대도수의 분포표 개념5

❶ $(\text{도수의 총합})=\dfrac{(\text{그 계급의 도수})}{(\text{어떤 계급의 상대도수})}$임을 이용하여 도수의 총합을 구한다.
❷ 도수의 총합을 이용하여 다른 계급의 도수, 상대도수를 구한다.

38 대표문제

다음은 어느 동호회 회원들의 일주일 동안의 운동 시간을 조사하여 나타낸 상대도수의 분포표인데 일부가 찢어져 보이지 않는다. 4시간 이상 6시간 미만인 계급의 상대도수를 구하시오.

시간(시간)	도수(명)	상대도수
0이상 ~ 2미만	3	0.075
2 ~ 4	7	
4 ~ 6	9	
6 ~ 8		

39

다음은 세윤이네 반 학생들의 음악 성적을 조사하여 나타낸 상대도수의 분포표인데 일부가 찢어져 보이지 않는다. 성적이 60점 이상 70점 미만인 학생 수는?

성적(점)	도수(명)	상대도수
50이상 ~ 60미만	4	0.2
60 ~ 70		0.25
70 ~ 80		

① 5 ② 6 ③ 7
④ 8 ⑤ 9

40 서술형

다음은 석진이네 반 학생들의 한 달 용돈을 조사하여 나타낸 상대도수의 분포표인데 일부가 찢어져 보이지 않는다. 용돈이 2만 원 미만인 학생이 전체의 30 %일 때, 용돈이 1만 원 이상 2만 원 미만인 학생 수를 구하시오.

용돈(만 원)	도수(명)	상대도수
0이상 ~ 2미만	6	0.12
1 ~ 2		
2 ~ 3		

집중

유형 15 상대도수의 분포를 나타낸 그래프; 도수의 총합이 주어진 경우

개념5

상대도수의 분포를 나타낸 그래프에서
(1) 가로축 ➔ 각 계급의 양 끝 값
세로축 ➔ 상대도수
(2) (어떤 계급의 도수)
=(도수의 총합)×(그 계급의 상대도수)

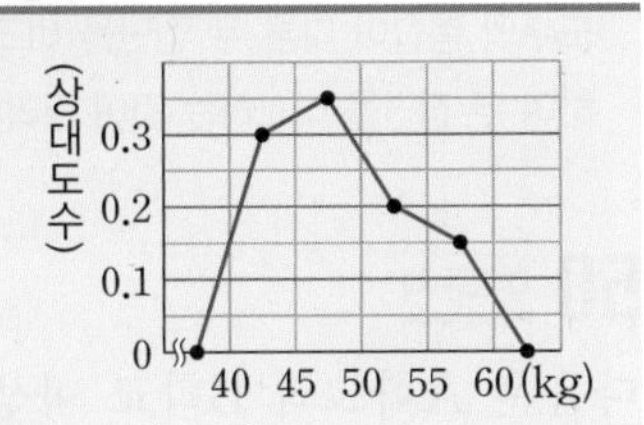

41 대표문제

오른쪽 그림은 어느 중학교 1학년 학생 50명의 미술 성적에 대한 상대도수의 분포를 나타낸 그래프이다. 성적이 60점 이상 70점 미만인 학생 수를 a, 40점 이상 50점 미만인 학생 수를 b라 할 때, $a-b$의 값을 구하시오.

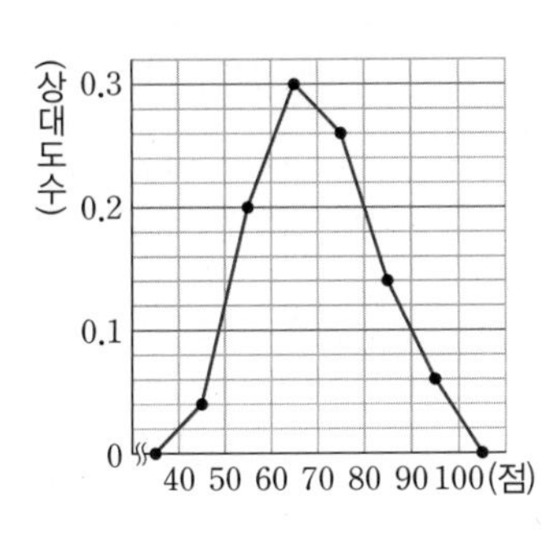

중요

42

오른쪽 그림은 어느 중학교 1학년 학생 60명의 수면 시간에 대한 상대도수의 분포를 나타낸 그래프이다. 다음 중 옳지 않은 것은?

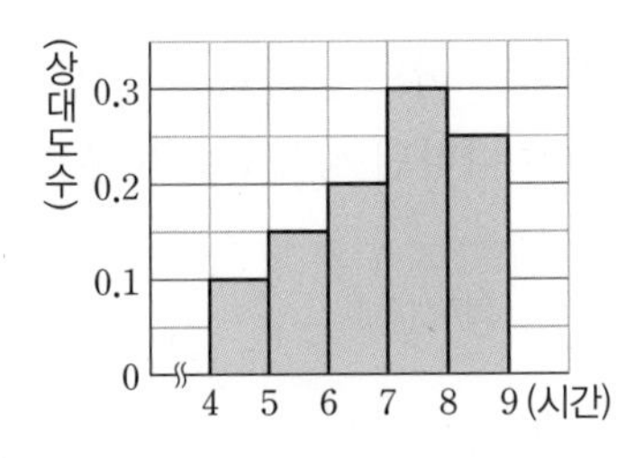

① 계급의 크기는 1시간이다.
② 수면 시간이 8시간 이상인 학생은 15명이다.
③ 수면 시간이 6시간 이상 8시간 미만인 학생은 30명이다.
④ 도수가 가장 작은 계급에 속하는 학생은 8명이다.
⑤ 수면 시간이 6시간 미만인 학생은 전체의 25 %이다.

43

오른쪽 그림은 나은이네 반 학생 40명의 오래 매달리기 기록에 대한 상대도수의 분포를 나타낸 그래프이다.
13번째로 기록이 좋은 학생이 속하는 계급을 구하시오.

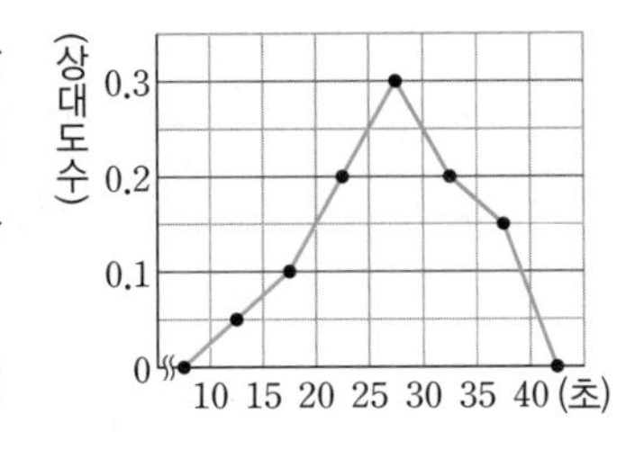

집중

유형 16 상대도수의 분포를 나타낸 그래프; 도수의 총합이 주어지지 않은 경우

개념5

(1) $(\text{도수의 총합})=\dfrac{(\text{그 계급의 도수})}{(\text{어떤 계급의 상대도수})}$임을 이용하여 도수의 총합을 먼저 구한다.
(2) (어떤 계급의 도수)=(도수의 총합)×(그 계급의 상대도수)임을 이용한다.

44 대표문제

오른쪽 그림은 승은이네 반 학생들의 체육 수행평가 점수에 대한 상대도수의 분포를 나타낸 그래프이다. 점수가 8점 이상 10점 미만인 학생이 6명일 때, 다음 중 옳은 것은?

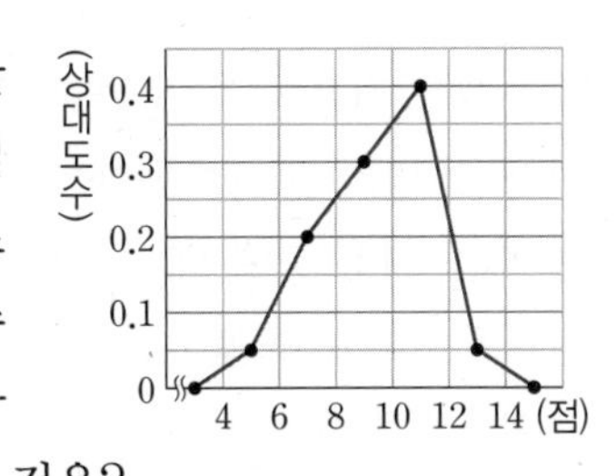

① 계급의 크기는 4점이다.
② 전체 학생 수는 30이다.
③ 점수가 10점 이상인 학생은 전체의 45 %이다.
④ 점수가 4점 이상 6점 미만인 학생은 2명이다.
⑤ 도수가 가장 큰 계급에 속하는 학생은 10명이다.

45

오른쪽 그림은 어느 중학교 학생들의 제기차기 기록에 대한 상대도수의 분포를 나타낸 그래프이다. 상대도수가 가장 큰 계급의 도수가 17명일 때, 기록이 14개 이상인 학생 수를 구하시오.

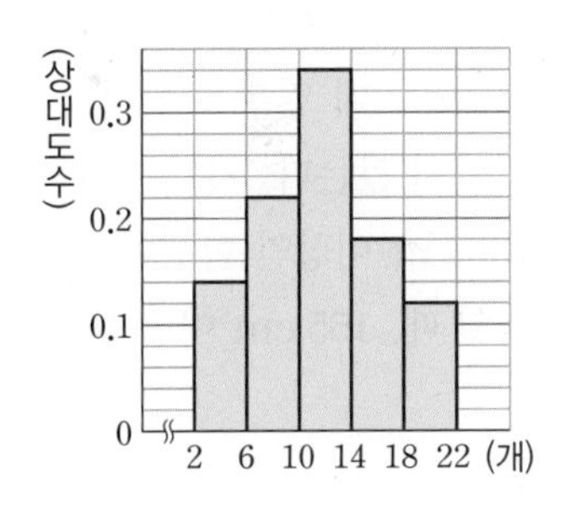

46 서술형

오른쪽 그림은 어느 중학교 학생들이 1년 동안 사용한 노트의 수에 대한 상대도수의 분포를 나타낸 그래프이다. 사용한 노트의 수가 2권 이상 6권 미만인 학생이 57명일 때, 도수가 33명인 계급을 구하시오.

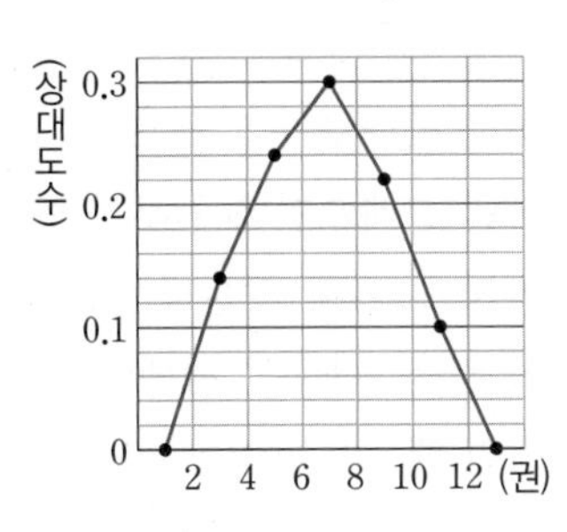

집중

유형 17 일부가 찢어진 상대도수의 분포를 나타낸 그래프 개념5

(1) 상대도수의 총합이 1임을 이용하여 찢어진 부분에 해당하는 계급의 상대도수를 구한다.

(2) $(\text{도수의 총합})=\dfrac{(\text{그 계급의 도수})}{(\text{어떤 계급의 상대도수})}$임을 이용한다.

(3) (어떤 계급의 도수)=(도수의 총합)×(그 계급의 상대도수)임을 이용한다.

47 대표문제

오른쪽 그림은 어느 중학교 학생 50명의 한 달 동안의 편의점 이용 횟수에 대한 상대도수의 분포를 나타낸 그래프인데 일부가 찢어져 보이지 않는다. 이용 횟수가 13회 이상 17회 미만인 학생 수를 구하시오.

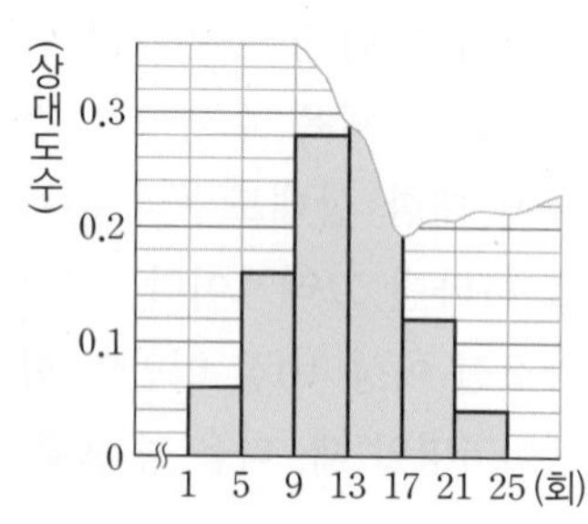

48 서술형

오른쪽 그림은 어느 중학교 학생들의 키에 대한 상대도수의 분포를 나타낸 그래프인데 일부가 찢어져 보이지 않는다. 키가 160 cm 이상인 학생이 21명일 때, 155 cm 이상 160 cm 미만인 학생 수를 구하시오.

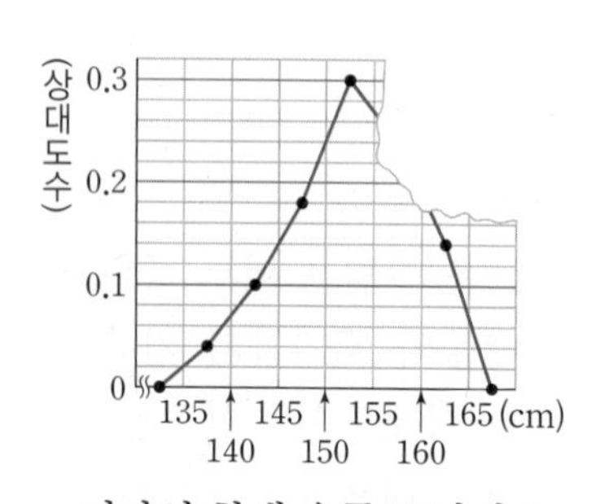

49

오른쪽 그림은 어느 중학교 학생 200명의 국어 성적에 대한 상대도수의 분포를 나타낸 그래프인데 일부가 찢어져 보이지 않는다. 성적이 80점 이상인 학생이 24명일 때, 70점 이상 80점 미만인 학생 수를 구하시오.

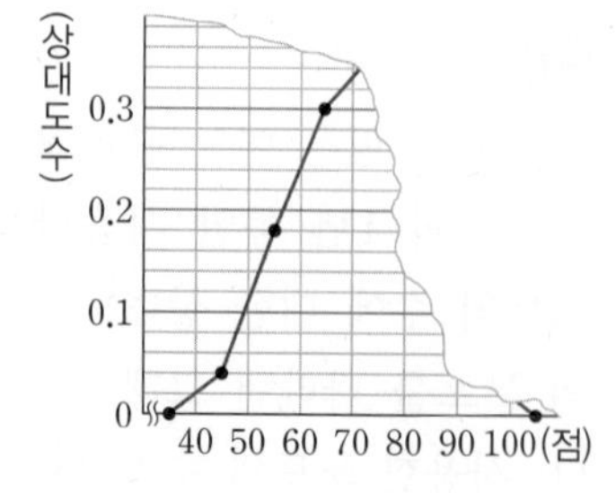

집중

유형 18 도수의 총합이 다른 두 집단의 상대도수 개념5

도수의 총합이 다른 두 집단을 비교할 때, 각 계급의 상대도수를 이용하여 두 집단을 비교하는 것이 편리하다.

50 대표문제

다음은 A학교와 B학교 학생들의 수학 성적을 조사하여 나타낸 도수분포표이다. B학교보다 A학교의 상대도수가 더 큰 계급의 개수를 구하시오.

성적(점)	도수(명)	
	A학교	B학교
50이상 ~ 60미만	7	5
60 ~ 70	18	13
70 ~ 80	36	21
80 ~ 90	27	8
90 ~ 100	12	3
합계	100	50

중요

51

아래는 어느 중학교 남학생과 여학생의 영어 성적을 조사하여 나타낸 상대도수의 분포표이다. 다음 중 옳은 것은?

성적(점)	도수(명)		상대도수	
	남학생	여학생	남학생	여학생
40이상 ~ 50미만	1		0.02	0.05
50 ~ 60	6		0.12	0.15
60 ~ 70		10	0.26	B
70 ~ 80	A	12	0.36	
80 ~ 90	9	8	0.18	0.2
90 ~ 100	3	2	0.06	0.05
합계		40	1	1

① 전체 남학생 수는 60이다.
② A의 값은 16이다.
③ B의 값은 0.2이다.
④ 성적이 70점 이상 80점 미만인 학생이 차지하는 비율은 남학생이 여학생보다 높다.
⑤ 여학생 중 성적이 70점 미만인 학생은 여학생 전체의 20 %이다.

유형 19 도수의 총합이 다른 두 집단의 상대도수의 비 개념 5

두 집단의 전체 도수의 비가 2 : 3이고 어떤 계급의 도수의 비가 3 : 4일 때, 이 계급의 상대도수의 비

➡ 두 집단의 전체 도수를 각각 $2a$, $3a$, 어떤 계급의 도수를 각각 $3b$, $4b$라 하면 $\frac{3b}{2a}:\frac{4b}{3a}=9:8$

52 대표문제

A, B 두 집단의 전체 도수의 비가 4 : 3이고 어떤 계급의 도수의 비가 5 : 2일 때, 이 계급의 상대도수의 비를 가장 간단한 자연수의 비로 나타내시오.

53

A, B 두 집단의 전체 도수의 비가 3 : 2이고 어떤 계급의 상대도수의 비가 4 : 3일 때, 이 계급의 도수의 비는?

① 1 : 2 ② 2 : 1 ③ 2 : 3
④ 3 : 1 ⑤ 3 : 2

54

전체 학생 수의 비가 4 : 5인 A, B 두 학교에서 키가 160 cm 이상 165 cm 미만인 학생 수가 같을 때, 이 계급의 상대도수의 비를 가장 간단한 자연수의 비로 나타내시오.

55

어느 중학교 1학년 1반과 2반의 전체 학생 수는 각각 50, 40이다. 두 반 학생들의 사회 성적을 조사하여 도수분포표를 만들었더니 60점 이상 70점 미만인 학생 수의 비가 6 : 5이었다. 이 계급의 상대도수의 비를 가장 간단한 자연수의 비로 나타내시오.

유형 20 도수의 총합이 다른 두 집단의 비교 개념 5

도수의 총합이 다른 두 집단을 비교할 때, 상대도수의 분포를 나타낸 그래프를 이용하여 두 집단을 비교하는 것이 편리하다.

56 대표문제

오른쪽 그림은 A, B 두 학교 학생들의 팔굽혀펴기 기록에 대한 상대도수의 분포를 나타낸 그래프이다. 다음 **보기** 중 옳은 것을 모두 고르시오.

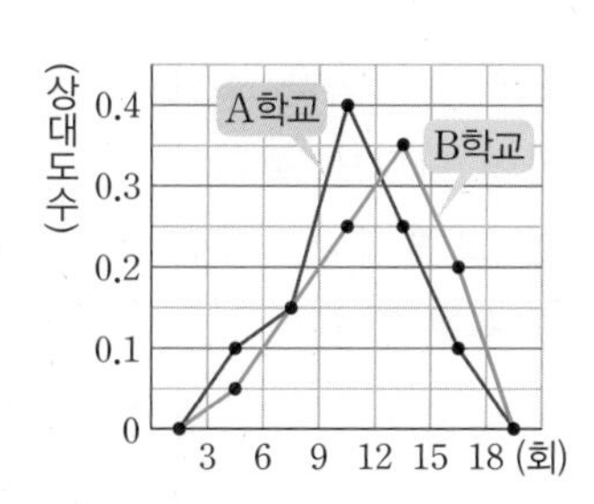

보기

ㄱ. A, B 두 학교에서 기록이 6회 이상 9회 미만인 학생 수는 같다.
ㄴ. A학교에서 도수가 가장 큰 계급은 9회 이상 12회 미만이다.
ㄷ. A학교의 기록이 B학교의 기록보다 더 좋은 편이다.
ㄹ. B학교에서 기록이 9회 미만인 학생은 B학교 전체의 20 %이다.

중요

57

오른쪽 그림은 어느 중학교 1학년 학생 50명과 2학년 학생 100명의 일주일 동안의 운동 시간에 대한 상대도수의 분포를 나타낸 그래프이다. 다음 중 옳지 않은 것은?

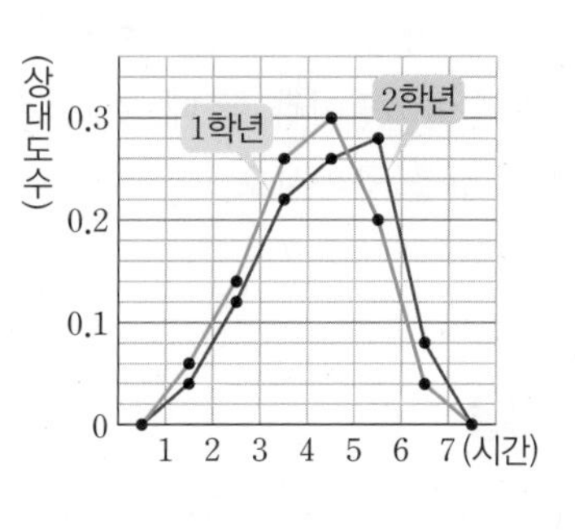

① 운동 시간이 1학년보다 2학년이 더 많은 편이다.
② 1학년, 2학년에서 운동 시간이 2시간 미만인 학생 수의 합은 7이다.
③ 2학년에서 운동 시간이 5시간 이상인 학생은 2학년 전체의 36 %이다.
④ 운동 시간이 2시간 이상 3시간 미만인 학생 수는 2학년보다 1학년이 더 많다.
⑤ 각각의 그래프와 가로축으로 둘러싸인 부분의 넓이는 같다.

Real 실전 기출

01

오른쪽은 우진이네 반 학생들의 윗몸일으키기 기록을 조사하여 나타낸 줄기와 잎 그림이다. 다음 중 옳은 것은?

(2|1은 21회)

줄기	잎
2	1 3 6 7
3	0 1 3 4 8 8
4	0 2 3 4 5 5 9 9
5	3 5 7 8 9
6	0 4

① 잎이 가장 많은 줄기는 3이다.
② 기록이 50회 이상인 학생은 5명이다.
③ 기록이 가장 적은 학생과 가장 많은 학생의 기록의 차는 42회이다.
④ 기록이 45회인 우진이보다 기록이 좋은 학생은 8명이다.
⑤ 기록이 30회 이상 40회 미만인 학생은 전체의 24 %이다.

02 최다빈출

오른쪽은 볼링반 학생 30명의 볼링 점수를 조사하여 나타낸 도수분포표이다. 계급의 크기를 a점, 점수가 180점인 학생이 속하는 계급의 도수를 b명이라 할 때, $a+b$의 값을 구하시오.

점수(점)	도수(명)
60^{이상}~ 90^{미만}	3
90 ~120	15
120 ~150	6
150 ~180	4
180 ~210	
합계	30

03

오른쪽 그림은 어느 우체국 고객들의 대기 시간을 조사하여 나타낸 히스토그램이다. 다음 중 옳지 않은 것은?

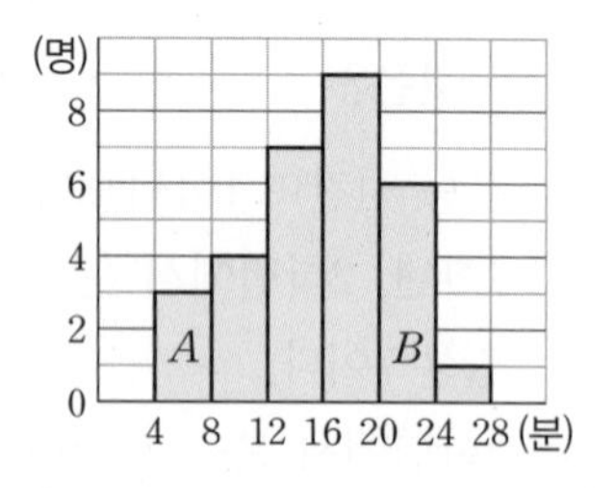

① 도수가 가장 작은 계급의 도수는 1명이다.
② 대기 시간이 12회 미만인 고객은 7명이다.
③ 전체 고객 수는 32이다.
④ 두 직사각형 A와 B의 넓이의 비는 1 : 2이다.
⑤ 대기 시간이 16분 이상 20분 미만인 고객은 전체의 30 %이다.

04

오른쪽 그림은 민지네 반 학생들의 수학 성적을 조사하여 나타낸 도수분포다각형이다. 성적이 낮은 쪽에서 7번째인 학생이 속하는 계급을 구하시오.

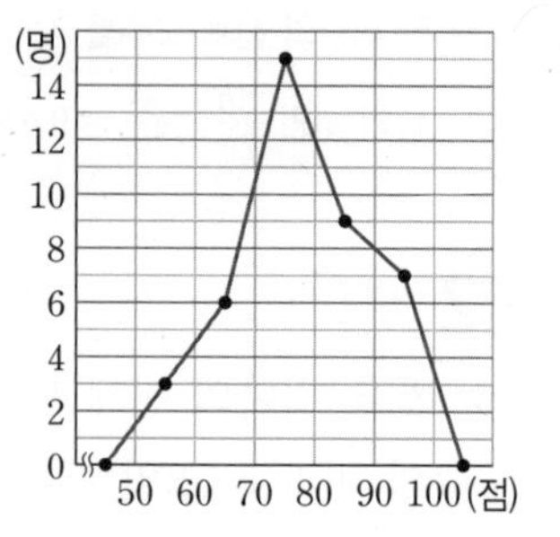

05 창의 역량

오른쪽 그림은 석우네 반 학생들의 하루 동안의 컴퓨터 사용 시간을 조사하여 나타낸 도수분포다각형이다. 다음 삼각형 중 삼각형 B와 넓이가 같지 않은 것을 모두 고르면? (정답 2개)

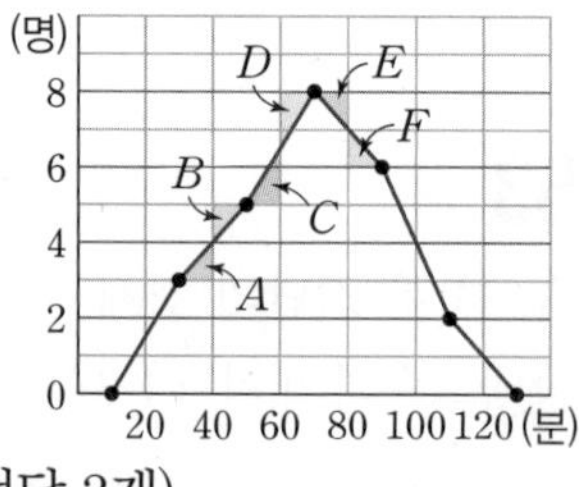

① A　② C　③ D
④ E　⑤ F

06

어떤 도수분포표에서 도수가 9인 계급의 상대도수 0.3일 때, 상대도수가 0.4인 계급의 도수를 구하시오.

07

다음은 어느 중학교 학생들의 1분당 한글 타수를 조사하여 나타낸 상대도수의 분포표인데 일부가 찢어져 보이지 않는다. 타수가 150타 이상 200타 미만인 학생은 전체의 몇 %인가?

타수(타)	도수(명)	상대도수
100^{이상}~150^{미만}	18	0.12
150 ~200	33	
200 ~250		

① 20 %　② 21 %　③ 22 %
④ 23 %　⑤ 24 %

08

오른쪽 그림은 지율이네 반 학생들이 미술 과제를 하는 데 걸린 시간에 대한 상대도수의 분포를 나타낸 그래프인데 일부가 찢어져 보이지 않는다. 걸린 시간이 1시간 미만인 학생이 2명일 때, 걸린 시간이 90분 이상 150분 미만인 학생 수를 구하시오.

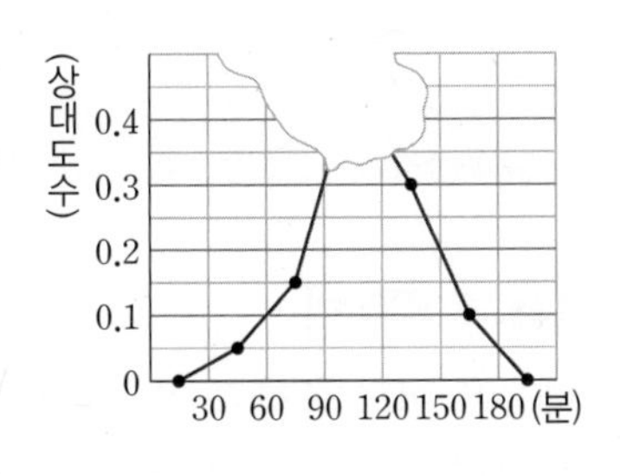

11

오른쪽 그림은 어느 중학교 1학년 학생 150명의 100 m 달리기 기록을 조사하여 나타낸 히스토그램인데 일부가 찢어져 보이지 않는다. 도수가 가장 큰 계급의 학생 수를 구하시오.

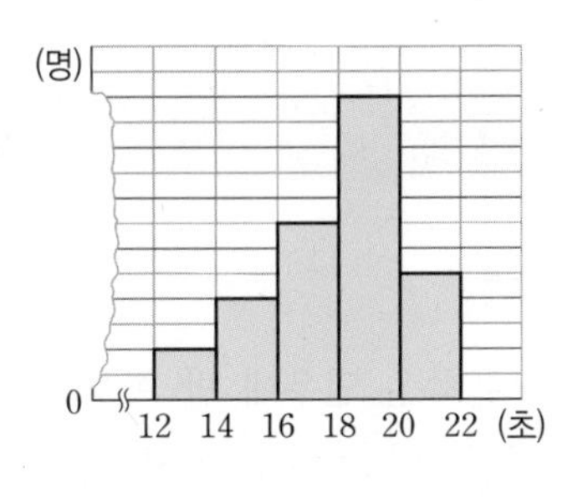

09 최다빈출

오른쪽 그림은 A학교 학생 200명, B학교 학생 100명의 키에 대한 상대도수의 분포를 나타낸 그래프이다. 다음 중 옳지 않은 것은?

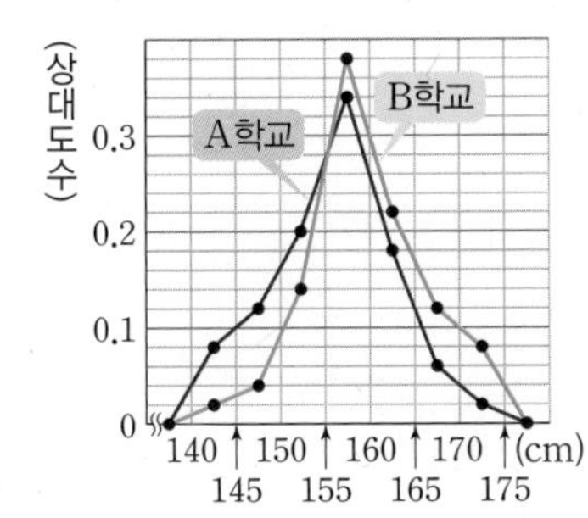

① A학교에서 키가 165 cm 이상인 학생은 16명이다.

② B학교에서 도수가 가장 큰 계급의 상대도수는 0.38이다.

③ 상대적으로 키가 큰 학생들이 더 많은 학교는 B학교이다.

④ B학교에서 키가 150 cm 미만인 학생은 전체의 6 %이다.

⑤ A, B 두 학교에서 키가 160 cm 이상 165 cm 미만인 학생 수의 차는 10이다.

100점 공략

12

오른쪽 그림은 어느 중학교 1학년 1반과 2반의 역사 성적을 조사하여 나타낸 도수분포다각형이다. 1반에서 상위 10 % 이내에 드는 학생은 2반에서 상위 몇 % 이내에 들 수 있는지 구하시오.

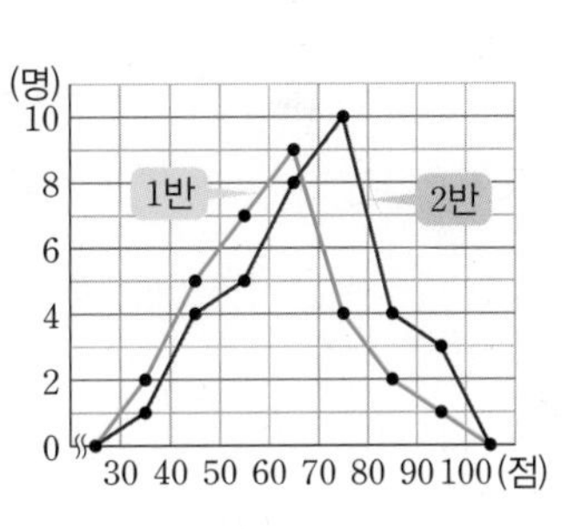

10

오른쪽 그림은 대경이네 반 학생 20명의 수학 성적을 조사하여 나타낸 히스토그램인데 일부가 찢어져 보이지 않는다. 대경이네 반에서 상위 15 % 이내에 들기 위해서는 적어도 몇 점 이상이어야 하는지 구하시오.

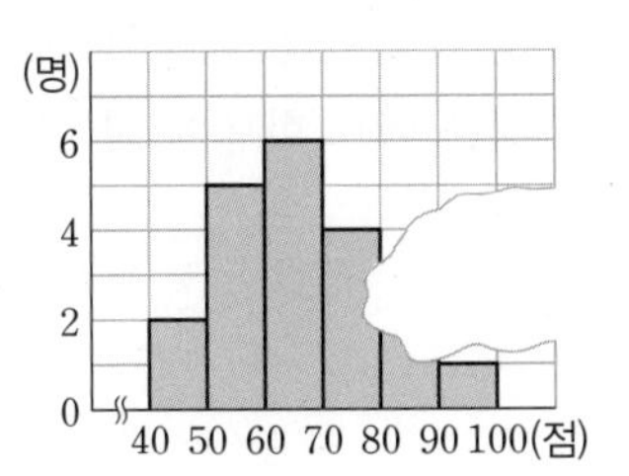

13

다음은 어느 중학교 1학년 세 반의 전체 학생 수와 몸무게가 50 kg 이상 60 kg 미만인 계급의 상대도수를 나타낸 표이다. 세 반의 전체 학생에 대하여 50 kg 이상 60 kg 미만인 계급의 상대도수를 구하시오.

반	전체 학생 수(명)	상대도수
1반	20	0.45
2반	40	0.45
3반	30	0.6

정답과 해설 75쪽

서술형

14

오른쪽은 인우네 반 학생들의 한 달 동안의 독서 시간을 조사하여 나타낸 도수분포표이다. 독서 시간이 15시간 이상인 학생이 전체의 40 %일 때, 독서 시간이 10시간 이상 15시간 미만인 학생 수를 a, 20시간 이상 25시간 미만인 학생 수를 b라 하자. 이때 $a-b$의 값을 구하시오.

시간(시간)	도수(명)
0이상 ~ 5미만	2
5 ~ 10	6
10 ~ 15	
15 ~ 20	7
20 ~ 25	
25 ~ 30	1
합계	30

15

오른쪽 그림은 어느 고궁의 관람객 30명의 나이를 조사하여 나타낸 도수분포다각형인데 일부가 찢어져 보이지 않는다. 나이가 30세 이상 40세 미만인 관람객 수와 40세 이상 50세 미만인 관람객 수의 비가 5 : 3일 때, 40세 이상 50세 미만인 관람객은 전체의 몇 %인지 구하시오.

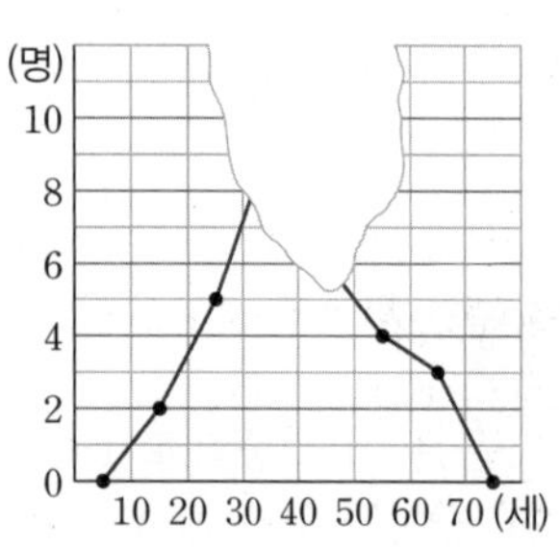

16 100점

다음은 어느 중학교 학생들이 하루 동안 수업 시간에 질문한 횟수를 조사하여 나타낸 상대도수의 분포표이다. 도수가 가장 큰 계급의 상대도수를 구하시오.

횟수(회)	도수(명)	상대도수
1이상 ~ 3미만	5	
3 ~ 5	26	
5 ~ 7		0.28
7 ~ 9		0.08
9 ~ 11		0.02
합계		1

17 100점

오른쪽 그림은 어느 중학교 1학년과 2학년 학생들의 100 m 달리기 기록에 대한 상대도수의 분포를 나타낸 그래프인데 일부가 찢어져 보이지 않는다. 기록이 16초 미만인 학생이 1학년은 90명, 2학년은 52명일 때, 기록이 20초 이상 22초 미만인 학생은 어느 학년이 몇 명 더 많은지 구하시오.

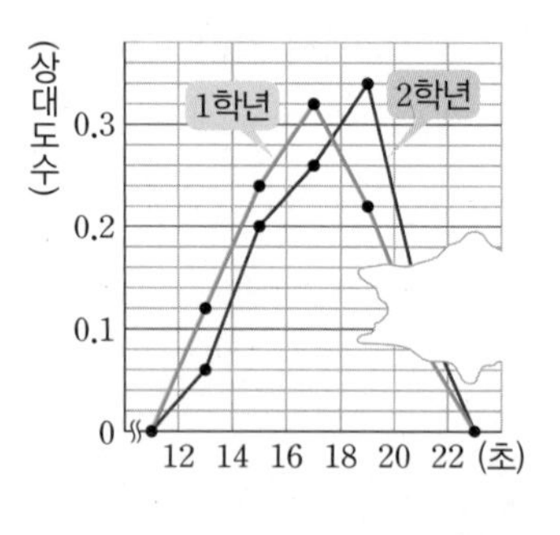

풀이

답

유형 더블

중등수학 1-2

[유형북] Real 실전 유형에서 틀린 문제를 체크해 보세요.

유형 01 교점과 교선 (개념 1)

01 대표문제

오른쪽 그림과 같은 육각뿔에서 교점의 개수를 a, 교선의 개수를 b라 할 때, $b-a$의 값은?

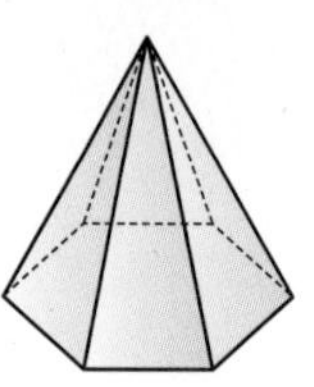

① 1 ② 2 ③ 3 ④ 4 ⑤ 5

02 서술형

오른쪽 그림과 같은 입체도형에서 교점의 개수를 a, 교선의 개수를 b, 면의 개수를 c라 할 때, $a+b+c$의 값을 구하시오.

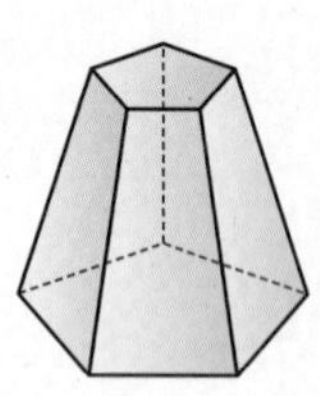

03 중요

다음 중 오른쪽 그림과 같은 삼각기둥에 대한 설명으로 옳지 않은 것은?

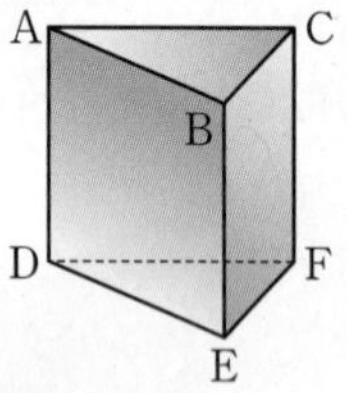

① 모서리 AC와 모서리 CF의 교점은 점 C이다.
② 면 ABC와 모서리 BE의 교점은 점 B이다.
③ 면 ADEB와 면 DEF의 교선은 모서리 DE이다.
④ 점 F를 지나는 교선은 3개이다.
⑤ 교점의 개수와 교선의 개수는 서로 같다.

집중 유형 02 직선, 반직선, 선분 (개념 2)

04 대표문제

오른쪽 그림과 같이 직선 l 위에 네 점 A, B, C, D가 있다. 다음 중 옳지 않은 것은?

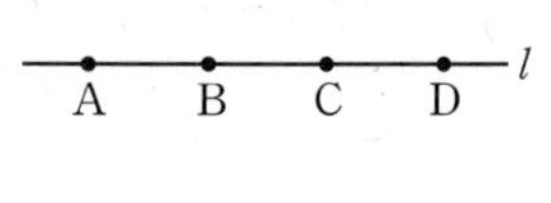

① $\overleftrightarrow{AC}=\overleftrightarrow{CD}$ ② $\overleftrightarrow{AD}=\overleftrightarrow{BC}$ ③ $\overrightarrow{AB}=\overrightarrow{AD}$
④ $\overrightarrow{CA}=\overrightarrow{DA}$ ⑤ $\overline{CD}=\overline{DC}$

05

오른쪽 그림과 같이 직선 l 위에 네 점 A, B, C, D가 있을 때, 다음 중 $\overrightarrow{DC}$와 같은 것을 모두 고르면? (정답 2개)

① $\overrightarrow{AB}$ ② $\overrightarrow{BC}$ ③ $\overrightarrow{CB}$
④ $\overrightarrow{DA}$ ⑤ $\overrightarrow{DB}$

06

오른쪽 그림과 같이 직선 l 위에 네 점 A, B, C, D가 있다. 다음 중 같은 도형은 모두 몇 쌍인지 구하시오.

$\overline{AD}$, $\overrightarrow{BA}$, $\overrightarrow{BC}$, $\overrightarrow{BD}$, $\overleftrightarrow{BC}$, $\overleftrightarrow{CA}$, $\overrightarrow{DA}$

07

다음 중 오른쪽 그림에서 서로 같은 것끼리 짝 지은 것으로 옳지 않은 것을 모두 고르면? (정답 2개)

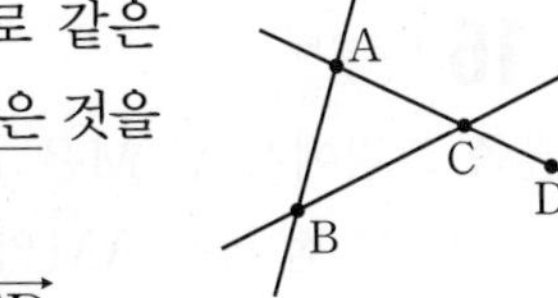

① $\overleftrightarrow{AB}$와 $\overleftrightarrow{AC}$　② $\overleftrightarrow{AC}$와 $\overleftrightarrow{CD}$
③ $\overrightarrow{AC}$와 $\overrightarrow{AD}$　④ $\overrightarrow{CB}$와 $\overrightarrow{CD}$
⑤ $\overline{AD}$와 $\overline{DA}$

08

오른쪽 그림과 같이 직선 l 위에 네 점 A, B, C, D가 있을 때, 다음 중 $\overrightarrow{BC}$를 포함하는 것을 구하시오.

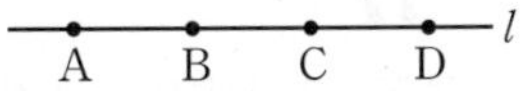

A　B　C　D　l

보기

$\overrightarrow{AC}$, $\overleftrightarrow{AB}$, $\overrightarrow{BD}$, $\overline{CA}$, $\overrightarrow{DA}$

09

다음 중 옳은 것은?

① 한 점을 지나는 직선은 오직 하나뿐이다.
② 서로 다른 두 점을 지나는 직선은 무수히 많다.
③ $\overrightarrow{BA}$는 점 A에서 시작하여 점 B의 방향으로 뻗어 나가는 반직선이다.
④ $\overrightarrow{AB}$와 $\overrightarrow{BA}$는 같은 반직선이다.
⑤ $\overline{AB}$와 $\overline{BA}$는 같은 선분이다.

유형 03 직선, 반직선, 선분의 개수 (1); 어느 세 점도 한 직선 위에 있지 않은 경우 개념2

10 대표문제

오른쪽 그림과 같이 한 직선 위에 있지 않은 세 점 A, B, C가 있다. 이 중 두 점을 지나는 서로 다른 반직선의 개수를 a, 선분의 개수를 b라 할 때, ab의 값을 구하시오.

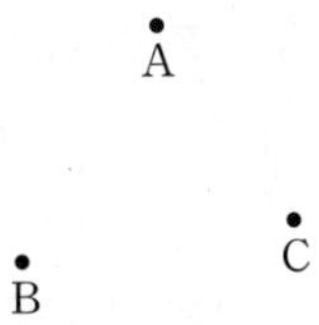

A　B　C

11

오른쪽 그림과 같이 어느 세 점도 한 직선 위에 있지 않은 네 점 A, B, C, D가 있다. 이 중 두 점을 지나는 서로 다른 직선의 개수를 a, 반직선의 개수를 b, 선분의 개수를 c라 할 때, $a+b+c$의 값은?

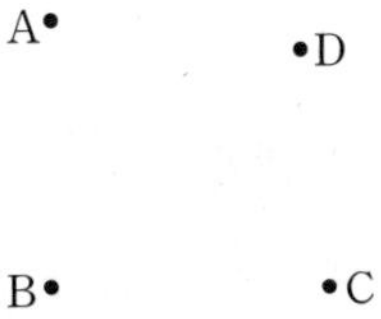

A　D　B　C

① 16　② 18　③ 20
④ 22　⑤ 24

12 서술형

오른쪽 그림과 같이 원 위에 6개의 점 A, B, C, D, E, F가 있다. 이 중 두 점을 지나는 서로 다른 직선의 개수를 a, 반직선의 개수를 b, 선분의 개수를 c라 할 때, $a+b+c$의 값을 구하시오.

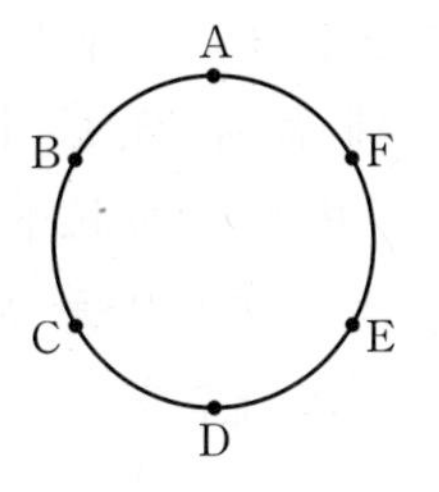

유형 04 직선, 반직선, 선분의 개수 (2); 한 직선 위에 세 점 이상이 있는 경우 개념2

13 대표문제

오른쪽 그림과 같이 직선 l 위에 5개의 점 A, B, C, D, E가 있다. 이 중 두 점을 이어 만들 수 있는 서로 다른 직선의 개수를 a, 반직선의 개수를 b, 선분의 개수를 c라 할 때, $a+b+c$의 값은?

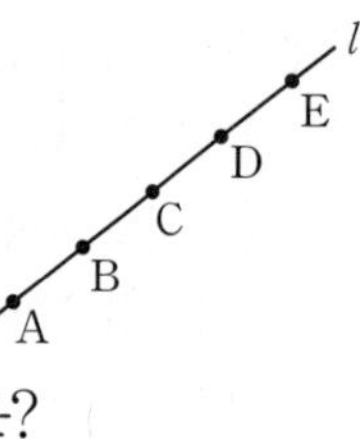

① 18 ② 19 ③ 20
④ 21 ⑤ 22

14

오른쪽 그림과 같이 6개의 점 A, B, C, D, E, F가 있다. 이 중 두 점을 이어 만들 수 있는 서로 다른 직선의 개수를 구하시오.

A B C
D E F

15 서술형

오른쪽 그림과 같이 직선 l 위에 네 점 A, B, C, D가 있고 직선 l 밖에 한 점 E가 있다. 이 중 두 점을 이어 만들 수 있는 서로 다른 직선의 개수를 a, 반직선의 개수를 b라 할 때, $b-a$의 값을 구하시오.

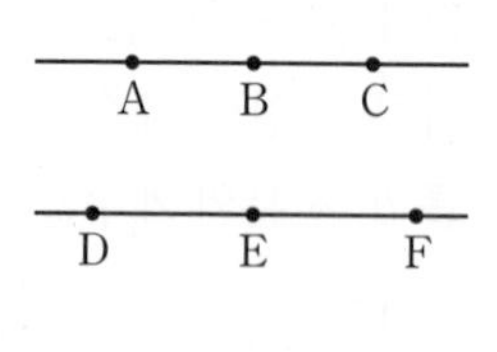

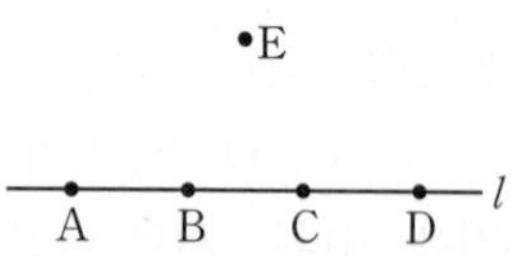

집중

유형 05 선분의 중점 개념3

16 대표문제

오른쪽 그림에서 점 M은 $\overline{AB}$의 중점이고 점 N은 $\overline{AM}$의 중점이다. 다음 **보기** 중 옳은 것을 모두 고르시오.

A N M B

보기

ㄱ. $\overline{AB}=2\overline{MB}$　ㄴ. $\overline{AM}=3\overline{NM}$
ㄷ. $\overline{AN}=\frac{1}{4}\overline{AB}$　ㄹ. $\overline{NM}=\frac{1}{3}\overline{NB}$

중요

17

오른쪽 그림에서 두 점 M, N은 $\overline{AB}$의 삼등분점이고 점 P는 $\overline{AB}$의 중점이다. 다음 중 옳지 않은 것은?

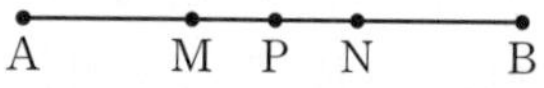

A M P N B

① $\overline{AN}=2\overline{NB}$ ② $\overline{AB}=3\overline{MN}$
③ $\overline{AB}=\frac{3}{2}\overline{MB}$ ④ $\overline{AN}=3\overline{PN}$
⑤ $\overline{MP}=\frac{1}{6}\overline{AB}$

18

오른쪽 그림에서 점 M은 $\overline{AB}$의 중점이고 점 N은 $\overline{BC}$의 중점이다. 다음 중 옳지 않은 것을 모두 고르면? (정답 2개)

A M B N C

① $\overline{AM}=\frac{1}{2}\overline{AB}$ ② $\overline{MB}=\frac{1}{4}\overline{AN}$
③ $\overline{AC}=2\overline{MN}$ ④ $\overline{BN}=\overline{NC}$
⑤ $\overline{AC}=3\overline{BN}$

집중

유형 06 두 점 사이의 거리 (1) 개념 3

19 대표문제

다음 그림에서 두 점 M, N은 각각 $\overline{AB}$, $\overline{BC}$의 중점이다. $\overline{AC}$=28 cm일 때, $\overline{MN}$의 길이는?

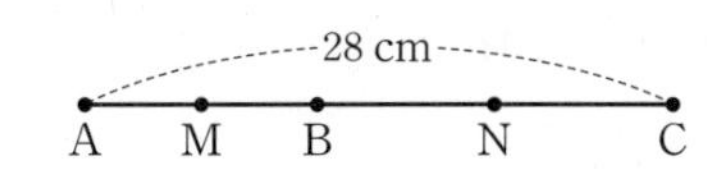

① 12 cm ② 13 cm ③ 14 cm
④ 15 cm ⑤ 16 cm

중요

20

다음 그림에서 두 점 M, N은 각각 $\overline{AB}$, $\overline{BC}$의 중점이다. $\overline{MN}$=11 cm일 때, $\overline{AC}$의 길이를 구하시오.

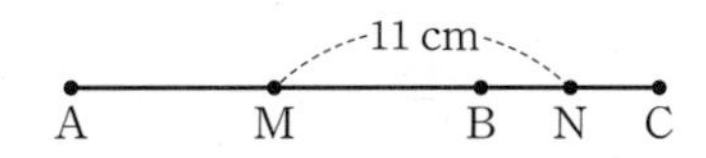

21

다음 그림에서 $\overline{AB}$의 중점이 M, $\overline{MB}$의 중점이 N이고 $\overline{AN}$=30 cm일 때, $\overline{MB}$의 길이를 구하시오.

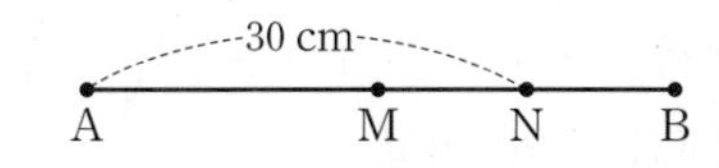

집중

유형 07 두 점 사이의 거리 (2) 개념 3

22 대표문제

다음 그림에서 두 점 M, N은 각각 $\overline{AB}$, $\overline{BC}$의 중점이고 $\overline{AB}$: $\overline{BC}$=2 : 5이다. $\overline{NC}$=10 cm일 때, $\overline{MN}$의 길이를 구하시오.

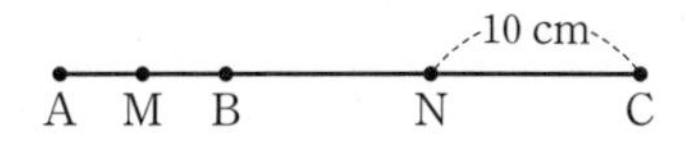

23

다음 그림에서 점 M은 $\overline{AB}$의 중점이고 $\overline{AM}$=6$\overline{NB}$이다. $\overline{AB}$=36 cm일 때, $\overline{MN}$의 길이는?

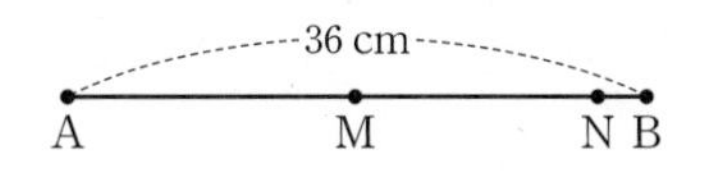

① 11 cm ② 12 cm ③ 13 cm
④ 14 cm ⑤ 15 cm

24 서술형

다음 그림에서 $\overline{BC}$=2$\overline{AB}$, $\overline{CD}$=2$\overline{DE}$이고 $\overline{BD}$=14 cm일 때, $\overline{AE}$의 길이를 구하시오.

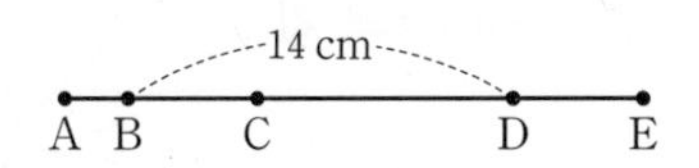

집중

유형 08 평각을 이용하여 각의 크기 구하기 개념 4

25 대표문제

오른쪽 그림에서 x의 값은?

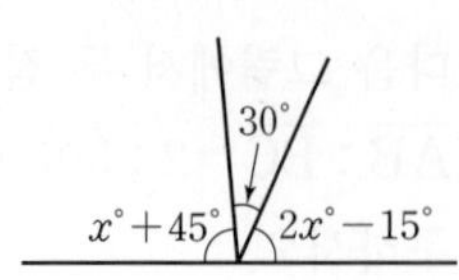

① 25 ② 30 ③ 35 ④ 40 ⑤ 45

26

오른쪽 그림에서 x의 값은?

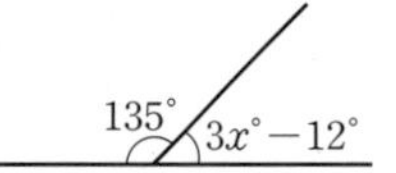

① 19 ② 20 ③ 21 ④ 22 ⑤ 23

27

오른쪽 그림에서 x의 값은?

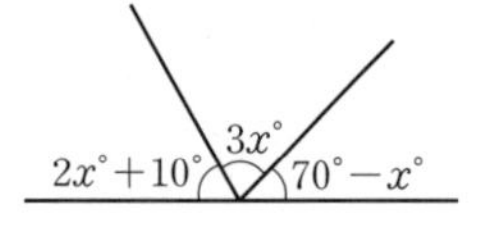

① 23 ② 24 ③ 25 ④ 26 ⑤ 27

28

오른쪽 그림에서 $x-y+z$의 값을 구하시오.

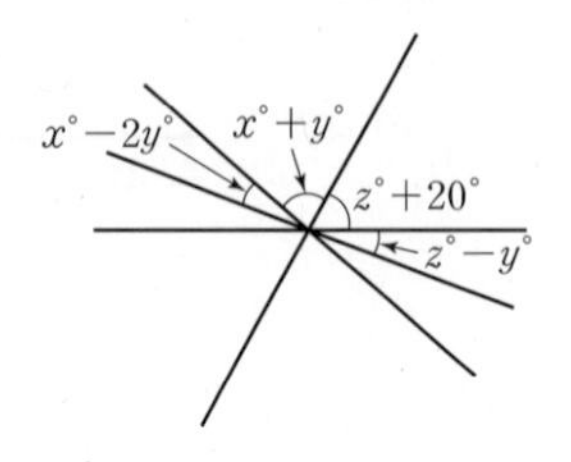

집중

유형 09 직각을 이용하여 각의 크기 구하기 개념 4

29 대표문제

오른쪽 그림에서 x의 값은?

$3x°+14°$ $5x°-20°$

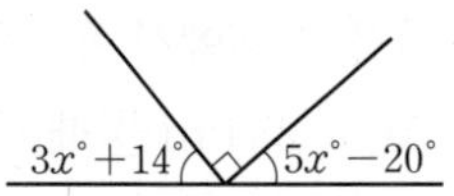

① 10 ② 12 ③ 14 ④ 16 ⑤ 18

30

오른쪽 그림에서 x의 값은?

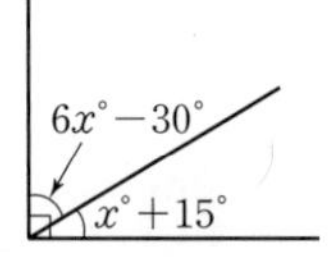

① 15 ② 16 ③ 17 ④ 18 ⑤ 19

31 서술형

오른쪽 그림에서 $\angle x-\angle y$의 크기를 구하시오.

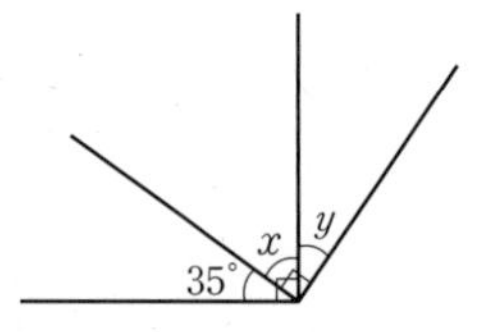

32

오른쪽 그림에서

$\angle AOC=\angle BOD=90°$이고

$\angle AOB+\angle COD=50°$일 때,

$\angle BOC$의 크기를 구하시오.

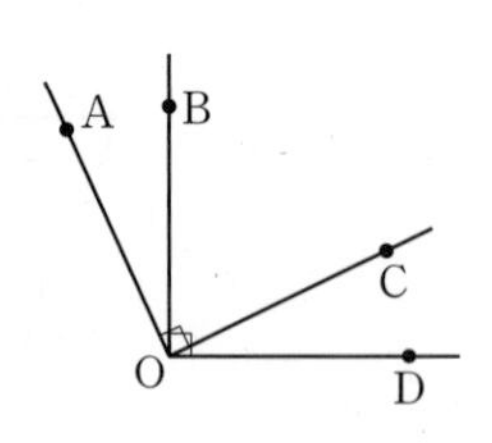

유형 10 각의 크기의 비가 주어진 경우 개념 4

33 대표문제

오른쪽 그림에서
$\angle x : \angle y : \angle z = 3 : 5 : 4$일 때,
$\angle y$의 크기는?

① 55° ② 60° ③ 65°
④ 70° ⑤ 75°

34

오른쪽 그림에서 $\angle AOB = 90°$이고
$\angle BOC : \angle COD = 3 : 2$일 때,
$\angle BOC$의 크기는?

① 50° ② 54°
③ 58° ④ 62°
⑤ 66°

35 서술형

오른쪽 그림에서 $\angle BOC = 36°$이고
$\angle AOB : \angle COD = 5 : 7$일 때,
$\angle COD$의 크기를 구하시오.

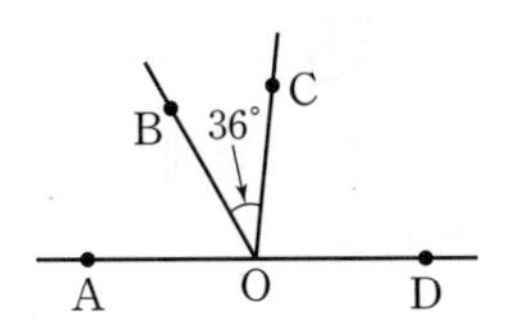

집중

유형 11 각의 크기 사이의 관계가 주어진 경우 개념 4

36 대표문제

오른쪽 그림에서
$\angle AOB = 4\angle BOC$,
$\angle DOE = 4\angle COD$일 때,
$\angle BOD$의 크기를 구하시오.

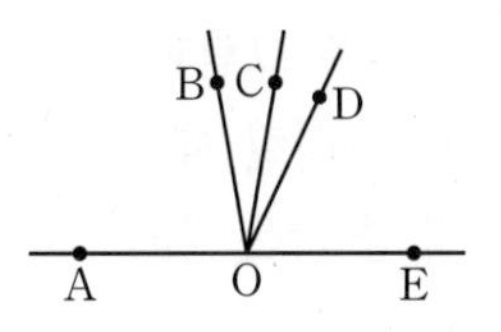

37

오른쪽 그림에서
$\angle AOB : \angle BOC = 5 : 4$,
$\angle COD : \angle DOE = 4 : 5$일 때,
$\angle BOD$의 크기는?

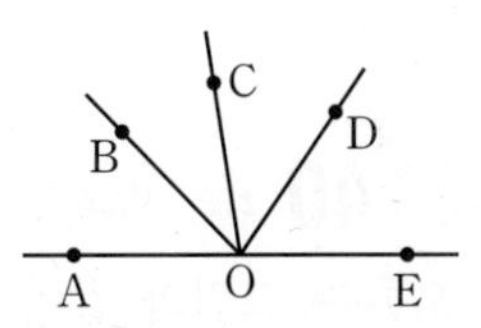

① 74° ② 76° ③ 78°
④ 80° ⑤ 82°

38

오른쪽 그림에서 $\angle DOE = 90°$이고
$\angle AOB = 4\angle BOC$,
$\angle COD = \frac{1}{7}\angle COE$일 때,
$\angle BOD$의 크기를 구하시오.

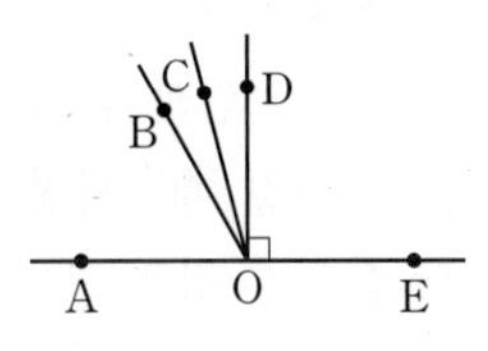

유형 12 시침과 분침이 이루는 각의 크기 개념 4

39 대표문제

오른쪽 그림과 같이 시계가 1시 20분을 가리킬 때, 시침과 분침이 이루는 각 중 작은 각의 크기는?
(단, 시침과 분침의 두께는 무시한다.)

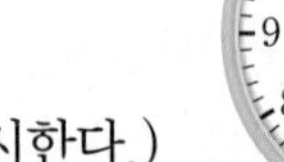

① 75° ② 77.5°
③ 80° ④ 82.5°
⑤ 82°

40 서술형

오른쪽 그림과 같이 시계가 6시 12분을 가리킬 때, 시침과 분침이 이루는 각 중 작은 각의 크기를 구하시오.
(단, 시침과 분침의 두께는 무시한다.)

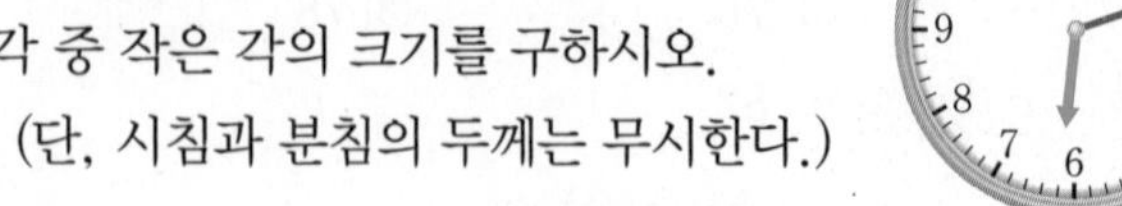

41

오른쪽 그림과 같이 시계가 9시 10분을 가리킬 때, 시침과 분침이 이루는 각 중 작은 각의 크기를 구하시오.
(단, 시침과 분침의 두께는 무시한다.)

집중

유형 13 맞꼭지각의 성질 개념 5

42 대표문제

오른쪽 그림에서 x의 값은?

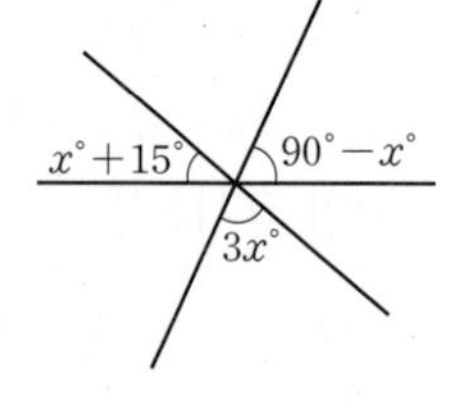

① 15 ② 20
③ 25 ④ 30
⑤ 35

43

오른쪽 그림에서 y의 값은?

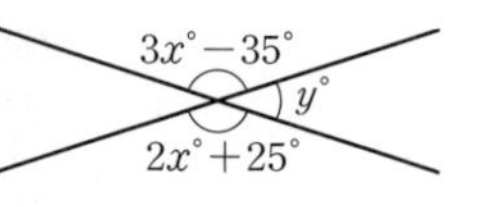

① 20 ② 25
③ 30 ④ 35
⑤ 40

중요

44

오른쪽 그림에서 $y-x$의 값을 구하시오.

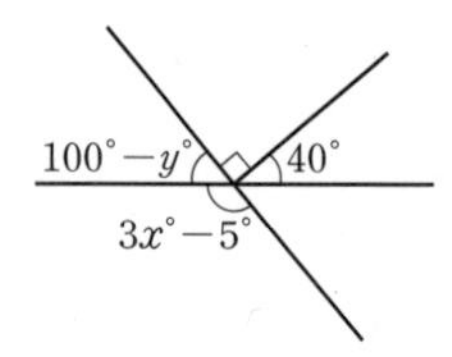

45 서술형

오른쪽 그림에서 $x+y$의 값을 구하시오.

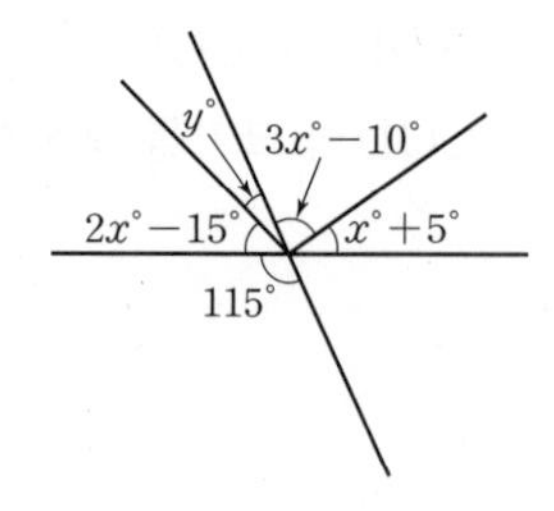

유형 14 맞꼭지각의 쌍의 개수 개념 5

46 대표문제

오른쪽 그림과 같이 네 직선이 한 점에서 만날 때 생기는 맞꼭지각은 모두 몇 쌍인가?

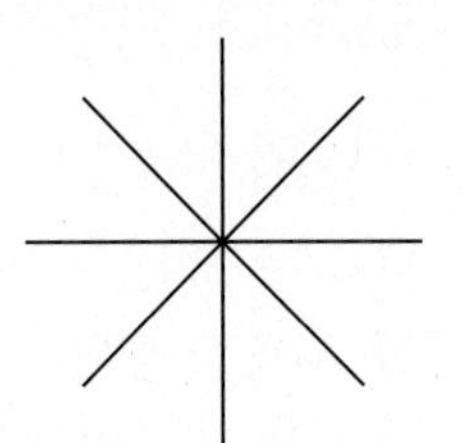

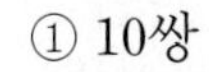

① 10쌍 ② 11쌍
③ 12쌍 ④ 14쌍
⑤ 15쌍

47

오른쪽 그림과 같이 6개의 직선이 한 점에서 만날 때 생기는 맞꼭지각은 모두 몇 쌍인가?

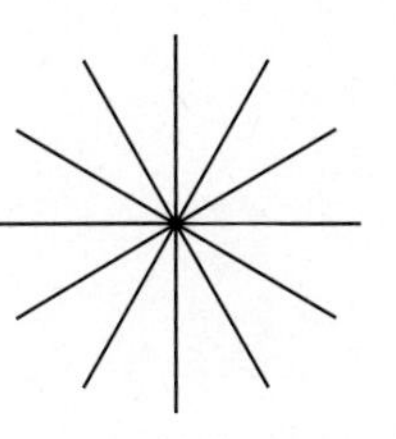

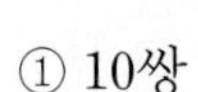

① 10쌍 ② 15쌍
③ 20쌍 ④ 25쌍
⑤ 30쌍

48

오른쪽 그림에서 세 직선 l, m, n과 두 직선 p, q는 각각 서로 평행하다. 이때 생기는 맞꼭지각은 모두 몇 쌍인가?

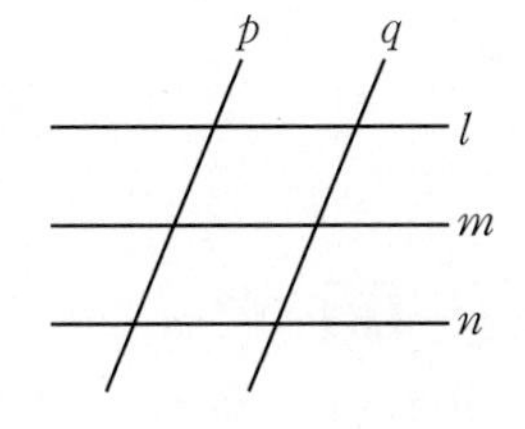

① 6쌍 ② 8쌍
③ 10쌍 ④ 12쌍
⑤ 14쌍

집중

유형 15 수직과 수선 개념 6

49 대표문제

다음 중 오른쪽 그림에 대한 설명으로 옳지 않은 것은?

① $\overline{AB}\perp\overline{CD}$
② $\overline{CD}$는 $\overleftrightarrow{AB}$의 수선이다.
③ 점 H는 $\overline{AB}$의 중점이다.
④ 점 A에서 $\overline{CD}$에 내린 수선의 발은 점 H이다.
⑤ 점 C와 $\overleftrightarrow{AB}$ 사이의 거리는 $\overline{CH}$의 길이이다.

50

다음 **보기** 중 오른쪽 그림과 같은 직각삼각형 ABC에 대한 설명으로 옳은 것을 모두 고르시오.

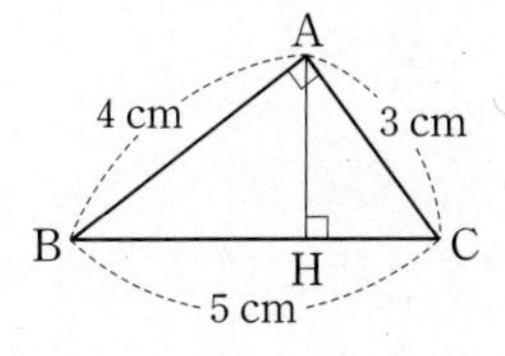

보기

ㄱ. $\overline{AH}\perp\overline{BH}$
ㄴ. 점 B에서 $\overline{AC}$에 내린 수선의 발은 점 H이다.
ㄷ. 점 C에서 $\overline{AB}$에 내린 수선의 발은 점 A이다.
ㄹ. 점 A와 $\overline{BC}$ 사이의 거리는 3 cm이다.

51 서술형

오른쪽 그림과 같은 사다리꼴 ABCD에서 점 A와 $\overline{BC}$ 사이의 거리를 x cm, 점 D와 $\overline{AB}$ 사이의 거리를 y cm라 할 때, $y-x$의 값을 구하시오.

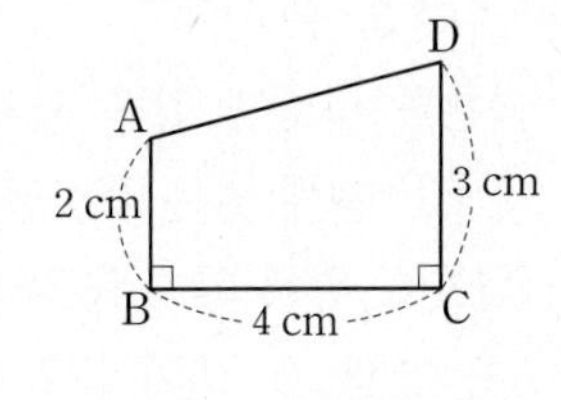

[유형북] Real 실전 유형에서 틀린 문제를 체크해 보세요.

유형 01 점과 직선, 점과 평면의 위치 관계 개념 1

01 대표문제

다음 중 오른쪽 그림에 대한 설명으로 옳지 않은 것을 모두 고르면? (정답 2개)

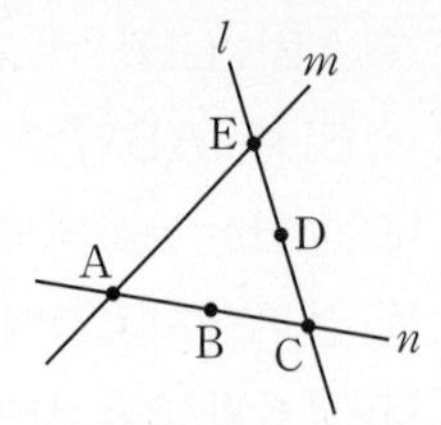

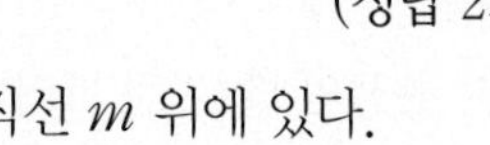

① 점 A는 직선 m 위에 있다.
② 점 B는 직선 n 위에 있지 않다.
③ 직선 l은 점 D를 지난다.
④ 직선 m은 점 C를 지나지 않는다.
⑤ 두 직선 l, n의 교점은 점 E이다.

02

오른쪽 그림과 같이 직선 l이 평면 P 위에 있을 때, 다음 **보기** 중 옳은 것을 모두 고르시오.

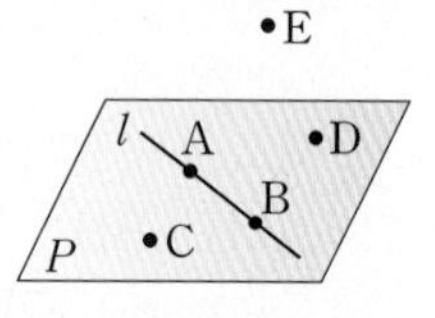

보기

ㄱ. 점 B는 직선 l 위에 있다.
ㄴ. 점 E는 평면 P 밖에 있다.
ㄷ. 직선 l 위에 있지 않은 점은 2개이다.

03 서술형

오른쪽 그림과 같은 삼각기둥에서 모서리 EF 위에 있는 꼭짓점의 개수를 a, 면 ADFC 위에 있지 않은 꼭짓점의 개수를 b라 할 때, $a+b$의 값을 구하시오.

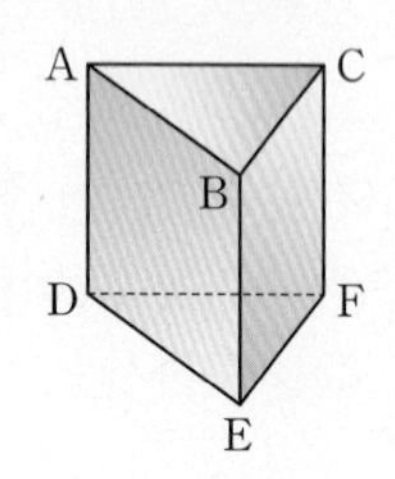

집중

유형 02 평면에서 두 직선의 위치 관계 개념 2

04 대표문제

다음 중 오른쪽 그림과 같은 사다리꼴 ABCD에 대한 설명으로 옳은 것을 모두 고르면? (정답 2개)

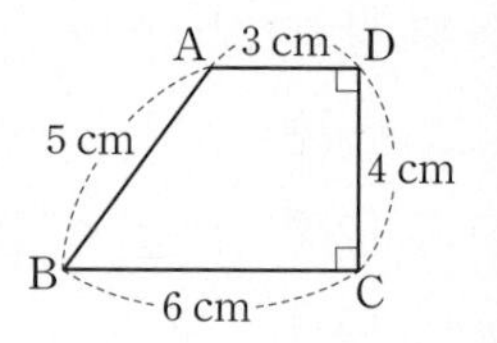

① $\overleftrightarrow{BC}$와 $\overleftrightarrow{CD}$는 한 점에서 만난다.
② $\overleftrightarrow{AB}$와 $\overleftrightarrow{BC}$는 수직으로 만난다.
③ $\overleftrightarrow{AB}$와 $\overleftrightarrow{CD}$는 평행하다.
④ 점 A와 $\overleftrightarrow{CD}$ 사이의 거리는 3 cm이다.
⑤ 점 B와 $\overleftrightarrow{AD}$ 사이의 거리는 5 cm이다.

중요

05

오른쪽 그림과 같은 정팔각형에서 각 변을 연장한 직선 중 $\overleftrightarrow{AH}$와의 위치 관계가 나머지 넷과 다른 하나는?

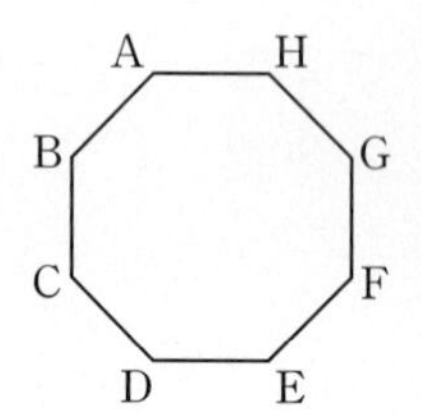

① $\overleftrightarrow{AB}$
② $\overleftrightarrow{CD}$
③ $\overleftrightarrow{DE}$
④ $\overleftrightarrow{GF}$
⑤ $\overleftrightarrow{HG}$

06

한 평면 위에 있는 서로 다른 세 직선 l, m, n에 대하여 $l /\!/ m$, $m \perp n$일 때, 두 직선 l, n의 위치 관계를 기호로 나타내시오.

유형 03 평면이 하나로 정해질 조건 개념2

07 대표문제

다음 **보기** 중 평면이 하나로 정해질 조건을 모두 고르시오.

보기

ㄱ. 한 직선과 그 직선 위에 있는 한 점

ㄴ. 수직으로 만나는 두 직선

ㄷ. 평행한 두 직선

ㄹ. 꼬인 위치에 있는 두 직선

08

오른쪽 그림과 같이 평행한 두 직선 l, m에서 직선 l 위의 두 점 A, B와 직선 m 위의 두 점 C, D로 정해지는 서로 다른 평면의 개수는?

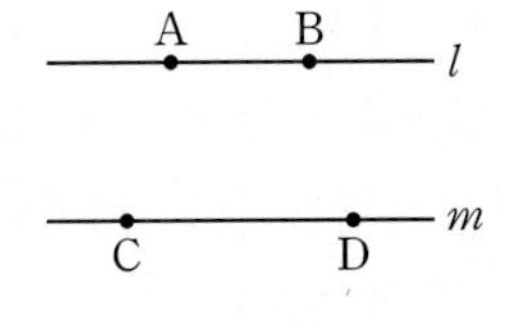

① 1　② 2　③ 3
④ 4　⑤ 5

09

오른쪽 그림과 같이 평면 P 위에 네 점 A, B, C, D가 있고 평면 P 밖에 한 점 E가 있다. 이들 다섯 개의 점 중 세 개의 점으로 정해지는 서로 다른 평면의 개수는? (단, 어느 세 점도 한 직선 위에 있지 않다.)

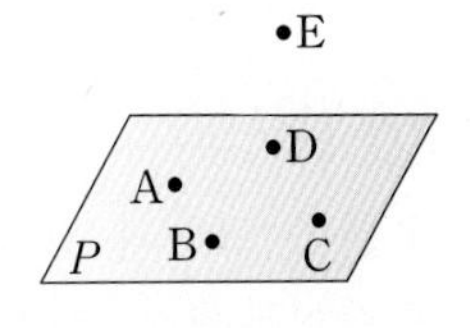

① 3　② 4　③ 5
④ 6　⑤ 7

집중

유형 04 공간에서 두 직선의 위치 관계 개념3

10 대표문제

다음 중 오른쪽 그림과 같은 삼각기둥에 대한 설명으로 옳지 않은 것은?

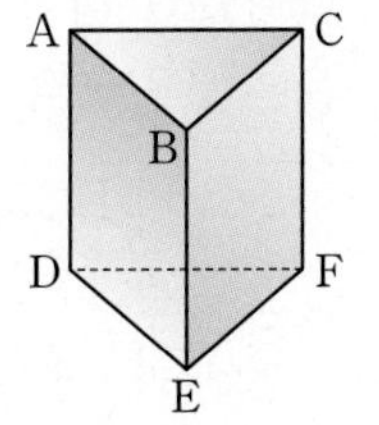

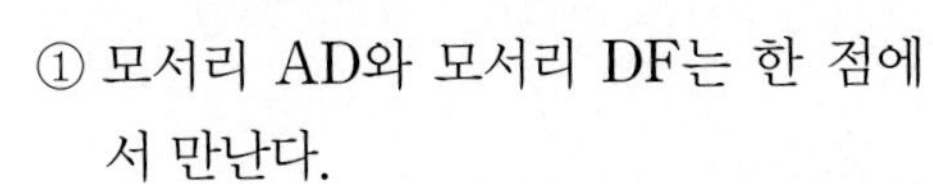

① 모서리 AD와 모서리 DF는 한 점에서 만난다.
② 모서리 BC와 모서리 EF는 평행하다.
③ 모서리 BE와 모서리 DE는 수직으로 만난다.
④ 모서리 AC와 평행한 모서리는 1개이다.
⑤ 모서리 CF와 꼬인 위치에 있는 모서리는 1개이다.

중요

11

다음 중 오른쪽 그림과 같은 삼각뿔에서 모서리 AB와의 위치 관계가 나머지 넷과 다른 하나는?

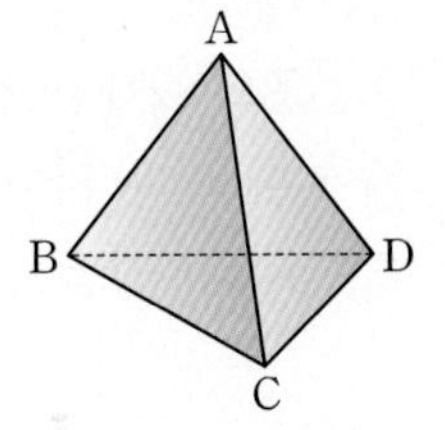

① $\overline{AC}$　② $\overline{AD}$
③ $\overline{BC}$　④ $\overline{BD}$
⑤ $\overline{CD}$

12 서술형

오른쪽 그림과 같은 직육면체에서 $\overline{BG}$와 한 점에서 만나면서 $\overline{AE}$와 평행한 모서리의 개수를 구하시오.

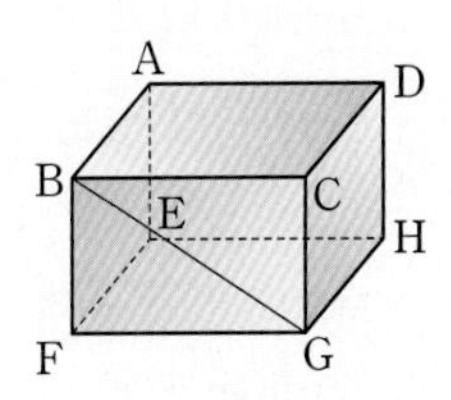

13

다음 중 오른쪽 그림과 같이 밑면이 사다리꼴인 사각기둥에 대한 설명으로 옳은 것을 모두 고르면? (정답 2개)

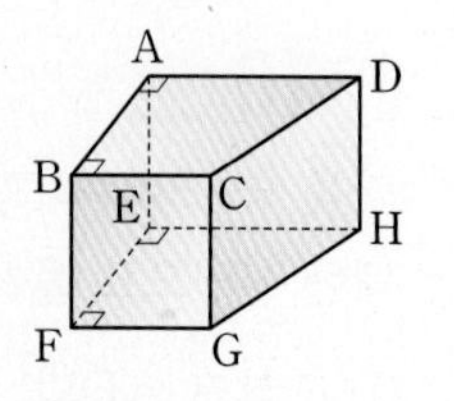

① 모서리 BC와 모서리 EH는 만나지 않는다.
② 모서리 BF와 모서리 GH는 꼬인 위치에 있다.
③ 모서리 FG와 한 점에서 만나는 모서리는 3개이다.
④ 모서리 AD와 수직으로 만나는 모서리는 4개이다.
⑤ 모서리 CG와 평행한 모서리는 2개이다.

14 서술형

오른쪽 그림과 같이 밑면이 정육각형인 육각기둥에서 각 모서리를 연장한 직선 중 $\overleftrightarrow{AB}$와 평행한 직선의 개수를 a, $\overleftrightarrow{CI}$와 한 점에서 만나는 직선의 개수를 b라 할 때, $b-a$의 값을 구하시오.

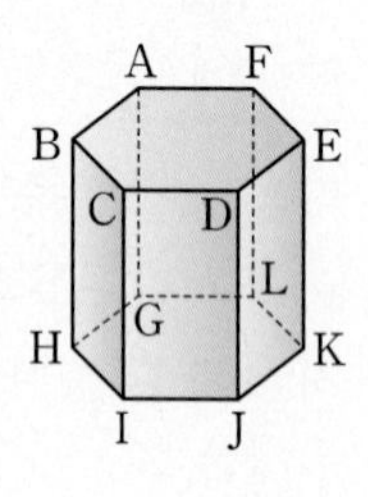

15

다음 **보기** 중 공간에서 두 직선의 위치 관계에 대한 설명으로 옳은 것을 모두 고르시오.

보기

ㄱ. 서로 다른 두 직선이 만나서 생기는 교점은 1개뿐이다.
ㄴ. 만나지 않는 두 직선은 항상 꼬인 위치에 있다.
ㄷ. 수직으로 만나는 두 직선은 한 평면 위에 있다.
ㄹ. 한 평면 위에 있으면서 만나지 않는 두 직선은 항상 평행하다.

집중

유형 05 꼬인 위치 (개념 3)

16 대표문제

오른쪽 그림과 같은 삼각뿔에서 꼬인 위치에 있는 모서리끼리 짝 지은 것을 모두 고르면? (정답 2개)

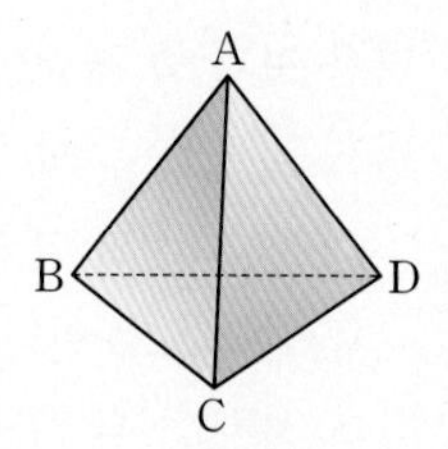

① $\overline{AB}$와 $\overline{AD}$　② $\overline{AC}$와 $\overline{BD}$
③ $\overline{AD}$와 $\overline{BC}$　④ $\overline{BC}$와 $\overline{CD}$
⑤ $\overline{BD}$와 $\overline{AD}$

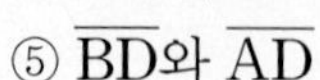

17 중요

오른쪽 그림과 같은 삼각기둥에서 $\overline{AE}$와 만나지도 않고 평행하지도 않은 모서리의 개수는?

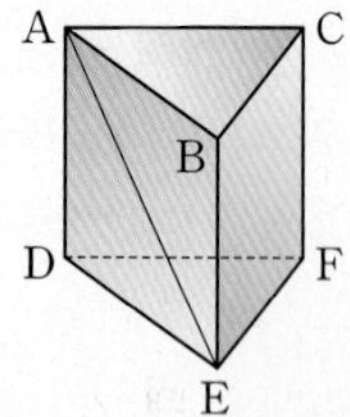

① 1　② 2
③ 3　④ 4
⑤ 5

18

오른쪽 그림과 같이 밑면이 정오각형인 오각기둥에서 각 모서리를 연장한 직선 중 $\overleftrightarrow{DI}$와 꼬인 위치에 있으면서 $\overleftrightarrow{AB}$와 한 점에서 만나는 직선의 개수를 구하시오.

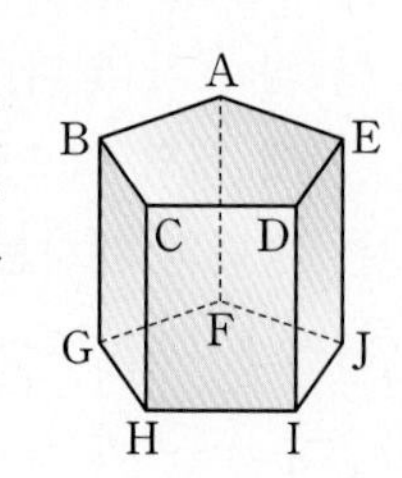

집중

유형 06 공간에서 직선과 평면의 위치 관계 개념 4

19 대표문제

다음 중 오른쪽 그림과 같은 삼각기둥에 대한 설명으로 옳지 않은 것은?

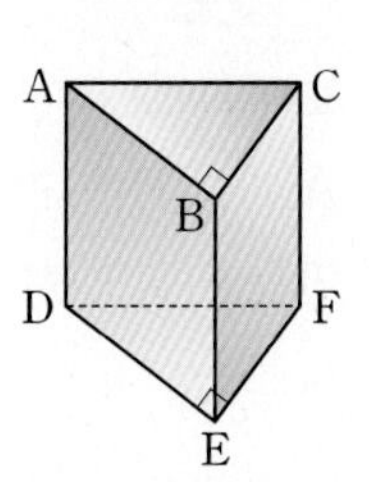

① 모서리 BE와 면 DEF는 한 점에서 만난다.
② 모서리 AB와 면 BEFC는 수직이다.
③ 모서리 AC와 면 DEF는 평행하다.
④ 모서리 BC와 수직인 면은 2개이다.
⑤ 면 ABC와 평행한 모서리는 3개이다.

중요

20 서술형

오른쪽 그림과 같은 직육면체에서 모서리 AB와 평행한 면의 개수를 a, 모서리 CG와 수직인 면의 개수를 b, 모서리 EH를 포함하는 면의 개수를 c라 할 때, $a+b+c$의 값을 구하시오.

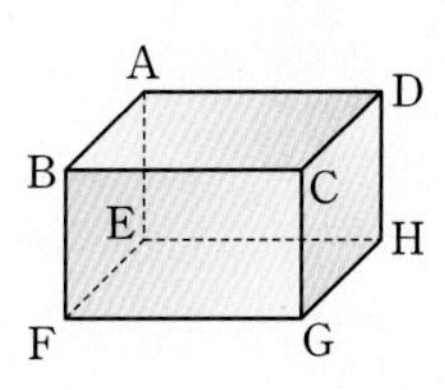

21

다음 **보기** 중 오른쪽 그림과 같이 밑면이 $\overline{AD}/\!/\overline{BC}$인 사다리꼴인 사각기둥에 대한 설명으로 옳은 것을 모두 고르시오.

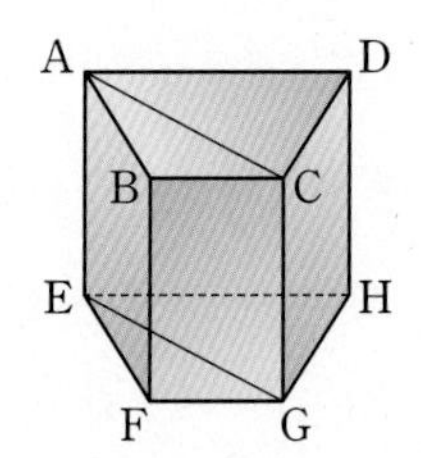

보기

ㄱ. 모서리 CG는 평면 AEGC에 포함된다.
ㄴ. $\overline{AC}$와 한 점에서 만나는 면은 6개이다.
ㄷ. 평면 AEGC와 평행한 모서리는 4개이다.

유형 07 점과 평면 사이의 거리 개념 4

22 대표문제

오른쪽 그림과 같이 밑면이 사다리꼴인 사각기둥에서 점 A와 면 EFGH 사이의 거리를 a cm, 점 B와 면 AEHD 사이의 거리를 b cm, 점 H와 면 ABFE 사이의 거리를 c cm라 할 때, $a+b+c$의 값을 구하시오.

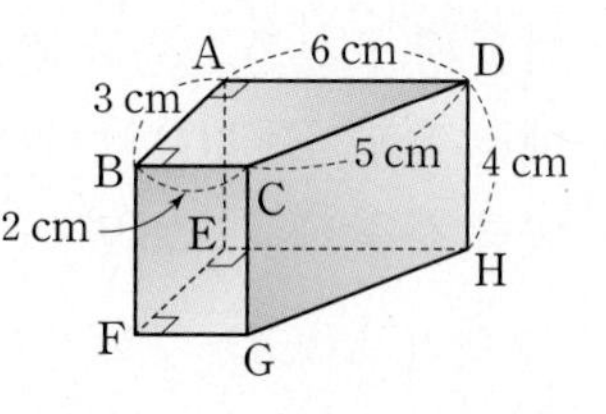

23

다음 중 오른쪽 그림과 같은 직육면체에서 점 C와 면 ABFE 사이의 거리와 길이가 같은 모서리가 아닌 것은?

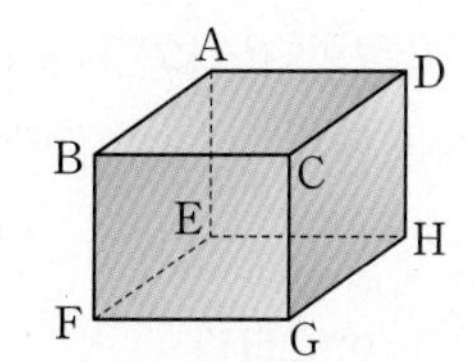

① $\overline{AD}$ ② $\overline{BC}$
③ $\overline{EH}$ ④ $\overline{FG}$
⑤ $\overline{GH}$

24

오른쪽 그림에서 점 H는 평면 P 밖의 한 점 A에서 평면 P에 내린 수선의 발이고 두 점 B, C는 평면 P 위의 점이다. 점 A와 평면 P 사이의 거리가 6 cm일 때, 다음 중 옳은 것을 모두 고르면? (정답 2개)

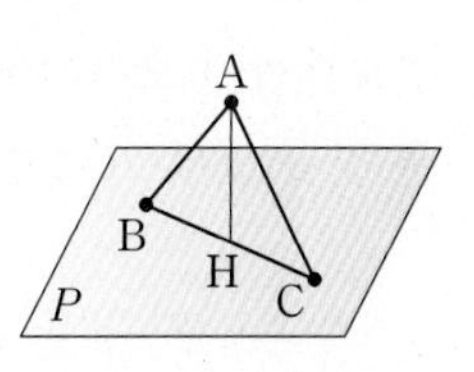

① $\overline{AB}=6$ cm ② $\overline{AC}=6$ cm ③ $\overline{AH}=6$ cm
④ $\overline{AB}\perp\overline{AC}$ ⑤ $\overline{AH}\perp\overline{BC}$

유형 08 공간에서 두 평면의 위치 관계 개념5

25 대표문제

다음 중 오른쪽 그림과 같은 정육면체에서 평면 BFHD와 수직인 평면이 아닌 것을 모두 고르면? (정답 2개)

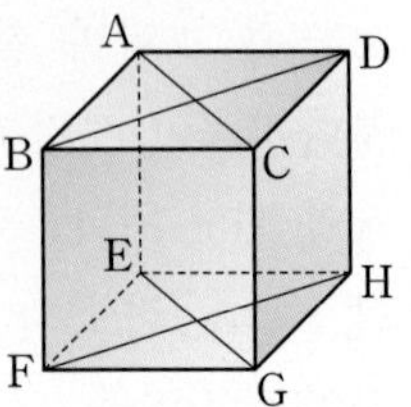

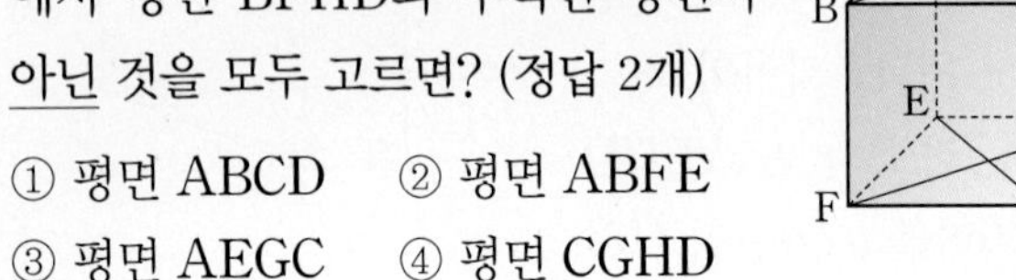

① 평면 ABCD ② 평면 ABFE
③ 평면 AEGC ④ 평면 CGHD
⑤ 평면 EFGH

26

다음 중 오른쪽 그림과 같이 밑면이 정육각형인 육각기둥에서 면 AGLF와의 위치 관계가 나머지 넷과 다른 하나는?

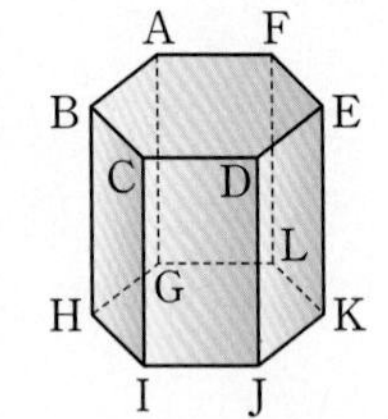

① 면 ABCDEF ② 면 ABHG
③ 면 CIJD ④ 면 FLKE
⑤ 면 GHIJKL

27

다음 **보기** 중 오른쪽 그림과 같이 밑면이 정오각형인 오각기둥에 대한 설명으로 옳은 것을 모두 고르시오.

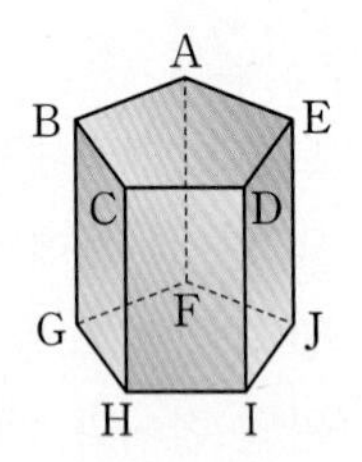

보기

ㄱ. 면 AFJE와 면 BGFA의 교선은 모서리 DI이다.
ㄴ. 면 ABCDE와 만나지 않는 면은 1개뿐이다.
ㄷ. 면 CHID와 수직인 면은 4개이다.

유형 09 일부를 잘라 낸 입체도형에서의 위치 관계 개념3~5

28 대표문제

오른쪽 그림은 직육면체를 세 꼭짓점 A, B, E를 지나는 평면으로 잘라서 만든 입체도형이다. 다음 중 옳지 않은 것은?

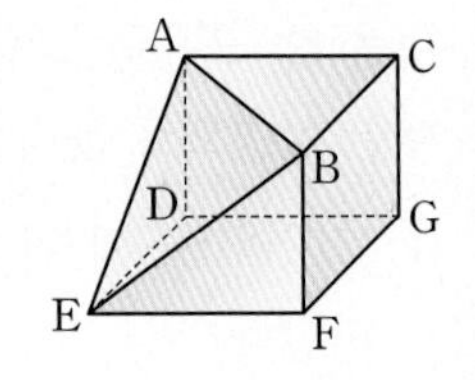

① 모서리 AD와 모서리 BF는 평행하다.
② 모서리 AE와 모서리 BC는 꼬인 위치에 있다.
③ 모서리 AB와 면 DEFG는 평행하다.
④ 모서리 BC와 면 BEF는 수직이다.
⑤ 면 ABC와 면 ABE는 수직이다.

29

오른쪽 그림은 직육면체를 잘라서 만든 사각기둥이다. 이 사각기둥의 각 모서리를 연장한 직선 중 $\overleftrightarrow{CD}$와 꼬인 위치에 있는 직선의 개수를 구하시오.

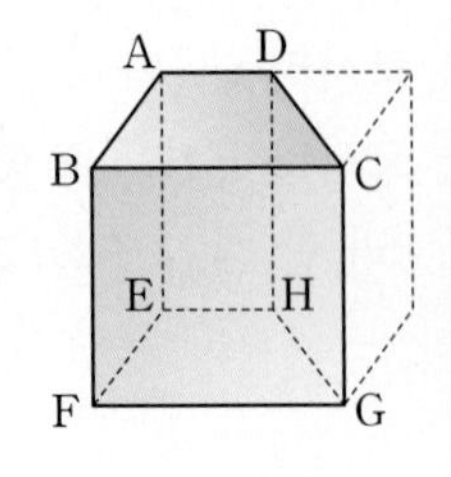

30 서술형

오른쪽 그림은 $\overline{BC}=\overline{GH}$, $\overline{DE}=\overline{IJ}$가 되도록 직육면체의 일부분을 잘라서 만든 입체도형이다. 이 입체도형의 각 모서리를 연장한 직선 중 면 BGHC와 평행한 직선의 개수를 a, 면 ABCDE와 수직인 면의 개수를 b라 할 때, $a+b$의 값을 구하시오.

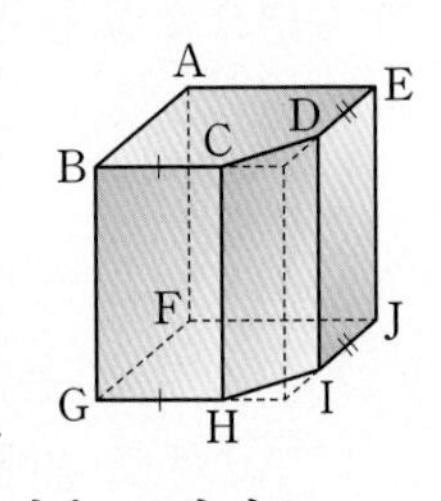

유형 10 전개도가 주어졌을 때의 위치 관계 개념 3~5

31 대표문제

오른쪽 그림의 전개도로 정육면체를 만들었을 때, 다음 중 모서리 AN과 꼬인 위치에 있는 모서리는?

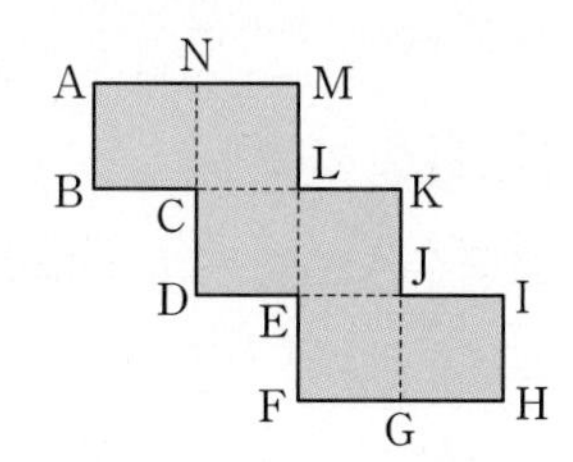

① $\overline{CD}$ ② $\overline{EJ}$
③ $\overline{GJ}$ ④ $\overline{HI}$
⑤ $\overline{JK}$

32 서술형

오른쪽 그림의 전개도로 직육면체를 만들었을 때, 모서리 AB와 수직으로 만나는 모서리의 개수를 a, 면 ABCN과 평행한 모서리의 개수를 b라 하자. 이때 $a+b$의 값을 구하시오.

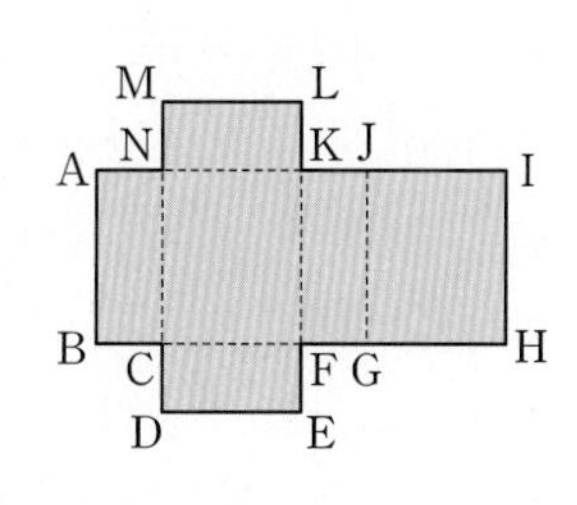

33

다음 중 오른쪽 그림의 전개도로 만든 삼각기둥에 대한 설명으로 옳은 것을 모두 고르면? (정답 2개)

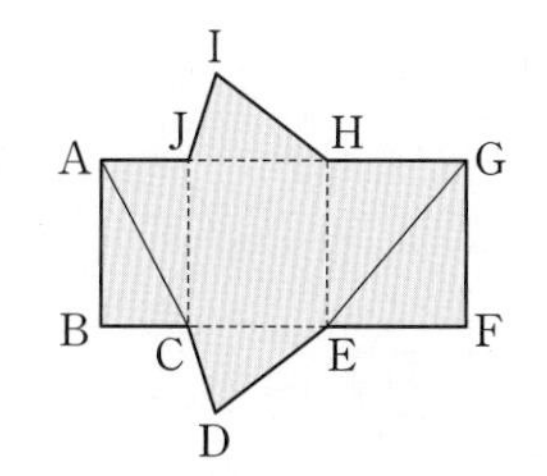

① $\overline{AB}\perp\overline{AH}$
② $\overline{AJ}/\!/\overline{EF}$
③ $\overline{AC}$와 $\overline{EG}$는 꼬인 위치에 있다.
④ 면 AJH와 수직인 모서리는 5개이다.
⑤ 면 BCE와 평행한 면은 1개뿐이다.

집중

유형 11 여러 가지 위치 관계 개념 3~5

34 대표문제

다음 **보기** 중 공간에서 서로 다른 두 직선 l, m과 서로 다른 두 평면 P, Q에 대한 설명으로 옳지 <u>않은</u> 것을 모두 고르시오.

보기

ㄱ. $l/\!/m$, $l\perp P$이면 $m\perp P$이다.
ㄴ. $l/\!/P$, $m/\!/P$이면 $l\perp m$이다.
ㄷ. $l\perp P$, $P\perp Q$이면 $l/\!/Q$이다.

35

다음 중 공간에서 서로 다른 세 직선 l, m, n에 대한 설명으로 옳은 것은?

① $l\perp m$, $m\perp n$이면 두 직선 l, n은 꼬인 위치에 있다.
② $l\perp m$, $l\perp n$이면 $m/\!/n$이다.
③ $l\perp m$, $m/\!/n$이면 $l/\!/n$이다.
④ $l/\!/m$, $l\perp n$이면 $m\perp n$이다.
⑤ $l/\!/m$, $l/\!/n$이면 $m/\!/n$이다.

36

다음 중 공간에서 서로 다른 세 평면 P, Q, R에 대한 설명으로 옳은 것을 모두 고르면? (정답 2개)

① $P/\!/Q$, $P/\!/R$이면 $Q\perp R$이다.
② $P/\!/Q$, $Q/\!/R$이면 $P/\!/R$이다.
③ $P/\!/Q$, $Q\perp R$이면 $P/\!/R$이다.
④ $P\perp Q$, $P/\!/R$이면 $Q\perp R$이다.
⑤ $P\perp Q$, $Q\perp R$이면 $P/\!/R$이다.

[유형북] Real 실전 유형에서 틀린 문제를 체크해 보세요.

유형 01 동위각과 엇각 개념1

01 대표문제

오른쪽 그림과 같이 서로 다른 두 직선 l, m이 다른 한 직선 n과 만날 때, 다음 중 옳지 않은 것을 모두 고르면? (정답 2개)

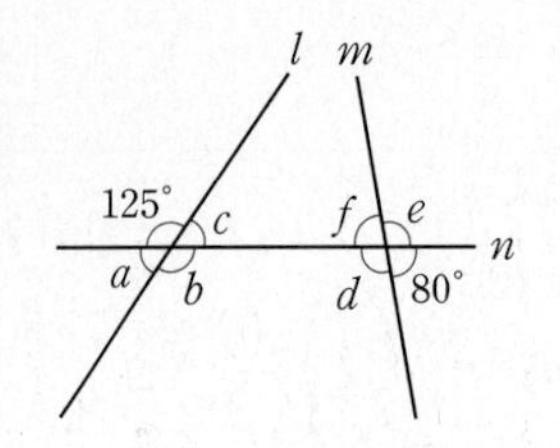

① $\angle a$의 동위각은 $\angle d$이다.
② $\angle b$의 동위각의 크기는 80°이다.
③ $\angle c$의 엇각의 크기는 80°이다.
④ $\angle e$의 동위각의 크기는 55°이다.
⑤ $\angle f$의 엇각의 크기는 55°이다.

02 서술형

오른쪽 그림에서 $\angle a$의 동위각과 $\angle b$의 엇각의 크기의 합을 구하시오.

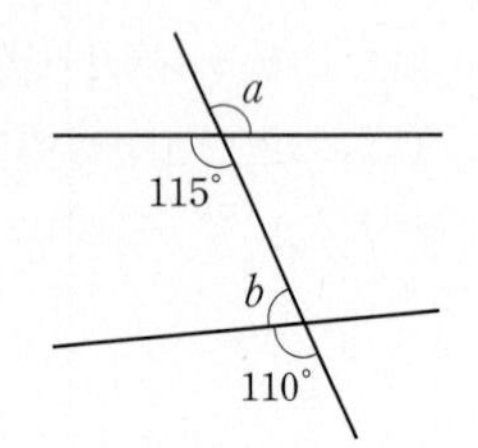

03

오른쪽 그림과 같이 세 직선이 만날 때, 다음을 구하시오.

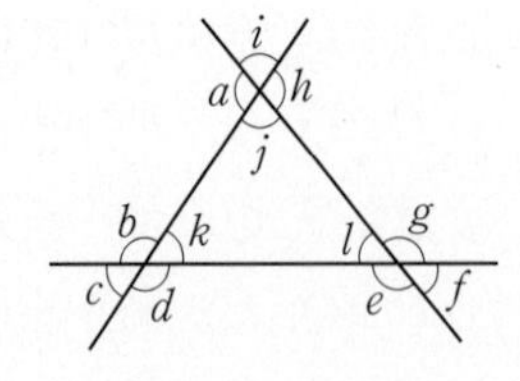

(1) $\angle d$의 동위각
(2) $\angle k$의 엇각

집중

유형 02 평행선의 성질 개념2

04 대표문제

오른쪽 그림에서 $l /\!/ m$일 때, $\angle a - \angle b$의 크기는?

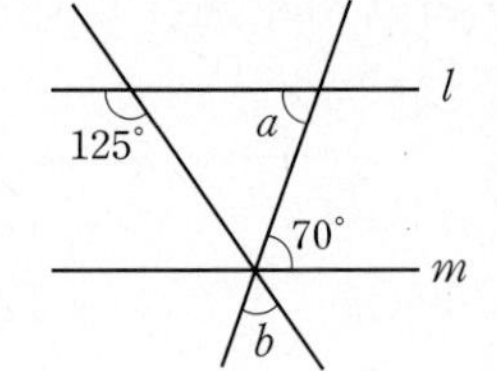

① 10° ② 15°
③ 20° ④ 25°
⑤ 30°

05

오른쪽 그림에서 $l /\!/ m$일 때, $\angle x + \angle y$의 크기는?

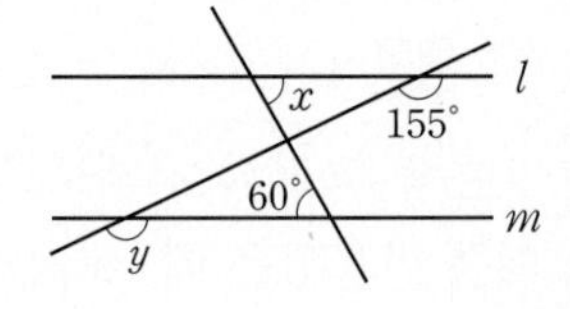

① 195° ② 200°
③ 205° ④ 210°
⑤ 215°

06

오른쪽 그림에서 $l /\!/ m$일 때, $\angle y - \angle x$의 크기를 구하시오.

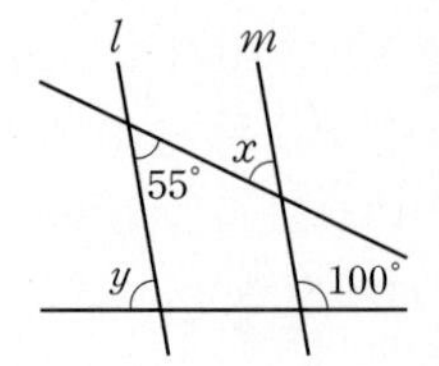

07

오른쪽 그림에서 $l /\!/ m$, $p /\!/ q$일 때, y의 값은?

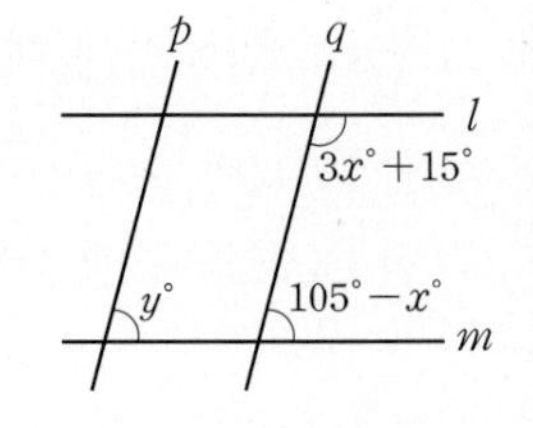

① 65 ② 70
③ 75 ④ 80
⑤ 85

유형 03 두 직선이 평행할 조건 개념3

08 대표문제

다음 중 두 직선 l, m이 평행하지 않은 것은?

①
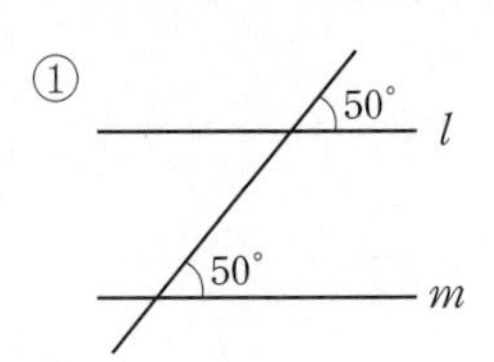

②
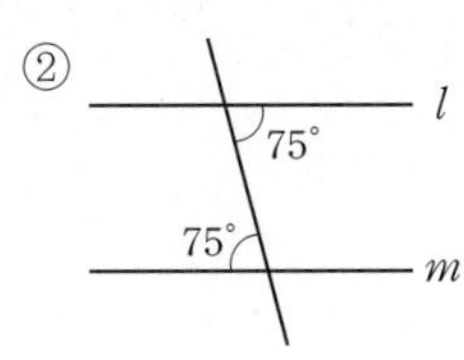

③
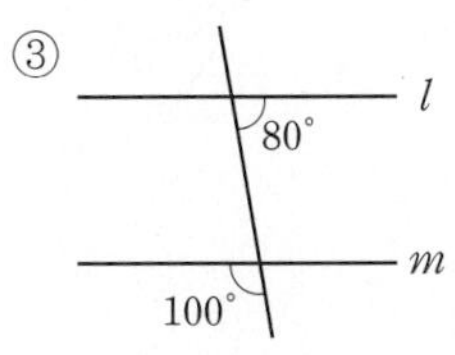

④
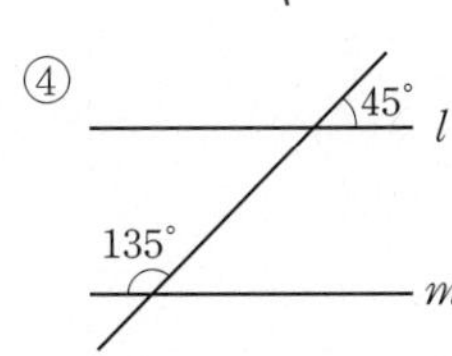

⑤
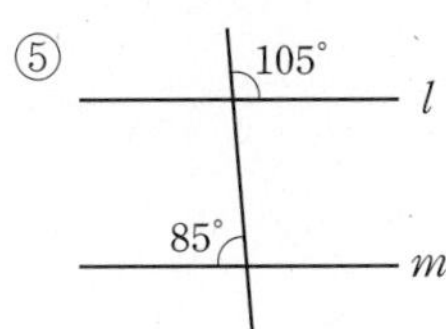

09

다음 중 오른쪽 그림에 대한 설명으로 옳지 않은 것을 모두 고르면? (정답 2개)

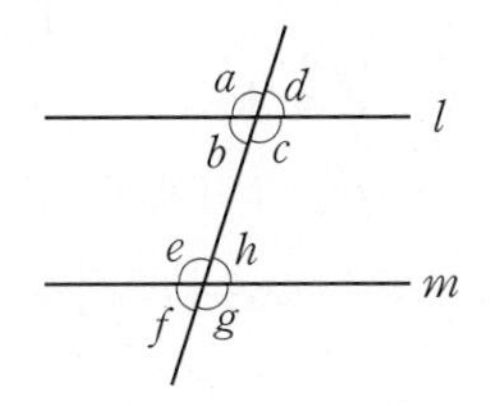

① $l /\!/ m$이면 $\angle a = \angle g$이다.
② $l /\!/ m$이면 $\angle d = \angle h$이다.
③ $\angle a = \angle f$이면 $l /\!/ m$이다.
④ $\angle b = \angle h$이면 $l /\!/ m$이다.
⑤ $\angle c + \angle e = 180°$이면 $l /\!/ m$이다.

10

오른쪽 그림에서 평행한 두 직선을 모두 찾아 기호로 나타내시오.

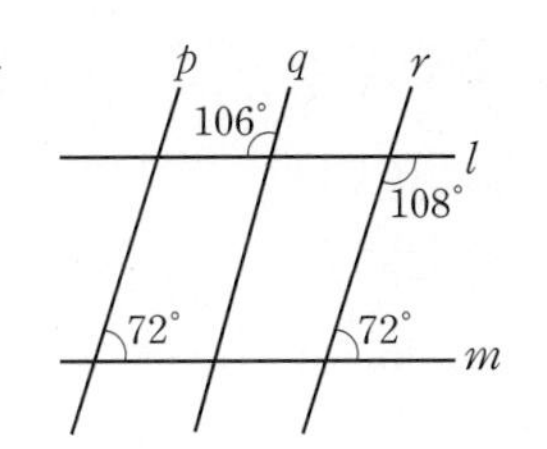

집중 유형 04 평행선과 삼각형 개념2

11 대표문제

오른쪽 그림에서 $l /\!/ m$일 때, $\angle x$의 크기는?

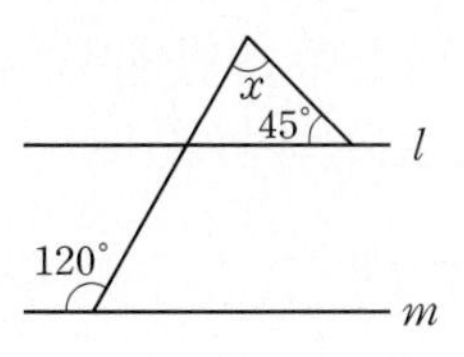

① 60° ② 65°
③ 70° ④ 75°
⑤ 80°

12

오른쪽 그림에서 $l /\!/ m$일 때, $\angle x$의 크기를 구하시오.

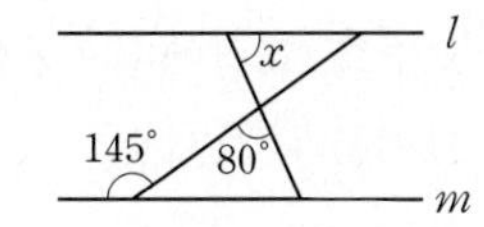

13 서술형

오른쪽 그림에서 $l /\!/ m$일 때, $\angle x + \angle y$의 크기를 구하시오.

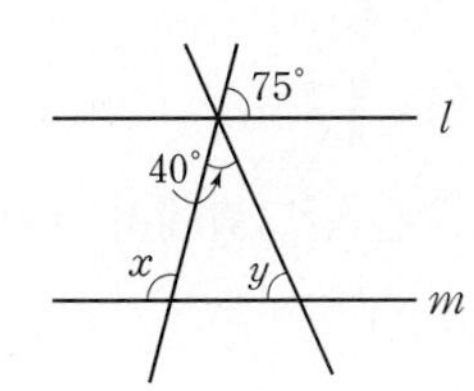

14

오른쪽 그림에서 $l /\!/ m$일 때, x의 값은?

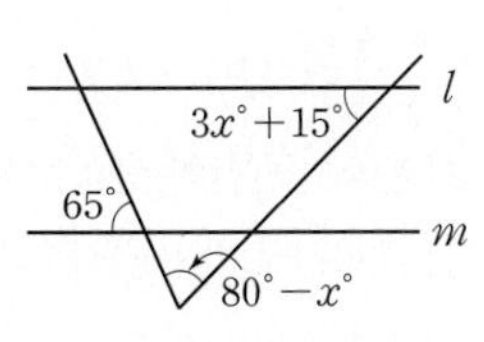

① 10 ② 15
③ 20 ④ 25
⑤ 30

집중

유형 05 평행선 사이에 꺾인 직선이 주어진 경우 (1) 개념 2

15 대표문제

오른쪽 그림에서 $l /\!/ m$일 때, $\angle x$의 크기는?

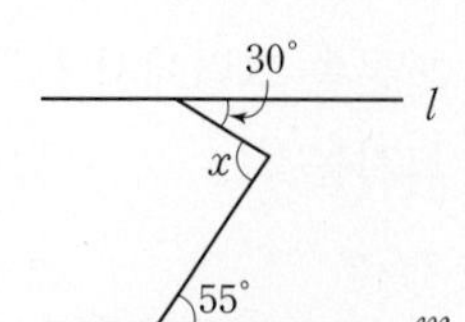

① 65° ② 70° ③ 75° ④ 80° ⑤ 85°

16

오른쪽 그림에서 $l /\!/ m$일 때, $\angle x$의 크기를 구하시오.

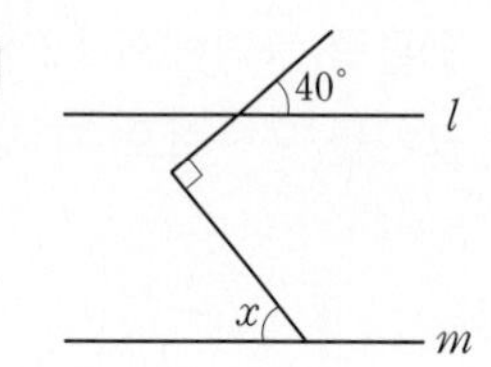

중요

17

오른쪽 그림에서 $l /\!/ m$일 때, x의 값을 구하시오.

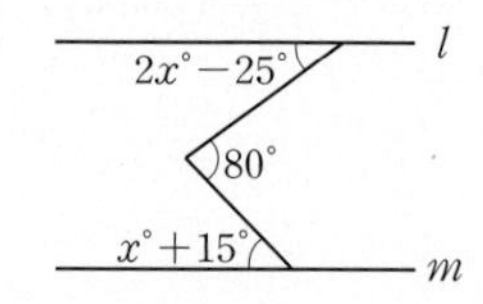

18 서술형

오른쪽 그림에서 $l /\!/ m$이고 $\angle ABD = 4\angle CBD$일 때, $\angle CBD$의 크기를 구하시오.

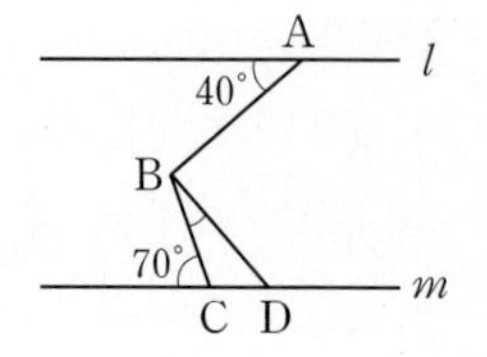

집중

유형 06 평행선 사이에 꺾인 직선이 주어진 경우 (2) 개념 2

19 대표문제

오른쪽 그림에서 $l /\!/ m$일 때, $\angle x$의 크기를 구하시오.

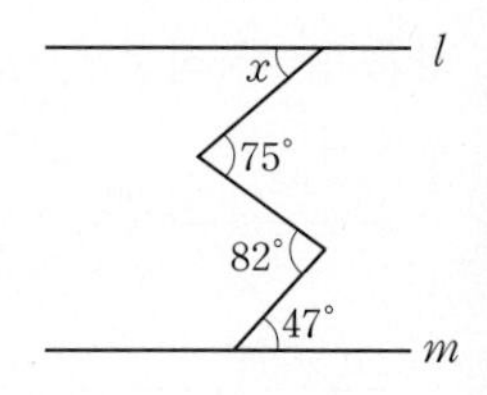

중요

20

오른쪽 그림에서 $l /\!/ m$일 때, $\angle x$의 크기를 구하시오.

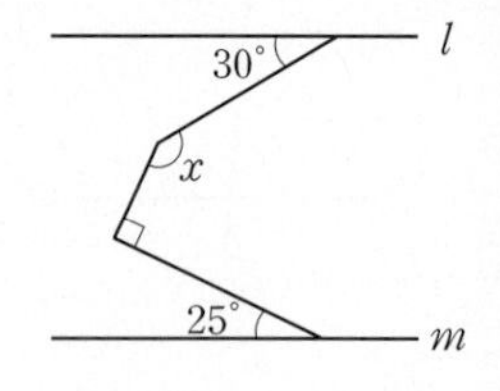

21

오른쪽 그림에서 $l /\!/ m$일 때, $\angle x + \angle y$의 크기를 구하시오.

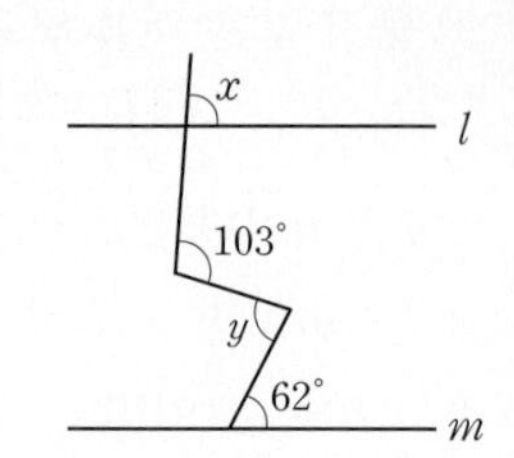

22

오른쪽 그림에서 $l /\!/ m$일 때, x의 값은?

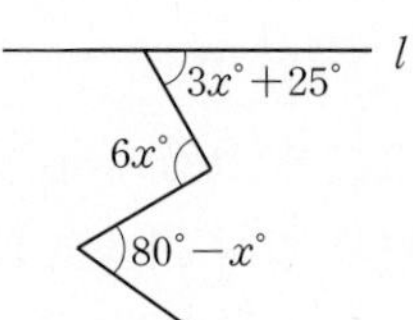

① 10 ② 15 ③ 20 ④ 25 ⑤ 30

유형 07 평행선에서의 활용 개념2

23 대표문제

오른쪽 그림에서 $l /\!/ m$일 때, $\angle x$의 크기는?

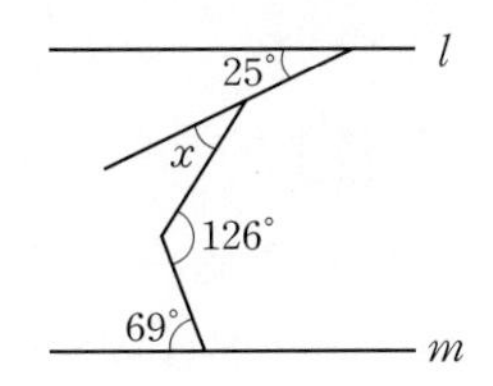

① 32° ② 34°
③ 36° ④ 38°
⑤ 40°

24

오른쪽 그림에서 $l /\!/ m$일 때,
$\angle a+\angle b+\angle c+\angle d+\angle e+\angle f$
의 크기는?

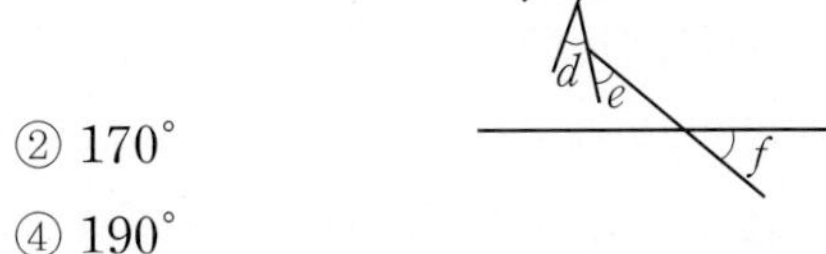

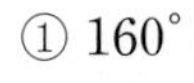

① 160° ② 170°
③ 180° ④ 190°
⑤ 200°

25

오른쪽 그림에서 $l /\!/ m$이고,
$\angle CAB=4\angle DAC$,
$\angle ABC=4\angle CBE$일 때,
$\angle ACB$의 크기를 구하시오.

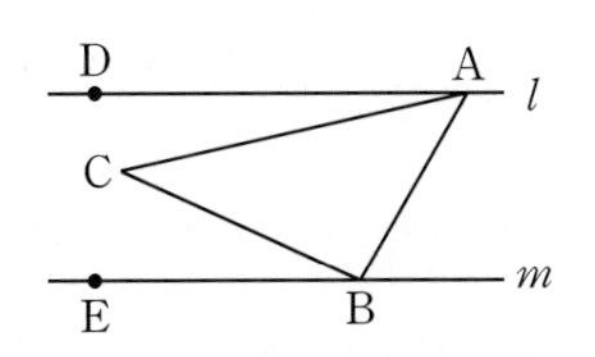

유형 08 직사각형 모양의 종이를 접은 경우 개념2

26 대표문제

오른쪽 그림은 직사각형 모양의 종이를 접은 것이다.
$\angle DGF=132°$일 때, $\angle x-\angle y$의 크기를 구하시오.

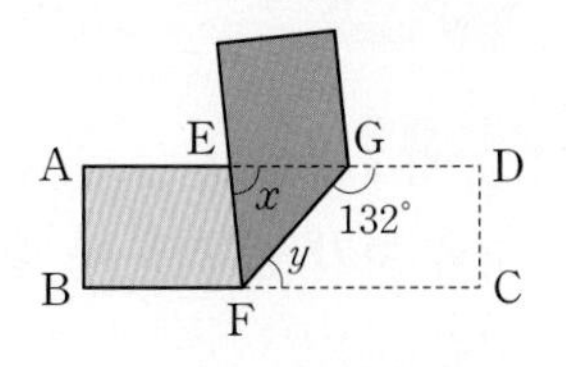

27

오른쪽 그림은 직사각형 모양의 종이를 접은 것이다. $\angle EBF=25°$일 때, $\angle x$의 크기를 구하시오.

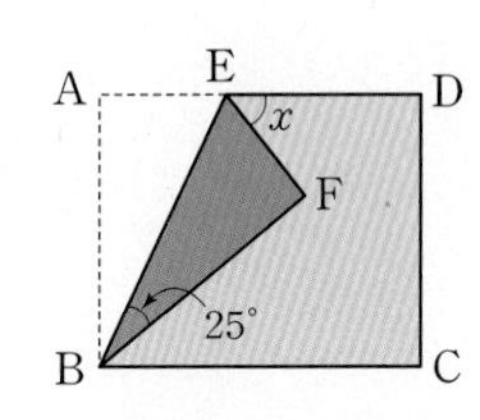

28 중요 서술형

오른쪽 그림은 직사각형 모양의 종이를 접은 것이다.
$\angle BFE=126°$일 때, $\angle x$의 크기를 구하시오.

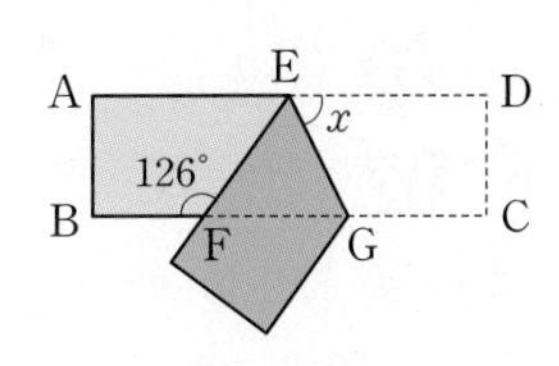

29

오른쪽 그림은 직사각형 모양의 종이를 접은 것이다.
$\angle GFH=52°$일 때, $\angle x$의 크기를 구하시오.

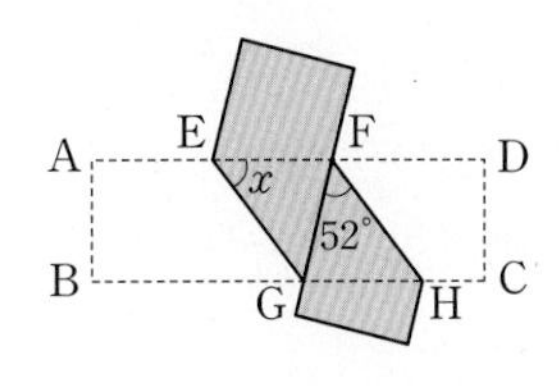

[유형북] Real 실전 유형에서 틀린 문제를 체크해 보세요.

유형 01 작도 개념1

01 대표문제

다음 **보기** 중 작도에 대한 설명으로 옳지 않은 것을 모두 고른 것은?

보기

ㄱ. 선분의 길이를 잴 때는 눈금 없는 자를 사용한다.
ㄴ. 원을 그릴 때는 컴퍼스를 사용한다.
ㄷ. 두 점을 지나는 직선을 그릴 때는 눈금 없는 자를 사용한다.

① ㄱ ② ㄴ ③ ㄱ, ㄷ
④ ㄴ, ㄷ ⑤ ㄱ, ㄴ, ㄷ

02 중요

다음 중 작도할 때의 컴퍼스의 용도로 옳은 것을 모두 고르면? (정답 2개)

① 두 점을 연결하는 선분을 그린다.
② 원을 그린다.
③ 두 점을 지나는 반직선을 그린다.
④ 선분의 길이를 옮긴다.
⑤ 각의 크기를 측정한다.

유형 02 길이가 같은 선분의 작도 개념1

03 대표문제

다음은 선분 AB를 점 A의 방향으로 연장하여 $\overline{AB}=\overline{CA}$인 선분 CB를 작도한 것이다. 작도 순서를 나열하시오.

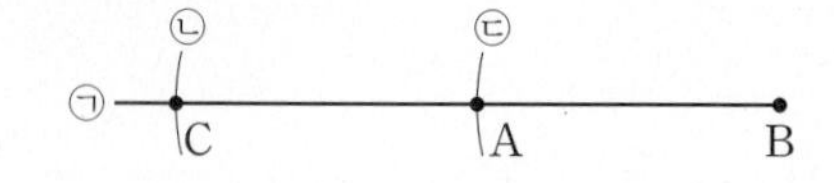

04

다음은 $\overline{AB}$와 길이가 같은 선분을 작도하는 과정이다. ❶, ❷, ❸에서 각각 사용되는 작도 도구로 옳은 것은?

❶ 직선을 긋고 그 위에 점 P를 잡는다.
❷ $\overline{AB}$의 길이를 잰다.
❸ 점 P를 중심으로 반지름의 길이가 $\overline{AB}$인 원을 그려 ❶에서 그은 직선과의 교점을 Q라 한다.

	❶	❷	❸
①	눈금 없는 자	눈금 없는 자	컴퍼스
②	눈금 없는 자	컴퍼스	눈금 없는 자
③	컴퍼스	눈금 없는 자	눈금 없는 자
④	눈금 없는 자	컴퍼스	컴퍼스
⑤	컴퍼스	눈금 없는 자	컴퍼스

05

오른쪽 그림과 같은 순서로 주어진 선분 AB를 한 변으로 하는 어떤 도형을 작도할 때, 작도된 도형의 이름을 구하시오.

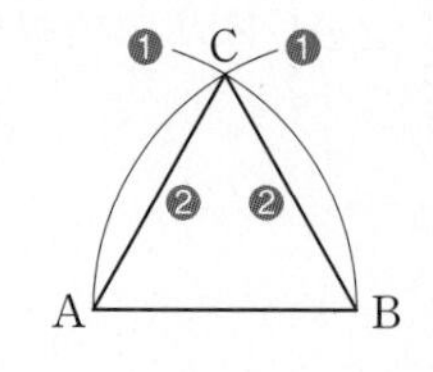

유형 03 크기가 같은 각의 각도 개념2

06 대표문제

아래 그림은 $\angle XOY$와 크기가 같고 $\overrightarrow{PQ}$를 한 변으로 하는 각을 작도한 것이다. 다음 중 옳은 것을 모두 고르면? (정답 2개)

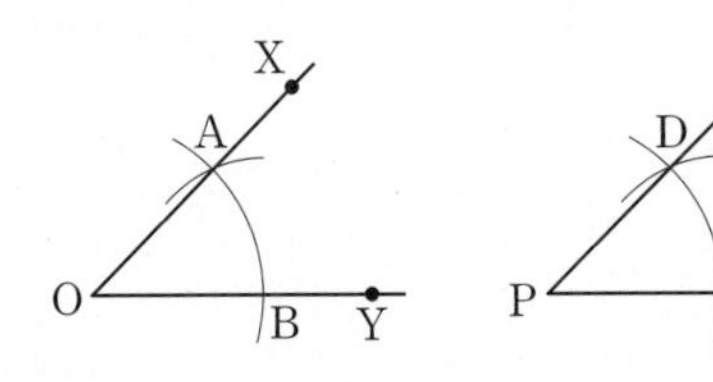

① $\overline{AB}=\overline{CD}$ ② $\overline{OX}=\overline{PQ}$ ③ $\overline{OB}=\overline{PD}$
④ $\overline{PC}=\overline{CD}$ ⑤ $\angle OAB=\angle DPC$

07

다음은 $\angle XOY$와 크기가 같고 $\overrightarrow{PQ}$를 한 변으로 하는 각을 작도하는 과정이다. (가)~(마)에 알맞지 않은 것은?

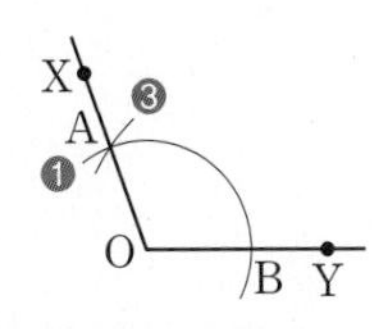

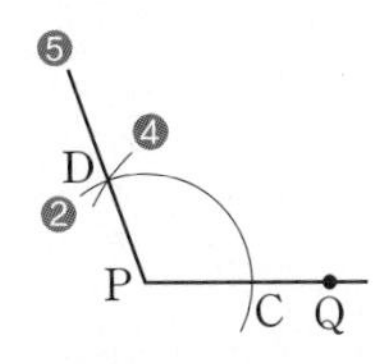

❶ 점 O를 중심으로 원을 그려 $\overrightarrow{OX}$, $\overrightarrow{OY}$와의 교점을 각각 A, (가) 라 한다.
❷ 점 P를 중심으로 반지름의 길이가 (나) 인 원을 그려 $\overrightarrow{PQ}$와의 교점을 C라 한다.
❸ (다) 의 길이를 잰다.
❹ 점 C를 중심으로 반지름의 길이가 (라) 인 원을 그려 ❷에서 그린 원과의 교점을 D라 한다.
❺ $\overrightarrow{PD}$를 그으면 $\angle XOY=$ (마) 이다.

① (가) B ② (나) $\overline{OA}$ ③ (다) $\overline{OB}$
④ (라) $\overline{AB}$ ⑤ (마) $\angle DPC$

집중

유형 04 평행선의 작도; 동위각 이용 개념3

08 대표문제

오른쪽 그림은 직선 l 밖의 한 점 P를 지나고 직선 l에 평행한 직선을 작도한 것이다. 다음 중 옳은 것을 모두 고르면? (정답 2개)

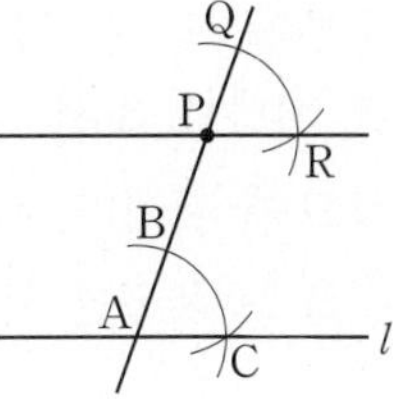

① $\overline{AB}=\overline{PR}$ ② $\overline{AC}=\overline{QR}$
③ $\overline{BC}=\overline{BP}$ ④ $\overleftrightarrow{AC}\,/\!/\,\overleftrightarrow{PR}$
⑤ $\angle ABC=\angle QPR$

중요

09

오른쪽 그림은 직선 l 밖의 한 점 P를 지나고 직선 l에 평행한 직선을 작도한 것이다. 다음 중 $\overline{PQ}$와 길이가 같은 선분이 아닌 것을 모두 고르면? (정답 2개)

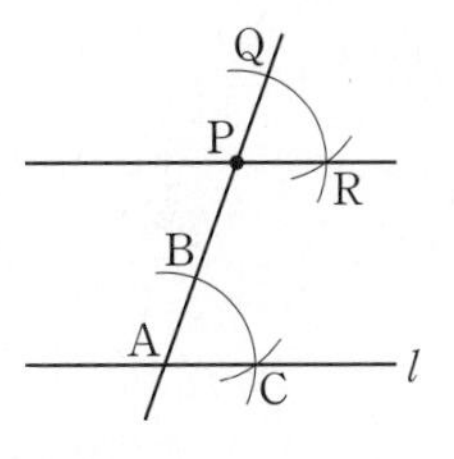

① $\overline{AB}$ ② $\overline{AC}$ ③ $\overline{BC}$

④ $\overline{PR}$ ⑤ $\overline{QR}$

10

오른쪽 그림은 직선 l 밖의 한 점 P를 지나고 직선 l에 평행한 직선을 작도한 것이다. 다음 중 옳은 것을 모두 고르면? (정답 2개)

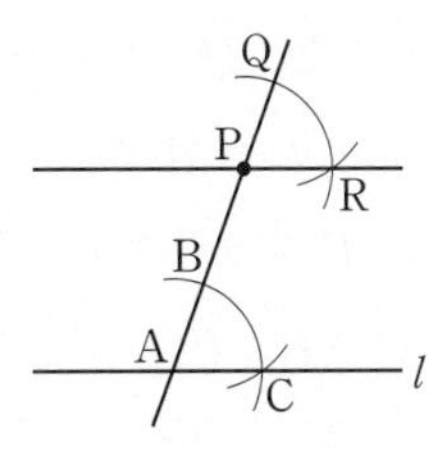

① 각도기와 눈금 없는 자를 사용한다.
② 크기가 같은 각의 작도를 이용한다.
③ 맞꼭지각의 크기가 같으면 두 직선은 평행하다는 성질이 이용된다.
④ 동위각의 크기가 같으면 두 직선은 평행하다는 성질이 이용된다.
⑤ 엇각의 크기가 같으면 두 직선은 평행하다는 성질이 이용된다.

유형 05 평행선의 작도; 엇각 이용 개념 3

11 대표문제

오른쪽 그림은 직선 l 밖의 한 점 P를 지나고 직선 l에 평행한 직선을 작도한 것이다. 다음 **보기** 중 옳은 것을 모두 고른 것은?

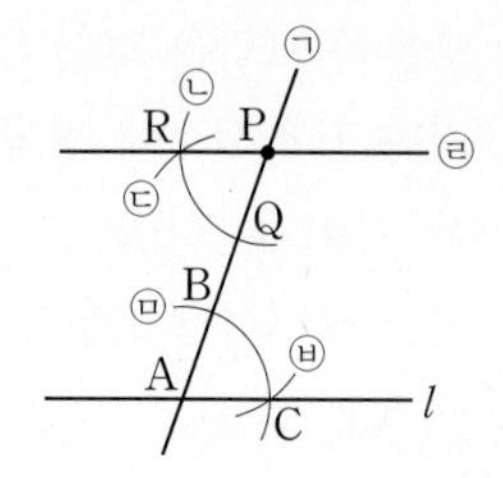

보기

ㄱ. 크기가 같은 각의 작도를 이용한다.
ㄴ. 작도 순서는 ㉠ → ㉤ → ㉡ → ㉥ → ㉢ → ㉣이다.
ㄷ. 엇각의 크기가 같으면 두 직선은 평행하다는 성질이 이용된다.

① ㄱ ② ㄴ ③ ㄱ, ㄷ
④ ㄴ, ㄷ ⑤ ㄱ, ㄴ, ㄷ

12

오른쪽 그림은 직선 l 밖의 한 점 P를 지나고 직선 l에 평행한 직선을 작도한 것이다. 다음 중 옳지 않은 것은?

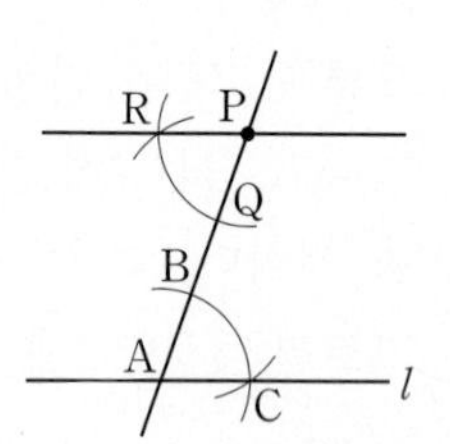

① $\overline{AB}=\overline{PQ}$ ② $\overline{AC}=\overline{PR}$
③ $\overline{BC}=\overline{QR}$ ④ $\overline{BQ}=\overline{PQ}$
⑤ $\angle BAC=\angle QPR$

집중

유형 06 삼각형의 세 변의 길이 사이의 관계 개념 4

13 대표문제

삼각형의 세 변의 길이가 x cm, 5 cm, 9 cm일 때, 다음 중 x의 값이 될 수 없는 것은?

① 6 ② 8 ③ 10
④ 12 ⑤ 14

중요

14

다음 중 삼각형의 세 변의 길이가 될 수 있는 것을 모두 고르면? (정답 2개)

① 3 cm, 3 cm, 5 cm ② 4 cm, 9 cm, 13 cm
③ 6 cm, 8 cm, 10 cm ④ 7 cm, 7 cm, 15 cm
⑤ 10 cm, 10 cm, 20 cm

15 서술형

삼각형의 세 변의 길이가 7 cm, x cm, 2 cm일 때, x의 값이 될 수 있는 자연수의 개수를 구하시오.

16

길이가 5 cm, 6 cm, 8 cm, 11 cm인 네 개의 막대기 중 세 개의 막대기를 골라 만들 수 있는 삼각형의 개수를 구하시오.

유형 07 삼각형의 작도 개념 4

17 대표문제

아래 그림은 $\overline{AB}$, $\overline{BC}$의 길이와 $\angle B$의 크기가 주어졌을 때, $\triangle ABC$를 작도한 것이다. 다음 **보기** 중 작도 순서로 옳은 것을 모두 고르시오.

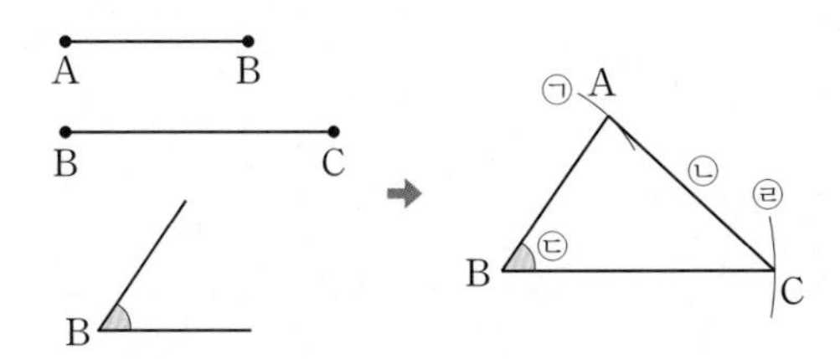

보기

ㄱ. ㉠ → ㉣ → ㉢ → ㉡	ㄴ. ㉢ → ㉠ → ㉣ → ㉡
ㄷ. ㉢ → ㉡ → ㉠ → ㉣	ㄹ. ㉣ → ㉢ → ㉠ → ㉡

18

다음은 세 변의 길이가 주어졌을 때, $\triangle ABC$를 작도하는 과정이다. (가)~(다)에 알맞은 것을 구하시오.

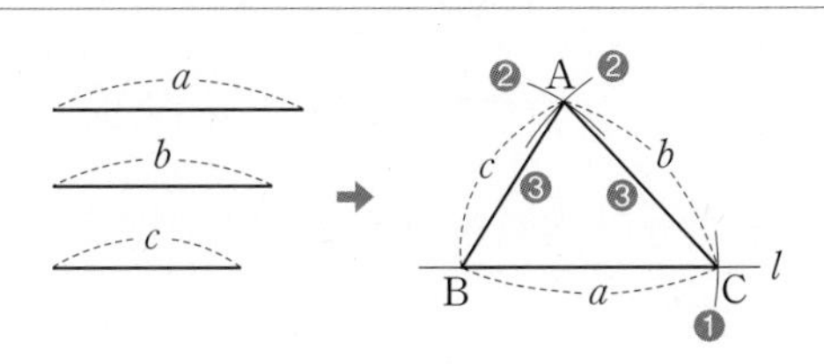

❶ 직선 l 위에 점 B를 중심으로 반지름의 길이가 (가) 인 원을 그려 직선 l과의 교점을 C라 한다.

❷ 점 B를 중심으로 반지름의 길이가 (나) 인 원과 점 (다) 를 중심으로 반지름의 길이가 b인 원을 그린 후 두 원의 교점을 A라 한다.

❸ $\overline{AB}$, $\overline{AC}$를 긋는다.

19

오른쪽 그림과 같이 $\overline{AB}$의 길이와 $\angle A$, $\angle B$의 크기가 주어졌을 때, 다음 중 $\triangle ABC$를 작도하는 순서로 옳지 않은 것은?

① $\overline{AB} \rightarrow \angle A \rightarrow \angle B$
② $\overline{AB} \rightarrow \angle B \rightarrow \angle A$
③ $\angle A \rightarrow \angle B \rightarrow \overline{AB}$
④ $\angle A \rightarrow \overline{AB} \rightarrow \angle B$
⑤ $\angle B \rightarrow \overline{AB} \rightarrow \angle A$

집중

유형 08 삼각형이 하나로 정해질 조건 개념 4

20 대표문제

다음 중 $\triangle ABC$가 하나로 정해지지 않는 것을 모두 고르면? (정답 2개)

① $\overline{AB}=3$ cm, $\overline{AC}=5$ cm, $\overline{BC}=4$ cm
② $\overline{AB}=5$ cm, $\overline{BC}=3$ cm, $\angle A=30^\circ$
③ $\overline{AC}=6$ cm, $\overline{BC}=6$ cm, $\angle C=90^\circ$
④ $\overline{BC}=9$ cm, $\angle A=30^\circ$, $\angle B=45^\circ$
⑤ $\angle A=60^\circ$, $\angle B=25^\circ$, $\angle C=95^\circ$

21

$\overline{AB}$, $\overline{BC}$의 길이가 주어졌을 때, 다음 **보기** 중 $\triangle ABC$가 하나로 정해지기 위하여 더 필요한 조건을 모두 고르시오.

보기

ㄱ. $\overline{AC}$의 길이	ㄴ. $\angle A$의 크기
ㄷ. $\angle B$의 크기	ㄹ. $\angle C$의 크기

22

$\angle A=40^\circ$일 때, 다음 중 $\triangle ABC$가 하나로 정해지기 위하여 더 필요한 조건이 아닌 것을 모두 고르면? (정답 2개)

① $\overline{AB}=7$ cm, $\overline{AC}=6$ cm
② $\overline{AB}=4$ cm, $\overline{BC}=3$ cm
③ $\overline{AC}=5$ cm, $\angle C=100^\circ$
④ $\overline{BC}=8$ cm, $\angle B=90^\circ$
⑤ $\angle B=80^\circ$, $\angle C=60^\circ$

집중

유형 09 도형의 합동 개념5

23 대표문제

다음 그림에서 $\triangle ABC \equiv \triangle DEF$일 때, 옳은 것을 모두 고르면? (정답 2개)

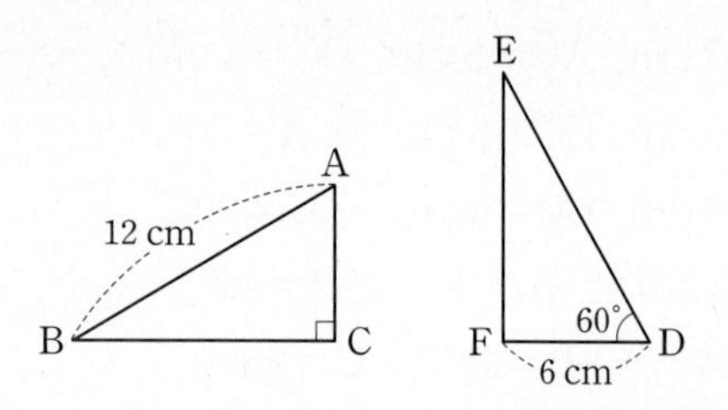

① $\overline{AC}=6$ cm ② $\overline{EF}=12$ cm ③ $\angle A=30°$
④ $\angle B=60°$ ⑤ $\angle F=90°$

24

다음 중 두 도형이 항상 합동인 것을 모두 고르면? (정답 2개)

① 한 변의 길이가 같은 두 마름모
② 반지름의 길이가 같은 두 원
③ 세 각의 크기가 같은 두 삼각형
④ 넓이가 같은 두 정삼각형
⑤ 넓이가 같은 두 사각형

25 서술형

다음 그림에서 두 사각형 ABCD, PQRS가 서로 합동일 때, $x+y+z$의 값을 구하시오.

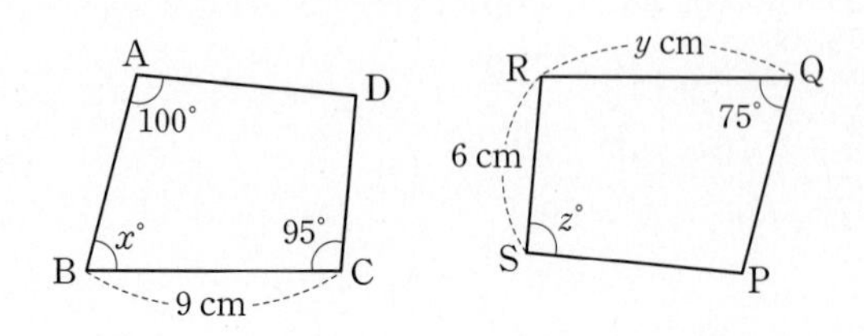

유형 10 합동인 삼각형 찾기 개념6

26 대표문제

다음 삼각형 중 나머지 넷과 합동이 아닌 하나는?

①
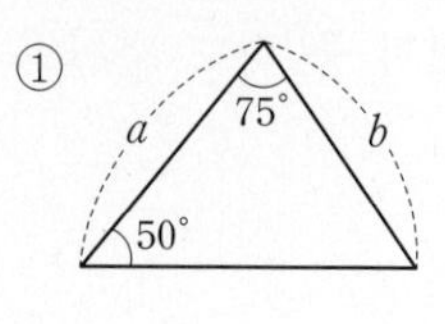

②
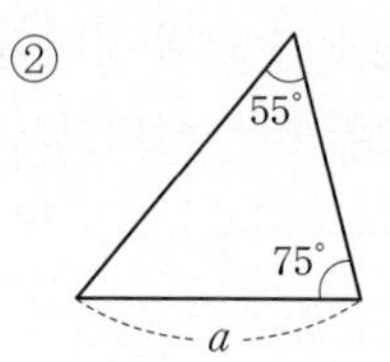

③
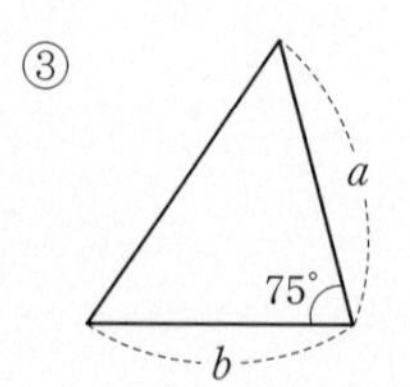

④
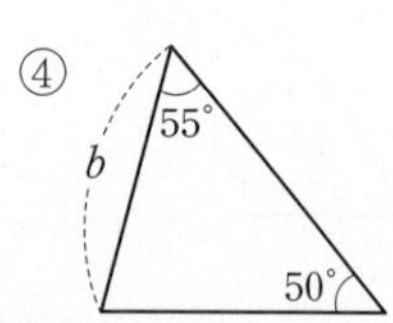

⑤
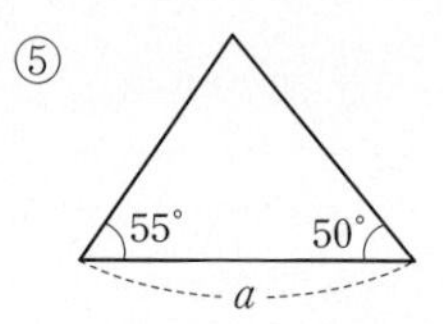

27

다음 **보기** 중 합동인 삼각형을 모두 찾아 기호로 나타내고, 합동 조건을 구하시오.

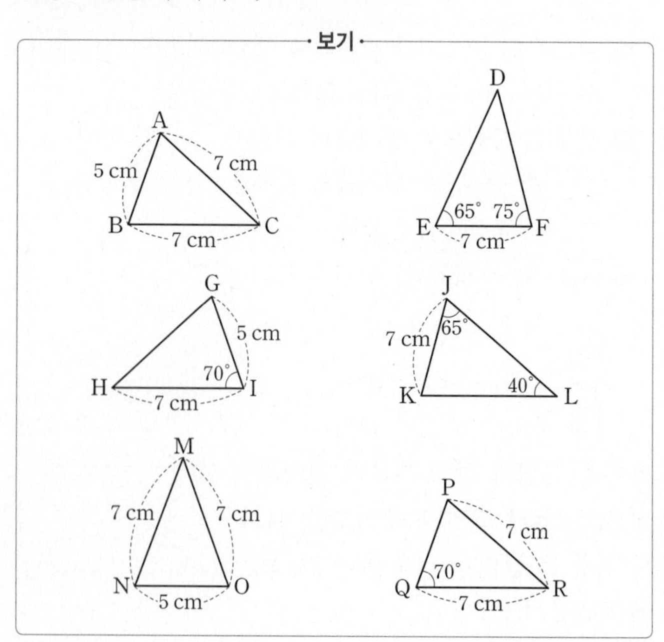

집중

유형 11 두 삼각형이 합동이 되기 위한 조건 개념6

28 대표문제

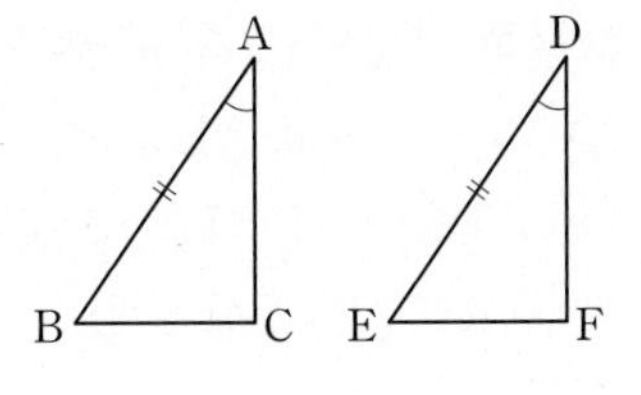

오른쪽 그림의 △ABC와 △DEF에서 $\overline{AB}=\overline{DE}$, ∠A=∠D일 때, 다음 **보기** 중 △ABC≡△DEF가 되기 위하여 더 필요한 조건이 아닌 것을 모두 고르시오.

보기

ㄱ. $\overline{AC}=\overline{DF}$ ㄴ. $\overline{BC}=\overline{EF}$
ㄷ. ∠A=∠E ㄹ. ∠C=∠F

29 

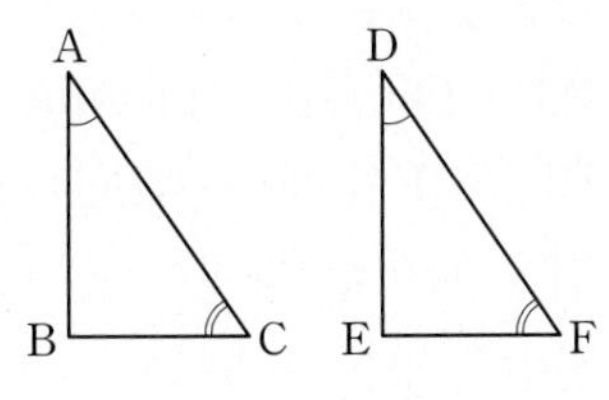

오른쪽 그림의 △ABC와 △DEF에서 ∠A=∠D, ∠C=∠F일 때, 다음 중 △ABC≡△DEF가 되기 위하여 더 필요한 조건이 아닌 것을 모두 고르면? (정답 2개)

① $\overline{AB}=\overline{DE}$ ② $\overline{AC}=\overline{DF}$ ③ $\overline{BC}=\overline{EF}$
④ ∠B=∠E ⑤ ∠C=∠D

30

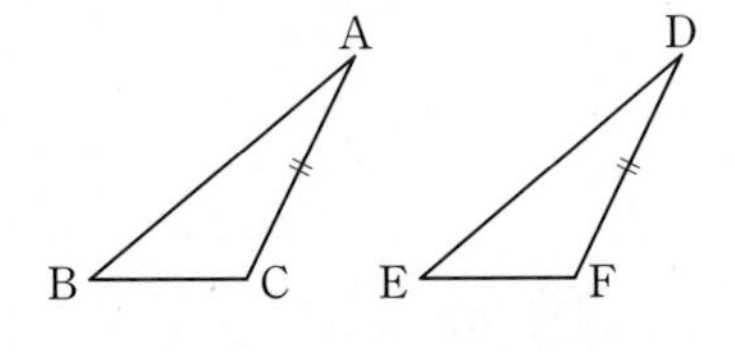

오른쪽 그림의 △ABC와 △DEF에서 $\overline{AC}=\overline{DF}$일 때, 다음 중 △ABC와 △DEF가 합동이 되기 위하여 더 필요한 조건과 그때의 합동 조건으로 옳지 않은 것은?

① $\overline{AB}=\overline{DE}$, $\overline{BC}=\overline{EF}$, SSS 합동
② $\overline{AB}=\overline{DE}$, ∠A=∠D, SAS 합동
③ $\overline{BC}=\overline{EF}$, ∠A=∠D, SAS 합동
④ ∠A=∠D, ∠C=∠F, ASA 합동
⑤ ∠B=∠E, ∠C=∠F, ASA 합동

유형 12 삼각형의 합동 조건; SSS 합동 개념6

31 대표문제

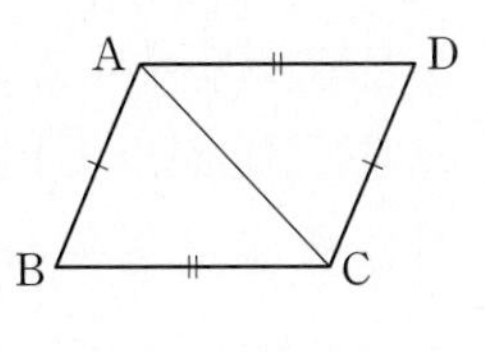

오른쪽 그림과 같은 사각형 ABCD에서 $\overline{AB}=\overline{CD}$, $\overline{AD}=\overline{BC}$일 때, 다음 중 옳은 것을 모두 고르면? (정답 2개)

① $\overline{AB}=\overline{AD}$ ② $\overline{BC}=2\overline{CD}$
③ ∠ABC=∠CDA ④ ∠ACB=∠CAD
⑤ ∠BCD=2∠BCA

32

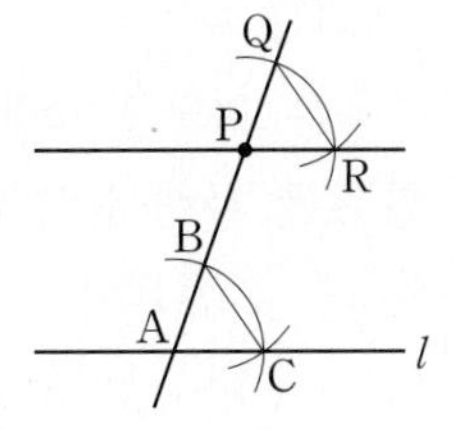

다음은 오른쪽 그림과 같이 직선 l 밖의 한 점 P를 지나고 직선 l에 평행한 직선을 작도하였을 때, △BAC≡△QPR임을 보이는 과정이다. (가)~(다)에 알맞은 것을 구하시오.

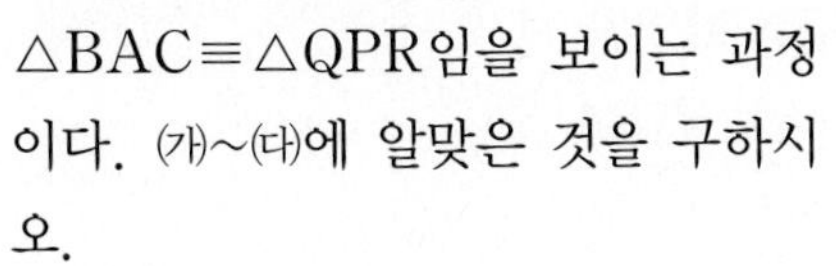

△BAC와 △QPR에서
$\overline{AB}$= (가) , $\overline{AC}=\overline{PR}$, (나) $=\overline{QR}$
∴ △BAC≡△QPR ((다) 합동)

33 서술형

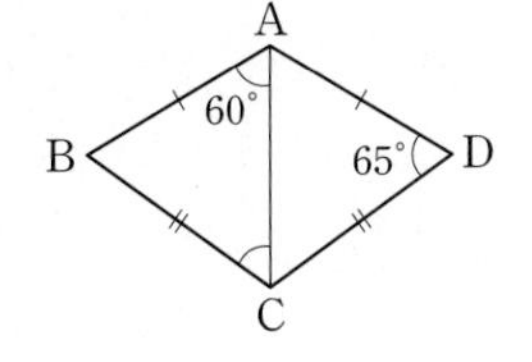

오른쪽 그림과 같은 사각형 ABCD에서 $\overline{AB}=\overline{AD}$, $\overline{BC}=\overline{DC}$이고 ∠BAC=60°, ∠D=65°일 때, ∠BCA의 크기를 구하시오.

집중

유형 13 삼각형의 합동 조건; SAS 합동 개념6

34 대표문제

오른쪽 그림에서 점 P는 $\overline{AB}$, $\overline{CD}$의 교점이고 $\overline{AP}=\overline{CP}$, $\overline{BP}=\overline{DP}$이다. 다음 중 옳지 않은 것은?

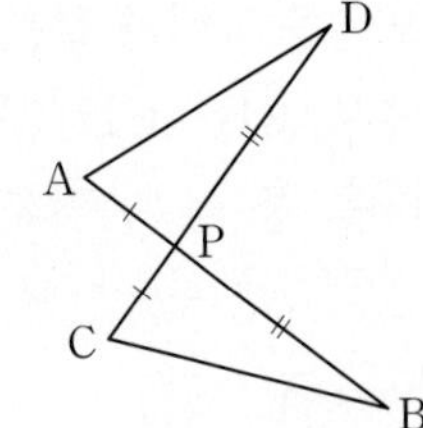

① $\triangle APD \equiv \triangle CPB$
② $\overline{AD}=\overline{CB}$
③ $\angle APD=\angle CPB$
④ $\angle A=\angle C$
⑤ $\angle C=\angle D$

35

다음은 오른쪽 그림과 같은 직사각형 ABCD에서 점 M이 $\overline{BC}$의 중점일 때, $\triangle ABM \equiv \triangle DCM$임을 보이는 과정이다. (가)~(라)에 알맞은 것을 구하시오.

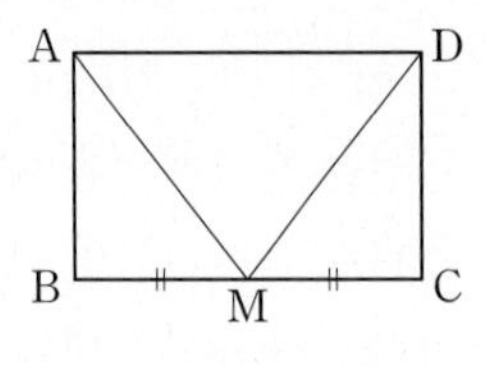

> $\triangle ABM$와 $\triangle DCM$에서
> $\overline{AB}=$ (가), (나) $=\overline{CM}$, $\angle B=$ (다) 이므로
> $\triangle ABM \equiv \triangle DCM$ ((라) 합동)

중요

36

오른쪽 그림과 같이 $\overline{AB}=\overline{AC}$인 이등변삼각형 ABC에서 $\overline{AD}=\overline{AE}$이고 $\angle A=40^\circ$, $\angle ABE=25^\circ$일 때, $\angle ADC$의 크기를 구하시오.

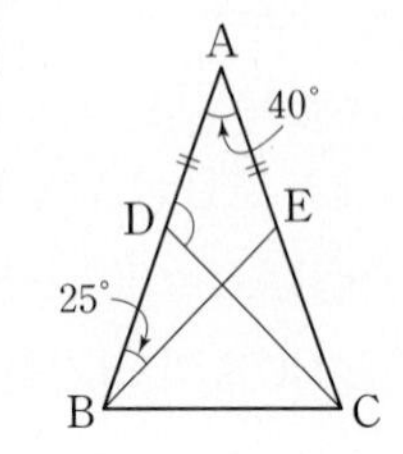

집중

유형 14 삼각형의 합동 조건; ASA 합동 개념6

37 대표문제

오른쪽 그림의 $\triangle ABC$에서 점 E는 $\overline{AC}$의 중점이고 $\overline{AB} /\!/ \overline{EF}$, $\overline{DE} /\!/ \overline{BC}$일 때, 다음 중 옳은 것을 모두 고르면? (정답 2개)

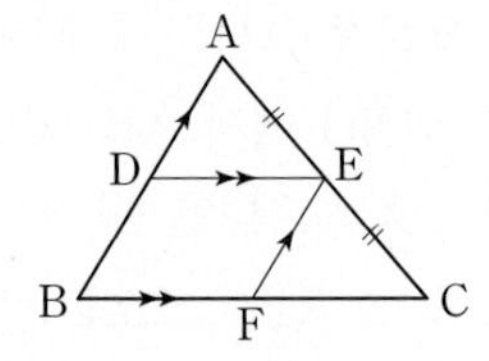

① $\overline{AD}=\overline{EF}$ ② $\overline{AE}=\overline{EF}$ ③ $\overline{DE}=\overline{EC}$
④ $\angle A=\angle C$ ⑤ $\angle ADE=\angle EFC$

38

다음은 오른쪽 그림에서 $\overline{AB} /\!/ \overline{DE}$, $\overline{AC} /\!/ \overline{DF}$이고 $\overline{BF}=\overline{CE}$일 때, $\triangle ABC \equiv \triangle DEF$임을 보이는 과정이다. (가)~(마)에 알맞은 것을 구하시오.

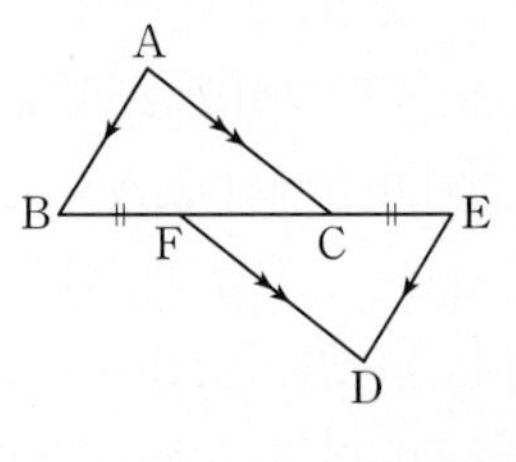

> $\triangle ABC$와 $\triangle DEF$에서
> $\angle ABC=$ (가) (엇각), (나) $=\angle DFE$(엇각)
> $\overline{BC}=\overline{BF}+\overline{FC}=$ (다) $+\overline{FC}=$ (라)
> $\therefore$ $\triangle ABC \equiv \triangle DEF$ ((마) 합동)

39 서술형

오른쪽 그림에서 $\overline{AB} /\!/ \overline{CD}$이고 점 P는 $\overline{AD}$와 $\overline{BC}$의 교점일 때, $\overline{AB}$의 길이를 구하시오.

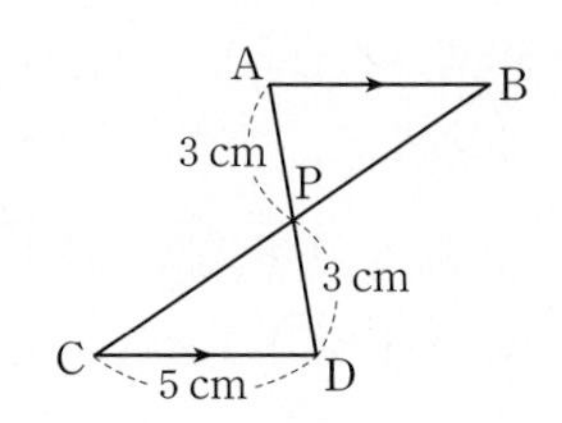

집중

유형 15 삼각형의 합동의 활용; 정삼각형 개념 6

40 대표문제

오른쪽 그림과 같은 정삼각형 ABC에서 $\overline{AD}=\overline{BE}=\overline{CF}$일 때, 다음 중 옳지 않은 것은?

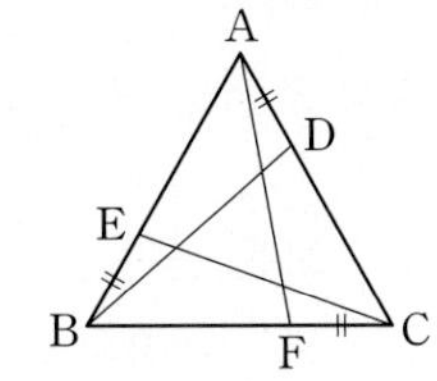

① $\angle ABD=\angle BCE$
② $\angle AFC=\angle CEB$
③ $\overline{AF}=\overline{BC}$
④ $\overline{BD}=\overline{CE}$
⑤ $\triangle BCE\equiv\triangle CAF$

41 서술형

오른쪽 그림과 같은 두 정삼각형 ABC와 ADE에서 $\overline{AB}=7$ cm, $\overline{CD}=3$ cm일 때, $\overline{CE}$의 길이를 구하시오.

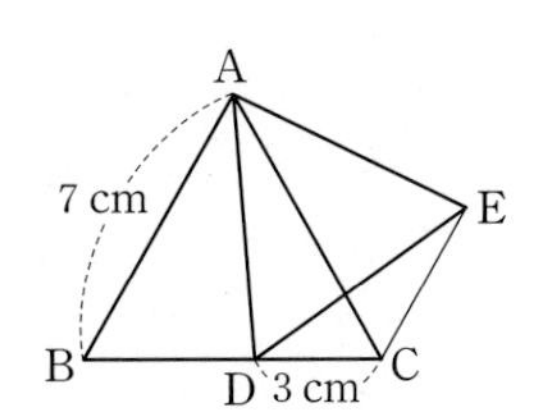

42

오른쪽 그림에서 $\triangle ABC$와 $\triangle BDE$가 정삼각형일 때, $\angle CDF$의 크기를 구하시오.

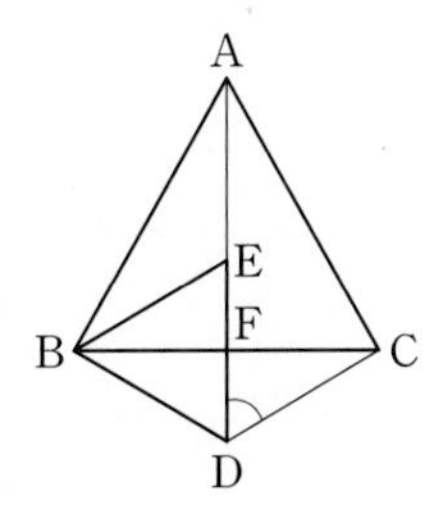

유형 16 삼각형의 합동의 활용; 정사각형 개념 6

43 대표문제

오른쪽 그림과 같은 두 정사각형 ABCD, ECFG에서 $\overline{AB}=5$ cm, $\overline{DF}=13$ cm, $\overline{EG}=12$ cm일 때, $\triangle BCE$의 둘레의 길이는?

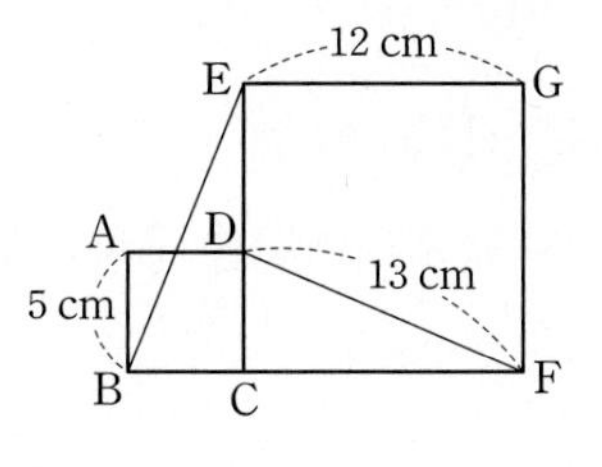

① 24 cm ② 26 cm ③ 28 cm
④ 30 cm ⑤ 32 cm

중요

44

오른쪽 그림과 같은 정사각형 ABCD에서 $\overline{CE}=\overline{DF}$일 때, 다음 중 옳지 않은 것은?

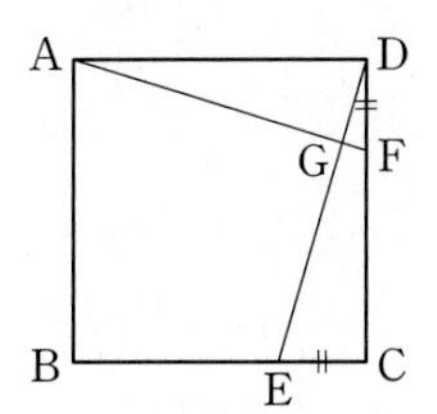

① $\overline{AG}=\overline{EG}$
② $\angle DAF=\angle CDE$
③ $\angle GAB=\angle GDA$
④ $\angle DGF=90^\circ$
⑤ $\angle DEC+\angle GFC=180^\circ$

45

오른쪽 그림과 같은 정사각형 ABCD에서 $\angle AEB=30^\circ$일 때, $\angle BCF$의 크기를 구하시오.

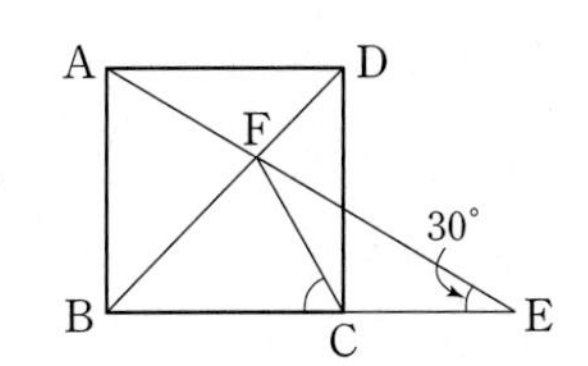

04 작도와 합동

[유형북] Real 실전 유형에서 틀린 문제를 체크해 보세요.

유형 01 다각형 개념1

01 대표문제

다각형의 개수를 구하시오.

원	팔각형	이등변삼각형	오각기둥
사다리꼴	원뿔	마름모	정삼각형

02

다음 중 다각형에 대한 설명으로 옳지 않은 것을 모두 고르면? (정답 2개)

① 2개 이상의 선분으로 둘러싸인 평면도형은 다각형이다.
② 한 다각형에서 변의 개수와 꼭짓점의 개수는 같다.
③ 정다각형은 모든 변의 길이가 같다.
④ 세 변의 길이가 같은 삼각형은 정삼각형이다.
⑤ 네 변의 길이가 같은 사각형은 정사각형이다.

03

오른쪽 그림에서 $\angle x+\angle y$의 크기를 구하시오.

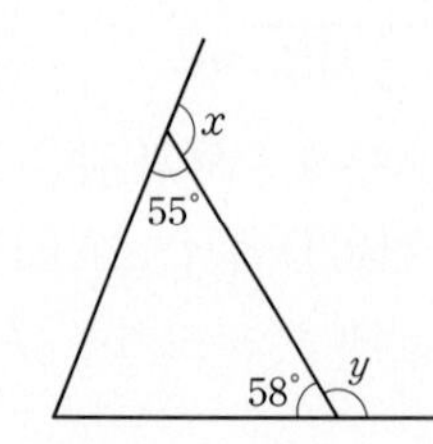

04

다음 조건을 모두 만족시키는 다각형을 구하시오.

(가) 모든 변의 길이가 같다.
(나) 모든 내각의 크기가 같다.
(다) 꼭짓점이 10개이다.

유형 02 삼각형의 내각의 크기의 합 개념2

05 대표문제

오른쪽 그림에서 $\overline{AE}$와 $\overline{BD}$의 교점을 C라 할 때, x의 값을 구하시오.

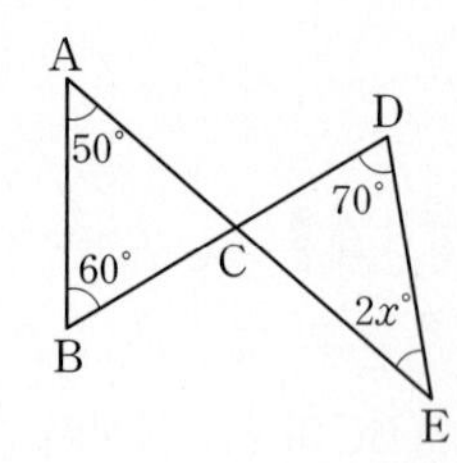

06 서술형

오른쪽 그림과 같은 △ABC에서 ∠B의 크기를 구하시오.

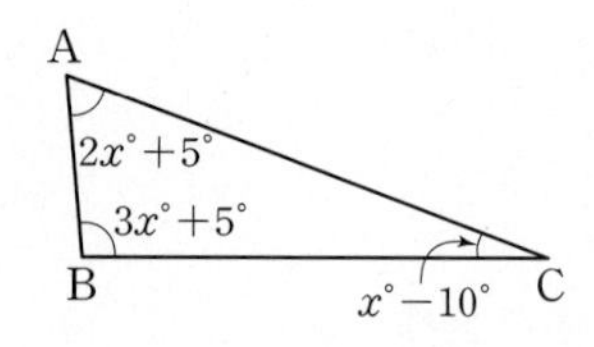

07 중요

삼각형의 세 내각의 크기의 비가 2 : 4 : 3일 때, 크기가 가장 큰 각의 크기를 구하시오.

집중

유형 03 삼각형의 외각의 크기 개념2

08 대표문제

오른쪽 그림의 △ABC에서 ∠A의 크기를 구하시오.

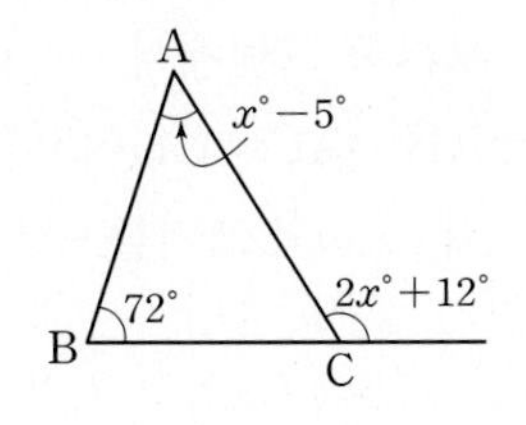

09

오른쪽 그림과 같이 $\overline{AD}$와 $\overline{BC}$의 교점을 P라 할 때, $\angle x+\angle y$의 크기를 구하시오.

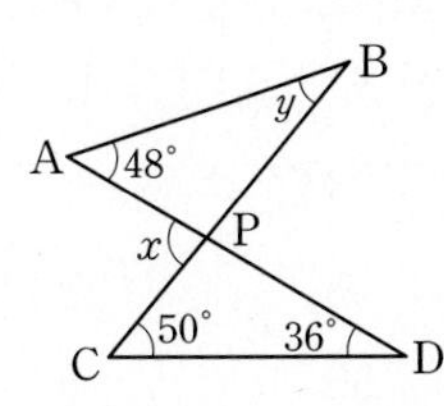

10

오른쪽 그림에서 $\angle x$의 크기는?

① 85°　② 90°　③ 95°　④ 100°　⑤ 105°

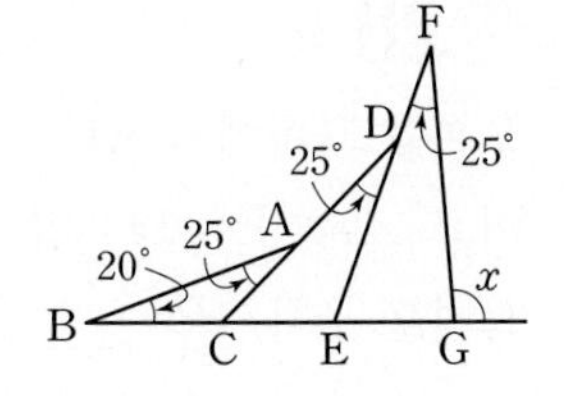

11 서술형

오른쪽 그림과 같은 △ABC에서 ∠ABD=∠DBC일 때, $\angle x$의 크기를 구하시오.

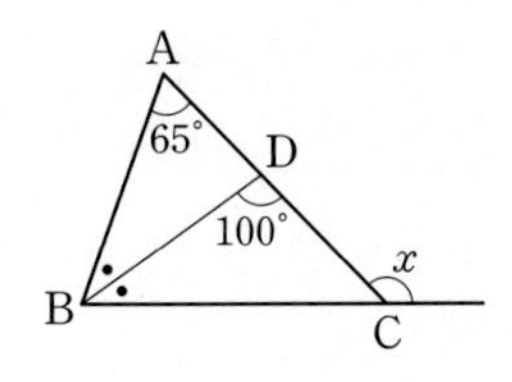

집중

유형 04 △모양의 도형에서 각의 크기 구하기 개념2

12 대표문제

오른쪽 그림에서 $\angle x$의 크기는?

① 128°　② 130°　③ 132°　④ 134°　⑤ 136°

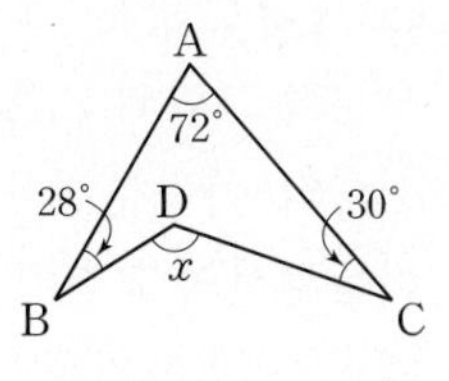

13 중요

오른쪽 그림에서 $\angle x$의 크기는?

① 27°　② 29°　③ 31°　④ 33°　⑤ 35°

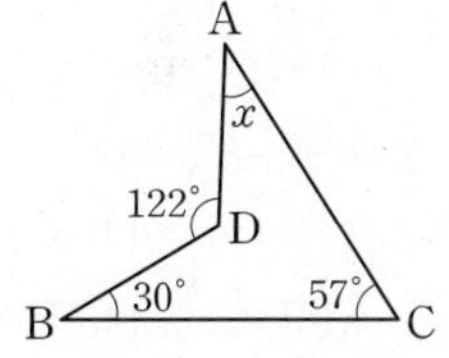

14

오른쪽 그림과 같은 △ABC에서 점 D는 ∠B의 이등분선과 ∠C의 이등분선의 교점이다. ∠BDC=116°일 때, $\angle x$의 크기를 구하시오.

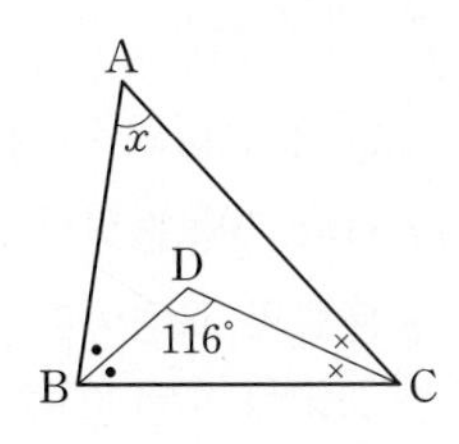

집중

유형 05 삼각형의 한 내각의 이등분선과 한 외각의 이등분선이 이루는 각 개념2

15 대표문제

오른쪽 그림의 $\triangle ABC$에서 점 D는 $\angle C$의 이등분선과 $\angle B$의 외각의 이등분선의 교점이다. $\angle A=56^\circ$일 때, $\angle x$의 크기는?

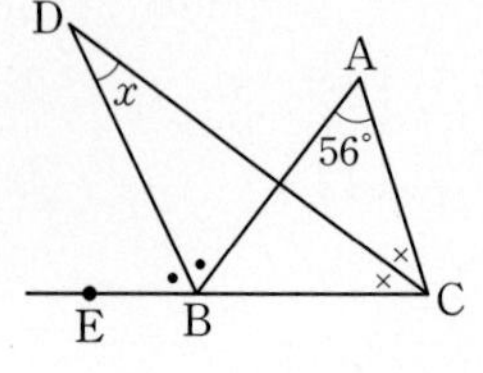

① 26° ② 28° ③ 30° ④ 32° ⑤ 34°

16

오른쪽 그림에서 $\angle ABD=\angle DBC$, $\angle ACD=\angle DCE$이고 $\angle ACB=60^\circ$, $\angle D=34^\circ$일 때, $\angle x$의 크기를 구하시오.

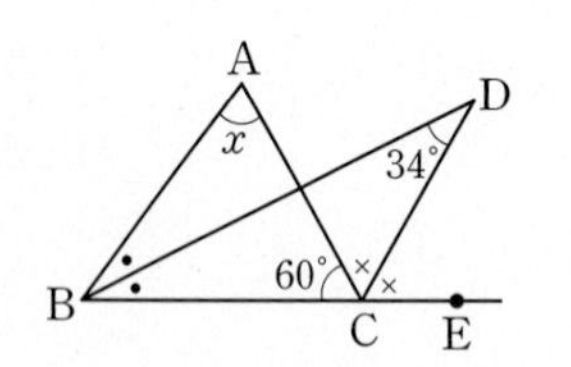

17

오른쪽 그림의 $\triangle ABC$에서 점 D는 $\angle B$의 이등분선과 $\angle C$의 외각의 이등분선의 교점이다. $\angle D=27^\circ$일 때, $\angle x$의 크기를 구하시오.

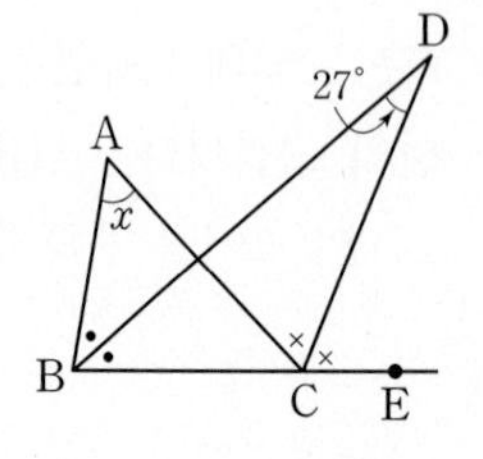

집중

유형 06 이등변삼각형의 성질을 이용하여 각의 크기 구하기 개념2

18 대표문제

오른쪽 그림에서 $\overline{AB}=\overline{AC}=\overline{CD}$이고 $\angle B=32^\circ$일 때, $\angle x$의 크기를 구하시오.

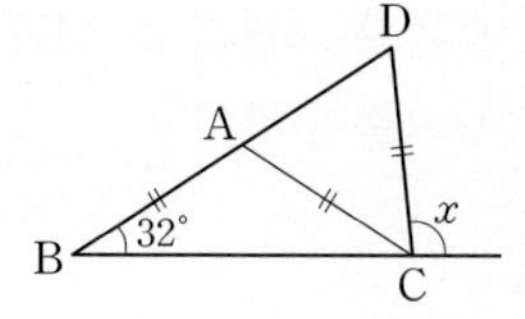

중요

19

오른쪽 그림에서 $\overline{AB}=\overline{BC}=\overline{CD}$이고 $\angle ABE=105^\circ$일 때, $\angle x$의 크기는?

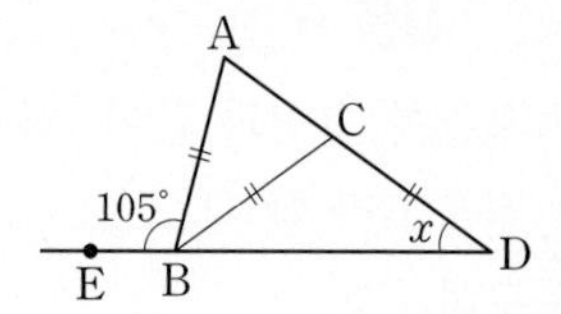

① 35° ② 37° ③ 39° ④ 41° ⑤ 43°

20

오른쪽 그림에서 $\overline{AB}=\overline{AD}=\overline{CD}$이고 $\angle ACE=144^\circ$일 때, $\angle x$의 크기를 구하시오.

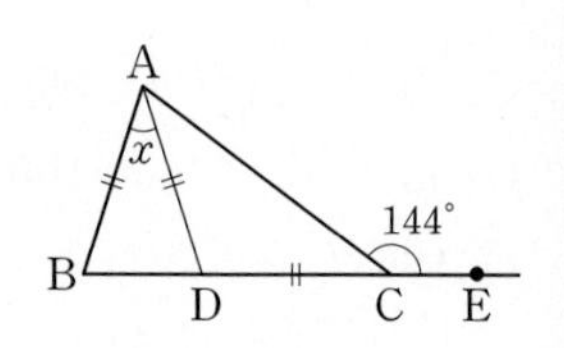

21 서술형

오른쪽 그림에서 $\overline{AB}=\overline{AC}=\overline{CD}=\overline{DE}$이고 $\angle B=24^\circ$일 때, $\angle x$의 크기를 구하시오.

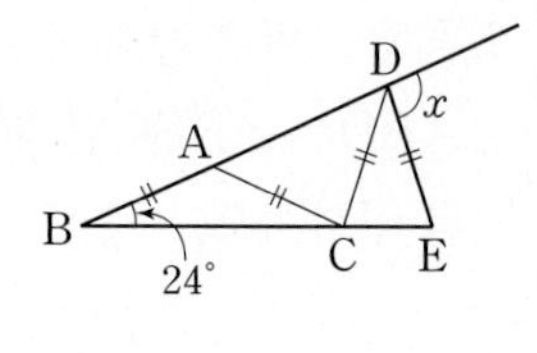

유형 07 별 모양의 도형에서 각의 크기 구하기 개념 2

22 대표문제

오른쪽 그림에서 $\angle x$의 크기는?

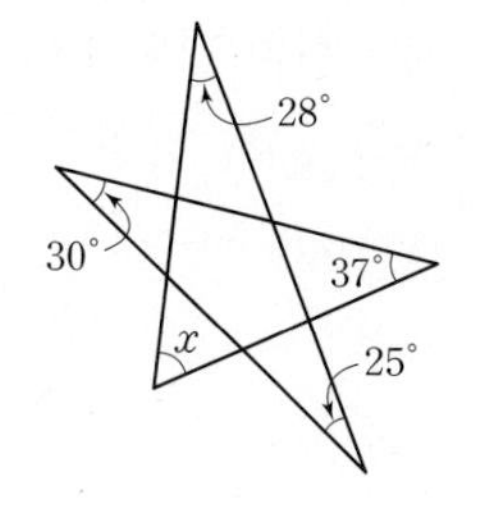

① 56° ② 58° ③ 60° ④ 62° ⑤ 64°

23

오른쪽 그림에서 $\angle x$의 크기는?

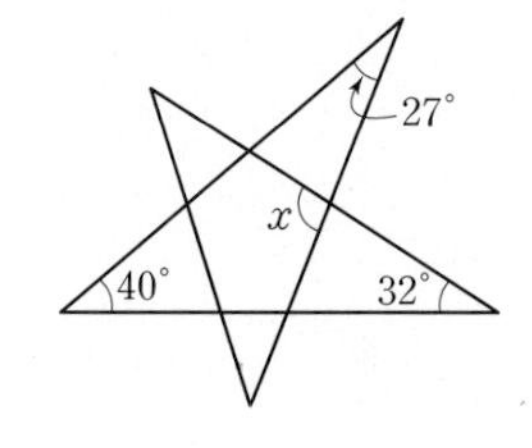

① 99° ② 101° ③ 103° ④ 105° ⑤ 107°

24 서술형

오른쪽 그림에서 $\angle y - \angle x$의 크기를 구하시오.

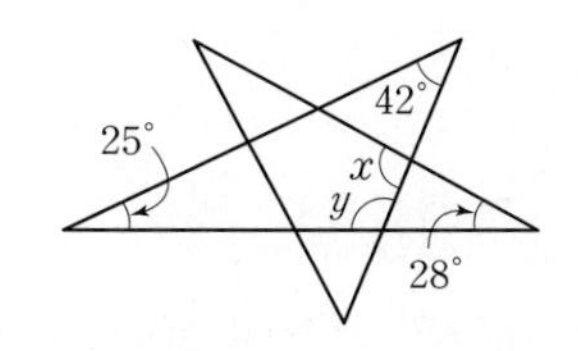

유형 08 다각형의 한 꼭짓점에서 그을 수 있는 대각선의 개수 개념 3

25 대표문제

이십각형의 한 꼭짓점에서 그을 수 있는 대각선의 개수를 a, 이때 생기는 삼각형의 개수를 b라 할 때, $a+b$의 값을 구하시오.

26

한 꼭짓점에서 그을 수 있는 대각선의 개수가 9인 다각형은?

① 구각형 ② 십각형 ③ 십일각형 ④ 십이각형 ⑤ 십삼각형

27

어떤 다각형의 내부의 한 점에서 각 꼭짓점에 선분을 그었을 때 생기는 삼각형의 개수는 17이다. 이 다각형의 한 꼭짓점에서 그을 수 있는 대각선의 개수는?

① 14 ② 15 ③ 16 ④ 17 ⑤ 18

28

다음 조건을 모두 만족시키는 다각형을 구하시오.

(가) 모든 변의 길이가 같고 모든 내각의 크기가 같다.
(나) 한 꼭짓점에서 그을 수 있는 대각선의 개수는 12이다.

집중

유형 09 다각형의 대각선의 개수 개념3

29 대표문제

한 꼭짓점에서 그을 수 있는 대각선의 개수가 11인 다각형의 대각선의 개수는?

① 35 ② 44 ③ 54
④ 65 ⑤ 77

30

어떤 다각형의 내부의 한 점에서 각 꼭짓점에 선분을 그었을 때 생기는 삼각형의 개수는 9이다. 이 다각형의 대각선의 개수는?

① 20 ② 27 ③ 35
④ 44 ⑤ 54

중요

31

대각선의 개수가 90인 다각형의 꼭짓점의 개수는?

① 12 ② 13 ③ 14
④ 15 ⑤ 16

32

대각선의 개수가 44인 다각형의 한 꼭짓점에서 그을 수 있는 대각선의 개수는?

① 8 ② 9 ③ 10
④ 11 ⑤ 12

집중

유형 10 다각형의 내각의 크기의 합 (1) 개념4

33 대표문제

대각선의 개수가 65인 다각형의 내각의 크기의 합은?

① $1440°$ ② $1620°$ ③ $1800°$
④ $1980°$ ⑤ $2160°$

34

한 꼭짓점에서 그을 수 있는 대각선의 개수가 7인 다각형의 내각의 크기의 합을 구하시오.

중요

35

내각의 크기의 합이 $1260°$인 다각형의 변의 개수는?

① 7 ② 8 ③ 9
④ 10 ⑤ 11

36 서술형

내각의 크기의 합이 $1000°$보다 크고 $1200°$보다 작은 다각형의 대각선의 개수를 구하시오.

집중

유형 11 다각형의 내각의 크기의 합 (2) 개념 4

37 대표문제

오른쪽 그림에서 x의 값은?

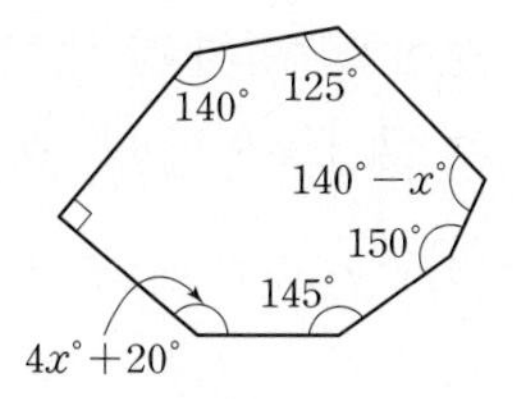

① 25 ② 30 ③ 35 ④ 40 ⑤ 45

38

오른쪽 그림에서 $\angle x$의 크기는?

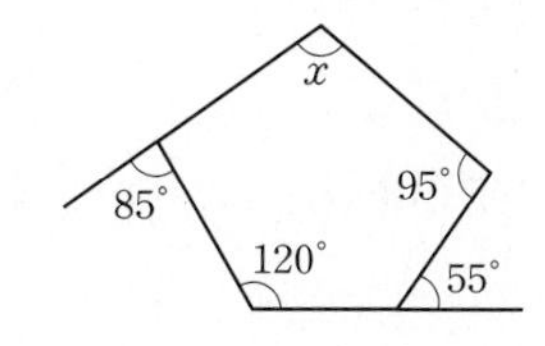

① 95° ② 100° ③ 105° ④ 110° ⑤ 115°

39

오른쪽 그림과 같은 사각형 ABCD에서 점 P는 $\angle$B와 $\angle$C의 이등분선의 교점이다. $\angle$BPC$=124°$, $\angle$D$=118°$일 때, $\angle x$의 크기를 구하시오.

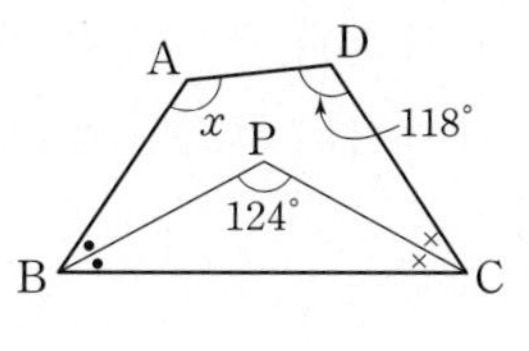

40 서술형

오른쪽 그림에서 $\angle x$의 크기를 구하시오.

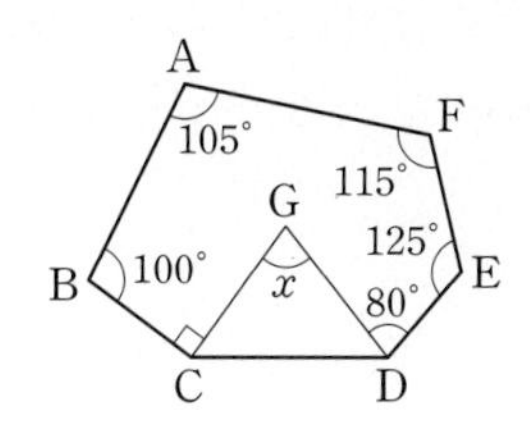

유형 12 다각형의 외각의 크기의 합 개념 4

41 대표문제

오른쪽 그림에서 $\angle x$의 크기는?

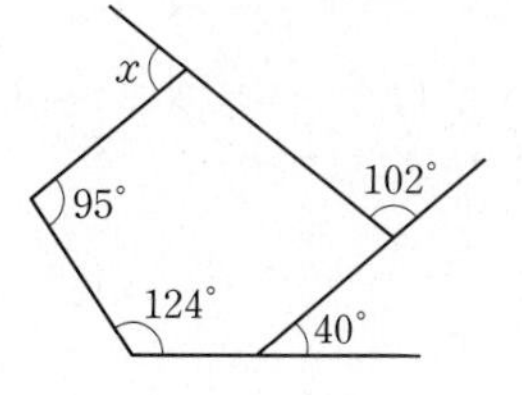

① 74° ② 77° ③ 80° ④ 83° ⑤ 86°

42

오른쪽 그림에서 $\angle x$의 크기는?

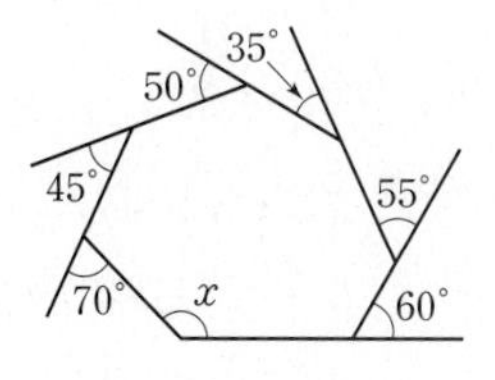

① 115° ② 120° ③ 125° ④ 130° ⑤ 135°

43

오른쪽 그림에서 x의 값은?

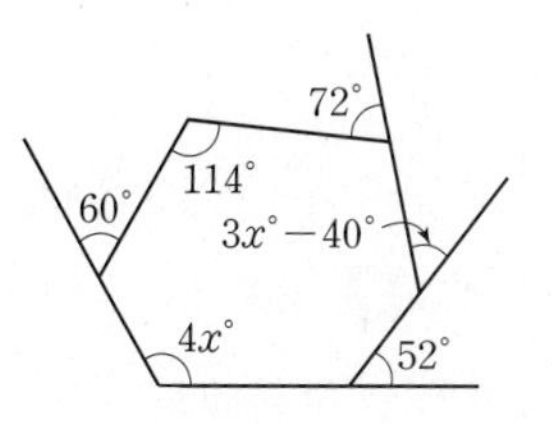

① 27 ② 30 ③ 33 ④ 36 ⑤ 39

유형 13 다각형의 내각의 크기의 합과 외각의 크기의 합의 활용 개념 4

44 대표문제

오른쪽 그림에서 $\angle x+\angle y$의 크기를 구하시오.

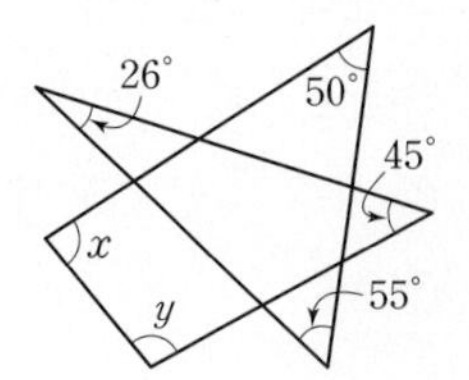

45

오른쪽 그림에서
$\angle a+\angle b+\angle c+\angle d+\angle e$
의 크기는?

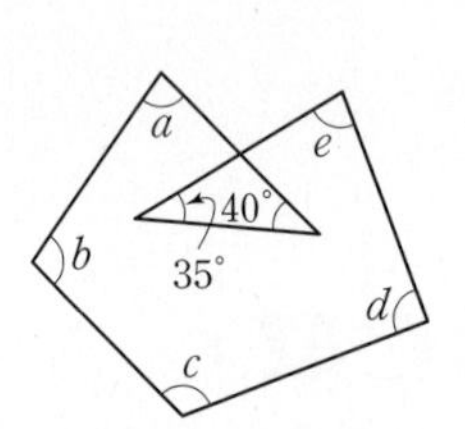

① 455° ② 460°
③ 465° ④ 470°
⑤ 475°

46

오른쪽 그림에서
$\angle a+\angle b+\angle c+\angle d$
의 크기를 구하시오.

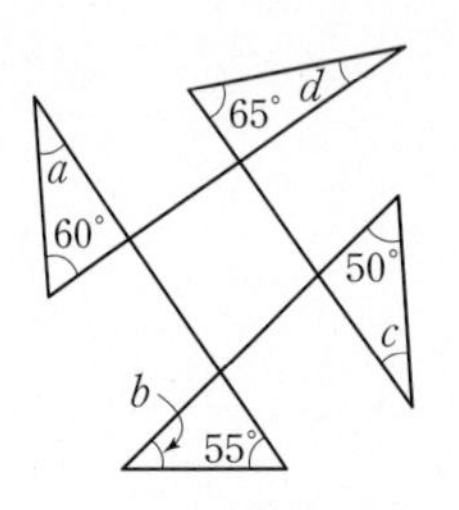

47

오른쪽 그림에서
$\angle a+\angle b+\angle c+\angle d+\angle e+\angle f$
$+\angle g+\angle h+\angle i+\angle j$
의 크기를 구하시오.

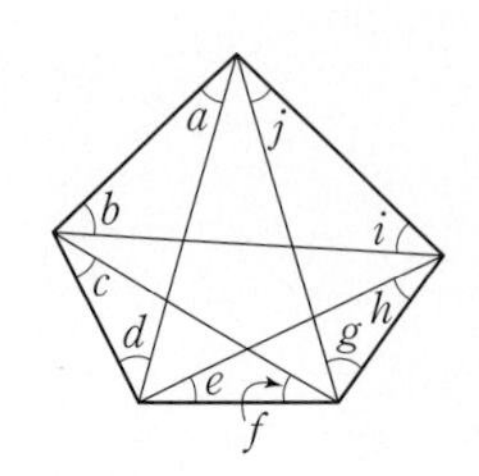

집중

유형 14 정다각형의 한 내각과 한 외각의 크기 개념 5

48 대표문제

정십오각형의 한 내각의 크기를 $a°$, 정이십각형의 한 외각의 크기를 $b°$라 할 때, $a+b$의 값을 구하시오.

중요

49

한 외각의 크기가 20°인 정다각형의 대각선의 개수는?

① 77 ② 90 ③ 104
④ 119 ⑤ 135

50 서술형

한 내각의 크기와 한 외각의 크기의 비가 3 : 1인 정다각형의 내각의 크기의 합을 구하시오.

51

내각과 외각의 크기의 총합이 2160°인 정다각형의 한 내각의 크기는?

① 135° ② 140° ③ 144°
④ 150° ⑤ 156°

유형 15 정다각형의 한 내각의 크기의 활용 개념5

52 대표문제

오른쪽 그림과 같은 정팔각형에서 $\angle x$의 크기를 구하시오.

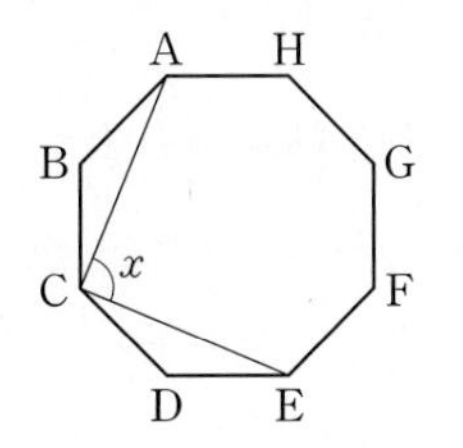

53

오른쪽 그림과 같이 한 변의 길이가 같은 정삼각형, 정오각형, 정팔각형이 점 P에서 만날 때, $\angle x$의 크기를 구하시오.

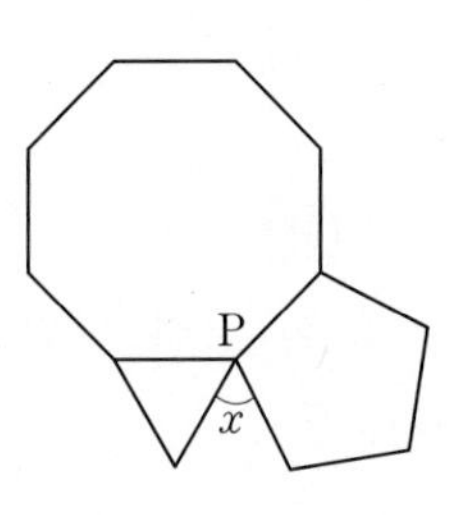

54 서술형

오른쪽 그림과 같은 정오각형에서 $\overline{AC}$와 $\overline{BE}$의 교점을 P라 할 때, $\angle x$의 크기를 구하시오.

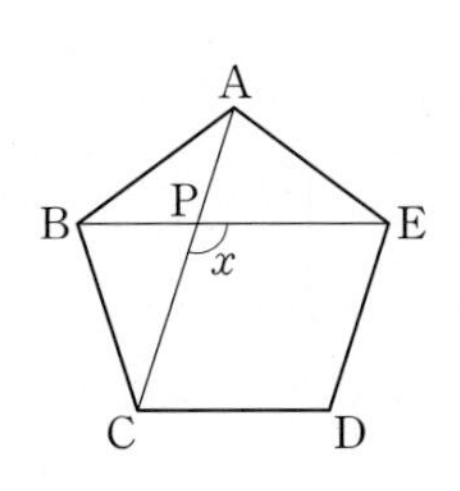

55

오른쪽 그림은 정삼각형과 정사각형의 한 변을 붙여 놓은 것이다. $\overline{AD}$와 $\overline{CE}$의 교점을 P라 할 때, $\angle x$의 크기는?

① 69°　② 72°
③ 75°　④ 78°
⑤ 81°

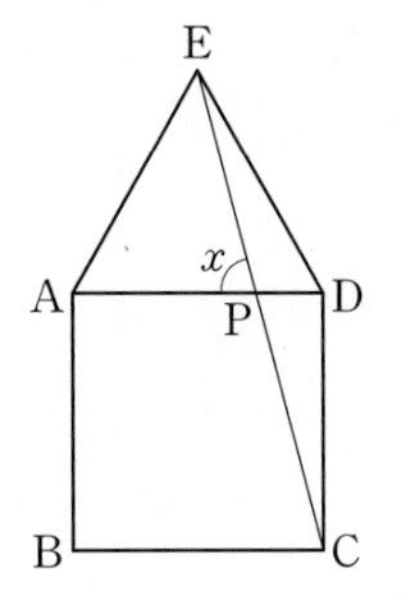

유형 16 정다각형의 한 외각의 크기의 활용 개념5

56 대표문제

오른쪽 그림과 같은 정팔각형에서 $\overline{DE}$와 $\overline{GF}$의 연장선의 교점을 I라 할 때, $\angle x$의 크기를 구하시오.

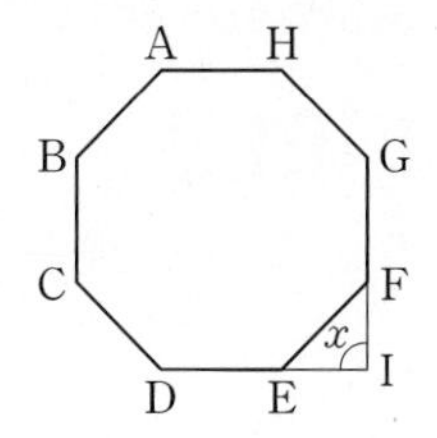

57 중요

오른쪽 그림은 정오각형과 정육각형의 한 변을 붙여 놓은 것이다. 다음 중 옳지 않은 것은?

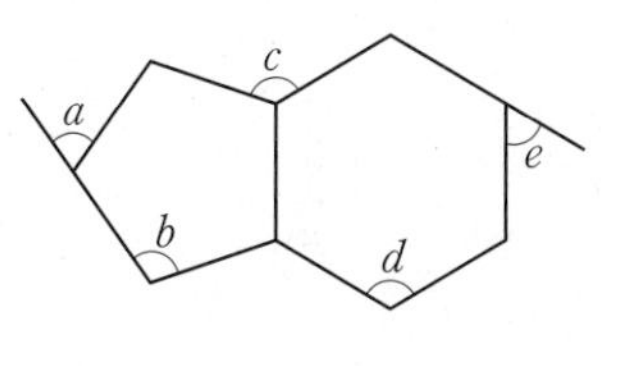

① $\angle a=72°$　② $\angle b=108°$　③ $\angle c=130°$
④ $\angle d=120°$　⑤ $\angle e=60°$

58

오른쪽 그림은 정육각형과 정팔각형의 한 변을 붙여 놓은 것이다. $\overline{CD}$와 $\overline{GH}$의 연장선의 교점을 P라 할 때, $\angle x$의 크기는?

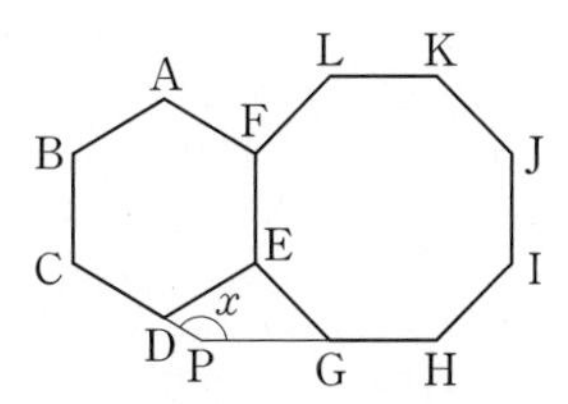

① 110°　② 120°
③ 130°　④ 140°
⑤ 150°

[유형북] Real 실전 유형에서 틀린 문제를 체크해 보세요.

유형 01 원과 부채꼴 (개념 1)

01 대표문제

다음 **보기** 중 옳은 것을 모두 고르시오.

보기

ㄱ. 평면 위의 한 점으로부터 일정한 거리에 있는 모든 점으로 이루어진 도형을 원이라 한다.
ㄴ. 원 위의 두 점을 양 끝 점으로 하는 원의 일부분을 현이라 한다.
ㄷ. 두 반지름과 호로 이루어진 도형을 활꼴이라 한다.
ㄹ. 한 원에서 길이가 가장 긴 현은 지름이다.

02

가장 긴 현의 길이가 12 cm인 원의 반지름의 길이는?

① 2 cm ② 4 cm ③ 6 cm
④ 8 cm ⑤ 10 cm

03 서술형

반지름의 길이가 5 cm인 원에서 부채꼴과 활꼴이 같아질 때, 활꼴을 이루는 현의 길이를 구하시오.

집중 유형 02 중심각의 크기와 호의 길이 (개념 1)

04 대표문제

오른쪽 그림의 원 O에서 $x-y$의 값을 구하시오.

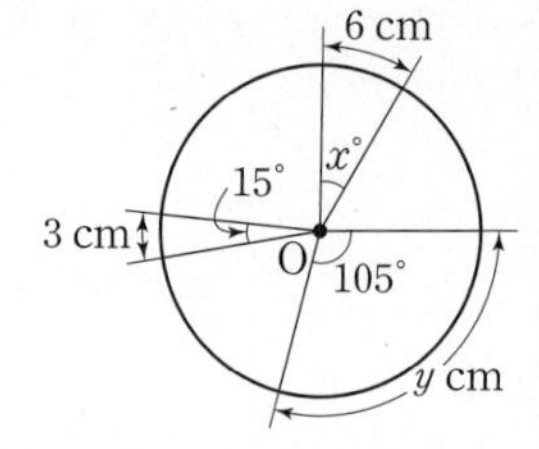

05

오른쪽 그림의 원 O에서 x의 값은?

① 60 ② 65
③ 70 ④ 75
⑤ 80

06 중요

오른쪽 그림의 원 O에서 x의 값은?

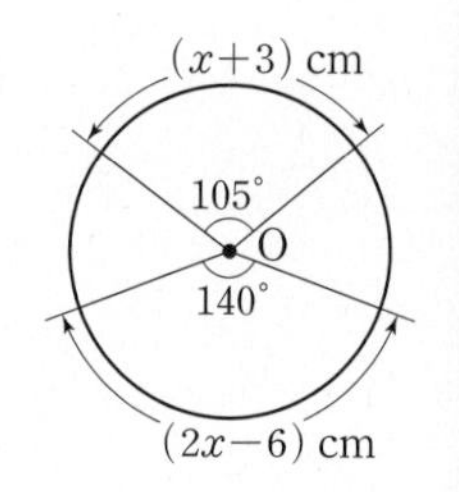

① 14 ② 15
③ 16 ④ 17
⑤ 18

07

원 O에서 중심각의 크기가 24°인 부채꼴의 호의 길이가 8 cm일 때, 원 O의 둘레의 길이를 구하시오.

유형 03 호의 길이의 비가 주어질 때, 중심각의 크기 구하기 개념 1

08 대표문제

오른쪽 그림의 원 O에서 $\widehat{AB} : \widehat{BC} : \widehat{CA} = 6 : 4 : 5$일 때, $\angle COA$의 크기를 구하시오.

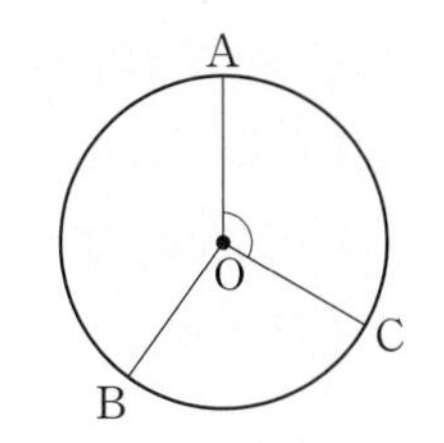

09

오른쪽 그림의 반원 O에서 $\widehat{AC} = 4\widehat{BC}$일 때, $\angle BOC$의 크기를 구하시오.

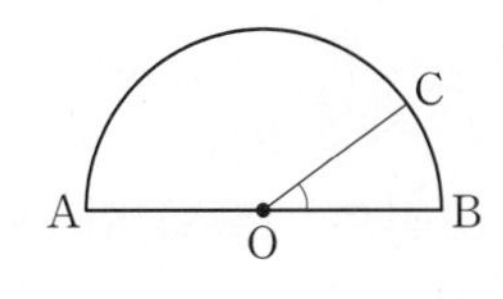

10

오른쪽 그림의 원 O에서 $\angle AOB = 90°$이고 $\widehat{AC} : \widehat{BC} = 4 : 5$일 때, $\angle BOC$의 크기는?

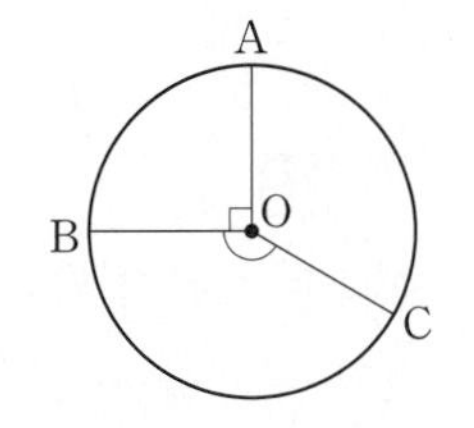

① 120° ② 130° ③ 140° ④ 150° ⑤ 160°

11 서술형

오른쪽 그림의 원 O에서 $\overline{AB}$는 지름이고 $\widehat{AC} : \widehat{BC} = 2 : 3$일 때, $\angle OAC$의 크기를 구하시오.

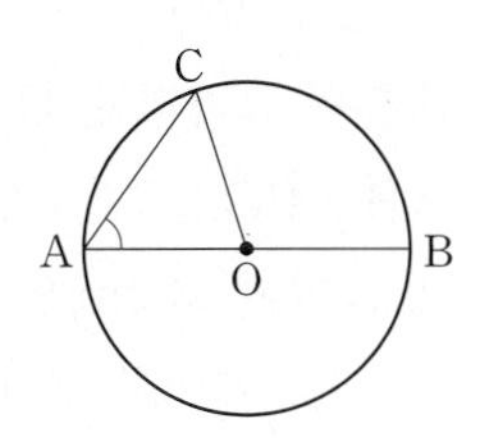

집중

유형 04 호의 길이 구하기 (1) 개념 1

12 대표문제

오른쪽 그림의 원 O에서 $\overline{AB} /\!/ \overline{CD}$이고 $\angle AOB = 120°$, $\widehat{AC} = 5\text{ cm}$일 때, $\widehat{AB}$의 길이는?

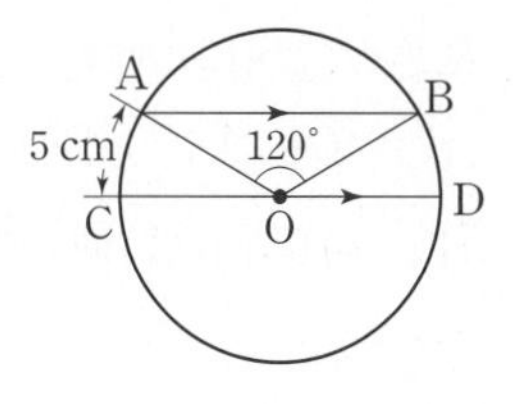

① 12 cm ② 14 cm ③ 16 cm ④ 18 cm ⑤ 20 cm

중요

13 서술형

오른쪽 그림의 원 O에서 $\overline{OA} /\!/ \overline{BC}$이고 $\angle AOC = 36°$, $\widehat{AC} = 4\text{ cm}$일 때, $\widehat{BC}$의 길이를 구하시오.

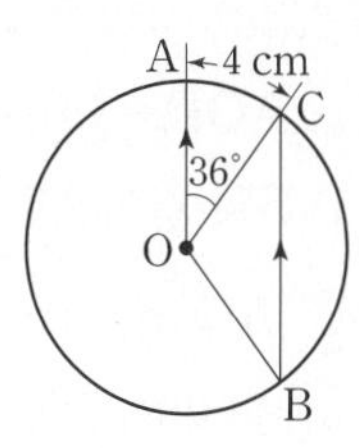

14

오른쪽 그림의 원 O에서 $\overline{OC} /\!/ \overline{AB}$이고 $\widehat{AB} = 7\widehat{BC}$일 때, $\angle x$의 크기를 구하시오.

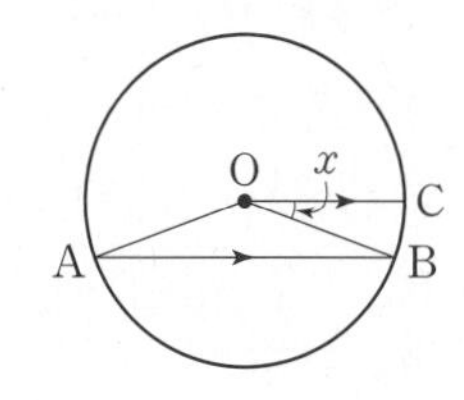

집중

유형 05 호의 길이 구하기 (2) 개념 1

15 대표문제

오른쪽 그림의 반원 O에서 $\overline{AD} /\!/ \overline{OC}$이고 $\angle BOC=50°$, $\widehat{BC}=10$ cm일 때, $\widehat{AD}$의 길이는?

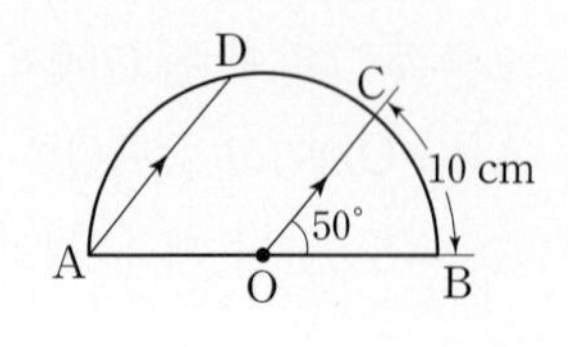

① 15 cm ② 16 cm ③ 17 cm
④ 18 cm ⑤ 19 cm

16

오른쪽 그림의 원 O에서 $\overline{AO} /\!/ \overline{BC}$이고 $\angle AOB=48°$, $\widehat{BC}=28$ cm일 때, $\widehat{AB}$의 길이는?

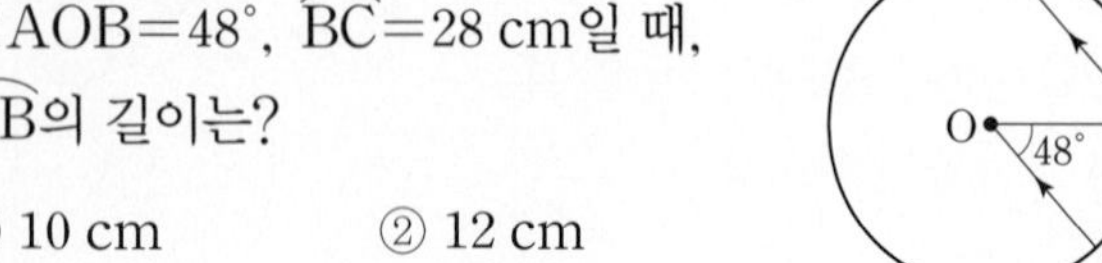

① 10 cm ② 12 cm
③ 14 cm ④ 16 cm
⑤ 18 cm

17 서술형

오른쪽 그림과 같이 $\overline{AB}$가 지름인 원 O에서 $\angle CAB=20°$, $\widehat{BC}=4$ cm일 때, $\widehat{AC}$의 길이를 구하시오.

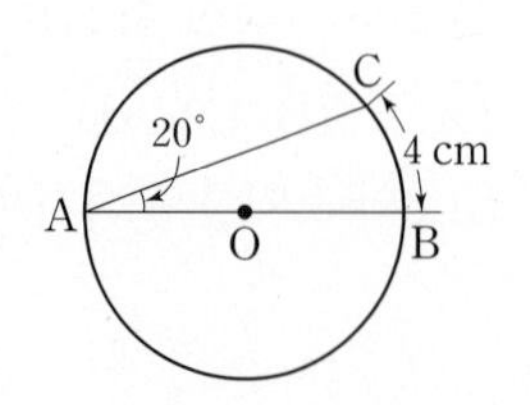

집중

유형 06 중심각의 크기와 부채꼴의 넓이 개념 1

18 대표문제

오른쪽 그림의 원 O에서 $\angle AOB=48°$, $\angle COD=120°$이고 부채꼴 AOB의 넓이가 12 cm^2일 때, 부채꼴 COD의 넓이는?

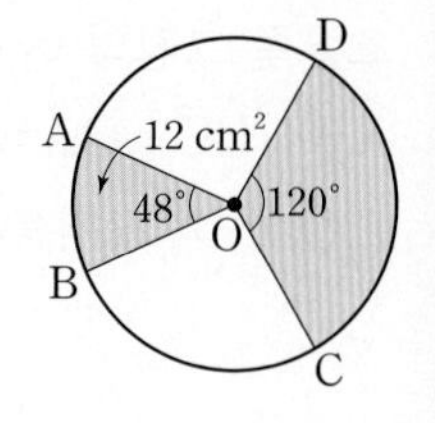

① 26 cm^2 ② 27 cm^2
③ 28 cm^2 ④ 29 cm^2
⑤ 30 cm^2

중요

19

오른쪽 그림의 원 O에서 $\angle AOB=60°$이고 부채꼴 AOB의 넓이가 36 cm^2이다. 부채꼴 COD의 넓이가 60 cm^2일 때, $\angle COD$의 크기를 구하시오.

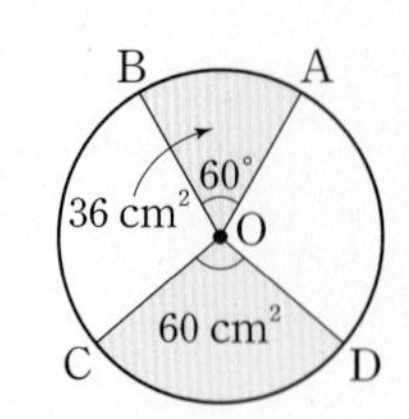

20

오른쪽 그림의 원 O에서 $\angle AOB=72°$이고 부채꼴 AOB의 넓이가 9 cm^2일 때, 원 O의 넓이를 구하시오.

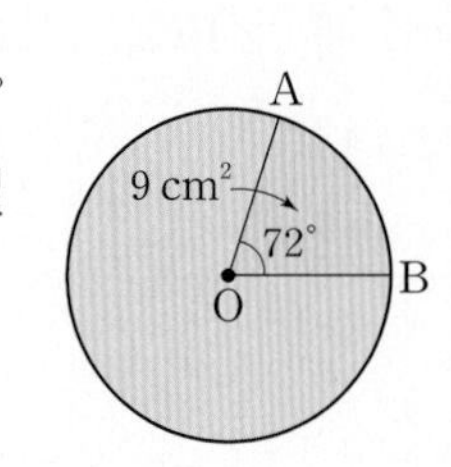

21

오른쪽 그림의 원 O에서 $\widehat{AB} : \widehat{BC} : \widehat{CA}=2 : 4 : 3$이고 원 O의 넓이가 54 cm^2일 때, 부채꼴 AOC의 넓이를 구하시오.

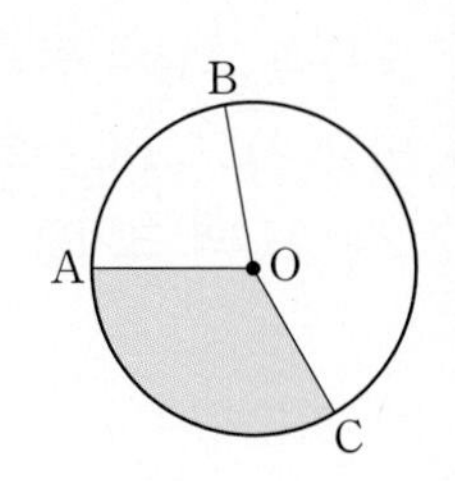

유형 07 중심각의 크기와 현의 길이 개념1

22 대표문제

오른쪽 그림의 원 O에서 $\overline{AB}=\overline{BC}=\overline{DE}=\overline{EF}=\overline{FG}$이고 $\angle AOC=70^\circ$일 때, $\angle DOG$의 크기는?

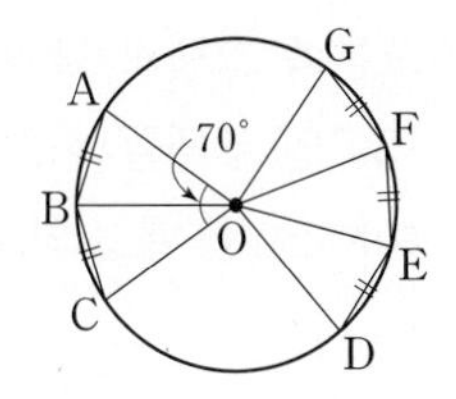

① 95° ② 100° ③ 105°
④ 110° ⑤ 115°

23 서술형

오른쪽 그림의 원 O에서 $\widehat{AB}=\widehat{AD}$, $\widehat{BC}=\widehat{CD}$이고 $\overline{AB}=5\text{ cm}$, $\overline{CD}=3\text{ cm}$일 때, 색칠한 부분의 둘레의 길이를 구하시오.

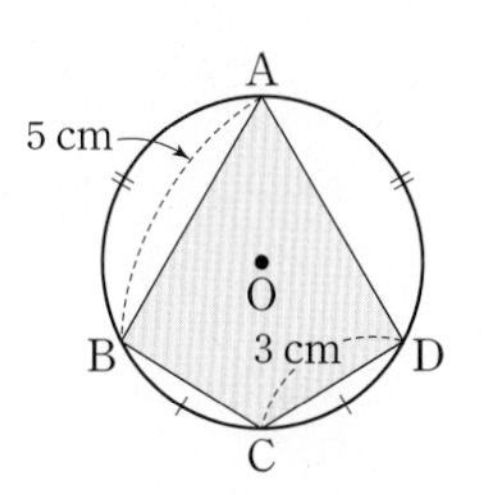

24

오른쪽 그림의 원 O에서 $\overline{AB}=\overline{BC}=\overline{CD}$이고 $\angle OAB=65^\circ$일 때, $\angle AOD$의 크기는?

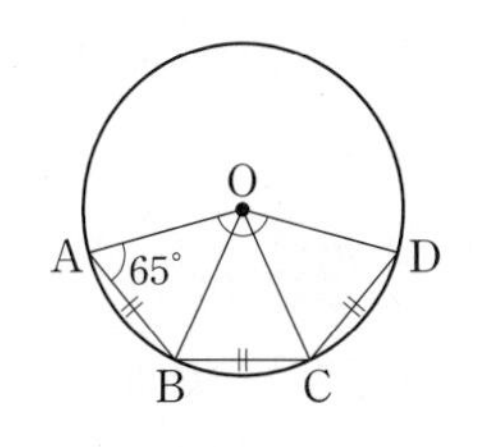

① 135° ② 140°
③ 145° ④ 150°
⑤ 155°

유형 08 중심각의 크기에 정비례하는 것 개념1

25 대표문제

오른쪽 그림의 원 O에서 $\angle AOB=\frac{1}{4}\angle COD$일 때, 다음 중 옳은 것을 모두 고르면? (정답 2개)

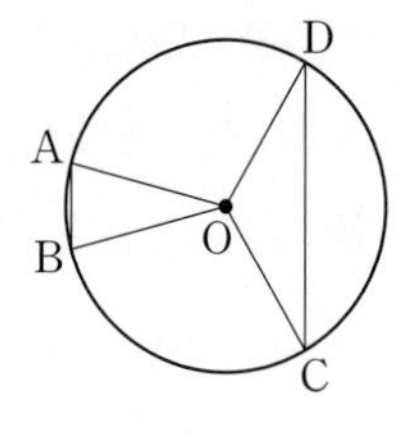

① $\widehat{AB}=\frac{1}{4}\widehat{CD}$
② $\overline{CD}=4\overline{AB}$
③ $\angle OAB=4\angle OCD$
④ $\triangle COD=4\triangle AOB$
⑤ (부채꼴 COD의 넓이)$=4\times$(부채꼴 AOB의 넓이)

26 중요

오른쪽 그림의 원 O에서 $\overline{AB}=\overline{BC}=\overline{DE}=\overline{EF}=\overline{FG}$일 때, 다음 중 옳지 않은 것은?

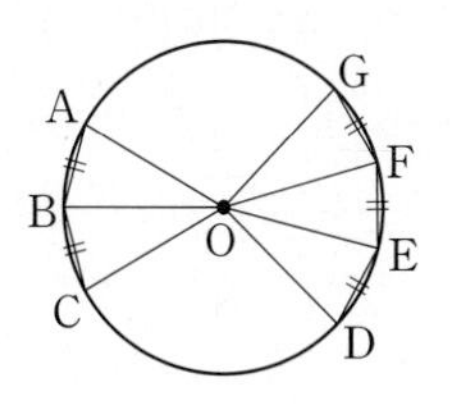

① $\widehat{AC}=\frac{2}{3}\widehat{DG}$
② $2\widehat{BC}=\widehat{EG}$
③ $\overline{AC}=\overline{DF}$
④ $3\overline{DF}=2\overline{DG}$
⑤ (부채꼴 BOC의 넓이)$=\frac{1}{3}\times$(부채꼴 DOG의 넓이)

27

오른쪽 그림에서 $\overline{BD}$는 원 O의 지름이고 $\angle AOB=45^\circ$, $\angle COD=135^\circ$일 때, 다음 **보기** 중 옳은 것을 모두 고르시오.

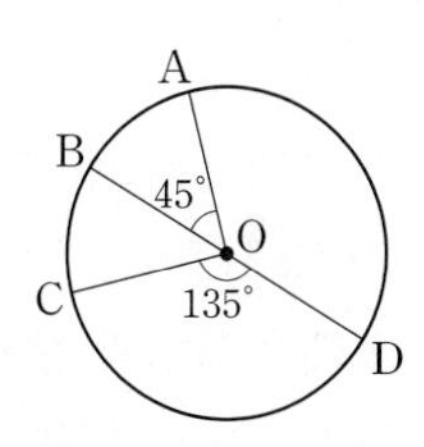

보기

ㄱ. $\widehat{AD}=3\widehat{BC}$ ㄴ. $3\widehat{AC}=2\widehat{CD}$
ㄷ. $\overline{AB}=\frac{1}{3}\overline{CD}$ ㄹ. $\triangle BOC=\frac{1}{3}\triangle AOD$

06 원과 부채꼴

유형 09 원의 둘레의 길이와 넓이 개념2

28 대표문제

오른쪽 그림과 같이 지름의 길이가 14 cm인 원에서 색칠한 부분의 둘레의 길이는?

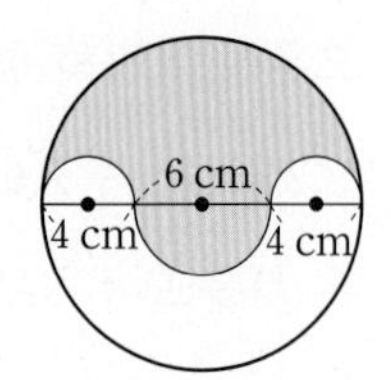

① 14π cm ② $\frac{29}{2}\pi$ cm
③ 15π cm ④ $\frac{31}{2}\pi$ cm
⑤ 16π cm

29

둘레의 길이가 14π cm인 원의 넓이를 구하시오.

30

오른쪽 그림과 같이 지름이 16 cm인 원에서 색칠한 부분의 넓이를 구하시오.

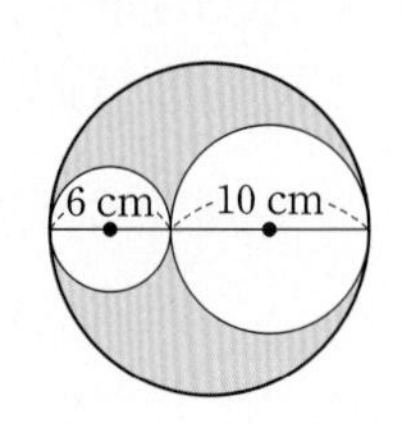

31

오른쪽 그림과 같이 지름 AD의 길이가 12 cm인 원에서 $\overline{AB}=\overline{BC}=\overline{CD}$일 때, 색칠한 부분의 넓이를 구하시오.

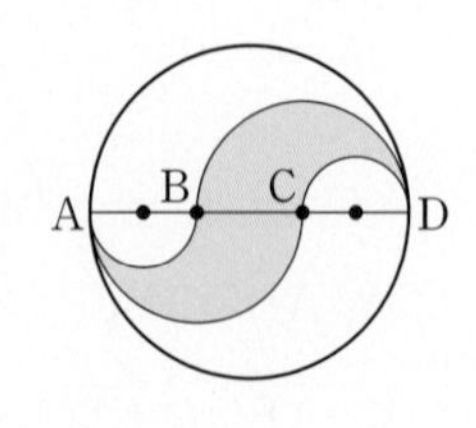

집중

유형 10 부채꼴의 호의 길이와 넓이 개념2

32 대표문제

오른쪽 그림과 같이 중심각의 크기가 150°인 부채꼴의 호의 길이가 10π cm일 때, r의 값은?

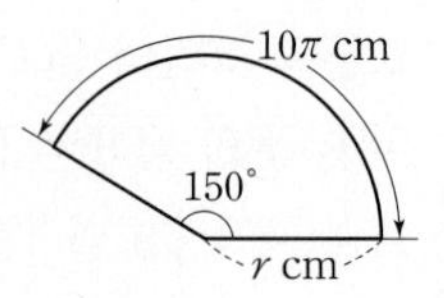

① 11 ② 12 ③ 13
④ 14 ⑤ 15

33

반지름의 길이가 12 cm이고 넓이가 18π cm^{2}인 부채꼴의 호의 길이를 구하시오.

중요

34 서술형

오른쪽 그림과 같이 한 변의 길이가 16 cm인 정팔각형에서 색칠한 부채꼴의 넓이를 구하시오.

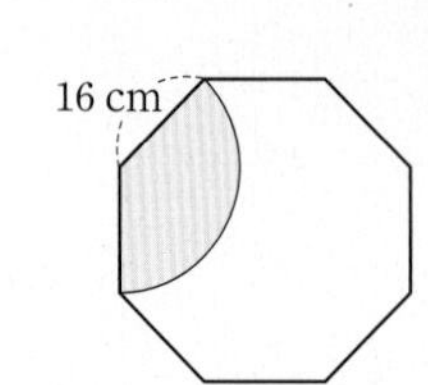

35

오른쪽 그림과 같이 반지름의 길이가 6 cm인 원에서 색칠한 부채꼴의 넓이의 합을 구하시오.

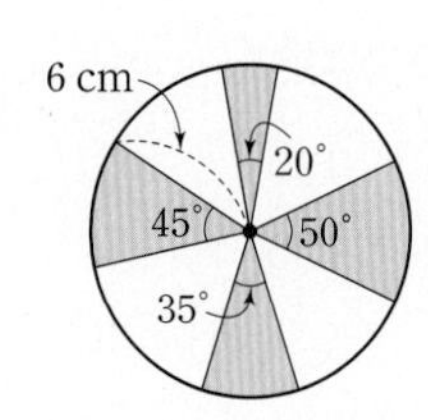

집중

유형 11 색칠한 부분의 둘레의 길이 구하기 개념2

36 대표문제

오른쪽 그림과 같은 부채꼴에서 색칠한 부분의 둘레의 길이를 구하시오.

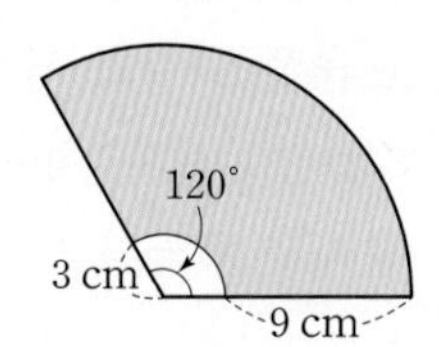

중요

37

오른쪽 그림에서 색칠한 부분의 둘레의 길이는?

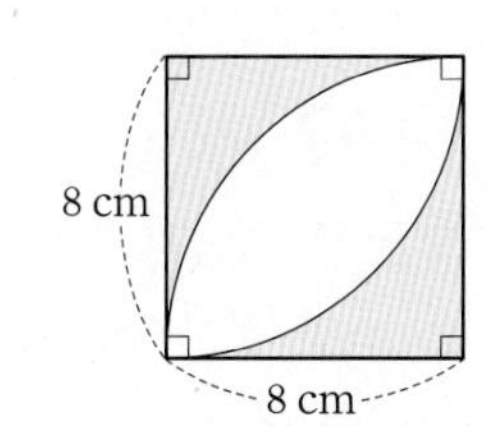

① $(6\pi+24)$ cm ② $(6\pi+32)$ cm

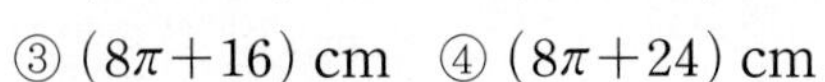

③ $(8\pi+16)$ cm ④ $(8\pi+24)$ cm

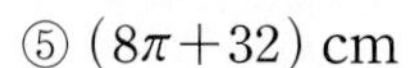

⑤ $(8\pi+32)$ cm

38

오른쪽 그림에서 색칠한 부분의 둘레의 길이는?

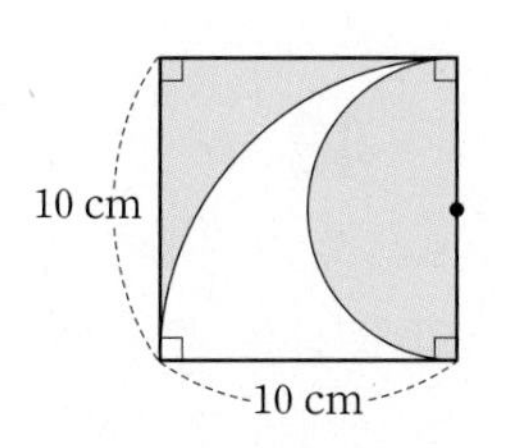

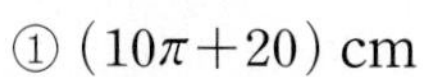

① $(10\pi+20)$ cm
② $(10\pi+30)$ cm
③ $(15\pi+20)$ cm
④ $(15\pi+30)$ cm
⑤ $(20\pi+30)$ cm

39

오른쪽 그림에서 색칠한 부분의 둘레의 길이는?

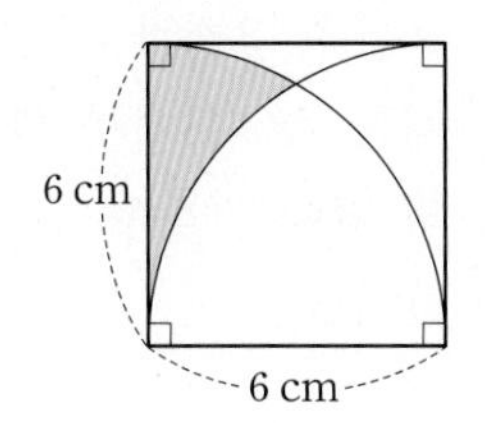

① $(3\pi+6)$ cm ② $(3\pi+9)$ cm
③ $(6\pi+6)$ cm ④ $(6\pi+9)$ cm
⑤ $(12\pi+6)$ cm

집중

유형 12 색칠한 부분의 넓이 구하기 (1) 개념2

40 대표문제

오른쪽 그림에서 색칠한 부분의 넓이는?

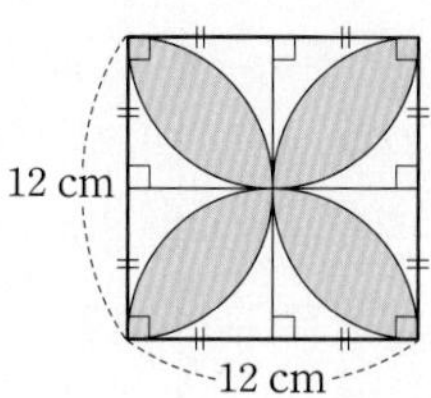

① $(64\pi-100)\text{ cm}^2$
② $(64\pi-121)\text{ cm}^2$
③ $(72\pi-100)\text{ cm}^2$
④ $(72\pi-144)\text{ cm}^2$
⑤ $(81\pi-100)\text{ cm}^2$

41

오른쪽 그림에서 색칠한 부분의 넓이를 구하시오.

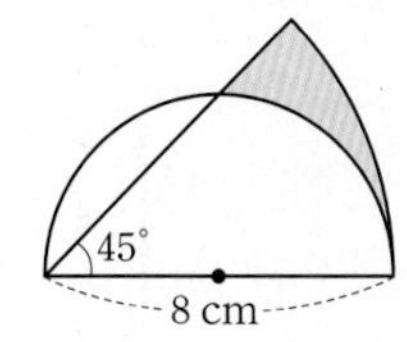

42 서술형

다음 그림은 한 변의 길이가 6 cm인 정사각형 3개를 붙여 만든 것이다. 색칠한 부분의 넓이를 구하시오.

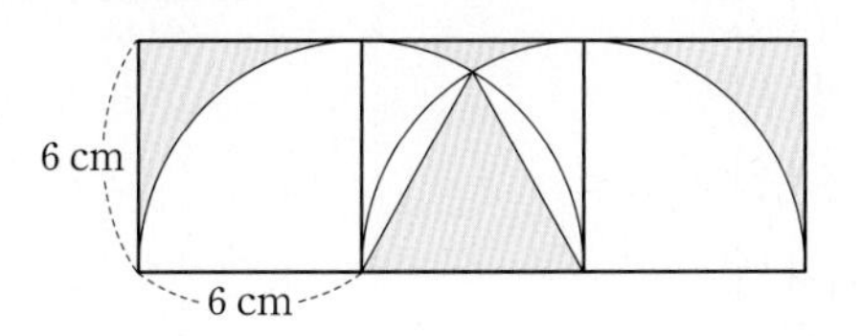

유형 13 색칠한 부분의 넓이 구하기 (2) 개념2

43 대표문제

오른쪽 그림은 ∠A=90°인 직각삼각형 ABC의 각 변을 지름으로 하는 반원을 그린 것이다. 색칠한 부분의 넓이를 구하시오.

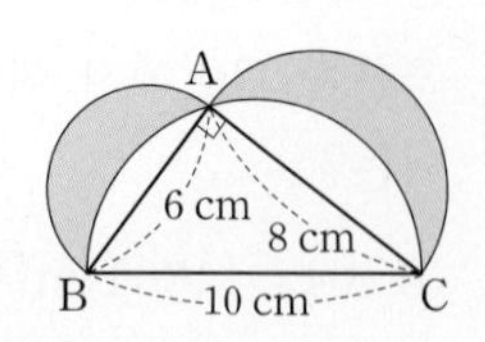

중요

44

오른쪽 그림은 지름의 길이가 12 cm인 반원을 점 A를 중심으로 60°만큼 회전한 것이다. 색칠한 부분의 넓이는?

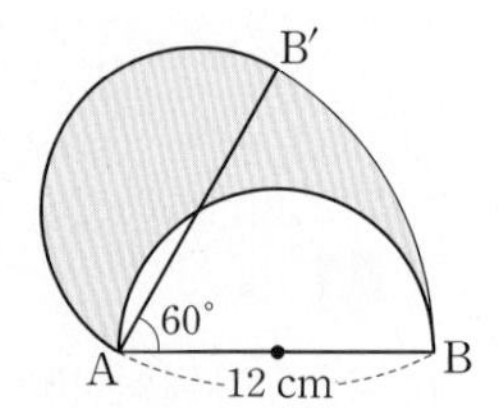

① $22\pi\text{ cm}^2$ ② $23\pi\text{ cm}^2$
③ $24\pi\text{ cm}^2$ ④ $25\pi\text{ cm}^2$
⑤ $26\pi\text{ cm}^2$

45

오른쪽 그림에서 색칠한 부분의 넓이는?

① $(4\pi-8)\text{ cm}^2$
② $(4\pi-4)\text{ cm}^2$
③ $(8\pi-8)\text{ cm}^2$
④ $(8\pi-4)\text{ cm}^2$
⑤ $(10\pi-8)\text{ cm}^2$

유형 14 색칠한 부분의 넓이 구하기 (3) 개념2

46 대표문제

오른쪽 그림과 같이 한 변의 길이가 6 cm인 정사각형에서 색칠한 부분의 넓이를 구하시오.

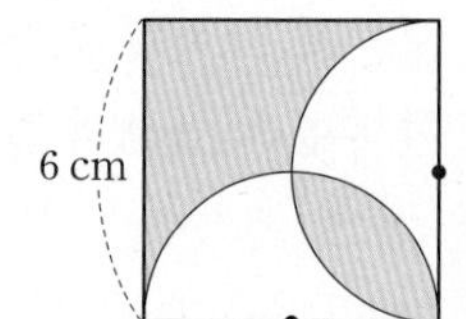

47

오른쪽 그림과 같이 한 변의 길이가 8 cm인 정사각형에서 색칠한 부분의 넓이를 구하시오.

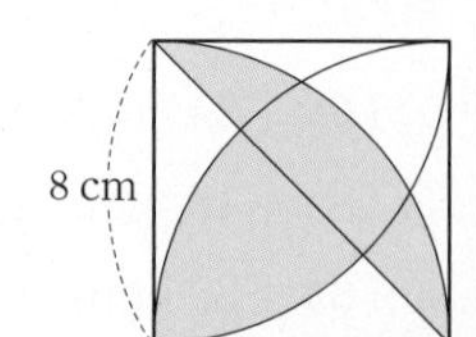

48

오른쪽 그림과 같이 두 원이 서로의 중심을 지날 때, 색칠한 부분의 넓이를 구하시오.

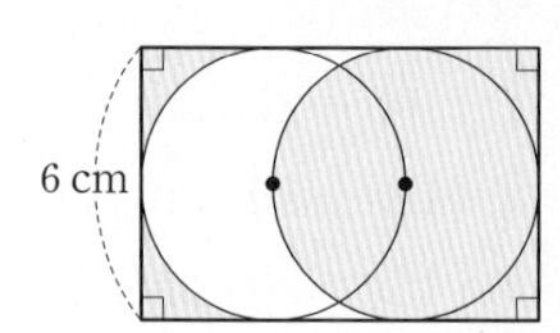

49 서술형

오른쪽 그림과 같은 반원 O와 부채꼴 AO′B에서 색칠한 두 부분의 넓이가 같을 때, x의 값을 구하시오.

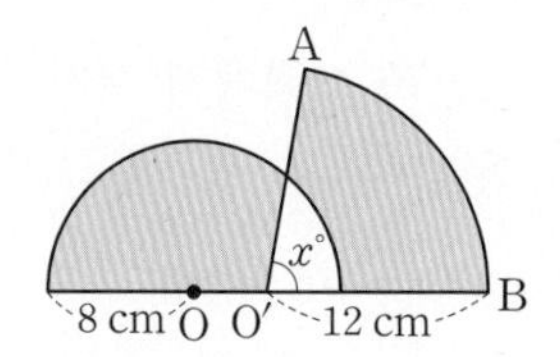

유형 15 끈의 최소 길이 개념 2

50 대표문제

오른쪽 그림과 같이 밑면의 반지름의 길이가 3 cm인 원기둥 6개를 끈으로 묶으려고 한다. 이때 필요한 끈의 최소 길이를 구하시오. (단, 끈의 매듭의 길이는 생각하지 않는다.)

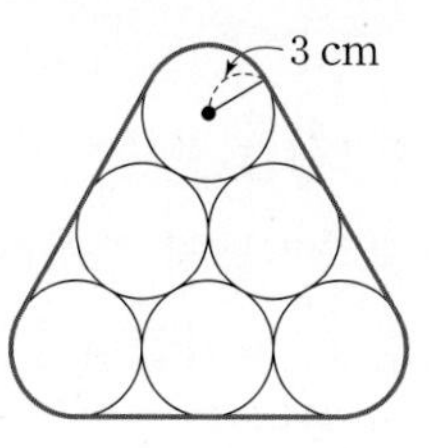

51

오른쪽 그림과 같이 밑면의 반지름의 길이가 2 cm인 원기둥 9개를 테이프로 묶으려고 할 때, 필요한 테이프의 최소 길이가 $(a\pi+b)$ cm이다. 자연수 a, b에 대하여 $b-a$의 값은?

(단, 테이프의 겹치는 부분의 길이는 생각하지 않는다.)

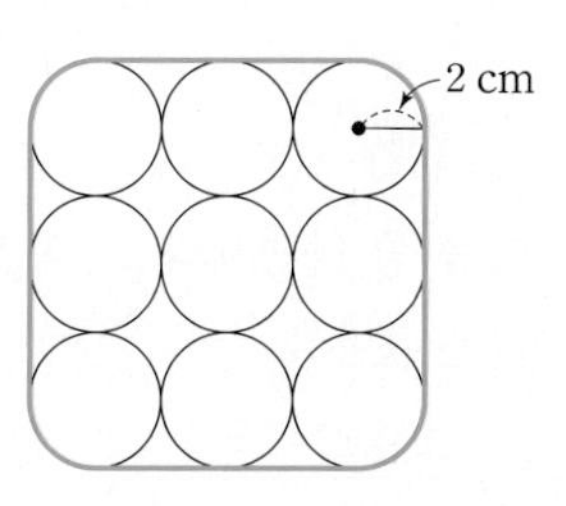

① 26 ② 28 ③ 30 ④ 32 ⑤ 34

52 서술형

밑면의 반지름의 길이가 5 cm인 원기둥 4개를 다음 그림과 같이 두 방법 A와 B로 묶으려고 한다. 끈의 길이가 최소가 되도록 묶을 때, 필요한 끈의 길이의 차를 구하시오.

(단, 끈의 매듭의 길이는 생각하지 않는다.)

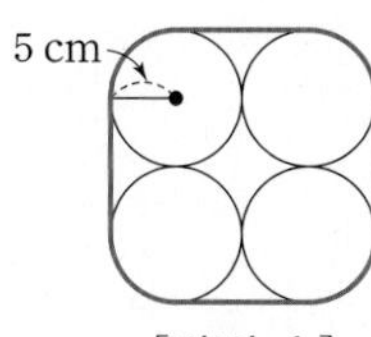

[방법 A]

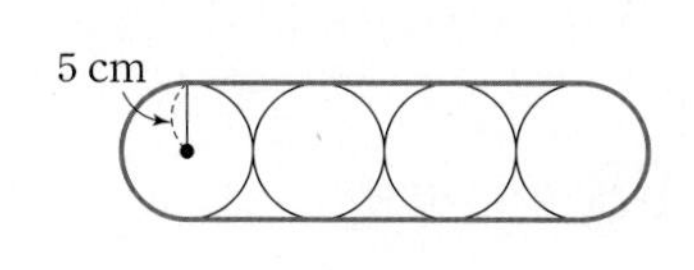

[방법 B]

유형 16 도형을 회전시킬 때, 점이 움직인 거리 개념 2

53 대표문제

오른쪽 그림과 같이 직각삼각형 ABC를 직선 l 위에서 점 B를 중심으로 점 A가 점 A′에 오도록 회전시킬 때, 점 A가 움직인 거리를 구하시오.

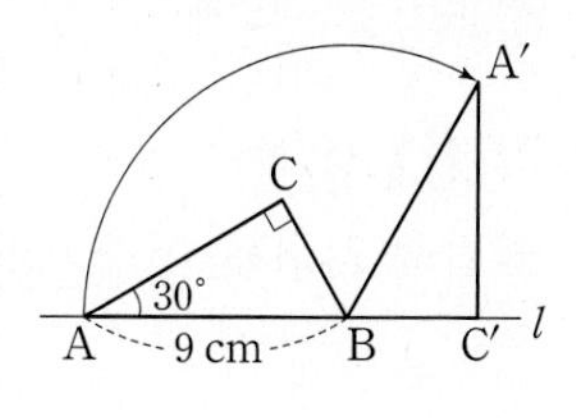

중요

54

다음 그림과 같이 한 변의 길이가 6 cm인 정삼각형 ABC를 직선 l 위에서 점 C가 점 C′에 오도록 회전시킬 때, 점 C가 움직인 거리는?

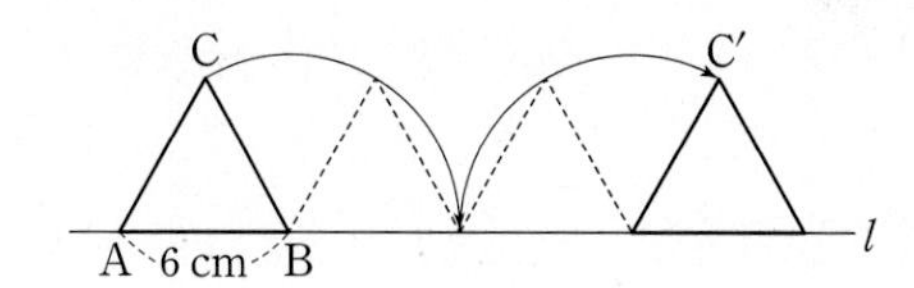

① 6π cm ② $\frac{13}{2}\pi$ cm ③ 7π cm ④ $\frac{15}{2}\pi$ cm ⑤ 8π cm

55

다음 그림과 같이 직사각형 ABCD를 직선 l 위에서 점 B가 점 B′에 오도록 회전시켰다. $\overline{AB}=12$ cm, $\overline{BC}=5$ cm, $\overline{BD}=13$ cm일 때, 점 B가 움직인 거리를 구하시오.

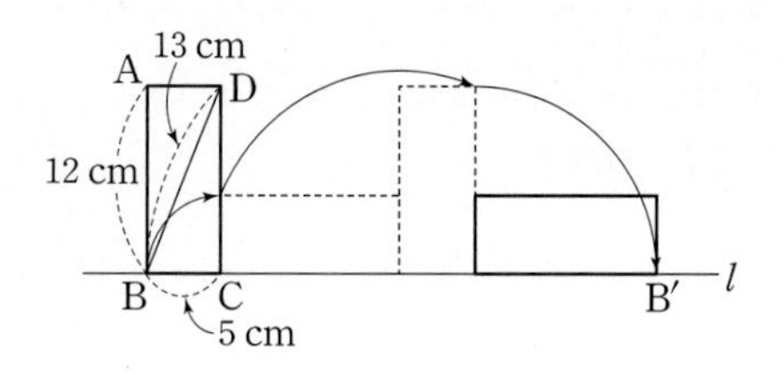

[유형북] Real 실전 유형에서 틀린 문제를 체크해 보세요.

유형 01 다면체 개념 1, 2

01 대표문제

다음 중 다면체가 아닌 것을 모두 고르면? (정답 2개)

① 직육면체 ② 육각형 ③ 사각뿔대
④ 원뿔 ⑤ 오각뿔

중요

02

다음 **보기** 중 다면체의 개수를 구하시오.

보기
ㄱ. 오면체 ㄴ. 원기둥 ㄷ. 정육면체
ㄹ. 삼각뿔대 ㅁ. 정육각형 ㅂ. 구각뿔

유형 02 다면체의 면의 개수 개념 2

03 대표문제

다음 중 면의 개수가 가장 적은 다면체는?

① 팔각기둥 ② 칠각뿔 ③ 팔각뿔
④ 칠각뿔대 ⑤ 팔각뿔대

04

다음 중 오른쪽 그림과 같은 다면체와 면의 개수가 같은 것은?

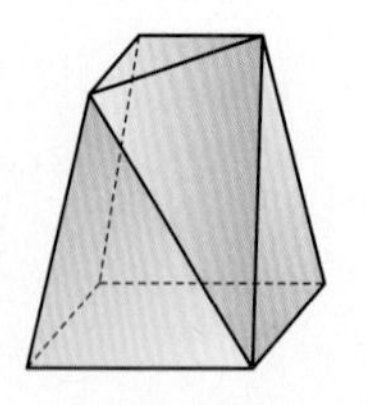

① 삼각기둥 ② 사각뿔
③ 오각뿔대 ④ 육각기둥
⑤ 칠각뿔

집중

유형 03 다면체의 모서리, 꼭짓점의 개수 개념 2

05 대표문제

오각기둥의 모서리의 개수를 a, 삼각뿔의 모서리의 개수를 b, 육각뿔대의 꼭짓점의 개수를 c라 할 때, $a-b+c$의 값은?

① 19 ② 21 ③ 23
④ 25 ⑤ 27

06

다음 중 다면체와 그 꼭짓점의 개수를 짝 지은 것으로 옳지 않은 것은?

① 사각뿔 – 5 ② 직육면체 – 8
③ 삼각뿔대 – 9 ④ 오각기둥 – 10
⑤ 육각뿔 – 7

07

다음 중 모서리의 개수와 꼭짓점의 개수의 합이 가장 작은 다면체는?

① 사각기둥 ② 육각기둥 ③ 육각뿔대
④ 칠각기둥 ⑤ 팔각뿔

08 서술형

꼭짓점의 개수가 6인 각뿔의 면의 개수를 a, 모서리의 개수를 b라 할 때, $a+b$의 값을 구하시오.

09

꼭짓점의 개수와 면의 개수의 합이 26인 각뿔대의 모서리의 개수를 구하시오.

유형 04 다면체의 옆면의 모양 개념 2

10 대표문제

다음 중 오른쪽 그림과 같은 다면체의 이름과 그 옆면의 모양을 짝 지은 것으로 옳은 것은?

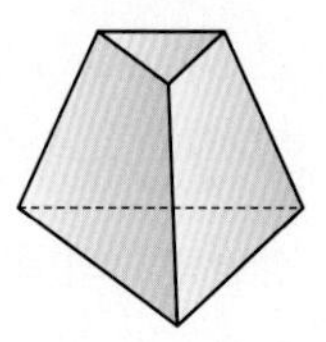

① 삼각기둥 – 직사각형
② 삼각기둥 – 사다리꼴
③ 삼각뿔 – 삼각형
④ 삼각뿔대 – 직사각형
⑤ 삼각뿔대 – 사다리꼴

11

다음 중 옆면의 모양이 직사각형인 다면체를 모두 고르면? (정답 2개)

① 오각기둥　② 사각뿔　③ 육각뿔대
④ 사각뿔대　⑤ 직육면체

12

다음 **보기** 중 옆면의 모양이 사각형인 다면체의 개수를 구하시오.

보기

ㄱ. 사각뿔　ㄴ. 칠각뿔대　ㄷ. 육각기둥
ㄹ. 정육면체　ㅁ. 팔각뿔　ㅂ. 구각뿔대

집중

유형 05 다면체의 이해 개념 1, 2

13 대표문제

다음 중 각뿔에 대한 설명으로 옳지 않은 것은?

① 다면체이다.
② 밑면은 1개이다.
③ 면의 개수와 꼭짓점의 개수가 같다.
④ 옆면의 모양은 삼각형이다.
⑤ n각뿔의 모서리의 개수와 n각기둥의 모서리의 개수가 같다.

14

다음 **보기** 중 다면체에 대한 설명으로 옳지 않은 것을 모두 고르시오.

보기

ㄱ. n각기둥은 $(n+2)$면체이다.
ㄴ. n각뿔은 $(n+1)$면체이다.
ㄷ. n각뿔의 모서리의 개수는 $2n$이다.
ㄹ. n각뿔대의 꼭짓점의 개수는 $3n$이다.

중요

15 서술형

다음 조건을 모두 만족시키는 입체도형의 모서리의 개수를 구하시오.

(가) 두 밑면은 서로 평행하다.
(나) 옆면의 모양은 사다리꼴이다.
(다) 꼭짓점의 개수는 12이다.

집중

유형 06 정다면체의 이해 개념3

16 대표문제

다음 중 정다면체에 대한 설명으로 옳지 않은 것은?

① 모든 모서리의 길이는 같다.
② 면의 모양은 정삼각형, 정오각형, 정육각형뿐이다.
③ 면의 모양이 정오각형인 정다면체는 정십이면체이다.
④ 정팔면체의 한 꼭짓점에 모인 면의 개수는 4이다.
⑤ 정삼각형이 한 꼭짓점에 3개 모인 정다면체는 정사면체이다.

중요

17

다음 조건을 모두 만족시키는 입체도형을 구하시오.

(가) 다면체이다.
(나) 각 면은 모두 합동인 정다각형이다.
(다) 한 꼭짓점에 모인 면의 개수는 5이다.

18

면의 모양이 정사각형, 정오각형인 정다면체의 한 꼭짓점에 모인 면의 개수를 각각 a, b라 할 때, $a+b$의 값은?

① 6 ② 7 ③ 8
④ 9 ⑤ 10

집중

유형 07 정다면체의 면, 모서리, 꼭짓점의 개수 개념3

19 대표문제

꼭짓점의 개수가 가장 적은 정다면체의 모서리의 개수를 a, 꼭짓점의 개수가 가장 많은 정다면체의 면의 개수를 b라 할 때, $a+b$의 값을 구하시오.

20

정팔면체의 꼭짓점의 개수를 x, 정이십면체의 모서리의 개수를 y라 할 때, $y-x$의 값은?

① 18 ② 20 ③ 22
④ 24 ⑤ 26

21 서술형

모서리의 개수가 12이고 한 꼭짓점에 모인 면의 개수가 3인 정다면체의 꼭짓점의 개수를 구하시오.

22

다음 **보기**의 수를 큰 것부터 차례대로 나열하시오.

보기
ㄱ. 정사면체의 면의 개수
ㄴ. 정육면체의 꼭짓점의 개수
ㄷ. 정팔면체의 꼭짓점의 개수
ㄹ. 정십이면체의 모서리의 개수
ㅁ. 정이십면체의 꼭짓점의 개수

유형 08 정다면체의 전개도 개념3

23 대표문제

다음 중 오른쪽 그림과 같은 전개도로 만든 정다면체에 대한 설명으로 옳지 않은 것은?

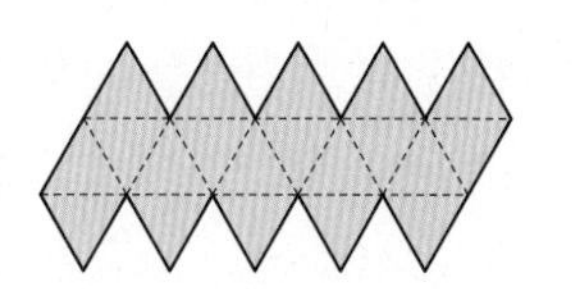

① 정다면체 중 면이 가장 많다.
② 정사면체와 면의 모양이 같다.
③ 한 꼭짓점에 모인 면의 개수는 5이다.
④ 꼭짓점의 개수는 20이다.
⑤ 모서리의 개수는 30이다.

24 서술형

오른쪽 그림과 같은 전개도로 만든 정다면체의 꼭짓점의 개수를 a, 모서리의 개수를 b, 한 꼭짓점에 모인 면의 개수를 c라 할 때, $a+b-c$의 값을 구하시오.

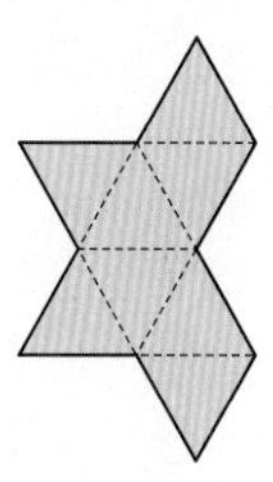

중요

25

다음 중 오른쪽 그림과 같은 전개도로 만든 정다면체에 대한 설명으로 옳지 않은 것은?

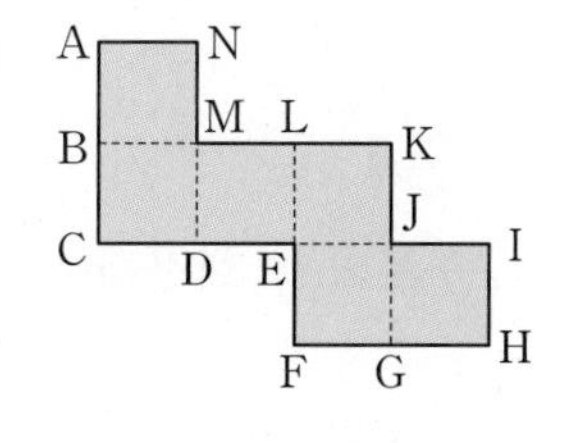

① 모서리의 개수는 정팔면체와 같다.
② 꼭짓점의 개수는 8이다.
③ $\overline{AB}$와 겹치는 모서리는 $\overline{IH}$이다.
④ $\overline{BC}$와 $\overline{KJ}$는 꼬인 위치에 있다.
⑤ 면 ABMN과 면 EFGJ는 평행하다.

유형 09 정다면체의 각 면의 한가운데 점을 연결하여 만든 입체도형 개념3

26 대표문제

다음 중 정팔면체의 각 면의 한가운데 점을 연결하여 만든 입체도형은?

① 정사면체 ② 정육면체 ③ 정팔면체
④ 정십이면체 ⑤ 정이십면체

27

정이십면체의 각 면의 한가운데 점을 연결하여 만든 입체도형의 면의 모양을 구하시오.

28

다음 중 오른쪽 그림의 전개도로 만든 정다면체의 각 면의 한가운데 점을 연결하여 만든 입체도형에 대한 설명으로 옳지 않은 것은?

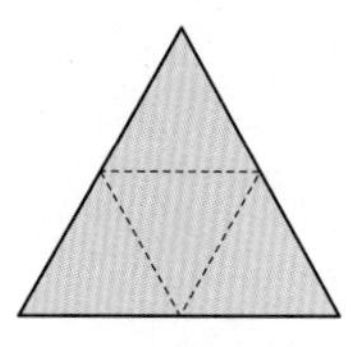

① 면의 모양은 정삼각형이다.
② 면의 개수는 4이다.
③ 꼭짓점의 개수는 4이다.
④ 모서리의 개수는 4이다.
⑤ 한 꼭짓점에 모인 면의 개수는 3이다.

유형 10 정다면체의 단면 개념 3

29 대표문제

오른쪽 그림의 전개도로 만든 정다면체를 세 점 A, F, L을 지나는 평면으로 자를 때 생기는 단면의 모양은?

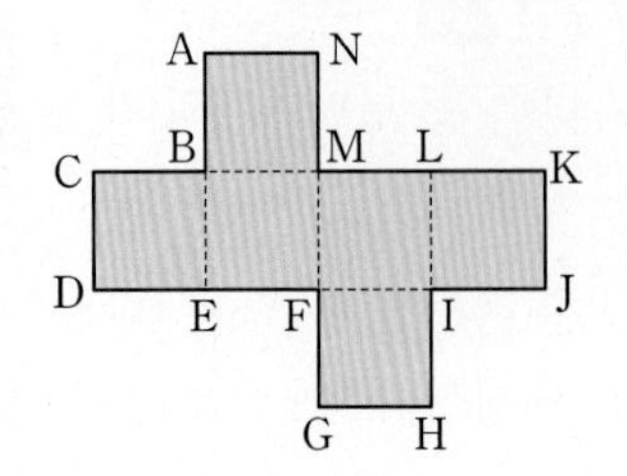

① 직각삼각형 ② 정삼각형
③ 직사각형 ④ 오각형
⑤ 육각형

30 서술형

오른쪽 그림과 같은 정사면체를 $\overline{AB}$, $\overline{BC}$, $\overline{BD}$의 중점 E, F, G를 지나는 평면으로 자를 때 생기는 단면에서 $\angle EFG$의 크기를 구하시오.

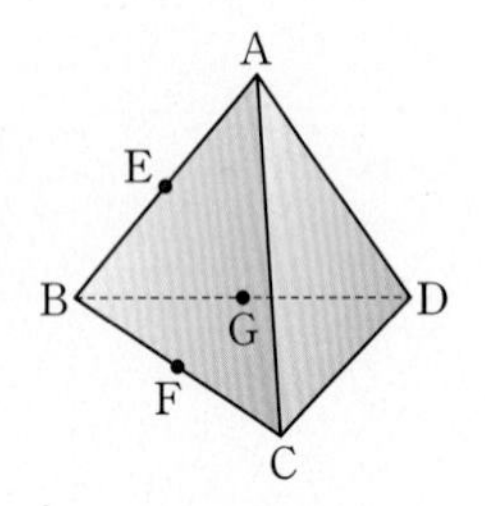

31

다음 중 정육면체를 한 평면으로 자를 때 생기는 단면의 모양이 될 수 없는 것은?

① 이등변삼각형 ② 직각삼각형 ③ 직사각형
④ 오각형 ⑤ 육각형

유형 11 회전체 개념 4

32 대표문제

다음 중 회전체를 모두 고르면? (정답 2개)

① 정팔면체 ② 원뿔 ③ 오각뿔
④ 삼각뿔대 ⑤ 원뿔대

33 중요

다음 중 회전축을 갖는 입체도형이 아닌 것은?

① 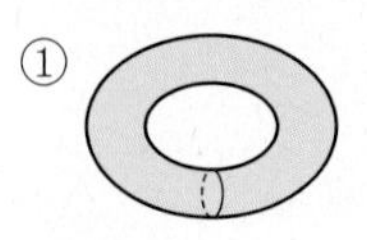
② 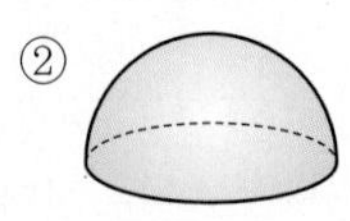
③  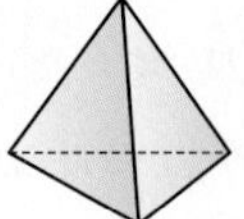
④ 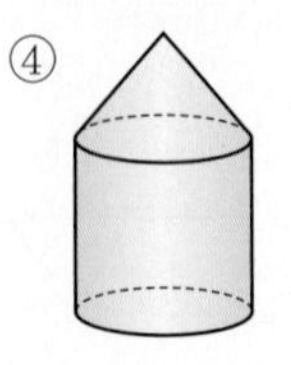
⑤ 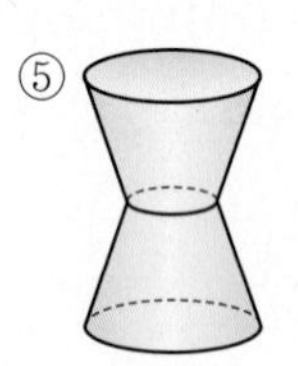

34

다음 **보기** 중 회전체를 모두 고르시오.

보기

ㄱ. 사각기둥 ㄴ. 정육면체 ㄷ. 구
ㄹ. 원 ㅁ. 원뿔 ㅂ. 육각뿔대

집중

유형 12 평면도형과 회전체 개념 4

35 대표문제

오른쪽 그림과 같은 입체도형은 다음 중 어느 도형을 회전시킨 것인가?

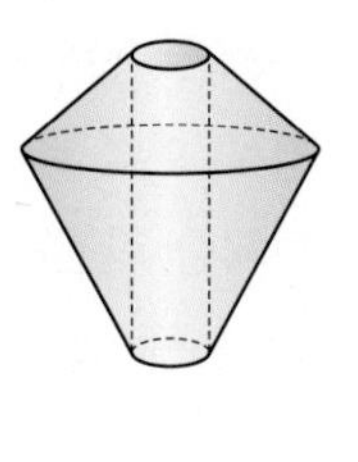

① 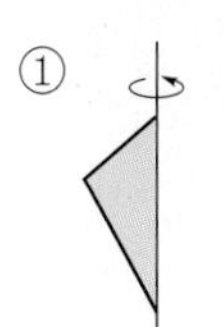
② 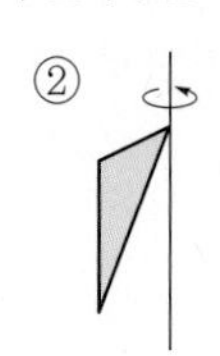
③ 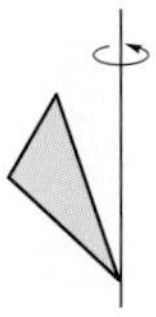
④ 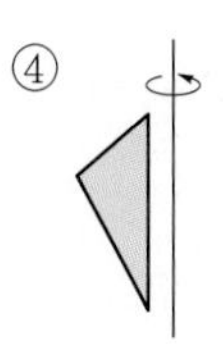
⑤ 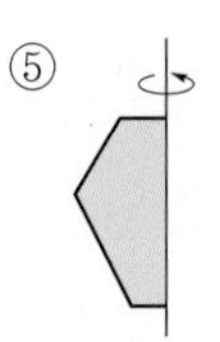

36

다음 중 평면도형을 1회전 시킬 때 생기는 입체도형으로 옳지 않은 것은?

① 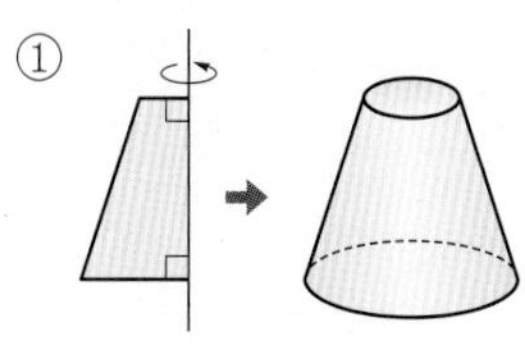
② 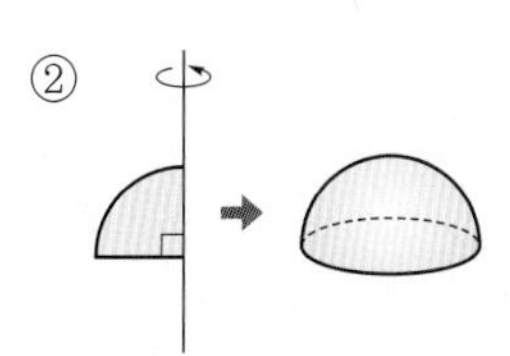
③ 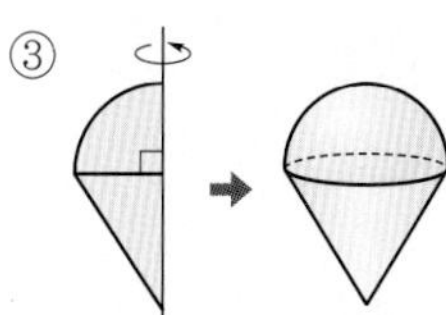
④ 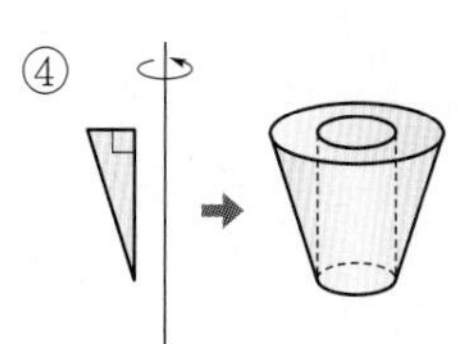
⑤ 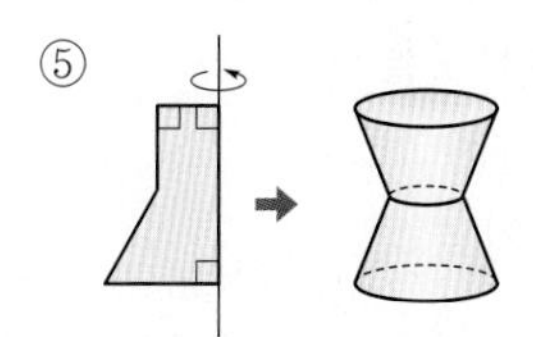

유형 13 회전축 개념 4

37 대표문제

오른쪽 그림과 같은 △ABC를 1회전 시켜서 원뿔을 만들 때, 다음 **보기** 중 회전축이 될 수 있는 것을 모두 고르시오.

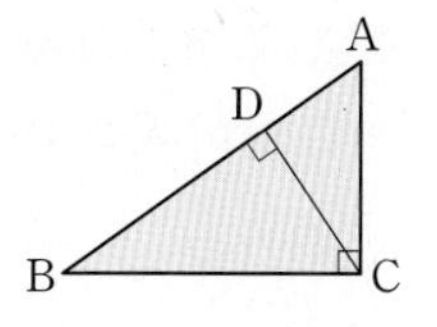

보기

ㄱ. $\overline{AB}$ ㄴ. $\overline{AC}$
ㄷ. $\overline{BC}$ ㄹ. $\overline{CD}$

38

다음 중 오른쪽 그림과 같은 사각형 ABCD를 사각형의 어느 한 변을 회전축으로 하여 1회전 시킬 때 생기는 입체도형인 것을 모두 고르면? (정답 2개)

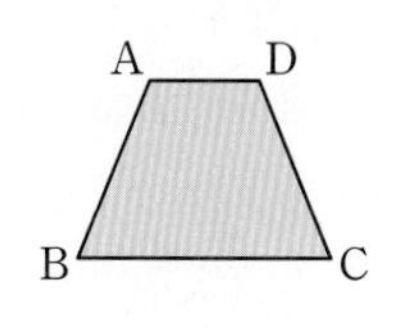

① 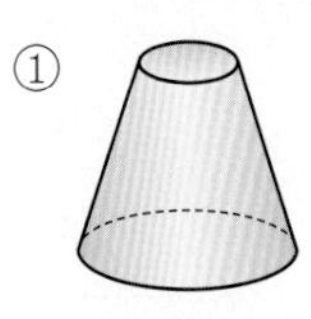
② 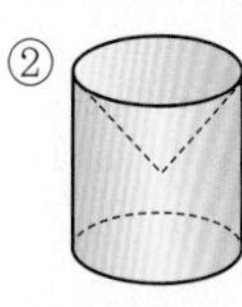
③ 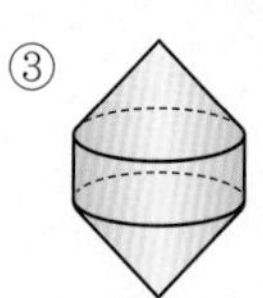
④ 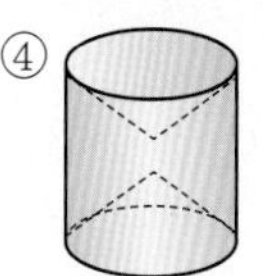
⑤ 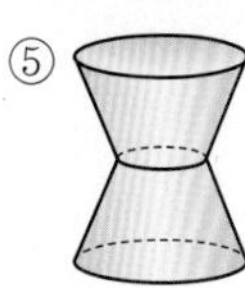

39

다음 중 오른쪽 그림과 같은 사다리꼴 ABCD를 직선 l을 회전축으로 하여 1회전 시킬 때 생기는 입체도형은?

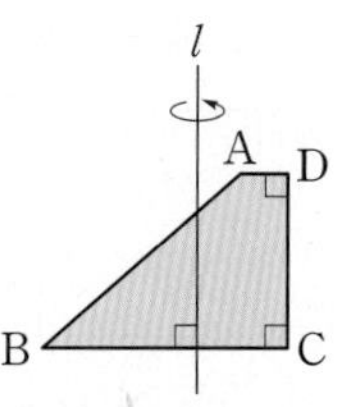

① 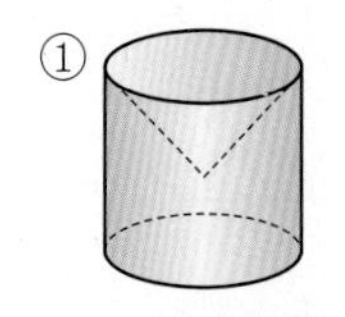
② 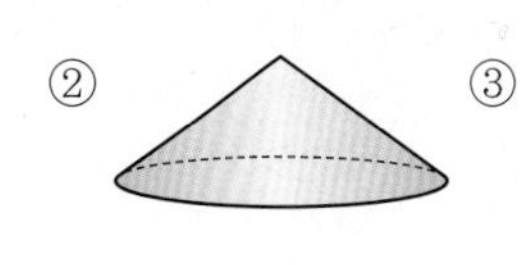
③ 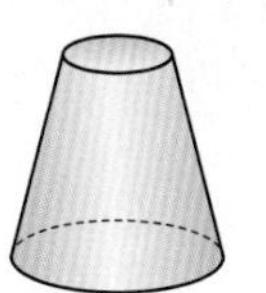
④ 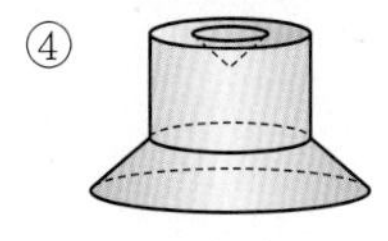
⑤ 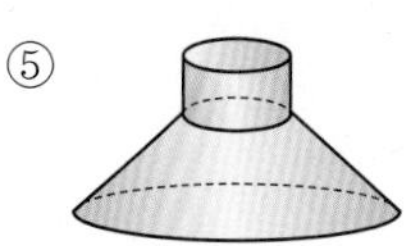

집중
유형 14 회전체의 단면의 모양 개념5

40 대표문제

다음 중 회전축을 포함하는 평면으로 자를 때 생기는 단면의 모양이 사각형인 것을 모두 고르면? (정답 2개)

① 원기둥 ② 원뿔 ③ 원뿔대
④ 구 ⑤ 반구

41

다음 중 회전축에 수직인 평면으로 자를 때 생기는 단면이 항상 합동인 회전체는?

① 구 ② 반구 ③ 원뿔
④ 원기둥 ⑤ 원뿔대

42

다음 중 오른쪽 그림의 원기둥을 평면 ①, ②, ③, ④, ⑤로 자를 때 생기는 단면의 모양으로 옳지 않은 것은?

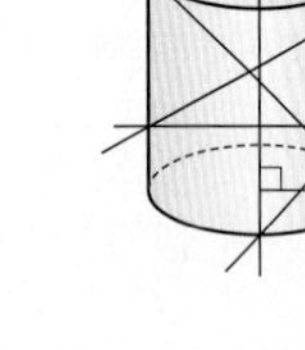

① 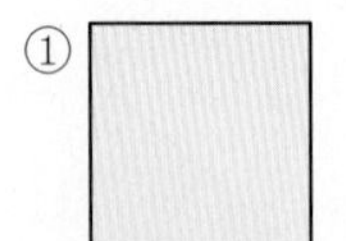
② 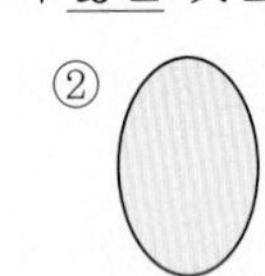
③ 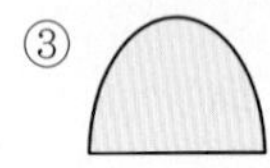
④ 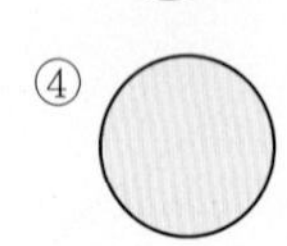
⑤ 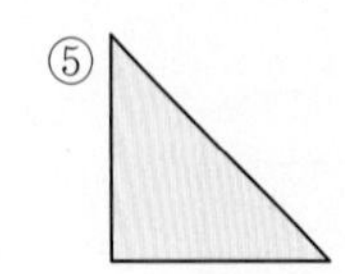

집중
유형 15 회전체의 단면의 넓이와 둘레의 길이 개념5

43 대표문제

오른쪽 그림과 같은 △ABC를 $\overline{AB}$를 회전 축으로 하여 1회전 시킬 때 생기는 회전체를 회전축을 포함하는 평면으로 잘랐다. 이때 생기는 단면의 넓이를 구하시오.

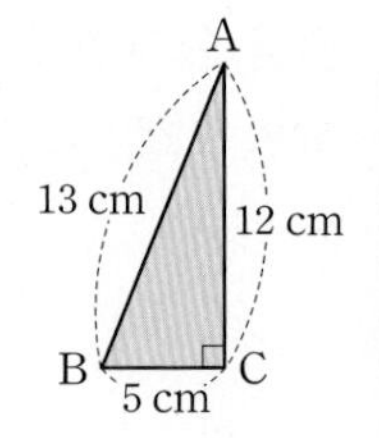

중요
44

오른쪽 그림과 같은 평면도형을 직선 l을 회전축으로 하여 1회전 시킬 때 생기는 회전체를 회전축을 포함하는 평면으로 잘랐다. 이때 생기는 단면의 둘레의 길이는?

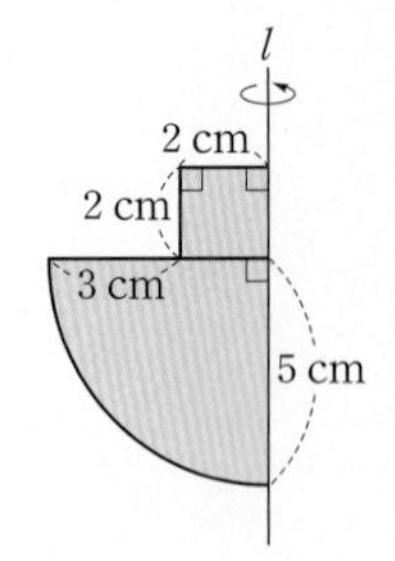

① $(5\pi+14)$ cm ② $(5\pi+20)$ cm
③ $(7\pi+14)$ cm ④ $(7\pi+20)$ cm
⑤ $(10\pi+5)$ cm

45 서술형

오른쪽 그림과 같은 평면도형을 직선 l을 회전축으로 하여 1회전 시킬 때 생기는 회전체를 회전축에 수직인 평면으로 자르려고 한다. 이때 생기는 단면 중 넓이가 가장 큰 단면의 넓이를 구하시오.

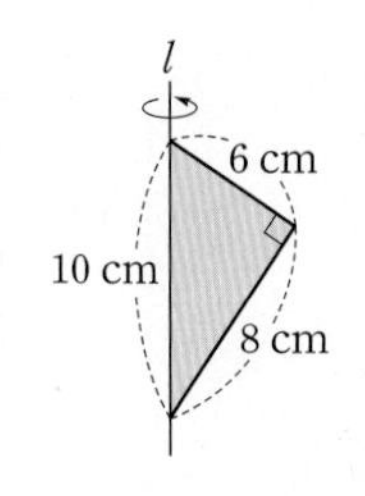

집중

유형 16 회전체의 전개도 개념6

46 대표문제

다음 그림과 같이 직사각형을 직선 l을 회전축으로 하여 1 회전 시킬 때 생기는 회전체의 전개도에서 $a+b+c$의 값을 구하시오.

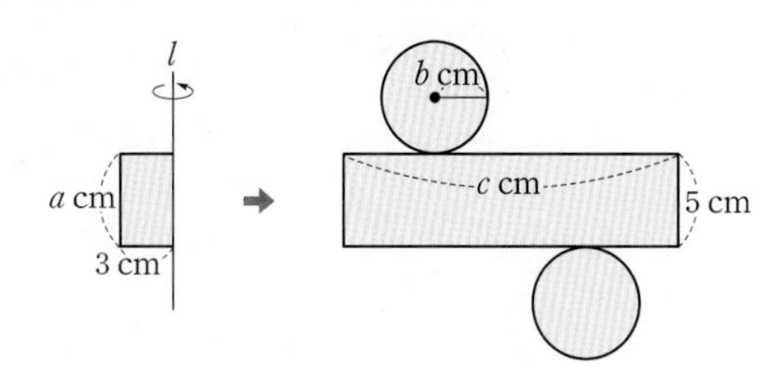

47 서술형

오른쪽 그림과 같은 원뿔이 있다. 이 원뿔의 전개도에서 부채꼴의 넓이를 구하시오.

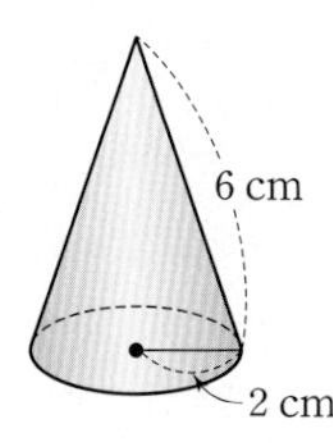

48

오른쪽 그림과 같이 원뿔대 위의 점 A에서 실로 원뿔대를 한 바퀴 감아 다시 점 A에 오도록 하였다. 실의 길이가 가장 짧게 되는 경로를 전개도 위에 나타낸 것으로 옳은 것은?

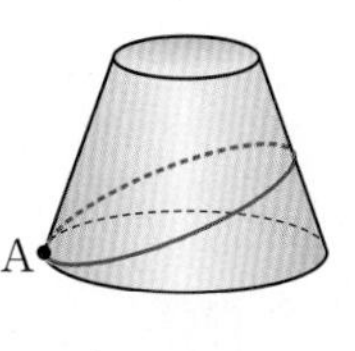

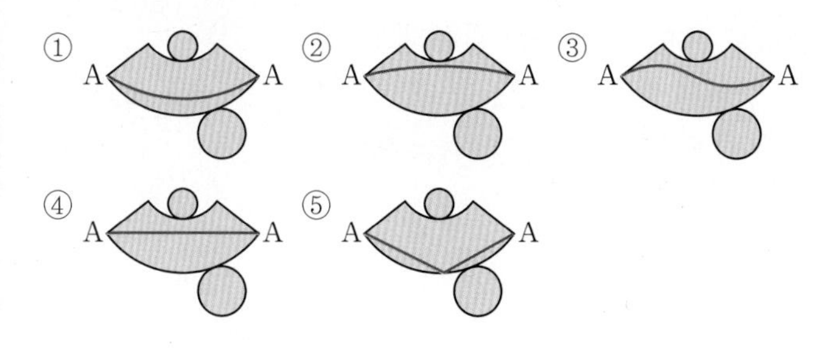

유형 17 회전체의 이해 개념4~6

49 대표문제

다음 **보기** 중 회전체에 대한 설명으로 옳은 것을 모두 고르시오.

보기

ㄱ. 원기둥을 회전축에 수직인 평면으로 자를 때 생기는 단면은 모두 합동이다.

ㄴ. 원뿔을 회전축을 포함하는 평면으로 자를 때 생기는 단면의 모양은 직각삼각형이다.

ㄷ. 구의 회전축은 무수히 많다.

ㄹ. 모든 회전체는 전개도를 그릴 수 있다.

50

다음 중 원뿔대에 대한 설명으로 옳지 않은 것을 모두 고르면? (정답 2개)

① 회전체이다.

② 두 밑면은 서로 합동이다.

③ 전개도를 그릴 수 있다.

④ 회전축에 수직인 평면으로 자를 때 생기는 단면은 합동인 원이다.

⑤ 회전축을 포함하는 평면으로 자를 때 생기는 단면의 모양은 사다리꼴이다.

[유형북] Real 실전 유형에서 틀린 문제를 체크해 보세요.

집중

유형 01 각기둥의 겉넓이 개념 1

01 대표문제

오른쪽 그림과 같은 사각형을 밑면으로 하는 사각기둥의 높이가 5 cm일 때, 이 사각기둥의 겉넓이는?

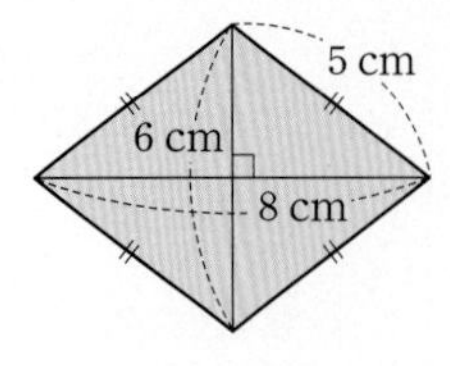

① 144 cm² ② 148 cm² ③ 152 cm² ④ 156 cm² ⑤ 160 cm²

02

다음 그림과 같은 전개도 만든 사각기둥의 겉넓이는?

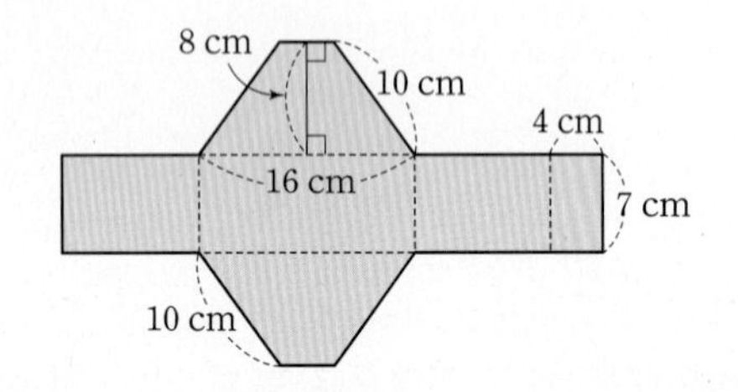

① 420 cm² ② 430 cm² ③ 440 cm² ④ 450 cm² ⑤ 460 cm²

03 서술형

오른쪽 그림과 같은 사각기둥의 겉넓이가 126 cm²일 때, a의 값을 구하시오.

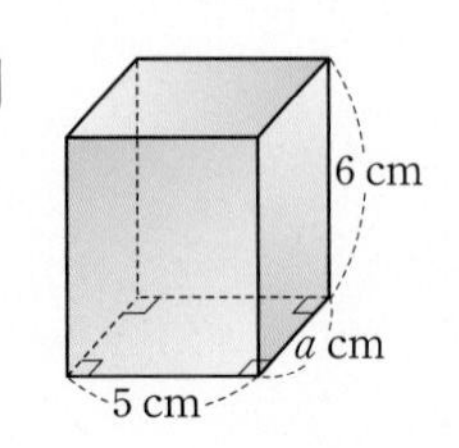

집중

유형 02 원기둥의 겉넓이 개념 1

04 대표문제

오른쪽 그림과 같은 전개도로 만든 원기둥의 겉넓이를 구하시오.

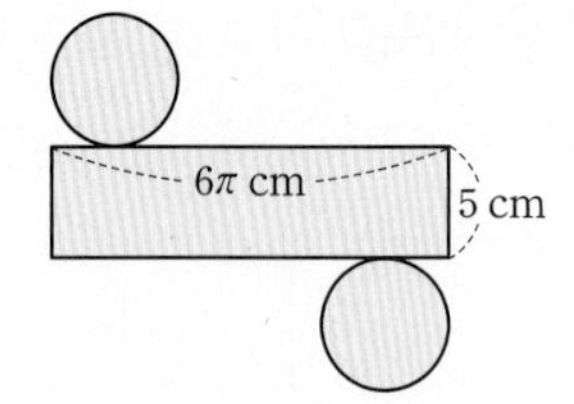

05

오른쪽 그림과 같은 직사각형을 직선 l을 회전축으로 하여 1회전 시킬 때 생기는 회전체의 겉넓이가 130π cm²일 때, h의 값은?

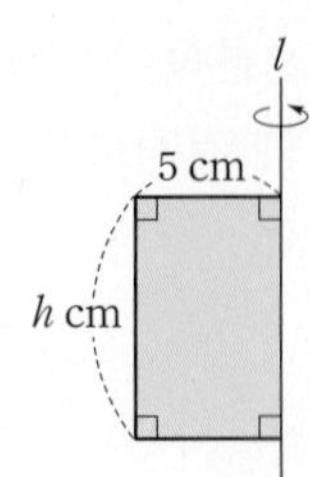

① 6 ② 7 ③ 8 ④ 9 ⑤ 10

중요

06

오른쪽 그림과 같은 원기둥 모양의 롤러로 벽에 페인트를 칠하려고 한다. 롤러를 두 바퀴 굴렸을 때, 페인트가 칠해지는 부분의 넓이를 구하시오.

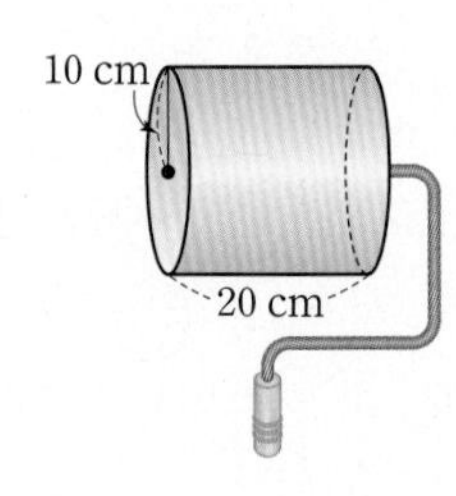

집중
유형 03 각기둥의 부피 개념2

07 대표문제

오른쪽 그림과 같은 사각기둥의 부피는?

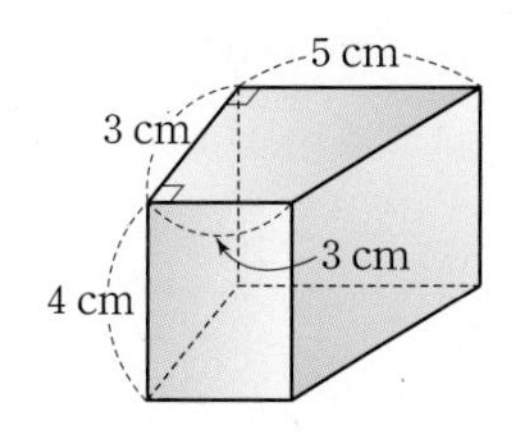

① 48 cm^3 ② 50 cm^3
③ 52 cm^3 ④ 54 cm^3
⑤ 56 cm^3

08

오른쪽 그림과 같은 전개도로 만든 사각기둥의 부피를 구하시오.

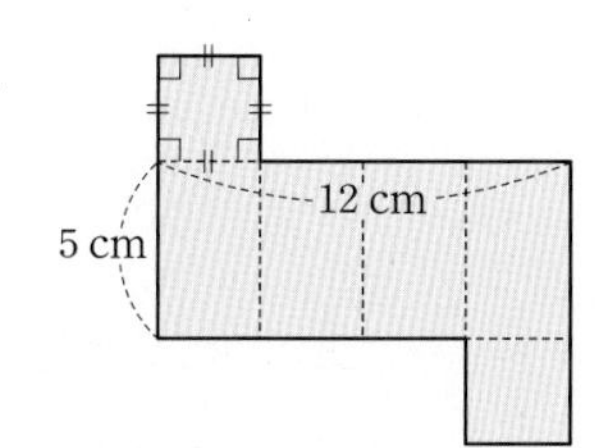

09

겉넓이가 150 cm^2인 정육면체의 부피는?

① 105 cm^3 ② 110 cm^3 ③ 115 cm^3
④ 120 cm^3 ⑤ 125 cm^3

10

오른쪽 그림과 같은 오각형을 밑면으로 하는 오각기둥의 높이가 9 cm일 때, 이 오각기둥의 부피를 구하시오.

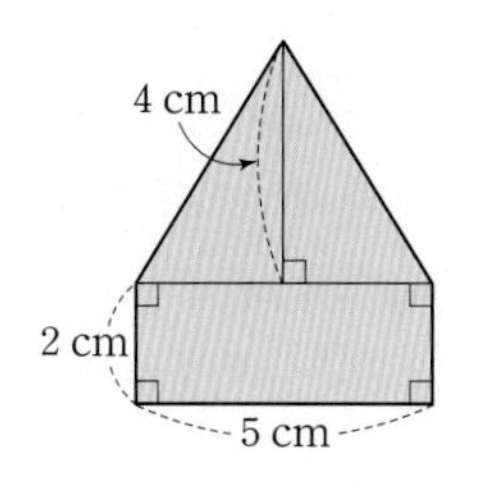

집중
유형 04 원기둥의 부피 개념2

11 대표문제

밑면인 원의 반지름의 길이가 4 cm인 원기둥의 옆넓이가 $40\pi\text{ cm}^2$일 때, 이 원기둥의 부피를 구하시오.

12 중요

오른쪽 그림과 같은 직사각형 ABCD를 $\overline{AD}$를 회전축으로 하여 1회전 시킬 때 생기는 회전체의 부피를 구하시오.

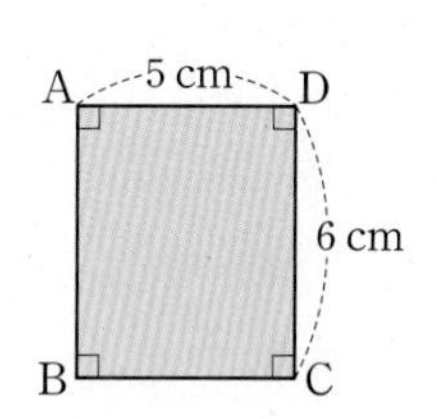

13

오른쪽 그림은 밑면인 원의 반지름의 길이가 서로 다르고 높이가 4 cm로 같은 원기둥 3개를 밑면의 중심이 일치하도록 쌓아서 만든 입체도형이다. 이 입체도형의 부피를 구하시오.

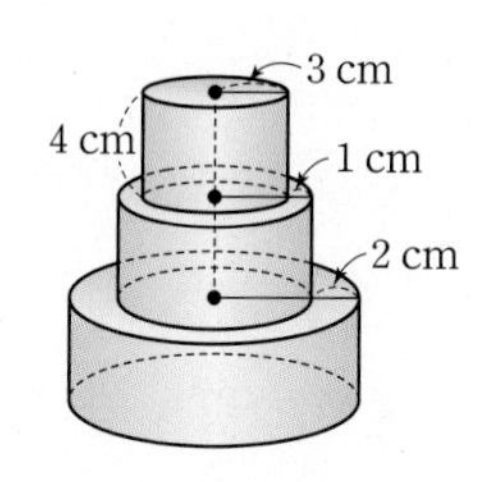

14 서술형

다음 그림과 같이 원기둥 모양의 두 그릇 A, B가 있다. 그릇 A에 물을 가득 담아 그릇 B에 8번 옮겨 담았더니 그릇 B에 물이 가득 채워졌다. 이때 h의 값을 구하시오.

(단, 그릇의 두께는 생각하지 않는다.)

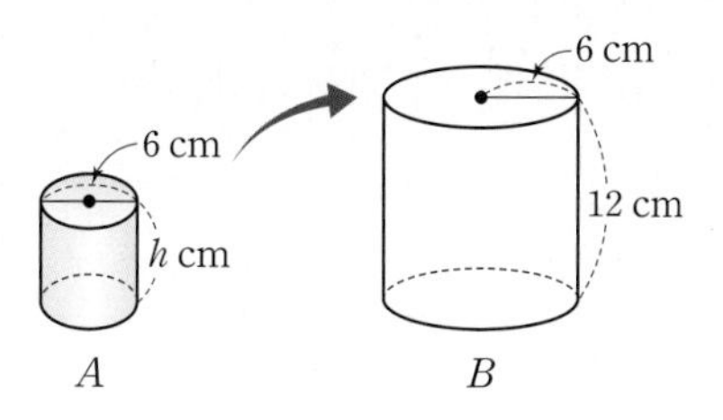

집중

유형 05 밀면이 부채꼴인 기둥의 겉넓이와 부피 개념 1, 2

15 대표문제

오른쪽 그림과 같이 밑면이 부채꼴인 기둥의 겉넓이를 구하시오.

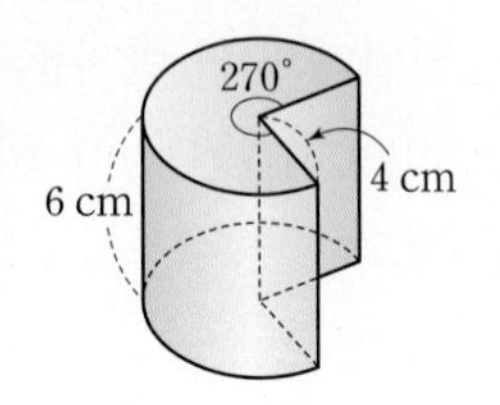

16

오른쪽 그림과 같이 밑면이 부채꼴인 기둥의 부피가 15π cm^{3}일 때, h의 값을 구하시오.

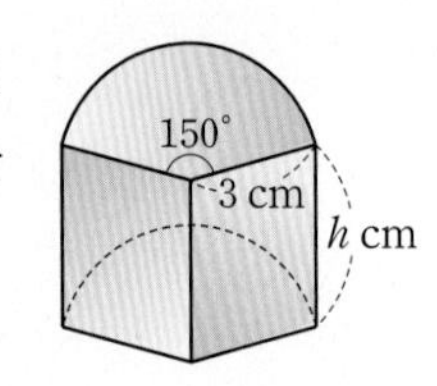

17

오른쪽 그림과 같이 원기둥을 잘라서 밑면이 부채꼴인 두 기둥으로 나누었다. 큰 기둥의 부피가 24π cm^{3}일 때, 작은 기둥의 부피를 구하시오.

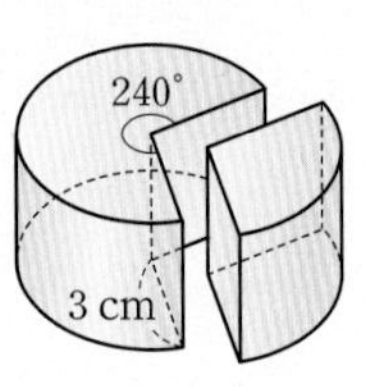

중요

18

오른쪽 그림과 같이 밑면이 반원인 기둥의 부피가 72π cm^{3}일 때, 이 기둥의 겉넓이를 구하시오.

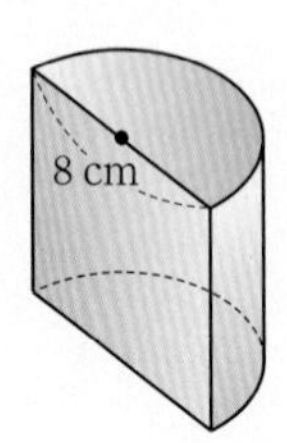

유형 06 구멍이 뚫린 기둥의 겉넓이와 부피 개념 1, 2

19 대표문제

오른쪽 그림과 같이 구멍이 뚫린 입체도형의 부피를 구하시오.

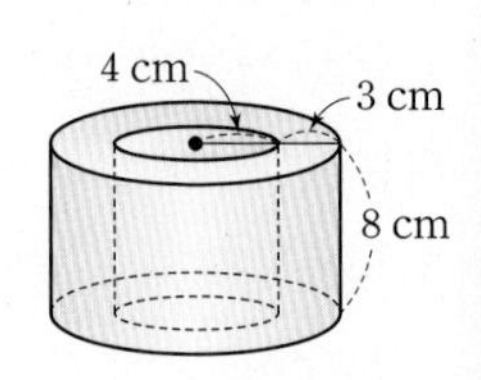

20

오른쪽 그림과 같이 구멍이 뚫린 입체도형의 겉넓이를 구하시오.

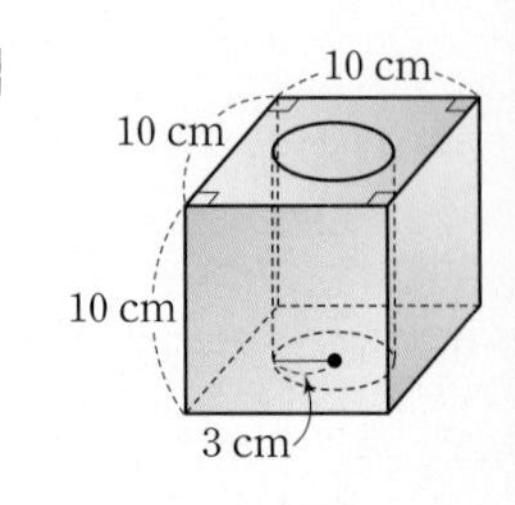

21

다음 [그림 1], [그림 2]는 어떤 회전체를 회전축에 수직인 평면과 회전축을 포함하는 평면으로 자를 때 생기는 단면이다. 이 회전체의 겉넓이를 구하시오.

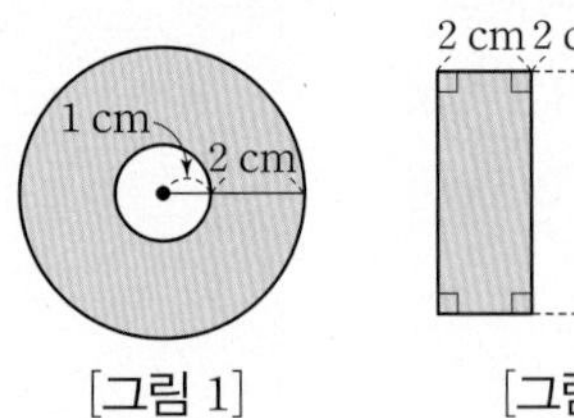

[그림 1]

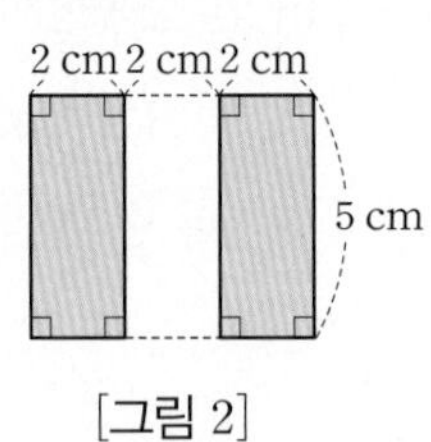

[그림 2]

22 서술형

오른쪽 그림과 같이 구멍이 뚫린 입체도형의 겉넓이를 a cm^2, 부피를 b cm^{3}라 할 때, $b-a$의 값을 구하시오.

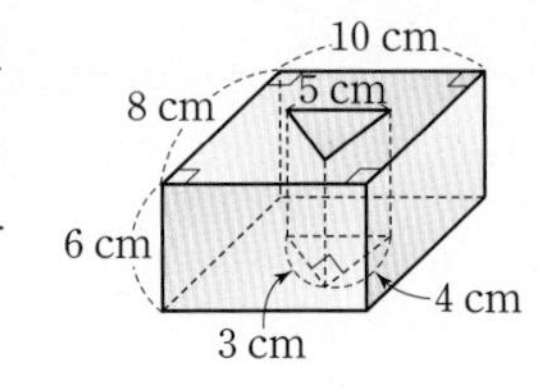

유형 07 잘라 낸 기둥의 겉넓이와 부피 개념 1, 2

23 대표문제

오른쪽 그림은 직육면체에서 작은 직육면체를 잘라 낸 입체도형이다. 이 입체도형의 겉넓이를 구하시오.

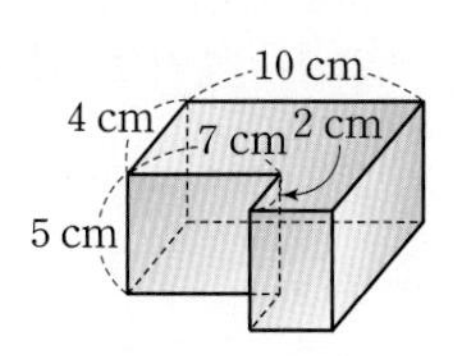

24

오른쪽 그림은 한 모서리의 길이가 8 cm인 정육면체에서 작은 직육면체를 잘라 낸 입체도형이다. 이 입체도형의 겉넓이를 구하시오.

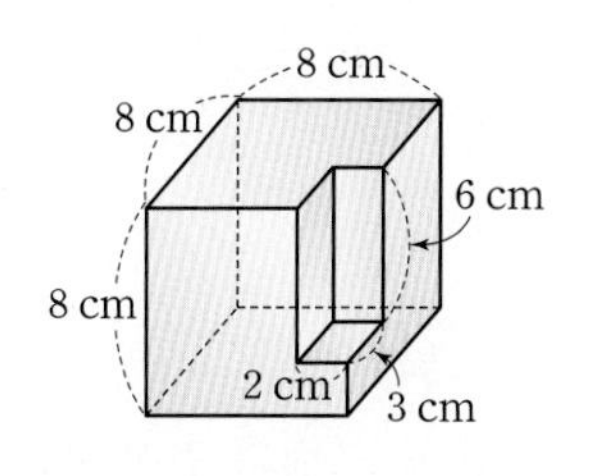

25 서술형

오른쪽 그림은 직육면체에서 밑면이 부채꼴인 기둥을 잘라 낸 입체도형이다. 다음을 구하시오.

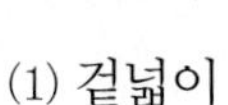

(1) 겉넓이

(2) 부피

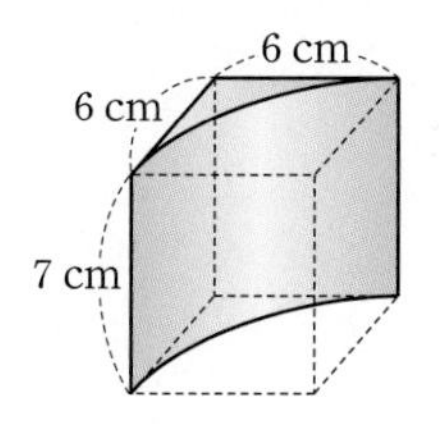

26

오른쪽 그림과 같이 밑면인 원의 지름의 길이가 10 cm인 원기둥을 비스듬히 자른 입체도형의 부피를 구하시오.

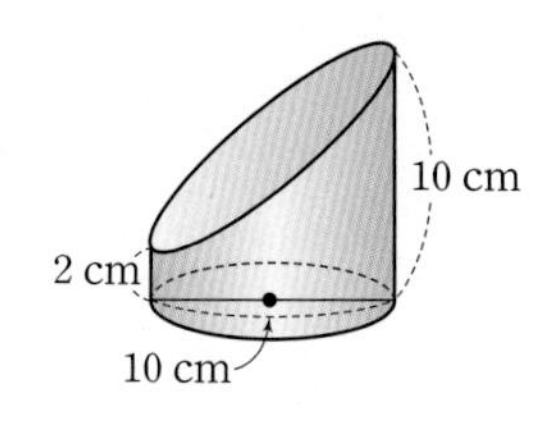

집중

유형 08 각뿔의 겉넓이 개념 3

27 대표문제

오른쪽 그림과 같이 밑면이 정사각형이고 옆면이 모두 합동인 이등변삼각형으로 이루어진 사각뿔의 겉넓이를 구하시오.

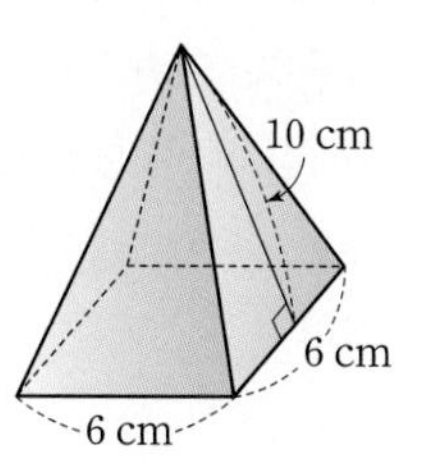

28

오른쪽 그림과 같은 전개도로 만든 사각뿔의 겉넓이는?

① 45 cm^2　② 55 cm^2
③ 65 cm^2　④ 75 cm^2
⑤ 85 cm^2

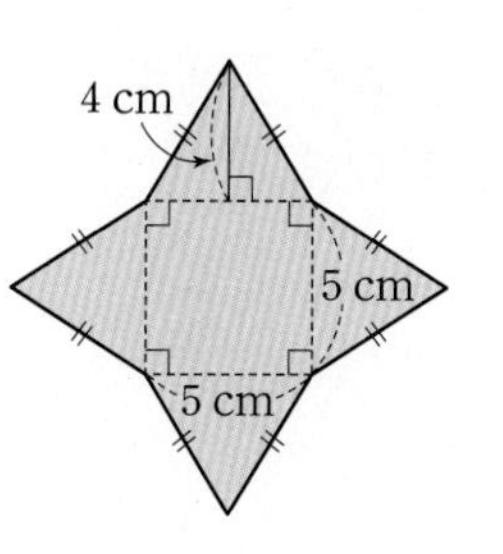

중요

29

오른쪽 그림과 같은 사각뿔의 겉넓이가 189 cm^2일 때, x의 값을 구하시오.

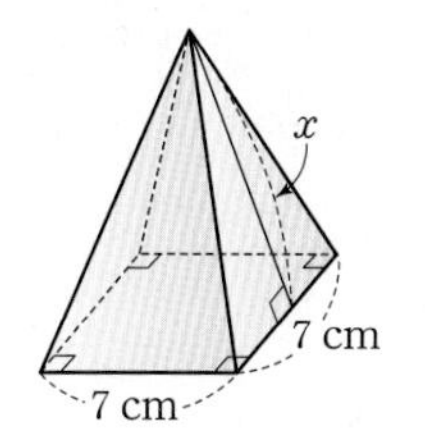

30

오른쪽 그림과 같이 밑면이 정오각형인 오각뿔 두 개를 붙여서 만든 입체도형의 겉넓이를 구하시오.

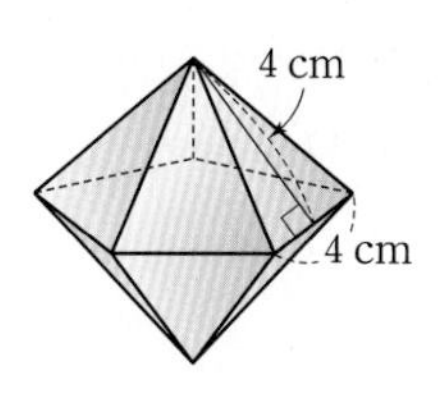

집중

유형 09 원뿔의 겉넓이 개념3

31 대표문제

오른쪽 그림과 같이 밑면인 원의 반지름의 길이가 2 cm인 원뿔의 겉넓이가 14π cm^{2}일 때, 이 원뿔의 모선의 길이를 구하시오.

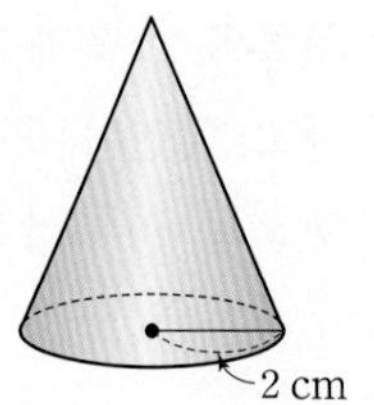

32

오른쪽 그림과 같은 원뿔의 겉넓이를 구하시오.

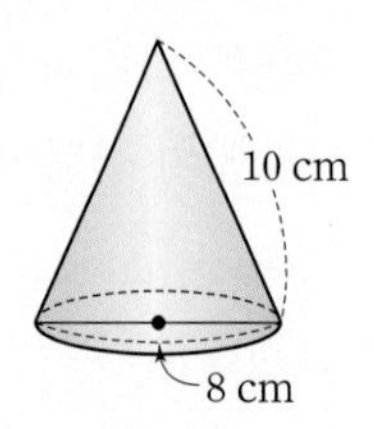

중요

33

오른쪽 그림과 같은 전개도로 만든 원뿔의 겉넓이를 구하시오.

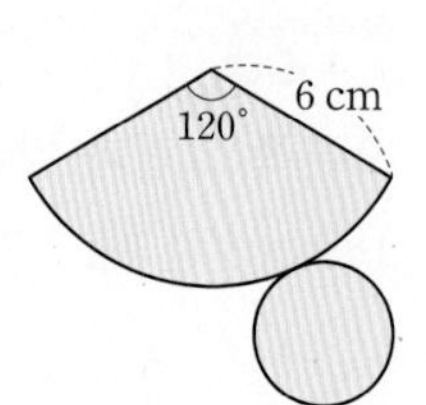

34 서술형

오른쪽 그림과 같은 전개도로 만든 원뿔의 겉넓이가 133π cm^{2}일 때, x의 값을 구하시오.

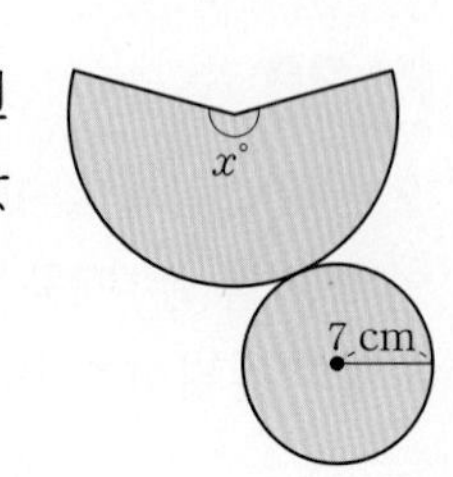

유형 10 뿔대의 겉넓이 개념3

35 대표문제

오른쪽 그림과 같은 원뿔대의 겉넓이는?

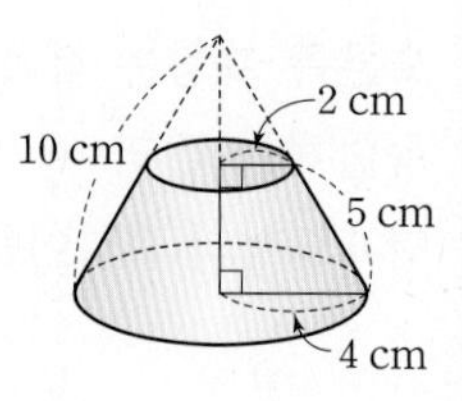

① 35π cm^2 ② 40π cm^2
③ 45π cm^2 ④ 50π cm^2
⑤ 55π cm^2

36

오른쪽 그림과 같은 사각뿔대의 겉넓이는?

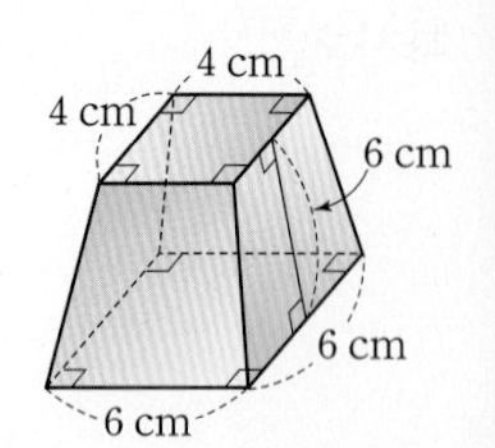

① 170 cm^2 ② 172 cm^2
③ 174 cm^2 ④ 176 cm^2
⑤ 178 cm^2

37

오른쪽 그림과 같은 입체도형의 겉넓이를 구하시오.

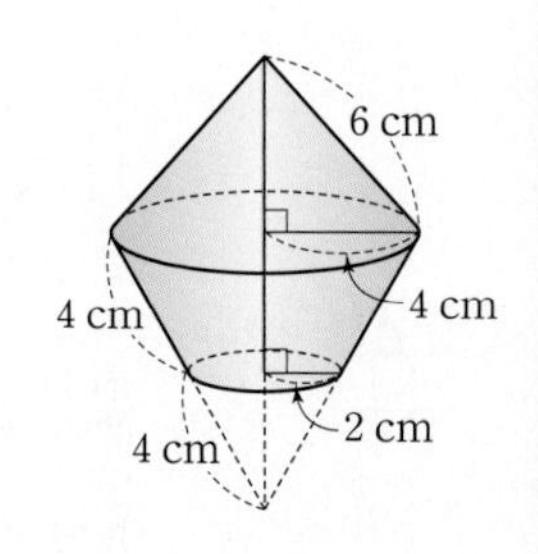

집중

유형 11 각뿔의 부피 개념 4

38 대표문제

오른쪽 그림과 같은 사각뿔의 부피가 135 cm^3일 때, 이 사각뿔의 높이는?

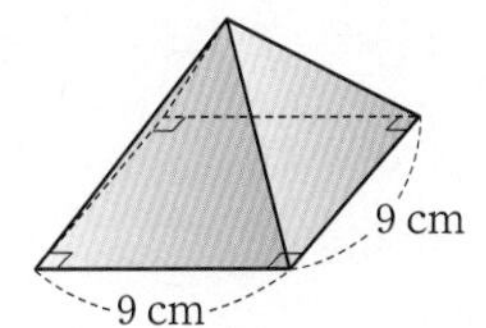

① 4 cm ② $\frac{9}{2}$ cm

③ 5 cm ④ $\frac{11}{2}$ cm

⑤ 6 cm

39

오른쪽 그림과 같은 삼각뿔의 부피를 구하시오.

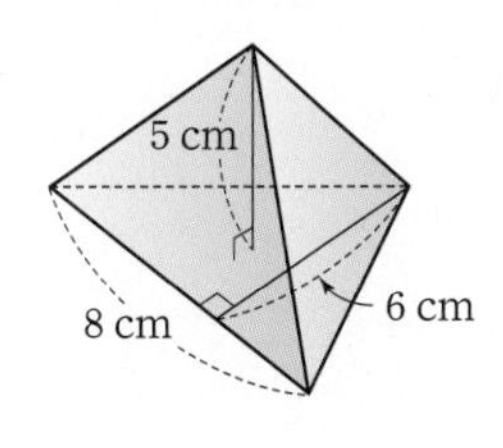

40

오른쪽 그림과 같이 밑면이 정사각형인 사각뿔대의 부피를 구하시오.

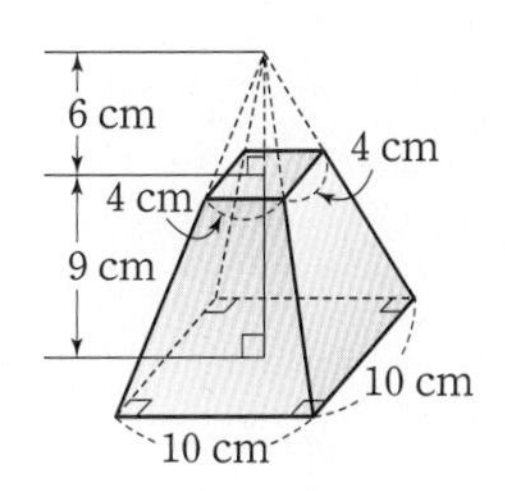

41

오른쪽 그림과 같은 삼각뿔대의 부피를 구하시오.

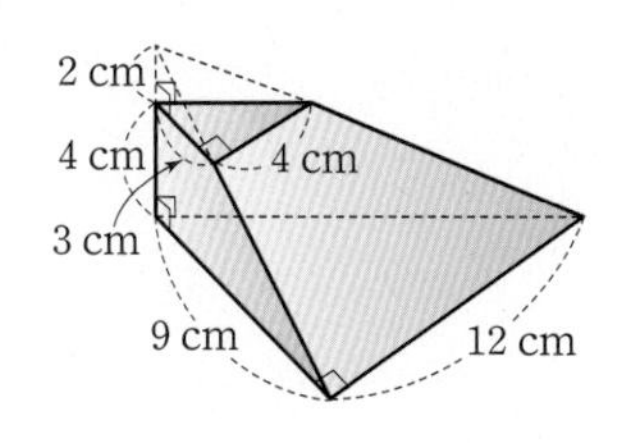

유형 12 각기둥에서 잘라 낸 각뿔의 부피 개념 4

42 대표문제

오른쪽 그림과 같이 직육면체를 세 꼭짓점 B, G, D를 지나는 평면으로 자를 때 생기는 삼각뿔 C−BGD의 부피를 구하시오.

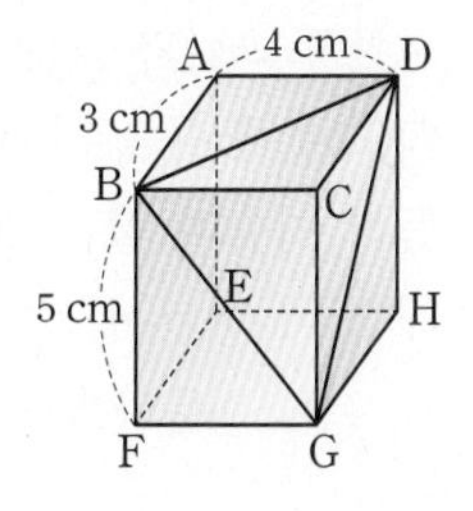

43

오른쪽 그림은 한 모서리의 길이가 6 cm인 정육면체에서 삼각뿔을 잘라 낸 것이다. 이 입체도형의 부피는?

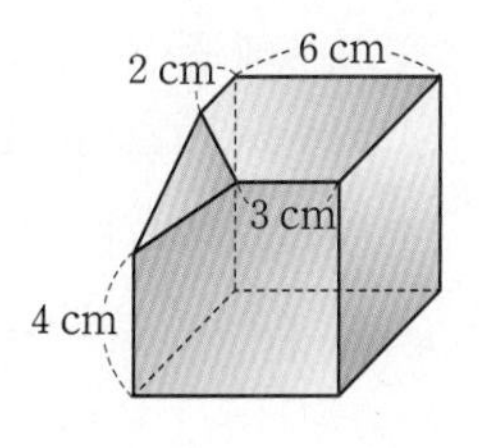

① 212 cm^3 ② 214 cm^3

③ 216 cm^3 ④ 218 cm^3

⑤ 220 cm^3

44 서술형

오른쪽 그림과 같이 정육면체를 두 꼭짓점 B, G와 $\overline{CD}$의 중점 M을 지나는 평면으로 자를 때 생기는 삼각뿔 C−BGM의 부피가 $\frac{128}{3}$ cm^3일 때, 정육면체의 한 모서리의 길이를 구하시오.

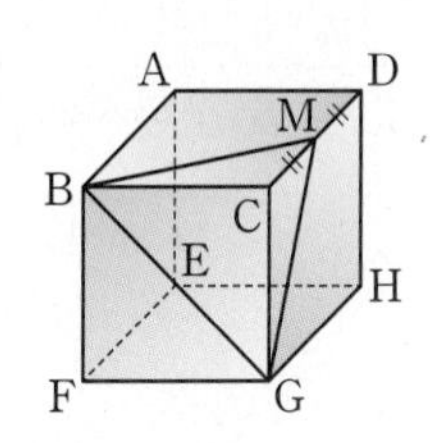

정답과 해설 104쪽 유형북 120쪽

유형 13 그릇에 담긴 물의 부피 개념 2, 4

45 대표문제

오른쪽 그림과 같은 직육면체 모양의 그릇에 물을 가득 채운 후 비스듬히 기울여 물을 흘려보냈다. 이때 남아 있는 물의 부피를 구하시오. (단, 그릇의 두께는 생각하지 않는다.)

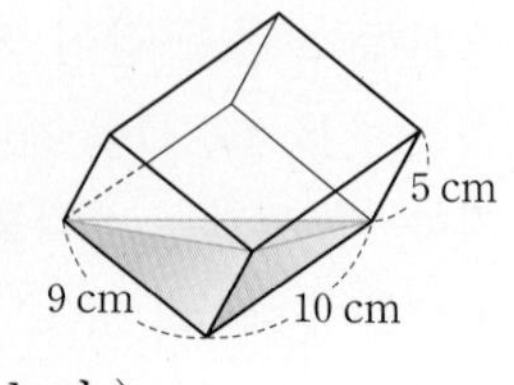

46

오른쪽 그림과 같은 직육면체 모양의 그릇에 물을 가득 채운 후 비스듬히 기울여 물을 흘려보냈다. 남아 있는 물의 부피가 70 cm^3일 때, x의 값은? (단, 그릇의 두께는 생각하지 않는다.)

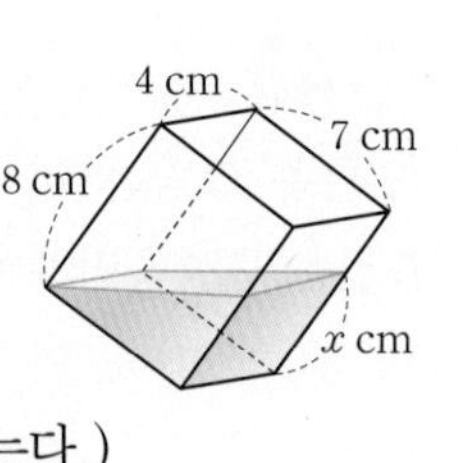

① 2　② 3　③ 4
④ 5　⑤ 6

47 서술형

다음 그림과 같이 물을 가득 채운 직육면체 모양의 그릇을 기울여 물을 흘려보낸 다음 그릇을 다시 바로 세웠을 때, x의 값을 구하시오. (단, 그릇의 두께는 생각하지 않는다.)

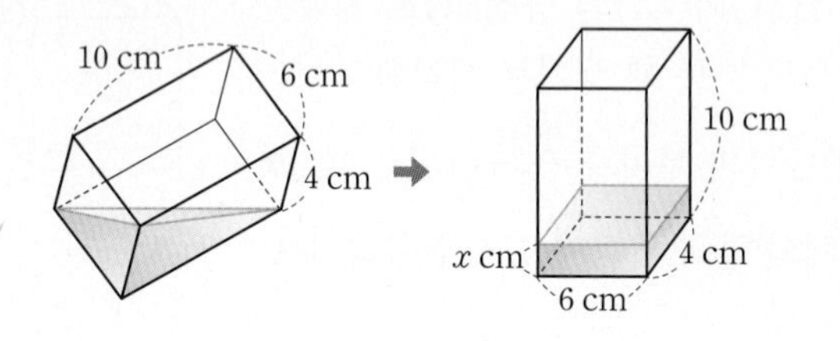

집중

유형 14 원뿔의 부피 개념 4

48 대표문제

오른쪽 그림과 같은 원뿔의 부피는?

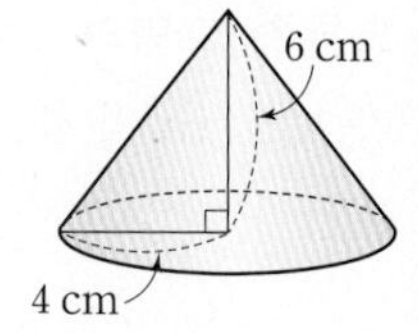

① $32\pi\text{ cm}^3$　② $34\pi\text{ cm}^3$
③ $36\pi\text{ cm}^3$　④ $38\pi\text{ cm}^3$
⑤ $40\pi\text{ cm}^3$

49

밑면인 원의 반지름의 길이가 6 cm인 원뿔의 부피가 $144\pi\text{ cm}^3$일 때, 이 원뿔의 높이를 구하시오.

50

오른쪽 그림과 같이 두 개의 원뿔을 붙여서 만든 입체도형의 부피를 구하시오.

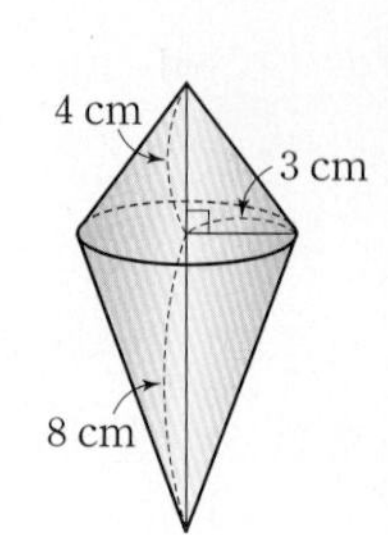

51

오른쪽 그림과 같은 원뿔대의 부피를 구하시오.

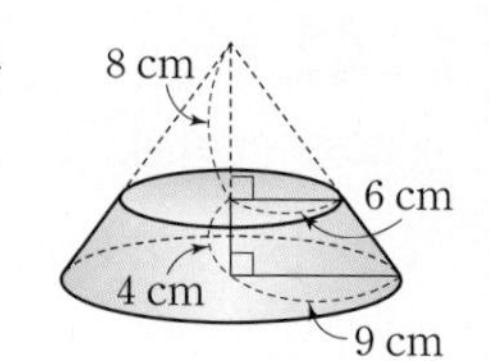

유형 15 회전체의 겉넓이와 부피; 원뿔, 원뿔대 개념 3, 4

52 대표문제

오른쪽 그림과 같은 직각삼각형 ABC를 $\overline{AC}$, $\overline{BC}$를 각각 회전축으로 하여 1회전 시킬 때 생기는 회전체의 부피를 P cm³, Q cm³라 할 때, $P:Q$는?

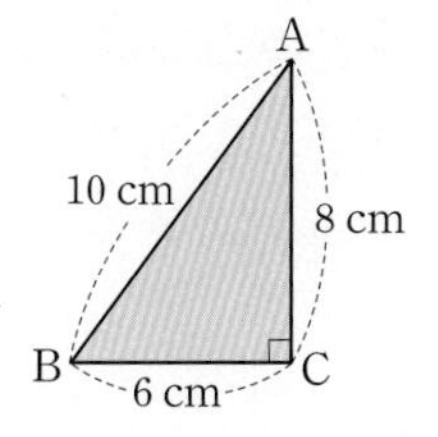

① 1 : 2　② 1 : 3　③ 2 : 3　④ 3 : 4　⑤ 3 : 5

중요

53

오른쪽 그림과 같은 사다리꼴을 직선 l을 회전축으로 하여 1회전 시킬 때 생기는 회전체에 대하여 다음을 구하시오.

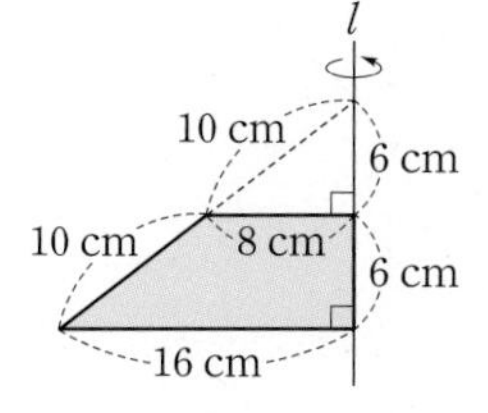

(1) 겉넓이
(2) 부피

54

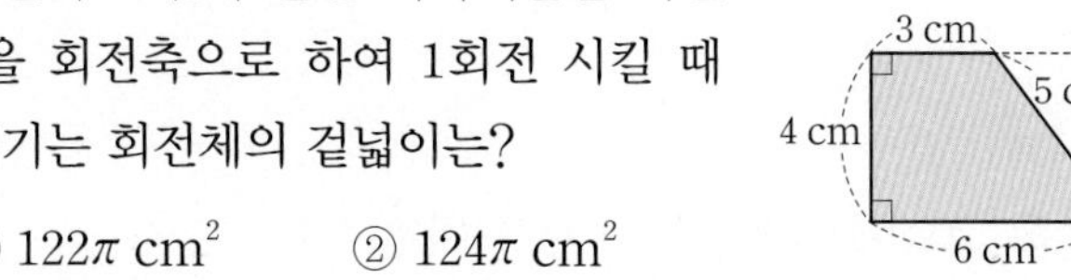

오른쪽 그림과 같은 사다리꼴을 직선 l을 회전축으로 하여 1회전 시킬 때 생기는 회전체의 겉넓이는?

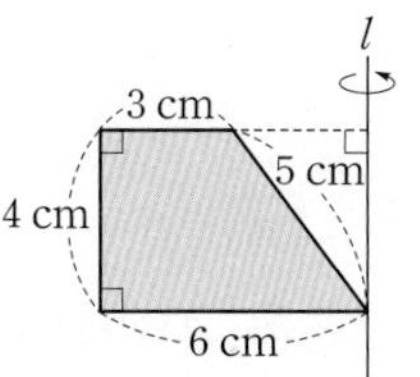

① 122π cm²　② 124π cm²　③ 126π cm²　④ 128π cm²　⑤ 130π cm²

집중

유형 16 구의 겉넓이 개념 5

55 대표문제

오른쪽 그림은 반지름의 길이가 2 cm인 구의 $\frac{3}{8}$을 잘라 낸 것이다. 이 입체도형의 겉넓이를 구하시오.

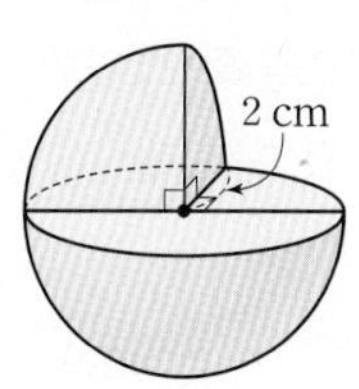

56

오른쪽 그림과 같이 반지름의 길이가 5 cm인 반구의 겉넓이를 구하시오.

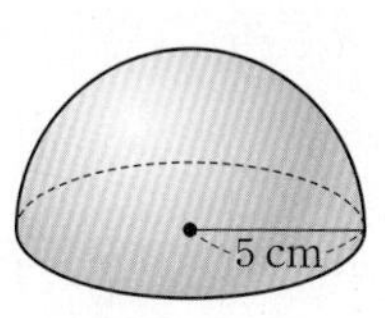

57

오른쪽 그림과 같은 입체도형의 겉넓이를 구하시오.

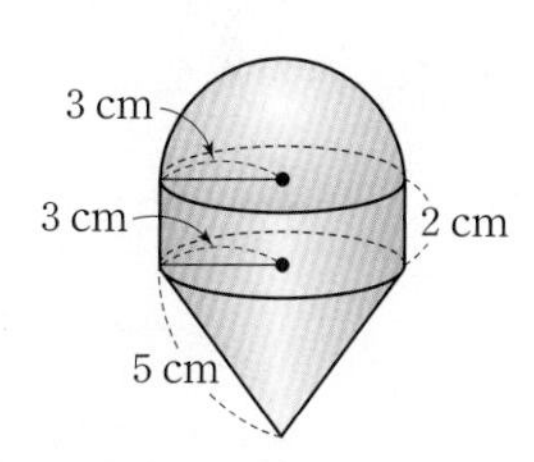

58 서술형

구를 한 평면으로 자를 때 생기는 단면 중 가장 큰 단면의 넓이가 36π cm²일 때, 이 구의 겉넓이를 구하시오.

집중

유형 17 구의 부피 개념 5

59 대표문제

오른쪽 그림과 같은 입체도형의 부피를 구하시오.

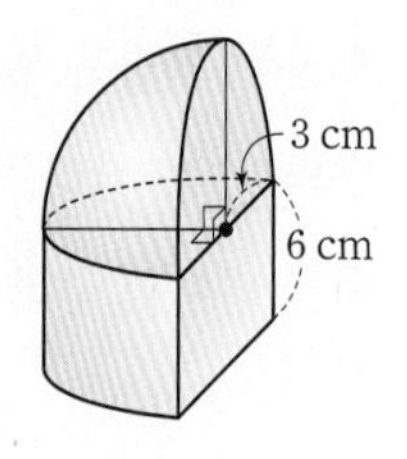

60

오른쪽 그림은 반지름의 길이가 6 cm 인 구의 $\frac{5}{8}$를 잘라 낸 것이다. 이 입체도형의 부피를 구하시오.

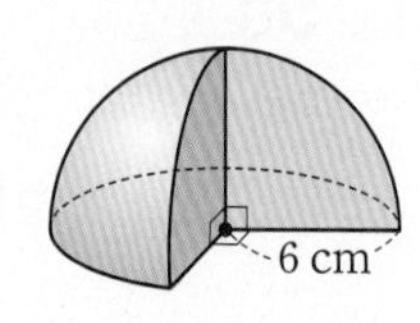

61 서술형

다음 그림과 같은 반구와 원뿔의 부피가 같을 때, 원뿔의 높이를 구하시오.

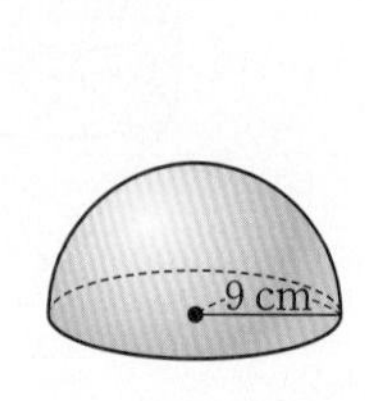

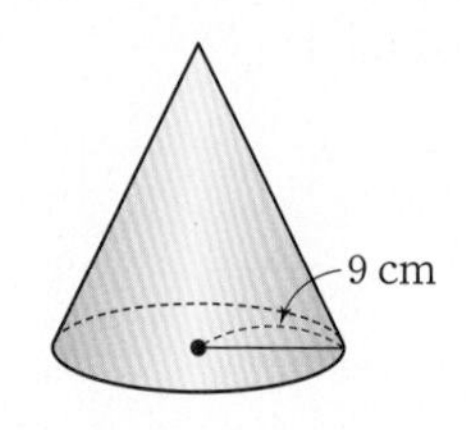

62

반지름의 길이가 9 cm인 구 모양의 쇠공을 녹여서 반지름의 길이가 3 cm인 구 모양의 쇠공을 만들려고 할 때, 최대 몇 개까지 만들 수 있는지 구하시오.

유형 18 회전체의 겉넓이와 부피; 구 개념 5

63 대표문제

오른쪽 그림에서 색칠한 부분을 직선 l을 회전축으로 하여 1회전 시킬 때 생기는 회전체의 부피를 구하시오.

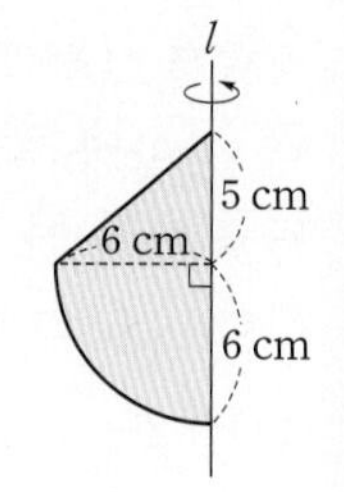

중요

64

오른쪽 그림과 같은 부채꼴을 직선 l을 회전축으로 하여 1회전 시킬 때 생기는 회전체의 겉넓이를 구하시오.

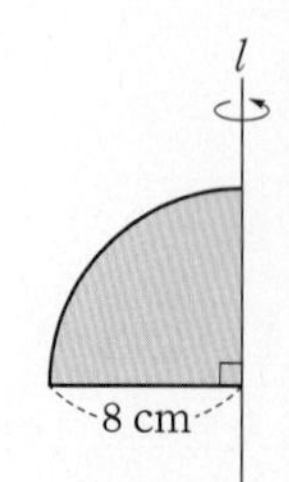

65

오른쪽 그림에서 색칠한 부분을 직선 l을 회전축으로 하여 1회전 시킬 때 생기는 회전체의 부피를 구하시오.

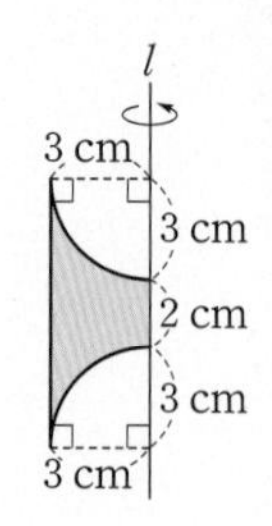

66

오른쪽 그림에서 색칠한 부분을 직선 l을 회전축으로 하여 1회전 시킬 때 생기는 회전체의 겉넓이를 구하시오.

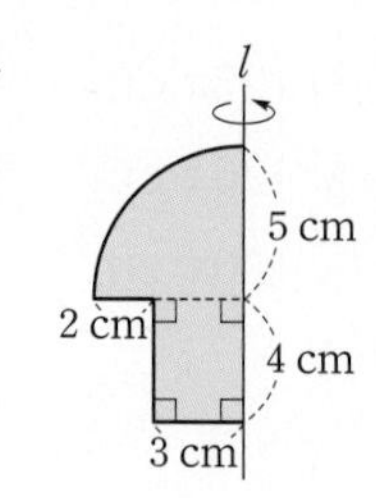

유형 19 원뿔, 구, 원기둥의 부피의 비 개념 2, 4, 5

67 대표문제

오른쪽 그림과 같이 원기둥 안에 구와 원뿔이 꼭 맞게 들어 있다. 원뿔의 부피가 $18\pi\ \text{cm}^3$일 때, 원기둥과 구의 부피의 합을 구하시오.

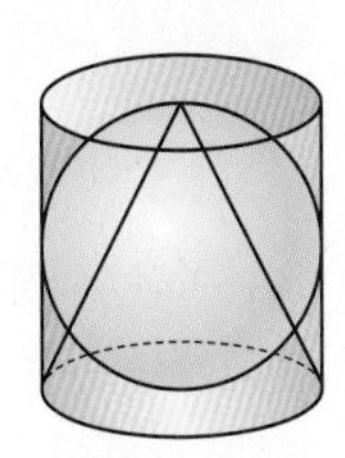

68

오른쪽 그림과 같이 원기둥 안에 구와 원뿔이 꼭 맞게 들어 있다. 원기둥의 부피가 $432\pi\ \text{cm}^3$일 때, 구의 부피를 구하시오.

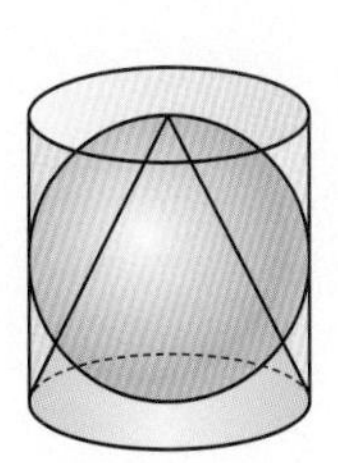

중요

69 서술형

오른쪽 그림과 같이 원기둥 모양의 통 안에 크기가 같은 공 3개가 꼭 맞게 들어 있다. 공 한 개의 부피가 $36\pi\ \text{cm}^3$일 때, 통의 부피를 구하시오.

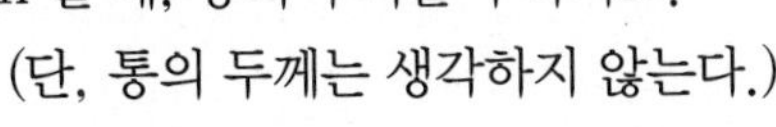

(단, 통의 두께는 생각하지 않는다.)

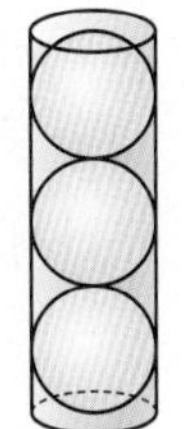

유형 20 입체도형에 꼭 맞게 들어 있는 입체도형 개념 2, 4, 5

70 대표문제

오른쪽 그림과 같이 반지름의 길이가 3 cm인 구 안에 정팔면체가 꼭 맞게 들어 있다. 이 정팔면체의 부피를 구하시오.

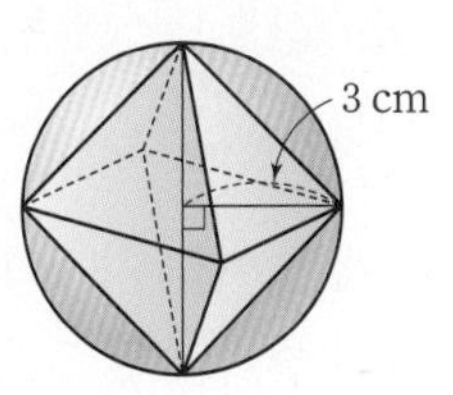

71

오른쪽 그림과 같이 정육면체 안에 구와 사각뿔이 꼭 맞게 들어 있다. 사각뿔의 부피가 $576\ \text{cm}^3$일 때, 정육면체와 구의 부피의 비는?

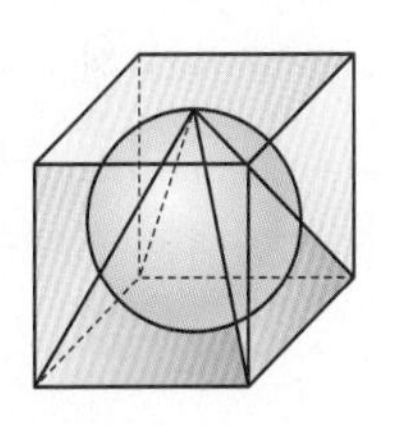

① $3:1$　② $3:\pi$　③ $3:2\pi$
④ $6:\pi$　⑤ $6:2\pi$

중요

72

오른쪽 그림과 같이 한 모서리의 길이가 9 cm인 정육면체의 각 면의 한가운데 점을 연결하여 만든 입체도형의 부피를 구하시오.

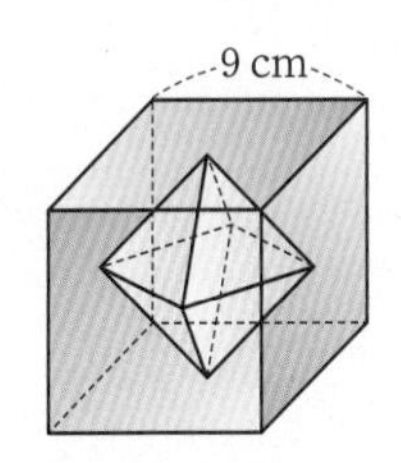

08 입체도형의 겉넓이와 부피

[유형북] Real 실전 유형에서 틀린 문제를 체크해 보세요.

집중

유형 01 줄기와 잎 그림 개념1

01 대표문제

아래는 어느 자전거 동호회 회원들의 나이를 조사하여 나타낸 줄기와 잎 그림이다. 다음 중 옳지 않은 것은?

(2|0은 20세)

줄기	잎
2	0 5
3	1 4 5 6 8 9
4	2 3 4 9
5	1 2 2

① 잎이 가장 적은 줄기는 2이다.
② 나이가 45세 이상인 회원은 4명이다.
③ 나이가 적은 쪽에서 7번째인 회원의 나이는 38세이다.
④ 전체 회원 수는 15이다.
⑤ 30대는 전체의 30 %이다.

02

다음은 지윤이네 반 학생들이 한 달 동안 도서관에서 대출한 책의 수를 조사하여 나타낸 줄기와 잎 그림이다. 지윤이는 여학생 중 대출한 책의 수가 많은 쪽에서 5번째일 때, 지윤이보다 대출한 책의 수가 더 많은 남학생 수를 구하시오.

(0|1은 1권)

잎(남학생)	줄기	잎(여학생)
9 8 5 1	0	4 5
9 4 3 3 2	1	3 5 7 8 9
7 1 0	2	2 4 6 9

유형 02 도수분포표 (1) 개념2

03 대표문제

오른쪽은 세훈이네 반 학생들의 1년 동안의 여행 횟수를 조사하여 나타낸 도수분포표이다. 다음 중 옳은 것을 모두 고르면? (정답 2개)

횟수(회)	도수(명)
0이상 ~ 2미만	5
2 ~ 4	8
4 ~ 6	12
6 ~ 8	3
8 ~ 10	2
합계	30

① 계급의 개수는 5이다.
② 계급의 크기는 4회이다.
③ 여행 횟수가 4회 미만인 학생은 8명이다.
④ 도수가 가장 작은 계급은 8회 이상 10회 미만이다.
⑤ 가장 큰 변량은 10회이다.

04 서술형

오른쪽은 미희네 반 학생들의 제자리멀리뛰기 기록을 조사하여 나타낸 도수분포표이다. 기록이 좋은 쪽에서 10번째인 학생이 속하는 계급의 도수를 구하시오.

기록(cm)	도수(명)
130이상 ~ 140미만	6
140 ~ 150	13
150 ~ 160	10
160 ~ 170	4
170 ~ 180	2
합계	35

집중

유형 03 도수분포표 (2)

개념 2

05 대표문제

오른쪽은 진우네 반 학생들의 수학 성적을 조사하여 나타낸 도수분포표이다. 다음 중 옳지 않은 것은?

성적(점)	도수(명)
50이상 ~ 60미만	2
60 ~ 70	5
70 ~ 80	A
80 ~ 90	9
90 ~ 100	3
합계	30

① 계급의 개수는 5이다.
② 계급의 크기는 10점이다.
③ A의 값은 10이다.
④ 성적이 80점 이상인 학생은 12명이다.
⑤ 도수가 가장 큰 계급은 70점 이상 80점 미만이다.

06

오른쪽은 한 상자에 들어 있는 사과의 무게를 조사하여 나타낸 도수분포표이다. 무게가 가벼운 쪽에서 7번째인 사과가 속하는 계급을 구하시오.

무게(g)	도수(개)
200이상 ~ 210미만	3
210 ~ 220	
220 ~ 230	6
230 ~ 240	4
240 ~ 250	2
합계	20

중요

07

오른쪽은 은지네 반 학생들이 1년 동안 자란 키를 조사하여 나타낸 도수분포표이다. 2 cm 이상 4 cm 미만인 계급의 도수가 6 cm 이상 8 cm 미만인 계급의 도수의 3배일 때, 도수가 가장 큰 계급의 도수를 a명, 도수가 가장 작은 계급의 도수를 b명이라 하자. 이때 $a-b$의 값을 구하시오.

자란 키(cm)	도수(명)
0이상 ~ 2미만	5
2 ~ 4	
4 ~ 6	4
6 ~ 8	
8 ~ 10	2
합계	23

집중

유형 04 특정 계급의 백분율

개념 2

08 대표문제

오른쪽은 지난달 지역별 강수량을 조사하여 나타낸 도수분포표이다. 강수량이 20 mm 이상 40 mm 미만인 지역이 전체의 16 %일 때, 강수량이 80 mm 이상인 지역 수를 구하시오.

강수량(mm)	도수(개)
0이상 ~ 20미만	3
20 ~ 40	4
40 ~ 60	10
60 ~ 80	6
80 ~ 100	
합계	

09 서술형

오른쪽은 성우네 반 학생들의 영어 성적을 조사하여 나타낸 도수분포표이다. 성적이 80점 이상인 학생이 전체의 35 %일 때, $A-B$의 값을 구하시오.

성적(점)	도수(명)
50이상 ~ 60미만	2
60 ~ 70	3
70 ~ 80	A
80 ~ 90	6
90 ~ 100	B
합계	20

10

오른쪽은 어느 중학교 선생님들의 나이를 조사하여 나타낸 도수분포표이다. 나이가 25세 이상 30세 미만인 선생님이 전체의 8 %일 때, 40대인 선생님은 전체의 몇 %인지 구하시오.

나이(세)	도수(명)
25이상 ~ 30미만	4
30 ~ 35	6
35 ~ 40	9
40 ~ 45	15
45 ~ 50	
50 ~ 55	6
합계	

집중

유형 05 히스토그램 개념3

11 대표문제

오른쪽 그림은 세빈이네 반 학생들의 팔굽혀펴기 기록을 조사하여 나타낸 히스토그램이다. 다음 중 옳지 않은 것은?

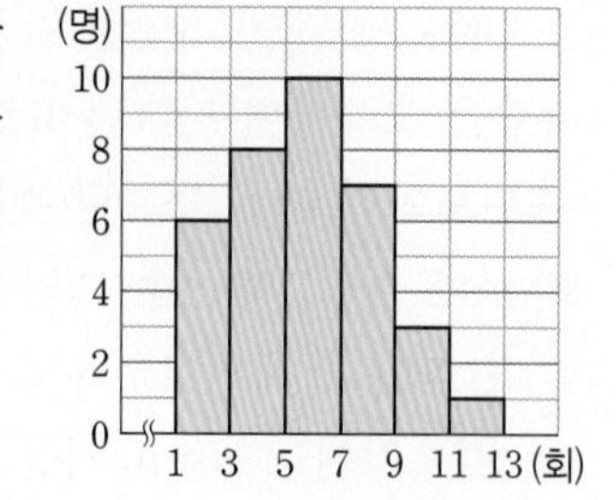

① 계급의 크기는 2회이다.
② 전체 학생 수는 35이다.
③ 기록이 5회 이상 9회 미만인 학생은 17명이다.
④ 기록이 5회 미만인 학생은 전체의 35 %이다.
⑤ 기록이 좋은 쪽에서 4번째인 학생이 속하는 계급은 9회 이상 11회 미만이다.

12

오른쪽 그림은 어느 공원에 있는 나무들의 높이를 조사하여 나타낸 히스토그램이다. 높이가 200 cm 이상인 나무는 전체의 몇 %인지 구하시오.

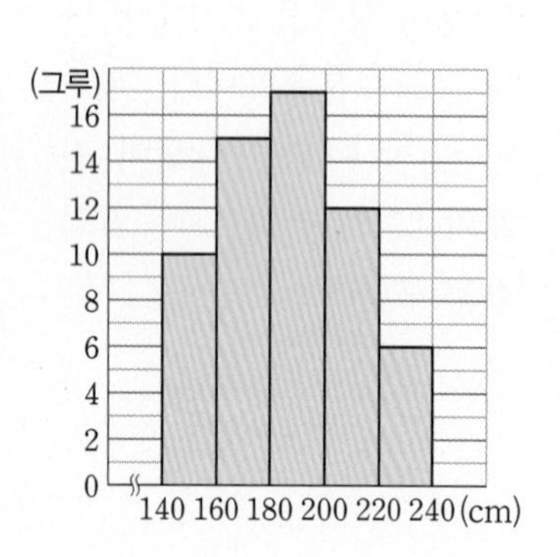

13 서술형

오른쪽 그림은 은제네 반 학생들의 국어 성적을 조사하여 나타낸 히스토그램이다. 성적이 하위 20 % 이내에 드는 학생에게 보충 수업을 하려고 할 때, 보충 수업을 받지 않으려면 적어도 몇 점을 받아야 하는지 구하시오.

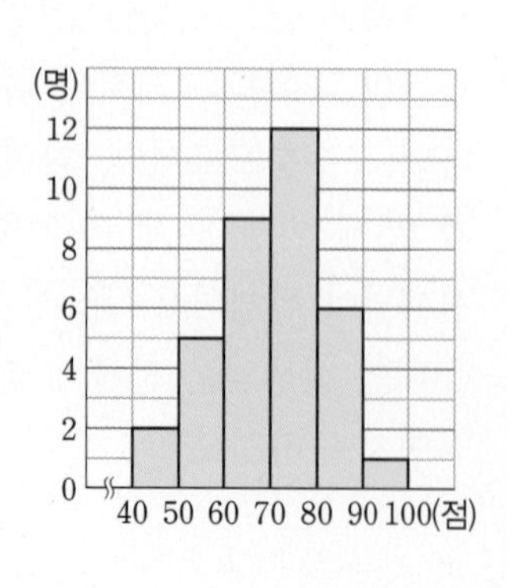

유형 06 히스토그램에서 직사각형의 넓이 개념3

14 대표문제

오른쪽 그림은 하린이네 반 학생들의 몸무게를 조사하여 나타낸 히스토그램이다. 도수가 가장 큰 계급의 직사각형의 넓이를 a, 도수가 가장 작은 계급의 직사각형의 넓이를 b라 할 때, $a-b$의 값을 구하시오.

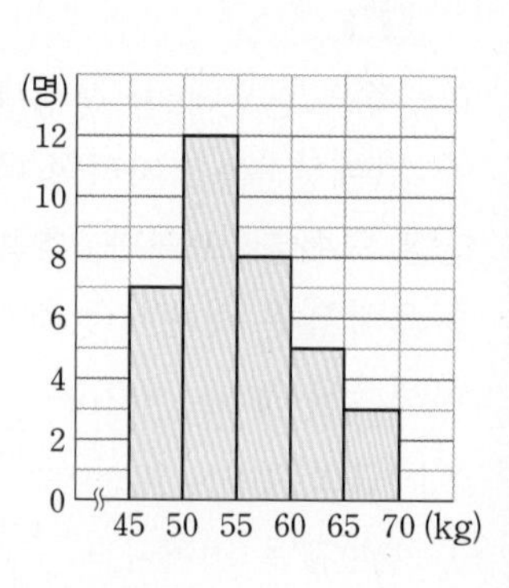

15

오른쪽 그림은 희재네 반 학생들의 발 크기를 조사하여 나타낸 히스토그램이다. 이 히스토그램에서 직사각형의 넓이의 합은?

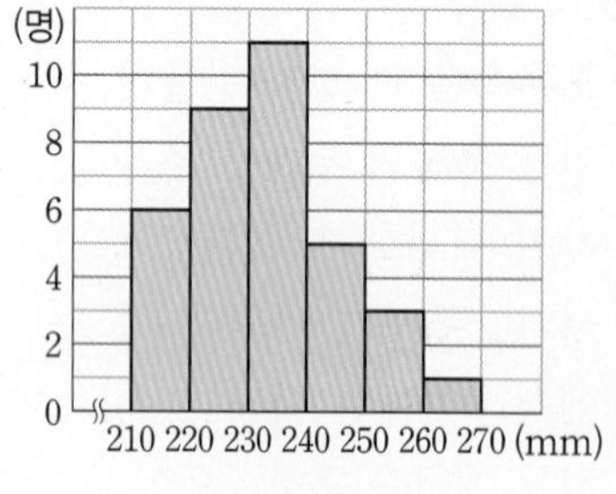

① 200 ② 250 ③ 300
④ 350 ⑤ 400

16 중요

오른쪽 그림은 방송반 학생들의 하루 동안의 라디오 청취 시간을 조사하여 나타낸 히스토그램이다. 60분 이상 80분 미만인 계급의 직사각형의 넓이는 도수가 가장 작은 계급의 직사각형의 넓이의 몇 배인지 구하시오.

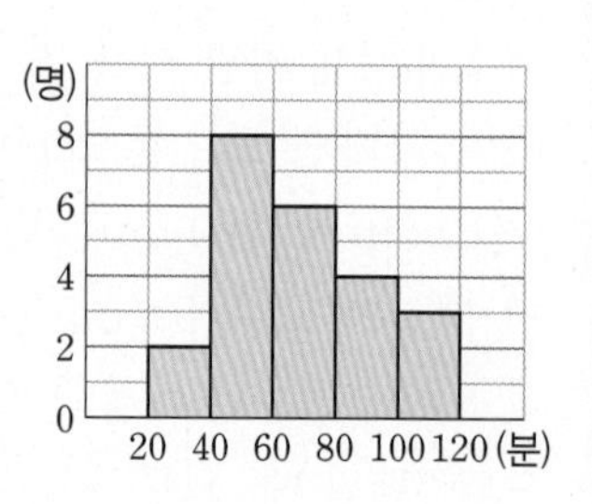

집중

유형 07 일부가 찢어진 히스토그램 개념 3

17 대표문제

오른쪽 그림은 어느 빵집에서 판매하는 빵 40개의 무게를 조사하여 나타낸 히스토그램인데 일부가 찢어져 보이지 않는다. 무게가 110 g 이상 120 g 미만인 빵이 전체의 25 %일 때, 무게가 120 g 이상 140 g 미만인 빵의 개수를 구하시오.

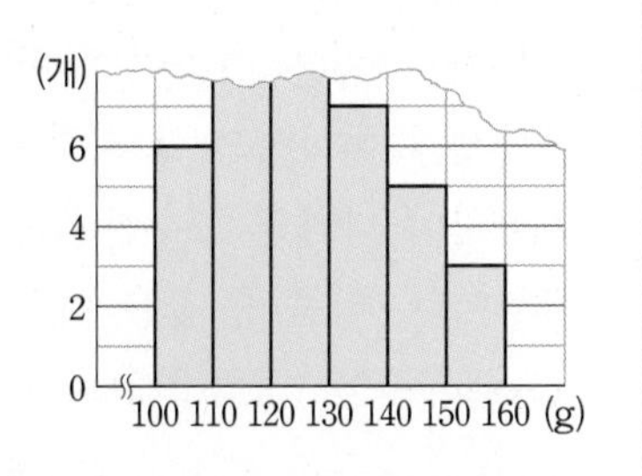

중요

18

오른쪽 그림은 지원이네 반 학생들의 아침 식사 시간을 조사하여 나타낸 히스토그램인데 일부가 찢어져 보이지 않는다. 식사 시간이 20분 이상 25분 미만인 학생이 전체의 10 %일 때, 식사 시간이 10분 이상 15분 미만인 학생 수를 구하시오.

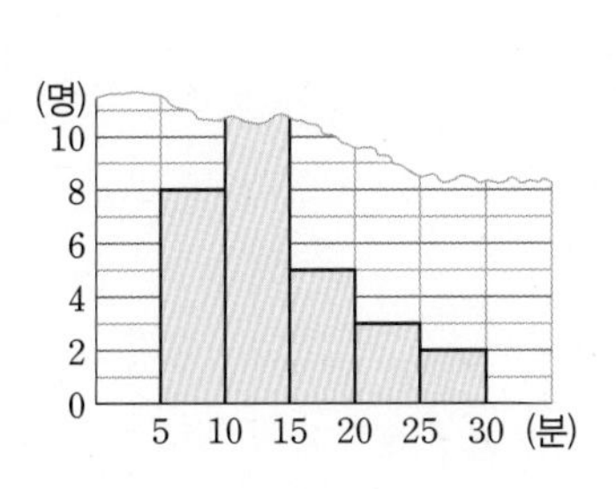

19

오른쪽 그림은 승우네 반 학생 24명의 가방 무게를 조사하여 나타낸 히스토그램인데 일부가 찢어져 보이지 않는다. 1.5 kg 이상 2 kg 미만인 학생 수와 2 kg 이상 2.5 kg 미만인 학생 수의 비가 3 : 2일 때, 무게가 2 kg 이상 2.5 kg 미만인 학생 수를 구하시오.

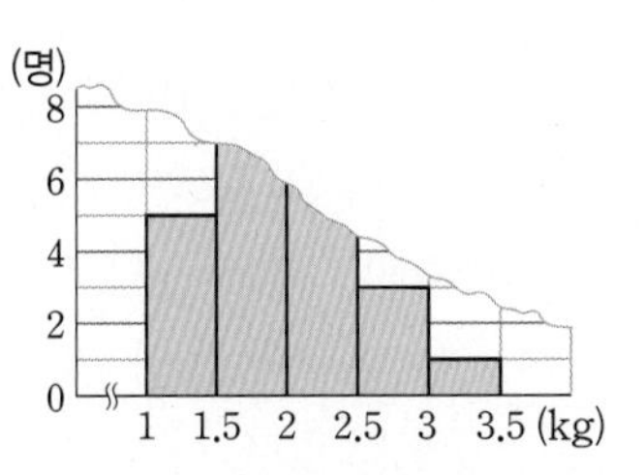

집중

유형 08 도수분포다각형 개념 4

20 대표문제

오른쪽 그림은 어느 중학교 학생들이 하루 동안에 받은 문자 메시지의 개수를 조사하여 나타낸 도수분포다각형이다. 도수가 가장 작은 계급에 속하는 학생은 전체의 몇 %인지 구하시오.

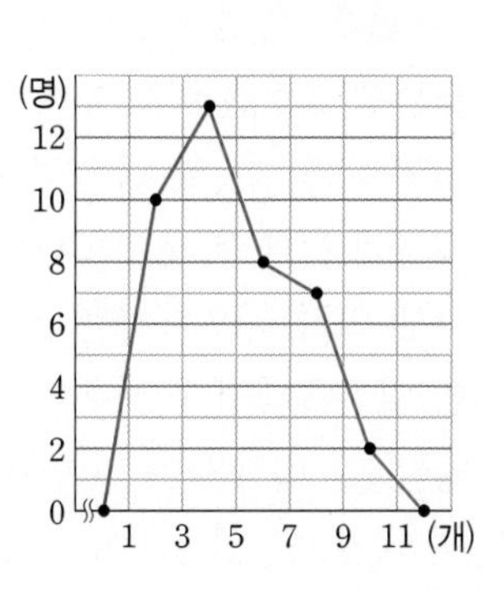

21 서술형

오른쪽 그림은 다율이네 반 학생들의 사회 성적을 조사하여 나타낸 도수분포다각형이다. 계급의 개수를 a, 계급의 크기를 b점, 전체 학생 수를 c라 할 때, $ab-c$의 값을 구하시오.

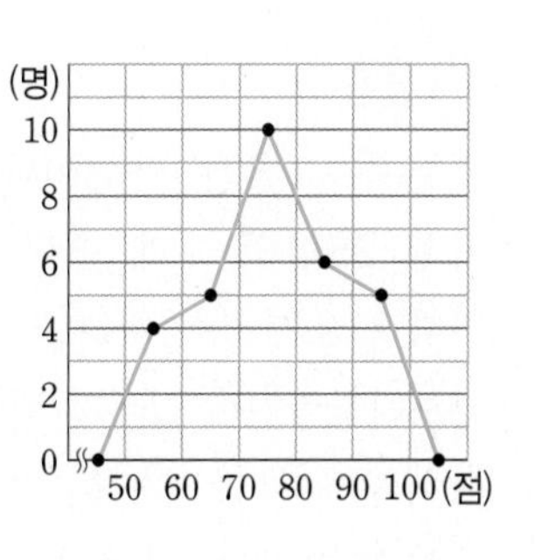

22

오른쪽 그림은 독서 동호회 회원들의 한 달 동안의 독서량을 조사하여 나타낸 도수분포다각형이다. 다음 중 옳지 않은 것을 모두 고르면? (정답 2개)

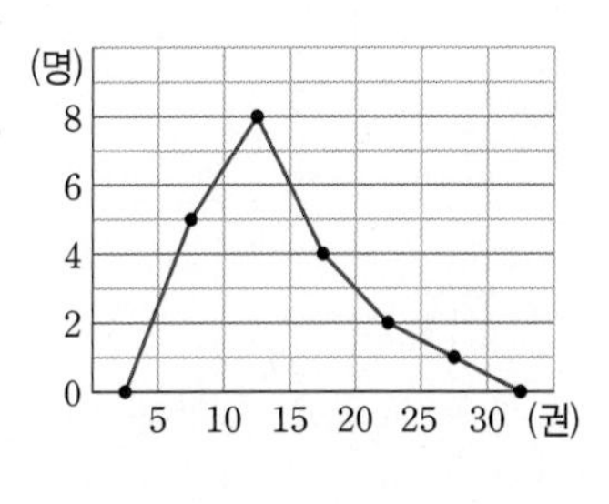

① 계급의 개수는 7이다.
② 독서량이 20권인 회원이 속하는 계급의 도수는 2명이다.
③ 독서량이 적은 쪽에서 10번째인 회원이 속하는 계급은 10권 이상 15권 미만이다.
④ 도수가 가장 큰 계급에 속하는 회원은 전체의 40 %이다.
⑤ 도수분포다각형과 가로축으로 둘러싸인 부분의 넓이는 200이다.

집중

유형 09 일부가 찢어진 도수분포다각형 개념 4

23 대표문제

오른쪽 그림은 어느 수목원의 11월 한 달 동안의 입장객 수를 조사하여 나타낸 도수분포다각형인데 일부가 찢어져 보이지 않는다. 입장객이 80명 이상 90명 미만인 날이 전체의 20 %일 때, 입장객이 70명 이상 80명 미만인 일수를 구하시오.

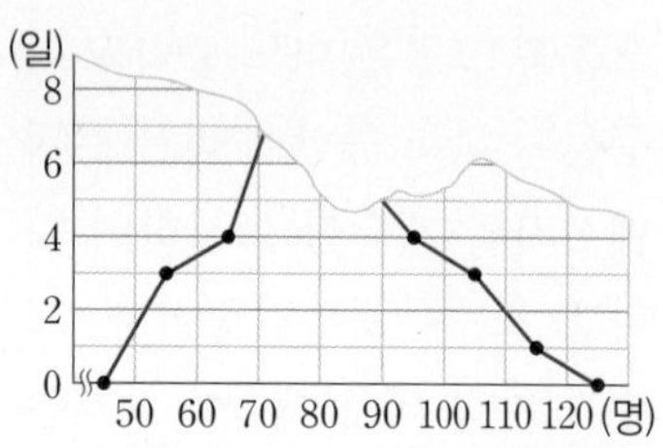

24 서술형

오른쪽 그림은 민성이네 반 학생 25명의 오래 매달리기 기록을 조사하여 나타낸 도수분포다각형인데 일부가 찢어져 보이지 않는다. 기록이 20초 이상인 학생이 전체의 24 %이고 기록이 15초 이상 20초 미만인 학생 수를 a, 20초 이상 25초 미만인 학생 수를 b라 할 때, $a-b$의 값을 구하시오.

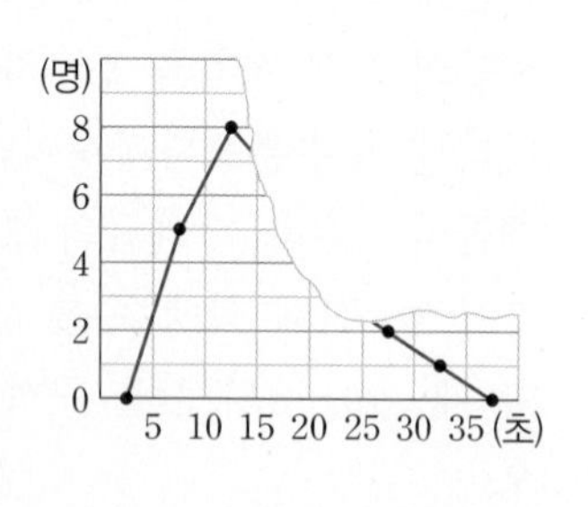

25

오른쪽 그림은 윤아네 반 학생들이 가지고 있는 펜의 개수를 조사하여 나타낸 도수분포다각형인데 일부가 찢어져 보이지 않는다. 펜이 2개 이상 4개 이하인 학생 수와 6개 이상 8개 미만인 학생 수의 비가 2 : 5일 때, 10개 이상인 학생은 전체의 몇 %인지 구하시오.

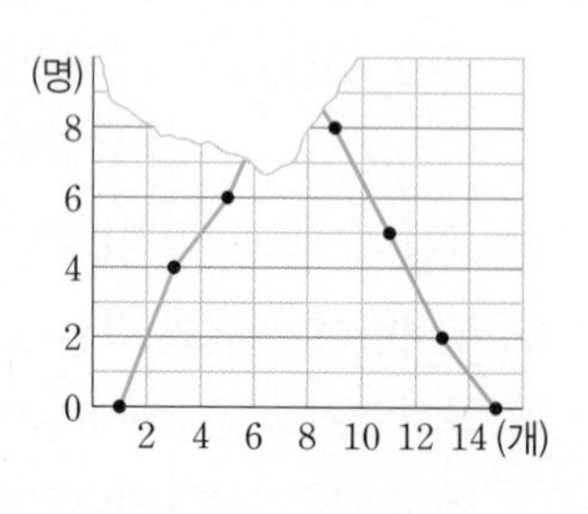

유형 10 두 도수분포다각형의 비교 개념 4

26 대표문제

오른쪽 그림은 서준이네 반 남학생과 여학생의 몸무게를 조사하여 나타낸 도수분포다각형이다. 다음 중 옳은 것을 모두 고르면? (정답 2개)

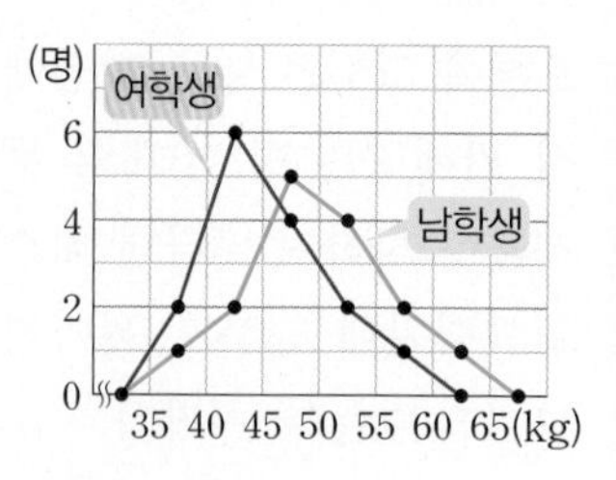

① 전체 여학생 수가 전체 남학생 수보다 많다.
② 각각의 그래프와 가로축으로 둘러싸인 부분의 넓이는 여학생의 그래프가 더 크다.
③ 몸무게가 45 kg 이상 50 kg 미만인 학생은 여학생보다 남학생이 더 많다.
④ 몸무게가 45 kg 미만인 학생은 여학생보다 남학생이 더 많다.
⑤ 가장 무거운 학생은 남학생이다.

중요

27

오른쪽 그림은 어느 중학교 1반과 2반 학생들의 과학 성적을 조사하여 나타낸 도수분포다각형이다. 다음 **보기** 중 옳지 않은 것을 모두 고르시오.

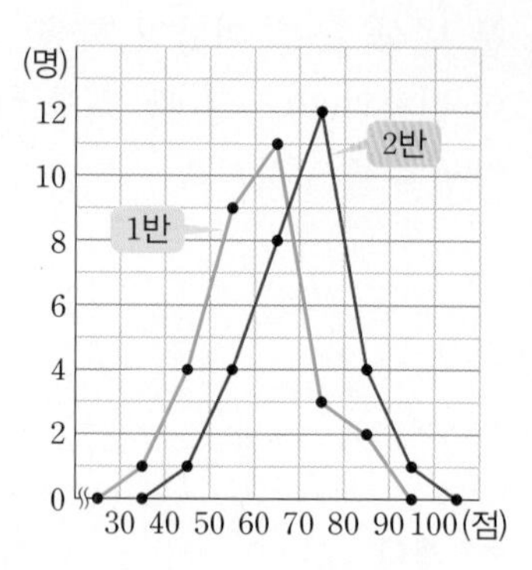

보기

ㄱ. 2반의 성적이 1반의 성적보다 더 좋은 편이다.
ㄴ. 각각의 그래프와 가로축으로 둘러싸인 부분의 넓이는 2반의 그래프가 더 크다.
ㄷ. 성적이 60점 이상 70점 미만인 학생은 2반보다 1반이 3명 더 많다.
ㄹ. 2반에서 도수가 가장 큰 계급에 속하는 학생은 2반 전체의 40 %이다.

유형 11 상대도수 개념5

28 대표문제

오른쪽 그림은 어느 지역의 미세 먼지 농도를 조사하여 나타낸 히스토그램이다. 농도가 52 $\mu g/m^3$인 날이 속하는 계급의 상대도수는?

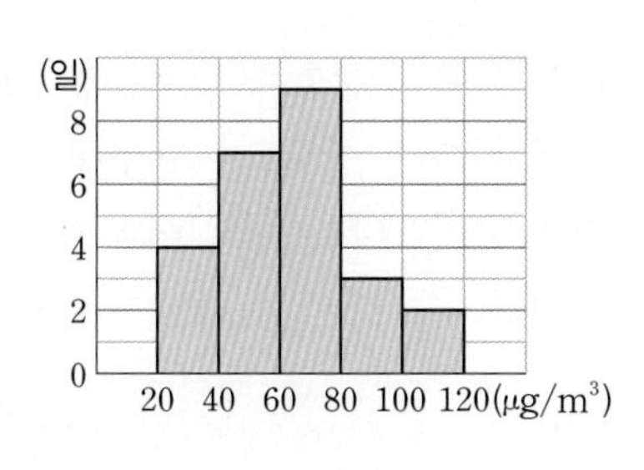

① 0.2 ② 0.24 ③ 0.28
④ 0.32 ⑤ 0.36

29

오른쪽은 정아네 반 학생들의 턱걸이 기록을 조사하여 나타낸 도수분포표이다. 6회 이상 9회 미만인 계급의 상대도수를 구하시오.

기록(회)	도수(명)
0이상~ 3미만	6
3 ~ 6	11
6 ~ 9	
9 ~12	5
12 ~15	4
15 ~18	1
합계	36

30 서술형

오른쪽 그림은 어느 어린이집 원생들의 개월 수를 조사하여 나타낸 도수분포다각형이다. 도수가 가장 큰 계급의 상대도수를 구하시오.

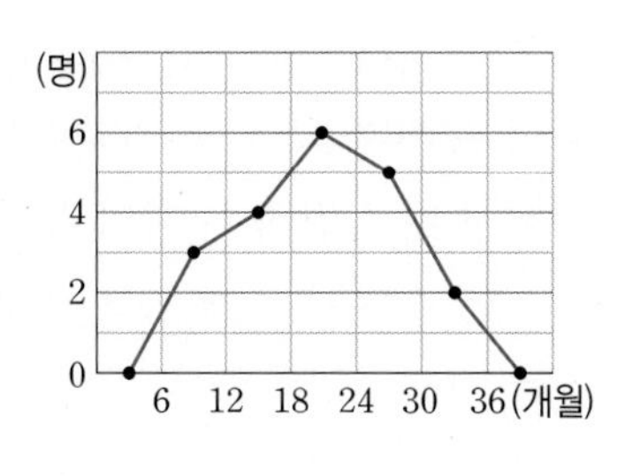

유형 12 상대도수, 도수, 도수의 총합 사이의 관계 개념5

31 대표문제

성훈이네 반 학생들의 시력을 조사하였더니 상대도수가 0.25인 계급에 속하는 학생이 8명이었다. 이때 전체 학생 수는?

① 20 ② 24 ③ 28
④ 32 ⑤ 36

32

어떤 계급의 상대도수가 0.15이고 전체 도수가 60일 때, 이 계급의 도수는?

① 6 ② 7 ③ 8
④ 9 ⑤ 10

중요

33

어떤 도수분포표에서 도수가 9인 계급의 상대도수가 0.3일 때, 도수가 6인 계급의 상대도수를 구하시오.

34

어떤 도수분포표에서 도수가 36인 계급의 상대도수가 0.3일 때, 도수가 42인 계급의 상대도수를 a, 상대도수가 0.15인 계급의 도수를 b라 하자. 이때 $a+b$의 값을 구하시오.

집중

유형 13 상대도수의 분포표 개념 5

35 대표문제

다음은 어느 회사 직원들의 헌혈 횟수를 조사하여 나타낸 상대도수의 분포표이다. 물음에 답하시오.

횟수(회)	도수(명)	상대도수
$0^{이상} \sim 5^{미만}$		
5 ~ 10	8	0.2
10 ~ 15	A	0.3
15 ~ 20		0.25
20 ~ 25	4	B
합계	C	

(1) A, B, C의 값을 구하시오.

(2) 헌혈 횟수가 많은 쪽에서 10번째인 직원이 속하는 계급의 도수를 구하시오.

36

오른쪽은 나래네 반 학생들의 봉사 활동 시간을 조사하여 나타낸 상대도수의 분포표이다. 봉사 활동 시간이 5시간 미만인 학생이 3명일 때, 상대도수가 가장 큰 계급에 속하는 학생 수를 구하시오.

시간(시간)	상대도수
$0^{이상} \sim 5^{미만}$	
5 ~ 10	0.2
10 ~ 15	0.4
15 ~ 20	0.24
20 ~ 25	0.04
합계	1

중요

37

오른쪽은 어느 중학교 학생 150명이 현장 학습에서 찍은 사진 수를 조사하여 나타낸 상대도수의 분포표이다. 찍은 사진 수가 10장 이상 20장 미만인 학생 수와 30장 이상 40장 미만인 학생 수의 비가 2 : 5일 때, 찍은 사진 수가 30장 이상 40장 미만인 학생 수를 구하시오.

사진 수(장)	상대도수
$0^{이상} \sim 10^{미만}$	0.04
10 ~ 20	
20 ~ 30	0.3
30 ~ 40	
40 ~ 50	0.1
합계	1

유형 14 일부가 찢어진 상대도수의 분포표 개념 5

38 대표문제

다음은 축구 동호회 회원들의 100 m 달리기 기록을 조사하여 나타낸 상대도수의 분포표인데 일부가 찢어져 보이지 않는다. 14초 이상 16초 미만인 계급의 상대도수를 구하시오.

기록(초)	도수(명)	상대도수
$12^{이상} \sim 14^{미만}$	3	0.2
14 ~ 16	6	

39

다음은 어느 지역의 최고 기온을 조사하여 나타낸 상대도수의 분포표인데 일부가 찢어져 보이지 않는다. 기온이 12 ℃ 이상 14 ℃ 미만인 일수는?

기온(℃)	도수(일)	상대도수
$10^{이상} \sim 12^{미만}$	6	0.24
12 ~ 14		0.4
14 ~ 16		

① 9 ② 10 ③ 11 ④ 12 ⑤ 13

40 서술형

다음은 어느 버스 정류장에서 승객들이 버스를 기다린 시간을 조사하여 나타낸 상대도수의 분포표인데 일부가 찢어져 보이지 않는다. 기다린 시간이 10분 이상인 승객은 전체의 몇 %인지 구하시오.

시간(분)	도수(명)	상대도수
$0^{이상} \sim 5^{미만}$	8	0.2
5 ~ 10	14	
10 ~ 15		

집중

유형 15 상대도수의 분포를 나타낸 그래프; 도수의 총합이 주어진 경우 개념 5

41 대표문제

오른쪽 그림은 어느 중학교 학생 150명의 키에 대한 상대도수의 분포를 나타낸 그래프이다. 도수가 가장 큰 계급과 가장 작은 계급에 속하는 학생 수의 차를 구하시오.

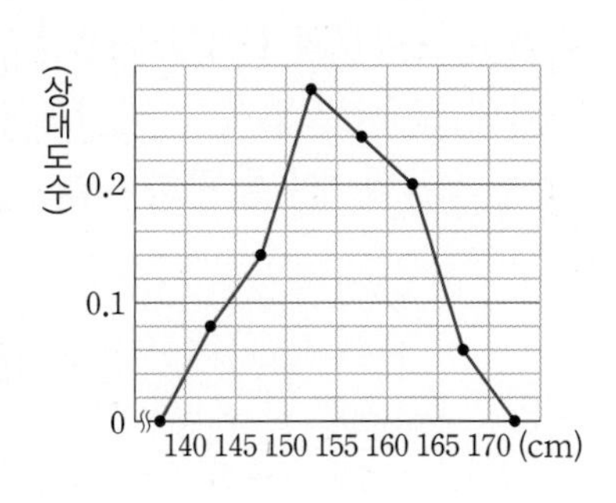

중요

42

오른쪽 그림은 성인 80명의 하루 동안의 여가 시간에 대한 상대도수의 분포를 나타낸 그래프이다. 다음 중 옳은 것을 모두 고르면? (정답 2개)

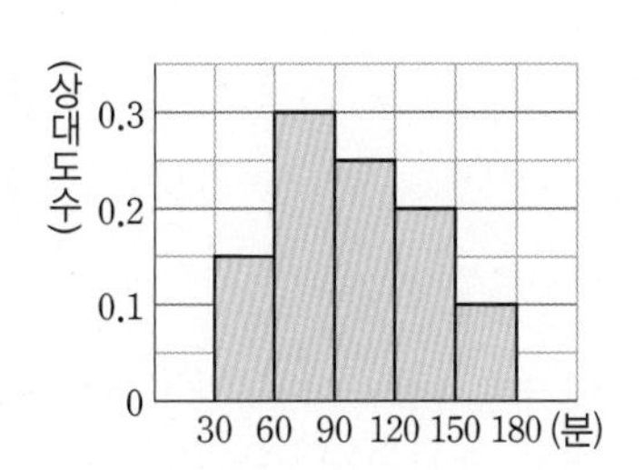

① 계급의 크기는 1시간이다.
② 여가 시간이 2시간 이상인 사람은 전체의 20 %이다.
③ 여가 시간이 1시간 미만인 사람은 12명이다.
④ 도수가 가장 큰 계급에 속하는 사람은 24명이다.
⑤ 여가 시간이 적은 쪽에서 30번째인 사람이 속하는 계급의 상대도수는 0.25이다.

43

오른쪽 그림은 어느 중학교 학생 60명의 사회 성적에 대한 상대도수의 분포를 나타낸 그래프이다. 성적이 높은 쪽에서 20번째인 학생이 속하는 계급을 구하시오.

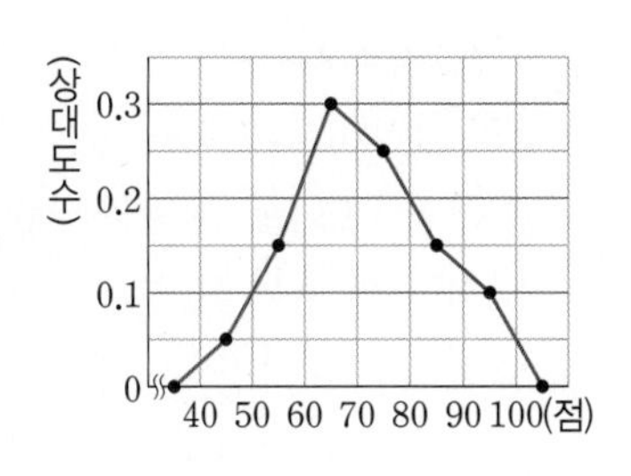

집중

유형 16 상대도수의 분포를 나타낸 그래프; 도수의 총합이 주어지지 않은 경우 개념 5

44 대표문제

오른쪽 그림은 어느 중학교 학생들의 윗몸 일으키기 기록에 대한 상대도수의 분포를 나타낸 그래프이다. 기록이 10회 이상 20회 미만인 학생이 30명일 때, 다음 중 옳지 않은 것은?

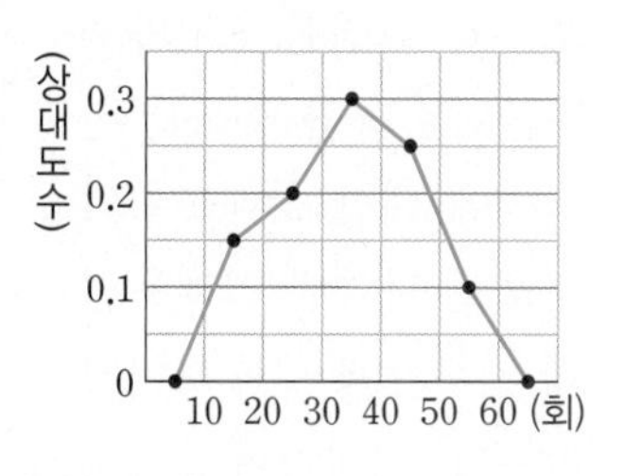

① 계급의 개수는 5이다.
② 전체 학생 수는 200이다.
③ 기록이 30회 미만인 학생은 전체의 35 %이다.
④ 기록이 40회 이상 50회 미만인 학생은 50명이다.
⑤ 도수가 가장 작은 계급에 속하는 학생은 10명이다.

45

오른쪽 그림은 어느 노래 경연 대회 참가자들의 나이에 대한 상대도수의 분포를 나타낸 그래프이다. 상대도수가 가장 큰 계급의 도수가 15명일 때, 40세 이상인 참가자 수를 구하시오.

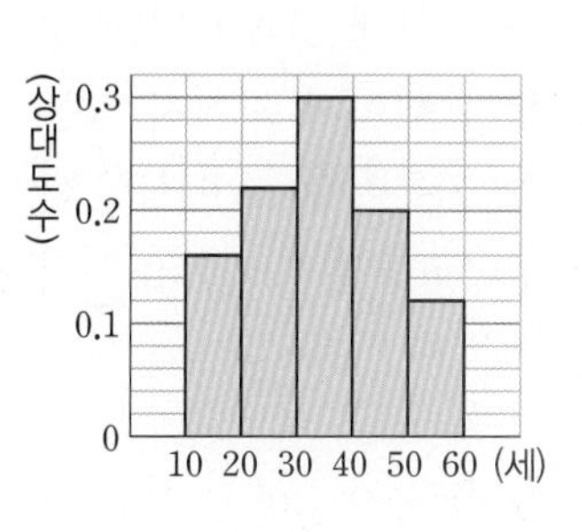

46 서술형

오른쪽 그림은 어느 농장에서 수확한 당근의 무게에 대한 상대도수의 분포를 나타낸 그래프이다. 무게가 150 g 이상인 당근이 102개일 때, 도수가 72개인 계급을 구하시오.

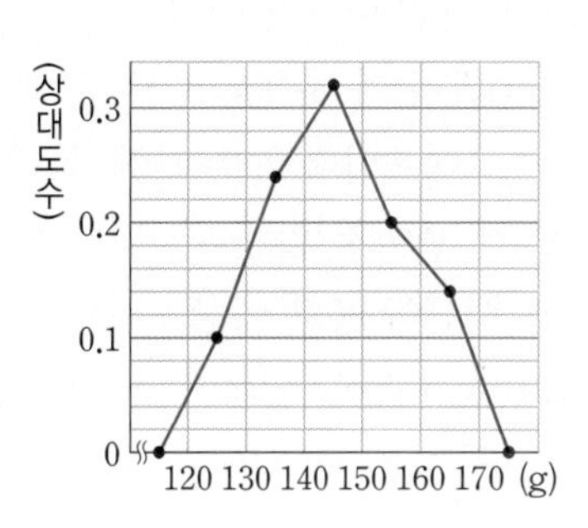

집중

유형 17 일부가 찢어진 상대도수의 분포를 나타낸 그래프 개념5

47 대표문제

오른쪽 그림은 150가구가 한 달 동안 사용한 전력량에 대한 상대도수의 분포를 나타낸 그래프인데 일부가 찢어져 보이지 않는다. 전력량이 250 kWh 이상 300 kWh 미만인 가구 수를 구하시오.

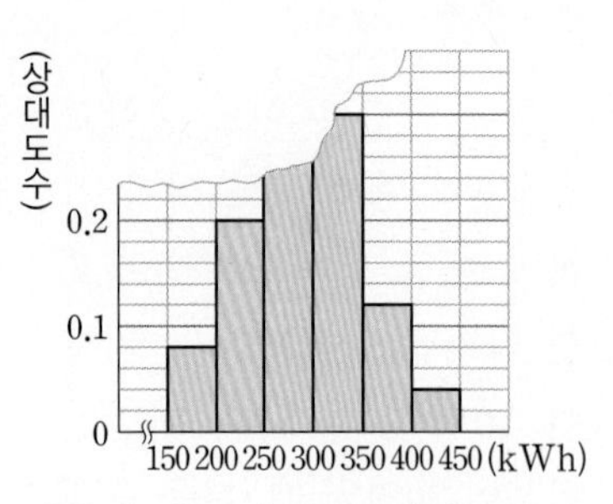

48 서술형

오른쪽 그림은 어느 중학교 학생들의 던지기 기록에 대한 상대도수의 분포를 나타낸 그래프인데 일부가 찢어져 보이지 않는다. 기록이 30 m 이상인 학생이 8명일 때, 20 m 이상 25 m 미만인 학생 수를 구하시오.

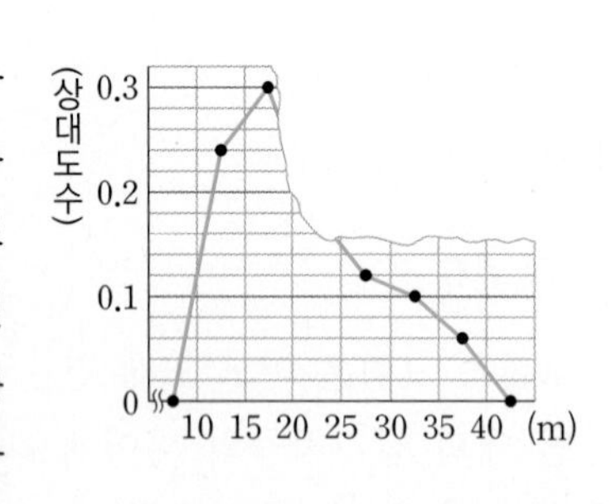

49

오른쪽 그림은 영화 300편의 상영 시간에 대한 상대도수의 분포를 나타낸 그래프인데 일부가 찢어져 보이지 않는다. 상영 시간이 90분 이상 110분 미만인 영화가 156편일 때, 80분 이상 90분 미만인 영화 수를 구하시오.

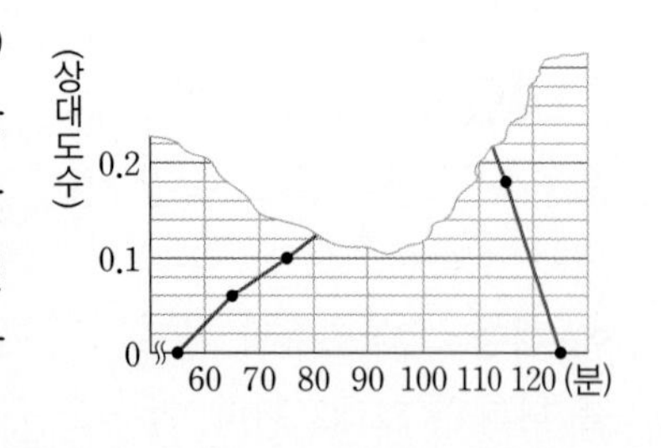

집중

유형 18 도수의 총합이 다른 두 집단의 상대도수 개념5

50 대표문제

다음은 A학교와 B학교 학생들의 역사 성적을 조사하여 나타낸 도수분포표이다. A학교보다 B학교의 상대도수가 더 큰 계급의 개수를 구하시오.

성적(점)	도수(명)	
	A학교	B학교
50이상 ~ 60미만	6	8
60 ~ 70	11	
70 ~ 80	17	28
80 ~ 90		24
90 ~ 100	5	8
합계	50	80

51

아래는 어느 야구 경기에서 두 선수 A, B가 던진 공의 속력을 조사하여 나타낸 상대도수의 분포표이다. 다음 중 옳지 않은 것은?

속력(km/h)	도수(개)		상대도수	
	A	B	A	B
135이상 ~ 140미만	2		0.05	0.02
140 ~ 145	x		0.1	0.1
145 ~ 150			0.25	
150 ~ 155		12	0.3	z
155 ~ 160		15		0.3
160 ~ 165	4		0.1	0.12
합계	40	y	1	1

① x의 값은 4이다.
② y의 값은 50이다.
③ z의 값은 0.24이다.
④ 속력이 145 km/h 이상 150 km/h 미만인 공이 차지하는 비율은 A가 B보다 높다.
⑤ 상대도수가 가장 큰 계급은 모두 155 km/h 이상 160 km/h 미만이다.

유형 19 도수의 총합이 다른 두 집단의 상대도수의 비 개념5

52 대표문제

A, B 두 집단의 전체 도수의 비가 5 : 6이고 어떤 계급의 도수의 비가 3 : 2일 때, 이 계급의 상대도수의 비를 가장 간단한 자연수의 비로 나타내시오.

53

A, B 두 집단의 전체 도수의 비가 4 : 3이고 어떤 계급의 상대도수의 비가 9 : 8일 때, 이 계급의 도수의 비는?

① 2 : 1 ② 2 : 3 ③ 3 : 1 ④ 3 : 2 ⑤ 3 : 4

54

전체 학생 수의 비가 3 : 4인 1반과 2반에서 체육 성적이 80점 이상 90점 미만인 학생 수가 같을 때, 이 계급의 상대도수의 비를 가장 간단한 자연수의 비로 나타내시오.

55

A, B 두 회사의 직원 수는 각각 90, 80이다. 두 회사 직원들의 근무 기간을 조사하여 도수분포표를 만들었더니 2년 이상 4년 미만인 직원 수의 비가 3 : 4이었다. 이 계급의 상대도수의 비를 가장 간단한 자연수의 비로 나타내시오.

유형 20 도수의 총합이 다른 두 집단의 비교 개념5

56 대표문제

오른쪽 그림은 A, B 두 반 학생들의 수면 시간에 대한 상대도수의 분포를 나타낸 그래프이다. 다음 **보기** 중 옳은 것을 모두 고르시오.

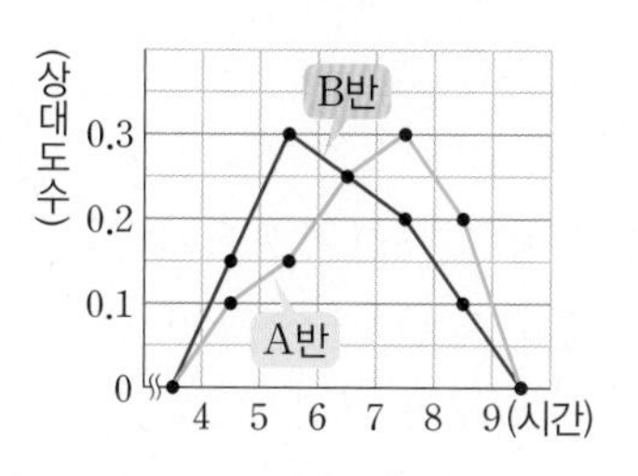

보기

ㄱ. A, B 두 반에서 수면 시간이 6시간 이상 7시간 미만인 학생 수는 같다.
ㄴ. A반이 B반보다 상대도수가 더 높은 계급은 2개이다.
ㄷ. B반의 수면 시간이 A반의 수면 시간보다 더 긴 편이다.
ㄹ. A반에서 수면 시간이 6시간 미만인 학생은 A반 전체의 15 %이다.

중요

57

오른쪽 그림은 A학교 학생 100명과 B학교 학생 150명의 통학 거리에 대한 상대도수의 분포를 나타낸 그래프이다. 다음 중 옳지 않은 것은?

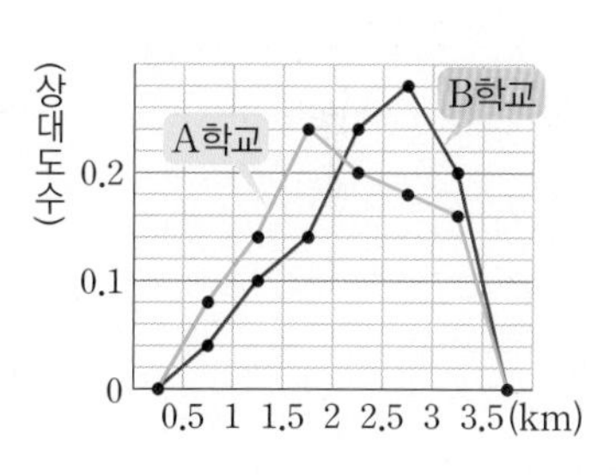

① 통학 거리가 A학교보다 B학교가 더 먼 편이다.
② A학교에서 도수가 가장 작은 계급은 0.5 km 이상 1 km 미만이다.
③ B학교에서 도수가 가장 큰 계급의 도수는 42명이다.
④ A학교에서 통학 거리가 1.5 km 미만인 학생은 A학교 전체의 22 %이다.
⑤ 통학 거리가 1 km 이상 1.5 km 미만인 학생 수는 B학교보다 A학교가 더 많다.

• Memo •

유형 반복 훈련서

유형 더블

중등수학 1-2

정답과 해설

유형 더블

중등수학 1-2

정답과 해설

유형북 빠른 정답

01 기본 도형

개념 9, 11쪽 풀이 9쪽

01 ○ **02** ○ **03** × **04** × **05** 점 C
06 점 E **07** 모서리 FG **08** 5 **09** 5
10 8 **11** $\overline{AB}$ **12** $\overrightarrow{AB}$ **13** $\overleftrightarrow{AB}$ **14** $\overrightarrow{BA}$
15 = **16** ≠ **17** ≠ **18** = **19** 7 cm
20 6 cm **21** 2 **22** $\frac{1}{2}$ **23** 3 **24** $\frac{1}{2}$
25 2 **26** $\frac{3}{2}$ **27** 예각 **28** 둔각 **29** 평각
30 직각 **31** 예각 **32** 둔각 **33** 30° **34** 50°
35 135° **36** 93° **37** ∠EOD **38** ∠DOC **39** ∠COB
40 ∠EOC **41** ∠DOB **42** ∠COA **43** $\angle x=130°$, $\angle y=50°$
44 $\angle x=138°$, $\angle y=42°$ **45** $\angle x=70°$, $\angle y=40°$
46 $\angle x=24°$, $\angle y=120°$ **47** $\overline{AB}\perp\overline{CD}$
48 점 O **49** $\overline{CO}$ **50** $\overline{AB}$ **51** 점 B **52** 4 cm
53 5 cm

유형 12~19쪽 풀이 9~13쪽

01 ③ **02** 2 **03** ③ **04** ④, ⑤ **05** ③
06 ㄱ과 ㅁ, ㄴ과 ㅅ, ㄷ과 ㅂ **07** ⑤
08 $\overleftrightarrow{AB}$, $\overrightarrow{CA}$ **09** ③ **10** 9 **11** ②
12 50 **13** ④ **14** 8 **15** 14 **16** ⑤
17 ④ **18** ④, ⑤ **19** ② **20** 16 cm **21** 16 cm
22 10 cm **23** ③ **24** 9 cm **25** ② **26** ④
27 ③ **28** 70 **29** ② **30** ④ **31** 10°
32 75° **33** ② **34** ③ **35** 78° **36** 45°
37 ② **38** 42° **39** ④ **40** 62.5° **41** 145°
42 ② **43** ③ **44** 5 **45** 97 **46** ④
47 ③ **48** ⑤ **49** ②, ④ **50** ㄱ, ㄷ **51** 10

기출 20~22쪽 풀이 13~15쪽

01 ⑤ **02** 15 cm **03** 14 cm **04** ② **05** 40
06 32° **07** 84° **08** ② **09** ② **10** ④
11 70 m **12** 60° **13** 18 **14** 5시 56분
15 2 **16** 2 **17** 12 cm **18** 140° **19** 65°
20 15 cm **21** 144°

02 위치 관계

개념 25, 27쪽 풀이 15~16쪽

01 점 B, 점 D **02** 점 A, 점 C
03 점 C, 점 D, 점 E **04** 점 A, 점 B
05 면 ABC, 면 ACD, 면 ABD **06** 면 ABC, 면 BCD
07 점 A **08** $\overline{CD}$ **09** $\overline{AB}$, $\overline{CD}$ **10** $\overline{AD}$, $\overline{CD}$
11 ⊥ **12** // **13** ⊥ **14** 한 점에서 만난다.
15 평행하다. **16** 꼬인 위치에 있다.
17 $\overline{AD}$, $\overline{BC}$, $\overline{CG}$, $\overline{DH}$ **18** $\overline{AE}$, $\overline{CG}$, $\overline{DH}$
19 $\overline{BC}$, $\overline{CD}$, $\overline{FG}$, $\overline{GH}$ **20** ㄱ, ㄷ, ㄹ
21 $\overline{AB}$, $\overline{BC}$, $\overline{CD}$, $\overline{AD}$ **22** $\overline{CG}$, $\overline{GH}$, $\overline{DH}$, $\overline{CD}$
23 $\overline{AB}$, $\overline{CD}$, $\overline{EF}$, $\overline{GH}$ **24** 면 ADFC, 면 BEFC
25 면 ADEB **26** 면 ABC, 면 DEF **27** 점 E
28 3 cm **29** 2 cm **30** ㄴ, ㄷ, ㅁ
31 면 ABCD, 면 ABFE, 면 CGHD, 면 EFGH **32** 면 CGHD
33 면 ABFE, 면 BFGC, 면 CGHD, 면 AEHD **34** $\overline{CD}$
35 면 ABED, 면 ACFD, 면 ABC, 면 DEF
36 면 BCFE, 면 ABC, 면 DEF **37** 면 ABC **38** $\overline{AC}$
39 면 ABED, 면 ACFD

유형 28~33쪽 풀이 16~19쪽

01 ③ **02** ②, ⑤ **03** 7 **04** ②, ⑤ **05** ④
06 ㄱ, ㄴ **07** ③ **08** ① **09** ③ **10** ③
11 ③ **12** 2 **13** ③ **14** 2 **15** ㄱ, ㄴ
16 ①, ② **17** ④ **18** 14 **19** ②, ⑤ **20** 5
21 ㄱ, ㄴ, ㄷ **22** 19 **23** ①, ④ **24** ④
25 ①, ④ **26** ④ **27** ㄱ, ㄴ **28** ② **29** 5
30 1 **31** ③ **32** 7 **33** ③ **34** ④, ⑤
35 ③ **36** ①, ③

기출 34~36쪽 풀이 19~21쪽

01 ④ **02** ④ **03** 2 **04** ④ **05** $\overleftrightarrow{EJ}$
06 ② **07** $\overline{BF}$ **08** 5 **09** ①, ③ **10** ①, ②
11 16 **12** 10 **13** 12 **14** 10 **15** 9
16 2 **17** 9 **18** 풀이 참조 **19** 3
20 13

03 평행선의 성질

개념 39쪽 풀이 22쪽

01 $\angle e$ 02 $\angle c$ 03 $\angle h$ 04 $\angle c$ 05 70°
06 150° 07 110° 08 30° 09 70° 10 115°
11 $\angle x=80°$, $\angle y=135°$ 12 $\angle x=50°$, $\angle y=110°$
13 (가) 30° (나) 50° (다) 50° (라) 80° 14 ○ 15 ○
16 17 ×

유형 40~43쪽 풀이 22~25쪽

01 ⑤ 02 25° 03 (1) $\angle f$, $\angle i$ (2) $\angle e$, $\angle l$
04 14° 05 ⑤ 06 197° 07 ④ 08 ③
09 ④ 10 $l /\!/ m$, $p /\!/ q$ 11 ④ 12 90°
13 157° 14 ③ 15 ⑤ 16 25° 17 30
18 20° 19 134° 20 92° 21 43° 22 ③
23 ② 24 ④ 25 90° 26 100° 27 30°
28 62° 29 67°

기출 44~46쪽 풀이 25~27쪽

01 ② 02 ③ 03 ② 04 170° 05 ⑤
06 48° 07 ④ 08 80 09 ③ 10 ②
11 ③ 12 60° 13 100° 14 115° 15 47°
16 70° 17 25 18 120° 19 75° 20 27°
21 44°

04 작도와 합동

개념 49, 51쪽 풀이 27~28쪽

01 ㄴ, ㄹ 02 × 03 × 04 × 05 ○
06 컴퍼스, $\overline{AB}$ 07 ㉣, ㉡, ㉤
08 $\overline{OB}$, $\overline{PC}$, $\overline{PD}$ 09 $\overline{AB}$ 10 $\angle DPC$
11 ㉥, ㉤, ㉡, ㉢ 12 $\overline{AC}$, $\overline{PQ}$, $\overline{PR}$ 13 $\overline{QR}$
14 $\angle QPR$ 15 동위각 16 × 17 ○ 18 ×
19 $\overline{AC}$ 20 $\overline{AC}$, $\overline{BC}$ 21 $\overline{BC}$, $\angle C$ 22 ○
23 ○ 24 × 25 점 F 26 $\overline{DE}$ 27 $\angle D$
28 4 cm 29 30° 30 90° 31 ○ 32 ×
33 ○ 34 × 35 $\triangle ABC \equiv \triangle DEF$, ASA 합동

유형 52~59쪽 풀이 28~31쪽

01 ③, ⑤ 02 ④ 03 ㉢ → ㉠ → ㉡ 04 ②
05 (가) $\overline{AB}$ (나) 정삼각형 06 ② 07 ⑤ 08 ③
09 ⑤ 10 ⑤ 11 ④ 12 ① 13 ③, ④
14 ③, ⑤ 15 5 16 3 17 ②, ⑤
18 ㉢ → ㉠ → ㉡ 19 ㄴ, ㄷ, ㄹ 20 ②, ③
21 ㄴ, ㄷ, ㄹ 22 ②, ③ 23 ②, ④ 24 ③, ⑤
25 77 26 ④ 27 ② 28 ㄴ, ㄷ, ㄹ
29 ④, ⑤ 30 ④ 31 ㄷ, ㄹ
32 (가) $\overline{PD}$ (나) $\overline{CD}$ (다) SSS 33 110° 34 ②
35 (가) $\overline{BM}$ (나) $\angle PMB$ (다) $\overline{PM}$ (라) SAS 36 105°
37 ③, ⑤ 38 (가) $\angle BOP$ (나) $\angle BPO$ (다) ASA
39 5 cm 40 ③ 41 16 cm 42 120° 43 ③
44 ④ 45 15°

기출 60~62쪽 풀이 31~33쪽

01 ㄴ 02 ③, ⑤ 03 ④ 04 ① 05 ③
06 ② 07 ④ 08 4쌍 09 ③, ④ 10 10 km
11 ② 12 44° 13 64 cm^2 14 7 cm 15 15°
16 풀이 참조 17 8
18 (1) 1 (2) 3 (3) 무수히 많다.
19 (1) $\triangle ADE \equiv \triangle EFC$, ASA 합동 (2) 12 cm 20 4
21 4 cm^2

05 다각형

개념 65, 67쪽 풀이 34~35쪽

01 ㄴ, ㄷ 02 6 03 9 04 ○ 05 ○
06 × 07 120° 08 85° 09 ○ 10 ×
11 × 12 ○ 13 80° 14 35° 15 140°
16 55° 17 1 18 3 19 20 20 44
21 540° 22 1080° 23 1260° 24 1800° 25 칠각형
26 십각형 27 십일각형 28 십칠각형
29 82° 30 100° 31 105° 32 360° 33 360°
34 75° 35 50°
36 한 내각의 크기: 135°, 한 외각의 크기: 45°
37 한 내각의 크기: 156°, 한 외각의 크기: 24°
38 정오각형 39 정구각형 40 정십각형
41 정십이각형 42 정삼각형 43 정십각형
44 정십팔각형 45 정이십각형

유형 68~75쪽 풀이 35~40쪽

01 ㄴ, ㄹ, ㅁ 02 ③, ⑤ 03 172° 04 정칠각형
05 55° 06 50° 07 45° 08 55
09 $\angle x=75°$, $\angle y=20°$ 10 ② 11 85° 12 ⑤
13 ④ 14 115° 15 ④ 16 30° 17 64°
18 120° 19 ③ 20 50° 21 111° 22 ⑤
23 ③ 24 10° 25 11 26 ⑤ 27 ③
28 정구각형 29 ④ 30 ⑤ 31 ④
32 ① 33 ⑤ 34 1080° 35 ③ 36 9
37 ④ 38 ④ 39 118° 40 40° 41 ④
42 ④ 43 ③ 44 223° 45 ④ 46 310°
47 540° 48 195 49 ③ 50 1260° 51 ③
52 36° 53 42° 54 120° 55 ⑤ 56 36°
57 ② 58 ①

기출 76~78쪽 풀이 40~42쪽

01 ② 02 ① 03 40° 04 ⑤ 05 ①
06 35번 07 ④ 08 ③ 09 20 10 32°
11 ①, ④ 12 48° 13 135° 14 360° 15 18
16 44° 17 100° 18 54 19 45° 20 10
21 55° 22 96°

06 원과 부채꼴

개념 81쪽 풀이 43쪽

01 ㉠ 현 ㉡ 호 ㉢ 활꼴 ㉣ 부채꼴 02 ○ 03 ×
04 ○ 05 × 06 3 07 135 08 24
09 40 10 5 11 100 12 8π cm, 16π cm^2
13 10π cm, 25π cm^2 14 6π cm, 27π cm^2
15 $\frac{3}{2}\pi$ cm, $\frac{9}{2}\pi$ cm^2 16 12π cm^2 17 60π cm^2

유형 82~89쪽 풀이 43~48쪽

01 ⑤ 02 ⑤ 03 180° 04 58 05 ⑤
06 ② 07 90 cm 08 80° 09 30° 10 ②
11 40° 12 ② 13 12 cm 14 30° 15 ④
16 ① 17 25 cm 18 ③ 19 20° 20 48 cm^2
21 40 cm^2 22 ④ 23 38 cm 24 ④ 25 ㄱ, ㄹ
26 ② 27 ③ 28 ③ 29 18π cm 30 24π cm^2
31 108π cm^2 32 ⑤ 33 5π cm 34 30π cm^2
35 48π cm^2 36 $(3\pi+6)$ cm 37 ③ 38 ①
39 ① 40 ② 41 $(9\pi-18)$ cm^2
42 $\left(81-\frac{27}{2}\pi\right)$ cm^2 43 6 cm^2 44 ④ 45 ③
46 $(\pi-2)$ cm^2 47 32 cm^2 48 98 cm^2 49 2π
50 $(10\pi+30)$ cm 51 ④ 52 8 cm 53 4π cm
54 ① 55 6π cm

기출 90~92쪽 풀이 48~50쪽

01 ⑤ 02 ④ 03 ③ 04 220° 05 ④
06 10바퀴 07 피자 A 08 ① 09 $(150-25\pi)$ cm^2
10 ⑤ 11 ② 12 12π cm 13 8π cm^2
14 $(32\pi-100)$ cm^2 15 $\frac{105}{2}\pi$ m^2 16 32 cm
17 20π cm^2 18 8π cm^2 19 1 : 3 20 8π cm
21 $(4\pi+24)$ cm^2

07 다면체와 회전체

개념 95, 97쪽 풀이 51쪽

01 ㄱ, ㅁ, ㅂ 02 칠면체 03 오면체 04 5
05 9 06 6
07

옆면의 모양	직사각형	삼각형	사다리꼴
면의 개수	7	6	7
모서리의 개수	15	10	15
꼭짓점의 개수	10	6	10

08 ○ 09 × 10 ○ 11 × 12 ㄱ, ㄷ, ㅁ
13 ㄷ 14 정사면체 15 점 E 16 $\overline{DC}$
17 ㄱ, ㄹ, ㅂ 18 회전체 19 모선 20 원뿔대
21 22

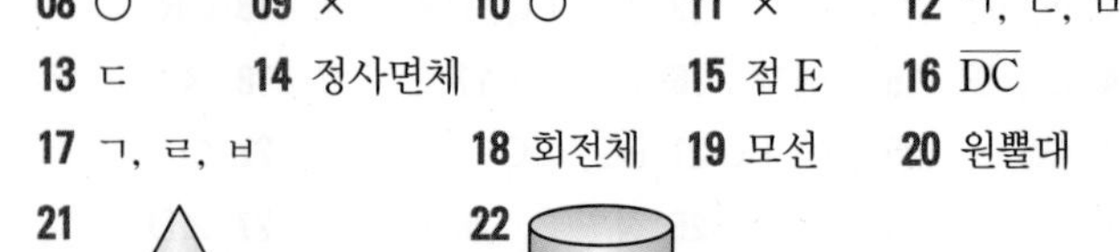

21 원뿔, 22 원기둥

23 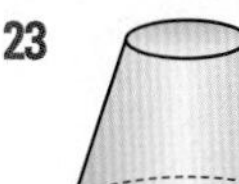, 원뿔대

24 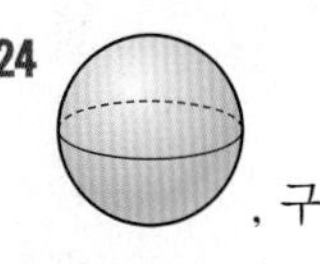, 구

25

회전체	회전축에 수직인 평면으로 자른 단면의 모양	회전축을 포함하는 평면으로 자른 단면의 모양
원기둥	원	직사각형
원뿔	원	이등변삼각형
원뿔대	원	사다리꼴
구	원	원

 26 ×　 27 ×　 28 ○

29 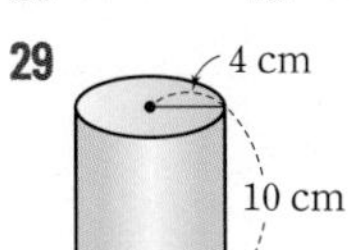

30 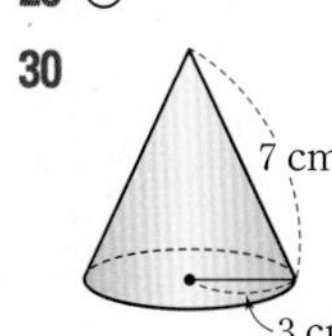

유형 98~105쪽 풀이 51~55쪽

01 ⑤　02 ㄱ, ㄴ, ㅁ, ㅅ　03 ⑤　04 ②, ④
05 ④　06 ③　07 ②　08 26　09 14
10 ④　11 ㄱ, ㅁ　12 ②, ④　13 ②, ④　14 ⑤
15 팔각기둥　16 ⑤　17 정사면체
18 ⑤　19 36　20 ④　21 12　22 ㄱ, ㄴ, ㄹ
23 ⑤　24 47　25 ⑤　26 ⑤　27 12
28 ③, ④　29 ③　30 60°　31 ①　32 ②, ⑤
33 ⑤　34 ④　35 ⑤　36 ④　37 ②
38 ①, ⑤　39 ③　40 ③　41 ②, ④　42 ①, ④
43 50 cm^2　44 ③　45 $9\pi\text{ cm}^2$　46 $13+16\pi$
47 160°　48 ①　49 ③, ⑤　50 ④

기출 106~108쪽 풀이 55~57쪽

01 ②　02 2　03 38　04 ②, ④　05 풀이 참조
06 12　07 ⑤　08 ①, ④　09 $(20\pi+20)\text{ cm}$
10 ⑤　11 ①　12 파란색　13 12　14 $40\pi\text{ cm}^2$
15 14　16 6　17 20 cm^2　18 $36\pi\text{ cm}^2$
19 150　20 $(4\pi-8)\text{ cm}^2$

08 입체도형의 겉넓이와 부피

개념 111, 113쪽 풀이 57~58쪽

01 $a=24$, $b=9$　02 24 cm^2　03 216 cm^2
04 264 cm^2　05 300 cm^2　06 76 cm^2
07 $a=4$, $b=8\pi$, $c=8$　08 $16\pi\text{ cm}^2$　09 $64\pi\text{ cm}^2$
10 $96\pi\text{ cm}^2$　11 $32\pi\text{ cm}^2$　12 $238\pi\text{ cm}^2$
13 18 cm^3　14 70 cm^3　15 $225\pi\text{ cm}^3$　16 $108\pi\text{ cm}^3$
17 $a=5$, $b=6$　18 25 cm^2　19 60 cm^2　20 85 cm^2
21 $a=2$, $b=4\pi$, $c=6$　22 $4\pi\text{ cm}^2$　23 $12\pi\text{ cm}^2$
24 $16\pi\text{ cm}^2$　25 132 cm^2　26 $65\pi\text{ cm}^2$
27 216 cm^3　28 20 cm^3　29 $50\pi\text{ cm}^3$
30 $600\pi\text{ cm}^3$　31 겉넓이: $36\pi\text{ cm}^2$, 부피: $36\pi\text{ cm}^3$
32 겉넓이: $64\pi\text{ cm}^2$, 부피: $\frac{256}{3}\pi\text{ cm}^3$

유형 114~123쪽 풀이 58~64쪽

01 ①　02 ④　03 8　04 $112\pi\text{ cm}^2$
05 ②　06 $324\pi\text{ cm}^2$　07 ⑤　08 240 cm^3
09 ②　10 175 cm^3　11 $10\pi\text{ cm}$　12 $54\pi\text{ cm}^3$
13 $280\pi\text{ cm}^3$　14 6　15 $(64\pi+120)\text{ cm}^2$
16 $96\pi\text{ cm}^3$　17 5 : 3　18 $(27\pi+36)\text{ cm}^2$
19 $72\pi\text{ cm}^3$　20 $(170\pi+160)\text{ cm}^2$　21 $192\pi\text{ cm}^2$
22 522　23 176 cm^2　24 600 cm^2
25 (1) $(368+24\pi)\text{ cm}^2$ (2) $(640-80\pi)\text{ cm}^3$　26 $144\pi\text{ cm}^3$
27 360 cm^2　28 ③　29 7　30 357 cm^2
31 15 cm　32 $90\pi\text{ cm}^2$　33 $24\pi\text{ cm}^2$
34 72°　35 ②　36 ③　37 $250\pi\text{ cm}^2$
38 ②　39 147 cm^3　40 $\frac{208}{3}\text{ cm}^3$　41 56 cm^3
42 $\frac{9}{2}\text{ cm}^3$　43 ④　44 6 cm　45 80 cm^3　46 ③
47 2　48 ②　49 16 cm　50 $112\pi\text{ cm}^3$
51 $392\pi\text{ cm}^3$　52 ①
53 (1) $210\pi\text{ cm}^2$ (2) $312\pi\text{ cm}^3$　54 ①　55 $64\pi\text{ cm}^2$
56 $147\pi\text{ cm}^2$　57 $88\pi\text{ cm}^2$　58 $256\pi\text{ cm}^2$
59 $240\pi\text{ cm}^3$　60 $\frac{63}{2}\pi\text{ cm}^3$　61 3 cm
62 125개　63 $504\pi\text{ cm}^3$　64 $324\pi\text{ cm}^2$
65 $66\pi\text{ cm}^3$　66 $124\pi\text{ cm}^2$　67 432
68 $18\pi\text{ cm}^3$　69 $16\pi\text{ cm}^3$　70 288 cm^3
71 ③　72 36 cm^3

기출 124~126쪽 풀이 64~66쪽

01 ③ 02 $100\pi\ \text{cm}^3$ 03 $(240\pi+192)\ \text{cm}^2$
04 ⑤ 05 $224\ \text{cm}^2$ 06 ⑤ 07 6
08 $18\pi\ \text{cm}^2$ 09 $27\pi\ \text{cm}^3$ 10 ㄷ, ㄹ
11 ① 12 $24\pi\ \text{cm}^3$ 13 $270\ \text{cm}^2$ 14 $72\ \text{cm}^3$
15 $27\pi\ \text{cm}^2$ 16 $112\pi\ \text{cm}^2$ 17 11배 18 $\frac{27}{5}$ cm
19 36분 20 $682\pi\ \text{cm}^3$ 21 3 cm

09 자료의 정리와 해석

개념 129, 131쪽 풀이 67~68쪽

01 (6|0은 60점)

줄기	잎
6	0 2 5 6 6
7	2 3 4 5 5 6 8 8 9 9
8	0 2 5

02 7 03 85점 04 (0|2는 2시간)

줄기	잎
0	2 4 6 7 8
1	0 0 1 2 2 4 5
2	3 5 6 6
3	0 4

05 3 06 6시간
07 가장 작은 변량: 52점, 가장 큰 변량: 96점
08

성적(점)	도수(명)
50이상 ~ 60미만	1
60 ~ 70	4
70 ~ 80	7
80 ~ 90	5
90 ~ 100	3
합계	20

09 5 10 10점
11 50점 이상 60점 미만 12 28 m 이상 32 m 미만
13 15 14 20 m 이상 24 m 미만
15 12
16 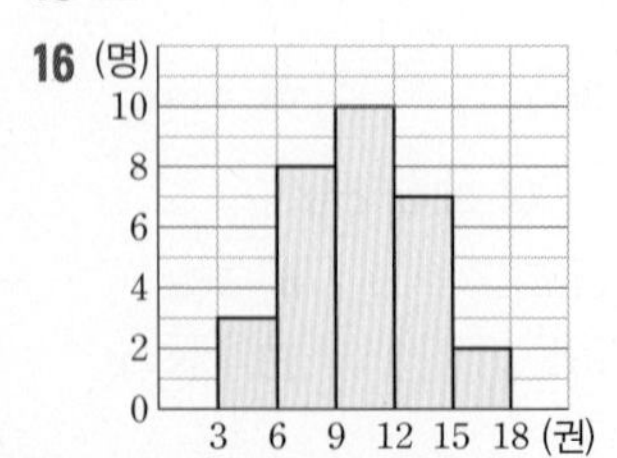

17 6 18 5분

19 35 20 50 21 
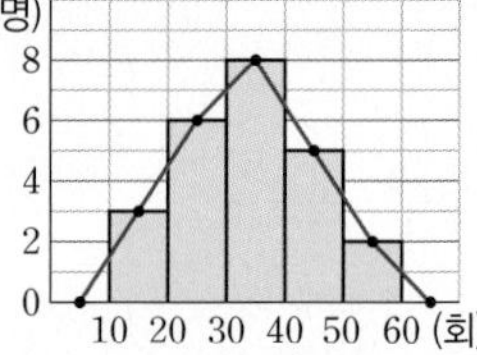

22 5 23 3회 24 34 25 15회 이상 18회 미만
26 102 27

성적(점)	도수(명)	상대도수
50이상 ~ 60미만	2	0.05
60 ~ 70	8	0.2
70 ~ 80	14	0.35
80 ~ 90	12	0.3
90 ~ 100	4	0.1
합계	40	1

28 70점 이상 80점 미만
29 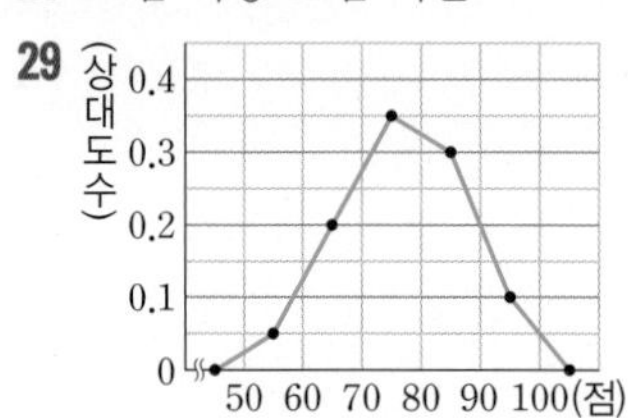

유형 132~141쪽 풀이 68~73쪽

01 ③ 02 4 03 ④ 04 7명 05 ④
06 80회 이상 85회 미만 07 38 08 3 09 4
10 28 % 11 ⑤ 12 52 % 13 80점 14 180
15 400 16 2배 17 9 18 12 19 10
20 30 % 21 39 22 ③ 23 6 24 3
25 40 % 26 ③ 27 ㄱ, ㄷ, ㄹ 28 ②
29 0.15 30 0.35 31 ③ 32 ② 33 0.175
34 33 35 (1) $A=0.26$, $B=19$, $C=1$ (2) 38 %
36 12 37 36 38 0.225 39 ① 40 9
41 13 42 ④ 43 30초 이상 35초 미만 44 ③
45 15 46 8권 이상 10권 미만 47 17 48 36
49 72 50 2 51 ④ 52 15 : 8 53 ②
54 5 : 4 55 24 : 25 56 ㄴ, ㄹ 57 ④

기출 142~144쪽 풀이 73~75쪽

01 ⑤ 02 32 03 ③ 04 60점 이상 70점 미만
05 ②, ③ 06 12 07 ③ 08 28 09 ⑤
10 80점 11 60 12 20 % 13 0.5 14 6
15 20 % 16 0.52 17 2학년이 3명 더 많다.

01 기본 도형

2~9쪽 풀이 76~79쪽

01 ⑤ 02 32 03 ⑤ 04 ④ 05 ④, ⑤
06 2쌍 07 ①, ④ 08 $\overrightarrow{AC}$, $\overleftrightarrow{AB}$, $\overrightarrow{BD}$ 09 ⑤
10 18 11 ⑤ 12 60 13 ② 14 11
15 9 16 ㄱ, ㄷ, ㄹ 17 ④ 18 ②, ⑤
19 ③ 20 22 cm 21 20 cm 22 14 cm 23 ⑤
24 21 cm 25 ④ 26 ① 27 ③ 28 80
29 ② 30 ① 31 20° 32 65° 33 ⑤
34 ② 35 84° 36 36° 37 ④ 38 30°
39 ③ 40 114° 41 145° 42 ③ 43 ④
44 5 45 50 46 ③ 47 ⑤ 48 ④
49 ③ 50 ㄱ, ㄷ 51 2

02 위치 관계

10~15쪽 풀이 79~82쪽

01 ②, ⑤ 02 ㄱ, ㄴ 03 4 04 ①, ④ 05 ③
06 $l \perp n$ 07 ㄴ, ㄷ 08 ① 09 ⑤ 10 ⑤
11 ⑤ 12 2 13 ①, ② 14 1 15 ㄱ, ㄷ, ㄹ
16 ②, ③ 17 ③ 18 2 19 ④ 20 6
21 ㄱ 22 13 23 ⑤ 24 ③, ⑤ 25 ②, ④
26 ③ 27 ㄴ 28 ⑤ 29 5 30 10
31 ② 32 8 33 ①, ⑤ 34 ㄴ, ㄷ 35 ⑤
36 ②, ④

03 평행선의 성질

16~19쪽 풀이 82~84쪽

01 ③, ⑤ 02 175° 03 (1) $\angle f$, $\angle j$ (2) $\angle a$, $\angle e$
04 ② 05 ⑤ 06 25° 07 ③ 08 ⑤
09 ③, ⑤ 10 $l /\!/ m$, $p /\!/ r$ 11 ④ 12 65°
13 170° 14 ① 15 ⑤ 16 50° 17 30
18 22° 19 40° 20 145° 21 165° 22 ②
23 ① 24 ③ 25 36° 26 36° 27 50°
28 63° 29 52°

04 작도와 합동

20~27쪽 풀이 85~88쪽

01 ① 02 ②, ④ 03 ㉠ → ㉢ → ㉡ 04 ④
05 정삼각형 06 ①, ③ 07 ③ 08 ①, ④
09 ③, ⑤ 10 ②, ④ 11 ⑤ 12 ④ 13 ⑤
14 ①, ③ 15 3 16 3 17 ㄴ, ㄹ
18 (가) a (나) c (다) C 19 ③ 20 ②, ⑤ 21 ㄱ, ㄷ
22 ②, ⑤ 23 ①, ⑤ 24 ②, ④ 25 174 26 ⑤
27 △ABC≡△NOM (SSS 합동), △DEF≡△LJK (ASA 합동)
28 ㄴ, ㄷ 29 ④, ⑤ 30 ③ 31 ③, ④
32 (가) $\overline{PQ}$ (나) $\overline{BC}$ (다) SSS 33 55° 34 ⑤
35 (가) $\overline{DC}$ (나) $\overline{BM}$ (다) ∠C (라) SAS 36 115° 37 ①, ⑤
38 (가) ∠DEF (나) ∠ACB (다) $\overline{CE}$ (라) $\overline{EF}$ (마) ASA
39 5 cm 40 ③ 41 4 cm 42 60° 43 ④
44 ① 45 60°

05 다각형

28~35쪽 풀이 88~93쪽

01 5 02 ①, ⑤ 03 247° 04 정십각형
05 20 06 95° 07 80° 08 50° 09 124°
10 ③ 11 135° 12 ② 13 ⑤ 14 52°
15 ② 16 68° 17 54° 18 96° 19 ①
20 36° 21 96° 22 ③ 23 ① 24 18°
25 35 26 ④ 27 ① 28 정십오각형
29 ⑤ 30 ② 31 ④ 32 ① 33 ④
34 1440° 35 ③ 36 20 37 ② 38 ③
39 130° 40 75° 41 ② 42 ⑤ 43 ②
44 184° 45 ③ 46 130° 47 360° 48 174
49 ⑤ 50 1080° 51 ④ 52 90° 53 57°
54 108° 55 ③ 56 90° 57 ③ 58 ⑤

06 원과 부채꼴

36~43쪽 풀이 93~98쪽

01 ㄱ, ㄹ 02 ③ 03 10 cm 04 9 05 ④
06 ② 07 120 cm 08 120° 09 36° 10 ④
11 54° 12 ⑤ 13 12 cm 14 20° 15 ②
16 ④ 17 14 cm 18 ⑤ 19 100° 20 45 cm^2
21 18 cm^2 22 ③ 23 16 cm 24 ④ 25 ①, ⑤
26 ④ 27 ㄱ, ㄴ 28 ① 29 49π cm^2
30 30π cm^2 31 12π cm^2 32 ②
33 3π cm 34 96π cm^2 35 15π cm^2
36 $(10\pi+18)$ cm 37 ⑤ 38 ② 39 ①
40 ④ 41 $(4\pi-8)$ cm^2 42 $(108-24\pi)$ cm^2
43 24 cm^2 44 ③ 45 ② 46 18 cm^2
47 $(32\pi-64)$ cm^2 48 36 cm^2 49 80
50 $(6\pi+36)$ cm 51 ② 52 20 cm 53 6π cm
54 ⑤ 55 15π cm

07 다면체와 회전체

44~51쪽 풀이 98~101쪽

01 ②, ④ 02 4 03 ② 04 ③ 05 ②
06 ③ 07 ① 08 16 09 24 10 ⑤
11 ①, ⑤ 12 4 13 ⑤ 14 ㄹ 15 18
16 ② 17 정이십면체 18 ① 19 18
20 ④ 21 8 22 ㄹ, ㅁ, ㄴ, ㄷ, ㄱ 23 ④
24 14 25 ④ 26 ② 27 정오각형 28 ④
29 ③ 30 60° 31 ② 32 ②, ⑤ 33 ③
34 ㄷ, ㅁ 35 ④ 36 ⑤ 37 ㄴ, ㄷ, ㄹ
38 ③, ④ 39 ④ 40 ①, ③ 41 ④ 42 ⑤
43 60 cm^2 44 ① 45 $\frac{576}{25}\pi$ cm^2 46 $8+6\pi$
47 12π cm^2 48 ④ 49 ㄱ, ㄷ 50 ②, ④

08 입체도형의 겉넓이와 부피

52~61쪽 풀이 102~107쪽

01 ② 02 ③ 03 3 04 48π cm^2
05 ③ 06 800π cm^2 07 ① 08 45 cm^3
09 ⑤ 10 180 cm^3 11 80π cm^3
12 180π cm^3 13 244π cm^3 14 6
15 $(60\pi+48)$ cm^2 16 4 17 12π cm^3
18 $(52\pi+72)$ cm^2 19 264π cm^3
20 $(600+42\pi)$ cm^2 21 56π cm^2 22 8
23 252 cm^2 24 384 cm^2
25 (1) $(156+3\pi)$ cm^2 (2) $(252-63\pi)$ cm^3
26 150π cm^3 27 156 cm^2 28 ③
29 10 30 80 cm^2 31 5 cm 32 56π cm^2
33 16π cm^2 34 210 35 ④ 36 ②
37 52π cm^2 38 ③ 39 40 cm^3
40 468 cm^3 41 104 cm^3 42 10 cm^3
43 ① 44 8 cm 45 75 cm^3 46 ④ 47 $\frac{5}{3}$
48 ① 49 12 cm 50 36π cm^3 51 228π cm^3
52 ④ 53 (1) 560π cm^2 (2) 896π cm^3 54 ③
55 15π cm^2 56 75π cm^2 57 45π cm^2 58 144π cm^2
59 36π cm^3 60 108π cm^3 61 18 cm
62 27개 63 204π cm^3 64 192π cm^2
65 36π cm^3 66 99π cm^2 67 90π cm^3
68 288π cm^3 69 162π cm^3 70 36 cm^3
71 ④ 72 $\frac{243}{2}$ cm^3

09 자료의 정리와 해석

62~71쪽 풀이 107~112쪽

01 ⑤ 02 3 03 ①, ④ 04 10명 05 ③
06 210 g 이상 220 g미만 07 7 08 2
09 7 10 50 % 11 ④ 12 30 % 13 60점
14 45 15 ④ 16 3배 17 16 18 12
19 6 20 5 % 21 20 22 ①, ⑤ 23 9
24 3 25 20 % 26 ③, ⑤ 27 ㄴ 28 ③
29 0.25 30 0.3 31 ④ 32 ④ 33 0.2
34 18.35 35 (1) $A=12$, $B=0.1$, $C=40$ (2) 10명
36 10 37 60 38 0.4 39 ② 40 45 %
41 33 42 ③, ④ 43 70점 이상 80점 미만 44 ⑤
45 16 46 130 g 이상 140 g미만 47 39
48 9 49 42 50 2 51 ⑤ 52 9 : 5
53 ④ 54 4 : 3 55 2 : 3 56 ㄴ 57 ⑤

01 기본 도형

Real 실전 개념 9, 11쪽

01 답 ○

02 답 ○

03 선과 선 또는 선과 면이 만나서 생기는 점을 교점이라 한다. 답 ×

04 교선은 곡선일 수도 있다. 답 ×

05 답 점 C

06 답 점 E

07 답 모서리 FG

08 답 5

09 답 5

10 답 8

11 답 $\overline{AB}$

12 답 $\overrightarrow{AB}$

13 답 $\overleftrightarrow{AB}$

14 답 $\overrightarrow{BA}$

15 답 $=$

16 답 $\neq$

17 답 $\neq$

18 답 $=$

19 $\overline{AB}=7\text{ cm}$ 답 7 cm

20 $\overline{BC}=6\text{ cm}$ 답 6 cm

21 답 2

22 답 $\frac{1}{2}$

23 답 3

24 답 $\frac{1}{2}$

25 답 2

26 $\overline{AB}=3\overline{AM}=3\times\frac{1}{2}\overline{AN}=\frac{3}{2}\overline{AN}$ 답 $\frac{3}{2}$

27 답 예각

28 답 둔각

29 답 평각

30 답 직각

31 답 예각

32 답 둔각

33 $\angle x=90^\circ-60^\circ=30^\circ$ 답 30°

34 $\angle x=90^\circ-40^\circ=50^\circ$ 답 50°

35 $\angle x=180^\circ-45^\circ=135^\circ$ 답 135°

36 $\angle x=180^\circ-(35^\circ+52^\circ)=93^\circ$ 답 93°

37 답 $\angle$EOD

38 답 $\angle$DOC

39 답 $\angle$COB

40 답 $\angle$EOC

41 답 $\angle$DOB

42 답 $\angle$COA

43 $\angle x=180^\circ-50^\circ=130^\circ$
$\angle y=50^\circ$ (맞꼭지각) 답 $\angle x=130^\circ$, $\angle y=50^\circ$

44 $\angle x=138^\circ$ (맞꼭지각)
$\angle y=180^\circ-138^\circ=42^\circ$ 답 $\angle x=138^\circ$, $\angle y=42^\circ$

45 $\angle y=40^\circ$ (맞꼭지각)
$\angle x=180^\circ-(40^\circ+70^\circ)=70^\circ$ 답 $\angle x=70^\circ$, $\angle y=40^\circ$

46 $\angle x=24^\circ$ (맞꼭지각)
$\angle y=180^\circ-(36^\circ+24^\circ)=120^\circ$ 답 $\angle x=24^\circ$, $\angle y=120^\circ$

47 답 $\overline{AB}\perp\overline{CD}$

48 답 점 O

49 답 $\overline{CO}$

50 답 $\overline{AB}$

51 답 점 B

52 $\overline{AB}=4\text{ cm}$ 답 4 cm

53 $\overline{AD}=5\text{ cm}$ 답 5 cm

Real 실전 유형 12~19쪽

01 교점의 개수는 6이므로 $a=6$
교선의 개수는 10이므로 $b=10$
$\therefore a+b=6+10=16$ 답 ③

02 교점의 개수는 12이므로 $a=12$ … ❶
교선의 개수는 18이므로 $b=18$ … ❷

면의 개수는 8이므로 $c=8$ …❸

$\therefore a-b+c=12-18+8=2$ …❹

답 2

채점 기준	배점
❶ a의 값 구하기	30%
❷ b의 값 구하기	30%
❸ c의 값 구하기	30%
❹ $a-b+c$의 값 구하기	10%

03 ③ 면 ABC와 면 ABD의 교선은 모서리 AB이다.
④ 점 D를 지나는 교선은 모서리 AD, 모서리 BD, 모서리 CD의 3개이다. 답 ③

04 ④ 시작점과 뻗어 나가는 방향이 다르므로
$\overrightarrow{BC} \neq \overrightarrow{CB}$
⑤ $\overline{AB} \neq \overline{AC}$ 답 ④, ⑤

05 ③ 시작점과 뻗어 나가는 방향이 모두 같으므로
$\overrightarrow{AC} = \overrightarrow{AD}$ 답 ③

06 답 ㄱ과 ㅁ, ㄴ과 ㅅ, ㄷ과 ㅂ

07 ③ 뻗어 나가는 방향이 다르므로
$\overrightarrow{AB} \neq \overrightarrow{AD}$
④ 시작점이 다르므로 $\overrightarrow{AC} \neq \overrightarrow{BC}$ 답 ⑤

08 답 $\overleftrightarrow{AB}$, $\overrightarrow{CA}$

09 ③ 반직선은 시작점과 뻗어 나가는 방향이 모두 같아야 같은 반직선이다. 답 ③

10 직선은 $\overleftrightarrow{AB}$, $\overleftrightarrow{AC}$, $\overleftrightarrow{BC}$이므로 $a=3$
반직선은 $\overrightarrow{AB}$, $\overrightarrow{AC}$, $\overrightarrow{BA}$, $\overrightarrow{BC}$, $\overrightarrow{CA}$, $\overrightarrow{CB}$이므로 $b=6$
$\therefore a+b=3+6=9$ 답 9

다른 풀이 (직선의 개수)$=\frac{3\times(3-1)}{2}=3$이므로 $a=3$
(반직선의 개수)$=2\times$(직선의 개수)이므로 $b=6$
$\therefore a+b=3+6=9$

보충 TIP 어느 세 점도 한 직선 위에 있지 않은 n개의 점에 대하여
① (직선의 개수)=(선분의 개수)$=\frac{n(n-1)}{2}$
② (반직선의 개수)$=2\times$(직선의 개수)$=n(n-1)$

11 선분은 $\overline{AB}$, $\overline{AC}$, $\overline{AD}$, $\overline{BC}$, $\overline{BD}$, $\overline{CD}$이므로 $a=6$
(반직선의 개수)$=2\times$(선분의 개수)이므로 $b=12$
$\therefore a+b=6+12=18$ 답 ②

12 직선은 $\overleftrightarrow{AB}$, $\overleftrightarrow{AC}$, $\overleftrightarrow{AD}$, $\overleftrightarrow{AE}$, $\overleftrightarrow{BC}$, $\overleftrightarrow{BD}$, $\overleftrightarrow{BE}$, $\overleftrightarrow{CD}$, $\overleftrightarrow{CE}$, $\overleftrightarrow{DE}$이므로 $a=10$ …❶
(반직선의 개수)$=2\times$(직선의 개수)이므로
$b=20$ …❷
(선분의 개수)=(직선의 개수)이므로 $c=10$ …❸
$\therefore 2a+b+c=2\times10+20+10=50$ …❹

답 50

채점 기준	배점
❶ a의 값 구하기	30%
❷ b의 값 구하기	30%
❸ c의 값 구하기	30%
❹ $2a+b+c$의 값 구하기	10%

13 직선은 $\overleftrightarrow{AB}$뿐이므로 $a=1$
반직선은 $\overrightarrow{AB}$, $\overrightarrow{BA}$, $\overrightarrow{BC}$, $\overrightarrow{CB}$, $\overrightarrow{CD}$, $\overrightarrow{DC}$이므로
$b=6$
선분은 $\overline{AB}$, $\overline{AC}$, $\overline{AD}$, $\overline{BC}$, $\overline{BD}$, $\overline{CD}$이므로
$c=6$
$\therefore a+b+c=1+6+6=13$ 답 ④

14 $\overleftrightarrow{AB}$, $\overleftrightarrow{AD}$, $\overleftrightarrow{AE}$, $\overleftrightarrow{BD}$, $\overleftrightarrow{BE}$, $\overleftrightarrow{CD}$, $\overleftrightarrow{CE}$, $\overleftrightarrow{DE}$의 8개이다.

답 8

15 직선은 $\overleftrightarrow{AB}$, $\overleftrightarrow{AD}$, $\overleftrightarrow{BD}$, $\overleftrightarrow{CD}$이므로
$a=4$ …❶
반직선은 $\overrightarrow{AB}$, $\overrightarrow{AD}$, $\overrightarrow{BA}$, $\overrightarrow{BC}$, $\overrightarrow{BD}$, $\overrightarrow{CB}$, $\overrightarrow{CD}$, $\overrightarrow{DA}$, $\overrightarrow{DB}$, $\overrightarrow{DC}$이므로
$b=10$ …❷
$\therefore a+b=4+10=14$ …❸

답 14

채점 기준	배점
❶ a의 값 구하기	40%
❷ b의 값 구하기	40%
❸ $a+b$의 값 구하기	20%

16 ③ $\overline{MN}=\frac{1}{2}\overline{BM}=\frac{1}{2}\times\frac{1}{2}\overline{AB}=\frac{1}{4}\overline{AB}$
④ $\overline{AM}=\overline{BM}=2\overline{MN}$
⑤ $\overline{AN}=\overline{AM}+\overline{MN}=2\overline{MN}+\overline{MN}=3\overline{MN}$ 답 ⑤

17 ① $\overline{AC}=2\overline{BC}=\overline{BD}$
③ $\overline{BD}=2\overline{BC}=2\overline{AB}$
④ $\overline{AB}=\frac{1}{2}\overline{AC}$이므로
$\overline{AD}=3\overline{AB}=3\times\frac{1}{2}\overline{AC}=\frac{3}{2}\overline{AC}$ 답 ④

보충 TIP 선분 AB의 삼등분점

두 점 M, N이 선분 AB의 삼등분점일 때

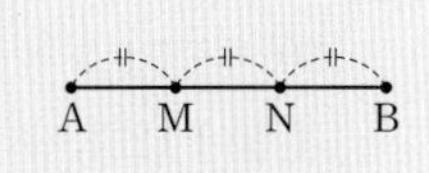

① $\overline{AM}=\overline{MN}=\overline{NB}=\frac{1}{3}\overline{AB}$

② $\overline{AB}=3\overline{AM}=3\overline{MN}=3\overline{NB}$

18 ⑤ $\overline{MN}=\overline{MB}+\overline{BN}=\frac{1}{2}\overline{AB}+\frac{1}{2}\overline{BC}$

$=\frac{1}{2}(\overline{AB}+\overline{BC})=\frac{1}{2}\overline{AC}$ 답 ④, ⑤

19 $\overline{MN}=\overline{MB}+\overline{BN}=\frac{1}{2}(\overline{AB}+\overline{BC})$

$=\frac{1}{2}\overline{AC}=\frac{1}{2}\times 20=10(\text{cm})$ 답 ②

20 $\overline{AC}=\overline{AB}+\overline{BC}=2(\overline{MB}+\overline{BN})$

$=2\overline{MN}=2\times 8=16(\text{cm})$ 답 16 cm

21 $\overline{BM}=\overline{AM}=2\overline{NM}$이므로

$\overline{NB}=\overline{NM}+\overline{MB}=\overline{NM}+2\overline{NM}$

$=3\overline{NM}=24$

$\therefore \overline{NM}=8(\text{cm})$

$\therefore \overline{AM}=2\overline{NM}=2\times 8=16(\text{cm})$ 답 16 cm

22 $\overline{MB}=\overline{AM}=6(\text{cm})$

$\overline{AB}=2\overline{AM}=2\times 6=12(\text{cm})$

이때 $\overline{AB}:\overline{BC}=3:2$에서 $3\overline{BC}=2\overline{AB}$이므로

$\overline{BC}=\frac{2}{3}\overline{AB}=\frac{2}{3}\times 12=8(\text{cm})$

따라서 $\overline{BN}=\frac{1}{2}\overline{BC}=\frac{1}{2}\times 8=4(\text{cm})$이므로

$\overline{MN}=\overline{MB}+\overline{BN}=6+4=10(\text{cm})$ 답 10 cm

23 $\overline{AM}=\overline{MB}=\frac{1}{2}\overline{AB}=\frac{1}{2}\times 24=12(\text{cm})$

$\overline{NB}=\frac{2}{3}\overline{AM}=\frac{2}{3}\times 12=8(\text{cm})$

$\therefore \overline{MN}=\overline{MB}-\overline{NB}=12-8=4(\text{cm})$ 답 ③

24 $\overline{AC}=\overline{AB}+\overline{BC}=2\overline{BC}+\overline{BC}=3\overline{BC}$이므로

$\overline{BC}=\frac{1}{3}\overline{AC}$

같은 방법으로 $\overline{CD}=\frac{1}{3}\overline{CE}$

$\therefore \overline{BD}=\overline{BC}+\overline{CD}=\frac{1}{3}(\overline{AC}+\overline{CE})$

$=\frac{1}{3}\overline{AE}$ … ❶

$=\frac{1}{3}\times 27=9(\text{cm})$ … ❷

답 9 cm

채점 기준	배점
❶ $\overline{AE}$와 $\overline{BD}$ 사이의 관계 구하기	70%
❷ $\overline{BD}$의 길이 구하기	30%

25 $(x+13)+32+(2x+9)=180$이므로

$3x+54=180$, $3x=126$

$\therefore x=42$ 답 ②

26 $20+(x+85)=180$이므로

$x+105=180$ $\therefore x=75$ 답 ④

27 $(x+45)+(2x-20)+(3x+11)=180$이므로

$6x+36=180$, $6x=144$

$\therefore x=24$ 답 ③

28 $(x-z)+(y+40)+x+(3z+y)=180$이므로

$2x+2y+2z+40=180$

$2(x+y+z)=140$

$\therefore x+y+z=70$ 답 70

29 $(3x-20)+90+(2x+40)=180$이므로

$5x+110=180$, $5x=70$

$\therefore x=14$ 답 ②

30 $x+(2x-15)=90$이므로

$3x-15=90$, $3x=105$

$\therefore x=35$ 답 ④

31 $\angle y+40^\circ=90^\circ$이므로 $\angle y=50^\circ$ … ❶

$\angle x+\angle y=90^\circ$이므로

$\angle x+50^\circ=90^\circ$ $\therefore \angle x=40^\circ$ … ❷

$\therefore \angle y-\angle x=50^\circ-40^\circ=10^\circ$ … ❸

답 10°

채점 기준	배점
❶ $\angle y$의 크기 구하기	40%
❷ $\angle x$의 크기 구하기	40%
❸ $\angle y-\angle x$의 크기 구하기	20%

보충 TIP

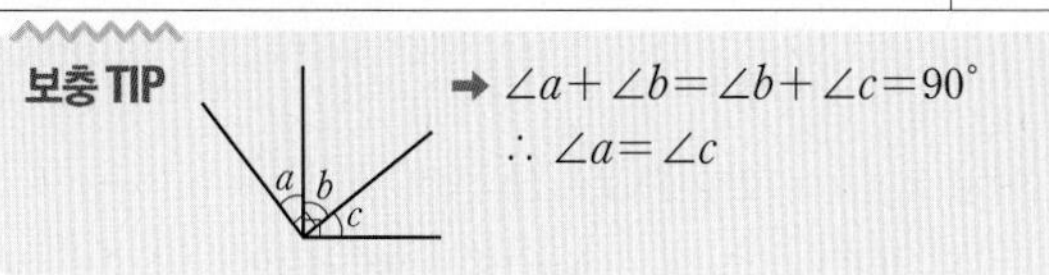

➡ $\angle a+\angle b=\angle b+\angle c=90^\circ$

$\therefore \angle a=\angle c$

32 $\angle AOB=90^\circ-\angle BOC$, $\angle COD=90^\circ-\angle BOC$이므로

$\angle AOB=\angle COD$

$\angle AOB+\angle COD=30^\circ$에서 $2\angle AOB=30^\circ$

$\therefore \angle AOB=15°$

$\therefore \angle BOC=90°-\angle AOB=90°-15°=75°$ 답 75°

33 $\angle x=180° \times \frac{2}{2+1+3}=180° \times \frac{1}{3}=60°$ 답 ②

34 $\angle BOD=180°-90°=90°$이므로

$\angle COD=90° \times \frac{5}{1+5}=90° \times \frac{5}{6}=75°$ 답 ③

35 $\angle AOB+\angle COD=180°-50°=130°$ … ❶

$\angle AOB : \angle COD=3:2$이므로

$\angle AOB=130° \times \frac{3}{3+2}=130° \times \frac{3}{5}=78°$ … ❷

답 78°

채점 기준	배점
❶ ∠AOB+∠COD의 크기 구하기	40%
❷ ∠AOB의 크기 구하기	60%

36 $\angle BOC=\angle a$, $\angle COD=\angle b$라 하면

$\angle AOB=3\angle a$, $\angle DOE=3\angle b$

$\angle AOB+\angle BOC+\angle COD+\angle DOE=180°$이므로

$3\angle a+\angle a+\angle b+3\angle b=180°$

$4(\angle a+\angle b)=180°$

$\therefore \angle BOD=\angle a+\angle b=45°$ 답 45°

37 $\angle BOC=\angle a$, $\angle COD=\angle b$라 하면

$\angle AOB=\frac{3}{2}\angle a$, $\angle DOE=\frac{3}{2}\angle b$

$\angle AOB+\angle BOC+\angle COD+\angle DOE=180°$이므로

$\frac{3}{2}\angle a+\angle a+\angle b+\frac{3}{2}\angle b=180°$

$\frac{5}{2}(\angle a+\angle b)=180°$

$\therefore \angle BOD=\angle a+\angle b=72°$ 답 ②

38 $\angle BOC=\angle a$라 하면 $\angle AOC=6\angle a$

$\angle AOB=\angle AOC-\angle BOC=6\angle a-\angle a=5\angle a$

이때 $5\angle a=90°$이므로 $\angle a=18°$

$\therefore \angle COE=180°-(90°+18°)=72°$

$\angle COD=\angle b$라 하면 $\angle DOE=2\angle b$,

$\angle COE=\angle COD+\angle DOE$

$=\angle b+2\angle b$

$=3\angle b$

이때 $3\angle b=72°$이므로 $\angle b=24°$

$\therefore \angle BOD=\angle a+\angle b=18°+24°=42°$ 답 42°

보충 TIP 오른쪽 그림에서 $\angle AOC=3\angle BOC$ 일 때 $\angle BOC=\angle a$라 하면 $\angle AOB=2\angle a$

$\angle AOB=\angle AOC-\angle BOC$
$=3\angle a-\angle a=2\angle a$

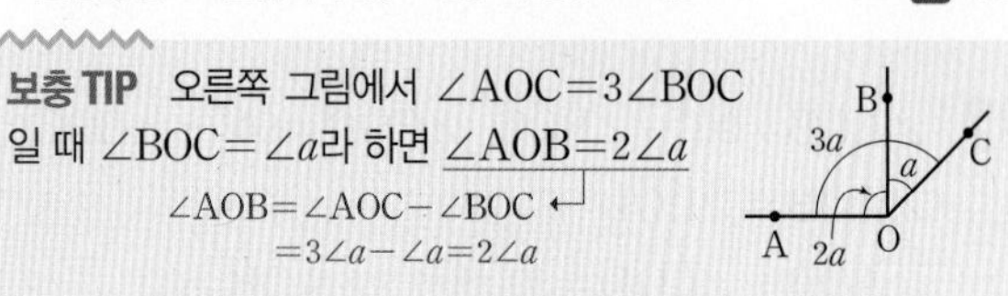

39 시침이 12를 가리킬 때부터 7시간 45분 동안 움직인 각도는

$30° \times 7+0.5° \times 45=232.5°$

분침이 12를 가리킬 때부터 45분 동안 움직인 각도는

$6° \times 45=270°$

따라서 구하는 각의 크기는

$270°-232.5°=37.5°$ 답 ④

40 시침이 12를 가리킬 때부터 3시간 5분 동안 움직인 각도는

$30° \times 3+0.5° \times 5=92.5°$ … ❶

분침이 12를 가리킬 때부터 5분 동안 움직인 각도는

$6° \times 5=30°$ … ❷

따라서 구하는 각의 크기는

$92.5°-30°=62.5°$ … ❸

답 62.5°

채점 기준	배점
❶ 시침이 움직인 각도 구하기	40%
❷ 분침이 움직인 각도 구하기	40%
❸ 시침과 분침이 이루는 작은 각의 크기 구하기	20%

41 시침이 12를 가리킬 때부터 2시간 50분 동안 움직인 각도는

$30° \times 2+0.5° \times 50=85°$

분침이 12를 가리킬 때부터 50분 동안 움직인 각도는 $6° \times 50=300°$

따라서 구하는 각의 크기는

$360°-(300°-85°)=145°$ 답 145°

다른 풀이 시침이 12를 가리킬 때부터 2시간 50분 동안 움직인 각도는

$30° \times 2+0.5° \times 50=85°$

오른쪽 그림과 같이 시계의 10과 12가 이루는 각의 크기는 $30° \times 2=60°$

따라서 구하는 각의 크기는

$60°+85°=145°$

42 오른쪽 그림에서

$(2x-25)+(100-x)+(x+15)$

$=180$

이므로

$2x+90=180$, $2x=90$

$\therefore x=45$ 답 ②

보충 TIP

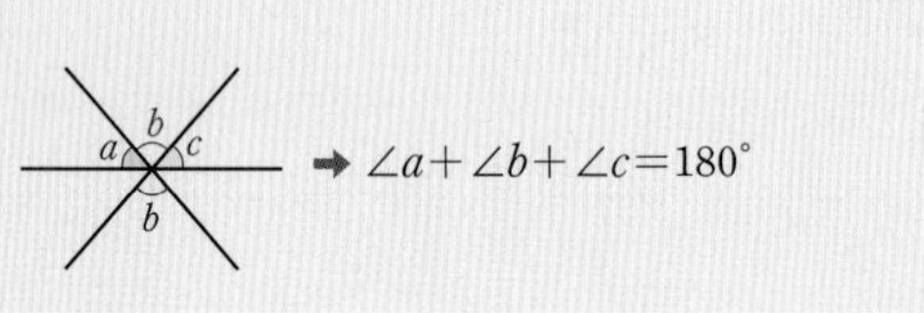

43 $x+40=3x-20$ (맞꼭지각)
$2x=60$ $\therefore x=30$
$(x+40)+y=180$이므로
$70+y=180$ $\therefore y=110$ 답 ③

44 $30+90=x+45$ (맞꼭지각) $\therefore x=75$
$30+90+(y-10)=180$이므로
$110+y=180$ $\therefore y=70$
$\therefore x-y=75-70=5$ 답 5

45 $x+(2x+10)=70$ (맞꼭지각)
$3x+10=70$, $3x=60$
$\therefore x=20$ … ❶
$(3x-27)+y+70=180$이므로
$60-27+y+70=180$
$y+103=180$ $\therefore y=77$ … ❷
$\therefore x+y=20+77=97$ … ❸
답 97

채점 기준	배점
❶ x의 값 구하기	40%
❷ y의 값 구하기	40%
❸ $x+y$의 값 구하기	20%

46 직선 l과 m, l과 n, m과 n으로 만들어지는 맞꼭지각이 각각 2쌍이므로 모두 $2\times3=6$(쌍)이다. 답 ④
다른 풀이 $3\times(3-1)=6$(쌍)
참고 ∠AOB와 ∠DOE, ∠BOC와 ∠EOF, ∠COD와 ∠FOA, ∠AOC와 ∠DOF, ∠BOD와 ∠EOA, ∠COE와 ∠FOB의 6쌍이다.

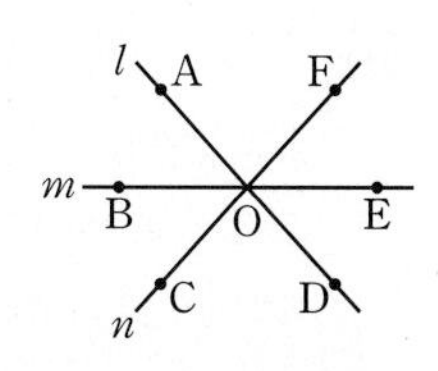

보충 TIP 서로 다른 n개의 직선이 한 점에서 만날 때 생기는 맞꼭지각 ➡ $n(n-1)$쌍

47 5개의 직선을 a, b, c, d, e라 하자.
직선 a와 b, a와 c, a와 d, a와 e, b와 c, b와 d, b와 e, c와 d, c와 e, d와 e로 만들어지는 맞꼭지각이 각각 2쌍이므로 모두 $2\times10=20$(쌍)이다. 답 ③
다른 풀이 $5\times(5-1)=20$(쌍)

48 직선 l과 p, l과 q, m과 p, m과 q로 만들어지는 맞꼭지각이 각각 2쌍이므로 모두 $2\times4=8$(쌍)이다. 답 ⑤

49 답 ②, ④

50 ㄴ. 점 C에서 $\overline{AB}$에 내린 수선의 발은 점 B이다.
ㄹ. 점 A와 $\overline{DC}$ 사이의 거리는
$\overline{AD}=\overline{BC}=12(\text{cm})$
따라서 옳은 것은 ㄱ, ㄷ이다. 답 ㄱ, ㄷ

51 점 C와 $\overline{AB}$ 사이의 거리는 $\overline{BC}$의 길이와 같으므로
$x=6$ … ❶
점 D와 $\overline{BC}$ 사이의 거리는 $\overline{AB}$의 길이와 같으므로
$y=4$ … ❷
$\therefore x+y=6+4=10$ … ❸
답 10

채점 기준	배점
❶ x의 값 구하기	40%
❷ y의 값 구하기	40%
❸ $x+y$의 값 구하기	20%

01 답 ⑤

02 $\overline{AM}=\overline{MB}=2\overline{MN}=2\times5=10(\text{cm})$이므로
$\overline{AN}=\overline{AM}+\overline{MN}=10+5=15(\text{cm})$ 답 15 cm

03 $\overline{AC}=2\overline{BC}=2\times4=8(\text{cm})$
이때 $3\overline{AC}=4\overline{CD}$이므로
$\overline{CD}=\frac{3}{4}\overline{AC}=\frac{3}{4}\times8=6(\text{cm})$
$\therefore \overline{AD}=\overline{AC}+\overline{CD}=8+6=14(\text{cm})$ 답 14 cm

04 $(3x+8)+(5x+7)+(7x-15)=180$이므로
$15x=180$ $\therefore x=12$ 답 ②

05 $(x+2y)+(3x-2y)=180$이므로
$4x=180$ $\therefore x=45$
$35+(x+2y)=180$이므로
$35+45+2y=180$
$2y+80=180$, $2y=100$
$\therefore y=50$
$\therefore 2x-y=2\times45-50=40$ 답 40

06 $\angle COD=90^\circ-\angle DOE=90^\circ-32^\circ=58^\circ$이므로
$\angle BOC=90^\circ-\angle COD=90^\circ-58^\circ=32^\circ$ 답 32°

07 $\angle z=180^\circ\times\frac{7}{5+3+7}=180^\circ\times\frac{7}{15}=84^\circ$ 답 84°

08 $\angle BOC=\angle a$라 하면 $\angle AOC=5\angle a$
$\angle COD=\angle b$라 하면 $\angle COE=5\angle b$
$\angle AOC+\angle COE=180°$이므로
$5(\angle a+\angle b)=180°$
$\therefore \angle BOD=\angle a+\angle b$
$=\frac{1}{5}\times180°=36°$ 답 ②

09 답 ②

10 오른쪽 그림에서
$(\angle x-7°)+(\angle y+8°)+42°+\angle z$
$=180°$
$\angle x+\angle y+\angle z+43°=180°$
$\therefore \angle x+\angle y+\angle z=137°$ 답 ④

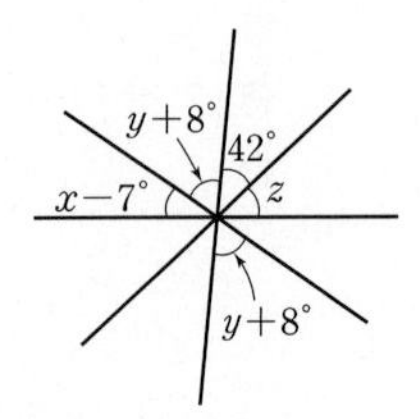

11 $\overline{AC}=\overline{CE}=\frac{1}{2}\overline{AE}=\frac{1}{2}\times120=60(m)$
$\overline{BC}=\frac{1}{2}\overline{AC}=\frac{1}{2}\times60=30(m)$
$\overline{CD}=2\overline{DE}$이므로
$\overline{CD}=\overline{CE}-\overline{DE}=\overline{CE}-\frac{1}{3}\overline{CE}=\frac{2}{3}\overline{CE}=\frac{2}{3}\times60=40(m)$
$\therefore \overline{BD}=\overline{BC}+\overline{CD}=30+40=70(m)$
따라서 문구점에서 경진이네 집까지의 거리는 70 m이다.
답 70 m

12 $\angle x:\angle y=2:3$, $\angle x:\angle z=1:2=2:4$이므로
$\angle x:\angle y:\angle z=2:3:4$
$\therefore \angle y=180°\times\frac{3}{2+3+4}=180°\times\frac{1}{3}=60°$ 답 60°

13 $\overrightarrow{AB}$, $\overrightarrow{AD}$, $\overrightarrow{AE}$, $\overrightarrow{BA}$, $\overrightarrow{BC}$, $\overrightarrow{BD}$, $\overrightarrow{BE}$, $\overrightarrow{CB}$, $\overrightarrow{CD}$, $\overrightarrow{CE}$,
$\overrightarrow{DA}$, $\overrightarrow{DB}$, $\overrightarrow{DC}$, $\overrightarrow{DE}$, $\overrightarrow{EA}$, $\overrightarrow{EB}$, $\overrightarrow{EC}$, $\overrightarrow{ED}$
의 18개이다. 답 18

14 구하는 시각을 5시 x분이라 하면 시침이 12를 가리킬 때부터 5시간 x분 동안 움직인 각도는
$30°\times5+0.5°\times x=150°+0.5°\times x$
분침이 12를 가리킬 때부터 x분 동안 움직인 각도는
$6°\times x$
$6°\times x-(150°+0.5°\times x)=158°$
$5.5°\times x-150°=158°$, $5.5°\times x=308°$
$\therefore x=56$
따라서 구하는 시각은 5시 56분이다. 답 5시 56분

15 $\overline{MB}=\frac{1}{2}\overline{AB}$, $\overline{BN}=\frac{1}{2}\overline{BC}$
$\overline{BC}=\overline{AC}-\overline{AB}=4\overline{AB}-\overline{AB}=3\overline{AB}$이므로
$\overline{BN}=\frac{1}{2}\overline{BC}=\frac{1}{2}\times3\overline{AB}=\frac{3}{2}\overline{AB}$
$\therefore \overline{MN}=\overline{MB}+\overline{BN}=\frac{1}{2}\overline{AB}+\frac{3}{2}\overline{AB}=2\overline{AB}$
$\therefore k=2$ 답 2

16 교점의 개수는 9이므로 $a=9$ … ❶
교선의 개수는 16이므로 $b=16$ … ❷
$\therefore 2a-b=2\times9-16=2$ … ❸
답 2

채점 기준	배점
❶ a의 값 구하기	40%
❷ b의 값 구하기	40%
❸ $2a-b$의 값 구하기	20%

17 $\overline{AM}=\overline{MB}=2\overline{MN}$이므로
$\overline{AN}=\overline{AM}+\overline{MN}=2\overline{MN}+\overline{MN}=3\overline{MN}=18$
$\therefore \overline{MN}=6(cm)$ … ❶
$\therefore \overline{MB}=2\overline{MN}=2\times6=12(cm)$ … ❷
답 12 cm

채점 기준	배점
❶ $\overline{MN}$의 길이 구하기	60%
❷ $\overline{MB}$의 길이 구하기	40%

18 $\angle x+\angle y=80°$, $\angle x=\angle y$ (맞꼭지각)이므로
$2\angle x=80°$ $\therefore \angle x=40°$ … ❶
$\angle x+\angle z=180°$이므로
$40°+\angle z=180°$ $\therefore \angle z=140°$ … ❷
답 140°

채점 기준	배점
❶ $\angle x$의 크기 구하기	60%
❷ $\angle z$의 크기 구하기	40%

19 $\angle BOF=180°-50°=130°$이므로 … ❶
$\angle BOC+\angle COD+\angle DOE+\angle EOF=130°$
$\angle COD+\angle COD+\angle DOE+\angle DOE=130°$
$2(\angle COD+\angle DOE)=130°$
$\therefore \angle COD+\angle DOE=65°$
$\therefore \angle COE=\angle COD+\angle DOE=65°$ … ❷
답 65°

채점 기준	배점
❶ $\angle BOF$의 크기 구하기	40%
❷ $\angle COE$의 크기 구하기	60%

20 $4\overline{AB}=3\overline{AC}$이므로

$\overline{AB}=\frac{3}{4}\overline{AC}=\frac{3}{4}\times 24=18(\text{cm})$

$2\overline{AB}=3\overline{PB}$이므로

$\overline{PB}=\frac{2}{3}\overline{AB}=\frac{2}{3}\times 18=12(\text{cm})$ … ❶

또, $\overline{BC}=\overline{AC}-\overline{AB}=24-18=6(\text{cm})$이므로

$\overline{BQ}=\frac{1}{2}\overline{BC}=\frac{1}{2}\times 6=3(\text{cm})$ … ❷

$\therefore \overline{PQ}=\overline{PB}+\overline{BQ}=12+3=15(\text{cm})$ … ❸

답 15 cm

채점 기준	배점
❶ $\overline{PB}$의 길이 구하기	40%
❷ $\overline{BQ}$의 길이 구하기	40%
❸ $\overline{PQ}$의 길이 구하기	20%

21 $\angle AOB=\angle a$라 하면 $\angle BOC=4\angle a$

$\angle DOE=\angle b$라 하면 $\angle COD=4\angle b$

$\angle AOB+\angle BOC+\angle COD+\angle DOE=180^\circ$이므로

$\angle a+4\angle a+4\angle b+\angle b=180^\circ$

$5(\angle a+\angle b)=180^\circ \quad \therefore \angle a+\angle b=36^\circ$

$\therefore \angle FOG=\angle BOD$ … ❶

$=4(\angle a+\angle b)$

$=4\times 36^\circ=144^\circ$ … ❷

답 144°

채점 기준	배점
❶ $\angle FOG=\angle BOD$임을 알기	30%
❷ $\angle FOG$의 크기 구하기	70%

02 위치 관계

Real 실전 개념

25, 27쪽

01 답 점 B, 점 D

02 답 점 A, 점 C

03 답 점 C, 점 D, 점 E

04 답 점 A, 점 B

05 답 면 ABC, 면 ACD, 면 ABD

06 답 면 ABC, 면 BCD

07 답 점 A

08 답 $\overline{CD}$

09 답 $\overline{AB}$, $\overline{CD}$

10 답 $\overline{AD}$, $\overline{CD}$

11 답 ⊥

12 답 //

13 답 ⊥

14 답 한 점에서 만난다.

15 답 평행하다.

16 답 꼬인 위치에 있다.

17 답 $\overline{AD}$, $\overline{BC}$, $\overline{CG}$, $\overline{DH}$

18 답 $\overline{AE}$, $\overline{CG}$, $\overline{DH}$

19 답 $\overline{BC}$, $\overline{CD}$, $\overline{FG}$, $\overline{GH}$

20 답 ㄱ, ㄷ, ㄹ

21 답 $\overline{AB}$, $\overline{BC}$, $\overline{CD}$, $\overline{AD}$

22 답 $\overline{CG}$, $\overline{GH}$, $\overline{DH}$, $\overline{CD}$

23 답 $\overline{AB}$, $\overline{CD}$, $\overline{EF}$, $\overline{GH}$

24 답 면 ADFC, 면 BEFC

25 답 면 ADEB

26 답 면 ABC, 면 DEF

27 답 점 E

28 점 B와 면 CGHD 사이의 거리는 $\overline{BC}=\overline{AD}=3(\text{cm})$

답 3 cm

29 점 D와 면 BFGC 사이의 거리는 $\overline{DC}=\overline{AB}=2(\text{cm})$

답 2 cm

30 답 ㄴ, ㄷ, ㅁ

31 답 면 ABCD, 면 ABFE, 면 CGHD, 면 EFGH

32 답 면 CGHD

33 답 면 ABFE, 면 BFGC, 면 CGHD, 면 AEHD

34 답 $\overline{CD}$

35 답 면 ABED, 면 ACFD, 면 ABC, 면 DEF

36 답 면 BCFE, 면 ABC, 면 DEF

37 답 면 ABC

38 답 $\overline{AC}$

39 답 면 ABED, 면 ACFD

Real 실전 유형 28~33쪽

01 ③ 직선 l은 점 C를 지나지 않는다.
⑤ 직선 l 위에 있는 점은 점 A, 점 B의 2개이다. 답 ③

보충 TIP 점과 직선의 위치 관계에 대한 같은 표현
① 점이 직선 위에 있다. ➡ 직선이 점을 지난다.
② 점이 직선 위에 있지 않다. ➡ 직선이 점을 지나지 않는다.
➡ 점이 직선 밖에 있다.

02 ① 점 A는 직선 l 위에 있다.
③ 직선 l 위에 있지 않은 점은 점 C, 점 D의 2개이다.
④ 직선 l은 점 C를 지나지 않는다. 답 ②, ⑤

보충 TIP 점과 평면의 위치 관계에 대한 같은 표현
① 점이 평면 위에 있다. ➡ 평면이 점을 포함한다.
② 점이 평면 위에 있지 않다. ➡ 평면이 점을 포함하지 않는다.
➡ 점이 평면 밖에 있다.

03 모서리 AE 위에 있지 않은 꼭짓점은 점 B, 점 C, 점 D이므로 $a=3$ … ❶
면 BCDE 위에 있는 꼭짓점은 점 B, 점 C, 점 D, 점 E이므로 $b=4$ … ❷
$\therefore a+b=3+4=7$ … ❸

답 7

채점 기준	배점
❶ a의 값 구하기	40%
❷ b의 값 구하기	40%
❸ $a+b$의 값 구하기	20%

04 ② 오른쪽 그림과 같이 $\overleftrightarrow{AB}$와 $\overleftrightarrow{CD}$는 한 점에서 만난다.
⑤ $\overleftrightarrow{BC}$와 $\overleftrightarrow{CD}$는 한 점에서 만나지만 수직은 아니다.

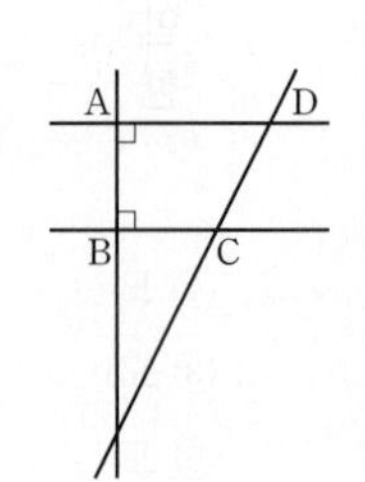

답 ②, ⑤

05 오른쪽 그림과 같이 $\overleftrightarrow{AB}$와 한 점에서 만나는 직선은 $\overleftrightarrow{BC}$, $\overleftrightarrow{CD}$, $\overleftrightarrow{EF}$, $\overleftrightarrow{AF}$의 4개이다.

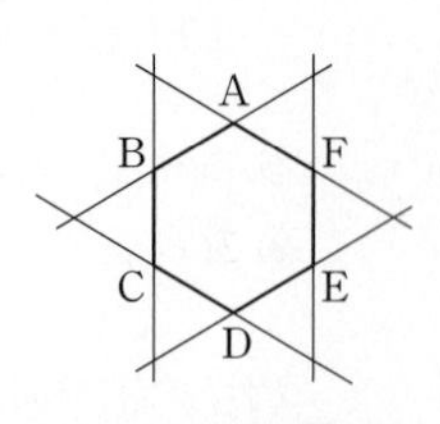

답 ④

다른 풀이 $\overleftrightarrow{AB}$와 평행한 $\overleftrightarrow{DE}$를 제외한 모든 직선은 $\overleftrightarrow{AB}$와 한 점에서 만난다.
따라서 $\overleftrightarrow{AB}$와 한 점에서 만나는 직선의 개수는
$6-1-1=4$

보충 TIP 평면도형에서 두 직선의 위치 관계
평면도형에서 각 변을 연장한 서로 다른 두 직선은 평행하거나 한 점에서 만난다.
➡ 평면도형에서 평행하지 않은 서로 다른 두 직선은 모두 한 점에서 만난다.
➡ 평면도형에서
(한 점에서 만나는 직선의 개수)
=(전체 변의 개수)−(평행한 직선의 개수)−1
(1 → 자기 자신)

06 ㄷ. 오른쪽 그림에서 $l\perp m$, $l\perp n$이면 $m /\!/ n$이다.
따라서 옳은 것은 ㄱ, ㄴ이다.

답 ㄱ, ㄴ

주의 평면에서의 위치 관계이므로 한 평면에서만 생각해야 함에 주의한다.

07 ③ 꼬인 위치에 있는 두 직선은 한 평면 위에 있지 않다.

답 ③

참고 한 직선 위에 있는 세 점이 주어지면 무수히 많은 평면이 정해진다.

08 한 직선과 그 직선 밖의 한 점이 주어지면 하나의 평면이 정해진다.

답 ①

09 평면 ABC, 평면 ABD, 평면 ACD, 평면 BCD의 4개이다.

답 ③

보충 TIP 세 개의 점으로 정해지는 한 평면 구하기
먼저 두 점을 지나는 직선을 긋고 이 직선 밖의 한 점을 선택하면 한 평면이 정해진다.

10 ① 모서리 AB와 모서리 AE는 점 A에서 만난다.
③ 모서리 BC와 모서리 EH는 평행하다.
⑤ 모서리 EF와 모서리 DH는 꼬인 위치에 있으므로 만나지 않는다.

답 ③

참고 직육면체에서 한 점에서 만나는 두 모서리는 모두 수직으로 만난다.

11 ①, ②, ④, ⑤ 한 점에서 만난다.
③ 꼬인 위치에 있다.

답 ③

12 $\overline{AG}$와 한 점에서 만나는 모서리는 $\overline{AB}$, $\overline{AD}$, $\overline{AE}$, $\overline{CG}$, $\overline{FG}$, $\overline{GH}$ … ❶
$\overline{DH}$와 한 점에서 만나는 모서리는 $\overline{AD}$, $\overline{CD}$, $\overline{EH}$, $\overline{GH}$ … ❷
따라서 $\overline{AG}$, $\overline{DH}$와 동시에 만나는 모서리는 $\overline{AD}$, $\overline{GH}$의 2개이다. … ❸

답 2

채점 기준	배점
❶ $\overline{AG}$와 한 점에서 만나는 모서리 구하기	40%
❷ $\overline{DH}$와 한 점에서 만나는 모서리 구하기	40%
❸ $\overline{AG}$, $\overline{DH}$와 동시에 만나는 모서리 구하기	20%

13 ① 모서리 AD와 모서리 EF는 꼬인 위치에 있으므로 만나지 않는다.
② 모서리 AC와 모서리 BC는 한 점에서 만나지만 수직은 아니다.
④ 모서리 BE와 모서리 CF는 평행하다.
⑤ 모서리 AC와 평행한 모서리는 $\overline{DF}$의 1개이다.

답 ③

14 모서리 AB와 수직으로 만나는 모서리는 $\overline{AF}$, $\overline{BG}$이므로
$a=2$ … ❶
모서리 DI와 평행한 모서리는 $\overline{AF}$, $\overline{BG}$, $\overline{CH}$, $\overline{EJ}$이므로
$b=4$ … ❷
$\therefore 3a-b=3\times2-4=2$ … ❸

답 2

채점 기준	배점
❶ a의 값 구하기	40%
❷ b의 값 구하기	40%
❸ $3a-b$의 값 구하기	20%

15 ㄷ. 꼬인 위치에 있는 두 직선은 만나지도 않고 평행하지도 않으므로 한 평면 위에 있지 않다.
ㄹ. 만나지 않는 두 직선은 평행하거나 꼬인 위치에 있다.
따라서 옳은 것은 ㄱ, ㄴ이다.

답 ㄱ, ㄴ

보충 TIP 두 직선이 한 평면 위에 있을 조건
(1) 평행한 두 직선
(2) 한 점에서 만나는 두 직선

16 ③, ⑤ 한 점에서 만난다.
④ 평행하다.

답 ①, ②

17 $\overline{AC}$와 만나지도 않고 평행하지도 않은 모서리는 $\overline{AC}$와 꼬인 위치에 있는 모서리이므로
$\overline{BF}$, $\overline{DH}$, $\overline{EF}$, $\overline{FG}$, $\overline{GH}$, $\overline{EH}$
의 6개이다.

답 ④

18 $\overleftrightarrow{DE}$와 한 점에서 만나는 직선은
$\overleftrightarrow{BC}$, $\overleftrightarrow{CD}$, $\overleftrightarrow{EF}$, $\overleftrightarrow{AF}$, $\overleftrightarrow{DJ}$, $\overleftrightarrow{EK}$
이므로 $a=6$
$\overleftrightarrow{DE}$와 꼬인 위치에 있는 직선은
$\overleftrightarrow{AG}$, $\overleftrightarrow{BH}$, $\overleftrightarrow{CI}$, $\overleftrightarrow{FL}$, $\overleftrightarrow{HI}$, $\overleftrightarrow{IJ}$, $\overleftrightarrow{LK}$, $\overleftrightarrow{GL}$
이므로 $b=8$
$\therefore a+b=6+8=14$

답 14

주의 밑면에서 만나지 않는 두 모서리도 연장한 직선끼리는 만날 수 있다.

19 ① 모서리 AB와 면 AFJE는 한 점에서 만난다.
③ 모서리 IJ와 면 ABCDE는 평행하다.
④ 모서리 AF와 평행한 면은 면 BGHC, 면 CHID, 면 EJID의 3개이다.
⑤ 모서리 DI와 수직인 면은 면 ABCDE, 면 FGHIJ의 2개이다.

답 ②, ⑤

20 모서리 DE와 평행한 면은 면 ABC뿐이므로 $a=1$ … ❶
모서리 BE와 수직인 면은 면 ABC, 면 DEF이므로
$b=2$ … ❷
모서리 EF를 포함하는 면은 면 BEFC, 면 DEF이므로
$c=2$ … ❸
$\therefore a+b+c=1+2+2=5$ … ❹

답 5

채점 기준	배점
❶ a의 값 구하기	30%
❷ b의 값 구하기	30%
❸ c의 값 구하기	30%
❹ $a+b+c$의 값 구하기	10%

참고 $\overline{BE}\perp\overline{AB}$, $\overline{BE}\perp\overline{BC}$이므로 $\overline{BE}\perp$(면 ABC)
$\overline{BE}\perp\overline{DE}$, $\overline{BE}\perp\overline{EF}$이므로 $\overline{BE}\perp$(면 DEF)

보충 TIP 각기둥에서 옆면끼리 만나서 생기는 모서리, 즉, 높이를 나타내는 모서리는 두 밑면에 수직이다.

21 ㄱ. 평면 ABCD와 수직인 모서리는 $\overline{AE}$, $\overline{BF}$, $\overline{CG}$, $\overline{DH}$의 4개이다.
ㄴ. 평면 BFHD와 한 점에서 만나는 모서리는 $\overline{AB}$, $\overline{BC}$, $\overline{CD}$, $\overline{AD}$, $\overline{EF}$, $\overline{FG}$, $\overline{GH}$, $\overline{EH}$의 8개이다.
ㄷ. 모서리 AD와 평행한 평면은 평면 BFGC, 평면 EFGH의 2개이다.
따라서 옳은 것은 ㄱ, ㄴ, ㄷ이다. 답 ㄱ, ㄴ, ㄷ

22 점 A와 면 EFGH 사이의 거리는
$\overline{AE}=\overline{DH}=5$ $\quad\therefore a=5$
점 E와 면 CGHD 사이의 거리는
$\overline{EH}=\overline{FG}=9$ $\quad\therefore b=9$
$\therefore 2a+b=2\times5+9=19$ 답 19

23 점 C에서 면 ABED에 내린 수선의 발은 점 A이므로 구하는 거리는 $\overline{AC}$의 길이이다.
$\therefore \overline{AC}=\overline{DF}$ 답 ①, ④

24 ①, ② $l\perp P$이고 두 직선 m, n은 평면 P 위에 있으므로 $l\perp m$, $l\perp n$
③ 점 A와 평면 P 사이의 거리가 9 cm이므로 $\overline{AH}=9$ cm
④ 두 직선 m, n은 한 점에서 만나지만 수직인지는 알 수 없다.
⑤ $\overline{AH}$는 직선 l에 포함되므로 $\overline{AH}\perp m$ 답 ④

25 ① (면 ABCD)$\perp\overline{CG}$이고 평면 AEGC는 $\overline{CG}$를 포함하므로 (면 ABCD)$\perp$(평면 AEGC)
④ (면 EFGH)$\perp\overline{CG}$이고 평면 AEGC는 $\overline{CG}$를 포함하므로 (면 EFGH)$\perp$(평면 AEGC) 답 ①, ④

26 ①, ②, ③, ⑤ 한 직선에서 만난다.
④ 평행하다. 답 ④

27 ㄴ. 면 ABCDEF와 수직인 면은 면 ABHG, 면 BHIC, 면 CIJD, 면 DJKE, 면 FLKE, 면 AGLF의 6개이다.
ㄷ. 서로 평행한 두 면은 면 ABHG와 면 DJKE, 면 BHIC와 면 FLKE, 면 CIJD와 면 AGLF, 면 ABCDEF와 면 GHIJKL의 4쌍이다.
따라서 옳은 것은 ㄱ, ㄴ이다. 답 ㄱ, ㄴ

보충 TIP 각기둥의 밑면에서 서로 평행한 두 변을 각각 포함하는 옆면은 서로 평행하다.

28 ② 면 ABEF와 한 직선에서 만나는 면은 면 ABDC, 면 BDE, 면 CDEF, 면 ACF의 4개이다. 답 ②

29 모서리 BF와 꼬인 위치에 있는 모서리는 $\overline{AD}$, $\overline{DG}$, $\overline{CG}$, $\overline{AC}$, $\overline{DE}$의 5개이다. 답 5

30 면 ABCD와 수직인 면은 면 ABFE, 면 AEHD, 면 CGHD이므로
$a=3$ … ❶
$\overleftrightarrow{EH}$와 평행한 면은 면 ABCD, 면 BFGC이므로
$b=2$ … ❷
$\therefore a-b=3-2=1$ … ❸

답 1

채점 기준	배점
❶ a의 값 구하기	40%
❷ b의 값 구하기	40%
❸ $a-b$의 값 구하기	20%

31 주어진 전개도로 만든 정육면체는 오른쪽 그림과 같다.
①, ⑤ 한 점에서 만난다.
②, ④ 평행하다.

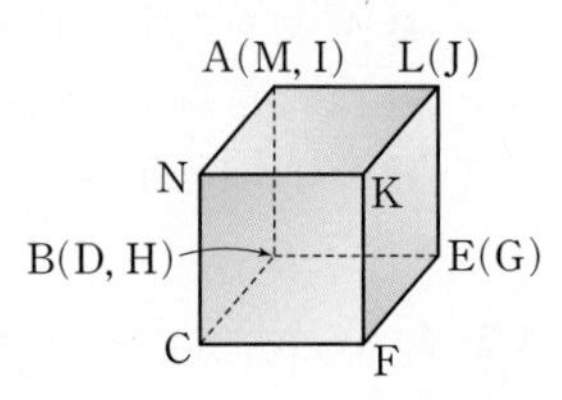

답 ③

32 주어진 전개도로 만든 삼각기둥은 오른쪽 그림과 같다.
모서리 CD와 한 점에서 만나는 모서리는 $\overline{CE}$, $\overline{CJ}$, $\overline{DE}$, $\overline{DI}$이므로 $a=4$ … ❶
면 CDE와 평행한 모서리는 $\overline{IJ}$, $\overline{JH}$, $\overline{HI}$이므로 $b=3$ … ❷

$\therefore a+b=4+3=7$ … ❸

답 7

채점 기준	배점
❶ a의 값 구하기	40%
❷ b의 값 구하기	40%
❸ $a+b$의 값 구하기	20%

33 주어진 전개도로 만든 직육면체는 오른쪽 그림과 같다.

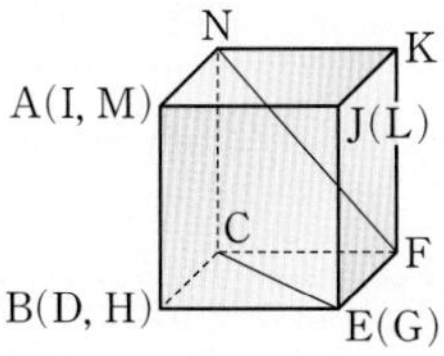

③ $\overline{\text{CE}}$와 $\overline{\text{NF}}$는 꼬인 위치에 있다.

④ 면 CDEF와 평행한 모서리는 $\overline{\text{AN}}$, $\overline{\text{NK}}$, $\overline{\text{KJ}}$, $\overline{\text{AJ}}$의 4개이다.

⑤ 면 ABCN과 수직인 면은 면 MNKL, 면 JGHI, 면 CDEF, 면 NCFK의 4개이다.

답 ③

34 ④ 다음 그림과 같이 $l /\!/ P$, $m /\!/ P$이면 두 직선 l, m은 한 점에서 만나거나 평행하거나 꼬인 위치에 있다.

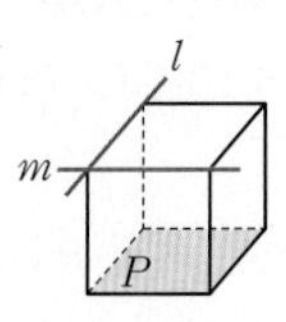

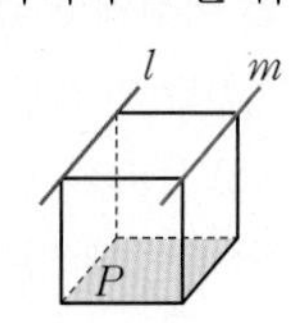

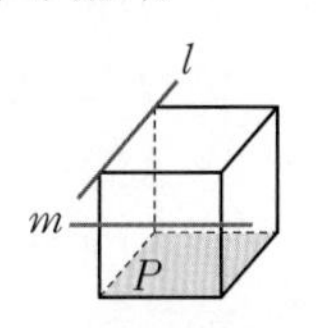

⑤ 다음 그림과 같이 $l /\!/ P$, $P \perp Q$이면 직선 l과 평면 Q는 한 점에서 만나거나 평행하거나 직선 l이 평면 Q 위에 있다.

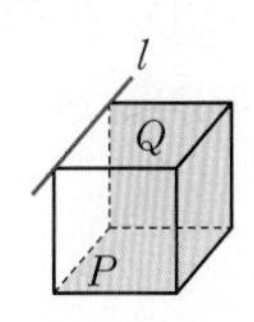

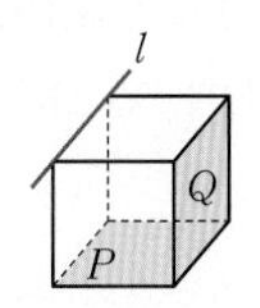

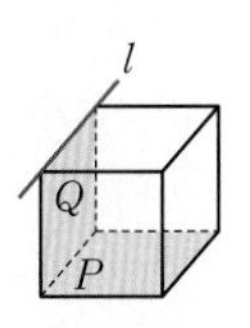

답 ④, ⑤

보충 TIP 공간에서 위치 관계 조사하기

❶ 직육면체를 그린다.
❷ 직선은 모서리, 평면은 면에 그린다.
❸ 위치 관계를 파악한다.

35 ① 오른쪽 그림과 같이 $l /\!/ m$, $l /\!/ n$이면 $m /\!/ n$이다.

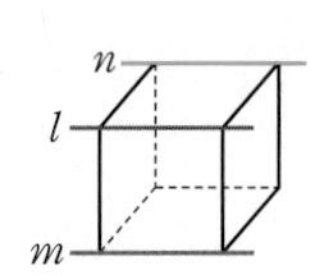

② 다음 그림과 같이 $l /\!/ m$, $l \perp n$이면 두 직선 m, n은 한 점에서 만나거나 꼬인 위치에 있다.

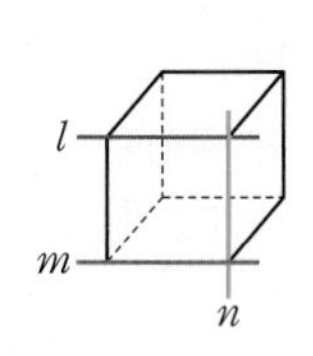

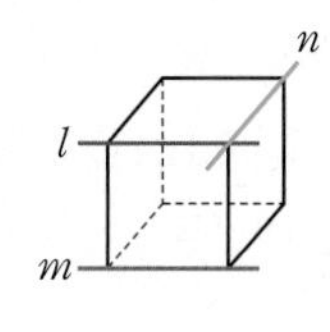

④ 다음 그림과 같이 $l \perp m$, $l \perp n$이면 두 직선 m, n은 한 점에서 만나거나 평행하거나 꼬인 위치에 있다.

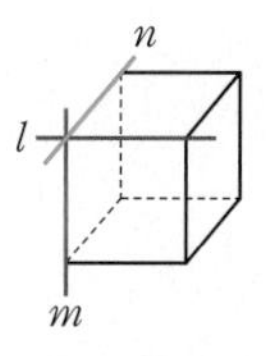

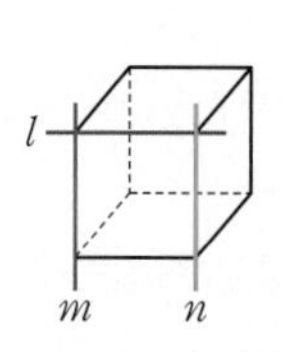

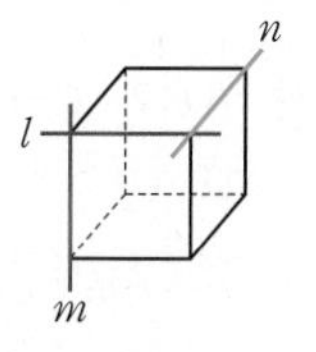

⑤ 다음 그림과 같이 $l \perp m$, $m \perp n$이면 두 직선 l, n은 한 점에서 만나거나 평행하거나 꼬인 위치에 있다.

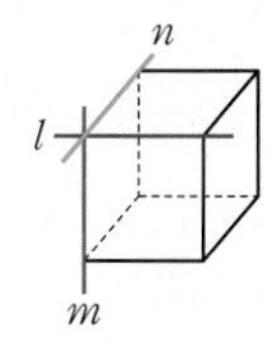

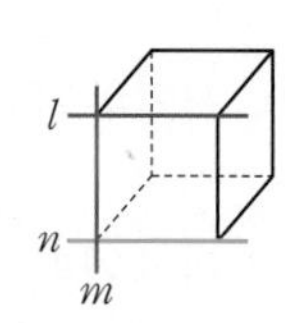

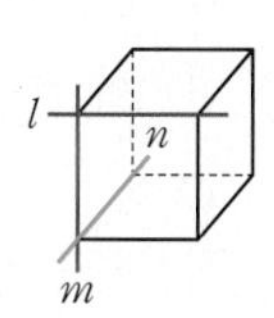

답 ③

36 ② $P /\!/ Q$, $Q /\!/ R$이면 $P /\!/ R$이다.

④ 오른쪽 그림과 같이 $P \perp Q$, $Q /\!/ R$이면 $P \perp R$이다.

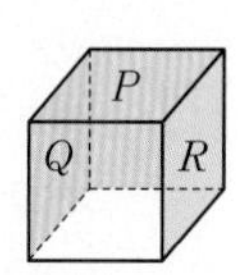

⑤ 다음 그림과 같이 $P \perp Q$, $P \perp R$이면 두 평면 Q, R는 한 직선에서 만나거나 평행하다.

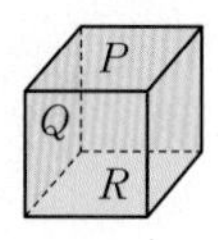

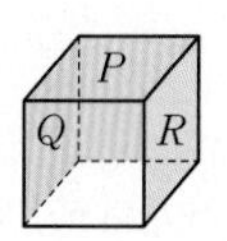

답 ①, ③

Real 실전 기출

34~36쪽

01 ④ 점 D는 직선 l 위에 있으면서 직선 m 밖에 있다.

답 ④

02 ①, ②, ③, ⑤ 평행하다.

④ 오른쪽 그림과 같이 $\overleftrightarrow{\text{CD}}$와 $\overleftrightarrow{\text{EF}}$는 한 점에서 만난다.

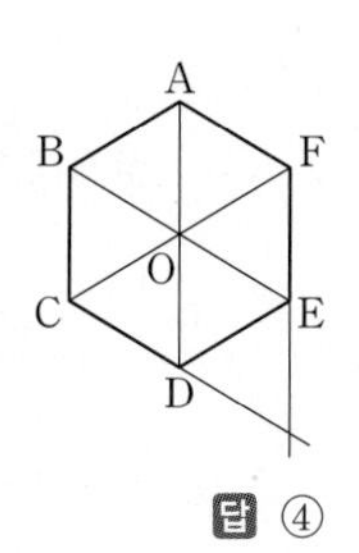

답 ④

03 모서리 AB와 평행한 모서리는 $\overline{\text{CD}}$, $\overline{\text{EF}}$, $\overline{\text{GH}}$
모서리 AD와 꼬인 위치에 있는 모서리는 $\overline{\text{BF}}$, $\overline{\text{CG}}$, $\overline{\text{EF}}$, $\overline{\text{GH}}$
따라서 모서리 AB와 평행하면서 모서리 AD와 꼬인 위치에 있는 모서리는 $\overline{\text{EF}}$, $\overline{\text{GH}}$의 2개이다.

답 2

04 ④ 직선 EF와 직선 HI는 평행하다. 답 ④

05 $\overleftrightarrow{AB}$와 꼬인 위치에 있는 직선은 $\overleftrightarrow{CH}$, $\overleftrightarrow{DI}$, $\overleftrightarrow{EJ}$, $\overleftrightarrow{GH}$, $\overleftrightarrow{HI}$, $\overleftrightarrow{IJ}$, $\overleftrightarrow{FJ}$
면 CHID와 평행한 직선은 $\overleftrightarrow{AF}$, $\overleftrightarrow{BG}$, $\overleftrightarrow{EJ}$
따라서 $\overleftrightarrow{AB}$와 꼬인 위치에 있으면서 면 CHID와 평행한 직선은 $\overleftrightarrow{EJ}$이다. 답 $\overleftrightarrow{EJ}$

06 점 B와 면 ADFC 사이의 거리는 $\overline{AB}=8$ cm이므로
$a=8$
점 C와 면 DEF 사이의 거리는 $\overline{CF}=\overline{BE}=12$(cm)이므로
$b=12$
$\therefore b-a=12-8=4$ 답 ②

07 주어진 전개도로 만든 삼각뿔은 오른쪽 그림과 같다.
따라서 모서리 CD와 꼬인 위치에 있는 모서리는 $\overline{BF}$이다.

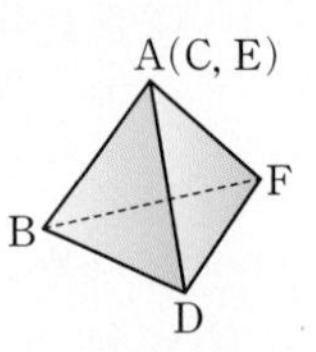

답 $\overline{BF}$

08 주어진 전개도로 만든 주사위는 오른쪽 그림과 같다.

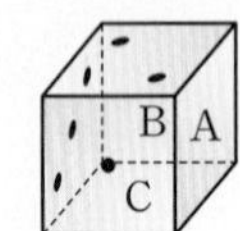

눈의 수가 1인 면과 평행한 면이 B이므로
$b+1=7$ $\therefore b=6$
눈의 수가 2인 면과 평행한 면이 C이므로
$c+2=7$ $\therefore c=5$
눈의 수가 3인 면과 평행한 면이 A이므로
$a+3=7$ $\therefore a=4$
$\therefore a+b-c=4+6-5=5$ 답 5

09 ② 다음 그림과 같이 $l \perp m$, $l \perp n$이면 두 직선 m, n은 한 점에서 만나거나 평행하거나 꼬인 위치에 있다.

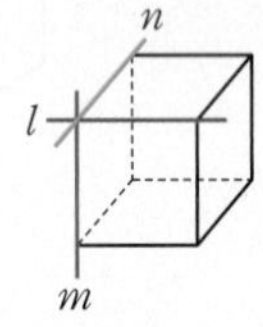

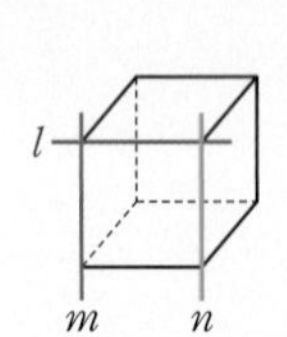

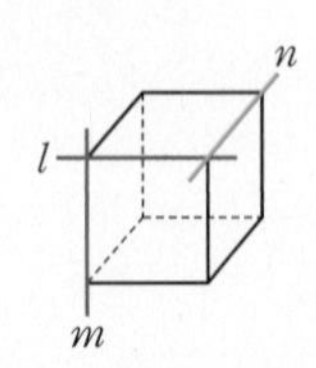

④ 다음 그림과 같이 $l /\!/ P$, $m /\!/ P$이면 두 직선 l, m은 한 점에서 만나거나 평행하거나 꼬인 위치에 있다.

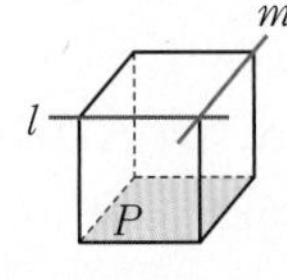

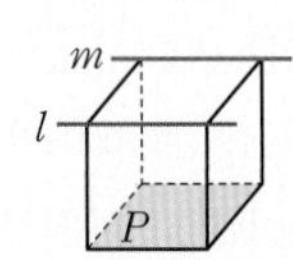

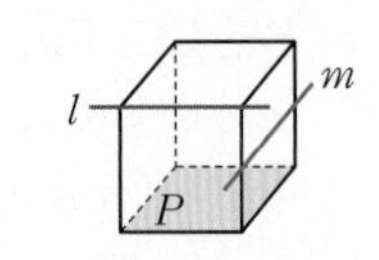

⑤ 다음 그림과 같이 $l /\!/ P$, $l /\!/ Q$이면 두 평면 P, Q는 한 직선에서 만나거나 평행하다.

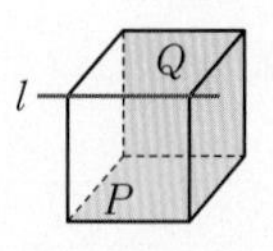

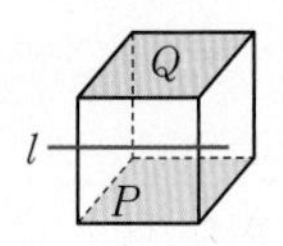

답 ①, ③

참고 항상 평행한 위치 관계
① 한 직선과 평행한 모든 직선
② 한 직선과 수직인 모든 평면
③ 한 평면과 평행한 모든 평면
④ 한 평면과 수직인 모든 직선

10 $\overline{AB}$가 점 B를 지나는 평면 P 위의 모든 직선과 수직일 때, 평면 P와 $\overline{AB}$는 수직이다.
따라서 $\overline{AB}\perp\overline{BC}$, $\overline{AB}\perp\overline{BE}$일 때, 평면 P는 $\overline{AB}$와 수직이다. 답 ①, ②

참고 $\overline{AB}$가 평면 P 위의 직선 중 2개의 직선과 수직이면 $\overline{AB}$는 평면 P 위의 모든 직선과 수직이다.

11 면 ABCD와 한 직선에서 만나는 면은 면 OAB, 면 OBC, 면 OCD, 면 ODA, 면 ABFE, 면 BFGC, 면 CGHD, 면 AEHD이므로 $x=8$
직선 OC와 꼬인 위치에 있는 직선은 $\overleftrightarrow{AB}$, $\overleftrightarrow{AD}$, $\overleftrightarrow{BF}$, $\overleftrightarrow{DH}$, $\overleftrightarrow{EF}$, $\overleftrightarrow{FG}$, $\overleftrightarrow{GH}$, $\overleftrightarrow{EH}$이므로 $y=8$
$\therefore x+y=8+8=16$ 답 16

12 면 ABC, 면 ABD, 면 ABE, 면 ACD, 면 ACE, 면 ADE, 면 BCD, 면 BCE, 면 BDE, 면 CDE의 10개이다. 답 10

13 직선 AD와 꼬인 위치에 있는 직선은
$\overleftrightarrow{BH}$, $\overleftrightarrow{EF}$, $\overleftrightarrow{JC}$, $\overleftrightarrow{FG}$, $\overleftrightarrow{HJ}$, $\overleftrightarrow{HI}$, $\overleftrightarrow{IJ}$
이므로 $a=7$
면 DEFG와 평행한 직선은
$\overleftrightarrow{AB}$, $\overleftrightarrow{BH}$, $\overleftrightarrow{HJ}$, $\overleftrightarrow{JC}$, $\overleftrightarrow{AC}$이므로 $b=5$
$\therefore a+b=7+5=12$ 답 12

14 면 CLKD와 평행한 직선은
$\overleftrightarrow{AB}$, $\overleftrightarrow{BH}$, $\overleftrightarrow{HG}$, $\overleftrightarrow{AG}$, $\overleftrightarrow{EF}$, $\overleftrightarrow{MN}$, $\overleftrightarrow{EN}$, $\overleftrightarrow{IM}$, $\overleftrightarrow{IJ}$, $\overleftrightarrow{FJ}$
의 10개이다. 답 10

다른 풀이 두 평면이 서로 평행하면 각 평면 위의 직선들도 서로 평행하므로 면 ABHG, 면 ENMIJF 위의 모서리는 모두 면 CLKD와 평행하다.
따라서 면 CLKD와 평행한 직선은
$\overleftrightarrow{AB}$, $\overleftrightarrow{BH}$, $\overleftrightarrow{HG}$, $\overleftrightarrow{AG}$, $\overleftrightarrow{EF}$, $\overleftrightarrow{MN}$, $\overleftrightarrow{EN}$, $\overleftrightarrow{IM}$, $\overleftrightarrow{IJ}$, $\overleftrightarrow{FJ}$
의 10개이다.

15 오른쪽 그림과 같이 $\overleftrightarrow{BC}$와 한 점에서 만나는 직선은
$\overleftrightarrow{AB}$, $\overleftrightarrow{CD}$, $\overleftrightarrow{DE}$, $\overleftrightarrow{EF}$, $\overleftrightarrow{HG}$, $\overleftrightarrow{AH}$
이므로 $a=6$ ··· ❶
$\overleftrightarrow{EF}$와 평행한 직선은 $\overleftrightarrow{AB}$뿐이므로
$b=1$ ··· ❷
$\therefore a+3b=6+3\times1=9$ ··· ❸

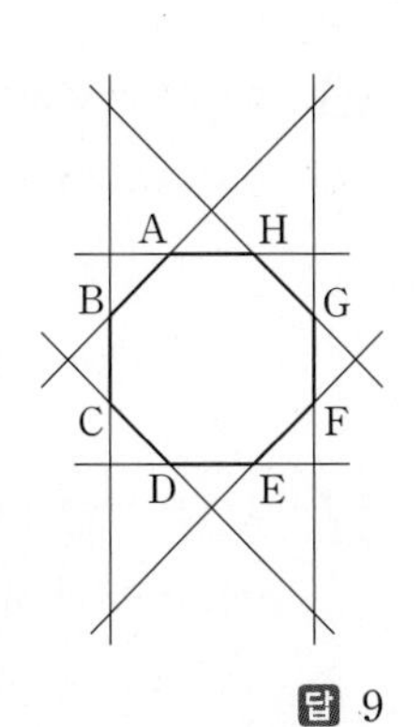

답 9

채점 기준	배점
❶ a의 값 구하기	40%
❷ b의 값 구하기	40%
❸ $a+3b$의 값 구하기	20%

16 $\overline{AG}$와 꼬인 위치에 있는 모서리는
$\overline{BC}$, $\overline{CD}$, $\overline{BF}$, $\overline{DH}$, $\overline{EF}$, $\overline{EH}$ ··· ❶
$\overline{BC}$와 꼬인 위치에 있는 모서리는
$\overline{AE}$, $\overline{DH}$, $\overline{EF}$, $\overline{HG}$ ··· ❷
따라서 $\overline{AG}$, $\overline{BC}$와 동시에 꼬인 위치에 있는 모서리는
$\overline{DH}$, $\overline{EF}$의 2개이다. ··· ❸

답 2

채점 기준	배점
❶ $\overline{AG}$와 꼬인 위치에 있는 모서리 구하기	40%
❷ $\overline{BC}$와 꼬인 위치에 있는 모서리 구하기	40%
❸ $\overline{AG}$, $\overline{BC}$와 동시에 꼬인 위치에 있는 모서리 구하기	20%

17 $\overleftrightarrow{AB}$와 꼬인 위치에 있는 직선은
$\overleftrightarrow{CG}$, $\overleftrightarrow{DH}$, $\overleftrightarrow{FG}$, $\overleftrightarrow{GH}$, $\overleftrightarrow{EH}$
이므로 $a=5$ ··· ❶
면 EFGH와 평행한 직선은
$\overleftrightarrow{AB}$, $\overleftrightarrow{BC}$, $\overleftrightarrow{CD}$, $\overleftrightarrow{AD}$
이므로
$b=4$ ··· ❷
$\therefore a+b=5+4=9$ ··· ❸

답 9

채점 기준	배점
❶ a의 값 구하기	40%
❷ b의 값 구하기	40%
❸ $a+b$의 값 구하기	20%

18 주어진 전개도로 만든 삼각기둥은 오른쪽 그림과 같다.
(1) $\overline{AJ}$, $\overline{AB}$, $\overline{HE}$ ··· ❶
(2) $\overline{HE}$, $\overline{AH}$, $\overline{CE}$ ··· ❷
(3) 면 AHJ, 면 BEC, 면 ABEH ··· ❸

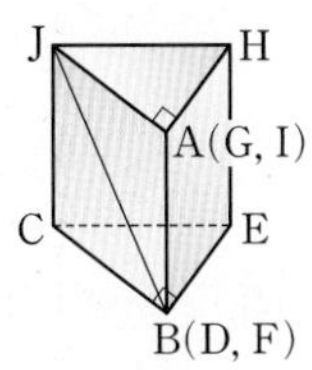

답 풀이 참조

채점 기준	배점
❶ 모서리 AH와 수직인 모서리 구하기	30%
❷ $\overline{BJ}$와 꼬인 위치에 있는 모서리 구하기	40%
❸ 면 JCBA와 수직인 면 구하기	30%

19 $\overleftrightarrow{AB}$와 평행한 직선은 $\overleftrightarrow{CD}$뿐이므로 $a=1$ ··· ❶
면 CGHD와 수직인 면은 면 ABCD, 면 BFGC, 면 EFGH, 면 AEHD이므로 $b=4$ ··· ❷
$\therefore b-a=4-1=3$ ··· ❸

답 3

채점 기준	배점
❶ a의 값 구하기	40%
❷ b의 값 구하기	40%
❸ $b-a$의 값 구하기	20%

참고 (면 CGHD)$\perp\overline{BC}$이고 면 ABCD는 $\overline{BC}$를 포함하므로
(면 CGHD)$\perp$(면 ABCD)

20 $\overleftrightarrow{IK}$와 꼬인 위치에 있는 직선은 $\overleftrightarrow{AB}$, $\overleftrightarrow{BC}$, $\overleftrightarrow{AD}$, $\overleftrightarrow{AE}$, $\overleftrightarrow{BF}$, $\overleftrightarrow{JG}$, $\overleftrightarrow{EF}$, $\overleftrightarrow{FG}$, $\overleftrightarrow{GH}$, $\overleftrightarrow{EH}$이므로 $a=10$ ··· ❶
$\overleftrightarrow{AB}$와 평행한 직선은 $\overleftrightarrow{EF}$, $\overleftrightarrow{GH}$, $\overleftrightarrow{JK}$이므로
$b=3$ ··· ❷
$\therefore a+b=10+3=13$ ··· ❸

답 13

채점 기준	배점
❶ a의 값 구하기	40%
❷ b의 값 구하기	40%
❸ $a+b$의 값 구하기	20%

03 평행선의 성질

Real 실전 개념

39쪽

01 답 $\angle e$

02 답 $\angle c$

03 답 $\angle h$

04 답 $\angle c$

05 답 $70°$

06 $\angle e$의 동위각은 $\angle c$이고
$\angle c=180°-30°=150°$
답 $150°$

07 $\angle c$의 엇각은 $\angle d$이고
$\angle d=180°-70°=110°$
답 $110°$

08 $\angle f$의 엇각은 $\angle b$이고
$\angle b=30°$ (맞꼭지각)
답 $30°$

09 $l /\!/ m$이므로 $\angle x=70°$ (동위각)
답 $70°$

10 $l /\!/ m$이므로 $\angle x=115°$ (엇각)
답 $115°$

11 $l /\!/ m$이므로
$\angle x=80°$ (동위각), $\angle y=135°$ (엇각)
답 $\angle x=80°$, $\angle y=135°$

12 오른쪽 그림에서 $l /\!/ m$이므로
$\angle x=50°$ (엇각)
$\angle y=60°+\angle x$
$=60°+50°=110°$ (동위각)

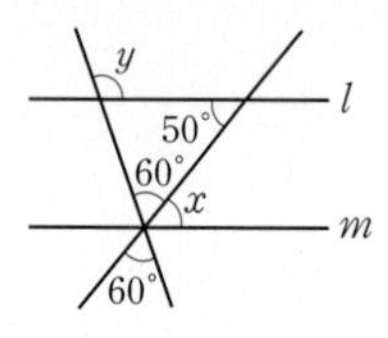

답 $\angle x=50°$, $\angle y=110°$

13 오른쪽 그림과 같이 두 직선 l, m에 평행한 직선 n을 그으면
$\angle x=30°+50°=80°$

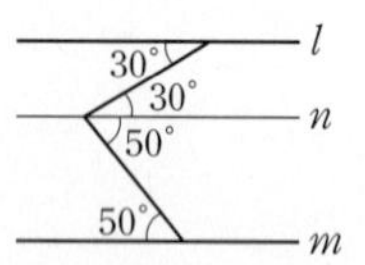

답 (가) $30°$ (나) $50°$ (다) $50°$ (라) $80°$

14 동위각의 크기가 같으므로 $l /\!/ m$이다.
답 ○

15 오른쪽 그림에서 엇각의 크기가 같으므로 $l /\!/ m$이다.

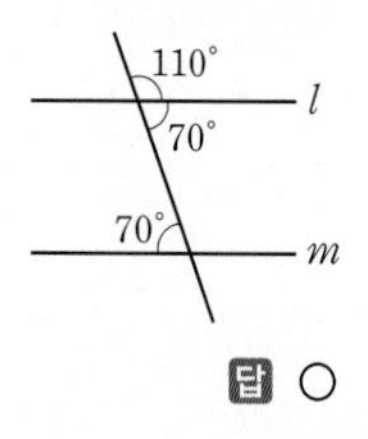

답 ○

16 오른쪽 그림에서 동위각의 크기가 같으므로 $l /\!/ m$이다.

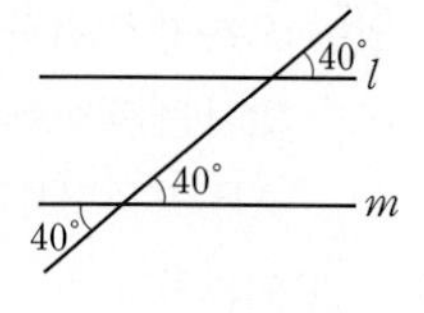

답 ○

17 오른쪽 그림에서 엇각의 크기가 같지 않으므로 두 직선 l, m은 평행하지 않다.

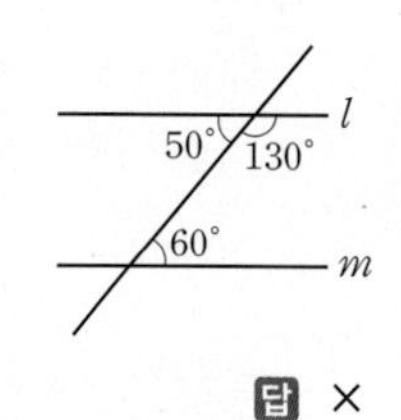

답 ×

Real 실전 유형

40~43쪽

01 ① $\angle a$의 동위각은 $\angle f$이다.
② $\angle b$의 동위각의 크기는 $110°$이다.
③ $\angle c$의 엇각은 $\angle d$이고
$\angle d=180°-110°=70°$
④ $\angle e$의 동위각은 $\angle c$이고 $\angle c=75°$ (맞꼭지각)
⑤ $\angle f$의 엇각은 $\angle b$이고
$\angle b=180°-75°=105°$
답 ⑤

02 $\angle a$의 동위각은 $\angle b$이고
$\angle b=180°-135°=45°$ … ❶
$\angle b$의 엇각의 크기는 $70°$ … ❷
따라서 구하는 차는
$70°-45°=25°$ … ❸
답 $25°$

채점 기준	배점
❶ $\angle a$의 동위각의 크기 구하기	40%
❷ $\angle b$의 엇각의 크기 구하기	40%
❸ $\angle a$의 동위각과 $\angle b$의 엇각의 크기의 차 구하기	20%

03 답 (1) $\angle f$, $\angle i$ (2) $\angle e$, $\angle l$

보충 TIP 세 직선이 만날 때 동위각과 엇각 찾기
세 직선이 세 점에서 만나는 경우에는 다음과 같이 두 부분으로 나누어 교점 3개 중에서 1개를 가린 후 동위각과 엇각을 찾는다.

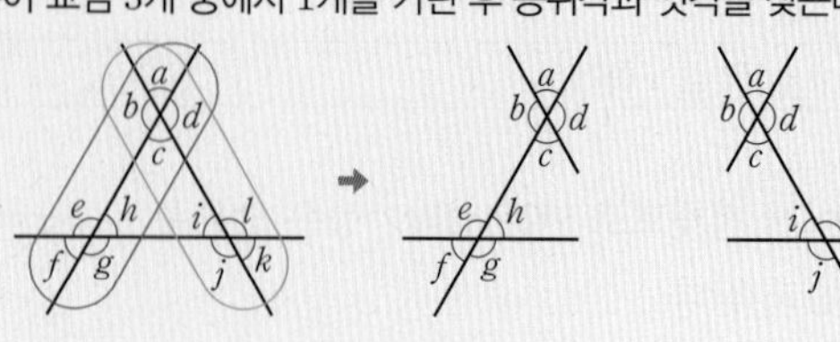

04 $l /\!/ m$이므로 $\angle a=68°$ (동위각)
$\angle b+68°=150°$ (동위각)이므로 $\angle b=82°$
$\therefore \angle b-\angle a=82°-68°=14°$
답 $14°$

05 $l /\!/ m$이므로

$\angle x=142^\circ$ (엇각), $\angle y=50^\circ$ (동위각)

$\therefore \angle x-\angle y=142^\circ-50^\circ=92^\circ$

답 ⑤

06 오른쪽 그림에서 $l /\!/ m$이므로

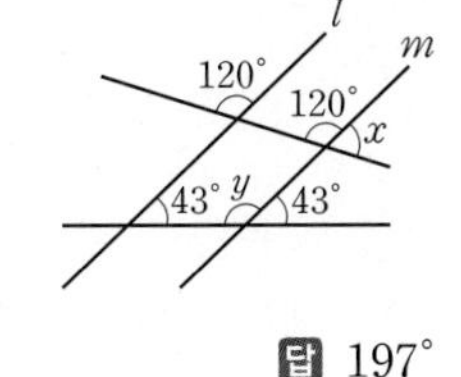

$\angle x=180^\circ-120^\circ=60^\circ$

$\angle y=180^\circ-43^\circ=137^\circ$

$\therefore \angle x+\angle y=60^\circ+137^\circ=197^\circ$

답 197°

07 오른쪽 그림에서 $l /\!/ m$이므로

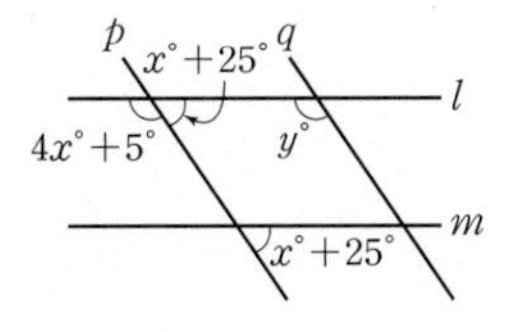

$(4x+5)+(x+25)=180$

$5x+30=180$, $5x=150$

$\therefore x=30$

$p /\!/ q$이므로

$y=4x+5=4\times30+5=125$ (동위각)

답 ④

08 ①, ②, ④, ⑤ 동위각 또는 엇각의 크기가 같으므로 $l /\!/ m$이다.

③ 엇각의 크기가 다르므로 두 직선 l, m은 평행하지 않다.

답 ③

09 ①, ③ $\angle a=\angle c=125^\circ$이면 동위각의 크기가 같으므로 $l /\!/ m$이다.

② $\angle b=55^\circ$이면 $\angle c=180^\circ-55^\circ=125^\circ$

따라서 동위각의 크기가 같으므로 $l /\!/ m$이다.

④ $\angle d=125^\circ$ (맞꼭지각)이므로 두 직선 l, m이 서로 평행한지 알 수 없다.

⑤ $\angle e=180^\circ-125^\circ=55^\circ$이므로 $\angle c+\angle e=180^\circ$이면

$\angle c=180^\circ-\angle e=180^\circ-55^\circ=125^\circ$

따라서 동위각의 크기가 같으므로 $l /\!/ m$이다.

답 ④

보충 TIP 두 직선이 평행할 조건

서로 다른 두 직선이 다른 한 직선과 만날 때, 다음 중 하나를 만족시키면 두 직선은 평행하다.

① 동위각의 크기가 같다.

② 엇각의 크기가 같다.

③ 동측내각의 크기의 합이 180°이다.

10 오른쪽 그림에서 두 직선 l, m이 직선 q와 만날 때, 동위각의 크기가 같으므로 $l /\!/ m$이다.

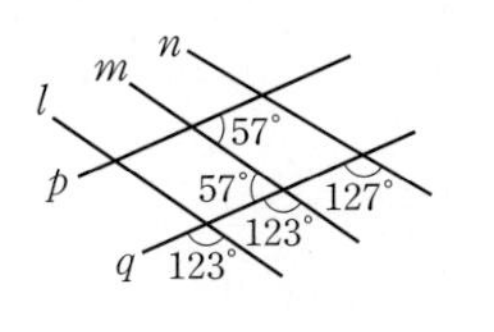

두 직선 p, q가 직선 m과 만날 때, 엇각의 크기가 같으므로 $p /\!/ q$이다.

답 $l /\!/ m$, $p /\!/ q$

참고 두 직선 l, n이 직선 q와 만날 때, 동위각의 크기가 다르므로 두 직선 l, n은 평행하지 않다.

11 오른쪽 그림에서 삼각형의 세 각의 크기의 합이 180°이므로

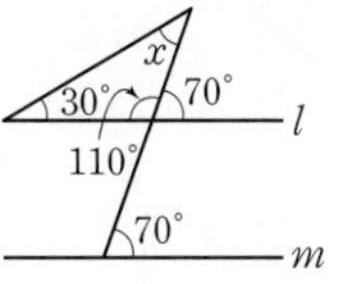

$\angle x+30^\circ+110^\circ=180^\circ$

$\therefore \angle x=40^\circ$

답 ④

12 오른쪽 그림에서 삼각형의 세 각의 크기의 합이 180°이므로

$\angle x+50^\circ+40^\circ=180^\circ$

$\therefore \angle x=90^\circ$

답 90°

13 오른쪽 그림에서

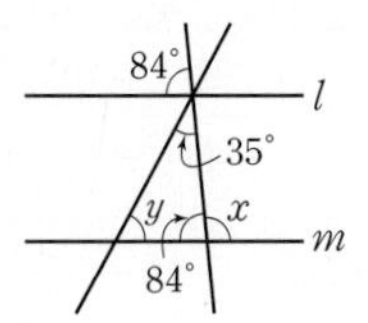

$\angle x=180^\circ-84^\circ=96^\circ$ ⋯ ❶

삼각형의 세 각의 크기의 합이 180°이므로

$35^\circ+\angle y+84^\circ=180^\circ$ $\therefore \angle y=61^\circ$ ⋯ ❷

$\therefore \angle x+\angle y=96^\circ+61^\circ$

$=157^\circ$ ⋯ ❸

답 157°

채점 기준	배점
❶ $\angle x$의 크기 구하기	40%
❷ $\angle y$의 크기 구하기	40%
❸ $\angle x+\angle y$의 크기 구하기	20%

14 오른쪽 그림에서 삼각형의 세 각의 크기의 합이 180°이므로

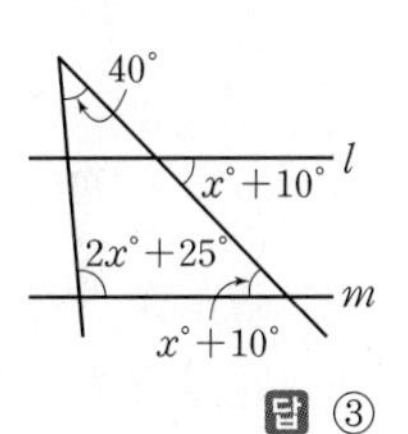

$40+(2x+25)+(x+10)=180$

$3x+75=180$, $3x=105$

$\therefore x=35$

답 ③

15 오른쪽 그림과 같이 두 직선 l, m에 평행한 직선 n을 그으면

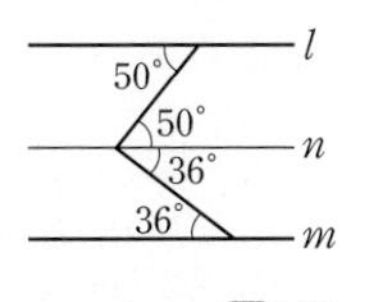

$\angle x=50^\circ+36^\circ=86^\circ$

답 ⑤

16 오른쪽 그림과 같이 두 직선 l, m에 평행한 직선 n을 그으면

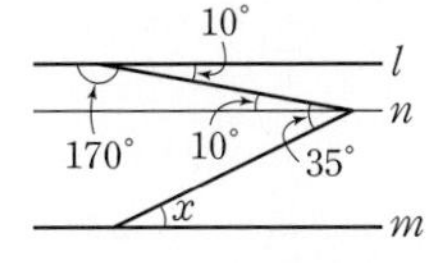

$\angle x=35^\circ-10^\circ=25^\circ$ (엇각)

답 25°

17 오른쪽 그림과 같이 두 직선 l, m에 평행한 직선 n을 그으면

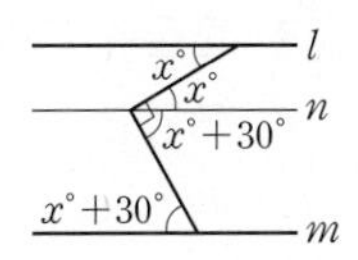

$x+(x+30)=90$

$2x=60$

$\therefore x=30$

답 30

18 $\angle ABC=3\angle CBD$이므로

$\angle ABD=\angle ABC+\angle CBD$
$=3\angle CBD+\angle CBD$
$=4\angle CBD$ ⋯ ㉠ ⋯ ❶

오른쪽 그림과 같이 점 B를 지나고 두 직선 l, m에 평행한 직선 n을 그으면

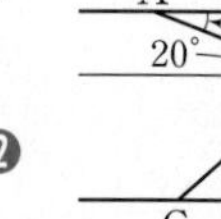
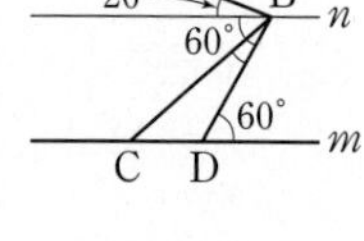

$\angle ABD=20^\circ+60^\circ=80^\circ$ ⋯ ❷

㉠에서

$\angle CBD=\frac{1}{4}\angle ABD=\frac{1}{4}\times 80^\circ=20^\circ$ ⋯ ❸

답 20°

채점 기준	배점
❶ $\angle ABD=4\angle CBD$임을 알기	30%
❷ $\angle ABD$의 크기 구하기	40%
❸ $\angle CBD$의 크기 구하기	30%

19 오른쪽 그림과 같이 두 직선 l, m에 평행한 직선 p, q를 그으면

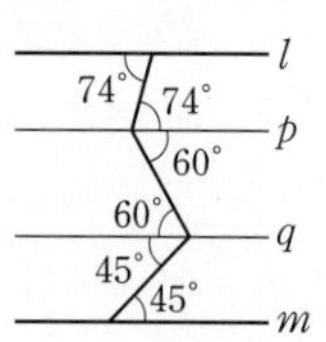

$\angle x=74^\circ+60^\circ=134^\circ$

답 134°

20 오른쪽 그림과 같이 두 직선 l, m에 평행한 직선 p, q를 그으면

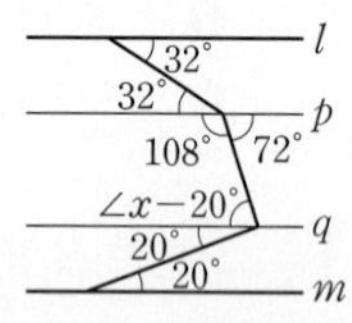

$\angle x-20^\circ=72^\circ$ (엇각)

$\therefore \angle x=92^\circ$

답 92°

다른 풀이 오른쪽 그림과 같이 두 직선 l, m에 평행한 직선 p, q를 그으면

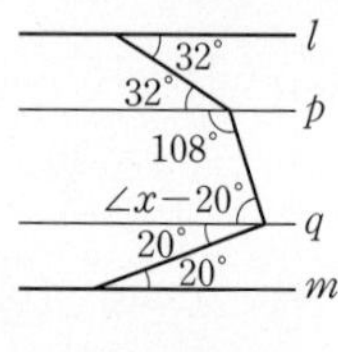

$108^\circ+(\angle x-20^\circ)=180^\circ$ (동측내각)

$\therefore \angle x=92^\circ$

보충 TIP 평행선 사이에 같은 방향으로 꺾인 직선이 주어진 경우

❶ 꺾인 점을 지나는 평행선을 긋는다.
❷ 평행선에서 크기의 합이 180°인 두 각을 찾는다.

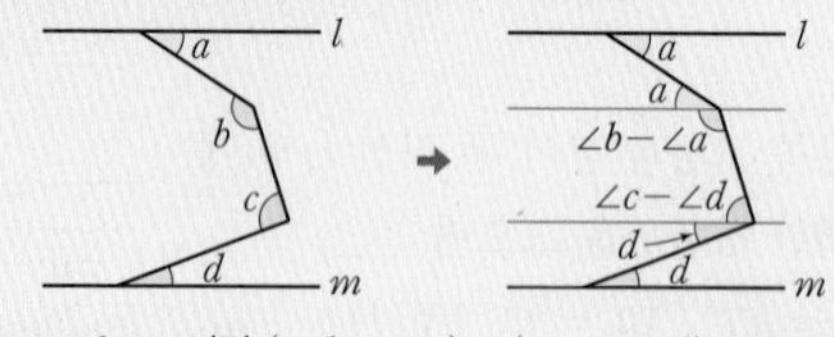

➡ $l \parallel m$이면 $(\angle b-\angle a)+(\angle c-\angle d)=180^\circ$

21 오른쪽 그림과 같이 두 직선 l, m에 평행한 직선 p, q를 그으면

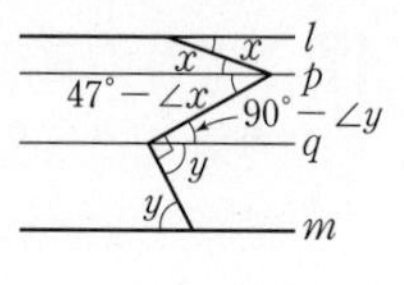

$47^\circ-\angle x=90^\circ-\angle y$ (엇각)

$\therefore \angle y-\angle x=43^\circ$

답 43°

22 오른쪽 그림과 같이 두 직선 l, m에 평행한 직선 p, q를 그으면

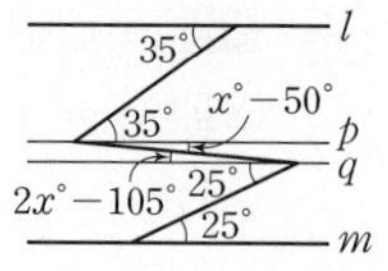

$x-50=2x-105$ (엇각)

$\therefore x=55$

답 ③

23 오른쪽 그림과 같이 두 직선 l, m에 평행한 직선 p, q를 그으면

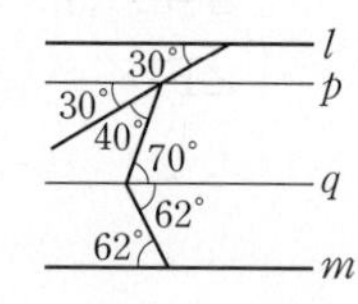

$\angle x=70^\circ+62^\circ=132^\circ$

답 ②

24 오른쪽 그림과 같이 두 직선 l, m에 평행한 직선 p, q, r를 그으면

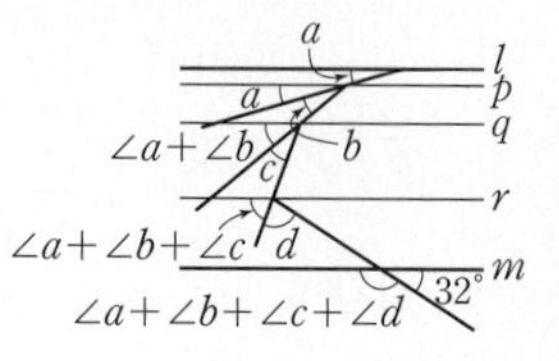

$\angle a+\angle b+\angle c+\angle d+32^\circ$
$=180^\circ$

$\therefore \angle a+\angle b+\angle c+\angle d=148^\circ$

답 ④

25 오른쪽 그림과 같이 두 직선 l, m에 평행한 직선 n을 긋고

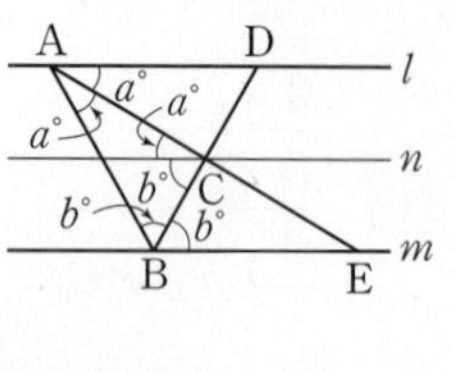

$\angle DAC=a^\circ$, $\angle CBE=b^\circ$라 하면

$\angle CAB=a^\circ$, $\angle ABC=b^\circ$

삼각형 ABC에서

$a^\circ+b^\circ+(a^\circ+b^\circ)=180^\circ$

$2(a^\circ+b^\circ)=180^\circ$ $\therefore a^\circ+b^\circ=90^\circ$

$\therefore \angle DCE=\angle ACB=a^\circ+b^\circ=90^\circ$

답 90°

26 오른쪽 그림에서

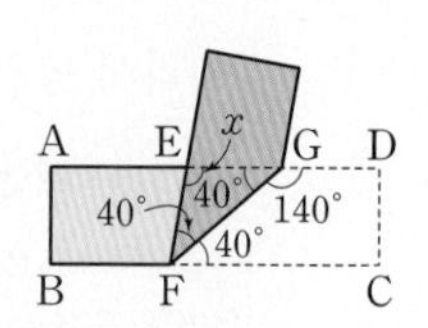

$\angle EGF=180^\circ-140^\circ=40^\circ$

이므로

$\angle GFC=\angle FGE=40^\circ$ (엇각)

$\angle GFE=\angle GFC=40^\circ$ (접은 각)

삼각형 EFG에서

$\angle x+40^\circ+40^\circ=180^\circ$

$\therefore \angle x=100^\circ$

답 100°

27 오른쪽 그림과 같이 $\overline{AD}$, $\overline{BC}$에 평행한 직선 l을 그으면

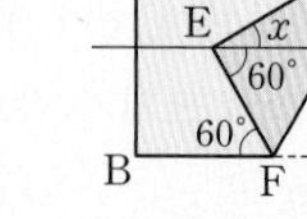

$\angle x+60^\circ=90^\circ$

$\therefore \angle x=30^\circ$

답 30°

다른 풀이 오른쪽 그림에서

$\angle EFC = 180^\circ - 60^\circ = 120^\circ$

$\angle DFC = \angle DFE$ (접은 각)이므로

$\angle DFC = \frac{1}{2}\angle EFC$

$= \frac{1}{2} \times 120^\circ = 60^\circ$

삼각형 DFC에서

$\angle FDC = 180^\circ - (90^\circ + 60^\circ) = 30^\circ$

$\therefore \angle FDE = \angle FDC = 30^\circ$ (접은 각)

$\therefore \angle x = 90^\circ - (30^\circ + 30^\circ) = 30^\circ$

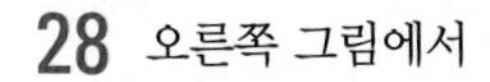

28 오른쪽 그림에서

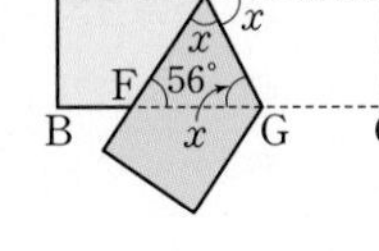

$\angle FEG = \angle DEG$

$= \angle x$ (접은 각) … ❶

$\angle FGE = \angle DEG$

$= \angle x$ (엇각) … ❷

삼각형 EFG에서

$\angle x + 56^\circ + \angle x = 180^\circ$, $2\angle x = 124^\circ$

$\therefore \angle x = 62^\circ$ … ❸

답 62°

채점 기준	배점
❶ $\angle FEG$를 $\angle x$에 대한 식으로 나타내기	30%
❷ $\angle FGE$를 $\angle x$에 대한 식으로 나타내기	30%
❸ $\angle x$의 크기 구하기	40%

29 오른쪽 그림에서

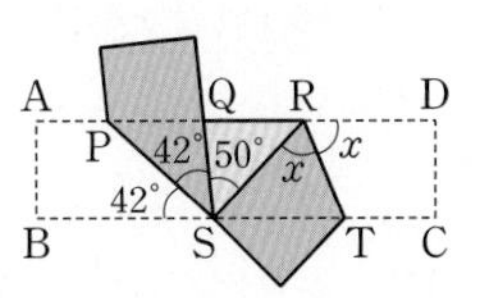

$\angle PSQ = \angle PSB = 42^\circ$ (접은 각)

$\angle TRD = \angle TRS = \angle x$ (접은 각)

또, $\angle SRD = \angle RSB$ (엇각)이므로

$\angle x + \angle x = 42^\circ + 42^\circ + 50^\circ$

$2\angle x = 134^\circ$ $\quad\therefore \angle x = 67^\circ$

답 67°

Real 실전 기출 44~46쪽

01 $\angle d$의 동위각은 $\angle h$, $\angle l$의 2개이다. 답 ②

02 ① $\angle a$의 동위각은 $\angle c$, $\angle h$이다.

② $\angle e$의 동위각은 $\angle g$, $\angle j$이다. 이때 $\angle g = 40^\circ$이지만 $\angle j$의 크기는 알 수 없다.

④ $\angle j$의 엇각은 $\angle c$, $\angle h$이다. 이때 $\angle h = 180^\circ - 40^\circ = 140^\circ$이지만 $\angle c$의 크기는 알 수 없다.

⑤ $\angle b + \angle c$의 크기는 알 수 없다. 답 ③

03 $l /\!/ m$이므로 $\angle x = 65^\circ$ (동위각)

$k /\!/ n$이므로 $\angle y = 180^\circ - 130^\circ = 50^\circ$

$\therefore \angle x - \angle y = 65^\circ - 50^\circ = 15^\circ$

답 ②

04 오른쪽 그림에서 $l /\!/ m$이므로

$60^\circ + \angle x = 180^\circ$

$\therefore \angle x = 120^\circ$

$60^\circ + \angle y = 110^\circ$ (엇각)

$\therefore \angle y = 50^\circ$

$\therefore \angle x + \angle y = 120^\circ + 50^\circ = 170^\circ$ 답 170°

05 ①, ②, ③, ④ 동위각 또는 엇각의 크기가 다르므로 두 직선 l, m은 평행하지 않다.

⑤ $105^\circ + 75^\circ = 180^\circ$이므로 $l /\!/ m$이다. 답 ⑤

06 $\overline{AC} /\!/ \overline{DE}$이므로 $\angle BDE = \angle BCA = 35^\circ$ (엇각)

$\angle DBE = 180^\circ - 83^\circ = 97^\circ$

삼각형 BDE에서

$35^\circ + 97^\circ + \angle x = 180^\circ$

$\therefore \angle x = 48^\circ$ 답 48°

07 오른쪽 그림에서 삼각형의 세 각의 크기의 합이 180°이므로

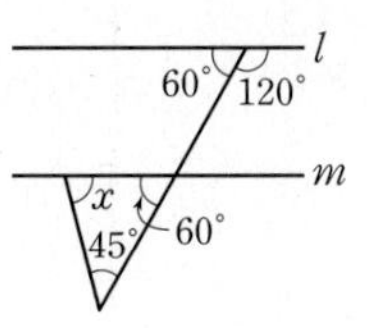

$\angle x + 45^\circ + 60^\circ = 180^\circ$

$\therefore \angle x = 75^\circ$

답 ④

08 오른쪽 그림과 같이 두 직선 AB, DE에 평행한 직선 l을 그으면

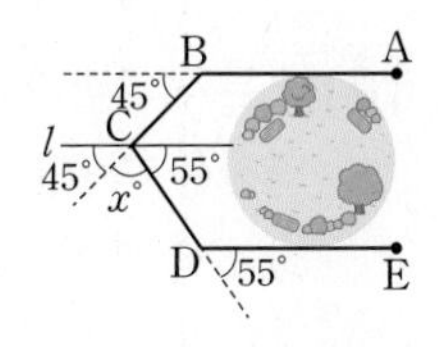

$45 + x + 55 = 180$

$\therefore x = 80$

답 80

09 오른쪽 그림과 같이 두 직선 l, m에 평행한 직선 p, q를 그으면

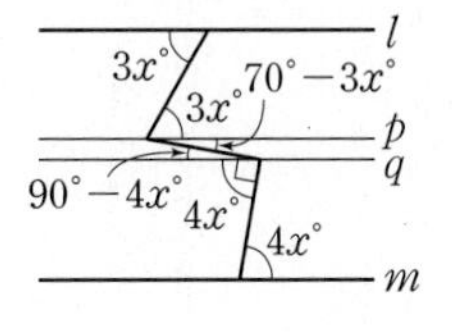

$70 - 3x = 90 - 4x$ (엇각)

$\therefore x = 20$

답 ③

10 오른쪽 그림과 같이 두 직선 l, m에 평행한 직선 n을 그으면

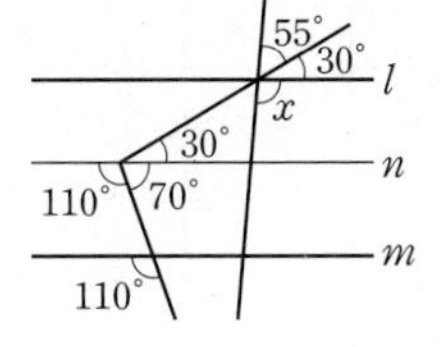

$\angle x = 180^\circ - (55^\circ + 30^\circ)$

$= 95^\circ$

답 ②

다른 풀이 오른쪽 그림의 사각형 ABCD에서

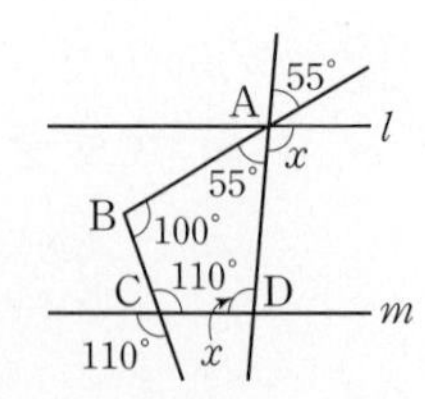

$\angle x+55^\circ+100^\circ+110^\circ=360^\circ$

$\therefore \angle x=95^\circ$

11 오른쪽 그림과 같이 두 직선 l, m에 평행한 직선 p, q, r를 그으면

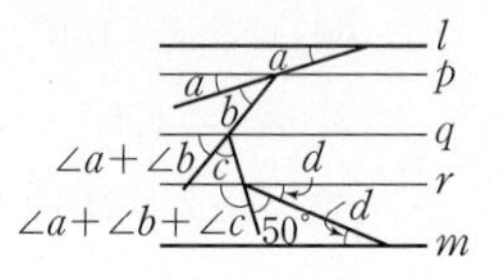

$(\angle a+\angle b+\angle c)+50^\circ+\angle d=180^\circ$

$\therefore \angle a+\angle b+\angle c+\angle d=130^\circ$

답 ③

12 오른쪽 그림과 같이 두 직선 l, m에 평행한 직선 n을 긋고 $\angle DAC=a^\circ$, $\angle CBE=b^\circ$라 하면

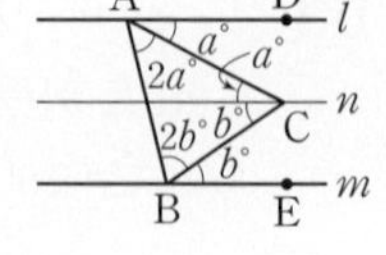

$\angle CAB=2a^\circ$, $\angle ABC=2b^\circ$

삼각형 ABC에서

$2a^\circ+2b^\circ+(a^\circ+b^\circ)=180^\circ$

$3(a^\circ+b^\circ)=180^\circ$

$\therefore a^\circ+b^\circ=60^\circ$

$\therefore \angle ACB=a^\circ+b^\circ=60^\circ$

답 60°

13 오른쪽 그림에서 $l \mathbin{/\!/} m$이므로

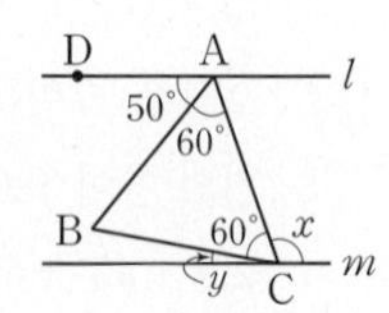

$\angle x=\angle DAC=50^\circ+60^\circ=110^\circ$ (엇각)

$\angle y+60^\circ+\angle x=180^\circ$이므로

$\angle y+60^\circ+110^\circ=180^\circ$

$\therefore \angle y=10^\circ$

$\therefore \angle x-\angle y=110^\circ-10^\circ=100^\circ$

답 100°

14 오른쪽 그림과 같이 $\overline{AB}$의 연장선을 그어 $\overline{DE}$와 만나는 점을 G라 하면

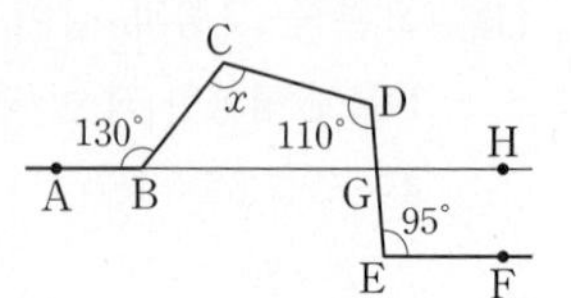

$\angle CBG=180^\circ-130^\circ=50^\circ$

$\overleftrightarrow{AH} \mathbin{/\!/} \overrightarrow{EF}$이므로

$\angle DGH=\angle GEF=95^\circ$ (동위각)

$\therefore \angle DGB=180^\circ-95^\circ=85^\circ$

사각형 BGDC에서

$\angle x+50^\circ+85^\circ+110^\circ=360^\circ$

$\therefore \angle x=115^\circ$

답 115°

참고 사각형의 네 각의 크기의 합은 360°이다.

15 오른쪽 그림과 같이 두 직선 l, m에 평행한 직선 p, q를 그으면

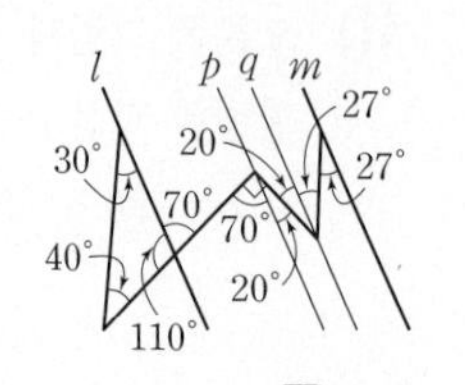

$\angle x=20^\circ+27^\circ$

$=47^\circ$

답 47°

16 오른쪽 그림에서 $l \mathbin{/\!/} m$이므로

$\angle x=45^\circ$ (엇각) … ❶

$\angle y=80^\circ$ (동위각) … ❷

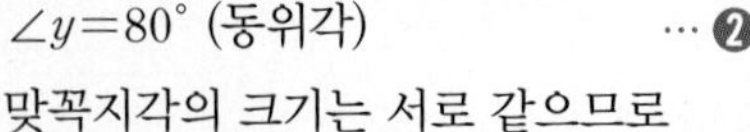

맞꼭지각의 크기는 서로 같으므로

$\angle x+\angle z+80^\circ=180^\circ$

$45^\circ+\angle z+80^\circ=180^\circ$

$\therefore \angle z=55^\circ$ … ❸

$\therefore \angle x+\angle y-\angle z=45^\circ+80^\circ-55^\circ=70^\circ$ … ❹

답 70°

채점 기준	배점
❶ $\angle x$의 크기 구하기	20%
❷ $\angle y$의 크기 구하기	20%
❸ $\angle z$의 크기 구하기	40%
❹ $\angle x+\angle y-\angle z$의 크기 구하기	20%

17 오른쪽 그림과 같이 두 직선 l, m에 평행한 직선 n을 그으면 … ❶

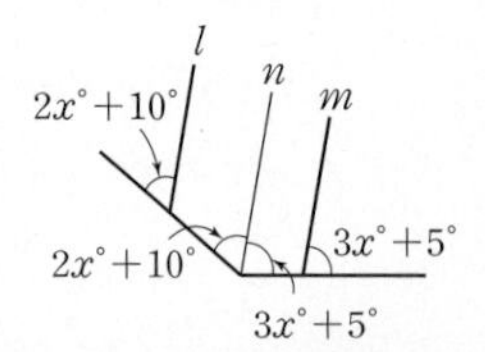

$(2x+10)+(3x+5)=140$ … ❷

$5x=125 \quad \therefore x=25$ … ❸

답 25

채점 기준	배점
❶ 평행한 보조선 긋기	30%
❷ x에 대한 방정식 세우기	50%
❸ x의 값 구하기	20%

18 오른쪽 그림과 같이 두 직선 l, m에 평행한 직선 p, q를 그으면 … ❶

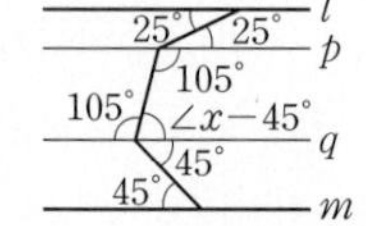

$105^\circ+(\angle x-45^\circ)=180^\circ$ … ❷

$\therefore \angle x=120^\circ$ … ❸

답 120°

채점 기준	배점
❶ 평행한 보조선 긋기	30%
❷ $\angle x$에 대한 방정식 세우기	50%
❸ $\angle x$의 크기 구하기	20%

19 오른쪽 그림에서

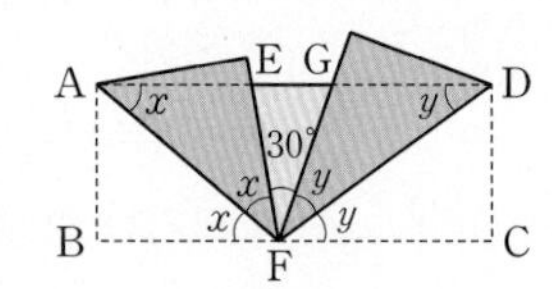

$\angle AFB=\angle FAE=\angle x$ (엇각)

$\angle AFE=\angle AFB$

$=\angle x$ (접은 각) … ❶

또, $\angle DFC=\angle FDG=\angle y$ (엇각)

$\angle DFG=\angle DFC=\angle y$ (접은 각) … ❷

$\angle x+\angle x+30^\circ+\angle y+\angle y=180^\circ$이므로

$2(\angle x+\angle y)=150^\circ \qquad \therefore \angle x+\angle y=75^\circ$ … ❸

답 75°

채점 기준	배점
❶ $\angle$AFB, $\angle$AFE를 $\angle x$에 대한 식으로 나타내기	30%
❷ $\angle$DFC, $\angle$DFG를 $\angle y$에 대한 식으로 나타내기	30%
❸ $\angle x+\angle y$의 크기 구하기	40%

20 $\angle a : \angle b=1:4$이므로 $\angle b=4\angle a$ … ❶

오른쪽 그림과 같이 두 직선 l, m에 평행한 직선 n을 그으면

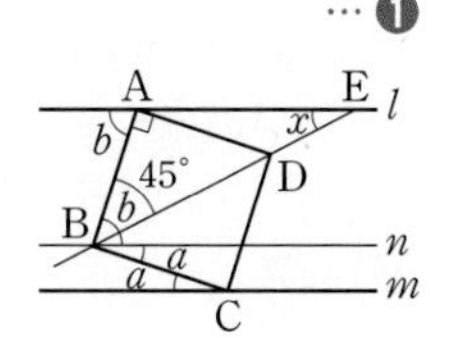

$\angle$ABC$=\angle a+\angle b=90^\circ$이므로

$\angle a+4\angle a=90^\circ$, $5\angle a=90^\circ$

$\therefore \angle a=18^\circ$

$\therefore \angle b=4\angle a=4\times18^\circ=72^\circ$ … ❷

삼각형 ABE에서

$(180^\circ-72^\circ)+45^\circ+\angle x=180^\circ$

$\therefore \angle x=27^\circ$ … ❸

답 27°

채점 기준	배점
❶ $\angle a$와 $\angle b$ 사이의 관계식 구하기	20%
❷ $\angle a$, $\angle b$의 크기 구하기	40%
❸ $\angle x$의 크기 구하기	40%

21 오른쪽 그림과 같이 두 점 E, F를 지나고 직선 l, m에 평행한 직선을 각각 긋고 $\angle$BAF$=a^\circ$, $\angle$DCF$=b^\circ$라 하면

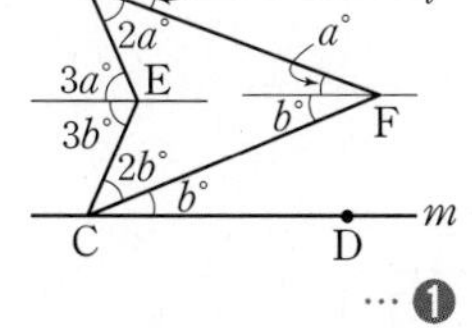

$\angle$FAE$=2a^\circ$, $\angle$FCE$=2b^\circ$ … ❶

$\angle$AEC$=3a^\circ+3b^\circ=132^\circ$이므로

$3(a^\circ+b^\circ)=132^\circ \qquad \therefore a^\circ+b^\circ=44^\circ$ … ❷

$\therefore \angle$AFC$=a^\circ+b^\circ=44^\circ$ … ❸

답 44°

채점 기준	배점
❶ $\angle$BAF$=a^\circ$, $\angle$DCF$=b^\circ$로 놓고 $\angle$FAE, $\angle$FCE를 a°, b°에 대한 식으로 나타내기	40%
❷ $a^\circ+b^\circ$의 크기 구하기	40%
❸ $\angle$AFC의 크기 구하기	20%

참고 $\angle$FAE$=\frac{2}{3}\angle$BAE에서 $\angle$BAE$=\frac{3}{2}\angle$FAE이므로

$\angle$BAF$=\angle$BAE$-\angle$FAE$=\frac{3}{2}\angle$FAE$-\angle$FAE

$=\frac{1}{2}\angle$FAE

$\therefore \angle$FAE$=2\angle$BAF$=2a^\circ$

$\angle$FCE$=\frac{2}{3}\angle$DCE에서 같은 방법으로 하면

$\angle$FCE$=2b^\circ$

04 작도와 합동

Real 실전 개념

49, 51쪽

01 답 ㄴ, ㄹ

02 선분의 길이를 잴 때, 컴퍼스를 사용한다. 답 ×

03 선분의 길이를 옮길 때, 컴퍼스를 사용한다. 답 ×

04 선분을 연장할 때, 눈금 없는 자를 사용한다. 답 ×

05 답 ○

06 답 컴퍼스, $\overline{AB}$

07 답 ㉣, ㉡, ㉤

08 답 $\overline{OB}$, $\overline{PC}$, $\overline{PD}$

09 답 $\overline{AB}$

10 답 $\angle$DPC

11 답 ㉥, ㉤, ㉡, ㉢

12 답 $\overline{AC}$, $\overline{PQ}$, $\overline{PR}$

13 답 $\overline{QR}$

14 답 $\angle$QPR

15 답 동위각

16 $8=2+6$이므로 삼각형을 만들 수 없다. 답 ×

17 $5<3+4$이므로 삼각형을 만들 수 있다. 답 ○

18 $12>5+6$이므로 삼각형을 만들 수 없다. 답 ×

19 답 $\overline{AC}$

20 답 $\overline{AC}$, $\overline{BC}$

21 답 $\overline{BC}$, $\angle$C

22 답 ○

23 답 ○

24 $\angle$A가 $\overline{AB}$, $\overline{BC}$의 끼인각이 아니므로 $\triangle$ABC가 하나로 정해지지 않는다. 답 ×

25 답 점 F

26 답 $\overline{DE}$

27 답 $\angle$D

28 $\overline{EF}$의 대응변이 $\overline{BC}$이므로 $\overline{EF}=\overline{BC}=4$(cm) 답 4 cm

29 $\angle$A의 대응각이 $\angle$D이므로 $\angle$A$=\angle$D$=30^\circ$ 답 30°

30 $\angle E$의 대응각이 $\angle B$이므로 $\angle E=\angle B=60°$

$\therefore \angle F=180°-(30°+60°)=90°$ 답 90°

31 SSS 합동 답 ○

32 답 ×

33 ASA 합동 답 ○

34 답 ×

35 $\triangle ABC$와 $\triangle DEF$에서

$\overline{BC}=\overline{EF}=7(cm)$, $\angle B=\angle E=45°$

$\angle C=\angle F=50°$이므로

$\triangle ABC\equiv\triangle DEF$ (ASA 합동)

답 $\triangle ABC\equiv\triangle DEF$, ASA 합동

Real 실전 유형

52~59쪽

01 ③, ⑤ 눈금 없는 자와 컴퍼스만을 사용하여 도형을 그리는 것을 작도라 한다. 답 ③, ⑤

02 답 ④

03 답 ㉢ → ㉠ → ㉡

04 $3\overline{AB}=\overline{BC}$인 점 C를 작도하기 위해서는 직선 l 위에 $\overline{AB}$의 길이를 3번 옮기면 되므로 사용되는 작도 도구는 컴퍼스이다. 답 ②

05 답 (가) $\overline{AB}$ (나) 정삼각형

06 ㄱ, ㄹ. 점 P를 중심으로 반지름의 길이가 $\overline{OA}$인 원을 그린 것이므로

$\overline{OA}=\overline{OB}=\overline{PC}=\overline{PD}$

ㄷ. 점 C를 중심으로 반지름의 길이가 $\overline{AB}$인 원을 그린 것이므로 $\overline{AB}=\overline{CD}$

ㅁ. 크기가 같은 각을 작도한 것이므로

$\angle XOY=\angle DPC$

따라서 옳지 않은 것은 ㄴ, ㅂ이다. 답 ②

07 답 ⑤

08 ① 점 P를 중심으로 반지름의 길이가 $\overline{AB}$인 원을 그린 것이므로 $\overline{AB}=\overline{AC}=\overline{PQ}=\overline{PR}$

② 점 Q를 중심으로 반지름의 길이가 $\overline{BC}$인 원을 그린 것이므로 $\overline{BC}=\overline{QR}$

④ 크기가 같은 각을 작도한 것이므로 $\angle BAC=\angle QPR$

답 ③

09 ①, ②, ③, ④ 점 P를 중심으로 반지름의 길이가 $\overline{AB}$인 원을 그린 것이므로 $\overline{AB}=\overline{AC}=\overline{PQ}=\overline{PR}$

⑤ 점 Q를 중심으로 반지름의 길이가 $\overline{BC}$인 원을 그린 것이므로 $\overline{BC}=\overline{QR}$ 답 ⑤

10 답 ⑤

11 답 ④

12 ㄱ. 점 P를 중심으로 반지름의 길이가 $\overline{AB}$인 원을 그린 것이므로 $\overline{AB}=\overline{AC}=\overline{PQ}=\overline{PR}$

ㄴ. 점 Q를 중심으로 반지름의 길이가 $\overline{BC}$인 원을 그린 것이므로 $\overline{BC}=\overline{QR}$

ㄹ. 엇각의 크기가 같으면 두 직선은 평행하다는 성질이 이용된다.

따라서 옳은 것은 ㄱ, ㄴ이다. 답 ①

13 ① $7>2+4$ ② $7=3+4$

③ $7<4+5$ ④ $8<4+7$

⑤ $13>4+7$ 답 ③, ④

14 ① $4<2+3$ ② $6<3+5$

③ $17>4+11$ ④ $6<6+6$

⑤ $16=7+9$ 답 ③, ⑤

15 (i) 가장 긴 변의 길이가 x cm일 때

$x<3+8$ $\therefore x<11$ … ❶

(ii) 가장 긴 변의 길이가 8 cm일 때

$8<x+3$ … ❷

(i), (ii)에서 x의 값이 될 수 있는 자연수는 6, 7, 8, 9, 10의 5개이다. … ❸

답 5

채점 기준	배점
❶ 가장 긴 변의 길이가 x cm일 때, 조건 구하기	40%
❷ 가장 긴 변의 길이가 8 cm일 때, 조건 구하기	40%
❸ x의 값이 될 수 있는 자연수의 개수 구하기	20%

16 $5<3+4$, $7=3+4$, $7<3+5$, $7<4+5$

이므로 만들 수 있는 삼각형의 변의 길이의 쌍은

(3 cm, 4 cm, 5 cm), (3 cm, 5 cm, 7 cm),

(4 cm, 5 cm, 7 cm)

따라서 만들 수 있는 삼각형의 개수는 3이다. 답 3

17 △ABC의 작도 순서는 다음의 4가지 경우가 있다.
(i) $\overline{AB}$ → ∠A → $\overline{AC}$ → $\overline{BC}$ (①)
(ii) $\overline{AC}$ → ∠A → $\overline{AB}$ → $\overline{BC}$
(iii) ∠A → $\overline{AB}$ → $\overline{AC}$ → $\overline{BC}$ (③)
(iv) ∠A → $\overline{AC}$ → $\overline{AB}$ → $\overline{BC}$ (④)
답 ②, ⑤

18 ㉢ 직선 l 위에 한 점 A를 잡고 점 A를 중심으로 반지름의 길이가 c인 원을 그려 직선 l과의 교점을 B라 한다.
㉠ 두 점 A, B를 중심으로 반지름의 길이가 각각 b, a인 원을 그려 두 원의 교점을 C라 한다.
㉡ $\overline{AC}$, $\overline{BC}$를 긋는다.
답 ㉢ → ㉠ → ㉡

19 △ABC의 작도 순서는 다음의 4가지 경우가 있다.
(i) ∠B → $\overline{BC}$ → ∠C
(ii) ∠C → $\overline{BC}$ → ∠B (ㄴ)
(iii) $\overline{BC}$ → ∠B → ∠C (ㄷ)
(iv) $\overline{BC}$ → ∠C → ∠B (ㄹ)
따라서 △ABC를 작도하는 순서로 옳은 것은 ㄴ, ㄷ, ㄹ이다.
답 ㄴ, ㄷ, ㄹ

20 ① $24>9+11$이므로 삼각형이 만들어지지 않는다.
③ $\angle C=180°-(80°+50°)=50°$
즉, 한 변의 길이와 그 양 끝 각의 크기가 주어진 경우이므로 △ABC가 하나로 정해진다.
④ $\angle B+\angle C=180°$이므로 삼각형이 만들어지지 않는다.
⑤ 세 각의 크기가 주어지면 무수히 많은 삼각형이 그려진다.
답 ②, ③

보충 TIP 삼각형이 하나로 정해지지 않는 경우
① 가장 긴 변의 길이가 나머지 두 변의 길이의 합보다 크거나 같을 때
➡ 삼각형이 만들어지지 않는다.
② 두 변의 길이와 그 끼인각이 아닌 다른 한 각의 크기가 주어질 때
③ 세 각의 크기가 주어질 때
④ 두 각의 크기의 합이 180° 이상일 때
➡ 삼각형이 만들어지지 않는다.

21 ㄱ. ∠B는 $\overline{AB}$, $\overline{AC}$의 끼인각이 아니므로 △ABC가 하나로 정해지지 않는다.
ㄴ. 두 변의 길이와 그 끼인각의 크기가 주어진 경우이므로 △ABC가 하나로 정해진다.
ㄷ. 한 변의 길이와 그 양 끝 각의 크기가 주어진 경우이므로 △ABC가 하나로 정해진다.
ㄹ. $\angle A=180°-(\angle B+\angle C)$
즉, 한 변의 길이와 그 양 끝 각의 크기가 주어진 경우이므로 △ABC가 하나로 정해진다.
따라서 더 필요한 조건은 ㄴ, ㄷ, ㄹ이다.
답 ㄴ, ㄷ, ㄹ

22 ① $9<8+4$이므로 △ABC가 하나로 정해진다.
② $13>2+9$이므로 삼각형이 만들어지지 않는다.
③ ∠B는 $\overline{AC}$, $\overline{BC}$의 끼인각이 아니므로 △ABC가 하나로 정해지지 않는다.
④ 한 변의 길이와 그 양 끝 각의 크기가 주어진 경우이므로 △ABC가 하나로 정해진다.
⑤ 두 변의 길이와 그 끼인각의 크기가 주어진 경우이므로 △ABC가 하나로 정해진다.
답 ②, ③

23 ① $\overline{DE}=\overline{AB}=7(\text{cm})$
③ $\angle A=\angle D=45°$
④, ⑤ △DEF에서 $\angle F=\angle C=70°$이므로
$\angle E=180°-(45°+70°)=65°$
답 ②, ④

24 ③ 오른쪽 그림의 두 부채꼴은 반지름의 길이가 같지만 합동은 아니다.

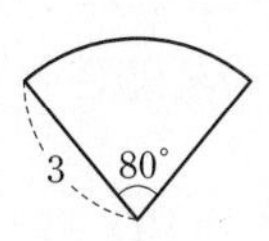

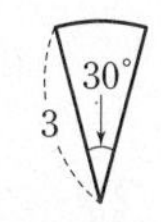

⑤ 오른쪽 그림의 두 삼각형은 넓이가 같지만 합동은 아니다.

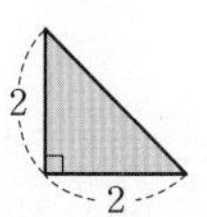

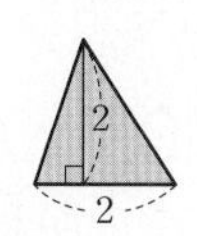

답 ③, ⑤

25 $\angle B=\angle Q=75°$이므로 사각형 ABCD에서
$\angle D=360°-(130°+75°+90°)=65°$
$\therefore x=65$ … ❶
$\overline{PQ}=\overline{AB}=12(\text{cm})$이므로 $y=12$ … ❷
$\therefore x+y=65+12=77$ … ❸
답 77

채점 기준	배점
❶ x의 값 구하기	40%
❷ y의 값 구하기	40%
❸ $x+y$의 값 구하기	20%

26 ④ 나머지 한 각의 크기는 $180°-(80°+40°)=60°$
따라서 주어진 삼각형과 ASA 합동이다.
답 ④

27 ㄷ. 나머지 한 각의 크기는 $180°-(50°+60°)=70°$
ㅁ. 나머지 한 각의 크기는 $180°-(50°+70°)=60°$
따라서 ㄱ과 ㅁ은 SAS 합동이다.
답 ②

28 ㄴ. $\angle A=\angle D$이면
$\angle B=180°-(\angle A+\angle C)=180°-(\angle D+\angle F)=\angle E$
이므로 ASA 합동이다.
ㄷ. SAS 합동
ㄹ. ASA 합동
따라서 더 필요한 조건은 ㄴ, ㄷ, ㄹ이다.
답 ㄴ, ㄷ, ㄹ

29 ①, ② $\angle A=180^\circ-(\angle B+\angle C)$

$=180^\circ-(\angle E+\angle F)=\angle D$

이므로 $\overline{AB}=\overline{DE}$ 또는 $\overline{AC}=\overline{DF}$이면 ASA 합동이다.

③ ASA 합동 답 ④, ⑤

30 ③ SAS 합동 답 ④

보충 TIP 두 변의 길이가 각각 같을 때
① 나머지 한 변의 길이가 같으면 ➡ SSS 합동
② 그 끼인각의 크기가 같으면 ➡ SAS 합동

31 △ABC와 △CDA에서

$\overline{AB}=\overline{CD}=6$(cm), $\overline{BC}=\overline{DA}=8$(cm), $\overline{AC}$는 공통이므로

△ABC≡△CDA (SSS 합동)

∴ $\angle ACB=\angle CAD$ (ㄷ), $\angle ABC=\angle CDA$ (ㄹ)

따라서 옳은 것은 ㄷ, ㄹ이다. 답 ㄷ, ㄹ

32 답 (가) $\overline{PD}$ (나) $\overline{CD}$ (다) SSS

33 △ABC와 △ADC에서

$\overline{AB}=\overline{AD}$, $\overline{BC}=\overline{DC}$, $\overline{AC}$는 공통이므로

△ABC≡△ADC (SSS 합동) …❶

∴ $\angle D=\angle B=110^\circ$ …❷

답 110°

채점 기준	배점
❶ △ABC≡△ADC임을 보이기	60%
❷ ∠D의 크기 구하기	40%

34 △APC와 △BPD에서

$\overline{AP}=\overline{BP}$, $\overline{CP}=\overline{DP}$,

$\angle APC=\angle BPD$ (맞꼭지각)이므로

△APC≡△BPD (SAS 합동) (⑤)

∴ $\overline{AC}=\overline{BD}$ (①), $\angle ACP=\angle BDP$ (③),

$\angle CAP=\angle DBP$ (④) 답 ②

35 답 (가) $\overline{BM}$ (나) ∠PMB (다) $\overline{PM}$ (라) SAS

36 △OAD와 △OBC에서

$\overline{OA}=\overline{OB}$, $\overline{OD}=\overline{OB}+\overline{BD}=\overline{OA}+\overline{AC}=\overline{OC}$,

∠O는 공통이므로

△OAD≡△OBC (SAS 합동)

∴ $\angle OAD=\angle OBC$

$=180^\circ-(30^\circ+45^\circ)$

$=105^\circ$ 답 105°

보충 TIP 먼저 합동인 두 삼각형을 찾고 이 두 삼각형의 대응각의 크기가 같음을 이용한다.

37 △ABC와 △CDA에서

$\overline{AB}/\!/\overline{DC}$이므로 $\angle BAC=\angle DCA$ (엇각)

$\overline{AD}/\!/\overline{BC}$이므로 $\angle BCA=\angle DAC$ (엇각)

$\overline{AC}$는 공통

∴ △ABC≡△CDA (ASA 합동) (⑤)

∴ $\angle ABC=\angle CDA$ (③) 답 ③, ⑤

38 답 (가) ∠BOP (나) ∠BPO (다) ASA

39 △CDE와 △FAE에서

$\overline{DE}=\overline{AE}$, $\angle DEC=\angle AEF$ (맞꼭지각)

$\overline{BF}/\!/\overline{CD}$이므로 $\angle CDE=\angle FAE$ (엇각)

∴ △CDE≡△FAE (ASA 합동) …❶

∴ $\overline{EF}=\overline{EC}=5$(cm) …❷

답 5 cm

채점 기준	배점
❶ △CDE≡△FAE임을 보이기	60%
❷ $\overline{EF}$의 길이 구하기	40%

40 △ADF와 △BED에서

$\overline{AD}=\overline{BE}$

△ABC가 정삼각형이므로

$\overline{AF}=\overline{BD}$, $\angle A=\angle B=60^\circ$

∴ △ADF≡△BED (SAS 합동)

또, △BED와 △CFE에서

$\overline{BE}=\overline{CF}$, $\overline{BD}=\overline{CE}$, $\angle B=\angle C=60^\circ$이므로

△BED≡△CFE (SAS 합동)

따라서 $\overline{DF}=\overline{ED}=\overline{FE}$이므로 △DEF는 정삼각형이고

$\angle DEF=\angle EFD=\angle FDE$이다. 답 ③

41 △ABD와 △ACE에서

△ABC가 정삼각형이므로 $\overline{AB}=\overline{AC}$

△ADE가 정삼각형이므로 $\overline{AD}=\overline{AE}$

$\angle BAD=60^\circ+\angle CAD=\angle CAE$

따라서 △ABD≡△ACE (SAS 합동)이므로 …❶

$\overline{CE}=\overline{BD}=7+9=16$(cm) …❷

답 16 cm

채점 기준	배점
❶ △ABD≡△ACE임을 보이기	60%
❷ $\overline{CE}$의 길이 구하기	40%

42 △ACE와 △DCB에서

$\overline{AC}=\overline{DC}$, $\overline{CE}=\overline{CB}$,

$\angle ACE=60^\circ+\angle DCE=\angle DCB$이므로

△ACE≡△DCB (SAS 합동)

$\therefore \angle CEA = \angle CBD$

$\triangle ACE$에서 $\angle ACE = 180° - 60° = 120°$이므로

$\angle CAE + \angle CEA = 60°$

$\therefore \angle CAE + \angle CBD = 60°$

따라서 $\triangle FAB$에서

$\angle AFB = 180° - (\angle FAB + \angle FBA)$

$= 180° - 60° = 120°$ 답 120°

43 $\triangle BCE$와 $\triangle DCG$에서

$\overline{BC} = \overline{DC}$, $\overline{CE} = \overline{CG}$, $\angle BCE = \angle DCG = 90°$이므로

$\triangle BCE \equiv \triangle DCG$ (SAS 합동)

$\therefore \overline{DG} = \overline{BE} = 4(cm)$ 답 ③

44 $\triangle ABE$와 $\triangle BCF$에서

$\overline{BE} = \overline{CF}$

사각형 ABCD가 정사각형이므로

$\overline{AB} = \overline{BC}$ (①), $\angle ABE = \angle BCF = 90°$

따라서 $\triangle ABE \equiv \triangle BCF$ (SAS 합동)이므로

$\overline{AE} = \overline{BF}$ (②), $\angle AEB = \angle BFC$ (③),

$\angle BAE = \angle CBF$ (⑤) 답 ④

45 $\triangle ABE$와 $\triangle ADE$에서

사각형 ABCD가 정사각형이므로

$\overline{AB} = \overline{AD}$, $\angle BAE = \angle DAE = 45°$

$\overline{AE}$는 공통

$\therefore \triangle ABE \equiv \triangle ADE$ (SAS 합동)

$\therefore \angle AEB = \angle AED = 60°$

$\triangle ABE$에서

$\angle ABE = 180° - (60° + 45°) = 75°$

$\therefore \angle EBC = 90° - 75° = 15°$ 답 15°

Real 실전 기출 60~62쪽

01 ㄱ. 두 선분의 길이를 비교할 때는 컴퍼스를 사용한다.

ㄷ. 선분의 길이를 옮길 때는 컴퍼스를 사용한다.

따라서 옳은 것은 ㄴ뿐이다. 답 ㄴ

02 ①, ⑤ 크기가 같은 각을 작도한 것이다.

$\therefore \angle AOB = \angle DPC$

② 작도 순서는 ㉠ → ㉢ → ㉡ → ㉣ → ㉤이다.

③ 점 O를 중심으로 하는 원의 반지름이므로 $\overline{OA} = \overline{OB}$

답 ③, ⑤

03 ①, ③ 점 P를 중심으로 반지름의 길이가 $\overline{AB}$인 원을 그린 것이므로

$\overline{AB} = \overline{AC} = \overline{PQ} = \overline{PR}$

② 점 Q를 중심으로 반지름의 길이가 $\overline{BC}$인 원을 그린 것이므로

$\overline{BC} = \overline{QR}$

⑤ 크기가 같은 각을 작도한 것이므로

$\angle BAC = \angle QPR$ 답 ④

04 ① $x=10$일 때, 세 변의 길이는 3, 15, 18이므로

$18 = 3 + 15$

② $x=11$일 때, 세 변의 길이는 4, 16, 19이므로

$19 < 4 + 16$

③ $x=12$일 때, 세 변의 길이는 5, 17, 20이므로

$20 < 5 + 17$

④ $x=13$일 때, 세 변의 길이는 6, 18, 21이므로

$21 < 6 + 18$

⑤ $x=14$일 때, 세 변의 길이는 7, 19, 22이므로

$22 < 7 + 19$ 답 ①

05 $\triangle ABC$의 작도 순서는 다음의 4가지 경우가 있다.

(i) $\overline{AB} \to \angle B \to \overline{BC} \to \overline{AC}$

(ii) $\overline{BC} \to \angle B \to \overline{AB} \to \overline{AC}$

(iii) $\angle B \to \overline{AB} \to \overline{BC} \to \overline{AC}$

(iv) $\angle B \to \overline{BC} \to \overline{AB} \to \overline{AC}$ 답 ③

06 ① 두 변의 길이와 그 끼인각의 크기가 주어진 경우이므로 $\triangle ABC$가 하나로 정해진다.

② $\angle B$는 $\overline{AB}$, $\overline{AC}$의 끼인각이 아니므로 $\triangle ABC$가 하나로 정해지지 않는다.

③, ④ 한 변의 길이와 그 양 끝 각의 크기가 주어진 경우이므로 $\triangle ABC$가 하나로 정해진다.

⑤ $\angle C = 180° - (\angle A + \angle B)$

즉, 한 변의 길이와 그 양 끝 각의 크기가 주어진 경우이므로 $\triangle ABC$가 하나로 정해진다. 답 ②

07 ① $\overline{AB} = \overline{EF} = 4(cm)$

② $\overline{FG} = \overline{BC} = 5(cm)$

③ $\angle A = \angle E = 120°$

④ 사각형 ABCD에서

$\angle C = 360° - (120° + 85° + 90°) = 65°$

$\therefore \angle G = \angle C = 65°$

⑤ $\angle H = \angle D = 90°$ 답 ④

08 (i) $\triangle$PAD와 $\triangle$PCB에서
$\overline{AD}=\overline{CB}$
$\overline{AD} /\!/ \overline{BC}$이므로
$\angle PAD=\angle PCB$ (엇각), $\angle PDA=\angle PBC$ (엇각)
$\therefore \triangle PAD \equiv \triangle PCB$ (ASA 합동)
(ii) $\triangle$PAB와 $\triangle$PCD에서 (i)과 같은 방법으로 하면
$\triangle PAB \equiv \triangle PCD$ (ASA 합동)
(iii) $\triangle$ABC와 $\triangle$CDA에서
$\overline{AB} /\!/ \overline{CD}$이므로 $\angle BAC=\angle DCA$ (엇각)
$\overline{AD} /\!/ \overline{BC}$이므로 $\angle ACB=\angle CAD$ (엇각)
$\overline{AC}$는 공통
$\therefore \triangle ABC \equiv \triangle CDA$ (ASA 합동)
(iv) $\triangle$ABD와 $\triangle$CDB에서 (iii)과 같은 방법으로 하면
$\triangle ABD \equiv \triangle CDB$ (ASA 합동)
따라서 합동인 삼각형은 4쌍이다.
답 4쌍

09 ③ SAS 합동 ④ ASA 합동
답 ③, ④

10 $\triangle$ABC와 $\triangle$DBC에서
$\angle ABC=\angle DBC$, $\angle ACB=\angle DCB$,
$\overline{BC}$는 공통이므로
$\triangle ABC \equiv \triangle DBC$ (ASA 합동)
$\therefore \overline{AB}=\overline{DB}=10(\text{km})$
따라서 두 지점 A, B 사이의 거리는 10 km이다.
답 10 km

11 $\triangle$ADC와 $\triangle$ABE에서
$\triangle$ADB가 정삼각형이므로 $\overline{AD}=\overline{AB}$
$\triangle$ACE가 정삼각형이므로 $\overline{AC}=\overline{AE}$
$\angle DAC=60^\circ+\angle BAC=\angle BAE$
$\therefore \triangle ADC \equiv \triangle ABE$ (SAS 합동)
답 ②

12 $\triangle$ABE와 $\triangle$CBF에서
$\overline{AE}=\overline{CF}$
사각형 ABCD가 정사각형이므로
$\overline{AB}=\overline{CB}$, $\angle A=\angle C=90^\circ$
$\therefore \triangle ABE \equiv \triangle CBF$ (SAS 합동)
따라서 $\overline{BE}=\overline{BF}$이므로 $\triangle$BFE는 이등변삼각형이다.
즉, $\angle BFE=\angle BEF=68^\circ$이므로
$\angle EBF=180^\circ-(68^\circ+68^\circ)$
$=44^\circ$
답 44°

13 $\triangle$ABE와 $\triangle$CFE에서
$\overline{AB}=\overline{CF}=8(\text{cm})$, $\angle B=\angle F=90^\circ$
$\angle AEB=\angle CEF$ (맞꼭지각)이므로
$\angle BAE=90^\circ-\angle AEB=90^\circ-\angle CEF=\angle FCE$
따라서 $\triangle ABE \equiv \triangle CFE$ (ASA 합동)이므로
$\overline{BE}=\overline{FE}=6(\text{cm})$
$\therefore \triangle ABC=\frac{1}{2}\times\overline{BC}\times\overline{AB}$
$=\frac{1}{2}\times(6+10)\times 8=64(\text{cm}^2)$
답 64 cm^2

14 $\triangle$ABD와 $\triangle$CAE에서
$\angle DBA=90^\circ-\angle DAB=\angle EAC$,
$\angle DAB=90^\circ-\angle EAC=\angle ECA$,
$\overline{AB}=\overline{CA}$이므로 $\triangle ABD \equiv \triangle CAE$ (ASA 합동)
따라서 $\overline{AD}=\overline{CE}=3(\text{cm})$이므로
$\overline{BD}=\overline{AE}=10-3=7(\text{cm})$
답 7 cm

15 $\triangle$ABE와 $\triangle$DCE에서
$\overline{AB}=\overline{DC}$, $\overline{AE}=\overline{DE}$,
$\angle BAE=90^\circ+\angle EAD=90^\circ+\angle EDA=\angle CDE$이므로
$\triangle ABE \equiv \triangle DCE$ (SAS 합동)
따라서 $\overline{EB}=\overline{EC}$이므로 $\triangle$EBC는 이등변삼각형이다.
$\angle EBC=\frac{1}{2}\times(180^\circ-30^\circ)=75^\circ$이므로
$\angle ABE=90^\circ-75^\circ=15^\circ$
답 15°

16 (1) 점 P를 중심으로 반지름의 길이가 $\overline{AB}$인 원을 그린 것이므로 $\overline{AB}=\overline{AC}=\overline{PQ}=\overline{PR}$ … ❶
(2) '서로 다른 두 직선이 다른 한 직선과 만날 때, 동위각의 크기가 같으면 두 직선은 평행하다.'는 성질을 이용한 것이다. … ❷
(3) 작도 순서는 ㉠ → ㉤ → ㉡ → ㉥ → ㉢ → ㉣이다. … ❸
답 풀이 참조

채점 기준	배점
❶ $\overline{AB}$와 길이가 같은 선분 구하기	40%
❷ 평행선의 성질 구하기	30%
❸ 작도 순서 나열하기	30%

17 $6<3+4$, $7=3+4$, $8>3+4$, $7<3+6$, $8<3+6$, $8<3+7$, $7<4+6$, $8<4+6$, $8<4+7$, $8<6+7$
이므로 만들 수 있는 삼각형의 변의 길이의 쌍은
(3 cm, 4 cm, 6 cm), (3 cm, 6 cm, 7 cm),
(3 cm, 6 cm, 8 cm), (3 cm, 7 cm, 8 cm),
(4 cm, 6 cm, 7 cm), (4 cm, 6 cm, 8 cm),
(4 cm, 7 cm, 8 cm), (6 cm, 7 cm, 8 cm) … ❶
따라서 만들 수 있는 삼각형의 개수는 8이다. … ❷
답 8

채점 기준	배점
❶ 삼각형이 만들어지는 경우 구하기	80%
❷ 만들 수 있는 삼각형의 개수 구하기	20%

18

(1) $3<3+3$이므로 1개의 삼각형이 그려진다. … ❶

(2) 삼각형의 나머지 한 각의 크기는

$180^\circ-(30^\circ+70^\circ)=80^\circ$

따라서 다음 그림과 같이 길이가 5 cm인 변의 양 끝 각의 크기가 30°, 70° 또는 30°, 80° 또는 70°, 80°인 3개의 삼각형이 그려진다. … ❷

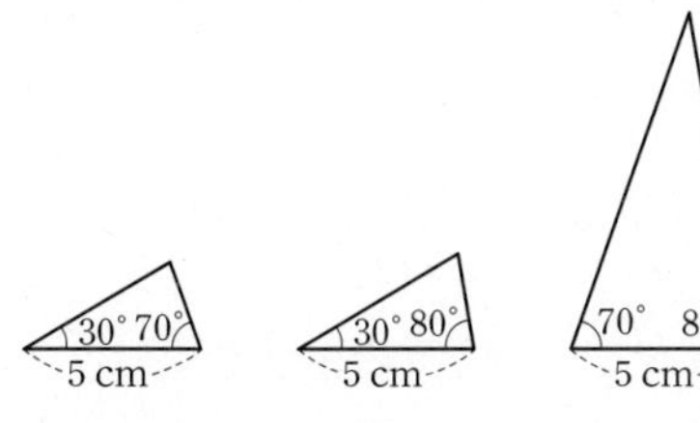

(3) 오른쪽 그림과 같이 세 각의 크기가 40°, 60°, 80°인 삼각형은 무수히 많이 그려진다. … ❸

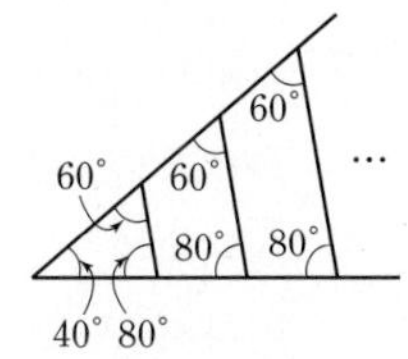

답 (1) 1 (2) 3 (3) 무수히 많다.

채점 기준	배점
❶ 세 변의 길이가 주어진 삼각형의 개수 구하기	30%
❷ 한 변의 길이와 두 각의 크기가 주어진 삼각형의 개수 구하기	40%
❸ 세 각의 크기가 주어진 삼각형의 개수 구하기	30%

19

(1) △ADE와 △EFC에서

$\overline{AE}=\overline{EC}$

$\overline{AB}\,/\!/\,\overline{EF}$이므로 $\angle DAE=\angle FEC$ (동위각)

$\overline{BC}\,/\!/\,\overline{DE}$이므로 $\angle AED=\angle ECF$ (동위각)

∴ △ADE≡△EFC (ASA 합동) … ❶

(2) $\overline{AD}=\overline{EF}=6(\text{cm})$

점 D는 $\overline{AB}$의 중점이므로

$\overline{DB}=\overline{AD}=6(\text{cm})$

$\therefore \overline{AB}=\overline{AD}+\overline{DB}=6+6=12(\text{cm})$ … ❷

답 (1) △ADE≡△EFC, ASA 합동 (2) 12 cm

채점 기준	배점
❶ △ADE와 합동인 삼각형을 찾고 합동 조건 구하기	60%
❷ $\overline{AB}$의 길이 구하기	40%

20

△ABC가 정삼각형이므로

$\overline{AB}=\overline{AC}=12(\text{cm})$

$\therefore \overline{BD}=\overline{AB}-\overline{AD}=12-8=4(\text{cm})$

$\therefore x=4$ … ❶

△CAD와 △CBE에서

△ABC가 정삼각형이므로 $\overline{CA}=\overline{CB}$

△CDE가 정삼각형이므로 $\overline{CD}=\overline{CE}$

$\angle ACD=60^\circ-\angle DCB=\angle BCE$

∴ △CAD≡△CBE (SAS 합동)

따라서 $\overline{BE}=\overline{AD}=8(\text{cm})$이므로 $y=8$ … ❷

$\therefore y-x=8-4=4$ … ❸

답 4

채점 기준	배점
❶ x의 값 구하기	30%
❷ y의 값 구하기	50%
❸ $y-x$의 값 구하기	20%

21

△OBH와 △OCI에서

사각형 ABCD가 정사각형이므로

$\overline{OB}=\overline{OC}$, $\angle OBH=\angle OCI=45^\circ$

두 사각형 ABCD, OEFG가 정사각형이므로

$\angle BOH=90^\circ-\angle HOC=\angle COI$

∴ △OBH≡△OCI (ASA 합동) … ❶

∴ (사각형 OHCI의 넓이)=△OHC+△OCI

=△OHC+△OBH

=△OBC

$=\frac{1}{4}\times4\times4$

$=4(\text{cm}^2)$ … ❷

답 4 cm²

채점 기준	배점
❶ △OBH≡△OCI임을 보이기	60%
❷ 사각형 OHCI의 넓이 구하기	40%

보충 TIP 정사각형 ABCD의 두 대각선의 교점을 O라 하면

① $\overline{AB}=\overline{BC}=\overline{CD}=\overline{DA}$

② $\angle A=\angle B=\angle C=\angle D=90^\circ$

③ $\overline{AC}=\overline{BD}$, $\overline{AC}\perp\overline{BD}$

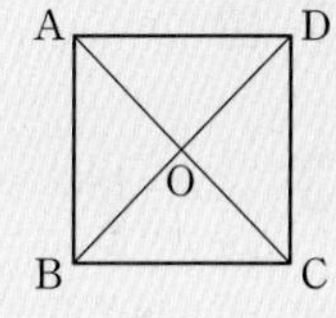

05 다각형

Real 실전 개념

65, 67쪽

01 답 ㄴ, ㄷ

02 답 6

03 답 9

04 답 ○

05 답 ○

06 다각형의 한 꼭짓점에서 내각과 외각의 크기의 합은 180°이다. 답 ×

07 $180^\circ-60^\circ=120^\circ$ 답 120°

08 $180^\circ-95^\circ=85^\circ$ 답 85°

09 답 ○

10 마름모는 네 변의 길이가 같지만 정사각형은 아니다. 답 ×

11 모든 변의 길이가 같고 모든 내각의 크기가 같은 다각형이 정다각형이다. 답 ×

12 답 ○

13 $\angle x=180^\circ-(30^\circ+70^\circ)=80^\circ$ 답 80°

14 $\angle x=180^\circ-(55^\circ+90^\circ)=35^\circ$ 답 35°

15 $\angle x=80^\circ+60^\circ=140^\circ$ 답 140°

16 $\angle x+50^\circ=105^\circ$ $\quad\therefore \angle x=55^\circ$ 답 55°

17 $4-3=1$ 답 1

18 $6-3=3$ 답 3

19 $\frac{8\times(8-3)}{2}=20$ 답 20

20 $\frac{11\times(11-3)}{2}=44$ 답 44

21 $180^\circ\times(5-2)=540^\circ$ 답 540°

22 $180^\circ\times(8-2)=1080^\circ$ 답 1080°

23 $180^\circ\times(9-2)=1260^\circ$ 답 1260°

24 $180^\circ\times(12-2)=1800^\circ$ 답 1800°

25 구하는 다각형을 n각형이라 하면
$180^\circ\times(n-2)=900^\circ$
$n-2=5$ $\quad\therefore n=7$
따라서 구하는 다각형은 칠각형이다. 답 칠각형

26 구하는 다각형을 n각형이라 하면
$180^\circ\times(n-2)=1440^\circ$
$n-2=8$ $\quad\therefore n=10$
따라서 구하는 다각형은 십각형이다. 답 십각형

27 구하는 다각형을 n각형이라 하면
$180^\circ\times(n-2)=1620^\circ$
$n-2=9$ $\quad\therefore n=11$
따라서 구하는 다각형은 십일각형이다. 답 십일각형

28 구하는 다각형을 n각형이라 하면
$180^\circ\times(n-2)=2700^\circ$
$n-2=15$ $\quad\therefore n=17$
따라서 구하는 다각형은 십칠각형이다. 답 십칠각형

29 사각형의 내각의 크기의 합은 $180^\circ\times(4-2)=360^\circ$이므로
$\angle x=360^\circ-(93^\circ+85^\circ+100^\circ)=82^\circ$ 답 82°

30 오각형의 내각의 크기의 합은 $180^\circ\times(5-2)=540^\circ$이므로
$\angle x=540^\circ-(96^\circ+104^\circ+130^\circ+110^\circ)=100^\circ$ 답 100°

31 육각형의 내각의 크기의 합은 $180^\circ\times(6-2)=720^\circ$이므로
$\angle x=720^\circ-(120^\circ+110^\circ+90^\circ+155^\circ+140^\circ)=105^\circ$
답 105°

32 답 360°

33 답 360°

34 다각형의 외각의 크기의 합은 360°이므로
$\angle x=360^\circ-(80^\circ+105^\circ+100^\circ)=75^\circ$ 답 75°

35 다각형의 외각의 크기의 합은 360°이므로
$\angle x=360^\circ-(75^\circ+52^\circ+68^\circ+65^\circ+50^\circ)=50^\circ$ 답 50°

36 (한 내각의 크기)$=\frac{180^\circ\times(8-2)}{8}=135^\circ$
(한 외각의 크기)$=\frac{360^\circ}{8}=45^\circ$ → 또는 $180^\circ-135^\circ=45^\circ$
답 한 내각의 크기: 135°, 한 외각의 크기: 45°

다른 풀이 (한 외각의 크기)$=\frac{360^\circ}{8}=45^\circ$
(한 내각의 크기)$=180^\circ-45^\circ=135^\circ$

37 (한 내각의 크기)$=\frac{180°\times(15-2)}{15}=156°$

(한 외각의 크기)$=\frac{360°}{15}=24°$

답 한 내각의 크기: 156°, 한 외각의 크기: 24°

38 (한 외각의 크기)$=180°-108°=72°$

구하는 정다각형을 정n각형이라 하면

$\frac{360°}{n}=72°$ $\therefore n=5$

따라서 구하는 정다각형은 정오각형이다.

답 정오각형

다른 풀이 구하는 정다각형을 정n각형이라 하면

$\frac{180°\times(n-2)}{n}=108°$, $180°n-360°=108°n$

$72°n=360°$ $\therefore n=5$

따라서 구하는 정다각형은 정오각형이다.

39 (한 외각의 크기)$=180°-140°=40°$

구하는 정다각형을 정n각형이라 하면

$\frac{360°}{n}=40°$ $\therefore n=9$

따라서 구하는 정다각형은 정구각형이다. 답 정구각형

40 (한 외각의 크기)$=180°-144°=36°$

구하는 정다각형을 정n각형이라 하면

$\frac{360°}{n}=36°$ $\therefore n=10$

따라서 구하는 정다각형은 정십각형이다. 답 정십각형

41 (한 외각의 크기)$=180°-150°=30°$

구하는 정다각형을 정n각형이라 하면

$\frac{360°}{n}=30°$ $\therefore n=12$

따라서 구하는 정다각형은 정십이각형이다. 답 정십이각형

42 구하는 정다각형을 정n각형이라 하면

$\frac{360°}{n}=120°$ $\therefore n=3$

따라서 구하는 정다각형은 정삼각형이다. 답 정삼각형

43 구하는 정다각형을 정n각형이라 하면

$\frac{360°}{n}=36°$ $\therefore n=10$

따라서 구하는 정다각형은 정십각형이다.

답 정십각형

44 구하는 정다각형을 정n각형이라 하면

$\frac{360°}{n}=20°$ $\therefore n=18$

따라서 구하는 정다각형은 정십팔각형이다. 답 정십팔각형

45 구하는 정다각형을 정n각형이라 하면

$\frac{360°}{n}=18°$ $\therefore n=20$

따라서 구하는 정다각형은 정이십각형이다. 답 정이십각형

Real 실전 유형

68~75쪽

01 답 ㄴ, ㄹ, ㅁ

02 ① 오른쪽 그림의 정육각형에서 두 대각선의 길이는 같지 않다.

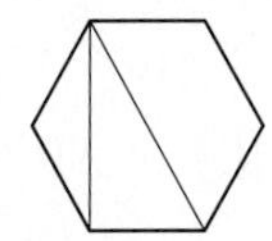

② 모든 변의 길이가 같고 모든 내각의 크기가 같은 다각형이 정다각형이다.

④ 정삼각형은 정다각형이지만 한 내각의 크기는 60°, 한 외각의 크기는 120°이다. 답 ③, ⑤

03 $\angle A$의 외각의 크기는 $180°-118°=62°$

$\angle B$의 외각의 크기는 $180°-70°=110°$

따라서 $\angle A$의 외각과 $\angle B$의 외각의 크기의 합은

$62°+110°=172°$ 답 172°

04 조건 (가), (나)에서 구하는 다각형은 정다각형이고 조건 (다)에서 구하는 다각형은 칠각형이다.

따라서 구하는 다각형은 정칠각형이다. 답 정칠각형

05 $\triangle ABC$에서 $\angle ACB=180°-(75°+40°)=65°$

$\angle DCE=\angle ACB=65°$ (맞꼭지각)이므로 $\triangle CDE$에서

$\angle x=180°-(60°+65°)=55°$ 답 55°

다른 풀이 $75°+40°=60°+\angle x$ $\therefore \angle x=55°$

보충 TIP 삼각형의 세 내각의 크기의 합은 180°이므로

$\angle a+\angle b=180°-\angle x$

$\angle c+\angle d=180°-\angle x$

$\therefore \angle a+\angle b=\angle c+\angle d$

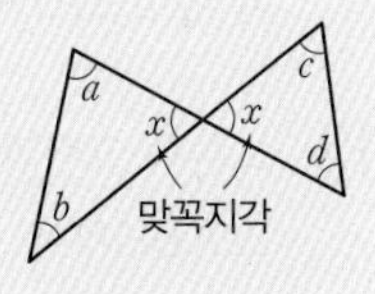

06 삼각형의 세 내각의 크기의 합은 180°이므로

$2x+(4x-25)+(3x-20)=180$

$9x=225$ $\therefore x=25$ … ❶

$\therefore \angle A=2x°=2\times25°=50°$ … ❷

답 50°

채점 기준	배점
❶ x의 값을 구하기	60%
❷ $\angle A$의 크기 구하기	40%

07 삼각형의 세 내각의 크기의 합은 180°이므로 크기가 가장 작은 각의 크기는

$180^\circ\times\frac{3}{3+4+5}=180^\circ\times\frac{1}{4}=45^\circ$ 답 45°

보충 TIP △ABC에서 ∠A : ∠B : ∠C$=x:y:z$일 때,

$\angle A=180^\circ\times\frac{x}{x+y+z}$, $\angle B=180^\circ\times\frac{y}{x+y+z}$,

$\angle C=180^\circ\times\frac{z}{x+y+z}$

08 $x+(x+15)=125$

$2x+15=125$, $2x=110$

$\therefore x=55$ 답 55

09 △APB에서 $\angle x=45^\circ+30^\circ=75^\circ$

△CDP에서 $\angle y+55^\circ=75^\circ$ $\therefore \angle y=20^\circ$

답 $\angle x=75^\circ$, $\angle y=20^\circ$

10 △ABC에서 $\angle ACE=20^\circ+30^\circ=50^\circ$

△DCE에서 $\angle x=25^\circ+50^\circ=75^\circ$ 답 ②

11 △ABC에서 $\angle BAC=110^\circ-60^\circ=50^\circ$ … ❶

$\therefore \angle BAD=\frac{1}{2}\angle BAC=\frac{1}{2}\times 50^\circ=25^\circ$ … ❷

따라서 △ABD에서 $\angle x=60^\circ+25^\circ=85^\circ$ … ❸

답 85°

채점 기준	배점
❶ ∠BAC의 크기 구하기	40%
❷ ∠BAD의 크기 구하기	20%
❸ $\angle x$의 크기 구하기	40%

다른 풀이 △ABC에서 $\angle BAC=110^\circ-60^\circ=50^\circ$

$\therefore \angle DAC=\frac{1}{2}\angle BAC=\frac{1}{2}\times 50^\circ=25^\circ$

따라서 △ADC에서 $\angle x+25^\circ=110^\circ$ $\therefore \angle x=85^\circ$

12 오른쪽 그림과 같이 $\overline{BC}$를 그으면

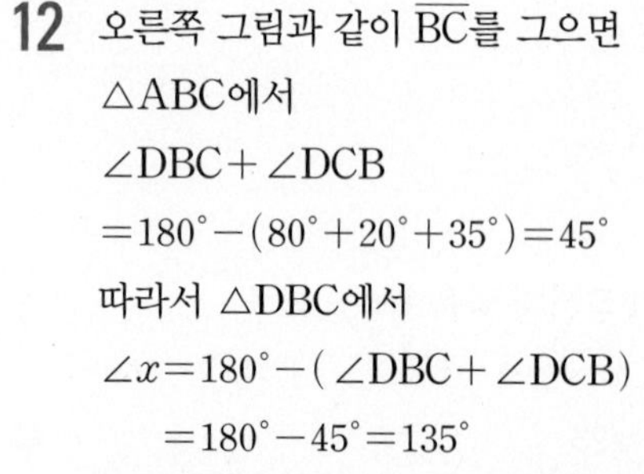

△ABC에서

∠DBC+∠DCB

$=180^\circ-(80^\circ+20^\circ+35^\circ)=45^\circ$

따라서 △DBC에서

$\angle x=180^\circ-(\angle DBC+\angle DCB)$

$=180^\circ-45^\circ=135^\circ$ 답 ⑤

다른 풀이 오른쪽 그림과 같이 $\overline{BC}$를 그은 후 $\overline{AD}$의 연장선과 $\overline{BC}$의 교점을 E라 하자.

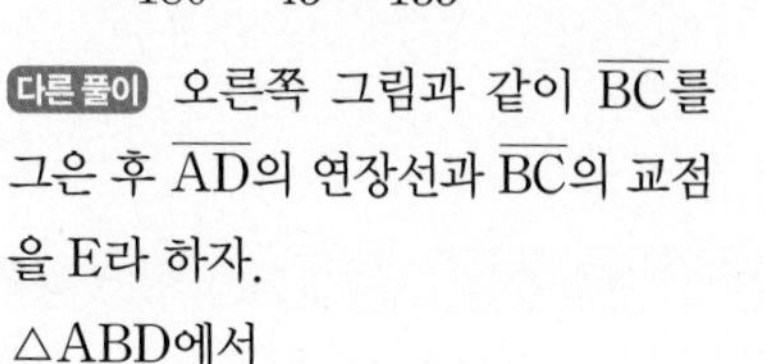

△ABD에서

∠BDE=∠BAD+20°

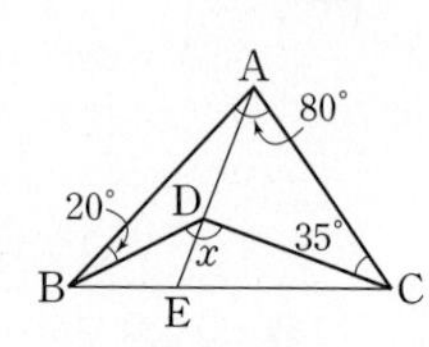

△ADC에서 ∠CDE=∠CAD+35°

$\therefore \angle x=\angle BDE+\angle CDE$

$=(\angle BAD+20^\circ)+(\angle CAD+35^\circ)$

$=\angle BAD+\angle CAD+55^\circ$

$=\angle BAC+55^\circ$

$=80^\circ+55^\circ=135^\circ$

보충 TIP ∠BDC

$=(b^\circ+\bullet)+(c^\circ+\times)$

$=(\bullet+\times)+b^\circ+c^\circ$

$=a^\circ+b^\circ+c^\circ$

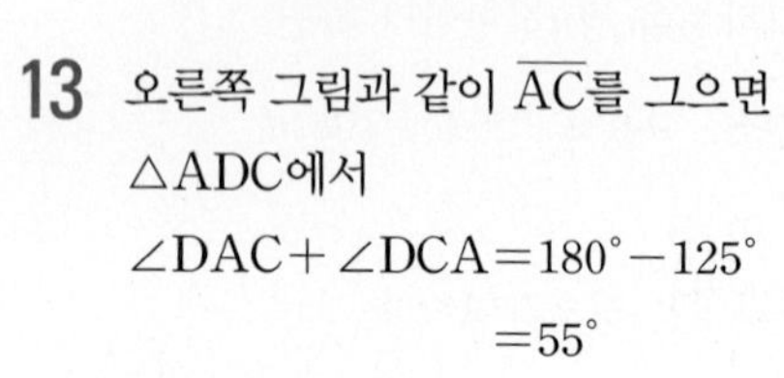

13 오른쪽 그림과 같이 $\overline{AC}$를 그으면

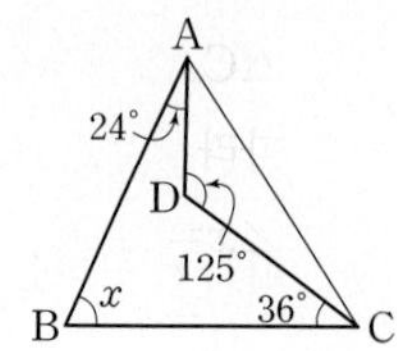

△ADC에서

$\angle DAC+\angle DCA=180^\circ-125^\circ$

$=55^\circ$

따라서 △ABC에서

$\angle x=180^\circ-(24^\circ+36^\circ+\angle DAC+\angle DCA)$

$=180^\circ-(24^\circ+36^\circ+55^\circ)=65^\circ$ 답 ④

14 △ABC에서

$\angle ABC+\angle ACB=180^\circ-50^\circ=130^\circ$

따라서 △DBC에서

$\angle x=180^\circ-(\angle DBC+\angle DCB)$

$=180^\circ-\left(\frac{1}{2}\angle ABC+\frac{1}{2}\angle ACB\right)$

$=180^\circ-\frac{1}{2}(\angle ABC+\angle ACB)$

$=180^\circ-\frac{1}{2}\times 130^\circ$

$=180^\circ-65^\circ=115^\circ$ 답 115°

15 $\angle ABD=\angle DBC=\angle a$, $\angle ACD=\angle DCE=\angle b$라 하면

△ABC에서 $2\angle b=2\angle a+70^\circ$

$\therefore \angle b=\angle a+35^\circ$ …… ㉠

△DBC에서 $\angle b=\angle a+\angle x$ …… ㉡

㉠, ㉡에서

$\angle a+35^\circ=\angle a+\angle x$ $\therefore \angle x=35^\circ$ 답 ④

다른 풀이 $\angle x=\frac{1}{2}\angle A=\frac{1}{2}\times 70^\circ=35^\circ$

16 △ABC에서 $\angle ABC=180^\circ-(60^\circ+50^\circ)=70^\circ$

$\therefore \angle DBC=\frac{1}{2}\angle ABC=\frac{1}{2}\times 70^\circ=35^\circ$

$\angle ACE=180^\circ-50^\circ=130^\circ$이므로

$\angle DCE=\frac{1}{2}\angle ACE=\frac{1}{2}\times 130^\circ=65^\circ$

따라서 △DBC에서 $\angle DCE=\angle x+\angle DBC$이므로

$65^\circ=\angle x+35^\circ$ $\therefore \angle x=30^\circ$ 답 30°

17 $\angle ACD=\angle DCB=\angle a$, $\angle ABD=\angle DBE=\angle b$라 하면
$\triangle ABC$에서 $2\angle b=2\angle a+\angle x$
$\therefore \angle b=\angle a+\frac{1}{2}\angle x$ ...... ㉠
$\triangle DBC$에서 $\angle b=\angle a+32°$ ...... ㉡
㉠, ㉡에서 $\angle a+\frac{1}{2}\angle x=\angle a+32°$
$\frac{1}{2}\angle x=32°$ $\therefore \angle x=64°$
답 $64°$

18 $\triangle ABC$에서 $\angle ACB=\angle ABC=40°$
$\therefore \angle CAD=40°+40°=80°$
$\triangle CAD$에서 $\angle CDA=\angle CAD=80°$
따라서 $\triangle DBC$에서
$\angle x=\angle DBC+\angle CDB$
$=40°+80°=120°$
답 $120°$

19 $\triangle ABC$에서 $\angle ACB=\angle ABC=\angle x$
$\therefore \angle CAD=\angle x+\angle x=2\angle x$
$\triangle ACD$에서 $\angle CDA=\angle CAD=2\angle x$
$\triangle DBC$에서
$\angle DCE=\angle DBC+\angle CDB$이므로
$\angle x+2\angle x=114°$, $3\angle x=114°$
$\therefore \angle x=38°$
답 ③

20 $\angle ACD=180°-140°=40°$이므로
$\triangle ADC$에서 $\angle DAC=\angle ACD=40°$
$\therefore \angle ADB=40°+40°=80°$
$\triangle ABD$에서 $\angle DAB=\angle DBA=\angle x$이므로
$\angle x+\angle x+80°=180°$, $2\angle x=100°$
$\therefore \angle x=50°$
답 $50°$

21 $\triangle ABC$에서 $\angle ACB=\angle ABC=23°$
$\therefore \angle CAD=23°+23°=46°$
$\triangle ACD$에서 $\angle CDA=\angle CAD=46°$ ··· ❶
$\triangle DBC$에서
$\angle DCE=\angle DBC+\angle BDC=23°+46°=69°$
$\triangle DCE$에서 $\angle DEC=\angle DCE=69°$ ··· ❷
$\therefore \angle x=180°-69°=111°$ ··· ❸
답 $111°$

채점 기준	배점
❶ $\angle CDA$의 크기 구하기	40%
❷ $\angle DEC$의 크기 구하기	40%
❸ $\angle x$의 크기 구하기	20%

22 오른쪽 그림의 $\triangle BEG$에서

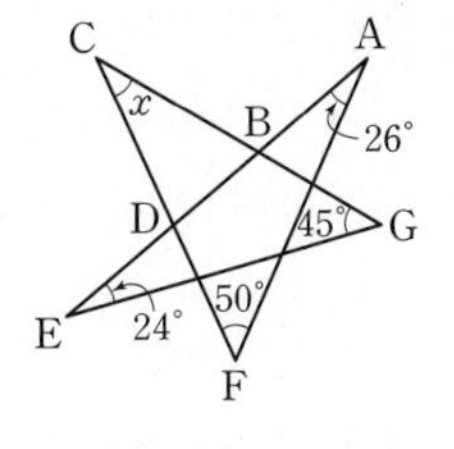

$\angle CBE=24°+45°=69°$
$\triangle ADF$에서
$\angle ADC=26°+50°=76°$
따라서 $\triangle BCD$에서
$\angle x=180°-(69°+76°)$
$=35°$
답 ⑤

23 오른쪽 그림의 $\triangle CDE$에서

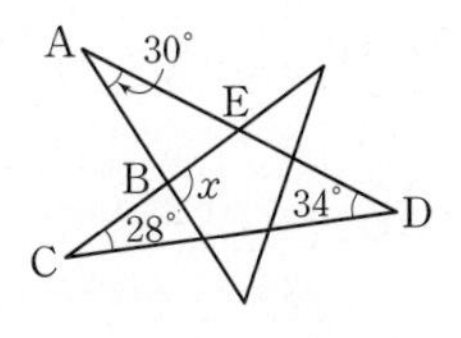

$\angle CEA=28°+34°=62°$
따라서 $\triangle ABE$에서
$\angle x=30°+62°=92°$
답 ③

24 오른쪽 그림의 $\triangle ABD$에서
$\angle x=180°-(35°+30°)$
$=115°$ ··· ❶

$\angle DAF=35°+30°=65°$
$\triangle FAE$에서
$\angle y=40°+65°=105°$ ··· ❷
$\therefore \angle x-\angle y=115°-105°=10°$ ··· ❸
답 $10°$

채점 기준	배점
❶ $\angle x$의 크기 구하기	40%
❷ $\angle y$의 크기 구하기	40%
❸ $\angle x-\angle y$의 크기 구하기	20%

25 팔각형의 한 꼭짓점에서 그을 수 있는 대각선의 개수는
$8-3=5$ $\therefore a=5$
이때 생기는 삼각형의 개수는
$8-2=6$ $\therefore b=6$
$\therefore a+b=5+6=11$
답 11

26 구하는 다각형을 n각형이라 하면
$n-3=7$ $\therefore n=10$
따라서 구하는 다각형은 십각형이다.
답 ⑤

27 다각형의 내부의 한 점에서 각 꼭짓점에 선분을 그었을 때 생기는 삼각형의 개수가 12이므로 주어진 다각형은 십이각형이다.
따라서 십이각형의 한 꼭짓점에서 그을 수 있는 대각선의 개수는
$12-3=9$
답 ③

28 조건 (가)에서 구하는 다각형은 정다각형이다.
구하는 다각형을 정n각형이라 하면 조건 (나)에서
$n-3=6 \quad \therefore n=9$
따라서 구하는 다각형은 정구각형이다. 답 정구각형

29 주어진 다각형을 n각형이라 하면
$n-3=10 \quad \therefore n=13$
따라서 십삼각형의 대각선의 개수는
$\frac{13\times(13-3)}{2}=65$ 답 ④

30 다각형의 내부의 한 점에서 각 꼭짓점에 선분을 그었을 때 생기는 삼각형의 개수가 8이므로 주어진 다각형은 팔각형이다.
따라서 팔각형의 대각선의 개수는
$\frac{8\times(8-3)}{2}=20$ 답 ⑤

31 주어진 다각형을 n각형이라 하면
$\frac{n(n-3)}{2}=77,\ n(n-3)=154=14\times11$
$\therefore n=14$
따라서 십사각형의 변의 개수는 14이다. 답 ④

32 주어진 다각형을 n각형이라 하면
$\frac{n(n-3)}{2}=14,\ n(n-3)=28=7\times4$
$\therefore n=7$
따라서 칠각형의 한 꼭짓점에서 그을 수 있는 대각선의 개수는
$7-3=4$ 답 ①

33 주어진 다각형을 n각형이라 하면
$\frac{n(n-3)}{2}=27,\ n(n-3)=54=9\times6$
$\therefore n=9$
따라서 구각형의 내각의 크기의 합은
$180^\circ\times(9-2)=1260^\circ$ 답 ⑤

34 주어진 다각형을 n각형이라 하면
$n-3=5 \quad \therefore n=8$
따라서 팔각형의 내각의 크기의 합은
$180^\circ\times(8-2)=1080^\circ$ 답 1080°

35 구하는 다각형을 n각형이라 하면
$180^\circ\times(n-2)=1980^\circ$
$n-2=11 \quad \therefore n=13$
따라서 구하는 다각형은 십삼각형이다. 답 ③

36 십일각형의 내각의 크기의 합은 $180^\circ\times(11-2)=1620^\circ$
십이각형의 내각의 크기의 합은 $180^\circ\times(12-2)=1800^\circ$
십삼각형의 내각의 크기의 합은 $180^\circ\times(13-2)=1980^\circ$
따라서 내각의 크기의 합이 1700°보다 크고 1900°보다 작은 다각형은 십이각형이다. … ❶
십이각형의 한 꼭짓점에서 그을 수 있는 대각선의 개수는
$12-3=9$ … ❷
답 9

채점 기준	배점
❶ 내각의 크기의 합이 1700°보다 크고 1900°보다 작은 다각형 구하기	60%
❷ 다각형의 한 꼭짓점에서 그을 수 있는 대각선의 개수 구하기	40%

37 육각형의 내각의 크기의 합은 $180^\circ\times(6-2)=720^\circ$
$\therefore \angle x=720^\circ-(110^\circ+130^\circ+123^\circ+104^\circ+115^\circ)$
$=138^\circ$ 답 ④

38 사각형의 내각의 크기의 합은 360°이므로
$\angle x+105^\circ+(180^\circ-120^\circ)+(180^\circ-80^\circ)=360^\circ$
$\angle x+265^\circ=360^\circ \quad \therefore \angle x=95^\circ$ 답 ④

39 사각형의 내각의 크기의 합은 360°이므로
$\angle ABC+\angle DCB=360^\circ-(120^\circ+116^\circ)=124^\circ$
$\therefore \angle PBC+\angle PCB=\frac{1}{2}\angle ABC+\frac{1}{2}\angle DCB$
$=\frac{1}{2}(\angle ABC+\angle DCB)$
$=\frac{1}{2}\times124^\circ=62^\circ$
따라서 $\triangle PBC$에서
$\angle x=180^\circ-(\angle PBC+\angle PCB)$
$=180^\circ-62^\circ=118^\circ$ 답 118°

40 오각형의 내각의 크기의 합은
$180^\circ\times(5-2)=540^\circ$ … ❶
$\therefore \angle FCD+\angle FDC$
$=540^\circ-(105^\circ+80^\circ+60^\circ+65^\circ+90^\circ)$
$=140^\circ$ … ❷
따라서 $\triangle FCD$에서
$\angle x=180^\circ-(\angle FCD+\angle FDC)$
$=180^\circ-140^\circ=40^\circ$ … ❸
답 40°

채점 기준	배점
❶ 오각형의 내각의 크기의 합 구하기	30%
❷ $\angle FCD+\angle FDC$의 크기 구하기	40%
❸ $\angle x$의 크기 구하기	30%

41 다각형의 외각의 크기의 합은 360°이므로

$\angle x+65^\circ+93^\circ+72^\circ+(180^\circ-110^\circ)=360^\circ$

$\angle x+300^\circ=360^\circ \qquad \therefore \angle x=60^\circ$

답 ④

42 다각형의 외각의 크기의 합은 360°이므로

$(180^\circ-\angle x)+44^\circ+70^\circ+50^\circ+75^\circ+55^\circ=360^\circ$

$474^\circ-\angle x=360^\circ \qquad \therefore \angle x=114^\circ$

답 ④

43 다각형의 외각의 크기의 합은 360°이므로

$(180-95)+(3x-35)+50+(180-2x)+60=360$

$x+340=360 \qquad \therefore x=20$

답 ③

44 오른쪽 그림의 $\triangle$ACG에서

$\angle \text{DCG}=30^\circ+27^\circ=57^\circ$

$\triangle$HBF에서

$\angle \text{BFE}=38^\circ+42^\circ=80^\circ$

사각형의 내각의 크기의 합은 360°이므로 사각형 CDEF에서

$57^\circ+\angle x+\angle y+80^\circ=360^\circ,\ \angle x+\angle y+137^\circ=360^\circ$

$\therefore \angle x+\angle y=223^\circ$

답 223°

45 오른쪽 그림에서

$\angle f+\angle g=\angle h+\angle i$

오각형의 내각의 크기의 합은

$180^\circ\times(5-2)=540^\circ$이므로

$\angle a+\angle b+\angle c+\angle d+\angle e+\angle f+\angle g$

$=\angle a+\angle b+\angle c+\angle d+\angle e+\angle h+\angle i$

$=540^\circ$

답 ④

46 오른쪽 그림에서

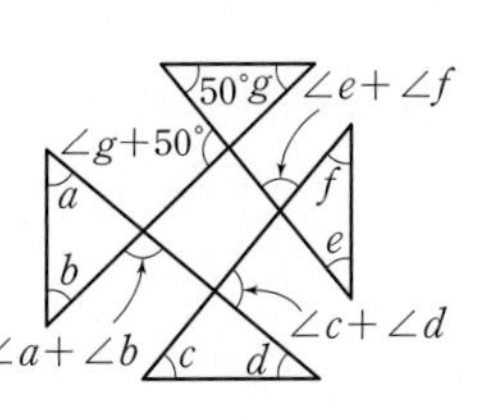

$\angle a+\angle b+\angle c+\angle d+\angle e+\angle f+\angle g+50^\circ$

$=$(사각형의 외각의 크기의 합)

$=360^\circ$

$\therefore \angle a+\angle b+\angle c+\angle d+\angle e+\angle f+\angle g=310^\circ$

답 310°

47 $\angle a+\angle b+\angle c+\angle d+\angle e+\angle f+\angle g$

$=$(7개의 삼각형의 내각의 크기의 합)

$-$(칠각형의 외각의 크기의 합)$\times 2$

$=180^\circ\times 7-360^\circ\times 2$

$=540^\circ$

답 540°

48 정십이각형의 한 내각의 크기는

$\dfrac{180^\circ\times(12-2)}{12}=150^\circ \qquad \therefore a=150$

정팔각형의 한 외각의 크기는

$\dfrac{360^\circ}{8}=45^\circ \qquad \therefore b=45$

$\therefore a+b=150+45=195$

답 195

49 주어진 정다각형을 정n각형이라 하면

$\dfrac{360^\circ}{n}=36^\circ \qquad \therefore n=10$

따라서 정십각형의 대각선의 개수는

$\dfrac{10\times(10-3)}{2}=35$

답 ③

50 주어진 정다각형을 정n각형이라 하면 한 외각의 크기는

$180^\circ\times\dfrac{2}{7+2}=180^\circ\times\dfrac{2}{9}=40^\circ$이므로

$\dfrac{360^\circ}{n}=40^\circ \qquad \therefore n=9$ … ❶

따라서 정구각형의 내각의 크기의 합은

$180^\circ\times(9-2)=1260^\circ$ … ❷

답 1260°

채점 기준	배점
❶ 정다각형 구하기	60%
❷ 정다각형의 내각의 크기의 합 구하기	40%

보충 TIP 다각형의 한 꼭짓점에서

(내각의 크기)+(외각의 크기)$=180^\circ$이므로 정다각형의 한 내각의 크기와 한 외각의 크기의 비가 $a:b$이면

(한 내각의 크기)$=180^\circ\times\dfrac{a}{a+b}$

(한 외각의 크기)$=180^\circ\times\dfrac{b}{a+b}$

51 주어진 정다각형을 정n각형이라 하면

$180^\circ\times(n-2)+360^\circ=1080^\circ$

$180^\circ\times n=1080^\circ \qquad \therefore n=6$

따라서 정육각형의 한 내각의 크기는

$\dfrac{180^\circ\times(6-2)}{6}=120^\circ$

답 ③

52 정오각형의 한 내각의 크기는 $\dfrac{180^\circ\times(5-2)}{5}=108^\circ$

$\triangle$ABC는 $\overline{\text{AB}}=\overline{\text{BC}}$인 이등변삼각형이므로

$\angle \text{BCA}=\dfrac{1}{2}\times(180^\circ-108^\circ)=36^\circ$

$\triangle$CDE에서 같은 방법으로 하면 $\angle \text{ECD}=36^\circ$

$\therefore \angle x=108^\circ-(36^\circ+36^\circ)=36^\circ$

답 36°

53 정사각형의 한 내각의 크기는 90°

정오각형의 한 내각의 크기는 $\dfrac{180^\circ\times(5-2)}{5}=108^\circ$

정육각형의 한 내각의 크기는 $\dfrac{180^\circ\times(6-2)}{6}=120^\circ$

$\therefore \angle x=360^\circ-(90^\circ+108^\circ+120^\circ)=42^\circ$

답 42°

54 정육각형의 한 내각의 크기는

$\frac{180^\circ \times (6-2)}{6}=120^\circ$ …❶

$\triangle ABC$는 $\overline{AB}=\overline{BC}$인 이등변삼각형이므로

$\angle BCA=\frac{1}{2}\times(180^\circ-120^\circ)=30^\circ$

$\triangle BCD$에서 같은 방법으로 하면 $\angle CBD=30^\circ$ …❷

$\triangle BCP$에서 $\angle BPC=180^\circ-(30^\circ+30^\circ)=120^\circ$

$\therefore \angle x=\angle BPC=120^\circ$ (맞꼭지각) …❸

답 120°

채점 기준	배점
❶ 정육각형의 한 내각의 크기 구하기	30%
❷ $\angle BCA$, $\angle CBD$의 크기 구하기	40%
❸ $\angle x$의 크기 구하기	30%

55 $\triangle PBC$에서 $\angle PBC=\angle PCB=60^\circ$이므로

$\angle ABP=\angle DCP=90^\circ-60^\circ=30^\circ$

$\triangle ABP$는 $\overline{AB}=\overline{BP}$인 이등변삼각형이므로

$\angle BPA=\frac{1}{2}\times(180^\circ-30^\circ)=75^\circ$

$\triangle PCD$에서 같은 방법으로 하면 $\angle CPD=75^\circ$

$\therefore \angle x=360^\circ-(75^\circ+60^\circ+75^\circ)=150^\circ$ 답 ⑤

56 정오각형의 한 외각의 크기는 $\frac{360^\circ}{5}=72^\circ$이므로

$\angle FDE=\angle FED=72^\circ$

따라서 $\triangle DFE$에서

$\angle x=180^\circ-(72^\circ+72^\circ)=36^\circ$ 답 36°

57 오른쪽 그림에서

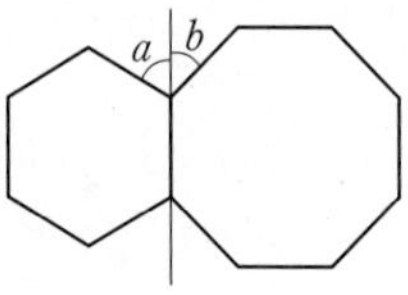

정육각형의 한 외각의 크기는

$\frac{360^\circ}{6}=60^\circ$ $\therefore \angle a=60^\circ$

정팔각형의 한 외각의 크기는

$\frac{360^\circ}{8}=45^\circ$ $\therefore \angle b=45^\circ$

$\therefore \angle x=\angle a+\angle b=60^\circ+45^\circ=105^\circ$ 답 ②

다른 풀이 정육각형의 한 내각의 크기는 $\frac{180^\circ \times (6-2)}{6}=120^\circ$

정팔각형의 한 내각의 크기는 $\frac{180^\circ \times (8-2)}{8}=135^\circ$

$\therefore \angle x=360^\circ-(120^\circ+135^\circ)=105^\circ$

58 정오각형의 한 외각의 크기는 $\frac{360^\circ}{5}=72^\circ$이므로

$\angle DEP=72^\circ$

정육각형의 한 외각의 크기는 $\frac{360^\circ}{6}=60^\circ$이므로

$\angle DIP=60^\circ$

$\angle EDI=72^\circ+60^\circ=132^\circ$이므로 사각형 DIPE에서

$\angle x=360^\circ-(72^\circ+132^\circ+60^\circ)=96^\circ$ 답 ①

Real 실전 기출

76~78쪽

01 ① 5개의 선분으로 이루어진 다각형은 오각형이다.

③ 다각형에서 한 내각에 대한 외각은 두 개이다.

④ 모든 변의 길이가 같고 모든 내각의 크기가 같은 다각형이 정다각형이다.

⑤ 외각의 크기는 $180^\circ-72^\circ=108^\circ$ 답 ②

02 $l /\!/ m$이므로 $\angle ABD=62^\circ$ (엇각)

$\triangle BCD$에서

$\angle x+43^\circ=62^\circ$ $\therefore \angle x=19^\circ$ 답 ①

03 $\triangle IBC$에서 $\angle IBC+\angle ICB=180^\circ-110^\circ=70^\circ$

따라서 $\triangle ABC$에서

$\angle x=180^\circ-(\angle ABC+\angle ACB)$

$=180^\circ-(2\angle IBC+2\angle ICB)$

$=180^\circ-2(\angle IBC+\angle ICB)$

$=180^\circ-2\times70^\circ$

$=40^\circ$ 답 40°

04 오른쪽 그림의 $\triangle ACE$에서

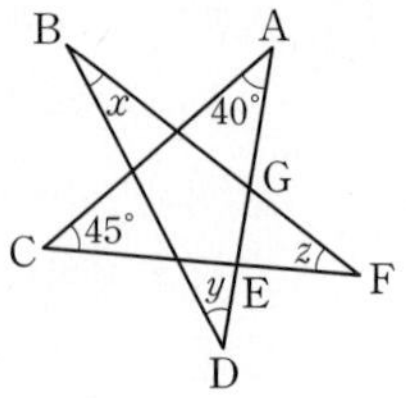

$\angle AEF=40^\circ+45^\circ=85^\circ$

$\triangle BDG$에서

$\angle FGD=\angle x+\angle y$

$\triangle EFG$에서

$(\angle x+\angle y)+\angle z+85^\circ=180^\circ$

$\therefore \angle x+\angle y+\angle z=95^\circ$ 답 ⑤

05 오각형의 대각선의 개수는 $\frac{5\times(5-3)}{2}=5$

구하는 다각형을 n각형이라 하면

$n-3=5$ $\therefore n=8$

따라서 구하는 다각형은 팔각형이다. 답 ①

06 악수를 하는 횟수는 십각형의 대각선의 개수와 같으므로

$\frac{10\times(10-3)}{2}=35$(번) 답 35번

07 칠각형의 내각의 크기의 합은 $180^\circ\times(7-2)=900^\circ$이므로

$a+120+150+b+120+140+130=900$

$a+b+660=900$

$\therefore a+b=240$ 답 ④

08 다각형의 외각의 크기의 합은 360°이므로

$(2x+15)+(180-135)+60+(2x-5)+80+85=360$

$4x+280=360$, $4x=80$

$\therefore x=20$ 답 ③

09 한 외각의 크기는 $180^\circ-135^\circ=45^\circ$

주어진 정다각형을 정n각형이라 하면

$\frac{360^\circ}{n}=45^\circ \quad \therefore n=8$

따라서 정팔각형의 대각선의 개수는

$\frac{8\times(8-3)}{2}=20$ 답 20

10 $\angle C=2\angle B$, $\angle A=2\angle B+20^\circ$

삼각형의 세 내각의 크기의 합은 180°이므로

$\angle A+\angle B+\angle C=(2\angle B+20^\circ)+\angle B+2\angle B=180^\circ$

$5\angle B+20^\circ=180^\circ$, $5\angle B=160^\circ$

$\therefore \angle B=32^\circ$ 답 32°

11 ① 구하는 정다각형을 정n각형이라 하면 한 외각의 크기는

$180^\circ\times\frac{2}{3+2}=180^\circ\times\frac{2}{5}=72^\circ$이므로

$\frac{360^\circ}{n}=72^\circ \quad \therefore n=5$

따라서 구하는 정다각형은 정오각형이다.

② 정오각형의 한 꼭짓점에서 그을 수 있는 대각선의 개수는 $5-3=2$

③ 정오각형의 대각선의 개수는

$\frac{5\times(5-3)}{2}=5$

④ 정오각형의 내각의 크기의 합은

$180^\circ\times(5-2)=540^\circ$

⑤ 외각의 크기의 합은 360°이다. 답 ①, ④

12 $\angle ABD=\angle a$, $\angle ACD=\angle b$라 하면

$\angle DBC=2\angle a$, $\angle DCE=2\angle b$

$\triangle ABC$에서 $3\angle b=3\angle a+72^\circ$

$\therefore \angle b=\angle a+24^\circ$ ······ ㉠

$\triangle DBC$에서 $2\angle b=2\angle a+\angle x$

$\therefore \angle b=\angle a+\frac{1}{2}\angle x$ ······ ㉡

㉠, ㉡에서 $\angle a+24^\circ=\angle a+\frac{1}{2}\angle x$

$\frac{1}{2}\angle x=24^\circ \quad \therefore \angle x=48^\circ$ 답 48°

13 정팔각형의 한 내각의 크기는

$\frac{180^\circ\times(8-2)}{8}=135^\circ$

$\triangle CDE$는 $\overline{CD}=\overline{DE}$인 이등변삼각형이므로

$\angle DCE=\frac{1}{2}\times(180^\circ-135^\circ)=22.5^\circ$

$\triangle BCD$에서 같은 방법으로 하면 $\angle CDB=22.5^\circ$

$\triangle CDI$에서 $\angle CID=180^\circ-(22.5^\circ+22.5^\circ)=135^\circ$

$\therefore \angle x=\angle CID=135^\circ$ (맞꼭지각) 답 135°

14 오른쪽 그림의 $\triangle ABH$에서

$\angle AHE=\angle a+\angle f$

$\triangle CDG$에서

$\angle FGD=\angle b+\angle c$

사각형 EFGH에서

$(\angle a+\angle f)+\angle d+\angle e+(\angle b+\angle c)=360^\circ$

$\therefore \angle a+\angle b+\angle c+\angle d+\angle e+\angle f=360^\circ$ 답 360°

15 정오각형의 한 내각의 크기는

$\frac{180^\circ\times(5-2)}{5}=108^\circ$

오른쪽 그림에서

$\angle FAE=180^\circ-(x^\circ+108^\circ)$

$=72^\circ-x^\circ$

점 E를 지나고 두 직선 l, m에 평행한 직선을 그으면

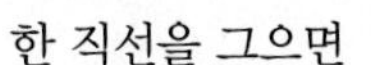

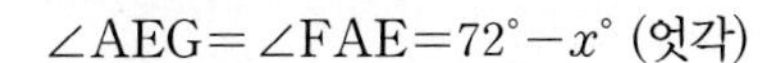

$\angle AEG=\angle FAE=72^\circ-x^\circ$ (엇각)

$\angle GED=\angle EDH=3x^\circ$ (엇각)

$\angle AEG+\angle GED=\angle AED=108^\circ$이므로

$(72-x)+3x=108$, $2x=36$

$\therefore x=18$ 답 18

16 $\angle BAD=\angle DAC=\angle a$, $\angle ADE=\angle EDB=\angle b$라 하면

$\triangle ADF$에서 $\angle ADE=\angle DAF+\angle DFA$이므로

$\angle b=\angle a+12^\circ \quad \therefore \angle a=\angle b-12^\circ$ ······ ㉠

$\triangle ABD$에서 $\angle a+60^\circ+2\angle b=180^\circ$

$\therefore \angle a=120^\circ-2\angle b$ ······ ㉡

㉠, ㉡에서

$\angle b-12^\circ=120^\circ-2\angle b$

$3\angle b=132^\circ \quad \therefore \angle b=44^\circ$

$\therefore \angle ADE=44^\circ$ 답 44°

17 △BAC에서 $\angle BCA=\angle BAC=25°$

$\therefore \angle CBD=25°+25°=50°$

△BCD에서 $\angle CDB=\angle CBD=50°$ … ❶

△ACD에서

$\angle DCE=\angle DAC+\angle ADC=25°+50°=75°$

△DCE에서 $\angle DEC=\angle DCE=75°$ … ❷

따라서 △DAE에서

$\angle x=\angle DAE+\angle DEA$

$=25°+75°=100°$ … ❸

답 100°

채점 기준	배점
❶ ∠CDB의 크기 구하기	30%
❷ ∠DEC의 크기 구하기	40%
❸ $\angle x$의 크기 구하기	30%

18 필요한 빨간 끈의 개수는 육각형의 변의 개수와 같으므로

$a=6$ … ❶

필요한 파란 끈의 개수는 육각형의 대각선의 개수와 같으므로

$b=\frac{6\times(6-3)}{2}=9$ … ❷

$\therefore ab=6\times9=54$ … ❸

답 54

채점 기준	배점
❶ a의 값 구하기	40%
❷ b의 값 구하기	40%
❸ ab의 값 구하기	20%

19 오른쪽 그림과 같이 $\overline{BC}$를 그으면

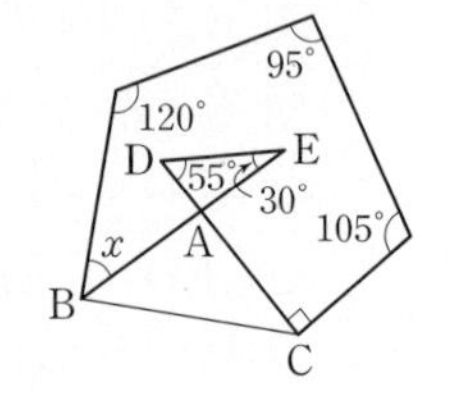

$\angle ABC+\angle ACB$

$=\angle ADE+\angle AED$

$=55°+30°=85°$ … ❶

오각형의 내각의 크기의 합은

$180°\times(5-2)=540°$이므로 … ❷

$\angle x=540°-(120°+85°+90°+105°+95°)=45°$ … ❸

답 45°

채점 기준	배점
❶ ∠ABC+∠ACB의 크기 구하기	40%
❷ 오각형의 내각의 크기의 합 구하기	30%
❸ $\angle x$의 크기 구하기	30%

20 주어진 정다각형의 한 외각의 크기를 $x°$라 하면

한 내각의 크기는 $x°+108°$이므로

$x+(x+108)=180,\ 2x=72 \quad \therefore x=36$ … ❶

주어진 정다각형을 정n각형이라 하면

$\frac{360°}{n}=36° \quad \therefore n=10$ … ❷

따라서 정십각형의 꼭짓점의 개수는 10이다. … ❸

답 10

채점 기준	배점
❶ 한 외각의 크기 구하기	40%
❷ 정다각형 구하기	40%
❸ 꼭짓점의 개수 구하기	20%

21 △ABC에서 $\angle ABC+\angle ACB=180°-70°=110°$ … ❶

$\therefore \angle DBC+\angle BCE$

$=(180°-\angle ABC)+(180°-\angle ACB)$

$=360°-(\angle ABC+\angle ACB)$

$=360°-110°=250°$ … ❷

$\therefore \angle PBC+\angle PCB=\frac{1}{2}\angle DBC+\frac{1}{2}\angle BCE$

$=\frac{1}{2}(\angle DBC+\angle BCE)$

$=\frac{1}{2}\times250°=125°$ … ❸

따라서 △BPC에서

$\angle x=180°-(\angle PBC+\angle PCB)$

$=180°-125°=55°$ … ❹

답 55°

채점 기준	배점
❶ ∠ABC+∠ACB의 크기 구하기	20%
❷ ∠DBC+∠BCE의 크기 구하기	30%
❸ ∠PBC+∠PCB의 크기 구하기	30%
❹ $\angle x$의 크기 구하기	20%

22 정오각형의 한 내각의 크기는

$\frac{180°\times(5-2)}{5}=108°$ … ❶

오른쪽 그림에서

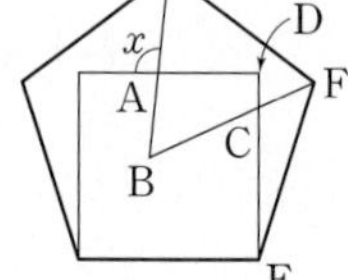

$\angle CFE=108°-60°=48°$

$\angle CEF=108°-90°=18°$

△CEF에서

$\angle ECF=180°-(48°+18°)=114°$

$\therefore \angle BCD=\angle ECF=114°$ (맞꼭지각) … ❷

사각형 ABCD에서

$\angle BAD=360°-(60°+114°+90°)=96°$

$\therefore \angle x=\angle BAD=96°$ (맞꼭지각) … ❸

답 96°

채점 기준	배점
❶ 정오각형의 한 내각의 크기 구하기	20%
❷ ∠BCD의 크기 구하기	50%
❸ $\angle x$의 크기 구하기	30%

06 원과 부채꼴

Real 실전 개념 81쪽

01 답 ㉠ 현 ㉡ 호 ㉢ 활꼴 ㉣ 부채꼴

02 답 ○

03 활꼴은 원에서 현과 호로 이루어진 도형이다. 답 ×

04 답 ○

05 한 원에서 현의 길이는 중심각의 크기에 정비례하지 않는다. 답 ×

06 $30:60=x:6$이므로
$1:2=x:6$, $2x=6$
$\therefore x=3$ 답 3

보충 TIP 비례식
$a:b=c:d$이면 $ad=bc$이다.

07 $x:45=21:7$이므로
$x:45=3:1$ $\therefore x=135$ 답 135

08 $24:72=8:x$이므로
$1:3=8:x$ $\therefore x=24$ 답 24

09 $x:160=4:16$이므로
$x:160=1:4$, $4x=160$
$\therefore x=40$ 답 40

10 답 5

11 답 100

12 (원의 둘레의 길이)$=2\pi\times4=8\pi$(cm)
(원의 넓이)$=\pi\times4^2=16\pi$(cm^2) 답 8π cm, 16π cm^2

13 (원의 둘레의 길이)$=2\pi\times5=10\pi$(cm)
(원의 넓이)$=\pi\times5^2=25\pi$(cm^2) 답 10π cm, 25π cm^2

14 (부채꼴의 호의 길이)$=2\pi\times9\times\frac{120}{360}=6\pi$(cm)
(부채꼴의 넓이)$=\pi\times9^2\times\frac{120}{360}=27\pi$(cm^2)
답 6π cm, 27π cm^2

15 (부채꼴의 호의 길이)$=2\pi\times6\times\frac{45}{360}=\frac{3}{2}\pi$(cm)
(부채꼴의 넓이)$=\pi\times6^2\times\frac{45}{360}=\frac{9}{2}\pi$(cm^2)
답 $\frac{3}{2}\pi$ cm, $\frac{9}{2}\pi$ cm^2

16 (부채꼴의 넓이)$=\frac{1}{2}\times8\times3\pi=12\pi$(cm^2) 답 12π cm^2

17 (부채꼴의 넓이)$=\frac{1}{2}\times12\times10\pi=60\pi$(cm^2) 답 60π cm^2

Real 실전 유형 82~89쪽

01 ⑤ 현 AC와 호 AC로 이루어진 도형은 활꼴이다. 답 ⑤

02 한 원에서 가장 긴 현의 길이는 원의 지름의 길이이므로
$2\times14=28$(cm) 답 ⑤

03 부채꼴과 활꼴이 같아지는 경우는 반원일 때이다. … ❶
따라서 중심각의 크기는 180°이다. … ❷
답 180°

채점 기준	배점
❶ 부채꼴과 활꼴이 같아지는 경우는 반원일 때임을 알기	60%
❷ 부채꼴의 중심각의 크기 구하기	40%

04 $25:100=2:x$이므로
$1:4=2:x$ $\therefore x=8$
$25:y=2:4$이므로
$25:y=1:2$ $\therefore y=50$
$\therefore x+y=8+50=58$ 답 58

05 $60:150=8\pi:x$이므로
$2:5=8\pi:x$, $2x=40\pi$
$\therefore x=20\pi$ 답 ⑤

06 $(x-10):(2x+10)=3:9$이므로
$(x-10):(2x+10)=1:3$
$3x-30=2x+10$ $\therefore x=40$ 답 ②

07 원 O의 둘레의 길이를 x cm라 하면
$40:360=10:x$이므로
$1:9=10:x$ $\therefore x=90$
따라서 원 O의 둘레의 길이는 90 cm이다. 답 90 cm

08 $\angle AOB : \angle BOC : \angle COA = \overset{\frown}{AB} : \overset{\frown}{BC} : \overset{\frown}{CA}$

$= 2 : 3 : 4$

$\therefore \angle AOB = 360° \times \frac{2}{2+3+4} = 360° \times \frac{2}{9} = 80°$ 답 80°

09 $\overset{\frown}{AC}$의 길이가 $\overset{\frown}{BC}$의 길이의 5배이므로

$\overset{\frown}{AC} : \overset{\frown}{BC} = 5 : 1$

따라서 $\angle AOC : \angle BOC = \overset{\frown}{AC} : \overset{\frown}{BC} = 5 : 1$이므로

$\angle BOC = 180° \times \frac{1}{5+1} = 180° \times \frac{1}{6} = 30°$ 답 30°

10 $\angle AOC : \angle BOC = \overset{\frown}{AC} : \overset{\frown}{BC} = 7 : 3$

$\therefore \angle BOC = (360° - 150°) \times \frac{3}{7+3}$

$= 210° \times \frac{3}{10} = 63°$ 답 ②

11 $\angle AOC : \angle BOC = \overset{\frown}{AC} : \overset{\frown}{BC} = 4 : 5$

$\therefore \angle BOC = 180° \times \frac{5}{4+5} = 180° \times \frac{5}{9} = 100°$ … ❶

$\triangle OBC$에서 $\overline{OB} = \overline{OC}$이므로

$\angle OCB = \frac{1}{2} \times (180° - 100°) = 40°$ … ❷

답 40°

채점 기준	배점
❶ ∠BOC의 크기 구하기	50%
❷ ∠OCB의 크기 구하기	50%

참고 $\triangle OBC$는 $\overline{OB} = \overline{OC}$인 이등변삼각형이므로
$\angle OBC = \angle OCB$

12 $\triangle AOB$에서 $\overline{OA} = \overline{OB}$이므로

$\angle OAB = \frac{1}{2} \times (180° - 140°) = 20°$

$\overline{AB} /\!/ \overline{CD}$이므로 $\angle AOC = \angle OAB = 20°$ (엇각)

$140 : 20 = 21 : \overset{\frown}{AC}$이므로

$7 : 1 = 21 : \overset{\frown}{AC}$, $7\overset{\frown}{AC} = 21$

$\therefore \overset{\frown}{AC} = 3(cm)$ 답 ②

13 $\overline{AO} /\!/ \overline{BC}$이므로 $\angle OBC = \angle AOB = 30°$ (엇각) … ❶

$\triangle OBC$에서 $\overline{OB} = \overline{OC}$이므로

$\angle OCB = \angle OBC = 30°$

$\therefore \angle BOC = 180° - (30° + 30°) = 120°$ … ❷

$30 : 120 = 3 : \overset{\frown}{BC}$이므로

$1 : 4 = 3 : \overset{\frown}{BC}$ $\therefore \overset{\frown}{BC} = 12(cm)$ … ❸

답 12 cm

채점 기준	배점
❶ ∠OBC의 크기 구하기	30%
❷ ∠BOC의 크기 구하기	30%
❸ $\overset{\frown}{BC}$의 길이 구하기	40%

14 $\overset{\frown}{AB} = 4\overset{\frown}{BC}$이므로

$\angle AOB = 4\angle BOC = 4\angle x$

$\overline{OC} /\!/ \overline{AB}$이므로

$\angle OBA = \angle BOC = \angle x$ (엇각)

$\triangle OAB$에서 $\overline{OA} = \overline{OB}$이므로

$\angle OAB = \angle OBA = \angle x$

$4\angle x + \angle x + \angle x = 180°$이므로 $6\angle x = 180°$

$\therefore \angle x = 30°$ 답 30°

15 $\overline{OC} /\!/ \overline{AD}$이므로

$\angle OAD = \angle BOC = 40°$ (동위각)

오른쪽 그림과 같이 $\overline{OD}$를 그으면

$\triangle ODA$에서 $\overline{OA} = \overline{OD}$이므로

$\angle ODA = \angle OAD = 40°$

$\therefore \angle AOD = 180° - (40° + 40°)$

$= 100°$

$100 : 40 = \overset{\frown}{AD} : 6$이므로

$5 : 2 = \overset{\frown}{AD} : 6$, $2\overset{\frown}{AD} = 30$

$\therefore \overset{\frown}{AD} = 15(cm)$ 답 ④

16 $\overline{OC} /\!/ \overline{BD}$이므로

$\angle OBD = \angle AOC = 50°$ (동위각)

오른쪽 그림과 같이 $\overline{OD}$를 그으면

$\triangle OBD$에서 $\overline{OB} = \overline{OD}$이므로

$\angle ODB = \angle OBD = 50°$

$\therefore \angle BOD = 180° - (50° + 50°)$

$= 80°$

$80 : 50 = 16 : \overset{\frown}{AC}$이므로

$8 : 5 = 16 : \overset{\frown}{AC}$, $8\overset{\frown}{AC} = 80$

$\therefore \overset{\frown}{AC} = 10(cm)$ 답 ①

17 오른쪽 그림과 같이 $\overline{OC}$를 그으면

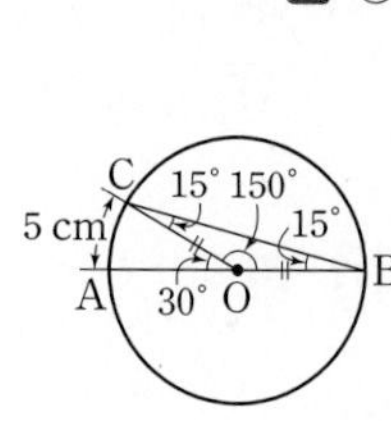

$\triangle OBC$에서 $\overline{OB} = \overline{OC}$이므로

$\angle OCB = \angle OBC = 15°$

$\therefore \angle BOC = 180° - (15° + 15°)$

$= 150°$ … ❶

$\angle AOC = 180° - 150° = 30°$ … ❷

$30 : 150 = 5 : \overset{\frown}{BC}$이므로

$1 : 5 = 5 : \overset{\frown}{BC}$ $\therefore \overset{\frown}{BC} = 25(cm)$ … ❸

답 25 cm

채점 기준	배점
❶ ∠BOC의 크기 구하기	40%
❷ ∠AOC의 크기 구하기	20%
❸ $\overset{\frown}{BC}$의 길이 구하기	40%

18 부채꼴 AOB의 넓이를 x cm²라 하면

$120:90=x:15$이므로

$4:3=x:15$, $3x=60$ $\quad\therefore x=20$

따라서 부채꼴 AOB의 넓이는 20 cm²이다. **답** ③

19 $\angle AOB=x°$라 하면

$x:80=6:24$이므로

$x:80=1:4$, $4x=80$ $\quad\therefore x=20$

$\therefore \angle AOB=20°$ **답** 20°

20 원 O의 넓이를 x cm²라 하면

$60:360=8:x$이므로

$1:6=8:x$ $\quad\therefore x=48$

따라서 원 O의 넓이는 48 cm²이다. **답** 48 cm²

21 세 부채꼴 AOB, BOC, AOC의 넓이의 비가 $4:5:6$이므로 부채꼴 AOC의 넓이는

$100\times\frac{6}{4+5+6}=100\times\frac{2}{5}$

$=40(\text{cm}^2)$ **답** 40 cm²

보충 TIP 한 원에서 부채꼴의 호의 길이는 중심각의 크기에 정비례하므로 부채꼴의 넓이에도 정비례한다.

➡ $\overset{\frown}{AB}:\overset{\frown}{CD}=\angle AOB:\angle COD$

$=a:b$

22 $\overline{AB}=\overline{CD}=\overline{DE}$이므로

$\angle AOB=\angle COD=\angle DOE=40°$

$\therefore \angle COE=40°+40°=80°$ **답** ④

23 $\overset{\frown}{AB}=\overset{\frown}{AC}$이므로 $\overline{AC}=\overline{AB}=12(\text{cm})$ … ❶

$\overline{OC}=\overline{OB}=7(\text{cm})$ … ❷

따라서 색칠한 부분의 둘레의 길이는

$\overline{AB}+\overline{OB}+\overline{OC}+\overline{AC}=12+7+7+12$

$=38(\text{cm})$ … ❸

답 38 cm

채점 기준	배점
❶ $\overline{AC}$의 길이 구하기	40%
❷ $\overline{OC}$의 길이 구하기	30%
❸ 색칠한 부분의 둘레의 길이 구하기	30%

참고 한 원에서 호의 길이가 같은 두 부채꼴의 중심각의 크기는 같으므로 현의 길이도 같다.

따라서 $\overset{\frown}{AB}=\overset{\frown}{AC}$이므로 $\angle AOB=\angle AOC$ $\quad\therefore \overline{AB}=\overline{AC}$

24 △OAB에서 $\overline{OA}=\overline{OB}$이므로

$\angle OBA=\angle OAB=55°$

$\therefore \angle AOB=180°-(55°+55°)=70°$

$\overline{AB}=\overline{BC}$이므로

$\angle BOC=\angle AOB=70°$

$\therefore \angle AOC=70°+70°=140°$ **답** ④

25 ㄴ. $\overline{CD}<2\overline{AB}$

ㄷ. $\triangle COD<2\triangle AOB$

따라서 옳은 것은 ㄱ, ㄹ이다. **답** ㄱ, ㄹ

26 $\overline{AB}=\overline{BC}=\overline{CD}=\overline{EF}$이므로

$\angle AOB=\angle BOC=\angle COD=\angle EOF$

① $\angle AOC=\angle BOD$이므로 $\overline{AC}=\overline{BD}$

② $\overline{AD}<3\overline{EF}$ **답** ②

27 ① $\angle AOB=\angle BOC=90°$이므로

$\overline{AB}=\overline{BC}$

② $\overset{\frown}{AB}:\overset{\frown}{CD}=\angle AOB:\angle COD$이므로

$\overset{\frown}{AB}:\overset{\frown}{CD}=90:30$

$=3:1$

$\therefore \overset{\frown}{AB}=3\overset{\frown}{CD}$

③ $\angle AOD=180°-30°=150°$,

$\angle BOD=90°+30°=120°$이므로

$\overline{AD}\neq\overline{BD}$

④ $\overset{\frown}{BC}:\overset{\frown}{AD}=\angle BOC:\angle AOD$이므로

$\overset{\frown}{BC}:\overset{\frown}{AD}=90:150$

$=3:5$

$\therefore 5\overset{\frown}{BC}=3\overset{\frown}{AD}$

⑤ $\overset{\frown}{BD}:\overset{\frown}{AD}=\angle BOD:\angle AOD$이므로

$\overset{\frown}{BD}:\overset{\frown}{AD}=120:150$

$=4:5$

$\therefore 5\overset{\frown}{BD}=4\overset{\frown}{AD}$

$\therefore \overset{\frown}{BD}=\frac{4}{5}\overset{\frown}{AD}$ **답** ③

28 가장 큰 원의 반지름의 길이는 $\frac{1}{2}\times16=8(\text{cm})$

∴ (색칠한 부분의 둘레의 길이)

$=2\pi\times8\times\frac{1}{2}+2\pi\times5\times\frac{1}{2}+2\pi\times3\times\frac{1}{2}$

$=8\pi+5\pi+3\pi$

$=16\pi(\text{cm})$ **답** ③

29 원의 반지름의 길이를 r cm라 하면

$\pi r^2=81\pi$, $r^2=81$

$\therefore r=9\ (r>0)$

따라서 원의 둘레의 길이는

$2\pi\times9=18\pi(\text{cm})$ **답** 18π cm

30 가장 큰 원의 반지름의 길이는

$2+4=6(\text{cm})$

두 번째로 큰 원의 반지름의 길이는

$2+2=4(\text{cm})$

$\therefore$ (색칠한 부분의 넓이)$=\pi\times6^2-\pi\times4^2+\pi\times2^2$

$=36\pi-16\pi+4\pi$

$=24\pi(\text{cm}^2)$ 답 $24\pi\ \text{cm}^2$

31 $\overline{AB}=\overline{BC}=\overline{CD}=\frac{1}{3}\times36=12(\text{cm})$

구하는 넓이는 오른쪽 그림의 색칠한 부분의 넓이와 같으므로

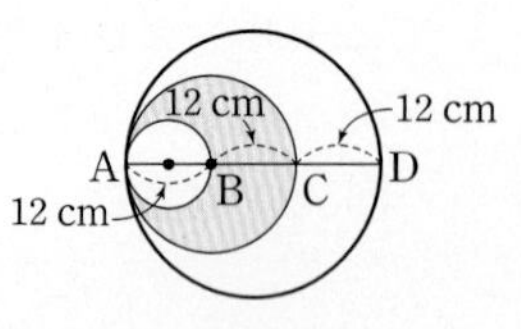

$\pi\times12^2-\pi\times6^2=144\pi-36\pi$

$=108\pi(\text{cm}^2)$

답 $108\pi\ \text{cm}^2$

32 $2\pi\times18\times\frac{x}{360}=27\pi$

$\therefore x=270$ 답 ⑤

33 호의 길이를 l cm라 하면

$\frac{1}{2}\times6\times l=15\pi$ $\therefore l=5\pi$

따라서 구하는 호의 길이는 5π cm이다. 답 5π cm

34 정오각형의 한 내각의 크기는

$\frac{180^\circ\times(5-2)}{5}=108^\circ$ ··· ❶

따라서 색칠한 부채꼴의 넓이는

$\pi\times10^2\times\frac{108}{360}=30\pi(\text{cm}^2)$ ··· ❷

답 $30\pi\ \text{cm}^2$

채점 기준	배점
❶ 정오각형의 한 내각의 크기 구하기	50%
❷ 색칠한 부채꼴의 넓이 구하기	50%

35 색칠한 부채꼴의 중심각의 크기의 합은

$40^\circ+30^\circ+30^\circ+20^\circ=120^\circ$

따라서 색칠한 부채꼴의 넓이의 합은 중심각의 크기가 120°인 부채꼴의 넓이와 같으므로

$\pi\times12^2\times\frac{120}{360}=48\pi(\text{cm}^2)$ 답 $48\pi\ \text{cm}^2$

보충 TIP 한 원에 있는 여러 개의 부채꼴을 1개로 만들어 넓이를 구한다.

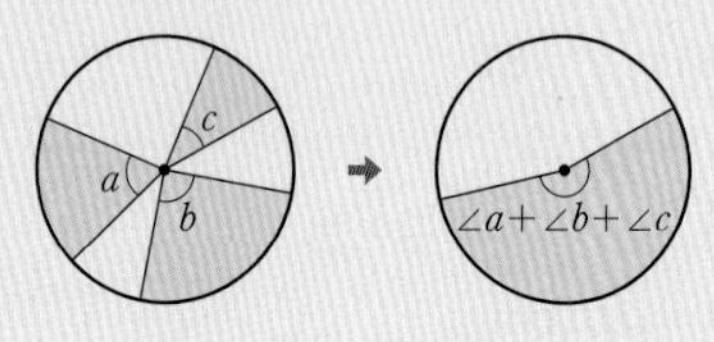

36 (색칠한 부분의 둘레의 길이)

$=2\pi\times6\times\frac{60}{360}+2\pi\times3\times\frac{60}{360}+3+3$

$=2\pi+\pi+6$

$=3\pi+6(\text{cm})$ 답 $(3\pi+6)$ cm

37 (색칠한 부분의 둘레의 길이)$=\left(2\pi\times4\times\frac{90}{360}\right)\times2$

$=4\pi(\text{cm})$ 답 ③

38 (색칠한 부분의 둘레의 길이)

$=2\pi\times8\times\frac{90}{360}+2\pi\times4\times\frac{1}{2}+8$

$=4\pi+4\pi+8$

$=8\pi+8(\text{cm})$ 답 ①

참고 주어진 그림에서 색칠한 부분의 넓이는 다음과 같이 구할 수 있다.

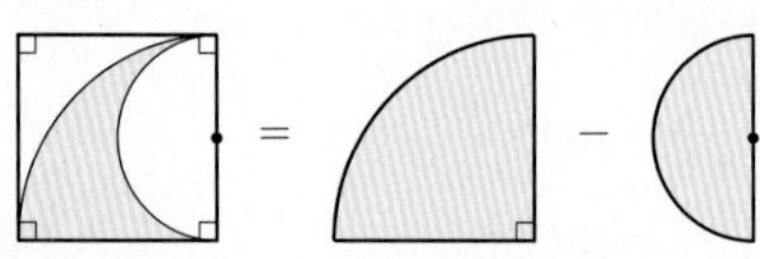

39 오른쪽 그림에서 △ABD는 정삼각형이므로

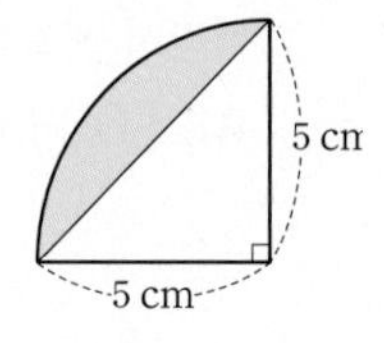

$\angle DAB=\angle DBA=60^\circ$

$\therefore \widehat{DB}=\widehat{DA}$

$\therefore$ (색칠한 부분의 둘레의 길이)

$=\widehat{CD}+\widehat{DB}+\overline{BC}=\widehat{CD}+\widehat{DA}+\overline{BC}$

$=\widehat{CA}+\overline{BC}$

$=2\pi\times10\times\frac{90}{360}+10$

$=5\pi+10(\text{cm})$ 답 ①

40 구하는 넓이는 오른쪽 그림의 색칠한 부분의 넓이의 8배이므로

$\left(\pi\times5^2\times\frac{90}{360}-\frac{1}{2}\times5\times5\right)\times8$

$=\left(\frac{25}{4}\pi-\frac{25}{2}\right)\times8$

$=50\pi-100(\text{cm}^2)$ 답 ②

41 오른쪽 그림에서

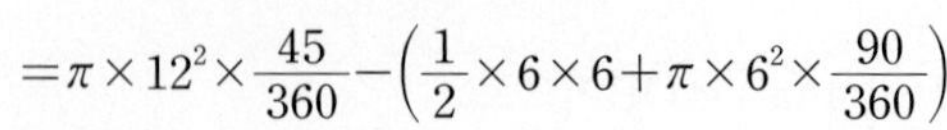

(색칠한 부분의 넓이)

$=$(부채꼴 CAB의 넓이)

$-\{$△AOD$+$(부채꼴 DOB의 넓이)$\}$

$=\pi\times12^2\times\frac{45}{360}-\left(\frac{1}{2}\times6\times6+\pi\times6^2\times\frac{90}{360}\right)$

$=18\pi-(18+9\pi)$

$=9\pi-18(\text{cm}^2)$ 답 $(9\pi-18)\ \text{cm}^2$

참고 $\triangle$AOD에서 $\overline{OA}=\overline{OD}$이므로
$\angle ODA=\angle OAD=45^\circ$
$\therefore \angle DOB=45^\circ+45^\circ=90^\circ$

42 $\triangle$PBC는 정삼각형이므로
$\angle PBC=\angle PCB=60^\circ$
$\therefore \angle ABP=\angle DCP=90^\circ-60^\circ=30^\circ$ … ❶
$\therefore$ (색칠한 부분의 넓이)
=(사각형 ABCD의 넓이)−(부채꼴 ABP의 넓이)×2
$=9\times9-\left(\pi\times9^2\times\frac{30}{360}\right)\times2$
$=81-\frac{27}{2}\pi(\text{cm}^2)$ … ❷

답 $\left(81-\frac{27}{2}\pi\right)$ cm^2

채점 기준	배점
❶ $\angle ABP$, $\angle DCP$의 크기 구하기	40%
❷ 색칠한 부분의 넓이 구하기	60%

43 (색칠한 부분의 넓이)
=(지름이 $\overline{AB}$인 반원의 넓이)+(지름이 $\overline{AC}$인 반원의 넓이)
+$\triangle$ABC−(지름이 $\overline{BC}$인 반원의 넓이)
$=\pi\times2^2\times\frac{1}{2}+\pi\times\left(\frac{3}{2}\right)^2\times\frac{1}{2}+\frac{1}{2}\times4\times3-\pi\times\left(\frac{5}{2}\right)^2\times\frac{1}{2}$
$=2\pi+\frac{9}{8}\pi+6-\frac{25}{8}\pi$
$=6(\text{cm}^2)$

답 6 cm^2

44 (색칠한 부분의 넓이)
=(부채꼴 BAB′의 넓이)+(지름이 $\overline{AB'}$인 반원의 넓이)
−(지름이 $\overline{AB}$인 반원의 넓이)
=(부채꼴 BAB′의 넓이)
$=\pi\times6^2\times\frac{45}{360}$
$=\frac{9}{2}\pi(\text{cm}^2)$

답 ④

45 (색칠한 부분의 넓이)
$=\pi\times8^2\times\frac{90}{360}+5\times8-\frac{1}{2}\times(8+5)\times8$
$=16\pi+40-52$
$=16\pi-12(\text{cm}^2)$

답 ③

46 오른쪽 그림과 같이 이동하면
(색칠한 부분의 넓이)
$=\pi\times2^2\times\frac{90}{360}-\frac{1}{2}\times2\times2$
$=\pi-2(\text{cm}^2)$

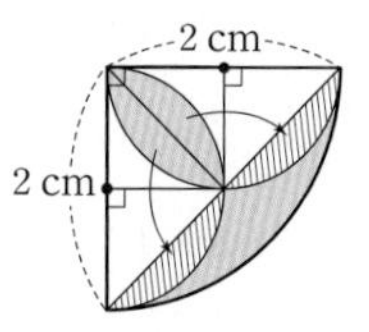

답 $(\pi-2)$ cm^2

47 오른쪽 그림과 같이 이동하면
(색칠한 부분의 넓이)
$=8\times4=32(\text{cm}^2)$

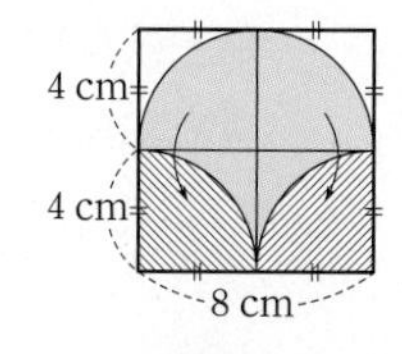

답 32 cm^2

48 오른쪽 그림과 같이 이동하면
(색칠한 부분의 넓이)
$=7\times14=98(\text{cm}^2)$

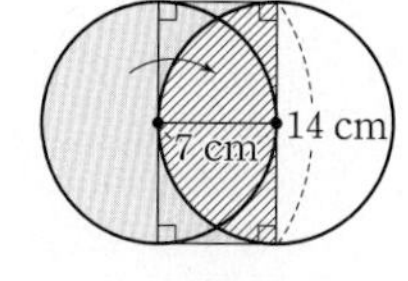

답 98 cm^2

49 오른쪽 그림과 같이 색칠한 두 부분의 넓이를 각각 P cm^2, Q cm^{2}라 하고 색칠하지 않은 부분의 넓이를 R cm^{2}라 하면 $P=Q$이므로
$P+R=R+Q$
즉, 직사각형 ABCD의 넓이와 부채꼴 ABE의 넓이가 같다. … ❶
$8\times x=\pi\times8^2\times\frac{90}{360}$이므로
$8x=16\pi$ $\quad\therefore x=2\pi$ … ❷

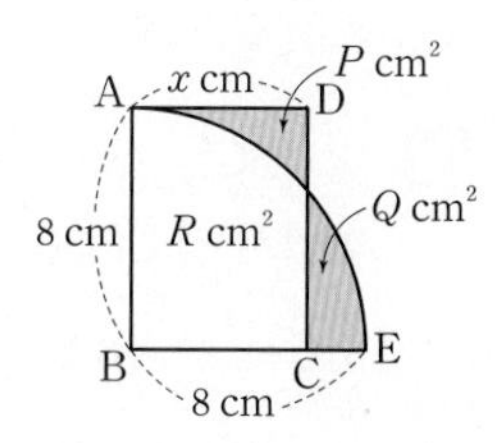

답 2π

채점 기준	배점
❶ (직사각형의 넓이)=(부채꼴의 넓이)임을 알기	50%
❷ x의 값 구하기	50%

50 오른쪽 그림에서
(끈의 최소 길이)
$=\left(2\pi\times5\times\frac{120}{360}\right)\times3+10\times3$
$=10\pi+30(\text{cm})$

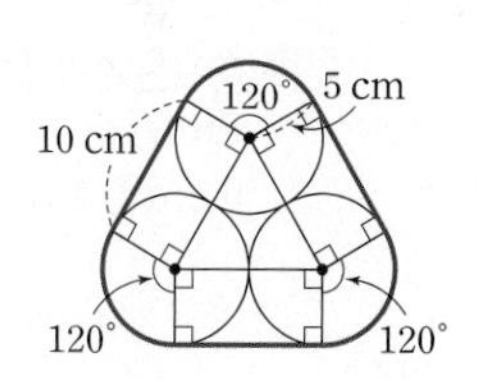

답 $(10\pi+30)$ cm

51 오른쪽 그림에서
(테이프의 최소 길이)
$=\left(2\pi\times6\times\frac{90}{360}\right)\times4+12\times4$
$=12\pi+48(\text{cm})$

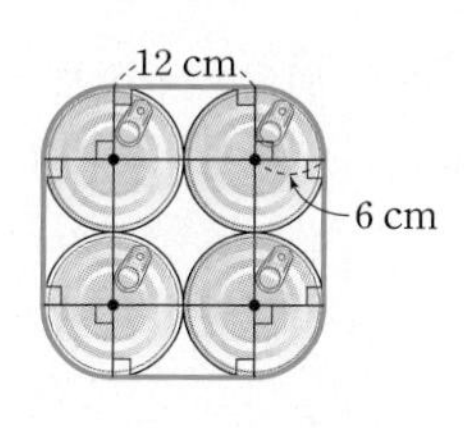

답 ④

52 오른쪽 그림에서
(방법 A의 필요한 끈의 최소 길이)
$=\left(2\pi\times4\times\frac{1}{2}\right)\times2+16\times2$
$=8\pi+32(\text{cm})$ … ❶

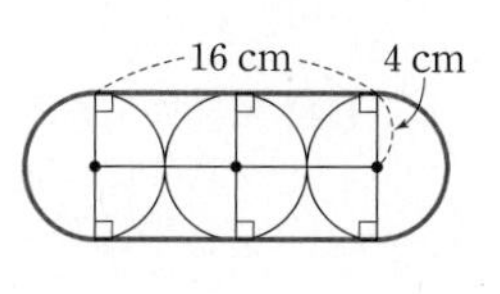

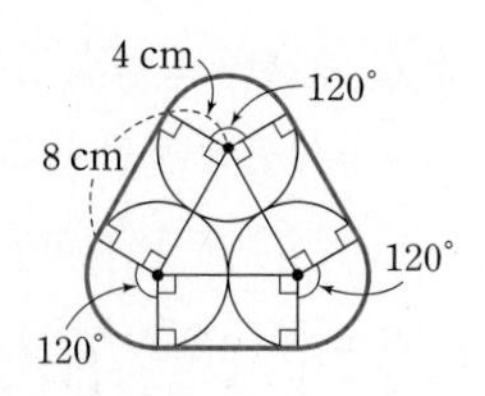

오른쪽 그림에서

(방법 B의 필요한 끈의 최소 길이)

$=\left(2\pi\times4\times\frac{120}{360}\right)\times3+8\times3$

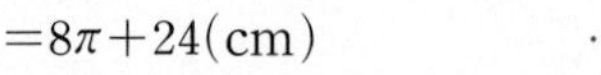

$=8\pi+24(\text{cm})$ … ❷

따라서 필요한 끈의 길이의 차는

$(8\pi+32)-(8\pi+24)=8(\text{cm})$ … ❸

답 8 cm

채점 기준	배점
❶ 방법 A의 필요한 끈의 최소 길이 구하기	40%
❷ 방법 B의 필요한 끈의 최소 길이 구하기	40%
❸ 필요한 끈의 길이의 차 구하기	20%

53 $\angle CBC'=180°-60°=120°$

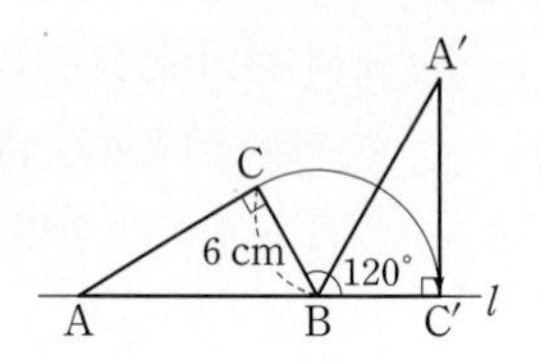

따라서 점 C가 움직인 거리는

$\overset{\frown}{CC'}=2\pi\times6\times\frac{120}{360}$

$=4\pi(\text{cm})$

답 4π cm

54 오른쪽 그림에서

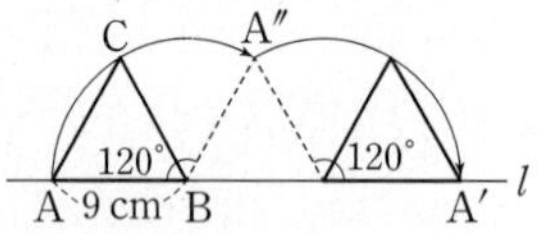

(점 A가 움직인 거리)

$=\overset{\frown}{AA''}+\overset{\frown}{A''A'}$

$=\overset{\frown}{AA''}\times2$

$=\left(2\pi\times9\times\frac{120}{360}\right)\times2$

$=12\pi(\text{cm})$

답 ①

참고 정삼각형의 한 외각의 크기는 120°이므로 $\overset{\frown}{AA''}$과 $\overset{\frown}{A''A'}$의 길이는 모두 중심각의 크기가 120°이고 반지름의 길이가 9 cm인 부채꼴의 호의 길이와 같다.

55

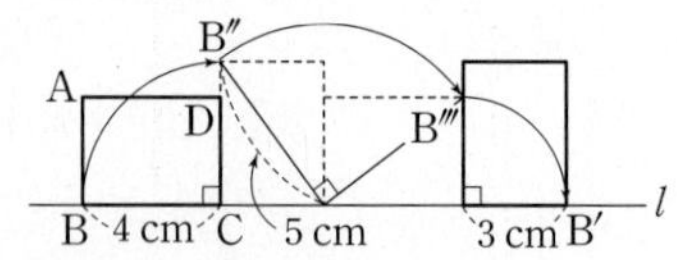

위의 그림에서

(점 B가 움직인 거리)

$=\overset{\frown}{BB''}+\overset{\frown}{B''B'''}+\overset{\frown}{B'''B'}$

$=2\pi\times4\times\frac{90}{360}+2\pi\times5\times\frac{90}{360}+2\pi\times3\times\frac{90}{360}$

$=2\pi+\frac{5}{2}\pi+\frac{3}{2}\pi$

$=6\pi(\text{cm})$

답 6π cm

참고 오른쪽 그림에서

$\angle B''PQ=\angle B'''PA'$이므로

$\angle B''PB'''=\angle B''PQ+\angle RPB'''$

$=\angle B'''PA'+\angle RPB'''$

$=90°$

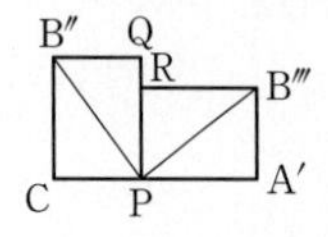

Real 실전 기출

90~92쪽

01 ① 원 위의 두 점을 연결한 선분을 현이라 한다.

② 호와 현으로 이루어진 도형을 활꼴이라 한다.

③ 부채꼴의 중심각의 크기가 180°보다 큰 경우도 있다.

④ 한 원 또는 합동인 두 원에서 같은 크기의 중심각에 대한 호의 길이는 같다.

답 ⑤

02 오른쪽 그림에서 $\overline{OA}=\overline{OB}=\overline{AB}$이므로 $\triangle AOB$는 정삼각형이다.

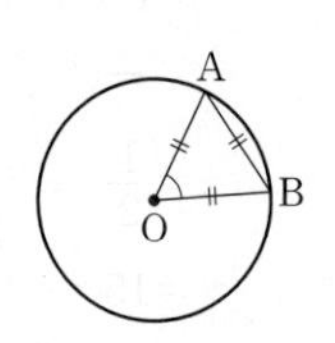

따라서 부채꼴 AOB의 중심각의 크기는 60°이다.

답 ④

03 $80:120=(x+3):(2x+2)$이므로

$2:3=(x+3):(2x+2)$

$3x+9=4x+4 \quad \therefore x=5$

답 ③

04 $\overset{\frown}{BC}=3\overset{\frown}{AB}$이므로

$\angle BOC=3\angle AOB=3\times35°=105°$

$\therefore \angle x=360°-(35°+105°)=220°$

답 220°

05 오른쪽 그림과 같이 $\overline{OC}$를 그으면

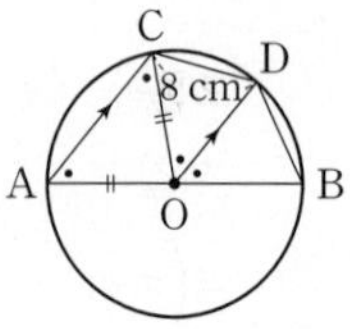

$\overline{OA}=\overline{OC}$이므로

$\angle ACO=\angle CAO$

$\overline{AC}\,/\!/\,\overline{OD}$이므로

$\angle BOD=\angle CAO$ (동위각)

$\angle COD=\angle ACO$ (엇각)

따라서 $\angle BOD=\angle COD$이므로

$\overline{BD}=\overline{CD}=8(\text{cm})$

답 ④

06 (굴렁쇠의 둘레의 길이)$=2\pi\times\frac{1}{2}$

$=\pi(\text{m})$

(트랙 한 바퀴의 길이)$=\left(2\pi\times2\times\frac{1}{2}\right)\times2+3\pi\times2$

$=10\pi(\text{m})$

따라서 $10\pi\div\pi=10$이므로 트랙을 한 바퀴 돌 때, 굴렁쇠는 10바퀴 회전한다.

답 10바퀴

07 피자 A의 한 조각의 넓이는

$\pi\times12^2\times\frac{1}{4}=36\pi(\text{cm}^2)$

피자 B의 한 조각의 넓이는

$\pi\times16^2\times\frac{1}{8}=32\pi(\text{cm}^2)$

따라서 피자 A를 선택하면 더 많은 양을 먹을 수 있다.

답 피자 A

08 $\widehat{AC}=2\pi\times2a\times\frac{90}{360}=a\pi$

$\widehat{BC}=2\pi\times a\times\frac{1}{2}=a\pi$

$\therefore\ \widehat{AC}:\widehat{BC}=a\pi:a\pi=1:1$

답 ①

09 오른쪽 그림에서

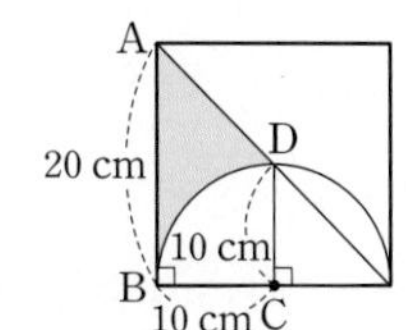

(색칠한 부분의 넓이)

=(사다리꼴 ABCD의 넓이)

−(부채꼴 BCD의 넓이)

$=\frac{1}{2}\times(10+20)\times10-\pi\times10^2\times\frac{90}{360}$

$=150-25\pi(\text{cm}^2)$

답 $(150-25\pi)\ \text{cm}^2$

다른 풀이 오른쪽 그림에서

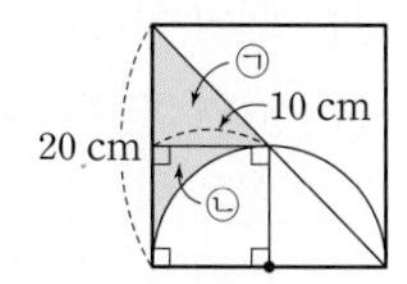

(색칠한 부분의 넓이)

=(㉠의 넓이)+(㉡의 넓이)

$=\frac{1}{2}\times10\times10$

$+\left(10\times10-\pi\times10^2\times\frac{90}{360}\right)$

$=50+(100-25\pi)$

$=150-25\pi(\text{cm}^2)$

10 오른쪽 그림과 같이 이동하면

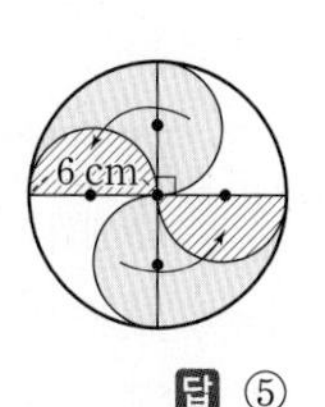

(색칠한 부분의 넓이)

$=\left(\pi\times6^2\times\frac{90}{360}\right)\times2$

$=18\pi(\text{cm}^2)$

답 ⑤

11 오른쪽 그림에서

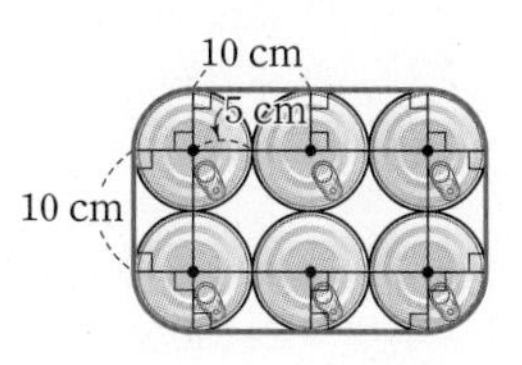

(끈의 최소 길이)

$=\left(2\pi\times5\times\frac{90}{360}\right)\times4+10\times6$

$=10\pi+60(\text{cm})$

답 ②

12 오른쪽 그림에서

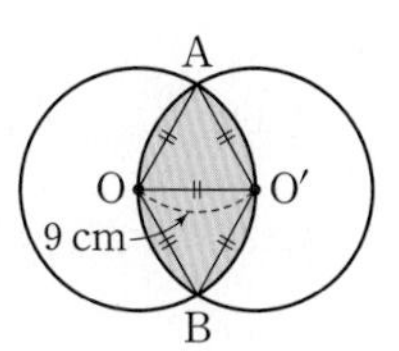

$\overline{OA}=\overline{O'A}=\overline{OO'}=9\text{ cm}$

이므로 $\triangle AOO'$은 정삼각형이다.

$\therefore\ \angle AOO'=60^\circ$

같은 방법으로 하면 $\triangle BOO'$도 정삼각형이므로

$\angle BOO'=60^\circ$

$\therefore\ \angle AOB=60^\circ+60^\circ=120^\circ$

따라서 색칠한 부분의 둘레의 길이는

$\widehat{AB}\times2=\left(2\pi\times9\times\frac{120}{360}\right)\times2$

$=12\pi(\text{cm})$

답 12π cm

13 오른쪽 그림과 같이 이동하면

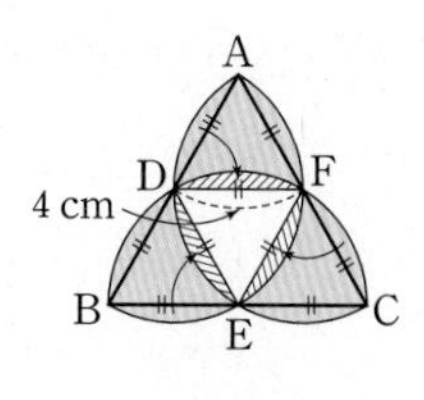

(색칠한 부분의 넓이)

=(부채꼴 ADF의 넓이)×3

$=\left(\pi\times4^2\times\frac{60}{360}\right)\times3$

$=8\pi(\text{cm}^2)$

답 $8\pi\ \text{cm}^2$

참고 $\triangle ADF$, $\triangle DBE$, $\triangle FEC$는 모두 합동인 정삼각형이다.

14 S_1+S_3

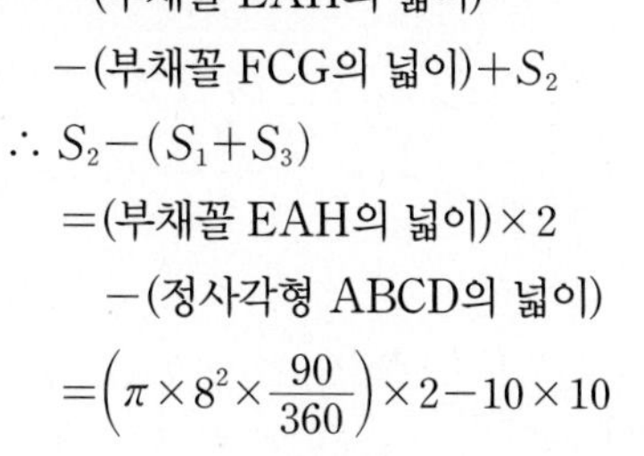

=(정사각형 ABCD의 넓이)

−(부채꼴 EAH의 넓이)

$-$(부채꼴 FCG의 넓이)$+S_2$

$\therefore\ S_2-(S_1+S_3)$

=(부채꼴 EAH의 넓이)×2

−(정사각형 ABCD의 넓이)

$=\left(\pi\times8^2\times\frac{90}{360}\right)\times2-10\times10$

$=32\pi-100(\text{cm}^2)$

답 $(32\pi-100)\ \text{cm}^2$

15 염소가 움직일 수 있는 최대 영역은 오른쪽 그림의 색칠한 부분과 같다.

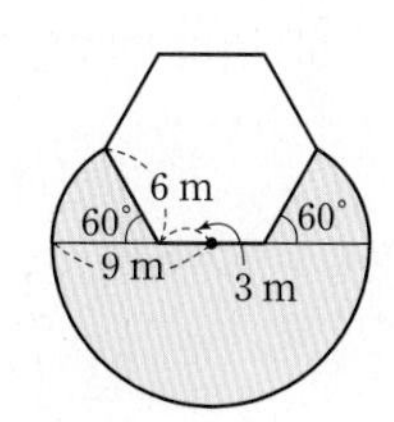

정육각형의 한 외각의 크기는

$\frac{360^\circ}{6}=60^\circ$

따라서 염소가 움직일 수 있는 영역의 최대 넓이는

$\pi\times9^2\times\frac{1}{2}+\left(\pi\times6^2\times\frac{60}{360}\right)\times2$

$=\frac{81}{2}\pi+12\pi$

$=\frac{105}{2}\pi(\text{m}^2)$

답 $\frac{105}{2}\pi\ \text{m}^2$

16 $\angle CPO=x^\circ$라 하면 $\triangle COP$에서

$\angle COP=\angle CPO=x^\circ$

$\therefore\ \angle OCD=x^\circ+x^\circ=2x^\circ$

$\triangle OCD$에서 $\overline{OC}=\overline{OD}$이므로

$\angle ODC=\angle OCD=2x^\circ$

$\triangle OPD$에서 $\angle DOB=x^\circ+2x^\circ=3x^\circ=75^\circ$

$\therefore\ x=25$

$\therefore\ \angle COD=180^\circ-(25^\circ+75^\circ)=80^\circ$ … ❶

$80:75=\widehat{CD}:30$이므로

$16:15=\widehat{CD}:30$, $15\widehat{CD}=480$

$\therefore\ \widehat{CD}=32(\text{cm})$ … ❷

답 32 cm

채점 기준	배점
❶ $\angle COD$의 크기 구하기	60%
❷ $\widehat{CD}$의 길이 구하기	40%

17 △OAB에서 $\overline{OA}=\overline{OB}$이므로

$\angle OBA=\frac{1}{2}\times(180^\circ-100^\circ)=40^\circ$ … ❶

$\overline{AB}/\!/\overline{OC}$이므로

$\angle COB=\angle OBA=40^\circ$ (엇각) … ❷

부채꼴 BOC의 넓이를 $x\ cm^2$라 하면

$100:40=50\pi:x$이므로

$5:2=50\pi:x$, $5x=100\pi$ $\quad\therefore x=20\pi$

따라서 부채꼴 BOC의 넓이는 $20\pi\ cm^2$이다. … ❸

답 $20\pi\ cm^2$

채점 기준	배점
❶ ∠OBA의 크기 구하기	30%
❷ ∠COB의 크기 구하기	30%
❸ 부채꼴 BOC의 넓이 구하기	40%

18 정육각형의 한 내각의 크기는

$\frac{180^\circ\times(6-2)}{6}=120^\circ$ … ❶

원의 반지름의 길이는 $4\times\frac{1}{2}=2(cm)$

$\therefore$ (색칠한 부분의 넓이)$=\left(\pi\times2^2\times\frac{120}{360}\right)\times6$

$=8\pi(cm^2)$ … ❷

답 $8\pi\ cm^2$

채점 기준	배점
❶ 정육각형의 한 내각의 크기 구하기	50%
❷ 색칠한 부분의 넓이 구하기	50%

19 $\angle AOB=\angle BOC=a^\circ$라 하면

$S_1=\pi\times2^2\times\frac{a}{360}=\frac{1}{90}a\pi$ … ❶

$S_2=\pi\times4^2\times\frac{a}{360}-\pi\times2^2\times\frac{a}{360}=\frac{1}{30}a\pi$ … ❷

$\therefore S_1:S_2=\frac{1}{90}a\pi:\frac{1}{30}a\pi=1:3$ … ❸

답 1 : 3

채점 기준	배점
❶ S_1을 중심각의 크기에 대한 식으로 나타내기	30%
❷ S_2를 중심각의 크기에 대한 식으로 나타내기	40%
❸ $S_1:S_2$를 가장 간단한 자연수의 비로 나타내기	30%

20 오른쪽 그림에서 △ABH는 정삼각형이므로 $\angle ABH=60^\circ$

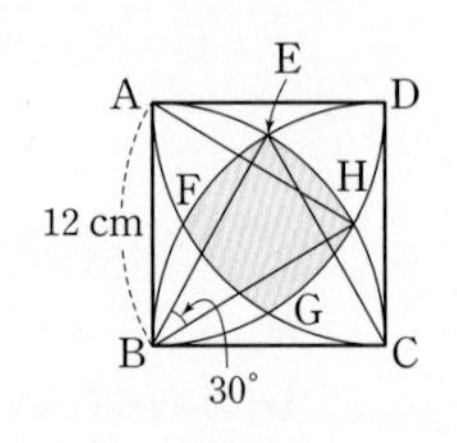

$\therefore \angle HBC=90^\circ-60^\circ=30^\circ$

△EBC에서 같은 방법으로 하면

$\angle ABE=30^\circ$

$\angle EBH=90^\circ-(30^\circ+30^\circ)=30^\circ$이므로 … ❶

$\widehat{EH}=2\pi\times12\times\frac{30}{360}=2\pi(cm)$ … ❷

$\therefore$ (색칠한 부분의 둘레의 길이)

$=\widehat{EH}+\widehat{HG}+\widehat{FG}+\widehat{EF}$

$=\widehat{EH}\times4$

$=2\pi\times4=8\pi(cm)$ … ❸

답 8π cm

채점 기준	배점
❶ ∠EBH의 크기 구하기	40%
❷ $\widehat{EH}$의 길이 구하기	30%
❸ 색칠한 부분의 둘레의 길이 구하기	30%

21 원이 지나간 자리는 오른쪽 그림과 같이 3개의 직사각형과 3개의 부채꼴로 이루어져 있다.

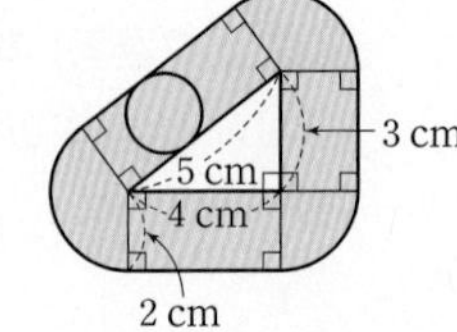

이때 3개의 부채꼴의 넓이의 합은 반지름의 길이가 2 cm인 원의 넓이와 같으므로 … ❶

(원이 지나간 자리의 넓이)

$=\pi\times2^2+5\times2+4\times2+3\times2$

$=4\pi+24(cm^2)$ … ❷

답 $(4\pi+24)\ cm^2$

채점 기준	배점
❶ 원이 지나간 자리를 그림으로 나타내기	40%
❷ 원이 지나간 자리의 넓이 구하기	60%

참고 위의 그림에서 세 부채꼴의 중심각의 크기를 $\angle a$, $\angle b$, $\angle c$라 하면 삼각형의 세 내각의 크기의 합은 180°이므로

$\{360^\circ-(90^\circ+90^\circ+\angle a)\}+\{360^\circ-(90^\circ+90^\circ+\angle b)\}$
$+\{360^\circ-(90^\circ+90^\circ+\angle c)\}=180^\circ$

$540^\circ-(\angle a+\angle b+\angle c)=180^\circ$

$\therefore \angle a+\angle b+\angle c=360^\circ$

따라서 세 부채꼴의 넓이의 합은 반지름의 길이가 2 cm인 원의 넓이와 같다.

07 다면체와 회전체

Real 실전 개념

95, 97쪽

01 답 ㄱ, ㅁ, ㅂ

02 답 칠면체

03 답 오면체

04 답 5

05 답 9

06 답 6

07 답

옆면의 모양	직사각형	삼각형	사다리꼴
면의 개수	7	6	7
모서리의 개수	15	10	15
꼭짓점의 개수	10	6	10

08 답 ○

09 정다면체는 정사면체, 정육면체, 정팔면체, 정십이면체, 정이십면체의 5가지뿐이다. 답 ×

10 답 ○

11 한 꼭짓점에 모인 각의 크기의 합은 360°보다 작아야 한다. 답 ×

12 답 ㄱ, ㄷ, ㅁ

13 답 ㄷ

14 주어진 전개도로 만든 정다면체는 오른쪽 그림과 같은 정사면체이다.

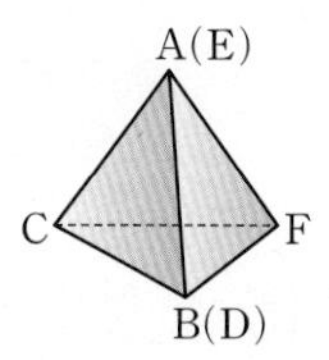

답 정사면체

15 답 점 E

16 답 $\overline{DC}$

17 답 ㄱ, ㄹ, ㅂ

18 답 회전체

19 답 모선

20 답 원뿔대

21 답

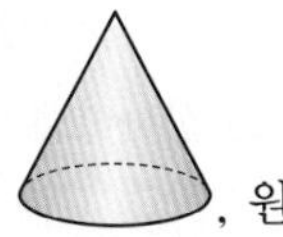

, 원뿔

22 답 , 원기둥

23 답 , 원뿔대

24 답 , 구

25 답

회전체	회전축에 수직인 평면으로 자른 단면의 모양	회전축을 포함하는 평면으로 자른 단면의 모양
원기둥	원	직사각형
원뿔	원	이등변삼각형
원뿔대	원	사다리꼴
구	원	원

26 원기둥을 회전축을 포함하는 평면으로 자를 때 생기는 단면의 모양은 직사각형이다. 답 ×

27 원뿔을 회전축에 수직인 평면으로 자를 때 생기는 단면은 항상 원이지만 합동은 아니다. 답 ×

28 답 ○

29 답

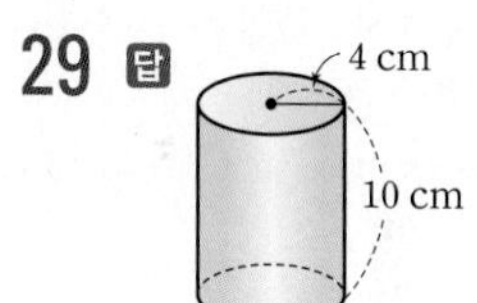

30 답 7 cm, 3 cm

Real 실전 유형

98~105쪽

01 ⑤ 원뿔대는 다각형이 아닌 면이 있으므로 다면체가 아니다. 답 ⑤

02 ㄷ. 평면도형이다.
ㄹ, ㅂ, ㅇ. 다각형이 아닌 면이 있으므로 다면체가 아니다.
따라서 다면체는 ㄱ, ㄴ, ㅁ, ㅅ이다. 답 ㄱ, ㄴ, ㅁ, ㅅ

03 각 다면체의 면의 개수는
① $6+1=7$ ② 8 ③ 6
④ $5+2=7$ ⑤ $7+2=9$
답 ⑤

04 각 다면체의 면의 개수는
① $8+1=9$ ② $8+2=10$ ③ $9+2=11$
④ $9+1=10$ ⑤ $10+1=11$
답 ②, ④

05 $a=4\times3=12$, $b=5\times2=10$, $c=3\times2=6$
$\therefore a+b+c=12+10+6=28$
답 ④

06 각 다면체의 꼭짓점의 개수는
① $4\times2=8$ ② $4\times2=8$ ③ $5+1=6$
④ $4\times2=8$ ⑤ $7+1=8$
답 ③

07 ① 모서리의 개수는 $5\times2=10$, 꼭짓점의 개수는 $5+1=6$
따라서 그 합은 $10+6=16$
② 모서리의 개수는 $6\times3=18$, 꼭짓점의 개수는 $6\times2=12$
따라서 그 합은 $18+12=30$
③ 모서리의 개수는 $5\times3=15$, 꼭짓점의 개수는 $5\times2=10$
따라서 그 합은 $15+10=25$
④ 모서리의 개수는 $6\times2=12$, 꼭짓점의 개수는 $6+1=7$
따라서 그 합은 $12+7=19$
⑤ 모서리의 개수는 $5\times3=15$, 꼭짓점의 개수는 $5\times2=10$
따라서 그 합은 $15+10=25$
답 ②

08 주어진 각뿔대를 n각뿔대라 하면
$3n=24$ $\therefore n=8$
따라서 주어진 각뿔대는 팔각뿔대이므로 … ❶
$a=8+2=10$, $b=8\times2=16$ … ❷
$\therefore a+b=10+16=26$ … ❸
답 26

채점 기준	배점
❶ 각뿔대 구하기	40%
❷ a, b의 값 구하기	40%
❸ $a+b$의 값 구하기	20%

09 주어진 각기둥을 n각기둥이라 하면
$3n+(n+2)=30$, $4n=28$ $\therefore n=7$
따라서 칠각기둥의 꼭짓점의 개수는
$7\times2=14$
답 14

10 ④ 오각뿔 – 삼각형
답 ④

11 ㄴ, ㅂ. 삼각형
ㄷ, ㄹ. 사다리꼴
따라서 옆면의 모양이 직사각형인 다면체는 ㄱ, ㅁ이다.
답 ㄱ, ㅁ

12 ① 사다리꼴 ②, ④ 삼각형
③, ⑤ 직사각형
답 ②, ④

13 ② 두 밑면은 모양이 같지만 크기가 다르므로 서로 합동이 아니다.
④ 옆면의 모양은 사다리꼴이다.
답 ②, ④

14 ③ 삼각기둥의 꼭짓점의 개수는 $3\times2=6$
오각뿔의 꼭짓점의 개수는 $5+1=6$
④ n각뿔의 면의 개수와 꼭짓점의 개수는 $n+1$로 같다.
⑤ 각뿔대의 모서리의 개수는 밑면인 다각형의 꼭짓점의 개수의 3배이다.
답 ⑤

15 조건 (나), (다)를 만족시키는 입체도형은 각기둥이다. … ❶
구하는 입체도형을 n각기둥이라 하면 조건 (가)에서
$n+2=10$ $\therefore n=8$
따라서 구하는 입체도형은 팔각기둥이다. … ❷
답 팔각기둥

채점 기준	배점
❶ 각기둥임을 알기	40%
❷ 입체도형 구하기	60%

보충 TIP 조건을 만족시키는 다면체를 구하는 순서
❶ 옆면의 모양 또는 밑면의 특징으로 다면체의 종류를 확인한다.

다면체	옆면의 모양	밑면의 특징
각기둥	직사각형	두 밑면은 서로 평행하면서 합동이다.
각뿔	삼각형	밑면이 1개이다.
각뿔대	사다리꼴	두 밑면은 서로 평행하다.

❷ 주어진 면, 모서리, 꼭짓점의 개수를 이용하여 밑면의 모양을 확인하고 다면체를 구한다.

16 ① 정다면체는 정사면체, 정육면체, 정팔면체, 정십이면체, 정이십면체의 5가지뿐이다.
② 면의 모양이 정삼각형인 정다면체는 정사면체, 정팔면체, 정이십면체의 3가지이다.
④ 면의 모양이 정오각형인 정다면체는 정십이면체이므로 한 꼭짓점에 모인 면의 개수는 3이다.
⑤ 한 꼭짓점에 모인 면의 개수가 가장 많은 정다면체는 정이십면체이다.
답 ⑤

17 조건 (가)를 만족시키는 정다면체는 정사면체, 정팔면체, 정이십면체이다.
이 중 조건 (나)를 만족시키는 정다면체는 정사면체이다.
답 정사면체

18 ① 정사면체 – 정삼각형 – 3
② 정육면체 – 정사각형 – 3
③ 정팔면체 – 정삼각형 – 4
④ 정십이면체 – 정오각형 – 3
답 ⑤

19 면의 개수가 가장 적은 정다면체는 정사면체이므로
$a=6$
또, 면의 개수가 가장 많은 정다면체는 정이십면체이므로
$b=30$
$\therefore a+b=6+30=36$
답 36

20 $x=8,\ y=12$
$\therefore y-x=12-8=4$
답 ④

21 면의 모양이 정삼각형인 정다면체는 정사면체, 정팔면체, 정이십면체이다.
이 중 모서리의 개수가 30인 정다면체는 정이십면체이다. … ❶
따라서 정이십면체의 꼭짓점의 개수는 12이다. … ❷
답 12

채점 기준	배점
❶ 정다면체 구하기	60%
❷ 정다면체의 꼭짓점의 개수 구하기	40%

다른 풀이 주어진 정다면체를 정n면체라 하면
$\frac{3n}{2}=30 \quad \therefore n=20$
따라서 주어진 정다면체는 정이십면체이다.
$\therefore$ (꼭짓점의 개수)$=\frac{20\times 3}{5}=12$

보충 TIP 정n면체의 꼭짓점과 모서리의 개수
(1) (꼭짓점의 개수)$=\frac{n\times(\text{한 면을 이루는 꼭짓점의 개수})}{(\text{한 꼭짓점에 모인 면의 개수})}$
(2) (모서리의 개수)$=\frac{n\times(\text{한 면을 이루는 모서리의 개수})}{2}$

22 ㄱ. 정사면체의 면의 개수와 꼭짓점의 개수는 4로 같다.
ㄴ. 정육면체와 정팔면체의 모서리의 개수는 12로 같다.
ㄷ. 정팔면체의 꼭짓점의 개수는 6, 정이십면체의 모서리의 개수는 30으로 다르다.
ㄹ. 정십이면체의 꼭짓점의 개수와 정이십면체의 면의 개수는 20으로 같다.
따라서 옳은 것은 ㄱ, ㄴ, ㄹ이다.
답 ㄱ, ㄴ, ㄹ

23 주어진 전개도로 만든 정다면체는 정육면체이다.
⑤ 한 꼭짓점에 모인 면의 개수는 3이다.
답 ⑤

24 주어진 전개도로 만든 정다면체는 정십이면체이다. … ❶
따라서 $a=20,\ b=30,\ c=3$이므로 … ❷
$a+b-c=20+30-3=47$ … ❸
답 47

채점 기준	배점
❶ 정다면체 구하기	40%
❷ a, b, c의 값 구하기	40%
❸ $a+b-c$의 값 구하기	20%

25 ⑤ 오른쪽 그림의 정팔면체에서 $\overline{BC}$와 $\overline{IE}$는 꼬인 위치에 있다.

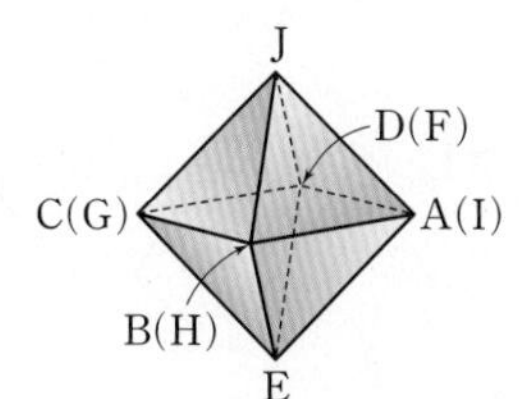

답 ⑤

26 ⑤ 정이십면체 – 정십이면체
답 ⑤

보충 TIP 정다면체의 각 면의 한가운데 점을 연결하여 만든 입체도형
정다면체 A의 각 면의 한가운데 점을 연결하면 다음과 같은 정다면체 B가 만들어진다.

정다면체 A	(정다면체 A의 면의 개수) =(정다면체 B의 꼭짓점의 개수)	정다면체 B
정사면체	4	정사면체
정육면체	6	정팔면체
정팔면체	8	정육면체
정십이면체	12	정이십면체
정이십면체	20	정십이면체

27 정육면체의 면의 개수는 6이므로 정육면체의 각 면의 한가운데 점을 연결하여 만든 입체도형은 꼭짓점의 개수가 6인 정팔면체이다.
따라서 정팔면체의 모서리의 개수는 12이다.
답 12

28 정십이면체의 각 면의 한가운데 점을 연결하여 만든 입체도형은 정이십면체이다.
① 면의 모양은 정삼각형이다.
② 면의 개수는 20이다.
⑤ 한 꼭짓점에 모인 면의 개수는 5이다.
답 ③, ④

29 주어진 정육면체를 세 꼭짓점 A, B, G를 지나는 평면으로 자를 때 생기는 단면의 모양은 오른쪽 그림과 같은 직사각형이다.

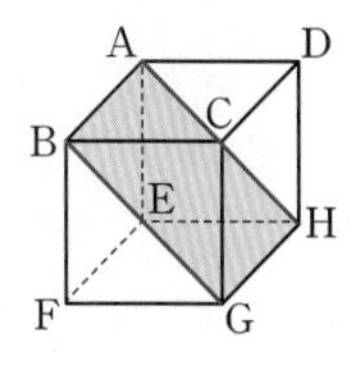

답 ③

30 오른쪽 그림에서 단면은 $\triangle$AFH이고 세 변의 길이는 각 면의 대각선의 길이이므로 모두 같다.

즉, $\triangle$AFH는 정삼각형이다. … ❶

$\therefore \angle\text{AFH}=60^\circ$ … ❷

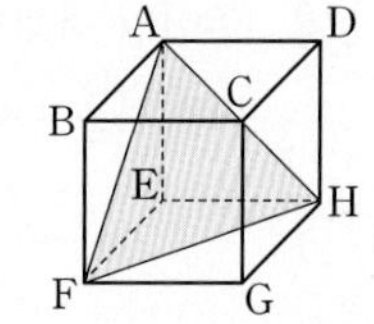

답 60°

채점 기준	배점
❶ $\triangle$AFH가 정삼각형임을 알기	60%
❷ $\angle$AFH의 크기 구하기	40%

31 ② ③ ④ ⑤

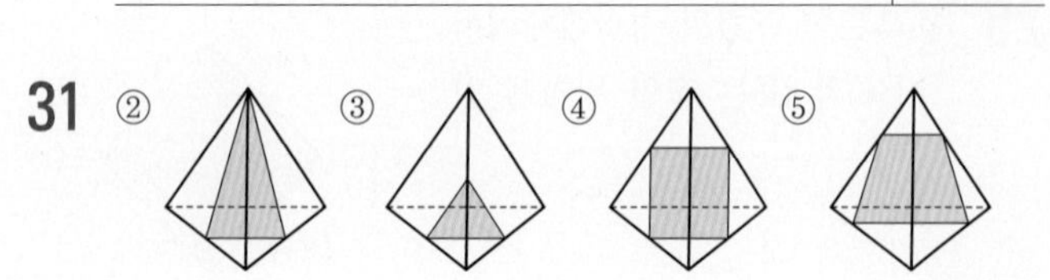

답 ①

32 ②, ⑤ 다면체 답 ②, ⑤

33 회전축을 갖는 입체도형은 회전체이다.

⑤ 다면체 답 ⑤

34 회전체는 ㄴ, ㄷ, ㅂ, ㅇ, ㅈ의 5개이다. 답 ④

35 ① ② ③ ④

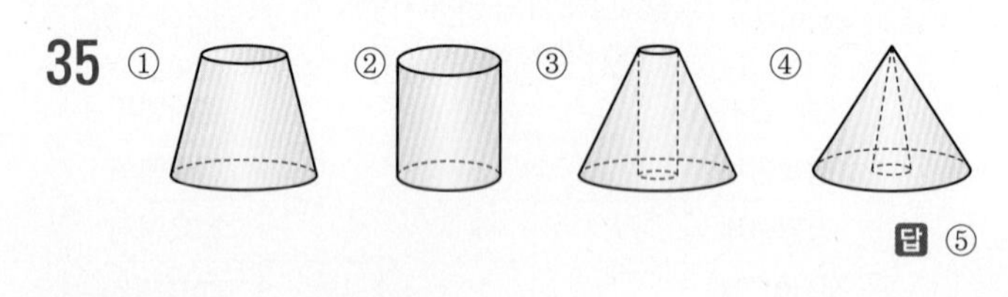

답 ⑤

36 ④

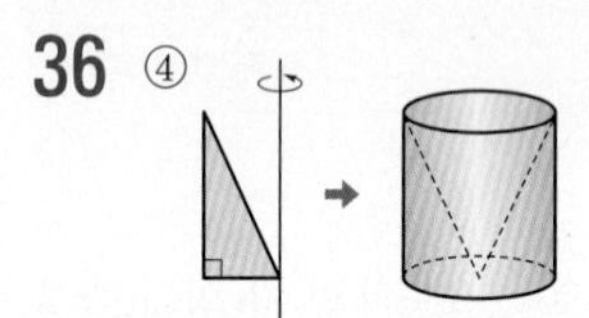

답 ④

37 주어진 선분을 회전축으로 하여 1회전 시킬 때 생기는 입체도형은 다음 그림과 같다.

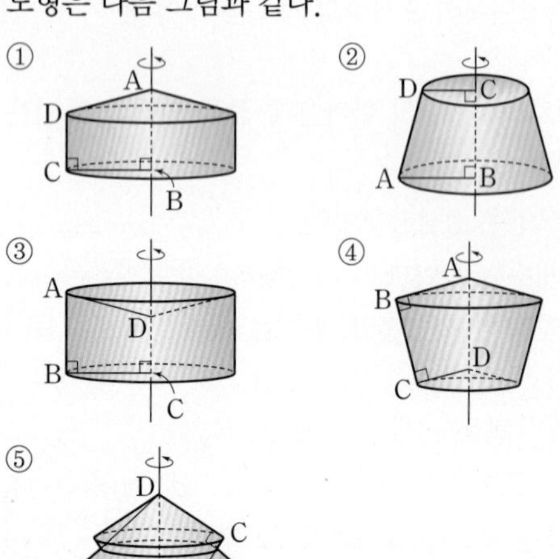

답 ②

38 ① ⑤

답 ①, ⑤

39

답 ③

보충 TIP 회전체 그리기

❶ 주어진 평면도형을 이용하여 회전축을 대칭축으로 하는 선대칭도형을 그린다.

❷ 회전축에 수직인 평면으로 잘랐을 때 생기는 단면의 모양이 원이 되도록 회전체를 그린다.

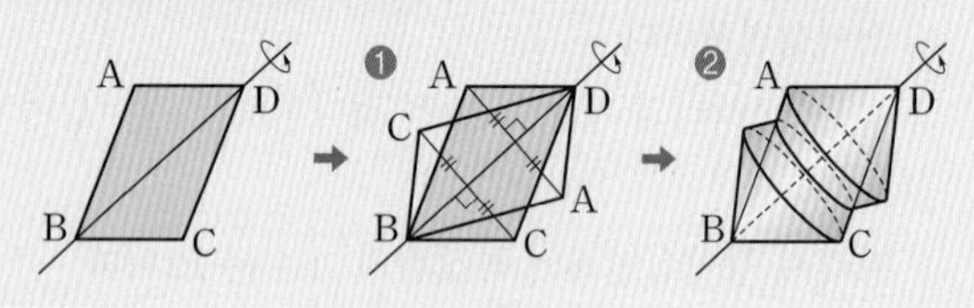

40 ③ 원뿔 – 이등변삼각형 답 ③

41 ② 사다리꼴 ④ 반원

⑤ 구는 어느 평면으로 잘라도 그 단면의 모양이 항상 원이다. 답 ②, ④

42 ① ④

답 ①, ④

43 회전체는 오른쪽 그림과 같으므로 구하는 단면의 넓이는

$\left\{\frac{1}{2}\times(4+6)\times5\right\}\times2=50(\text{cm}^2)$

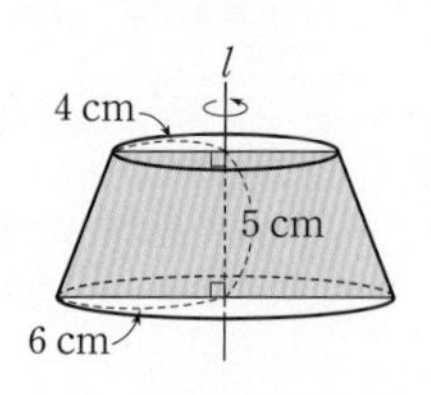

답 50 cm^2

참고 선대칭도형을 대칭축을 기준으로 나눌 때, 왼쪽과 오른쪽의 도형은 서로 합동이다.

44 회전체는 오른쪽 그림과 같으므로 구하는 단면의 둘레의 길이는

$2\pi\times6\times\frac{1}{2}+10+12+10$

$=6\pi+32(\text{cm})$

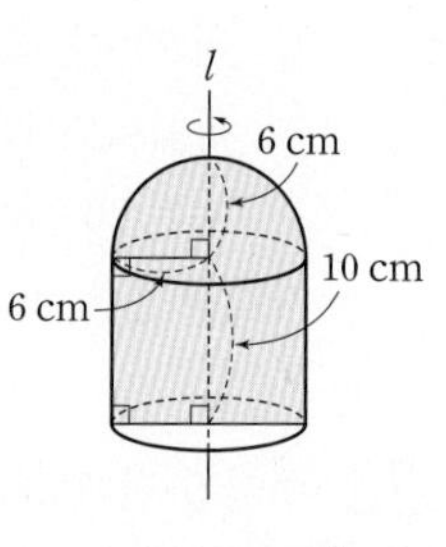

답 ③

보충 TIP 회전체의 단면의 넓이와 둘레의 길이
단면의 모양을 그린 후 가로의 길이, 세로의 길이, 반지름의 길이 등 단면의 넓이와 둘레의 길이를 구하는 데 필요한 길이를 구한다.

45 회전체는 오른쪽 그림과 같다. … ❶
회전체를 회전축에 수직인 평면으로 자를 때 생기는 단면 중 넓이가 가장 작을 때의 원의 반지름의 길이는 3 cm이다. … ❷
따라서 구하는 단면의 넓이는
$\pi\times3^2=9\pi(\text{cm}^2)$ … ❸

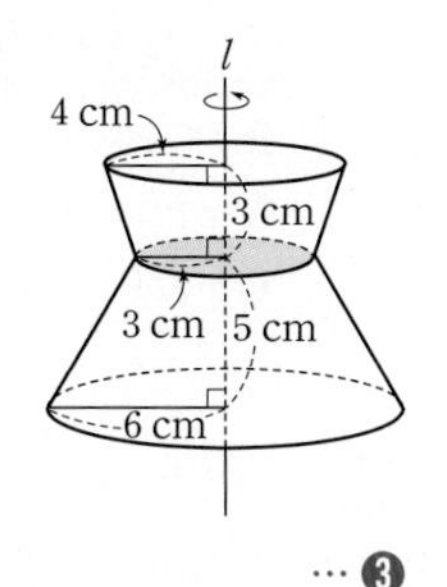

답 9π cm²

채점 기준	배점
❶ 회전체 그리기	30%
❷ 넓이가 가장 작은 단면의 반지름의 길이 구하기	40%
❸ 넓이가 가장 작은 단면의 넓이 구하기	30%

46 $a=5,\ b=8,\ c=2\pi\times8=16\pi$
$\therefore a+b+c=5+8+16\pi$
$=13+16\pi$
답 $13+16\pi$

47 오른쪽 그림과 같은 원뿔의 전개도에서 부채꼴의 호의 길이는 밑면인 원의 둘레의 길이와 같으므로
$2\pi\times4=8\pi(\text{cm})$ … ❶

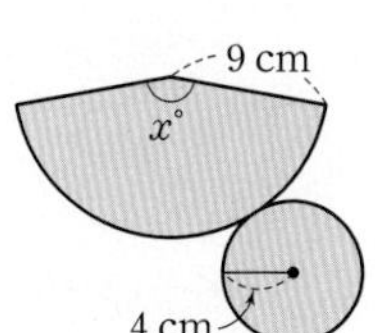

부채꼴의 중심각의 크기를 $x°$라 하면
$2\pi\times9\times\dfrac{x}{360}=8\pi$
$\therefore x=160$
따라서 부채꼴의 중심각의 크기는 160°이다. … ❷
답 160°

채점 기준	배점
❶ 부채꼴의 호의 길이 구하기	50%
❷ 부채꼴의 중심각의 크기 구하기	50%

48 답 ①

49 ① 각뿔대는 다면체이다.
② 원뿔, 원뿔대를 회전축에 수직인 평면으로 자를 때 생기는 단면의 모양은 항상 원이지만 합동은 아니다.
④ 원기둥을 회전축을 포함하는 평면으로 자를 때 생기는 단면의 모양은 직사각형이다.
답 ③, ⑤

50 ④ 어느 평면으로 잘라도 단면의 모양은 항상 원이지만 합동은 아니다.
답 ④

Real 실전 기출

106~108쪽

01 사각뿔의 꼭짓점의 개수는 5이다.
각 다면체의 면의 개수는
① 3+1=4 ② 3+2=5 ③ 4
④ 4+2=6 ⑤ 4+2=6
답 ②

02 각뿔의 밑면을 n각형이라 하면
$\dfrac{n(n-3)}{2}=20,\ n(n-3)=40=8\times5$
$\therefore n=8$
즉, 밑면이 팔각형이므로 주어진 입체도형은 팔각뿔이다.
따라서 $v=8+1=9,\ e=8\times2=16,\ f=8+1=9$이므로
$v-e+f=9-16+9=2$
답 2

03 조건 (가), (나)를 만족시키는 입체도형은 각뿔대이고 조건 (다)에서 주어진 입체도형은 육각뿔대이다.
따라서 $a=6\times2=12,\ b=6\times3=18,\ c=6+2=8$이므로
$a+b+c=12+18+8=38$
답 38

04 ② 정육면체의 면의 모양은 정사각형이다.
④ 정십이면체의 면의 모양은 정오각형이다.
답 ②, ④

05 각 면이 모두 합동인 정삼각형으로 이루어져 있지만 한 꼭짓점에 모인 면의 개수가 3 또는 4로 같지 않으므로 정다면체가 아니다.
답 풀이 참조

06 조건 (가)를 만족시키는 정다면체는 정사면체, 정육면체, 정십이면체이고 이 중 조건 (나)를 만족시키는 정다면체는 정십이면체이다.
따라서 정십이면체의 면의 개수는 12이다.
답 12

07 답 ⑤

08 ① n각뿔의 면의 개수와 꼭짓점의 개수는 $n+1$로 같다.
② 각뿔대의 두 밑면은 서로 평행하지만 합동은 아니다.
③ 오른쪽 그림과 같은 삼각형의 한 변을 회전축으로 하여 1회전 시킬 때 생기는 회전체는 원뿔이 아니다.

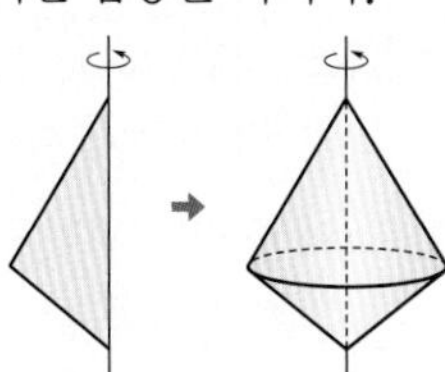

⑤ 원뿔대를 회전축을 포함하는 평면으로 자를 때 생기는 단면의 모양은 사다리꼴이다.
답 ①, ④

09 원뿔대의 전개도는 오른쪽 그림과 같다.

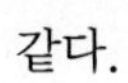

$\therefore$ (옆면의 둘레의 길이)

$=$(작은 원의 둘레의 길이)

$+$(큰 원의 둘레의 길이)

$+2\times$(모선의 길이)

$=2\pi\times3+2\pi\times7+2\times10$

$=20\pi+20$(cm)

답 $(20\pi+20)$ cm

10 △ABC를 직선 l을 회전축으로 하여 1회전 시킬 때 생기는 입체도형은 다음 그림과 같다.

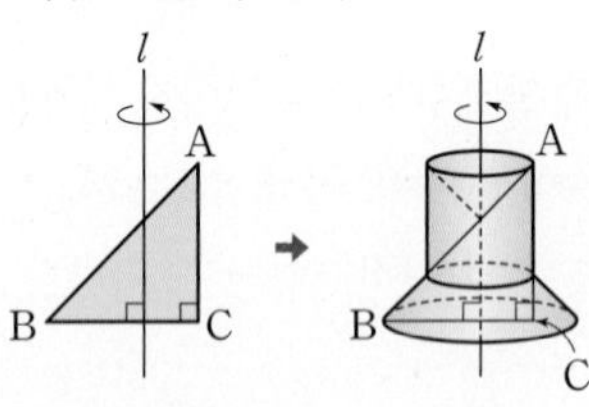

답 ⑤

11 만들어지는 회전체는 원뿔대이다.

② 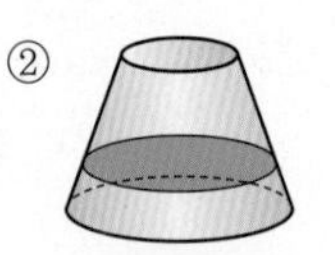

③ 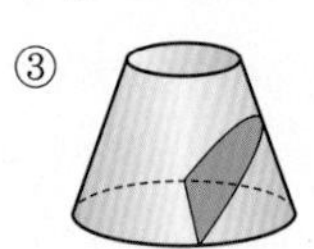

④ 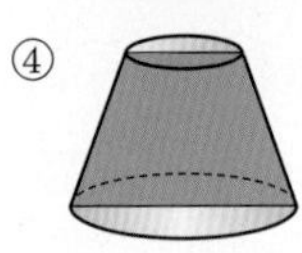

⑤ 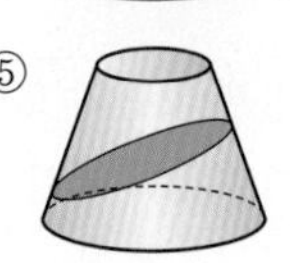

답 ①

12 오른쪽 그림과 같이 전개도로 만들어진 정육면체에서 검은색 면은 빨간색 면, 노란색 면과 만나므로 검은색 면과 평행한 면은 검은색 면과 만나지 않는 파란색 면이다.

답 파란색

13

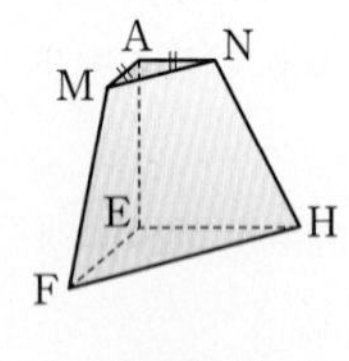

[그림 1]

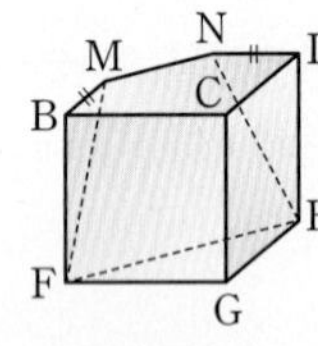

[그림 2]

위의 [그림 1]에서 입체도형의 면의 개수는 5

[그림 2]에서 입체도형의 면의 개수는 7

따라서 구하는 합은 $5+7=12$

답 12

14 회전체는 도넛 모양이고 이 회전체를 원의 중심 O를 지나면서 회전축에 수직인 평면으로 자른 단면은 오른쪽 그림과 같다.

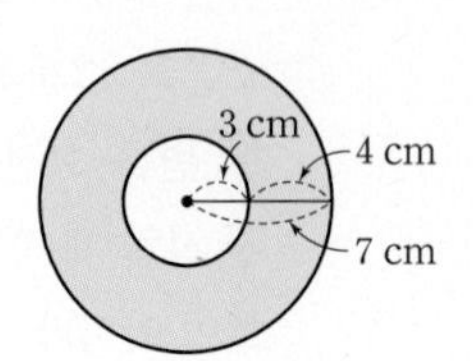

$\therefore$ (단면의 넓이)$=\pi\times7^2-\pi\times3^2$

$=49\pi-9\pi$

$=40\pi(\text{cm}^2)$

답 40π cm²

15 전개도로 만든 정다면체는 정팔면체이므로 … ❶

$a=6,\ b=12,\ c=4$ … ❷

$\therefore a+b-c=6+12-4=14$ … ❸

답 14

채점 기준	배점
❶ 정다면체 구하기	40%
❷ a, b, c의 값 구하기	40%
❸ $a+b-c$의 값 구하기	20%

16 주어진 정다면체는 면의 개수와 꼭짓점의 개수가 같아야 하므로 정사면체이다. … ❶

따라서 정사면체의 모서리의 개수는 6이다. … ❷

답 6

채점 기준	배점
❶ 정다면체 구하기	50%
❷ 정다면체의 모서리의 개수 구하기	50%

17 회전체는 오른쪽 그림과 같다. … ❶

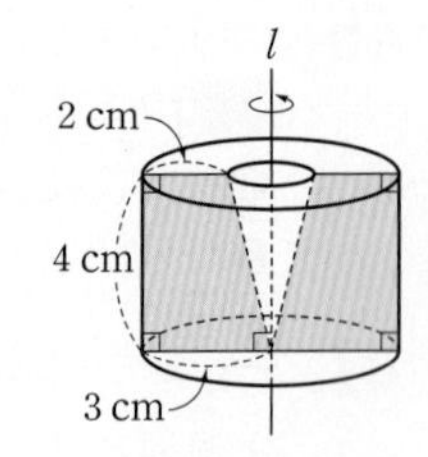

따라서 구하는 단면의 넓이는

$\left\{\frac{1}{2}\times(2+3)\times4\right\}\times2=20(\text{cm}^2)$ … ❷

답 20 cm²

채점 기준	배점
❶ 회전체 그리기	40%
❷ 단면의 넓이 구하기	60%

18 밑면인 원의 둘레의 길이는 부채꼴의 호의 길이와 같으므로 원의 반지름의 길이를 r cm라 하면

$2\pi\times8\times\frac{270}{360}=2\pi r \qquad \therefore r=6$ … ❶

따라서 구하는 넓이는

$\pi\times6^2=36\pi(\text{cm}^2)$ … ❷

답 36π cm²

채점 기준	배점
❶ 밑면인 원의 반지름의 길이 구하기	60%
❷ 밑면의 넓이 구하기	40%

19 주어진 다면체는 12개의 정오각형과 20개의 정육각형으로 이루어져 있고 한 모서리에 모인 면의 개수는 2이므로

$a=\frac{5\times12+6\times20}{2}=90$ … ❶

한 꼭짓점에 모인 면의 개수는 3이므로

$b=\frac{5\times12+6\times20}{3}=60$ … ❷

$\therefore a+b=90+60=150$ …❸

답 150

채점 기준	배점
❶ a의 값 구하기	40%
❷ b의 값 구하기	40%
❸ $a+b$의 값 구하기	20%

20 원뿔의 전개도는 오른쪽 그림과 같다. …❶

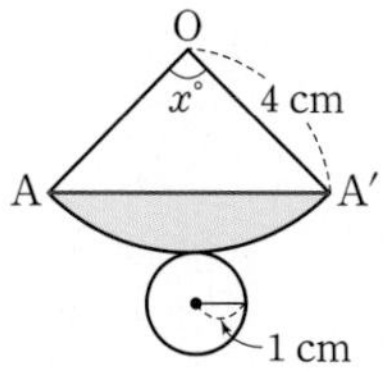

부채꼴의 중심각의 크기를 $x°$라 하면

$2\pi\times4\times\frac{x}{360}=2\pi\times1$

$\therefore x=90$ …❷

$\therefore$ (색칠한 부분의 넓이)

$=$(부채꼴 OAA′의 넓이)$-\triangle$OAA′

$=\pi\times4^2\times\frac{90}{360}-\frac{1}{2}\times4\times4$

$=4\pi-8(\text{cm}^2)$ …❸

답 $(4\pi-8)\ \text{cm}^2$

채점 기준	배점
❶ 전개도 그리기	30%
❷ 부채꼴의 중심각의 크기 구하기	30%
❸ 색칠한 부분의 넓이 구하기	40%

08 입체도형의 겉넓이와 부피

Real 실전 개념

111, 113쪽

01 $a=6+10+8=24,\ b=9$ 답 $a=24,\ b=9$

02 (밑넓이)$=\frac{1}{2}\times6\times8=24(\text{cm}^2)$ 답 $24\ \text{cm}^2$

03 (옆넓이)$=(6+10+8)\times9=216(\text{cm}^2)$ 답 $216\ \text{cm}^2$

04 (겉넓이)$=$(밑넓이)$\times2+$(옆넓이)

$=24\times2+216=264(\text{cm}^2)$ 답 $264\ \text{cm}^2$

05 (겉넓이)$=\left(\frac{1}{2}\times12\times5\right)\times2+(5+12+13)\times8$

$=60+240=300(\text{cm}^2)$ 답 $300\ \text{cm}^2$

06 (겉넓이)$=(2\times4)\times2+(2+4+2+4)\times5$

$=16+60=76(\text{cm}^2)$ 답 $76\ \text{cm}^2$

07 $a=4,\ b=2\pi\times4=8\pi,\ c=8$ 답 $a=4,\ b=8\pi,\ c=8$

08 (밑넓이)$=\pi\times4^2=16\pi(\text{cm}^2)$ 답 $16\pi\ \text{cm}^2$

09 (옆넓이)$=(2\pi\times4)\times8=64\pi(\text{cm}^2)$ 답 $64\pi\ \text{cm}^2$

10 (겉넓이)$=$(밑넓이)$\times2+$(옆넓이)

$=16\pi\times2+64\pi=96\pi(\text{cm}^2)$ 답 $96\pi\ \text{cm}^2$

11 (겉넓이)$=(\pi\times2^2)\times2+(2\pi\times2)\times6$

$=8\pi+24\pi=32\pi(\text{cm}^2)$ 답 $32\pi\ \text{cm}^2$

12 밑면인 원의 반지름의 길이가 $\frac{1}{2}\times14=7(\text{cm})$이므로

(겉넓이)$=(\pi\times7^2)\times2+(2\pi\times7)\times10$

$=98\pi+140\pi=238\pi(\text{cm}^2)$ 답 $238\pi\ \text{cm}^2$

13 (부피)$=\left(\frac{1}{2}\times2\times3\right)\times6=18(\text{cm}^3)$ 답 $18\ \text{cm}^3$

14 (부피)$=(5\times2)\times7=70(\text{cm}^3)$ 답 $70\ \text{cm}^3$

15 (부피)$=(\pi\times5^2)\times9=225\pi(\text{cm}^3)$ 답 $225\pi\ \text{cm}^3$

16 밑면인 원의 반지름의 길이가 $\frac{1}{2}\times6=3(\text{cm})$이므로

(부피)$=(\pi\times3^2)\times12=108\pi(\text{cm}^3)$ 답 $108\pi\ \text{cm}^3$

17 답 $a=5$, $b=6$

18 (밑넓이)$=5\times5=25(\text{cm}^2)$ 답 25 cm^2

19 (옆넓이)$=\left(\frac{1}{2}\times5\times6\right)\times4=60(\text{cm}^2)$ 답 60 cm^2

20 (겉넓이)=(밑넓이)+(옆넓이)
$=25+60=85(\text{cm}^2)$ 답 85 cm^2

21 $a=2$, $b=2\pi\times2=4\pi$, $c=6$ 답 $a=2$, $b=4\pi$, $c=6$

22 (밑넓이)$=\pi\times2^2=4\pi(\text{cm}^2)$ 답 $4\pi\text{ cm}^2$

23 (옆넓이)$=\pi\times2\times6=12\pi(\text{cm}^2)$ 답 $12\pi\text{ cm}^2$

24 (겉넓이)=(밑넓이)+(옆넓이)
$=4\pi+12\pi=16\pi(\text{cm}^2)$ 답 $16\pi\text{ cm}^2$

25 (겉넓이)$=6\times6+\left(\frac{1}{2}\times6\times8\right)\times4$
$=36+96=132(\text{cm}^2)$ 답 132 cm^2

26 (겉넓이)$=\pi\times5^2+\pi\times5\times8$
$=25\pi+40\pi=65\pi(\text{cm}^2)$ 답 $65\pi\text{ cm}^2$

27 (부피)$=\frac{1}{3}\times(9\times9)\times8=216(\text{cm}^3)$ 답 216 cm^3

28 (부피)$=\frac{1}{3}\times\left(\frac{1}{2}\times4\times5\right)\times6=20(\text{cm}^3)$ 답 20 cm^3

29 (부피)$=\frac{1}{3}\times(\pi\times5^2)\times6=50\pi(\text{cm}^3)$ 답 $50\pi\text{ cm}^3$

30 (부피)$=\frac{1}{3}\times(\pi\times15^2)\times8=600\pi(\text{cm}^3)$ 답 $600\pi\text{ cm}^3$

31 (겉넓이)$=4\pi\times3^2=36\pi(\text{cm}^2)$
(부피)$=\frac{4}{3}\pi\times3^3=36\pi(\text{cm}^3)$
답 겉넓이: $36\pi\text{ cm}^2$, 부피: $36\pi\text{ cm}^3$

32 구의 반지름의 길이가 $\frac{1}{2}\times8=4(\text{cm})$이므로
(겉넓이)$=4\pi\times4^2=64\pi(\text{cm}^2)$
(부피)$=\frac{4}{3}\pi\times4^3=\frac{256}{3}\pi(\text{cm}^3)$
답 겉넓이: $64\pi\text{ cm}^2$, 부피: $\frac{256}{3}\pi\text{ cm}^3$

Real 실전 유형 114~123쪽

01 (겉넓이)$=\left\{\frac{1}{2}\times(9+3)\times4\right\}\times2+(9+5+3+5)\times8$
$=48+176=224(\text{cm}^2)$ 답 ①

02 (겉넓이)
$=\left\{\frac{1}{2}\times(3+6)\times4\right\}\times2$
$+(4+6+5+3)\times10$
$=36+180=216(\text{cm}^2)$

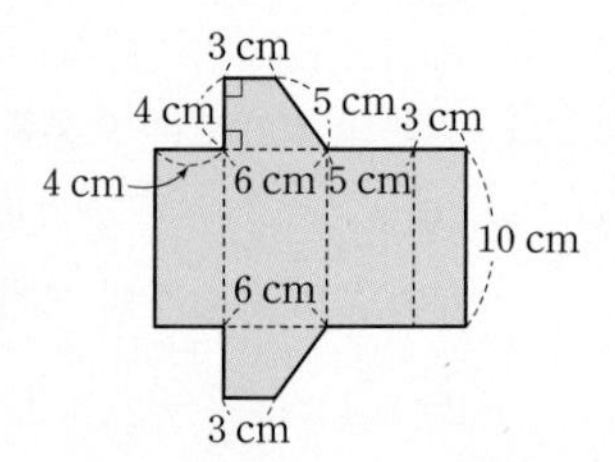

답 ④

보충 TIP 각기둥의 전개도에서 길이가 같은 선분
전개도를 접었을 때
(1) 겹치는 선분 (2) 두 밑면의 대응변
(3) 높이를 나타내는 선분

03 삼각기둥의 겉넓이가 108 cm^2이므로
$\left(\frac{1}{2}\times4\times3\right)\times2+(5+4+3)\times h=108$ … ❶
$12+12h=108$, $12h=96$
$\therefore h=8$ … ❷
답 8

채점 기준	배점
❶ 겉넓이를 h에 대한 식으로 나타내기	50%
❷ h의 값 구하기	50%

04 밑면인 원의 반지름의 길이를 r cm라 하면
$2\pi r=8\pi \quad \therefore r=4$
$\therefore$ (겉넓이)$=(\pi\times4^2)\times2+8\pi\times10$
$=32\pi+80\pi=112\pi(\text{cm}^2)$ 답 $112\pi\text{ cm}^2$

05 원기둥의 높이를 h cm라 하면
$(\pi\times3^2)\times2+(2\pi\times3)\times h=72\pi$
$18\pi+6\pi h=72\pi$, $6\pi h=54\pi$
$\therefore h=9$
따라서 원기둥의 높이는 9 cm이다. 답 ②

06 페인트가 칠해지는 부분의 넓이는 원기둥의 옆넓이와 같으므로
$(2\pi\times6)\times27=324\pi(\text{cm}^2)$ 답 $324\pi\text{ cm}^2$

07 (부피)$=\left\{\frac{1}{2}\times(1+2)\times4\right\}\times3=18(\text{cm}^3)$ 답 ⑤

08 (부피)$=\left(\frac{1}{2}\times6\times8\right)\times10=240(\text{cm}^3)$ 답 240 cm^3

09 사각기둥의 높이를 h cm라 하면

$\left(\frac{1}{2}\times5\times8\right)\times h=180$, $20h=180$

$\therefore h=9$

따라서 사각기둥의 높이는 9 cm이다. 답 ②

참고 두 대각선의 길이가 a, b인 마름모의 넓이 S는 $S=\frac{1}{2}ab$

10 (부피)$=\left(\frac{1}{2}\times5\times6+\frac{1}{2}\times5\times4\right)\times7$

$=175(\text{cm}^3)$ 답 175 cm^3

11 밑면인 원의 반지름의 길이를 r cm라 하면

$\pi r^2\times7=175\pi$, $r^2=25$

$\therefore r=5\ (r>0)$

따라서 밑면인 원의 둘레의 길이는

$2\pi\times5=10\pi(\text{cm})$ 답 10π cm

12 회전체는 오른쪽 그림과 같은 원기둥이므로

(부피)$=(\pi\times3^2)\times6$

$=54\pi(\text{cm}^3)$

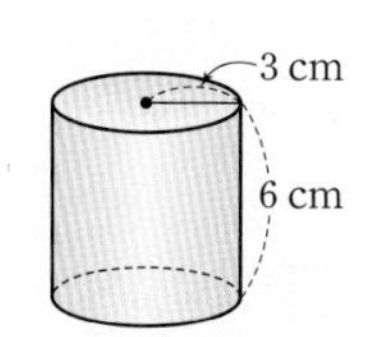

답 $54\pi\text{ cm}^3$

보충 TIP 평면도형과 회전체

직사각형의 한 변을 회전축으로 하여 1회전 시킬 때 생기는 회전체는 원기둥이다.

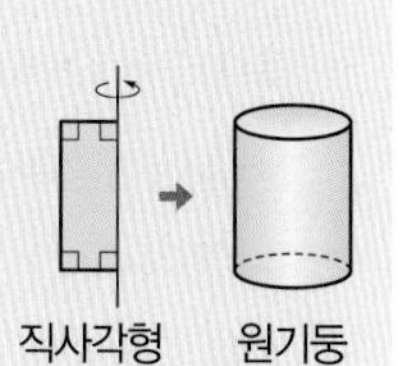

13 세 원기둥의 밑면인 원의 반지름의 길이는 각각 2 cm, $2+2=4(\text{cm})$, $4+2=6(\text{cm})$이므로

(부피)$=(\pi\times2^2)\times5+(\pi\times4^2)\times5+(\pi\times6^2)\times5$

$=20\pi+80\pi+180\pi=280\pi(\text{cm}^3)$ 답 $280\pi\text{ cm}^3$

14 그릇 A의 부피는 $(\pi\times4^2)\times3=48\pi(\text{cm}^3)$ … ❶

그릇 B의 부피는 $(\pi\times x^2)\times4=4\pi x^2(\text{cm}^3)$ … ❷

그릇 B의 부피는 그릇 A의 부피의 3배이므로

$48\pi\times3=4\pi x^2$, $144\pi=4\pi x^2$, $x^2=36$

$\therefore x=6\ (x>0)$ … ❸

답 6

채점 기준	배점
❶ 그릇 A의 부피 구하기	30%
❷ 그릇 B의 부피를 x에 대한 식으로 나타내기	30%
❸ x의 값 구하기	40%

15 (겉넓이)$=\left(\pi\times6^2\times\frac{120}{360}\right)\times2$

$+\left(2\pi\times6\times\frac{120}{360}+6\times2\right)\times10$

$=24\pi+40\pi+120$

$=64\pi+120(\text{cm}^2)$ 답 $(64\pi+120)\text{ cm}^2$

16 (부피)$=\left(\pi\times4^2\times\frac{240}{360}\right)\times9=96\pi(\text{cm}^3)$ 답 $96\pi\text{ cm}^3$

17 밑면인 부채꼴의 중심각의 크기가 225°인 큰 기둥의 부피는

$\left(\pi\times5^2\times\frac{225}{360}\right)\times8=125\pi(\text{cm}^3)$

밑면인 부채꼴의 중심각의 크기가 $360°-225°=135°$인 작은 기둥의 부피는

$\left(\pi\times5^2\times\frac{135}{360}\right)\times8=75\pi(\text{cm}^3)$

따라서 큰 기둥과 작은 기둥의 부피의 비는

$125\pi:75\pi=5:3$ 답 $5:3$

다른 풀이 큰 기둥과 작은 기둥은 밑면인 부채꼴의 반지름의 길이와 높이가 각각 같으므로 부피의 비는 밑면인 부채꼴의 중심각의 크기의 비와 같다.

따라서 큰 기둥과 작은 기둥의 부피의 비는

$225:135=5:3$

18 기둥의 높이를 h cm라 하면

$\left(\pi\times3^2\times\frac{1}{2}\right)\times h=27\pi$ $\quad\therefore h=6$

$\therefore$ (겉넓이)$=\left(\pi\times3^2\times\frac{1}{2}\right)\times2+\left(2\pi\times3\times\frac{1}{2}+3\times2\right)\times6$

$=27\pi+36(\text{cm}^2)$ 답 $(27\pi+36)\text{ cm}^2$

19 (부피)$=$(큰 원기둥의 부피)$-$(작은 원기둥의 부피)

$=(\pi\times4^2)\times6-(\pi\times2^2)\times6$

$=96\pi-24\pi=72\pi(\text{cm}^3)$ 답 $72\pi\text{ cm}^3$

다른 풀이 (부피)$=$(밑넓이)$\times$(높이)

$=(\pi\times4^2-\pi\times2^2)\times6$

$=12\pi\times6=72\pi(\text{cm}^3)$

보충 TIP 구멍이 뚫린 기둥에서 두 밑면이 합동인 경우

(부피)$=$(밑넓이)$\times$(높이)

$=$\{(큰 기둥의 밑넓이)$-$(작은 기둥의 밑넓이)\}$\times$(높이)

20 (겉넓이)

$=$\{(원기둥의 밑넓이)$-$(사각기둥의 밑넓이)\}$\times2$

$+$(원기둥의 옆넓이)$+$(사각기둥의 옆넓이)

$=(\pi\times5^2-4\times4)\times2+(2\pi\times5)\times12+(4\times4)\times12$

$=50\pi-32+120\pi+192$

$=170\pi+160(\text{cm}^2)$ 답 $(170\pi+160)\text{ cm}^2$

21 회전체는 오른쪽 그림과 같으므로

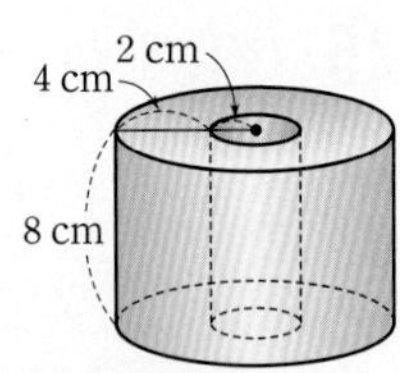

(겉넓이)

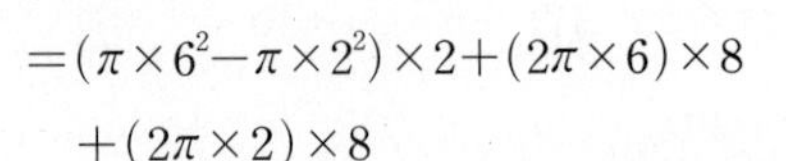

$=(\pi\times6^2-\pi\times2^2)\times2+(2\pi\times6)\times8$

$\quad+(2\pi\times2)\times8$

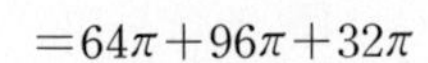

$=64\pi+96\pi+32\pi$

$=192\pi(\text{cm}^2)$

답 $192\pi\ \text{cm}^2$

22 (겉넓이)

$=\{$(큰 사각기둥의 밑넓이)$-$(작은 사각기둥의 밑넓이)$\}\times2$

$\quad+$(큰 사각기둥의 옆넓이)$+$(작은 사각기둥의 옆넓이)

$=(6\times5-4\times3)\times2+(6+5+6+5)\times9$

$\quad+(4+3+4+3)\times9$

$=36+198+126=360(\text{cm}^2)$

$\therefore a=360$ … ❶

(부피)$=$(큰 사각기둥의 부피)$-$(작은 사각기둥의 부피)

$=(6\times5)\times9-(4\times3)\times9$

$=270-108$

$=162(\text{cm}^3)$

$\therefore b=162$ … ❷

$\therefore a+b=360+162=522$ … ❸

답 522

채점 기준	배점
❶ a의 값 구하기	50%
❷ b의 값 구하기	40%
❸ $a+b$의 값 구하기	10%

23 (겉넓이)$=(6\times6-2\times4)\times2+(6+4+4+2+2+6)\times5$

$=56+120$

$=176(\text{cm}^2)$

답 $176\ \text{cm}^2$

24 주어진 입체도형의 겉넓이는 잘라 내기 전 정육면체의 겉넓이와 같다.

$\therefore$ (겉넓이)$=(10\times10)\times6$

$=600(\text{cm}^2)$

답 $600\ \text{cm}^2$

25 (1) (겉넓이)$=\left(8\times8-\pi\times4^2\times\frac{1}{2}\right)\times2$

$\quad+\left(8\times3+2\pi\times4\times\frac{1}{2}\right)\times10$

$=128-16\pi+240+40\pi$

$=368+24\pi(\text{cm}^2)$ … ❶

(2) (부피)$=(8\times8)\times10-\left(\pi\times4^2\times\frac{1}{2}\right)\times10$

$=640-80\pi(\text{cm}^3)$ … ❷

답 (1) $(368+24\pi)\ \text{cm}^2$ (2) $(640-80\pi)\ \text{cm}^3$

채점 기준	배점
❶ 겉넓이 구하기	50%
❷ 부피 구하기	50%

26 입체도형의 부피는 높이가 10 cm인 원기둥의 부피에서 높이가 2 cm인 원기둥의 부피의 $\frac{1}{2}$을 뺀 것과 같다.

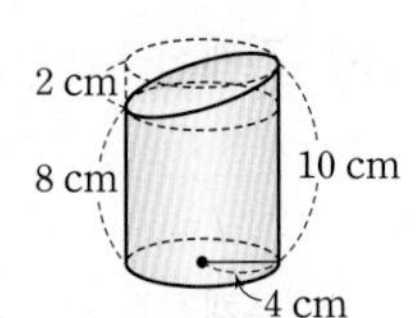

$\therefore$ (입체도형의 부피)

$=(\pi\times4^2)\times10-\{(\pi\times4^2)\times2\}\times\frac{1}{2}$

$=160\pi-16\pi$

$=144\pi(\text{cm}^3)$

답 $144\pi\ \text{cm}^3$

27 (겉넓이)$=10\times10+\left(\frac{1}{2}\times10\times13\right)\times4$

$=100+260=360(\text{cm}^2)$

답 $360\ \text{cm}^2$

28 (겉넓이)$=3\times3+\left(\frac{1}{2}\times3\times8\right)\times4$

$=9+48=57(\text{cm}^2)$

답 ③

29 $5\times5+\left(\frac{1}{2}\times5\times x\right)\times4=95$

$25+10x=95,\ 10x=70$

$\therefore x=7$

답 7

30 (겉넓이)

$=$(사각뿔의 옆넓이)$+$(사각기둥의 옆넓이)

$\quad+$(사각기둥의 밑넓이)

$=\left(\frac{1}{2}\times7\times6\right)\times4+(7\times8)\times4+7\times7$

$=84+224+49$

$=357(\text{cm}^2)$

답 $357\ \text{cm}^2$

주의 입체도형의 겉넓이를 구할 때, 사각뿔과 사각기둥의 겉넓이에서 겹쳐지는 면, 즉 사각뿔의 밑넓이와 사각기둥의 한 밑넓이는 제외한다.

31 원뿔의 모선의 길이를 l cm라 하면

$\pi\times8^2+\pi\times8\times l=184\pi$

$8\pi l=120\pi \qquad \therefore l=15$

따라서 원뿔의 모선의 길이는 15 cm이다.

답 15 cm

32 (겉넓이)$=\pi\times6^2+\pi\times6\times9$

$=36\pi+54\pi=90\pi(\text{cm}^2)$

답 $90\pi\ \text{cm}^2$

33 (부채꼴의 호의 길이)$=2\pi\times5\times\frac{216}{360}=6\pi(\text{cm})$

밑면인 원의 반지름의 길이를 r cm라 하면

$2\pi r=6\pi \qquad \therefore r=3$

$\therefore$ (겉넓이)$=\pi\times3^2+\pi\times3\times5$

$=9\pi+15\pi$

$=24\pi(\text{cm}^2)$

답 $24\pi\ \text{cm}^2$

34 전개도에서 부채꼴의 반지름의 길이를 l cm라 하면

$\pi\times1^2+\pi\times1\times l=6\pi$, $\pi+\pi l=6\pi$, $\pi l=5\pi$

$\therefore l=5$ … ❶

부채꼴의 중심각의 크기를 $x°$라 하면

$2\pi\times5\times\frac{x}{360}=2\pi\times1$

$\therefore x=72$

따라서 부채꼴의 중심각의 크기는 $72°$이다. … ❷

답 $72°$

채점 기준	배점
❶ 부채꼴의 반지름의 길이 구하기	50%
❷ 부채꼴의 중심각의 크기 구하기	50%

35 (겉넓이)

$=\pi\times2^2+\pi\times3^2+\pi\times3\times9-\pi\times2\times6$

$=4\pi+9\pi+27\pi-12\pi$

$=28\pi(\text{cm}^2)$ 답 ②

36 (겉넓이)$=3\times3+6\times6+\left\{\frac{1}{2}\times(3+6)\times8\right\}\times4$

$=9+36+144$

$=189(\text{cm}^2)$ 답 ③

37 (필요한 색지의 넓이)$=\pi\times5^2+\pi\times10\times30-\pi\times5\times15$

$=25\pi+300\pi-75\pi$

$=250\pi(\text{cm}^2)$ 답 250π cm²

38 사각뿔의 높이를 h cm라 하면

$\frac{1}{3}\times(8\times8)\times h=128$ $\therefore h=6$

따라서 사각뿔의 높이는 6 cm이다. 답 ②

39 (부피)$=\frac{1}{3}\times(7\times7)\times9=147(\text{cm}^3)$ 답 147 cm³

40 (부피)=(처음 사각뿔의 부피)−(잘라 낸 사각뿔의 부피)

$=\frac{1}{3}\times(6\times6)\times6-\frac{1}{3}\times(2\times2)\times2$

$=72-\frac{8}{3}=\frac{208}{3}(\text{cm}^3)$ 답 $\frac{208}{3}$ cm³

41 (부피)=(처음 삼각뿔의 부피)−(잘라 낸 삼각뿔의 부피)

$=\frac{1}{3}\times\left(\frac{1}{2}\times8\times8\right)\times6-\frac{1}{3}\times\left(\frac{1}{2}\times4\times4\right)\times3$

$=64-8=56(\text{cm}^3)$ 답 56 cm³

42 (부피)$=\frac{1}{3}\times\triangle BCD\times\overline{CG}$

$=\frac{1}{3}\times\left(\frac{1}{2}\times3\times3\right)\times3=\frac{9}{2}(\text{cm}^3)$ 답 $\frac{9}{2}$ cm³

보충 TIP (잘라 낸 삼각뿔의 부피)

$=\frac{1}{3}\times\left(\frac{1}{2}\times a\times b\right)\times c$

$=\frac{1}{3}\times\frac{1}{2}\times(a\times b\times c)$

$=\frac{1}{6}\times$(직육면체의 부피)

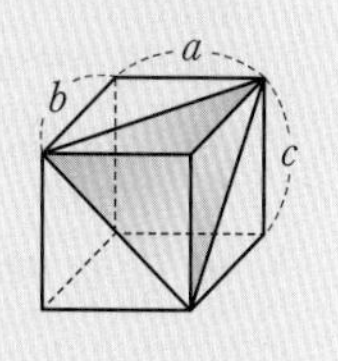

43 (부피)=(직육면체의 부피)−(잘라 낸 삼각뿔의 부피)

$=(8\times9)\times10-\frac{1}{3}\times\left(\frac{1}{2}\times2\times5\right)\times6$

$=720-10=710(\text{cm}^3)$ 답 ④

참고 잘라 낸 삼각뿔은 다음 그림과 같다.

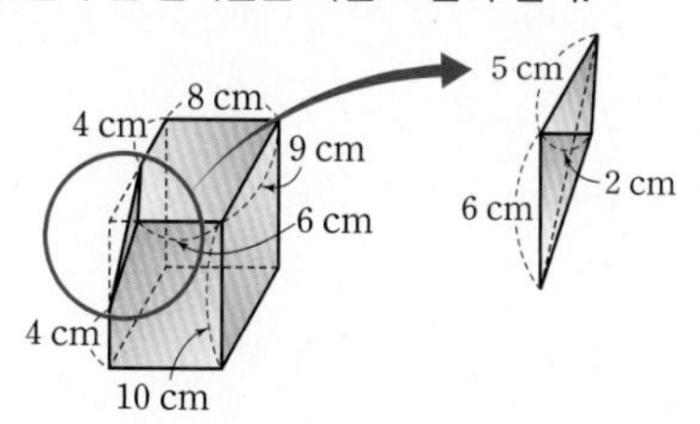

44 정육면체의 한 모서리의 길이를 a cm라 하자.

△ABC를 밑면으로 생각하면 높이가 $\overline{BF}$이므로 삼각뿔 B−AFC의 부피는

$\frac{1}{3}\times\left(\frac{1}{2}\times a\times a\right)\times a=36$ … ❶

$a^3=216=6^3$ $\therefore a=6$

따라서 정육면체의 한 모서리의 길이는 6 cm이다. … ❷

답 6 cm

채점 기준	배점
❶ 삼각뿔 B−AFC의 부피에 대한 식 세우기	60%
❷ 정육면체의 한 모서리의 길이 구하기	40%

45 남아 있는 물의 모양이 삼각뿔이므로 물의 부피는

$\frac{1}{3}\times\left(\frac{1}{2}\times10\times12\right)\times4=80(\text{cm}^3)$ 답 80 cm³

46 남아 있는 물의 모양이 삼각기둥이므로 물의 부피는

$\left(\frac{1}{2}\times6\times x\right)\times5=60$, $15x=60$

$\therefore x=4$ 답 ③

47 기울어진 그릇에 들어 있는 물의 모양이 삼각뿔이므로 물의 부피는

$\frac{1}{3}\times\left(\frac{1}{2}\times9\times6\right)\times12=108(\text{cm}^3)$ … ❶

바로 세운 그릇에 들어 있는 물의 모양이 사각기둥이므로 물의 부피는

$(9\times6)\times x=54x(\text{cm}^3)$ … ❷

두 그릇에 들어 있는 물의 양이 같으므로

$54x=108 \qquad \therefore x=2$ … ❸

답 2

채점 기준	배점
❶ 기울어진 그릇에 들어 있는 물의 부피 구하기	30%
❷ 바로 세운 그릇에 들어 있는 물의 부피를 x에 대한 식으로 나타내기	30%
❸ x의 값 구하기	40%

48 $(\text{부피})=\frac{1}{3}\times(\pi\times9^2)\times10$

$=270\pi(\text{cm}^3)$

답 ②

49 원뿔의 높이를 h cm라 하면

$\frac{1}{3}\times(\pi\times3^2)\times h=48\pi$

$3\pi h=48\pi \qquad \therefore h=16$

따라서 원뿔의 높이는 16 cm이다.

답 16 cm

50 (부피)=(원기둥의 부피)+(원뿔의 부피)

$=(\pi\times4^2)\times6+\frac{1}{3}\times(\pi\times4^2)\times3$

$=96\pi+16\pi=112\pi(\text{cm}^3)$

답 112π cm³

51 (부피)=(처음 원뿔의 부피)−(잘라 낸 원뿔의 부피)

$=\frac{1}{3}\times(\pi\times10^2)\times15-\frac{1}{3}\times(\pi\times6^2)\times9$

$=500\pi-108\pi$

$=392\pi(\text{cm}^3)$

답 392π cm³

52 회전체는 오른쪽 그림과 같은 원뿔이므로

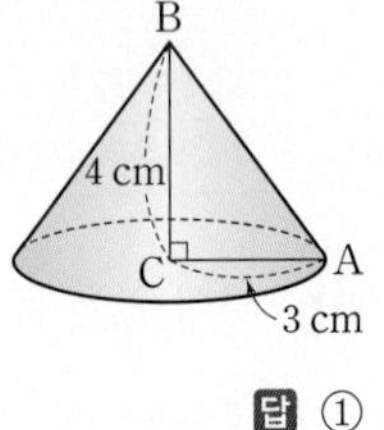

$(\text{부피})=\frac{1}{3}\times(\pi\times3^2)\times4$

$=12\pi(\text{cm}^3)$

답 ①

53 회전체는 오른쪽 그림과 같은 원뿔대이다.

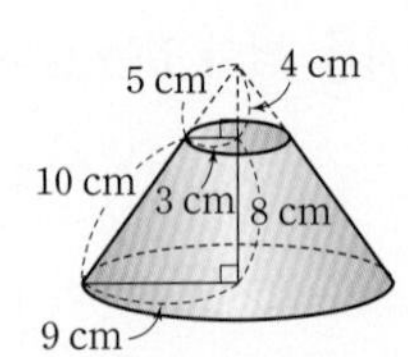

(1) (겉넓이)

$=\pi\times3^2+\pi\times9^2+\pi\times9\times15$

$-\pi\times3\times5$

$=9\pi+81\pi+135\pi-15\pi$

$=210\pi(\text{cm}^2)$

(2) $(\text{부피})=\frac{1}{3}\times(\pi\times9^2)\times12-\frac{1}{3}\times(\pi\times3^2)\times4$

$=324\pi-12\pi$

$=312\pi(\text{cm}^3)$

답 (1) 210π cm² (2) 312π cm³

54 회전체는 오른쪽 그림과 같으므로

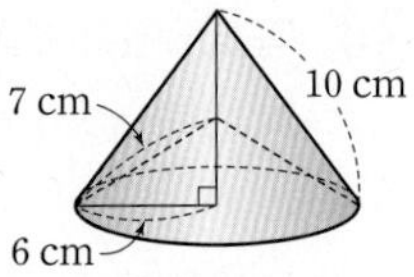

(겉넓이)

=(큰 원뿔의 옆넓이)

+(작은 원뿔의 옆넓이)

$=\pi\times6\times10+\pi\times6\times7$

$=60\pi+42\pi$

$=102\pi(\text{cm}^2)$

답 ①

55 잘라 낸 단면의 넓이의 합은 반지름의 길이가 4 cm인 원의 넓이와 같으므로

$(\text{겉넓이})=(\text{구의 겉넓이})\times\frac{3}{4}+(\text{원의 넓이})$

$=(4\pi\times4^2)\times\frac{3}{4}+\pi\times4^2$

$=48\pi+16\pi$

$=64\pi(\text{cm}^2)$

답 64π cm²

보충 TIP 구의 $\frac{1}{n}$을 잘라 낸 입체도형의 겉넓이는

$(\text{구의 겉넓이})\times\left(1-\frac{1}{n}\right)+(\text{잘라 낸 단면의 넓이의 합})$

56 $(\text{겉넓이})=(4\pi\times7^2)\times\frac{1}{2}+\pi\times7^2$

$=98\pi+49\pi$

$=147\pi(\text{cm}^2)$

답 147π cm²

57 (겉넓이)=(구의 겉넓이)+(원기둥의 옆넓이)

$=4\pi\times4^2+(2\pi\times4)\times3$

$=64\pi+24\pi$

$=88\pi(\text{cm}^2)$

답 88π cm²

58 구를 한 평면으로 자를 때 생기는 단면 중 가장 큰 단면은 구의 중심을 지나는 평면으로 자를 때 생기는 원이다.

이 원의 반지름의 길이는 구의 반지름의 길이와 같으므로 구의 반지름의 길이를 r cm라 하면

$\pi r^2=64\pi,\ r^2=64 \qquad \therefore r=8\ (r>0)$ … ❶

$\therefore$ (구의 겉넓이)$=4\pi\times8^2=256\pi(\text{cm}^2)$ … ❷

답 256π cm²

채점 기준	배점
❶ 구의 반지름의 길이 구하기	50%
❷ 구의 겉넓이 구하기	50%

59 (부피)=(반구의 부피)+(원뿔의 부피)

$=\left(\frac{4}{3}\pi\times6^3\right)\times\frac{1}{2}+\frac{1}{3}\times(\pi\times6^2)\times8$

$=144\pi+96\pi=240\pi(\text{cm}^3)$

답 240π cm³

60 (부피)=(구의 부피)×$\frac{7}{8}$

$=\left(\frac{4}{3}\pi\times 3^3\right)\times\frac{7}{8}$

$=\frac{63}{2}\pi(\text{cm}^3)$ 답 $\frac{63}{2}\pi\ \text{cm}^3$

> **보충 TIP** 구의 $\frac{1}{n}$을 잘라 낸 입체도형의 부피는
> (구의 부피)×$\left(1-\frac{1}{n}\right)$

61 (구의 부피)=$\frac{4}{3}\pi\times 3^3=36\pi(\text{cm}^3)$ … ❶

원뿔의 높이를 h cm라 하면

(원뿔의 부피)=$\frac{1}{3}\times(\pi\times 6^2)\times h=12\pi h(\text{cm}^3)$ … ❷

구와 원뿔의 부피가 같으므로

$36\pi=12\pi h$ $\quad\therefore h=3$

따라서 원뿔의 높이는 3 cm이다. … ❸

답 3 cm

채점 기준	배점
❶ 구의 부피 구하기	30%
❷ 원뿔의 부피를 높이에 대한 식으로 나타내기	30%
❸ 원뿔의 높이 구하기	40%

62 지름의 길이가 10 cm인 쇠공의 부피는

$\frac{4}{3}\pi\times 5^3=\frac{500}{3}\pi(\text{cm}^3)$

지름의 길이가 2 cm인 쇠공의 부피는

$\frac{4}{3}\pi\times 1^3=\frac{4}{3}\pi(\text{cm}^3)$

$\frac{500}{3}\pi\div\frac{4}{3}\pi=\frac{500}{3}\pi\times\frac{3}{4\pi}=125$이므로 지름의 길이가 2 cm인 쇠공을 최대 125개까지 만들 수 있다. 답 125개

63 회전체는 오른쪽 그림과 같으므로

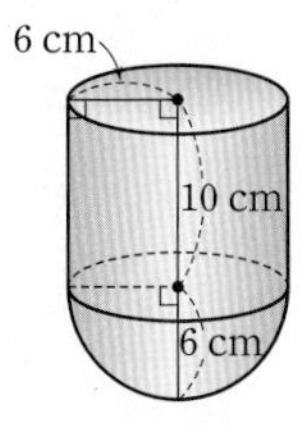

(부피)

=(원기둥의 부피)+(반구의 부피)

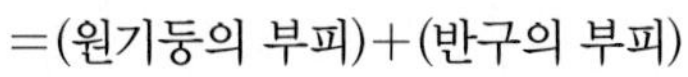

$=(\pi\times 6^2)\times 10+\left(\frac{4}{3}\pi\times 6^3\right)\times\frac{1}{2}$

$=360\pi+144\pi$

$=504\pi(\text{cm}^3)$ 답 $504\pi\ \text{cm}^3$

64 회전체는 오른쪽 그림과 같은 구이므로

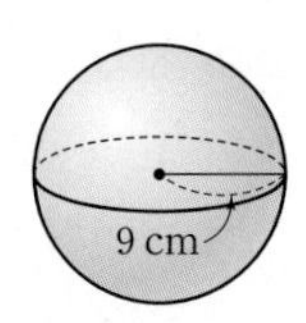

(겉넓이)=$4\pi\times 9^2=324\pi(\text{cm}^2)$

답 $324\pi\ \text{cm}^2$

65 회전체는 오른쪽 그림과 같으므로

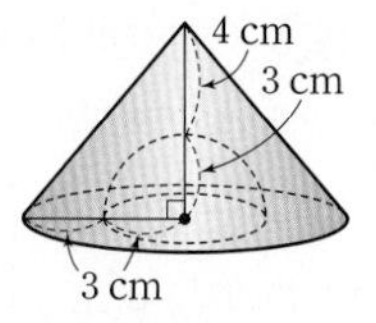

(부피)

=(원뿔의 부피)−(반구의 부피)

$=\frac{1}{3}\times(\pi\times 6^2)\times 7-\left(\frac{4}{3}\pi\times 3^3\right)\times\frac{1}{2}$

$=84\pi-18\pi=66\pi(\text{cm}^3)$ 답 $66\pi\ \text{cm}^3$

66 회전체는 오른쪽 그림과 같으므로

4 cm

6 cm

(겉넓이)

$=(4\pi\times 4^2)\times\frac{1}{2}+(4\pi\times 6^2)\times\frac{1}{2}$

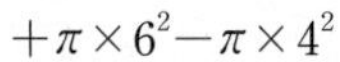

$+\pi\times 6^2-\pi\times 4^2$

$=32\pi+72\pi+36\pi-16\pi=124\pi(\text{cm}^2)$ 답 $124\pi\ \text{cm}^2$

67 원기둥의 밑면인 원의 반지름의 길이를 r cm라 하면 높이는 $2r$ cm이므로

$\pi r^2\times 2r=2\pi r^3=432\pi$ $\quad\therefore r^3=216$

(원뿔의 부피)=$\frac{1}{3}\pi r^2\times 2r=\frac{2}{3}\pi r^3$

$=\frac{2}{3}\pi\times 216=144\pi(\text{cm}^3)$

$\therefore a=144$

(구의 부피)=$\frac{4}{3}\pi r^3=\frac{4}{3}\pi\times 216=288\pi(\text{cm}^3)$

$\therefore b=288$

$\therefore a+b=144+288=432$ 답 432

다른 풀이 (원뿔의 부피) : (구의 부피) : (원기둥의 부피)

=1 : 2 : 3

이므로 (원뿔의 부피) : (원기둥의 부피)=1 : 3에서

$a\pi : 432\pi=1 : 3$, $3a\pi=432\pi$

$\therefore a=144$

(구의 부피) : (원기둥의 부피)=2 : 3에서

$b\pi : 432\pi=2 : 3$, $3b\pi=864\pi$

$\therefore b=288$

$\therefore a+b=144+288=432$

68 구의 반지름의 길이를 r cm라 하면

$\frac{4}{3}\pi r^3=36\pi$ $\quad\therefore r^3=27$

∴ (원뿔의 부피)=$\frac{1}{3}\pi r^2\times 2r=\frac{2}{3}\pi r^3$

$=\frac{2}{3}\pi\times 27$

$=18\pi(\text{cm}^3)$ 답 $18\pi\ \text{cm}^3$

다른 풀이 (원뿔의 부피) : (구의 부피) : (원기둥의 부피)

=1 : 2 : 3

이므로 (원뿔의 부피) : (구의 부피)=1 : 2에서

(원뿔의 부피) : 36π=1 : 2, (원뿔의 부피)×2=36π

∴ (원뿔의 부피)=$18\pi(\text{cm}^3)$

69 (공 3개의 부피의 합)$=\left(\frac{4}{3}\pi\times2^3\right)\times3$

$=32\pi(\text{cm}^3)$ … ❶

통은 밑면인 원의 반지름의 길이가 2 cm,

높이가 $2\times6=12(\text{cm})$인 원기둥 모양이므로

(통의 부피)$=(\pi\times2^2)\times12$

$=48\pi(\text{cm}^3)$ … ❷

따라서 공 3개를 제외한 통의 빈 공간의 부피는

$48\pi-32\pi=16\pi(\text{cm}^3)$ … ❸

답 $16\pi\ \text{cm}^3$

채점 기준	배점
❶ 공 3개의 부피의 합 구하기	40%
❷ 통의 부피 구하기	40%
❸ 공 3개를 제외한 통의 빈 공간의 부피 구하기	20%

70 구하는 정팔면체의 부피는 밑면인 정사각형의 대각선의 길이가 12 cm이고 높이가 6 cm인 사각뿔의 부피의 2배와 같으므로

(부피)$=\left\{\frac{1}{3}\times\left(\frac{1}{2}\times12\times12\right)\times6\right\}\times2$

$=288(\text{cm}^3)$

답 $288\ \text{cm}^3$

보충 TIP 정사각형은 마름모이므로 두 대각선은 서로를 수직이등분한다.

➜ (정사각형의 넓이)=(마름모의 넓이)

$=\frac{1}{2}\times2r\times2r$

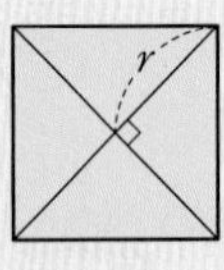

71 (정육면체의 부피)$=4\times4\times4=64(\text{cm}^3)$

(구의 부피)$=\frac{4}{3}\pi\times2^3=\frac{32}{3}\pi(\text{cm}^3)$

(사각뿔의 부피)$=\frac{1}{3}\times(4\times4)\times4=\frac{64}{3}(\text{cm}^3)$

따라서 정육면체, 구, 사각뿔의 부피의 비는

$64:\frac{32}{3}\pi:\frac{64}{3}=6:\pi:2$

답 ③

72 정육면체의 각 면의 한가운데 점을 연결하여 만든 입체도형은 정팔면체이다.

따라서 구하는 정팔면체의 부피는 밑면인 정사각형의 대각선의 길이가 6 cm이고 높이가 3 cm인 사각뿔의 부피의 2배와 같으므로

(부피)$=\left\{\frac{1}{3}\times\left(\frac{1}{2}\times6\times6\right)\times3\right\}\times2$

$=36(\text{cm}^3)$

답 $36\ \text{cm}^3$

보충 TIP 정육면체 각 면의 한가운데 점을 연결하여 만든 입체도형은 정다면체이다. 이때 정육면체의 면의 개수는 6이므로 꼭짓점의 개수가 6인 정다면체는 정팔면체이다.

Real 실전 기출

124~126쪽

01 사각기둥의 높이를 h cm라 하면

$\left\{\frac{1}{2}\times(3+6)\times4\right\}\times2+(3+4+6+5)\times h=180$

$36+18h=180,\ 18h=144$

$\therefore h=8$

따라서 사각기둥의 높이는 8 cm이다.

답 ③

02 캔의 밑면인 원의 반지름의 길이를 r cm라 하면

$2\pi r=10\pi \quad \therefore r=5$

$\therefore$ (부피)$=(\pi\times5^2)\times4$

$=100\pi(\text{cm}^3)$

답 $100\pi\ \text{cm}^3$

03 (겉넓이)$=\left(\pi\times8^2\times\frac{270}{360}\right)\times2$

$+\left(2\pi\times8\times\frac{270}{360}+8\times2\right)\times12$

$=96\pi+144\pi+192$

$=240\pi+192(\text{cm}^2)$

답 $(240\pi+192)\ \text{cm}^2$

04 (부피)=(큰 원기둥의 부피)−(작은 원기둥의 부피)

$=(\pi\times4^2)\times9-(\pi\times2^2)\times5$

$=144\pi-20\pi=124\pi(\text{cm}^3)$

답 ⑤

05 (겉넓이)$=4\times4+8\times8+\left\{\frac{1}{2}\times(4+8)\times6\right\}\times4$

$=16+64+144=224(\text{cm}^2)$

답 $224\ \text{cm}^2$

06 사각뿔의 높이를 h cm라 하면

$\frac{1}{3}\times(5\times5)\times h=225,\ \frac{25}{3}h=225 \quad \therefore h=27$

따라서 사각뿔의 높이는 27 cm이다.

답 ⑤

07 (겉넓이)

$=\pi\times3^2+\pi\times6^2+\pi\times6\times10-\pi\times3\times5$

$=9\pi+36\pi+60\pi-15\pi=90\pi(\text{cm}^2)$

$\therefore a=90$

(부피)$=\frac{1}{3}\times(\pi\times6^2)\times8-\frac{1}{3}\times(\pi\times3^2)\times4$

$=96\pi-12\pi=84\pi(\text{cm}^3)$

$\therefore b=84$

$\therefore a-b=90-84=6$

답 6

08 야구공의 겉넓이는

$4\pi\times3^2=36\pi(\text{cm}^2)$

따라서 가죽 한 조각의 넓이는

$\frac{1}{2}\times36\pi=18\pi(\text{cm}^2)$

답 $18\pi\ \text{cm}^2$

09 회전체는 오른쪽 그림과 같으므로

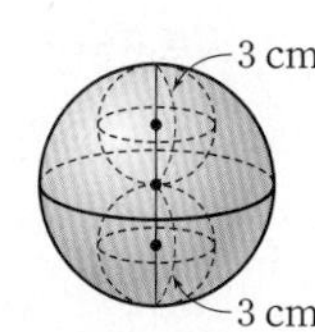

(부피)

$=\frac{4}{3}\pi\times3^3-\left\{\frac{4}{3}\pi\times\left(\frac{3}{2}\right)^3\right\}\times2$

$=36\pi-9\pi$

$=27\pi(\text{cm}^3)$ 답 $27\pi\ \text{cm}^3$

10 원기둥 안에 꼭 맞게 들어 있는 구와 원뿔에 대하여

원뿔, 구, 원기둥의 부피의 비는 1 : 2 : 3이다.

ㄱ. (원뿔의 부피) : (구의 부피)=1 : 2이므로 원뿔의 부피는 구의 부피의 $\frac{1}{2}$이다.

ㄴ. (원뿔의 부피) : (원기둥의 부피)=1 : 3이므로 원뿔의 부피는 원기둥의 부피의 $\frac{1}{3}$이다.

ㄷ. (구의 부피) : (원기둥의 부피)=2 : 3이므로 구의 부피는 원기둥의 부피의 $\frac{2}{3}$이다.

ㄹ. (원기둥의 부피)−(원뿔의 부피)

$=(\pi\times1^2)\times2-\frac{1}{3}\times(\pi\times1^2)\times2$

$=\frac{4}{3}\pi(\text{cm}^3)$

따라서 옳은 것은 ㄷ, ㄹ이다. 답 ㄷ, ㄹ

참고 원뿔, 구, 원기둥의 부피를 각각 구한 다음 부피의 비를 확인해도 된다.

11 (부피)=(삼각기둥의 부피)−(사각뿔의 부피)

$=\left(\frac{1}{2}\times3\times5\right)\times4-\frac{1}{3}\times(5\times2)\times3$

$=30-10=20(\text{cm}^3)$ 답 ①

12 회전체는 오른쪽 그림과 같으므로 원뿔 (가)의 높이를 a cm, 원뿔 (나)의 높이를 b cm라 하면

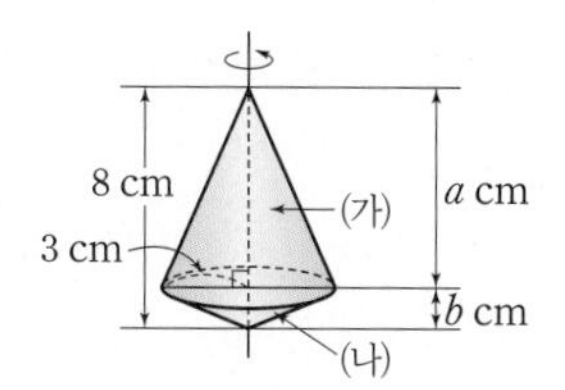

$a+b=8$

$\therefore$ (부피)$=\frac{1}{3}\times(\pi\times3^2)\times a$

$+\frac{1}{3}\times(\pi\times3^2)\times b$

$=3\pi\times(a+b)$

$=3\pi\times8$

$=24\pi(\text{cm}^3)$ 답 $24\pi\ \text{cm}^3$

13 정육면체의 한 모서리의 길이를 a cm라 하면

$7a^3=189,\ a^3=27=3^3\qquad\therefore a=3$

이 입체도형에서 중심에 있는 정육면체를 제외한 6개의 정육면체는 각각 5개의 면이 밖으로 드러나 있다.

$\therefore$ (겉넓이)$=(3\times3)\times5\times6$

$=270(\text{cm}^2)$ 답 $270\ \text{cm}^2$

14 입체도형은 오른쪽 그림과 같은 삼각뿔이므로

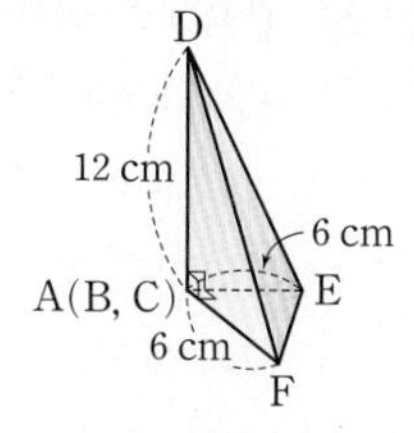

(부피)$=\frac{1}{3}\times\left(\frac{1}{2}\times6\times6\right)\times12$

$=72(\text{cm}^3)$

답 $72\ \text{cm}^3$

15 원뿔의 밑면인 원의 둘레의 길이는 $2\pi\times3=6\pi(\text{cm})$

원뿔의 모선의 길이를 l cm라 하면 원 O의 둘레의 길이는

$2\pi\times l=2\pi l(\text{cm})$

이때 3회전 하고 다시 처음 위치로 돌아왔으므로

$2\pi l=6\pi\times3\qquad\therefore l=9$

$\therefore$ (옆넓이)$=\pi\times3\times9=27\pi(\text{cm}^2)$ 답 $27\pi\ \text{cm}^2$

16 주어진 입체도형은 오른쪽 그림과 같다. … ❶

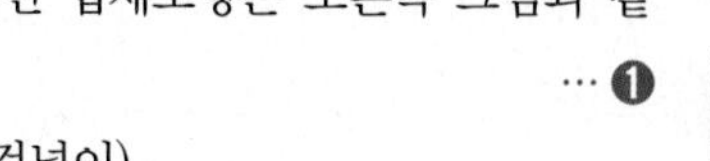

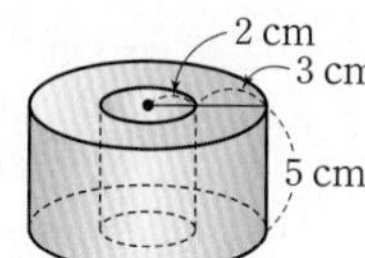

$\therefore$ (겉넓이)

$=(\pi\times5^2-\pi\times2^2)\times2$

$+(2\pi\times5)\times5+(2\pi\times2)\times5$

$=42\pi+50\pi+20\pi$

$=112\pi(\text{cm}^2)$ … ❷

답 $112\pi\ \text{cm}^2$

채점 기준	배점
❶ 주어진 입체도형 그리기	50%
❷ 입체도형의 겉넓이 구하기	50%

17 정육면체의 한 모서리의 길이를 a cm라 하면

(작은 입체도형의 부피)=(삼각뿔 P−CBG의 부피)

$=\frac{1}{3}\times\left(\frac{1}{2}\times a\times a\right)\times\frac{1}{2}a$

$=\frac{1}{12}a^3(\text{cm}^3)$ … ❶

(큰 입체도형의 부피)

=(정육면체의 부피)−(작은 입체도형의 부피)

$=a^3-\frac{1}{12}a^3$

$=\frac{11}{12}a^3(\text{cm}^3)$ … ❷

따라서 큰 입체도형의 부피는 작은 입체도형의 부피의 11배이다. … ❸

답 11배

채점 기준	배점
❶ 작은 입체도형의 부피 구하기	40%
❷ 큰 입체도형의 부피 구하기	40%
❸ 큰 입체도형의 부피는 작은 입체도형의 부피의 몇 배인지 구하기	20%

18 칸막이가 있을 때, 물의 부피는

$6\times9\times3+9\times9\times7=162+567$

$=729(\text{cm}^3)$ … ❶

칸막이를 뺄 때, 물의 높이를 h cm라 하면 칸막이가 있을 때의 물의 부피와 칸막이를 뺀 후의 물의 부피는 같으므로

$(6+9)\times9\times h=729 \quad \therefore h=\frac{27}{5}$

따라서 칸막이를 뺄 때, 물의 높이는 $\frac{27}{5}$ cm이다. … ❷

답 $\frac{27}{5}$ cm

채점 기준	배점
❶ 칸막이가 있을 때, 물의 부피 구하기	50%
❷ 칸막이를 뺄 때, 물의 높이 구하기	50%

19 그릇에 물을 가득 채울 때, 물의 부피는

$\frac{1}{3}\times(\pi\times6^2)\times9=108\pi(\text{cm}^3)$ … ❶

물을 1분에 3π cm^3씩 넣으므로 빈 그릇을 가득 채우는 데 걸리는 시간은

$108\pi\div3\pi=36$(분) … ❷

답 36분

채점 기준	배점
❶ 가득 채운 물의 부피 구하기	50%
❷ 가득 채우는 데 걸리는 시간 구하기	50%

20 회전체는 오른쪽 그림과 같다.

… ❶

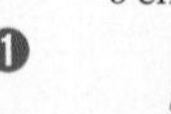

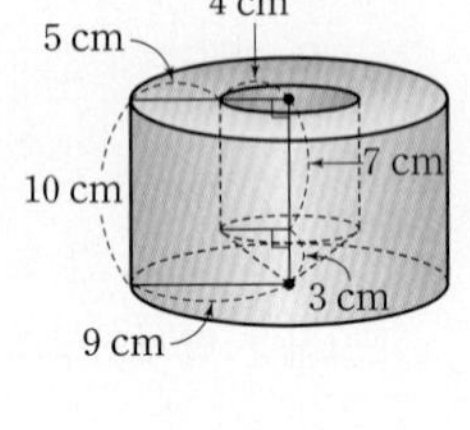

(큰 원기둥의 부피)$=(\pi\times9^2)\times10$

$=810\pi(\text{cm}^3)$

(작은 원기둥의 부피)$=(\pi\times4^2)\times7$

$=112\pi(\text{cm}^3)$

(원뿔의 부피)$=\frac{1}{3}\times(\pi\times4^2)\times3=16\pi(\text{cm}^3)$ … ❷

$\therefore$ (회전체의 부피)

=(큰 원기둥의 부피)−(작은 원기둥의 부피)

−(원뿔의 부피)

$=810\pi-112\pi-16\pi$

$=682\pi(\text{cm}^3)$ … ❸

답 682π cm^3

채점 기준	배점
❶ 회전체 그리기	30%
❷ 큰 원기둥, 작은 원기둥, 원뿔의 부피 구하기	50%
❸ 회전체의 부피 구하기	20%

21 쇠구슬 1개의 부피는 $\frac{4}{3}\pi\times3^3=36\pi(\text{cm}^3)$ … ❶

이므로 줄어든 물의 부피는 $3\times36\pi=108\pi(\text{cm}^3)$ … ❷

줄어든 물의 높이를 h cm라 하면

$(\pi\times6^2)\times h=108\pi$

$36\pi h=108\pi \quad \therefore h=3$

따라서 줄어든 물의 높이는 3 cm이다. … ❸

답 3 cm

채점 기준	배점
❶ 쇠구슬 1개의 부피 구하기	30%
❷ 줄어든 물의 부피 구하기	30%
❸ 줄어든 물의 높이 구하기	40%

09 자료의 정리와 해석

Real 실전 개념 129, 131쪽

01 답 (6|0은 60점)

줄기	잎
6	0 2 5 6 6
7	2 3 4 5 5 6 8 8 9 9
8	0 2 5

02 답 7

03 답 85점

04 답 (0|2는 2시간)

줄기	잎
0	2 4 6 7 8
1	0 0 1 2 2 4 5
2	3 5 6 6
3	0 4

05 봉사 활동 시간이 25시간 이상 30시간 미만인 학생은 봉사 활동 시간이 25시간, 26시간, 26시간의 3명이다. 답 3

06 답 6시간

07 답 가장 작은 변량: 52점, 가장 큰 변량: 96점

08 답

성적(점)	도수(명)
50이상 ~ 60미만	1
60 ~ 70	4
70 ~ 80	7
80 ~ 90	5
90 ~ 100	3
합계	20

09 답 5

10 계급의 크기는 $60-50=10$(점) 답 10점

11 답 50점 이상 60점 미만

12 답 28 m 이상 32 m 미만

13 $A=40-(2+10+8+5)=15$ 답 15

14 답 20 m 이상 24 m 미만

15 기록이 20 m 미만인 학생 수는 $2+10=12$ 답 12

16 답

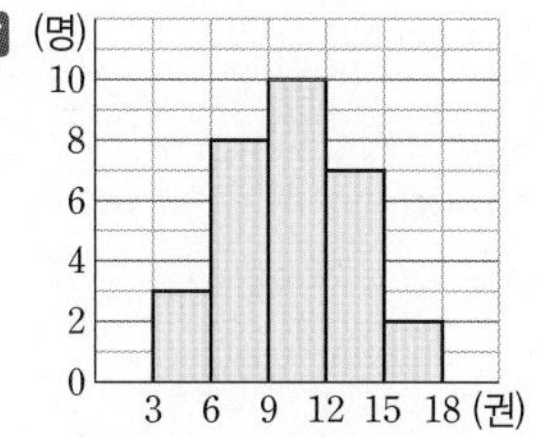

17 답 6

18 계급의 크기는 $10-5=5$(분) 답 5분

19 전체 학생 수는
$2+7+10+9+6+1=35$ 답 35

20 도수가 가장 큰 계급은 15분 이상 20분 미만이고 도수는 10명이므로 이 계급의 직사각형의 넓이는
$5\times10=50$ 답 50

21 답

22 답 5

23 계급의 크기는 $6-3=3$(회) 답 3회

24 전체 학생 수는
$6+10+12+4+2=34$ 답 34

25 답 15회 이상 18회 미만

26 (도수분포다각형과 가로축으로 둘러싸인 부분의 넓이)
=(계급의 크기)×(도수의 총합)
$=3\times34=102$ 답 102

27 답

성적(점)	도수(명)	상대도수
50이상 ~ 60미만	2	0.05
60 ~ 70	8	0.2
70 ~ 80	14	0.35
80 ~ 90	12	0.3
90 ~ 100	4	0.1
합계	40	1

28 답 70점 이상 80점 미만

29 답 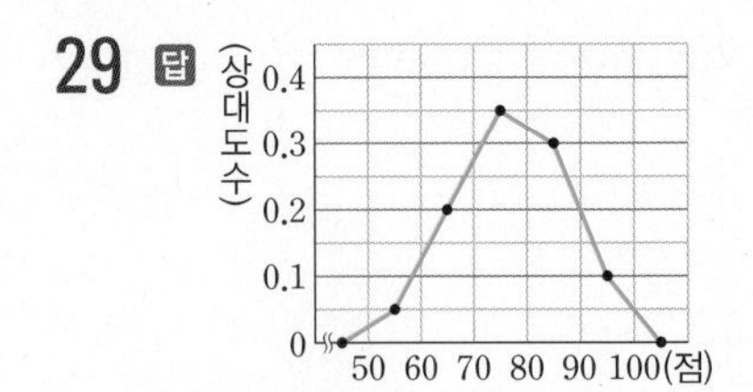

132~141쪽

01 ① 잎이 가장 많은 줄기는 5이다.
② 몸무게가 50 kg 미만인 학생은 5명이다.
④ 전체 학생 수는
$5+7+6+2=20$
⑤ 몸무게가 70 kg 이상인 학생은 2명이므로
$\frac{2}{20}\times100=10(\%)$
답 ③

02 남학생 중 통학 시간이 6번째로 짧은 학생의 통학 시간은 15분이다.
따라서 여학생 중 통학 시간이 15분보다 짧은 학생은 통학 시간이 7분, 8분, 13분, 14분으로 4명이다. 답 4

03 ① 계급의 개수는 5이다.
② 계급의 크기는 $1-0=1$(만 원)
③ 통신비가 2만 원인 학생이 속하는 계급은 2만 원 이상 3만 원 미만이다.
⑤ 통신비가 가장 많은 학생의 통신비는 알 수 없다.
답 ④

04 성적이 20점 이상인 학생 수는
2
성적이 16점 이상인 학생 수는
$3+2=5$
성적이 12점 이상인 학생 수는
$7+3+2=12$ … ❶
따라서 성적이 7번째로 높은 학생이 속하는 계급은 12점 이상 16점 미만이고 도수는 7명이다. … ❷
답 7명

채점 기준	배점
❶ 성적이 20점, 16점, 12점 이상인 학생 수 구하기	50%
❷ 성적이 7번째로 높은 학생이 속하는 계급의 도수 구하기	50%

보충 TIP 변량이 큰 쪽에서 ★번째인 계급을 구할 때는 아래에서부터 차례대로 세어 ★번째가 속하는 계급을 찾는다.

05 ② 계급의 크기는 $150-145=5$(cm)
③ $A=38-(5+8+11+4+2)=8$
④ 키가 155 cm 미만인 학생은
$5+8=13$(명)
답 ④

06 맥박 수가 75회 이상 80회 미만인 학생 수는
$25-(3+9+5+2)=6$
맥박 수가 75회 미만인 학생 수는 3
80회 미만인 학생 수는 $3+6=9$
85회 미만인 학생 수는 $3+6+9=18$
따라서 맥박 수가 10번째로 적은 학생이 속하는 계급은 80회 이상 85회 미만이다. 답 80회 이상 85회 미만

07 A의 값이 B의 값의 2배이므로 $A=2B$
$A+29+34+B+4=100$이므로
$2B+29+34+B+4=100$, $3B=33$
$\therefore B=11$
$\therefore A=2B=2\times11=22$
도수가 가장 큰 계급은 40세 이상 60세 미만이고 도수는 34명이다.
$\therefore a=34$
도수가 가장 작은 계급은 80세 이상 100세 미만이고 도수는 4명이다.
$\therefore b=4$
$\therefore a+b=34+4=38$
답 38

08 성적이 60점 이상 70점 미만인 학생은 6명이므로
$\frac{6}{(\text{전체 학생 수})}\times100=20$
$\therefore$ (전체 학생 수)$=30$
따라서 성적이 60점 미만인 학생 수는
$30-(6+11+7+3)=3$
답 3

09 기록이 17초 미만인 학생 수는
$30\times\frac{40}{100}=12$
이므로 $3+4+A=12$
$\therefore A=5$ … ❶
$\therefore B=30-(12+8+1)=9$ … ❷
$\therefore B-A=9-5=4$ … ❸
답 4

채점 기준	배점
❶ A의 값 구하기	50%
❷ B의 값 구하기	40%
❸ $B-A$의 값 구하기	10%

10 공부 시간이 9시간 이상인 학생 수는

$25\times\frac{20}{100}=5$

공부 시간이 3시간 이상 6시간 미만인 학생 수는

$25-(5+8+5)=7$

$\therefore \frac{7}{25}\times100=28(\%)$ 답 28 %

11 ① 계급의 개수는 6이다.

② 계급의 크기는

$70-65=5(g)$

③ 전체 귤의 개수는

$2+6+12+16+10+4=50$

④ 무게가 70 g 이상 75 g 미만인 귤은 6개이므로

$\frac{6}{50}\times100=12(\%)$

⑤ 무게가 90 g 이상인 귤의 개수는 4

85 g 이상인 귤의 개수는 $10+4=14$

따라서 무게가 무거운 쪽에서 12번째인 귤이 속하는 계급은 85 g 이상 90 g 미만이다. 답 ⑤

12 전체 학생 수는

$4+5+8+6+2=25$

손 씻는 횟수가 5회 이상 13회 미만인 학생 수는

$5+8=13$

$\therefore \frac{13}{25}\times100=52(\%)$ 답 52 %

13 전체 학생 수는

$3+5+11+8+2+1=30$ … ❶

상위 10 % 이내에 드는 학생 수는

$30\times\frac{10}{100}=3$ … ❷

따라서 상위 10 % 이내에 들려면 성적이 높은 쪽에서 3번째 이내에 들어야 한다.

성적이 90점 이상인 학생 수는 1

80점 이상인 학생 수는

$2+1=3$

따라서 적어도 80점을 받아야 한다. … ❸

답 80점

채점 기준	배점
❶ 전체 학생 수 구하기	30%
❷ 상위 10 % 이내에 드는 학생 수 구하기	30%
❸ 대회에 참가하기 위한 최소 성적 구하기	40%

14 계급의 크기는 $30-10=20$(분)

도수가 가장 큰 계급은 50분 이상 70분 미만이므로

$a=20\times10=200$

도수가 가장 작은 계급은 110분 이상 130분 미만이므로

$b=20\times1=20$

$\therefore a-b=200-20=180$ 답 180

15 (직사각형의 넓이의 합)

=(계급의 크기)×(도수의 총합)

$=10\times(3+7+12+11+5+2)$

$=400$ 답 400

16 계급의 크기는 $5-0=5$(회)

도수가 가장 큰 계급은 15회 이상 20회 미만이고 이 계급의 직사각형의 넓이는

$5\times10=50$

5회 이상 10회 미만인 계급의 직사각형의 넓이는

$5\times5=25$

$50\div25=2$이므로 도수가 가장 큰 계급의 직사각형의 넓이는 5회 이상 10회 미만인 계급의 직사각형의 넓이의 2배이다. 답 2배

다른 풀이 도수가 가장 큰 계급은 15회 이상 20회 미만이고 이 계급의 도수는 10명이다.

또, 5회 이상 10회 미만인 계급의 도수는 5명이다.

각 직사각형의 넓이는 각 계급의 도수에 정비례하고 $10\div5=2$이므로 도수가 가장 큰 계급의 직사각형의 넓이는 5회 이상 10회 미만인 계급의 직사각형의 넓이의 2배이다.

17 소음도가 65 dB 미만인 도시의 수는

$30\times\frac{50}{100}=15$

따라서 소음도가 70 dB 이상 75 dB 미만인 도시의 수는

$30-(15+5+1)=9$ 답 9

18 이용 횟수가 8회 이상 10회 미만인 학생 수는 7이므로

$\frac{7}{(\text{전체 학생 수})}\times100=20$

$\therefore$ (전체 학생 수)$=35$

따라서 이용 횟수가 6회 이상 8회 미만인 학생 수는

$35-(4+8+7+4)=12$ 답 12

19 필기구가 15개 이상 18개 미만인 학생 수를 x라 하면 필기구가 12개 이상 15개 미만인 학생 수는 $2x$이므로

$2+4+6+2x+x=27$

$3x=15 \quad \therefore x=5$

따라서 필기구가 12개 이상 15개 미만인 학생 수는

$2\times5=10$ 답 10

20 전체 학생 수는

$3+10+12+9+6=40$

도수가 가장 큰 계급은 70점 이상 80점 미만이므로

$\frac{12}{40}\times100=30(\%)$ 답 30 %

21 계급의 개수는 5이므로

$a=5$ … ❶

계급의 크기는 $16-15=1(\text{cm})$이므로

$b=1$ … ❷

전체 학생 수는 $6+10+12+4+3=35$이므로

$c=35$ … ❸

$\therefore a-b+c=5-1+35=39$ … ❹

답 39

채점 기준	배점
❶ a의 값 구하기	30%
❷ b의 값 구하기	30%
❸ c의 값 구하기	30%
❹ $a-b+c$의 값 구하기	10%

22 ③ 도수가 가장 큰 계급은 30분 이상 40분 미만이므로

$\frac{8}{25}\times100=32(\%)$

④ 대기 시간이 50분 이상인 환자 수는 2

40분 이상인 환자 수는 $5+2=7$

따라서 대기 시간이 긴 쪽에서 5번째인 환자가 속하는 계급은 40분 이상 50분 미만이다. 답 ③

23 판매량이 50송이 이상 60송이 미만인 일수는

$30\times\frac{30}{100}=9$

따라서 판매량이 60송이 이상 70송이 미만인 일수는

$30-(1+3+4+9+5+2)=6$ 답 6

24 성적이 70점 미만인 학생 수는

$35\times\frac{40}{100}=14$

이므로

$a=14-(1+6)=7$ … ❶

$b=35-(14+8+3)=10$ … ❷

$\therefore b-a=10-7=3$ … ❸

답 3

채점 기준	배점
❶ a의 값 구하기	50%
❷ b의 값 구하기	40%
❸ $b-a$의 값 구하기	10%

25 성적이 60점 이상 70점 미만인 학생 수를 x라 하면

$x:5=2:1 \quad \therefore x=10$

$\therefore$ (전체 학생 수)$=3+5+10+9+3=30$

따라서 70점 이상인 학생은 전체의

$\frac{9+3}{30}\times100=\frac{12}{30}\times100=40(\%)$ 답 40 %

26 ① 전체 학생 수는

1반: $1+2+6+8+2+1=20$

2반: $1+4+7+5+3=20$

따라서 1반과 2반의 전체 학생 수는 같다.

② 각각의 그래프와 가로축으로 둘러싸인 부분의 넓이는 $5\times20=100$으로 같다.

③ 2반에서 사용 횟수가 35회 이상인 학생 수는 3

30회 이상인 학생 수는 $5+3=8$

따라서 2반에서 사용 횟수가 많은 쪽에서 8번째인 학생이 속하는 계급은 30회 이상 35회 미만이다.

④ 1반에서 사용 횟수가 가장 많은 학생이 속하는 계급은 35회 이상 40회 미만이다.

⑤ 사용 횟수가 20회 이상 25회 미만인 학생은 1반이 6명, 2반이 4명이므로 2반보다 1반이 더 많다. 답 ③

27 ㄱ. 전체 학생 수는

남학생: $1+3+7+9+3+2=25$

여학생: $1+2+5+8+6+3=25$

따라서 전체 남학생 수와 전체 여학생 수는 같다.

ㄴ. 남학생의 그래프가 여학생의 그래프보다 왼쪽으로 치우쳐 있으므로 남학생의 기록이 여학생의 기록보다 더 좋은 편이다.

ㄷ. 기록이 12초 이상 13초 미만인 계급에 속하는 학생은 남학생뿐이므로 기록이 가장 좋은 학생은 남학생이다.

ㄹ. 여학생 중 도수가 가장 큰 계급은 16초 이상 17초 미만이므로

$\frac{8}{25}\times100=32(\%)$

따라서 옳은 것은 ㄱ, ㄷ, ㄹ이다. 답 ㄱ, ㄷ, ㄹ

보충 TIP 도수의 총합이 같은 두 개 이상의 자료가 도수분포다각형으로 주어질 때, 그래프가 오른쪽으로 치우쳐 있을수록 변량이 큰 자료가 많은 편이다.

28 전체 학생 수는

$4+8+6+4+2=24$

기록이 8회인 학생이 속하는 계급은 7회 이상 9회 미만이고 도수가 6명이므로 구하는 상대도수는

$\frac{6}{24}=0.25$ 답 ②

29 읽은 책의 수가 5권 이상 10권 미만인 학생 수는

$40-(3+12+10+8+1)=6$

따라서 구하는 상대도수는

$\frac{6}{40}=0.15$ 답 0.15

30 전체 포도의 수는

$7+14+9+6+4=40$ … ❶

도수가 가장 큰 계급은 10 Brix 이상 14 Brix 미만이고 도수는 14송이이다. … ❷

따라서 구하는 상대도수는

$\frac{14}{40}=0.35$ … ❸

답 0.35

채점 기준	배점
❶ 전체 포도의 수 구하기	30%
❷ 도수가 가장 큰 계급의 도수 구하기	30%
❸ 도수가 가장 큰 계급의 상대도수 구하기	40%

31 (전체 학생 수)$=\frac{6}{0.2}=30$ 답 ③

32 (도수)$=50\times0.16=8$ 답 ②

33 (도수의 총합)$=\frac{12}{0.3}=40$

따라서 도수가 7인 계급의 상대도수는

$\frac{7}{40}=0.175$ 답 0.175

34 (도수의 총합)$=\frac{9}{0.15}=60$이므로

$a=60\times0.2=12$, $b=60\times0.35=21$

$\therefore a+b=12+21=33$ 답 33

다른 풀이 (도수의 총합)$=\frac{9}{0.15}=60$이므로

$a+b=60\times(0.2+0.35)=33$

35 (1) $A=\frac{13}{50}=0.26$

$B=50\times0.38=19$

$C=1$

(2) 통학 시간이 40분 이상 50분 미만인 계급의 상대도수는

$1-(0.08+0.26+0.38+0.18)=0.1$

도수가 가장 큰 계급은 상대도수가 가장 큰 계급이므로 20분 이상 30분 미만인 계급이다.

$\therefore 0.38\times100=38(\%)$

답 (1) $A=0.26$, $B=19$, $C=1$ (2) 38 %

36 무게가 60 g 이상 65 g 미만인 달걀의 개수가 6이므로

(전체 달걀의 개수)$=\frac{6}{0.15}=40$

50 g 이상 55 g 미만인 계급의 상대도수는

$1-(0.1+0.2+0.3+0.15)=0.25$

따라서 상대도수가 가장 큰 계급은 55 g 이상 60 g 미만이므로 이 계급에 속하는 달걀의 개수는

$40\times0.3=12$ 답 12

다른 풀이 50 g 이상 55 g 미만인 계급의 상대도수는

$1-(0.1+0.2+0.3+0.15)=0.25$

따라서 상대도수가 가장 큰 계급은 55 g 이상 60 g 미만이므로 이 계급에 속하는 달걀의 개수를 x라 하면

$6:x=0.15:0.3$, $6:x=1:2$

$\therefore x=12$

37 250 kcal 이상 300 kcal 미만인 계급의 상대도수를 x라 하면 350 kcal 이상 400 kcal 미만인 계급의 상대도수는 $2x$이므로

$x+0.24+2x+0.17+0.05=1$

$3x=0.54$ $\therefore x=0.18$

따라서 350 kcal 이상 400 kcal 미만인 계급의 상대도수는 $2x=2\times0.18=0.36$이므로 빵의 개수는

$100\times0.36=36$ 답 36

38 (전체 회원 수)$=\frac{3}{0.075}=40$

따라서 4시간 이상 6시간 미만인 계급의 상대도수는

$\frac{9}{40}=0.225$ 답 0.225

다른 풀이 4시간 이상 6시간 미만인 계급의 상대도수를 x라 하면

$3:9=0.075:x$, $1:3=0.075:x$

$\therefore x=0.225$

39 (전체 학생 수)$=\frac{4}{0.2}=20$

따라서 성적이 60점 이상 70점 미만인 학생 수는

$20\times0.25=5$ 답 ①

40 (전체 학생 수)$=\frac{6}{0.12}=50$ … ❶

용돈이 2만 원 미만인 학생이 전체의 30 %이므로 2만 원 미만인 계급의 상대도수는 0.3이다.

즉, 1만 원 이상 2만 원 미만인 계급의 상대도수는

$0.3-0.12=0.18$ … ❷

따라서 용돈이 1만 원 이상 2만 원 미만인 학생 수는

$50\times0.18=9$ … ❸

답 9

채점 기준	배점
❶ 전체 학생 수 구하기	30%
❷ 1만 원 이상 2만 원 미만인 계급의 상대도수 구하기	40%
❸ 용돈이 1만 원 이상 2만 원 미만인 학생 수 구하기	30%

41 60점 이상 70점 미만인 계급의 상대도수가 0.3이므로
$a=50\times0.3=15$
40점 이상 50점 미만인 계급의 상대도수가 0.04이므로
$b=50\times0.04=2$
$\therefore a-b=15-2=13$
답 13

42 ① 계급의 크기는 $5-4=1$(시간)
② 8시간 이상인 계급의 상대도수는 0.25이므로 학생 수는
$60\times0.25=15$
③ 수면 시간이 6시간 이상 8시간 미만인 학생 수는
$60\times(0.2+0.3)=30$
④ 도수가 가장 작은 계급은 4시간 이상 5시간 미만이고 상대도수가 0.1이므로 이 계급에 속하는 학생 수는
$60\times0.1=6$
⑤ 6시간 미만인 계급의 상대도수의 합은
$0.1+0.15=0.25$
$\therefore 0.25\times100=25(\%)$
답 ④

43 35초 이상 40초 미만인 계급의 상대도수는 0.15이므로 이 계급에 속하는 학생 수는
$40\times0.15=6$
30초 이상 35초 미만인 계급의 상대도수는 0.2이므로 이 계급에 속하는 학생 수는
$40\times0.2=8$
따라서 기록이 30초 이상인 학생 수가 $6+8=14$이므로 13번째로 기록이 좋은 학생이 속하는 계급은 30초 이상 35초 미만이다.
답 30초 이상 35초 미만

44 ① 계급의 크기는 $6-4=2$(점)
② (전체 학생 수)$=\dfrac{6}{0.3}=20$
③ 10점 이상인 계급의 상대도수의 합은
$0.4+0.05=0.45$
이므로 $0.45\times100=45(\%)$
④ $20\times0.05=1$
⑤ 도수가 가장 큰 계급은 10점 이상 12점 미만이고 상대도수가 0.4이므로 이 계급에 속하는 학생 수는
$20\times0.4=8$
답 ③

45 상대도수가 가장 큰 계급은 10개 이상 14개 미만이고 이 계급의 상대도수는 0.34, 도수는 17명이므로
(전체 학생 수)$=\dfrac{17}{0.34}=50$
14개 이상인 계급의 상대도수의 합은
$0.18+0.12=0.3$
따라서 기록이 14개 이상인 학생 수는
$50\times0.3=15$
답 15

46 2권 이상 6권 미만인 계급의 상대도수의 합은
$0.14+0.24=0.38$ … ❶
$\therefore$ (전체 학생 수)$=\dfrac{57}{0.38}=150$ … ❷
도수가 33명인 계급의 상대도수는 $\dfrac{33}{150}=0.22$이므로 구하는 계급은 8권 이상 10권 미만이다. … ❸
답 8권 이상 10권 미만

채점 기준	배점
❶ 2권 이상 6권 미만인 계급의 상대도수의 합 구하기	30%
❷ 전체 학생 수 구하기	30%
❸ 도수가 33명인 계급 구하기	40%

47 13회 이상 17회 미만인 계급의 상대도수는
$1-(0.06+0.16+0.28+0.12+0.04)=0.34$
따라서 이용 횟수가 13회 이상 17회 미만인 학생 수는
$50\times0.34=17$
답 17

48 (전체 학생 수)$=\dfrac{21}{0.14}=150$ … ❶
155 cm 이상 160 cm 미만인 계급의 상대도수는
$1-(0.04+0.1+0.18+0.3+0.14)=0.24$ … ❷
따라서 키가 155 cm 이상 160 cm 미만인 학생 수는
$150\times0.24=36$ … ❸
답 36

채점 기준	배점
❶ 전체 학생 수 구하기	30%
❷ 155 cm 이상 160 cm 미만인 계급의 상대도수 구하기	40%
❸ 키가 155 cm 이상 160 cm 미만인 학생 수 구하기	30%

49 70점 이상인 계급의 상대도수의 합은
$1-(0.04+0.18+0.3)=0.48$
이므로 성적이 70점 이상인 학생 수는
$200\times0.48=96$
성적이 80점 이상인 학생이 24명이므로 성적이 70점 이상 80점 미만인 학생 수는
$96-24=72$
답 72

50

성적(점)	도수(명)		상대도수	
	A학교	B학교	A학교	B학교
50이상~ 60미만	7	5	0.07	0.1
60 ~ 70	18	13	0.18	0.26
70 ~ 80	36	21	0.36	0.42
80 ~ 90	27	8	0.27	0.16
90 ~100	12	3	0.12	0.06
합계	100	50	1	1

B학교보다 A학교의 상대도수가 더 큰 계급은
80점 이상 90점 미만, 90점 이상 100점 미만의 2개이다.

답 2

51

① 남학생 중 40점 이상 50점 미만인 계급의 도수는 1명, 상대도수는 0.02이므로 전체 남학생 수는
$\frac{1}{0.02}=50$

② $A=50\times0.36=18$

③ $B=\frac{10}{40}=0.25$

④ 여학생 중 70점 이상 80점 미만인 계급의 상대도수는
$\frac{12}{40}=0.3$
따라서 성적이 70점 이상 80점 미만인 학생이 차지하는 비율은 남학생이 여학생보다 높다.

⑤ 여학생 중 70점 미만인 계급의 상대도수의 합은
$0.05+0.15+0.25=0.45$
$\therefore 0.45\times100=45(\%)$

답 ④

52

A, B 두 집단의 전체 도수를 각각 $4a$, $3a$, 어떤 계급의 도수를 각각 $5b$, $2b$라 하면 이 계급의 상대도수의 비는
$\frac{5b}{4a}:\frac{2b}{3a}=\frac{5}{4}:\frac{2}{3}=15:8$

답 15 : 8

53

A, B 두 집단의 전체 도수를 각각 $3a$, $2a$, 어떤 계급의 상대도수를 각각 $4b$, $3b$라 하면 이 계급의 도수의 비는
$(3a\times4b):(2a\times3b)=12:6=2:1$

답 ②

54

A, B 두 학교의 전체 학생 수를 각각 $4a$, $5a$,
키가 160 cm 이상 165 cm 미만인 학생 수를 모두 b라 하면 이 계급의 상대도수의 비는
$\frac{b}{4a}:\frac{b}{5a}=\frac{1}{4}:\frac{1}{5}=5:4$

답 5 : 4

55

1학년 1반과 2반에서 성적이 60점 이상 70점 미만인 학생 수를 각각 $6a$, $5a$라 하면 이 계급의 상대도수의 비는
$\frac{6a}{50}:\frac{5a}{40}=\frac{3}{25}:\frac{1}{8}=24:25$

답 24 : 25

56

ㄱ. A, B 두 학교에서 6회 이상 9회 미만인 계급의 상대도수는 같지만 A, B 두 학교의 전체 학생 수를 알 수 없으므로 이 계급에 속하는 학생 수는 알 수 없다.

ㄴ. A학교에서 도수가 가장 큰 계급은 상대도수가 가장 큰 9회 이상 12회 미만이다.

ㄷ. B학교의 그래프가 A학교의 그래프보다 오른쪽으로 치우쳐 있으므로 B학교의 기록이 A학교의 기록보다 더 좋은 편이다.

ㄹ. B학교에서 9회 미만인 계급의 상대도수의 합은
$0.05+0.15=0.2$
$\therefore 0.2\times100=20(\%)$

따라서 옳은 것은 ㄴ, ㄹ이다.

답 ㄴ, ㄹ

57

① 2학년의 그래프가 1학년의 그래프보다 오른쪽으로 치우쳐 있으므로 운동 시간이 1학년보다 2학년이 더 많은 편이다.

② 운동 시간이 2시간 미만인 학생 수는
1학년: $50\times0.06=3$
2학년: $100\times0.04=4$
따라서 1학년, 2학년에서 운동 시간이 2시간 미만인 학생 수의 합은
$3+4=7$

③ 2학년 중 5시간 이상인 계급의 상대도수의 합은
$0.28+0.08=0.36$
$\therefore 0.36\times100=36(\%)$

④ 운동 시간이 2시간 이상 3시간 미만인 학생 수는
1학년: $50\times0.14=7$
2학년: $100\times0.12=12$
따라서 운동 시간이 2시간 이상 3시간 미만인 학생 수는 1학년보다 2학년이 더 많다.

⑤ 각각의 그래프와 가로축으로 둘러싸인 부분의 넓이는 1로 같다.

답 ④

Real 실전 기출

142~144쪽

01

① 잎이 가장 많은 줄기는 4이다.

② 기록이 50회 이상인 학생 수는 $5+2=7$

③ 기록이 가장 적은 학생의 기록은 21회, 기록이 가장 많은 학생의 기록은 64회이므로 기록의 차는
$64-21=43$(회)

④ 기록이 45회인 우진이보다 기록이 좋은 학생 수는
$2+5+2=9$

⑤ 전체 학생 수는 $4+6+8+5+2=25$
따라서 기록이 30회 이상 40회 미만인 학생은 6명이므로
$\frac{6}{25}\times 100=24(\%)$ 답 ⑤

02 계급의 크기는 $90-60=30$(점)이므로 $a=30$
점수가 180점인 학생이 속하는 계급은 180점 이상 210점 미만이므로 도수는
$30-(3+15+6+4)=2$(명)
$\therefore b=2$
$\therefore a+b=32$ 답 32

03 ① 도수가 가장 작은 계급은 24분 이상 28분 미만이고 이 계급의 도수는 1명이다.
② 대기 시간이 12회 미만인 고객 수는 $3+4=7$
③ 전체 고객 수는 $3+4+7+9+6+1=30$
④ 두 직사각형 A와 B의 넓이의 비는 도수의 비와 같으므로 $3:6=1:2$
⑤ 대기 시간이 16분 이상 20분 미만인 고객은 9명이므로
$\frac{9}{30}\times 100=30(\%)$ 답 ③

04 성적이 60점 미만인 학생 수는 3
70점 미만인 학생 수는 $3+6=9$
따라서 성적이 낮은 쪽에서 7번째인 학생이 속하는 계급은 60점 이상 70점 미만이다. 답 60점 이상 70점 미만

05 삼각형 B와 넓이가 같은 것은 삼각형 A, E, F이다.
답 ②, ③

06 (도수의 총합)$=\frac{9}{0.3}=30$
따라서 상대도수가 0.4인 계급의 도수는
$30\times 0.4=12$ 답 12

07 (전체 학생 수)$=\frac{18}{0.12}=150$
따라서 타수가 150타 이상 200타 미만인 학생 수는 33이므로
$\frac{33}{150}\times 100=22(\%)$ 답 ③

08 90분 이상 120분 미만인 계급의 상대도수는
$1-(0.05+0.15+0.3+0.1)=0.4$
걸린 시간이 1시간 미만인 학생이 2명이므로
(전체 학생 수)$=\frac{2}{0.05}=40$
따라서 걸린 시간이 90분 이상 150분 미만인 학생 수는
$40\times(0.4+0.3)=28$ 답 28

09 ① A학교에서 키가 165 cm 이상인 학생 수는
$200\times(0.06+0.02)=16$
② B학교에서 도수가 가장 큰 계급은 155 cm 이상 160 cm 미만이고 이 계급의 상대도수는 0.38이다.
③ B학교의 그래프가 A학교의 그래프보다 오른쪽으로 치우쳐 있으므로 B학교 학생들이 상대적으로 키가 더 크다.
④ B학교에서 150 cm 미만인 계급의 상대도수의 합은
$0.02+0.04=0.06$
$\therefore 0.06\times 100=6(\%)$
⑤ 키가 160 cm 이상 165 cm 미만인 학생 수는
A학교: $200\times 0.18=36$
B학교: $100\times 0.22=22$
따라서 학생 수의 차는
$36-22=14$ 답 ⑤

10 성적이 80점 이상 90점 미만인 학생 수는
$20-(2+5+6+4+1)=2$
전체 학생 수가 20이므로 상위 15 % 이내에 드는 학생 수는
$20\times\frac{15}{100}=3$
90점 이상인 학생 수가 1, 80점 이상인 학생 수가 $2+1=3$이므로 상위 15 % 이내에 들기 위해서는 적어도 80점 이상이어야 한다. 답 80점

11 세로축의 눈금 한 칸의 크기를 x라 하면
$2x+4x+7x+12x+5x=150$
$30x=150$ $\therefore x=5$
도수가 가장 큰 계급은 18초 이상 20초 미만이므로 학생 수는
$12\times 5=60$ 답 60

12 전체 학생 수는
1반: $2+5+7+9+4+2+1=30$
2반: $1+4+5+8+10+4+3=35$
1반에서 상위 10 % 이내에 드는 학생 수는
$30\times 0.1=3$
1반에서 성적이 80점 이상인 학생 수가 $2+1=3$이므로 상위 10 % 이내에 드는 학생의 성적은 성적이 80점 이상이다.

2반에서 성적이 80점 이상인 학생 수는 $4+3=7$이므로

$\frac{7}{35}\times100=20(\%)$

즉, 상위 20 % 이내에 들 수 있다. 답 20 %

13 몸무게가 50 kg 이상 60 kg 미만인 학생 수는

1반: $20\times0.45=9$

2반: $40\times0.45=18$

3반: $30\times0.6=18$

따라서 세 반의 전체 학생에 대하여 50 kg 이상 60 kg 미만인 계급의 상대도수는

$\frac{9+18+18}{20+40+30}=\frac{45}{90}=0.5$ 답 0.5

14 독서 시간이 15시간 이상인 학생 수는

$30\times\frac{40}{100}=12$ … ❶

독서 시간이 10시간 이상 15시간 미만인 학생 수는

$30-(2+6+12)=10$ $\therefore a=10$ … ❷

독서 시간이 20시간 이상 25시간 미만인 학생 수는

$12-(7+1)=4$ $\therefore b=4$ … ❸

$\therefore a-b=10-4=6$ … ❹

답 6

채점 기준	배점
❶ 독서 시간이 15시간 이상인 학생 수 구하기	30%
❷ a의 값 구하기	30%
❸ b의 값 구하기	30%
❹ $a-b$의 값 구하기	10%

15 나이가 30세 이상 40세 미만인 관람객 수를 $5a$, 40세 이상 50세 미만인 관람객 수를 $3a$라 하면

$2+5+5a+3a+4+3=30$ … ❶

$8a=16$ $\therefore a=2$

따라서 나이가 40세 이상 50세 미만인 관람객 수는

$3a=3\times2=6$ … ❷

$\therefore \frac{6}{30}\times100=20(\%)$ … ❸

답 20 %

채점 기준	배점
❶ 도수의 총합에 대한 식 세우기	40%
❷ 나이가 40세 이상 50세 미만인 관람객 수 구하기	20%
❸ 나이가 40세 이상 50세 미만인 관람객의 백분율 구하기	40%

16 $1-(0.28+0.08+0.02)=0.62$이므로 전체 학생 수는

$\frac{5+26}{0.62}=50$ … ❶

질문한 횟수가 5회 이상 7회 미만인 학생 수는

$50\times0.28=14$

7회 이상 9회 미만인 학생 수는

$50\times0.08=4$

9회 이상 11회 미만인 학생 수는

$50\times0.02=1$

도수가 가장 큰 계급은 3회 이상 5회 미만이므로 … ❷

구하는 상대도수는

$\frac{26}{50}=0.52$ … ❸

답 0.52

채점 기준	배점
❶ 전체 학생 수 구하기	40%
❷ 도수가 가장 큰 계급 구하기	40%
❸ 도수가 가장 큰 계급의 상대도수 구하기	20%

17 1학년에서 16초 미만인 계급의 상대도수의 합은

$0.12+0.24=0.36$

이므로 1학년 전체 학생 수는

$\frac{90}{0.36}=250$

2학년에서 16초 미만인 계급의 상대도수의 합은

$0.06+0.2=0.26$

이므로 2학년 전체 학생 수는

$\frac{52}{0.26}=200$ … ❶

1학년에서 20초 이상 22초 미만인 계급의 상대도수는

$1-(0.12+0.24+0.32+0.22)=0.1$

이므로 학생 수는

$250\times0.1=25$

2학년에서 20초 이상 22초 미만인 계급의 상대도수는

$1-(0.06+0.2+0.26+0.34)=0.14$

이므로 학생 수는 $200\times0.14=28$ … ❷

$28-25=3$이므로 기록이 20초 이상 22초 미만인 학생은 2학년이 3명 더 많다. … ❸

답 2학년이 3명 더 많다.

채점 기준	배점
❶ 1학년, 2학년의 전체 학생 수 구하기	40%
❷ 1학년, 2학년에서 기록이 20초 이상 22초 미만인 학생 수 구하기	40%
❸ 어느 학년이 몇 명 더 많은지 구하기	20%

Real 실전 유형 again 2~9쪽

01 기본 도형

01 교점의 개수는 7이므로 $a=7$
교선의 개수는 12이므로 $b=12$
$\therefore b-a=12-7=5$ 답 ⑤

02 교점의 개수는 10이므로 $a=10$ … ❶
교선의 개수는 15이므로 $b=15$ … ❷
면의 개수는 7이므로 $c=7$ … ❸
$\therefore a+b+c=10+15+7=32$ … ❹
답 32

채점 기준	배점
❶ a의 값 구하기	30%
❷ b의 값 구하기	30%
❸ c의 값 구하기	30%
❹ $a+b+c$의 값 구하기	10%

03 ④ 점 F를 지나는 교선은 모서리 CF, 모서리 DF, 모서리 EF의 3개이다.
⑤ 교점의 개수는 6, 교선의 개수는 9이므로
(교점의 개수)$\neq$(교선의 개수) 답 ⑤

04 ④ 시작점이 다르므로 $\overrightarrow{CA} \neq \overrightarrow{DA}$ 답 ④

05 ④, ⑤ 시작점과 뻗어 나가는 방향이 모두 같으므로
$\overrightarrow{DA}=\overrightarrow{DB}=\overrightarrow{DC}$ 답 ④, ⑤

06 같은 도형은 $\overrightarrow{BC}$와 $\overrightarrow{BD}$, $\overleftrightarrow{BC}$와 $\overleftrightarrow{CA}$의 2쌍이다. 답 2쌍

07 ④ 뻗어 나가는 방향이 다르므로 $\overrightarrow{CB} \neq \overrightarrow{CD}$ 답 ①, ④

08 답 $\overleftrightarrow{AC}$, $\overrightarrow{AB}$, $\overline{BD}$

09 ① 한 점을 지나는 직선은 무수히 많다.
② 서로 다른 두 점을 지나는 직선은 오직 하나뿐이다.
③ $\overrightarrow{BA}$는 점 B에서 시작하여 점 A의 방향으로 뻗어 나가는 반직선이다.
④ $\overrightarrow{AB} \neq \overrightarrow{BA}$ 답 ⑤

10 선분은 $\overline{AB}$, $\overline{AC}$, $\overline{BC}$이므로 $b=3$
(반직선의 개수)$=2\times$(선분의 개수)이므로 $a=6$
$\therefore ab=6\times3=18$ 답 18

11 직선은 $\overleftrightarrow{AB}$, $\overleftrightarrow{AC}$, $\overleftrightarrow{AD}$, $\overleftrightarrow{BC}$, $\overleftrightarrow{BD}$, $\overleftrightarrow{CD}$이므로 $a=6$
(반직선의 개수)$=2\times$(직선의 개수)$=12$이므로
$b=12$
(선분의 개수)$=$(직선의 개수)이므로 $c=6$
$\therefore a+b+c=6+12+6=24$ 답 ⑤

12 직선은 $\overleftrightarrow{AB}$, $\overleftrightarrow{AC}$, $\overleftrightarrow{AD}$, $\overleftrightarrow{AE}$, $\overleftrightarrow{AF}$, $\overleftrightarrow{BC}$, $\overleftrightarrow{BD}$, $\overleftrightarrow{BE}$, $\overleftrightarrow{BF}$, $\overleftrightarrow{CD}$, $\overleftrightarrow{CE}$, $\overleftrightarrow{CF}$, $\overleftrightarrow{DE}$, $\overleftrightarrow{DF}$, $\overleftrightarrow{EF}$이므로 $a=15$ … ❶
(반직선의 개수)$=2\times$(직선의 개수)$=30$이므로
$b=30$ … ❷
(선분의 개수)$=$(직선의 개수)이므로 $c=15$ … ❸
$\therefore a+b+c=15+30+15=60$ … ❹
답 60

채점 기준	배점
❶ a의 값 구하기	30%
❷ b의 값 구하기	30%
❸ c의 값 구하기	30%
❹ $a+b+c$의 값 구하기	10%

13 직선은 $\overleftrightarrow{AB}$뿐이므로 $a=1$
반직선은 $\overrightarrow{AB}$, $\overrightarrow{BA}$, $\overrightarrow{BC}$, $\overrightarrow{CB}$, $\overrightarrow{CD}$, $\overrightarrow{DC}$, $\overrightarrow{DE}$, $\overrightarrow{ED}$이므로
$b=8$
선분은 $\overline{AB}$, $\overline{AC}$, $\overline{AD}$, $\overline{AE}$, $\overline{BC}$, $\overline{BD}$, $\overline{BE}$, $\overline{CD}$, $\overline{CE}$, $\overline{DE}$
이므로 $c=10$
$\therefore a+b+c=1+8+10=19$ 답 ②

14 $\overleftrightarrow{AB}$, $\overleftrightarrow{AD}$, $\overleftrightarrow{AE}$, $\overleftrightarrow{AF}$, $\overleftrightarrow{BD}$, $\overleftrightarrow{BE}$, $\overleftrightarrow{BF}$, $\overleftrightarrow{CD}$, $\overleftrightarrow{CE}$, $\overleftrightarrow{CF}$, $\overleftrightarrow{DE}$
의 11개이다. 답 11

15 직선은 $\overleftrightarrow{AB}$, $\overleftrightarrow{AE}$, $\overleftrightarrow{BE}$, $\overleftrightarrow{CE}$, $\overleftrightarrow{DE}$이므로 $a=5$ … ❶
반직선은 $\overrightarrow{AB}$, $\overrightarrow{AE}$, $\overrightarrow{BA}$, $\overrightarrow{BC}$, $\overrightarrow{BE}$, $\overrightarrow{CB}$, $\overrightarrow{CD}$, $\overrightarrow{CE}$, $\overrightarrow{DC}$, $\overrightarrow{DE}$, $\overrightarrow{EA}$, $\overrightarrow{EB}$, $\overrightarrow{EC}$, $\overrightarrow{ED}$이므로 $b=14$ … ❷
$\therefore b-a=14-5=9$ … ❸
답 9

채점 기준	배점
❶ a의 값 구하기	40%
❷ b의 값 구하기	40%
❸ $b-a$의 값 구하기	20%

16 ㄴ. $\overline{AM}=2\overline{NM}$

ㄷ. $\overline{AN}=\frac{1}{2}\overline{AM}=\frac{1}{2}\times\frac{1}{2}\overline{AB}=\frac{1}{4}\overline{AB}$

ㄹ. $\overline{NB}=\overline{NM}+\overline{MB}=\overline{NM}+\overline{AM}$

$=\overline{NM}+2\overline{NM}=3\overline{NM}$

$\therefore \overline{NM}=\frac{1}{3}\overline{NB}$

따라서 옳은 것은 ㄱ, ㄷ, ㄹ이다. 답 ㄱ, ㄷ, ㄹ

17 ③ $\overline{AB}=3\overline{MN}=3\times\frac{1}{2}\overline{MB}=\frac{3}{2}\overline{MB}$

④ $\overline{AN}=2\overline{MN}=2\times2\overline{PN}=4\overline{PN}$

⑤ $\overline{MP}=\frac{1}{2}\overline{MN}=\frac{1}{2}\times\frac{1}{3}\overline{AB}=\frac{1}{6}\overline{AB}$ 답 ④

18 ③ $\overline{AC}=\overline{AB}+\overline{BC}=2(\overline{MB}+\overline{BN})=2\overline{MN}$ 답 ②, ⑤

19 $\overline{MN}=\overline{MB}+\overline{BN}=\frac{1}{2}(\overline{AB}+\overline{BC})$

$=\frac{1}{2}\overline{AC}=\frac{1}{2}\times28$

$=14(\text{cm})$ 답 ③

20 $\overline{AC}=\overline{AB}+\overline{BC}=2(\overline{MB}+\overline{BN})$

$=2\overline{MN}=2\times11=22(\text{cm})$ 답 22 cm

21 $\overline{AM}=\overline{MB}=2\overline{MN}$이므로

$\overline{AN}=\overline{AM}+\overline{MN}$

$=2\overline{MN}+\overline{MN}$

$=3\overline{MN}=30$

$\therefore \overline{MN}=10(\text{cm})$

$\therefore \overline{MB}=2\overline{MN}=2\times10=20(\text{cm})$ 답 20 cm

22 $\overline{BN}=\overline{NC}=10(\text{cm})$, $\overline{BC}=2\overline{NC}=2\times10=20(\text{cm})$

이때 $\overline{AB}:\overline{BC}=2:5$에서 $5\overline{AB}=2\overline{BC}$이므로

$\overline{AB}=\frac{2}{5}\overline{BC}=\frac{2}{5}\times20=8(\text{cm})$

따라서 $\overline{MB}=\frac{1}{2}\overline{AB}=\frac{1}{2}\times8=4(\text{cm})$이므로

$\overline{MN}=\overline{MB}+\overline{BN}=4+10=14(\text{cm})$ 답 14 cm

23 $\overline{AM}=\overline{MB}=\frac{1}{2}\overline{AB}=\frac{1}{2}\times36=18(\text{cm})$

$\overline{NB}=\frac{1}{6}\overline{AM}=\frac{1}{6}\times18=3(\text{cm})$

$\therefore \overline{MN}=\overline{MB}-\overline{NB}=18-3=15(\text{cm})$ 답 ⑤

24 $\overline{AC}=\overline{AB}+\overline{BC}=\frac{1}{2}\overline{BC}+\overline{BC}=\frac{3}{2}\overline{BC}$

같은 방법으로 $\overline{CE}=\frac{3}{2}\overline{CD}$

$\therefore \overline{AE}=\overline{AC}+\overline{CE}=\frac{3}{2}(\overline{BC}+\overline{CD})=\frac{3}{2}\overline{BD}$ … ❶

$=\frac{3}{2}\times14=21(\text{cm})$ … ❷

답 21 cm

채점 기준	배점
❶ $\overline{AE}$와 $\overline{BD}$ 사이의 관계 구하기	70%
❷ $\overline{AE}$의 길이 구하기	30%

25 $(x+45)+30+(2x-15)=180$이므로

$3x+60=180$, $3x=120$

$\therefore x=40$ 답 ④

26 $135+(3x-12)=180$이므로

$3x+123=180$, $3x=57$

$\therefore x=19$ 답 ①

27 $(2x+10)+3x+(70-x)=180$이므로

$4x+80=180$, $4x=100$

$\therefore x=25$ 답 ③

28 $(x-2y)+(x+y)+(z+20)+(z-y)=180$이므로

$2x-2y+2z+20=180$

$2(x-y+z)=160$

$\therefore x-y+z=80$ 답 80

29 $(3x+14)+90+(5x-20)=180$이므로

$8x+84=180$, $8x=96$

$\therefore x=12$ 답 ②

30 $(6x-30)+(x+15)=90$이므로

$7x-15=90$, $7x=105$

$\therefore x=15$ 답 ①

31 $35°+\angle x=90°$이므로 $\angle x=55°$ … ❶

$\angle x+\angle y=90°$이므로

$55°+\angle y=90°$ $\therefore \angle y=35°$ … ❷

$\therefore \angle x-\angle y=55°-35°=20°$ … ❸

답 20°

채점 기준	배점
❶ $\angle x$의 크기 구하기	40%
❷ $\angle y$의 크기 구하기	40%
❸ $\angle x-\angle y$의 크기 구하기	20%

32 $\angle AOB=90°-\angle BOC$, $\angle COD=90°-\angle BOC$이므로

$\angle AOB=\angle COD$

$\angle AOB+\angle COD=50°$에서 $2\angle AOB=50°$

$\therefore \angle AOB=25°$

$\therefore \angle BOC=90°-\angle AOB=90°-25°=65°$ 답 65°

33 $\angle y=180^\circ\times\frac{5}{3+5+4}=180^\circ\times\frac{5}{12}=75^\circ$ 답 ⑤

34 $\angle BOC=90^\circ\times\frac{3}{3+2}=90^\circ\times\frac{3}{5}=54^\circ$ 답 ②

35 $\angle AOB+\angle COD=180^\circ-36^\circ=144^\circ$ … ❶
$\angle AOB:\angle COD=5:7$이므로
$\angle COD=144^\circ\times\frac{7}{5+7}=144^\circ\times\frac{7}{12}=84^\circ$ … ❷
답 84°

채점 기준	배점
❶ $\angle AOB+\angle COD$의 크기 구하기	40%
❷ $\angle COD$의 크기 구하기	60%

36 $\angle BOC=\angle a$, $\angle COD=\angle b$라 하면
$\angle AOB=4\angle a$, $\angle DOE=4\angle b$
$\angle AOB+\angle BOC+\angle COD+\angle DOE=180^\circ$이므로
$4\angle a+\angle a+\angle b+4\angle b=180^\circ$
$5(\angle a+\angle b)=180^\circ$
$\therefore \angle BOD=\angle a+\angle b=36^\circ$ 답 36°

37 $\angle AOB:\angle BOC=5:4$이므로 $\angle AOB=5\angle a$라 하면
$\angle BOC=4\angle a$
$\angle COD:\angle DOE=4:5$이므로 $\angle COD=4\angle b$라 하면
$\angle DOE=5\angle b$
$\angle AOB+\angle BOC+\angle COD+\angle DOE=180^\circ$이므로
$5\angle a+4\angle a+4\angle b+5\angle b=180^\circ$
$9(\angle a+\angle b)=180^\circ$ $\therefore \angle a+\angle b=20^\circ$
$\therefore \angle BOD=4(\angle a+\angle b)=4\times20^\circ=80^\circ$ 답 ④

38 $\angle COD=\angle a$라 하면 $\angle COE=7\angle a$
$\angle DOE=\angle COE-\angle COD=7\angle a-\angle a=6\angle a$
이때 $6\angle a=90^\circ$이므로 $\angle a=15^\circ$
$\therefore \angle AOC=180^\circ-(15^\circ+90^\circ)=75^\circ$
$\angle BOC=\angle b$라 하면 $\angle AOB=4\angle b$
$\angle AOC=\angle AOB+\angle BOC=4\angle b+\angle b=5\angle b$
이때 $5\angle b=75^\circ$이므로 $\angle b=15^\circ$
$\therefore \angle BOD=\angle a+\angle b=15^\circ+15^\circ=30^\circ$ 답 30°

39 시침이 12를 가리킬 때부터 1시간 20분 동안 움직인 각도는
$30^\circ\times1+0.5^\circ\times20=40^\circ$
분침이 12를 가리킬 때부터 20분 동안 움직인 각도는
$6^\circ\times20=120^\circ$
따라서 구하는 각의 크기는
$120^\circ-40^\circ=80^\circ$ 답 ③

40 시침이 12를 가리킬 때부터 6시간 12분 동안 움직인 각도는
$30^\circ\times6+0.5^\circ\times12=186^\circ$ … ❶
분침이 12를 가리킬 때부터 12분 동안 움직인 각도는
$6^\circ\times12=72^\circ$ … ❷
따라서 구하는 각의 크기는
$186^\circ-72^\circ=114^\circ$ … ❸
답 114°

채점 기준	배점
❶ 시침이 움직인 각도 구하기	40%
❷ 분침이 움직인 각도 구하기	40%
❸ 시침과 분침이 이루는 작은 각의 크기 구하기	20%

41 시침이 12를 가리킬 때부터 9시간 10분 동안 움직인 각도는

$30^\circ\times9+0.5^\circ\times10=275^\circ$
분침이 12를 가리킬 때부터 10분 동안 움직인 각도는
$6^\circ\times10=60^\circ$
따라서 구하는 각의 크기는
$360^\circ-(275^\circ-60^\circ)=145^\circ$ 답 145°

42 오른쪽 그림에서
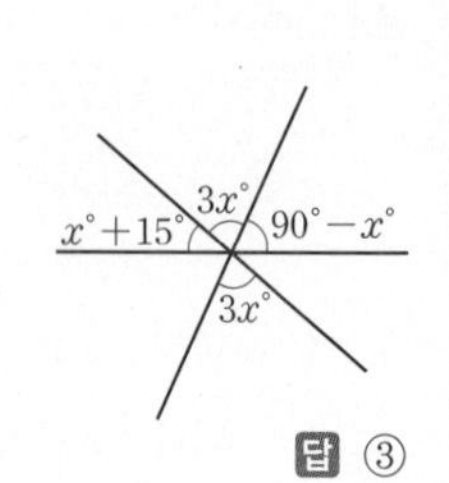

$(x+15)+3x+(90-x)=180$
이므로
$3x+105=180$, $3x=75$
$\therefore x=25$ 답 ③

43 $3x-35=2x+25$ (맞꼭지각) $\therefore x=60$
$(2x+25)+y=180$이므로
$120+25+y=180$ $\therefore y=35$ 답 ④

44 $90+40=3x-5$ (맞꼭지각)
$3x=135$ $\therefore x=45$
$(100-y)+90+40=180$이므로
$230-y=180$ $\therefore y=50$
$\therefore y-x=50-45=5$ 답 5

45 $(3x-10)+(x+5)=115$ (맞꼭지각)
$4x-5=115$, $4x=120$
$\therefore x=30$ … ❶

$y+(2x-15)+115=180$이므로

$y+60-15+115=180$

$y+160=180$　　$\therefore y=20$ … ❷

$\therefore x+y=30+20=50$ … ❸

답 50

채점 기준	배점
❶ x의 값 구하기	40%
❷ y의 값 구하기	40%
❸ $x+y$의 값 구하기	20%

46 네 직선을 a, b, c, d라 하자.
직선 a와 b, a와 c, a와 d, b와 c, b와 d, c와 d로 만들어지는 맞꼭지각이 각각 2쌍이므로
모두 $2\times6=12$(쌍)이다. 답 ③

다른 풀이 $4\times(4-1)=12$(쌍)

47 6개의 직선을 a, b, c, d, e, f라 하자.
직선 a와 b, a와 c, a와 d, a와 e, a와 f, b와 c, b와 d, b와 e, b와 f, c와 d, c와 e, c와 f, d와 e, d와 f, e와 f로 만들어지는 맞꼭지각이 각각 2쌍이므로
모두 $2\times15=30$(쌍)이다. 답 ⑤

다른 풀이 $6\times(6-1)=30$(쌍)

48 직선 l과 p, l과 q, m과 p, m과 q, n과 p, n과 q로 만들어지는 맞꼭지각이 각각 2쌍이므로 모두 $2\times6=12$(쌍)이다.

답 ④

49 답 ③

50 ㄴ. 점 B에서 $\overline{AC}$에 내린 수선의 발은 점 A이다.
ㄹ. 점 A와 $\overline{BC}$ 사이의 거리는 $\overline{AH}$의 길이이다.

(삼각형의 넓이)$=\frac{1}{2}\times4\times3=\frac{1}{2}\times5\times\overline{AH}$

$\therefore \overline{AH}=\frac{12}{5}$(cm)

즉, 점 A와 $\overline{BC}$ 사이의 거리는 $\frac{12}{5}$ cm이다.

따라서 옳은 것은 ㄱ, ㄷ이다. 답 ㄱ, ㄷ

51 점 A와 $\overline{BC}$ 사이의 거리는 $\overline{AB}$의 길이와 같으므로

$x=2$ … ❶

점 D와 $\overline{AB}$ 사이의 거리는 $\overline{BC}$의 길이와 같으므로

$y=4$ … ❷

$\therefore y-x=4-2=2$ … ❸

답 2

채점 기준	배점
❶ x의 값 구하기	40%
❷ y의 값 구하기	40%
❸ $y-x$의 값 구하기	20%

Real 실전 유형 again 10~15쪽

02 위치 관계

01 ② 점 B는 직선 n 위에 있다.
⑤ 두 직선 l, n의 교점은 점 C이다. 답 ②, ⑤

02 ㄷ. 직선 l 위에 있지 않은 점은 점 C, 점 D, 점 E의 3개이다.
따라서 옳은 것은 ㄱ, ㄴ이다. 답 ㄱ, ㄴ

03 모서리 EF 위에 있는 꼭짓점은 점 E, 점 F이므로

$a=2$ … ❶

면 ADFC 위에 있지 않은 꼭짓점은 점 B, 점 E이므로

$b=2$ … ❷

$\therefore a+b=2+2=4$ … ❸

답 4

채점 기준	배점
❶ a의 값 구하기	40%
❷ b의 값 구하기	40%
❸ $a+b$의 값 구하기	20%

04 ② $\overleftrightarrow{AB}$와 $\overleftrightarrow{BC}$는 한 점에서 만나지만 수직은 아니다.
③ 오른쪽 그림과 같이 $\overleftrightarrow{AB}$와 $\overleftrightarrow{CD}$는 한 점에서 만난다.
④ 점 A와 $\overleftrightarrow{CD}$ 사이의 거리는 $\overline{AD}=3$ cm
⑤ 점 B와 $\overleftrightarrow{AD}$ 사이의 거리는 $\overline{CD}=4$ cm

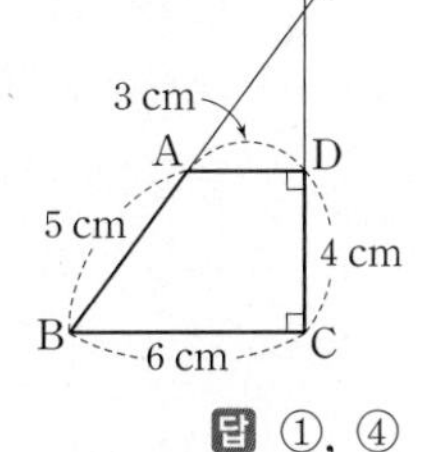

답 ①, ④

05 ①, ②, ④, ⑤ 한 점에서 만난다.
③ 평행하다.

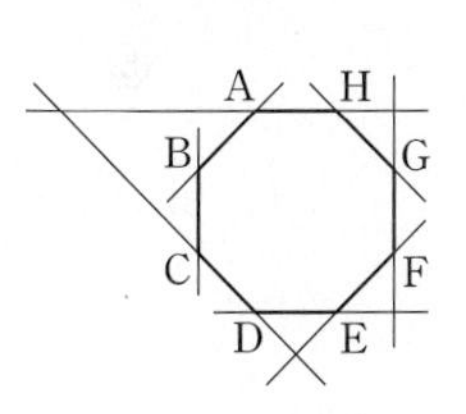

답 ③

06 오른쪽 그림에서 $l /\!/ m$, $m\perp n$일 때, $l\perp n$이다.

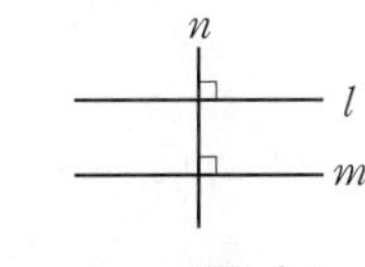

답 $l\perp n$

07 ㄱ. 한 직선과 그 직선 밖의 한 점이 주어질 때, 평면이 하나로 정해진다.
ㄹ. 꼬인 위치에 있는 두 직선은 한 평면 위에 있지 않다.
답 ㄴ, ㄷ

08 평행한 두 직선이 주어지면 하나의 평면이 정해진다. 답 ①

09 평면 ABC, 평면 ABE, 평면 ACE, 평면 ADE, 평면 BCE, 평면 BDE, 평면 CDE의 7개이다. 답 ⑤

10 ④ 모서리 AC와 평행한 모서리는 $\overline{DF}$뿐이므로 1개이다.
⑤ 모서리 CF와 꼬인 위치에 있는 모서리는 $\overline{AB}$, $\overline{DE}$의 2개이다.
답 ⑤

11 ①, ②, ③, ④ 한 점에서 만난다.
⑤ 꼬인 위치에 있다.
답 ⑤

12 $\overline{BG}$와 한 점에서 만나는 모서리는
$\overline{AB}$, $\overline{BC}$, $\overline{BF}$, $\overline{CG}$, $\overline{FG}$, $\overline{GH}$ … ❶
$\overline{AE}$와 평행한 모서리는 $\overline{BF}$, $\overline{CG}$, $\overline{DH}$ … ❷
따라서 $\overline{BG}$와 한 점에서 만나면서 $\overline{AE}$와 평행한 모서리는 $\overline{BF}$, $\overline{CG}$의 2개이다. … ❸
답 2

채점 기준	배점
❶ $\overline{BG}$와 한 점에서 만나는 모서리 구하기	40%
❷ $\overline{AE}$와 평행한 모서리 구하기	40%
❸ $\overline{BG}$와 한 점에서 만나면서 $\overline{AE}$와 평행한 모서리 구하기	20%

13 ① 모서리 BC와 모서리 EH는 평행하므로 만나지 않는다.
③ 모서리 FG와 한 점에서 만나는 모서리는 $\overline{BF}$, $\overline{EF}$, $\overline{CG}$, $\overline{GH}$의 4개이다.
④ 모서리 AD와 수직으로 만나는 모서리는 $\overline{AB}$, $\overline{AE}$, $\overline{DH}$의 3개이다.
⑤ 모서리 CG와 평행한 모서리는 $\overline{AE}$, $\overline{BF}$, $\overline{DH}$의 3개이다.
답 ①, ②

14 $\overleftrightarrow{AB}$와 평행한 직선은 $\overleftrightarrow{DE}$, $\overleftrightarrow{GH}$, $\overleftrightarrow{JK}$이므로
$a=3$ … ❶
$\overleftrightarrow{CI}$와 한 점에서 만나는 직선은 $\overleftrightarrow{BC}$, $\overleftrightarrow{CD}$, $\overleftrightarrow{HI}$, $\overleftrightarrow{IJ}$이므로
$b=4$ … ❷
$\therefore b-a=4-3=1$ … ❸
답 1

채점 기준	배점
❶ a의 값 구하기	40%
❷ b의 값 구하기	40%
❸ $b-a$의 값 구하기	20%

15 ㄴ. 만나지 않는 두 직선은 평행하거나 꼬인 위치에 있다.
따라서 옳은 것은 ㄱ, ㄷ, ㄹ이다. 답 ㄱ, ㄷ, ㄹ

16 ①, ④, ⑤ 한 점에서 만난다. 답 ②, ③

17 $\overline{AE}$와 만나지도 않고 평행하지도 않은 모서리는 $\overline{AE}$와 꼬인 위치에 있는 모서리이므로 $\overline{BC}$, $\overline{CF}$, $\overline{DF}$의 3개이다.
답 ③

18 $\overleftrightarrow{DI}$와 꼬인 위치에 있는 직선은
$\overleftrightarrow{AB}$, $\overleftrightarrow{BC}$, $\overleftrightarrow{AE}$, $\overleftrightarrow{FG}$, $\overleftrightarrow{GH}$, $\overleftrightarrow{FJ}$
$\overleftrightarrow{AB}$와 한 점에서 만나는 직선은
$\overleftrightarrow{BC}$, $\overleftrightarrow{CD}$, $\overleftrightarrow{DE}$, $\overleftrightarrow{AE}$, $\overleftrightarrow{AF}$, $\overleftrightarrow{BG}$
따라서 $\overleftrightarrow{DI}$와 꼬인 위치에 있으면서 $\overleftrightarrow{AB}$와 한 점에서 만나는 직선은 $\overleftrightarrow{AE}$, $\overleftrightarrow{BC}$의 2개이다. 답 2

19 ④ 모서리 BC와 수직인 면은 면 ADEB뿐이므로 1개이다.
⑤ 면 ABC와 평행한 모서리는 $\overline{DE}$, $\overline{EF}$, $\overline{DF}$의 3개이다.
답 ④

20 모서리 AB와 평행한 면은 면 CGHD, 면 EFGH이므로
$a=2$ … ❶
모서리 CG와 수직인 면은 면 ABCD, 면 EFGH이므로
$b=2$ … ❷
모서리 EH를 포함하는 면은 면 AEHD, 면 EFGH이므로
$c=2$ … ❸
$\therefore a+b+c=2+2+2=6$ … ❹
답 6

채점 기준	배점
❶ a의 값 구하기	30%
❷ b의 값 구하기	30%
❸ c의 값 구하기	30%
❹ $a+b+c$의 값 구하기	10%

21 ㄴ. $\overline{AC}$와 한 점에서 만나는 면은 면 AEFB, 면 BFGC, 면 CGHD, 면 AEHD의 4개이다.
ㄷ. 평면 AEGC와 평행한 모서리는 $\overline{BF}$, $\overline{DH}$의 2개이다.
따라서 옳은 것은 ㄱ뿐이다. 답 ㄱ

22 점 A와 면 EFGH 사이의 거리는 $\overline{AE}=\overline{DH}=4$(cm)이므로
$a=4$
점 B와 면 AEHD 사이의 거리는 $\overline{AB}=3$ cm이므로 $b=3$
점 H와 면 ABFE 사이의 거리는 $\overline{EH}=\overline{AD}=6$(cm)이므로
$c=6$
$\therefore a+b+c=4+3+6=13$ 답 13

23 점 C에서 면 ABFE에 내린 수선의 발은 점 B이므로
구하는 거리는 $\overline{BC}$의 길이이다.
$\therefore \overline{BC}=\overline{AD}=\overline{EH}=\overline{FG}$ 답 ⑤

24 ③ 점 A와 평면 P 사이의 거리가 6 cm이므로 $\overline{AH}=6$ cm
⑤ $\overline{AH}\perp P$이므로 평면 P 위의 모든 직선은 $\overline{AH}$와 수직이다.
답 ③, ⑤

25 ③ (평면 BFHD)$\perp\overline{AC}$이고 평면 AEGC는 $\overline{AC}$를 포함하므로 (평면 BFHD)$\perp$(평면 AEGC) 답 ②, ④

26 ①, ②, ④, ⑤ 한 직선에서 만난다.
③ 평행하다. 답 ③

27 ㄱ. 면 AFJE와 면 BGFA의 교선은 모서리 AF이다.
ㄴ. 면 ABCDE와 만나지 않는 면은 면 FGHIJ의 1개뿐이다.
ㄷ. 면 CHID와 수직인 면은 면 ABCDE, 면 FGHIJ의 2개이다.
따라서 옳은 것은 ㄴ뿐이다. 답 ㄴ

28 ⑤ 면 ABC와 면 ABE는 한 직선에서 만나지만 수직은 아니다. 답 ⑤

29 $\overleftrightarrow{CD}$와 꼬인 위치에 있는 직선은 $\overleftrightarrow{AE}$, $\overleftrightarrow{BF}$, $\overleftrightarrow{EF}$, $\overleftrightarrow{FG}$, $\overleftrightarrow{EH}$의 5개이다. 답 5

30 면 BGHC와 평행한 직선은 $\overleftrightarrow{AF}$, $\overleftrightarrow{DI}$, $\overleftrightarrow{EJ}$, $\overleftrightarrow{AE}$, $\overleftrightarrow{FJ}$이므로 $a=5$ … ❶
면 ABCDE와 수직인 면은 면 ABGF, 면 BGHC, 면 CHID, 면 DIJE, 면 AFJE이므로
$b=5$ … ❷
$\therefore a+b=5+5=10$ … ❸
답 10

채점 기준	배점
❶ a의 값 구하기	40%
❷ b의 값 구하기	40%
❸ $a+b$의 값 구하기	20%

31 주어진 전개도로 만든 정육면체는 오른쪽 그림과 같다.
①, ⑤ 평행하다.
③, ④ 한 점에서 만난다.

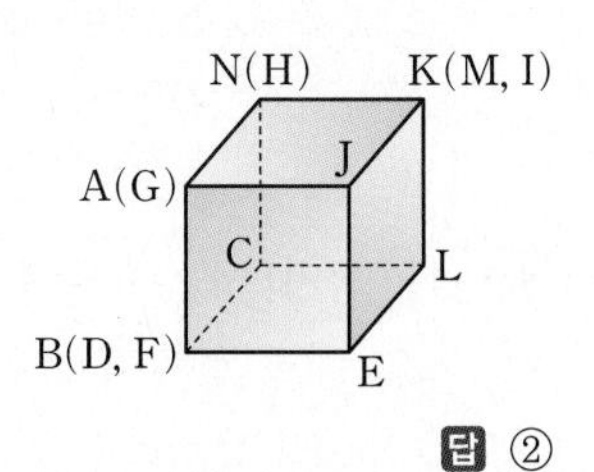

답 ②

32 주어진 전개도로 만든 직육면체는 오른쪽 그림과 같다.
모서리 AB와 수직으로 만나는 모서리는 $\overline{AN}$, $\overline{AJ}$, $\overline{BC}$, $\overline{BE}$이므로
$a=4$ … ❶

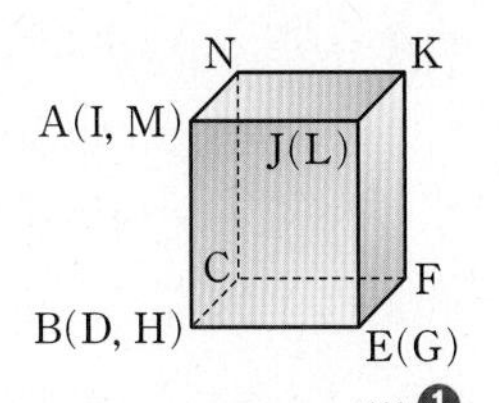

면 ABCN과 평행한 모서리는 $\overline{JK}$, $\overline{JE}$, $\overline{EF}$, $\overline{KF}$이므로
$b=4$ … ❷
$\therefore a+b=4+4=8$ … ❸
답 8

채점 기준	배점
❶ a의 값 구하기	40%
❷ b의 값 구하기	40%
❸ $a+b$의 값 구하기	20%

33 주어진 전개도로 만든 삼각기둥은 오른쪽 그림과 같다.
② $\overline{AJ}$와 $\overline{EF}$는 꼬인 위치에 있다.
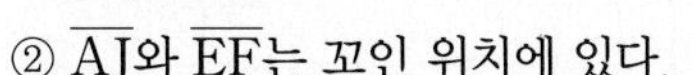
③ $\overline{AC}$와 $\overline{EG}$는 한 점에서 만난다.
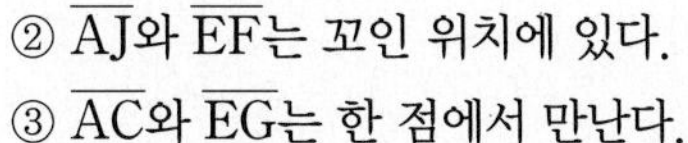
④ 면 AJH와 수직인 모서리는 $\overline{AB}$, $\overline{HE}$, $\overline{JC}$의 3개이다.
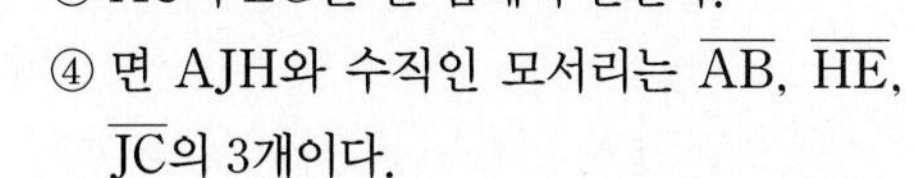
⑤ 면 BCE와 평행한 면은 AJH뿐이므로 1개이다.
답 ①, ⑤

34 ㄴ. 다음 그림과 같이 $l /\!/ P$, $m /\!/ P$이면 두 직선 l, m은 한 점에서 만나거나 평행하거나 꼬인 위치에 있다.

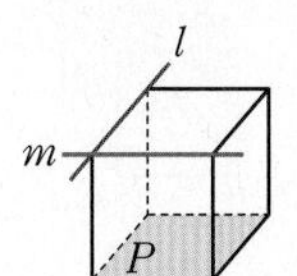

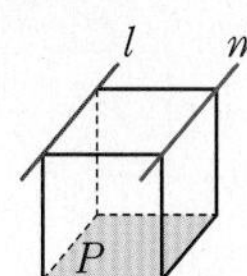

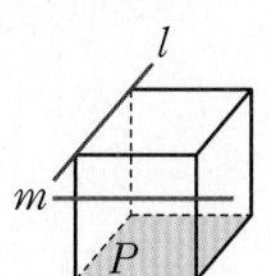

ㄷ. 다음 그림과 같이 $l\perp P$, $P\perp Q$이면 직선 l과 평면 Q는 평행하거나 직선 l이 평면 Q 위에 있다.

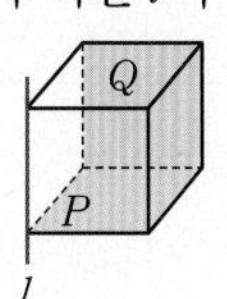

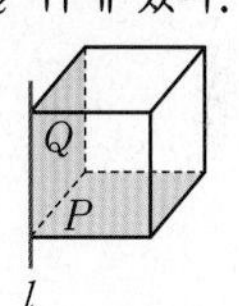

따라서 옳지 않은 것은 ㄴ, ㄷ이다. 답 ㄴ, ㄷ

35 ① 다음 그림과 같이 $l\perp m$, $m\perp n$이면 두 직선 l, n은 한 점에서 만나거나 평행하거나 꼬인 위치에 있다.

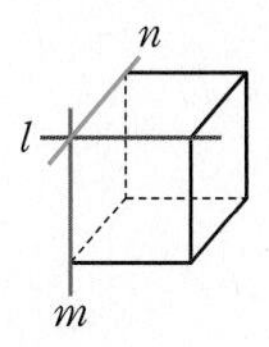

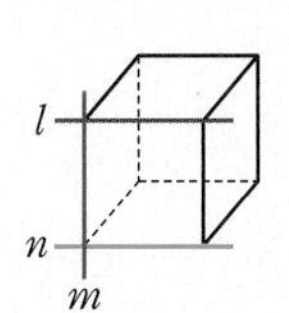

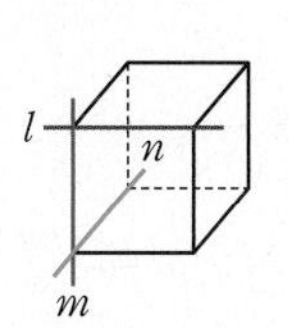

② 다음 그림과 같이 $l\perp m$, $l\perp n$이면 두 직선 m, n은 한 점에서 만나거나 평행하거나 꼬인 위치에 있다.

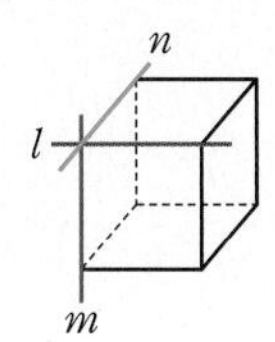

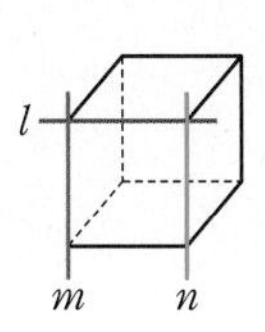

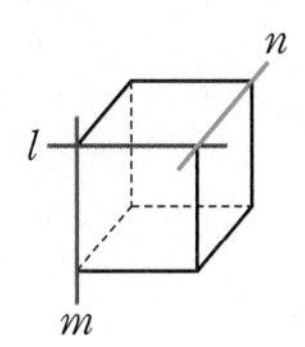

③ 다음 그림과 같이 $l \perp m$, $m /\!/ n$이면 두 직선 l, n은 한 점에서 만나거나 꼬인 위치에 있다.

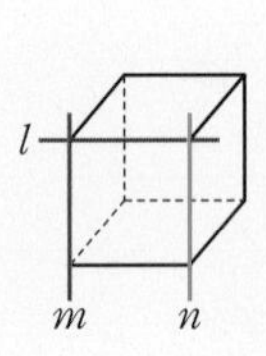

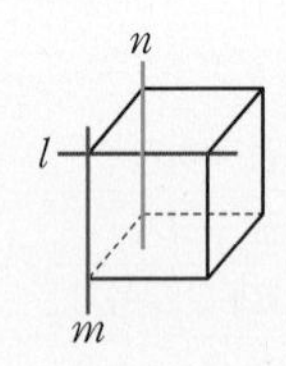

④ 다음 그림과 같이 $l /\!/ m$, $l \perp n$이면 두 직선 m, n은 한 점에서 만나거나 꼬인 위치에 있다.

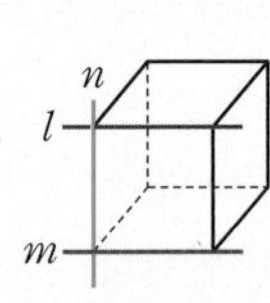

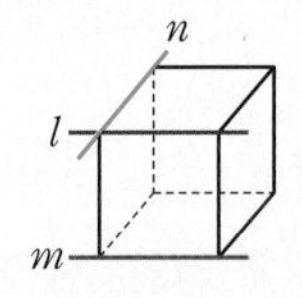

답 ⑤

36 ① $P /\!/ Q$, $P /\!/ R$이면 $Q /\!/ R$이다.

③ 오른쪽 그림과 같이 $P /\!/ Q$, $Q \perp R$이면 $P \perp R$이다.

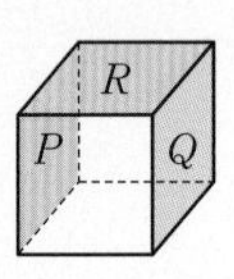

⑤ 다음 그림과 같이 $P \perp Q$, $Q \perp R$이면 두 평면 P, R는 한 직선에서 만나거나 평행하다.

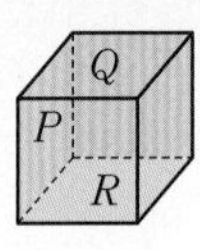

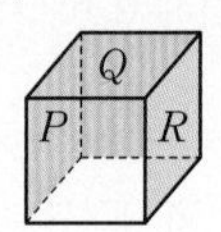

답 ②, ④

Real 실전 유형 again 16~19쪽

03 평행선의 성질

01 ③ $\angle c$의 엇각은 $\angle d$이고

$\angle d = 180° - 80° = 100°$

④ $\angle e$의 동위각은 $\angle c$이고

$\angle c = 180° - 125° = 55°$

⑤ $\angle f$의 엇각은 $\angle b$이고

$\angle b = 125°$ (맞꼭지각)

답 ③, ⑤

02 오른쪽 그림에서 $\angle a$의 동위각은 $\angle c$이고

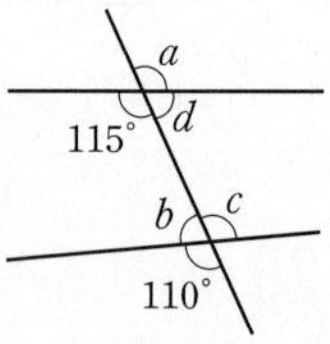

$\angle c = 110°$ (맞꼭지각) … ❶

$\angle b$의 엇각은 $\angle d$이고

$\angle d = 180° - 115° = 65°$ … ❷

따라서 구하는 합은

$110° + 65° = 175°$ … ❸

답 175°

채점 기준	배점
❶ $\angle a$의 동위각의 크기 구하기	40%
❷ $\angle b$의 엇각의 크기 구하기	40%
❸ $\angle a$의 동위각과 $\angle b$의 엇각의 크기의 합 구하기	20%

03 답 (1) $\angle f$, $\angle j$ (2) $\angle a$, $\angle e$

04 $l /\!/ m$이므로

$\angle a = 70°$ (엇각)

오른쪽 그림에서

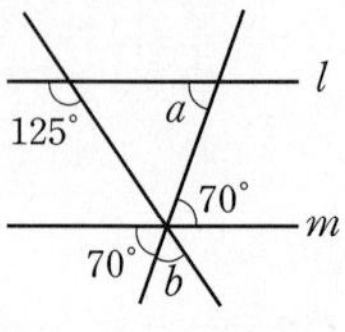

$\angle b + 70° = 125°$ (동위각)

$\therefore\ \angle b = 55°$

$\therefore\ \angle a - \angle b = 70° - 55° = 15°$

답 ②

05 $l /\!/ m$이므로

$\angle x = 60°$ (엇각), $\angle y = 155°$ (동위각)

$\therefore\ \angle x + \angle y = 60° + 155° = 215°$

답 ⑤

06 $l /\!/ m$이므로

$\angle x = 55°$ (엇각)

오른쪽 그림에서

$\angle y = 180° - 100° = 80°$

$\therefore\ \angle y - \angle x = 80° - 55° = 25°$

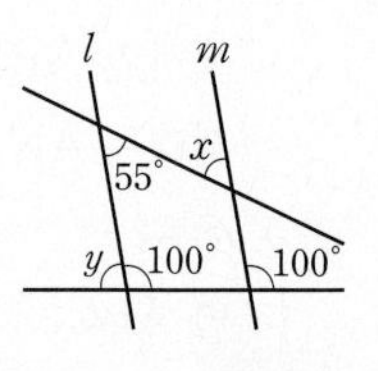

답 25°

07 오른쪽 그림에서 $l \parallel m$이므로

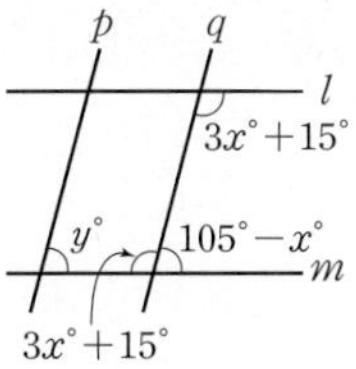

$(3x+15)+(105-x)=180$

$2x+120=180$, $2x=60$

$\therefore x=30$

$p \parallel q$이므로

$y=105-x=105-30=75$ (동위각)

답 ③

08 ①, ②, ③, ④ 동위각 또는 엇각의 크기가 같으므로 $l \parallel m$이다.

⑤ 오른쪽 그림에서 동위각의 크기가 다르므로 두 직선 l, m은 평행하지 않다.

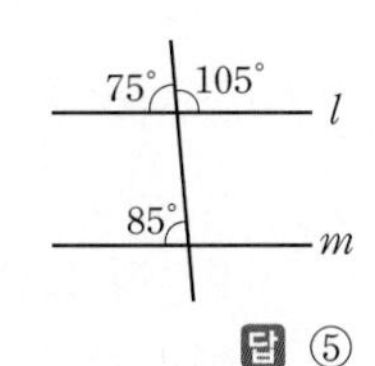

답 ⑤

09 ① $l \parallel m$이면 $\angle a=\angle e$ (동위각)

이때 $\angle e=\angle g$ (맞꼭지각)이므로 $\angle a=\angle g$

② $l \parallel m$이면 $\angle d=\angle h$ (동위각)

④ $\angle b=\angle h$이면 엇각의 크기가 같으므로 $l \parallel m$이다.

답 ③, ⑤

10 오른쪽 그림에서 두 직선 l, m이 직선 r와 만날 때, 엇각의 크기가 같으므로 $l \parallel m$이다.

두 직선 p, r가 직선 m과 만날 때, 동위각의 크기가 같으므로 $p \parallel r$이다.

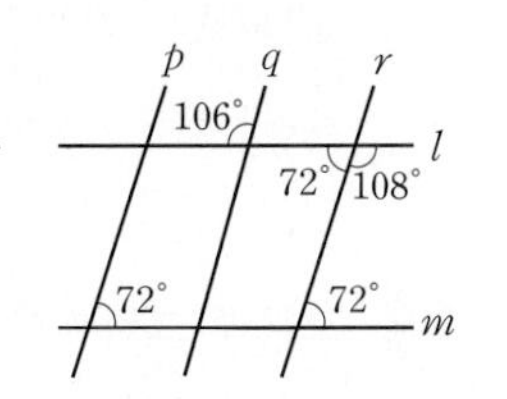

답 $l \parallel m$, $p \parallel r$

11 오른쪽 그림에서 삼각형의 세 각의 크기의 합이 180°이므로

$\angle x+60^\circ+45^\circ=180^\circ$

$\therefore \angle x=75^\circ$

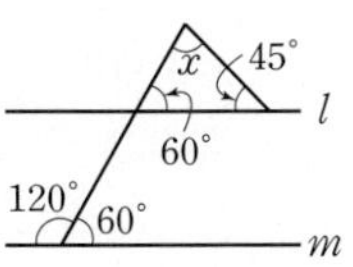

답 ④

12 오른쪽 그림에서 삼각형의 세 각의 크기의 합이 180°이므로

$80^\circ+35^\circ+\angle x=180^\circ$

$\therefore \angle x=65^\circ$

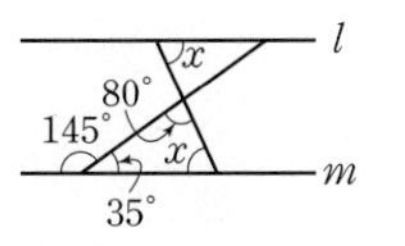

답 65°

13 오른쪽 그림에서

$\angle x=180^\circ-75^\circ=105^\circ$ $\cdots$ ❶

삼각형의 세 각의 크기의 합이 180°이므로

$40^\circ+75^\circ+\angle y=180^\circ$ $\therefore \angle y=65^\circ$ $\cdots$ ❷

$\therefore \angle x+\angle y=105^\circ+65^\circ=170^\circ$ $\cdots$ ❸

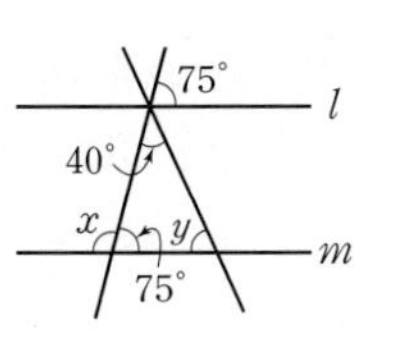

답 170°

채점 기준	배점
❶ $\angle x$의 크기 구하기	40%
❷ $\angle y$의 크기 구하기	40%
❸ $\angle x+\angle y$의 크기 구하기	20%

14 오른쪽 그림에서 삼각형의 세 각의 크기의 합이 180°이므로

$65+(80-x)+(3x+15)=180$

$2x+160=180$, $2x=20$

$\therefore x=10$

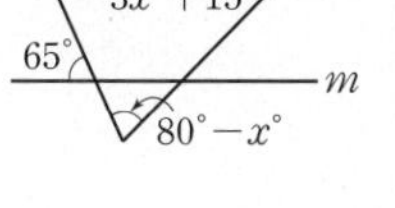

답 ①

15 오른쪽 그림과 같이 두 직선 l, m에 평행한 직선 n을 그으면

$\angle x=30^\circ+55^\circ=85^\circ$

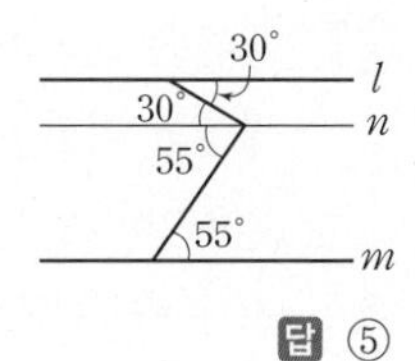

답 ⑤

16 오른쪽 그림과 같이 두 직선 l, m에 평행한 직선 n을 그으면

$\angle x=90^\circ-40^\circ=50^\circ$ (엇각)

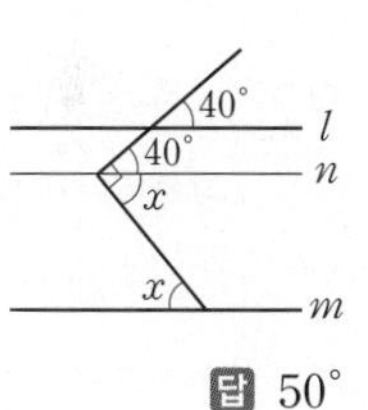

답 50°

17 오른쪽 그림과 같이 두 직선 l, m에 평행한 직선 n을 그으면

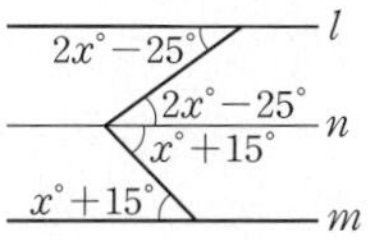

$(2x-25)+(x+15)=80$

$3x-10=80$, $3x=90$

$\therefore x=30$

답 30

18 $\angle ABD=4\angle CBD$이므로

$\angle ABC=\angle ABD+\angle CBD$

$=4\angle CBD+\angle CBD$

$=5\angle CBD$ $\cdots\cdots$ ㉠ $\cdots$ ❶

오른쪽 그림과 같이 점 B를 지나고 두 직선 l, m에 평행한 직선 n을 그으면

$\angle ABC=40^\circ+70^\circ=110^\circ$ $\cdots$ ❷

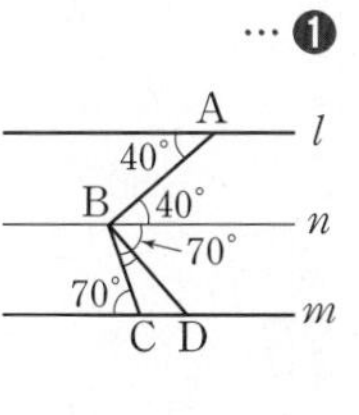

㉠에서

$\angle CBD=\frac{1}{5}\angle ABC=\frac{1}{5}\times 110^\circ=22^\circ$ $\cdots$ ❸

답 22°

채점 기준	배점
❶ $\angle ABC=5\angle CBD$임을 알기	30%
❷ $\angle ABC$의 크기 구하기	40%
❸ $\angle CBD$의 크기 구하기	30%

19 오른쪽 그림과 같이 두 직선 l, m에 평행한 직선 p, q를 그으면

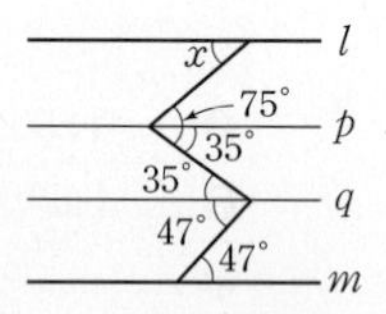

$\angle x=75°-35°=40°$ (엇각)

답 40°

20 오른쪽 그림과 같이 두 직선 l, m에 평행한 직선 p, q를 그으면

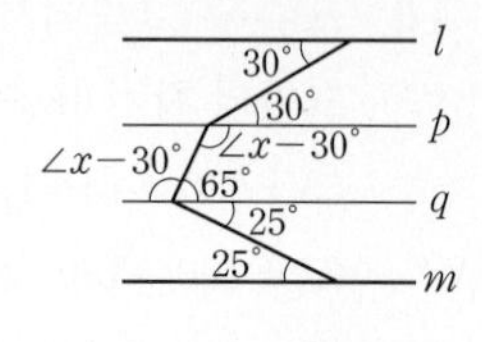

$(\angle x-30°)+65°=180°$

$\therefore\ \angle x=145°$

답 145°

21 오른쪽 그림과 같이 두 직선 l, m에 평행한 직선 p, q를 그으면

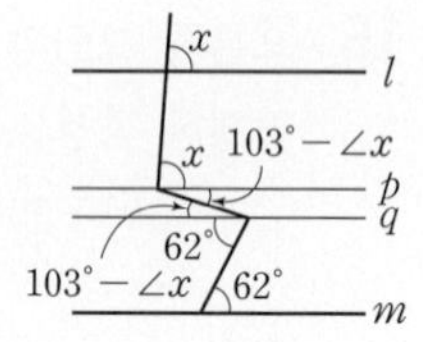

$\angle y=(103°-\angle x)+62°$

$\therefore\ \angle x+\angle y=165°$

답 165°

22 오른쪽 그림과 같이 두 직선 l, m에 평행한 직선 p, q를 그으면

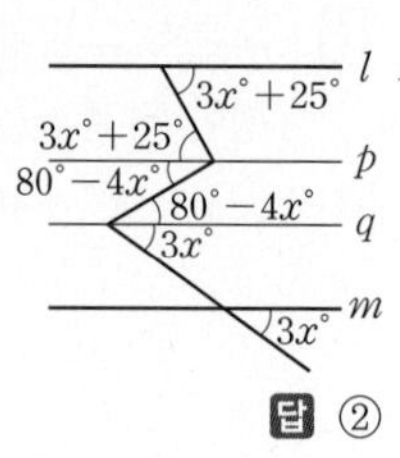

$(3x+25)+(80-4x)=6x$

$-x+105=6x$, $7x=105$

$\therefore\ x=15$

답 ②

23 오른쪽 그림과 같이 두 직선 l, m에 평행한 직선 p, q를 그으면

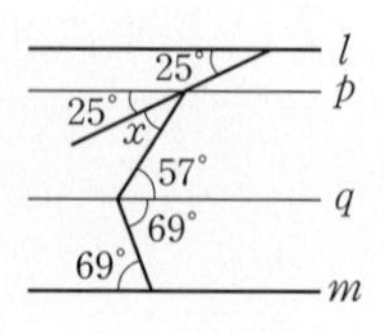

$25°+\angle x=57°$ (엇각)

$\therefore\ \angle x=32°$

답 ①

24 오른쪽 그림과 같이 두 직선 l, m에 평행한 직선 p, q, r, s를 그으면

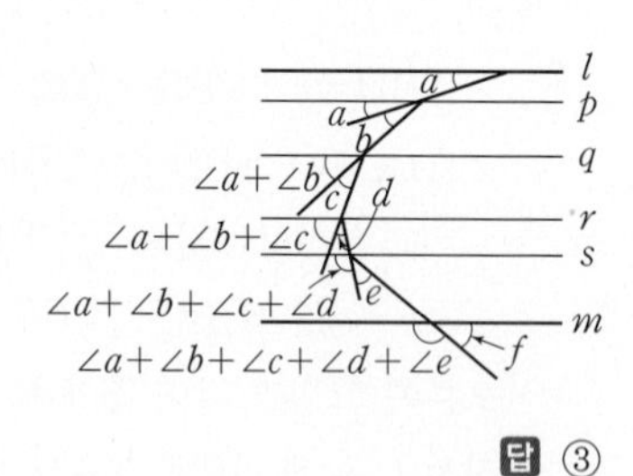

$\angle a+\angle b+\angle c+\angle d+\angle e+\angle f=180°$

답 ③

25 오른쪽 그림과 같이 두 직선 l, m에 평행한 직선 n을 긋고

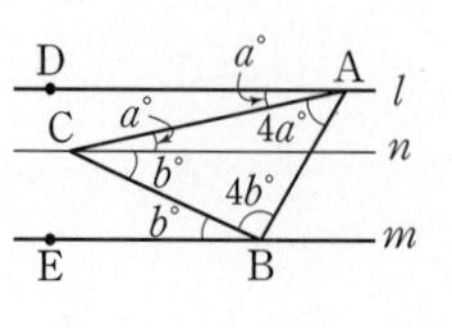

$\angle DAC=a°$, $\angle CBE=b°$라 하면

$\angle CAB=4a°$, $\angle CBA=4b°$

삼각형 ACB에서

$4a°+(a°+b°)+4b°=180°$

$5(a°+b°)=180°$ $\quad\therefore\ a°+b°=36°$

$\therefore\ \angle ACB=a°+b°=36°$

답 36°

26 오른쪽 그림에서

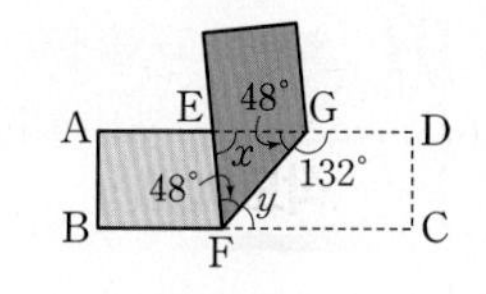

$\angle EGF=180°-132°=48°$

이므로

$\angle y=\angle EGF=48°$ (엇각)

$\angle EFG=\angle y=48°$ (접은 각)

삼각형 EFG에서

$\angle x+48°+48°=180°$ $\quad\therefore\ \angle x=84°$

$\therefore\ \angle x-\angle y=84°-48°=36°$

답 36°

27 $\angle ABE=\angle FBE=25°$ (접은 각)이므로

$\angle FBC=90°-(25°+25°)=40°$

오른쪽 그림과 같이 $\overline{AD}$, $\overline{BC}$에 평행한 직선 l을 그으면

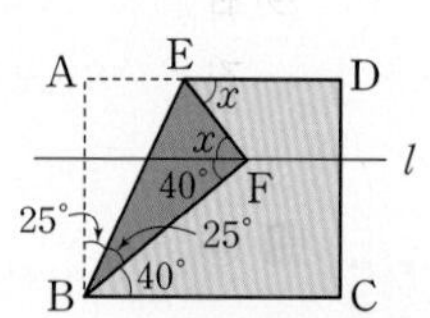

$\angle x+40°=90°$

$\therefore\ \angle x=50°$

답 50°

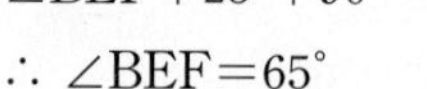

다른 풀이 오른쪽 그림의 삼각형 BFE에서

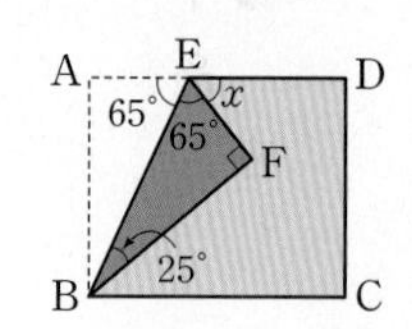

$\angle BEF+25°+90°=180°$

$\therefore\ \angle BEF=65°$

$\angle BEA=\angle BEF=65°$ (접은 각)이므로

$\angle x=180°-(65°+65°)=50°$

28 오른쪽 그림에서

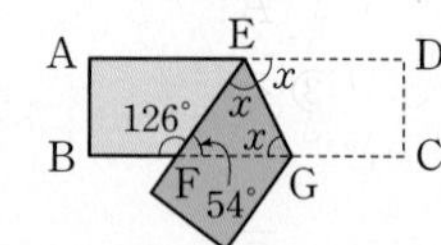

$\angle EFG=180°-126=54°$  … ❶

$\angle FEG=\angle DEG$

$=\angle x$ (접은 각)

$\angle EGF=\angle DEG=\angle x$ (엇각) … ❷

삼각형 EFG에서

$\angle x+54°+\angle x=180°$, $2\angle x=126°$

$\therefore\ \angle x=63°$ … ❸

답 63°

채점 기준	배점
❶ ∠EFG의 크기 구하기	20%
❷ ∠FEG, ∠EGF를 ∠x에 대한 식으로 나타내기	40%
❸ ∠x의 크기 구하기	40%

29 오른쪽 그림에서

$\angle EGB=\angle FEG=\angle x$ (엇각)

$\angle EGF=\angle EGB=\angle x$ (접은 각)

또, $\angle DFH=\angle GFH=52°$ (접은 각)

이때 $\angle BGF=\angle DFG$ (엇각)이므로

$\angle x+\angle x=52°+52°$

$2\angle x=104°$ $\quad\therefore\ \angle x=52°$

답 52°

Real 실전 유형 again 20~27쪽

04 작도와 합동

01 ㄱ. 선분의 길이를 잴 때는 컴퍼스를 사용한다.
따라서 옳지 않은 것은 ㄱ뿐이다. 답 ①

02 ①, ③ 눈금 없는 자의 용도이다. 답 ②, ④

03 ㉠ 점 A의 방향으로 $\overline{AB}$의 연장선을 그린다.
㉢ $\overline{AB}$의 길이를 잰다.
㉡ 점 A를 중심으로 반지름으 길이가 $\overline{AB}$인 원을 그려 반직선과의 교점을 C라 한다. 답 ㉠ → ㉢ → ㉡

04 답 ④

05 ❶ 두 점 A, B를 각각 중심으로 반지름의 길이가 $\overline{AB}$인 원을 그린 후 두 원의 교점을 C라 한다.
❷ $\overline{AC}$, $\overline{BC}$를 그으면 삼각형 ABC는 정삼각형이다.
답 정삼각형

06 ① 점 C를 중심으로 반지름의 길이가 $\overline{AB}$인 원을 그린 것이므로
$\overline{AB}=\overline{CD}$
③ 점 P를 중심으로 반지름의 길이가 $\overline{OA}$인 원을 그린 것이므로
$\overline{OA}=\overline{OB}=\overline{PC}=\overline{PD}$ 답 ①, ③

07 ③ (다) $\overline{AB}$ 답 ③

08 ① 점 P를 중심으로 반지름의 길이가 $\overline{AB}$인 원을 그린 것이므로
$\overline{AB}=\overline{AC}=\overline{PQ}=\overline{PR}$
③ 점 Q를 중심으로 반지름의 길이가 $\overline{BC}$인 원을 그린 것이므로 $\overline{BC}=\overline{QR}$
④, ⑤ $\angle BAC=\angle QPR$ (동위각)이므로
$\overleftrightarrow{AC} /\!/ \overleftrightarrow{PR}$ 답 ①, ④

09 점 P를 중심으로 반지름의 길이가 $\overline{AB}$인 원을 그린 것이므로
$\overline{AB}=\overline{AC}=\overline{PQ}=\overline{PR}$ 답 ③, ⑤

10 답 ②, ④

11 답 ⑤

12 ①, ② 점 P를 중심으로 반지름의 길이가 $\overline{AB}$인 원을 그린 것이므로
$\overline{AB}=\overline{AC}=\overline{PQ}=\overline{PR}$
③ 점 Q를 중심으로 반지름의 길이가 $\overline{BC}$인 원을 그린 것이므로
$\overline{BC}=\overline{QR}$
⑤ 크기가 같은 각을 작도한 것이므로
$\angle BAC=\angle QPR$ 답 ④

13 ① $9<5+6$ ② $9<5+8$
③ $10<5+9$ ④ $12<5+9$
⑤ $14=5+9$ 답 ⑤

14 ① $5<3+3$ ② $13=4+9$
③ $10<6+8$ ④ $15>7+7$
⑤ $20=10+10$ 답 ①, ③

15 (i) 가장 긴 변의 길이가 x cm일 때
$x<2+7$ $\therefore x<9$ … ❶
(ii) 가장 긴 변의 길이가 7 cm일 때
$7<x+2$ … ❷
(i), (ii)에서 x의 값이 될 수 있는 자연수는 6, 7, 8의 3개이다. … ❸
답 3

채점 기준	배점
❶ 가장 긴 변의 길이가 x cm일 때, 조건 구하기	40%
❷ 가장 긴 변의 길이가 7 cm일 때, 조건 구하기	40%
❸ x의 값이 될 수 있는 자연수의 개수 구하기	20%

16 $8<5+6$, $11=5+6$, $11<5+8$, $11<6+8$
이므로 만들 수 있는 삼각형의 변의 길이의 쌍은
(5 cm, 6 cm, 8 cm), (5 cm, 8 cm, 11 cm),
(6 cm, 8 cm, 11 cm)
따라서 만들 수 있는 삼각형의 개수는 3이다.
답 3

17 △ABC의 작도 순서는 다음의 4가지 경우가 있다.
(i) $\overline{AB} \to \angle B \to \overline{BC} \to \overline{AC}$
(ii) $\overline{BC} \to \angle B \to \overline{AB} \to \overline{AC}$ (ㄹ)
(iii) $\angle B \to \overline{AB} \to \overline{BC} \to \overline{AC}$ (ㄴ)
(iv) $\angle B \to \overline{BC} \to \overline{AB} \to \overline{AC}$
따라서 △ABC의 작도 순서로 옳은 것은 ㄴ, ㄹ이다.
답 ㄴ, ㄹ

18 답 (가) a (나) c (다) C

19 △ABC의 작도 순서는 다음의 4가지 경우가 있다.

(ⅰ) $\overline{AB} \to \angle A \to \angle B$ (①)

(ⅱ) $\overline{AB} \to \angle B \to \angle A$ (②)

(ⅲ) $\angle A \to \overline{AB} \to \angle B$ (④)

(ⅳ) $\angle B \to \overline{AB} \to \angle A$ (⑤)

답 ③

20 ① $5<3+4$이므로 △ABC가 하나로 정해진다.

② ∠A가 $\overline{AB}$, $\overline{BC}$의 끼인각이 아니므로 △ABC가 하나로 정해지지 않는다.

③ 두 변의 길이와 그 끼인각의 크기가 주어진 경우이므로 △ABC가 하나로 정해진다.

④ $\angle C=180^\circ-(30^\circ+45^\circ)=105^\circ$

즉, 한 변의 길이와 그 양 끝 각의 크기가 주어진 경우이므로 △ABC가 하나로 정해진다.

⑤ 세 각의 크기가 주어지면 무수히 많은 삼각형이 그려진다.

답 ②, ⑤

21 ㄱ. 세 변의 길이가 주어진 경우이므로 △ABC가 하나로 정해진다.

ㄷ. 두 변의 길이와 그 끼인각의 크기가 주어진 경우이므로 △ABC가 하나로 정해진다.

따라서 더 필요한 조건은 ㄱ, ㄷ이다.

답 ㄱ, ㄷ

22 ① 두 변의 길이와 그 끼인각의 크기가 주어진 경우이므로 △ABC가 하나로 정해진다.

② ∠A가 $\overline{AB}$, $\overline{BC}$의 끼인각이 아니므로 △ABC가 하나로 정해지지 않는다.

③ 한 변의 길이와 그 양 끝 각의 크기가 주어진 경우이므로 △ABC가 하나로 정해진다.

④ $\angle C=180^\circ-(40^\circ+90^\circ)=50^\circ$

즉, 한 변의 길이와 그 양 끝 각의 크기가 주어진 경우이므로 △ABC가 하나로 정해진다.

⑤ 세 각의 크기가 주어지면 무수히 많은 삼각형이 그려진다.

답 ②, ⑤

23 ① $\overline{AC}=\overline{DF}=6(\text{cm})$

③, ④ $\angle A=\angle D=60^\circ$이므로 △ABC에서

$\angle B=180^\circ-(90^\circ+60^\circ)=30^\circ$

⑤ $\angle F=\angle C=90^\circ$

답 ①, ⑤

24 ① 오른쪽 그림의 두 마름모는 한 변의 길이가 같지만 합동은 아니다.

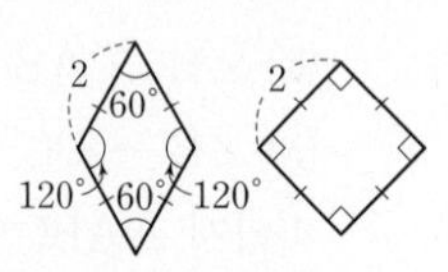

③ 오른쪽 그림의 두 삼각형은 세 각의 크기가 같지만 합동은 아니다.

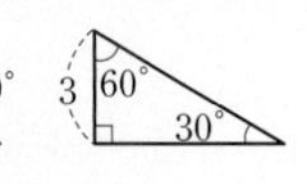

⑤ 오른쪽 그림의 두 사각형은 넓이가 같지만 합동은 아니다.

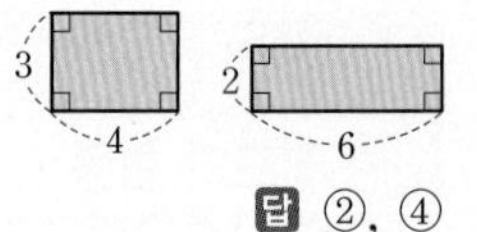

답 ②, ④

25 $\angle B=\angle Q=75^\circ$이므로 $x=75$ … ❶

$\overline{QR}=\overline{BC}=9(\text{cm})$이므로 $y=9$ … ❷

사각형 ABCD에서

$\angle D=360^\circ-(100^\circ+75^\circ+95^\circ)=90^\circ$이므로

$\angle S=\angle D=90^\circ$ $\quad\therefore z=90$ … ❸

$\therefore x+y+z=75+9+90=174$ … ❹

답 174

채점 기준	배점
❶ x의 값 구하기	30%
❷ y의 값 구하기	30%
❸ z의 값 구하기	30%
❹ $x+y+z$의 값 구하기	10%

26 ① 나머지 한 각의 크기는

$180^\circ-(50^\circ+75^\circ)=55^\circ$

② 나머지 한 각의 크기는

$180^\circ-(55^\circ+75^\circ)=50^\circ$

④ 나머지 한 각의 크기는

$180^\circ-(55^\circ+50^\circ)=75^\circ$

따라서 ①, ②의 삼각형은 ASA 합동, ①, ③의 삼각형은 SAS 합동, ①, ④의 삼각형은 ASA 합동이다.

답 ⑤

27 △ABC와 △NOM에서

$\overline{AB}=\overline{NO}$, $\overline{AC}=\overline{NM}$, $\overline{BC}=\overline{OM}$이므로

△ABC≡△NOM (SSS 합동)

△LJK에서 $\angle K=180^\circ-(65^\circ+40^\circ)=75^\circ$이므로

△DEF와 △LJK에서

$\angle E=\angle J$, $\angle F=\angle K$, $\overline{EF}=\overline{JK}$

∴ △DEF≡△LJK (ASA 합동)

답 △ABC≡△NOM (SSS 합동), △DEF≡△LJK (ASA 합동)

28 ㄱ. SAS 합동

ㄹ. $\angle C=\angle F$이면

$\angle B=180^\circ-(\angle A+\angle C)=180^\circ-(\angle D+\angle F)=\angle E$

이므로 ASA 합동이다.

따라서 더 필요한 조건이 아닌 것은 ㄴ, ㄷ이다.

답 ㄴ, ㄷ

29 ①, ③ $\angle B=180^\circ-(\angle A+\angle C)$

$=180^\circ-(\angle D+\angle F)=\angle E$

이므로 ASA 합동이다.

② ASA 합동

답 ④, ⑤

30 ③ SAS 합동이려면 끼인각의 크기가 같아야 하므로 $\angle C=\angle F$이어야 한다.
⑤ $\angle A=180°-(\angle B+\angle C)=180°-(\angle E+\angle F)=\angle D$ 이므로 ASA 합동이다.
답 ③

31 $\triangle ABC$와 $\triangle CDA$에서
$\overline{AB}=\overline{CD}$, $\overline{BC}=\overline{DA}$, $\overline{AC}$는 공통이므로
$\triangle ABC\equiv\triangle CDA$ (SSS 합동)
$\therefore \angle ABC=\angle CDA$ (③), $\angle ACB=\angle CAD$ (④)
답 ③, ④

32 답 (가) $\overline{PQ}$ (나) $\overline{BC}$ (다) SSS

33 $\triangle ABC$와 $\triangle ADC$에서
$\overline{AB}=\overline{AD}$, $\overline{BC}=\overline{DC}$, $\overline{AC}$는 공통이므로
$\triangle ABC\equiv\triangle ADC$ (SSS 합동) … ❶
$\therefore \angle B=\angle D=65°$ … ❷
따라서 $\triangle ABC$에서
$\angle BCA=180°-(60°+65°)=55°$ … ❸
답 55°

채점 기준	배점
❶ $\triangle ABC\equiv\triangle ADC$임을 보이기	40%
❷ $\angle B$의 크기 구하기	30%
❸ $\angle BCA$의 크기 구하기	30%

34 $\triangle APD$와 $\triangle CPB$에서
$\overline{AP}=\overline{CP}$, $\overline{DP}=\overline{BP}$, $\angle APD=\angle CPB$ (맞꼭지각) (③) 이므로
$\triangle APD\equiv\triangle CPB$ (SAS 합동) (①)
$\therefore \overline{AD}=\overline{CB}$ (②), $\angle A=\angle C$ (④)
답 ⑤

35 답 (가) $\overline{DC}$ (나) $\overline{BM}$ (다) $\angle C$ (라) SAS

36 $\triangle ABE$와 $\triangle ACD$에서
$\overline{AB}=\overline{AC}$, $\overline{AE}=\overline{AD}$, $\angle A$는 공통이므로
$\triangle ABE\equiv\triangle ACD$ (SAS 합동)
$\therefore \angle ADC=\angle AEB=180°-(40°+25°)=115°$
답 115°

37 $\triangle ADE$와 $\triangle EFC$에서
$\overline{AE}=\overline{EC}$
$\overline{AB}/\!/\overline{EF}$이므로 $\angle DAE=\angle FEC$ (동위각)
$\overline{DE}/\!/\overline{BC}$이므로 $\angle AED=\angle ECF$ (동위각)
$\therefore \triangle ADE\equiv\triangle EFC$ (ASA 합동)
$\therefore \overline{AD}=\overline{EF}$ (①), $\angle ADE=\angle EFC$ (⑤)
답 ①, ⑤

38 답 (가) $\angle DEF$ (나) $\angle ACB$ (다) $\overline{CE}$ (라) $\overline{EF}$ (마) ASA

39 $\triangle APB$와 $\triangle DPC$에서
$\overline{AP}=\overline{DP}=3$(cm), $\angle APB=\angle DPC$ (맞꼭지각)
$\overline{AB}/\!/\overline{CD}$이므로 $\angle A=\angle D$ (엇각)
$\therefore \triangle APB\equiv\triangle DPC$ (ASA 합동) … ❶
$\therefore \overline{AB}=\overline{DC}=5$(cm) … ❷
답 5 cm

채점 기준	배점
❶ $\triangle APB\equiv\triangle DPC$임을 보이기	60%
❷ $\overline{AB}$의 길이 구하기	40%

40 $\triangle ABD$와 $\triangle BCE$에서
$\overline{AD}=\overline{BE}$
$\triangle ABC$가 정삼각형이므로
$\overline{AB}=\overline{BC}$, $\angle BAD=\angle CBE=60°$
$\therefore \triangle ABD\equiv\triangle BCE$ (SAS 합동)
$\therefore \angle ABD=\angle BCE$ (①), $\overline{BD}=\overline{CE}$ (④)
$\triangle BCE$와 $\triangle CAF$에서
$\overline{BE}=\overline{CF}$, $\overline{BC}=\overline{CA}$, $\angle CBE=\angle ACF=60°$이므로
$\triangle BCE\equiv\triangle CAF$ (SAS 합동) (⑤)
$\therefore \angle AFC=\angle CEB$ (②)
답 ③

41 $\triangle ABD$와 $\triangle ACE$에서
$\triangle ABC$가 정삼각형이므로 $\overline{AB}=\overline{AC}$
$\triangle ADE$가 정삼각형이므로 $\overline{AD}=\overline{AE}$
$\angle BAD=60°-\angle DAC=\angle CAE$
따라서 $\triangle ABD\equiv\triangle ACE$ (SAS 합동)이므로 … ❶
$\overline{CE}=\overline{BD}=\overline{BC}-\overline{DC}$
$=7-3=4$(cm) … ❷
답 4 cm

채점 기준	배점
❶ $\triangle ABD\equiv\triangle ACE$임을 보이기	60%
❷ $\overline{CE}$의 길이 구하기	40%

42 $\triangle ABE$와 $\triangle CBD$에서
$\triangle ABC$가 정삼각형이므로 $\overline{AB}=\overline{CB}$
$\triangle BDE$가 정삼각형이므로 $\overline{BE}=\overline{BD}$
$\angle ABE=60°-\angle EBF=\angle CBD$
따라서 $\triangle ABE\equiv\triangle CBD$ (SAS 합동)이므로
$\angle CDB=\angle AEB=180°-\angle BED$
$=180°-60°=120°$
$\therefore \angle CDF=\angle CDB-\angle FDB$
$=120°-60°=60°$
답 60°

더블북

43 △BCE와 △DCF에서
∠BCE=∠DCF
사각형 ABCD가 정사각형이므로 $\overline{BC}=\overline{DC}$
사각형 ECFG가 정사각형이므로 $\overline{CE}=\overline{CF}$
∴ △BCE≡△DCF (SAS 합동)
따라서 $\overline{BE}=\overline{DF}=13$(cm)이므로 △BCE의 둘레의 길이는
$\overline{BC}+\overline{CE}+\overline{BE}=5+12+13=30$(cm) 답 ④

44 ② △AFD와 △DEC에서
$\overline{DF}=\overline{CE}$
사각형 ABCD가 정사각형이므로
$\overline{AD}=\overline{DC}$, ∠ADF=∠DCE=90°
∴ △AFD≡△DEC (SAS 합동)
∴ ∠DAF=∠CDE, ∠AFD=∠DEC
③ ∠GAB=90°−∠DAF=90°−∠CDE=∠GDA
④ ∠DGF=180°−(∠GDF+∠GFD)
=180°−(∠DAF+∠GFD)
=∠ADF=90°
⑤ ∠DEC+∠GFC=∠AFD+∠GFC
=180° 답 ①

45 △ABF와 △CBF에서
사각형 ABCD가 정사각형이므로
$\overline{BA}=\overline{BC}$, ∠ABF=∠CBF=45°
$\overline{BF}$는 공통
∴ △ABF≡△CBF (SAS 합동)
∴ ∠BCF=∠BAF=180°−(90°+30°)=60° 답 60°

Real 실전 유형 again 28~35쪽

05 다각형

01 다각형은 팔각형, 이등변삼각형, 사다리꼴, 마름모, 정삼각형의 5개이다. 답 5

02 ① 3개 이상의 선분으로 둘러싸인 평면도형이 다각형이다.
⑤ 네 변의 길이가 같은 사각형은 마름모이다. 답 ①, ⑤

03 $\angle x=180°-55°=125°$
$\angle y=180°-58°=122°$
∴ $\angle x+\angle y=125°+122°=247°$ 답 247°

04 조건 (가), (나)에서 구하는 다각형은 정다각형이고 조건 (다)에서 구하는 다각형은 정십각형이다. 답 정십각형

05 △ABC에서
∠ACB=180°−(50°+60°)=70°
△CED에서
$\angle DCE=180°-(70°+2x°)=110°-2x°$
∠ACB=∠DCE (맞꼭지각)이므로
$70=110-2x$, $2x=40$
∴ $x=20$ 답 20

06 삼각형의 세 내각의 크기의 합은 180°이므로
$(2x+5)+(3x+5)+(x-10)=180$
$6x=180$ ∴ $x=30$ …❶
∴ $\angle B=3x°+5°=3\times30°+5°=95°$ …❷
답 95°

채점 기준	배점
❶ x의 값 구하기	60%
❷ ∠B의 크기 구하기	40%

07 삼각형의 세 내각의 크기의 합은 180°이므로 크기가 가장 큰 각의 크기는
$180°\times\frac{4}{2+4+3}=180°\times\frac{4}{9}=80°$ 답 80°

08 $(x-5)+72=2x+12$
$x+67=2x+12$ ∴ $x=55$
∴ $\angle A=x°-5°=55°-5°=50°$ 답 50°

09 △PCD에서 $\angle x=50°+36°=86°$
△APB에서 $\angle y+48°=86°$ ∴ $\angle y=38°$
∴ $\angle x+\angle y=86°+38°=124°$ 답 124°

10 △ABC에서 $\angle ACE=20^\circ+25^\circ=45^\circ$

△DCE에서 $\angle DEG=45^\circ+25^\circ=70^\circ$

△FEG에서 $\angle x=70^\circ+25^\circ=95^\circ$ 답 ③

11 △ABD에서

$\angle ABD+65^\circ=100^\circ \quad \therefore \angle ABD=35^\circ$ … ❶

$\therefore \angle ABC=2\angle ABD=2\times 35^\circ=70^\circ$ … ❷

따라서 △ABC에서

$\angle x=70^\circ+65^\circ=135^\circ$ … ❸

답 135°

채점 기준	배점
❶ ∠ABD의 크기 구하기	40%
❷ ∠ABC의 크기 구하기	20%
❸ ∠x의 크기 구하기	40%

12 오른쪽 그림과 같이 $\overline{BC}$를 그으면

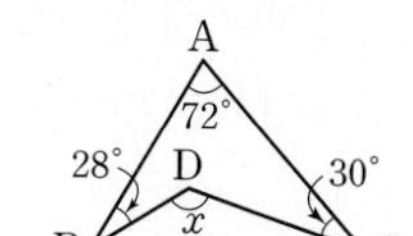

△ABC에서

$\angle DBC+\angle DCB$

$=180^\circ-(72^\circ+28^\circ+30^\circ)=50^\circ$

따라서 △DBC에서

$\angle x=180^\circ-(\angle DBC+\angle DCB)$

$=180^\circ-50^\circ=130^\circ$ 답 ②

13 오른쪽 그림과 같이 $\overline{AB}$를 그으면

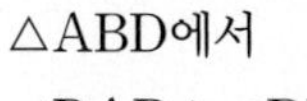

△ABD에서

$\angle DAB+\angle DBA$

$=180^\circ-122^\circ=58^\circ$

따라서 △ABC에서

$\angle x=180^\circ-(57^\circ+\angle DAB+\angle DBA+30^\circ)$

$=180^\circ-(57^\circ+58^\circ+30^\circ)$

$=35^\circ$ 답 ⑤

14 △DBC에서 $\angle DBC+\angle DCB=180^\circ-116^\circ=64^\circ$

따라서 △ABC에서

$\angle x=180^\circ-(\angle ABC+\angle ACB)$

$=180^\circ-(2\angle DBC+2\angle DCB)$

$=180^\circ-2(\angle DBC+\angle DCB)$

$=180^\circ-2\times 64^\circ=52^\circ$ 답 52°

15 $\angle DCB=\angle ACD=\angle a$, $\angle ABD=\angle DBE=\angle b$라 하면

△ABC에서 $2\angle b=2\angle a+56^\circ$

$\therefore \angle b=\angle a+28^\circ$ …… ㉠

△DBC에서 $\angle b=\angle a+\angle x$ …… ㉡

㉠, ㉡에서

$\angle a+28^\circ=\angle a+\angle x \quad \therefore \angle x=28^\circ$ 답 ②

16 $\angle ACE=180^\circ-60^\circ=120^\circ$이므로

$\angle DCE=\frac{1}{2}\angle ACE=\frac{1}{2}\times 120^\circ=60^\circ$

△DBC에서 $\angle DBC+34^\circ=60^\circ$

$\therefore \angle DBC=26^\circ$

$\therefore \angle ABC=2\angle DBC=2\times 26^\circ=52^\circ$

따라서 △ABC에서

$\angle x=180^\circ-(52^\circ+60^\circ)=68^\circ$ 답 68°

17 $\angle ABD=\angle DBC=\angle a$, $\angle ACD=\angle DCE=\angle b$라 하면

△ABC에서 $2\angle b=2\angle a+\angle x$

$\therefore \angle b=\angle a+\frac{1}{2}\angle x$ …… ㉠

△DBC에서 $\angle b=\angle a+27^\circ$ …… ㉡

㉠, ㉡에서

$\angle a+\frac{1}{2}\angle x=\angle a+27^\circ$

$\frac{1}{2}\angle x=27^\circ \quad \therefore \angle x=54^\circ$ 답 54°

18 △ABC에서 $\angle ACB=\angle ABC=32^\circ$

$\therefore \angle CAD=32^\circ+32^\circ=64^\circ$

△ACD에서 $\angle CDA=\angle CAD=64^\circ$

따라서 △DBC에서

$\angle x=\angle DBC+\angle BDC=32^\circ+64^\circ=96^\circ$ 답 96°

19 △CBD에서 $\angle CBD=\angle CDB=\angle x$

$\therefore \angle ACB=\angle x+\angle x=2\angle x$

△ABC에서 $\angle CAB=\angle ACB=2\angle x$

△ABD에서

$\angle BAD+\angle ADB=\angle ABE$이므로

$2\angle x+\angle x=105^\circ$, $3\angle x=105^\circ$

$\therefore \angle x=35^\circ$ 답 ①

20 $\angle ACD=180^\circ-144^\circ=36^\circ$이므로 △ADC에서

$\angle CAD=\angle ACD=36^\circ$

$\therefore \angle ADB=36^\circ+36^\circ=72^\circ$

△ABD에서 $\angle ABD=\angle ADB=72^\circ$이므로

$\angle x=180^\circ-(72^\circ+72^\circ)=36^\circ$ 답 36°

21 △ABC에서 $\angle ACB=\angle ABC=24^\circ$

$\therefore \angle CAD=24^\circ+24^\circ=48^\circ$

△ACD에서 $\angle CDA=\angle CAD=48^\circ$ … ❶

△DBC에서

$\angle DCE=\angle DBC+\angle BDC=24^\circ+48^\circ=72^\circ$

△DCE에서 $\angle DEC=\angle DCE=72^\circ$ … ❷

따라서 $\triangle$DBE에서

$\angle x=\angle \mathrm{DBE}+\angle \mathrm{DEB}=24^\circ+72^\circ=96^\circ$ ··· ❸

답 96°

채점 기준	배점
❶ $\angle$CDA의 크기 구하기	40%
❷ $\angle$DEC의 크기 구하기	40%
❸ $\angle x$의 크기 구하기	20%

22 오른쪽 그림의 $\triangle$BEG에서

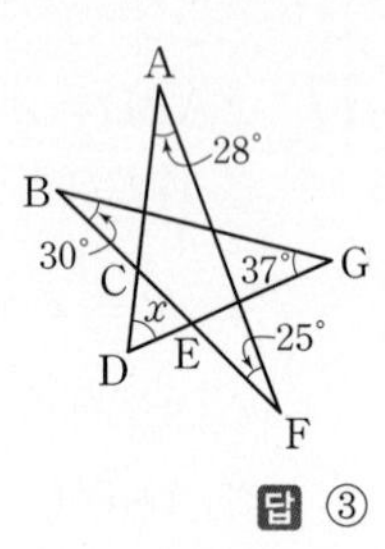

$\angle \mathrm{BED}=30^\circ+37^\circ=67^\circ$

$\triangle$CAF에서

$\angle \mathrm{FCD}=28^\circ+25^\circ=53^\circ$

따라서 $\triangle$CDE에서

$\angle x=180^\circ-(67^\circ+53^\circ)=60^\circ$

답 ③

23 오른쪽 그림의 $\triangle$BCD에서

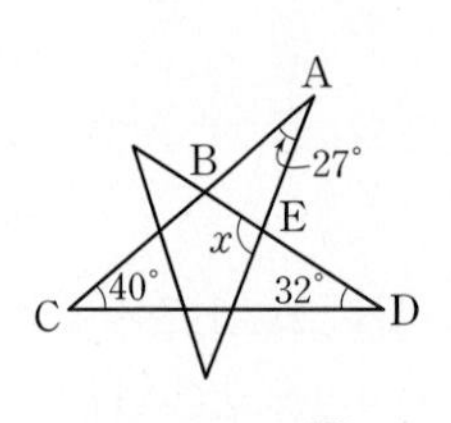

$\angle \mathrm{ABD}=40^\circ+32^\circ=72^\circ$

따라서 $\triangle$ABE에서

$\angle x=27^\circ+72^\circ=99^\circ$

답 ①

24 오른쪽 그림의 $\triangle$BCE에서

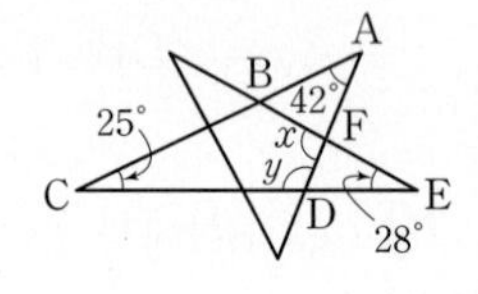

$\angle \mathrm{ABE}=25^\circ+28^\circ=53^\circ$

$\triangle$ABF에서

$\angle x=42^\circ+53^\circ=95^\circ$ ··· ❶

$\triangle$ACD에서

$\angle y=180^\circ-(42^\circ+25^\circ)=113^\circ$ ··· ❷

$\therefore \angle y-\angle x=113^\circ-95^\circ=18^\circ$ ··· ❸

답 18°

채점 기준	배점
❶ $\angle x$의 크기 구하기	50%
❷ $\angle y$의 크기 구하기	30%
❸ $\angle y-\angle x$의 크기 구하기	20%

25 이십각형의 한 꼭짓점에서 그을 수 있는 대각선의 개수는

$20-3=17 \qquad \therefore a=17$

이때 생기는 삼각형의 개수는

$20-2=18 \qquad \therefore b=18$

$\therefore a+b=17+18=35$

답 35

26 구하는 다각형을 n각형이라 하면

$n-3=9 \qquad \therefore n=12$

따라서 구하는 다각형은 십이각형이다.

답 ④

27 다각형의 내부의 한 점에서 각 꼭짓점에 선분을 그었을 때 생기는 삼각형의 개수가 17이므로 주어진 다각형은 십칠각형이다.

따라서 십칠각형의 한 꼭짓점에서 그을 수 있는 대각선의 개수는

$17-3=14$

답 ①

28 조건 (가)에서 구하는 다각형은 정다각형이다.

구하는 다각형을 정n각형이라 하면 조건 (나)에서

$n-3=12 \qquad \therefore n=15$

따라서 구하는 다각형은 정십오각형이다. 답 정십오각형

29 주어진 다각형을 n각형이라 하면

$n-3=11 \qquad \therefore n=14$

따라서 십사각형의 대각선의 개수는

$\dfrac{14\times(14-3)}{2}=77$

답 ⑤

30 다각형의 내부의 한 점에서 각 꼭짓점에 선분을 그었을 때 생기는 삼각형의 개수가 9이므로 주어진 다각형은 구각형이다.

따라서 구각형의 대각선의 개수는

$\dfrac{9\times(9-3)}{2}=27$

답 ②

31 주어진 다각형을 n각형이라 하면

$\dfrac{n(n-3)}{2}=90,\ n(n-3)=180=15\times 12$

$\therefore n=15$

따라서 십오각형의 꼭짓점의 개수는 15이다.

답 ④

32 주어진 다각형을 n각형이라 하면

$\dfrac{n(n-3)}{2}=44,\ n(n-3)=88=11\times 8$

$\therefore n=11$

따라서 십일각형의 한 꼭짓점에서 그을 수 있는 대각선의 개수는

$11-3=8$

답 ①

33 주어진 다각형을 n각형이라 하면

$\dfrac{n(n-3)}{2}=65,\ n(n-3)=130=13\times 10$

$\therefore n=13$

따라서 십삼각형의 내각의 크기의 합은

$180^\circ\times(13-2)=1980^\circ$

답 ④

34 주어진 다각형을 n각형이라 하면

$n-3=7$ $\therefore n=10$

따라서 십각형의 내각의 크기의 합은

$180^\circ \times (10-2)=1440^\circ$ 답 1440°

35 주어진 다각형을 n각형이라 하면

$180^\circ \times (n-2)=1260^\circ$

$n-2=7$ $\therefore n=9$

따라서 구각형의 변의 개수는 9이다. 답 ③

36 칠각형의 내각의 크기의 합은

$180^\circ \times (7-2)=900^\circ$

팔각형의 내각의 크기의 합은

$180^\circ \times (8-2)=1080^\circ$

구각형의 내각의 크기의 합은

$180^\circ \times (9-2)=1260^\circ$

따라서 내각의 크기의 합이 1000°보다 크고 1200°보다 작은 다각형은 팔각형이다. … ❶

팔각형의 대각선의 개수는

$\frac{8\times(8-3)}{2}=20$ … ❷

답 20

채점 기준	배점
❶ 내각의 크기의 합이 1000°보다 크고 1200°보다 작은 다각형 구하기	60%
❷ 다각형의 대각선의 개수 구하기	40%

37 칠각형의 내각의 크기의 합은 $180^\circ \times (7-2)=900^\circ$이므로

$140+90+(4x+20)+145+150+(140-x)+125=900$

$3x+810=900$, $3x=90$

$\therefore x=30$ 답 ②

38 오각형의 내각의 크기의 합은 $180^\circ \times (5-2)=540^\circ$이므로

$\angle x+(180^\circ-85^\circ)+120^\circ+(180^\circ-55^\circ)+95^\circ=540^\circ$

$\angle x+435^\circ=540^\circ$ $\therefore \angle x=105^\circ$ 답 ③

39 $\triangle PBC$에서 $\angle PBC+\angle PCB=180^\circ-124^\circ=56^\circ$

$\therefore \angle ABC+\angle DCB=2\angle PBC+2\angle PCB$

$=2(\angle PBC+\angle PCB)$

$=2\times 56^\circ=112^\circ$

사각형의 내각의 크기의 합은 360°이므로 사각형 ABCD에서

$\angle x+\angle ABC+\angle DCB+118^\circ=360^\circ$

$\angle x+112^\circ+118^\circ=360^\circ$, $\angle x+230^\circ=360^\circ$

$\therefore \angle x=130^\circ$ 답 130°

40 육각형의 내각의 크기의 합은

$180^\circ \times (6-2)=720^\circ$ … ❶

$\therefore \angle GCD+\angle GDC$

$=720^\circ-(105^\circ+100^\circ+90^\circ+80^\circ+125^\circ+115^\circ)$

$=105^\circ$ … ❷

따라서 $\triangle GCD$에서

$\angle x=180^\circ-(\angle GCD+\angle GDC)$

$=180^\circ-105^\circ=75^\circ$ … ❸

답 75°

채점 기준	배점
❶ 육각형의 내각의 크기의 합 구하기	30%
❷ $\angle GCD+\angle GDC$의 크기 구하기	40%
❸ $\angle x$의 크기 구하기	30%

41 다각형의 외각의 크기의 합은 360°이므로

$\angle x+(180^\circ-95^\circ)+(180^\circ-124^\circ)+40^\circ+102^\circ=360^\circ$

$\angle x+283^\circ=360^\circ$ $\therefore \angle x=77^\circ$ 답 ②

42 다각형의 외각의 크기의 합은 360°이므로

$(180^\circ-\angle x)+60^\circ+55^\circ+35^\circ+50^\circ+45^\circ+70^\circ=360^\circ$

$495^\circ-\angle x=360^\circ$ $\therefore \angle x=135^\circ$ 답 ⑤

43 다각형의 외각의 크기의 합은 360°이므로

$(180-114)+60+(180-4x)+52+(3x-40)+72$

$=360$

$390-x=360$ $\therefore x=30$ 답 ②

44 오른쪽 그림의 $\triangle ACG$에서

$\angle DCG=50^\circ+55^\circ=105^\circ$

$\triangle BFH$에서

$\angle BFE=26^\circ+45^\circ=71^\circ$

사각형의 내각의 크기의 합은 360°이므로 사각형 CDEF에서

$105^\circ+\angle x+\angle y+71^\circ=360^\circ$, $\angle x+\angle y+176^\circ=360^\circ$

$\therefore \angle x+\angle y=184^\circ$ 답 184°

45 오른쪽 그림에서

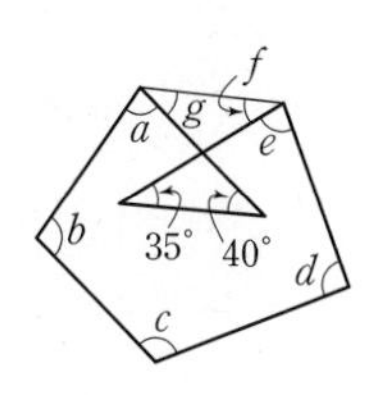

$\angle f+\angle g=35^\circ+40^\circ=75^\circ$

오각형의 내각의 크기의 합은

$180^\circ \times (5-2)=540^\circ$이므로

$\angle a+\angle b+\angle c+\angle d+\angle e$

$=540^\circ-(\angle f+\angle g)$

$=540^\circ-75^\circ$

$=465^\circ$ 답 ③

46 오른쪽 그림에서

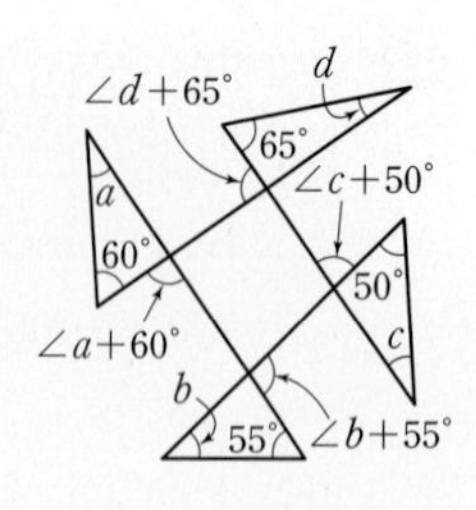

$(\angle a+60^\circ)+(\angle b+55^\circ)$

$+(\angle c+50^\circ)+(\angle d+65^\circ)$

$=$(사각형의 외각의 크기의 합)

$=360^\circ$

$\angle a+\angle b+\angle c+\angle d+230^\circ$

$=360^\circ$

$\therefore\ \angle a+\angle b+\angle c+\angle d=130^\circ$

답 130°

47 오른쪽 그림에서

$\angle x=\angle a+\angle b$,

$\angle y=\angle c+\angle d$,

$\angle z=\angle e+\angle f$,

$\angle p=\angle g+\angle h$,

$\angle q=\angle i+\angle j$

$\therefore\ \angle a+\angle b+\angle c+\angle d+\angle e+\angle f+\angle g+\angle h+\angle i+\angle j$

$=\angle x+\angle y+\angle z+\angle p+\angle q$

$=$(오각형의 외각의 크기의 합)

$=360^\circ$

답 360°

48 정십오각형의 한 내각의 크기는

$\dfrac{180^\circ\times(15-2)}{15}=156^\circ \qquad \therefore\ a=156$

정이십각형의 한 외각의 크기는

$\dfrac{360^\circ}{20}=18^\circ \qquad \therefore\ b=18$

$\therefore\ a+b=156+18=174$

답 174

49 주어진 정다각형을 정n각형이라 하면

$\dfrac{360^\circ}{n}=20^\circ \qquad \therefore\ n=18$

따라서 정십팔각형의 대각선의 개수는

$\dfrac{18\times(18-3)}{2}=135$

답 ⑤

50 주어진 정다각형을 정n각형이라 하면 한 외각의 크기는

$180^\circ\times\dfrac{1}{3+1}=180^\circ\times\dfrac{1}{4}=45^\circ$이므로

$\dfrac{360^\circ}{n}=45^\circ \qquad \therefore\ n=8$ …❶

따라서 정팔각형의 내각의 크기의 합은

$180^\circ\times(8-2)=1080^\circ$ …❷

답 1080°

채점 기준	배점
❶ 정다각형 구하기	60%
❷ 정다각형의 내각의 크기의 합 구하기	40%

51 주어진 정다각형을 정n각형이라 하면

$180^\circ\times(n-2)+360^\circ=2160^\circ$

$180^\circ\times n=2160^\circ \qquad \therefore\ n=12$

따라서 정십이각형의 한 내각의 크기는

$\dfrac{180^\circ\times(12-2)}{12}=150^\circ$

답 ④

52 정팔각형의 한 내각의 크기는

$\dfrac{180^\circ\times(8-2)}{8}=135^\circ$

$\triangle$ABC는 $\overline{AB}=\overline{BC}$인 이등변삼각형이므로

$\angle BCA=\dfrac{1}{2}\times(180^\circ-135^\circ)=22.5^\circ$

$\triangle$CDE에서 같은 방법으로 하면

$\angle DCE=22.5^\circ$

$\therefore\ \angle x=135^\circ-(22.5^\circ+22.5^\circ)=90^\circ$

답 90°

53 정삼각형의 한 내각의 크기는 60°

정오각형의 한 내각의 크기는

$\dfrac{180^\circ\times(5-2)}{5}=108^\circ$

정팔각형의 한 내각의 크기는

$\dfrac{180^\circ\times(8-2)}{8}=135^\circ$

$\therefore\ \angle x=360^\circ-(60^\circ+108^\circ+135^\circ)=57^\circ$

답 57°

54 정오각형의 한 내각의 크기는

$\dfrac{180^\circ\times(5-2)}{5}=108^\circ$ …❶

$\triangle$ABC는 $\overline{AB}=\overline{BC}$인 이등변삼각형이므로

$\angle BAC=\dfrac{1}{2}\times(180^\circ-108^\circ)=36^\circ$

$\triangle$ABE에서 같은 방법으로 하면

$\angle ABE=36^\circ$ …❷

$\triangle$ABP에서 $\angle APB=180^\circ-(36^\circ+36^\circ)=108^\circ$

$\therefore\ \angle x=\angle APB=108^\circ$ (맞꼭지각) …❸

답 108°

채점 기준	배점
❶ 정오각형의 한 내각의 크기 구하기	30%
❷ $\angle$BAC, $\angle$ABE의 크기 구하기	40%
❸ $\angle x$의 크기 구하기	30%

55 $\angle CDE=\angle CDA+\angle ADE=90^\circ+60^\circ=150^\circ$

$\triangle$CDE는 $\overline{CD}=\overline{DE}$인 이등변삼각형이므로

$\angle DEC=\dfrac{1}{2}\times(180^\circ-150^\circ)=15^\circ$

따라서 $\triangle$EPD에서

$\angle x=15^\circ+60^\circ=75^\circ$

답 ③

56 정팔각형의 한 외각의 크기는 $\frac{360^\circ}{8}=45^\circ$이므로

$\angle IEF=\angle IFE=45^\circ$

따라서 $\triangle FEI$에서

$\angle x=180^\circ-(45^\circ+45^\circ)=90^\circ$ 답 90°

57 정오각형의 한 내각의 크기는

$\frac{180^\circ\times(5-2)}{5}=108^\circ \qquad \therefore \angle b=108^\circ$

정오각형의 한 외각의 크기는

$\frac{360^\circ}{5}=72^\circ \qquad \therefore \angle a=72^\circ$

정육각형의 한 내각의 크기는

$\frac{180^\circ\times(6-2)}{6}=120^\circ \qquad \therefore \angle d=120^\circ$

정육각형의 한 외각의 크기는

$\frac{360^\circ}{6}=60^\circ \qquad \therefore \angle e=60^\circ$

$\therefore \angle c=72^\circ+60^\circ=132^\circ$ 답 ③

58 정육각형의 한 외각의 크기는 $\frac{360^\circ}{6}=60^\circ$이므로

$\angle EDP=60^\circ$

정팔각형의 한 외각의 크기는 $\frac{360^\circ}{8}=45^\circ$이므로

$\angle EGP=45^\circ$

$\angle DEG=60^\circ+45^\circ=105^\circ$이므로 사각형 DPGE에서

$\angle x=360^\circ-(105^\circ+60^\circ+45^\circ)=150^\circ$ 답 ⑤

Real 실전 유형 again 36~43쪽

06 원과 부채꼴

01 ㄴ. 원 위의 두 점을 양 끝 점으로 하는 원의 일부분을 호라 한다.

ㄷ. 두 반지름과 호로 이루어진 도형을 부채꼴이라 한다.

따라서 옳은 것은 ㄱ, ㄹ이다. 답 ㄱ, ㄹ

02 한 원에서 가장 긴 현의 길이는 원의 지름의 길이이므로 반지름의 길이는 $\frac{1}{2}\times12=6(\text{cm})$ 답 ③

03 부채꼴과 활꼴이 같아지는 경우는 반원일 때이다. … ❶

따라서 활꼴을 이루는 현의 길이는 지름의 길이이므로

$2\times5=10(\text{cm})$ … ❷

답 10 cm

채점 기준	배점
❶ 부채꼴과 활꼴이 같아지는 경우는 반원일 때임을 알기	60%
❷ 활꼴을 이루는 현의 길이 구하기	40%

04 $15:x=3:6$이므로

$15:x=1:2 \qquad \therefore x=30$

$15:105=3:y$이므로

$1:7=3:y \qquad \therefore y=21$

$\therefore x-y=30-21=9$ 답 9

05 $125:x=20:12$이므로

$125:x=5:3,\ 5x=375 \qquad \therefore x=75$ 답 ④

06 $105:140=(x+3):(2x-6)$이므로

$3:4=(x+3):(2x-6)$

$6x-18=4x+12,\ 2x=30$

$\therefore x=15$ 답 ②

07 원 O의 둘레의 길이를 x cm라 하면

$24:360=8:x$이므로 $1:15=8:x$

$\therefore x=120$

따라서 원 O의 둘레의 길이는 120 cm이다. 답 120 cm

08 $\angle AOB:\angle BOC:\angle COA=\widehat{AB}:\widehat{BC}:\widehat{CA}$

$=6:4:5$

$\therefore \angle COA=360^\circ\times\frac{5}{6+4+5}$

$=360^\circ\times\frac{1}{3}=120^\circ$ 답 120°

09 $\widehat{AC}=4\widehat{BC}$이므로 $\widehat{AC}:\widehat{BC}=4:1$

$\angle AOC:\angle BOC=\widehat{AC}:\widehat{BC}=4:1$

$\therefore \angle BOC=180°\times\frac{1}{4+1}=180°\times\frac{1}{5}=36°$ 답 36°

10 $\angle AOC:\angle BOC=\widehat{AC}:\widehat{BC}=4:5$

$\therefore \angle BOC=(360°-90°)\times\frac{5}{4+5}$

$=270°\times\frac{5}{9}=150°$ 답 ④

11 $\angle AOC:\angle BOC=\widehat{AC}:\widehat{BC}=2:3$

$\therefore \angle AOC=180°\times\frac{2}{2+3}$

$=180°\times\frac{2}{5}=72°$ … ❶

$\triangle OCA$에서 $\overline{OA}=\overline{OC}$이므로

$\angle OAC=\frac{1}{2}\times(180°-72°)=54°$ … ❷

답 54°

채점 기준	배점
❶ ∠AOC의 크기 구하기	50%
❷ ∠OAC의 크기 구하기	50%

12 $\triangle AOB$에서 $\overline{OA}=\overline{OB}$이므로

$\angle OAB=\frac{1}{2}\times(180°-120°)=30°$

$\overline{AB}\,/\!/\,\overline{CD}$이므로

$\angle AOC=\angle OAB=30°$ (엇각)

$120:30=\widehat{AB}:5$이므로

$4:1=\widehat{AB}:5\quad\therefore \widehat{AB}=20(\text{cm})$ 답 ⑤

13 $\overline{OA}\,/\!/\,\overline{BC}$이므로

$\angle OCB=\angle AOC=36°$ (엇각) … ❶

$\triangle OBC$에서 $\overline{OB}=\overline{OC}$이므로

$\angle OBC=\angle OCB=36°$

$\therefore \angle BOC=180°-(36°+36°)=108°$ … ❷

$36:108=4:\widehat{BC}$이므로

$1:3=4:\widehat{BC}$

$\therefore \widehat{BC}=12(\text{cm})$ … ❸

답 12 cm

채점 기준	배점
❶ ∠OCB의 크기 구하기	30%
❷ ∠BOC의 크기 구하기	30%
❸ $\widehat{BC}$의 길이 구하기	40%

14 $\widehat{AB}=7\widehat{BC}$이므로

$\angle AOB=7\angle BOC=7\angle x$

$\overline{OC}\,/\!/\,\overline{AB}$이므로

$\angle OBA=\angle BOC=\angle x$ (엇각)

$\triangle OAB$에서 $\overline{OA}=\overline{OB}$이므로

$\angle OAB=\angle OBA=\angle x$

$7\angle x+\angle x+\angle x=180°$이므로 $9\angle x=180°$

$\therefore \angle x=20°$ 답 20°

15 $\overline{AD}\,/\!/\,\overline{OC}$이므로

$\angle OAD=\angle BOC=50°$ (동위각)

오른쪽 그림과 같이 $\overline{OD}$를 그으면

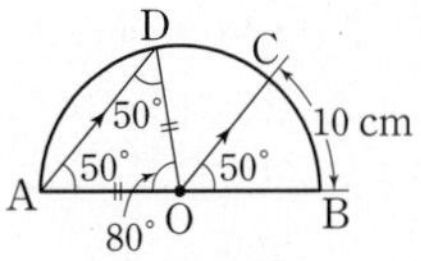

$\triangle ODA$에서 $\overline{OA}=\overline{OD}$이므로

$\angle ODA=\angle OAD=50°$

$\therefore \angle AOD=180°-(50°+50°)=80°$

$80:50=\widehat{AD}:10$이므로

$8:5=\widehat{AD}:10,\ 5\widehat{AD}=80$

$\therefore \widehat{AD}=16(\text{cm})$ 답 ②

16 $\overline{AO}\,/\!/\,\overline{BC}$이므로

$\angle OBC=\angle AOB=48°$ (엇각)

오른쪽 그림과 같이 $\overline{OC}$를 그으면

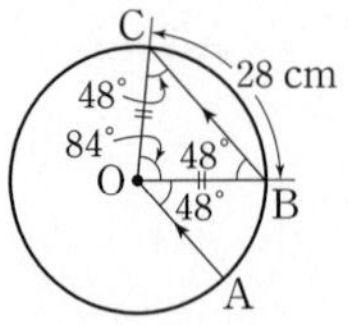

$\triangle OBC$에서 $\overline{OB}=\overline{OC}$이므로

$\angle OCB=\angle OBC=48°$

$\therefore \angle BOC=180°-(48°+48°)=84°$

$84:48=28:\widehat{AB}$이므로

$7:4=28:\widehat{AB},\ 7\widehat{AB}=112$

$\therefore \widehat{AB}=16(\text{cm})$ 답 ④

17 오른쪽 그림과 같이 $\overline{OC}$를 그으면

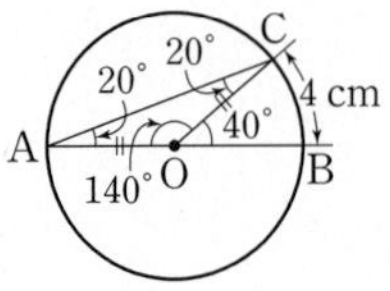

$\triangle OCA$에서 $\overline{OA}=\overline{OC}$이므로

$\angle OCA=\angle OAC=20°$

$\therefore \angle AOC=180°-(20°+20°)$

$=140°$ … ❶

$\therefore \angle BOC=180°-140°=40°$ … ❷

$140:40=\widehat{AC}:4$이므로

$7:2=\widehat{AC}:4,\ 2\widehat{AC}=28$

$\therefore \widehat{AC}=14(\text{cm})$ … ❸

답 14 cm

채점 기준	배점
❶ ∠AOC의 크기 구하기	40%
❷ ∠BOC의 크기 구하기	20%
❸ $\widehat{AC}$의 길이 구하기	40%

18 부채꼴 COD의 넓이를 x cm²라 하면
$48:120=12:x$이므로
$2:5=12:x$, $2x=60$
$\therefore x=30$
따라서 부채꼴 COD의 넓이는 30 cm²이다. 답 ⑤

19 $\angle COD=x°$라 하면
$60:x=36:60$이므로
$60:x=3:5$, $3x=300$ $\therefore x=100$
$\therefore \angle COD=100°$ 답 100°

20 원 O의 넓이를 x cm²라 하면
$72:360=9:x$이므로
$1:5=9:x$ $\therefore x=45$
따라서 원 O의 넓이는 45 cm²이다. 답 45 cm²

21 세 부채꼴 AOB, BOC, AOC의 넓이의 비가 2 : 4 : 3이므로 부채꼴 AOC의 넓이는
$54\times\frac{3}{2+4+3}=54\times\frac{1}{3}$
$=18(cm^2)$ 답 18 cm²

22 $\overline{AB}=\overline{BC}=\overline{DE}=\overline{EF}=\overline{FG}$이므로
$\angle AOB=\angle BOC=\angle DOE=\angle EOF=\angle FOG$
따라서 $\angle AOB=\frac{1}{2}\times70°=35°$이므로
$\angle DOG=3\times35°=105°$ 답 ③

23 $\widehat{AB}=\widehat{AD}$이므로 $\overline{AD}=\overline{AB}=5(cm)$ …❶
$\widehat{BC}=\widehat{CD}$이므로 $\overline{BC}=\overline{CD}=3(cm)$ …❷
따라서 색칠한 부분의 둘레의 길이는
$\overline{AB}+\overline{BC}+\overline{CD}+\overline{AD}=5+3+3+5$
$=16(cm)$ …❸
답 16 cm

채점 기준	배점
❶ $\overline{AD}$의 길이 구하기	35%
❷ $\overline{BC}$의 길이 구하기	35%
❸ 색칠한 부분의 둘레의 길이 구하기	30%

24 $\triangle OAB$에서 $\overline{OA}=\overline{OB}$이므로
$\angle OBA=\angle OAB=65°$
$\therefore \angle AOB=180°-(65°+65°)=50°$
$\overline{AB}=\overline{BC}=\overline{CD}$이므로
$\angle AOB=\angle BOC=\angle COD=50°$
$\therefore \angle AOD=3\times50°=150°$ 답 ④

25 ② $\overline{CD}<4\overline{AB}$
④ $\triangle COD<4\triangle AOB$ 답 ①, ⑤

26 $\overline{AB}=\overline{BC}=\overline{DE}=\overline{EF}=\overline{FG}$이므로
$\angle AOB=\angle BOC=\angle DOE=\angle EOF=\angle FOG$
① $\widehat{AC}:\widehat{DG}=2:3$이므로
$3\widehat{AC}=2\widehat{DG}$ $\therefore \widehat{AC}=\frac{2}{3}\widehat{DG}$
② $\widehat{BC}:\widehat{EG}=1:2$이므로
$2\widehat{BC}=\widehat{EG}$
③ $\angle AOC=\angle DOF$이므로 $\overline{AC}=\overline{DF}$
⑤ $\angle BOC=\frac{1}{3}\angle DOG$이므로
(부채꼴 BOC의 넓이)$=\frac{1}{3}\times$(부채꼴 DOG의 넓이)
답 ④

27 $\angle AOD=180°-45°=135°$
$\angle BOC=180°-135°=45°$
ㄱ. $\widehat{AD}:\widehat{BC}=135:45=3:1$이므로
$\widehat{AD}=3\widehat{BC}$
ㄴ. $\angle AOC=45°+45°=90°$
$\widehat{AC}:\widehat{CD}=90:135=2:3$이므로
$3\widehat{AC}=2\widehat{CD}$
ㄷ. $\overline{AB}>\frac{1}{3}\overline{CD}$
ㄹ. $\triangle BOC>\frac{1}{3}\triangle AOD$
따라서 옳은 것은 ㄱ, ㄴ이다. 답 ㄱ, ㄴ

28 가장 큰 원의 반지름의 길이는 $\frac{1}{2}\times(4+6+4)=7(cm)$
$\therefore$ (색칠한 부분의 둘레의 길이)
$=2\pi\times7\times\frac{1}{2}+\left(2\pi\times2\times\frac{1}{2}\right)\times2+2\pi\times3\times\frac{1}{2}$
$=7\pi+4\pi+3\pi$
$=14\pi(cm)$ 답 ①

29 원의 반지름의 길이를 r cm라 하면
$2\pi r=14\pi$ $\therefore r=7$
따라서 원의 넓이는
$\pi\times7^2=49\pi(cm^2)$ 답 49π cm²

30 가장 큰 원의 반지름의 길이는
$\frac{1}{2}\times(6+10)=8(cm)$
$\therefore$ (색칠한 부분의 넓이)$=\pi\times8^2-\pi\times3^2-\pi\times5^2$
$=64\pi-9\pi-25\pi$
$=30\pi(cm^2)$ 답 30π cm²

31 $\overline{AB}=\overline{BC}=\overline{CD}=\frac{1}{3}\times 12=4(\text{cm})$

구하는 넓이는 오른쪽 그림의 색칠한 부분의 넓이와 같으므로

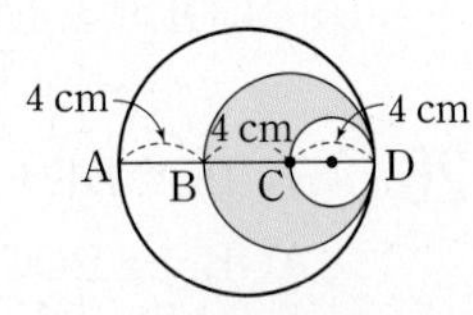

$\pi\times 4^2-\pi\times 2^2=16\pi-4\pi$

$=12\pi(\text{cm}^2)$

답 $12\pi\ \text{cm}^2$

32 $2\pi r\times\frac{150}{360}=10\pi \qquad \therefore r=12$

답 ②

33 호의 길이를 l cm라 하면

$\frac{1}{2}\times 12\times l=18\pi \qquad \therefore l=3\pi$

따라서 호의 길이는 3π cm이다.

답 3π cm

참고 반지름의 길이가 r, 호의 길이가 l인 부채꼴의 넓이를 S라 하면 $S=\frac{1}{2}rl$

34 정팔각형의 한 내각의 크기는

$\frac{180^\circ\times(8-2)}{8}=135^\circ$ … ❶

따라서 색칠한 부채꼴의 넓이는

$\pi\times 16^2\times\frac{135}{360}=96\pi(\text{cm}^2)$ … ❷

답 $96\pi\ \text{cm}^2$

채점 기준	배점
❶ 정팔각형의 한 내각의 크기 구하기	50%
❷ 색칠한 부채꼴의 넓이 구하기	50%

참고 정 n각형의 한 내각의 크기: $\frac{180^\circ\times(n-2)}{n}$

35 색칠한 부채꼴의 중심각의 크기의 합은

$45^\circ+35^\circ+50^\circ+20^\circ=150^\circ$

따라서 색칠한 부채꼴의 넓이의 합은 중심각의 크기가 150°인 부채꼴의 넓이와 같으므로

$\pi\times 6^2\times\frac{150}{360}=15\pi(\text{cm}^2)$

답 $15\pi\ \text{cm}^2$

36 (색칠한 부분의 둘레의 길이)

$=2\pi\times(3+9)\times\frac{120}{360}+2\pi\times 3\times\frac{120}{360}+9+9$

$=8\pi+2\pi+18$

$=10\pi+18(\text{cm})$

답 $(10\pi+18)$ cm

37 (색칠한 부분의 둘레의 길이)

$=\left(2\pi\times 8\times\frac{90}{360}\right)\times 2+8\times 4$

$=8\pi+32(\text{cm})$

답 ⑤

38 (색칠한 부분의 둘레의 길이)

$=2\pi\times 10\times\frac{90}{360}+2\pi\times 5\times\frac{1}{2}+10\times 3$

$=5\pi+5\pi+30$

$=10\pi+30(\text{cm})$

답 ②

39 오른쪽 그림에서 $\triangle BCD$는 정삼각형이므로

$\angle DBC=\angle DCB=60^\circ$

$\therefore \widehat{BD}=\widehat{CD}$

$\therefore$ (색칠한 부분의 둘레의 길이)

$=\widehat{AD}+\widehat{BD}+\overline{AB}=\widehat{AD}+\widehat{CD}+\overline{AB}$

$=\widehat{AC}+\overline{AB}=2\pi\times 6\times\frac{90}{360}+6$

$=3\pi+6(\text{cm})$

답 ①

40 구하는 넓이는 오른쪽 그림의 색칠한 부분의 넓이의 8배이므로

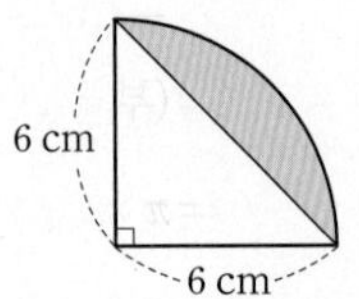

$\left(\pi\times 6^2\times\frac{90}{360}-\frac{1}{2}\times 6\times 6\right)\times 8$

$=(9\pi-18)\times 8$

$=72\pi-144(\text{cm}^2)$

답 ④

41 오른쪽 그림의 $\triangle OAD$에서

$\overline{OA}=\overline{OD}$이므로

$\angle ODA=\angle OAD=45^\circ$

$\therefore \angle AOD=180^\circ-(45^\circ+45^\circ)=90^\circ$

$\therefore$ (색칠한 부분의 넓이)

=(부채꼴 CAB의 넓이)

$-\{\triangle OAD+$(부채꼴 DOB의 넓이)$\}$

$=\pi\times 8^2\times\frac{45}{360}-\left(\frac{1}{2}\times 4\times 4+\pi\times 4^2\times\frac{90}{360}\right)$

$=8\pi-(8+4\pi)$

$=4\pi-8(\text{cm}^2)$

답 $(4\pi-8)\ \text{cm}^2$

42

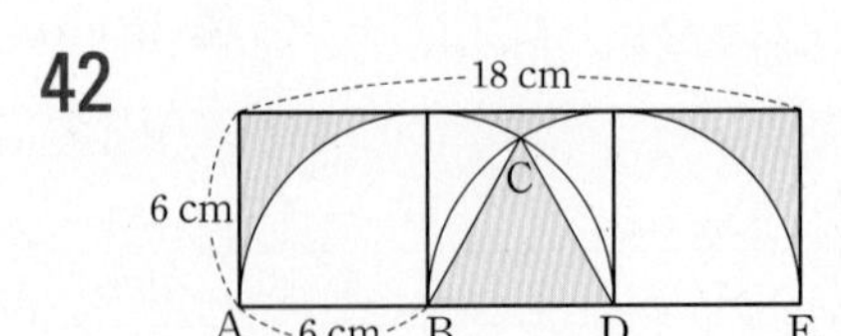

위의 그림에서 $\triangle BCD$는 정삼각형이므로

$\angle CBD=\angle CDB=60^\circ$

$\therefore \angle ABC=\angle CDE=180^\circ-60^\circ=120^\circ$ … ❶

$\therefore$ (색칠한 부분의 넓이)

$=18\times 6-\left(\pi\times 6^2\times\frac{120}{360}\right)\times 2$

$=108-24\pi(\text{cm}^2)$ … ❷

답 $(108-24\pi)\ \text{cm}^2$

채점 기준	배점
❶ $\angle ABC$, $\angle CDE$의 크기 구하기	40%
❷ 색칠한 부분의 넓이 구하기	60%

43 (색칠한 부분의 넓이)

$=$(지름이 $\overline{AB}$인 반원의 넓이)$+$(지름이 $\overline{AC}$인 반원의 넓이)$+\triangle ABC-$(지름이 $\overline{BC}$인 반원의 넓이)

$=\pi\times3^2\times\frac{1}{2}+\pi\times4^2\times\frac{1}{2}+\frac{1}{2}\times6\times8-\pi\times5^2\times\frac{1}{2}$

$=\frac{9}{2}\pi+8\pi+24-\frac{25}{2}\pi$

$=24(\text{cm}^2)$

답 24 cm^2

44 (색칠한 부분의 넓이)

$=$(부채꼴 $B'AB$의 넓이)$+$(지름이 $\overline{AB'}$인 반원의 넓이)$-$(지름이 $\overline{AB}$인 반원의 넓이)

$=$(부채꼴 $B'AB$의 넓이)

$=\pi\times12^2\times\frac{60}{360}$

$=24\pi(\text{cm}^2)$

답 ③

45 (색칠한 부분의 넓이)

$=4\times4+\pi\times4^2\times\frac{90}{360}-\frac{1}{2}\times(2+8)\times4$

$=16+4\pi-20$

$=24\pi-4(\text{cm}^2)$

답 ②

46 오른쪽 그림과 같이 이동하면

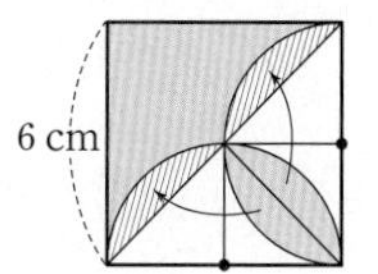

(색칠한 부분의 넓이)

$=\frac{1}{2}\times6\times6$

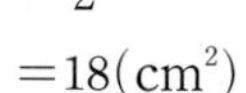

$=18(\text{cm}^2)$

답 18 cm^2

47 오른쪽 그림과 같이 이동하면

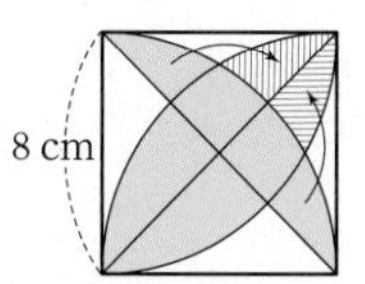

(색칠한 부분의 넓이)

$=\left(\pi\times8^2\times\frac{90}{360}-\frac{1}{2}\times8\times8\right)\times2$

$=(16\pi-32)\times2$

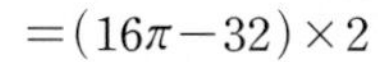

$=32\pi-64(\text{cm}^2)$

답 $(32\pi-64)\text{ cm}^2$

48 오른쪽 그림과 같이 이동하면

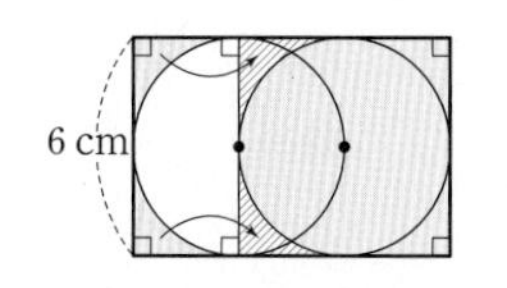

(색칠한 부분의 넓이)

$=6\times6$

$=36(\text{cm}^2)$

답 36 cm^2

49 오른쪽 그림과 같이 색칠한 두 부분의 넓이를 각각 $P\text{ cm}^2$, $Q\text{ cm}^2$라 하고 색칠하지 않은 부분의 넓이를 $R\text{ cm}^2$라 하면 $P=Q$이므로

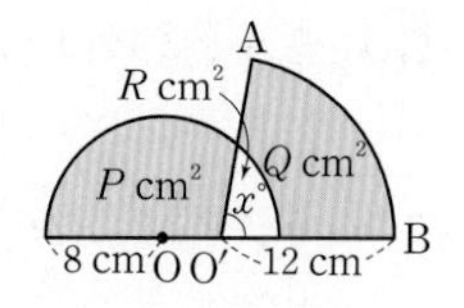

$P+R=R+Q$

즉, 반원 O의 넓이와 부채꼴 $AO'B$의 넓이가 같다. … ❶

$\pi\times8^2\times\frac{1}{2}=\pi\times12^2\times\frac{x}{360}$이므로

$32=\frac{2}{5}x$ $\quad\therefore x=80$ … ❷

답 80

채점 기준	배점
❶ (반원 O의 넓이)=(부채꼴 $AO'B$의 넓이)임을 알기	50%
❷ x의 값 구하기	50%

50 오른쪽 그림에서

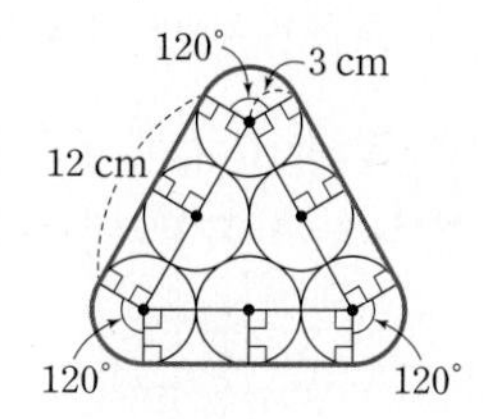

(끈의 최소 길이)

$=\left(2\pi\times3\times\frac{120}{360}\right)\times3+12\times3$

$=6\pi+36(\text{cm})$

답 $(6\pi+36)\text{ cm}$

51 오른쪽 그림에서

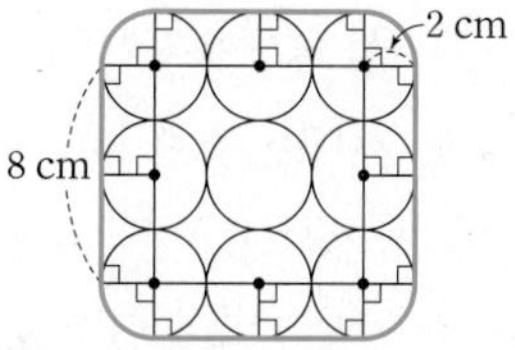

(테이프의 최소 길이)

$=\left(2\pi\times2\times\frac{90}{360}\right)\times4+8\times4$

$=4\pi+32(\text{cm})$

따라서 $a=4$, $b=32$이므로

$b-a=32-4=28$

답 ②

52 오른쪽 그림에서

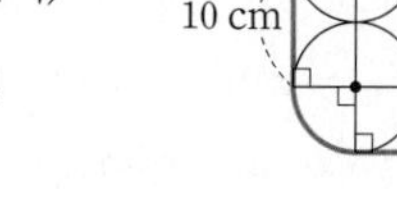

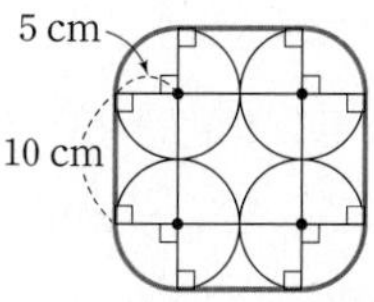

(방법 A의 필요한 끈의 최소 길이)

$=\left(2\pi\times5\times\frac{90}{360}\right)\times4+10\times4$

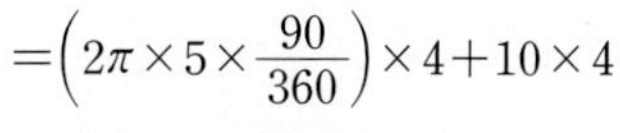

$=10\pi+40(\text{cm})$ … ❶

오른쪽 그림에서

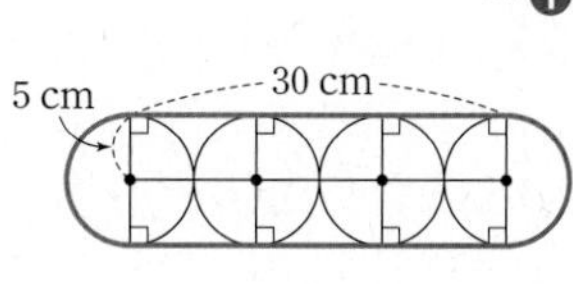

(방법 B의 필요한 끈의 최소 길이)

$=\left(2\pi\times5\times\frac{1}{2}\right)\times2+30\times2$

$=10\pi+60(\text{cm})$ … ❷

따라서 필요한 끈의 길이의 차는

$(10\pi+60)-(10\pi+40)=20(\text{cm})$ … ❸

답 20 cm

채점 기준	배점
❶ 방법 A의 필요한 끈의 최소 길이 구하기	40%
❷ 방법 B의 필요한 끈의 최소 길이 구하기	40%
❸ 필요한 끈의 길이의 차 구하기	20%

53 $\triangle A'BC'$에서

$\angle A'=\angle A=30°$, $\angle C'=\angle C=90°$이므로

$\angle ABA'=30°+90°=120°$

따라서 점 A가 움직인 거리는

$\overset{\frown}{AA'}=2\pi\times 9\times\dfrac{120}{360}=6\pi(\text{cm})$ 답 6π cm

54

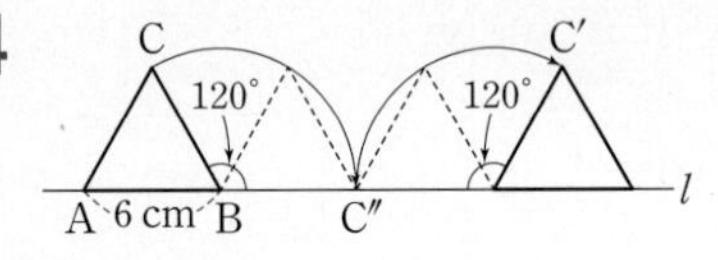

위의 그림에서

(점 C가 움직인 거리) $=\overset{\frown}{CC''}+\overset{\frown}{C''C'}$

$=\overset{\frown}{CC''}\times 2$

$=\left(2\pi\times 6\times\dfrac{120}{360}\right)\times 2$

$=8\pi(\text{cm})$ 답 ⑤

55

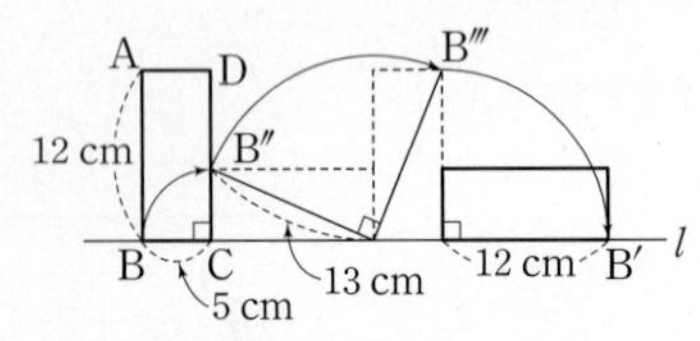

위의 그림에서

(점 B가 움직인 거리)

$=\overset{\frown}{BB''}+\overset{\frown}{B''B'''}+\overset{\frown}{B'''B'}$

$=2\pi\times 5\times\dfrac{90}{360}+2\pi\times 13\times\dfrac{90}{360}+2\pi\times 12\times\dfrac{90}{360}$

$=\dfrac{5}{2}\pi+\dfrac{13}{2}\pi+6\pi$

$=15\pi(\text{cm})$ 답 15π cm

Real 실전 유형 again 44~51쪽

07 다면체와 회전체

01 ② 육각형은 평면도형이다.

④ 원뿔은 다각형이 아닌 면이 있으므로 다면체가 아니다.

답 ②, ④

02 ㄴ. 원기둥은 다각형이 아닌 면이 있으므로 다면체가 아니다.

ㅁ. 정육각형은 평면도형이다.

따라서 다면체는 ㄱ, ㄷ, ㄹ, ㅂ의 4개이다. 답 4

03 각 다면체의 면의 개수는

① $8+2=10$ ② $7+1=8$ ③ $8+1=9$

④ $7+2=9$ ⑤ $8+2=10$ 답 ②

04 주어진 다면체의 면의 개수는 7이다.

각 다면체의 면의 개수는

① $3+2=5$ ② $4+1=5$ ③ $5+2=7$

④ $6+2=8$ ⑤ $7+1=8$ 답 ③

05 $a=5\times 3=15$, $b=3\times 2=6$, $c=6\times 2=12$

$\therefore a-b+c=15-6+12$

$=21$ 답 ②

06 ③ 삼각뿔대 - 6 답 ③

07 ① 모서리의 개수는 $4\times 3=12$, 꼭짓점의 개수는 $4\times 2=8$

따라서 그 합은 $12+8=20$

②, ③ 모서리의 개수는 $6\times 3=18$, 꼭짓점의 개수는 $6\times 2=12$

따라서 그 합은 $18+12=30$

④ 모서리의 개수는 $7\times 3=21$, 꼭짓점의 개수는 $7\times 2=14$

따라서 그 합은 $21+14=35$

⑤ 모서리의 개수는 $8\times 2=16$, 꼭짓점의 개수는 $8+1=9$

따라서 그 합은 $16+9=25$ 답 ①

08 주어진 각뿔을 n각뿔이라 하면

$n+1=6$ $\therefore n=5$

따라서 주어진 각뿔은 오각뿔이므로 … ❶

$a=5+1=6$, $b=5\times 2=10$ … ❷

$\therefore a+b=6+10=16$ … ❸

답 16

채점 기준	배점
❶ 각뿔 구하기	40%
❷ a, b의 값 구하기	40%
❸ $a+b$의 값 구하기	20%

09 주어진 각뿔대를 n각뿔대라 하면

$2n+(n+2)=26$, $3n=24$

$\therefore n=8$

따라서 팔각뿔대의 모서리의 개수는

$8\times3=24$ 답 24

10 답 ⑤

11 ② 삼각형

③, ④ 사다리꼴 답 ①, ⑤

12 ㄱ, ㅁ. 삼각형

ㄴ, ㅂ. 사다리꼴

ㄷ, ㄹ. 직사각형

따라서 옆면의 모양이 사각형인 다면체는 ㄴ, ㄷ, ㄹ, ㅂ의 4개이다. 답 4

13 ⑤ n각뿔의 모서리의 개수는 $2n$이고 n각기둥의 모서리의 개수는 $3n$이다. 답 ⑤

14 ㄹ. n각뿔대의 꼭짓점의 개수는 $2n$이다.

따라서 옳지 않은 것은 ㄹ뿐이다. 답 ㄹ

15 조건 (가), (나)를 만족시키는 입체도형은 각뿔대이다. … ❶

주어진 입체도형을 n각뿔대라 하면 조건 (다)에서

$2n=12$ $\therefore n=6$

따라서 주어진 입체도형은 육각뿔대이므로 … ❷

모서리의 개수는 $6\times3=18$ … ❸

답 18

채점 기준	배점
❶ 각뿔대임을 알기	30%
❷ 입체도형 구하기	40%
❸ 입체도형의 모서리의 개수 구하기	30%

16 ② 면의 모양은 정삼각형, 정사각형, 정오각형 중 하나이다.

답 ②

17 조건 (가), (나), (다)를 만족시키는 입체도형은 정다면체이다. 정다면체 중 조건 (다)를 만족시키는 입체도형은 정이십면체이다. 답 정이십면체

18 면의 모양이 정사각형인 정다면체는 정육면체이므로

$a=3$

면의 모양이 정오각형인 정다면체는 정십이면체이므로

$b=3$

$\therefore a+b=3+3=6$ 답 ①

19 꼭짓점의 개수가 가장 적은 정다면체는 정사면체이므로

$a=6$

꼭짓점의 개수가 가장 많은 정다면체는 정십이면체이므로

$b=12$

$\therefore a+b=6+12=18$ 답 18

20 $x=6$, $y=30$

$\therefore y-x=30-6=24$ 답 ④

21 모서리의 개수가 12인 정다면체는 정육면체, 정팔면체이다. 이 중 한 꼭짓점에 모인 면의 개수가 3인 정다면체는 정육면체이다. … ❶

따라서 정육면체의 꼭짓점의 개수는 8이다. … ❷

답 8

채점 기준	배점
❶ 정다면체 구하기	60%
❷ 정다면체의 꼭짓점의 개수 구하기	40%

22 ㄱ. 4 ㄴ. 8 ㄷ. 6 ㄹ. 30 ㅁ. 12

답 ㄹ, ㅁ, ㄴ, ㄷ, ㄱ

23 주어진 전개도로 만든 정다면체는 정이십면체이다.

④ 꼭짓점의 개수는 12이다. 답 ④

24 주어진 전개도로 만든 정다면체는 정팔면체이다. … ❶

따라서 $a=6$, $b=12$, $c=4$이므로 … ❷

$a+b-c=6+12-4=14$ … ❸

답 14

채점 기준	배점
❶ 정다면체 구하기	40%
❷ a, b, c의 값 구하기	40%
❸ $a+b-c$의 값 구하기	20%

25 ④ 오른쪽 그림의 정육면체에서 $\overline{BC}$와 $\overline{KJ}$는 평행하다.

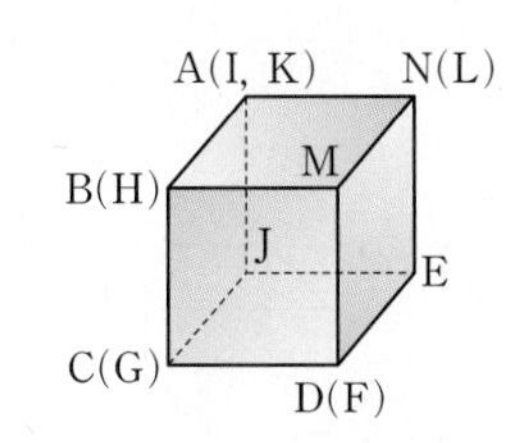

답 ④

26 정팔면체의 각 면의 한가운데 점을 연결하여 만든 입체도형은 꼭짓점의 개수가 8인 정다면체이므로 정육면체이다.

답 ②

27 정이십면체의 각 면의 한가운데 점을 연결하여 만든 입체도형은 꼭짓점의 개수가 20인 정다면체이므로 정십이면체이다.
따라서 정십이면체의 면의 모양은 정오각형이다.

답 정오각형

28 주어진 전개도로 만든 정다면체는 정사면체이다.
정사면체의 각 면의 한가운데 점을 연결하여 만든 입체도형은 정사면체이다.
④ 모서리의 개수는 6이다.

답 ④

29 주어진 전개도로 만든 정다면체는 오른쪽 그림과 같은 정육면체이다. 따라서 구하는 단면의 모양은 직사각형이다.

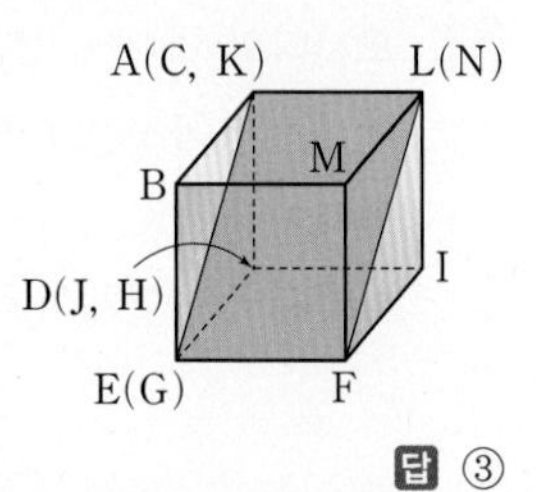

답 ③

30 $\overline{BE}=\overline{BF}=\overline{BG}$,
$\angle EBF=\angle FBG=\angle EBG=60^\circ$이므로
$\triangle EBF$, $\triangle FBG$, $\triangle EBG$는 모두 정삼각형이고 세 정삼각형의 한 변의 길이가 모두 같으므로
$\overline{EF}=\overline{FG}=\overline{GE}$

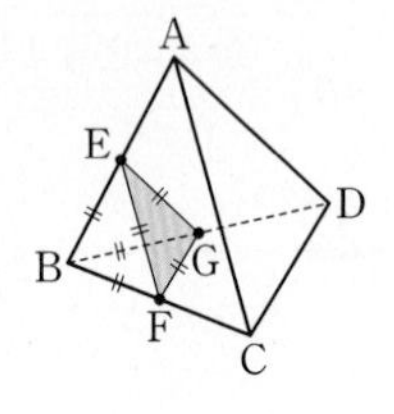

따라서 $\triangle EFG$는 정삼각형이다. … ❶

$\therefore \angle EFG=60^\circ$ … ❷

답 60°

채점 기준	배점
❶ $\triangle EFG$가 정삼각형임을 알기	60%
❷ $\angle EFG$의 크기 구하기	40%

보충 TIP $\triangle ABC$가 정삼각형이고 두 점 D, E는 각각 $\overline{AB}$, $\overline{AC}$의 중점일 때,
$\overline{AD}=\overline{AE}$, $\angle A=60^\circ$
$\therefore \angle ADE=\angle AED$
$=\frac{1}{2}\times(180^\circ-60^\circ)=60^\circ$
따라서 $\triangle ADE$는 정삼각형이다.

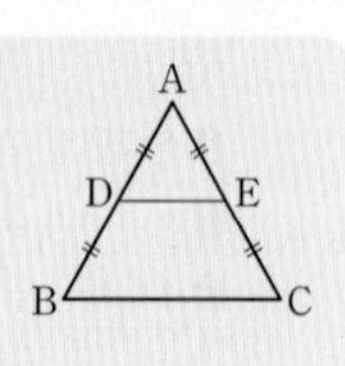

31 ① ③ ④ ⑤

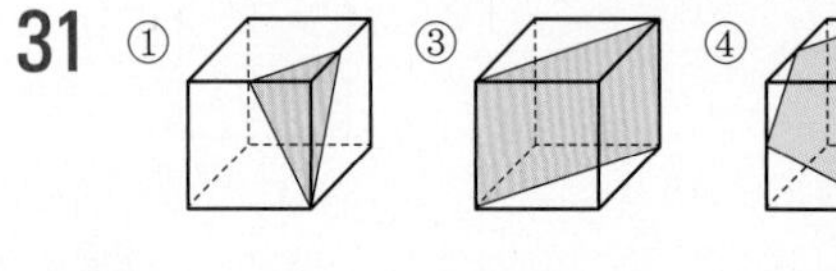

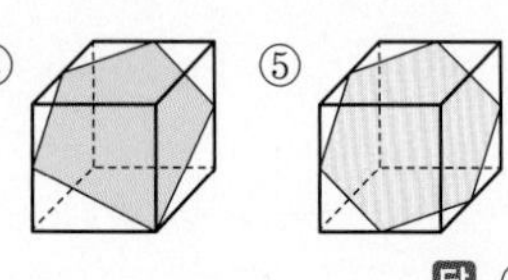

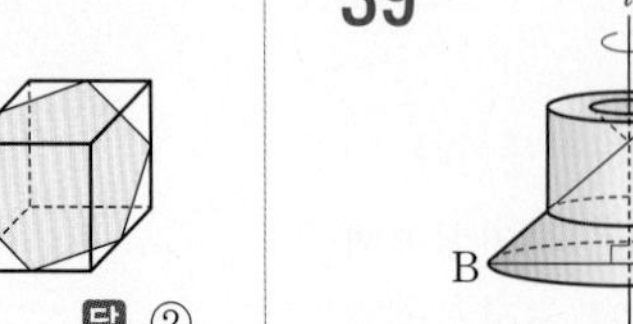

답 ②

32 ①, ③, ④ 다면체

답 ②, ⑤

33 회전축을 갖는 입체도형은 회전체이다.
③ 다면체

답 ③

34 ㄱ, ㄴ, ㅂ. 다면체
ㄹ. 평면도형
따라서 회전체는 ㄷ, ㅁ이다.

답 ㄷ, ㅁ

35 ① ② ③ ⑤

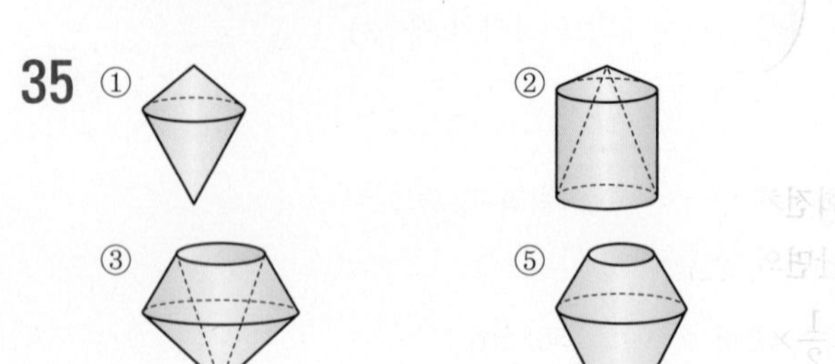

답 ④

36 ⑤

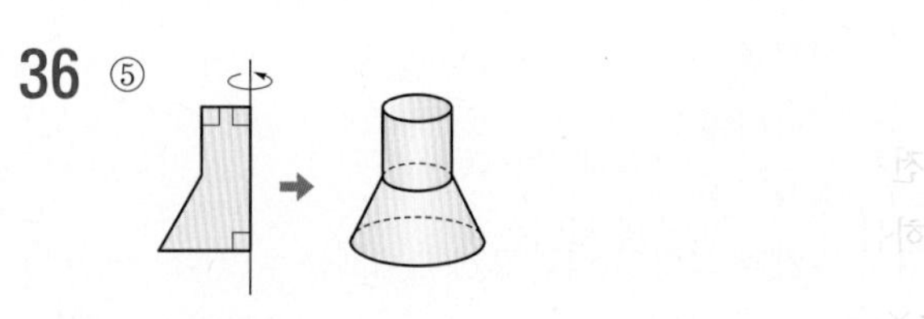

답 ⑤

37 주어진 선분을 회전축으로 하여 1회전 시킬 때 생기는 입체도형은 다음 그림과 같다.

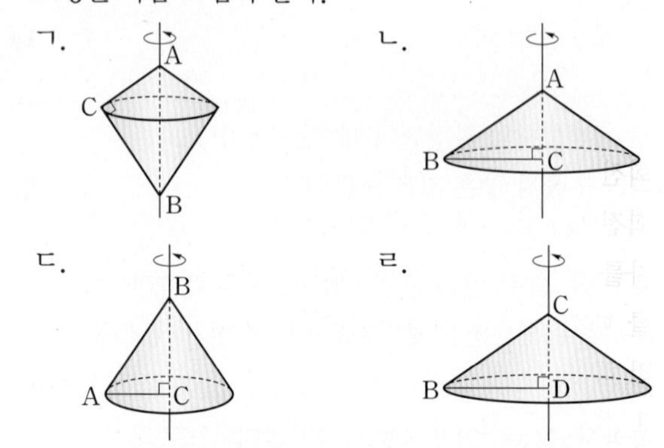

따라서 회전축이 될 수 있는 것은 ㄴ, ㄷ, ㄹ이다.

답 ㄴ, ㄷ, ㄹ

38 ③ ④

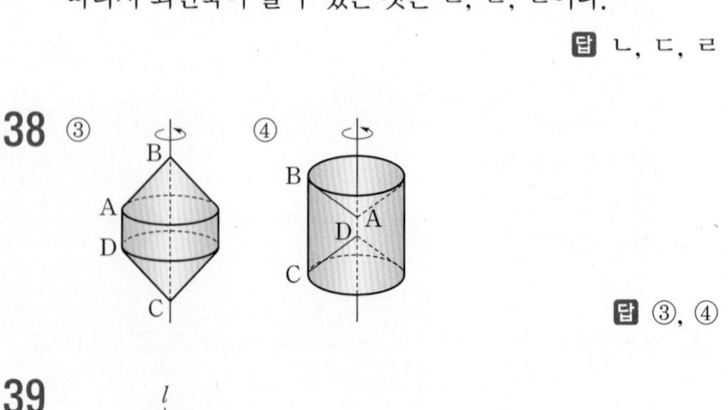

답 ③, ④

39

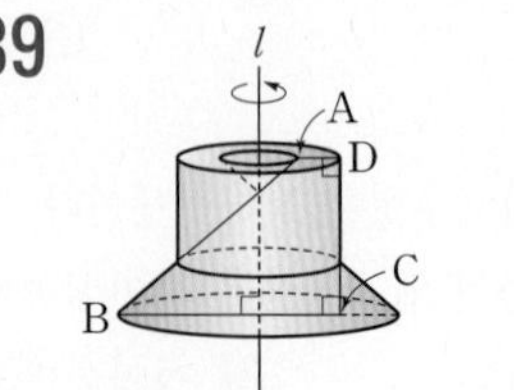

답 ④

40 ① 직사각형　② 이등변삼각형　③ 사다리꼴
④ 원　⑤ 반원　**답** ①, ③

41 **답** ④

42 ⑤

답 ⑤

43 회전체는 오른쪽 그림과 같으므로 구하는 단면의 넓이는

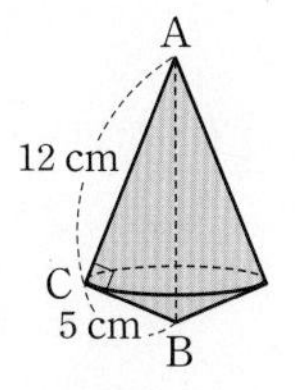

$\left(\frac{1}{2}\times5\times12\right)\times2=60(\text{cm}^2)$

답 60 cm^2

44 회전체는 오른쪽 그림과 같으므로 구하는 단면의 둘레의 길이는

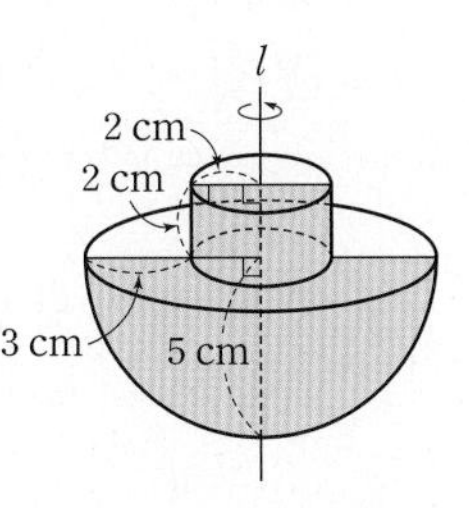

$2\pi\times5\times\frac{1}{2}+3\times2+2\times4$
$=5\pi+14(\text{cm})$

답 ①

45 회전체는 오른쪽 그림과 같다. … ❶

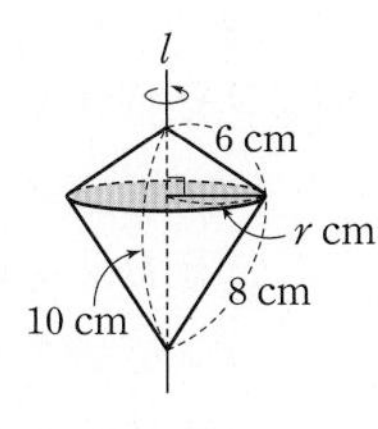

회전체를 회전축에 수직인 평면으로 자를 때 생기는 단면 중 넓이가 가장 클 때의 원의 반지름의 길이를 r cm라 하면

$\frac{1}{2}\times10\times r=\frac{1}{2}\times6\times8$

$5r=24 \quad \therefore r=\frac{24}{5}$ … ❷

따라서 구하는 단면의 넓이는

$\pi\times\left(\frac{24}{5}\right)^2=\frac{576}{25}\pi(\text{cm}^2)$ … ❸

답 $\frac{576}{25}\pi\text{ cm}^2$

채점 기준	배점
❶ 회전체 그리기	30%
❷ 넓이가 가장 큰 단면의 반지름의 길이 구하기	40%
❸ 넓이가 가장 큰 단면의 넓이 구하기	30%

46 $a=5,\ b=3,\ c=2\pi\times3=6\pi$
$\therefore a+b+c=5+3+6\pi=8+6\pi$　**답** $8+6\pi$

47 오른쪽 그림과 같은 원뿔의 전개도에서 부채꼴의 호의 길이는 밑면인 원의 둘레의 길이와 같으므로

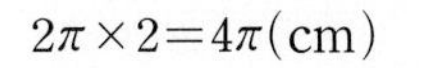

$2\pi\times2=4\pi(\text{cm})$ … ❶

부채꼴의 중심각의 크기를 $x°$라 하면

$2\pi\times6\times\frac{x}{360}=4\pi \quad \therefore x=120$ … ❷

따라서 부채꼴의 넓이는

$\pi\times6^2\times\frac{120}{360}=12\pi(\text{cm}^2)$ … ❸

답 $12\pi\text{ cm}^2$

채점 기준	배점
❶ 부채꼴의 호의 길이 구하기	30%
❷ 부채꼴의 중심각의 크기 구하기	40%
❸ 부채꼴의 넓이 구하기	30%

48 **답** ④

49 ㄴ. 원뿔을 회전축을 포함하는 평면으로 자를 때 생기는 단면의 모양은 이등변삼각형이다.
ㄹ. 구는 전개도를 그릴 수 없다.
따라서 옳은 것은 ㄱ, ㄷ이다.　**답** ㄱ, ㄷ

50 ② 두 밑면은 서로 합동이 아니다.
④ 원뿔대를 회전축에 수직인 평면으로 자를 때 생기는 단면의 모양은 항상 원이지만 합동은 아니다.　**답** ②, ④

Real 실전 유형 again 52~61쪽

08 입체도형의 겉넓이와 부피

01 (겉넓이)$=\left(\frac{1}{2}\times8\times6\right)\times2+(5\times4)\times5$

$=48+100$

$=148(\text{cm}^2)$ 답 ②

02

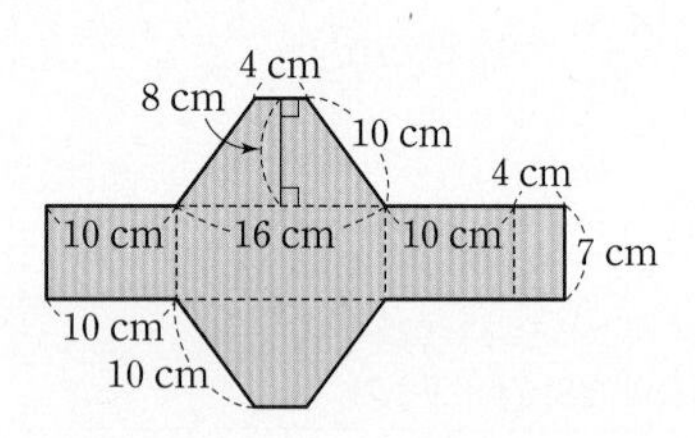

(겉넓이)$=\left\{\frac{1}{2}\times(16+4)\times8\right\}\times2+(10+16+10+4)\times7$

$=160+280$

$=440(\text{cm}^2)$ 답 ③

03 사각기둥의 겉넓이가 126 cm^2이므로

$(5\times a)\times2+(5+a+5+a)\times6=126$ … ❶

$10a+60+12a=126$, $22a=66$

$\therefore a=3$ … ❷

답 3

채점 기준	배점
❶ 겉넓이를 a에 대한 식으로 나타내기	50%
❷ a의 값 구하기	50%

04 밑면인 원의 반지름의 길이를 r cm라 하면

$2\pi r=6\pi$ $\therefore r=3$

$\therefore$ (겉넓이)$=(\pi\times3^2)\times2+6\pi\times5$

$=18\pi+30\pi$

$=48\pi(\text{cm}^2)$ 답 48π cm^2

05 회전체는 오른쪽 그림과 같은 원기둥이므로

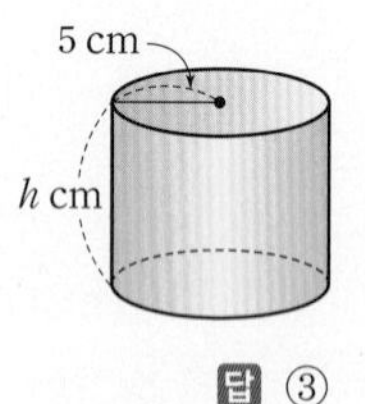

$(\pi\times5^2)\times2+(2\pi\times5)\times h=130\pi$

$50\pi+10\pi h=130\pi$, $10\pi h=80\pi$

$\therefore h=8$ 답 ③

06 페인트가 칠해지는 부분의 넓이는 원기둥의 옆넓이의 2배와 같으므로

$\{(2\pi\times10)\times20\}\times2=800\pi(\text{cm}^2)$ 답 800π cm^2

07 (부피)$=\left\{\frac{1}{2}\times(5+3)\times3\right\}\times4$

$=48(\text{cm}^3)$ 답 ①

08 밑면인 정사각형의 한 변의 길이는

$12\times\frac{1}{4}=3(\text{cm})$

$\therefore$ (부피)$=(3\times3)\times5=45(\text{cm}^3)$ 답 45 cm^3

09 정육면체의 한 모서리의 길이를 a cm라 하면

$a^2\times6=150$, $a^2=25$ $\therefore a=5$ $(a>0)$

$\therefore$ (부피)$=(5\times5)\times5=125(\text{cm}^3)$ 답 ⑤

10 (부피)$=\left(\frac{1}{2}\times5\times4+5\times2\right)\times9$

$=180(\text{cm}^3)$ 답 180 cm^3

11 원기둥의 높이를 h cm라 하면

$(2\pi\times4)\times h=40\pi$, $8\pi h=40\pi$ $\therefore h=5$

$\therefore$ (부피)$=(\pi\times4^2)\times5=80\pi(\text{cm}^3)$ 답 80π cm^3

12 회전체는 오른쪽 그림과 같은 원기둥이므로

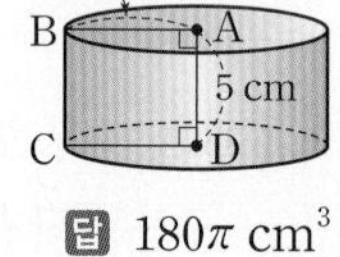

(부피)$=(\pi\times6^2)\times5$

$=180\pi(\text{cm}^3)$ 답 180π cm^3

13 세 원기둥의 밑면인 원의 반지름의 길이는 각각

3 cm, $3+1=4(\text{cm})$, $4+2=6(\text{cm})$

$\therefore$ (부피)$=(\pi\times3^2)\times4+(\pi\times4^2)\times4+(\pi\times6^2)\times4$

$=36\pi+64\pi+144\pi$

$=244\pi(\text{cm}^3)$ 답 244π cm^3

14 그릇 A의 부피는

$(\pi\times3^2)\times h=9\pi h(\text{cm}^3)$ … ❶

그릇 B의 부피는

$(\pi\times6^2)\times12=432\pi(\text{cm}^3)$ … ❷

그릇 B의 부피는 그릇 A의 부피의 8배이므로

$9\pi h\times8=432\pi$, $72\pi h=432\pi$ $\therefore h=6$ … ❸

답 6

채점 기준	배점
❶ 그릇 A의 부피를 h에 대한 식으로 나타내기	30%
❷ 그릇 B의 부피 구하기	30%
❸ h의 값 구하기	40%

15 (겉넓이)$=\left(\pi\times4^2\times\frac{270}{360}\right)\times2+\left(2\pi\times4\times\frac{270}{360}+4\times2\right)\times6$

$=24\pi+36\pi+48$

$=60\pi+48(\text{cm}^2)$ 답 $(60\pi+48)$ cm^2

16 $\left(\pi\times3^2\times\frac{150}{360}\right)\times h=15\pi$이므로

$\frac{15}{4}\pi h=15\pi$ $\therefore h=4$ 답 4

17 처음 원기둥의 높이를 h cm라 하면 큰 기둥의 부피가 24π cm^{3}이므로

$\left(\pi\times3^2\times\frac{240}{360}\right)\times h=24\pi$, $6\pi h=24\pi$ $\quad\therefore h=4$

따라서 작은 기둥의 부피는

$\left(\pi\times3^2\times\frac{120}{360}\right)\times4=12\pi(\text{cm}^3)$ 답 12π cm^3

다른풀이 큰 기둥과 작은 기둥은 밑면인 부채꼴의 반지름의 길이와 높이가 각각 같으므로 부피의 비는 밑면인 부채꼴의 중심각의 크기의 비와 같다.

따라서 작은 기둥의 부피를 V cm^{3}라 하면

$24\pi : V=240 : 120$, $24\pi : V=2 : 1$

$2V=24\pi$ $\quad\therefore V=12\pi$

18 기둥의 높이를 h cm라 하면

$\left(\pi\times4^2\times\frac{1}{2}\right)\times h=72\pi$ $\quad\therefore h=9$

$\therefore$ (겉넓이)$=\left(\pi\times4^2\times\frac{1}{2}\right)\times2+\left(2\pi\times4\times\frac{1}{2}+8\right)\times9$

$=16\pi+36\pi+72$

$=52\pi+72(\text{cm}^2)$ 답 $(52\pi+72)$ cm^2

19 (부피)=(큰 원기둥의 부피)−(작은 원기둥의 부피)

$=(\pi\times7^2)\times8-(\pi\times4^2)\times8$

$=392\pi-128\pi=264\pi(\text{cm}^3)$ 답 264π cm^3

20 (겉넓이)={(사각기둥의 밑넓이)−(원기둥의 밑넓이)}×2 +(사각기둥의 옆넓이)+(원기둥의 옆넓이)

$=(10\times10-\pi\times3^2)\times2+(10\times4)\times10+(2\pi\times3)\times10$

$=200-18\pi+400+60\pi$

$=600+42\pi(\text{cm}^2)$ 답 $(600+42\pi)$ cm^2

21 회전체는 오른쪽 그림과 같으므로

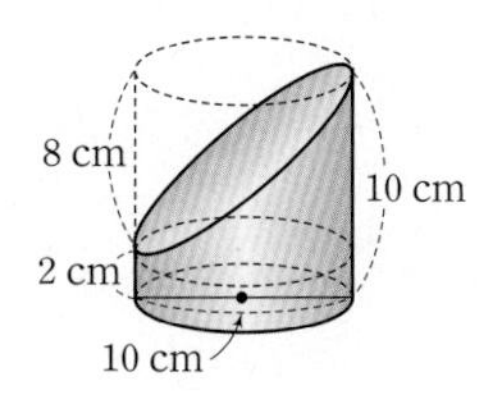

(겉넓이)

$=(\pi\times3^2-\pi\times1^2)\times2+(2\pi\times3)\times5+(2\pi\times1)\times5$

$=16\pi+30\pi+10\pi$

$=56\pi(\text{cm}^2)$ 답 56π cm^2

22 (겉넓이)={(사각기둥의 밑넓이)−(삼각기둥의 밑넓이)}×2 +(사각기둥의 옆넓이)+(삼각기둥의 옆넓이)

$=\left(10\times8-\frac{1}{2}\times3\times4\right)\times2+(10+8+10+8)\times6+(3+4+5)\times6$

$=148+216+72$

$=436(\text{cm}^2)$

$\therefore a=436$ ⋯ ❶

(부피)=(사각기둥의 부피)−(삼각기둥의 부피)

$=(10\times8)\times6-\left(\frac{1}{2}\times3\times4\right)\times6$

$=480-36$

$=444(\text{cm}^3)$

$\therefore b=444$ ⋯ ❷

$\therefore b-a=444-436=8$ ⋯ ❸

답 8

채점 기준	배점
❶ a의 값 구하기	50%
❷ b의 값 구하기	40%
❸ $b-a$의 값 구하기	10%

23 (겉넓이)$=(10\times6-7\times2)\times2+(10+6+10+6)\times5$

$=92+160=252(\text{cm}^2)$ 답 252 cm^2

24 주어진 입체도형의 겉넓이는 잘라 내기 전 정육면체의 겉넓이와 같다.

$\therefore$ (겉넓이)$=(8\times8)\times6=384(\text{cm}^2)$ 답 384 cm^2

25 (1) (겉넓이)$=\left(6\times6-\pi\times6^2\times\frac{90}{360}\right)\times2+\left(6+6+2\pi\times6\times\frac{90}{360}\right)\times7$

$=72-18\pi+84+21\pi$

$=156+3\pi(\text{cm}^2)$ ⋯ ❶

(2) (부피)$=\left(6\times6-\pi\times6^2\times\frac{90}{360}\right)\times7$

$=252-63\pi(\text{cm}^3)$ ⋯ ❷

답 (1) $(156+3\pi)$ cm^2 (2) $(252-63\pi)$ cm^3

채점 기준	배점
❶ 겉넓이 구하기	50%
❷ 부피 구하기	50%

26 입체도형의 부피는 높이가 10 cm인 원기둥의 부피에서 높이가 8 cm인 원기둥의 부피의 $\frac{1}{2}$을 뺀 것과 같다.

8 cm
10 cm
2 cm
10 cm

$\therefore$ (입체도형의 부피)$=(\pi\times5^2)\times10-\{(\pi\times5^2)\times8\}\times\frac{1}{2}$

$=250\pi-100\pi$

$=150\pi(\text{cm}^3)$ 답 150π cm^3

27 (겉넓이)$=6\times6+\left(\frac{1}{2}\times6\times10\right)\times4$

$=36+120=156(\text{cm}^2)$ 답 156 cm^2

28 (겉넓이)$=5\times5+\left(\frac{1}{2}\times5\times4\right)\times4$
$=25+40=65(\text{cm}^2)$ 답 ③

29 $7\times7+\left(\frac{1}{2}\times7\times x\right)\times4=189$, $49+14x=189$
$14x=140$ $\therefore x=10$ 답 10

30 (겉넓이)$=\left(\frac{1}{2}\times4\times4\right)\times10$
$=80(\text{cm}^2)$ 답 80 cm²

31 원뿔의 모선의 길이를 l cm라 하면
$\pi\times2^2+\pi\times2\times l=14\pi$
$2\pi l=10\pi$ $\therefore l=5$
따라서 원뿔의 모선의 길이는 5 cm이다. 답 5 cm

32 (겉넓이)$=\pi\times4^2+\pi\times4\times10$
$=16\pi+40\pi$
$=56\pi(\text{cm}^2)$ 답 56π cm²

33 (부채꼴의 호의 길이)$=2\pi\times6\times\frac{120}{360}$
$=4\pi(\text{cm})$
밑면인 원의 반지름의 길이를 r cm라 하면
$2\pi r=4\pi$ $\therefore r=2$
$\therefore$ (겉넓이)$=\pi\times2^2+\pi\times2\times6$
$=4\pi+12\pi$
$=16\pi(\text{cm}^2)$ 답 16π cm²

34 전개도에서 부채꼴의 반지름의 길이를 l cm라 하면
$\pi\times7^2+\pi\times7\times l=133\pi$
$7\pi l=84\pi$ $\therefore l=12$ … ❶
$2\pi\times12\times\frac{x}{360}=2\pi\times7$이므로
$x=210$ … ❷
답 210

채점 기준	배점
❶ 부채꼴의 반지름의 길이 구하기	50%
❷ x의 값 구하기	50%

35 (겉넓이)$=\pi\times2^2+\pi\times4^2+\pi\times4\times10-\pi\times2\times5$
$=4\pi+16\pi+40\pi-10\pi$
$=50\pi(\text{cm}^2)$ 답 ④

36 (겉넓이)$=4\times4+6\times6+\left\{\frac{1}{2}\times(4+6)\times6\right\}\times4$
$=16+36+120$
$=172(\text{cm}^2)$ 답 ②

37 (겉넓이)$=\pi\times2^2+\pi\times4\times8-\pi\times2\times4+\pi\times4\times6$
$=4\pi+32\pi-8\pi+24\pi$
$=52\pi(\text{cm}^2)$ 답 52π cm²

38 사각뿔의 높이를 h cm라 하면
$\frac{1}{3}\times(9\times9)\times h=135$ $\therefore h=5$
따라서 사각뿔의 높이는 5 cm이다. 답 ③

39 (부피)$=\frac{1}{3}\times\left(\frac{1}{2}\times8\times6\right)\times5$
$=40(\text{cm}^3)$ 답 40 cm³

40 (부피)=(처음 사각뿔의 부피)−(잘라 낸 사각뿔의 부피)
$=\frac{1}{3}\times(10\times10)\times15-\frac{1}{3}\times(4\times4)\times6$
$=500-32$
$=468(\text{cm}^3)$ 답 468 cm³

41 (부피)=(처음 삼각뿔의 부피)−(잘라 낸 삼각뿔의 부피)
$=\frac{1}{3}\times\left(\frac{1}{2}\times9\times12\right)\times6-\frac{1}{3}\times\left(\frac{1}{2}\times3\times4\right)\times2$
$=108-4$
$=104(\text{cm}^3)$ 답 104 cm³

42 (부피)$=\frac{1}{3}\times\triangle\text{BCD}\times\overline{\text{CG}}$
$=\frac{1}{3}\times\left(\frac{1}{2}\times4\times3\right)\times5$
$=10(\text{cm}^3)$ 답 10 cm³

43 (부피)=(정육면체의 부피)−(삼각뿔의 부피)
$=6\times6\times6-\frac{1}{3}\times\left(\frac{1}{2}\times4\times2\right)\times3$
$=216-4$
$=212(\text{cm}^3)$ 답 ①

44 정육면체의 한 모서리의 길이를 a cm라 하면
$\frac{1}{3}\times\left(\frac{1}{2}\times a\times a\right)\times\frac{1}{2}a=\frac{128}{3}$ … ❶
$a^3=512=8^3$ $\therefore a=8$
따라서 정육면체의 한 모서리의 길이는 8 cm이다. … ❷
답 8 cm

채점 기준	배점
❶ 삼각뿔 C−BGM의 부피에 대한 식 세우기	60%
❷ 정육면체의 한 모서리의 길이 구하기	40%

45 남아 있는 물의 모양이 삼각뿔이므로 물의 부피는
$\frac{1}{3}\times\left(\frac{1}{2}\times9\times10\right)\times5=75(\text{cm}^3)$ 답 75 cm³

46 남아 있는 물의 모양이 삼각기둥이므로 물의 부피는

$\left(\frac{1}{2}\times7\times x\right)\times4=70,\ 14x=70$

$\therefore x=5$

답 ④

47 기울어진 그릇에 들어 있는 물의 모양이 삼각뿔이므로 물의 부피는

$\frac{1}{3}\times\left(\frac{1}{2}\times6\times10\right)\times4=40(\text{cm}^3)$ … ❶

바로 세운 그릇에 들어 있는 물의 모양이 사각기둥이므로 물의 부피는

$(6\times4)\times x=24x(\text{cm}^3)$ … ❷

두 그릇에 들어 있는 물의 양이 같으므로

$24x=40\quad \therefore x=\frac{5}{3}$ … ❸

답 $\frac{5}{3}$

채점 기준	배점
❶ 기울어진 그릇에 들어 있는 물의 부피 구하기	30%
❷ 바로 세운 그릇에 들어 있는 물의 부피를 x에 대한 식으로 나타내기	30%
❸ x의 값 구하기	40%

48 (부피)$=\frac{1}{3}\times(\pi\times4^2)\times6$

$=32\pi(\text{cm}^3)$

답 ①

49 원뿔의 높이를 h cm라 하면

$\frac{1}{3}\times(\pi\times6^2)\times h=144\pi$

$12\pi h=144\pi\quad \therefore h=12$

따라서 원뿔의 높이는 12 cm이다.

답 12 cm

50 (부피)$=\frac{1}{3}\times(\pi\times3^2)\times4+\frac{1}{3}\times(\pi\times3^2)\times8$

$=12\pi+24\pi$

$=36\pi(\text{cm}^3)$

답 36π cm^3

51 (부피)=(처음 원뿔의 부피)−(잘라 낸 원뿔의 부피)

$=\frac{1}{3}\times(\pi\times9^2)\times12-\frac{1}{3}\times(\pi\times6^2)\times8$

$=324\pi-96\pi$

$=228\pi(\text{cm}^3)$

답 228π cm^3

52 $\overline{\text{AC}}$를 회전축으로 하여 1회전 시킬 때 생기는 회전체는 오른쪽 그림과 같은 원뿔이므로

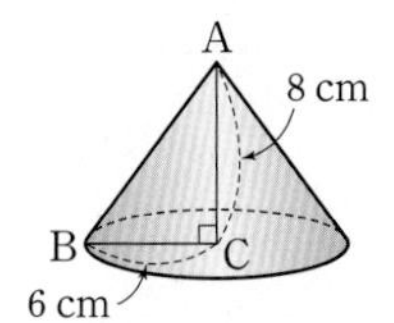

$P=\frac{1}{3}\times(\pi\times6^2)\times8=96\pi$

$\overline{\text{BC}}$를 회전축으로 하여 1회전 시킬 때 생기는 회전체는 오른쪽 그림과 같은 원뿔이므로

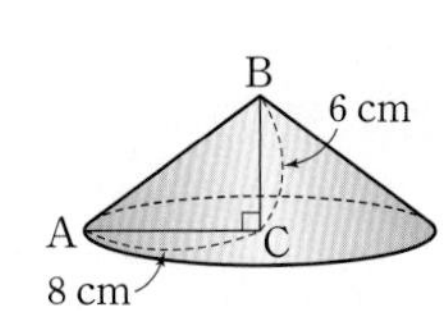

$Q=\frac{1}{3}\times(\pi\times8^2)\times6=128\pi$

$\therefore P:Q=96\pi:128\pi=3:4$

답 ④

53 회전체는 오른쪽 그림과 같은 원뿔대이다.

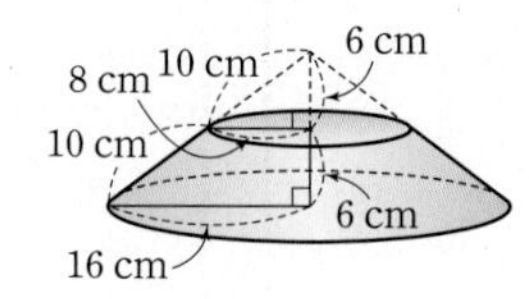

(1) (겉넓이)

$=\pi\times8^2+\pi\times16^2$

$+\pi\times16\times20-\pi\times8\times10$

$=64\pi+256\pi+320\pi-80\pi$

$=560\pi(\text{cm}^2)$

(2) (부피)$=\frac{1}{3}\times(\pi\times16^2)\times12-\frac{1}{3}\times(\pi\times8^2)\times6$

$=1024\pi-128\pi$

$=896\pi(\text{cm}^3)$

답 (1) 560π cm^2 (2) 896π cm^3

54 회전체는 오른쪽 그림과 같으므로

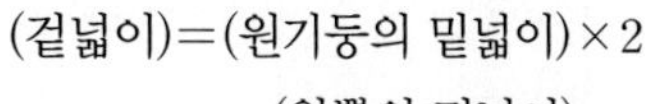

(겉넓이)=(원기둥의 밑넓이)×2

−(원뿔의 밑넓이)

+(원기둥의 옆넓이)

+(원뿔의 옆넓이)

$=(\pi\times6^2)\times2-\pi\times3^2+(2\pi\times6)\times4+\pi\times3\times5$

$=72\pi-9\pi+48\pi+15\pi$

$=126\pi(\text{cm}^2)$

답 ③

55 (겉넓이)=(구의 겉넓이)$\times\frac{5}{8}$+(원의 넓이)$\times\frac{5}{4}$

$=(4\pi\times2^2)\times\frac{5}{8}+(\pi\times2^2)\times\frac{5}{4}$

$=10\pi+5\pi$

$=15\pi(\text{cm}^2)$

답 15π cm^2

56 (겉넓이)$=(4\pi\times5^2)\times\frac{1}{2}+\pi\times5^2$

$=50\pi+25\pi$

$=75\pi(\text{cm}^2)$

답 75π cm^2

57 (겉넓이)=(구의 겉넓이)$\times\frac{1}{2}$+(원기둥의 옆넓이)

+(원뿔의 옆넓이)

$=(4\pi\times3^2)\times\frac{1}{2}+(2\pi\times3)\times2+\pi\times3\times5$

$=18\pi+12\pi+15\pi$

$=45\pi(\text{cm}^2)$

답 45π cm^2

58 구를 한 평면으로 자를 때 생기는 단면 중 가장 큰 단면은 구의 중심을 지나는 평면으로 자를 때 생기는 원이다.

이 원의 반지름의 길이는 구의 반지름의 길이와 같으므로 구의 반지름의 길이를 r cm라 하면

$\pi r^2=36\pi$, $r^2=36$ $\therefore r=6\ (r>0)$ … ❶

$\therefore$ (구의 겉넓이)$=4\pi\times6^2=144\pi(\text{cm}^2)$ … ❷

답 $144\pi\ \text{cm}^2$

채점 기준	배점
❶ 구의 반지름의 길이 구하기	50%
❷ 구의 겉넓이 구하기	50%

59 (부피)$=\left(\frac{4}{3}\pi\times3^3\right)\times\frac{1}{4}+\left(\pi\times3^2\times\frac{1}{2}\right)\times6$

$=9\pi+27\pi$

$=36\pi(\text{cm}^3)$

답 $36\pi\ \text{cm}^3$

60 (부피)$=$(구의 부피)$\times\frac{3}{8}$

$=\left(\frac{4}{3}\pi\times6^3\right)\times\frac{3}{8}$

$=108\pi(\text{cm}^3)$

답 $108\pi\ \text{cm}^3$

61 (반구의 부피)$=\left(\frac{4}{3}\pi\times9^3\right)\times\frac{1}{2}$

$=486\pi(\text{cm}^3)$ … ❶

원뿔의 높이를 h cm라 하면

(원뿔의 부피)$=\frac{1}{3}\times(\pi\times9^2)\times h$

$=27\pi h(\text{cm}^3)$ … ❷

반구와 원뿔의 부피가 같으므로

$486\pi=27\pi h$ $\therefore h=18$

따라서 원뿔의 높이는 18 cm이다. … ❸

답 18 cm

채점 기준	배점
❶ 반구의 부피 구하기	30%
❷ 원뿔의 부피를 높이에 대한 식으로 나타내기	30%
❸ 원뿔의 높이 구하기	40%

62 반지름의 길이가 9 cm인 쇠공의 부피는

$\frac{4}{3}\pi\times9^3=972\pi(\text{cm}^3)$

반지름의 길이가 3 cm인 쇠공의 부피는

$\frac{4}{3}\pi\times3^3=36\pi(\text{cm}^3)$

$972\pi\div36\pi=27$이므로 반지름의 길이가 3 cm인 쇠공을 최대 27개까지 만들 수 있다.

답 27개

63 회전체는 오른쪽 그림과 같으므로

5 cm
6 cm

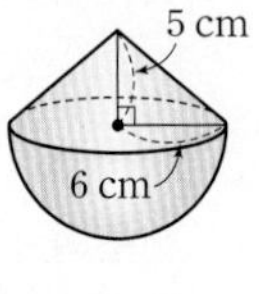

(부피)$=$(원뿔의 부피)$+$(반구의 부피)

$=\frac{1}{3}\times(\pi\times6^2)\times5+\left(\frac{4}{3}\pi\times6^3\right)\times\frac{1}{2}$

$=60\pi+144\pi$

$=204\pi(\text{cm}^3)$

답 $204\pi\ \text{cm}^3$

64 회전체는 오른쪽 그림과 같은 반구이므로

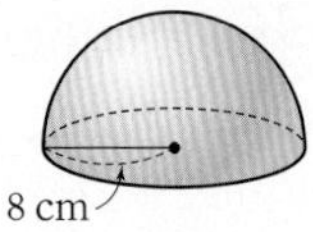

8 cm

(겉넓이)$=(4\pi\times8^2)\times\frac{1}{2}+\pi\times8^2$

$=128\pi+64\pi$

$=192\pi(\text{cm}^2)$

답 $192\pi\ \text{cm}^2$

65 회전체는 오른쪽 그림과 같으므로

3 cm
8 cm
3 cm

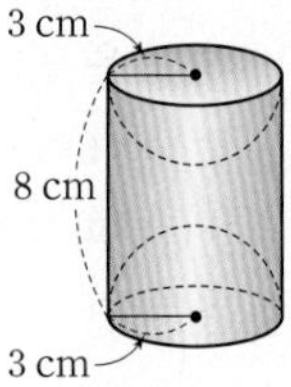

(부피)$=$(원기둥의 부피)

$-$(반구의 부피)$\times2$

$=(\pi\times3^2)\times8$

$-\left\{\left(\frac{4}{3}\pi\times3^3\right)\times\frac{1}{2}\right\}\times2$

$=72\pi-36\pi$

$=36\pi(\text{cm}^3)$

답 $36\pi\ \text{cm}^3$

66 회전체는 오른쪽 그림과 같으므로

5 cm
4 cm
3 cm

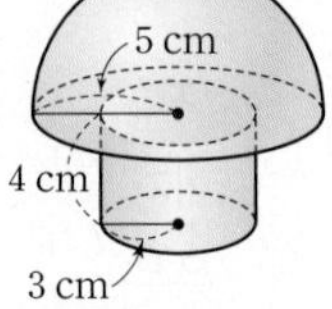

(겉넓이)

$=$(반구의 겉넓이)$+$(원기둥의 옆넓이)

$=(4\pi\times5^2)\times\frac{1}{2}+\pi\times5^2$

$+(2\pi\times3)\times4$

$=50\pi+25\pi+24\pi$

$=99\pi(\text{cm}^2)$

답 $99\pi\ \text{cm}^2$

67 원뿔의 밑면인 원의 반지름의 길이를 r cm라 하면 높이는 $2r$ cm이므로

$\frac{1}{3}\times(\pi\times r^2)\times2r=18\pi$ $\therefore r^3=27$

(원기둥의 부피)$=(\pi\times r^2)\times2r=2\pi r^3$

$=2\pi\times27=54\pi(\text{cm}^3)$

(구의 부피)$=\frac{4}{3}\pi r^3=\frac{4}{3}\pi\times27=36\pi(\text{cm}^3)$

따라서 구하는 합은

$54\pi+36\pi=90\pi(\text{cm}^3)$

답 $90\pi\ \text{cm}^3$

다른 풀이 (원뿔의 부피) : (구의 부피) : (원기둥의 부피)

$=1:2:3$

이므로 (원뿔의 부피) : (구의 부피)$=1:2$에서

18π : (구의 부피)$=1:2$

$\therefore$ (구의 부피)$=36\pi(\text{cm}^3)$

(원뿔의 부피) : (원기둥의 부피)$=1:3$에서

18π : (원기둥의 부피)$=1:3$

$\therefore$ (원기둥의 부피)$=54\pi(\text{cm}^3)$

따라서 구하는 합은

$36\pi+54\pi=90\pi(\text{cm}^3)$

68 원기둥의 밑면인 원의 반지름의 길이를 r cm라 하면 높이는 $2r$ cm이므로

$\pi r^2\times2r=432\pi$ $\therefore r^3=216$

$\therefore$ (구의 부피)$=\frac{4}{3}\pi r^3=\frac{4}{3}\pi\times216$
$=288\pi(\text{cm}^3)$ 답 $288\pi\text{ cm}^3$

69 공의 반지름의 길이를 r cm라 하면
$\frac{4}{3}\pi r^3=36\pi$, $r^3=27=3^3$ $\therefore r=3$ … ❶
통은 밑면인 원의 반지름의 길이가 3 cm, 높이가 $3\times6=18(\text{cm})$인 원기둥 모양이므로 … ❷
(부피)$=(\pi\times3^2)\times18=162\pi(\text{cm}^3)$ … ❸

답 $162\pi\text{ cm}^3$

채점 기준	배점
❶ 공의 반지름의 길이 구하기	30%
❷ 통의 밑면인 원의 반지름의 길이와 높이 구하기	40%
❸ 통의 부피 구하기	30%

70 구하는 정팔면체의 부피는 밑면인 정사각형의 대각선의 길이가 6 cm이고 높이가 3 cm인 사각뿔의 부피의 2배와 같으므로
(부피)$=\left\{\frac{1}{3}\times\left(\frac{1}{2}\times6\times6\right)\times3\right\}\times2$
$=36(\text{cm}^3)$ 답 36 cm^3

71 정육면체의 한 모서리의 길이를 a cm라 하면 사각뿔의 부피가 576 cm^3이므로
$\frac{1}{3}\times(a\times a)\times a=576$, $a^3=1728=12^3$
$\therefore a=12$
(정육면체의 부피)$=12\times12\times12=1728(\text{cm}^3)$
(구의 부피)$=\frac{4}{3}\pi\times6^3=288\pi(\text{cm}^3)$
따라서 정육면체와 구의 부피의 비는
$1728:288\pi=6:\pi$ 답 ④

72 정육면체의 각 면의 한가운데 점을 연결하여 만든 입체도형은 정팔면체이다.
따라서 구하는 정팔면체의 부피는 밑면인 정사각형의 대각선의 길이가 9 cm이고 높이가 $\frac{9}{2}$ cm인 사각뿔의 부피의 2배와 같으므로
(부피)$=\left\{\frac{1}{3}\times\left(\frac{1}{2}\times9\times9\right)\times\frac{9}{2}\right\}\times2$
$=\frac{243}{2}(\text{cm}^3)$ 답 $\frac{243}{2}\text{ cm}^3$

Real 실전 유형 again 62~71쪽

09 자료의 정리와 해석

01 ② 나이가 45세 이상인 회원은 나이가 49세, 51세, 52세, 52세인 4명이다.
④ 전체 회원 수는 $2+6+4+3=15$
⑤ 30대는 6명이므로 $\frac{6}{15}\times100=40(\%)$ 답 ⑤

02 여학생 중 대출한 책의 수가 많은 쪽에서 5번째인 학생의 책의 수는 19권이다.
따라서 남학생 중 대출한 책의 수가 19권보다 많은 학생의 책의 수는 20권, 21권, 27권의 3명이다. 답 3

03 ② 계급의 크기는 $2-0=2$(회)
③ 여행 횟수가 4회 미만인 학생 수는 $5+8=13$
⑤ 가장 큰 변량은 알 수 없다. 답 ①, ④

04 기록이 170 cm 이상인 학생 수는 2
160 cm 이상인 학생 수는 $4+2=6$
150 cm 이상인 학생 수는 $10+4+2=16$ … ❶
따라서 기록이 좋은 쪽에서 10번째인 학생이 속하는 계급은 150 cm 이상 160 cm 미만이고 도수는 10명이다. … ❷
답 10명

채점 기준	배점
❶ 기록이 170 cm, 160 cm, 150 cm 이상인 학생 수 구하기	50%
❷ 기록이 좋은 쪽에서 10번째인 학생이 속하는 계급의 도수 구하기	50%

05 ② 계급의 크기는 $60-50=10$(점)
③ $A=30-(2+5+9+3)=11$
④ 성적이 80점 이상인 학생 수는 $9+3=12$ 답 ③

06 무게가 210 g이상 220 g 미만인 사과의 개수는
$20-(3+6+4+2)=5$
무게가 210 g 미만인 사과의 개수는 3
220 g 미만인 사과의 개수는 $3+5=8$
따라서 무게가 가벼운 쪽에서 7번째인 사과가 속하는 계급은 210 g 이상 220 g 미만이다. 답 210 g 이상 220 g 미만

07 6 cm 이상 8 cm 미만인 계급의 도수를 x명이라 하면
2 cm 이상 4 cm 미만인 계급의 도수는 $3x$명이므로
$5+3x+4+x+2=23$, $4x=12$
$\therefore x=3$
도수가 가장 큰 계급은 2 cm 이상 4 cm 미만이고 가장 작은 계급은 8 cm 이상 10 cm 미만이므로 $a=9$, $b=2$
$\therefore a-b=9-2=7$ 답 7

08 강수량이 20 mm 이상 40 mm 미만인 지역이 4개이므로

$\frac{4}{(\text{전체 지역 수})} \times 100 = 16$

$\therefore$ (전체 지역 수)$=25$

따라서 강수량이 80 mm 이상인 지역 수는

$25-(3+4+10+6)=2$ 답 2

09 성적이 80점 이상인 학생 수는

$20 \times \frac{35}{100} = 7$

이므로 $6+B=7$ $\therefore B=1$ … ❶

$\therefore A=20-(2+3+7)=8$ … ❷

$\therefore A-B=8-1=7$ … ❸

답 7

채점 기준	배점
❶ B의 값 구하기	50%
❷ A의 값 구하기	40%
❸ $A-B$의 값 구하기	10%

10 나이가 25세 이상 30세 미만인 선생님이 4명이므로

$\frac{4}{(\text{전체 선생님 수})} \times 100 = 8$

$\therefore$ (전체 선생님 수)$=50$

따라서 40대인 선생님 수는

$50-(4+6+9+6)=25$

$\therefore \frac{25}{50} \times 100 = 50(\%)$ 답 50 %

11 ① 계급의 크기는 $3-1=2$(회)

② 전체 학생 수는

$6+8+10+7+3+1=35$

③ 기록이 5회 이상 9회 미만인 학생 수는

$10+7=17$

④ 기록이 5회 미만인 학생 수는

$6+8=14$

$\therefore \frac{14}{35} \times 100 = 40(\%)$

⑤ 기록이 11회 이상인 학생 수는 1

9회 이상인 학생 수는 $3+1=4$

따라서 기록이 좋은 쪽에서 4번째인 학생이 속하는 계급은 9회 이상 11회 미만이다. 답 ④

12 전체 나무의 수는

$10+15+17+12+6=60$

높이가 200 cm 이상인 나무의 수는

$12+6=18$

$\therefore \frac{18}{60} \times 100 = 30(\%)$ 답 30 %

13 전체 학생 수는

$2+5+9+12+6+1=35$ … ❶

하위 20 % 이내에 드는 학생 수는

$35 \times \frac{20}{100} = 7$ … ❷

하위 20 % 이내에 들려면 성적이 낮은 쪽에서 7번째 이내에 들어야 한다.

성적이 50점 미만인 학생 수는 2

60점 미만인 학생 수는 $2+5=7$

따라서 보충 수업을 받지 않으려면 적어도 60점을 받아야 한다. … ❸

답 60점

채점 기준	배점
❶ 전체 학생 수 구하기	30%
❷ 하위 20 % 이내에 드는 학생 수 구하기	30%
❸ 보충 수업을 받지 않기 위한 최소 성적 구하기	40%

14 계급의 크기는 $50-45=5$(kg)

도수가 가장 큰 계급은 50 kg 이상 55 kg 미만이므로

$a=5 \times 12=60$

도수가 가장 작은 계급은 65 kg 이상 70 kg 미만이므로

$b=5 \times 3=15$

$\therefore a-b=60-15=45$ 답 45

15 (직사각형의 넓이의 합)

$=$(계급의 크기)$\times$(도수의 총합)

$=10 \times (6+9+11+5+3+1)$

$=350$ 답 ④

16 계급의 크기는 $40-20=20$(분)

60분 이상 80분 미만인 계급의 직사각형의 넓이는

$20 \times 6=120$

도수가 가장 작은 계급은 20분 이상 40분 미만이고 이 계급의 직사각형의 넓이는

$20 \times 2=40$

$120 \div 40=3$이므로 60분 이상 80분 미만인 계급의 직사각형의 넓이는 도수가 가장 작은 계급의 직사각형의 넓이의 3배이다. 답 3배

다른 풀이 각 직사각형의 넓이는 각 계급의 도수의 정비례하고 $6 \div 2=3$이므로 60분 이상 80분 미만인 계급의 직사각형의 넓이는 도수가 가장 작은 계급의 직사각형의 넓이의 3배이다.

17 무게가 110 g 이상 120 g 미만인 빵의 개수는

$40 \times \frac{25}{100} = 10$

무게가 120 g 이상 130 g 미만인 빵의 개수는

$40-(6+10+7+5+3)=9$

따라서 무게가 120 g 이상 140 g 미만인 빵의 개수는

$9+7=16$ 답 16

18 식사 시간이 20분 이상 25분 미만인 학생 수는 3이므로

$\frac{3}{(\text{전체 학생 수})}\times 100=10$

$\therefore$ (전체 학생 수)$=30$

따라서 식사 시간이 10분 이상 15분 미만인 학생 수는

$30-(8+5+3+2)=12$ 답 12

19 무게가 1.5 kg 이상 2 kg 미만인 학생 수를 $3x$라 하면

무게가 2 kg 이상 2.5 kg 미만인 학생 수는 $2x$이므로

$5+3x+2x+3+1=24,\ 5x=15$

$\therefore x=3$

따라서 무게가 2 kg 이상 2.5 kg 미만인 학생 수는

$2\times 3=6$ 답 6

20 전체 학생 수는

$10+13+8+7+2=40$

도수가 가장 작은 계급은 9개 이상 11개 미만이므로

$\frac{2}{40}\times 100=5(\%)$ 답 5 %

21 계급의 개수는 5이므로 $a=5$ … ❶

계급의 크기는 $60-50=10$(점)이므로

$b=10$ … ❷

전체 학생 수는

$4+5+10+6+5=30$

이므로 $c=30$ … ❸

$\therefore ab-c=5\times 10-30=20$ … ❹

답 20

채점 기준	배점
❶ a의 값 구하기	30%
❷ b의 값 구하기	30%
❸ c의 값 구하기	30%
❹ $ab-c$의 값 구하기	10%

22 ① 계급의 개수는 5이다.

② 독서량이 20권인 회원이 속하는 계급은 20권 이상 25권 미만이고 도수는 2명이다.

③ 독서량이 10권 미만인 회원 수는 5

15권 미만인 회원 수는 $5+8=13$

따라서 독서량이 적은 쪽에서 10번째인 회원이 속하는 계급은 10권 이상 15권 미만이다.

④ 전체 회원 수는

$5+8+4+2+1=20$

도수가 가장 큰 계급은 10권 이상 15권 미만이므로

$\frac{8}{20}\times 100=40(\%)$

⑤ $5\times 20=100$ 답 ①, ⑤

23 11월은 30일이므로 입장객이 80명 이상 90명 미만인 일수는

$30\times\frac{20}{100}=6$

따라서 입장객이 70명 이상 80명 미만인 일수는

$30-(3+4+6+4+3+1)=9$ 답 9

24 기록이 20초 이상인 학생 수는

$25\times\frac{24}{100}=6$

이므로

$b=6-(2+1)=3$ … ❶

$a=25-(5+8+6)=6$ … ❷

$\therefore a-b=6-3=3$ … ❸

답 3

채점 기준	배점
❶ b의 값 구하기	50%
❷ a의 값 구하기	40%
❸ $a-b$의 값 구하기	10%

25 펜이 6개 이상 8개 미만인 학생 수를 x라 하면

$4:x=2:5,\ 2x=20$

$\therefore x=10$

$\therefore$ (전체 학생 수)$=4+6+10+8+5+2=35$

따라서 펜이 10개 이상인 학생은 전체의

$\frac{5+2}{35}\times 100=\frac{7}{35}\times 100=20(\%)$ 답 20 %

26 ① 여학생 수: $2+6+4+2+1=15$

남학생 수: $1+2+5+4+2+1=15$

② 각각의 그래프와 가로축으로 둘러싸인 부분의 넓이는 $5\times 15=75$로 같다.

③ 몸무게가 45 kg 이상 50 kg 미만인 남학생 수는 5, 여학생 수는 4이므로 여학생보다 남학생이 더 많다.

④ 몸무게가 45 kg 미만인 남학생 수는 $1+2=3$, 여학생 수는 $2+6=8$이므로 남학생보다 여학생이 더 많다.

⑤ 가장 무거운 남학생의 몸무게는 60 kg 이상 65 kg 미만이고 가장 무거운 여학생의 몸무게는 55 kg 이상 60 kg 미만이다. 따라서 가장 무거운 학생은 남학생이다.

답 ③, ⑤

27 ㄱ. 2반의 그래프가 1반의 그래프보다 오른쪽으로 더 치우쳐 있으므로 2반의 성적이 1반보다 더 좋은 편이다.

ㄴ. 각각의 그래프와 가로축으로 둘러싸인 부분의 넓이는 $10\times30=300$으로 같다.

ㄷ. 성적이 60점 이상 70점 미만인 학생은 2반보다 1반이 $11-8=3$(명) 더 많다.

ㄹ. 2반에서 도수가 가장 큰 계급은 70점 이상 80점 미만이므로

$\frac{12}{30}\times100=40(\%)$

따라서 옳지 않은 것은 ㄴ뿐이다. 답 ㄴ

28 전체 일수는

$4+7+9+3+2=25$

농도가 52 $\mu g/m^3$인 날이 속하는 계급은 40 $\mu g/m^3$ 이상 60 $\mu g/m^3$ 미만이므로

$\frac{7}{25}=0.28$ 답 ③

29 기록이 6회 이상 9회 미만인 학생 수는

$36-(6+11+5+4+1)=9$

따라서 구하는 상대도수는

$\frac{9}{36}=0.25$ 답 0.25

30 전체 원생 수는

$3+4+6+5+2=20$ … ❶

도수가 가장 큰 계급은 18개월 이상 24개월 미만이고 도수는 6명이다. … ❷

따라서 구하는 상대도수는

$\frac{6}{20}=0.3$ … ❸

답 0.3

채점 기준	배점
❶ 전체 원생 수 구하기	30%
❷ 도수가 가장 큰 계급의 도수 구하기	30%
❸ 도수가 가장 큰 계급의 상대도수 구하기	40%

31 (전체 학생 수)$=\frac{8}{0.25}=32$ 답 ④

32 (도수)$=60\times0.15=9$ 답 ④

33 (전체 도수)$=\frac{9}{0.3}=30$

따라서 도수가 6인 계급의 상대도수는

$\frac{6}{30}=0.2$ 답 0.2

34 (전체 도수)$=\frac{36}{0.3}=120$이므로

$a=\frac{42}{120}=0.35$

$b=120\times0.15=18$

$\therefore a+b=0.35+18=18.35$ 답 18.35

35 (1) $C=\frac{8}{0.2}=40$

$A=40\times0.3=12$

$B=\frac{4}{40}=0.1$

(2) 헌혈 횟수가 15회 이상 20회 미만인 직원 수는

$40\times0.25=10$

이므로 헌혈 횟수가 20회 이상인 직원 수는 4

15회 이상인 직원 수는 $10+4=14$

따라서 헌혈 횟수가 많은 쪽에서 10번째인 직원이 속하는 계급은 15회 이상 20회 미만이고 도수는 10명이다.

답 (1) $A=12$, $B=0.1$, $C=40$ (2) 10명

36 0시간 이상 5시간 미만인 계급의 상대도수는

$1-(0.2+0.4+0.24+0.04)=0.12$

이므로 (전체 학생 수)$=\frac{3}{0.12}=25$

따라서 상대도수가 가장 큰 계급은 10시간 이상 15시간 미만이므로 구하는 학생 수는

$25\times0.4=10$ 답 10

37 10장 이상 20장 미만인 계급의 상대도수를 $2x$라 하면 30장 이상 40장 미만인 계급의 상대도수는 $5x$이므로

$0.04+2x+0.3+5x+0.1=1$, $7x=0.56$

$\therefore x=0.08$

따라서 30장 이상 40장 미만인 계급의 상대도수는 $5\times0.08=0.4$이므로 학생 수는

$150\times0.4=60$ 답 60

38 (전체 회원 수)$=\frac{3}{0.2}=15$

따라서 14초 이상 16초 미만인 계급의 상대도수는

$\frac{6}{15}=0.4$ 답 0.4

39 (전체 일수)$=\frac{6}{0.24}=25$

따라서 기온이 12 ℃ 이상 14 ℃ 미만인 일수는

$25\times0.4=10$ 답 ②

40 (전체 승객 수)$=\frac{8}{0.2}=40$ ··· ❶

따라서 기다린 시간이 10분 이상인 승객 수는

$40-(8+14)=18$ ··· ❷

$\therefore \frac{18}{40}\times 100=45(\%)$ ··· ❸

답 45 %

채점 기준	배점
❶ 전체 승객 수 구하기	30%
❷ 기다린 시간이 10분 이상인 승객 수 구하기	40%
❸ 기다린 시간이 10분 이상인 승객의 백분율 구하기	30%

41 도수가 가장 큰 계급은 150 cm 이상 155 cm 미만이므로 이 계급에 속하는 학생 수는

$150\times 0.28=42$

도수가 가장 작은 계급은 165 cm 이상 170 cm 미만이므로 이 계급에 속하는 학생 수는

$150\times 0.06=9$

따라서 구하는 차는

$42-9=33$

답 33

42 ① 계급의 크기는 $60-30=30$(분)

② 여가 시간이 2시간, 즉 120분 이상인 사람은 전체의 $(0.2+0.1)\times 100=30(\%)$

③ 여가 시간이 1시간, 즉 60분 미만인 사람 수는 $80\times 0.15=12$

④ 도수가 가장 큰 계급은 60분 이상 90분 미만이고 도수는 $80\times 0.3=24$(명)

⑤ 여가 시간이 60분 미만인 사람 수는 12
90분 미만인 사람 수는 $12+24=36$
따라서 여가 시간이 적은 쪽에서 30번째인 사람이 속하는 계급은 60분 이상 90분 미만이고 상대도수는 0.3이다.

답 ③, ④

43 성적이 90점 이상인 학생 수는 $60\times 0.1=6$

80점 이상인 학생 수는 $60\times 0.15+6=15$

70점 이상인 학생 수는 $60\times 0.25+15=30$

따라서 성적이 높은 쪽에서 20번째인 학생이 속하는 계급은 70점 이상 80점 미만이다.

답 70점 이상 80점 미만

44 ② (전체 학생 수)$=\frac{30}{0.15}=200$

③ 기록이 30회 미만인 학생은 전체의 $(0.15+0.2)\times 100=35(\%)$

④ 기록이 40회 이상 50회 미만인 학생 수는 $200\times 0.25=50$

⑤ 도수가 가장 작은 계급은 50회 이상 60회 미만이고 이 계급에 속하는 학생 수는 $200\times 0.1=20$

답 ⑤

45 상대도수가 가장 큰 계급은 30세 이상 40세 미만이므로

(전체 참가자 수)$=\frac{15}{0.3}=50$

따라서 40세 이상인 참가자 수는

$50\times 0.2+50\times 0.12=10+6=16$

답 16

46 150 g 이상인 계급의 상대도수의 합은

$0.2+0.14=0.34$ ··· ❶

$\therefore$ (전체 당근의 개수)$=\frac{102}{0.34}=300$ ··· ❷

도수가 72개인 계급의 상대도수는

$\frac{72}{300}=0.24$

이므로 130 g 이상 140 g 미만이다. ··· ❸

답 130 g 이상 140 g 미만

채점 기준	배점
❶ 150 g 이상인 계급의 상대도수의 합 구하기	30%
❷ 전체 당근의 개수 구하기	30%
❸ 도수가 72개인 계급 구하기	40%

47 250 kWh 이상 300 kWh 미만인 계급의 상대도수는

$1-(0.08+0.2+0.3+0.12+0.04)=0.26$

따라서 전력량이 250 kWh 이상 300 kWh 미만인 가구 수는

$150\times 0.26=39$

답 39

48 30 m 이상인 계급의 상대도수의 합은

$0.1+0.06=0.16$

이므로 (전체 학생 수)$=\frac{8}{0.16}=50$ ··· ❶

20 m 이상 25 m 미만인 계급의 상대도수는

$1-(0.24+0.3+0.12+0.1+0.06)=0.18$ ··· ❷

따라서 기록이 20 m 이상 25 m 미만인 학생 수는

$50\times 0.18=9$ ··· ❸

답 9

채점 기준	배점
❶ 전체 학생 수 구하기	30%
❷ 20 m 이상 25 m 미만인 계급의 상대도수 구하기	40%
❸ 기록이 20 m 이상 25 m 미만인 학생 수 구하기	30%

49 80분 이상 110분 미만인 계급의 상대도수의 합은
$1-(0.06+0.1+0.18)=0.66$
이므로 상영 시간이 80분 이상 110분 미만인 영화 수는
$300\times0.66=198$
따라서 상영 시간이 80분 이상 90분 미만인 영화 수는
$198-156=42$ 답 42

50

성적(점)	도수(명)		상대도수	
	A학교	B학교	A학교	B학교
50이상 ~ 60미만	6	8	0.12	0.1
60 ~ 70	11	12	0.22	0.15
70 ~ 80	17	28	0.34	0.35
80 ~ 90	11	24	0.22	0.3
90 ~ 100	5	8	0.1	0.1
합계	50	80	1	1

A학교보다 B학교의 상대도수가 더 큰 계급은 70점 이상 80점 미만, 80점 이상 90점 미만의 2개이다. 답 2

51 ① $x=40\times0.1=4$
② $y=\frac{15}{0.3}=50$
③ $z=\frac{12}{50}=0.24$
④ B선수에서 145 km/h 이상 150 km/h 미만인 계급의 상대도수는
$1-(0.02+0.1+0.24+0.3+0.12)=0.22$
따라서 속력이 145 km/h 이상 150 km/h 미만인 공이 차지하는 비율은 A가 B보다 높다.
⑤ A선수에서 155 km/h 이상 160 km/h 미만인 계급의 상대도수는
$1-(0.05+0.1+0.25+0.3+0.1)=0.2$
따라서 상대도수가 가장 큰 계급은
A선수: 150 km/h 이상 155 km/h 미만
B선수: 155 km/h 이상 160 km/h 미만 답 ⑤

52 A, B 두 집단의 전체 도수를 각각 $5a$, $6a$, 어떤 계급의 도수를 각각 $3b$, $2b$라 하면 이 계급의 상대도수의 비는
$\frac{3b}{5a}:\frac{2b}{6a}=\frac{3}{5}:\frac{1}{3}=9:5$ 답 9 : 5

53 A, B 두 집단의 전체 도수를 각각 $4a$, $3a$, 어떤 계급의 상대도수를 각각 $9b$, $8b$라 하면 이 계급의 도수의 비는
$(4a\times9b):(3a\times8b)=36:24=3:2$ 답 ④

54 1반과 2반의 전체 학생 수를 각각 $3a$, $4a$, 성적이 80점 이상 90점 미만인 학생 수를 모두 b라 하면 이 계급의 상대도수의 비는
$\frac{b}{3a}:\frac{b}{4a}=\frac{1}{3}:\frac{1}{4}=4:3$ 답 4 : 3

55 A, B 두 회사에서 근무 기간이 2년 이상 4년 미만인 직원 수를 각각 $3a$, $4a$라 하면 이 계급의 상대도수의 비는
$\frac{3a}{90}:\frac{4a}{80}=\frac{1}{30}:\frac{1}{20}=2:3$ 답 2 : 3

56 ㄱ. A, B 두 반에서 6시간 이상 7시간 미만인 계급의 상대도수는 같지만 이 계급에 속하는 학생 수는 알 수 없다.
ㄴ. A반이 B반보다 상대도수가 더 높은 계급은 7시간 이상 8시간 미만, 8시간 이상 9시간 미만의 2개이다.
ㄷ. A반의 그래프가 B반의 그래프보다 오른쪽으로 치우쳐 있으므로 A반의 수면 시간이 B반의 수면 시간보다 더 긴 편이다.
ㄹ. A반에서 수면 시간이 6시간 미만인 학생은 전체의
$(0.1+0.15)\times100=25(\%)$
따라서 옳은 것은 ㄴ뿐이다. 답 ㄴ

57 ① B학교의 그래프가 A학교의 그래프보다 오른쪽으로 치우쳐 있으므로 통학 거리가 A학교보다 B학교가 더 먼 편이다.
③ B학교에서 도수가 가장 큰 계급은 2.5 km 이상 3 km 미만이고 도수는 $150\times0.28=42$(명)
④ A학교에서 통학 거리가 1.5 km 미만인 학생은 전체의
$(0.08+0.14)\times100=22(\%)$
⑤ 통학 거리가 1 km 이상 1.5 km 미만인 학생 수는
A학교: $100\times0.14=14$
B학교: $150\times0.1=15$
따라서 A학교보다 B학교가 더 많다. 답 ⑤

유형
더블
중등수학
1-2

www.nebooks.co.kr NE 능률

전국 **온오프 서점** 판매중

중학 영문법 개념부터 내신까지 원더영문법

원더영문법 STARTER
(예비중-중1)

원더영문법 1
(중1-2)

원더영문법 2
(중2-3)

내신 준비와 문법 기초를 동시에 학습

- 문법 개념의 발생 원리 이해로 탄탄한 기초 세우기
- 학교 시험 유형의 실전 문항으로 개념 적용력 향상

Unit 누적 문항 제시, 기출 변형 서술형 문제로 실력 향상

- Unit별 학습 내용이 누적된 통합 문항 풀이로 한 번 더 반복 학습
- 실제 내신 기출을 변형한 서술형 문제로 실전 감각 UP!

모든 선택지를 자세히 짚어주는 꼼꼼 해설

- 자세한 정답 풀이, 명쾌한 오답 해설을 활용한 스스로 학습